献给我的父亲和母亲！

现代数学基础丛书 172

数理逻辑导引

冯 琦 编著

科 学 出 版 社

北 京

内 容 简 介

本书是作者在新加坡国立大学、北京大学和中国科学院大学为本科高年级学生开设的数理逻辑选修课和在新加坡国立大学、中国科学院数学与系统科学研究院为研究生开设的专业课程所写讲义基础上整理出来的结果. 本书主要由一阶逻辑的核心内容和有关数的逻辑探索和分析两大部分组成, 其中包括完备性、紧致性、同质缩小、型省略等基本定理; 有关数的经典理论的完全性和可定义性分析; 哥德尔不完全性定理、丘奇不可判定性定理、塔尔斯基自然数标准模型真相不可定义性定理以及巴黎–哈灵顿不完全性定理.

本书可供数学系和理论计算机科学系高年级本科生、研究生或对数理逻辑有兴趣的读者使用, 也可以作为参考材料供相关课程的教师使用.

图书在版编目(CIP)数据

数理逻辑导引/冯琦编著. —北京: 科学出版社, 2017. 9
(现代数学基础丛书; 172)
ISBN 978-7-03-054579-4

I. ①数… II. ①冯… III. ①数理逻辑 IV. ①O141

中国版本图书馆 CIP 数据核字 (2017) 第 231053 号

责任编辑: 赵彦超 李静科 / 责任校对: 邹慧卿
责任印制: 赵 博 / 封面设计: 陈 敬

科学出版社出版
北京东黄城根北街 16 号
邮政编码: 100717
http://www.sciencep.com

北京科印技术咨询服务有限公司数码印刷分部印刷

科学出版社发行 各地新华书店经销

*

2017 年 9 月第 一 版 开本: 720 × 1000 1/16
2024 年 8 月第五次印刷 印张: 33 1/2
字数: 656 000

定价: 198.00 元

(如有印装质量问题, 我社负责调换)

《现代数学基础丛书》序

对于数学研究与培养青年数学人才而言, 书籍与期刊起着特殊重要的作用. 许多成就卓越的数学家在青年时代都曾钻研或参考过一些优秀书籍, 从中汲取营养, 获得教益.

20世纪70年代后期, 我国的数学研究与数学书刊的出版由于文化大革命的浩劫已经破坏与中断了 10 余年, 而在这期间国际上数学研究却在迅猛地发展着. 1978 年以后, 我国青年学子重新获得了学习、钻研与深造的机会. 当时他们的参考书籍大多还是50年代甚至更早期的著述. 据此, 科学出版社陆续推出了多套数学丛书, 其中《纯粹数学与应用数学专著》丛书与《现代数学基础丛书》更为突出, 前者出版约40卷, 后者则逾80卷. 它们质量甚高, 影响颇大, 对我国数学研究、交流与人才培养发挥了显著效用.

《现代数学基础丛书》的宗旨是面向大学数学专业的高年级学生、研究生以及青年学者, 针对一些重要的数学领域与研究方向, 作较系统的介绍. 既注意该领域的基础知识, 又反映其新发展, 力求深入浅出, 简明扼要, 注重创新.

近年来, 数学在各门科学、高新技术、经济、管理等方面取得了更加广泛与深入的应用, 还形成了一些交叉学科. 我们希望这套丛书的内容由基础数学拓展到应用数学、计算数学以及数学交叉学科的各个领域.

这套丛书得到了许多数学家长期的大力支持, 编辑人员也为其付出了艰辛的劳动. 它获得了广大读者的喜爱. 我们诚挚地希望大家更加关心与支持它的发展, 使它越办越好, 为我国数学研究与教育水平的进一步提高做出贡献.

杨　乐

2003年8月

序　言

这是一本有关一阶数理逻辑 (系统) 的入门指南.

逻辑 (系统) 的基本功用是可以被用来系统性地独立于任何个人意志地解决思辨过程中可能出现的分歧, 以确保思辨者理性选择并信服正确性. 要具备这样的基本功用, 逻辑 (系统) 本身就必须是系统的和正确的. 逻辑学则正是关于逻辑系统的系统性和正确性的学问. 逻辑学需要回答一个逻辑系统是怎样实现它的基本功用以及它本身为何具有所需要的系统性和正确性这样的系统问题. 因此, 这本入门指南的一个基本任务就是解答关于一阶数理逻辑系统的系统问题.

早在两千五百年前, 古希腊哲学家柏拉图就主张以辩证法来保证结论的合理性由前提的合理性所提供; 他的学生亚里士多德系统地建立起形式逻辑, 明确了结论与前提间合理性正确的依赖关系以及导出规则. 在长达将近两千三百年的时间区间上, 亚里士多德的形式逻辑系统一直主导着西方思想界的正确观. 这个期间应用这种形式逻辑的典范自然要算欧几里得的几何学. 但是, 亚里士多德的形式逻辑系统的系统性存在着极大的缺陷, 它的正确性也没有得到保证.

大约三百五十年前, 德国的哲学家莱布尼兹清楚地意识到解决亚里士多德形式逻辑系统正确性问题的一种途径便是建立起符号计算体系, 就如同代数学那样, 通过对于符号的演算来解决思辨过程中的分歧, 从而确保正确性. 解析莱布尼兹之梦的第一人是英国的一位中学教师布尔. 1847 年, 布尔成功地将亚里士多德的形式逻辑解释为布尔代数理论, 或者称布尔逻辑. 正是基于布尔的这种代数理论, 莱布尼兹的符号计算之梦得以实现; 现代计算机及其逻辑电路才有所依赖. 本书的第 1 章正是关于命题逻辑系统的理论. 我们将会看到亚里士多德形式逻辑系统的正确性问题是怎样得到解决的. 命题逻辑系统原本可以植入到后面的一阶逻辑系统之中. 之所以分开单独为一章, 就在于从形式逻辑到命题符号逻辑恰恰是人类经历过的具有重要意义的一次纯粹的抽象. 真正理解这种符号化抽象自然将是非常有益的.

亚里士多德形式逻辑的系统缺陷的明显之处在于它甚至不能满足欧几里得几何学的需要, 因为这个系统之中的规范表达式都只能是极其简单的表达式. 为了满足数学理论发展的需要, 逻辑学亟待重生. 19 世纪后半叶正是逻辑学获得重生的时期. 1879 年, 德国哲学家弗雷格在命题演算系统的基础上引进了对于在实在论域之中变化的变元进行限定的作用符 —— 量词, 明确规定了命题符号中的基本形式和规范形式, 以及明确了所有的演算推理规则. 一阶数理逻辑系统由此被建立起来. 十年之后, 1889 年, 意大利数学家皮阿诺在弗雷格一阶数理逻辑体系下建立起关于自然数的皮阿诺算术系统, 开启了现代数学在一阶数理逻辑框架之下重构的先河.

这本指南将用现代语言来解释弗雷格的一阶数理逻辑演算系统, 并解释这个系统怎样实现它的基本功用, 以及它的系统性和正确性.

这本入门指南的一个延展任务是在一阶数理逻辑的框架下解释关于数这个概念的认识历程和结果. 这种解释将集中在关于数这个概念的五种基本解释结构理论 —— 自然数、整数、有理数、实数和复数 —— 之上. 这里着重回答的问题包括两类: 各种相应的数概念的解释结构理论是否完全? 它们上面的可定义性如何? 在一定意义上, 可以说现代数学理论基本上都围绕着各种各样结构对象的存在性问题、分类问题以及它们上面的可定义性问题展开. 本书作者正是希望通过对这些人所共知几乎成为人们常识的结构对象的分析来阐明一阶数理逻辑具备强大的数学的系统功能.

这本导引相当大一部分是我在中国科学院大学给高年级本科生和一年级研究生讲授 "数理逻辑" 课程的综合产物. 这本导引中还有一些素材是我给中国科学院数学研究所几位从事数论或代数研究的同事以及他们的研究生开设的一个系列讲座的产物. 我将这本书称之为导引, 本意是完成一种抛砖引玉的过程. 对于像数理逻辑这样一个纯粹思维理论的领域, 我不会奢望对它有多么深刻和广博的理解, 但愿我这点微薄的理解可以带给初次接触并有心进入这个纯粹而美妙领域的后来者一些微不足道的启迪. 如果这本导引能够有助于某位后生找到打开一扇让他一辈子感受无穷乐趣的智慧宇宙大门的钥匙, 那么我会感到非常欣慰. 我自己曾经得益于哈尔滨工业大学的孙希文先生和宾州州立大学的耶赫 (T. Jech) 先生, 以及他们所使用的教材 —— 一本由一位美国杜克大学的逻辑学家熊费尔德 (Shoenfield) 所写的《数理逻辑》①. 孙老师将我引进了这个纯粹思维的美妙世界; 熊费尔德书中为论域中的个体命名, 以建立一种所需要的理论的做法令我体会到什么是纯粹的兴奋; 正是这种难以遏制的兴奋驱使我到美国后离开了计算机软件专业跑到宾州州立大学拜耶赫为师; 耶赫老师引导我在无穷世界安身立足. 熊费尔德是一位卓越的作者, 他的书引人入胜, 美妙绝伦. 这也便是 (国际) 符号逻辑协会在他去世之后专门设置熊费尔德奖以奖励那些优秀的数理逻辑学著作或论文的作者, 从而激励后生们以熊费尔德为榜样致力于精致著书立说. 我曾经在读研究院的时候有幸在波士顿当面受教于熊费尔德, 一位绅士般的学者. 写下这几行文字, 是我对尊敬的孙老师和耶赫老师的一种感谢, 以及对熊费尔德先生的一种缅怀.

熊费尔德的《数理逻辑》一书应当是面向研究生的. 本书则是面向高年级本科

① *Mathematical Logic*, R. Shoenfield, Addison-Wesley Pub., 1965.

生的. 但熊费尔德的《数理逻辑》一书自然而然会是我的参考书. 事实上本书中哥德尔不完全性定理的证明便是参照熊费尔德的《数理逻辑》而写的, 因为那毕竟是我自以为读懂哥德尔不完全性定理及其证明的唯一的一本书, 也是我为中国科学院数学所和新加坡国立大学数学系数理逻辑研究生开设的"数理逻辑"课程的教材. 写这本导引的原始激励来自新加坡国立大学的庄志达教授, 一位不可多得的二十年多年的朋友和同事. 正是他直接问我: 为什么不写一本中文版的《数理逻辑》教材呢? 我似乎一直还在等待什么. 激励我改变惰性状态的是由美国加州大学数学系斯莱曼 (T. Slaman) 教授和武丁 (H. Woodin) 教授合写的《伯克利本科生数理逻辑讲义》①. 这是一本大约 120 页的英文讲义. 我曾经在新加坡国立大学给高年级本科生以这本讲义为教材开设一学期的"数理逻辑"课程, 以及以这本英文讲义为蓝本在北京大学为 7 位高年级本科生开设过一个学期的中文"数理逻辑"课程. 这本讲义的一个基本特点就是以有理数轴、实数轴、整数轴以及自然数轴为具体的例子来展开一阶逻辑系统和基本理论的创建和分析. 受到这种激励自然得益于自己二十多年来与这本讲义的两位作者的友情交往. 考虑到我们应当对中国科学院大学有心接触数理逻辑的高年级学生有更高一些的定位, 我便试图在这本伯克利讲义的基础上扩充成现在这本导引. 无疑, 这本导引实际上极大地受惠于斯莱曼和武丁的伯克利讲义. 这本导引扩充所需要的素材许多都直接取自我所熟悉的另外一位逻辑学家的杰作, 一本由美国伊利偌伊大学芝加哥分校的马克教授为研究生所写的教科书《模型论导引》②. 这本导引中有关实数域理论以及巴黎–哈灵顿独立性定理的部分内容基本上取自马克教授的书. 在数理逻辑界, 与我同龄的数理逻辑研究生们一般都会花不少时间来学习张和凯斯勒的《模型论》③以及萨克斯的《饱和模型论》④. 很明显, 这本导引不可避免地借用这些作者的优美陈述. 很荣幸, 我曾经有过当面向凯斯勒教授 (威斯康辛大学) 和萨克斯教授 (哈佛大学与麻省理工学院) 讨教的机会. 借此机会, 我谨向庄志达、斯莱曼、武丁、马克教授表示真诚的感谢以及向凯斯勒先生和萨克斯先生表示诚挚的敬意. 也借此机会谨向我在中国科学院数学研究所的同事王元院士、杨乐院士、席南华院士以及李邦河院士表示真诚的感谢和诚挚的敬意, 感谢他们多年来一直对我个人以及对数理逻辑在数学所、数学院乃至我国的发展给予的关怀、帮助和支持. 还请允许我表达对中国科学院软件研究所黄且圆女士的怀念之情, 一位难以忘怀和值得敬重的中国数理逻辑学界的先辈和故友. 最后请允许我向科学出版社和通读这本导引初稿并提出许多宝贵修改建议的李静科编辑表达最真诚的感激之情.

① *Mathematical Logic* (The Berkeley Undergraduate Course), T. Slaman & H. Woodin, (Lecture Notes in pdf, 2010)

② *Model Theory, An Introduction*, D. Marker, Springer, 2002.

③ *Model Theory*, C.C.Chang, H.J.Keisler, North-Holland, Amsterdam, 1990.

④ *Saturated Model Theory*, G. E. Sacks, (Benjamin, 1973), World Scientific, 2010.

在这本导引的写作和出版过程中, 我曾得益于由席南华院士所主持的国家自然科学基金委 “代数与数论创新研究群体” 项目 (项目编号: 11621061) 的资助, 特在此致谢.

冯　琦

2017 年 7 月 31 日

中国科学院数学与系统科学研究院

中国科学院大学

目　　录

第0章　引　　言

在这篇引言之中, 我没有准备解答读者可能心中带有的疑问, 我只准备花点文字解释一下这本书里都包含一些什么主要内容, 这些内容都力图显式地或隐式地展现什么. 我认为对于善于思考的读者来说这就足以解除他们心中可能带有的疑惑.

那么, 这本名为《数理逻辑导引》的书到底是一本什么样的书? 书中到底都概括了什么? 为什么? 我准备按照本书的先后顺序来解释这些问题的可能的部分答案. 不足的部分, 留给有兴趣并且善于思考的读者.

总体而言, 我试图在这本书中展示在人类思维过程之中, 因为形式 (所使用的语言表达方式) 与内涵 (自觉赋予语言表达式的意思) 的天然的对立统一, 有意识地将所要表达的思想与用以表达自己思想的表达形式分离开来, 然后再有意识地将事先分离开来的被表达内容与表达形式有机地结合起来, 既是一种必然, 也是一种自由. 这种展示将通过数理逻辑中的一阶逻辑这样一种数学的典范系统来实现. 这里, 我们不仅需要建立一阶逻辑系统, 以及它的基本理论以及它的一般方法, 而且需要围绕大家都熟悉的数学对象来解释这样的系统、理论和方法之真实意图和功用. 我们选择众所周知的数概念作为中心点, 围绕着数学界最典型的自然数结构、整数结构、有理数结构、实数结构以及复数结构来展开分析, 以期回答: 什么是数学中的符号化、形式化和公理化? 在数学中, 形式与内涵是怎样对立统一的? 为什么需要这样做? 这样做之后面临的局面如何? 哪些是智所能及的? 哪些是人类智慧永恒的苍天? 数理逻辑, 尤其是一阶逻辑, 为我们就这些可谓古典的数学对象提出了什么样的基本问题? 又如何解答这些基本问题? 解答这些几乎是非常具体的数学问题背后的抽象理论和一般方法都是些什么模样? 之所以这样选材和组织材料的结构顺序, 我的基本动机是寻找一种看得见、摸得着的解释数理逻辑的实在感觉. 尽管我没有要说服我自己数理逻辑是一门纯粹的数学的意图, 但我还是力图说服我自己, 如果以坐井观天的心态将数理逻辑, 尤其是一阶逻辑的理论和方法局限在数这个概念范围内的时候, 我们看到是便是地地道道的关于数的学问.

第 1 章将回答纯粹符号逻辑判断与推理的一系列问题. 比如, 什么是正确的判断? 什么是正确的推理? 人为的判断是怎样有效地植入到符号逻辑表达式之中的? 什么可以作为推理的基础? 什么可以作为推理的法则? 人为的推理是怎样有效地植入到符号逻辑演绎推理系统的? 什么是一致的假设? 什么是矛盾共同体? 什么是相对判断下的真理? 什么是相对演绎推理下的定理? 它们之间的同一性何在? 纯粹符号逻辑判断与推理系统为个人选择性判断与推理留有什么样的自由空间? 换句话说, 在判断和推理中, 个人的能动性在哪里? 个人的被动性又在哪里?

我们将会看到, 对于这一系列的问题, 有些答案是显式的, 有些则是隐式的.

说命题逻辑涉及的是纯粹符号逻辑的判断和推理问题, 是因为这里涉及的最基本的被判断之物不具有任何内涵, 它们是形式与内涵分离之后的形式产物, 它们原本背负的内涵被彻底扬弃了, 况且所论判断也不涉及这些最基本的被判断之物的任何实在内涵, 而是将这些符号的实在解释留待任何有具体需要的个人. 所以, 这些最基本的被判断之物便是一些纯粹的符号, 便是彻底的抽象. 等到了一阶逻辑的时候, 这些最基本的符号便会有自然的数学内涵解释, 因为在那里, 我们面对的是关于存在的数学问题.

首先, 在纯粹符号逻辑判断与推理之中, 我们并不关注那些可以人为选择的基本判断或者基本命题是什么, 而是在人为选择的基础之上回答什么是正确判断和正确推理的系统性问题. 所以, 从一开始, 纯粹符号逻辑推理系统便给个人对于初始判断和基本假设留下全部自由的空间. 纯粹符号逻辑推理系统将这种可以任人选择的对象当成最初给定的命题变元符号集合. 也就是说, 人们自主选择了什么我们不关心, 对于我们来说, 无论你选择了什么, 都是一个一个独立的命题变元, 作为最初判断的原始对象. 在这个基础上, 我们将按照两条基本判断规则来规定何谓正确判断、何谓错误判断. 这两条基本判断规则就是关于否定判断的规则和关于析取判断的规则. 当然, 人为判断中实际上有六种基本判断: 第一种是平凡的肯定判断, 对什么都给予肯定, 这种恒等不变的一元判断会以默认的形式确定; 第二种是否定判断, 将默认的肯定判断予以否定; 第三种判断是析取判断, 在两种独立的判断之中取一种最佳判断作为对复合事物的判断; 第四种判断是合取判断, 在两种独立的判断之中取最损判断; 第五种判断是蕴含判断, 这是一种对于显示因果关系的两种独立判断的复合判断; 第六种判断是互含判断, 这是一种对于显示彼此互为因果关系的两种独立判断的复合判断. 尽管基本判断有六种, 事实上只要在第一种和第二种判断基础上, 任取另外一种判断作为基础, 便可以实现另外三种基本判断. 在设定了关于基本判断的规则之后, 纯粹符号逻辑系统便为判断的正确性定下了标准: 当一个判断合乎这些规则的时候它便是正确的; 当一个判断在某一处违背了某一种规则的时候它便是错误的.

其次, 我们将会看到将人为判断植入到符号逻辑表达式之中的过程是通过对符号逻辑表达式的形成规定来实现的. 在这里, 也就为人为表达式定下了规矩, 任何人为的复合表达式都必须遵从判断植入原则. 在这种规矩之下, 人为表达式也便有了判断的标准.

再次, 这一章里会明确什么是相对判断下的真理与谬误. 人们可以根据自己的需要选择一些命题作为基本假设, 然后由此出发去做一些分析、演绎推理的事情. 那么人们的这种自由选择是否一致? 是否 “在圈起来的羊群中混进了狼”? 一条基本的判定准则便是: 是否存在将这些所选定的基本假设判定为真的判断. 如果有, 则所选之假设是一致的; 否则, 所选之假设便是一个矛盾共同体. 于是, 所有将这些选定的基本假设判定为真的判断就成为全体相对判断; 所有在这些相对判断之下都为真的复合命题就都是相对真理, 所有在这些相对判断之下都为假的复合命题就都是相对谬误; 而在某些相对判断之下为真但在另外一些相对判断之下为假的复合命题便是与所选定的基本假设相独立的命题.

最后, 这一章里也会明确选出一些复合命题作为纯粹符号逻辑演绎推理的最基本的假设, 称之为逻辑公设或者逻辑公理, 以及规定演绎推理的基本法则. 从而明确什么是正确的相对演绎推理, 什么是错误的相对演绎推理. 人们自然会问: 为什么选这些作为最基本的假设? 为什么是这样的推理法则? 选择的标准之一, 也是最重要的标准, 就是所选定的演绎推理系统必须是可靠的, 就是说它不能以演绎推理的过程 “在羊群中引进狼来”; 必须是完备的, 就是说任何相对真理都应当是正确的相对演绎推理下的定理. 当然, 我们必须回答这里所选定的纯粹符号逻辑演绎推理系统是可靠和完备的. 这里我们会看到严格的关于证明的定义. 也就是在这里, 人为的逻辑分析和推理过程被植入到纯粹符号逻辑演绎推理系统之中. 顺便提一下, 在纯粹符号逻辑范畴, 人们根据自己的需要选择基本假设时唯一需要遵从的规矩便是所选之物的一致性, 因为如果所选之物是一个矛盾共同体, 那么任何一个命题都将是所选之物的一条定理, 或是相对真理, 除非这是选择者愿意得到的结果.

第 2 章意图规定数学中的一阶语言与一阶结构; 规定抽象语言表达式的正确性; 规定正确的表达式在作为探究对象的一阶结构中的正确的语义解释; 规定对于涉及存在性的初始判断在一个一阶结构中基于正确语义解释的正确性; 从而完美地实现形式与内涵的对立统一.

数理逻辑中的一阶逻辑理论试图解决数学中关于存在性的判断与推理的正确性问题. 为此, 首先需要做的事情便是清晰地界定涉及存在性的数学所面临的对象以及对这些对象进行分析、推理和判断时所使用的语言, 并且明确有效地解决语言表达形式与内涵的对立统一问题. 这就需要为所有涉及存在性的数学语言表达方式立下规矩, 为抽象的语言表达式在被探究的对象中的语义解释立下规矩; 所有这些规矩必须自动担负起将人为判断过程植入进来的重任. 这些便构成第 2 章的主要内容. 在这一章里, 我们将看到原本熟悉的例子. 我们还特意展示了我们所需要的关于数的五种解释: 自然数结构、整数结构、有理数结构、实数结构以及复数结构. 这些定义出来或者构造出来的集合论意义下的解释将作为贯穿这本导引的实例和具体关注对象.

如果说前两章涉及的是数理逻辑的基本哲学功用的话, 那么第 3 章便开始涉及数理逻辑的基本数学功用. 第 3 章探讨同类一阶结构中的同构与同样两种等价分类问题, 以及子结构的同质性问题, 规定一阶结构之上的可定义性. 在涉及存在性的数学理论中, 人们不仅关注单个具备某些特殊性质的存在性, 还关注那些具备某种特殊性质之个体的整体存在性, 这便是一阶结构之上的可定义性. 就存在性而言, 可以说一阶逻辑的数学功用所关注的中心问题之一就是可定义性. 在这里, 有理数轴和实数轴将会作为典型的例子被剖析. 我们将看到有理数轴与实数轴的本质差别不可能是一阶语言所能描述的. 这一章里有两个基本定理: 塔尔斯基同质判定准则以及罗文海–斯科伦同质缩小定理.

第 4 章建立一个一阶逻辑推理系统, 从而规定数学中在一阶逻辑下推理的正确性, 规定什么是数学理论的选择, 什么是所选理论之下的证明和所选理论之下的定理; 规定什么是所选理论的一致性和可实现性 (可满足性); 规定在正确的语义解释下什么是数学的普遍真理和相对真理. 这一章的根本任务是证明哥德尔的完备性定理: 一阶逻辑推理系统不仅可靠 (正确的数学推理不会导致任何数学矛盾), 而且完备 (任何所选理论的相对真理都是所选理论的定理); 从而, 所选理论的一致性与所选理论的可实现性完全等价. 无论是可靠性定理, 还是完备性定理, 都是将抽象形式问题与语义内涵问题密切关联起来的最佳作品. 无论是从数理逻辑的哲学功用看, 还是从数理逻辑的数学功用看, 这一章都是一阶逻辑的核心内容. 它奠定了数理逻辑的哲学功用和数学功用的坚实基础.

第 5 章进入完备性定理的直接应用领域. 在这一章里, 我们不仅探讨一阶逻辑的紧致性及其功用, 还引进超积构造方法, 以期得到任何一个一阶结构的同质放大和同质放大链. 这一章里有三个基本定理: 紧致性定理 (两种形式)、超积基本定理和同质放大链极限定理.

第 6 章规定公理化理论的完全性并给出判定完全性的方法和条件. 如果说第 4 章彻底解决了公理化理论的一致性问题, 那么这一章将着手解决公理化理论的完全性问题. 这里给出一个解决公理化一阶理论完全性问题的一个一般方法 —— 量词消去法. 这种方法的核心便是这个理论的任何一个模型上的任何一个可定义的集合都可以有一个不含量词的定义. 换句话说, 在这个理论中, 个体的存在性不能够提供更丰富有用的信息. 这个方法将在探究代数封闭域理论、有序实代数封闭域理论等的完全性中产生关键作用. 本章还将给出判定完全性的另外两个条件: 等势同构与可数广集模型. 此外, 我们还将探讨子结构完全性与模型完全性. 前者与量词消去法关联, 后者与量词简化关联. 所谓量词简化, 就是对那些不能够满足量词消去的理论退而求其次: 看看是否理论的每一个模型上可定义的子集合都可以有一个仅带存在量词的定义. 对一个适合量词简化的理论而言, 它为个体的存在性提供更为丰富、有用的信息, 但更复杂的量词结构不产生更多的效应. 公理化进程中, 追求认识的完全性从来都是数学家们的一种执著和坚持. 当获得一种对事物认识的公理化结果时, 我们自然会关注这种认识是否已经完全, 是否还有本质性遗漏. 这一章将提供这种思考所需要的检验方法, 与完全性相对立的便是独立性. 当我们的认识尚不完全的时候, 寻找具有独立性的性质便是一种自然而然的事情. 这不仅是完善我们对面前的具体结构认识的需要, 更有可能发现新的天地. 自古以来, 数的概念的多次扩展, 就是存在独立性所驱使. 当进入复数域的时候, 我们便完成了关于数的算术运算规律的全部认识; 当进入实数有序域的时候, 我们便完成了对数的大小比较和算术运算规律的全部认识; 事实上, 几何概念的演绎发展也是如此, 存在独立性驱使着数学家们不断发现几何新天地.

第 7 章分析一致理论的可数模型. 根据完备性定理和罗文海–斯科伦存在性定理, 任何可数一阶语言下的一致理论都必有一个可数模型. 那么它都可能有一些什么样的可数模型? 按照同构分类, 它会有多少个彼此不同构的可数模型? 回答这些问题的分析的一种有效途径就是花气力理解该一阶理论之上的类型. 一种一阶语言中固定一组自由变量之后的包含这一理论的任何一个极大一致表达式集合便是这个语言的一种类型. 这里的核心定理是型排斥定理: 只要不是那种到处都被实现的类型, 总有一个可数模型将所持类型排斥掉. 这个定理可以说是继完备性定理之后将抽象形式与语义内涵密切关联起来的上乘佳作. 完备性定理揭示的是类型的可实现性; 而型排斥定理揭示的是可拒绝性: 非平凡的类型往往也是可以在某处被拒绝的. 自然, 这个定理的证明类似于完备性定理的证明. 当然, 这是假定所持理论不仅一致, 而且并非此理论之上的所有类型都是那种到处被实现的类型. 由于并非所有的一致理论都具有这样的特点, 这一章将展示只具备到处都被实现的扩展类型的完全理论的基本特征: 它实际上正好是那种可数等势同构的理论. 无须赘言, 这是将可数 (代数) 结构同构分类问题与理论之上的抽象形式 —— 它的扩展类型问题紧密而美妙地联系起来的又一上乘佳作. 这一章还将探究模型的饱和性以及可数模型的自同构群的多寡问题. 在这里, 无差别元的概念将很重要.

至此, 这本导引便完成了数理逻辑一阶逻辑的导引任务. 接下来, 我们将仔细探究对于数这个概念的认识. 与历史发展的方向相反, 或者与 2.5 节 “数与数的集合” 中定义的关于数的解释的顺序相反, 我们将按照复数域 (第 8 章)、实数域 (第 9 章)、有理数加法理论 (第 10 章)、整数 (有序) 加法理论 (第 11 章)、自然数有序加法理论 (第 12 章)、以及自然数算术理论 (第 13 章), 这样的顺序来展开分析. 我们将在第 8~12 章里, 分别探究有关相关数的结构的认识 (公理化)、认识之完全性、过程中相应的困难所在以及克服相应困难的途径; 我们将看到应用不同的量词消去法解决理论的完全性问题: 所提到的理论都是完全的. 第 13 章中, 将首先展示自然数初等算术理论的不完全性; 继而, 我们将证明哥德尔第一和第二不完全性定理: 由皮阿诺算术理论所展现的我们关于自然算术规律的认识并不完全, 而且难以完全; 最后, 将展示巴黎–哈灵顿不完全性定理.

在结束这篇引言之前, 我认为需要比较具体解释一下我前面反复强调过的将人为分析、推理和判断植入到符号逻辑形式系统或者一阶逻辑系统之中的含义. 在我看来, 对于没有数学定义的言辞而言, 比较容易把握其内涵的一种途径便是看看具体的例子, 以类比的方式来解释. 为此, 我们来看看两个颇有启发意义的例子.

例 0.1　高斯消去法与矩阵乘法.

众所周知, 自高中数学起, 线性方程组便可以通过高斯消去法求解: 或者在没有解的时候可以得出无解的结论, 或者在有解的时候可以得出所给定方程组的解. 这个求解法的核心就是将一个方程的某一个倍数加到另一个方程之上从而消去一个变量, 这样做了之后, 前后两个方程组的求解答案不会发生变化. 由于后一个方程中的一个方程的变量个数减少了至少一个, 新方程组就变得简单一些. 依此类推, 逐一消去变量, 直到有一个方程所含变量再也不能够如此消去, 从而或者得出无解之结论, 或者得出一个变量之解 (或者是一个数, 或者是其他变量所取值的线性函数); 之后, 依次回返迭代便可求出原方程组的解. 在高斯消去法的应用中, 方程组内单个方程排列的顺序并不重要, 换句话说, 无论怎样交换两个方程被置放的位置, 都不会影响方程组的求解答案; 同样的, 方程组的求解答案也与各个变量排列的顺序无关, 就是说, 无论怎样改变变量排列的顺序, 求解答案也不会受到任何影响; 当然, 可以将方程组中的任何一个方程扩大或者缩小 (等号两边同时乘上一个非零数) 而不至于影响方程组的求解答案.

这是通用的线性方程组求解方法, 但这有一个很基本的问题: 为什么高斯消去法行之有效? 具体而言, 为什么说上述操作不会影响方程组的求解答案? 当然, 比较通俗的说法是: 迄今为止, 应用这个方法还没有得出过错误的答案; 实在不信, 你自己先求解一下再检验好了. 自然, 这样的回答不可能令人满意. 那么, 对于这样一个基本问题, 令人信服的答案应当是什么呢? 那便是: 可以证明高斯消去法行之有效, 可以证明上述操作不会影响求解答案.

为此, 可以首先将任何给定的线性方程组用一个增广矩阵 (一个由方程组左边的系数矩阵和方程组右边的常量矩阵自然合成的矩阵) 表示出来; 定义与上述各种操作相应的初等矩阵, 然后将所对应的操作用矩阵的左乘运算或者右乘运算表示出来; 而这些初等矩阵按照操作实施的顺序可以顺序地相乘而得到一个可逆矩阵 (上述操作都是可逆操作, 即可以反向操作而还原); 这样一来, 最初的矩阵, 比如说是矩阵 A, 与最终的矩阵, 比如说是 B, 便具有一种等式关系: 与所有操作序列相对应的两个可逆矩阵, 比如说矩阵 C 和 D, 它们都是那些相应的初等矩阵的序列乘积; 而这两个可逆矩阵就完善地将初始矩阵和终结矩阵用矩阵等式 $C \cdot A \cdot D = B$ 关联起来; 最后的步骤便是用关于求解方程组所需要的操作步骤个数的数学归纳法来证明满足前面矩阵等式的两个线性方程组在求解问题上具有完全相同的答案. 于是, 高斯消去法的有效性便得以证明.

如果说高中数学课堂上所见到的线性方程组都是一些具体事物的话, 那么这些方程组的增广矩阵表示的就是对那些具体事物的一种抽象; 在这种抽象过程中, 变量被忽略了, 只留下了彼此相对固定起来的位置; 算术运算符号加号和方程中的等号被忽略了, 变成了一种不言自明的默认; 重点被保留起来的是那些方程左边的系数与右边的常量以及它们所在的相对位置. 如果说这种抽象是一种信息选择的过程的话, 那么将这种取舍之后的数据信息用选择一种固定的简洁 (单一) 符号表示出来便是一种符号化, 这是将黑板或纸张上的求解方程的过程用代数等式序列表现起来的必需. 这些简洁的表示符号既是前此抽象数据的综合体, 又是后续代数运算的承载物. 最后, 用矩阵乘法这样一种新颖的代数运算将求解方程组的高斯消去法过程中的每一个环节表现出来; 以相应的矩阵乘法等式序列表现整个求解过程. 从而将人的行为过程 —— 应用高斯消去法求解线性方程组的过程 —— 转换成可以用计算机实现的计算过程; **将人为过程植入到形式化的代数计算序列之中**.

例 0.2 *数数、自然数与冯 · 诺伊曼关于自然数的定义.*

数数是每一个人都曾经做过的事情. 这个过程的结果便是我们熟知的自然数. 那么到底什么是自然数? 为什么人为的正确的数数过程都一定得到同一的结果?

历史上, 不少人试图在一定的系统下定义自然数. 应当说, 冯 • 诺伊曼是最成功的一位. 他将自然数的定义问题置放到集合论系统下来解决. 他将每一个自然数解释为所有比所论自然数都小的那些自然数的全体之集合. 也就是说, 在冯 • 诺伊曼的自然数定义中, 每一个自然数都事实上是一个集合; 任何一个自然数都是比它小的那些自然数的集合. 比如说, 自然数 0 就是不包括任何元素的空集 $\varnothing$, 因为没有什么自然数还会比 0 小, 这样 0 便自然而然地成了最小的自然数; 自然数 1 便是只有一个元素的集合: $\{0\}$, 即 $1=\{0\}$; 自然数 $2=\{0,1\}$, $3=\{0,1,2\}$, 等等, 依此类推. 对于一般的自然数 n 而言, $n=\{0,1,\cdots,(n-1)\}$; 而自然数 n 的后继 $n+1$ 便自然而然地是集合 $n+1=n\cup\{n\}$. 如果仅仅只是关注自然数所表现的数量值, 那会有许多种可以实现的表现形式; 最为关键的是在冯 • 诺伊曼的自然数定义中, 他成功地不动声色地、不露任何痕迹地将数数过程抽象起来之后将数数这样一种人为过程植入到自然数的定义之中: **任何一个自然数, 不仅仅是一个数量, 还是一个计数器 (记录着一个抽象的数数过程的结果), 并且这种计数器还自动夹带着与其他自然数进行大小比较的功能.** 任何一个小孩对于包括 10 个物品的正确的数数过程的结果都完全等同于如下抽象的数数结果:

$$10=\{0,1,2,3,4,5,6,7,8,9\};$$

因为, 每数一件物品, 数值便自然增加一; 若从 1 开始, 数数的结果便是

$$\{1,2,3,4,5,6,7,8,9,10\}.$$

这两者之间的差别仅仅是习惯, 不是实质的数学差异, 因为这两种结果之间存在着一种天然的、简单的一一对应.

当然, 为了将这种想法准确无误地以数学定义的形式表示出来, 还需要将上述例子中的最根本的性质抽象出来: 每一个自然数都是一个集合; 任何一个自然数的元素都是它的一个子集合. 这样的集合便被称之为**传递集合**. 正是这样一种抽象的性质, 才形成了自然数集合和自然数最精致美妙的冯 • 诺伊曼定义.

例 0.3 推理、判断与逻辑代数.

正如上面两个典型例子所启示的那样, 数理逻辑也正是以数学思维中的分析、推理与判断为典范, 将分析、推理与判断这样的人为过程植入到逻辑代数之中, 植入到一阶逻辑系统之中. 那么, 为什么需要这样的系统性植入呢? 上面的两个例子已经包含了这个问题的部分答案: 为了系统性的自立 (一种尽可能的不必借助外部资源的自圆其说); 为了系统性地保障一般性和正确性.

分析、推理与判断是我们每天都不可少的一种思维活动. 这里有一个不可回避的基本问题就是: 我们的分析是否正确、是否合理? 我们的推理是否正确、是否一致? 我们的判断是否正确、是否一致? 在怎样的条件下我们能够知道或者能够相信这样分析和判断是正确的, 是合理的? 尽管我们的分析和判断会因为各种各样的处境和当时当地所面临的具体问题会有内容上的千差万别, 但若将分析和判断抽象起来, 将那些具体内容过滤掉只保留那些分析和判断所涉及的语言表达式序列, 正确的、合理的、一致的分析和判断就有着基本的共同之处; 错误的、不合理的、自相矛盾的分析和判断自然也有着基本的共同之处. 寻求将各种各样的分析和判断的内容和形式分离, 从而得到合适的抽象, 明了那些基本共同之处, 进而得出那些可以有效识别、分析和判断中的错误, 以期保证分析和判断的正确性的基本规律, 并且将人为分析和判断过程植入到这些抽象表示的序列之中, 这便是逻辑学的根本任务. 换句话说, 逻辑学的根本目的是探讨如何系统地、独立于个人意志地规定合理性, 以及怎样在前提的合理性和结论的合理性之间系统地、独立于个人意志地、有效地、简洁而准确地、完备地保持一致性和可靠性. 这就如同应用高斯消去法求解线性方程组那样, 各个具体的线性方程组就其内容而言可谓千差万别, 但当只关注方程组的基本形式以及高斯消去法所涉及的基本操作时, 我们所看到的就只有那些基本共同之处, 从而得以抽象出矩阵表示与矩阵乘法, 进而解答高斯消去法的有效性和正确性问题. 数理逻辑也正是在数学范畴里圆满地完成了这样的根本任务.

关于分析、推理和判断的基本形式律早在古希腊的柏拉图 (Plato) 和亚里士多德 (Aristotle) 那里就已形成形式逻辑体系①, 而以代数运算律将分析、推理和判断中纯粹的形式律圆满表示出来的则是英国人布尔 (G. Boole) 的工作②. 布尔所建立的逻辑代数体系只是完成了将分析、推理和判断这样的人为过程抽象地用代数律

① 形而上学, 亚里士多德著, 吴寿彭译, 商务印书馆, 1983.

② *An Investigation of the Laws of Thought*, George Boole (Macmillan, 1854), Dover Publications, 1958.

表示出来的任务, 成功地实现了形式与内涵的分离. 但是, 如何再重新将这些形式律与人为分析、推理和判断中的内涵统一起来, 这在当时依旧是一个悬而未决的问题. 圆满解决这一问题便成为数理逻辑的根本任务. 这一任务由弗雷格 (Frege)①、康托 (Cantor)②、皮阿诺 (Peano)③、希尔伯特 (Hilbert)④、策梅洛 (Zermelo)⑤、哥德尔 (Gödel)⑥、塔尔斯基 (Tarski)⑦等人的一系列工作完成.

本书的一个重要任务就是向读者清晰地解释形式逻辑, 以及数理逻辑是怎样完成这一任务的. 如果读者有兴趣并希望有一个快速通道, 在没有通读这本导引之前便了解逻辑学是怎样面临这样的任务, 以及在经历了一个什么样的历程之后怎样完成这样的任务, 那么我推荐读者参阅 2012 年由科学出版社出版的《数学所讲座 2010》一书中的拙文《形式与内涵, 莱布尼兹之梦》一文 (第 107 页至第 161 页).

① *Begriffsschrift, eine der arithmetischen nachgebildete Formelspache des reinen Denkens*, Gottlob Frege, Halle, 1879.

② *Contributions to the Founding of the Theory of Transfinite Numbers*, Georg Cantor (Open Court Publishing Company, 1915), Dover Publications, 1955.

③ *Arithmetices Principia, Nova Methodo Exposita* (*The principles of Arithmetic, presented by a new method*), Giuseppe Peano, Turin, 1889.

④ *Grundlagen der Geometrie*, David Hilbert, Teubner, 1930.

⑤ *Untersuchungen über die Grundlagen der Mengenlehre I*, Mathematische Annalen, 261-281, 1908.

⑥ *Über die Vollständigkeit des Logikkalküls*, Kurt Gödel, Thesis, University of Vienna, 1930.

⑦ *Logic, Sematics, Metamathematics*, Alfred Tarski, Oxford University Press, 1956.

第1章 命题逻辑

1.1 基本问题

问题 1.1 *我们先从两个哲学问题着手:*

(1) *什么是认识的正确性? 怎样保证认识的正确性?*

(2) *什么是认识的完整性? 怎样达到认识的完整性?*

将这样的哲学问题转变成下面的逻辑学问题, 我们就能够给出比较严格的回答. 可以说, 逻辑学就是探讨在是非判断中关于表达和判定的系统规律的学问. 逻辑学的根本目的在于探讨如何系统地 (独立于个人意志地)、规定合理性 (规定孰是孰非), 以及怎样在前提的合理性和结论的合理性之间系统地 (独立于个人意志地)、有效地 (简洁而准确地)、完备地保持一致性和可靠性.

问题 1.2 (1) *如何系统地一致地实现是非判断? (逻辑学试图回答的一个基本问题)*

> (a) *怎样将复杂的是非判断经过一种不混淆是非的途径归结为简单的是非判断?*
>
> (b) *如何才能在不混淆是非的原则下将是非判断植入 (或者融合到) 语言表达式的从简单到复杂的构造之中?*

(2) *语义分析在是非判断中怎样发挥作用? 能否在脱离语义的情形下实现对复杂表达式的是非判断? 如果可以, 那么脱离语义的形式推理和语义分析在是非判断中是否一致? 是否统一? (这是逻辑学试图回答的一个核心问题.)*

先暂时忽略表达式含义在是非判断中的根本作用, 将由语义所决定的是非判断当成一种给定的是非判断, 在这个基础上, 我们来探讨在忽略语义的前提下, 表达式的是非判断应该怎样逻辑地实现? 怎样才算合乎逻辑? 这样做的合理性何在? 完备性何在? 这一部分的内容就是命题逻辑的内容. 后面, 在一阶逻辑部分, 我们将探讨语义怎样决定是非判断, 以及语义分析与形式推理之间的必然联系.

在命题逻辑这一部分, 我们主要致力于回答如下一系列问题:

问题 1.3 (1) *怎样从原始简单命题出发, 经过适当地反复添加逻辑联结词, 迭代地将它们串联组成越来越复杂的复合命题? 这是我们的造句问题. 我们将会看到, 那些原始简单命题是造句的原始材料, 对它们我们不做任何处理; 实际上我们做的是怎样合适地将它们之间可能的逻辑关系, 以及对它们可能做出的各种逻辑判断融*

合进复合命题之中.

(2) 那些经过使用逻辑关系符号适当串联构造出来的复合命题的真假判定对用于构成它们的那些原始简单命题的真假判定的系统性依赖关系是什么？这是我们的系统性真假判定问题. 我们将会看到，尽管对于那些原始简单命题的真假判定可以含有很强的主观特性，也就是说，人们可以按照自己的主观愿望或者某种需要来选择某些原始简单命题为真命题和选择另外的原始简单命题为假命题. 但是，那些复合命题的真假判定则完全由它的造句结构在它的组成原始简单命题的真假值基础上系统地计算而得出. 也就是说，人们可以依照主观选择对原始简单命题进行真假判定，但是不可以依照主观选择对复合命题进行真假判定，除非人们一开始就不接受那些系统的逻辑规则. 换句话说，那些复合命题的真假判定是由逻辑系统的计算规则给出的，完全独立于任何个人的主观愿望①.

(3) 什么是 (完全独立于个人主观喜好和个人选择意志的客观) 谬论？什么是 (完全独立于个人主观喜好和个人选择意志的客观) 真理？什么是 (可以依赖于个人主观喜好和个人选择意志的) 可真可假、可对可错？这是思维过程中的客观定论和主观选择定论的区分问题. 我们将会看到，所有的那些原始简单命题都是可真可假、可对可错的命题，也正是那些大量的可真可假、可对可错的原始简单命题和复合命题，才根本性地迫使我们在现实生活中必须对是非对错进行基本思考和基本选择；同时也应当了解到，正是这些可真可假的命题构成了现代计算机逻辑线路设计的理论基础.

(4) 什么是理论上的矛盾和冲突？什么是理论上的一致、相容与和谐？什么是理论上的可以分析预知的结果？什么是理论上的逻辑推论和证明结果？什么是理论上 (关于是非对错的基本选择之后) 自然而然发生的后果？什么是 (自我选择之后的) 相对真理？这是主观选择的适当性问题. 我们将会看到，并不是被称为“理论”的就一定是某种“真理”；任何一种理论，都必须面对自身的一致性或无矛盾性的挑战，而且是否真正能够赢得这种挑战，与理论的持有者所处的社会地位或者所持有的强权没有丝毫的关系.

(5) 理论上可以分析预知或推理得到的结果是否一定与相对真理相吻合呢？这是命题逻辑系统的合理性问题.

(6) 是否每一条相对真理都一定可以分析预知或者推理得到呢？这是命题逻辑系统的完备性问题.

---

① 在日常社会生活中，哪些是我们可以主观选择的呢？首先是是非标准的选择：什么应当算作是？什么应当算作非？这里既有个人选定立场的作用，也有个人认知智慧的决定作用；其次就是是非的基本选择：这包括对原始简单命题的肯定与否定的选择 (将选择为肯定的当成基本的真理，即真命题；将选择为否定的当成基本的伪理，即假命题)，以及对于部分复合命题的肯定性选择 (被肯定的自然是真，被肯定的否命题自然被否定，从而是假).

1.2 命题表达式

定义 1.1 (符号) 命题逻辑的语言符号有两种:

(1) 逻辑符号: ($\neg$ $\rightarrow$);

(2) 命题符号: 对应于每一个自然数 $n \in \mathbb{N}$①, 有一个命题符号 A_n.

在上述符号的基础上, 我们还会以定义方式引进表示简写表达式所需要的逻辑符号. 表 1.1 是这些符号以及它们的中文名称、书写形式以及读法的一个总表.

表 1.1 逻辑符号简写总表

联结符号	联结词名称	单名	写法	读法
$\neg$	否定	非	$(\neg A)$	非 A
$\wedge$	合取	与	$(A \wedge B)$	A 与 B
$\vee$	析取	或	$(A \vee B)$	A 或 B
$\rightarrow$	蕴含	含	$(A \rightarrow B)$	A 含 B
$\leftrightarrow$	互含	同	$(A \leftrightarrow B)$	A 同 B

命题逻辑的语言符号集合 (符号表) 记成 Σ:

$$\Sigma = \{(, \neg, \rightarrow,), A_n \mid n \in \mathbb{N}\}.$$

命题逻辑的语言符号串(文字) 之集合 (文字表) 记成 Σ^*:

$$\Sigma^* = \{s \mid \exists n \in \mathbb{N}\,(s : n \rightarrow \Sigma)\}.$$

Σ^* 是 Σ 上的所有有限长度的序列②的集合. 对于每一个这样的有限序列 $s \in \Sigma^*$, 称 s 所罗列的符号的个数为 s 的长度, 并记成 $|s|$. 常将 s 写成

$$s = \langle s_1, \cdots, s_{|s|}\rangle.$$

对于 $s, t \in \Sigma^*$, 若 $s = \langle s_1, \cdots, s_{|s|}\rangle$, $t = \langle t_1, \cdots, t_{|t|}\rangle$, 定义

$$s * t = \langle s_1, \cdots, s_{|s|}, t_1, \cdots, t_{|t|}\rangle,$$

得到一个长度为 $|s| + |t|$ 的序列③. 注意: 这种序列的连接运算 $*$ 是不可交换的, 但是这种序列连接运算满足结合律.

① 用记号 $\mathbb{N}$ 表示自然数集合; 自然数从 $0 = \varnothing$ 开始; 每一个自然数 $n = \{i \in \mathbb{N} \mid i < n\}$ 是所有比它小的自然数的全体所成的集合; 所以, $n+1 = n \cup \{n\}$ 是自然数 n 的后继; 递归地, $n+m = n \cup \{n+i \mid i < m\}$.

② 这里的序列是一种定义在某个自然数上的函数; 记号 $f : X \rightarrow Y$ 表示 "f 是从定义域 X 到值域 Y 的函数": 这里的符号 $\rightarrow$ 是表示函数或者映射的一个记号, 不是上面的蕴含符号.

③ $(s * t)(i) = \begin{cases} s(i), & \text{如果 } i < |s|, \\ t(i - |s|), & \text{如果 } |s| \leqslant i < |s| + |t|. \end{cases}$

定义 1.2 (命题语言) (1) Σ^* 的一个子集合 L 是一个准语言当且仅当 L 满足如下条件:

(a) 每一个命题符号 A_n 的简单序列 $\langle A_n \rangle$ 都在 L 中, 即 $\langle A_n \rangle \in L$;

(b) 如果 $s \in L$, 那么 $\langle (\neg\rangle * s * \langle)\rangle \in L$;

(c) 如果 $s, t \in L$, 那么 $\langle (\rangle * s * \langle \to \rangle * t * \langle)\rangle \in L$.

(2) **命题语言**$\mathcal{L}_0$是一个满足如下要求的一个准语言:

$$\text{如果 } L \text{ 是一个准语言, 那么 } \mathcal{L}_0 \subseteq L.$$

也就是说, $\mathcal{L}_0$ 是最小的准语言.

(3) 称 $\mathcal{L}_0$ 中的元素为**命题表达式**; 反之亦然.

定理 1.1 命题语言 $\mathcal{L}_0$ 是所有准语言的交.

证明 首先注意到 Σ^* 是一个准语言. 令 L_0 为所有准语言的交. 只需证明 L_0 是一个准语言. □

引理 1.1 (可读性) 假设 $\varphi \in \mathcal{L}_0$. 那么下列三个条件必居其一, 且只居其一:

(1) φ 是某一个 $\langle A_n \rangle (n \in \mathbb{N})$;

(2) φ 是某一个 $\langle (\neg\rangle * \psi * \langle)\rangle$, 而且 $\psi \in \mathcal{L}_0$;

(3) φ 是某一个 $\langle (\rangle * \psi_1 * \langle \to \rangle * \psi_2 * \langle)\rangle$, 而且 $\{\psi_1, \psi_2\} \subset \mathcal{L}_0$.

证明 令 $L_1 \subseteq \mathcal{L}_0$ 为 $\mathcal{L}_0$ 中那些所有满足上述三个条件之一的命题表达式所组成的子集合. 可证 L_1 是一个准语言. 从而, $L_1 = \mathcal{L}_0$.

另外, 可见三个条件互相冲突, 不能同时成立. □

定理 1.2 (唯一可读性) 假设 $\varphi \in \mathcal{L}_0$. 那么下列三个条件必居其一, 且只居其一:

(1) φ 是某一个 $\langle A_n \rangle (n \in \mathbb{N})$;

(2) φ 是某一个 $\langle (\neg\rangle * \psi * \langle)\rangle$, 而且 $\psi \in \mathcal{L}_0$, 并且此 ψ 是唯一的;

(3) φ 是某一个 $\langle (\rangle * \psi_1 * \langle \to \rangle * \psi_2 * \langle)\rangle$, 而且 $\{\psi_1, \psi_2\} \subset \mathcal{L}_0$, 并且此 ψ_1 和 ψ_2 是唯一的.

需要引入如下引理:

引理 1.2 (前缀引理) 如果 $\varphi \in \mathcal{L}_0$, 那么没有 φ 的任何真前缀会在 $\mathcal{L}_0$ 之中.

证明 对命题表达式的长度施归纳.

当 φ 的长度为 1 时, 它的真前缀就是空序列, 因此不能是表达式.

设 φ 的长度为 $n > 1$. 作为归纳假设, 假定每一个长度小于 n 的表达式都遵守前缀引理的结论. 此时, φ 或者是 $(\neg\psi)$, 或者是 $(\psi_1 \to \psi_2)$.

第一, φ 是一个否定式 $(\neg\psi)$. 假设 $s \in \mathcal{L}_0$ 是 φ 的一个前缀. 根据可读性引理, 无论是 $\langle(\rangle$ 还是 $\langle(,\neg\rangle$ 都不是表达式, 序列 $\langle(,\neg\rangle$ 一定是 s 的一个真前缀. 同样根据可读性引理, $\neg$ 不会是任何表达式的第一个符号, 这就意味着 s 不可能是形如

$(\psi_1 \to \psi_2)$ 的一个表达式. 据同样的理由, s 不可能是任何一个 $\langle A_i \rangle$. 于是, s 只能是一个否定式 $(\neg\theta)$. 但这就意味着 θ 是一个表达式, 而且是 ψ 的一个前缀. 由于 ψ 的长度比 φ 的长度小, 根据归纳假设, 必有 θ 就是 ψ. 从而, s 就是 φ.

第二, φ 是一个蕴含式 $(\psi_1 \to \psi_2)$. 假设 $s \in \mathcal{L}_0$ 是 φ 的一个前缀. 由于 $\neg$ 不会是任何一个表达式的第一个符号, 而 s 的第二个符号一定和 ψ_1 的第一符号相同, 这就意味着 s 不能是一个否定式. 因为 s 的第一个符号是 (, s 不能是一个 $\langle A_i \rangle$. 根据表达式可读性引理, 这些就表明 s 一定是一个蕴含式 $(\theta_1 \to \theta_2)$. 由于 $\psi_1, \psi_2, \theta_1, \theta_2$ 都是长度严格小于 φ 的长度的表达式, 应用归纳假设, 得到 θ_1 就是 ψ_1, 以及 θ_2 就是 ψ_2. 从而 s 就是 φ. □

1.3 逻辑赋值与可满足性

命题逻辑的语义内容是确定命题表达式的真假值: 什么时候 $\mathcal{L}_0$ 中一个命题表达式具有一个什么样的逻辑值?

定义 1.3 (真假赋值) 一个关于 $\mathcal{L}_0$ 的真假赋值 ν 就是一个从命题符号集合到真假值集合 $\{T, F\}$ 的一个映射 ν:

$$\nu : \{A_n \mid n \in \mathbb{N}\} \to \{T, F\}.$$

定义 1.4 (1) 定义 $H_\neg : \{T, F\} \to \{T, F\}$ 如下:

$$H_\neg(T) = F, H_\neg(F) = T;$$

(2) 定义 $H_\to : \{T, F\}^2 \to \{T, F\}$ 如下:

$$H_\to(T, T) = H_\to(F, T) = H_\to(F, F) = T, H_\to(T, F) = F.$$

定理 1.3 (唯一扩张定理) 每一个关于 $\mathcal{L}_0$ 的真假赋值 ν 都可以唯一地扩张成一个从 $\mathcal{L}_0$ 到 $\{T, F\}$ 满足如下要求的映射 $\bar{\nu}$:

(1) 对于每一个自然数 $n \in \mathbb{N}$, 都有 $\bar{\nu}(\langle A_n \rangle) = \nu(A_n)$;

(2) 对于每一个命题表达式 $\psi \in \mathcal{L}_0$, 都有

$$\bar{\nu}(\langle (\neg \rangle * \psi * \langle) \rangle) = H_\neg(\bar{\nu}(\psi));$$

(3) 对于任何两个命题表达式 $\psi_1 \in \mathcal{L}_0$ 和 $\psi_2 \in \mathcal{L}_0$, 都有

$$\bar{\nu}(\langle (\rangle * \psi_1 * \langle \to \rangle * \psi_2 * \langle) \rangle) = H_\to(\bar{\nu}(\psi_1), \bar{\nu}(\psi_2)).$$

证明 依据命题表达式的复杂性施递归. □

定理 1.4 (局部确定性) 设 $\varphi \in \mathcal{L}_0$ 为一个命题表达式. 再设 ν 和 μ 是两个关于 $\mathcal{L}_0$ 的真假赋值. 如果对于在 φ 中出现的每一个命题符号 A_i 都有

$$\nu(A_i) = \mu(A_i),$$

那么一定有 $\bar{\nu}(\varphi) = \bar{\mu}(\varphi)$. 也就是说, 对于一个关于 $\mathcal{L}_0$ 的真假赋值 ν, 它的典型扩张 $\bar{\nu}$ 在任何一个命题表达式 φ 上的取值都完全由 ν 在 φ 中出现的那些命题符号上的取值所唯一确定.

证明 对表达式的长度施归纳. □

定义 1.5 (可满足性) (1) 一个关于 $\mathcal{L}_0$ 的真假赋值 ν 满足一个命题表达式 φ 当且仅当 $\bar{\nu}(\varphi) = T$;

(2) 一个关于 $\mathcal{L}_0$ 的真假赋值 ν 满足一个命题表达式集合 $\Gamma \subset \mathcal{L}_0$ 当且仅当 ν 同时满足 Γ 中的每一个命题表达式 $\varphi \in \Gamma$, 即对于每一个 $\varphi \in \Gamma$ 都有 $\bar{\nu}(\varphi) = T$;

(3) $\varphi \in \mathcal{L}_0$ 是一个可满足的命题表达式当且仅当存在一个满足 φ 的关于 $\mathcal{L}_0$ 的真假赋值;

(4) $\Gamma \subset \mathcal{L}_0$ 是可满足的当且仅当存在一个满足 Γ 的关于 $\mathcal{L}_0$ 的真假赋值;

(5) $\varphi \in \mathcal{L}_0$ 是一个重言式或恒真命题当且仅当每一个关于 $\mathcal{L}_0$ 的真假赋值都满足 φ;

(6) $\varphi \in \mathcal{L}_0$ 是一个谬论或自相矛盾或恒假命题当且仅当没有任何一个关于 $\mathcal{L}_0$ 的真假赋值满足 φ.

定义 1.6 (逻辑结论) 令 $\varphi \in \mathcal{L}_0$ 以及 $\Gamma \subseteq \mathcal{L}_0$. φ 是 Γ 的一个逻辑结论, 或者 Γ 逻辑地蕴涵 φ, 当且仅当对于任意一个真假赋值 ν, 如果 ν 满足 Γ, 那么 ν 一定满足 φ.

用记号 $\Gamma \models \varphi$ 来表示 "φ 是 Γ 的一个逻辑结论".

例 1.1 (1) $\mathcal{L}_0$ 是一个不可满足的集合, $\{\langle A_0 \rangle\}$ 是一个可以满足的集合;

(2) $\langle (, A_0, \to, A_0,) \rangle$ 是一个重言式;

(3) $\langle (\neg(A_0 \to A_0)) \rangle$ 是一个谬论;

(4) $(\neg((\neg A_1) \to A_2))$ 是可满足的, 但不是一个重言式;

(5) 对于 $\varphi \in \mathcal{L}_0$ 有 $\mathcal{L}_0 \models \varphi$ 以及 $\langle (\neg(A_0 \to A_0)) \rangle \models \varphi$;

(6) $\{A_0\} \models A_0$;

(7) $\{\} \models \langle (A_n \to A_n) \rangle$;

(8) $\{A_0, (A_0 \to A_n)\} \models A_n$.

问题 1.4 (1) 给定一个命题表达式, 应当怎样有效地确定它是否可满足?

(2) 应当怎样确定一个给定命题表达式集合 Γ 是否可满足?

定理 1.5 有分别确定任何一个给定命题表达式是否为重言式、可满足、谬论的算法.

从而得到任意给定 $\mathcal{L}_0$ 的一个有限集合 Γ, 我们都能够有效地判断 Γ 是否可满足. 后面将看到, 任意给定一个 $\Gamma \subset \mathcal{L}_0$, Γ 是可满足的充分必要条件是它的每一个有限子集合都是可满足的. 这就是命题逻辑的紧致性定理.

1.4　布尔函数可表示性

问题 1.5　为什么我们只选取了逻辑非 $\neg$ 和逻辑蕴含 $\to$ 两个逻辑符号, 而通常所用的逻辑合取 $\wedge$, 逻辑析取 $\vee$, 逻辑等价 $\leftrightarrow$ 没有被采用?

定义 1.7 (真值函数)　所有的函数 $v: \{T, F\}^{n+1} \to \{T, F\}(n \in \mathbb{N})$ 都被称为真值函数 (或布尔函数), 反之亦然.

令 $\varphi \in \mathcal{L}_0$ 为一个命题表达式. 假设 φ 中的每一个命题符号都在集合

$$\{A_0, \cdots, A_{n-1}\}$$

中, 即 n 足够大. 那么 φ 可以如下典型地诱导出一个 n 元真值函数 f_φ:

任给 $\sigma \in \{T, F\}^n$, 令

$$\nu_\sigma(A_i) = \begin{cases} \sigma(i), & \text{如果 } i < n, \\ T, & \text{如果 } n \leqslant i. \end{cases}$$

然后再令 $f_\varphi(\sigma) = \bar{\nu}_\sigma(\varphi)$.

一个真值函数 $f: \{T, F\}^{n+1} \to \{T, F\}$ 可以由命题表达式 φ 所诱导, 当且仅当 φ 中的每一个命题符号都是前 n 个命题符号中的一个, 而且 $f = f_\varphi$.

定理 1.6 (布尔函数可表示性)　假设 $f: \{T, F\}^{n+1} \to \{T, F\}$ 是一个真值函数. 那么一定有一个可以诱导出 f 的命题表达式 $\varphi \in \mathcal{L}_0$ 存在.

证明　首先, 为了简明起见, 我们先递归地引进两组记号:

- 用 $(\varphi \wedge \psi)$ 来记表达式 $(\neg(\varphi \to (\neg\psi)))$;
- 用 $(\varphi_1 \wedge \cdots \wedge \varphi_m)$ 来记 $(\varphi_1 \wedge (\varphi_2 \wedge \cdots \wedge \varphi_m))$.

比如说, $(\varphi_1 \wedge \varphi_2 \wedge \varphi_3)$ 记录下列表达式:

$$(\neg(\varphi_1 \to (\neg(\varphi_2 \to (\neg\varphi_3))))).$$

- 用 $(\varphi \vee \psi)$ 来记表达式 $((\neg\varphi) \to \psi)$;
- 用 $(\varphi_1 \vee \cdots \vee \varphi_m)$ 来记 $(\varphi_1 \vee (\varphi_2 \vee \cdots \vee \varphi_m))$.

比如说, $(\varphi_1 \vee \varphi_2 \vee \varphi_3)$ 记录下列表达式:

$$((\neg\varphi_1) \to ((\neg\varphi_2) \to \varphi_3)).$$

其次, 对于每一个 $\sigma \in \{T,F\}^n$, 我们引进一组 n 个表达式 $\theta_i(1 \leqslant i \leqslant n)$ 来记录 σ 在每一点的取值: 令 $\sigma \in \{T,F\}^n$, 设 $1 \leqslant i \leqslant n$, 定义

$$\theta_{\sigma,i} = \begin{cases} A_{i-1}, & \text{如果 } \sigma(i-1) = T; \\ (\neg A_{i-1}), & \text{如果 } \sigma(i-1) = F. \end{cases}$$

从而, 对每一个 $\sigma \in \{T,F\}^n$, 令 ψ_σ 为这一组 n 个表达式 $\theta_{\sigma,i}$ 的合取:

$$(\theta_{\sigma,1} \wedge \cdots \wedge \theta_{\sigma,m}).$$

注意: 对于任给真假赋值 ν:

$$\bar{\nu}(\psi_\sigma) = T \iff \forall i(1 \leqslant i \leqslant n \to \nu(A_{i-1}) = \sigma(i-1)).$$

最后, 给定 $f : \{T,F\}^n \to \{T,F\}$, 定义

$$\psi_f = \bigvee\{\psi_\sigma \mid \sigma \in \{T,F\}^n \ \wedge \ f(\sigma) = T\}.$$ □

在数学实践中, 还有逻辑运算 "与"($\wedge$)"或"($\vee$) 和 "等价"($\leftrightarrow$). 我们的命题逻辑语言中并没有引进. 这是因为它们都可以由前面引进的两个符号所定义. 首先, 与这些逻辑运算相对应的真值函数如下:

定义 1.8 (1) 定义 $H_\vee : \{T,F\}^2 \to \{T,F\}$ 如下:

$$H_\vee(T,T) = H_\vee(F,T) = H_\vee(T,F) = T, H_\vee(F,F) = F;$$

(2) 定义 $H_\wedge : \{T,F\}^2 \to \{T,F\}$ 如下:

$$H_\wedge(F,F) = H_\wedge(F,T) = H_\wedge(T,F) = F, H_\wedge(T,T) = T;$$

(3) 定义 $H_\leftrightarrow : \{T,F\}^2 \to \{T,F\}$ 如下:

$$H_\leftrightarrow(T,T) = H_\leftrightarrow(F,F) = T, H_\leftrightarrow(F,T) = H_\leftrightarrow(T,F) = F.$$

定义 1.9 设 $\varphi, \psi \in \mathcal{L}_0$, 称 φ 与 ψ 逻辑地等价当且仅当

$$\{\varphi\} \models \psi \text{ 以及 } \{\psi\} \models \varphi.$$

命题 1.1 设 $\varphi, \psi \in \mathcal{L}_0$.
(1) $(\varphi \wedge \psi)$ 逻辑地等价于表达式 $(\neg(\varphi \to (\neg\psi)))$;
(2) $(\varphi \vee \psi)$ 逻辑地等价于表达式 $((\neg\varphi) \to \psi)$;
(3) $(\varphi \leftrightarrow \psi)$ 逻辑地等价于表达式 $((\varphi \to \psi) \wedge (\psi \to \varphi))$.

令

$$\Sigma_1 = \{(, \neg, \rightarrow, \vee, \wedge, \leftrightarrow,)\} \cup \{A_n \mid n \in \mathbb{N}\}.$$

定义 1.10 (∗ 命题语言)　(1) Σ_1^* 的一个子集合 L 是一个 ∗ 准语言当且仅当 L 满足如下条件:

(a) 每一个命题符号 A_n 的简单序列 $\langle A_n\rangle$ 都在 L 中, 即 $\langle A_n\rangle \in L$;

(b) 如果 $s \in L$, 那么 $\langle(\rangle * s * \langle)\rangle \in L$;

(c) 如果 $s, t \in L$, 那么 $\langle(\rangle * s * \langle\rightarrow\rangle * t * \langle)\rangle \in L$;

(d) 如果 $s, t \in L$, 那么 $\langle(\rangle * s * \langle\vee\rangle * t * \langle)\rangle \in L$;

(e) 如果 $s, t \in L$, 那么 $\langle(\rangle * s * \langle\wedge\rangle * t * \langle)\rangle \in L$;

(f) 如果 $s, t \in L$, 那么 $\langle(\rangle * s * \langle\leftrightarrow\rangle * t * \langle)\rangle \in L$.

(2) 命题语言 $\mathcal{L}_0^*$ 是一个满足如下要求的一个 ∗ 准语言:

$$\text{如果 } L \text{ 是一个} * \text{准语言, 那么 } \mathcal{L}_0^* \subseteq L.$$

也就是说, $\mathcal{L}_0^*$ 是最小的 ∗ 准语言.

定理 1.7 (∗ 唯一扩张定理)　每一个关于 $\mathcal{L}_0$ 的真假赋值 ν 都可以唯一地扩张成一个从 $\mathcal{L}_0^*$ 到 $\{T, F\}$ 满足如下要求的映射 $\bar{\nu}$:

(1) 对于每一个自然数 $n \in \mathbb{N}$, 都有

$$\bar{\nu}(\langle A_n\rangle) = \nu(A_n);$$

(2) 对于每一个命题表达式 $\psi \in \mathcal{L}_0^*$, 都有

$$\bar{\nu}(\langle(\neg\rangle * \psi * \langle)\rangle) = H_{\neg}(\bar{\nu}(\psi));$$

(3) 对于任何两个命题表达式 $\psi_1 \in \mathcal{L}_0^*$ 和 $\psi_2 \in \mathcal{L}_0^*$, 都有

$$\bar{\nu}(\langle(\rangle * \psi_1 * \langle\rightarrow\rangle * \psi_2 * \langle)\rangle) = H_{\rightarrow}(\bar{\nu}(\psi_1), \bar{\nu}(\psi_2));$$

(4) 对于任何两个命题表达式 $\psi_1 \in \mathcal{L}_0^*$ 和 $\psi_2 \in \mathcal{L}_0^*$, 都有

$$\bar{\nu}(\langle(\rangle * \psi_1 * \langle\vee\rangle * \psi_2 * \langle)\rangle) = H_{\vee}(\bar{\nu}(\psi_1), \bar{\nu}(\psi_2));$$

(5) 对于任何两个命题表达式 $\psi_1 \in \mathcal{L}_0^*$ 和 $\psi_2 \in \mathcal{L}_0^*$, 都有

$$\bar{\nu}(\langle(\rangle * \psi_1 * \langle\wedge\rangle * \psi_2 * \langle)\rangle) = H_{\wedge}(\bar{\nu}(\psi_1), \bar{\nu}(\psi_2));$$

(6) 对于任何两个命题表达式 $\psi_1 \in \mathcal{L}_0^*$ 和 $\psi_2 \in \mathcal{L}_0^*$, 都有

$$\bar{\nu}(\langle(\rangle * \psi_1 * \langle\leftrightarrow\rangle * \psi_2 * \langle)\rangle) = H_{\leftrightarrow}(\bar{\nu}(\psi_1), \bar{\nu}(\psi_2)).$$

定义 1.11 称 $\varphi \in \mathcal{L}_0$ 和 $\phi \in \mathcal{L}_0^*$ 为逻辑等价当且仅当对于每一个关于 $\mathcal{L}_0$ 的真假赋值 ν, 都必有

$$\bar{\nu}(\varphi) = \bar{\nu}^*(\psi),$$

其中, $\bar{\nu}^*$ 是 ν 在 $\mathcal{L}_0^*$ 上的典型扩张, $\bar{\nu} = \bar{\nu}^* \upharpoonright \mathcal{L}_0$, 即 ν 在 $\mathcal{L}_0$ 上的典型扩张.

1.5 可证明性与一致性

我们现在的目标是要证明前面所讲到的命题逻辑的紧致性定理: 一个命题表达式的集合 Γ 是可满足的充分必要条件是它的每一个子集合都是可满足的.

为此, 我们引进一个命题逻辑的推理系统, 定义命题逻辑中的证明, 并建立起命题逻辑的完备性定理: 基于语义考虑的逻辑推论和基于形式推理考虑的定理其实是同一回事情. 从而, 一个命题表达式集合 Γ 的可满足性与不会由它出发导致矛盾完全等价. 进而, 便得到上述紧致性定理.

定义 1.12 (逻辑公理) 设 φ_1, φ_2 和 φ_3 为任意的三个命题表达式. 如下的任何一个命题表达式都是一条逻辑公理:

(I) 第一组公理

(1) $((\varphi_1 \to (\varphi_2 \to \varphi_3)) \to ((\varphi_1 \to \varphi_2) \to (\varphi_1 \to \varphi_3)))$ (蕴含分配律);

(2) $(\varphi_1 \to \varphi_1)$ (自蕴含律);

(3) $(\varphi_1 \to (\varphi_2 \to \varphi_1))$ (第一宽容律);

(II) 第二组公理

(1) $(\varphi_1 \to ((\neg\varphi_1) \to \varphi_2))$ (第二宽容律);

(III) 第三组公理

(1) $(((\neg\varphi_1) \to \varphi_1) \to \varphi_1)$ (第一归谬律);

(IV) 第四组公理

(1) $((\neg\varphi_1) \to (\varphi_1 \to \varphi_2))$ (第三宽容律);

(2) $(\varphi_1 \to ((\neg\varphi_2) \to (\neg(\varphi_1 \to \varphi_2))))$ (合取律);

定义 1.13 (证明) 设 $\Gamma \subset \mathcal{L}_0$.

(1) 设 $s = \langle \varphi_1, \cdots, \varphi_n \rangle$ 是命题表达式的一个有限序列. 称 s 是 Γ 的一个证明当且仅当对于每一个 $1 \leqslant i \leqslant n$, 必有下列之一成立:

(a) $\varphi_i \in \Gamma$; 或者

(b) φ_i 是一条逻辑公理; 或者

(c) 存在满足后述性质的 $1 \leqslant j_1, j_2 < i$: φ_{j_2} 是命题表达式 $(\varphi_{j_1} \to \varphi_i)$.

(2) 一个命题表达式 $\varphi \in \mathcal{L}_0$ 是 Γ 的一个定理, 记成 $\Gamma \vdash \varphi$, 或者 Γ 证明 φ, 或者 φ 是由 Γ 可证明的, 当且仅当存在 Γ 的一个证明 $s = \langle \varphi_1, \cdots, \varphi_n \rangle$, 而 φ 就是这

个证明序列的最后一个表达式 φ_n.

注意: 任何一个 Γ 证明的前缀都是一个 Γ 证明; 将 Γ 的两个证明序列相加 (连接) 在一起的时候, 其结果仍然是 Γ 的一个证明.

我们来证明两个可以解释证明内在本质的技术性引理.

引理 1.3 (导出引理)　令 $\Gamma \subseteq \mathcal{L}_0$, $\varphi \in \mathcal{L}_0$, $\psi \in \mathcal{L}_0$. 如果 ψ 和 $(\psi \to \varphi)$ 都是 Γ 的定理, $\Gamma \vdash \psi$, $\Gamma \vdash (\psi \to \varphi)$, 那么 φ 也是 Γ 的一条定理, 即 $\Gamma \vdash \varphi$.

证明　设 $\langle \varphi_1, \cdots, \varphi_n \rangle$ 是 ψ 的一个 Γ 证明; 又设 $\langle \theta_1, \cdots, \theta_m \rangle$ 是 $(\psi \to \varphi)$ 的一个 Γ 证明. 那么, 下面的表达式序列

$$\langle \varphi_1, \cdots, \varphi_n, \theta_1, \cdots, \theta_m, \varphi \rangle$$

就是 φ 的一个 Γ 证明. □

引理 1.4 (演绎引理)　令 $\Gamma \subseteq \mathcal{L}_0$, $\varphi \in \mathcal{L}_0$, $\psi \in \mathcal{L}_0$. 如果 $\Gamma \cup \{\psi\} \vdash \varphi$, 那么 $\Gamma \vdash (\psi \to \varphi)$.

证明　(注意: 在演绎引理的证明中, 我们将应用逻辑公理 (I(3)), 而且只应用它们)

设 $\langle \psi_1, \cdots, \psi_n \rangle$ 是 φ 的一个 $\Gamma \cup \{\psi\}$ 证明. 对 $1 \leqslant i \leqslant n$ 施归纳, 证明: 对于每一个 $1 \leqslant i \leqslant n$, 都有 $\Gamma \vdash (\psi \to \psi_i)$.

设 $i = 1$. 分两种情形来讨论: $\psi_1 \in \Gamma$ 或者 ψ_1 是一条逻辑公理, 以及 $\psi_1 \in \{\psi\}$.

情形 1:　$\psi_1 \in \{\psi\}$.

在这种情形下, 由于 $(\psi \to \psi)$ 是一条逻辑公理 (I(2)), 马上得到

$$\Gamma \vdash (\psi \to \psi_1).$$

情形 2:　$\psi_1 \in \Gamma$ 或者是一条逻辑公理.

在这种情形下, 无论 ψ_1 是一条逻辑公理, 还是 $\psi_1 \in \Gamma$, 由于 $(\psi_1 \to (\psi \to \psi_1))$ 是一条逻辑公理 (I(3)), 表达式序列

$$\langle \psi_1, (\psi_1 \to (\psi \to \psi_1)), (\psi \to \psi_1) \rangle$$

就是 $(\psi \to \psi_1)$ 的一个 Γ 证明.

作为归纳假设, 有对于所有的 $1 \leqslant i < k \leqslant n$, $\Gamma \vdash (\psi \to \psi_i)$.

作为归纳步骤, 需要证明: $\Gamma \vdash (\psi \to \psi_k)$.

由于 ψ_k 是 $\Gamma \cup \{\psi\}$ 证明 $\langle \psi_1, \cdots, \psi_n \rangle$ 中的一个表达式, 以下分两种情形来讨论.

情形 1:　$\psi_k \in \Gamma \cup \{\psi\}$, 或者 ψ_k 是一条逻辑公理.

这种情形和上面的初始步 $i=1$ 的情形完全一样. 同样的论证表明:

$$\Gamma \vdash (\psi \to \psi_k).$$

情形 2: 存在满足后面要求的两个严格小于 k 的指标 j_1, j_2: ψ_{j_2} 是表达式 $(\psi_{j_1} \to \psi_k)$.

取这样两个指标 $j_1, j_2 < k$. 由归纳假设, 分别有 $\Gamma \vdash (\psi \to \psi_{j_1})$ 以及 $\Gamma \vdash (\psi \to \psi_{j_2})$. 注意这后一个断言实际上就是下面的断言:

$$\Gamma \vdash (\psi \to (\psi_{j_1} \to \psi_k)).$$

再注意下面的表达式是一条逻辑公理 (I(1)):

$$((\psi \to (\psi_{j_1} \to \psi_k)) \to ((\psi \to \psi_{j_1}) \to (\psi \to \psi_k))).$$

从而有

$$\Gamma \vdash ((\psi \to (\psi_{j_1} \to \psi_k)) \to ((\psi \to \psi_{j_1}) \to (\psi \to \psi_k))).$$

连续两次应用导出引理, 得到 $\Gamma \vdash (\psi \to \psi_k)$. □

注 $\Gamma \cup \{\varphi\} \vdash \psi$ 当且仅当 $\Gamma \vdash (\varphi \to \psi)$, 这是因为 $\Gamma \cup \{\varphi\} \vdash \varphi$ 总成立.

我们的目标是要建立起可满足性与可证明性之间的某种联系. 比如说, 我们应当这样期望: 如果可满足, 那么它就不应当证明一种矛盾; 反之亦然. 为此, 我们引进下面的概念:

定义 1.14 (一致性) 令 $\Gamma \subseteq \mathcal{L}_0$.

(1) Γ 是不一致的 (或者自相矛盾的) 当且仅当存在 Γ 的两条定理 φ 和 $(\neg\varphi)$;

(2) Γ 是一致的 (或者非自相矛盾的) 当且仅当 Γ 并非不一致 (自相矛盾).

上面的导出引理 (引理 1.3) 和演绎引理 (引理 1.4) 事实上为我们提供了有关自相矛盾的进一步的理解. 也就是说, 它们揭示出那样一对矛盾定理是怎样被推导出来的. 从而揭示出非一致性的一个本质:

引理 1.5 (非一致性) 设 $\Gamma \subseteq \mathcal{L}_0$. 那么 Γ 是非一致 (自相矛盾) 的当且仅当每一个命题表达式 $\varphi \in \mathcal{L}_0$ 都是 Γ 的一条定理.

证明 只证必要性. 注意: 在这个必要性证明中将应用第二组公理.

设 Γ 是自相矛盾的. 令 φ 为一个证据: $\Gamma \vdash \varphi$, 且 $\Gamma \vdash (\neg\varphi)$.

证明每一个命题表达式都是 Γ 的一个定理. 令 $\psi \in \mathcal{L}_0$.

首先, $(\varphi \to ((\neg\varphi) \to \psi))$ 是一条逻辑公理 (II(1)). 由此, 以及假设 $\Gamma \vdash \varphi$, 应用导出引理, 得到

$$\Gamma \vdash ((\neg\varphi) \to \psi).$$

由此, 以及假设 $\Gamma \vdash (\neg\varphi)$, 再次应用导出引理, 得到 $\Gamma \vdash \psi$. □

1.6 形式证明的几组例子

定义 1.15 (第二套逻辑公理) 设 φ_1, φ_2 和 φ_3 为任意的三个命题表达式. 如下的任何一个命题表达式都是一条逻辑公理:

(1) $((\varphi_1 \to (\varphi_2 \to \varphi_3)) \to ((\varphi_1 \to \varphi_2) \to (\varphi_1 \to \varphi_3)))$ (蕴含分配律);

(2) $(((\neg\varphi_2) \to (\neg\varphi_1)) \to (\varphi_1 \to \varphi_2))$ (第一逆否命题法则);

(3) $(\varphi_1 \to (\varphi_2 \to \varphi_1))$ (第一宽容律).

令 T_1 为定义 1.12 所给出的逻辑公理的集合, T_2 为定义 1.15 所给出的逻辑公理的集合. 令 T_1^1 为定义 1.12 所给出的逻辑公理的前 6 条的集合 (即减去 IV(2)). 令 T_2^1 为定义 1.15 所给出的逻辑公理中的 $T_2(1)$ 和 $T_2(3)$ 的集合 (即 T_1 之 I(1) 和 I(3)). 令 T_1^2 为定义 1.12 所给出的逻辑公理中的 I(1),I(3),II 和 III 所成的集合.

定理 1.8 (1) $T_2^1 \vdash (\varphi \to \varphi)$(自蕴含律);

(2) $T_2^1 \vdash ((\varphi \to \psi) \to ((\theta \to \varphi) \to (\theta \to \psi)))$ (第一传递律);

(3) $T_2^1 \vdash ((\theta \to (\varphi \to \psi)) \to (\varphi \to (\theta \to \psi)))$ (前提顺序无关律);

(4) $T_2^1 \vdash ((\theta \to \varphi) \to ((\varphi \to \psi) \to (\theta \to \psi)))$ (第二传递律).

证明 (1) ① $T_2^1 \vdash ((\varphi \to (\psi \to \varphi)) \to ((\varphi \to (\psi \to \varphi)) \to (\varphi \to \varphi)))$, 由 $T_2(1)$;

② $T_2^1 \vdash (\varphi \to ((\psi \to \varphi) \to \varphi))$, 由 $T_2(3)$;

③ $T_2^1 \vdash ((\varphi \to (\psi \to \varphi)) \to (\varphi \to \varphi))$, 由①, ②, 应用推理法则;

④ $T_2^1 \vdash (\varphi \to (\psi \to \varphi))$, 由 $T_2(3)$;

⑤ $T_2^1 \vdash (\varphi \to \varphi)$, 由③, ④, 应用推理法则.

(2) $T_2^1 \vdash ((\varphi \to \psi) \to (\theta \to (\varphi \to \psi)))$, 由 $T_2(3)$, 所以

① $T_2^1 \cup \{(\varphi \to \psi)\} \vdash (\theta \to (\varphi \to \psi)))$, 由上述逻辑公理和演绎定理 (由 (1), T_2^1-演绎定理成立);

② $T_2^1 \vdash ((\theta \to (\varphi \to \psi)) \to ((\theta \to \varphi) \to (\theta \to \psi)))$, 由 $T_2(1)$;

③ $T_2^1 \cup \{(\varphi \to \psi)\} \vdash ((\theta \to \varphi) \to (\theta \to \psi))$, 由①, ②, 以及推理法则;

④ $T_2^1 \vdash ((\varphi \to \psi) \to ((\theta \to \varphi) \to (\theta \to \psi)))$, 由③, 以及演绎定理.

(3) ① $T_2^1 \vdash\vdash ((\theta \to (\varphi \to \psi)) \to ((\theta \to \varphi) \to (\theta \to \psi)))$, 由 $T_2(1)$;

② $T_2^1 \cup \{(\theta \to (\varphi \to \psi))\} \vdash ((\theta \to \varphi) \to (\theta \to \psi))$, 由演绎定理;

③ $T_2^1 \vdash (((\theta \to \varphi) \to (\theta \to \psi)) \to (\varphi \to ((\theta \to \varphi) \to (\theta \to \psi))))$, 由 $T_2(3)$;

④ $T_2^1 \cup \{(\theta \to (\varphi \to \psi))\} \vdash (\varphi \to ((\theta \to \varphi) \to (\theta \to \psi)))$, 由②, ③, 以及推理法则;

⑤ $T_2^1 \vdash ((\varphi \to ((\theta \to \varphi) \to (\theta \to \psi))) \to$
$((\varphi \to (\theta \to \varphi)) \to (\varphi \to (\theta \to \psi))))$, 由 $T_2(3)$;

⑥ $T_2^1 \cup \{(\theta \to (\varphi \to \psi))\} \vdash ((\varphi \to (\theta \to \varphi)) \to (\varphi \to (\theta \to \psi)))$, 由④, ⑤, 以及推理法则;

⑦ $T_2^1 \vdash (\varphi \to (\theta \to \varphi))$, 由 $T_2(3)$;

⑧ $T_2^1 \cup \{(\theta \to (\varphi \to \psi))\} \vdash (\varphi \to (\theta \to \psi))$, 由⑥, ⑦, 以及推理法则;

⑨ $T_2^1 \vdash ((\theta \to (\varphi \to \psi)) \to (\varphi \to (\theta \to \psi)))$, 由⑧以及演绎定理.

(4) ① 由 (2) 得 $T_2^1 \vdash ((\varphi \to \psi) \to ((\theta \to \varphi) \to (\theta \to \psi)))$;

② 由 (3) 得 $T_2^1 \vdash (((\varphi \to \psi) \to ((\theta \to \varphi) \to (\theta \to \psi))) \to$
$((\theta \to \varphi) \to ((\varphi \to \psi) \to (\theta \to \psi))))$;

③ $T_2^1 \vdash ((\theta \to \varphi) \to ((\varphi \to \psi) \to (\theta \to \psi)))$, 由①, ②, 以及推理法则. □

定理 1.9 (5) $T_1^1 \vdash ((\neg(\neg\varphi)) \to \varphi)$ (第一否定之否定律);

(6) $T_1^1 \vdash ((\varphi \to (\neg\varphi)) \to (\neg\varphi))$ (第二归谬律);

(7) $T_1^1 \vdash (\varphi \to (\neg(\neg\varphi)))$ (第二否定之否定律).

证明 (5) ① $T \vdash ((\neg(\neg\varphi)) \to ((\neg\varphi) \to \varphi))$, 由 IV(1);

② $T \vdash (((\neg\varphi) \to \varphi) \to \varphi)$, 由 III;

③ $T \vdash ((((\neg\varphi) \to \varphi) \to \varphi) \to ((\neg(\neg\varphi)) \to (((\neg\varphi) \to \varphi) \to \varphi)))$, 由 I(3);

④ $T \vdash ((\neg(\neg\varphi)) \to (((\neg\varphi) \to \varphi) \to \varphi))$, 由②, ③, 应用推理法则;

⑤ $T \vdash (((\neg(\neg\varphi)) \to (((\neg\varphi) \to \varphi) \to \varphi)) \to$
$((\neg(\neg\varphi)) \to ((\neg\varphi) \to \varphi) \to ((\neg(\neg\varphi)) \to (\varphi))))$, 由 I(1);

⑥ $T \vdash ((\neg(\neg\varphi)) \to ((\neg\varphi) \to \varphi) \to ((\neg(\neg\varphi)) \to (\varphi)))$, 由④, ⑤, 应用推理法则;

⑦ $T \vdash ((\neg(\neg\varphi)) \to (\varphi))$, 由①, ⑥, 应用推理法则.

(6) ① $T \vdash ((\neg(\neg\varphi)) \to \varphi)$, 由 (5);

② $T \vdash (((\neg(\neg\varphi)) \to \varphi) \to ((\varphi \to (\neg\varphi)) \to ((\neg(\neg\varphi)) \to (\neg\varphi))))$, 由 (4);

③ $T \vdash ((\varphi \to (\neg\varphi)) \to ((\neg(\neg\varphi)) \to (\neg\varphi)))$, 由①, ②, 应用推理法则;

④ $T \vdash (((\varphi \to (\neg\varphi)) \to ((\neg(\neg\varphi)) \to (\neg\varphi))) \to$
$((((\neg(\neg\varphi)) \to (\neg\varphi)) \to (\neg\varphi)) \to ((\varphi \to (\neg\varphi)) \to (\neg\varphi))))$, 由 (4);

⑤ $T \vdash ((((\neg(\neg\varphi)) \to (\neg\varphi)) \to (\neg\varphi)) \to ((\varphi \to (\neg\varphi)) \to (\neg\varphi)))$, 由③, ④, 应用推理法则;

⑥ $T \vdash (((\neg(\neg\varphi)) \to (\neg\varphi)) \to (\neg\varphi))$, 由 III;

⑦ $T \vdash ((\varphi \to (\neg\varphi)) \to (\neg\varphi))$, 由⑤, ⑥, 应用推理法则.

(7) ① $T \vdash (\varphi \to ((\neg\varphi) \to (\neg(\neg\varphi))))$, 由 II;

② $T \vdash (((\neg\varphi) \to (\neg(\neg\varphi))) \to (\neg(\neg\varphi)))$, 由 (6);

③ $T \vdash ((((\neg\varphi) \to (\neg(\neg\varphi))) \to (\neg(\neg\varphi))) \to$
$(\varphi \to (((\neg\varphi) \to (\neg(\neg\varphi))) \to (\neg(\neg\varphi)))))$, 由 I(3);

④ $T \vdash (\varphi \to (((\neg\varphi) \to (\neg(\neg\varphi))) \to (\neg(\neg\varphi))))$, 由②, ③, 应用推理法则;

⑤ $T \vdash ((\varphi \to (((\neg\varphi) \to (\neg(\neg\varphi))) \to (\neg(\neg\varphi)))) \to$
$((\varphi \to ((\neg\varphi) \to (\neg(\neg\varphi)))) \to (\varphi \to (\neg(\neg\varphi)))))$, 由 I(1);

⑥ $T \vdash ((\varphi \to ((\neg\varphi) \to (\neg(\neg\varphi)))) \to (\varphi \to (\neg(\neg\varphi))))$, 由④, ⑤, 应用推理法则;

⑦ $T \vdash (\varphi \to (\neg(\neg\varphi)))$, 由①, ⑥, 应用推理法则. □

定理 1.10 如果 φ 是 T_1^1 的一条公理, 那么 $T_2 \vdash \varphi$.

证明 由上面的定理, 已见自蕴含律 I(2) 是 T_2 的一条定理.

IV(1) 是 T_2 的一条定理:

① $T_2 \vdash (((\neg\varphi_2) \to (\neg\varphi_1)) \to (\varphi_1 \to \varphi_2))$, 由 $T_2(2)$;

② $T_2 \vdash ((((\neg\varphi_2) \to (\neg\varphi_1)) \to (\varphi_1 \to \varphi_2)) \to$
$((\neg\varphi_1) \to (((\neg\varphi_2) \to (\neg\varphi_1)) \to (\varphi_1 \to \varphi_2))))$, 由 $T_2(3)$;

③ $T_2 \vdash (((\neg\varphi_1) \to (((\neg\varphi_2) \to (\neg\varphi_1)) \to (\varphi_1 \to \varphi_2))))$, 由 (1), (2), 应用推理法则;

④ $T_2 \vdash ((((\neg\varphi_1) \to (((\neg\varphi_2) \to (\neg\varphi_1)) \to (\varphi_1 \to \varphi_2)))) \to$
$(((\neg\varphi_1) \to ((\neg\varphi_2) \to (\neg\varphi_1))) \to ((\neg\varphi_1) \to (\varphi_1 \to \varphi_2))))$, 由 $T_2(1)$;

⑤ $T_2 \vdash ((((\neg\varphi_1) \to ((\neg\varphi_2) \to (\neg\varphi_1))) \to ((\neg\varphi_1) \to (\varphi_1 \to \varphi_2))))$, 由 (3), (4), 应用推理法则;

⑥ $T_2 \vdash ((\neg\varphi_1) \to ((\neg\varphi_2) \to (\neg\varphi_1)))$, 由 $T_2(3)$;

⑦ $T_2 \vdash ((\neg\varphi_1) \to (\varphi_1 \to \varphi_2))$, 由 (5), (6), 应用推理法则.

II 是 T_2 的一条定理:

① $T_2 \vdash ((\neg\varphi_1) \to (\varphi_1 \to \varphi_2))$, 由 IV(1);

② $T_2 \vdash (((\neg\varphi_1) \to (\varphi_1 \to \varphi_2)) \to (\varphi_1 \to ((\neg\varphi_1) \to \varphi_2)))$, 由定理 1.8(3) 前提顺序无关律;

③ $T_2 \vdash (\varphi_1 \to ((\neg\varphi_1) \to \varphi_2))$.

III 是 T_2 的一条定理:

① $T_2 \vdash ((\neg\varphi_1) \to (\varphi_1 \to (\neg((\neg\varphi_1) \to \varphi_1))))$, 由 IV(1);

② $T_2 \vdash (((\neg\varphi_1) \to (\varphi_1 \to (\neg((\neg\varphi_1) \to \varphi_1)))) \to$
$(((\neg\varphi_1) \to \varphi_1) \to ((\neg\varphi_1) \to (\neg((\neg\varphi_1) \to \varphi_1)))))$, 由 $T_2(1)$;

③ $T_2 \vdash (((\neg\varphi_1) \to \varphi_1) \to ((\neg\varphi_1) \to (\neg((\neg\varphi_1) \to \varphi_1))))$, 由①, ②, 应用推理法则;

④ $T_2 \vdash (((\neg\varphi_1) \to (\neg((\neg\varphi_1) \to \varphi_1))) \to (((\neg\varphi_1) \to \varphi_1) \to \varphi_1))$, 由 $T_2(2)$;

⑤ $T_2 \vdash ((\theta \to \varphi) \to ((\varphi \to \psi) \to (\theta \to \psi)))$, 其中 θ 为 $((\neg\varphi_1) \to \varphi_1)$; φ 为 $((\neg\varphi_1) \to (\neg((\neg\varphi_1) \to \varphi_1)))$, 以及 ψ 为 $(((\neg\varphi_1) \to \varphi_1) \to \varphi_1)$, 由传递律;

⑥ $T_2 \vdash ((\varphi \to \psi) \to (\theta \to \psi))$, 由③, ⑤, 应用推理法则;

⑦ $T_2 \vdash (((\neg\varphi_1) \to \varphi_1) \to (((\neg\varphi_1) \to \varphi_1) \to \varphi)_1)$, 由④, ⑥, 应用推理法则;

⑧ $T_2 \vdash ((((\neg\varphi_1) \to \varphi_1) \to (((\neg\varphi_1) \to \varphi_1) \to \varphi_1)) \to$
$(((\neg\varphi_1) \to \varphi_1) \to ((\neg\varphi_1) \to \varphi_1)) \to (((\neg\varphi_1) \to \varphi_1) \to \varphi_1))$, 由 $T_2(1)$;

⑨ $T_2 \vdash ((((\neg\varphi_1) \to \varphi_1) \to ((\neg\varphi_1) \to \varphi_1)) \to (((\neg\varphi_1) \to \varphi_1) \to \varphi_1))$, 由⑦, ⑧, 应用推理法则;

⑩ $T_2 \vdash (((\neg\varphi_1) \to \varphi_1) \to ((\neg\varphi_1) \to \varphi_1))$, 由定义 1.12 第一组公理 (2) 自蕴含律;

⑪ $T_2 \vdash (((\neg\varphi_1) \to \varphi_1) \to \varphi_1)$. □

定理 1.11 (逆否命题法则) (8) $T_2 \vdash ((\varphi \to \psi) \to ((\neg\psi) \to (\neg\varphi)))$(**第二逆否命题法则**);

(9) $T_1 \vdash (((\neg\psi) \to (\neg\varphi)) \to (\varphi \to \psi))$ (**第一逆否命题法则**).

证明 只证明 (8). 后面将证明每一个重言式都是 T_1 的一个定理, (9) 自然成立.

① $T_2 \vdash (\psi \to (\neg(\neg\psi)))$, 由 (7);

② $T_2 \vdash ((\psi \to (\neg(\neg\psi))) \to ((\neg(\neg\varphi)) \to (\psi \to (\neg(\neg\psi)))))$, 由 $T_2(3)$;

③ $T_2 \vdash (((\neg(\neg\varphi)) \to (\psi \to (\neg(\neg\psi)))))$, 由①, ②, 应用推理法则;

④ $T_2 \vdash ((((\neg(\neg\varphi)) \to (\psi \to (\neg(\neg\psi))))) \to$
$(((\neg(\neg\varphi)) \to \psi) \to ((\neg(\neg\varphi)) \to (\neg(\neg\psi)))))$, 由 $T_2(1)$;

⑤ $T_2 \vdash (((\neg(\neg\varphi)) \to \psi) \to ((\neg(\neg\varphi)) \to (\neg(\neg\psi))))$, 由③, ④, 应用推理法则;

⑥ $T_2 \vdash ((\neg(\neg\varphi)) \to \varphi)$, 由 (5);

⑦ $T_2 \vdash (((\neg(\neg\varphi)) \to \varphi) \to ((\varphi \to \psi) \to ((\neg(\neg\varphi)) \to \psi)))$, 由传递律;

⑧ $T_2 \vdash ((\varphi \to \psi) \to ((\neg(\neg\varphi)) \to \psi))$, 由⑥, ⑦, 应用推理法则;

⑨ $T_2 \vdash ((((\neg(\neg\varphi)) \to \psi) \to ((\neg(\neg\varphi)) \to (\neg(\neg\psi)))) \to ((\varphi \to \psi) \to$
$(((\neg(\neg\varphi)) \to \psi) \to ((\neg(\neg\varphi)) \to (\neg(\neg\psi))))))$, 由 $T_2(3)$;

⑩ $T_2 \vdash ((\varphi \to \psi) \to (((\neg(\neg\varphi)) \to \psi) \to ((\neg(\neg\varphi)) \to (\neg(\neg\psi)))))$; 由⑤, ⑨, 应用推理法则;

⑪ $T_2 \vdash ((\varphi_1 \to (\theta \to \psi_1)) \to ((\varphi_1 \to \theta) \to (\varphi_1 \to \psi_1)))$, 由 $T_2(1)$; 其中, φ_1 为 $(\varphi \to \psi)$, θ 为 $((\neg(\neg\varphi)) \to \psi)$, ψ_1 为 $((\neg(\neg\varphi)) \to (\neg(\neg\psi)))$;

⑫ $T_2 \vdash ((\varphi_1 \to \theta) \to (\varphi_1 \to \psi_1))$, 由⑩, ⑪, 应用推理法则;

⑬ $T_2 \vdash ((\varphi \to \psi) \to ((\neg(\neg\varphi)) \to (\neg(\neg\psi))))$, 由⑧, ⑫, 应用推理法则;

⑭ $T_2 \vdash (((\neg(\neg\varphi)) \to (\neg(\neg\psi))) \to ((\neg\psi) \to (\neg\varphi)))$, 由 $T_2(2)$;

⑮ $T_2 \vdash ((\varphi_1 \to \psi_1) \to ((\psi_1 \to ((\neg\psi) \to (\neg\varphi))) \to (\varphi_1 \to ((\neg\psi) \to (\neg\varphi)))))$, 由传递律; 其中, φ_1 以及 ψ_1 同上⑪;

⑯ $T_2 \vdash ((\varphi \to \psi) \to ((\neg\psi) \to (\neg\varphi)))$; 由⑬, ⑮ 以及⑭, 应用推理法则. □

定理 1.12　*令 φ 为任意一个命题表达式. 如果 $T_1 \vdash \varphi$, 那么 $T_2 \vdash \varphi$; 从而, T_1 与 T_2 等价.*

证明　下面证明 T_1 的每一条逻辑公理都是 T_2 的一个定理. 只剩下在 T_2 下证明合取律 IV(2).

① $T_2 \vdash ((\varphi_1 \to \varphi_2) \to (\varphi_1 \to \varphi_2))$, 由定理 1.8(1) 自蕴含律;

② $T_2 \vdash (((\varphi_1 \to \varphi_2) \to (\varphi_1 \to \varphi_2)) \to (\varphi_1 \to ((\varphi_1 \to \varphi_2) \to \varphi_2)))$, 由定理 1.8 前提顺序无关律;

③ $T_2 \vdash (\varphi_1 \to ((\varphi_1 \to \varphi_2) \to \varphi_2))$, 由 (1), (2), 应用推理法则;

④ $T_2 \vdash (((\varphi_1 \to \varphi_2) \to \varphi_2) \to ((\neg\varphi_2) \to (\neg(\varphi_1 \to \varphi_2))))$ 由定理 1.11(8) 逆否命题法则;

⑤ $T_2 \vdash ((\varphi \to \theta) \to ((\theta \to \psi) \to (\varphi \to \psi)))$, 由定理 1.8(4) 第二传递律; 其中, φ 为 φ_1, θ 为 $((\varphi_1 \to \varphi_2) \to \varphi_2)$, ψ 为 $((\neg\varphi_2) \to (\neg(\varphi_1 \to \varphi_2)))$;

⑥ $T_2 \vdash ((\theta \to \psi) \to (\varphi \to \psi))$, 由③, ⑤, 应用推理法则;

⑦ $T_2 \vdash (\varphi_1 \to ((\neg\varphi_2) \to (\neg(\varphi_1 \to \varphi_2))))$, 由④, ⑥, 应用推理法则. □

定理 1.13　(9) $T_1^2 \vdash (((\neg\psi) \to (\neg\varphi)) \to (\varphi \to \psi))$ (*第一逆否命题法则*).

证明　① $T_1 \vdash ((\psi \to ((\neg\psi) \to \varphi)) \to ((((\neg\psi) \to \varphi) \to$
$((\neg\varphi) \to \varphi)) \to (\psi \to ((\neg\varphi) \to \varphi))))$, 由 (4), 第二传递律;

② $T_1 \vdash (\psi \to ((\neg\psi) \to \varphi))$, 由 II;

③ $T_1 \vdash ((((\neg\psi) \to \varphi) \to ((\neg\varphi) \to \varphi)) \to (\psi \to ((\neg\varphi) \to \varphi)))$, 由①, ②, 应用推理法则;

④ $T_1 \vdash (((\neg\varphi) \to (\neg\psi)) \to (((\neg\psi) \to \varphi) \to ((\neg\varphi) \to \varphi)))$, 由定理 1.8(4) 第二传递律;

⑤ $T_1 \vdash ((((\neg\varphi) \to (\neg\psi)) \to (((\neg\psi) \to \varphi) \to ((\neg\varphi) \to \varphi))) \to$
$(((((\neg\psi) \to \varphi) \to ((\neg\varphi) \to \varphi)) \to (\psi \to ((\neg\varphi) \to \varphi))) \to$
$(((\neg\varphi) \to (\neg\psi)) \to (\psi \to ((\neg\varphi) \to \varphi)))))$, 由定理 1.8(4) 第二传递律;

⑥ $T_1 \vdash (((((\neg\psi) \to \varphi) \to ((\neg\varphi) \to \varphi)) \to (\psi \to ((\neg\varphi) \to \varphi))) \to$
$(((\neg\varphi) \to (\neg\psi)) \to (\psi \to ((\neg\varphi) \to \varphi))))$, 由④, ⑤, 应用推理法则;

⑦ $T_1 \vdash (((\neg\varphi) \to (\neg\psi)) \to (\psi \to ((\neg\varphi) \to \varphi)))$, 由③, ⑥, 应用推理法则;

⑧ $T_1 \vdash ((((\neg\varphi) \to (\neg\psi)) \to (\psi \to ((\neg\varphi) \to \varphi))) \to$
$(((\psi \to ((\neg\varphi) \to \varphi)) \to ((((\neg\varphi) \to \varphi) \to \varphi) \to (\psi \to \varphi))) \to$
$(((\neg\varphi) \to (\neg\psi)) \to ((((\neg\varphi) \to \varphi) \to \varphi) \to (\psi \to \varphi)))))$, 由定理 1.8(4) 第二传递律;

⑨ $T_1 \vdash (((\psi \to ((\neg\varphi) \to \varphi)) \to ((((\neg\varphi) \to \varphi) \to \varphi) \to (\psi \to \varphi))) \to$
$(((\neg\varphi) \to (\neg\psi)) \to ((((\neg\varphi) \to \varphi) \to \varphi) \to (\psi \to \varphi))))$, 由⑦, ⑧, 应用推理法则;

⑩ $T_1 \vdash ((\psi \to ((\neg\varphi) \to \varphi)) \to ((((\neg\varphi) \to \varphi) \to \varphi) \to (\psi \to \varphi)))$, 由定理 1.8(4) 第二传递律;

⑪ $T_1 \vdash (((\neg\varphi) \to (\neg\psi)) \to ((((\neg\varphi) \to \varphi) \to \varphi) \to (\psi \to \varphi)))$, 由⑨, ⑩, 应用推理法则;

⑫ $T_1 \vdash ((\varphi \to ((\neg\varphi) \to (\neg\psi))) \to ((((\neg\varphi) \to (\neg\psi)) \to ((((\neg\varphi) \to \varphi) \to \varphi) \to (\psi \to \varphi))) \to (\varphi \to ((((\neg\varphi) \to \varphi) \to \varphi) \to (\psi \to \varphi)))))$, 由定理 1.8(4) 第二传递律;

⑬ $T_1 \vdash (\varphi \to ((\neg\varphi) \to (\neg\psi)))$, 由 II;

⑭ $T_1 \vdash ((((\neg\varphi) \to (\neg\psi)) \to ((((\neg\varphi) \to \varphi) \to \varphi) \to (\psi \to \varphi))) \to (\varphi \to ((((\neg\varphi) \to \varphi) \to \varphi) \to (\psi \to \varphi))))$, 由⑫, ⑬, 应用推理法则;

⑮ $T_1 \vdash (\varphi \to ((((\neg\varphi) \to \varphi) \to \varphi) \to (\psi \to \varphi)))$, 由⑪, ⑭, 应用推理法则;

⑯ $T_1 \vdash (\varphi_1 \to ((((\neg\varphi_1) \to \varphi_1) \to \varphi_1) \to (\psi \to \varphi_1)))$, 由⑮; 其中, φ_1 是表达式 $(((\neg\varphi) \to \varphi) \to \varphi)$;

⑰ $T_1 \vdash (((\neg\varphi) \to \varphi) \to \varphi)$, 由 III;

⑱ $T_1 \vdash (((\neg\varphi_1) \to \varphi_1) \to \varphi_1)$, 由 III;

⑲ $T_1 \vdash (\psi \to (((\neg\varphi) \to \varphi) \to \varphi))$, 由⑯, ⑰, ⑱, 应用两次推理法则;

⑳ $T_1 \vdash (\psi_1 \to (((\neg\varphi) \to \varphi) \to \varphi))$, 由⑲; 其中, ψ_1 是表达式 $(\neg(\psi \to \varphi))$;

㉑ $T_1 \vdash ((\psi_1 \to (((\neg\varphi) \to \varphi) \to \varphi)) \to (((((\neg\varphi) \to \varphi) \to \varphi) \to (\psi \to \varphi)) \to (\psi_1 \to (\psi \to \varphi))))$, 由定理 1.8(4) 第二传递律;

㉒ $T_1 \vdash (((((\neg\varphi) \to \varphi) \to \varphi) \to (\psi \to \varphi)) \to (\psi_1 \to (\psi \to \varphi)))$, 由⑳,㉑, 应用推理法则;

㉓ $T_1 \vdash ((((((\neg\varphi) \to \varphi) \to \varphi) \to (\psi \to \varphi)) \to (\psi_1 \to (\psi \to \varphi))) \to (((\psi_1 \to (\psi \to \varphi)) \to (\psi \to \varphi)) \to (((((\neg\varphi) \to \varphi) \to \varphi) \to (\psi \to \varphi)) \to (\psi \to \varphi))))$, 由定理 1.8(4), 第二传递律;

㉔ $T_1 \vdash (((\psi_1 \to (\psi \to \varphi)) \to (\psi \to \varphi)) \to (((((\neg\varphi) \to \varphi) \to \varphi) \to (\psi \to \varphi)) \to (\psi \to \varphi)))$, 由㉒,㉓, 应用推理法则;

㉕ $T_1 \vdash (((\neg(\psi \to \varphi)) \to (\psi \to \varphi)) \to (\psi \to \varphi))$, 由 II;

㉖ $T_1 \vdash (((((\neg\varphi) \to \varphi) \to \varphi) \to (\psi \to \varphi)) \to (\psi \to \varphi))$, 由㉔,㉕, 应用推理法则;

㉗ $T_1 \vdash ((((\neg\varphi) \to (\neg\psi)) \to ((((\neg\varphi) \to \varphi) \to \varphi) \to (\psi \to \varphi))) \to ((((((\neg\varphi) \to \varphi) \to \varphi) \to (\psi \to \varphi)) \to (\psi \to \varphi)) \to (((\neg\varphi) \to (\neg\psi)) \to (\psi \to \varphi))))$, 由定理 1.8(4) 第二传递律;

㉘ $T_1 \vdash (((\neg\varphi) \to (\neg\psi)) \to (\psi \to \varphi))$, 由⑪, ㉖, ㉗, 应用两次推理法则. □

定理 1.14 (合取律)　(10) $T_1 \vdash ((\neg(\varphi \to \psi)) \to (\neg\psi))$;

(11) $T_1 \vdash ((\neg(\varphi \to \psi)) \to \varphi)$;

(12) $T_1 \vdash (\varphi \to (\psi \to (\neg(\varphi \to (\neg\psi)))))$.

证明　① $T_1 \vdash (\psi \to (\varphi \to \psi))$, 由 I (3);

② $T_1 \vdash ((\psi \to (\varphi \to \psi)) \to (\neg(\varphi \to \psi) \to (\neg\psi)))$, 由定理 1.11(8) 第二逆否命题法则;

(10) $T_1 \vdash ((\neg(\varphi \to \psi)) \to (\neg\psi))$, 由①, ②, 应用推理法则;

③ $T_1 \vdash ((\neg\varphi) \to (\varphi \to \psi))$, 由 IV(1);

④ $T_1 \vdash (((\neg\varphi) \to (\varphi \to \psi)) \to ((\neg(\varphi \to \psi)) \to (\neg(\neg\varphi))))$, 由定理 1.11(8) 第二逆否命题法则;

⑤ $T_1 \vdash ((\neg(\varphi \to \psi)) \to (\neg(\neg\varphi)))$, 由③, ④, 应用推理法则;

⑥ $T_1 \vdash (((\neg(\varphi \to \psi)) \to (\neg(\neg\varphi))) \to (((\neg(\neg\varphi)) \to \varphi) \to ((\neg(\varphi \to \psi)) \to \varphi)))$, 由定理 1.8 (4), 第二传递律;

⑦ $T_1 \vdash (((\neg(\neg\varphi)) \to \varphi) \to ((\neg(\varphi \to \psi)) \to \varphi)$, 由⑤, ⑥, 应用推理法则;

⑧ $T_1 \vdash ((\neg(\neg\varphi)) \to \varphi)$, 由定理 1.9(5) 第一否定之否定律;

(11) $T_1 \vdash ((\neg(\varphi \to \psi)) \to \varphi)$, 由⑦, ⑧, 应用推理法则;

⑨ $T_1 \vdash (\varphi \to ((\neg(\neg\psi)) \to (\neg(\varphi \to (\neg\psi)))))$, 由 IV(2);

⑩ $T_1 \vdash ((\varphi \to ((\neg(\neg\psi)) \to (\neg(\varphi \to (\neg\psi))))) \to$
$((\neg(\neg\psi)) \to (\varphi \to (\neg(\varphi \to (\neg\psi))))))$, 由定理 1.8(3) 前提顺序无关律;

⑪ $T_1 \vdash ((\neg(\neg\psi)) \to (\varphi \to (\neg(\varphi \to (\neg\psi)))))$, 由⑨,⑩, 应用推理法则;

⑫ $T_1 \vdash ((\psi \to (\neg(\neg\psi))) \to (((\neg(\neg\psi)) \to (\varphi \to (\neg(\varphi \to (\neg\psi))))) \to$
$(\psi \to (\varphi \to (\neg(\varphi \to (\neg\psi)))))))$, 由定理 1.8(4) 传递律;

⑬ $\vdash (\psi \to (\neg(\neg\psi)))$, 由定理 1.9(7) 第二否定之否定定律;

⑭ $\vdash (\psi \to (\varphi \to (\neg(\varphi \to (\neg\psi)))))$, 由⑪, ⑫, ⑬, 应用推理法则;

⑮ $\vdash ((\psi \to (\varphi \to (\neg(\varphi \to (\neg\psi))))) \to (\varphi \to (\psi \to (\neg(\varphi \to (\neg\psi))))))$, 由定理 1.8(3) 前提顺序无关律;

(12) $\vdash (\varphi \to (\psi \to (\neg(\varphi \to (\neg\psi)))))$, 由⑭, ⑮, 应用推理法则. □

1.7 完 备 性

注意: 每一个命题表达式 $\varphi \in \mathcal{L}_0$ 都是 $\mathcal{L}_0$ 的一个逻辑推论, $\mathcal{L}_0 \models \varphi$; 当然, 每一个命题表达式 $\varphi \in \mathcal{L}_0$ 也都是 $\mathcal{L}_0$ 的一个定理, $\mathcal{L}_0 \vdash \varphi$. 一个很自然的问题出现了:

问题 1.6　逻辑推论与定理之间到底有着什么样的联系呢?

我们希望看到的是这样一种完备性: 任何一个命题表达式集合 $\Gamma \subseteq \mathcal{L}_0$ 的任何一个逻辑推论都一定是它的一个定理, 以及它的任何一个定理都一定是它的一个逻辑推论.

首先, 我们所选定的命题逻辑的推理系统 (见 1.12 以及 1.13) 一定保持逻辑结论, 即命题逻辑的推理系统是可靠的.

定理 1.15 (可靠性) 设 $\Gamma \subseteq \mathcal{L}_0$ 以及 $\varphi \in \mathcal{L}_0$. 如果 $\Gamma \vdash \varphi$, 那么 $\Gamma \models \varphi$.

证明 对所有 Γ 的证明 $\langle \varphi_1, \cdots, \varphi_n \rangle$ 依照长度 n 的归纳法来证明 $\Gamma \models \varphi_n$.

当 $n = 1$ 时, φ_n 或者是一逻辑公理, 或者是 Γ 中的一个表达式. 无论怎样都有 $\Gamma \models \varphi_n$.

归纳假设: 若 $m < n$, 且 $\langle \varphi_1, \cdots, \varphi_m \rangle$ 是一个 Γ 证明, 那么 $\Gamma \models \varphi_m$.

现设 $\langle \varphi_1, \cdots, \varphi_n \rangle$ 是任意一个长度为 n 的 Γ 证明.

如果 φ_n 是一条逻辑公理, 或者是 Γ 中一个表达式, 自然有 $\Gamma \models \varphi_n$.

现在假定 $j_1, j_2 < n$, 且 φ_{j_2} 是表达式 $(\varphi_{j_1} \to \varphi_n)$. 令 $m = \max\{j_1, j_2\}$. 那么 $\langle \varphi_1, \cdots, \varphi_m \rangle$ 是一个 Γ 证明. 因此, 依归纳假设, 有 $\Gamma \models \varphi_{j_1}$ 以及 $\Gamma \models (\varphi_{j_1} \to \varphi_n)$. 现在来证 $\Gamma \models \varphi_n$. 设 ν 为一个真假赋值, 并且 $\bar{\nu}(\Gamma) = T$. 因此, 必有

$$\bar{\nu}(\varphi_{j_1}) = \bar{\nu}((\varphi_{j_1} \to \varphi_n)) = T.$$

由此, 得到 $\bar{\nu}(\varphi_n) = T$. □

现在剩下的问题便是:

问题 1.7 如果 $\Gamma \models \varphi$, 一定会有 $\Gamma \vdash \varphi$ 吗? 也就是说, 是否 Γ 的每一个逻辑结论都一定是 Γ 的一个定理呢?

这个问题的答案十分自然地与另外两个概念之间的等价性紧密联系在一起: 即一致性与可满足性. 换句话说, 我们希望看到的完备性实际上等价于后面的说法: Γ 是可满足的当且仅当 Γ 是一致的.

由上面的可靠性定理和一致性定义, 我们可以立即得到下面的结论:

推论 1.1 设 $\Gamma \subseteq \mathcal{L}_0$. 如果 Γ 是可满足的, 那么 Γ 一定是一致的.

所以, 我们面临的问题如下:

问题 1.8 如果 Γ 是一致的, Γ 一定是可满足的吗?

定理 1.16 (有效性) 设 $\Gamma \subseteq \mathcal{L}_0$. 如果 Γ 是一致的, 那么 Γ 一定是可满足的.

定理 1.17 (第一完备性) 设 $\Gamma \subseteq \mathcal{L}_0$. 那么 Γ 是一致的当且仅当 Γ 是可满足的.

定理 1.18 (第二完备性) 设 $\Gamma \subseteq \mathcal{L}_0$ 以及 $\varphi \in \mathcal{L}_0$. 那么 $\Gamma \models \varphi$ 当且仅当 $\Gamma \vdash \varphi$.

应用第二完备性, 立刻得到如下推论:

推论 1.2 如果 φ 是一个重言式, 那么 $\vdash \varphi$.

应用第一完备性定理来证明第二完备性定理.

首先, 证明一个后面还会用到的冗余假设引理:

引理 1.6 (冗余假设引理) 设 $\Gamma \subseteq \mathcal{L}_0$ 以及 $\varphi \in \mathcal{L}_0$. 如果 $\Gamma \cup \{(\neg\varphi)\} \vdash \varphi$, 那么 $\Gamma \vdash \varphi$.

证明 注意: 在这个引理的证明中, 我们将应用 III 第三组公理.

由假设, 应用演绎引理 1.4, $\Gamma \vdash ((\neg\varphi) \to \varphi)$. 由此, 以及应用逻辑公理 (III(1)) 和导出引理 1.3,

$$\Gamma \vdash (((\neg\varphi) \to \varphi) \to \varphi),$$

得到 $\Gamma \vdash \varphi$. □

证明 假设 $\Gamma \models \varphi$. 于是, $\Gamma \cup \{(\neg\varphi)\}$ 就是一个不可能被满足的集合, 因为任何满足 Γ 的真假赋值 ν 都必然不会满足 $(\neg\varphi)$. 由第一完备性定理 1.17, $\Gamma \cup \{(\neg\varphi)\}$ 必然是非一致的. 由上面的非一致性引理 1.5, 得到如下结论:

$$\Gamma \cup \{(\neg\varphi)\} \vdash \varphi.$$

应用冗余假设引理, 我们得到 $\Gamma \vdash \varphi$. □

1.8 第一完备性证明

现在, 进一步理解一致性. 我们将看到: 一致的命题集合一定可以逐步被扩大, 直到某种极大性被实现. 而这种极大性就能够保证满足它的典型的真假赋值一定存在.

引理 1.7 假设 $\Gamma \subset \mathcal{L}_0$ 是一致的. 再假设 $\varphi \in \mathcal{L}_0$. 那么如下三者必有一个成立:

(1) $\Gamma \cup \{\varphi\}$ 是一致的;

(2) $\Gamma \cup \{(\neg\varphi)\}$ 是一致的;

(3) $\Gamma \cup \{(\neg\varphi)\}$ 和 $\Gamma \cup \{\varphi\}$ 都是一致的.

证明 用反证法: 假设 $\Gamma \cup \{(\neg\varphi)\}$ 和 $\Gamma \cup \{\varphi\}$ 都非一致, 从而得出 Γ 也非一致, 这将是一个矛盾.

首先, 假设 $\Gamma \cup \{(\neg\varphi)\}$ 是非一致的. 由非一致性引理 (引理 1.5), 每一个表达式都是它的一个定理. 特别地,

$$\Gamma \cup \{(\neg\varphi)\} \vdash \varphi.$$

由此, 应用冗余假设引理, 得到

$$\Gamma \vdash \varphi.$$

其次, 设 $\Gamma\cup\{\varphi\}$ 也是非一致的, 证明 Γ 一定是非一致的. 为此, 需要证明每一个表达式 ψ 都是 Γ 的一条定理.

取 $\psi\in\mathcal{L}_0$. 由于我们假设了 $\Gamma\cup\{\varphi\}$ 是非一致的, 必有

$$\Gamma\cup\{\varphi\}\vdash\psi.$$

应用演绎引理 1.4, 有 $\Gamma\vdash(\varphi\to\psi)$. 由于上面已经得到 $\Gamma\vdash\varphi$, 应用导出引理 1.3, 有 $\Gamma\vdash\psi$.

这就是我们所期望的矛盾. □

定义 1.16 (极大一致性) 设 $\Gamma\subset\mathcal{L}_0$ 是一个一致子集合. 称 Γ 是一个极大一致子集合当且仅当对于任意的命题表达式 $\varphi\in\mathcal{L}_0$, 如果 $\Gamma\cup\{\varphi\}$ 也是一致的, 那么事实上 $\varphi\in\Gamma$.

引理 1.8 假设 $\Gamma\subset\mathcal{L}_0$ 是极大一致的. 那么

(1) Γ 对每一个 $\varphi\in\mathcal{L}_0$ 必有取舍, 即若 $\varphi\in\mathcal{L}_0$, 则 $\varphi\in\Gamma$, 或者 $(\neg\varphi)\in\Gamma$, 二者必居其一;

(2) Γ 对于演绎封闭, 即若 $\varphi\in\mathcal{L}_0$ 且 $\Gamma\vdash\varphi$, 则 $\varphi\in\Gamma$;

(3) 如果 $\varphi_1\in\mathcal{L}_0,\varphi_2\in\mathcal{L}_0$, 那么

$$(\varphi_1\to\varphi_2)\in\Gamma\iff\varphi_1\notin\Gamma\text{ 或者 }\varphi_2\in\Gamma\text{, 二者必居其一.}$$

证明 (1) 这是因为 $\Gamma\cup\{\varphi\}$ 是一致的, 或者 $\Gamma\cup\{(\neg\varphi)\}$ 是一致的. 而 Γ 的极大一致性就保证 $\varphi\in\Gamma$, 或者 $(\neg\varphi)\in\Gamma$. 由于 $\{\varphi,(\neg\varphi)\}$ 是非一致的, 不能同时具有 $\varphi\in\Gamma$ 和 $(\neg\varphi)\in\Gamma$. 所以, 二者必居其一.

(2) 如果不然, 由 (1), 必有 $(\neg\varphi)\in\Gamma$, 从而 $\Gamma\vdash\varphi$ 以及 $\Gamma\vdash(\neg\varphi)$, Γ 也因此是非一致的.

(3) 注意: 在这里的证明中, 我们会应用第四组的两条逻辑公理.

先证 $\Leftarrow$.

假设 $\varphi_1\notin\Gamma$. 由 (1), $(\neg\varphi_1)\in\Gamma$. 因此, $\Gamma\vdash(\neg\varphi_1)$. 下面的表达式是第四组逻辑公理 (IV(1))

$$((\neg\varphi_1)\to(\varphi_1\to\varphi_2)).$$

于是,

$$\Gamma\vdash((\neg\varphi_1)\to(\varphi_1\to\varphi_2)).$$

应用导出引理, 得到 $\Gamma\vdash(\varphi_1\to\varphi_2)$. 由 (2), 有 $(\varphi_1\to\varphi_2)\in\Gamma$.

次设 $\varphi_2\in\Gamma$. 由于 $(\varphi_2\to(\varphi_1\to\varphi_2))$ 是一条逻辑公理 (I(3)), 有

$$\Gamma\vdash(\varphi_2\to(\varphi_1\to\varphi_2)).$$

应用导出引理, 得到 $\Gamma \vdash (\varphi_1 \to \varphi_2)$. 由 (2), 有 $(\varphi_1 \to \varphi_2) \in \Gamma$.

再证 $\Rightarrow$.

我们来证明它的逆否命题: 如果 $\varphi_1 \in \Gamma$ 以及 $\varphi_2 \notin \Gamma$, 那么 $(\varphi_1 \to \varphi_2) \notin \Gamma$.

假设 $\varphi_1 \in \Gamma$ 以及 $\varphi_2 \notin \Gamma$. 由 (1), 有 $(\neg\varphi_2) \in \Gamma$. 这样, $\Gamma \vdash \varphi_1$ 以及 $\Gamma \vdash (\neg\varphi_2)$. 下面的表达式是第四组逻辑公理中的第二条 (IV(2)):

$$(\varphi_1 \to ((\neg\varphi_2) \to (\neg(\varphi_1 \to \varphi_2)))).$$

从而,

$$\Gamma \vdash (\varphi_1 \to ((\neg\varphi_2) \to (\neg(\varphi_1 \to \varphi_2)))).$$

连续两次应用导出引理, 得到 $\Gamma \vdash (\neg(\varphi_1 \to \varphi_2))$. 由 (2), 有

$$(\neg(\varphi_1 \to \varphi_2)) \in \Gamma.$$

因此, $(\varphi_1 \to \varphi_2) \notin \Gamma$. □

引理 1.9　*如果 Γ 是极大一致的, 那么 Γ 一定是可满足的.*

证明　假设 $\Gamma \subset \mathcal{L}_0$ 是一个极大一致子集. 如下定义一个真假赋值 $\nu_\Gamma : \{A_n \mid n \in \mathbb{N}\} \to \{T, F\}$:

$$\nu_\Gamma(A_i) = \begin{cases} T, & \text{如果 } \langle A_i \rangle \in \Gamma, \\ F, & \text{如果 } \langle A_i \rangle \notin \Gamma. \end{cases}$$

断言: 对于任意一个命题表达式 φ 来说,

$$\bar{\nu}_\Gamma(\varphi) = T \iff \varphi \in \Gamma,$$

以及

$$\bar{\nu}_\Gamma(\varphi) = F \iff \varphi \notin \Gamma.$$

应用关于命题表达式的复杂性 (长度), 证明

$$[\varphi \in \Gamma \Rightarrow \bar{\nu}_\Gamma(\varphi) = T] \text{ 以及 } [\varphi \notin \Gamma \Rightarrow \bar{\nu}_\Gamma(\varphi) = F].$$

当表达式的长度为 1 时, 由定义直接得到.

归纳假设: 对于所有长度严格小于 n 的表达式 ψ 而言, 如果 $\psi \in \Gamma$, 那么 $\bar{\nu}_\Gamma(\psi) = T$; 如果 $\psi \notin \Gamma$, 那么 $\bar{\nu}_\Gamma(\psi) = F$.

现在设表达式 φ 的长度为 $n > 1$.

假设 φ 是 $(\neg\psi)$, 那么 $\varphi \in \Gamma$ 当且仅当 $\psi \notin \Gamma$. 由归纳假设和 $\bar{\nu}_\Gamma$ 的基本性质有: 如果 $\varphi \in \Gamma$, 那么 $\bar{\nu}_\Gamma(\varphi) = \bar{\nu}_\Gamma((\neg\psi)) = T$; 如果 $\varphi \notin \Gamma$, 那么 $\bar{\nu}_\Gamma(\varphi) = \bar{\nu}_\Gamma((\neg\psi)) = F$.

假设 φ 是 $(\psi_1 \to \psi_2)$. 由前面的引理, $\varphi \in \Gamma$ 当且仅当或者 $\psi_1 \notin \Gamma$ 或者 $\psi_2 \in \Gamma$. 由归纳假设和 $\bar{\nu}_\Gamma$ 的基本性质有: 如果 $\varphi \in \Gamma$, 那么

$$\bar{\nu}_\Gamma(\varphi) = \bar{\nu}_\Gamma((\psi_1 \to \psi_2)) = T;$$

如果 $\varphi \notin \Gamma$, 那么

$$\bar{\nu}_\Gamma(\varphi) = \bar{\nu}_\Gamma((\psi_1 \to \psi_2)) = F. \qquad \square$$

引理 1.10 *如果 $\Gamma \subset \mathcal{L}_0$ 是一致的, 那么一定存在一个极大一致的 $\Gamma^* \subset \mathcal{L}_0$ 来覆盖 (包含)Γ.*

证明 令 $S_n = \{(,\neg,\to,),A_i \mid i \leqslant n\}$, 再令 $S_n^{\leqslant n}$ 为所有长度不超过 n 的 S_n 上的序列全体的集合. 那么

$$\Sigma = \bigcup_{n\in\mathbb{N}} S_n,\ \Sigma^* = \bigcup_{n\in\mathbb{N}} S_n^{\leqslant n},\ \mathcal{L}_0 = \bigcup_{n\in\mathbb{N}} \left(S_n^{\leqslant n} \cap \mathcal{L}_0\right).$$

由于每一个 $S_n^{\leqslant n} \cap \mathcal{L}_0$ 是一个有限集合, 令 $m_n = |S_n^{\leqslant n} \cap \mathcal{L}_0|$. 我们可以在 m_n 步内将 $S_n^{\leqslant n}$ 中的命题表达式逐一罗列出来. 如此一来, 我们可以在 $\mathbb{N}$ 步内将全部命题表达式逐一罗列出来.

因此, 令 $\langle \varphi_i \mid i \in \mathbb{N}\rangle$ 为 $\mathcal{L}_0$ 的命题表达式的一个全部列表.

假设 $\Gamma \subset \mathcal{L}_0$ 是一个一致集合.

我们的目标是要利用上述列表将一个给定的一致的 Γ 逐步地扩展成一个极大一致集合. 为此, 我们应用递归定义.

令 $\Gamma_0 = \Gamma$. 给定 Γ_n, 如下定义 Γ_{n+1}:

$$\Gamma_{n+1} = \begin{cases} \Gamma_n \cup \{\varphi_n\}, & \text{如果 } \Gamma_n \cup \{\varphi_n\} \text{ 是一致的}, \\ \Gamma_n \cup \{(\neg\varphi_n)\}, & \text{如果 } \Gamma_n \cup \{\varphi_n\} \text{ 是非一致的}. \end{cases}$$

令 $\Gamma^* = \bigcup_{n\in\mathbb{N}} \Gamma_n$.

断言 1: 每一个 Γ_n 都是一致的.

对 n 施归纳来证明这一断言. 当 $n = 0$ 时, 断言由假设得到. 现在假设 Γ_n 是一致的. 由引理 1.7, 有 $\Gamma \cup \{\varphi_n\}$ 是一致的, 或者 $\Gamma \cup \{(\neg\varphi_n)\}$ 是一致的, 或者两者都是. 如果第一和第三种情形成立, 那么上述递归定义给出

$$\Gamma_{n+1} = \Gamma_n \cup \{\varphi_n\},$$

从而, Γ_{n+1} 是一致的; 否则, 第二种情形必然成立, 那么上述递归定义给出

$$\Gamma_{n+1} = \Gamma_n \cup \{(\neg\varphi_n)\},$$

从而, Γ_{n+1} 是一致的.

断言 2:　Γ^* 是一致的.

假设不然. Γ^* 是非一致的. 令 φ 为一个证据: $\Gamma^* \vdash \varphi$ 以及 $\Gamma^* \vdash (\neg\varphi)$.

令 $\langle \varphi_1, \cdots, \varphi_k \rangle$ 为 φ 在 Γ^* 中的一个证明. 令 $\langle \psi_1, \cdots, \psi_m \rangle$ 为 $(\neg\varphi)$ 在 Γ^* 中的一个证明.

令 $F = \{\varphi_i, \psi_j \mid \varphi_i \in \Gamma^*,\ \psi_j \in \Gamma^*,\ 1 \leqslant i \leqslant k,\ 1 \leqslant j \leqslant m\}$.

取 n 足够大以致于 Γ_n 包含所有 F 中的那些命题表达式.

这样一来, 上述两个 Γ^* 中的证明就成了 Γ_n 中的两个证明. 因此, Γ_n 是非一致的. 这与前面的断言 1 相矛盾.

断言 3:　Γ^* 是极大一致的.

只需要证明极大性. 令 $\varphi \in \mathcal{L}_0$. 假设 $\Gamma^* \cup \{\varphi\}$ 是一致的. φ 比定在上面的列表之中, 是某一个 φ_n. 那么, 一定有 $\Gamma_n \cup \{\varphi_n\}$ 是一致的. 因此, 必有 $\varphi \in \Gamma_{n+1}$, 从而 $\varphi \in \Gamma^*$. □

定理 1.19 (有效性)　*如果 $\Gamma \subset \mathcal{L}_0$ 是一致的, 那么 Γ 一定是可满足的.*

证明　假设 Γ 是一致的. 取 $\Gamma^* \supset \Gamma$ 为一个极大一致覆盖. 由于极大一致性保证了可满足性, 令 ν 为满足 Γ^* 的一个真假赋值, 那么 ν 必定也满足 Γ. 因此, Γ 是可满足的. □

1.9　命题逻辑紧致性

从命题逻辑第一完备性的证明中, 我们看到了一个基本事实: 每一个证明都是有限的. 因此, 如果一个集合 Γ 是非一致的, 那么它一定有一个有限的非一致子集. 这就是命题逻辑的紧致性.

定理 1.20 (紧致性)　*令 $\Gamma \subseteq \mathcal{L}_0$. 那么*

(1) *Γ 是一致的当且仅当 Γ 的每一个有限子集都是一致的;*

(2) *Γ 是可满足的当且仅当 Γ 的每一个有限子集都是可满足的.*

证明　假设 Γ 是不可满足的. 那么依据完备性定理, Γ 是非一致的. 取 φ 为一个证据.

令 $\langle \varphi_1, \cdots, \varphi_k \rangle$ 为 φ 在 Γ 中的一个证明. 令 $\langle \psi_1, \cdots, \psi_m \rangle$ 为 $(\neg\varphi)$ 在 Γ 中的一个证明. 再令

$$\Gamma_0 = \{\varphi_1, \cdots, \varphi_k, \psi_1, \cdots, \psi_m\} \cap \Gamma.$$

那么 $\Gamma_0 \vdash \varphi$, 并且 $\Gamma_0 \vdash (\neg\varphi)$. 从而 Γ_0 是非一致的, 因此它是不可满足的. □

命题逻辑的紧致性还可以如下陈述:

定理 1.21 (紧致性) 令 $\Gamma \subseteq \mathcal{L}_0$ 以及 $\varphi \in \mathcal{L}_0$. φ 是 Γ 的一个逻辑推论, 即 $\Gamma \models \varphi$, 当且仅当 φ 一定是 Γ 的某一个有限子集 Γ_0 的逻辑推论.

证明 假设 $\Gamma \models \varphi$. 那么 $\Gamma \cup \{(\neg\varphi)\}$ 是不可满足的. 于是, 由完备性定理有, $\Gamma \cup \{(\neg\varphi)\}$ 必为非一致. 取一个 ψ 满足 $\Gamma \cup \{(\neg\varphi)\} \vdash \psi$ 以及 $\Gamma \cup \{(\neg\varphi)\} \vdash (\neg\psi)$.

取 Γ 的一个有限子集 Γ_0 来满足 $\Gamma_0 \cup \{(\neg\varphi)\} \vdash \psi$ 以及 $\Gamma_0 \cup \{(\neg\varphi)\} \vdash (\neg\psi)$.

从而 $\Gamma_0 \cup \{(\neg\varphi)\}$ 是非一致的. 因此, 由可靠性引理 1.15 的推论有, $\Gamma_0 \cup \{(\neg\varphi)\}$ 是不可满足的. 也就是说,

$$\Gamma_0 \models \varphi.$$

反之, 假设 φ 是 Γ 的某个有限子集 Γ_0 的逻辑推论. 我们来证明 φ 也一定是 Γ 的一个逻辑推论.

如其不然, φ 不是 Γ 的逻辑推论.

取一个满足 Γ 但不满足 φ 的真假赋值 ν. 这样的 ν 必然存在. 于是

$$\bar{\nu}((\neg\varphi)) = T.$$

从而, ν 满足 $\Gamma \cup \{(\neg\varphi)\}$. 因此, ν 也满足 $\Gamma_0 \cup \{(\neg\varphi)\}$. 这与 φ 是 Γ_0 的一个逻辑推论之假设相矛盾. □

1.10 命题范式

现在应用命题逻辑的完备性来证明任何一个命题表达式都等价于一个标准形式 —— 范式.

在证明布尔函数表示定理时, 我们曾经引进过基本合取式和基本析取式. 在这里, 我们重新给出这些基本式的定义.

定义 1.17 (1) 用 $(\varphi \wedge \psi)$ 来记表达式 $(\neg(\varphi \to (\neg\psi)))$;

(2) 用 $(\varphi_1 \wedge \cdots \wedge \varphi_m)$ 来记表达式 $(\varphi_1 \wedge (\varphi_2 \wedge \cdots \wedge \varphi_m))$;

(3) 一个命题表达式 φ 是一个基本合取, 式当且仅当 φ 是一个形如下述的表达式:

$$(\theta_1 \wedge \cdots \wedge \theta_n),$$

其中, 每一个 θ_i 是一个命题符号 A_m, 或者是一个命题符号的否定 $(\neg A_k)$;

(4) 用 $(\varphi \vee \psi)$ 来记表达式 $((\neg\varphi) \to \psi)$;

(5) 用 $(\varphi_1 \vee \cdots \vee \varphi_m)$ 来记表达式 $(\varphi_1 \vee (\varphi_2 \vee \cdots \vee \varphi_m))$;

(6) 一个命题表达式 φ 是一个基本析取式, 当且仅当 φ 是一个形如下述的表达式:

$$(\theta_1 \vee \cdots \vee \theta_n),$$

其中, 每一个 θ_i 或者是一个命题符号 A_m, 或者是一个命题符号的否定 $(\neg A_k)$.

定义 1.18　(1) 一个命题表达式 φ 是一个合取范式, 当且仅当 φ 是一个形如下述的表达式:

$$(\theta_1 \wedge \theta_1 \wedge \cdots \wedge \theta_m),$$

其中, 每一个 θ_i 都是一个基本析取式.

(2) 一个命题表达式 φ 是一个析取范式, 当且仅当 φ 是一个形如下述的表达式:

$$(\theta_1 \vee \theta_1 \vee \cdots \vee \theta_m),$$

其中, 每一个 θ_i 都是一个基本合取式.

现在我们来证明等价范式定理.

引理 1.11　(1) 如果 θ 是一个合取基本式, 那么 $(\neg\theta)$ 一定逻辑地等价于一个析取基本式.

(2) 如果 θ 是一个析取基本式, 那么 $(\neg\theta)$ 一定逻辑地等价于一个合取基本式.

证明　用关于 θ 中命题符号的个数的归纳法, 证明 (1) 成立.

设 θ 是合取基本式 $(\theta_1 \wedge \cdots \wedge \theta_k \wedge \theta_{k+1})$, 其中每一个 θ_i 或者是一个命题符号, 或者是一个命题符号的否定.

那么 $(\neg\theta)$ 逻辑地等价于

$$((\neg\theta_1) \vee \cdots \vee (\neg\theta_k) \vee (\neg\theta_{k+1})).$$

因此, $(\neg\theta)$ 逻辑地等价于

$$(\theta_1^* \vee \cdots \vee \theta_k^* \vee \theta_{k+1}^*).$$

其中, 对于每一个 $1 \leqslant i \leqslant k+1$, 如果 θ_i 是一个命题符号 A_m, 那么 θ_i^* 就是 $(\neg A_m)$; 如果 θ_i 是一个命题符号 A_m 的否定, 那么 θ_i^* 就是命题符号 A_m.

同理得到 (2).　□

定理 1.22　设 φ 是一个命题表达式. 那么

(1) φ 一定逻辑等价于一个合取范式;

(2) φ 一定逻辑等价于一个析取范式.

证明　我们用关于 φ 的长度的归纳法来同时证明 (1) 和 (2) 成立.

当 φ 是一个命题符号 A_k 时, A_k 逻辑地等价于 $(A_k \wedge A_k)$ 以及 $(A_k \vee A_k)$.

当 φ 是一个命题符号 A_k 的否定 $(\neg A_k)$ 时, $(\neg A_k)$ 逻辑地等价于 $((\neg A_k) \wedge (\neg A_k))$ 以及 $((\neg A_k) \vee (\neg A_k))$.

现在设任何一个严格小于 φ 的长度的命题表达式都逻辑地等价于一个合取范式, 也逻辑地等价于一个析取范式. 下面证明 φ 分别逻辑地等价于一个合取范式和一个析取范式.

情形 1: φ 是 $(\neg\psi)$.

根据归纳假设, ψ 分别逻辑地等价于一个合取范式

$$(\theta_1 \wedge \cdots \wedge \theta_m),$$

以及一个析取范式

$$(\eta_1 \vee \cdots \vee \eta_n),$$

其中, 每一个 θ_i 是一个析取基本式; 每一个 η_j 是一个合取基本式. 那么, $(\neg\psi)$ 就分别等价于

$$((\neg\theta_1) \vee \cdots \vee (\neg\theta_m))$$

以及

$$((\neg\eta_1) \wedge \cdots \wedge (\neg\eta_n)).$$

根据前面的引理, 每一个 $(\neg\theta_i)$ 都逻辑地等价于一个合取基本式 θ_i^*; 每一个 $(\neg\eta_j)$ 都逻辑地等价于一个析取基本式 η_j^*. 因此, $(\neg\psi)$ 就分别等价于

$$(\theta_1^* \vee \cdots \vee \theta_m^*)$$

以及

$$(\eta_1^* \wedge \cdots \wedge \eta_n^*),$$

其中, 每一个 θ_i^* 都是一个合取基本式; 每一个 η_j^* 都是一个析取基本式.

情形 2: φ 是 $(\psi_1 \rightarrow \psi_1)$.

首先, $(\psi_1 \rightarrow \psi_1)$ 逻辑地等价于 $((\neg\psi_1) \vee \psi_2)$.

由归纳假设, $(\neg\psi_1)$ 和 ψ_2 分别逻辑地等价于析取范式

$$(\theta_1 \vee \cdots \vee \theta_m)$$

和

$$(\eta_1 \vee \cdots \vee \eta_n),$$

其中, 每一个 θ_i 和 η_j 都是一个合取基本式. 于是, $(\psi_1 \rightarrow \psi_1)$ 逻辑地等价于

$$(\theta_1 \vee \cdots \vee \theta_m \vee \eta_1 \vee \cdots \vee \eta_n).$$

又由归纳假设, $(\neg\psi_1)$ 和 ψ_2 分别逻辑地等价于合取范式

$$(\theta_1 \wedge \cdots \wedge \theta_m)$$

和

$$(\eta_1 \wedge \cdots \wedge \eta_n),$$

其中, 每一个 θ_i 和 η_j 都是一个析取基本式. 于是, $(\psi_1 \to \psi_1)$ 逻辑地等价于

$$(\theta_1 \wedge \cdots \wedge \theta_m) \vee (\eta_1 \wedge \cdots \wedge \eta_n).$$

因此, $(\psi_1 \to \psi_1)$ 逻辑地等价于

$$((\theta_1 \vee \eta_1) \wedge \cdots \wedge (\theta_1 \vee \eta_n) \wedge \cdots \wedge (\theta_m \vee \eta_1) \wedge \cdots \wedge (\theta_m \vee \eta_n)). \qquad \square$$

1.11　命题逻辑与布尔代数

定义 1.19　设 φ 和 ψ 是两个命题表达式. 定义 $\varphi \sim \psi$ 当且仅当 $\vdash (\varphi \leftrightarrow \psi)$.

事实 1.1　设 φ, ψ, θ 是命题逻辑的表达式. 那么

(1) $\varphi \sim \varphi$;

(2) 如果 $\varphi \sim \psi$, 那么 $\psi \sim \varphi$;

(3) 如果 $\varphi \sim \psi$, 且 $\psi \sim \theta$, 那么 $\varphi \sim \theta$.

引理 1.12　设 $\varphi_1, \varphi_2, \psi_1, \psi_2$ 为命题表达式. 那么

(1) 若 $\varphi_1 \sim \varphi_2$ 且 $\psi_1 \sim \psi_2$, 则 $(\varphi_1 \vee \psi_1) \sim (\varphi_2 \vee \psi_2)$;

(2) 若 $\varphi_1 \sim \varphi_2$ 且 $\psi_1 \sim \psi_2$, 则 $(\varphi_1 \wedge \psi_1) \sim (\varphi_2 \wedge \psi_2)$.

定义 1.20　(1) 对于每一个命题表达式 $\varphi \in \mathcal{L}_0$, 令 $[\varphi] = \{\psi \in \mathcal{L}_0 \mid \varphi \sim \psi\}$ 为 φ 所在的等价类;

(2) 令 $B = \{[\varphi] \mid \varphi \in \mathcal{L}_0\}$ 为所有 $\mathcal{L}_0$-表达式的等价类的全体之集合;

(3) 对于 $[\varphi] \in B, [\psi] \in B$, 定义

$$[\varphi] \oplus [\psi] = [(\varphi \vee \psi)]$$

以及

$$[\varphi] \otimes [\psi] = [(\varphi \wedge \psi)];$$

(4) 对于 $[\varphi] \in B$, 定义 $-[\varphi] = [(\neg\varphi)]$;

(5) 定义 $1 = [(A_0 \leftrightarrow A_0)]$, $0 = [(A_0 \leftrightarrow (\neg A_0))]$;

(6) 令 $\mathbb{B} = (B, 0, 1, \oplus, \otimes, -)$.

定理 1.23　$\mathbb{B} = (B, 0, 1, \oplus, \otimes, -)$ 是一个布尔代数, 即对于 B 中的任意元素 x, y, z, 都有如下等式:

(1) $x \oplus (y \oplus z) = (x \oplus y) \oplus z$, $x \otimes (y \otimes z) = (x \otimes y) \otimes z$;

(2) $x \oplus y = y \oplus x$, $x \otimes y = y \otimes x$;

(3) $x \oplus (y \otimes z) = (x \oplus y) \otimes (x \oplus z)$, $x \otimes (y \oplus z) = (x \otimes y) \oplus (x \otimes z)$;

(4) $x \oplus (x \otimes y) = x$, $x \otimes (x \oplus y) = x$;

(5) $-(-x) = x$;

(6) $-(x \oplus y) = (-x) \otimes (-y)$, $-(x \otimes y) = (-x) \oplus (-y)$;

(7) $x \oplus (-x) = 1$, $x \otimes (-x) = 0$;

(8) $x \oplus 0 = x$, $x \otimes 0 = 0$;

(9) $x \oplus 1 = 1, x \otimes 1 = x$;

(10) $0 \neq 1$.

例 1.2 令 $1 = T, 0 = F, B_0 = \{0, 1\}$, 如下规定 B_0 上的布尔运算:

$$0 \vee 1 = 1 \vee 0 = 1 \vee 1 = 1 \wedge 1 = 1,$$

$$0 \wedge 1 = 1 \wedge 0 = 0 \vee 0 = 0 \wedge 0 = 0,$$

以及

$$\bar{0} = 1, \ \bar{1} = 0.$$

令 $\mathbb{B}_0 = (B_0, 0, 1, \vee, \wedge, ^-)$, 那么 $\mathbb{B}_0$ 是一个布尔代数.

定理 1.24 设 $\mathbb{B}$ 为由命题表达式所生成的布尔代数, $\mathbb{B}_0$ 为 0-1-布尔代数. 设

$$\nu : \{A_n \mid n \in \mathbb{N}\} \to \{0, 1\}$$

是一个命题赋值映射. 对于每一个命题表达式 φ, 令

$$\nu^*([\varphi]) = \bar{\nu}.$$

那么 $\nu^* : \mathbb{B} \to \mathbb{B}_0$ 是一个布尔代数的同态映射.

定义 1.21 (1) B 的子集 $F \subset B$ 是布尔代数 $\mathbb{B}$ 的一个滤子当且仅当

(a) $1 \in F, 0 \notin F$;

(b) 如果 $x \in F, y \in F$, 那么 $(x \otimes y) \in F$;

(c) 如果 $x \in F, y \in B, x \oplus y = y$, 那么 $y \in F$.

(2) B 的子集 $U \subset B$ 是布尔代数 $\mathbb{B}$ 的一个超滤子当且仅当

(a) U 是 $\mathbb{B}$ 的滤子, 并且

(b) 如果 $x \in B$, 那么或者 $x \in U$, 或者 $(-x) \in U$.

定理 1.25 如果 $F \subset B$ 是 $\mathbb{B}$ 的一个滤子, 那么 F 必是 $\mathbb{B}$ 的某个超滤子 U 的子集合.

定义 1.22 对于 $\mathbb{B}$ 的任何一个滤子 F, 令

$$\cup F = \{\varphi \in \mathcal{L}_0 \mid [\varphi] \in F\}.$$

定理 1.26 (1) 如果 $[\varphi] \in B$, 且 $[\varphi] \neq 0$, 那么 $\{\varphi\}$ 是可满足的;

(2) 如果 $F \subset B$ 是 $\mathbb{B}$ 的一个滤子, 那么 $\cup F$ 一定是一致的;

(3) 如果 $U \subset B$ 是 $\mathbb{B}$ 的一个超滤子, 那么 $\cup U$ 一定是极大一致的;

(4) 如果 $\Gamma \subset \mathcal{L}_0$ 是一个极大一致命题表达式集合, 那么

(a) 若 $\varphi \in \Gamma$, 则 $[\varphi] \subset \Gamma$;

(b) 由 Γ 所给出的 B 的子集合

$$\Gamma/\sim = \{[\varphi] \in B \mid \varphi \in \Gamma\}$$

就是 $\mathbb{B}$ 的一个超滤子.

1.12 练 习

练习 1.1 证明存在一个识别表达式的算法, 即存在一个判定任给 Σ^* 中的一个字符串 s 是否为一个表达式的算法.

练习 1.2 给出一个判定任意给定的表达式是否可满足的算法.

练习 1.3 完成布尔函数表示定理 (定理 1.6) 的证明:

(1) 任给 $m \geqslant 2$ 个表达式 $\varphi_1, \cdots, \varphi_m$, 任给一个真假赋值 ν,

$$\bar{\nu}((\varphi_1 \wedge \cdots \wedge \varphi_m)) = T \leftrightarrow \bar{\nu}(\varphi_1) = \cdots = \bar{\nu}(\varphi_m) = T.$$

(2) 任给 $m \geqslant 2$ 个表达式 $\varphi_1, \cdots, \varphi_m$, 任给一个真假赋值 ν,

$$\bar{\nu}((\varphi_1 \vee \cdots \vee \varphi_m)) = T \iff \exists i(1 \leqslant i \leqslant m \wedge \bar{\nu}(\varphi_i) = T).$$

(3) ψ_f 诱导出 f.

练习 1.4 证明定义 1.8 中的三个真值函数都可以由两个真值函数 $H_\neg$ 和 $H_\to$ 组合而成.

练习 1.5 证明如果 $\psi \in \mathcal{L}_0^*$, 那么必有一个与 ψ 逻辑等价的 $\varphi \in \mathcal{L}_0$ 存在.

练习 1.6 证明两个命题表达式 φ 和 ψ 逻辑等价的充分必要条件是表达式 $(\varphi \leftrightarrow \psi)$ 是一个重言式; 命题表达式 $(\varphi \leftrightarrow \psi)$ 是一个重言式的充分必要条件是对于任意的命题赋值 ν 都一定有

$$\bar{\nu}(\varphi) = \bar{\nu}(\psi);$$

以及命题表达式之间的逻辑等价关系是命题表达式之间的一个等价关系.

练习 1.7 证明逻辑公理定义 (定义 1.12) 中的每一条逻辑公理都是一个重言式.

练习 1.8 下列两个命题表达式中哪一个是重言式?

$$(((A_1 \to A_1) \to A_2) \to A_2),$$
$$((((A_1 \to A_2) \to A_2) \to A_2) \to A_2).$$

练习 1.9 证明如果表达式 φ 是一个重言式, 那么 $\varnothing \vdash \varphi$.

练习 1.10 设 $\Gamma\subset\mathcal{L}_0$, 以及 φ 和 ψ 是两个命题表达式. 证明

$$(\Gamma\cup\{\varphi\})\models\psi \iff \Gamma\models(\varphi\to\psi).$$

练习 1.11 在北京到上海的某次列车的某个车厢里, 有两位物理学家: 张某、李某, 和一位逻辑学家: 王某. 黑暗中他们每个人都被戴上一顶帽子, 而且都告知他们所戴的帽子要么是黑色的, 要么是白色的, 但并非三顶帽子都是白色的. 张某看得见李某和王某所戴的是什么颜色的帽子; 李某看得见张某和王某所戴的是什么颜色的帽子; 王某被蒙上了眼睛. 按照张某、李某、王某的顺序问他们是否知道自己所戴帽子的颜色. 所得到的答案是这样的: 张某回答"不知道"; 李某回答"不知道"; 王某回答"知道". 问: 王某所戴的帽子是什么颜色? 王某是怎么知道的?

练习 1.12 对于 $\mathcal{L}_0$ 的两个子集 Γ_1 和 Γ_2 而言, Γ_1 和 Γ_2 是逻辑等价的, 当且仅当对于任意一个命题表达式 φ 都有

$$\Gamma_1\models\varphi \iff \Gamma_2\models\varphi;$$

对于任意的 $\Gamma\subset\mathcal{L}_0$ 而言, Γ 是完全独立的当且仅当 Γ 不与它的任何一个真子集合逻辑等价. 证明如下命题:

(1) 如果 $\Gamma\subset\mathcal{L}_0$ 是有限的, 那么一定有一个完全独立的 $\Gamma_0\subseteq\Gamma$ 与 Γ 逻辑等价;

(2) 存在一个无限的不与任何完全独立子集逻辑等价的命题表达式集合 Γ;

(3) 对于任何一个 $\Gamma\subseteq\mathcal{L}_0$, 都有一个完全独立的 $\Delta\subseteq\mathcal{L}$ 与 Γ 逻辑等价.

练习 1.13 证明如下命题:

(1) 任给 $m\geqslant 2$ 个表达式 $\varphi_1,\cdots,\varphi_m$, 任给一个真假赋值 ν,

$$\bar{\nu}((\varphi_1\wedge\cdots\wedge\varphi_m))=T\leftrightarrow\bar{\nu}(\varphi_1)=\cdots=\bar{\nu}(\varphi_m)=T,$$

以及

$$\bar{\nu}((\varphi_1\vee\cdots\vee\varphi_m))=T\leftrightarrow \text{或者 }\bar{\nu}(\varphi_1)=T,\cdots,\text{ 或者 }\bar{\nu}(\varphi_m)=T;$$

(2) φ 逻辑地等价于 $(\neg(\neg\varphi))$;

(3) $(\varphi\vee\psi)$ 逻辑地等价于 $(\psi\vee\varphi)$;

(4) $(\varphi\wedge\psi)$ 逻辑地等价于 $(\psi\wedge\varphi)$;

(5) $(\varphi\vee(\psi\vee\theta))$ 逻辑地等价于 $((\varphi\vee\psi)\vee\theta)$;

(6) $(\varphi\wedge(\psi\wedge\theta))$ 逻辑地等价于 $((\varphi\wedge\psi)\wedge\theta)$;

(7) $(\varphi\wedge(\psi\vee\theta))$ 逻辑地等价于 $((\varphi\wedge\psi)\vee(\varphi\wedge\theta))$;

(8) $(\varphi\vee(\psi\wedge\theta))$ 逻辑地等价于 $((\varphi\vee\psi)\wedge(\varphi\vee\theta))$;

(9) $(\neg(\varphi\wedge\psi))$ 逻辑地等价于 $((\neg\varphi)\vee(\neg\psi))$;

(10) $(\neg(\varphi\vee\psi))$ 逻辑地等价于 $((\neg\varphi)\wedge(\neg\psi))$.

练习 1.14 对于任意两个命题表达式 φ 和 ψ, 定义 $(\varphi \vee \psi)$ 为表达式

$$((\neg\varphi) \to \psi);$$

定义 $(\varphi \wedge \psi)$ 为表达式 $(\neg(\varphi \to (\neg\psi)))$; 定义 $\varphi \leftrightarrow \psi$ 为表达式 $((\varphi \to \psi) \wedge (\psi \to \varphi))$. 验证如下命题:

(1) $\vdash ((\varphi \vee \psi) \leftrightarrow (\psi \vee \varphi))$ (交换律);

(2) $\vdash ((\varphi \wedge \psi) \leftrightarrow (\psi \wedge \varphi))$ (交换律);

(3) $\vdash ((\varphi \vee (\psi \vee \theta)) \leftrightarrow ((\varphi \vee \psi) \vee \theta))$ (结合律);

(4) $\vdash ((\varphi \wedge (\psi \wedge \theta)) \leftrightarrow ((\varphi \wedge \psi) \wedge \theta))$ (结合律);

(5) $\vdash ((\varphi \vee \varphi) \leftrightarrow \varphi)$ (幂等律);

(6) $\vdash ((\varphi \wedge \varphi) \leftrightarrow \varphi)$ (幂等律);

(7) $\vdash ((\varphi \wedge (\theta \vee \psi)) \leftrightarrow ((\varphi \wedge \theta) \vee (\varphi \wedge \psi)))$ (分配律);

(8) $\vdash ((\varphi \vee (\theta \wedge \psi)) \leftrightarrow ((\varphi \vee \theta) \wedge (\varphi \vee \psi)))$ (分配律);

(9) $\vdash ((\neg(\varphi \wedge \psi)) \leftrightarrow ((\neg\varphi) \vee (\neg\psi)))$ (对偶律);

(10) $\vdash ((\neg(\varphi \vee \psi)) \leftrightarrow ((\neg\varphi) \wedge (\neg\psi)))$ (对偶律).

练习 1.15 验证如下断言:

(1) $\vdash (((\neg\varphi) \to ((\neg\theta) \to \psi)) \to ((\neg((\neg\varphi) \to \theta)) \to \psi))$;

(2) $\vdash (((\neg\varphi) \to \psi) \to (((\neg\varphi) \to (\neg\psi)) \to \varphi))$;

(3) $\vdash ((\varphi \to \psi) \to ((\varphi \to (\neg\psi)) \to (\neg\varphi)))$.

练习 1.16 证明命题逻辑与布尔代数小节 (1.11) 中的每一个事实、引理和定理.

第 2 章　一阶语言和一阶结构

从本章起, 我们来关注下列问题的基本答案:

问题 2.1　*语义分析在是非判断中怎样发挥作用?*

自然, 我们只围绕数学范畴的对象来回答这个问题. 因此, 上述问题可以分解为下面的问题:

问题 2.2　(1) *数学家们通常关注的对象是哪些?*

(2) *怎样系统地、有效地表述这些对象?*

(3) *如何从语义分析中判定是非? 何为是? 何为非?*

2.1　一组经典例子

1. 自然数结构: 古典的 “有序半环”

关于自然数, 我们知道些什么呢?

(1) 有一种从数数、计数过程中得来的数: 自然数;

(2) 自然数可以相加、相乘, 即自然数之和、之积还是自然数, 并且这些运算满足一定的规律, 比如结合律、交换律、分配律;

(3) 每一个自然数都有一个直接后继;

(4) 加法有一个单位元, 除了这个加法单位元之外, 任何一个别的自然数都是某个自然数的直接后继;

(5) 可以比较任意两个自然数的大小, 加法单位元是最小的自然数;

(6) 一个自然数小于另外一个自然数当且仅当前者的直接后继小于后者的直接后继, 即取直接后继保持序关系;

(7) 自然数的求和与求积都是保序运算:

(a) 加上同一个自然数不改变大小顺序;

(b) 乘上同一个大于加法单位元的自然数不改变大小顺序;

(8) 关于自然数, 我们有数学归纳法;

(9) 关于自然数, 我们也知道任何一个非空的自然数子集合都有一个最小元.

2. 整数结构: 古典的 “有序环”

比起自然数来, 这里多了负数、减法, 从而每一个自然数都有了一个加法逆元; 这里再也没有了最小数.

3. 有理数结构: 古典的 “有序域”

比起整数来, 每一个非加法单位元都有一个乘法逆元: 除法运算被引进了; 直接后继不再存在, 因为任何两个有理数之间总有一个别的有理数, 序变得稠密起来了.

4. 实数结构: 古典的 "实代数封闭完备有序域"

比起有理数, 直线变得序完备了: 间隙不再存在; 每一个正数都可以开平方; 每一个奇次多项式必有零点.

5. 复数结构: 古典的 "代数封闭域"

比起实数, 虚数存在了, 偶次多项式也必有零点了, 但是数序消失了.

6. 线性序结构: 自然数序、整数序、有理数序、实数序

2.2　一 阶 语 言

一阶谓词逻辑的形式语言由一些基本符号和这些基本符号按照一定规则所生成的项, 以及由这些基本符号和项按照一定的规则所生成的表达式构成. 一阶谓词逻辑的结构则对这种语言提供一种相应的语义解释. 从一个角度看, 一阶逻辑是关于这各种各类结构的逻辑分析理论. 从另一个角度看, 这各种各类的结构则为各种各样的一阶逻辑的形式理论提供各式各样的例子或者模型. 在这里, 我们将系统地引入这些语言和与之对应的结构.

2.2.1　符号

我们语言的符号集由六种符号组成, 它们分别归类为: 逻辑符号、等式符号、变元符号、常元符号、函数符号和谓词符号.

定义 2.1 (符号)　一阶逻辑的语言符号有六种:

(1) 逻辑符号: $(\ \neg \ \rightarrow \ \forall \ )$;

(2) 等式符号: $\triangleq$;

(3) 变元符号: 对应于每一个自然数 $n \in \mathbb{N}$, 有一个变元符号 x_n;

(4) 常元符号: 对应于每一个自然数 $n \in \mathbb{N}$, 有一个常元符号 c_n;

(5) 函数符号: 对应于每一个自然数 $n \in \mathbb{N}$, 有一个函数符号 F_n;

(6) 谓词符号: 对应于每一个自然数 $n \in \mathbb{N}$, 有一个谓词符号 P_n.

关于符号的假定　我们总假定所有这些符号都彼此互不相同, 并且这些函数符号和谓词符号还满足如下要求: 每一个函数符号和谓词符号都有一个唯一确定的正整数作为它的维数, 记成 $\pi(F_n)$ 和 $\pi(P_n)$; 相对于任何一个正整数 k, 都有无穷多个函数符号和谓词符号恰好以 k 作为其维数[①]. 当 $\pi(F_i) = n$ 时, 通常说 F_i 是一

① 比如说, 令 $\pi(F_n) = \pi(P_n) = k$ 当且仅当第 k 个素数是整除 $(n + 2)$ 的最小素数.

个 n-元函数符号; 反之亦然. 同样地, 当且仅当 $\pi(P_i)=n$, 说 P_i 是一个 n-元谓词符号.

定义 2.2 (1) 将逻辑符号、变元符号和等式符号的全体记成 Σ_0; 将常元符号、函数符号和谓词符号的全体记成 Σ_1(称之为**非逻辑符号表**); 将所有这些符号的全体记成 Σ.

(2) 对每一个自然数 $n\in\mathbb{N}$, 用 Σ^n 来记所有长度为 n 的 Σ 上的序列的集合:

$$\Sigma^n=\{s\mid s:n\to\Sigma\}.$$

也就是说, Σ^n 中的每一个元素 s 都是一个定义在 $\mathrm{dom}(s)=n$ 上, 且在 Σ 中取值的函数;

$$\mathrm{lh}(s)=\mathrm{dom}(s)=n$$

为序列 s 的长度; 常将序列 s 写成 $\langle s_1,\cdots,s_n\rangle$, 其中, $s_i=s(i-1)$, $(1\leqslant i\leqslant n)$.

(3) 再用 Σ^* 记 Σ 上所有的有限序列的集合:

$$\Sigma^*=\cup\{\Sigma^n\mid n\in\mathbb{N}\}.$$

(4) 对于两个有限序列 s 和 t, 定义 $s*t$ 为这样一个序列:

(a) $\mathrm{dom}(s*t)=\mathrm{dom}(s)+\mathrm{dom}(t)$;

(b) 当 $i\in\mathrm{dom}(s)$ 时, $(s*t)(i)=s(i)$;

(c) 当 $\mathrm{dom}(s)\leqslant i<\mathrm{dom}(s)+\mathrm{dom}(t)$ 时, $(s*t)(i)=t(i-\mathrm{dom}(s))$.

换句话说, 如果 $s=\langle s_1,\cdots,s_n\rangle$, $t=\langle t_1,\cdots,t_m\rangle$, 那么

$$s*t=\langle s_1,\cdots,s_n,t_1,\cdots,t_m\rangle$$

就是一个将序列 t 从左到右顺序地复写添加到序列 s 右边之后的长度为 $(n+m)$ 的一个序列.

(5) 对于两个序列 $s,t\in\Sigma^*$, 我们说序列 s 是序列 $s*t$ 的一个前缀, 并且当 t 为一个非空序列时, 称 s 为 $s*t$ 的一个真前缀; 也称序列 t 为序列 $s*t*u$ 的一个区间子序列.

(6) 设 $s=\langle s_1,\cdots,s_n\rangle$ 为一个序列, t 是一个序列. 区间 $[j_1,j_2]\subseteq[1,n]$ 是序列 t 在序列 s 中的一个出现当且仅当

$$t=\langle s_{j_1},\cdots,s_{j_2}\rangle.$$

2.2.2 项

定义 2.3 (项) (1) Σ^* 的一个非空子集合 S 是关于项合成封闭的当且仅当如下条件成立:

(a) 对于每一个自然数 $n \in \mathbb{N}$, 都有 $\langle x_n \rangle \in S$ 以及 $\langle c_n \rangle \in S$;

(b) 对于每一个自然数 $n \in \mathbb{N}$, 如果 $k = \pi(F_n)$, $\tau_1 \in S, \cdots, \tau_k \in S$, 那么必有

$$\langle F_n, () * \tau_1 * \cdots * \tau_k * ()\rangle \in S;$$

(2) $T = \cap\{S \subseteq \Sigma^* \mid S$ 是关于项合成封闭的非空集合$\}$. 就是说, 对于任意的 $s \in \Sigma^*$,$t \in T$ 当且仅当对于每一个关于项合成封闭的 $S \subseteq \Sigma^*$ 都必有 $t \in S$;

(3) T 中的元素被称为**项**; 反之亦然; 形如 $\langle x_i \rangle$ 或 $\langle c_i \rangle$ 的项称为**单项**; 形如 $F_i(\tau_1, \cdots, \tau_n)$ 的项称为**复合项**.

在不至于引起混淆的前提下, 为了简化书写, 我们约定:

(1) 变元符号 x_i, 或者常元符号 c_i 为一个项, 虽然这种项其实应当是 $\langle x_i \rangle$ 或 $\langle c_i \rangle$;

(2) $F_i(\tau_1, \cdots, \tau_n)$ 是一个项, 虽然这种项其实应当是

$$\langle F_i \rangle * \langle () * \tau_1 * \cdots * \tau_n * ()\rangle.$$

现在来确定一个事实: 任何一个项或者是一个单项, 或者是一个复合项, 二者必居其一, 而且这种分解是唯一的.

引理 2.1 (项可读性引理)　如果 $\tau \in T$ 是一个项, 那么下列二者恰有一种成立:

(1) τ 的长度为 1, 并且 τ 或者是某个变元符号项 x_i, 或者是某个常元符号项 c_i;

(2) τ 的长度大于 3, 并且 τ 由某个 n-元 $(n \geqslant 1)$ 函数符号 F_i 和 n 个项 $\tau_1, \cdots, \tau_n$ 复合而成 $F_i(\tau_1, \cdots, \tau_n)$.

证明　对于 $\tau \in T$, 令 $\tau \in S$ 当且仅当 τ 满足引理所述的两个要求之一. 很容易验证 S 是一个关于项合成封闭的集合. 因此, $S = T$. 引理所述的两个结论显然彼此具有排他性, 没有项会同时满足两者. □

事实上, 每个项都具有唯一可读性. 在证明这种唯一性之前, 我们需要一个前缀引理 (电话号码原理).

引理 2.2 (项前缀引理)　如果 $\tau \in T$ 是一个项, t 是 τ 的一个真前缀, 那么 $t \notin T$. 就是说, 没有任何项的真前缀还是项的.

证明　我们对项 $\tau \in T$ 的长度施归纳.

当 τ 的长度为 1 时, τ 只有唯一的一个真前缀 —— 空序列. 根据上面的项可读性引理, 空序列不是项.

归纳假设: 如果 $\tau \in T$ 是一个长度小于 n 的项, t 是 τ 的一个真前缀, 那么 $t \notin T$.

设 $\tau \in T$ 长度为 $n > 1$. t 是 τ 的一个真前缀. 根据项可读性引理, τ 由某个 m-元函数符号 F_i 和 n 个项

$$\tau_1, \cdots, \tau_m$$

复合而成 $F_i(\tau_1, \cdots, \tau_m)$(其中 $m \geqslant 1$); 如果 t 的长度小于等于 3, 那么 t 肯定不是一个项. 现在假设 t 是一个项, 那么根据项可读性引理, t 的长度大于 3, t 一定是由 m-元函数符号和 m 个项 $\sigma_1, \cdots, \sigma_m$ 复合而成 $F_i(\sigma_1, \cdots, \sigma_m)$. 由于各项 $\tau_1, \cdots, \tau_m, \sigma_1, \cdots, \sigma_m$ 都是长度严格小于 n 的项, 归纳假设保证了它们的各个真前缀都不是项. 逐个比较, 应用归纳假设, 得到 $\tau_\ell = \sigma_\ell$ $(1 \leqslant \ell \leqslant m)$. 也就是说, $t = \tau$. 这与 "t 是 τ 的真前缀" 这一事实相矛盾. □

定理 2.1 (项唯一可读性定理) 如果 $\tau \in T$ 是一个项, 那么下列二者恰有一种成立:

(1) τ 的长度为 1, 并且 τ 或者是某个唯一的变元符号项 x_i 或者是某个唯一的常元符号项 c_i;

(2) τ 的长度大于 3, 并且 τ 由唯一的某个 n-元函数符号 F_i(其中 $n \geqslant 1$) 以及唯一的项序列 $\langle \tau_1, \cdots, \tau_n \rangle$ 中的 n 个项 $\tau_1, \cdots, \tau_n$ 复合而成 $F_i(\tau_1, \cdots, \tau_n)$.

证明 由项可读性引理, 我们只需验证构成项 τ 的函数符号 F_i 和项序列

$$\langle \tau_1, \cdots, \tau_n \rangle$$

的唯一性. 为此, 设 τ 分别由两个序列 $\langle F_i, \tau_1, \cdots, \tau_n \rangle$ 以及 $\langle F_j, \sigma_1, \cdots, \sigma_m \rangle$ 所产生:

$$\tau = F_i(\tau_1, \cdots, \tau_n) \text{ 以及 } \tau = F_j(\sigma_1, \cdots, \sigma_m).$$

由于两个函数符号 F_i 和 F_j 都是 τ 的第一个符号, 它们必须相同, 从而 $n = m$. 进而比较 τ_1 和 σ_1, 由前缀引理有, 它们都没有作为项的真前缀, 所以必定有 $\tau_1 = \sigma_1$. 由一个简单的关于 $1 \leqslant i \leqslant n$ 的归纳法有, 得到对于每一个 $1 \leqslant i \leqslant n$, 都有 $\tau_i = \sigma_i$. 从而, τ 由唯一的序列 $\langle F_i, \tau_1, \cdots, \tau_n \rangle$ 所产生. □

2.2.3 表达式

定义 2.4 (1) Σ^* 的一个子集合 L 是一个关于表达式合成封闭的集合当且仅当下述五条都成立:

(a) 如果 $\tau_1 \in T$ 和 $\tau_2 \in T$ 是两个项, 那么序列 $(\tau_1 \hat{=} \tau_2) \in L$, 也就是

$$\langle (\rangle * \tau_1 * \langle \hat{=} \rangle * \tau_2 * \langle) \rangle \in L;$$

(b) 如果 P_i 是一个 n–元谓词符号, $\tau_1, \cdots, \tau_n$ 是 n 个项, 那么序列

$$P_i(\tau_1, \cdots, \tau_n) \in L \text{, 也就是 } \langle P_i, (\rangle * \tau_1 * \cdots * \tau_n * \langle) \rangle \in L;$$

(c) 如果 $\varphi \in L$, 那么序列 $(\neg\varphi) \in L$, 也就是

$$\langle (, \neg, \rangle * \varphi * \langle) \rangle \in L;$$

(d) 如果 $\varphi_1 \in L$ 以及 $\varphi_2 \in L$, 那么序列 $(\varphi_1 \to \varphi_2) \in L$, 也就是

$$\langle (\rangle * \varphi_1 * \langle \to \rangle * \varphi_2 * \langle) \rangle \in L;$$

(e) 如果 $\varphi \in L$, x_i 是一个变元符号, 那么序列 $(\forall x_i \varphi) \in L$, 也就是

$$\langle (, \forall, x_i \rangle * \varphi * \langle) \rangle \in L.$$

(2) 定义

$$\mathcal{L} = \cap\{L \subseteq \Sigma^* \mid L \text{ 是一个关于表达式合成封闭的集合}\}.$$

也就是说, 对于任意一个 $\varphi \in \Sigma^*$, $\varphi \in \mathcal{L}$ 当且仅当对于任意一个关于表达式合成封闭的集合 L 都有 $\varphi \in L$.

(3) 称 $\mathcal{L}$ 为非逻辑符号表 Σ_1 上的**表达式集合**或**语法辞汇**; 一个序列 $\varphi \in \Sigma^*$ 是一个**表达式**当且仅当 $\varphi \in \mathcal{L}$; 一个表达式 φ 是一个**原始表达式**当且仅当 φ 是一**等式**, 即一个形如关于两个项相等的表达式 $(\tau_1 \hat{=} \tau_2)$, 或者是一个**谓词断言式**, 即一个形如关于一组项 $\tau_1, \cdots, \tau_n$ 具有谓词 P_i 所断言的性质的表达式 $P_i(\tau_1, \cdots, \tau_n)$; 其他表达式统称为**复合表达式**; 形如 $(\neg\psi)$ 的表达式为**否定式**; 形如 $(\psi \to \theta)$ 的表达式为**蕴含式**; 形如 $(\forall x_i \psi)$ 的表达式为**全域式** (或全称量词引导式).

(4) 非逻辑符号表 Σ_1 上的语法辞汇 $\mathcal{L}$ 将从此被称为由非逻辑符号表 Σ_1 所确定的**一阶语言**.

定义 2.5　一个表达式 ψ 是另一个表达式 φ 的子表达式当且仅当表达式 ψ 是表达式 φ 的一个区间子序列.

注　一个表达式 ψ 是另一个表达式 φ 的子表达式当且仅当表达式 ψ 在表达式 φ 中有一个出现.

现在来看, 任何一个表达式都必定是一个等式, 或者是一个谓词断言式; 或者是一个否定式, 或者是一个蕴含式, 或者是一个全域式; 并且这种复合分解一定是唯一的.

引理 2.3 (表达式可读性引理)　设 φ 是一个表达式, 那么恰有下列五种情形之一成立:

(1) φ 是由某个项序列 $\langle \tau_1, \tau_2 \rangle$ 构成的等式: $(\tau_1 \hat{=} \tau_2)$;

(2) φ 是由某个序列 $\langle P_i, \tau_1, \cdots, \tau_n \rangle$ 构成的谓词断言式: $P_i(\tau_1, \cdots, \tau_n)$, 其中 P_i 是一个 n-元谓词符号,

$$\tau_1, \cdots, \tau_n$$

是 n 个项;

(3) φ 是由某个表达式 ψ 给出的否定式 $(\neg\psi)$;

(4) φ 是由某个序列 $\langle\psi_1,\psi_2\rangle$ 给出的蕴含式 $(\psi_1\to\psi_2)$;

(5) φ 是由某个序列 $\langle x_i,\psi\rangle$ 给出的全称量词引导式 $(\forall x_i\psi)$.

证明 令 $L\subseteq\mathcal{L}$ 为全体满足引理结论中的五种情形之一的表达式所成的集合. 很容易验证 L 是一个关于表达式合成封闭的集合. 从而必有 $L=\mathcal{L}$. □

为了给出唯一性证明, 也需要一个前缀引理: 没有一个表达式的真前缀会是一个表达式.

引理 2.4 (表达式前缀引理) 如果 $\varphi\in\mathcal{L}$ 是一个表达式, s 是 φ 的一个真前缀, 那么 $s\notin\mathcal{L}$.

证明 同样的, 我们对表达式的复杂性施归纳.

第一, 考虑当 φ 是一等式 $(\tau_1\hat{=}\tau_2)$ 的情形. 设 s 是 φ 的一个真前缀. 如果 s 是序列 $\langle(\rangle+\tau_1+\langle\hat{=}\rangle$ 的一个真前缀, s 肯定不会是一个表达式, 因为符号) 不在 τ_1 中出现, 而据表达式可读性引理, 每一个表达式的最后一个符号一定是). 如果 $\hat{=}$ 在 s 中出现, 而且 s 也是一个表达式, 那么 s 一定是 $(\tau_1\hat{=}\sigma)$, 其中 σ 是一个项, 并且 σ 是项 τ_2 的一个真前缀. 但这不可能.

第二, 设 φ 是一个谓词断言式 $P_i(\tau_1,\cdots,\tau_n)$. 如果 s 是 φ 的一个真前缀, 而且 s 也是一个表达式, 那么 P_i 一定是 s 的第一个符号, 根据表达式可读性引理, s 一定是 $P_i(\sigma_1,\cdots,\sigma_n)$, 其中 n 是 P_i 的维数, σ_ℓ 是项. 由于没有项的真前缀会是项, 我们得到对每一个 $1\leqslant\ell\leqslant n$ 来说, σ_ℓ 一定是 τ_ℓ. 从而, 必有 s 就是 φ.

第三, φ 是一个否定式 $(\neg\psi)$. 假设 $s\in\mathcal{L}$ 是 φ 的一个前缀. 根据表达式可读性引理, 无论是 $\langle(\rangle$ 还是 $\langle(,\neg\rangle$ 都不是表达式, 序列 $\langle(,\neg\rangle$ 一定是 s 的一个真前缀. 同样根据表达式可读性引理, $\neg$ 不会是任何表达式的第一个符号, 这就意味着 s 不可能是形如 $(\psi_1\to\psi_2)$ 的一个表达式. 据同样的理由, s 不可能是任何一个原始表达式. 因为 $\neg$ 不是 $\forall$, s 也不可能是任何一个全称量词引导式. 于是, s 只能是一个否定式 $(\neg\theta)$. 但这就意味着 θ 是一个表达式, 而且是 ψ 的一个前缀. 由于 ψ 的长度比 φ 的长度小, 根据归纳假设, 必有 θ 就是 ψ. 从而, s 就是 φ.

第四, φ 是一个蕴含式 $(\psi_1\to\psi_2)$. 假设 $s\in\mathcal{L}$ 是 φ 的一个前缀. 由于 $\neg$ 和 $\forall$ 都不会是任何一个表达式的第一个符号, 而 s 的第二个符号一定和 ψ_1 的第一符号相同, 这就意味着 s 既不能是一个否定式, 也不是一个全称量词引导式. 因为 s 的第一个符号是 (, s 不能是一个谓词断言式. 根据表达式可读性引理, 表达式 ψ_1 的第一个符号或者是一个谓词符号, 或者是一个 (, 既不是任何变元符号, 也不是任何常元符号, 更不是任何函数符号, 这就决定了 s 一定不是一个等式. 根据表达式可读性引理, 这些就表明 s 一定是一个蕴含式 $(\theta_1\to\theta_2)$. 由于 $\psi_1,\psi_2,\theta_1,\theta_2$ 都是长度严格小于 φ 的长度的表达式, 应用归纳假设, 得到 θ_1 就是 ψ_1, 以及 θ_2 就是 ψ_2. 从而, s 就是 φ.

第五, φ 是一个全称量词引导式 $(\forall x_i\psi)$. 设 $s \in \mathcal{L}$ 是 φ 的一个前缀. 那么, s 必定是一个全称量词引导式 $(\forall x_i\theta)$. 由于表达式 θ 一定是表达式 ψ 的前缀, 而且两者的长度都严格小于 φ 的长度, 根据归纳假设, 必有 θ 就是 ψ. 从而, s 就是 φ. □

现在证明表达式唯一可读性定理.

定理 2.2 (表达式唯一可读性定理)　设 φ 是一个表达式. 那么恰有下列五种情形之一成立:

(1) φ 是由某个唯一的项序列 $\langle\tau_1, \tau_2\rangle$ 所构成的等式: $(\tau_1 \hat{=} \tau_2)$;

(2) φ 是由某个唯一的序列 $\langle P_i, \tau_1, \cdots, \tau_n\rangle$ 所构成的谓词断言式: $P_i(\tau_1, \cdots, \tau_n)$, 其中 P_i 是一个 n-元谓词符号, $\tau_1, \cdots, \tau_n$ 是 n 个项;

(3) φ 是由某个唯一的表达式 ψ 所给出的否定式: $(\neg\psi)$;

(4) φ 是由某个唯一的序列 $\langle\psi_1, \psi_2\rangle$ 所给出的蕴含式: $(\psi_1 \to \psi_2)$;

(5) φ 是由某个唯一的序列 $\langle x_i, \psi\rangle$ 所给出的全称量词引导式: $(\forall x_i\psi)$.

证明　证明作为练习. □

2.2.4　自由变元和受囿变元

定义 2.6　(1) 对于一个符号序列 $t \in \Sigma^*$, 对于一个符号 $a \in \Sigma$, 说符号 a 在 t 的第 i 个位置上出现当且仅当 i 小于 t 的长度 $\mathrm{lh}(t)$, 而且 $t(i) = a$; 说符号 a 在 t 中出现当且仅当 a 在 t 的某个位置上出现. 当 a 在 t 中出现时, 当 a 在位置 i 上是我们当前感兴趣的出现时, 会说 "a 的本次出现".

(2) 对于一个表达式 φ 和一个变元符号 x_i 而言, 量词 $\forall x_i$ 在 φ 中出现当且仅当符号 $\forall$ 和 x_i 分别在 φ 的某个位置 j 和 $j+1$ 上顺序地出现.

引理 2.5　设 φ 为一表达式, x_i 为一变元符号. 设 j 和 $j+1$ 是量词 $\forall x_i$ 在 φ 中出现的一个位置. 那么,

(1) $j \geqslant 1$, 且 $\varphi(j-1) = ($;

(2) 下列关于 k 的方程式具有唯一的解:

　(a) $j+1 < k < \mathrm{lh}(\varphi)$;

　(b) $\varphi(k) =)$;

　(c) 序列 $\langle\varphi(j-1), \varphi(j), \varphi(j+1), \cdots, \varphi(k)\rangle$ 是一个表达式.

这个引理实际上就是说, 当一个量词 $\forall x_i$ 在一个表达式 φ 中出现时, φ 一定含有一个形如 $(\forall x_i\theta)$ 的子表达式 ψ.

证明　这个引理事实上是可读性引理和前缀引理的一个推论. 首先, 唯一性由前缀引理直接给出; 存在性由表达式长度的归纳法得到.

当 φ 是一个原始表达式的时候, φ 中没有量词出现, 所以, 没有什么需要证明的.

如果 φ 是 $(\neg\theta)$, 任何在 φ 中出现的量词一定在 θ 中出现, 引理的结论由归纳假设得到.

其次, 如果 φ 是 $(\psi_1 \to \psi_2)$, 任何在 φ 中出现的量词一定在 ψ_1 或者 ψ_2 中分别出现, 引理的结论由归纳假设得到.

最后, φ 是 $(\forall x_\ell \theta)$. 如果 $j=1$, 那么此处量词 $\forall x_\ell$ 中的变元符号 x_ℓ 就是变元符号 x_i, 即 $\ell = i$, 此时, $k = \mathrm{lh}(\varphi) - 1$; 否则, $j > 2$, 所论量词 $\forall x_i$ 的本次出现一定是在子表达式 θ 中的一个出现, 引理的结论由归纳假设得到. □

定义 2.7 若量词 $\forall x_i$ 在表达式 φ 中的位置 j 和 $j+1$ 上出现, 若 k 是由前述引理所给出的相对于本次量词出现的唯一解, 就称自然数区间 $[j-1,k]$ 为量词 $\forall x_i$ 在 φ 中的本次出现的辖域或者作用范围.

定义 2.8 设 φ 为一个表达式, x_i 为一个变元符号.

(1) x_i 在 φ 中的一个出现是一个自由出现当且仅当 x_i 的本次出现的位置不在 φ 中由 x_i 所给定的量词 $\forall x_i$ 的任何出现的辖域之中.

(2) x_i 在 φ 中的一个出现是一个非自由出现, 或者受囿出现, 当且仅当 x_i 的本次出现的位置在 φ 中由 x_i 所给定的量词 $\forall x_i$ 的某个出现的辖域之中.

(3) x_i 是 φ 的一个自由变元当且仅当 x_i 在 φ 中有一个自由出现.

(4) x_i 是 φ 的一个受囿变元 (或者约束变元) 当且仅当 x_i 在 φ 中出现, 而且 x_i 在 φ 中的每一次出现都是非自由出现 (即 x_i 不是 φ 的一个自由变元).

例 2.1 $(\forall x_2 ((\neg(x_1 \hat{=} x_2)) \to (\forall x_1 (x_1 \hat{=} x_2))))$.

在本表达式中, 从左到右, x_1 的第一次出现是一个自由出现, 第二次出现是一个非自由出现; x_2 的两次出现都是非自由出现. 从而, x_1 是一个自由变元; x_2 是一个受囿变元. 量词 $\forall x_2$ 出现的辖域为 $[0,22]$; 量词 $\forall x_1$ 出现的辖域为 $[13,21]$.

定义 2.9 (1) 记号 $\tau(x_1, \cdots, x_n)$ 表示项 τ 以及在项 τ 中出现的变元符号都包含在 $\{x_1, \cdots, x_n\}$ 中;

(2) 记号 $\varphi(x_1, \cdots, x_n)$ 表示表达式 φ 以及 φ 的自由变元都包含在 $\{x_1, \cdots, x_n\}$ 中.

定义 2.10 表达式 φ 是一个**语句**当且仅当 φ 没有任何自由变元.

定义 2.11 设 $\varphi(x_1, \cdots, x_n)$ 为 $\mathcal{L}$ 的一个表达式. 表达式 $\varphi(x_1, \cdots, x_n)$ 的**全体化**(或者**全域化**)(语句) 是如下语句之一:

$$(\forall x_{i_1} (\cdots (\forall x_{i_n} \varphi) \cdots)),$$

其中 $(i_1 i_2 \cdots i_n)$ 是 $(12 \cdots n)$ 的一个置换.

2.2.5 替换与可替换性

定义 2.12 设 $\tau, \tau_1, \cdots, \tau_n$ 为项, $x_1, \cdots, x_n$ 为变元符号, φ 为一表达式.

(1) 记号 $\tau(x_1,\cdots,x_n;\tau_1,\cdots,\tau_n)$ 表示同时在 τ 中用 τ_i 取代 (替换)x_i 在 τ 中的每一个出现之后所得的结果 (一个符号序列).

(2) 记号 $\varphi(x_1,\cdots,x_n;\tau_1,\cdots,\tau_n)$ 表示同时在 φ 中用 τ_i 取代 (替换) x_i 在 φ 中的每一个自由出现之后所得的结果.

引理 2.6　设 $\tau,\tau_1,\cdots,\tau_n$ 为项, $x_1,\cdots,x_n$ 为变元符号, φ 为一表达式.

(1) $\tau(x_1,\cdots,x_n;\tau_1,\cdots,\tau_n)$ 是一个项;

(2) $\varphi(x_1,\cdots,x_n;\tau_1,\cdots,\tau_n)$ 是一个表达式.

证明　证明留作练习 (分别对项的长度施归纳和对表达式的长度施归纳). □

定义 2.13 (可替换性)　设 φ 是一表达式, x_i 是 φ 的一个自由变元, τ 是一个项. τ 在 φ 中可替换 x_i 当且仅当对每一个变元符号 x_j 而言, 若 x_j 在 τ 中出现, 且由 x_j 所给定的量词 $\forall x_j$ 也在 φ 中出现, 那么 φ 中量词 $\forall x_j$ 的任何一个出现的辖域之内都没有 x_i 的自由出现.

例 2.2　考虑表达式 $\varphi(x_1)$: $(\forall x_2(x_1 \hat{=} x_2))$. 任何一个不含变元符号 x_2 的项 τ 都在表达式 $\varphi(x_1)$ 中可替换变元 x_1; 任何一个含有变元符号 x_2 的项 τ 都不可在 $\varphi(x_1)$ 中替换变元 x_1. 如果用 x_2 在 $\varphi(x_1)$ 中替换了变元 x_1, 所得到的表达式就是 $(\forall x_2(x_2 \hat{=} x_2))$.

将这个语句和 $\varphi(x_1)$ 比较一下, 想想为什么必须禁止这样的行为呢?

2.3　一 阶 结 构

设 $\mathcal{A}$ 为 Σ 中的一些常元符号、函数符号、谓词符号的集合. 考虑由逻辑符号以及 $\mathcal{A}$ 中的符号所生成的语言 $\mathcal{L}_{\mathcal{A}}$. 它是我们的一阶语言的子语言, 换句话说, 一个 $\mathcal{L}$-中的项是 $\mathcal{L}_{\mathcal{A}}$-中的项, 当且仅当这个项中出现的所有常元符号和函数符号都在 $\mathcal{A}$ 中; 一个 $\mathcal{L}$-中的表达式是 $\mathcal{L}_{\mathcal{A}}$-中的表达式, 当且仅当这个表达式中出现的所有常元符号、函数符号和谓词符号都在 $\mathcal{A}$ 中.

定义 2.14 (结构)　语言 $\mathcal{L}_{\mathcal{A}}$ 的一个结构是一个满足如下要求的一个有序对

$$(M, I).$$

(1) M 是一个非空集合 (此集合称为本结构的论域);

(2) I 是定义在 $\mathcal{A}$ 上的一个具有如下特性的映射 (此映射称为本结构的解释): 对于每一个自然数 $i \in \mathbb{N}$ 而言,

(a) 如果 $c_i \in \mathcal{A}$, 那么 $I(c_i) \in M$;

(b) 如果 $F_i \in \mathcal{A}$, $n = \pi(F_i)$, 那么 $I(F_i)$ 是一个从 M^n 到 M 的函数;

(c) 如果 $P_i \in \mathcal{A}$, $n = \pi(F_i)$, 那么 $I(P_i) \subseteq M^n$.

简单地说, 一个语言 $\mathcal{L}_{\mathcal{A}}$ 的结构就是一个由论域 M 和它上面给出的对于 $\mathcal{A}$ 中的各个符号的解释 I 组成的序对 (M, I). 我们也可以称这样的有序对为关于语言 $\mathcal{L}_{\mathcal{A}}$ 的一种基本语义解释.

问题 2.3 在这样一种基本语义解释下, 怎样判断一个 $\mathcal{L}_{\mathcal{A}}$-语句的真假?

2.3.1 项赋值

为了揭示语义分析对是非判断的实质作用, 我们首先需要明确, 在一个结构中怎样可能地给每一个项赋值, 也就是明确怎样系统地计算每一个项可能对应的论域中的元素.

定义 2.15 设 $\mathcal{M} = (M, I)$ 为语言 $\mathcal{L}_{\mathcal{A}}$ 的一个结构, 称一个函数 ν 为一个 $\mathcal{M}$-赋值当且仅当 ν 是一个从所有变元符号的集合到 $\mathcal{M}$ 的论域 M 的映射.

也就是说, 一个所谓的 $\mathcal{M}$-赋值就是一个对每一个变元符号唯一地确定一个 $\mathcal{M}$ 的论域 M 中的元素的对应函数. 每一个 $\mathcal{M}$-赋值 ν 都唯一地诱导出一个关于 $\mathcal{L}_{\mathcal{A}}$ 中的项的赋值 $\bar{\nu}$. 下面我们来定义这种诱导.

定义 2.16 (赋值扩展) 设 $\mathcal{M} = (M, I)$ 为一个 $\mathcal{L}_{\mathcal{A}}$-结构. 又设 ν 为一个 $\mathcal{M}$-赋值. 我们如下依据 $\mathcal{L}_{\mathcal{A}}$-项 τ 的长度的递归来定义 ν 所诱导出来的从 $\mathcal{L}_{\mathcal{A}}$ 的项的全体之集到论域 M 的映射 $\bar{\nu}$:

初始步骤: 初始阶段, $\mathcal{L}_{\mathcal{A}}$-项 τ 的长度为 1. 此时, τ 或者是一个变元符号, 或者是 $\mathcal{A}$ 中的一个常元符号. 根据需要, 用如下等式来定义 $\bar{\nu}(\tau)$:

$$\bar{\nu}(\langle x_i \rangle) = \nu(x_i),$$

$$\bar{\nu}(\langle c_i \rangle) = I(c_i).$$

递归步骤: 递归阶段, $\mathcal{L}_{\mathcal{A}}$-项 τ 的长度大于 1. 此时, 依据唯一可读性引理, τ 由唯一的一组函数符号和项 $\langle F_i, \tau_1, \cdots, \tau_n \rangle$ 给出: $\tau = F_i(\tau_1, \cdots, \tau_n)$, 其中 $n = \pi(F_i)$. 用如下的递归等式来定义 $\bar{\nu}(\tau)$:

$$\bar{\nu}(\tau) = I(F_i)(\bar{\nu}(\tau_1), \cdots, \bar{\nu}(\tau_n)).$$

定义 2.17 (局部等同赋值) 设 $\mathcal{M}$ 为一个 $\mathcal{L}_{\mathcal{A}}$-结构, τ 为一个 $\mathcal{L}_{\mathcal{A}}$-项, φ 为一个 $\mathcal{L}_{\mathcal{A}}$-表达式. 又设 ν 和 μ 为两个 $\mathcal{M}$-赋值.

(1) ν 和 μ 在 τ 上一致, 记成 $\nu \equiv_\tau \mu$, 当且仅当对于任意一个变元符号 x_i 而言, 如果 x_i 在 τ 中出现, 那么必有 $\nu(x_i) = \mu(x_i)$.

(2) ν 和 μ 在 φ 上一致, 记成 $\nu \equiv_\varphi \mu$, 当且仅当对于任意一个变元符号 x_i 而言, 如果 x_i 在 φ 中自由出现, 那么必有 $\nu(x_i) = \mu(x_i)$.

有时为了书写方便, 我们也会将 $\nu \equiv_\varphi \mu$ 写成 $\nu = \mu \mathrm{mod}(\varphi)$. 这在表达式 φ 比较复杂时比较好书写.

由于每一个项都是一个有限对象, 我们自然期望有关项的赋值的计算过程只依赖于所论项中出现的各种符号. 事实上, 我们有下面的局部确定性引理:

引理 2.7 (局部确定性引理) 设 $\mathcal{M} = (M, I)$ 为一个 $\mathcal{L}_A$-结构, τ 是 $\mathcal{L}_A$ 的一个项. 对于任意两个 $\mathcal{M}$-赋值 ν 和 μ 而言, 如果 $\nu \equiv_\tau \mu$, 那么必有

$$\bar{\nu}(\tau) = \bar{\mu}(\tau).$$

证明 依据项的长度, 我们归纳地证明引理.

当一个项 τ 的长度为 1 的时候, 依据唯一可读性引理, τ 或者是某一个唯一的 $\langle x_i \rangle$, 或者是某一个唯一的 $\langle c_i \rangle$.

如果 τ 是 $\langle x_i \rangle$, 那么

$$\bar{\nu}(\tau) = \nu(x_i) = \mu(x_i) = \bar{\mu}(\tau).$$

如果 τ 是 $\langle c_i \rangle$, 那么

$$\bar{\nu}(\tau) = I(c_i) = \bar{\mu}(\tau).$$

归纳地假设对于长度小于 τ 的长度的项而言, 引理都成立.

依据唯一可读性引理, τ 唯一地展示为 $F_i(\tau_1, \cdots, \tau_n)$, 其中, F_i 是一个 n-元函数符, $\tau_1, \cdots, \tau_n$ 是 n 个长度小于 τ 的长度的项.

由于 $\nu \equiv_\tau \mu$, 必有 $\nu \equiv_{\tau_j}$ $(1 \leqslant j \leqslant n)$. 根据归纳假设,

$$\bar{\nu}(\tau_j) = \bar{\mu}(\tau_j)(1 \leqslant j \leqslant n).$$

从而,

$$\begin{aligned}\bar{\nu}(\tau) &= \bar{\nu}(F_i(\tau_1, \cdots, \tau_n)) \\ &= I(F_i)(\bar{\nu}(\tau_1), \cdots, \bar{\nu}(\tau_n)) \\ &= I(F_i)(\bar{\mu}(\tau_1), \cdots, \bar{\mu}(\tau_n)) \quad (\text{由归纳假设}) \\ &= \bar{\mu}(F_i(\tau_1, \cdots, \tau_n)) \\ &= \bar{\mu}(\tau).\end{aligned}$$

□

2.3.2 满足关系

定义 2.18 (满足关系) 设 $\mathcal{M} = (M, I)$ 为一个 $\mathcal{L}_A$-结构. 再设 ν 为一个 $\mathcal{M}$-赋值. 我们依据 $\mathcal{L}_A$-表达式 φ 结构的复杂性递归地定义表达式 φ 与结构 $\mathcal{M}$ 依赖于 ν 的满足关系:

$$(\mathcal{M}, \nu) \models \varphi,$$

并称为结构 $\mathcal{M}$ 由 ν 满足 φ, 或者 φ 在 $\mathcal{M}$ 中由 ν 所满足, 或者简单地称 $(\mathcal{M}, \nu)$ 满足 φ.

原始表达式 假设 φ 是一个原始表达式.

(1) 假设 φ 是表达式 $(\tau\hat{=}\sigma)$, 其中 τ 和 σ 是两个 $\mathcal{L}_{\mathcal{A}}$-项. 那么定义

$$(\mathcal{M},\nu)\models(\tau\hat{=}\sigma) \text{ 当且仅当 } \bar{\nu}(\tau)=\bar{\nu}(\sigma).$$

(2) 假设 φ 是表达式 $P_i(\tau_1,\cdots,\tau_n)$, 其中 P_i 是 $\mathcal{A}$ 中的一个 n-元谓词符号, $\tau_1,\cdots,\tau_n$ 是 n 个 $\mathcal{L}_{\mathcal{A}}$-项. 那么定义

$$(\mathcal{M},\nu)\models P_i(\tau_1,\cdots,\tau_n) \text{ 当且仅当 } \langle\bar{\nu}(\tau_1),\cdots,\bar{\nu}(\tau_n)\rangle\in I(P_i).$$

复合表达式 假设 φ 是一个复合表达式.

(3) 假设 φ 是表达式 $(\neg\psi)$. 那么定义

$$(\mathcal{M},\nu)\models(\neg\psi) \text{ 当且仅当 } (\mathcal{M},\nu)\not\models\psi.$$

其中, 用记号 $(\mathcal{M},\nu)\not\models\psi$ 表示 ψ 在结构 $\mathcal{M}$ 中不被 $\mathcal{M}$-赋值 ν 所满足, 简单地, $(\mathcal{M},\nu)$ 不满足 ψ.

(4) 假设 φ 是表达式 $(\psi\to\theta)$. 那么定义

$$(\mathcal{M},\nu)\models(\psi\to\theta) \text{ 当且仅当或者 } (\mathcal{M},\nu)\not\models\psi, \text{ 或者 } (\mathcal{M},\nu)\models\theta.$$

(5) 假设 φ 是表达式 $(\forall x_i\psi)$. 那么定义 $(\mathcal{M},\nu)\models(\forall x_i\psi)$ 当且仅当对于所有的 $\mathcal{M}$-赋值 μ 而言, 如果 $\nu\equiv_\varphi\mu$①, 那么 $(\mathcal{M},\mu)\models\psi$.

注 依据表达式唯一可读性引理, 满足关系 $(\mathcal{M},\nu)\models\varphi$ 是一个有关所有的 $\mathcal{M}$-赋值映射 ν 和所有的 $\mathcal{L}_{\mathcal{A}}$-表达式 φ 都完全无歧义地确定了的关系.

2.3.3 局部确定性定理

同样的, 由于每一个表达式都是一个有限对象, 对于一个固定的结构和它上面的一个赋值映射而言, 我们自然期望关于表达式的满足性判断仅仅依赖于表达式中的信息. 对此, 有下述定理.

定理 2.3 (局部确定性定理) 假设 $\mathcal{M}=(M,I)$ 是一个 $\mathcal{L}_{\mathcal{A}}$-结构, φ 是一个 $\mathcal{L}_{\mathcal{A}}$-表达式, ν 和 μ 是两个 $\mathcal{M}$-赋值映射. 如果 $\nu\equiv_\varphi\mu$, 那么必有

$$(\mathcal{M},\nu)\models\varphi \text{ 当且仅当 } (\mathcal{M},\mu)\models\varphi.$$

证明 下面依据表达式长度的归纳法来证明这个定理.

归纳假设: 对于任意一个表达式 ψ 以及任意两个 $\mathcal{M}$-赋值 ν_1 和 μ_1 而言, 如果 ψ 的长度严格小于 n, 而且 $\nu_1\equiv_\psi\mu_1$, 那么必有

$$(\mathcal{M},\nu_1)\models\psi \text{当且仅当} (\mathcal{M},\mu_1)\models\psi.$$

① 由于 x_i 在 φ 中是一个受囿变元, 所有这样的 $\mathcal{M}$-赋值映射 μ 在 x_i 的取值遍布整个论域 M.

初始步: 原始表达式. 假设 φ 是一个原始表达式.

首先, φ 是一个关于两个项相等的断言: $(\tau\hat{=}\sigma)$, 其中 τ 和 σ 是两个项. 由于 φ 中出现的每一个变元符号都是一个自由变元, 条件 $\nu \equiv_{\varphi} \mu$ 就蕴含了条件 $\nu \equiv_{\tau} \mu$ 和 $\nu \equiv_{\sigma} \mu$. 由有限确定性引理, 我们肯定有

$$\bar{\nu}(\tau) = \bar{\mu}(\tau) \text{ 以及 } \bar{\nu}(\sigma) = \bar{\mu}(\sigma).$$

由满足关系的定义得到

$$(\mathcal{M}, \nu) \models (\tau\hat{=}\sigma) \text{当且仅当} (\mathcal{M}, \mu) \models (\tau\hat{=}\sigma).$$

其次, φ 是一个谓词断言: $P_i(\tau_1, \cdots, \tau_m)$, 其中 P_i 是一个 m-元谓词符号,

$$\tau_1, \cdots, \tau_m$$

是 m 个 $\mathcal{L}_{\mathcal{A}}$ 项. 同样地, φ 中出现的每一个变元符号都是一个自由变元. 于是, 条件 $\nu \equiv_{\varphi} \mu$ 就蕴含了 m 个条件 $\nu \equiv_{\tau_j} \mu$ 同时成立. 根据有限确定性引理,

$$\bar{\nu}(\tau_j) = \bar{\mu}(\tau_j) \ (1 \leqslant j \leqslant m).$$

由满足关系的定义,

$$(\mathcal{M}, \nu) \models P_i(\tau_1, \cdots, \tau_m) \text{当且仅当} \langle \bar{\nu}(\tau_1), \cdots, \bar{\nu}(\tau_m) \rangle \in I(P_i),$$

以及

$$(\mathcal{M}, \mu) \models P_i(\tau_1, \cdots, \tau_m) \text{当且仅当} \langle \bar{\mu}(\tau_1), \cdots, \bar{\mu}(\tau_m) \rangle \in I(P_i).$$

由于 $\langle \bar{\nu}(\tau_1), \cdots, \bar{\nu}(\tau_m) \rangle = \langle \bar{\mu}(\tau_1), \cdots, \bar{\mu}(\tau_m) \rangle$, 可见

$$(\mathcal{M}, \nu) \models \varphi \text{当且仅当} (\mathcal{M}, \mu) \models \varphi.$$

归纳步: 复合表达式.

首先, φ 是一个否定表达式 $(\neg\psi)$.

这样 φ 和 ψ 具有相同的自由变元. 因此, $\nu \equiv_{\varphi} \mu$ 蕴含了 $\nu \equiv_{\psi} \mu$. 由于 ψ 的复杂性比 φ 来的低 (或者其长度严格小于 φ 的长度 n), 由归纳假设和定义有:

$$\begin{aligned}(\mathcal{M}, \nu) \models \varphi &\text{当且仅当} (\mathcal{M}, \nu) \not\models \psi \ (\text{由定义}),\\ &\text{当且仅当} (\mathcal{M}, \mu) \not\models \psi \ (\text{由归纳假设}),\\ &\text{当且仅当} (\mathcal{M}, \mu) \models \varphi \ (\text{由定义}).\end{aligned}$$

其次, φ 是一个析取表达式 $(\psi_1 \to \psi_2)$.

在此种情形下, 一个变元符号 x_j 是 φ 的一个自由变元当且仅当 x_j 或者是 ψ_1 的一个自由变元, 或者是 ψ_2 的一个自由变元. 由此, 条件 $\nu \equiv_\varphi \mu$ 蕴含了两个条件 $\nu \equiv_{\psi_k} \mu$. 因此, 应用归纳假设可以得出:

$$(\mathcal{M}, \nu) \models \psi_k \text{当且仅当} (\mathcal{M}, \mu) \models \psi_k$$

$(k = 1, 2)$. 由定义,

$$(\mathcal{M}, \nu) \models \varphi \text{ 当且仅当或者} (\mathcal{M}, \nu) \not\models \psi_1 \text{ 或者 } (\mathcal{M}, \nu) \models \psi_2,$$

以及

$$(\mathcal{M}, \mu) \models \varphi \text{ 当且仅当或者} (\mathcal{M}, \mu) \not\models \psi_1 \text{ 或者 } (\mathcal{M}, \mu) \models \psi_2.$$

综上所述, 可得

$$(\mathcal{M}, \nu) \models \varphi \text{ 当且仅当 } (\mathcal{M}, \mu) \models \varphi.$$

最后, φ 是一个全称量词命题 $(\forall x_i \psi)$.

依照定义, $(\mathcal{M}, \nu) \models \varphi$ 当且仅当对于任意一个 $\mathcal{M}$-赋值 ρ 来说, 如果 $\nu \equiv_\varphi \rho$, 那么必有

$$(\mathcal{M}, \rho) \models \psi.$$

同样地, $(\mathcal{M}, \mu) \models \varphi$ 当且仅当对于任意一个 $\mathcal{M}$-赋值 ρ 来说, 如果 $\mu \equiv_\varphi \rho$, 那么必有

$$(\mathcal{M}, \rho) \models \psi.$$

由于 $\nu \equiv_\varphi \mu$, 对于任意一个 $\mathcal{M}$-赋值 ρ,

$$\nu \equiv_\varphi \rho \text{ 当且仅当 } \mu \equiv_\varphi \rho.$$

综上所述, 可得

$$(\mathcal{M}, \nu) \models \varphi \text{ 当且仅当 } (\mathcal{M}, \mu) \models \varphi. \qquad \square$$

推论 2.1 设 $\mathcal{M} = (M, I)$ 为一个 $\mathcal{L}_A$-结构. 设 θ 为一个 $\mathcal{L}_A$-语句. 那么如下两个命题等价:

(1) 存在一个在 $\mathcal{M}$ 中满足 θ 的 $\mathcal{M}$-赋值 ν;

(2) 每一个 $\mathcal{M}$-赋值 μ 都在 $\mathcal{M}$ 中满足 θ.

证明 只需证明 (1) $\Rightarrow$ (2). 假设 (1) 成立, 令 ν 为一个在 $\mathcal{M}$ 中满足 θ 的 $\mathcal{M}$-赋值, 即 $(\mathcal{M}, \nu) \models \theta$. 设 μ 为任意一个 $\mathcal{M}$-赋值. 由于 θ 是一个语句, 也就是说, θ 没有自由变元, 有 $\nu \equiv_\theta \mu$, 由有限确定定理, 故 $(\mathcal{M}, \mu) \models \theta$. $\square$

定义 2.19　设 $\mathcal{M}=(M,I)$ 为一个 $\mathcal{L}_A$-结构. 对于语言 $\mathcal{L}_A$ 的任意一个语句 θ 而言, 我们说

(1) θ 在 $\mathcal{M}$ 中为真, 或者 $\mathcal{M}$ 满足 θ, 记成 $\mathcal{M}\models\theta$, 当且仅当存在一个在 $\mathcal{M}$ 中满足 θ 的 $\mathcal{M}$-赋值 ν;

(2) θ 在 $\mathcal{M}$ 中为假, 或者 $\mathcal{M}$ 不满足 θ, 记成 $\mathcal{M}\not\models\theta$, 当且仅当不存在一个在 $\mathcal{M}$ 中满足 θ 的 $\mathcal{M}$-赋值 ν.

推论 2.2　设 $\mathcal{M}=(M,I)$ 为一个 $\mathcal{L}_A$-结构. 设 φ 是一个全域语句: $(\forall x_i\,\psi)$. 那么

$$\mathcal{M}\models\varphi,$$

当且仅当对于任意的 $\mathcal{M}$-赋值 ν 都有 $(\mathcal{M},\nu)\models\psi$.

证明　假设 $\mathcal{M}\models(\forall x_i\,\psi)$. 任取 $\mathcal{M}$-赋值 ν, 那么 $(\mathcal{M},\nu)\models(\forall x_i\,\psi)$. 根据定义, 如果 μ 是一个 $\mathcal{M}$-赋值, 而且 μ 和 ν 关于 $(\forall x_i\,\psi)$ 中的自由变元的取值相同, 那么必有 $(\mathcal{M},\mu)\models\psi$. 特别地, $(\mathcal{M},\nu)\models\psi$. □

事实上, 我们还可以得到如下更一般的有关简化全域表达式满足关系的事实:

推论 2.3　设 $\mathcal{M}=(M,I)$ 为一个 $\mathcal{L}_A$-结构. 设 φ 是一个全域表达式:

$$(\forall x_{i_1}\,(\cdots(\forall x_{i_n}\,\psi)\cdots)).$$

那么如下两个命题等价:

(1) 对于任意的 $\mathcal{M}$-赋值 ν 都有 $(\mathcal{M},\nu)\models\varphi$;

(2) 对于任意的 $\mathcal{M}$-赋值 μ 都有 $(\mathcal{M},\mu)\models\psi$.

证明　我们用关于全称量词的个数 $n\geqslant 1$ 的归纳法.

$n=1$. 假设 (1) 成立. 任取 $\mathcal{M}$-赋值 μ, 那么 $(\mathcal{M},\mu)\models(\forall x_i\,\psi)$. 根据定义, 如果 ν 是一个 $\mathcal{M}$-赋值, 而且 μ 和 ν 关于 $(\forall x_i\,\psi)$ 中的自由变元的取值相同, 那么必有 $(\mathcal{M},\nu)\models\psi$. 特别地, $(\mathcal{M},\mu)\models\psi$. 所以 (2) 成立.

假设 (2) 成立. 任取 $\mathcal{M}$-赋值 ν. 假设 μ 是一个与 ν 关于表达式 φ 等价的 $\mathcal{M}$-赋值. 由 (2), $(\mathcal{M},\mu)\models\psi$. 根据定义, $(\mathcal{M},\nu)\models\varphi$.

假设 $n>1$, 以及推论关于全称量词的个数严格小于 n 的全域表达式都成立.

由 $n=1$ 的情形, 如下两个命题等价:

(1) 对于任意的 $\mathcal{M}$-赋值 ν 都有 $(\mathcal{M},\nu)\models(\forall x_{i_1}\,(\forall x_{i_2}\,(\cdots(\forall x_{i_n}\,\psi)\cdots)))$;

(3) 对于任意的 $\mathcal{M}$-赋值 η 都有 $(\mathcal{M},\eta)\models(\forall x_{i_2}\,(\cdots(\forall x_{i_n}\,\psi)\cdots))$.

由归纳假设, 如下两个命题等价:

(3) 对于任意的 $\mathcal{M}$-赋值 η 都有 $(\mathcal{M},\eta)\models(\forall x_{i_2}\,(\cdots(\forall x_{i_n}\,\psi)\cdots))$;

(2) 对于任意的 $\mathcal{M}$-赋值 μ 都有 $(\mathcal{M},\mu)\models\psi$.

于是, (1) 与 (2) 等价. □

例 2.3 设 $\mathcal{M}=(M,I)$ 为一个 $\mathcal{L}_A$-结构. 又设 ψ_1,ψ_2 以及 ψ_3 分别是如下语句:

$$\psi_1:\quad (\forall x_1\,(x_1\hat{=}x_1)),$$
$$\psi_2:\quad (\forall x_1\,(\forall x_2\,((x_1\hat{=}x_2)\to(x_2\hat{=}x_1)))),$$
$$\psi_3:\quad (\forall x_1\,(\forall x_2\,(\forall x_3((x_1\hat{=}x_2)\to((x_2\hat{=}x_3)\to(x_1\hat{=}x_3))))));$$

那么, $\mathcal{M}\models\psi_i\ (i\in\{1,2,3\})$.

证明 任取一 $\mathcal{M}$-赋值 ν. 根据全称量词简化命题 (推论 2.3), 只需验证:

(1) $(\mathcal{M},\nu)\models(x_1\hat{=}x_1)$;

(2) $(\mathcal{M},\nu)\models((x_1\hat{=}x_2)\to(x_2\hat{=}x_1))$;

(3) $(\mathcal{M},\nu)\models((x_1\hat{=}x_2)\to((x_2\hat{=}x_3)\to(x_1\hat{=}x_3)))$.

这些直接由满足关系的定义以及等号 "=" 具有所要求的三个基本性质得到.

□

例 2.4 设 $\mathcal{M}=(M,I)$ 为一个 $\mathcal{L}_A$-结构. 那么

$$[\mathcal{M}\models(\forall x_1\,(\forall x_2\,(x_1\hat{=}x_2)))]\ \text{当且仅当}\ M\ \text{是一个单点集}.$$

证明 根据前面的推论, 我们知道 $\mathcal{M}\models(\forall x_1\,(\forall x_2\,(x_1\hat{=}x_2)))$ 当且仅当对于任意的 $\mathcal{M}$-赋值 ν 都有

$$(\mathcal{M},\nu)\models(x_1\hat{=}x_2).$$

而这个命题成立的充分必要条件是 M 为单点集. □

2.3.4 替换定理

前面的项和表达式局部确定性引理和定理表明: 无论是项的赋值计算结果, 还是表达式的满足关系计算结果都完全由对它们之中出现的自由变元的赋值 (或关于这些自由变元所表示的个体对象的认定) 完全确定.

问题 2.4 如果用那些可以替换自由变元的项来替换那些自由变元, 情形又将怎样呢?

事实上, 从一开始我们就会自然地期望: 当我们使用一种合适的语言来揭示、刻画一个数学结构的论域中的一组个体所持有的某种性质的时候, 这种性质的实实在在的内涵应当完全独立于我们所采用的对这些个体的表现形式, 即无论我们是用简单的变元来表现它们, 还是用更复杂的项来表现它们, 这些个体的内在性质不会因为我们采用的具体的表现形式而发生变化. 比如, 在解决某些积分计算时, 在求解某些代数方程或微分方程时, 我们会根据简化的需要进行变量代换, 用某种函数来替换某些变量, 从而找出方程的解. 当这样做的时候, 我们从来不会怀疑这样得到的结果就是原本的结果. 为什么? 一个基本的理由就是关于事实的反应与我们所

采用的表现形式是独立的, 只要我们采用了正确的表现形式, 事实就能够被真实地反应出来, 与所采用的具体表现形式无关. 这个基本理由的一种陈述形式就是下面的替换定理.

定理 2.4 (替换定理)　设 $\mathcal{M}=(M,I)$ 为一个 $\mathcal{L}_{\mathcal{A}}$-结构.

(1) 如果 $\tau(x_1,\cdots,x_n),\tau_1,\cdots,\tau_n$ 为 $n+1$ 个 $\mathcal{L}_{\mathcal{A}}$-项, ν 和 μ 是满足如下等式的两个 $\mathcal{M}$-赋值,

$$\mu(x_i)=\bar{\nu}(\tau_i)(1\leqslant i\leqslant n),$$

那么

$$\bar{\nu}(\tau(x_1,\cdots,x_n;\tau_1,\cdots,\tau_n))=\bar{\mu}(\tau(x_1,\cdots,x_n)).$$

(2) 如果 $\varphi(x_1,\cdots,x_n)$ 是一个 $\mathcal{L}_{\mathcal{A}}$-表达式, $\tau_1,\cdots,\tau_n$ 为 n 个 $\mathcal{L}_{\mathcal{A}}$-项, 而且在 $\varphi(x_1,\cdots,x_n)$ 中每一个 τ_i 都可以替换[①]变元符号 $x_i(1\leqslant i\leqslant n)$, ν 和 μ 是满足如下等式的两个 $\mathcal{M}$-赋值,

$$\mu(x_i)=\bar{\nu}(\tau_i)(1\leqslant i\leqslant n),$$

那么

$$(\mathcal{M},\nu)\models\varphi(x_1,\cdots,x_n;\tau_1,\cdots,\tau_n)\ \text{当且仅当}\ (\mathcal{M},\mu)\models\varphi(x_1,\cdots,x_n).$$

证明　(1) 我们对项的长度施归纳.

初始步: 设 τ 是一个长度为 1 的项.

如果 τ 是某一个变元符号 x_j, 那么 $1\leqslant j\leqslant n$, 并且 $\tau(x_1,\cdots,x_n;\tau_1,\cdots,\tau_n)$ 就是项 τ_j. 因此,

$$\bar{\nu}(\tau(x_1,\cdots,x_n;\tau_1,\cdots,\tau_n))=\bar{\nu}(\tau_j)=\mu(x_j)=\bar{\mu}(\tau).$$

如果 τ 是某一个常元符号 c_j, 那么 $\tau(x_1,\cdots,x_n;\tau_1,\cdots,\tau_n)$ 还是项 τ. 因此,

$$\bar{\nu}(\tau(x_1,\cdots,x_n;\tau_1,\cdots,\tau_n))=\bar{\nu}(\tau)=I(c_j)=\bar{\mu}(\tau).$$

归纳假设: 如果 $\tau(x_1,\cdots,x_n)$ 是一个长度严格小于 k 的 $\mathcal{L}_{\mathcal{A}}$-项, $\tau_1,\cdots,\tau_n$ 是 n 个 $\mathcal{L}_{\mathcal{A}}$-项, ν 和 μ 是满足如下等式的两个 $\mathcal{M}$-赋值,

$$\mu(x_i)=\bar{\nu}(\tau_i)(1\leqslant i\leqslant n),$$

① 也就是说, 如果变元符号 x_i 在 φ 中有一个自由出现, 那么 x_i 可以被项 τ_i 在 φ 中替换; 如果变元符号 x_i 在 φ 中没有任何自由出现, 那么说 "x_i 可以被项 τ_i 在 φ 中替换" 和说 "用项 τ_i 在 φ 中替换 x_i 的每一个自由出现" 就没有任何实际意义, 并且不会有任何实际的替换发生. 但为了表述简单, 在不引起特别误解的前提下, 我们通常不仔细地区分这种情形.

那么

$$\bar{\nu}(\tau(x_1,\cdots,x_n;\tau_1,\cdots,\tau_n))=\bar{\mu}(\tau(x_1,\cdots,x_n)).$$

归纳步: 设 τ 是一个长度为 k 的 $\mathcal{L}_\mathcal{A}$ 项. 由于 $k>1$, 依据唯一可读性引理, τ 由某个 m 元函数符号 F_j 和 m 个长度严格小于 k 的 $\mathcal{L}_\mathcal{A}$-项 $\sigma_1,\cdots,\sigma_m$ 构成 $F_j(\sigma_1,\cdots,\sigma_m)$. 因此,

$$\tau(x_1,\cdots,x_n;\tau_1,\cdots,\tau_n)=F_j(\sigma_1^*,\cdots,\sigma_m^*),$$

其中

$$\sigma_\ell^*=\sigma_\ell(x_1,\cdots,x_n;\tau_1,\cdots,\tau_n)\quad(1\leqslant\ell\leqslant m).$$

由此及归纳假设, $\bar{\nu}(\sigma_\ell(x_1,\cdots,x_n;\tau_1,\cdots,\tau_n))=\bar{\mu}(\sigma_\ell)(1\leqslant\ell\leqslant m)$, 得到

$$\begin{aligned}\bar{\nu}(\tau(x_1,\cdots,x_n;\tau_1,\cdots,\tau_n))&=I(F_j)(\bar{\nu}(\sigma_1^*),\cdots,\bar{\nu}(\sigma_m^*))\quad(\text{由定义})\\&=I(F_j)(\bar{\mu}(\sigma_1),\cdots,\bar{\mu}(\sigma_m))\quad(\text{由归纳假设})\\&=\bar{\mu}(\tau)\quad(\text{由定义}).\end{aligned}$$

(2) 我们用关于表达式长度 (或者表达式复杂性) 的归纳法.

初始步: 原始表达式.

首先, φ 是一个关于两个项相等的断言: $(\sigma_1\hat{=}\sigma_2)$. 在这种情形下, 有

$$\varphi(x_1,\cdots,x_n;\tau_1,\cdots,\tau_n)$$

就是等式断言

$$(\sigma_1(x_1,\cdots,x_n;\tau_1,\cdots,\tau_n)\hat{=}\sigma_2(x_1,\cdots,x_n;\tau_1,\cdots,\tau_n)).$$

根据给定条件, 应用 (1), 对于 $1\leqslant\ell\leqslant 2$, 有

$$\bar{\nu}(\sigma_\ell(x_1,\cdots,x_n;\tau_1,\cdots,\tau_n))=\bar{\mu}(\sigma_\ell).$$

因此, 令 $\sigma_\ell^*=\sigma_\ell(x_1,\cdots,x_n;\tau_1,\cdots,\tau_n)(1\leqslant\ell\leqslant 2)$,

$$\begin{aligned}(\mathcal{M},\nu)\models\varphi(x_1,\cdots,x_n;\tau_1,\cdots,\tau_n)\quad&\text{当且仅当}\bar{\nu}(\sigma_1^*)=\bar{\nu}(\sigma_2^*),\\&\text{当且仅当}\bar{\mu}(\sigma_1)=\bar{\mu}(\sigma_2),\\&\text{当且仅当}(\mathcal{M},\mu)\models(\sigma_1\hat{=}\sigma_2).\end{aligned}$$

其次, φ 是一个谓词断言: $P_j(\sigma_1,\cdots,\sigma_m)$, 其中, P_j 是一个 m 元 $\mathcal{L}_\mathcal{A}$-谓词符号, $\sigma_1,\cdots,\sigma_m$ 是 m 个 $\mathcal{L}_\mathcal{A}$-项. 于是,

$$\varphi(x_1,\cdots,x_n;\tau_1,\cdots,\tau_n)$$

就是谓词断言

$$P_j(\sigma_1(x_1,\cdots,x_n;\tau_1,\cdots,\tau_n),\cdots,\sigma_m(x_1,\cdots,x_n;\tau_1,\cdots,\tau_n)).$$

根据给定条件, 应用 (1), 对于 $1\leqslant \ell\leqslant m$, 有

$$\bar{\nu}(\sigma_\ell(x_1,\cdots,x_n;\tau_1,\cdots,\tau_n))=\bar{\mu}(\sigma_\ell).$$

因此, 令 $\sigma_\ell^*=\sigma_\ell(x_1,\cdots,x_n;\tau_1,\cdots,\tau_n)(1\leqslant \ell\leqslant m)$,

$$\begin{aligned}(\mathcal{M},\nu)\models\varphi(x_1,\cdots,x_n;\tau_1,\cdots,\tau_n)\quad &\text{当且仅当}\langle\bar{\nu}(\sigma_1^*),\cdots,\bar{\nu}(\sigma_m^*)\rangle\in I(P_j),\\ &\text{当且仅当}\langle\bar{\mu}(\sigma_1),\cdots,\bar{\mu}(\sigma_m)\rangle\in I(P_j),\\ &\text{当且仅当}(\mathcal{M},\mu)\models P_j(\sigma_1,\cdots,\sigma_m).\end{aligned}$$

归纳假设: 如果 $\varphi(x_1,\cdots,x_n)$ 是一个长度严格小于 k 的 $\mathcal{L}_\mathcal{A}$-表达式, $\tau_1,\cdots,\tau_n$ 为 n 个 $\mathcal{L}_\mathcal{A}$-项, 而且在

$$\varphi(x_1,\cdots,x_n)$$

中每一个 τ_i 都可以替换变元符号 $x_i(1\leqslant i\leqslant n)$, ν 和 μ 是满足如下等式的两个 $\mathcal{M}$-赋值,

$$\mu(x_i)=\bar{\nu}(\tau_i)(1\leqslant i\leqslant n),$$

那么

$$(\mathcal{M},\nu)\models\varphi(x_1,\cdots,x_n;\tau_1,\cdots,\tau_n)\ \text{当且仅当}\ (\mathcal{M},\mu)\models\varphi(x_1,\cdots,x_n).$$

归纳步: 复合表达式.

第一, φ 是一个否定表达式 $(\neg\psi)$. 此时,

$$\varphi(x_1,\cdots,x_n;\tau_1,\cdots,\tau_n)$$

和

$$(\neg\psi(x_1,\cdots,x_n;\tau_1,\cdots,\tau_n))$$

是同一个表达式. 由归纳假设有,

$$(\mathcal{M},\nu)\models\psi(x_1,\cdots,x_n;\tau_1,\cdots,\tau_n)\ \text{当且仅当}\ (\mathcal{M},\mu)\models\psi(x_1,\cdots,x_n).$$

由定义有,

$$(\mathcal{M},\nu)\models\varphi(x_1,\cdots,x_n;\tau_1,\cdots,\tau_n)\ \text{当且仅当}\ (\mathcal{M},\mu)\models\varphi(x_1,\cdots,x_n).$$

第二, φ 是一个蕴含表达式 $(\psi_1\to\psi_2)$. 在这种情形下,

$$\varphi(x_1,\cdots,x_n;\tau_1,\cdots,\tau_n)$$

和

$$(\psi_1(x_1,\cdots,x_n;\tau_1,\cdots,\tau_n)\to\psi_2(x_1,\cdots,x_n;\tau_1,\cdots,\tau_n))$$

是同一个表达式. 由归纳假设有, 对于 $1\leqslant\ell\leqslant 2$ 都有

$$(\mathcal{M},\nu)\models\psi_\ell(x_1,\cdots,x_n;\tau_1,\cdots,\tau_n)\ \text{当且仅当}\ (\mathcal{M},\mu)\models\psi_\ell(x_1,\cdots,x_n).$$

由定义有,

$$(\mathcal{M},\nu)\models\varphi(x_1,\cdots,x_n;\tau_1,\cdots,\tau_n)\ \text{当且仅当}\ (\mathcal{M},\mu)\models\varphi(x_1,\cdots,x_n).$$

最后, φ 是一个全域表达式 $(\forall x_i\psi)$.

先观察一下一种有可能导致应用归纳假设的过程变得复杂起来的现象:

如果这里量词 $\forall x_i$ 中的变元符号 x_i 的下标 $i\leqslant n$, 在从表达式

$$\varphi(x_1,\cdots,x_n)$$

到表达式

$$\varphi(x_1,\cdots,x_n;\tau_1,\cdots,\tau_n)$$

的替换过程中, 由于 x_i 在 φ 中的每一个出现都是非自由出现, τ_i 并没有被实际采用; 但是, 在从表达式

$$\psi(x_1,\cdots,x_n)$$

到表达式

$$\psi(x_1,\cdots,x_n;\tau_1,\cdots,\tau_n)$$

的替换过程中, 由于 x_i 在 ψ 中的每一个出现都是自由出现[①], τ_i 必须被实际采用. 这种复杂现象是前面几种情形中没有遇到的. 因此, 我们需要进行一些特别的处理.

设 $x_{j_1},\cdots,x_{j_m}\,(1\leqslant j_1,\cdots,j_m\leqslant n)$ 是恰好在 φ 中自由出现的变元符号的全体[②]. 注意

$$i\notin\{j_1,\cdots,j_m\}.$$

那么 $\tau_{j_1},\cdots,\tau_{j_m}$ 恰好就是项 $\tau_1,\cdots,\tau_n$ 中在形成表达式

$$\varphi(x_1,\cdots,x_n;\tau_1,\cdots,\tau_n)$$

的过程中被实际采用的那些项的全体.

① 这里我们自动假定变元符号 x_i 实际上在表达式 ψ 中出现, 因为这才是事情变得复杂起来的情形; 否则, 我们可以直接对 ψ 应用归纳假设来完成证明.

② 这里我们不失一般性地自动假定表达式 φ 中至少有一个变元自由出现. 如果 φ 中没有任何变元的自由出现, 下面的论证也依然适用.

现在, 我们用这些项 $\tau_{j_1},\cdots,\tau_{j_m}$ 在表达式 ψ 中分别替换自由变元 $x_{j_1},\cdots,x_{j_m}$ 的每一次出现, 得到表达式

$$\psi(x_{j_1},\cdots,x_{j_m};\tau_{j_1},\cdots,\tau_{j_m}).$$

于是, 表达式

$$\varphi(x_1,\cdots,x_n;\tau_1,\cdots,\tau_n)$$

就是表达式

$$(\forall x_i\psi(x_{j_1},\cdots,x_{j_m};\tau_{j_1},\cdots,\tau_{j_m})).$$

由于 ψ 的自由变元集合是 $\{x_i\}\cup\{x_{j_1},\cdots,x_{j_m}\}$, 如果 $i\leqslant n$, 那么

$$\psi(x_{j_1},\cdots,x_{j_m};\tau_{j_1},\cdots,\tau_{j_m})$$

就是

$$\psi(x_1,\cdots,x_n;\tau_1,\cdots,\tau_{i-1},x_i,\tau_{i+1},\cdots,\tau_n);$$

如果 $n<i$, 那么

$$\psi(x_{j_1},\cdots,x_{j_m};\tau_{j_1},\cdots,\tau_{j_m})$$

就是

$$\psi(x_1,\cdots,x_n,x_{n+1},\cdots,x_i;\tau_1,\cdots,\tau_n,x_{n+1},\cdots,x_i).$$

令 $n^*=\max\{n,i\}$, 即

$$n^*=\begin{cases} n, & \text{如果 } i\leqslant n,\\ i, & \text{如果 } i>n.\end{cases}$$

当 $i\leqslant n$ 时, 令 $\sigma_i=\langle x_i\rangle$, 以及对于每一个 $j\in(\{1,\cdots,n\}-\{i\})$, 令 $\sigma_j=\tau_j$; 当 $i>n$ 时, 对于每一个 $j\leqslant n$, 令 $\sigma_j=\tau_j$, 而对于每一个 $n<j\leqslant i$, 令 $\sigma_j=\langle x_j\rangle$. 如此, 得到一组项

$$\sigma_1,\cdots,\sigma_{n^*}.$$

利用这一组项, 我们观察到:

(1) 表达式 $\psi(x_{j_1},\cdots,x_{j_m};\tau_{j_1},\cdots,\tau_{j_m})$ 就是表达式

$$\psi(x_1,\cdots,x_{n^*};\sigma_1,\cdots,\sigma_{n^*});$$

(2) 表达式 $\varphi(x_1,\cdots,x_n;\tau_1,\cdots,\tau_n)$ 就是表达式

$$\varphi(x_1,\cdots,x_{n^*};\sigma_1,\cdots,\sigma_{n^*}).$$

在经过上述数据处理之后, 就有关于表达式 ψ 所满足的归纳假设: 对于任意两个 $\mathcal{M}$-赋值 η 和 ρ, 如果对于每一个 $1 \leqslant j \leqslant n^*$ 都有

$$\rho(x_j) = \bar{\eta}(\sigma_j),$$

那么必有

$$(\mathcal{M}, \eta) \models \psi(x_1, \cdots, x_{n^*}; \sigma_1, \cdots, \sigma_{n^*}) \text{ 当且仅当 } (\mathcal{M}, \rho) \models \psi(x_1, \cdots, x_{n^*}).$$

由此就可以得到如下各命题彼此等价:

(1) $(\mathcal{M}, \nu) \models \varphi(x_1, \cdots, x_n; \tau_1, \cdots, \tau_n)$;

(2) $(\mathcal{M}, \nu) \models \varphi(x_1, \cdots, x_{n^*}; \sigma_1, \cdots, \sigma_{n^*})$;

(3) 对于任意一个 $\mathcal{M}$-赋值 η, 如果

$$\eta \equiv_{(\forall x_i \psi(x_{j_1}, \cdots, x_{j_m}; \tau_{j_1}, \cdots, \tau_{j_m}))} \nu,$$

那么

$$(\mathcal{M}, \eta) \models \psi(x_{j_1}, \cdots, x_{j_m}; \tau_{j_1}, \cdots, \tau_{j_m});$$

(4) 对于任意一个 $\mathcal{M}$-赋值 η, 如果

$$\eta \equiv_{\varphi(x_1, \cdots, x_{n^*}; \sigma_1, \cdots, \sigma_{n^*})} \nu,$$

那么

$$(\mathcal{M}, \eta) \models \psi(x_1, \cdots, x_{n^*}; \sigma_1, \cdots, \sigma_{n^*});$$

(5) 对于任意的 $\mathcal{M}$-赋值 η 和 ρ, 如果

$$\eta \equiv_{\varphi(x_1, \cdots, x_{n^*}; \sigma_1, \cdots, \sigma_{n^*})} \nu,$$

并且对于每一个 $1 \leqslant j \leqslant n^*$ 都有 $\rho(x_j) = \bar{\eta}(\sigma_j)$, 那么

$$(\mathcal{M}, \rho) \models \psi(x_1, \cdots, x_{n^*});$$

(6) 对于任意一个 $\mathcal{M}$-赋值 ξ, 如果对每一个 $1 \leqslant \ell \leqslant m$ 都有 $\xi(x_{j_\ell}) = \bar{\nu}(\tau_{j_\ell})$, 那么

$$(\mathcal{M}, \xi) \models \psi.$$

(7) 对于任意一个 $\mathcal{M}$-赋值 ξ, 如果 $\xi \equiv_{\varphi(x_1, \cdots, x_n)} \mu$, 那么

$$(\mathcal{M}, \xi) \models \psi.$$

(8) $(\mathcal{M}, \mu) \models \varphi(x_1, \cdots, x_n)$.

(1) 和 (2) 等价来自前面的数据处理.

(2) 和 (3) 等价来自定义.

(3) 和 (4) 等价来自前面的数据处理.

(4) 和 (5) 等价来自 ψ 所满足的归纳假设.

(6) 和 (7) 等价来自 ν 和 μ 所具有的给定关系以及有限确定性定理.

(7) 和 (8) 等价来自定义.

下面证明 (5) 和 (6) 等价.

(5) $\Rightarrow$ (6)　令 ξ 为一个 $\mathcal{M}$-赋值. 假设对于每一个 j, 如果 x_j 在 φ 中自由出现, 那么必有 $\xi(x_j) = \bar{\nu}(\tau_j)$. 也就是说, 对于 $1 \leqslant \ell \leqslant m$, $\xi(x_{j_\ell}) = \bar{\nu}(\tau_{j_\ell})$. 如下定义一个 $\mathcal{M}$-赋值 η_ξ:

$$\eta_\xi(x_j) = \begin{cases} \nu(x_j), & \text{若 } x_j \text{ 在 } \varphi(x_1, \cdots, x_n; \tau_1, \cdots, \tau_n) \text{ 中自由出现}, \\ \xi(x_j), & \text{其他情形}. \end{cases}$$

注意, 一个变元符号 x_j 在 $\varphi(x_1, \cdots, x_n; \tau_1, \cdots, \tau_n)$ 中自由出现当且仅当 x_j 在这一组项 $\tau_{j_1}, \cdots, \tau_{j_m}$ 中的某一个项里出现. 由有限确定性引理, 如果 x_j 在 $\varphi(x_1, \cdots, x_n)$ 中自由出现, 即此 $j \in \{j_1, \cdots, j_m\}$, 那么

$$\bar{\eta}_\xi(\tau_j) = \bar{\nu}(\tau_j) = \xi(x_j).$$

这是因为对于每一个 $1 \leqslant \ell \leqslant m$ 都有 $\eta_\xi \equiv_{\tau_{j_\ell}} \nu$. 再由定义,

$$\eta_\xi \equiv_{\varphi(x_1, \cdots, x_n; \tau_1, \cdots, \tau_n)} \nu.$$

注意到表达式 $\varphi(x_1, \cdots, x_n; \tau_1, \cdots, \tau_n)$ 就是表达式

$$\varphi(x_1, \cdots, x_{n^*}; \sigma_1, \cdots, \sigma_{n^*}),$$

以及由 η_ξ 的定义以及上述事实, 对于每一个 $1 \leqslant j \leqslant n^*$ 都有 $\xi(x_j) = \bar{\eta}_\xi(\sigma_j)$. 由 (5), 得到

$$(\mathcal{M}, \xi) \models \psi(x_1, \cdots, x_{n^*}).$$

(6) $\Rightarrow$ (5)　假设 η, ρ 为两个 $\mathcal{M}$-赋值, 并且具有如下性质:

$$\eta \equiv_{\varphi(x_1, \cdots, x_{n^*}; \sigma_1, \cdots, \sigma_{n^*})} \nu$$

以及对于每一个 $1 \leqslant j \leqslant n^*$ 都有 $\rho(x_j) = \bar{\eta}(\sigma_j)$. 需要证明

$$(\mathcal{M}, \rho) \models \psi(x_1, \cdots, x_{n^*}).$$

由给定条件, 对于每一个 $1 \leqslant \ell \leqslant m$, 都有 $\eta \equiv_{\tau_{j_\ell}} \nu$, 从而 $\bar{\eta}(\tau_{j_\ell}) = \bar{\nu}(\tau_{j_\ell})$.

利用 η, 如下定义一个 $\mathcal{M}$-赋值 ρ_η:

$$\rho_\eta(x_j)=\begin{cases}\bar{\eta}(\tau_j), & 若\ j\in\{j_1,\cdots,j_m\},\\ \eta(x_j), & 若\ j\notin\{j_1,\cdots,j_m\}.\end{cases}$$

由 (6), 得到

$$(\mathcal{M},\rho_\eta)\models\psi.$$

再由于 $\sigma_i=\langle x_i\rangle$, 以及 ψ 的全体自由变元集合为 $\{x_i,x_{j_1},\cdots,x_{j_m}\}$, 有

$$\rho\equiv_\psi\rho_\eta.$$

因此, 由有限确定性定理可知, $(\mathcal{M},\rho)\models\psi$.

至此, 我们证明了上述 8 个命题的彼此等价性. 这就完成了归纳步骤中的全称量词情形.

于是, 替换定理的证明就完成了. □

为了进一步明确替换定理所揭示的事实与具体的表现形式的独立性, 强调无论是项的赋值, 还是表达式的可满足性, 都直接依赖于论域中的个体本身, 我们引入下面的定义.

定义 2.20 设 $\mathcal{M}=(M,I)$ 是 $\mathcal{L}_\mathcal{A}$ 的一个结构, $b_1,\cdots,b_n$ 是 M 中的一组元素, $\tau(x_1,\cdots,x_n)$ 是 $\mathcal{L}_\mathcal{A}$ 的一个项, $\varphi(x_1,\cdots,x_n)$ 是 $\mathcal{L}_\mathcal{A}$ 的一个表达式.

(1) 用 $\tau[b_1,\cdots,b_n]$ 来记那些将变元符号 $x_1,\cdots,x_n$ 分别赋值到 $b_1,\cdots,b_n$ 的 $\mathcal{M}$-赋值 μ 所诱导出来的 $\bar{\mu}$ 关于项 τ 的赋值 $\bar{\mu}(\tau)$(即对于每一个 $1\leqslant i\leqslant n$ 都有 $\mu(x_i)=b_i$);

(2) 用 $\mathcal{M}\models\varphi[b_1,\cdots,b_n]$ 来陈述这样一个事实: 结构 $\mathcal{M}$ 中的这一组元素 $b_1,\cdots,b_n$ 具有表达式

$$\varphi(x_1,\cdots,x_n)$$

所揭示的性质, 即对于任何一个将变元符号 $x_1,\cdots,x_n$ 分别赋值到 $b_1,\cdots,b_n$ 的 $\mathcal{M}$-赋值 μ 来说都一定有 $(\mathcal{M},\mu)\models\varphi$.

应用这两个记号, 我们可以重新陈述替换定理:

定理 2.5 (替换定理) 设 $\mathcal{M}=(M,I)$ 为一个 $\mathcal{L}_\mathcal{A}$-结构.

(1) 如果 $\tau(x_1,\cdots,x_n),\tau_1,\cdots,\tau_n$ 为 $n+1$ 个 $\mathcal{L}_\mathcal{A}$-项, $b_1,\cdots,b_n$ 是 M 中的 n 个元素, ν 是一个满足如下等式组的 $\mathcal{M}$-赋值,

$$b_i=\bar{\nu}(\tau_i)(1\leqslant i\leqslant n),$$

那么

$$\bar{\nu}(\tau(x_1,\cdots,x_n;\tau_1,\cdots,\tau_n))=\tau[b_1,\cdots,b_n].$$

(2) 如果 $\varphi(x_1, \cdots, x_n)$ 是一个 $\mathcal{L}_A$-表达式, $\tau_1, \cdots, \tau_n$ 为 n 个 $\mathcal{L}_A$-项, $b_1, \cdots, b_n$ 是 M 中的 n 个元素, 而且在

$$\varphi(x_1, \cdots, x_n)$$

中每一个 τ_i 都可以替换变元符号 $x_i(1 \leqslant i \leqslant n)$, ν 是一个满足如下等式组的 $\mathcal{M}$-赋值,

$$b_i = \bar{\nu}(\tau_i)(1 \leqslant i \leqslant n),$$

那么

$$(\mathcal{M}, \nu) \models \varphi(x_1, \cdots, x_n; \tau_1, \cdots, \tau_n) \text{ 当且仅当 } \mathcal{M} \models \varphi[b_1, \cdots, b_n].$$

2.3.5 缩写表达式

有些表达式写起来会很长、很复杂, 因此很容易产生错误. 为了简便起见, 本节引进一组表达式缩写记号.

定义 2.21 (1) 引进一个新的二元逻辑联结词 —— 析取, 记号 $\vee$, 并且用 $(\varphi \vee \psi)$ 来缩写表达式

$$((\neg\varphi) \to \psi);$$

(2) 引进另外一个新的二元逻辑联结词 —— 合取, 记号 $\wedge$, 并且用 $(\varphi \wedge \psi)$ 来缩写表达式

$$(\neg(\varphi \to (\neg\psi)));$$

(3) 引进第三个新的二元逻辑联结词 —— 互含, 记号 $\leftrightarrow$, 并且用 $(\varphi \leftrightarrow \psi)$ 来缩写表达式

$$(\neg((\varphi \to \psi) \to (\neg(\psi \to \varphi))));$$

(4) 引进一个存在量词符号 $\exists$, 和全称量词符号一样, 存在量词符号后面一定紧跟着一个变元符号, 并且用 $(\exists x_i \varphi)$ 来缩写表达式

$$(\neg(\forall x_i(\neg\varphi))).$$

需要强调的是这些引进的新的逻辑符号只是为了简短书写, 不是为了丰富我们的语言或者增强语言的表达能力.

命题 2.1 令 $\mathcal{M} = (M, I)$ 为任意一个 $\mathcal{L}_A$-结构, ν 为任意一个 $\mathcal{M}$-赋值, φ 和 ψ 是任意两个 $\mathcal{L}_A$-表达式. 那么,

(1) $(\mathcal{M}, \nu) \models (\varphi \vee \psi)$ 当且仅当或者 $(\mathcal{M}, \nu) \models \varphi$, 或者 $(\mathcal{M}, \nu) \models \psi$;

(2) $(\mathcal{M}, \nu) \models (\varphi \wedge \psi)$ 当且仅当 $(\mathcal{M}, \nu) \models \varphi$ 且 $(\mathcal{M}, \nu) \models \psi$;

(3) $(\mathcal{M}, \nu) \models (\varphi \leftrightarrow \psi)$ 当且仅当 $[\,(\mathcal{M}, \nu) \models \varphi \iff (\mathcal{M}, \nu) \models \psi]$;

(4) $(\mathcal{M},\nu)\models\varphi$ **当且仅当** $(\mathcal{M},\nu)\models(\neg(\neg\varphi))$;

(5) $(\mathcal{M},\nu)\models(\varphi\vee\psi)$ **当且仅当** $(\mathcal{M},\nu)\models(\psi\vee\varphi)$;

(6) $(\mathcal{M},\nu)\models(\varphi\wedge\psi)$ **当且仅当** $(\mathcal{M},\nu)\models(\psi\wedge\varphi)$;

(7) $(\mathcal{M},\nu)\models(\varphi\vee(\psi\vee\theta))$ **当且仅当** $(\mathcal{M},\nu)\models((\varphi\vee\psi)\vee\theta)$;

(8) $(\mathcal{M},\nu)\models(\varphi\wedge(\psi\wedge\theta))$ **当且仅当** $(\mathcal{M},\nu)\models((\varphi\wedge\psi)\wedge\theta)$;

(9) $(\mathcal{M},\nu)\models(\varphi\wedge(\psi\vee\theta))$ **当且仅当** $(\mathcal{M},\nu)\models((\varphi\wedge\psi)\vee(\varphi\wedge\theta))$;

(10) $(\mathcal{M},\nu)\models(\varphi\vee(\psi\wedge\theta))$ **当且仅当** $(\mathcal{M},\nu)\models((\varphi\vee\psi)\wedge(\varphi\vee\theta))$;

(11) $(\mathcal{M},\nu)\models(\neg(\varphi\wedge\psi))$ **当且仅当** $(\mathcal{M},\nu)\models((\neg\varphi)\vee(\neg\psi))$;

(12) $(\mathcal{M},\nu)\models(\neg(\varphi\vee\psi))$ **当且仅当** $(\mathcal{M},\nu)\models((\neg\varphi)\wedge(\neg\psi))$;

(13) $(\mathcal{M},\nu)\models(\exists x_i\,\varphi)$ **当且仅当存在一个满足如下两个要求的** $\mathcal{M}$-**赋值** μ:

$$\nu\equiv_{(\exists x_i\,\varphi)}\mu\ \ \text{以及}\ \ (\mathcal{M},\mu)\models\varphi.$$

证明 验证留作练习. □

综上所述, 有如下逻辑联结词 (算符) 总汇表 (表 2.1):

表 2.1 逻辑联结词 (算符) 总表

算符	算符名称	单名	写法	读法
$\neg$	否定	非	$(\neg A)$	非 A
$\to$	蕴含	含	$(A\to B)$	A 含 B
$\wedge$	合取	与	$(A\wedge B)$	A 与 B
$\vee$	析取	或	$(A\vee B)$	A 或 B
$\leftrightarrow$	互含	同	$(A\leftrightarrow B)$	A 同 B
$\forall x$	全称量词	全体 x	$(\forall x\,A)$	全体 x 有 A; 所有 x A
$\exists x$	存在量词	存在 x	$(\exists x\,A)$	存在 x 有 A; 存在 x A

表达式 $(\forall x\,A)$, 全体 x 都有 A, 所期予的含义为: 论域中全部个体都具有 A 中用 x 所表述的性质; 表达式 $(\exists x\,A)$, 存在 x 有 A, 所期予的含义为: 论域中存在一个具有 A 中用 x 所表述的性质的个体.

2.4 几个一阶语言和结构的例子

在引进下面的例子之前, 回顾一下数学中常见的几个定义及例子, 比如, 群、环、域、布尔代数、线性序.

群 称一个三元组 $(G,e,\cdot)$ 为一个群, 当且仅当 G 满足下列要求:

(1) G 是一个非空集合, $\cdot$ 是 G 上的一个 (二元) 乘法元算, $e\in G$;

(2) G 上的乘法运算 $\cdot$ 满足结合律: 即如果 $x,y,z\in G$, 那么

$$x\cdot(y\cdot z)=(x\cdot y)\cdot z;$$

(3) e 是 G 的乘法单位元, 即如果 $x \in G$, 那么

$$x \cdot e = e \cdot x = x.$$

例 2.5　(1) $\mathcal{Z} = (\mathbb{Z}, 0, +)$ (这是一个交换群, 即群的二元运算满足交换律);

(2) $\mathbb{R}$ 上的全体 2×2 可逆矩阵在矩阵乘法元算下构成一个群, 其中矩阵乘法的单位元就是单位矩阵 (这是一个非交换群, 即群的二元运算不满足交换律).

有序域　一个有序域 $\mathcal{F}$ 是一个满足下列要求的六元组 $(F, 0, 1, +, \cdot, <)$:

(1) F 是一个非空集合, $0, 1$ 是 F 中的两个不同的元素; $+, \cdot$ 分别是 F 上的加法和乘法; $<$ 是 F 上的一个线性序;

(2) 加法和乘法都满足结合律、交换律; 乘法对加法满足分配律;

(3) 0 是加法单位元, 1 是乘法单位元;

(4) 每一个 F 中的元素都有加法逆元素; 每一个非 0 元素都有乘法逆元素;

(5) 加法和乘法分别满足下述保序关系:

(a) 如果 $x < y$, 那么 $x + z < y + z$;

(b) 如果 $0 < x$, 且 $y < z$, 那么 $x \cdot y < x \cdot z$;

(c) 如果 $x < 0$, 且 $y < z$, 那么 $x \cdot y > x \cdot z$;

例 2.6　有理数序域 $(\mathbb{Q}, 0, 1, +, \cdot, <)$; 实数序域 $(\mathbb{R}, 0, 1, +, \cdot, <)$.

代数封闭域　一个代数封闭域 $\mathcal{F}$ 是一个满足下列要求的五元组

$$(F, 0, 1, +, \cdot):$$

(1) F 是一个非空集合, $0, 1$ 是 F 中的两个不同的元素, $+, \cdot$ 分别是 F 上的加法和乘法;

(2) 加法和乘法都满足结合律、交换律; 乘法对加法满足分配律;

(3) 0 是加法单位元, 1 是乘法单位元;

(4) 每一个 F 中的元素都有加法逆元素; 每一个非 0 元素都有乘法逆元素;

(5) 每一个多项式都必有一个零点.

例 2.7　复数域就是一个代数封闭域, 但是实数域不是代数封闭域.

实代数封闭域　实代数封闭域 $\mathcal{F}$ 是一个满足下列要求的六元组 $(F, 0, 1, +, \cdot, <)$:

(1) $\mathcal{F}$ 是一个有序域;

(2) 如果 $0 < a$, 那么方程 $x^2 = a$ 必有一个关于变量 x 的解;

(3) 每一个奇次多项式必有一个零点.

例 2.8　实数域是一个实代数封闭域, 但是有理数域不是实代数封闭域.

线性序　一个线性序 $\mathcal{R}$ 是一个满足下列要求的二元组 $(R, <)$:

(1) R 是一个非空集合, $<$ 是 R 上的一个二元关系;

(2) $<$ 是一个非自反关系, 即如果 $x \in R$, 那么 $x \not< x$;

(3) $<$ 是一个传递关系, 即如果 x, y, z 是 R 中的三个元素, 而且 $x < y$ 以及 $y < z$, 那么 $x < z$;

(4) R 中任意两个元素都是 $<$ 可比较的, 即如果 x, y 是 R 中的两个元素, 那么或者 $x = y$, 或者 $x < y$, 或者 $y < x$.

例 2.9 $(\mathbb{N}, <)$,$(\mathbb{Z}, <)$, $(\mathbb{Q}, <)$, $(\mathbb{R}, <)$ 都是线性序.

无端点稠密线性序 一个线性序 $(R, <)$ 是一个无端点稠密线性序当且仅当 $(R, <)$ 还满足如下要求:

(1) $(R, <)$ 既没有最大元, 也没有最小元;

(2) 如果 $x < y$, 那么一定存在一个它们两者之间的元素 z, 即一定存在一个满足不等式方程 $x < z < y$ 的解 z.

例 2.10 $(\mathbb{Q}, <)$, $(\mathbb{R}, <)$ 就是两个无端点稠密线性序; 任何一个实数轴上的开区间, 或者任何一个有理数轴上的开区间, 都是无端点稠密线性序. 但是 $(\mathbb{N}, <)$ 有一个最小元, 而且在 0 和 1 之间就没有别的自然数; 而 $(\mathbb{Z}, <)$ 既无最大元, 也无最小元, 但是在任何一个整数和它的后继之间没有任何别的整数.

布尔代数 一个布尔代数 $\mathbb{B}$ 是一个满足如下要求的六元组 $(B, 0, 1, +, \cdot, {}^{-})$:

(1) B 是一个非空集合, $0, 1$ 是 B 中的两个元素, $+, \cdot$ 是 B 上面的两个二元函数, ${}^{-}$ 是 B 上面的一个一元函数;

(2) 对于 B 中的任意元素 x, y, z, 都有如下等式:

(a) $x + (y + z) = (x + y) + z,\ x \cdot (y \cdot z) = (x \cdot y) \cdot z$;

(b) $x + y = y + x,\ x \cdot y = y \cdot x$;

(c) $x + (y \cdot z) = (x + y) \cdot (x + z),\ x \cdot (y + z) = (x \cdot y) + (x \cdot z)$;

(d) $x + (x \cdot y) = x,\ x \cdot (x + y) = x$;

(e) $\bar{\bar{x}} = x$;

(f) $\overline{x + y} = \bar{x} \cdot \bar{y},\ \overline{x \cdot y} = \bar{x} + \bar{y}$;

(g) $x + \bar{x} = 1,\ x \cdot \bar{x} = 0$;

(h) $x + 0 = x,\ x \cdot 0 = 0$;

(i) $x + 1 = 1, x \cdot 1 = x$;

(j) $0 \neq 1$.

例 2.11 任何一个集合 X 的幂集 $P(X)$, 在集合并、交、补运算下, 都是一个布尔代数, 其中空集 $\varnothing$ 就是本布尔代数的 0, 而集合 X 就是本布尔代数的 1; 在命题逻辑和布尔代数一节中, 定义 1.20 中的 $\mathbb{B}$ 也是一个布尔代数的例子.

下面两个问题指明, 联结实际的数学思考过程与抽象的一阶数理逻辑建立过程之间的桥梁所在, 将这两个启迪性问题的基本答案弄明白对于我们深层次地理解数理逻辑的基本内容会大有益处.

问题 2.5 (1) 怎样用一阶语言表表上述定义?

(2) 在上述例子中, 验证它们各自具有相关定义所列出的性质的过程与定义满足关系的递归过程有什么样的内在的紧密联系?

现在我们引进九组有关一阶语言 $\mathcal{L}_{\mathcal{A}}$、$\mathcal{L}_{\mathcal{A}}$-表达式、$\mathcal{L}_{\mathcal{A}}$-结构, 以及满足关系的例子.

例 2.12　(1) 令 $\mathcal{A}_0 = \{c_0, F_s, F_+,\}$, 其中 c_0 是常元符号, F_s 是一元函数符, F_+ 是二元函数符号.

(2) 普瑞斯柏格算术公理表达式:

(a) $(\neg(F_s(x_1)\hat{=}c_0))$;

(b) $((F_s(x_1)\hat{=}F_s(x_2)) \to (x_1\hat{=}x_2))$;

(c) $(F_+(x_1, c_0)\hat{=}x_1)$;

(d) $(F_+(x_1, f_s(x_2))\hat{=}F_s(F_+(x_1, x_2)))$.

(3) 令 $\mathbb{N}$ 为全体自然数所组成的集合, 令 $I_0(c_0) = 0$ 为最小的自然数, 令 $I_0(F_+)$ 为自然数的加法函数 $+$, 令 $I_0(F_s)$ 为自然数的后继函数 S. 再令①

$$\mathcal{M}_0 = (\mathbb{N}, I_0) = (\mathbb{N}, 0, S, +),$$

那么 $\mathcal{M}_0$ 就是一个 $\mathcal{L}_{\mathcal{A}_0}$-结构.

(4) 若 ν 是一个结构 $\mathcal{M}_0$-赋值, 那么 $(\mathcal{M}_0, \nu)$ 满足上面的四个普瑞斯柏格算术公理表达式 (证明留作练习).

例 2.13　(1) 令 $\mathcal{A}_1 = \{c_0, F_s, F_+, F_\times, P_<\}$, 其中 c_0 是常元符号, F_s 是一元函数符号, F_+ 以及 $F_\times$ 是二元函数符号, $P_<$ 是二元谓词符号.

(2) 初等算术公理表达式:

(a) $(\neg(F_s(x_1)\hat{=}c_0))$;

(b) $((\neg(x_1\hat{=}c_0)) \to (\neg(\forall x_2(\neg(x_1\hat{=}F_s(x_2))))))$;

(c) $((F_s(x_1)\hat{=}F_s(x_2)) \to (x_1\hat{=}x_2))$;

(d) $(F_+(x_1, c_0)\hat{=}x_1)$;

(e) $(F_+(x_1, F_s(x_2))\hat{=}F_s(F_+(x_1, x_2)))$;

(f) $(F_\times(x_1, c_0)\hat{=}c_0)$;

(g) $(F_\times(x_1, F_s(x_2))\hat{=}F_+(F_\times(x_1, x_2), x_1))$;

(h) $(\neg(P_<(x_1, c_0)))$;

(i) $(P_<(x_1, F_s(x_2)) \to ((\neg(x_1\hat{=}x_2)) \to P_<(x_1, x_2)))$;

(j) $(((\neg(x_1\hat{=}x_2)) \to P_<(x_1, x_2)) \to P_<(x_1, F_s(x_2)))$;

(k) $(P_<(x_1, x_2) \to P_<(F_s(x_1), F_s(x_2)))$;

(l) $(P_<(F_s(x_1), F_s(x_2)) \to P_<(x_1, x_2))$;

① 当 $\mathcal{A}$ 为一个有限集合时, 我们将结构中的解释 I 的值直接罗列出来. 这样会更清晰一些, 也很接近代数学中的一些定义的形式.

(m) $((\neg(x_1\hat{=}x_2)) \to ((\neg P_<(x_2,x_1)) \to P_<(x_1,x_2)))$;

(3) 皮阿诺算术公理归纳法表达式:

(n) 设 $\varphi(x_1)$ 是算术语言 $\mathcal{A}_1$ 的一个表达式. 那么

$$((\neg((\forall x_1(\varphi(x_1) \to \varphi(x_1;F_s(x_1)))) \to (\neg\varphi(x_1;c_0)))) \to \varphi(x_1)).$$

(4) 令 $\mathbb{N}$ 为全体自然数所组成的集合, 令 $I_1(c_0)=0$ 为最小的自然数, 令 $I_1(F_+)$ 为自然数的加法函数 $+$, 令 $I_1(F_\times)$ 为自然数的乘法函数 $\times$, 令 $I_1(F_s)$ 为自然数的后继函数 S, 令 $I_1(P_<)$ 为自然数的大小比较关系 $<$. 再令

$$\mathcal{M}_1 = (\mathbb{N}, I_1) = (\mathbb{N}, 0, S, +, \times, <).$$

那么 $\mathcal{M}_1$ 就是一个 $\mathcal{L}_{\mathcal{A}_1}$-结构.

(5) 若 ν 是一个结构 $\mathcal{M}_1$-赋值, 那么 $(\mathcal{M}_1,\nu)$ 满足上述 13 个初等算术公理表达式以及全部皮阿诺算术公理归纳法表达式 (证明留作练习).

例 2.14 (1) 令 $\mathcal{A}_2=\{c_0,c_1,F_+,F_\times,P_<\}$, 其中 c_0,c_1 是常元符号, $F_+,F_\times$ 是二元函数符号, $P_<$ 是二元谓词符号.

(2) 有序域公理表达式:

(a) $(F_+(x_1,x_2)\hat{=}F_+(x_2,x_1))$;

(b) $(F_+(F_+(x_1,x_2),x_3)\hat{=}F_+(x_1,F_+(x_2,x_3)))$;

(c) $(F_+(x_1,c_0)\hat{=}x_1)$;

(d) $(\exists x_2(F_+(x_1,x_2)\hat{=}c_0))$;

(e) $(F_\times(x_1,x_2)\hat{=}F_\times(x_2,x_1))$;

(f) $(F_\times(F_\times(x_1,x_2),x_3)\hat{=}F_\times(x_1,F_\times(x_2,x_3)))$;

(g) $(F_\times(x_1,c_1)\hat{=}x_1)$;

(h) $((\neg(x_1\hat{=}c_0)) \to (\exists x_2(F_\times(x_1,x_2)\hat{=}c_1)))$;

(i) $(F_\times(x_1,c_0)\hat{=}c_0)$;

(j) $(F_\times(x_1,F_+(x_2,x_3))\hat{=}F_+(F_\times(x_1,x_2),F_\times(x_1,x_3)))$;

(k) $(\neg P_((x_1,x_1))$;

(l) $((P_<(x_1,x_2) \wedge P_<(x_2,x_3)) \to P_<(x_1,x_3))$;

(m) $((\neg(x_1\hat{=}x_2)) \to (P_<(x_1,x_2) \vee P_<(x_2,x_1)))$;

(n) $(P_<(x_1,x_2) \to P_<(F_+(x_1,x_3),F_+(x_2,x_3)))$;

(o) $((P_<(x_1,x_2) \wedge (P_<(c_0,x_3))) \to P_<(F_\times(x_1,x_3),F_\times(x_2,x_3)))$;

(p) $((P_<(x_1,x_2) \wedge (P_<(x_3,c_0))) \to P_<(F_\times(x_2,x_3),F_\times(x_1,x_3)))$;

(3) 令 $M_2^0=\mathbb{Q}, I_2^0(c_0)=0, I_2^0(c_1)=1$, 令 $I_2^0(F_+), I_2^0(F_\times)$ 分别为有理数的加法函数 $+$ 和乘法函数 $\times$, 令 $I_2^0(P_<)$ 为有理数的大小比较关系 $<$. 再令

$$\mathcal{M}_2^0=(M_2^0,I_2^0)=(\mathbb{Q},0,1,+,\times,<),$$

那么 $\mathcal{M}_2^0$ 是 $\mathcal{L}_{\mathcal{A}_2}$ 的一个结构.

(4) 令 $M_2^1=\mathbb{R}, I_2^1(c_0)=0, I_2^1(c_1)=1$, 令 $I_2^1(F_+), I_2^1(F_\times)$ 分别为实数的加法函数 $+$ 和乘法函数 $\times$, 令 $I_1^2(P_<)$ 为实数的大小比较关系 $<$. 再令

$$\mathcal{M}_2^1=(M_2^1, I_2^1)=(\mathbb{R}, 0, 1, +, \times, <),$$

那么, $\mathcal{M}_1^2$ 是 $\mathcal{L}_{\mathcal{A}_2}$ 的一个结构.

(5) 令 $M_2^2=\mathbb{Z}, I_2^2(c_0)=0, I_2^2(c_1)=1$, 令 $I_2^2(F_+), I_2^2(F_\times)$ 分别为整数的加法函数 $+$ 和乘法函数 $\times$, 令 $I_2^2(P_<)$ 为整数的大小比较关系 $<$. 再令 $\mathcal{M}_2^2=(M_2^2, I_2^2)=(\mathbb{Z}, 0, 1, +, \times, <)$. 那么 $\mathcal{M}_2^2$ 是 $\mathcal{L}_{\mathcal{A}_2}$ 的一个结构.

(6) 令 ν 和 μ 分别为 $\mathcal{M}_2^0$-赋值和 $\mathcal{M}_2^1$-赋值. 那么 $(\mathcal{M}_2^0, \nu)$ 和 $(\mathcal{M}_2^1, \mu)$ 都满足上述各个表达式.

(7) 令 ν 为 $\mathcal{M}_2^2$-赋值, 那么, 除了上述第九个表达式之外, $(\mathcal{M}_2^2, \nu)$ 满足上述其余各个表达式.

(8) 既存在 $\mathcal{M}_2^2$ 上的两个满足上述第九个表达式的赋值 ν 和 μ; 也存在 $\mathcal{M}_2^2$ 上的两个不满足上述第九个表达式的赋值 η 和 ξ.

例 2.15 (1) 令 $\mathcal{A}_3=\{c_0, c_1, F_+, F_\times\}$, 其中 c_0, c_1 是常元符号, $F_+, F_\times$ 是二元函数符号;

(2) 域公理表达式:

(a) $(F_+(x_1, x_2)\hat{=}F_+(x_2, x_1))$;

(b) $(F_+(F_+(x_1, x_2), x_3)\hat{=}F_+(x_1, F_+(x_2, x_3)))$;

(c) $(F_+(x_1, c_0)\hat{=}x_1)$;

(d) $(\exists x_2(F_+(x_1, x_2)\hat{=}c_0))$;

(e) $(F_\times(x_1, x_2)\hat{=}F_\times(x_2, x_1))$;

(f) $(F_\times(F_\times(x_1, x_2), x_3)\hat{=}F_\times(x_1, F_\times(x_2, x_3)))$;

(g) $(F_\times(x_1, c_1)\hat{=}x_1)$;

(h) $((\neg(x_1\hat{=}c_0)) \to (\exists x_2(F_\times(x_1, x_2)\hat{=}c_1)))$;

(i) $(F_\times(x_1, c_0)\hat{=}c_0)$;

(j) $(F_\times(x_1, F_+(x_2, x_3))\hat{=}F_+(F_\times(x_1, x_2), F_\times(x_1, x_3)))$;

(3) 令 $M_3^0=\mathbb{Q}, I_3^0(c_0)=0, I_3^0(c_1)=1$, 令 $I_3^0(F_+), I_3^0(F_\times)$ 分别为有理数的加法函数 $+$ 和乘法函数 $\times$. 再令 $\mathcal{M}_3^0=(M_3^0, I_3^0)=(\mathbb{Q}, 0, 1, +, \times)$, 那么 $\mathcal{M}_3^0$ 是 $\mathcal{L}_{\mathcal{A}_3}$ 的一个结构.

(4) 令 $M_3^1=\mathbb{R}, I_3^1(c_0)=0, I_3^1(c_1)=1$, 令 $I_3^1(F_+), I_3^1(F_\times)$ 分别为实数的加法函数 $+$ 和乘法函数 $\times$. 再令 $\mathcal{M}_3^1=(M_3^1, I_3^1)=(\mathbb{R}, 0, 1, +, \times)$, 那么 $\mathcal{M}_3^1$ 是 $\mathcal{L}_{\mathcal{A}_3}$ 的一个结构.

(5) 令 $M_3^2=\mathbb{C}, I_3^2(c_0)=0, I_3^2(c_1)=1$, 令 $I_3^2(F_+), I_3^2(F_\times)$ 分别为复数的加法函数 $+$ 和乘法函数 $\times$. 再令 $\mathcal{M}_3^2=(M_3^2,I_3^2)=(\mathbb{C},0,1,+,\times)$, 那么 $\mathcal{M}_3^2$ 是 $\mathcal{L}_{\mathcal{A}_3}$ 的一个结构.

(6) 令 ν,μ 和 η 分别为 $\mathcal{M}_3^0$-赋值, $\mathcal{M}_3^1$-赋值和 $\mathcal{M}_3^2$-赋值. 那么 $(\mathcal{M}_3^0,\nu),(\mathcal{M}_3^1,\mu)$ 和 $(\mathcal{M}_3^2,\eta)$ 都满足上述各个表达式.

(7)

$$\begin{aligned}&\mathcal{M}_3^1\models(\exists x_1(F_\times(x_1,x_1)\hat{=}F_+(c_1,c_1))),\\&\mathcal{M}_3^0\models(\neg(\exists x_1(F_\times(x_1,x_1)\hat{=}F_+(c_1,c_1)))).\end{aligned}$$

(8)

$$\begin{aligned}&\mathcal{M}_3^2\models(\exists x_1(F_+(F_\times(x_1,x_1),c_1)\hat{=}c_0)),\\&\mathcal{M}_3^1\models(\neg(\exists x_1(F_+(F_\times(x_1,x_1),c_1)\hat{=}c_0))).\end{aligned}$$

例 2.16 考虑语言 $\mathcal{L}_{\mathcal{A}_3}$.

(1) 如下递归地定义项 $\tau_n(1\leqslant n)$:

$$\begin{aligned}&\tau_1=c_1;\\&\tau_{n+1}=F_+(\tau_n,c_1),\ (n\geqslant 1).\end{aligned}$$

对于每一个 $1\leqslant n$, 令 θ_n 为语句 $(\neg(\tau_n\hat{=}c_0))$. 那么, 上面例子中的三个结构 $\mathcal{M}_3^0,\mathcal{M}_3^1$, $\mathcal{M}_3^2$ 都满足这些语句 $\theta_n(1\leqslant n)$(这些结构的特征为 0).

(2) 如下递归地定义项 $\sigma_n(1\leqslant n)$:

$$\begin{aligned}&\sigma_1=x_0;\\&\sigma_{n+1}=F_\times(\sigma_n,x_0),\ (n\geqslant 1).\end{aligned}$$

进一步, 如下递归地定义项 $\eta_n\ (1\leqslant n)$:

$$\begin{aligned}&\eta_1=x_1;\\&\eta_{n+1}=F_+(F_\times(x_{n+1},\sigma_n),\eta_n),\ (n\geqslant 1).\end{aligned}$$

对于每一个 $1\leqslant n$, 令 $\gamma_n(x_1,\cdots,x_{n+1})$ 为如下表达式:

$$((\neg(x_{n+1}\hat{=}c_0))\to(\exists x_0(\eta_{n+1}\hat{=}c_0))).$$

(a) 如果 ν 是一个 $\mathcal{M}_3^2$-赋值, 那么对于每一个 $1\leqslant n$ 都有 $(\mathcal{M}_3^2,\nu)\models\gamma_n$.

(b) 存在一个满足如下要求的 $\mathcal{M}_3^1$-赋值 μ:

$$(\mathcal{M}_3^1,\mu)\models(\neg\gamma_2).$$

例 2.17　再考虑语言 $\mathcal{L}_{\mathcal{A}_2}$. 例 2.16 中的表达式 $\gamma_n(x_1, \cdots, x_{n+1})$ 都是 $\mathcal{L}_{\mathcal{A}_2}$ 的表达式. 如果 ν 是一个 $\mathcal{M}_2^1$-赋值, 那么

(1) 对于每一个 $0 \leqslant n$ 都有 $(\mathcal{M}_2^1, \nu) \models \gamma_{2n+1}$, 并且

(2) $(\mathcal{M}_2^1, \nu) \models (P_<(c_0, x_1) \rightarrow (\exists x_2(F_\times(x_2, x_2) \hat{=} x_1)))$.

例 2.18　(1) 令 $\mathcal{A}_4 = \{c_0, c_1, F_s, F_+, F_\times\}$, 其中 c_0, c_1 是常元符号, F_s 是一元函数符号, F_+ 以及 $F_\times$ 是二元函数符号;

(2) 布尔代数公理表达式:

(a) $(F_+(x_1, x_2) \hat{=} F_+(x_2, x_1))$;

(b) $(F_+(F_+(x_1, x_2), x_3) \hat{=} F_+(x_1, F_+(x_2, x_3)))$;

(c) $(F_+(x_1, c_0) \hat{=} x_1)$;

(d) $(F_+(x_1, c_1) \hat{=} c_1)$;

(e) $(F_+(x_1, F_s(x_1)) \hat{=} c_1)$;

(f) $(F_\times(x_1, x_2) \hat{=} F_\times(x_2, x_1))$;

(g) $(F_\times(F_\times(x_1, x_2), x_3) \hat{=} F_\times(x_1, F_\times(x_2, x_3)))$;

(h) $(F_\times(x_1, c_1) \hat{=} x_1)$;

(i) $(F_\times(x_1, c_0) \hat{=} c_0)$;

(j) $(F_\times(x_1, F_s(x_1)) \hat{=} c_0)$;

(k) $(F_\times(x_1, F_+(x_2, x_3)) \hat{=} F_+(F_\times(x_1, x_2), F_\times(x_1, x_3)))$;

(l) $(F_+(x_1, F_\times(x_2, x_3)) \hat{=} F_\times(F_+(x_1, x_2), F_+(x_1, x_3)))$;

(m) $(\neg(c_0 \hat{=} c_1))$;

(n) $(F_+(x_1, F_\times(x_1, x_2)) \hat{=} x_1)$;

(o) $(F_\times(x_1, F_+(x_1, x_2)) \hat{=} x_1)$;

(p) $(F_s(F_s(x_1)) \hat{=} x_1)$;

(q) $(F_s(F_+(x_1, x_2)) \hat{=} F_\times(F_s(x_1), F_s(x_2)))$;

(r) $(F_s(F_\times(x_1, x_2)) \hat{=} F_+(F_s(x_1), F_s(x_2)))$;

(3) 令 $M_4^0 = \{0, 1\}$, 令 $I_4^0(c_0) = 0, I_4^0(c_1) = 1$, 令

$$I_4^0(F_s)(0) = \bar{0} = 1 \quad I_4^0(F_s)(1) = \bar{1} = 0,$$

对 $x, y \in \{0, 1\}$, 令

$$I_4^0(F_+)(x, y) = \max\{x, y\},$$

以及

$$I_4^0(F_\times)(x, y) = \min\{x, y\}.$$

那么 $\mathcal{M}_4^0 = (M_4^0, I_4^0) = (\{0, 1\}, 0, 1, \bar{\ }, \max, \min)$ 是一个 $\mathcal{L}_{\mathcal{A}_4}$-结构.

(4) 令 $M_4^1 = \mathfrak{P}(\mathbb{N})$ 为自然数集合的幂集, 即自然数集合 $\mathbb{N}$ 的子集合的全体所组成的集合. 令 $I_4^1(c_0) = \varnothing, I_4^1(c_1) = \mathbb{N}$. 令 $I_4^1(F_+)$ 为子集合的并运算以及 $I_4^1(F_\times)$ 为子集合的交运算: 对于任意的自然数子集合 a, b 都有

$$I_4^1(F_+)(a,b) = a \cup b;\ \ I_4^1(F_\times)(a,b) = a \cap b,$$

以及令 $I_4^1(F_s)$ 为子集合的取补运算: 对于任意的自然数子集合 $a \subseteq \mathbb{N}$ 都有

$$I_4^1(F_s)(a) = \bar{a} = (\mathbb{N} - a).$$

那么 $\mathcal{M}_4^1 = (M_4^1, I_4^1) = (P(\mathbb{N}), \varnothing, \mathbb{N}, \cup, \cap, \bar{\ })$ 是一个 $\mathcal{L}_{\mathcal{A}_4}$-结构.

(5) 对于任意的分别为 $\mathcal{M}_4^0$ 和 $\mathcal{M}_4^1$ 的赋值映射 ν 和 μ 而言, $(\mathcal{M}_4^0, \nu)$ 和 $(\mathcal{M}_4^1, \mu)$ 满足上述各布尔代数公理表达式.

例 2.19 (1) 令 $\mathcal{A}_5 = \{c_0, F_\times\}$, 其中 c_0 是常元符号, $F_\times$ 是二元函数符号.

(2) 群公理表达式:

(a) $(F_\times(x_1, F_\times(x_2, x_3)) \hat{=} F_\times(F_\times(x_1, x_2), x_3))$

(b) $(F_\times(x_1, c_0) \hat{=} x_1)$

(c) $(F_\times(c_0, x_1) \hat{=} x_1)$

(d) $(\exists x_2((F_\times(x_1, x_2) \hat{=} c_0) \wedge (F_\times(x_2, x_1) \hat{=} c_0)))$

(3) 群结构例子:

(a) 令

$$M_5^0 = \left\{ \begin{pmatrix} a & b \\ c & d \end{pmatrix} \mid a, b, c, d \in \mathbb{R}, \wedge |ad - bc| \neq 0 \right\},$$

再令 $I_5^0(c_0) = \begin{pmatrix} 1 & 0 \\ 0 & 1 \end{pmatrix}$, $I_5^0(F_\times)$ 为 2×2 矩阵的矩阵乘积运算 $*$. 那么,

$$\mathcal{M}_5^0 = (M_5^0, I_5^0) = (M_5^2, \begin{pmatrix} 1 & 0 \\ 0 & 1 \end{pmatrix}, *)$$

是一个 $\mathcal{L}_{\mathcal{A}_5}$-结构.

① 如果 ν 是一个 $\mathcal{M}_5^0$-赋值, 那么 $(\mathcal{M}_5^0, \nu)$ 满足上述全部群公理表达式.

② 存在一个满足如下要求的 $\mathcal{M}_5^0$-赋值 ν

$$(\mathcal{M}_5^0, \nu) \models (\neg(F_\times(x_1, x_2) \hat{=} F_\times(x_2, x_1))).$$

(b) 令 $M_5^1 = \mathbb{Z}$, 令 $I_5^1(c_0) = 0$, 以及 $I_5^1(F_\times)$ 为整数的加法运算函数. 那么, $\mathcal{M}_5^1 = (M_5^1, I_5^1)$ 是一个 $\mathcal{L}_{\mathcal{A}_5}$-结构.

如果 μ 是一个 $\mathcal{M}_5^1$-赋值, 那么 $(\mathcal{M}_4^1, \mu)$ 满足上述全部群公理表达式, 而且

$$(\mathcal{M}_5^1, \mu) \models (F_\times(x_1, x_2) \hat{=} F_\times(x_2, x_1)).$$

(c) 令 $M_5^2 = \mathfrak{P}(\mathbb{N})$ 为自然数集合的幂集, 令 $I_5^2(c_0) = \varnothing$, 令 $I_5^2(F_\times)$ 为集合的对称差 $\oplus$, 其中

$$x \oplus y = (x - y) \cup (y - x).$$

那么, $\mathcal{M}_5^2 = (M_5^2, I_5^2) = (\mathfrak{P}(\mathbb{N}), \varnothing, \oplus)$ 是一个 $\mathcal{L}_{\mathcal{A}_5}$-结构.

如果 ν 是一个 $\mathcal{M}_5^2$-赋值, 那么 $(\mathcal{M}_5^2, I_5^2)$ 满足上述全部群公理表达式①, 而且

$$(\mathcal{M}_5^2, \nu) \models (F_\times(x_1, x_2) \hat{=} F_\times(x_2, x_1)).$$

例 2.20 (1) 令 $\mathcal{A}_6 = \{P_<\}$, $P_<$ 是二元谓词符号.

(2) 无端点稠密线性序公理表达式:

(a) $(\neg P_<(x_1, x_1))$;

(b) $((P_<(x_1, x_2) \wedge P_<(x_2, x_3)) \to P_<(x_1, x_3))$;

(c) $((\neg(x_1 \hat{=} x_2)) \to (P_<(x_1, x_2) \vee P_<(x_2, x_1)))$;

(d) $(\exists x_2\ P_<(x_1, x_2))$;

(e) $(\exists x_2\ P_<(x_2, x_1))$;

(f) $(P_<(x_1, x_2) \to (\exists x_3\ (P_<(x_1, x_3) \wedge P_<(x_3, x_2))))$.

(3) 典型序结构包括:

(a) 令 $M_6^0 = \mathbb{N}$, 令 $I_6^0(P_<)$ 为自然数大小比较序 $<$. 那么, $\mathcal{M}_6^0 = (\mathbb{N}, <)$ 是一个 $\mathcal{L}_{\mathcal{A}_6}$-结构.

(b) 令 $M_6^1 = \mathbb{Z}$, 令 $I_6^1(P_<)$ 为整数大小比较序 $<$. 那么, $\mathcal{M}_6^1 = (\mathbb{Z}, <)$ 是一个 $\mathcal{L}_{\mathcal{A}_6}$-结构.

(c) 令 $M_6^2 = \mathbb{Q}$, 令 $I_6^2(P_<)$ 为有理数大小比较序 $<$. 那么, $\mathcal{M}_6^2 = (\mathbb{Q}, <)$ 是一个 $\mathcal{L}_{\mathcal{A}_6}$-结构.

(d) 令 $M_6^3 = \mathbb{R}$, 令 $I_6^3(P_<)$ 为实数数大小比较序 $<$. 那么, $\mathcal{M}_6^3 = (\mathbb{R}, <)$ 是一个 $\mathcal{L}_{\mathcal{A}_6}$-结构.

(4) 如果 ν 和 μ 分别是 $\mathcal{M}_6^2$ 和 $\mathcal{M}_6^3$ 上的赋值映射, 那么 $(\mathcal{M}_6^2, \nu)$ 和 $(\mathcal{M}_6^3, \mu)$ 都满足全部上述无端点稠密线性序公理表达式.

(5) 如果 ν 是 $\mathcal{M}_6^0$ 上的赋值映射, 那么 $(\mathcal{M}_6^0, \nu)$ 满足上述无端点稠密线性序公理表达式中的前四条.

(6) 如果 ν 是 $\mathcal{M}_6^1$ 上的赋值映射, 那么 $(\mathcal{M}_6^1, \nu)$ 满足上述无端点稠密线性序公理表达式中的前五条.

---

① 在验证结合律的时候, 我们需要应用布尔代数的基本性质以及等式 $x - y = x \cap \bar{y}$.

(7) 存在一个 $\mathcal{M}_6^0$ 上的赋值 μ, 使得

$$(\mathcal{M}_6^0, \mu) \models (\neg(\exists x_2\ P_<(x_2, x_1))).$$

(8) 分别存在 $\mathcal{M}_6^0$ 和 $\mathcal{M}_6^1$ 上的赋值映射 η 和 ξ, 使得

$$(\mathcal{M}_6^0, \eta) \models (\neg(P_<(x_1, x_2) \to (\exists x_3\ (P_<(x_1, x_3) \wedge P_<(x_3, x_2))))),$$

以及

$$(\mathcal{M}_6^1, \xi) \models (\neg(P_<(x_1, x_2) \to (\exists x_3\ (P_<(x_1, x_3) \wedge P_<(x_3, x_2))))).$$

2.5 数与数的集合

本节在基本集合论的基础上, 我们对所熟悉的自然数、整数、有理数、实数和复数这五种数的概念, 以及各种数之间的算术运算提供一种解释. 这些数概念所滋生的各种数学结构既是可以满足数理逻辑许多需求的经典例子, 也是数理逻辑学问中的典型对象, 更是本书后半部分的关注点所在.

数数是人类最早开始的一种与现实发生关联的智能活动. 可以想象, 当一个人从大自然中有所收获和剩余时, 他需要知道收获或者剩余物有多少. 于是便有了数数这种活动. 从而, 自然数之概念也就慢慢地在这种长期的数数过程中被提炼出来; 进而自然数之间的数量比较、算术运算, 也就自然而然地被提炼出来, 形成了一种规律性共识. 这种过程最终抽象和演变出来的结果便是现在我们所熟知的自然数理论.

同样可以想象, 在人类物物交换或者商品交换的过程中, 自然数概念已经满足不了解决现实问题的需要, 比如, 赊账问题和结余问题. 用现代算术的语言来说, 那就是方程 $x+3=0$, 或者 $x+3=1$, x 在自然数范围内无解; 用数理逻辑的语言来表述, 那就是在自然数结构之中, 语句 $\exists x\,(x+3=0)$, 或者 $\exists x\,(x+3=1)$, 并非为真. 这便导致了数概念的第一次扩张: 整数概念被抽象和提炼出来, 从而有了正整数、负整数和非负整数之概念. 在整数概念之下, 赊账问题和结余问题得到圆满解决.

接下来, 让我们继续想象一个人类早期自然面对的现实问题: 均分问题. 面对一件收获物或者交换物, 需要将它均分两份或者三份, 甚至若干份, 那么这种均分之后的结果数量为多少呢? 这并非有关整数的全部知识所能够解答的问题: 方程 $2\cdot x=1$, 或者 $3\cdot x=1$, x 在整数范围内无解; 用数理逻辑的语言来表述, 那就是在整数数结构之中, 语句 $\exists x\,(2\cdot x=1)$, 或者 $\exists x\,(3\cdot x=1)$, 并非为真. 这便导致了数

概念的第二次扩张: 分数概念被抽象和提炼出来, 从而有了有理数之概念. 在有理数概念之下, 均分问题得到圆满解决.

根据传说①, 数概念的第三次扩张源于古希腊的先哲们 (据说是毕达哥拉斯学派的希帕索斯 (Hippasus of Metapontum)) 求解单位正方形的对角线长度问题, 也就是开方问题. 在平面上, 以单位 1 为边长的正方形的对角线有多长? 根据勾股定理, 这样的正方形对角线长度的平方是两边边长平方之和, 也就是 $1^2+1^2=2$. 那么什么数的平方会是 2 呢? 有一点可以肯定, 它必然不是一个有理数: 假如不然, 它就是一个有理数. 因为任何一个正有理数都是两个彼此互素的自然数的比值, 所以我们必然有 $2=\left(\frac{n}{m}\right)^2$, 其中正整数 n 和 m 互素, 即它们没有大于 1 的公因子. 重写一下这个等式, 得到 $2\cdot m^2=n^2$. 这个等式意味着自然数 n 是一个大于等于 2 的偶数, 比如说, $n=2\cdot k$, k 是一个大于等于 1 的自然数. 于是, 前面的等式便是 $2\cdot m^2=4\cdot k^2$. 从而, $m^2=2\cdot k^2$. 这个等式表明正整数 m 也是一个偶数. 这便是一个矛盾, 因为我们的前提是 n 和 m 彼此互素. 用现代算术的语言来说, 那就是方程 $x\cdot x=2$ 在有理数范围内无解; 用数理逻辑的语言来表述, 那就是在有理数结构之中, 语句 $\exists x\,(x\cdot x=2)$, 并非为真. 这便导致了古希腊哲人们的数 (有理数) 与长度 (量, 无理数) 的共存, 进而有了数概念的第三次扩张: 在有理数基础上无理数概念被抽象和提炼出来, 从而有了统一起来的实数之概念. 在实数概念之下, 开方问题得到圆满解决: 任何一个正实数都可以开方.

根据传说②, 古希腊亚历山大古城的海伦③ (一位数学家和工程师), 在寻求开方算法的时候引入了当时并不受欢迎的 $\sqrt{-1}$. 这要是从演绎推理的角度看是一件再自然不过的事情: 既然任何一个正实数都可以开方, 那么什么数的平方会是 -1 呢? 如果这个数存在, 将其记成 $\sqrt{-1}$ 也就再自然不过了. 可是, 如果这个数存在, 它肯定不能是一个实数. 理由是: 假设 $a=\sqrt{-1}$ 是一个实数, 那么 $a^2=a\cdot a=-1$. 因为 a 是一个非零实数, 要么 $a<0$, 要么 $a>0$. 如果 $a<0$, 那么 $a\cdot a>a\cdot 0=0$; 如果 $a>0$, 那么 $a\cdot a>a\cdot 0=0$. 就是说, 无论如何都有 $-1=a\cdot a>0$, 这不可能. 用现代代数学的语言来说, 那就是方程 $x\cdot x=-1$ 在实数范围内无解; 用数理逻辑的语言来表述, 那就是在实数结构之中, 语句 $\exists x\,(x\cdot x=-1)$, 并非为真. 这便导致了在 17 世纪所完成的数概念的第四次扩张: 在实数基础上虚数概念被抽象和提炼出来, 从而有了统一起来的复数之概念. 在复数概念之下, 负实数开方问题得到圆满解决: 任何一个实数都可以开方.

虚数一词据说来源法国哲学家狄卡尔 (René Descartes, 1596—1650). 当时在他看来相对于实数而言, 虚数是人们想象的产物, 不应当受到欢迎. 直到 17 世纪俄罗

① 参见 https://en.wikipedia.org/wiki/Irrational_numbers.

② 参见 https://en.wikipedia.org/wiki/Immaginary_numbers.

③ Heron of Alexandria.

斯数学家欧拉 (Leonhard Euler, 1707—1783) 将 $\mathrm{i}=\sqrt{-1}$ 引进代数学, 建立起举世闻名的等式

$$\mathrm{e}^{\mathrm{i}\varphi}=\cos\varphi+\mathrm{i}\sin\varphi$$

和

$$\mathrm{e}^{\mathrm{i}\pi}+1=0,$$

以及 1799 年德国数学家高斯 (Carl Friedrich Gauss, 1777—1855) 在博士论文中证明了代数基本定理, 即任何一个单变元有理系数多项式都必有一个复根. 复数概念才终于作为数的概念的扩张被数学界普遍接受.

2.5.1 自然数

自然数集合自然是在现代数学中我们所面对的第一个无穷集合. 因此, 我们应用集合论的无穷公理来引进自然数集合.

定义 2.22 (1) 对于任意一个集合 x, 定义 $S(x)=x\cup\{x\}$;

(2) 对于任意一个集合 x, 定义 $\mathrm{Inf}(x)\leftrightarrow((\varnothing\in x)\wedge(\forall u\,(u\in x\to S(u)\in x)))$;

(3) 对于任意一个集合 u, 定义 $W(u)=\{a\mid a\in u\wedge\forall v\,(\mathrm{Inf}(v)\to a\in v)\}$.

公理 1 (无穷公理)(Axiom of Infinity) $\exists x\,\mathrm{Inf}(x)$.

定理 2.6 (1) $\forall u\,(\mathrm{Inf}(u)\to\mathrm{Inf}(W(u)))$;

(2) 如果 $\mathrm{Inf}(u_1)$ 和 $\mathrm{Inf}(u_2)$ 同时成立, 那么 $W(u_1)=W(u_2)$;

(3) 存在唯一的一个同时满足如下两项要求的集合 u:

(a) $\mathrm{Inf}(u)$;

(b) $W(u)=u$.

证明 证明 (1). 为此, 设 $\mathrm{Inf}(u)$ 成立. 首先, $\varnothing\in u$, 而且如果 $\mathrm{Inf}(v)$ 成立, 那么 $\varnothing\in v$. 所以, 有 $\varnothing\in W(u)$. 其次, 设 $x\in W(u)$. 证明 $S(x)\in W(u)$. 假设 $\mathrm{Inf}(v)$ 成立. 因为 $x\in W(u)$, $x\in u$, 而且 $x\in v$, 从而 $S(x)\in u$, $S(x)\in v$. 由此, $S(x)\in W(u)$. 也就是说, $\mathrm{Inf}(W(u))$ 成立.

证明 (2). 设 $\mathrm{Inf}(u_0)$ 和 $\mathrm{Inf}(u_2)$ 同时成立. 欲证 $W(u_1)\subseteq W(u_2)$. 为此, 任取 $a\in W(u_1)$. 因为 $\mathrm{Inf}(u_2)$ 以及 $\forall v\,(\mathrm{Inf}(v)\to a\in v)$, 所以 $a\in u_2$, 从而 $a\in W(u_2)$.

同理, 得到 $W(u_2)\subseteq W(u_1)$.

证明 (3). 首先, 证明存在性. 任取一个验证无穷公理的集合 v. 令 $u=W(v)$. 由 (1), u 验证无穷公理. 再由 (2), $W(u)=W(v)=u$. 其次, 证明唯一性: 设 u 和 v 都验证无穷公理而且都是 W 的不动点. 那么 $u=W(u)=W(v)=v$. □

定义 2.23 定义 $\mathbb{N}=u$ 当且仅当 $\mathrm{Inf}(u)\wedge W(u)=u$, 并且称 $\mathbb{N}$ 为自然数集合; 称 $\mathbb{N}$ 中的元素为自然数.

自然数集合 $\mathbb{N}$ 事实上是在包含关系 ($\subseteq$ 关系) 之下最小的验证无穷公理的集合, 就是说, 它既是一个验证无穷公理的集合, 又是任何一个验证无穷公理的集合的子集合.

例 2.21　令 $0=\varnothing$.

令 $1=\{\varnothing\}=\{0\}$.

令 $2=\{\varnothing,\{\varnothing\}\}=\{0,1\}$.

令 $3=\{\varnothing,\{\varnothing\},\{\varnothing,\{\varnothing\}\}\}=\{0,1,2\}$.

令 $4=\{0,1,2,3\}, 5=\{0,1,2,3,4\}, 6=\{0,1,2,3,4,5\},\cdots$.

$\cdots,\cdots,$

类似地规定: $n+1=n\cup\{n\}=\{0,1,\cdots,n\}$. 可以看到, 上述这些集合都是 $\mathbb{N}$ 的元素.

下面我们列出自然数集合和自然数的一些基本性质, 并将它们的证明留给有兴趣的读者.

定理 2.7　(1) $\forall a\in\mathbb{N}\,(a=\varnothing\vee\varnothing\in a)$;

(2) $\forall a\in\mathbb{N}\,\forall b\in\mathbb{N}\,(a\in S(b)\iff(a\in b\vee a=b))$;

(3) $\forall a\in\mathbb{N}\,(a\subseteq\mathbb{N})$;

(4) $\forall a\in\mathbb{N}\,\forall b\in\mathbb{N}\,\forall c\in\mathbb{N}(a\in b\wedge b\in c\to a\in c)$.

定理 2.8　(5) $\forall x\in\mathbb{N}(x\notin x)$;

(6) $\forall x\in\mathbb{N}\,\forall y\in\mathbb{N}(x\in y\to y\notin x)$;

(7) $\forall x\in\mathbb{N}\,\forall y\in\mathbb{N}(x\in y\to(y=S(x)\vee S(x)\in y))$;

(8) $\forall x\in\mathbb{N}\,\forall y\in\mathbb{N}(x\in y\vee x=y\vee y\in x)$;

(9) $\forall x\in\mathbb{N}\,(x\neq\varnothing\to\exists y(y\in x\wedge x=y\cup\{y\}))$.

定义 2.24　对于 $x\in\mathbb{N}$, $y\in\mathbb{N}$, 定义

$$x<y\leftrightarrow x\in y;\ \text{以及}\ x\leqslant y\leftrightarrow x\in y\vee x=y.$$

定理 2.9　(10) $(\mathbb{N},<)$ 是一个线性有序集合;

(11) $\forall a\in\mathbb{N}\forall x((\varnothing\neq x\subseteq a)\to\exists b(b\in x\wedge b\cap x=\varnothing))$;

(12) 如果 $A\subseteq\mathbb{N}$, 而且 $A\neq\varnothing$, 那么 $\exists a(a\in A\wedge\forall x\in A\,(a=x\vee a\in x))$. 也就是说, A 有一个 $\leqslant$-最小元素, 记成 $\min(A)$;

(13) $\forall a\in\mathbb{N}\forall x((\varnothing\neq x\subseteq a)\to\exists b(b\in x\wedge\forall a\in x(a\in b\vee a=b)))$;

(14) 如果 $A\subseteq\mathbb{N}$, $A\neq\varnothing$, 并且 $\exists b\in\mathbb{N}\forall a\in A\,(a\subseteq b)$, 那么

$$\exists a(a\in A\wedge\forall x\in A\,(a=x\vee x\in a)).$$

也就是说, A 有一个 $\leqslant$-最大元素, 记成 $\max(A)$.

定理 2.10 (数学归纳法原理) 设 $P(x, a_1, \cdots, a_n)$ 是带有一个自由变元 x 和参数变元 $a_1, \cdots, a_n$ 的一个表达式. 假设

(1) $P(0)$ 成立;

(2) 对任何一个 $n \in \mathbb{N}$, 如果 $P(n)$ 成立, 那么 $P(n+1)$ 也一定成立.

那么对于任何一个自然数 $n \in \mathbb{N}$, $P(n)$ 都成立.

定理 2.11 在自然数集合 $\mathbb{N}$ 上存在满足下述递归定义式的唯一加法函数

$$+ : \mathbb{N} \times \mathbb{N} \to \mathbb{N}:$$

对于任意的 $m \in \mathbb{N}$,

$$+(m, 0) = m;$$

$$+(m, n+1) = (+(m, n)) \cup \{+(m, n)\} = S(+(m, n)),\ n \in \mathbb{N}.$$

按照传统, 依旧将 $+(m, n)$ 写成 $m + n$. 所以,

$$m + 0 = m;$$

$$m + (n+1) = (m+n) + 1,\ n \in \mathbb{N}.$$

定理 2.12 (1) $\forall m \in \mathbb{N} \forall n \in \mathbb{N}\, (m + n = n + m)$;

(2) $\forall m \in \mathbb{N} \forall n \in \mathbb{N} \forall k \in \mathbb{N}\, (m + (n + k) = (m + n) + k)$;

(3) $\forall m \in \mathbb{N} \forall n \in \mathbb{N} \forall k \in \mathbb{N}\, ((m + n = m + k) \leftrightarrow n = k)$;

(4) $\forall m \in \mathbb{N} \forall n \in \mathbb{N} \forall k \in \mathbb{N}\, (m < n \leftrightarrow (m + k < n + k))$.

定理 2.13 在自然数集合 $\mathbb{N}$ 上存在满足下述递归定义式的唯一乘法函数

$$\cdot : \mathbb{N} \times \mathbb{N} \to \mathbb{N}:$$

对于任意的 $m \in \mathbb{N}$,

$$\cdot(m, 0) = 0;$$

$$\cdot(m, n+1) = (\cdot(m, n)) + m,\ n \in \mathbb{N}.$$

按照传统, 依旧将 $\cdot(m, n)$ 写成 $m \cdot n$. 所以,

$$m \cdot 0 = m;$$

$$m \cdot (n+1) = (m \cdot n) + m,\ n \in \mathbb{N}.$$

定理 2.14 (1) $\forall m \in \mathbb{N}\, (1 \cdot m = m \cdot 1 = m)$;

(2) $\forall m \in \mathbb{N} \forall n \in \mathbb{N} \forall k \in \mathbb{N}\, (m \cdot (n + k) = m \cdot n + m \cdot k)$;

(3) $\forall m \in \mathbb{N} \forall n \in \mathbb{N} \forall k \in \mathbb{N}\ ((n+k) \cdot m = n \cdot m + k \cdot m)$;

(4) $\forall m \in \mathbb{N} \forall n \in \mathbb{N}\ (m \cdot n = n \cdot m)$;

(5) $\forall m \in \mathbb{N} \forall n \in \mathbb{N} \forall k \in \mathbb{N}\ (m \cdot (n \cdot k) = (m \cdot n) \cdot k)$;

(6) $\forall m \in \mathbb{N} \forall n \in \mathbb{N} \forall k \in \mathbb{N}\ (k > 0 \to (m < n \leftrightarrow (m \cdot k < n \cdot k)))$.

定理 2.15　在自然数集合 $\mathbb{N}$ 上存在满足下述递归定义式的唯一指数函数

$$\exp : \mathbb{N} \times \mathbb{N} \to \mathbb{N}:$$

对于任意的 $m \in \mathbb{N}$,

$$\exp(m, 0) = 1;$$
$$\exp(m, n+1) = (\exp(m, n)) \cdot m,\ n \in \mathbb{N}.$$

按照传统, 依旧将 $\exp(m, n)$ 写成 m^n. 所以,

$$m^0 = 1;$$
$$m^{n+1} = m^n \cdot m,\ n \in \mathbb{N}.$$

于是, $0^0 = 1$; $0^{n+1} = 0$.

定理 2.16　(1) $\forall m \in \mathbb{N} \forall n \in \mathbb{N} \forall k \in \mathbb{N}\ (m^n \cdot m^k = m^{n+k})$;

(2) $\forall m \in \mathbb{N} \forall n \in \mathbb{N} \forall k \in \mathbb{N}\ ((m^n)^k = m^{n \cdot k})$.

这样, 我们就为人所共知的自然数概念、自然数之间的大小比较, 以及算术运算在基本集合论之上给出了一种合理解释. 本书中, $(\mathbb{N}, 0, S, +, \cdot, <)$ 便是我们的标准自然数结构.

2.5.2 整数

在自然数集合 $\mathbb{N}$ 以及自然数算数结构 $(\mathbb{N}, 0, S, +, \cdot, <)$ 的基础之上, 我们来定义**整数集合** $\mathbb{Z}$ 以及**整数结构** $(\mathbb{Z}, 0, 1, +, \cdot, <)$:

定义 2.25　对于 $\mathbb{N} \times \mathbb{N}$ 中的任意两点 $(m_1, m_2), (n_1, n_2)$, 定义

$$(m_1, m_2) \approx_I (n_1, n_2) \leftrightarrow m_1 + n_2 = n_1 + m_2.$$

命题 2.2　$\approx_I$ 是 $\mathbb{N} \times \mathbb{N}$ 上的一个等价关系; 并且

$$(\mathbb{N} \times \mathbb{N})/\approx_I = \{[(i, 0)], [(0, j)] \mid i, j \in \mathbb{N}\};$$

从而, $(\mathbb{N} \times \mathbb{N})/\approx_I$ 是一个可数无穷集合.

注意, (m_1, m_2) 所在的等价类中的点恰好就是实平面上某一条直线 $x \mapsto x + c$ 上的右上角中的格子点 (其中 c 是一个整数).

证明 留作练习. □

定义 2.26 (1) 令 $\mathbb{Z} = (\mathbb{N} \times \mathbb{N}) / \approx_I$;

(2) 以下述等式定义 $\mathbb{Z}$ 上的加法 $+$ 和乘法 $\cdot$:

(a) $[(m_1, m_2)] + [(n_1, n_2)] = [(m_1 + n_1, m_2 + n_2)]$;

(b) $[(m_1, m_2)] \cdot [(n_1, n_2)] = [(m_1 n_1 + m_2 n_2, m_1 n_2 + n_1 m_2)]$;

(3) 以下述不等式定义 $\mathbb{Z}$ 上的二元关系 $<$:

$$[(m_1, m_2)] < [(n_1, n_2)] \leftrightarrow m_1 + n_2 < m_2 + n_1.$$

命题 2.3 (1) $+$ 和 $\cdot$ 的定义在 $\mathbb{Z}$ 上无歧义; 并且满足结合律、交换律以及乘法对于加法的分配律; $\mathbb{Z}$ 在 $+$ 运算下是一个群;

(2) $<$ 是 $\mathbb{Z}$ 上的一个无端点 (任何一个点都是一个开区间中的一个点) 的离散 (任何一个点都是一个开区间中的唯一点) 线性序, 并且

(3) 如果 $(m_1, m_2)] < [(n_1, n_2)]$, 那么 $(m_1, m_2)] + [(i, j)] < [(n_1, n_2)] + [(i, j)]$;

(4) 如果 $(m_1, m_2)] < [(n_1, n_2)]$ 以及 $[(0, 0)] < [(i, j)]$, 那么

$$[(m_1, m_2)] \cdot [(i, j)] < [(n_1, n_2)] \cdot [(i, j)];$$

如果 $(m_1, m_2)] < [(n_1, n_2)]$ 以及 $[(0, 0)] > [(i, j)]$, 那么

$$[(m_1, m_2)] \cdot [(i, j)] > [(n_1, n_2)] \cdot [(i, j)];$$

(5) 映射 $n \mapsto [(n, 0)]$ 是结构 $(\mathbb{N}, 0, 1, +, \cdot, <)$ 到 $(\mathbb{Z}, 0, 1, +, \cdot, <)$ 的一个嵌入映射, 即是一个保持加法、乘法以及序关系的映射.

证明 留作练习. □

2.5.3 有理数

本节我们应用 2.5.2 小节定义的整数结构来定义**有理数集合** $\mathbb{Q}$ 以及它上面的算术运算和线性序, 从而得到**有理数**结构 $(\mathbb{Q}, 0, 1, +, \cdot, <)$.

令 $(\mathbb{Z}, 0, 1, +, \cdot, <)$ 为定义 2.26 中所引进的整数结构. 令 $\mathbb{N}^+ = \mathbb{N} - \{0\}$.

定义 2.27 令 $A = \mathbb{Z} \times \mathbb{N}^+$. 对于 A 中的任意两点 $(m_1, m_2), (n_1, n_2)$, 定义

$$(m_1, m_2) \approx_Q (n_1, n_2) \leftrightarrow m_1 \cdot n_2 = n_1 \cdot m_2.$$

命题 2.4 $\approx_Q$ 是 A 上的一个等价关系; 商集 $A / \approx_Q$ 是一个可数无限集合.

定义 2.28 (1) 令 $\mathbb{Q} = A / \approx_Q$.

(2) 以下述等式定义 $\mathbb{Q}$ 上的加法 $+$ 和乘法 $\cdot$:

(a) $[(m_1, m_2)] + [(n_1, n_2)] = [(m_1 \cdot n_2 + m_2 \cdot n_1, m_2 \cdot n_2)]$;

(b) $[(m_1, m_2)] \cdot [(n_1, n_2)] = [(m_1 \cdot n_1, m_2 \cdot n_2)]$;

(3) 以下述不等式定义 $\mathbb{Q}$ 上的二元关系 $<$:

$$([(m_1, m_2)] < [(n_1, n_2)] \leftrightarrow m_1 \cdot n_2 < m_2 \cdot n_1).$$

命题 2.5　(1) $+$ 和 $\cdot$ 的定义在 $\mathbb{Q}$ 上无歧义; 并且满足结合律、交换律以及乘法对于加法的分配律; $\mathbb{Q}$ 在 $+$ 运算下是一个群; $\mathbb{Q} - \{[(0,1)]\}$ 在 $\cdot$ 运算下是一个群; 因此, $(\mathbb{Q}, 0, 1, +, \cdot)$ 是一个特征为 0(任意有限个 1 之和非零) 的域;

(2) $<$ 是 $\mathbb{Q}$ 上的一个线性序;

(3) 如果 $(m_1, m_2)] < [(n_1, n_2)]$, 那么 $(m_1, m_2)] + [(i, j)] < [(n_1, n_2)] + [(i, j)]$;

(4) 如果 $(m_1, m_2)] < [(n_1, n_2)]$ 以及 $[(0,0)] < [(i, j)]$, 那么 $[(m_1, m_2)] \cdot [(i, j)] < [(n_1, n_2)] \cdot [(i, j)]$; 如果 $(m_1, m_2)] < [(n_1, n_2)]$ 以及 $[(0,0)] > [(i, j)]$, 那么 $[(m_1, m_2)] \cdot [(i, j)] > [(n_1, n_2)] \cdot [(i, j)]$.

(5) $(\mathbb{Q}, 0, 1, +, \cdot, <)$ 是一个有序域, 并且映射 $n \mapsto [(n, 1)]$ 是结构 $(\mathbb{Z}, 0, 1, +, \cdot, <)$ 到 $(\mathbb{Q}, 0, 1, +, \cdot, <)$ 的一个嵌入映射, 即是一个保持加法、乘法以及序关系的映射.

2.5.4　实数

令 $(\mathbb{Q}, 0, 1, +, \cdot, <)$ 为定义 2.28 中引进的有理数结构. 在它的基础上, 我们定义实数集合 $\mathbb{R}$ 以及实数结构 $(\mathbb{R}, 0, 1, +, \cdot, <)$.

定义 2.29 (实数集合)　(1) 对于 $A \in \mathfrak{P}(\mathbb{Q})$ 而言, 称 A 为一个**实数**, 当且仅当

(a) A 非空;

(b) A 有界, 即 $\exists r \in \mathbb{Q}\, \forall a \in A\, (a < r)$;

(c) A 是左闭关的, 即 $\forall a \in \mathbb{Q}\, ((\exists b \in A\, a \leqslant b) \to a \in A)$;

(d) A 中无最大元, 即 $\forall a \in A\, \exists b \in A\, (a < b)$;

(2) $\mathbb{R} = \{A \in \mathfrak{P}(\mathbb{Q}) \mid A \text{ 是一个实数}\}$;

(3) 对于 $r \in \mathbb{Q}$, 令 $A_r = \{x \in \mathbb{Q} \mid x < r\}$; 称 $A \in \mathbb{R}$ 为一个**有理数**当且仅当 $\exists r \in \mathbb{Q}\, (A = A_r)$, 当且仅当 $\mathbb{Q} - A$ 有最小元; 称 $A \in \mathbb{R}$ 为一个**无理数**当且仅当 $\mathbb{Q} - A$ 没有最小元;

(4) 对于 $A \in \mathbb{R}$ 以及 $B \in \mathbb{R}$, 令

$$A < B \leftrightarrow A \subset B.$$

定理 2.17 (可分性)　(1) $\forall r \in \mathbb{Q}\, (A_r \in \mathbb{R})$;

(2) $(\mathbb{R}, <)$ 是一个无端点稠密线性有序集合;

(3) 子集合 $\{A_r \mid r \in \mathbb{Q}\}$ 在 $(\mathbb{R}, <)$ 上处处稠密, 即如果 $A < B$, 则

$$\exists r \in Q\, (A < A_r < B);$$

(4) 如果 $A \in \mathbb{R}$, 那么 $A = \cup\{A_r \mid r \in A\}$;

(5) 映射 $r \mapsto A_r$, 是 $(\mathbb{Q}, <)$ 到 $(\mathbb{R}, <)$ 中的一个稠密嵌入映射 (如果 $A < B$, 那么 $\exists r \in Q\,(A < A_r < B)$).

证明 (2) 设 $A \in \mathbb{R}$. 令 $r \in \mathbb{Q}$ 为 A 的一个上界; 令 $s \in A$. 那么 $A_s < A < A_r$. 所以, $(\mathbb{R}, <)$ 无端点.

设 $A \neq B$ 为两个实数. 如果 $A - B \neq \varnothing$, 那么一定有 $B < A$.

为此, 设 $r \in A - B$. 断言 $B - A = \varnothing$. 因若不然, 令 $s \in B - A$, 那么 $r \neq s$, 从而或者 $r < s$, 但这意味着 $r \in B$, 这不可能; 或者 $s < r$, 但这意味着 $s \in A$, 同样不可能. 这种左右为难的现象表明 $B - A = \varnothing$. 从而 $B < A$. 同样地, 如果 $B - A \neq \varnothing$, 那么 $A < B$. 这表明 $\mathbb{R}$ 中的任何两个元素都是在 $<$ 下可比较的.

设 $A < B < C$ 为三个实数. 那么 $A \subset B \subset C$, 从而 $A < C$.

设 $A < B$. 令 $r \in B - A$. 那么 $A < A_r < B$. 这表明 $<$ 是一个稠密序, 同时也表明 (3) 也成立. □

现在证明这个实数轴 $(\mathbb{R}, <)$ 是序完备的, 即任何一个非空有上界的实数子集都有一个最小上界.

定义 2.30 一个线性有序集合 $(L, <)$ 是**序完备**的当且仅当如果 $X \subset L$ 是一个非空有界子集, 那么在 X 的所有上界之中必有一个最小上界, 称为 X 的**上确界**, 并记成 $\sup(X)$; 在 X 的所有下界之中必有一个最大下界, 称为 X 的**下确界**, 并记成 $\inf(X)$.

定理 2.18 (序完备性) 设 $X \subset \mathbb{R}$ 为一个有界的非空子集合. 那么 X 必有上确界, 也必有下确界.

证明 给定 $\mathbb{R}$ 的一个非空有界子集 X, 令

$$B = \cup X \ \wedge \ A = \begin{cases} (\cap X) - \{\max(\cap X)\}, & \text{如果 } \cap X \text{ 有最大元}, \\ \cap X, & \text{如果 } \cap X \text{ 没有最大元}, \end{cases}$$

那么 $\{A, B\} \subset \mathbb{R}$, 并且 $B = \sup(X)$ 以及 $A = \inf(X)$. □

定理 2.19 (康托唯一性) 如果 $(X, <)$ 是一个序完备的无端点稠密线性有序集合, 并且包含一个在其中处处稠密的可数无穷子集合, 那么 $(X, <) \cong (\mathbb{R}, <)$.

引理 2.8 (1) 如果 $A, C \in \mathbb{R}$, 令

$$A + C = \{x + y \mid x \in A \wedge y \in C\},$$

那么 $A + C \in \mathbb{R}$;

(2) 对于 $r \in \mathbb{Q}$, 令 $(-A_r) = A_{(-r)}$, 那么 $A_r + (-A_r) = A_0$;

(3) 设 $A \in \mathbb{R}$ 并且 $\forall r \in \mathbb{Q}\,(A \neq A_r)$, 令

$$-A = \{-x \mid x \in (\mathbb{Q} - A)\},$$

那么 $(-A) \in \mathbb{R}$, 并且 $A + (-A) = A_0$.

定义 2.31 (实数加法)　(1) 对于 $A, C \in \mathbb{R}$, 令

$$A + C = \{x + y \mid x \in A \wedge y \in C\};$$

(2) 对于 $r \in \mathbb{Q}$, 令 $(-A_r) = A_{(-r)}$;

(3) 设 $A \in \mathbb{R}$ 并且 $\forall r \in \mathbb{Q}\,(A \neq A_r)$. 令 $-A = \{-x \mid x \in (\mathbb{Q} - A)\}$.

定理 2.20　(1) 设 $A, B, C \in \mathbb{R}$, 那么

(a) $A + B = B + A$;

(b) $A + (B + C) = (A + B) + C$;

(c) $A + (-A) = A_0$;

(d) 如果 $B < C$, 那么 $A + B < A + C$;

(2) $(\mathbb{R}, 0, +, <)$ 是一个有序加法群, 其中 $0 = A_0$;

(3) 映射 $r \mapsto A_r$ 是一个有序群嵌入映射.

定义 2.32　$\mathbb{R}^+ = \{A \in \mathbb{R} \mid A_0 < A\}$.

引理 2.9　对于 $A, C \in \mathbb{R}^+$, 令

$$A \cdot C = \{r \in \mathbb{Q} \mid \exists x \in (A - A_0)\, \exists y \in (C - A_0)\, (r \leqslant x \cdot y)\};$$

以及·

(a) 如果 $\exists x \in \mathbb{Q}\,(0 < x \wedge A = A_x)$, 则令 $A^{-1} = A_{x^{-1}}$, 其中 $A = A_x$;

(b) 如果 $A < A_1$ 且 $\forall r \in \mathbb{Q}\,(A \neq A_r)$, 则令

$$A^{-1} = \left\{ r \in \mathbb{Q} \;\middle|\; \exists x \in (A_1 - A) \left(r \leqslant \frac{1}{x} \right) \right\};$$

(c) 如果 $A_1 < A$ 且 $\forall r \in \mathbb{Q}\,(A \neq A_r)$, 则令

$$A^{-1} = \left\{ r \in \mathbb{Q} \;\middle|\; \exists x \in (\mathbb{Q} - A) \left(r \leqslant \frac{1}{x} \right) \right\}.$$

那么

(1) $A \cdot C \in \mathbb{R}^+$;

(2) $A \cdot C = C \cdot A$;

(3) $A \cdot A_1 = A$;

(4) $A^{-1} \in \mathbb{R}$ 并且 $A \cdot A^{-1} = A_1$.

证明　(1) 令 $B = A \cdot C$. 那么 B 非空; B 有上界 (令 $r \in \mathbb{Q}$ 为 A 的一个上界; $b \in \mathbb{Q}$ 为 C 的一个上界, 那么 $b \cdot r$ 是 B 的一个上界); B 是左封闭, 并且 B 没有最大元 (设 $r \in B$, 令 $x \in A$, $y \in C$, $x > 0$, $y > 0$ 见证 $r \leqslant x \cdot y$, 再取 $x_1 \in A$ 满足 $x_1 > x$, 以及 $y_1 \in C$ 满足 $y < y_1$. 那么 $r \leqslant x \cdot y < x_1 \cdot y_1 \in B$). 所以, $B \in \mathbb{R}^+$

(3) 首先, $A_1 \cdot A \subseteq A$. 其次, 令 $x \in A$ 且 $0 < x$. 取 $y \in A$ 满足要求 $x < y$. 那么

$$0 < \frac{x}{y} \in A_1 \wedge (x = \frac{x}{y} \cdot y) \in A_1 \cdot A.$$

所以, $A \subseteq A_1 \cdot A$.

(4) (a) 设 $\exists r \in \mathbb{Q}\,(0 < r \wedge A = A_r)$. 需验证 $A \cdot A^{-1} = A_1$.

首先, $A_r \cdot A_{r^{-1}} \subseteq A_1$. 设 $0 < x < r$, $0 < y < r^{-1}$, 那么 $x \cdot y \in A_1$, 因为

$$x \cdot y < r \cdot y < r \cdot r^{-1} = 1.$$

其次, 设 $0 < a \in A_1$. 取 $b \in \mathbb{Q}$ 满足如后要求: $a < b^2 < b < 1$. 那么

$$b \cdot r \in A_r \wedge b \cdot r^{-1} \in A_{r^{-1}} \wedge a < b^2 = b \cdot r \cdot b \cdot r^{-1}.$$

所以 $a \in A_r \cdot A_{r^{-1}}$.

(b) 设 $A < A_1$ 且 $\forall r \in \mathbb{Q}\,(A \neq A_r)$. 此时

$$A^{-1} = \left\{ r \in \mathbb{Q} \;\middle|\; \exists x \in (A_1 - A) \left(r \leqslant \frac{1}{x} \right) \right\}.$$

由定义直接得到 A^- 非空且为左封闭; 它有上界: 任取 $0 < y \in A$, 那么对于任意的 $x \in (A_1 - A)$ 都有 $x^{-1} < y^{-1}$; 最后, 它无最大元, 因为 $A_1 - A$ 中没有最小元.

我们现在来验证 $A \cdot A^{-1} = A_1$.

先验证 $A \cdot A^{-1} \subseteq A_1$: 令 $0 < y \in A$, $x \in (A_1 - A)$, 那么 $y < x$ 以及 $y \cdot x^{-1} < 1$.

再验证 $A_1 \subseteq A \cdot A^{-1}$: 设 $0 < x \in (A_1 - A)$. 由于 $0 < x < 1$, $x^{n+1} < x^n$ 以及 $\lim\limits_{n \to \infty} x^n = 0$, 令 $n \geqslant 1$ 满足 $x^n \notin A$ 但是 $x^{n+1} \in A$. 那么 $x^{-n} \in A^{-1}$ 并且 $x = x^{n+1} \cdot x^{-n} \in A \cdot A^{-1}$.

(c) 设 $A_1 < A$ 且 $\forall r \in \mathbb{Q}\,(A \neq A_r)$. 此时

$$A^{-1} = \left\{ r \in \mathbb{Q} \;\middle|\; \exists x \in (\mathbb{Q} - A) \left(r \leqslant \frac{1}{x} \right) \right\}.$$

由定义直接得到 A^- 非空且为左封闭; 它有上界, 比如 1 就是一个上界; 最后, 它无最大元, 因为 $\mathbb{Q} - A$ 中没有最小元.

现在验证 $A \cdot A^{-1} = A_1$.

先验证 $A \cdot A^{-1} \subseteq A_1$: 令 $0 < y \in A$, $x \in (\mathbb{Q} - A)$, 那么 $y < x, y \cdot x^{-1} < 1$.

再验证 $A_1 \subseteq A \cdot A^{-1}$: 设 $0 < x \in (A_1 - A^{-1})$. 由于 $0 < x < 1$, $x^{n+1} < x^n$ 以及 $\lim\limits_{n \to \infty} x^n = 0$, 令 $n \geqslant 1$ 满足 $x^n \notin A^{-1}$ 但是 $x^{n+1} \in A^{-1}$. 那么 $x^{-n} \in A$ 并且 $x = x^{n+1} \cdot x^{-n} \in A \cdot A^{-1}$. □

定义 2.33 (正实数乘法)　对于 $A, C \in \mathbb{R}^+$, 定义

$$A \cdot C = \{r \in \mathbb{Q} \mid \exists x \in (A - A_0)\, \exists y \in (C - A_0)\ (r \leqslant x \cdot y)\};$$

以及

(1) 如果 $\exists x \in \mathbb{Q}\,(0 < x \wedge A = A_x)$, 则定义 $A^{-1} = A_{x^{-1}}$, 其中 $A = A_x$;

(2) 如果 $A < A_1$ 且 $\forall r \in \mathbb{Q}\,(A \neq A_r)$, 则定义

$$A^{-1} = \left\{r \in \mathbb{Q} \;\middle|\; \exists x \in (A_1 - A) \left(r \leqslant \frac{1}{x}\right)\right\};$$

(3) 如果 $A_1 < A$ 且 $\forall r \in \mathbb{Q}\,(A \neq A_r)$, 则定义

$$A^{-1} = \left\{r \in \mathbb{Q} \;\middle|\; \exists x \in (\mathbb{Q} - A) \left(r \leqslant \frac{1}{x}\right)\right\}.$$

引理 2.10　设 $A, B, C \in \mathbb{R}^+$. 那么

(1) $A \cdot (B \cdot C) = (A \cdot B) \cdot C$;

(2) $A \cdot (B + C) = (A \cdot B) + (A \cdot C)$;

(3) 如果 $B < C$, 那么 $A \cdot B < A \cdot C$.

定义 2.34 (实数乘法)　对于 $A \in \mathbb{R}$ 以及 $C \in \mathbb{R}$, 令

$$A \cdot C = \begin{cases} A \cdot C, & \text{如果 } \{A, C\} \subset \mathbb{R}^+, \\ A_0, & \text{如果 } A = A_0 \vee C = A_0, \\ (-A) \cdot (-C), & \text{如果 } A < A_0 \wedge C < A_0, \\ -(A \cdot (-C)), & \text{如果 } A > A_0 \wedge C < A_0, \\ -((-A) \cdot C), & \text{如果 } A < A_0 \wedge C > A_0. \end{cases}$$

对于 $A \in \mathbb{R}$ 且 $A < A_0$, 令 $A^{-1} = -(-A)^{-1}$.

定理 2.21　设 $A, B, C \in \mathbb{R}$. 那么

(1) $A \cdot (B \cdot C) = (A \cdot B) \cdot C$;

(2) $A \cdot B = B \cdot A$;

(3) 如果 $A \neq A_0$, 那么 $A \cdot A^{-1} = A_1$;

(4) $A \cdot (B + C) = (A \cdot B) + (A \cdot C)$;

(5) 如果 $B < C$ 且 $A_0 < A$, 那么 $A \cdot B < A \cdot C$;

(6) 如果 $B < C$ 且 $A < A_0$, 那么 $A \cdot B > A \cdot C$.

定理 2.22　$(\mathbb{R}, 0, 1, +, \cdot, <)$ 是一个有序实代数封闭域, 其中 $0 = A_0$, $1 = A_1$; 映射 $r \mapsto A_r$ 是一个有序域嵌入映射.

2.5.5 复数

最后, 应用实数域 $(\mathbb{R},0,1,+,\cdot)$ 来定义复数域 $(\mathbb{C},0,1,+,\cdot)$.

定义 2.35 (1) $\mathrm{i}=\sqrt{-1}$.

(2) $\mathbb{C}=\{a+\mathrm{i}b \mid a\in\mathbb{R} \wedge b\in\mathbb{R}\}$.

(3) 对于 $a,b,c,d\in\mathbb{R}$, 定义

$$(a+\mathrm{i}b)+(c+\mathrm{i}d)=(a+c)+\mathrm{i}(b+d)$$

以及

$$(a+\mathrm{i}b)\cdot(c+\mathrm{i}d)=(ac-bd)+\mathrm{i}(cb+ad).$$

定理 2.23 $(\mathbb{C},0,1,+,\cdot)$ 是一个代数封闭域.

2.6 练　习

练习 2.1 (1) 列出你所知道的上述各结构 (不超过 20 条) 的基本性质;

(2) 用一种你认为合适的语言将 (1) 中所列的基本性质表述出来.

练习 2.2 验证如下命题:

(1) 如果 S_1 和 S_2 是两个关于项合成封闭的集合, 那么 $S_1\cap S_2$ 也是一个关于项合成封闭的集合.

(2) 对于 Σ^* 的两个子集合 S_1,S_2, 定义 $S_1\leqslant S_2$ 当且仅当 $S_1\subseteq S_2$; 称 $S\subset\Sigma^*$ 是一个最小的关于项合成封闭的集合当且仅当

(a) S 是关于项合成封闭的;

(b) 如果 S_1 是关于项合成封闭的, 那么必有 $S\leqslant S_1$.

从而项集合 T 就是一个最小的关于项合成封闭的集合.

练习 2.3 验证如下命题:

(1) 如果 S_1 和 S_2 是两个关于表达式合成封闭的集合, 那么 $S_1\cap S_2$ 也是一个关于表达式合成封闭的集合.

(2) 称 $S\subset\Sigma^*$ 是一个最小的关于表达式合成封闭的集合当且仅当

(a) S 是关于表达式合成封闭的;

(b) 如果 S_1 是关于表达式合成封闭的, 那么必有 $S\subseteq S_1$.

从而表达式集合 $\mathcal{L}$ 就是一个最小的关于表达式合成封闭的集合.

练习 2.4 证明: 对于任意的项 τ 和表达式 φ 而言, $\equiv_\tau$ 和 $\equiv_\varphi$ 都是 $\mathcal{M}$-赋值映射之间的等价关系.

练习 2.5 (1) 是否存在同时满足两项要求 $(\mathcal{M},\nu)\models\varphi$ 和 $(\mathcal{M},\nu)\models(\neg\varphi)$ 的一个 $\mathcal{L}_A$-结构 $\mathcal{M}=(M,I)$, 一个 $\mathcal{M}$-赋值, 和一个 $\mathcal{L}_A$ 表达式 φ?

(2) 是否存在同时满足两项要求 $(\mathcal{M},\nu)\not\models\varphi$ 和 $(\mathcal{M},\nu)\not\models(\neg\varphi)$ 的一个 $\mathcal{L}_A$-结构 $\mathcal{M}=(M,I)$, 一个 $\mathcal{M}$-赋值, 和一个 $\mathcal{L}_A$ 表达式 φ?

练习 2.6 令 $\mathcal{M}=(M,I)$ 为任意一个 $\mathcal{L}_A$-结构, ν 为任意一个 $\mathcal{M}$-赋值, φ 和 ψ 是任意两个 $\mathcal{L}_A$-表达式. 证明如下四个命题:

(1) $(\mathcal{M},\nu)\models(\varphi\vee\psi)$ 当且仅当或者 $(\mathcal{M},\nu)\models\varphi$, 或者 $(\mathcal{M},\nu)\models\psi$;

(2) $(\mathcal{M},\nu)\models(\varphi\wedge\psi)$ 当且仅当 $(\mathcal{M},\nu)\models\varphi$ 且 $(\mathcal{M},\nu)\models\psi$;

(3) $(\mathcal{M},\nu)\models(\varphi\leftrightarrow\psi)$ 当且仅当 $[(\mathcal{M},\nu)\models\varphi \iff (\mathcal{M},\nu)\models\psi]$;

(4) $(\mathcal{M},\nu)\models(\exists x_i\,\varphi)$ 当且仅当存在一个满足如下两个要求的 $\mathcal{M}$-赋值 μ:

$$\nu\equiv_{(\exists x_i\,\varphi)}\mu \text{ 以及 } (\mathcal{M},\mu)\models\varphi.$$

练习 2.7 验证命题 2.1 中所列出的由定义 2.21 引进的新逻辑联结词的基本性质.

练习 2.8 证明小节 2.4 中 9 组例子里有关满足关系的全部断言.

第 3 章　一阶结构之同构、同样与同质

3.1　预备知识: 可数与不可数

这一节里, 我们先回顾一下可数集合的概念, 这是为后面的素材规范基本准备知识的需要;

定义 3.1　一个集合 X 是一个可数集合当且仅当或者 X 是空集, 或者存在一个从自然数集合 $\mathbb{N}$ 到集合 X 上的满射.

直接地说, 非空可数集合就是那些可以将它们的元素以自然数为标记罗列出来的集合.

例 3.1　(1) 每一个有限集合都是一个可数集合;

(2) 自然数集合的每一个子集合都是可数集合;

(3) 一个可数集合的每一个子集合都是可数集合;

(4) 有理数集合是一个可数集合;

(5) 任何有限个可数集合的并还是一个可数集合;

(6) 一阶语言的符号集合 Σ 是一个可数集合;

(7) 自然数集合的任意有限次幂乘积空间都是可数集合①;

(8) 自然数集合上的有限序列的全体形成一个可数集合, 从而一阶语言的项集和表达式集都是可数集;

定理 3.1 (康托)　实数集合是一个不可数集合.

证明　证明分成两步. 第一步, 先证自然数集合的幂集 $\mathfrak{P}(\mathbb{N})$ 是一个不可数集. 第二步, 再证存在一个从 $\mathfrak{P}(\mathbb{N})$ 到实数集合的某一个子集合上的双射, 从而实数集合不可数.

第一, $\mathfrak{P}(\mathbb{N})$ 不可数.

令 $f:\mathbb{N}\to\mathfrak{P}(\mathbb{N})$ 为任意的一个映射. 我们来证明 f 不可能是满射. 为此, 考虑如下集合 A:

$$A=\{n\in\mathbb{N}\mid n\notin f(n)\}.$$

结论: 自然数子集合 A 就不在 f 的值域之中.

假设不然, 令 $n=\min\{k\in\mathbb{N}\mid A=f(k)\}$. 现在的问题是: 此 n 是否在 A 中?

---

① 等式 $p(x,y)=\dfrac{(x+y)(x+y+1)}{2}+x$ 定义了一个从 $\mathbb{N}\times\mathbb{N}$ 到 $\mathbb{N}$ 上的双射.

如果 $n \in A$, 由于 $A = f(n)$, 必有 $n \in f(n)$, 但是集合 A 的定义表明 $n \notin f(n)$; 如果 $n \notin A$, 同样由于 $A = f(n)$, 必有 $n \notin f(n)$, 从而依 A 的定义, $n \in A$. 无论如何, 我们都得到一个矛盾.

第二, 存在一个从 $\mathfrak{P}(\mathbb{N})$ 到实数集合 $\mathbb{R}$ 的单射.

比如说, 对于任意一个 $A \in \mathfrak{P}(\mathbb{N})$, 对于每一个 $1 \leqslant i$, 令 $\delta_i^A = 1$ 当且仅当 $i \in A$ 以及 $\delta_i^A = 0$ 当且仅当 $i \notin A$; 并且定义 $g(A) = \sum_{i=1}^{\infty} \frac{\delta_i^A}{3^i}$. 此 g 就是一个单射. g 就是从 $\mathfrak{P}(\mathbb{N})$ 到它的值域 $g[\mathfrak{P}(\mathbb{N})] \subseteq \mathbb{R}$ 上的一个双射. □

定理 3.2 如果 $\langle A_i \mid i \in \mathbb{N} \rangle$ 是一个可数集合的可数序列, 那么这可数个可数集合的并集

$$A = \cup \{A_i \mid i \in \mathbb{N}\}$$

还是一个可数集.

证明 假设 $\langle A_i \mid i \in \mathbb{N} \rangle$ 是一个可数集合的可数序列. 不妨假设每一个 A_i 是一个非空可数集合. 同时对每一个 $i \in \mathbb{N}$ 选定[①] 一个从 $\mathbb{N}$ 到 A_i 上的满射 f_i, 从而得到一个序列 $\langle f_i \mid i \in \mathbb{N} \rangle$.

令 $a \in A$. 如下定义 $g : \mathbb{N} \to A$:

$$g(n) = \begin{cases} f_i(j), & \text{如果 } n = 2^i 3^j, \\ a, & \text{如果 } n \neq 2^i 3^j. \end{cases}$$

由自然数素数分解唯一性, g 的定义没有任何歧义.

设 $b \in A$, 那么 b 是某一个 A_i 的元素. 令 $i = \min\{k \mid b \in A_k\}$. 再令

$$j = \min\{k \mid b = f_i(k)\}.$$

就有 $b = g(2^i 3^j)$. 所以, g 是一个满射. □

定义 3.2 (势) (1) 集合 X 与集合 Y 等势, 记成 $|X| = |Y|$, 当且仅当存在从 X 到 Y 的一个双射;

(2) 集合 X 的势小于等于集合 Y 的势, 记成 $|X| \leqslant |Y|$, 当且仅当存在从 X 到 Y 的一个单射;

(3) 集合 X 的势严格小于集合 Y 的势, 记成 $|X| < |Y|$, 当且仅当存在从 X 到 Y 的一个单射, 但不存在从 X 到 Y 的一个双射.

有时候直接得到两个集合之间的一个双射会比较困难, 而得到单射比较简单, 下面的定理为我们间接得到一个双射提供了一个通用的方法.

定理 3.3 (康托-本迪克生) 设 X 和 Y 是任意两个集合. 如果分别存在一个从 X 到 Y 的单射和从 Y 到 X 的单射, 那么一定存在 X 和 Y 之间的一个双射.

---

① 这里我们需要用到选择公理, 或者比它弱一些的可数选择公理. 选择公理断言: 如果 X 是一个非空的非空集合的集合, 那么 X 上存在一个选择函数 c (即对于每一个 $a \in X$ 都有 $c(a) \in a$).

定义 3.3 (1) 集合 X 是一个传递集合当且仅当 $\forall a \in X\,(a \subset X)$, 即它的每一个元素都是它的一个子集.

(2) 集合 α 是一个序数当且仅当

(a) α 是一个传递集合, 并且

(b) 对于任意的 $x, y \in \alpha$, 或者 $x \in y$, 或者 $y \in x$, 或者 $x = y$.

关于序数, 我们有如下基本性质:

定理 3.4 如果 α, β 是两个序数, 那么 $\alpha \in \beta$, 或者 $\beta \in \alpha$, 或者 $\alpha = \beta$; 如果 A 是序数的一个非空的集合, 那么 A 中必有最小的序数.

在选择公理下, 序数可以用来度量集合的势:

定理 3.5 对于任意的集合 X, 都存在一个与 X 等势的序数, 并且在所有与 X 等势的序数中有一个最小的序数.

定义 3.4 (1) ω 是最小的与 $\mathbb{N}$ 等势的序数;

(2) ω_1 是最小的不可数序数;

(3) 一个序数 κ 被称为一个**基数**, 当且仅当对于任何 $\alpha \in \kappa$ 都不存在从 κ 到 α 的单射.

3.2 一阶结构之同构与同样

3.2.1 有理数轴

考虑只有由二元谓词符号 $P_<$ 的语言符号集 $\mathcal{A} = \{P_<\}$ 所生成的语言 $\mathcal{L}_{\mathcal{A}}$. 因为只有一个语言符号, 当 $I(P_<)$ 解释为 $<$ 时, 我们习惯地将结构 (M, I) 直接写成 $(M, <)$.

定义 3.5 一个 $\mathcal{L}_{\mathcal{A}}$ 结构 $(M, <)$ 是一个线性序当且仅当如下三个语句在

$$\mathcal{M} = (M, <)$$

中为真:

(1) $(\forall x_1\,(\neg P_<(x_1, x_1)))$;

(2) $(\forall x_1\,(\forall x_2\,(\forall x_3\,(((P_<(x_1, x_2) \wedge P_<(x_2, x_3)) \rightarrow P_<(x_1, x_3))))))$;

(3) $(\forall x_1\,(\forall x_2\,((\neg(x_1 \hat{=} x_2)) \rightarrow (P_<(x_1, x_2) \vee P_<(x_2, x_1)))))$;

一个线性序 $\mathcal{M} = (M, <)$ 是一个无端点的线性序当且仅当另外两个语句在 $\mathcal{M}$ 中为真:

(4) $(\forall x_1\,(\exists x_2\; P_<(x_1, x_2)))$;

(5) $(\forall x_1\,(\exists x_2\; P_<(x_2, x_1)))$;

一个无端点的线性序 $\mathcal{M} = (M, <)$ 是一个稠密的当且仅当下面的稠密性语句在 $\mathcal{M}$ 中为真:

(6) $(\forall x_1\,(\forall x_2\,(P_<(x_1,x_2)\to(\exists x_3\,(P_<(x_1,x_3)\wedge P_<(x_3,x_2))))))$.

我们回顾一下序同构的概念, 并且揭示有理数序的典型性: 在序同构的意义下, 有理数序是唯一的可数无端点稠密线性序, 即康托定理.

问题 3.1　什么是序同构?

定义 3.6 (保序映射)　设 $(A,<)$ 和 $(B,\prec)$ 是两个线性序. 设 $f:A\to B$. 函数 f 是这两个线性序的一个保序映射当且仅当对于任意两个 $x,y\in A$,

$$x<y \text{ 当且仅当 } f(x)\prec f(y).$$

通常用记号

$$f:(A,<)\hookrightarrow(B,\prec)$$

来表示 f 是从 $(A,<)$ 到 $(B,\prec)$ 的一个保序映射; 保序映射又称为序嵌入映射.

保序映射实际上就是我们通常所说的严格单调递增函数.

例 3.2　比如说:

(1) 从自然数集合到整数集合的恒等映射就是从线性序 $(\mathbb{N},<)$ 到线性序 $(\mathbb{Z},<)$ 的一个保序映射;

(2) 任何一个从有理数集合到有理数集合 (或者到实数集合) 上的严格单调递增的函数都是保序映射.

定义 3.7 (序同构映射)　(1) 设 $(A,<)$ 和 $(B,\prec)$ 是两个线性序. 设 $f:A\to B$. 函数 f 是这两个线性序的一个序同构映射当且仅当 f 是一个保序双射. 通常用记号

$$f:(A,<)\cong(B,\prec)$$

来表示 f 是从 $(A,<)$ 到 $(B,\prec)$ 上的一个序同构映射.

(2) 从 $(A,<)$ 到它自身 $(A,<)$ 的同构映射被称为序自同构映射.

例 3.3　比如说:

(1) 函数 $f(x)=x+1, g(x)=x-1$, 无论是定义在 $\mathbb{Z}$ 上, $\mathbb{Q}$ 上, 还是定义在 $\mathbb{R}$ 上, 都分别是相应的线性序上的一个序自同构映射;

(2) 指数函数 e^x 是从线性序 $(\mathbb{R},<)$ 到线性序 $((0,\infty),<)$ 上的一个序同构映射;

(3) 正切函数 $\tan(x)$ 则是从线性序 $\left(\left(-\dfrac{\pi}{2},\dfrac{\pi}{2}\right),<\right)$ 到线性序 $(\mathbb{R},<)$ 上的一个序同构映射;

(4) 假设 $c<a<b<d$ 分别是四个实数 (或者有理数), 定义

$$\mathrm{e}_{cabd}(x)=\begin{cases} c+\dfrac{b-c}{a-c}(x-c), & \text{如果 } c\leqslant x\leqslant a,\\ b+\dfrac{d-b}{d-a}(x-a), & \text{如果 } a\leqslant x\leqslant d,\end{cases}$$

那么 e_{cabd} 就是线性序结构 $([c,d],<)$ 上的一个将 a 映射到 b 的序自同构; 并且 e_{cabd} 可以以如下方式扩展成结构 $(\mathbb{R},<)$(或者 $(\mathbb{Q},<)$) 上的序自同构:

$$\mathrm{e}^*_{cabd}(x)=\begin{cases}\mathrm{e}_{cabd}(x), & \text{如果 } c\leqslant x\leqslant d,\\ x, & \text{如果 } x\leqslant c \text{ 或者 } d\leqslant x.\end{cases}$$

定义 3.8 (序嵌入与序同构) (1) 线性序 $(A,<)$ 可以序嵌入到线性序 $(B,\prec)$ 中当且仅当存在一个从 $(A,<)$ 到 $(B,\prec)$ 的序嵌入 (保序) 映射.

用记号 $(A,<)\hookrightarrow(B,\prec)$ 来表示线性序 $(A,<)$ 可以序嵌入到线性序 $(B,\prec)$ 中.

(2) 线性序 $(A,<)$ 与线性序 $(B,\prec)$ 序同构当且仅当存在一个从 $(A,<)$ 到 $(B,\prec)$ 上的序同构映射.

用记号 $(A,<)\cong(B,\prec)$ 来表示线性序 $(A,<)$ 与线性序 $(B,\prec)$ 序同构.

定理 3.6 (康托) (1) 如果 $(A,<)$ 和 $(B,\prec)$ 都是两个无穷可数的无端点稠密线性有序集, 那么它们一定同构;

(2) 如果 $A_0\subset A$ 和 $B_0\subset B$ 是两个有限集合, $e:(A_0,<)\cong(B_0,\prec)$ 是一个同构, 那么 e 可以扩展成一个从 $(A,<)$ 到 $(B,\prec)$ 的同构.

需要先证明一个引理.

引理 3.1 假定 $(A,<)$ 是一个线性有序集合. 又假定 $(B,\prec)$ 是一个无端点的稠密线性有序集合. 假定 $F\subseteq A$ 和 $E\subseteq B$ 都是有限的, 并且 $h:F\to E$ 是从 $(F,<)$ 到 $(E,\prec)$ 上的一个同构. 如果 $a\in A-F$, 那么必有 $b\in B-E$ 满足如下要求: $h\cup\{(a,b)\}$ 是从 $(F\cup\{a\},<)$ 到 $(E\cup\{b\},\prec)$ 上的同构.

证明 设 F, E 和 $h:F\to E$ 如引理的条件所给. 令 $a\in A-F$.

考虑三种情形:

情形 1: a 大于 F 的每一个元素: 此时, 我们在 B 中任取一个大于 E 的每一个元素的 b. 因为 B 无端点, 我们能做到.

情形 2: a 小于 F 的每一个元素: 同样我们在 B 中取一个小于 E 的每一个元素的 b.

情形 3: a 在 F 的某两个元素之间.

将 F 分成左右两部分: $F_0=\{x\mid x\in F,\ x<a\}$ 以及 $F_1=\{x\mid x\in F,\ x>a\}$. 这两个集合 F_0 和 F_1 都非空而有限. 令 a^* 为 F_0 的 $<$- 最大元并令 b^* 为 F_1 的 $<$- 最小元. 于是, 对 F 中的所有的 x, 或者 $x\leqslant a^*$, 或者 $x\geqslant b^*$, 并且 $a^*<a<b^*$. 由于 h 是一个同构, 对于所有的 $x\in F$, 或者 $h(x)\prec h(a^*)$, 或者 $h(x)\prec h(b^*)$, 或者 $h(x)=h(b^*)$, 而且 $h(a^*)\prec h(b^*)$. 在 B 区间 $(h(a^*),h(b^*))$ 中取一个 b, 因为 $(B,\prec)$ 是稠密的, 我们可以这样做. □

证明 现在证明康托同构定理. 这一证明采用往返渐进 (一种往返取证逐步满足的) 方法.

设 $(A,<)$ 和 $(B,\prec)$ 为两个无端点的无穷可数稠密线性有序集. 设

$$A_0 \subset A,\ B_0 \subset B$$

为有限集合,

$$e : (A_0,<) \cong (B_0,<)$$

为一个序同构. 定义一个扩展 e 的从 $(A,<)$ 到 $(B,\prec)$ 的序同构 h.

令 $f:\mathbb{N}\to(A-A_0)$ 和 $g:\mathbb{N}\to(B-B_0)$ 分别为两个双射. 令 $F_0=A_0$ 以及 $h\restriction_{A_0}=e$.

归纳假设: h 已经在 A 的一个有限子集合 F_n 上定义了, $h_n=h\restriction F_n$, $E_n=h[F_n]\subseteq B$, $h_n:F_n\to E_n$ 是一个序同构, 并且当 $n=2k$ 时 $f(k)\in F_n$, 当 $n=2k+1$ 时 $g(k)\in E_n$.

对于 $n+1$, 我们考虑两种情形.

情形 1: $n+1=2k$ (“往” 的过程).

如果 $f(k)\in F_n$, 那么令 $F_{n+1}=F_n$, $E_{n+1}=E_n$. 不给 h 定义新的值, 即 $h_{n+1}=h_n$.

现假定 $f(k)\notin F_n$. 此时令 $F_{n+1}=F_n\cup\{f(k)\}$, $a=f(k)$, 并且

$$D=\{m\in\mathbb{N}\mid h_n\cup\{(a,g(m))\}\ \text{是一个同构}\}.$$

由前面的引理, D 非空. 令 m^* 为 D 的最小元素. 再定义

$$h_{n+1}=h_n\cup\{\langle f(k),g(m^*)\rangle\},$$

并且令

$$E_{n+1}=E_n\cup\{g(m^*)\}.$$

情形 2: $n+1=2k+1$ (“返” 的过程).

如果 $g(k)\in E_n$, 那么令 $F_{n+1}=F_n$ 及 $E_{n+1}=E_n$. 不给 h 定义新的值.

现在假定 $g(k)\notin E_n$. 令 $E_{n+1}=E_n\cup\{g(k)\}$, $a=g(k)$, 并且

$$D=\{m\in\mathbb{N}\mid h_n\cup\{(f(m),a)\}\ \text{是一个同构}\}.$$

由前面的引理, D 非空. 取 m^* 为 D 最小元素. 再定义

$$h_{n+1}=h_n\cup\{\langle f(m^*),g(k)\rangle\}.$$

最后, 令 $F_{n+1}=F_n\cup\{f(m^*)\}$.

归纳步骤完成.

最后, $A = \cup\{F_n \mid n \in \mathbb{N}\}$, $B = \cup\{E_n \mid n \in \mathbb{N}\}$, 以及 $h = \cup\{h_n \mid n < \omega\}$ 是一个同构. □

综上所述, 有理数轴在所有可数线性序之中具有非常典型和广泛的代表特征. 后面我们还会看到, 从数理逻辑关于一阶结构分析的角度看, 无论是有理数轴, 还是有理数域, 都是极富启示意义的具体的例子.

康托定理的证明直接依赖有理数集合的可数特性. 事实上, 对于不可数的无端点稠密线性序而言, 就没有这样的唯一性.

例 3.4 *存在不可数个彼此互不同构的势为 ω_1 的无端点稠密线性序.*

证明 令 ω_1 为第一个不可数基数. 那么, $(\omega_1, <) = (\omega_1, \in)$ 是一个线性序. 令 $(\omega_1, <^*)$ 为 $(\omega_1, <)$ 的反序: 对于任意的 $\alpha, \beta \in \omega_1$,

$$\alpha <^* \beta \text{ 当且仅当 } \beta < \alpha \text{ 当且仅当 } \beta \in \alpha.$$

令 $\omega_1^* + \omega_1$ 为下述线性序①: $(M, <^{**})$, 其中

$$M = \{(0, \alpha),\ (1, \alpha) \mid \alpha \in \omega_1\}$$

以及对于任意两个 $\alpha, \beta \in \omega_1$,

(1) $(0, \alpha) <^{**} (0, \beta)$ 当且仅当 $\beta < \alpha$;

(2) $(1, \alpha) <^{**} (1, \beta)$ 当且仅当 $\alpha < \beta$;

(3) $(0, \alpha) <^{**} (1, \beta)$.

再令 $\omega_1^* + \omega_1 + 1$ 为下述线性序: $(M_1, <^{***})$, 其中

$$M_1 = M \cup \{\omega_1\}$$

以及对于任意的 $\beta, \alpha \in \omega_1$, 令

$$(0, \beta) <^{***} (1, \alpha) <^{***} \omega_1,$$

并且, 对于 $x, y \in M$,

$$x <^{***} y \text{ 当且仅当 } x <^{**} y.$$

令 κ 是一个不可数基数. 令 $\eta(\omega_1^* + \omega_1)$ 为 $(\mathbb{Q}, <) \times (\omega_1^* + \omega_1)$ 的乘积序, 以及 $\eta(\omega_1^* + \omega_1 + 1)$ 为 $(\mathbb{Q}, <) \times (\omega_1^* + \omega_1 + 1)$ 的乘积序. 对于任意的 $X \subseteq \kappa$, 令 $\mathcal{A}_X$ 为如下的线性序:

$$(\eta(\omega_1^* + \omega_1) \times (X, <)) \cup (\eta(\omega_1^* + \omega_1 + 1) \times ((\kappa - X) <)).$$

如果 $X \subseteq \kappa, Y \subseteq \kappa, X \neq Y$, 那么 $\mathcal{A}_X \not\cong \mathcal{A}_Y$.

其中, 给定两个线性序 $(A, <)$ 和 $(B, <)$, 它们的**乘积序**$(A \times B, <)$, 也称为笛卡儿乘积 $A \times B$ 的**水平字典序**, 由如下表达式给定 (A 为横轴, B 为纵轴):

$$(a_1, b_1) < (a_2, b_2) \text{ 当且仅当 } [b_1 < b_2 \vee (b_1 = b_2 \wedge a_1 < a_2)]. \qquad \square$$

① 这是整数序 $(\mathbb{Z}, <)$ 向最小的无穷基数的最自然的一种推广, 正如 $(\omega_1, <)$ 是自然数序 $(\mathbb{N}, <)$ 向最小的无穷基数的最自然的一种推广那样.

3.2.2 同构

前几节, 我们由康托定理知道任何两个可数无端点稠密线性序都与有理数轴序同构. 那么,

问题 3.2 就一般的一阶结构来说, "同构" 应当是什么含义?

定义 3.9 (同构映射与同构) 给定两个 $\mathcal{L}_{\mathcal{A}}$-结构 $\mathcal{M}=(M,I)$ 和 $\mathcal{N}=(N,J)$.

(1) M 与 N 之间的一个双射 $e:M\to N$ 被称为这两个结构之间的一个同构映射当且仅当 e 具有如下特性:

(a) 若 $c\in\mathcal{A}$ 是一个常元符号, 那么 $e(I(c))=J(c)$;

(b) 若 $F\in\mathcal{A}$ 是一个 $\pi(F)$-元函数符号, 令 $n=\pi(F)$, 那么对于 M^{n+1} 中的任意一个点 $(a_1,\cdots,a_{n+1})$, 都有

$$I(F)(a_1,\cdots,a_n)=a_{n+1}\iff J(F)(e(a_1),\cdots,e(a_n))=e(a_{n+1});$$

(c) 若 $P\in\mathcal{A}$ 是一个 $\pi(P)$-元谓词符号, 令 $n=\pi(P)$, 那么对于 M^n 中的任意一个点 $(a_1,\cdots,a_n)$, 都有

$$(a_1,\cdots,a_n)\in I(P)\iff(e(a_1),\cdots,e(a_n))\in J(P);$$

(2) 称 $\mathcal{M}$ 和 $\mathcal{N}$ 同构, 记成 $\mathcal{M}\cong\mathcal{N}$, 当且仅当它们之间存在一个同构映射;

(3) $\mathcal{M}$ 与 $\mathcal{M}$ 之间的同构映射被称为 $\mathcal{M}$ 上的自同构映射.

下面的定理表明同构映射保持结构的全部一阶逻辑性质.

定理 3.7 (同质定理) 设 $e:M\to N$ 是 $\mathcal{L}$-结构 (M,I) 和 (N,J) 间的一个同构映射. 那么对于 (M,I) 上的任意一个赋值映射 ν, e 和 ν 的合成映射, $e\circ\nu$, 是 (N,J) 上的一个赋值映射, 而且对于任意一个 $\mathcal{L}$ 的表达式 ϕ, 都有

$$((M,I,\nu)\models\phi)\iff((N,J,e\circ\nu)\models\phi).$$

证明 若 x 是一个变元符号, 那么 $\nu(x)\in M$, 从而 $e(\nu(x))\in N$. 所以, $e\circ\nu$ 是 (N,J) 上的一个赋值映射.

接着, 我们来看同构映射 e 保持这两个赋值映射关于项的赋值. 也就是说, 对于 $\mathcal{L}$ 中的任意一个项 τ,

$$e(\bar{\nu}(\tau))=\overline{e\circ\nu}(\tau).$$

我们已经看到这一结论对于变元符号来说是成立的. 设 τ 是一个常元符号 c. 那么由关于项赋值映射的定义, $\bar{\nu}(c)=I(c)$ 以及 $\overline{e\circ\nu}(c)=J(c)$. 由于 e 是一个同构, $e(I(c))=J(c)$. 所以, 结论对于常元符号来说也成立.

现在假设结论对于长度小于 k 的项都成立. 而 τ 是形如 $F(\tau_1,\cdots,\tau_n)$ 的一个项, 其中 F 是一个 n-元函数符号, $\tau_1,\cdots,\tau_n$ 是一组长度小于 k 的项.

由归纳假设, 对于这些 τ_i, 已有 $e(\bar{\nu}(\tau_i)) = \overline{e\circ\nu}(\tau_i)$. 由关于项赋值映射的定义

$$\bar{\nu}(F(\tau_1,\cdots,\tau_n)) = I(F)(\bar{\nu}(\tau_1),\cdots,\bar{\nu}(\tau_n))$$

以及

$$\overline{e\circ\nu}(F(\tau_1,\cdots,\tau_n)) = J(F)(\overline{e\circ\nu}(\tau_1),\cdots,\overline{e\circ\nu}(\tau_n)).$$

由于 e 是一个同构,

$$e(I(F)(\bar{\nu}(\tau_1),\cdots,\bar{\nu}(\tau_n))) = J(F)(e(\bar{\nu}(\tau_1)),\cdots,e(\bar{\nu}(\tau_n))).$$

由归纳假设,

$$J(F)(e(\bar{\nu}(\tau_1)),\cdots,e(\bar{\nu}(\tau_n))) = J(F)(\overline{e\circ\nu}(\tau_1),\cdots,\overline{e\circ\nu}(\tau_n)).$$

综上所述, 有

$$e(\bar{\nu}(\tau)) = \overline{e\circ\nu}(\tau).$$

最后验证: e 保持对表达式的满足关系. 对表达式的长度 (层次) 施归纳.

首先, 设 τ 和 σ 是两个项. 那么

$$(M,I,\nu)\models(\tau\hat{=}\sigma)\ \text{当且仅当}\ \bar{\nu}(\tau)=\bar{\nu}(\sigma),$$

$$(N,J,e\circ\nu)\models(\tau\hat{=}\sigma)\ \text{当且仅当}\ \overline{e\circ\nu}(\tau)=\overline{e\circ\nu}(\sigma).$$

由于 e 是一个单射,

$$\bar{\nu}(\tau)=\bar{\nu}(\sigma)\ \text{当且仅当}\ e(\bar{\nu}(\tau))=e(\bar{\nu}(\sigma)).$$

由于 e 保持关于项的赋值, 有

$$e(\bar{\nu}(\tau))=e(\bar{\nu}(\sigma))\ \text{当且仅当}\ \overline{e\circ\nu}(\tau)=\overline{e\circ\nu}(\sigma).$$

综合起来, 得到

$$(M,I,\nu)\models(\tau\hat{=}\sigma)\ \text{当且仅当}\ (N,J,e\circ\nu)\models(\tau\hat{=}\sigma).$$

其次, 设 P 是一个 n-元谓词符号, $\tau_1,\cdots,\tau_n$ 是一组项. 那么

$$(M,I,\nu)\models P(\tau_1,\cdots,\tau_n)\ \text{当且仅当}\ (\bar{\nu}(\tau_1),\cdots,\bar{\nu}(\tau_n))\in I(P)$$

以及

$$(N,J,e\circ\nu)\models P(\tau_1,\cdots,\tau_n)\ \text{当且仅当}\ (\overline{e\circ\nu}(\tau_1),\cdots,\overline{e\circ\nu}(\tau_n))\in J(P).$$

现在设 ϕ 是 $(\neg\varphi)$. 由定义有

$$(M,I,\nu)\models(\neg\varphi)\ \text{当且仅当}\ (M,I,\nu)\not\models\varphi$$

以及

$$(N,J,e\circ\nu)\not\models\varphi\ \text{当且仅当}\ (N,J,e\circ\nu)\models(\neg\varphi).$$

由归纳假设有

$$(M,I,\nu)\models\varphi\ \text{当且仅当}\ (N,J,e\circ\nu)\models\varphi.$$

综合起来, 结论对于表达式 $(\neg\varphi)$ 成立. 同样的, 由定义及归纳假设可以得到

$$(M,I,\nu)\models(\phi_1\to\phi_2)\ \text{当且仅当}\ (N,J,e\circ\nu)\models(\phi_1\to\phi_2).$$

最后, ϕ 是 $(\forall x_i\varphi)$. 由定义,

$$(M,I,\nu)\models(\forall x_i\varphi)$$

当且仅当对于任意一个 (M,I)-赋值映射 μ, 如果 $\nu\equiv_\phi\mu$, 那么 $(M,I,\mu)\models\varphi$.

现在假设 $(M,I,\nu)\models(\forall x_i\varphi)$. 证明 $(N,J,e\circ\nu)\models(\forall x_i\varphi)$.

假设 $\mu^*\equiv_\phi e\circ\nu$ 是一个 (N,J)-赋值映射. 由于 e 是一个双射, 定义

$$\mu(x)=e^{-1}(\mu^*(x)).$$

那么 μ 是一个 (M,I)-赋值映射而且 $\mu^*=e\circ\mu$, 从而 $\mu\equiv_\phi\nu$. 因此, $(M,I,\mu)\models\varphi$. 由归纳假设得到 $(N,J,\mu^*)\models\varphi$. 这就证明了

$$(N,J,e\circ\nu)\models(\forall x_i\varphi).$$

再假设 $(M,I,\nu)\not\models(\forall x_i\varphi)$.

令 μ 为一个证据, 即 μ 是一个 (M,I)-赋值, $\mu\equiv_\phi\nu$, 但是 $(M,I,\mu)\not\models\varphi$. 于是, $e\circ\mu\equiv_\phi e\circ\nu$. 由归纳假设,

$$(N,J,e\circ\mu)\not\models\varphi,$$

因此, $(N,J,e\circ\nu)\not\models(\forall x_i\varphi)$. □

应用替换定理, 上述同构定理可以表述为下面的推论:

推论 3.1　设 $e:M\to N$ 是 $\mathcal{L}$-结构 (M,I) 和 (N,J) 间的一个同构映射. 那么, 对于任意一个 $\mathcal{L}$ 的表达式 $\phi(x_1,\cdots,x_n)$, 对于任意的 n-元组 $(a_1,\cdots,a_n)\in M^n$, 都有

$$((M,I)\models\phi[a_1,\cdots,a_n])\iff((N,J)\models\phi[e(a_1),\cdots,e(a_n)]).$$

推论 3.2 如果两个一阶 $\mathcal{L}_{\mathcal{A}}$-结构 $\mathcal{M}=(M,I)$ 与 $\mathcal{N}=(N,J)$ 同构, 那么对于任意一个 $\mathcal{L}_{\mathcal{A}}$- 语句 θ 都有

$$(\mathcal{M}\models\theta) \text{ 当且仅当 } \mathcal{N}\models\theta\,.$$

这个推论告诉我们: 任何两个同构的一阶结构具有完全相同的真假性质, 即它们同样.

3.2.3 同样

定义 3.10 (同样) 两个 $\mathcal{L}_{\mathcal{A}}$-结构 (M,I) 和 (N,J)**同样**(**真相相同**)① 当且仅当对于任何一个 $\mathcal{L}_{\mathcal{A}}$-语句 θ 来说, 都有

$$((M,I)\models\theta) \iff ((N,J)\models\theta).$$

用 $(M,I)\equiv(N,J)$ 来表示它们同样② 的两个结构.

所谓同样, 也就是说, 我们没有可能用它们的一阶语言中的任何一个语句来将它们分出一个彼此.

定理 3.8 两个同构的结构一定是同样的.

例 3.5 (1) 这三个分别由自然数、整数和有理数组成的序结构

$$(\mathbb{N},<),\ (\mathbb{Z},<),\ (\mathbb{Q},<)$$

彼此不同样: 语句

$$\theta_1:\ (\exists x_1(\forall x_2\ P_<(x_1,x_2)))$$

在 $(\mathbb{N},<)$ 中为真, 而在另外两个结构中为假; 语句

$$\theta_2:\ (\forall x_1\,(\forall x_2\,(P_<(x_1,x_2)\to(\exists x_3\,(P_<(x_1,x_3)\wedge P_<(x_3,x_2))))))$$

在 $(\mathbb{Q},<)$ 中为真, 而在另外两个结构中为假;

(2) $(\mathbb{Q},<)\equiv(\mathbb{R},<)\equiv((0,1),<)\equiv((a,b),<)$, 其中 $a<b$ 为任意两个实数, 因为

$$(\mathbb{R},<)\cong((0,1),<)\cong((a,b),<).$$

至于问什么有 $(\mathbb{Q},<)\equiv(\mathbb{R},<)$, 我们将在后面讨论.

(3) 三个经典数域: 有理数域 $(\mathbb{Q},0,1,+,\cdot)$, 实数域 $(\mathbb{R},0,1,+,\cdot)$, 以及复数域 $(\mathbb{C},0,1,+,\cdot)$, 都彼此不同样: 语句

$$\theta_3:\ (\exists x_1\,(F_\times(x_1,x_1)\hat{=}F_+(c_1,c_1)))$$

---

① “同样” 所对应的英文词组为: elementary equivalence, 此前的翻译多为 “初等等价”. 也许 “基本等价” 更为准确一些, 因为一阶性质所揭示的的确是结构的基本性质.

② 我们将关注同构、同样、同质这有关一阶结构的 “三同”. “同样” 这个词是日常生活中的一个词汇, 很通俗. 在词义基本一致或相似的前提下, 将通俗词汇赋予精确的数学含义, 在作者看来, 是一件值得努力做的富有启示意义的事情.

在 $(\mathbb{Q},0,1,+,\cdot)$ 中为假, 而在另外两个结构中为真; 语句

$$\theta_4:\ (\exists x_1\,(F_+(F_\times(x_1,x_1),c_1)\hat{=}c_0))$$

在 $(\mathbb{C},0,1,+,\cdot)$ 中为真, 而在另外两个结构中为假.

3.3　可定义性

先来看看几个例子:

例 3.6　(1) 无论是有理数轴, 还是实数轴, 任取有限个轴上的点, 比如说, $a_1 < a_2 < \cdots < a_n$, 以这些点为参数, 考虑由它们可以给出的各种区间以及这些区间的各种布尔组合, 我们就得到一些所论数轴的子集合. 当我们以某种确定的布尔组合给出一个子集合时, 实际上我们就 "定义" 了这个子集合.

(2) 考虑有理数域上的一个 n-元多项式 $p(x_1,\cdots,x_n)$, 我们至少可以利用这个多项式 "定义" 四个集合: 它的零点集合、它所给定的曲线以及它们的补集. 这些集合都可以通过这个多项式明确地用一种表达式写出来, 而这个多项式的系数自然是这些表达式中所含的一组参数.

(3) 对于自然数来说, 我们通常都会讲, 比如说, 偶数之集、奇数之集、素数之集, 等等. 当这样说的时候, 我们实际上明确地 "定义" 了自然数集合的某种特定子集.

在数学中, 这样可以明确地 "描述" 出来的, 清晰地 "定义" 出来的例子可以说是层出不穷、比比皆是. 那么

问题 3.3　什么叫做可以明确地描述出来? "清晰地定义出来" 到底又是什么含义?

仔细想想, 在上面这些例子里, 我们首先有一个默认的结构, 有一系列参数, 有一套默认的表述方式. 在这种表述方式之下, 有一组等式或者不等式, 这样我们就能够没有二义性地定义所论的对象.

3.3.1　可定义性

现在我们就来引进数理逻辑中的核心概念之一的 (相对) 可定义的概念. 也就是说, 我们要来定义 "可定义性". 这一概念在数理逻辑的各个主要分支中都是非常基本的一个概念.

定义 3.11 (可定义性)　设 $\mathcal{M}=(M,I)$ 是 $\mathcal{L}_\mathcal{A}$ 的一个结构. 设 $X\subseteq M$.

(1) 称 M^n 的一个子集合 Y 是以 X 中的元素为参数在结构 $\mathcal{M}$ 中可定义的, 记成 $Y\in \mathrm{Def}_n(\mathcal{M},X)$, 当且仅当有 X 中的一组元素 $b_1,\cdots,b_m$ 和 $\mathcal{L}_\mathcal{A}$ 的一个表达式 φ 来满足如下要求:

(a) 表达式 φ 中有 $n+m$ 个自由变元符号 $x_{j_1},\cdots,x_{j_n}$ 和 $x_{k_1},\cdots,x_{k_m}$, 即

$$\varphi=\varphi(x_{j_1},x_{j_2},\cdots,x_{j_n},x_{k_1},\cdots,x_{k_m});$$

(b) 对 M^n 中的任何一点 $(a_1,\cdots,a_n)$, 总有

$$(a_1,\cdots,a_n)\in Y \text{ 当且仅当 } \mathcal{M}\models\varphi[a_1,\cdots,a_n,b_1,\cdots,b_m],$$

当且仅当有满足如下三个要求的结构 $\mathcal{M}$ 的一个赋值映射 ν 存在:

① 如果 $1\leqslant i\leqslant n$, 那么 $\nu(x_{j_i})=a_i$;

② 如果 $1\leqslant i\leqslant m$, 那么 $\nu(x_{k_i})=b_i$;

③ $(\mathcal{M},\nu)\models\varphi$.

(2) 当 $X=\varnothing$ 而且 $Y\in\mathrm{Def}_n(\mathcal{M},\varnothing)$ 时, 称 Y 是在结构 $\mathcal{M}$ 中免参数可定义的, 或者零参数可定义的.

(3) 结构 $\mathcal{M}$ 上以 X 中的元素为参数可定义的集合的全体记成 $\mathrm{Def}^{\infty}(\mathcal{M},X)$, 即

$$\mathrm{Def}^{\infty}(\mathcal{M},X)=\cup\{\mathrm{Def}_n(\mathcal{M},X)\mid 1\leqslant n<\infty\}.$$

当 $n=1$ 时, 将 M^1 等同于 M 并且用 $\mathrm{Def}(\mathcal{M},X)$ 来记所有以 X 中的元素为参数可定义的 M 的子集的全体.

引理 3.2 (定义范式) 设 $\mathcal{M}=(M,I)$ 为一个 $\mathcal{L}_{\mathcal{A}}$-结构, 又设 $Y\in\mathrm{Def}_n(\mathcal{M},X)$. 那么必有 X 中的一组参数 $b_1,\cdots,b_m$ 以及 $\mathcal{L}_{\mathcal{A}}$ 的一个表达式

$$\varphi(x_1,\cdots,x_n,x_{n+1},\cdots,x_{n+m})$$

来满足如下要求:

$$Y=\{(a_1,\cdots,a_n)\in M^n\mid\mathcal{M}\models\varphi[a_1,\cdots,a_n,b_1,\cdots,b_m]\}.$$

证明 设 $Y\in\mathrm{Def}_n(\mathcal{M},X)$, 并且设 Y 在 $\mathcal{M}$ 上由 X 中的参数 $b_1,\cdots,b_m$ 以及 $\mathcal{L}_{\mathcal{A}}$ 的一个表达式

$$\psi(x_{j_1},x_{j_2},\cdots,x_{j_n},x_{k_1},\cdots,x_{k_m})$$

所定义: 对于任意的 $(a_1,\cdots,a_n)\in M^n$,

$$(a_1,\cdots,a_n)\in Y \text{ 当且仅当 } \mathcal{M}\models\psi[a_1,\cdots,a_n,b_1,\cdots,b_m].$$

令 $\ell\in\mathbb{N}$ 为所有在 ψ 中出现的变元符号 x_j 的下标的一个上界. 令

$$x_{s_1},\cdots,x_{s_t}$$

为 ψ 中全称量词符号 $\forall$ 所囿的变元符号的全体. 对于 $1\leqslant j\leqslant t$, 用变元符号 $x_{\ell+j}$ 来替换量词 $\forall x_{s_j}$ 在 ψ 中每一个出现的辖域中的变元符号 x_{s_j} 的每一个出现, 并且用量词 $\forall x_{\ell+j}$ 来替换量词 $\forall x_{s_j}$. 令这样替换之后的表达式为

$$\psi_1(x_{j_1},\cdots,x_{j_n},x_{k_1},\cdots,x_{k_m}).$$

注意: 这时的 ψ_1 中任何一个受囿变元符号都是 $x_{\ell+1},\cdots,x_{\ell+t}$ 中的一个; 而它的自由变元符号都在

$$x_{j_1},\cdots,x_{j_n},x_{k_1},\cdots,x_{k_m}$$

之中. 特别地, 对于 $1\leqslant i\leqslant n+m$, x_i 在 ψ_1 中都可以替换变元 x_{j_i} 或者 $x_{k_{i-n}}$. 在 ψ_1 中分别用 x_i 替换 x_{j_i} 或者 $x_{k_{i-n}}$(视 $1\leqslant i\leqslant n$ 还是 $n<i\leqslant n+m$ 而定).

最后, 令 $\varphi(x_1,\cdots,x_{n+m})$ 为这样替换之后下述表达式:

$$\psi_1(x_{j_1},\cdots,x_{j_n},x_{k_1},\cdots,x_{k_m};x_1,\cdots,x_n,x_{n+1},\cdots,x_{n+m}).$$

那么

$$\begin{aligned}(a_1,\cdots,a_n)\in Y\ \text{当且仅当}\ &\mathcal{M}\models\psi[a_1,\cdots,a_n,b_1,\cdots,b_m],\\ \text{当且仅当}\ &\mathcal{M}\models\varphi[a_1,\cdots,a_n,b_1,\cdots,b_m].\end{aligned}$$

(后一个等价参见练习 3.9)　□

例 3.7　(1) 如果 $F=\{n_1,\cdots,n_k\}\subset\mathbb{N}$ 是一有限子集, 那么 F 在 $(\mathbb{N},0,S)$ 上, 或者在 $(\mathbb{N},1,+)$ 上, 或者在 $(\mathbb{N},+,\cdot)$ 上, 都是零参数可定义的;

(2) 下面四个集合都是在 $(\mathbb{N},0,1,+,\cdot)$ 上零参数可定义的:

(a) 偶数的全体之集;

(b) 奇数的全体之集;

(c) 素数的全体之集;

(d) $\{(i,j)\in\mathbb{N}\times\mathbb{N}\mid i<j\}$(即自然数的大小比较关系).

例 3.8　考虑实数域 $(\mathbb{R},0,1,+,\cdot)$. 令

$$A=\{(a,b)\in\mathbb{R}\times\mathbb{R}\mid a<b\}.$$

那么对于任意的 $(x,y)\in\mathbb{R}\times\mathbb{R}$,

$$x<y\iff(\exists z\,(z\cdot z+x=y\wedge(z\neq 0))),$$

因此, A 是在 $(\mathbb{R},0,1,+,\cdot)$ 上零参数可定义的.

例 3.9　考虑特征为 0 的有序实代数封闭域 $\mathcal{R}=(\mathbb{R},0,1,+,\cdot,<)$.

(1) 如果 $n\in\mathbb{N}$, 那么 $\{n\}$ 是在 $\mathcal{R}$ 上零参数可定义的;

(2) 如果 $i\in\mathbb{Z}$, 那么 $\{i\}$ 在是在 $\mathcal{R}$ 上零参数可定义的;

(3) 如果 $r\in\mathbb{Q}$, 那么 $\{r\}$ 是在 $\mathcal{R}$ 上零参数可定义的;

(4) 如果 $a\in\mathbb{R}$ 是某一个奇次有理系数多项式的零点, 那么 $\{a\}$ 是在 $\mathcal{R}$ 上是零参数可定义的;

(5) 如果 r 是一个正有理数, 那么 $\sqrt{r}$ 是在 $\mathcal{R}$ 上零参数可定义的;

问题 3.4 (1) 自然数集合 $\mathbb{N}$ 是否在 $\mathcal{R}$ 上可定义?

(2) 整数集合 $\mathbb{Z}$ 是否在 $\mathcal{R}$ 上可定义?

(3) 有理数集合 $\mathbb{Q}$ 是否在 $\mathcal{R}$ 上可定义?

(4) 什么样的实数集合在 $\mathcal{R}$ 上是可定义的①?

问题 3.5 (1) 自然数集合 $\mathbb{N}$ 的哪些 (或什么样的) 子集合在结构 $(\mathbb{Z},+,<)$ 上是可定义的? 全体素数之集在 $\mathcal{Z}$ 上是可定义的吗?

(2) 自然数集合 $\mathbb{N}$ 的哪些子集合在结构 $(\mathbb{N},<)$ 上是可定义的?

(3) 自然数集合 $\mathbb{N}$ 的哪些子集合在结构 $(\mathbb{N},+,\cdot,<)$ 上是可定义的?

问题 3.6 (1) 实数轴 $(\mathbb{R},<)$ 上可定义的子集合都是什么样? 实数轴的哪些子集合在结构 $(\mathbb{R},<)$ 上是可定义的?

(2) 有理数轴 $(\mathbb{Q},<)$ 的哪些子集合在结构 $(\mathbb{Q},<)$ 上是可定义的?

(3) 有序实代数封闭域 $(\mathbb{R},0,1,+,\cdot,<)$ 的哪些子集合在结构 $(\mathbb{R},0,1,+,\cdot,<)$ 上是可定义的?

上述问题实际上是一个更一般的分类刻画问题的特殊情形:

问题 3.7 (刻画问题) 给定一个一阶语言 $\mathcal{L}_A$ 的一个结构 $\mathcal{M}=(M,I)$, 是否存在关于 $\mathcal{M}$ 之上可定义子集的一种简洁、完整的刻画? 什么样的结构容纳一个关于它的可定义子集全体的简单刻画?

例 3.10 考虑如下结构: $\mathcal{R}=(\mathbb{R},0,1,+,\cdot,<)$, $\mathcal{N}=(\mathbb{N},0,1,+,\cdot,<)$ 以及 $\mathcal{R}_{\mathbb{N}}=(\mathbb{R},0,1,+,\cdot,<,\mathbb{N})$(这里 $\mathbb{N}$ 是本结构的语言中的一个一元谓词的解释). 后面我们将看到 $\mathrm{Def}^{\infty}(\mathcal{R},\mathbb{R})$ 容纳一个简单刻画. 但是 $\mathrm{Def}^{\infty}(\mathcal{N})$ 以及 $\mathrm{Def}^{\infty}(\mathcal{R}_{\mathbb{N}})$ 则非常复杂.

3.3.2 不变性

对于一个结构的子集合来说, 如果它是可定义的, 要证明它的可定义性时, 只需要找出一个合适的表达式和一组合适的参数, 并验证它们的确可以完成定义所论集合的任务; 但是, 如果它是不可定义的, 又需要证明它的不可定义性, 怎么办? 有时候, 我们可以借助可定义子集在自同构下的不变性来完成这一任务; 如果我们需要对某些具体的可定义子集进行刻画, 可定义子集的这种不变性也会非常有用.

定理 3.9 (可定义子集不变性) 设 $\mathcal{M}=(M,I)$ 是一个 $\mathcal{L}_A$-结构, $X\subseteq M$,

$$Y\in\mathrm{Def}(\mathcal{M},n,X).$$

又设

$$e:M\to M$$

① 这些问题的答案我们会在后面应用塔尔斯基的量词消去法得到: 无论是自然数集合 $\mathbb{N}$, 整数集合 $\mathbb{Z}$, 还是有理数集合 $\mathbb{Q}$, 都不是在 $\mathcal{R}$ 上是可定义的.

是一个 $\mathcal{M}$ 的自同构. 如果 X 是 e 的一个不动点集合 (即对于每一个 $x \in X$ 都有 $e(x) = x$), 那么

$$Y = \{(e(a_1), \cdots, e(a_n)) \mid (a_1, \cdots, a_n) \in Y\}.$$

证明　假设 $Y \in \mathrm{Def}(\mathcal{M}, n, X)$. 令 $b_1, \cdots, b_m$ 为一组来自 X 中的参数, φ 为一个表达式. 并且假定

$$Y = \{(a_1, \cdots, a_n) \in M^n \mid \mathcal{M} \models \varphi[a_1, \cdots, a_n, b_1, \cdots, b_m]\}.$$

先设 $(a_1, \cdots, a_n) \in Y$, 证 $(e(a_1), \cdots, e(a_n)) \in Y$.

令 ν 为一个 $\mathcal{M}$-赋值映射并且

$$\nu(x_1) = a_1, \cdots, \nu(x_n) = a_n, \nu(x_{n+1}) = b_1, \cdots, \nu(x_{n+m}) = b_m.$$

那么

$$\mathcal{M} \models \varphi[a_1, \cdots, a_n, b_1, \cdots, b_m] \text{ 当且仅当 } (\mathcal{M}, \nu) \models \varphi \text{ 当且仅当 } (\mathcal{M}, e \circ \nu) \models \varphi,$$

并且

$$(\mathcal{M}, e \circ \nu) \models \varphi \text{ 当且仅当 } \mathcal{M} \models \varphi[e(a_1), \cdots, e(a_n), b_1, \cdots, b_m].$$

因此,$(e(a_1), \cdots, e(a_n)) \in Y$.

再设 $(d_1, \cdots, d_n) \in Y$. 于是, $\mathcal{M} \models \varphi[d_1, \cdots, d_n, b_1, \cdots, b_m]$.

令 $(a_1, \cdots, a_n) \in M^n$ 来满足方程 $(e(a_1), \cdots, e(a_n)) = (d_1, \cdots, d_n)$.

因此, $\mathcal{M} \models \varphi[e(a_1), \cdots, e(a_n), b_1, \cdots, b_m]$, 从而

$$\mathcal{M} \models \varphi[e(a_1), \cdots, e(a_n), e(b_1), \cdots, e(b_m)].$$

由此得到, $\mathcal{M} \models \varphi[a_1, \cdots, a_n, b_1, \cdots, b_m]$. 由定义, $(a_1, \cdots, a_n) \in Y$. □

3.3.3　实数轴区间定理

作为例子, 下面我们应用可定义集合在自同构下的不变性来刻画两个具体结构上的可定义集合. 这两个结构有一个共同的齐一性: 有足够多的自同构映射, 能够根据需要找到满足特殊要求的自同构.

例 3.11　令 $\mathcal{A} = \varnothing$, $\mathcal{L}_{\mathcal{A}}$ 为平凡语言. 令 $M \neq \varnothing$. 那么 $\mathcal{M} = (M, \varnothing)$ 是 $\mathcal{L}_{\mathcal{A}}$ 的一个结构. 从而, 从 M 到 M 的任何一个双射都是这一结构的一个自同构. 并且对于任意一个 M 的子集合 A,

(1) A 在 $\mathcal{M}$ 中是零参数可定义的当且仅当 $A = \varnothing$ 或者 $A = M$;

(2) A 在 $\mathcal{M}$ 中是用参数可定义的当且仅当 A 是有限的或者 $M - A$ 是有限的.

证明 (1) (必要性) 假定 $A=\{a\in M\mid \mathcal{M}\models\varphi[a]\}\neq\varnothing$. 令 $a\in M$ 满足关系式 $\mathcal{M}\models\varphi[a]$. 对于任意的一个 $b\in M$, 令 $e:M\to M$ 为一个将 a 映射到 b 的双射. 那么, e 是一个 $\mathcal{M}$ 的自同构. 从而, $\mathcal{M}\models\varphi[b]$. 因此, $b\in A$.

(2) (必要性) 假定 $A=\{a\in M\mid \mathcal{M}\models\varphi[a,b_1,\cdots,b_m]\}$. 并且进一步假定 A 和 $M-A$ 都不是有限的. 我们可以得到一个 $a\in(A-\{b_1,\cdots,b_m\})$ 和一个 $d\in(M-(A\cup\{b_1,\cdots,b_m\}))$.

令 $e(a)=d$, $e(d)=a$; 对于 $x\in(M-\{a,d\})$, 令 $e(x)=x$. 那么, e 是 M 上的一个双射. 因此是 $\mathcal{M}$ 的一个自同构. 由于 $\mathcal{M}\models\varphi[a,b_1,\cdots,b_m]$, 有

$$\mathcal{M}\models\varphi[e(a),e(b_1),\cdots,e(b_m)],$$

因此,

$$\mathcal{M}\models\varphi[d,b_1,\cdots,b_m],$$

即 $d\in A$. 矛盾. □

下面的例子为我们提供了关于实数轴上可定义子集的基本线性结构分析. 它表明实数轴上可定义子集就是那些有限个区间的并. 实数轴和有理数轴是两个个极富启示意义的例子. 因此, 有关它们的分析将贯穿本书.

定理 3.10 (实数轴区间定理) *考虑 $\mathcal{A}$ 只含有一个二元谓词符号的情形. $(\mathbb{R},<)$ 是 $\mathcal{L}_{\mathcal{A}}$ 的一个结构. 设 $X\subseteq\mathbb{R}$ 和 $A\subseteq\mathbb{R}$. 那么如下两个命题等价:*

(1) $A\in\mathrm{Def}((\mathbb{R},<),X)$;

(2) A 是有限个其端点在 X 中的区间的并.

需要证明 (1)⇒(2). 为此, 我们需要做一些准备.

设 $Y\subseteq\mathbb{R}$ 是一个有限集合. 定义 $\mathbb{R}$ 上的一个等价关系 $=_Y$: 对于两个实数 a 和 b, 令 $a=_Y b$, 当且仅当存在一个将 a 映射到 b 但保持 Y 中的元素不动的 $(\mathbb{R},<)$ 上的自同构. 我们将验证这一关系是一个等价关系的工作留作练习. 下面我们来分析这一等价关系的各个等价类

$$[a]_Y=\{b\mid a=_Y b\}$$

的基本结构. 在下面的分析中, 前面例子中定义的自同构 e^*_{cabd} 会有用处.

事实 3.3.1 *(1) 如果 $a\in Y$, 那么 $[a]_Y=\{a\}$.*

(2) 如果 $a\notin Y$, 那么 $[a]_Y=(-\infty,\min(Y))$, 或者 $[a]_Y=(\max(Y),\infty)$, 或者 $[a]_Y$ 是由 Y 中两个相邻的元素 b_1,b_2 所决定的区间 (b_1,b_2) (即 $b_1\in Y$, $b_2\in Y$, $(b_1,b_2)\cap Y=\varnothing$, $[a]_Y=(b_1,b_2)$).

我们也将这个事实的验证留作练习.

现在证明 (1)⇒(2).

假设 $A \in \mathrm{Def}((\mathbb{R},<),X)$. 取一个表达式 φ 和 X 中的一组参数 $b_1,\cdots,b_n$ 来定义 A:

$$b \in A \iff (\mathbb{R},<) \models \varphi[b,b_1,\cdots,b_n].$$

令 $Y=\{b_1,\cdots,b_n\}$. 证明 A 是一些其端点在 Y 中 (即在这些参数中) 的区间的并.

首先, 如果 $b \in A$, 那么 $[b]_Y \subseteq A$. 令 $a \in [b]_Y$. 由前面关于等价关系 $=_Y$ 的定义, 取一个将 b 映射到 a 而保持 Y 中个元素不变的 $(\mathbb{R},<)$ 的自同构 e. 再由可定义性自同构不变性

$$(\mathbb{R},<) \models \varphi[e(b),b_1,\cdots,b_n].$$

因此, $a \in A$.

其次, 每一个 $[b]_Y$ 都或者是一个单点集或者是一个与 Y 不相交的最大开区间. 所以, A 是一个端点在这些参数中的区间的并. □

应用自同构来刻画结构的可定义子集这种方法对于像 $(\mathbb{N},<)$ 这种颇具刚性 (恒等映射是唯一的自同构) 的结构可能就不怎么适用. 但是, 我们仍然可以间接地应用这种自同构分析方法, 只是需要先将 $(\mathbb{N},<)$ 进行 "同质放大" 使其成为一个拥有丰富自同构的结构的一个 "同质子结构", 然后对 $(\mathbb{N},<)$ 的 "同质放大结构" 的可定义子集进行刻画, 最后利用这两个结构之间的 "同质性" 将那些对上层结构的刻画回落到 $(\mathbb{N},<)$ 上来给出所需要的刻画. 最终我们将会看到在结构 $(\mathbb{N},<)$ 上可定义的自然数的子集合或者是一个有限集合, 或者其补集是一个有限集合.

于是, 我们需要关注 "同质子结构".

3.4　同质子结构

前几节对实数轴上的可定义子集的分析表明: 实数轴上可定义的子集具有很简单的序结构, 即一定是有限个区间之并. 很自然地, 我们可以提出下面的问题:

问题 3.8　(1) *有理数轴上的可定义子集是否也具有这样的特点?*

(2) *一般的类似于有理数轴的可定义子集的结构又是怎样的?*

我们将会看到这些问题有着明确而肯定的答案, 而这些答案则依赖着有关一阶结构的一个很基本的概念: 同质性.

3.4.1　子结构、扩充结构与裁减结构

定义 3.12 (子结构)　*对于 $\mathcal{L}_{\mathcal{A}}$ 的两个结构 (M,I) 和 (N,J) 而言, (M,I) 是 (N,J) 的一个***子结构***, (N,J) 是 (M,I) 的***上结构***, 记成 $(M,I) \subseteq (N,J)$, 当且仅当*

(1) $M \subseteq N$;

(2) *若 c 是 $\mathcal{A}$ 中的一个常元符号, 那么 $I(c)=J(c)$;*

(3) 若 F 是 $\mathcal{A}$ 中的一个函数符号, 那么 $I(F) = J(F) \upharpoonright M^{\pi(F)}$;

(4) 若 P 是 $\mathcal{A}$ 中的一个谓词符号, 那么 $I(P) = J(P) \cap M^{\pi(P)}$.

常用记号 $(M, I) \subseteq (N, J)$ 来表示前者是后者的子结构; 有时也称前者是后者的缩小结构, 后者是前者的放大结构.

定理 3.11 (子结构特征) 设 $\mathcal{M} = (M, I)$ 和 $\mathcal{N} = (N, J)$ 为两个 $\mathcal{L}_{\mathcal{A}}$-结构, 而且 $M \subseteq N$. 那么下述命题等价:

(1) $\mathcal{M}$ 是 $\mathcal{N}$ 的子结构;

(2) 对于任何一个 $\mathcal{L}_{\mathcal{A}}$ 的原始表达式 φ, 对于任何一个 $\mathcal{M}$ 的赋值映射 ν, 都有

$$(\mathcal{M}, \nu) \models \varphi \text{ 当且仅当 } (\mathcal{N}, \nu) \models \varphi.$$

证明 留作练习. □

例 3.12 (1) $(\mathbb{N}, <)$ 是 $(\mathbb{Z}, <)$ 的一个子结构, $(\mathbb{Z}, <)$ 是 $(\mathbb{Q}, <)$ 的一个子结构;

(2) 有理数域 $(\mathbb{Q}, 0, 1, +, \cdot)$, 实数域 $(\mathbb{R}, 0, 1, +, \cdot)$, 复数域 $(\mathbb{C}, 0, 1, +, \cdot)$, 这三个经典数域之中, 前者是后者的子结构;

(3) $(\mathbb{N}, 0, 1, +, \cdot, <)$, $(\mathbb{Z}, 0, 1, +, \cdot, <)$, $(\mathbb{Q}, 0, 1, +, \cdot, <)$, $(\mathbb{R}, 0, 1, +, \cdot, <)$, 这四个结构中, 前者是后者的子结构;

(4) 但是, $(\mathbb{N}, 0, 1, +, \cdot, <)$ 不是有理数域 $(\mathbb{Q}, 0, 1, +, \cdot)$ 的子结构; 有理数域 $(\mathbb{Q}, 0, 1, +, \cdot)$ 也不是有序有理数域 $(\mathbb{Q}, 0, 1, +, \cdot, <)$ 的子结构.

上述例子 (4) 表明子结构的概念强调同种语言; 而不同语种的结构之间不存在是否一个结构是另一个结构的子结构的问题. 那么这个例子中涉及的三个结构之间是否有某种应当关注的关系呢?

定义 3.13 (扩充与裁减) 设 $\mathcal{A}_1$ 和 $\mathcal{A}_2$ 为两个非逻辑符号的集合. 又设 $\mathcal{M}_1 = (M_1, I_1)$ 和 $\mathcal{M}_2 = (M_2, I_2)$ 分别为 $\mathcal{L}_{\mathcal{A}_1}$ 和 $\mathcal{L}_{\mathcal{A}_2}$ 的结构. 我们说, $\mathcal{M}_2$ 是 $\mathcal{M}_1$ 的扩充结构以及 $\mathcal{M}_1$ 是 $\mathcal{M}_2$ 的裁减结构当且仅当

$$M_1 = M_2,\ \mathcal{A}_1 \subset \mathcal{A}_2 \text{以及} I_1 = I_2 \upharpoonright_{\mathcal{A}_1};$$

当 $\mathcal{A}_1 \subset \mathcal{A}_2$ 时, 我们说, $\mathcal{A}_2$ 是由 $\mathcal{A}_1$ 经过添加一些符号而得; $\mathcal{A}_1$ 是由 $\mathcal{A}_2$ 删除一些符号而得; I_1 则是忽略 I_2 关于那些添加符号的解释的结果; 而相应的语言 $\mathcal{L}_{\mathcal{A}_1} \subset \mathcal{L}_{\mathcal{A}_2}$ 也便被称为扩充语言或裁减语言.

这样一来, 有

例 3.13 (1) 有理数域 $(\mathbb{Q}, 0, 1, +, \cdot)$ 是有序有理数域 $(\mathbb{Q}, 0, 1, +, \cdot, <)$ 的裁减结构 (忽略关于符号 $P_<$ 的解释);

(2) 有序有理数域 $(\mathbb{Q}, 0, 1, +, \cdot, <)$ 是有理数域 $(\mathbb{Q}, 0, 1, +, \cdot)$ 的扩充结构 (增添关于符号 $P_<$ 的解释);

(3) 算术结构 $(\mathbb{N}, 0, 1, +, \cdot, <)$ 是有理数域 $(\mathbb{Q}, 0, 1, +, \cdot)$ 扩充结构有序有理数域 $(\mathbb{Q}, 0, 1, +, \cdot, <)$ 的一个子结构.

3.4.2 结构元态与全息图

很多时候, 我们会根据需要对一阶语言 $\mathcal{L}$ 进行添加新常元的扩充. 也就是说, 我们会根据需要引进一些新常元符号, 有时甚至是不可数个新常元符号. 当需要时, 我们假定总有这些所需要的常元符号可用. 后面, 我们会看到根据需要, 将语言适当扩充或裁减会是一种很有用的办法.

定义 3.14 (常元添加) 设 $\mathcal{M}=(M,I)$ 为语言 $\mathcal{L}_{\mathcal{A}}$ 的一个结构. 设 $X\subseteq M$ 为非空集合. 对 $\mathcal{M}$ 的语言进行 X-常元添加是指对 X 中的每一个元素 a 添加一个新常元名字 c_a, 并且不同的元素具有不同的名字; 即令

$$\mathcal{A}_X=\mathcal{A}\cup\{c_a\mid a\in X\},$$

从而得到扩充语言 $\mathcal{L}_{\mathcal{A}}^X$, 以及 $\mathcal{M}$ 的扩充结构 $\mathcal{M}_X=(M,I,a)_{a\in X}$, 其中, 每一个新常元符号 c_a 的自然解释为 $a\in X\subseteq M$. 在这种情形下, 称 $\mathcal{L}_{\mathcal{A}}^X$ 为 $\mathcal{L}_{\mathcal{A}}$ 的 X-常元添加 (扩充) 以及称 $\mathcal{M}_X$ 为 $\mathcal{M}$ 的 X-常元添加 (扩充).

定义 3.15 $\mathcal{L}_{\mathcal{A}}$ 的一个表达式 φ 是一个**布尔表达式**, 当且仅当 φ 是 $\mathcal{L}_{\mathcal{A}}$ 的一个不带任何量词的表达式, 也就是说, φ 是 $\mathcal{L}_{\mathcal{A}}$ 的一些原始表达式的布尔组合.

定义 3.16 (真相) 设 $\mathcal{M}=(M,I)$ 为语言 $\mathcal{L}_{\mathcal{A}}$ 的一个一阶结构.

(1) $\mathrm{Th}(\mathcal{M})=\{\theta\mid\theta$ 是 $\mathcal{L}_{\mathcal{A}}$ 的一个语句, 并且 $\mathcal{M}\models\theta\}$, 称 $\mathrm{Th}(\mathcal{M})$ 为 $\mathcal{M}$ 的**真相**(或理论);

(2) $\mathrm{Th}(\mathcal{M}_X)=\{\theta\mid\theta$ 是 $\mathcal{L}_{\mathcal{A}}^X$ 的一个语句, 并且 $\mathcal{M}_X\models\theta\}$, 称 $\mathrm{Th}(\mathcal{M}_X)$ 为 $\mathcal{M}$ 的以 $X\subseteq M$ 中的元素为参数的**带参真相**(或理论); 当 $X=M$ 时, 称 $\mathrm{Th}(\mathcal{M}_M)$ 为 $\mathcal{M}$ 的**全息图**(或理论);

(3) $\Delta(\mathcal{M})=\{\theta\mid\theta$ 是 $\mathcal{L}_{\mathcal{A}}^M$ 的一个布尔语句, 并且 $\mathcal{M}_M\models\theta\}$, 称 $\Delta(\mathcal{M})$ 为 $\mathcal{M}$ 的**元态 (图)**, 或者称之为**原本图**.

3.4.3 同质子结构

上面关于子结构的特征定理 (定理 3.11) 很自然地导致下面的概念: 同质子结构 (elementary substructure)①.

定义 3.17 (同质子结构) 对于 $\mathcal{L}_{\mathcal{A}}$ 的两个结构 $\mathcal{M}=(M,I)$ 和 $\mathcal{N}=(N,J)$ 来说, $\mathcal{M}$ 是 $\mathcal{N}$ 的一个**同质子结构**, $\mathcal{N}$ 是 $\mathcal{M}$ 的一个**同质上结构**(更对称地, $\mathcal{M}$ 为 $\mathcal{N}$ 的**同质缩小结构**, $\mathcal{N}$ 为 $\mathcal{M}$ 的**同质放大结构**), 记成 $\mathcal{M}\preceq\mathcal{N}$, 当且仅当 $\mathcal{M}$ 是 $\mathcal{N}$ 的一个子结构而且对于任何一个 $\mathcal{L}_{\mathcal{A}}$ 的表达式 φ, 对于任何一个 $\mathcal{M}$ 的赋值映射 ν, 总有

$$((\mathcal{M},\nu)\models\varphi)\ \text{当且仅当}\ ((\mathcal{N},\nu)\models\varphi).$$

① "同质子结构" 所对应的英文词组为 "elementary substructure", 此前也译为 "初等子结构".

例 3.14 (1) $(\mathbb{N},<)$ 是 $(\mathbb{Z},<)$ 的一个子结构, $(\mathbb{Z},<)$ 是 $(\mathbb{Q},<)$ 的一个子结构, 但都不是同质子结构;

(2) 有理数域 $(\mathbb{Q},0,1,+,\cdot)$, 实数域 $(\mathbb{R},0,1,+,\cdot)$, 复数域 $(\mathbb{C},0,1,+,\cdot)$, 这三个经典数域之中, 前者是后者的子结构, 但都不是后者的同质子结构;

(3) 这四个结构 $(\mathbb{N},0,1,+,\cdot,<)$, $(\mathbb{Z},0,1,+,\cdot,<)$, $(\mathbb{Q},0,1,+,\cdot,<)$, $(\mathbb{R},0,1,+,\cdot,<)$ 中, 前者是后者的子结构, 但都不是同质子结构;

(4) $(\mathbb{Q},<)$ 是 $(\mathbb{R},<)$ 的一个同质子结构, 即 $(\mathbb{Q},<)\prec(\mathbb{R},<)$(留待后证).

3.4.4 同质与同样

由同质子结构的定义, 我们马上得到如下定理:

定理 3.12 如果子结构 $\mathcal{M}$ 是结构 $\mathcal{N}$ 的同质子结构, 那么它们同样, $\mathcal{M}\equiv\mathcal{N}$.

这个定理表明如果一个结构是另外一个结构的同质缩小, 那么它们一定同样. 反过来, 如果一个结构是另一个结构的子结构, 并且它们同样, 此子结构是否一定为同质子结构呢? 答案是否定的.

例 3.15 考虑符号集 $\mathcal{A}_0=\{c_0,F_+,F_-,P_<\}$. 整数有序加法群结构

$$(\mathbb{Z},0,+,-,<)$$

是语言 $\mathcal{L}_{\mathcal{A}_0}$ 的一个自然结构. 令 $2\mathbb{Z}$ 为全体偶数所成之集. 那么

$$(2\mathbb{Z},0,+,-,<)\subset(\mathbb{Z},0,+,-,<),$$

并且

$$(2\mathbb{Z},0,+,-,<)\equiv(\mathbb{Z},0,+,-,<).$$

事实上, 作为有序加法群, 它们之间存在自然同构, 因此, 它们同样. 但是,

$$(2\mathbb{Z},0,+,-,<)\not\prec(\mathbb{Z},0,+,-,<).$$

因为单点集 $\{1\}$ 在整数有序加法群结构 $(\mathbb{Z},0,+,-,<)$ 中是一个免参数可定义的集合, 而 $1\notin 2\mathbb{Z}$. 因此, 得到结论: 子结构 $(2\mathbb{Z},0,+,-,<)$ 不是整数有序加法群的同质子结构 (这是后面我们即将证明的塔尔斯基判定准则的一个简单应用).

另一方面, 利用语言扩充, 即对结构的语言添加足够多的常元符号, 子结构之间的是否同质问题与它们的扩充结构间的是否同样问题就等价.

定理 3.13 假设 $\mathcal{L}_{\mathcal{A}}$ 是一个一阶语言, $\mathcal{M}=(M,I)$ 和 $\mathcal{N}=(N,J)$ 是 $\mathcal{L}_{\mathcal{A}}$ 的两个结构, 并且 $\mathcal{M}\subseteq\mathcal{N}$. 对于 M 中的每一个元素 a, 我们引进一个新常元符号 c_a. 令 $(\mathcal{L}_{\mathcal{A}})_M$ 为 $\mathcal{L}_{\mathcal{A}}$ 的这样的扩充:

$$\mathcal{A}_M=\mathcal{A}\cup\{c_a\mid a\in M\}.$$

并且相应地, 有两个扩充结构 $\mathcal{M}^* = (M, I^*)$ 和 $\mathcal{N}^* = (N, J^*)$, 其中 I^* 和 J^* 分别是在 I 和 J 的基础上添加对于这些新常元符号的自然解释:

$$I^*(c_a) = J^*(c_a) = a \ (a \in M).$$

那么如下两个命题等价:

(1) $\mathcal{M} \preceq \mathcal{N}$;

(2) $\mathcal{M}^* \equiv \mathcal{N}^*$.

证明　留作练习. □

一个很自然的问题出现了:

问题 3.9　有没有可能一个结构的任何一个子结构都必然是它的同质子结构? 如果可能, 那么什么条件下一个结构的子结构都是它的同质子结构呢?

我们将在后面探讨这个问题的答案.

3.4.5　塔尔斯基判定准则

如何验证 "$(\mathbb{Q}, <)$ 是 $(\mathbb{R}, <)$ 的一个同质子结构" 这样一个断言呢? 塔尔斯基 (A. Tarski, 1902—1983) 定理为我们提供了一个十分简洁的判定准则.

定理 3.14 (塔尔斯基准则)　设 $\mathcal{M} = (M, I)$ 和 $\mathcal{N} = (N, J)$ 为两个 $\mathcal{L}$-结构. 那么如下两个命题等价:

(1) $\mathcal{M} \preceq \mathcal{N}$;

(2) $\mathcal{M} \subseteq \mathcal{N}$ 而且每一个非空的 $A \in \mathrm{Def}(\mathcal{N}, M)$ 都一定与 M 有非空的交.

证明　(1)⇒(2)　假设 $\mathcal{M} \preceq \mathcal{N}$, $A \in \mathrm{Def}(\mathcal{N}, M)$, $A \neq \varnothing$. 令 $\varphi(x_1, \cdots, x_{n+1})$, $\{b_1, \cdots, b_n\} \subseteq M$ 为定义 A 的一个表达式和一组参数. 于是, 对于任意的 $a \in N$, 都有

$$a \in A \iff (\mathcal{N} \models \varphi[a, b_1, \cdots, b_n]).$$

由于 $A \neq \varnothing$, $\mathcal{N} \not\models (\forall x_1(\neg\varphi))[b_1, \cdots, b_n]$. 因为 $\mathcal{M} \preceq \mathcal{N}$, $\{b_1, \cdots, b_n\} \subseteq M$, 有

$$\mathcal{M} \not\models (\forall x_1(\neg\varphi))[b_1, \cdots, b_n].$$

由此知道, 关系式 $\mathcal{M} \models \varphi[x, b_1, \cdots, b_n]$ 在 M 中有一个解. 固定这样一个解 $m \in M$. 从而

$$\mathcal{M} \models \varphi[m, b_1, \cdots, b_n].$$

由于 $\mathcal{M}$ 是 $\mathcal{N}$ 的一个同质子结构, 必有 $\mathcal{N} \models \varphi[m, b_1, \cdots, b_n]$. 所以, $m \in A$.

(2)⇒(1)　假设 (2) 成立. 用关于表达式的长度的归纳法证明:

对任何一个 $\mathcal{M}$ 的赋值映射 ν, $((\mathcal{M}, \nu) \models \varphi) \iff ((\mathcal{N}, \nu) \models \varphi)$.

由于 $\mathcal{M}$ 是 $\mathcal{N}$ 的一个子结构, 由关于子结构的特征定理 (定理 3.11) 知道上述结论对于原始表达式成立. 当 φ 是 $(\neg\psi)$ 或者是 $(\varphi_1 \to \varphi_2)$ 时, 用归纳假设和定义可立即得到上述结论.

现在假设 φ 是表达式 $(\forall x_i \psi)$ 以及上述结论对于 ψ 是成立的. 我们来证明上述结论关于此 φ 成立.

设 ν 是 $\mathcal{M}$ 的一个赋值映射.

假定 $(\mathcal{N},\nu) \models \varphi$, 欲证 $(\mathcal{M},\nu) \models \varphi$. 为此, 任取 $\mathcal{M}$ 的赋值映射 μ, 假定 $\mu \equiv_\varphi \nu$, 由定义知道

$$(\mathcal{N},\mu) \models \psi.$$

由归纳假设, 有 $(\mathcal{M},\mu) \models \psi$. 因此, $(\mathcal{M},\nu) \models \varphi$.

假定 $(\mathcal{N},\nu) \not\models \varphi$, 欲证 $(\mathcal{M},\nu) \not\models \varphi$.

依定义及假设, 可以取到 $\mathcal{N}$ 的一个满足后面条件的赋值映射 μ:

$$\mu = \nu \bmod (\varphi) \text{ 以及 } (\mathcal{N},\mu) \not\models \psi.$$

设 $x_{k_1},\cdots,x_{k_m}$ 为 φ 中的自由变元. 注意 x_i 不在它们中间. 令

$$b_1 = \nu(x_{k_1}),\cdots,b_m = \nu(x_{k_m}).$$

那么, $\{b_1,\cdots,b_m\} \subseteq M$. 令 $A \subseteq N$ 是以 $b_1,\cdots,b_m$ 为参数由表达式

$$(\neg\psi(x_i,x_{k_1},\cdots,x_{k_m}))$$

在 $\mathcal{N}$ 中所定义的子集合. 由于

$$\mu(x_{k_1}) = \nu(x_{k_1}),\cdots,\mu(x_{k_m}) = \nu(x_{k_m}),$$

以及 $(\mathcal{N},\mu) \not\models \psi$, 我们知道 $\mu(x_i) \in A$. 所以 $A \neq \varnothing$.

根据我们的假定 (2), $A \cap M \neq \varnothing$. 令 $b \in A \cap M$. 根据可定义性的定义 (定义 3.11), 我们可以取到 $\mathcal{N}$ 的一个满足下面各项要求的赋值映射 η:

$$\eta(x_i) = b, \eta(x_{k_1}) = b_1,\cdots,\eta(x_{k_m}) = b_m, (\mathcal{N},\eta) \models (\neg\psi).$$

再取一个满足等式 $\rho = \eta \bmod ((\neg\psi))$ 的 $\mathcal{M}$ 的赋值映射 ρ. 根据局部性定理 (定理 2.3), $(\mathcal{N},\rho) \models (\neg\psi)$. 再由归纳假设, 得到 $(\mathcal{M},\rho) \models (\neg\psi)$. 由于

$$\rho = \nu \bmod (\varphi),$$

有 $(\mathcal{M},\nu) \not\models \varphi$. □

3.4.6　实数轴同质子轴

作为例子, 我们应用塔尔斯基定理来分析实数轴的同质子轴. 这里的分析表明: 实数轴的任何一个子序是一个同质子轴的充要条件就是它本身一定是一个无端点稠密线性序. 前面关于实数轴可定义子集的分析, 实数轴区间定理 (定理 3.10) 为这里的分析提供了一个基础. 我们还要应用这种分析来回答前面有关有理数轴的可定义子集的刻画问题 (问题 3.8(1)).

定理 3.15 (实数轴同质子轴定理)　设 $M \subseteq \mathbb{R}$. 考虑 $(\mathbb{R},<)$ 以及 $<$ 在 M 上诱导出来的子结构 $(M,<)$. 那么下面两个命题等价:

(1) $(M,<) \preceq (\mathbb{R},<)$;

(2) $(M,<)$ 是一个稠密的无端点的线性有序集合.

因此, 一方面 $(\mathbb{Q},<) \prec (\mathbb{R},<)$, $((0,1),<) \prec (\mathbb{R},<)$, 等等; 另一方面,

$$([0,1],<) \not\prec (\mathbb{R},<),\ (\mathbb{Z},<) \not\prec (\mathbb{R},<),$$

等等.

证明　(1)⇒(2)　考虑下面的一个语句 θ:

$$\begin{aligned}&((\forall x_1(\neg P_<(x_1,x_1)))\wedge,\\&(\forall x_1(\forall x_2(P_<(x_1,x_2)\vee(x_1\hat{=}x_2)\vee P_<(x_2,x_1))))\wedge,\\&(\forall x_1(\forall x_2(\forall x_3((P_<(x_1,x_2)\wedge P_<(x_2,x_3))\to P_<(x_1,x_3)))))\wedge,\\&(\forall x_1(\forall x_2(\exists x_3(P_<(x_1,x_2)\to(P_<(x_1,x_3)\wedge P_<(x_3,x_2))))))\wedge,\\&(\forall x_1(\exists x_2(\exists x_3(P_<(x_2,x_1)\wedge P_<(x_1,x_3)))))).\end{aligned}$$

θ 断言"我是一个无端点稠密线性序". 所以, $(\mathbb{R},<)\models\theta$. 从而, $(M,<)\models\theta$. 对于 M 中的任意两个元素 x 和 y, 总有

$$(x<y)\iff((M,<)\models P_<[x,y]).$$

也就是说, θ 所断言的性质对于结构 $(M,<)$ 来说是"内外一致的". 因此, $(M,<)$ 确实是一个稠密的无端点的线性有序集合.

(2)⇒(1)　这里应用塔尔斯基准则. 假设 $A\in \mathrm{Def}((\mathbb{R},<),M)$ 非空. 设在 A 的某个定义中用到的一组 M 中的参数为 $b_1,\cdots,b_n$. 不失一般性, 我们还假定 $b_1<\cdots<b_n$. 由实数轴区间定理 (定理 3.10) 我们知道, A 是一些其端点在这些参数之中的区间的并. 如果其中有一个单点区间, 那么这一点必是这些参数中的某一个, 从而 $A\cap M\neq\varnothing$; 如果 $(-\infty,b_1)\subseteq A$, 那么 $(-\infty,b_1)\cap M$ 非空, 因为 M 中没有左端点; 如果 $(b_n,\infty)\subseteq A$, 那么 $(b_n,\infty)\cap M\neq\varnothing$, 因为 M 中没有右端点; 如果某一个 $(b_i,b_{i+1})\subseteq A$, 那么 $(b_i,b_{i+1})\cap M\neq\varnothing$, 因为 $(M,<)$ 是稠密的. 由于这几种情形中至少有一种成立, 得到 $A\cap M\neq\varnothing$.

按照塔尔斯基准则, 我们知道 $(M,<) \preceq (\mathbb{R},<)$. □

由于有理数轴本身就是一个无端点稠密线性序, 所以有理数轴就是整个实数轴的一个同质子轴. 由此可见, 实分析中所依赖的实数轴的序完备性[①]不可能用任何一个关于线性序的一阶表达式来刻画. 反过来, 我们可以利用关于实数轴可定义子集的分析以及这种同质子轴的性质来对有理数轴的可定义子集进行分析.

定理 3.16 (有理数轴区间定理) 设 $X \subseteq \mathbb{Q}, A \subseteq \mathbb{Q}$. 那么如下命题等价:

(1) $A \in \mathrm{Def}((\mathbb{Q},<),X)$;

(2) A 是有限个端点在 X 中的区间的并.

证明 根据前面的例子, 我们知道 $(\mathbb{Q},<) \prec (\mathbb{R},<)$.

(1)⇒(2) 设 $A \in \mathrm{Def}((\mathbb{Q},<),X)$. 令 $\varphi(x_1,x_2,\cdots,x_{n+1})$ 为 A 的一个定义表达式, $\{q_1,\cdots,q_n\} \subseteq X$ 为 φ 定义 A 时所用到的参数. 用同一个表达式和同一组参数在上层结构 $(\mathbb{R},<)$ 中定义一个集合 A^*. 由于 $(\mathbb{Q},<) \prec (\mathbb{R},<)$,

$$A = A^* \cap \mathbb{Q}.$$

上面的例子表明: A^* 是一些其端点在这一组参数之中的区间的并. 将这些区间与 $\mathbb{Q}$ 取交, 就得到 A 就是其端点在这些参数之中的一些区间的并.

(2)⇒(1) 假设 A 是有限个端点在 X 中的区间的并. 考虑同样这些区间在上层结构 $(\mathbb{R},<)$ 中的解释, 以及这些重新解释之后的区间的并, 得到一个集合 A^*, 并且 $A = A^* \cap \mathbb{Q}$. 根据实数轴区间定理 (定理 3.10), A^* 是以这些区间的端点为参数在 $(\mathbb{R},<)$ 中由某个表达式 φ 可定义的. 由于 $(\mathbb{Q},<) \prec (\mathbb{R},<)$ 以及 $A = A^* \cap \mathbb{Q}$, 同一个定义可以用来在 $(\mathbb{Q},<)$ 中定义 A. □

3.4.7 同质缩小定理

尽管已经见到 $(\mathbb{Q},<) \prec (\mathbb{R},<)$ 这样的例子, 但我们依旧需要回答一个自然而一般的问题:

问题 3.10 任意给定一个语言 $\mathcal{L}_A$ 的不可数结构 $\mathcal{M} = (M,I)$, $\mathcal{M}$ 一定有一个可数同质子结构吗?

这个问题的肯定性答案罗文海–斯科伦定理, 由罗文海 (L. Löwenheim) 和斯科伦 (T. Skolem) 给出.

定理 3.17 (同质缩小定理) 设 $\mathcal{N} = (N,J)$ 为语言 $\mathcal{L}_A$ 的一个无穷结构. 又设 $X \subseteq N$ 为一个可数子集合. 那么 $\mathcal{N}$ 有一个其论域包含 X 的可数同质缩小结构 $\mathcal{M} = (M,I)$, 即 $X \subseteq M$, M 可数, $\mathcal{M} \prec \mathcal{N}$.

证明 根据塔尔斯基准则和子结构的定义, 我们只需构造 N 的一个可数子集合 M 来满足下面的要求:

---

① 实数轴的序完备性可以如后表述: 任何一个有上界的实数子集必有一个上确界.

(1) $X \subseteq M$;

(2) 如果 $A \in \mathrm{Def}(\mathcal{N}, M)$ 非空, 那么 $A \cap M \neq \varnothing$.

(在此强调一点这个定理的证明用到选择公理)

第一, 利用选择公理固定 N 的一个秩序①. 后面当我们将对于 N 的某个非空子集合选取一个最小元素就是相对于这个秩序而言的.

第二, 注意一个重要的事实: 若 $Y \subseteq N$ 是一个可数集合, 那么 $\mathrm{Def}(\mathcal{N}, Y)$ 是一个可数集合.

这是因为给定一个可数的 $Y \subseteq N$, $[Y]^{<\omega}$, 所有 Y 的有限子集的全体所成的集合, 是一个可数集合. 再加上我们所感兴趣的表达式的全体形成一个可数集合. 所以这两个集合的笛卡儿乘积就是一个可数集合. 从这个笛卡儿乘积到 $\mathrm{Def}(\mathcal{N}, Y)$ 上又有一个自然的满射. 所以, $\mathrm{Def}(\mathcal{N}, Y)$ 是一个可数集合.

第三, 利用选择公理, 对 N 的每一个可数子集 Y 固定一个 $\mathrm{Def}(\mathcal{N}, Y)$ 的列表

$$\langle A_i(Y) \mid i \in \mathbb{N} \rangle,$$

并且对于每一个非空的 $A_i(Y)$, 选取它的最小元为 $a_i(Y)$; 而当对于空的 $A_i(Y)$, 选取 N 的最小元为 $a_i(Y)$.

第四, 递归地定义 $\langle M_k \mid k \in \mathbb{N} \rangle$ 如下:

$$M_0 = X; M_{k+1} = M_k \cup \{a_i(M_k) \mid i \in \mathbb{N}\}.$$

立即得到: 对于每一个自然数 k, 必有

(a) $(X \subseteq M_k \subseteq M_{k+1})$;

(b) M_k 可数;

(c) 如果 $A \in \mathrm{Def}(\mathcal{N}, M_k)$ 非空, 那么 $A \cap M_{k+1} \neq \varnothing$;

最后, 令 $M = \cup\{M_k \mid k \in \mathbb{N}\}$. 由选择公理, M 是一个可数集合.

M 自然地决定了 $\mathcal{N}$ 的一个子结构:

(d) 如果 $c_i \in \mathcal{A}$ 是一个常元符号, 那么 $J(c_i) \in M_1 \subseteq M$;

(e) 如果 $F_k \in \mathcal{A}$ 是一个 n-元函数符号, $a_1, \cdots, a_n \in M$, 那么

$$J(F_k)(a_1, \cdots, a_n) \in M;$$

(d) 成立是因为当 $c_i \in \mathcal{A}$ 时, 表达式 $(x_1 \hat{=} c_i)$ 在 $\mathcal{N}$ 上零参数定义了 $\{J(c_i)\}$. 所以, $J(c_i) \in M_1$.

我们说 (e) 也成立: 设 $F_k \in \mathcal{A}$ 为一个 n-元函数符号, 对于 $a_1, \cdots, a_n \in M$ 取 m 足够大以至于

$$\{a_1, \cdots, a_n\} \subset M_m.$$

① 集合 N 上的一个线性序 $<^*$ 被称为一个秩序当且仅当 N 的每一个非空子集 X 都有一个在序 $<^*$ 下的最小元.

令

$$b = J(F_k)(a_1, \cdots, a_n).$$

那么表达式 $(x_1 \hat{=} F_k(x_2, \cdots, x_{n+1}))$ 就在结构 $\mathcal{N}$ 上用参数 $a_1, \cdots, a_n$ 定义了集合 $\{b\}$. 因此, $b \in M_{m+1}$.

现在定义解释 I:

(i) 对于常元符号 $c_i \in \mathcal{A}$, 令 $I(c_i) = J(c_i)$;

(ii) 对于 n-元函数符号 $F_k \in \mathcal{A}$, 令 $I(F_k) = J(F_k) \restriction_{M^n}$;

(iii) 对于 n-元谓词符号 $P_j \in \mathcal{A}$, 令 $I(P_j) = J(P_j) \cap M^n$.

这样, $\mathcal{M} = (M, I) \subseteq \mathcal{N} = (N, J)$.

注意到

$$\mathrm{Def}(\mathcal{N}, M) = \cup\{\mathrm{Def}(\mathcal{N}, M_k) \mid k \in \mathbb{N}\},$$

如果 $A \in \mathrm{Def}(\mathcal{N}, M)$ 非空, 那么 $A \cap M \neq \varnothing$.

根据塔尔斯基准则, 得到 M 是 $\mathcal{N}$ 的一个同质子结构 $\mathcal{M}$ 的论域, $\mathcal{M} \prec \mathcal{N}$. □

例 3.16 有序实代数封闭域 $(\mathbb{R}, 0, 1, +, \cdot, <)$ 有一个包含有理数有序域

$$(\mathbb{Q}, 0, 1, +, \cdot, <)$$

的可数有序实代数封闭域

$$(\mathbb{Q}_{\mathrm{alg}}, 0, 1, +, \cdot, <);$$

并且

$$(\mathbb{Q}_{\mathrm{alg}}, 0, 1, +, \cdot, <) \prec (\mathbb{R}, 0, 1, +, \cdot, <),$$

(证明请见第 9 章推论 9.2) 以及 $\mathbb{Q}_{\mathrm{alg}}$ 的每一个元素都是实代数数①(不含任何超越数).

前面两句结论由同质子结构存在性立即得到; 这个最小的实代数封闭域可以用代数域扩张的方法得到; 而这个过程实际上和上面可数同质子结构的存在性证明非常类似; 但是要证明这个仅含有实代数数的实代数封闭域是由整个实数集合给出的实代数封闭域的同质子结构, 我们需要用塔尔斯基的量词消去法来证明

$$(\mathbb{R}, 0, 1, +, \cdot, <)$$

上面不用参数可定义的子集合都由关于有理系数多项式的等式或不等式给出, 再依据塔尔斯基判定准则得到所需要的结论.

问题 3.11 同质缩小定理表明任何一个无穷结构都有一个可数无穷的同质子结构; 反过来, 是否任何一个无穷结构都是某个无穷结构的同质子结构呢?

这个问题的答案将依赖我们对一阶逻辑的基本理论的深刻理解. 这是后话.

---

① 一个实数是一个代数数当且仅当它是一个有理数系数多项式的实根. 一个实数是一个超越数当且仅当它不是一个代数数.

3.4.8 稠密线性序

现在应用罗文海-斯科伦定理, 以及前面关于有理数轴可定义子集的分析、有理数轴区间定理 (定理 3.16), 来分析任意一个无端点稠密线性序上的可定义子集的序结构并且回答前面有关一般无端点稠密线性序的可定义子集的刻画问题 (问题 3.8(2)). 下面这个极其一般的定理表明, 无论是实数轴可定义子集的有限区间特点, 还是有理数轴可定义子集的有限区间特点, 其实只是由无端点稠密线性序本质所决定的可定义子集有限区间特点的特例.

定理 3.18 (稠密线性序区间定理) 设 $\mathcal{M} = (M, <_0)$ 是一个无端点稠密线性有序集合. 那么必有:

(1) $\mathcal{M} \equiv (\mathbb{Q}, <)$;

(2) 如果 $X \subseteq M$, $A \in \mathrm{Def}(\mathcal{M}, X)$, 那么 A 一定是有限个端点在 X 中的区间的并.

证明 根据罗文海-斯科伦定理, 可以得到 $\mathcal{M}$ 的一个可数同质子结构. 再根据康托同构定理, 这样一个同质子结构一定同构于 $(\mathbb{Q}, <)$. 因此,

$$\mathcal{M} \equiv (\mathbb{Q}, <).$$

欲见结论 (2), 令 $X \subseteq M, A \in \mathrm{Def}(\mathcal{M}, X)$, 而且有表达式 $\varphi(x_1, \cdots, x_{n+1})$ 以及来自 X 中的一组参数 $a_1, \cdots, a_n$. 用它们可以在结构 $\mathcal{M}$ 中定义 A. 应用罗文海-斯科伦定理, 可以得到这一结构的一个包含这些参数的可数同质子结构 $\mathcal{M}_0 = (M_0, <_0)$. 因此, $A \cap M_0$ 是以同一组参数以及同一个表达式在 $(M_0, <_0)$ 上可定义的. 根据康托同构定理, 这一子结构 $(M_0, <_0)$ 同构于 $(\mathbb{Q}, <)$. 利用这样一种同构映射, 得到 $A \cap M_0$ 是一些其端点在这些参数中间的区间的并. 而将这些区间提升到放大结构 $(M, <_0)$ 中, 得到 A 就是这些端点在这些参数中间的区间的并. □

3.4.9 嵌入与同质嵌入

与有关有理数轴的特征分析相关的一道习题 (习题 3.4) 表明任何一个可数线性序都可以嵌入到有理数轴上去. 那里的嵌入是保序嵌入. 那么

问题 3.12 就一般的一阶结构而言, "嵌入" 意味着什么? 各种嵌入之间会有差别吗? 如果有, 又会是什么样的差别?

定义 3.18 (嵌入) 给定两个 $\mathcal{L}_{\mathcal{A}}$-结构 $\mathcal{M} = (M, I)$ 和 $\mathcal{N} = (N, J)$.

(1) 从 M 到 N 的一个单射 $e: M \to N$ 被称为结构 $\mathcal{M}$ 到结构 $\mathcal{N}$ 的一个嵌入映射当且仅当 e 具有如下性质:

(a) 若 $c \in \mathcal{A}$ 是一个常元符号, 那么 $e(I(c)) = J(c)$;

(b) 若 $F \in \mathcal{A}$ 是一个 $\pi(F)$-元函数符号, 令 $n = \pi(F)$, 那么对于 M^{n+1} 中的任意一个点

$$(a_1, \cdots, a_{n+1})$$

都有

$$I(F)(a_1, \cdots, a_n) = a_{n+1} \text{ 当且仅当 } J(F)(e(a_1), \cdots, e(a_n)) = e(a_{n+1});$$

(c) 若 $P \in \mathrm{dom}(I)$ 是一个 $\pi(P)$-元谓词符号, 令 $n = \pi(P)$, 那么对于 M^n 中的任意一个点 $(a_1, \cdots, a_n)$, 都有

$$(a_1, \cdots, a_n) \in I(P) \text{ 当且仅当 } (e(a_1), \cdots, e(a_n)) \in J(P).$$

(2) 如果 $e : M \to N$ 是一个从 $\mathcal{M}$ 到 $\mathcal{N}$ 的嵌入映射, 用记号 $e : \mathcal{M} \hookrightarrow \mathcal{N}$ 来表示 e 一个从 $\mathcal{M}$ 到 $\mathcal{N}$ 的嵌入映射.

(3) 如果存在一个从 $\mathcal{M}$ 到 $\mathcal{N}$ 的嵌入映射, 称 $\mathcal{M}$ 可以嵌入到 $\mathcal{N}$ 中, 并记成 $\mathcal{M} \hookrightarrow \mathcal{N}$.

定理 3.19 对于给定的两个 $\mathcal{L}_{\mathcal{A}}$-结构 $\mathcal{M} = (M, I)$ 和 $\mathcal{N} = (N, J)$, 如下两个命题等价:

(1) $\mathcal{M} \hookrightarrow \mathcal{N}$;

(2) $\mathcal{N}$ 有一个与 $\mathcal{M}$ 同构的子结构.

证明 留作练习. □

定义 3.19 (同质嵌入) 给定两个 $\mathcal{L}_{\mathcal{A}}$-结构 $\mathcal{M} = (M, I)$ 和 $\mathcal{N} = (N, J)$.

(1) 从 M 到 N 的一个映射 $e : M \to N$ 被称为结构 $\mathcal{M}$ 到结构 $\mathcal{N}$ 的一个同质嵌入映射当且仅当对于任何一个 $\mathcal{L}_{\mathcal{A}}$ 的表达式 φ, 对于任何一个 $\mathcal{M}$ 的赋值映射 ν, 总有

$$(\mathcal{M}, \nu) \models \varphi \text{ 当且仅当 } (\mathcal{N}, e \circ \nu) \models \varphi.$$

(2) 如果 $e : M \to N$ 是一个从 $\mathcal{M}$ 到 $\mathcal{N}$ 的同质嵌入映射, 用记号

$$e : \mathcal{M} \rightarrow\!\prec \mathcal{N}$$

来表示 e 是一个从 $\mathcal{M}$ 到 $\mathcal{N}$ 的同质嵌入映射.

(3) 如果存在一个从 $\mathcal{M}$ 到 $\mathcal{N}$ 的同质嵌入映射, 称 $\mathcal{M}$ 可以同质嵌入到 $\mathcal{N}$ 中, 并记成 $\mathcal{M} \rightarrow\!\prec \mathcal{N}$.

引理 3.3 设 $\mathcal{M} = (M, I)$ 和 $\mathcal{N} = (N, J)$ 是两个 $\mathcal{L}_{\mathcal{A}}$-结构, $e : M \to N$ 是从结构 $\mathcal{M}$ 到结构 $\mathcal{N}$ 的一个同质嵌入映射.

(1) e 具有如下性质:

(a) e 必是一个单射;

(b) 若 $c \in \mathcal{A}$ 是一个常元符号, 那么 $e(I(c)) = J(c)$;

(c) 若 $F \in \mathcal{A}$ 是一个 $\pi(F)$-元函数符号, 令 $n = \pi(F)$, 那么对于 M^{n+1} 中的任意一个点

$$(a_1, \cdots, a_{n+1})$$

都有

$$I(F)(a_1,\cdots,a_n)=a_{n+1} \text{ 当且仅当 } J(F)(e(a_1),\cdots,e(a_n))=e(a_{n+1});$$

(d) 若 $P\in\mathcal{A}$ 是一个 $\pi(P)$-元谓词符号, 令 $n=\pi(P)$, 那么对于 M^n 中的任意一个点 $(a_1,\cdots,a_n)$, 都有

$$(a_1,\cdots,a_n)\in I(P) \text{ 当且仅当 } (e(a_1),\cdots,e(a_n))\in J(P).$$

(2) 如果 $\varphi(x_1,\cdots,x_n)$ 为 $\mathcal{L}_{\mathcal{A}}$-表达式, $(a_1,\cdots,a_n)\in M^n$, 那么

$$\mathcal{M}\models\varphi[a_1,\cdots,a_n] \text{ 当且仅当 } \mathbb{N}\models\varphi[e(a_1),\cdots,e(a_n)].$$

证明　(1(a)) 假设 e 不是单射. 令 $a_1\neq a_2\in M$ 满足 $e(a_1)=e(a_2)$. 考虑表达式 $(\neg(x_1\hat{=}x_2))$, 以及将 x_1 和 x_2 分别映射到 a_1 和 a_2 的 $\mathcal{M}$-赋值 ν. 得到一个矛盾.

(1(b)) 设 $c\in\mathcal{A}$ 为一常元符号. 考虑表达式 $(x_1\hat{=}c)$ 以及 $\mathcal{M}$-赋值映射

$$\nu(x_1)=I(c).$$

(1(c)) 设 $F\in\mathcal{A}$ 为一个 n 元函数符号. 令 $(a_1,\cdots a_n)\in M^n$. 考虑表达式 $(x_{n+1}\hat{=}F(x_1,\cdots,x_n))$ 以及满足如下等式的 $\mathcal{M}$-赋值映射 ν:

$$\nu(x_1)=a_1,\cdots,\nu(x_n)=a_n,\nu(x_{n+1})=I(F)(a_1,\cdots,a_n).$$

(1(d)) 设 $P\in\mathcal{A}$ 为一个 n 元谓词符号. 令 $(a_1,\cdots a_n)\in M^n$. 考虑表达式 $P(x_1,\cdots,x_n)$ 以及满足如下等式的 $\mathcal{M}$-赋值映射 ν:

$$\nu(x_1)=a_1,\cdots,\nu(x_n)=a_n.$$

(2) 的证明可由定义以及满足关系的局部确定性定理得出. □

定理 3.20　对于给定的两个 $\mathcal{L}_{\mathcal{A}}$-结构 $\mathcal{M}=(M,I)$ 和 $\mathcal{N}=(N,J)$, 如下两个命题等价:

(1) $\mathcal{M}\rightarrowtail\!\!\prec\mathcal{N}$;

(2) $\mathcal{N}$ 有一个与 $\mathcal{M}$ 同构的同质子结构.

证明　(1) ⇒ (2)　令 $e:(M,I)\rightarrowtail\!\!\prec(N,J)$. 令 $N_0=e[M]=\{e(a)\in N\mid a\in M\}$. 那么

(a) 如果 $c\in\mathcal{A}$, 则 $J(c)\in N_0$;

(b) 如果 $F\in\mathcal{A}$ 是一个 n-元函数符号, $(a_1,\cdots,a_n)\in N_0^n$, 则

$$J(F)(a_1,\cdots,a_n)\in N_0.$$

这是因为, 当 $c \in A$ 时, $e(I(c)) = J(c)$; 当 $F \in \mathcal{A}$ 为一 n-元函数符号以及 $(a_1, \cdots, a_n) \in N_0^n$ 时, 令 $(b_1, \cdots, b_n) \in M^n$ 满足

$$(e(b_1), \cdots, e(b_n)) = (a_1, \cdots, a_n),$$

则

$$e(I(F)(b_1, \cdots, b_n)) = J(F)(e(b_1), \cdots, e(b_n)) = J(F)(a_1, \cdots, a_n).$$

因此, N_0 自然而然地决定了 (N, J) 的一个子结构 $(N_0, J \upharpoonright N_0)$. 很自然地由定义有, e 便是 (M, I) 与这个子结构的同构映射; 而且这个子结构就是 (N, J) 的同质子结构. 欲见同质性, 设

$$\varphi(x_1, \cdots, x_n)$$

为一个 $\mathcal{L}_{\mathcal{A}}$ 表达式, 令 $(a_1, \cdots, a_n) \in N_0^n$, 取 $(b_1, \cdots, b_n) \in M^n$ 满足等式

$$(e(b_1), \cdots, e(b_n)) = (a_1, \cdots, a_n),$$

那么

$$(M, I) \models \varphi[b_1, \cdots, b_n] \text{ 当且仅当 } (N_0, J \upharpoonright N_0) \models \varphi[a_1, \cdots, a_n],$$

以及

$$(M, I) \models \varphi[b_1, \cdots, b_n] \text{ 当且仅当 } (N, J) \models \varphi[a_1, \cdots, a_n].$$

前者是因为 e 为同构映射; 后者是因为 e 为同质嵌入映射. 所以,

$$(N, J) \models \varphi[a_1, \cdots, a_n] \text{ 当且仅当 } (N_0, J \upharpoonright N_0) \models \varphi[a_1, \cdots, a_n].$$

(2) $\Rightarrow$ (1)　证明留作练习. □

事实 3.4.1　一个子结构是一个同质子结构当且仅当它上面的恒等映射是一个同质嵌入映射.

3.5 练　　习

练习 3.1　证明: 一个集合 X 是一个可数无限集合当且仅当在 $\mathbb{N}$ 和 X 之间存在一个双射.

练习 3.2　证明下面三个命题:

(1) 存在从实数集合 $\mathbb{R}$ 到全体自然数的无穷序列的集合

$$\mathbb{N}^{\mathbb{N}} = \{f \subset \mathbb{N} \times \mathbb{N} \mid f : \mathbb{N} \to \mathbb{N}\}$$

的一个双射.

(2) 如果 $1 \leqslant n < \infty$, 那么存在一个从 $\mathbb{R}$ 到 n- 维欧氏空间 $\mathbb{R}^n$ 上的一个双射.

(3) 存在从 $\mathbb{R}$ 到全体实数的无穷序列的集合 $\mathbb{R}^{\mathbb{N}} = \{f \subset \mathbb{N} \times \mathbb{R} \mid f : \mathbb{N} \to \mathbb{R}\}$ 的一个双射.

(4) 存在从 $\mathbb{R}$ 到全体定义在整个实数轴上的实值连续函数的集合上的一个双射.

练习 3.3 证明如下命题:

(1) 如果 $j : (\mathbb{N}, <) \to (\mathbb{N}, <)$ 是 $(\mathbb{N}, <)$ 上的一个保序映射, 那么对于任意一个 $n \in \mathbb{N}$ 必有 $n \leqslant j(n)$.

(2) 如果 $j : (\mathbb{N}, <) \to (\mathbb{N}, <)$ 是 $(\mathbb{N}, <)$ 上的一个序自同构映射, 那么 j 是 $\mathbb{N}$ 上的恒等映射.

(3) 如果 $f : (\mathbb{Z}, <) \to (\mathbb{Z}, <)$ 是 $(\mathbb{Z}, <)$ 上的一个序自同构映射, 那么对于任何一个整数 $i \in \mathbb{Z}$ 必有

$$f(i) = i + f(0).$$

(4) $(\mathbb{R}, <)$ 上的任何一个序自同构映射都必然是实数轴上的一个连续函数.

(5) 令 $\mathrm{Aut}(\mathbb{Q}, <)$ 为 $(\mathbb{Q}, <)$ 上的序自同构映射全体之集合; 令 $\mathrm{Aut}(\mathbb{R}, <)$ 为 $(\mathbb{R}, <)$ 上的序自同构映射全体之集合. 那么在这两个集合之间存在一个双射, 并且在它们中的任何一个与 $\mathbb{R}$ 之间也存在一个双射.

练习 3.4 设 $(A, \prec)$ 是一个无穷可数线性有序集, 那么 $(A, \prec)$ 一定可以序嵌入到 $(\mathbb{Q}, <)$ 之中.

练习 3.5 (1) 证明任何一个结构 $\mathcal{M}$ 上的自同构映射的全体在映射的合成运算之下形成一个群.

(2) 证明一个同构映射的逆映射也是一个同构映射, 两个同构映射的合成映射也是一个同构映射.

(3) 给出一个所熟悉的代数结构的例子. 将它的常元符号、函数符号、谓词符号抽象出来形成一种一阶语言; 再定义一种解释 I 来还原这一代数结构; 比较一下原来代数学里所定义的同构概念和本书所定义的同构概念.

练习 3.6 证明如果 $e : \mathbb{Z} \to \mathbb{Z}$ 是 $(\mathbb{Z}, 0, 1, +, <)$ 上的一个自同构映射, 那么 e 是 $\mathbb{Z}$ 上的恒等映射; 证明存在一个非平凡的群 $(\mathbb{Z}, 0, +)$ 的自同构映射; 并且群 $(\mathbb{Z}, +, 0)$ 上恰好只有两个自同构映射.

练习 3.7 验证如下命题:

(1) 作为群, $(2\mathbb{Z}, +, 0) \subset (\mathbb{Z}, +, 0)$, 并且 $(2\mathbb{Z}, +, 0) \cong (\mathbb{Z}, +, 0)$, 但是

$$(2\mathbb{Z}, +, 0) \not\prec (\mathbb{Z}, +, 0);$$

(2) 作为环, $(2\mathbb{Z}, +, \cdot, 0) \subset (\mathbb{Z}, +, \cdot, 0)$, 但是 $(2\mathbb{Z}, +, \cdot, 0) \not\equiv (\mathbb{Z}, +, \cdot, 0)$.

练习 3.8 (1) 假设 $\mathcal{A}$ 是有限的, $\mathcal{M}$ 是语言 $\mathcal{L}_\mathcal{A}$ 的一个有限结构. 证明 $\mathcal{M}$ 可以被 $\mathcal{L}_\mathcal{A}$ 的一个语句完全刻画: 即 $\mathcal{M}$ 是 $\mathcal{L}_\mathcal{A}$ 的某个语句 θ 的模型, 并且 θ 的任何一个模型 $\mathcal{N}$ 都必然与 $\mathcal{M}$ 同构.

(2) 假设 $\mathcal{M}$ 和 $\mathcal{N}$ 是语言 $\mathcal{L}_\mathcal{A}$ 的两个有限结构. 证明下列命题等价:

(a) $\mathcal{M} \cong \mathcal{N}$;

(b) $\mathcal{M} \equiv \mathcal{N}$.

练习 3.9 证明对于任何一个结构 $\mathcal{M}$, 任何一个 $X \subseteq M$, 以及任何一个

$$1 \leqslant n < \infty$$

来说, 结构

$$(\mathrm{Def}_n(\mathcal{M}, X), \varnothing, M, \cup, \cap)$$

是一个布尔代数.

练习 3.10 设 $(\forall x_i \psi)$ 为语言 $\mathcal{L}_\mathcal{A}$ 的一个表达式. 设 $\ell \in \mathbb{N}$ 大于表达式 $(\forall x_i \psi)$ 中出现的任何变元符号的下标. 设 $\mathcal{M} = (M, I)$ 为 $\mathcal{L}_\mathcal{A}$ 的一个结构. 设 ν 为一个 $\mathcal{M}$-赋值. 证明

$$(\mathcal{M}, \nu) \models (\forall x_i \psi) \text{ 当且仅当 } (\mathcal{M}, \nu) \models (\forall x_\ell \psi(x_i; x_\ell)).$$

练习 3.11 令 $\mathcal{A} = \{F_+, P_<\}$. 考虑 $\mathcal{L}_\mathcal{A}$ 的经典结构 $\mathcal{Z} = (\mathbb{Z}, +, <)$.

(1) 证明 $\mathbb{N}$ 的任何一个有限子集都在 $\mathcal{Z}$ 上是可定义的; 从而 $\mathbb{N}$ 的任何一个其补集为有限子集的集合也是在 $\mathcal{Z}$ 上可定义的.

(2) 证明全体非负偶数之集、全体正奇数之集是在 $\mathcal{Z}$ 上可定义的.

练习 3.12 (1) 证明结构 $(\mathbb{N}, 0, S)$, $(\mathbb{N}, 1, +)$, 以及 $(\mathbb{N}, +, \cdot)$ 都只有唯一一个自同构.

(2) 证明如果 e 是特征为 0 的有序实代数封闭域 $\mathcal{R} = (\mathbb{R}, 0, 1, +, \cdot, <)$ 上的一个自同构映射, 那么 e 是恒等函数.

练习 3.13 证明下述断言:

(1) $\{1\}$ 在有理数有序加法算术结构 $(\mathbb{Q}, 0, +, -, <)$ 上不是零参数可定义的. 事实上, 结构 $(\mathbb{Q}, 0, +, -, <)$ 上零参数可定义的 $\mathbb{Q}$ 的子集合的全体构成一个恰含有 8 个元素的布尔代数.

(2) $\{1\}$ 在整数有序加法算术结构 $(\mathbb{Z}, 0, +, -, <)$ 上是零参数可定义的.

(3) $\{1\}$ 在群 $(\mathbb{Z}, +, 0)$ 上是免参数不可定义的; 但是加法逆函数 $x \mapsto -x$ 在 $(\mathbb{Z}, +, 0)$ 上是免参数可定义的; 从而, 整数序关系 $<$ 在

$$(\mathbb{Z}, +, 0)$$

上是不可定义的.

(4) $\{1\}$ 在整数环 $(\mathbb{Z},+,\cdot,0)$ 上是免参数可定义的; 整数序关系 $<$ 在整数环 $(\mathbb{Z},+,\cdot,0)$ 是免参数可定义的; 整数乘法函数 $\cdot$ 在加法群 $(\mathbb{Z},+,0)$ 上是免参数不可定义的.

练习 3.14　列出几个你在代数学中见过的子结构的例子.

练习 3.15　令 $\mathcal{A}$ 是一个含有两个常元符号和两个二元函数符号的语言. 考虑典型算术结构

$$\mathcal{N}=(\mathbb{N},0,1,+,\times).$$

证明 $\mathcal{M}\subseteq\mathcal{N}\iff\mathcal{M}=\mathcal{N}$.

练习 3.16　当我们的语言中只有逻辑符号和等号时, 考虑结构 $(\mathbb{N},I)$, 其中 I 是平凡解释. 设 $S\subseteq\mathbb{N}$ 是一个无穷集合, 那么 $(S,I)\prec(\mathbb{N},I)$; 而当 S 是一个有限子集时, $(S,I)\not\prec(\mathbb{N},I)$.

练习 3.17　(1) 设 $X\subset\mathbb{N}$ 是自然数集合的一个无穷真子集. 证明:

(a) $(\mathbb{N},<)$ 与它的真子结构 $(X,<)$ 同构; 特别的, 真子结构 $(X,<)\equiv(\mathbb{N},<)$;

(b) 子结构 $(X,<)$ 不是 $(\mathbb{N},<)$ 的同质子结构;

(c) $(\mathbb{N},<)$ 没有同质真子结构.

(2) 设 $X\subset\mathbb{Z}$ 是整数集合的一个双向无界真子集. 证明:

(a) $(\mathbb{Z},<)$ 与它的真子结构 $(X,<)$ 同构; 因此, 真子结构 $(X,<)\equiv(\mathbb{Z},<)$;

(b) 子结构 $(X,<)$ 不是 $(\mathbb{Z},<)$ 的同质子结构;

(c) $(\mathbb{Z},<)$ 没有同质真子结构.

练习 3.18　考虑特征为 0 的有序实代数封闭域 $\mathcal{R}=(\mathbb{R},0,1,+,\cdot,<)$. 令

$$M=\{a\in\mathbb{R}\mid\{a\}\text{ 是 }\mathcal{R}\text{ 上零参数可定义的}\}.$$

证明如下命题:

(1) 如果 $a,b\in M$, 那么 $a+b\in M$, 以及 $a\cdot b\in M$;

(2) $\mathbb{Q}\subset M$;

(3) 如果 a 是某个有理系数多项式的零点, 那么 $a\in M$;

(4) 如果 $r\in\mathbb{Q}$, 而且 $r>0$, 那么 $\sqrt{r}\in M$;

(5) $(M,0,1,+,\cdot,<)\prec(\mathbb{R},0,1,+,\cdot,<)$.

练习 3.19　设 $\mathcal{M}=(M,I)$ 和 $\mathcal{N}=(N,J)$ 是一阶语言 $\mathcal{L}_A$ 的两个结构. 又设 $f:M\to N$. 证明如下命题等价:

(1) f 是从 $\mathcal{M}$ 到 $\mathcal{N}$ 的一个嵌入映射;

(2) 存在一个满足如下两个要求的一阶结构 $\mathcal{M}_1=(M_1,I_1)$ 以及一个同构映射 $g:\mathcal{M}_1\cong\mathcal{N}$:

(a) $\mathcal{M}\subseteq\mathcal{M}_1$;

(b) $f \subseteq g$.

(3) 考虑添加新常元符号 $\mathcal{A}_1 = \mathcal{A} \cup \{c_a \mid a \in M\}$, 添加之后语言 $\mathcal{L}_{\mathcal{A}_1}$, 以及将 $\mathcal{N}$ 的解释 J 延拓成 J_1: 其中 $J_1(c_a) = f(a), (a \in M)$; 将 $\mathcal{M}$ 的解释 I 延拓成 I_1: 其中 $I_1(c_a) = a, (a \in M)$. 那么对于新语言 $\mathcal{L}_{\mathcal{A}_1}$ 的任意一个原始语句或者原始语句的否定 θ, 有

$$[(M, I_1) \models \theta] \Rightarrow [(N, J_1) \models \theta].$$

练习 3.20 设 $\mathcal{M} = (M, I)$ 和 $\mathcal{N} = (N, J)$ 是一阶语言 $\mathcal{L}_{\mathcal{A}}$ 的两个结构. 又设 $f : M \to N$. 证明如下命题等价:

(1) f 是从 $\mathcal{M}$ 到 $\mathcal{N}$ 的一个同质嵌入映射;

(2) 存在一个满足如下两个要求的一阶结构 $\mathcal{M}_1 = (M_1, I_1)$ 以及一个同构映射 $g : \mathcal{M}_1 \cong \mathcal{N}$:

(a) $\mathcal{M} \prec \mathcal{M}_1$;

(b) $f \subseteq g$.

(3) 考虑添加新常元符号 $\mathcal{A}_1 = \mathcal{A} \cup \{c_a \mid a \in M\}$, 以及添加之后语言 $\mathcal{L}_{\mathcal{A}_1}$, 以及将 $\mathcal{N}$ 的解释 J 延拓成 J_1: 其中 $J_1(c_a) = f(a), (a \in M)$; 将 $\mathcal{M}$ 的解释 I 延拓成 I_1: 其中 $I_1(c_a) = a, (a \in M)$. 那么对于新语言 $\mathcal{L}_{\mathcal{A}_1}$ 的任意一个语句 θ, 有

$$[(M, I_1) \models \theta] \Rightarrow [(N, J_1) \models \theta].$$

练习 3.21 (塔尔斯基) 设 $\mathcal{M} = (M, I)$ 和 $\mathcal{N} = (N, J)$ 是一阶语言 $\mathcal{L}_{\mathcal{A}}$ 的两个结构, 并且 $\mathcal{M} \subseteq \mathcal{N}$. 证明如下两个命题等价:

(1) $\mathcal{M} \prec \mathcal{N}$;

(2) 如果 $\varphi(x_1, \cdots, x_n, x_{n+1})$ 是一个自由变元都在 $x_1, \cdots, x_n, x_{n+1}$ 之中的表达式, $(a_1, \cdots, a_n) \in M^n$, 那么

$$(\mathcal{N} \models (\exists x_{n+1}\, \varphi)[a_1, \cdots, a_n]) \Rightarrow (\exists a \in M\, (\mathcal{N} \models \varphi[a_1, \cdots, a_n, a])).$$

第4章 逻辑推理与逻辑结论

本章中, 我们将引进数理逻辑的几个基本概念.

在现实世界里, 我们执著地追求相对真理, 因为相对真理会为我们提供相应的信息, 帮助我们解决现实中的问题, 而绝对真理并不提供对我们任何有益的信息. 所谓相对真理, 就是那些在一定客观现实条件下才能成立的断言. 当一个命题随着那些客观现实条件的具备而自然而然成立的时候, 我们就会认为这个命题就是那些客观现实条件的逻辑结论; 当我们抽象地、形式地从假设那些客观现实条件成立出发, 经过逻辑推理得到一个命题时, 我们就会认为这个命题是一个经推理而得到的定理.

问题 4.1 数学定理一定是相对真理吗? 数学相对真理一定是定理吗?

为了回答这个问题, 需要明确: 在数学中, 我们所说的"一定客观现实条件成立"具有什么含意, "相对真理"和"绝对真理"具有什么含意, "逻辑结论"和"逻辑推理"又都具有什么含意.

4.1 逻 辑 推 理

4.1.1 逻辑公理

定义 4.1 逻辑公理的集合, 记成 $\mathbb{L}$, 是满足如下封闭特性的 $\mathcal{L}$-表达式的最小集合:

(1) (逻辑运算律) 设 $\varphi_1, \varphi_2, \varphi_3$ 为 $\mathcal{L}$-表达式. 那么下述表达式都在 $\mathbb{L}$ 中:

(a) $((\varphi_1 \to (\varphi_2 \to \varphi_3)) \to ((\varphi_1 \to \varphi_2) \to (\varphi_1 \to \varphi_3)))$ (蕴含分配律);

(b) $(\varphi_1 \to \varphi_1)$ (自蕴含律);

(c) $(\varphi_1 \to (\varphi_2 \to \varphi_1))$ (第一宽容律);

(d) $(\varphi_1 \to ((\neg\varphi_1) \to \varphi_2))$ (第二宽容律);

(e) $(((\neg\varphi_1) \to \varphi_1) \to \varphi_1)$ (第一归谬律);

(f) $((\neg\varphi_1) \to (\varphi_1 \to \varphi_2))$ (第三宽容律);

(g) $(\varphi_1 \to ((\neg\varphi_2) \to (\neg(\varphi_1 \to \varphi_2))))$ (合取律).

(2) (特化原理) 设 φ 为一个表达式, τ 为一个项, 而且 τ 在 φ 中可以替换变元符号 x_i. 那么

$$((\forall x_i\varphi) \to \varphi(x_i;\tau)) \in \mathbb{L}.$$

(3) (全称量词分配律) 设 φ_1,φ_2 为 $\mathcal{L}$-表达式. 那么

$$((\forall x_i(\varphi_1 \to \varphi_2)) \to ((\forall x_i\varphi_1) \to (\forall x_i\varphi_2))) \in \mathbb{L}.$$

(4) (无关量词引入法则) 设 φ 为一个表达式, x_i 不是 φ 中的自由变元, 那么

$$(\varphi \to (\forall x_i\varphi)) \in \mathbb{L}.$$

(5) (全域化法则) 若 $\varphi \in \mathbb{L}$, 那么 $(\forall x_i\varphi) \in \mathbb{L}$.

(6) (恒等律) 对每一个变元符号 x_i 都有 $(x_i \hat{=} x_i) \in \mathbb{L}$.

(7) (等同律) 设 φ_1 和 φ_2 为两个表达式, 而且在 φ_1 和 φ_2 中, x_j 可以替换 x_i. 如果分别在 φ_1 和 φ_2 中用 x_j 同时替换 x_i 的每一次出现之后所得到的两个表达式是同一个表达式, 那么

$$((x_j \hat{=} x_i) \to (\varphi_1 \to \varphi_2)) \in \mathbb{L}.$$

4.1.2 推理

下面的自然推理法则 (modus ponens, 也称 "假言推理") 是我们唯一的论证推理法则.

定义 4.2 (自然推理法则) 由表达式 φ 和表达式 $(\varphi \to \psi)$ 推理得到表达式 ψ.

定义 4.3 (证明) 设 Γ 是表达式的一个集合. 一个表达式的长度为 $n \geqslant 1$ 的序列 $\langle\varphi_1, \cdots, \varphi_n\rangle$ 被称为 Γ 的一个证明 (或者一个 Γ-证明) 当且仅当这个序列满足如下要求:

(1) $\varphi_1 \in \Gamma \cup \mathbb{L}$;

(2) 对于序列的每一个指标 $i(1 \leqslant i \leqslant n)$,

(a) 或者 $\varphi_i \in \Gamma \cup \mathbb{L}$;

(b) 或者在 i 之前本序列中有两个表达式 φ_k 和 $\varphi_j(k < i, j < i)$, 而 φ_j 是表达式 $(\varphi_k \to \varphi_i)$ (换句话说, 就是 φ_i 可以由排列在它前面的两个表达式 φ_k 和 $(\varphi_k \to \varphi_i)$ 依照自然推理法则得到; 这里记录的就是推理法则的若干次应用).

简而言之, 一个数学证明, 就是一组对逻辑公理或者非逻辑公理或者自然推理法则顺序应用的记录.

定义 4.4 (定理) 设 Γ 是表达式的一个集合, φ 是一个表达式. 我们说, 由 Γ 可证明 φ, 或者 φ 是 Γ 的定理, 记成

$$\Gamma \vdash \varphi,$$

当且仅当 φ 是 Γ 的某个证明的最后一个表达式, 即存在一个满足如下要求的 Γ-证明 $\langle\varphi_1, \cdots, \varphi_n\rangle$: $\varphi_n = \varphi$.

当 Γ 为一个空集时, 用 $\vdash \varphi$ 表示 $\varnothing \vdash \varphi$. 这就意味着表达式 φ 是一个纯粹一阶逻辑定理 (完全由一阶逻辑公理推理得到).

4.1.2.1 一致性

如果将一个表达式集合 Γ 看成是 "一定客观现实条件", 那么我们很自然地希望这些最基本的认识应当具有 "一致性""无自相矛盾性", 不应当由这些条件逻辑地推理出一种自相矛盾. 这就是我们所坚持的 "一致性" 或者 "和谐性": 真实的客观现实条件应当是和谐一致的.

定义 4.5 (一致性) 设 Γ 是表达式的一个集合. Γ 是一致 (和谐)[①] 的当且仅当对于任意一个表达式 φ, 如果 $\Gamma \vdash \varphi$, 那么 $\Gamma \nvdash (\neg\varphi)$.

由此, Γ 是非一致的当且仅当 Γ 会证明两个相互矛盾的定理 φ 和 $(\neg\varphi)$: $\Gamma \vdash \varphi$ 以及 $\Gamma \vdash (\neg\varphi)$; 当且仅当每一个表达式 φ 都是 Γ 的一个定理.

4.2 推理细致分析定理

为了证明哥德尔完备性定理, 需要四个有关细致推理的定理, 本节将证明这四个定理, 即演绎定理 (Deduction Theorem)、全体化定理 (Generalization Theorem)、常元省略定理 (Theorem on Constants) 和等式定理 (Equality Theorem).

4.2.1 演绎定理

定理 4.1 (演绎定理) 设 Γ 为一组表达式. 又设 φ_1 和 φ_2 为表达式. 那么

$$(\Gamma \cup \{\varphi_1\} \vdash \varphi_2) \iff (\Gamma \vdash (\varphi_1 \to \varphi_2)).$$

证明 ($\Leftarrow$) 设 $\langle\theta_1, \cdots, \theta_n\rangle$ 是 Γ 关于 $(\varphi_1 \to \varphi_2)$ 的一个证明. θ_n 就是 $(\varphi_1 \to \varphi_2)$. 那么

$$\langle\theta_1, \cdots, (\varphi_1 \to \varphi_2), \varphi_1, \varphi_2\rangle$$

就是所要的一个证明.

($\Rightarrow$) 用关于推理长度的归纳法来证明: 若 $\Gamma \cup \{\varphi_1\} \vdash \varphi_2$, 那么 $\Gamma \vdash (\varphi_1 \to \varphi_2)$.

设 $\langle\theta_1, \cdots, \theta_n\rangle$ 是由 $\Gamma \cup \{\varphi_1\}$ 关于 φ_2 的一个证明.

对于 $1 \leqslant i \leqslant n$, 证明 $\Gamma \vdash (\varphi_1 \to \theta_i)$.

设 $j \leqslant n$. 而且对 $i < j$, $\Gamma \vdash (\varphi_1 \to \theta_i)$. 欲证 $\Gamma \vdash (\varphi_1 \to \theta_j)$.

由定义, 或者 θ_j 就是 φ_1, 或者 $\theta_j \in \Gamma \cup \mathbb{L}$, 或者有两个比 j 小的指标

$$i_1 < j,\ i_2 < j,$$

而且 θ_{i_2} 就是 $(\theta_{i_1} \to \theta_j)$. 现在分三种情形讨论:

① 本书中交换使用 "一致" 和 "和谐". 与它们对应的英文单词为 consistency. 这个英文词的翻译中也有用 "相容" 或者 "无矛盾".

情形 1: θ_j 就是 φ_1. 注意到 $(\varphi_1 \to \varphi_1) \in \mathbb{L}$, 立即得到 $\Gamma \vdash (\varphi_1 \to \theta_j)$.

情形 2: $\theta_j \in \Gamma \cup \mathbb{L}$. 此时, $(\theta_j \to (\varphi_1 \to \theta_j)) \in \mathbb{L}$. 因此,

$$\langle (\theta_j \to (\varphi_1 \to \theta_j)), \theta_j, (\varphi_1 \to \theta_j) \rangle$$

就是由 Γ 关于 $(\varphi_1 \to \theta_j)$ 的一个证明.

情形 3: 设 $i < j$ 和 $k < j$ 是两个比较小的指标, 并且 θ_k 就是 $(\theta_i \to \theta_j)$. 由归纳假设,

$$\Gamma \vdash (\varphi_1 \to \theta_i) \text{ 以及 } \Gamma \vdash (\varphi_1 \to \theta_k).$$

设 $\langle \alpha_1, \cdots, \alpha_n \rangle$ 和 $\langle \beta_1, \cdots, \beta_m \rangle$ 分别为两个相应的证明, 其中 α_n 是 $(\varphi_1 \to \theta_i)$, β_m 是 $(\varphi_1 \to (\theta_i \to \theta_j))$. 注意到有如下一条逻辑公理:

$$((\varphi_1 \to (\theta_i \to \theta_j)) \to ((\varphi_1 \to \theta_i) \to (\varphi_1 \to \theta_j))).$$

将这一逻辑公理暂且记成 γ. 那么如下的序列是一个证明:

$$\langle \alpha_1, \cdots, \alpha_n, \beta_1, \cdots, \beta_m, \gamma, ((\varphi_1 \to \theta_i) \to (\varphi_1 \to \theta_j)), (\varphi_1 \to \theta_j) \rangle.$$

因此, $\Gamma \vdash \theta_j$. □

由演绎定理, 立刻得到下面的归谬法原理.

推论 4.1 (归谬法原理) 设 Γ 是一个表达式集合, φ 是一个表达式. 那么

(1) $\Gamma \cup \{(\neg\varphi)\}$ 不是一致的当且仅当 $\Gamma \vdash \varphi$;

(2) $\Gamma \cup \{\varphi\}$ 不是一致的当且仅当 $\Gamma \vdash (\neg\varphi)$.

证明 (1) 由于 $\Gamma \cup \{(\neg\varphi)\}$ 是不一致的, 它一定推导出一对矛盾 θ 和 $(\neg\theta)$:

$$\Gamma \cup \{(\neg\varphi)\} \vdash \theta$$

和

$$\Gamma \cup \{(\neg\varphi)\} \vdash (\neg\theta).$$

由于 $(\theta \to ((\neg\theta) \to \varphi)) \in \mathbb{L}$ 是一条逻辑公理, 立即得到

$$\Gamma \cup \{(\neg\varphi)\} \vdash ((\neg\theta) \to \varphi)$$

以及

$$\Gamma \cup \{(\neg\varphi)\} \vdash \varphi.$$

依据上面的结论以及演绎定理 (定理 4.1), 得到

$$\Gamma \vdash ((\neg\varphi) \to \varphi).$$

由于 $(((\neg\varphi) \to \varphi) \to \varphi)$ 是一条逻辑公理, 依此以及上述证明, 得到 $\Gamma \vdash \varphi$.

尽管 (2) 看起来和 (1) 是一样的, 但缺少一个 "否定之否定律" 的形式证明. 现在我们先来补充一下这个形式证明:

否定之否定律 $\vdash ((\neg(\neg\varphi)) \to \varphi)$.

(1) $\vdash ((\neg(\neg\varphi)) \to ((\neg\varphi) \to \varphi))$, 由定义 4.1(1(f));

(2) $\vdash (((\neg\varphi) \to \varphi) \to \varphi)$, 由定义 4.1(1(e));

(3) $\vdash ((((\neg\varphi) \to \varphi) \to \varphi) \to ((\neg(\neg\varphi)) \to (((\neg\varphi) \to \varphi) \to \varphi)))$, 由定义 4.1(1(c));

(4) $\vdash ((\neg(\neg\varphi)) \to (((\neg\varphi) \to \varphi) \to \varphi))$, 由 (2),(3), 应用推理法则;

(5) $\vdash (((\neg(\neg\varphi)) \to (((\neg\varphi) \to \varphi) \to \varphi)) \to$
$((\neg(\neg\varphi)) \to ((\neg\varphi) \to \varphi) \to ((\neg(\neg\varphi)) \to (\varphi))))$, 由定义 4.1(1(a));

(6) $\vdash ((\neg(\neg\varphi)) \to ((\neg\varphi) \to \varphi) \to ((\neg(\neg\varphi)) \to (\varphi)))$, 由 (4),(5), 应用推理法则;

(7) $\vdash ((\neg(\neg\varphi)) \to (\varphi))$, 由 (1),(6), 应用推理法则.

现在证明 (2): 假设 $\Gamma \cup \{\varphi\}$ 是不一致的, 并且

$$\Gamma \cup \{(\neg\varphi)\} \vdash \theta$$

和

$$\Gamma \cup \{(\neg\varphi)\} \vdash (\neg\theta).$$

由于 $(\theta \to ((\neg\theta) \to (\neg\varphi))) \in \mathbb{L}$ 是一条逻辑公理, 立即得到

$$\Gamma \cup \{\varphi\} \vdash ((\neg\theta) \to (\neg\varphi))$$

和

$$\Gamma \cup \{\varphi\} \vdash (\neg\varphi).$$

依据上面的结论以及演绎定理 (定理 4.1), 得到

$$\Gamma \vdash (\varphi \to (\neg\varphi)).$$

由否定之否定律 $\vdash ((\neg(\neg\varphi)) \to \varphi)$, 由演绎定理 (定理 4.1) $\{(\neg(\neg\varphi))\} \vdash \varphi$. 因此,

$$\Gamma \cup \{(\neg(\neg\varphi))\} \vdash (\neg\varphi).$$

再由定理 4.1, $\Gamma \vdash ((\neg(\neg\varphi)) \to (\neg\varphi))$. 由于 $(((\neg(\neg\varphi)) \to (\neg\varphi)) \to (\neg\varphi)) \in \mathbb{L}$ 是一条逻辑公理, 依此以及上述, 得到 $\Gamma \vdash (\neg\varphi)$. □

4.2.2 全体化定理

定理 4.2 (全体化定理) 设 Γ 为一组表达式, φ 是一个表达式. 又设

$$\Gamma \vdash \varphi$$

以及变元 x_i 不是 Γ 里的任何一个表达式中的自由变元. 那么 $\Gamma \vdash (\forall x_i \varphi)$.

证明 设 $\langle \theta_1, \cdots, \theta_n \rangle$ 是 Γ 关于 φ 的一个证明.

用归纳法证明: 对于任何的 $1 \leqslant j \leqslant n, \Gamma \vdash (\forall x_i \theta_j)$.

首先, 假定 $\theta_j \in \Gamma$. 因为 x_i 不是 θ_j 的一个自由变元, 有一条相应的逻辑公理, 无关量词引入法则:

$$(\theta_j \to (\forall x_i \theta_j)) \in \mathbb{L}.$$

因此, $\langle \theta_j, (\theta_j \to (\forall x_i \theta_j)), (\forall x_i \theta_j) \rangle$ 就是一个所要的证明.

其次, 假定 $\theta_j \in \mathbb{L}$. 由全域化法则, $(\forall x_i \theta_j) \in \mathbb{L}$. 所以, $\vdash (\forall x_i \theta_j)$.

最后, 假定有两比较小的指标 $i_1 < j$, $i_2 < j$ 而且 θ_{i_2} 就是 $(\theta_{i_1} \to \theta_j)$. 由归纳假设

$$\Gamma \vdash (\forall x_i \theta_{i_1})$$

以及

$$\Gamma \vdash (\forall x_i (\theta_{i_1} \to \theta_j)).$$

此时注意到全称量词分配律是一条逻辑公理:

$$((\forall x_i (\theta_{i_1} \to \theta_j)) \to ((\forall x_i \theta_{i_1}) \to (\forall x_i \theta_j))) \in \mathbb{L}.$$

综合上所述, 得到 $\Gamma \vdash (\forall x_i \theta_j)$. □

4.2.3 常元省略定理

在数学研究的实践中, 我们常引进一些新的常元记号、函数符号、谓词符号. 一个很自然的问题就是:

问题 4.2 这样做会不会影响我们的数学理论? 如果会, 那么这种影响又是在什么层次上?

一阶逻辑理论中有专门的定理来回答这样的问题. 在这里, 我们只叙述常元符号省略定理, 此定理在后面的证明中会用到.

下面的常元省略定理揭示的是除非一个常元符号在某个前提条件中出现, 证明之中大可不必引进任何新的常元, 结论中没有在前提条件中出现的常元完全可以用一个适当的全域化变元取代. 也就是说, 在推理中, 如果一个常元符号只在结论中出现而不在任何前提条件中出现, 那么这个常元符号可以省略, 可以用一个全域化

变元取而代之, 并且可以找到一个中间步骤中不含任何不在前提条件或者新结论中出现的常元符号的证明. 在哥德尔完备性定理的证明中, 我们需要有计划、有步骤地引进新的常元符号. 这个常元省略律对于后面我们控制常元符号按照需要有步骤地引进至关重要.

定理 4.3 (常元省略定理) 设 Γ 是语言 $\mathcal{L}$ 的一个表达式集合, φ 是 $\mathcal{L}$ 的一个表达式. 假设

(1) $\Gamma \vdash \varphi$;

(2) c_i 是一个没有在 Γ 中的任何表达式里出现的常元符号;

(3) x_j 是一个没有在表达式 φ 中自由出现的变元符号, 而且 x_j 在表达式 φ 中可以替换 c_i.

那么, $\Gamma \vdash (\forall x_j\, \varphi(c_i; x_j))$; 并且 $(\forall x_j\, \varphi(c_i; x_j))$ 可以由一个满足下面要求的 Γ-证明 $\langle \varphi_1, \cdots, \varphi_n \rangle$ 推得:

(1) 对于每一个 $1 \leqslant m \leqslant n$ 而言, c_i 都不在表达式 φ_m 中出现;

(2) 对于每一个 $1 \leqslant m < n$, 若常元符号 c_k 在 φ_m 中出现, 那么

(a) 或者 c_k 在 $(\forall x_j\, \varphi(c_i; x_j))$ 中出现;

(b) 或者 c_k 在 Γ 中的某个表达式里出现.

在证明常元省略定理之前, 我们先证两个引理. 这两个引理实际上表明我们总可以用完全新的变元分别替换结论中原有的变元或者出现在证明中的常元符号, 而不改变定理或证明的可靠性.

引理 4.1 (量词变更引理) 设 φ 是一个 $\mathcal{L}$ 表达式, 变元符号 x_i 在 φ 中可以替换变元符号 x_j, 并且 x_i 不在表达式 $(\forall x_j\, \varphi)$ 中自由出现. 那么

$$\vdash ((\forall x_j\, \varphi) \to (\forall x_i\, \varphi(x_j; x_i))).$$

证明 根据逻辑公理中的特化原理 (定义 4.1(2)), 表达式

$$((\forall x_j\, \varphi) \to \varphi(x_j; x_i))$$

是一条逻辑公理. 依照演绎定理 (定理 4.1),

$$\{(\forall x_j\, \varphi)\} \vdash \varphi(x_j; x_i).$$

由于 x_i 不在 $(\forall x_j\, \varphi)$ 中自由出现, 应用全体化定理 (定理 4.2), 得到

$$\{(\forall x_j\, \varphi)\} \vdash (\forall x_i\, \varphi(x_j; x_i)).$$

再应用演绎定理 (定理 4.1),

$$\vdash ((\forall x_j\, \varphi) \to (\forall x_i\, \varphi(x_j; x_i))). \qquad \square$$

引理 4.2 (常元省略引理) 假设 Γ 是一个表达式集合, 并且常元符号 c_i 不在 Γ 中的任何表达式里出现. 如果

$$\langle\theta_1, \cdots, \theta_n\rangle$$

是一个 Γ-证明, 并且变元符号 x_j 不在这个证明中的任何表达式 $\theta_m (1 \leqslant m \leqslant n)$ 里出现, 那么

$$\langle\theta_1(c_i; x_j), \cdots, \theta_n(c_i; x_j)\rangle$$

还是一个 Γ-证明.

证明 首先, 注意两点: 如果 $\varphi \in \Gamma$, 那么 $\varphi(c_i; x_j)$ 依旧还是表达式 φ 自身 (因为所示替换并没有实际发生); 如果 ψ 是一条逻辑公理, 并且 x_j 并没有在 ψ 中出现, 那么 $\psi(c_i; x_j)$ 依旧是一条逻辑公理 (验证留着练习).

其次, 注意到, 如果 φ_1 和 φ_2 是两个 $\mathcal{L}$ 表达式, 那么表达式

$$(\varphi_1 \to \varphi_2)(c_i; x_j)$$

与表达式

$$(\varphi_1(c_i; x_j) \to \varphi_2(c_i; x_j))$$

其实是同一个表达式.

最后, 依关于 $m \leqslant n$ 的归纳法, 每一个

$$\langle\theta_1(c_i; x_j), \cdots, \theta_m(c_i; x_j)\rangle$$

都是一个 Γ-证明. □

证明 现在证明定理 4.3 常元省略定理.

假设定理的各个给定条件.

先证 $\Gamma \vdash (\forall x_j\, \varphi(c_i; x_j))$.

令 $\langle\theta_1, \cdots, \theta_n\rangle$ 为 φ 的一个 Γ-证明. 由于这 n 个表达式中出现的变元总量是一个自然数, 令 x_k 为一个下标足够大的不出现在这个证明中的任何一个表达式里的新变元符号. 令

$$\Gamma_0 = \{\theta_m \mid 1 \leqslant m \leqslant n\} \cap \Gamma.$$

根据引理 4.2 常元省略引理,

$$\langle\theta_1(c_i; x_k), \cdots, \theta_n(c_i; x_k)\rangle$$

为 $\varphi(c_i; x_k)$ 的一个 Γ_0-证明. 根据全体化定理 (定理 4.2),

$$\Gamma_0 \vdash (\forall x_k\, \varphi(c_i; x_k)).$$

由于 x_j 在 φ 中可以替换 c_i, 并且不在 φ 中自由出现, x_j 可以在 $\varphi(c_i;x_k)$ 中替换 x_k, 并且 x_j 不在

$$(\forall x_k\, \varphi(c_i;x_k))$$

中自由出现, 依照上面的量词变更引理,

$$\vdash ((\forall x_k\, \varphi(c_i;x_k)) \to (\forall x_j\, \varphi(c_i;x_k)(x_k;x_j))).$$

由于 $\varphi(c_i;x_k)(x_k;x_j)$ 就是 $\varphi(c_i;x_j)$, 得到

$$\vdash ((\forall x_k\, \varphi(c_i;x_k)) \to (\forall x_j\, \varphi(c_i;x_j))).$$

于是, $\Gamma_0 \vdash (\forall x_k\, \varphi(c_i;x_k))$ 以及

$$\Gamma_0 \vdash ((\forall x_k\, \varphi(c_i;x_k)) \to (\forall x_j\, \varphi(c_i;x_j))).$$

从而 $\Gamma_0 \vdash (\forall x_j\, \varphi(c_i;x_j))$.

再证定理的第二个结论. 设 $\langle\theta_1,\cdots,\theta_n\rangle$ 为 $(\forall x_j\, \varphi(c_i;x_j))$ 的一个 Γ-证明.

如果 $1 \leqslant m < n$, c_k 出现在 θ_m 中, 但是既不出现在 $(\forall x_j\, \varphi(c_i;x_j))$ 之中, 也不出现在 Γ 的任何表达式中, 像上面那样取一个全新的变元符号 x_{k_1} 来保证 x_{k_1} 不会出现在这个证明的任何一个表达式中, 根据引理 4.2 常元省略引理,

$$\langle\theta_1(c_k;x_{k_1}),\cdots,\theta_n(c_k;x_{k_1})\rangle$$

就是 $(\forall x_j\, \varphi(c_i;x_j))$ 的一个 Γ-证明.

以此类推, 从 $1 \leqslant m < n$, 顺序地将那些出现在 θ_m 中, 但是既不出现在 $(\forall x_j\, \varphi(c_i;x_j))$ 之中, 也不出现在 Γ 的任何表达式中的常元替换掉, 最后就得到我们所需要的证明. □

4.2.4 等式定理

定理 4.4 (等式定理)　*设 φ 是一个不带量词符号的表达式. 又设 $\sigma_1,\cdots,\sigma_n$ 和 $\tau_1,\cdots,\tau_n$ 为两组项. 那么对于任意一组不在任何一个项 $\tau_i,\sigma_i(1\leqslant i\leqslant n)$ 中出现的变元符号 $x_{m_1},\cdots,x_{m_n}$ 都一定有*

$$\{(\tau_i \doteq \sigma_i) \mid 1\leqslant i\leqslant n\} \cup \{\varphi(x_{m_1},\cdots,x_{m_n};\tau_1,\cdots,\tau_n)\} \vdash \varphi(x_{m_1},\cdots,x_{m_n};\sigma_1,\cdots,\sigma_n).$$

证明　用关于 n 的归纳法来证明等式定理.

归纳假设: 等式定理对于所有的 $m < n$ 和所有的不带任何量词的表达式都成立.

由归纳假设, 令 $\Gamma_0=\{(\tau_i\hat{=}\sigma_i)\mid 1\leqslant i<n\}\cup\{\varphi(x_{m_1},\cdots,x_{m_{n-1}};\tau_1,\cdots,\tau_{n-1})\}$, 则

$$\Gamma_0\vdash\varphi(x_{m_1},\cdots,x_{m_{n-1}};\sigma_1,\cdots,\sigma_{n-1}).$$

根据演绎定理 (定理 4.1), 令 $\Gamma_1=\{(\tau_i\hat{=}\sigma_i)\mid 1\leqslant i<n\}$, 则

$$\Gamma_1\vdash(\varphi(x_{m_1},\cdots,x_{m_{n-1}};\tau_1,\cdots,\tau_{n-1})\to\varphi(x_{m_1},\cdots,x_{m_{n-1}};\sigma_1,\cdots,\sigma_{n-1})).$$

由于 x_{m_n} 不在左边所涉及的任何项中出现, 根据全体化定理 (定理 4.2),

$$\Gamma_1\vdash(\forall x_{m_n}(\varphi(x_{m_1},\cdots,x_{m_{n-1}};\tau_1,\cdots,\tau_{n-1})\to\varphi(x_{m_1},\cdots,x_{m_{n-1}};\sigma_1,\cdots,\sigma_{n-1}))).$$

应用逻辑公理中的特化原理 (定义 4.1(2)), 得到

$$\{(\tau_i\hat{=}\sigma_i)\mid 1\leqslant i<n\}\vdash\left(\begin{array}{r}\varphi(x_{m_1},\cdots,x_{m_{n-1}};\tau_1,\cdots,\tau_{n-1})(x_{m_n};\sigma_n)\to\\ \varphi(x_{m_1},\cdots,x_{m_{n-1}};\sigma_1,\cdots,\sigma_{n-1})(x_{m_n};\sigma_n)\end{array}\right).$$

因为假设所涉及的变元符号在所涉及的项中都不出现, 上面的关系式可以写成

$$\{(\tau_i\hat{=}\sigma_i)\mid 1\leqslant i<n\}\vdash\left(\begin{array}{r}\varphi(x_{m_1},\cdots,x_{m_n};\tau_1,\cdots,\tau_{n-1},\sigma_n)\to\\ \varphi(x_{m_1},\cdots,x_{m_n};\sigma_1,\cdots,\sigma_n)\end{array}\right).\tag{4.1}$$

取一个既不在所有涉及的项中出现, 又不在 φ 中出现的变元符号 x_k(k 足够大就行). 应用逻辑公理中的等同律 (定义 4.1(7)), 有

$$\left(\begin{array}{r}(x_{m_n}\hat{=}x_k)\to(\varphi(x_{m_1},\cdots,x_{m_{n-1}};\tau_1,\cdots,\tau_{n-1})\to\\ \varphi(x_{m_1},\cdots,x_{m_{n-1}};\tau_1,\cdots,\tau_{n-1})(x_{m_n};x_k))\end{array}\right)\in\mathbb{L}.$$

将上面的逻辑公理记成表达式 ψ. 那么由逻辑公理中的全域化法则 (定义 4.1(5)),

$$(\forall x_{m_n}(\forall x_k\psi))\in\mathbb{L},$$

又由逻辑公理中的特化原理 (定义 4.1(2)),

$$((\forall x_{m_n}(\forall x_k\psi))\to\psi(x_{m_n},x_k;\tau_n,\sigma_n))\in\mathbb{L}.$$

于是, 令 $\theta(x_{m_n},x_k)$ 为等式 $(x_{m_n}\hat{=}x_k)$,

$$\vdash\left(\theta(x_{m_n},x_k)\to\left(\begin{array}{l}\varphi(x_{m_1},\cdots,x_{m_{n-1}};\tau_1,\cdots,\tau_{n-1})\to\\ \varphi(x_{m_1},\cdots,x_{m_{n-1}};\tau_1,\cdots,\tau_{n-1})(x_{m_n};x_k)\end{array}\right)\right)(x_{m_n},x_k;\tau_n,\sigma_n).$$

实现替换之后, 得到

$$\vdash\left((\tau_n\hat{=}\sigma_n)\to\left(\begin{array}{l}\varphi(x_{m_1},\cdots,x_{m_n};\tau_1,\cdots,\tau_n)\to\\ \varphi(x_{m_1},\cdots,x_{m_n};\tau_1,\cdots,\tau_{n-1},\sigma_n)\end{array}\right)\right).$$

由演绎定理 (定理 4.1), 有

$$\{(\tau_n \hat{=} \sigma_n)\} \vdash \begin{pmatrix} \varphi(x_{m_1}, \cdots, x_{m_n}; \tau_1, \cdots, \tau_n) \to \\ \varphi(x_{m_1}, \cdots, x_{m_n}; \tau_1, \cdots, \tau_{n-1}, \sigma_n) \end{pmatrix}. \tag{4.2}$$

将上面的两个关系式 (4.1) 和 (4.2) 结合起来, 有

$$\{(\tau_i \hat{=} \sigma_i) \mid 1 \leqslant i \leqslant n\} \vdash \begin{pmatrix} \varphi(x_{m_1}, \cdots, x_{m_n}; \tau_1, \cdots, \tau_n) \to \\ \varphi(x_{m_1}, \cdots, x_{m_n}; \sigma_1, \cdots, \sigma_n) \end{pmatrix}.$$

令 $\Gamma_2 = \{(\tau_i \hat{=} \sigma_i) \mid 1 \leqslant i \leqslant n\} \cup \{(\varphi(x_{m_1}, \cdots, x_{m_n}; \tau_1, \cdots, \tau_n)\}$, 再应用演绎定理 (定理 4.1), 得到

$$\Gamma_2 \vdash \varphi(x_{m_1}, \cdots, x_{m_n}; \sigma_1, \cdots, \sigma_n)).$$

□

4.3　逻 辑 结 论

4.3.1　可满足性

2.3.2 小节定义过在一个表达式 φ, 一个结构 $\mathcal{M} = (M, I)$ 和一个赋值映射 ν 三者之间什么是这个表达式 φ 在这个赋值结构 $(\mathcal{M}, \nu)$ 中得到满足, 或者说这个赋值结构 $(\mathcal{M}, \nu)$ 满足这个表达式, $(\mathcal{M}, \nu) \models \varphi$. 也有过这样的例子: 在同一个结构中, 一个表达式既可以被一些赋值所满足也可以被另外一些赋值所否定.

我们不仅对一个表达式是否在一个赋值结构中得到满足感兴趣, 实际上, 我们对一个表达式集合是否在一个赋值结构中得到满足更感兴趣.

定义 4.6 (可满足性)　*设 Γ 是表达式的一个集合. Γ 是可满足的, 当且仅当 Γ 中的每一个表达式都一起在某一个赋值结构中得到满足, 即有某一个赋值结构 $(\mathcal{M}, \nu)$ 来满足 Γ 中的每一个表达式 φ:*

$$(\mathcal{M}, \nu) \models \varphi.$$

4.3.2　真实性与模型

有这样的例子: 在同一个结构里, 一个表达式既可以被某些赋值所满足, 也可以被某些赋值所不满足. 我们也知道, 一个语句在一个结构中要么不被任何赋值所满足, 要么被所有的赋值所满足. 这是语句所具有的关于全体赋值映射的一种 "全体性". 自然要问, 除了语句之外, 是否还有并非语句的表达式也具有这样的全体性? 比如说, 表达式 $(x_1 \hat{=} x_1)$ 就有这样的全体性. 还应当注意到, 这个表达式不仅一个给定的结构中具有这种全体性, 而且对任何一个一阶结构都具有这样的全体性. 我们把一个表达式在某一个结构中所具有的这种全体性称为真实性; 把在每一个结

构中都具有的这种全体性称为普遍真实性 (validity). 这种区分是必要的, 因为某些表达式或者语句只具有在某些结构中的真实性, 而不具有普遍真实性. 比如说, 考虑二元函数符号 $F_\times$, 表达式

$$(F_\times(x_1,x_2)\hat{=}F_\times(x_2,x_1))$$

表明它所命名的二元函数具有可交换性. 因此, 在任何一个交换群里, 这个表达式就是真实的; 在任何一个非交换群里, 它就不是真实的. 所以, 普遍真实性、真实性、可满足性是依次前者比后者强的概念.

在命题演算中有恒真表达式或重言式, 也就是说, 无论应用什么样的真假赋值函数来计算这种表达式的逻辑值所得到的都是真值. 在一阶逻辑谓词演算中, 与恒真表达式相对应的概念就是普遍真实性: 无论一个什么样的一阶语言结构, 无论一个怎样的赋值, 这种表达式都会在那里被满足. 无论是命题逻辑中的重言式, 还是一阶逻辑谓词演算中的普遍真实表达式, 都是我们通常所说的那种一阶表达式下的绝对真理.

定义 4.7 (真实性与模型) (1) 对于一个给定的语言 $\mathcal{L}$ 来说, 它的一个表达式 φ 在它的一个结构 $\mathcal{M}$ 中是真实的 (valid in $\mathcal{M}$) 当且仅当对于任何一个 $\mathcal{M}$ 赋值映射 ν 都有

$$(\mathcal{M},\nu)\models\varphi.$$

也就是说, 无论关于表达式 φ 中的变元符号如何赋值, φ 抽象地表述的性质在这个结构中都是成立的. 当一个表达式 φ 在一个结构 $\mathcal{M}$ 中是真实的时候, 称 $\mathcal{M}$ 是 φ 的一个模型, 并记成 $\mathcal{M}\models\varphi$.

(2) 对于一个给定的语言 $\mathcal{L}$ 来说, 它的一个表达式的集合 Γ 在它的一个结构 $\mathcal{M}$ 中是真实的当且仅当对于 Γ 中的每一个表达式 φ, 对于任何一个 $\mathcal{M}$ 赋值映射 ν 都有

$$(\mathcal{M},\nu)\models\varphi.$$

此时, 称 $\mathcal{M}$ 是 Γ 的一个模型, 并记成 $\mathcal{M}\models\Gamma$.

注意: 如果一个表达式集合 Γ 中的表达式都是语句, 那么 Γ 是可满足的当且仅当 Γ 有一个模型.

定义 4.8 (普遍真理) (1) 对于一个给定的语言 $\mathcal{L}$ 来说, 它的一个表达式 φ 是**普遍真实**的当且仅当它在这一语言的每一个结构中都是真实的. 对于表达式 φ 的普遍真实性, 用记号 $\models\varphi$ 来表示;

(2) 对于一个给定的语言 $\mathcal{L}$ 来说, 它的一个表达式集合 Γ 是普遍真实的当且仅当它在这一语言的每一个结构中都是真实的. 对于表达式集合 Γ 的普遍真实性, 用记号 $\models\Gamma$ 来表示.

例 4.1　(1) $(x_1 \hat{=} x_1)$ 就是一个普遍真实的表达式;

(2) 如果 $\mathcal{M} = (M, I)$ 是一个 M 中至少有两个元素的结构, 那么表达式

$$(x_1 \hat{=} x_2)$$

在 $\mathcal{M}$ 中就不会是真实的.

由定义可以看出, 如果一个语句在一个结构里被满足, 那么这个语句在这个结构里就是真实的; 反之亦然. 一个表达式 $\varphi(x_1, \cdots, x_n)$ 在结构 $\mathcal{M} = (M, I)$ 中是真实的当且仅当 $\varphi(x_1, \cdots, x_n)$ 的全称语句

$$(\forall x_n (\cdots (\forall x_1\ \varphi) \cdots))$$

在 $\mathcal{M}$ 中被满足. 因此, 在一个结构中, 一个真实的表达式所揭示的就是这个结构的论域中个体的一种共性.

定义 4.9　设 $\mathcal{L}_A$ 为一个一阶语言, $\varphi(x_1, \cdots, x_n)$ 为 $\mathcal{L}_A$ 的一个表达式. 表达式 $\varphi(x_1, \cdots, x_n)$ 的全域化语句是如下语句之一:

$$(\forall x_{i_1} (\cdots (\forall x_{i_n}\ \varphi) \cdots))$$

其中, $(i_1 i_2 \cdots i_n)$ 是 $(12 \cdots n)$ 的一个置换.

这样, 一个表达式是否在一个结构里是真实的就看它的全域化是否在那个结构中得到满足.

4.3.3　逻辑结论

定义 4.10 (相对真理)　对于一个给定的语言 $\mathcal{L}$, 它的一个表达式的集合 Γ, 以及它的一个表达式 φ 来说, φ 是 Γ 的一个**逻辑结论**, φ**相对于**Γ**普遍真实**, φ 是 Γ 的**相对真理**, 记成

$$\Gamma \models \varphi,$$

当且仅当对于每一个 $\mathcal{L}$ 结构 $\mathcal{M}$, 对于每一个 $\mathcal{M}$-赋值 ν, 如果 $(\mathcal{M}, \nu) \models \Gamma$, 那么 $(\mathcal{M}, \nu) \models \varphi$.

例 4.2　(1) 如果 Γ 是一个不可满足的表达式集合, 那么任何一个表达式 φ 都是 Γ 的逻辑结论.

(2) 如果 φ 和 $(\varphi \to \psi)$ 是两个表达式, 那么

$$\{\varphi, (\varphi \to \psi)\} \models \psi.$$

同样由定义可以看出, 一个表达式 φ 是一个表达式集合 Γ 的逻辑结论, 当且仅当 Γ 的可满足性一定保证 φ 的可满足性; 一个语句 φ 是一个语句集合 Γ 的逻辑结

论, 当且仅当 Γ 的真实性一定保证 φ 的真实性 (Γ 的任何一个模型都一定是 φ 的一个模型). 一个表达式是普遍真实的当且仅当它是空集的一个逻辑结论. 任何两个普遍真实的表达式都彼此是对方的一个逻辑结论.

一个普遍真实的表达式对于任何一个具体的结构来说都不会提供任何特别的信息. 但是, 所有这些普遍真实的表达式的全体组成了一个非常有趣的集合.

将选择一些普遍真实的表达式作为我们的逻辑公理, 并且我们还将看到每一个普遍真实的表达式都可以从这些选定的逻辑公理按照一定的逻辑规则推理出来. 当给定一组非逻辑公理 (一个非空的表达式的集合)Γ 时, 它的每一个逻辑结论也可以从这些选定的逻辑公理与非逻辑公理按照一定的逻辑规则推理出来; 反之亦然. 这就是哥德尔完备性定理 (具体内容见 4.4.2 小节) 的内容.

4.3.4 基本问题

问题 4.3 (基本问题一) 对于一个表达式集合 Γ 而言, 它的可满足性与它的一致性之间有任何联系吗? 如果有, 又有着什么样的联系呢?

问题 4.4 (基本问题二) 给定一个非逻辑公理的集合 Γ, 它的定理的集合与它的逻辑结论的集合之间有什么样的关系呢?

问题 4.5 (基本问题三) (1) 怎样有效地判别一个给定的一阶理论 T 是否一致?

(2) 怎样有效地判别一个给定语句 θ 是一个一阶理论 T 的逻辑结论?

(3) 4.3.5 小节里那些一阶理论的例子中, 哪些是一致的? 哪些是非一致的?

很快就会看到, 上述问题的一些答案会是哥德尔完备性定理的内容.

后面会发现, 当一定客观现实条件成立, 也就是被某种赋值结构所满足时, 当着具备这些条件的例子存在的时候, 这些条件必然是一致的. 这显示出我们的推理系统是一个可靠的系统. 反过来, 我们也会看到, 当一定客观现实条件是一致的时候, 它一定会在某个赋值结构中得到满足, 也就是说, 它们一定会在某个例子中成立. 这就显示出我们的推理系统是一个完备的系统. 揭示这种完备性的是哥德尔完备性定理.

4.3.5 范例

先看一组经典一阶理论与模型的范例.

定义 4.11 (一阶理论) (1) 一个一阶 (数学) 理论是指由如下四要素组成的这样一个形式推理系统:

(a) 一个由一阶逻辑符号、等式符号、变元符号和某些特定非逻辑符号 (非逻辑符号表用 $\mathcal{A}$ 表示) 按照语言生成规则所形成的一阶语言 (用 $\mathcal{L}_{\mathcal{A}}$ 表示);

(b) 与语言 $\mathcal{L}_{\mathcal{A}}$ 相适应的逻辑公理 (即所有那些由 $\mathcal{L}_{\mathcal{A}}$ 中的表达式所表述的逻辑公理, $\mathbb{L}_{\mathcal{A}} = \mathcal{L}_{\mathcal{A}} \cap \mathbb{L}$ 便是这些逻辑公理的集合);

(c) 与语言 $\mathcal{L}_{\mathcal{A}}$ 相适应的一组语句, 即一个 $\mathcal{L}_{\mathcal{A}}$-语句的集合 T, 这些语句被称为**非逻辑公理**;

(d) 与语言 $\mathcal{L}_{\mathcal{A}}$ 相适应的形式推理 (即形式推理法则和形式推理过程中所涉及的表达式都只是 $\mathcal{L}_{\mathcal{A}}$-表达式).

(2) 一个一阶理论 T 通常由指定一组非逻辑公理来确定; 将一阶逻辑符号、等式符号、变元符号以及语言形成规则作为默认的 T 的语言部分; 也将与 T 的语言相适应的逻辑公理以及形式推理作为一种默认; T 的表达式中涉及的常元符号、函数符号以及谓词符号之集 $\mathcal{A}(T)$ 以及 T 的语言 $\mathcal{L}_{\mathcal{A}}(T)$ 都可以有 T 唯一确定.

定义 4.12 (模型) 给定一个一阶理论 T 和 T 的语言 $\mathcal{L}_{\mathcal{A}}(T)$ 的一个结构 $\mathcal{M}$, $\mathcal{M}$ 是 T 的一个模型, 记成

$$\mathcal{M} \models T,$$

当且仅当 T 的每一个非逻辑公理都在 $\mathcal{M}$ 中是真实的.

例 4.3 (1) 初等有序整数加法算术理论.

(a) 语言非逻辑符号集为 $\mathcal{A} = \{c_1, F_+, F_-, P_<\}$, 其中一个常元符号 c_1, 两个二元函数符号 F_+, F_- 和一个二元谓词符号 $P_<$.

(b) 有序整数加法算术理论 T_I 的非逻辑公理:

① $(\forall x_1(\forall x_2(P_<(x_1,x_2) \vee (x_1 \hat{=} x_2) \vee P_<(x_2,x_1))))$;

② $(\forall x_1(\neg P_<(x_1,x_1)))$;

③ $(\forall x_1(\forall x_2(\forall x_3((P_<(x_1,x_2) \wedge P_<(x_2,x_3)) \to P_<(x_1,x_3)))))$;

④ $(\forall x_1\, P_<(x_1, F_+(x_1,c_1)))$;

⑤ $(\forall x_1(\forall x_2(P_<(x_1,x_2) \to ((x_2 \hat{=} F_+(x_1,c_1)) \vee P_<(F_+(x_1,c_1),x_2)))))$;

⑥ $(\forall x_1(\forall x_2(F_+(x_1,x_2) \hat{=} F_+(x_2,x_1))))$;

⑦ $(\forall x_1(\forall x_2(\forall x_3(F_+(x_1,F_+(x_2,x_3)) \hat{=} F_+(F_+(x_1,x_2),x_3)))))$;

⑧ $(\forall x_1(\forall x_2(\forall x_3((F_+(x_1,x_3) \hat{=} F_+(x_2,x_3)) \to (x_1 \hat{=} x_2)))))$;

⑨ $(\forall x_1(\forall x_2(\forall x_3((F_-(x_1,x_2) \hat{=} x_3) \leftrightarrow (x_1 \hat{=} F_+(x_3,x_2))))))$;

⑩ $(\forall x_1(\forall x_2(x_1 \hat{=} F_+(F_-(x_1,x_2),x_2))))$;

⑪ $(\forall x_1(\forall x_2(\forall x_3(P_<(x_1,x_2) \leftrightarrow P_<(F_+(x_1,x_3),F_+(x_2,x_3))))))$.

(c) 经典有序整数加减法算术结构 $(\mathbb{Z},1,+,-,<) \models T_I$.

(2) 初等算术理论.

(a) 令 $\mathcal{A}_1 = \{c_0, F_s, F_+, F_\times, P_<\}$, 其中 c_0 是一个常元符号, F_s 是一个一元函数符号, F_+ 以及 $F_\times$ 是两个二元函数符号, $P_<$ 是一个二元谓词符号.

(b) 初等算术理论 T_N 的非逻辑公理为下述各表达式的全域化语句的全体:

① $(\neg(F_s(x_1)\hat{=}c_0))$;

② $((\neg(x_1\hat{=}c_0)) \to (\neg(\forall x_2(\neg(x_1\hat{=}F_s(x_2))))))$;

③ $((F_s(x_1)\hat{=}F_s(x_2)) \to (x_1\hat{=}x_2))$;

④ $(F_+(x_1,c_0)\hat{=}x_1)$;

⑤ $(F_+(x_1,F_s(x_2))\hat{=}F_s(F_+(x_1,x_2)))$;

⑥ $(F_\times(x_1,c_0)\hat{=}c_0)$;

⑦ $(F_\times(x_1,F_s(x_2))\hat{=}F_+(F_\times(x_1,x_2),x_1))$;

⑧ $(\neg(P_<(x_1,c_0)))$;

⑨ $(P_<(x_1,F_s(x_2)) \to ((\neg(x_1\hat{=}x_2)) \to P_<(x_1,x_2)))$;

⑩ $(((\neg(x_1\hat{=}x_2)) \to P_<(x_1,x_2)) \to P_<(x_1,F_s(x_2)))$;

⑪ $(P_<(x_1,x_2) \to P_<(F_s(x_1),F_s(x_2)))$;

⑫ $(P_<(F_s(x_1),F_s(x_2)) \to P_<(x_1,x_2))$;

⑬ $((\neg(x_1\hat{=}x_2)) \to ((\neg P_<(x_2,x_1)) \to P_<(x_1,x_2)))$.

(c) 经典的自然数结构 $(\mathbb{N},0,S,+,\cdot,<) \models T_N$.

(3) 皮阿诺算术理论.

(a) 皮阿诺算术理论 T_{PA} 的语言与初等算术理论的语言相同.

(b) 皮阿诺算术理论 T_{PA} 的非逻辑公理由两部分组成: 第一部分的公理为初等算术理论的公理 (即 T_N 的公理①~⑬); 第二部分的公理为数学归纳法模式:

⑭ 设 $\varphi(x_1,x_2,\cdots,x_n)$ 是算术语言 $\mathcal{A}_1$ 的一个表达式. 那么

$$((\varphi(x_1;c_0) \wedge (\forall x_1(\varphi(x_1) \to \varphi(x_1;F_s(x_1))))) \to (\forall x_1\varphi)).$$

(c) 经典的自然数结构 $(\mathbb{N},0,S,+,\cdot,<) \models T_{\mathrm{PA}}$.

(4) 群理论.

(a) 令 $\mathcal{A}_5=\{c_0,F_\times\}$, 其中 c_0 是一个常元符号, $F_\times$ 是两个二元函数符号.

(b) 群理论 T_g 的非逻辑公理为下述各表达式的全域化语句的全体:

① $(F_\times(x_1,F_\times(x_2,x_3))\hat{=}F_\times(F_\times(x_1,x_2),x_3))$;

② $(F_\times(x_1,c_0)\hat{=}x_1)$;

③ $(F_\times(c_0,x_1)\hat{=}x_1)$;

④ $(\exists x_2((F_\times(x_1,x_2)\hat{=}c_0) \wedge (F_\times(x_2,x_1)\hat{=}c_0)))$.

(c) 经典的整数加法结构 $(\mathbb{Z},0,+) \models T_g$.

(5) 域理论.

(a) 令

$$\mathcal{A}_3=\{c_0,c_1,F_+,F_-,F_\times,\}$$

其中 c_0, c_1 是一个常元符号, $F_+, F_\times$ 是两个二元函数符号, F_- 是一个一元函数符号.

(b) 域理论 T_F 的非逻辑公理为下述各表达式的全称量词围化语句的全体:

① $(F_+(x_1,x_2)\hat{=}F_+(x_2,x_1))$
② $(F_+(F_+(x_1,x_2),x_3)\hat{=}F_+(x_1,F_+(x_2,x_3)))$
③ $(F_+(x_1,c_0)\hat{=}x_1)$
④ $(F_+(x_1,F_-(x_1))\hat{=}c_0)$
⑤ $(F_\times(x_1,x_2)\hat{=}F_\times(x_2,x_1))$
⑥ $(F_\times(F_\times(x_1,x_2),x_3)\hat{=}F_\times(x_1,F_\times(x_2,x_3)))$
⑦ $(F_\times(x_1,c_1)\hat{=}x_1)$
⑧ $((\neg(x_1\hat{=}c_0))\to(\exists x_2(F_\times(x_1,x_2)\hat{=}c_1)))$
⑨ $(F_\times(x_1,c_0)\hat{=}c_0)$
⑩ $(F_\times(x_1,F_+(x_2,x_3))\hat{=}F_+(F_\times(x_1,x_2),F_\times(x_1,x_3)))$
⑪ $(\neg(c_0\hat{=}c_1))$

(c) 经典的实数结构 $(\mathbb{R},0,1,+,-,\cdot)\models T_F$ 以及复数结构

$$(\mathbb{C},0,1,+,-,\cdot)\models T_F.$$

(6) 代数封闭域理论, ACF.

(a) 它的语言为域理论的语言.

(b) 它的非逻辑公理包括域理论公理 (即 T_F 的公理①~⑪) 以及下面代数封闭公理:

⑫ 代数封闭公理: 对于每一个 $1\leqslant n$,
$(\forall x_{n+1}(\forall x_n(\cdots(\forall x_1((\neg(x_{n+1}\hat{=}c_0))\to(\exists x_0(\eta_{n+1}\hat{=}c_0))))\cdots)))$
其中项 η_n 的定义见例 2.9.

(c) 经典的复数结构 $(\mathbb{C},0,1,+,-,\cdot)\models$ ACF.

(7) 特征为素数 p(或为 0) 的代数封闭域理论, ACF_p, ACF_0.

(a) ACF_p 的非逻辑公理为代数封闭域的公理 (即 ACF 的公理①~⑫) 加上特征 p 公理⑬ ($p=0$ 或 p 为一素数): 除了关于特征的公理之外, 无论语言还是其余的公理, 都与特征为零的代数封闭域理论相同; 将公理 "特征为 0" 换成公理 "特征为 p":

⑬ 特征 p(p 为一素数) 公理: $(\tau_p\hat{=}c_0)$, 以及对于每一个 $1\leqslant n<p$,

$$(\neg(\tau_n\hat{=}c_0)),$$

其中 p 为一素数, 项 τ_p 的定义见例子 2.9.

⑬ 特征 0 公理: 对于每一个 $1 \leqslant n$, $(\neg(\tau_n \hat{=} c_0))$; 其中项 τ_n 的定义见例 2.9.

(b) 典型的有限域 $(\mathbb{Z}/(p\mathbb{Z}), 0, 1, +, -, \cdot)$ 就是一个特征为 p 的域; 而它的代数闭包就是 ACF_p 的模型. 复数结构 $(\mathbb{C}, 0, 1, +, -, \cdot) \models \mathrm{ACF}_0$.

(8) 有序域理论.

(a) 令

$$\mathcal{A}_2 = \{c_0, c_1, F_+, F_-, F_\times, F_{-1}, P_<\}$$

其中 c_0, c_1 是一个常元符号, $F_+, F_\times$ 是两个二元函数符号, F_- 是一个一元函数符号, $P_<$ 是一个二元谓词符号.

(b) 有序域理论 T_{OF} 的非逻辑公理为下述各表达式的全称量词闭化语句的全体:

① $(F_+(x_1, x_2) \hat{=} F_+(x_2, x_1))$

② $(F_+(F_+(x_1, x_2), x_3) \hat{=} F_+(x_1, F_+(x_2, x_3)))$

③ $(F_+(x_1, c_0) \hat{=} x_1)$

④ $(F_+(x_1, F_-(x_1)) \hat{=} c_0)$

⑤ $(F_\times(x_1, x_2) \hat{=} F_\times(x_2, x_1))$

⑥ $(F_\times(F_\times(x_1, x_2), x_3) \hat{=} F_\times(x_1, F_\times(x_2, x_3)))$

⑦ $(F_\times(x_1, c_1) \hat{=} x_1)$

⑧ $((\neg(x_1 \hat{=} c_0)) \rightarrow (\exists x_2 (F_\times(x_1, x_2)) \hat{=} c_1))$

⑨ $(F_\times(x_1, c_0) \hat{=} c_0)$

⑩ $(F_\times(x_1, F_+(x_2, x_3)) \hat{=} F_+(F_\times(x_1, x_2), F_\times(x_1, x_3)))$

⑪ $(\neg P_<(x_1, x_1))$

⑫ $((P_<(x_1, x_2) \wedge P_<(x_2, x_3)) \rightarrow P_<(x_1, x_3))$

⑬ $((\neg(x_1 \hat{=} x_2)) \rightarrow (P_<(x_1, x_2) \vee P_<(x_2, x_1)))$

⑭ $(P_<(x_1, x_2) \rightarrow P_<(F_+(x_1, x_3), F_+(x_2, x_3)))$

⑮ $((P_<(x_1, x_2) \wedge (P_<(c_0, x_3))) \rightarrow P_<(F_\times(x_1, x_3), F_\times(x_2, x_3)))$

⑯ $((P_<(x_1, x_2) \wedge (P_<(x_3, c_0))) \rightarrow P_<(F_\times(x_2, x_3), F_\times(x_1, x_3)))$

⑰ $P_<(c_0, c_1)$

(c) 有序有理数域 $(\mathbb{Q}, 0, 1, +, -, \cdot, <)$ 以及实数有序域 $(\mathbb{R}, 0, 1, +, -, \cdot, <)$ 都是理论 T_{OF} 的模型.

(9) 实代数封闭域理论 RCF.

(a) RCF 的语言为域理论的语言.

(b) 它的非逻辑公理包括域理论的公理 (即 T_F 的公理①~ ⑪) 以及下面三条公理:

⑫ 特征为 0: 对于每一个 $1 \leqslant n$, $(\neg(\tau_n \hat{=} c_0))$, 其中项 τ_n 的定义见例 2.9;

⑬ 实代数封闭公理: 对于每一个 $0 \leqslant n$,

$$(\forall x_{2n+1}(\forall x_{2n}(\cdots(\forall x_1((\neg(x_{2n+1} \hat{=} c_0)) \to (\exists x_0(\eta_{2n+1} \hat{=} c_0))))\cdots))),$$

其中项 η_{2n+1} 的定义见例 2.9;

⑭ 平方根存在公理:

$$(\forall x_1\,((\exists x_2(F_\times(x_2,x_2) \hat{=} x_1)) \vee (\exists x_2(F_\times(x_2,x_2) \hat{=} F_-(x_1))))),$$

以及 ((−1) 不是平方和)

$$\left(\forall x_0\left(\cdots\left(\forall x_n\left((\alpha_n(x_0,\cdots,x_n) \hat{=} c_0) \to \left(\bigwedge_{i=0}^{n}(x_i \hat{=} c_0)\right)\right)\right)\right)\right),$$

其中, $n \geqslant 1$, $\alpha_0(x_0)$ 是项 $F_\times(x_0,x_0)$, $\alpha_n(x_0,\cdots,x_n)$ 是项

$$F_+(\alpha_{n-1}, F_\times(x_n,x_n));$$

(c) 实数域 $(\mathbb{R},0,1,+,-,\cdot) \models \mathrm{RCF}$.

(10) 有序实代数封闭域理论 RCF_o.

(a) RCF_o 的语言为有序域理论的语言.

(b) 它的非逻辑公理包括有序域理论的公理 (即 T_{OF} 的公理①~⑰) 以及下面三条公理:

⑱ 实代数封闭公理: 对于每一个 $0 \leqslant n$,

$$(\forall x_{2n+1}(\forall x_{2n}(\cdots(\forall x_1((\neg(x_{2n+1} \hat{=} c_0)) \to (\exists x_0(\eta_{2n+1} \hat{=} c_0))))\cdots)))$$

其中项 η_{2n+1} 的定义见例 2.9;

⑲ 正数平方根存在公理: $(\forall x_1(P_<(c_0,x_1) \to (\exists x_2(F_\times(x_2,x_2) \hat{=} x_1))))$.

(c) 实数有序域 $(\mathbb{R},0,1,+,-,\cdot,<) \models \mathrm{RCF}_o$.

(11) 无端点稠密线性序理论 T_{odl}.

(a) $\mathcal{L}_A(T_{\mathrm{odl}})$ 的非逻辑符号集为 $\mathcal{A} = \{P_<\}$, $P_<$ 是一个二元谓词符号.

(b) T_{odl} 非逻辑公理为下述语句的全体:

① $(\forall x_1(\neg P_<(x_1,x_1)))$;

② $(\forall x_1(\forall x_2(\forall x_3((P_<(x_1,x_2) \wedge P_<(x_2,x_3)) \to P_<(x_1,x_3)))))$;

③ $(\forall x_1(\forall x_2((\neg(x_1 \hat{=} x_2)) \to (P_<(x_1,x_2) \vee P_<(x_2,x_1)))))$;

④ $(\forall x_1(\exists x_2\; P_<(x_1,x_2)))$;

⑤ $(\forall x_1(\exists x_2\; P_<(x_2,x_1)))$;

⑥ $(\forall x_1(\forall x_2(P_<(x_1,x_2) \to (\exists x_3\;(P_<(x_1,x_3) \wedge P_<(x_3,x_2))))))$.

(c) 有理数轴 $(\mathbb{Q},<)$ 和实数轴 $(\mathbb{R},<)$ 都是 T_{odl} 的模型.

(12) 布尔代数理论 T_{BA}.

(a) 令 $\mathcal{A}_4=\{c_0,c_1,F_s,F_+,F_\times\}$, 其中 c_0,c_1 是一个常元符号, F_s 是一个一元函数符号, F_+ 以及 $F_\times$ 是两个二元函数符号.

(b) 布尔代数理论 T_{BA} 的非逻辑公理为下述各表达式的全称量词围化语句的全体:

① $(F_+(x_1,x_2)\hat{=}F_+(x_2,x_1))$;

② $(F_+(F_+(x_1,x_2),x_3)\hat{=}F_+(x_1,F_+(x_2,x_3)))$;

③ $(F_+(x_1,c_0)\hat{=}x_1)$;

④ $(F_+(x_1,c_1)\hat{=}c_1)$;

⑤ $(F_+(x_1,F_s(x_1))\hat{=}c_1)$;

⑥ $(F_\times(x_1,x_2)\hat{=}F_\times(x_2,x_1))$;

⑦ $(F_\times(F_\times(x_1,x_2),x_3)\hat{=}F_\times(x_1,F_\times(x_2,x_3)))$;

⑧ $(F_\times(x_1,c_1)\hat{=}x_1)$;

⑨ $(F_\times(x_1,c_0)\hat{=}c_0)$;

⑩ $(F_\times(x_1,F_s(x_1))\hat{=}c_0)$;

⑪ $(F_\times(x_1,F_+(x_2,x_3))\hat{=}F_+(F_\times(x_1,x_2),F_\times(x_1,x_3)))$;

⑫ $(F_+(x_1,F_\times(x_2,x_3))\hat{=}F_\times(F_+(x_1,x_2),F_+(x_1,x_3)))$;

⑬ $(\neg(c_0\hat{=}c_1))$;

⑭ $(F_+(x_1,F_\times(x_1,x_2))\hat{=}x_1)$;

⑮ $(F_\times(x_1,F_+(x_1,x_2))\hat{=}x_1)$;

⑯ $(F_s(F_s(x_1))\hat{=}x_1)$;

⑰ $(F_s(F_+(x_1,x_2))\hat{=}F_\times(F_s(x_1),F_s(x_2)))$;

⑱ $(F_s(F_\times(x_1,x_2))\hat{=}F_+(F_s(x_1),F_s(x_2)))$.

(c) 自然数集合 $\mathbb{N}$ 的幂集 $P(\mathbb{N})$ 在集合的并、交运算下为一个布尔代数:

$$(P(\mathbb{N}),\varnothing,\mathbb{N},\cup,\cap,\bar{\ })\models T_{\text{BA}},$$

其中

$$\bar{x}=\mathbb{N}-x\ (x\in P(\mathbb{N})).$$

(13) 无原子布尔代数理论 T^d_{BA}.

(a) 令 $\mathcal{A}_5=\mathcal{A}_4\cup\{P_<\}$, 其中 $P_<$ 是一个二元谓词符号.

(b) 无原子布尔代数理论 T^d_{BA} 的非逻辑公理为布尔代数理论的全部非逻辑公理, 再加上下述语句:

⑲ $(\forall x_1(\forall x_2(P_<(x_1,x_2)\leftrightarrow((\neg(x_1\hat{=}x_2))\wedge(F_+(x_1,x_2)\hat{=}x_2)))))$;

⑳ $(\forall x_1(\exists x_2(P_<(c_0,x_1)\to(P_<(c_0,x_2)\wedge P_<(x_2,x_1)))))$.

(c) 在这里, 我们给出两个无原子可数布尔代数的例子.

(i) 令 $A=\{[r,s)\subset\mathbb{Q}\mid 0\leqslant r\leqslant s\leqslant 1\wedge r,s\in\mathbb{Q}\}$, 以及

$$B_0=\{[r_1,s_1)\cup\cdots\cup[r_n,s_n)\mid 1\leqslant n<\infty\wedge\{[r_1,s_1),\cdots[r_n,s_n)\}\subset A\}\cup\{\varnothing\}.$$

那么 $\mathbb{B}_0=(B_0,\varnothing,[0,1)\cap\mathbb{Q},\cup,\cap,^-,<)$ 是 T_{BA}^d 的一个模型, 其中,

$$\bar{x}=([0,1)\cap\mathbb{Q})-x\ (x\in B)$$

以及对于 $x,y\in B_0$,

$$x<y\ \text{当且仅当}\ (x\neq y\wedge x\cup y=y).$$

这个布尔代数被称为一个有理数区间代数.

(ii) 令 $2^{<\mathbb{N}}$ 为全体在 $\{0,1\}$ 中取值的有限序列所组成的集合. 如下定义 $2^{<\mathbb{N}}$ 上的一个偏序① $\leqslant$:

$$s\leqslant t\ \text{当且仅当}\ t=s\upharpoonright_{|t|}\quad(s,t\in 2^{<\mathbb{N}}).$$

对于每一个 $s\in 2^{<\mathbb{N}}$, 定义

$$U_s=\{t\in 2^{<\mathbb{N}}\mid t\leqslant s\}.$$

令

$$B_1=\{U_{s_1}\cup\cdots\cup U_{s_n}\mid\{s_1,\cdots,s_n\}\subset 2^{<\mathbb{N}}\wedge 1\leqslant n\}\cup\{\varnothing\}.$$

那么 $\mathbb{B}_1=(B_1,\varnothing,2^{<\mathbb{N}},\cup,\cap,^-,<)$ 是 T_{BA}^d 的一个模型, 其中, 对于 $x\in B_1$

$$\bar{x}=2^{<\mathbb{N}}-x$$

以及对于 $x,y\in B_1$,

$$x<y\ \text{当且仅当}\ (x\neq y\wedge x\subset y).$$

这个布尔代数被称为科恩代数② (准确地讲, 这个代数是科恩代数的一个稠密子代数; 科恩代数是它的完备化代数).

(14) ZFC 集合论.

(a) 集合论的非逻辑符号只有一个二元谓词符号 $P_\in$: $\mathcal{A}=\{P_\in\}$.

---

① 当且仅当 (i) $x\leqslant x$; (ii) 如果 $x\leqslant y$ 且 $y\leqslant x$, 则 $x=y$; (iii) 如果 $x\leqslant y$ 且 $y\leqslant z$, 则 $x\leqslant z$.

② 科恩 (Paul Cohen) 曾经在 1963 年应用这样的代数创立力迫方法证明了连续统假设的相对独立性.

(b) ZFC 集合论的非逻辑公理罗列如下 (临时约定在下述 9 条公理中, 用 $x_i \in x_j$ 来表示 $P_\in(x_i, x_j)$):

① 同一性公理: $(\forall x_1(\forall x_2((x_1 \hat{=} x_2) \leftrightarrow (\forall x_3(x_3 \in x_1 \leftrightarrow x_3 \in x_2)))))$;

② 配对公理: $(\forall x_1(\forall x_2(\exists x_3 \forall x_4(x_4 \in x_3 \leftrightarrow ((x_4 \hat{=} x_1) \vee (x_4 \hat{=} x_2))))))$;

③ 幂集公理: $(\forall x_1(\exists x_2(\forall x_3(x_3 \in x_2 \leftrightarrow (\forall x_4(x_4 \in x_3 \to x_4 \in x_1))))))$;

④ 并集公理: $(\forall x_1(\exists x_2(\forall x_3(x_3 \in x_2 \leftrightarrow (\exists x_4(x_4 \in x_1 \wedge x_3 \in x_4))))))$;

⑤ 无穷集存在性公理:

$$(\exists x_1(\varnothing \in x_1 \wedge (\forall x_2(x_2 \in x_1 \to x_2 \cup \{x_2\} \in x_1))));$$

⑥ 分划原理:

$$(\forall x_3(\forall x_1(\exists x_2(\forall x_3(x_3 \in x_2 \leftrightarrow (x_3 \in x_1 \wedge \varphi(x_3, x_4)))))));$$

其中 φ 是语言 $\mathcal{L}_A$ 的一个表达式;

⑦ 选择公理:

$$\left(\forall x_1 \left(\begin{array}{r}(\neg(x_1 \hat{=} \varnothing)) \to (\exists x_2((x_2 \text{ 是一个函数 }) \wedge (x_1 \subseteq \mathrm{dom}(x_2)) \wedge \\ (\forall x_3(x_3 \in x_1 \wedge ((\neg(x_3 \hat{=} \varnothing)) \to x_2(x_3) \in x_3)))))\end{array}\right)\right);$$

⑧ $\in$-极小元存在原理:

$$((\exists x_1\ \phi(x_1)) \to (\exists x_1\ (\phi(x_1) \wedge (\forall x_2\ (x_2 \in x_1 \to (\neg \phi(x_2))))))),$$

其中 $\phi(x_1)$ 是集合论语言的一个表达式, 并且变量 x_2 不是 $\phi(x_1)$ 中的一个自由变量;

⑨ 映像存在原理:

$$\left(\begin{array}{l}(\forall x_4\ (\forall x_5\ (\forall x_6\ (\phi(x_4, x_5) \wedge \phi(x_4, x_6) \to (x_5 \hat{=} x_6))))) \to \\ (\forall x_3\ (\exists x_2\ (\forall x_5\ (x_5 \in x_2 \leftrightarrow (\exists x_4\ (x_4 \in x_2 \wedge \phi(x_4, x_5)))))))\end{array}\right),$$

其中$\phi(x_4, x_5)$ 是集合论语言的一个表达式, 并且这三个变量 x_2, x_3, x_6 在表达式 $\phi(x_4, x_5)$ 中没有自由出现.

有关上述理论的模型的验证可参见前述“几个一阶语言和结构的例子”一节 (第 2.4 节).

4.4 一阶逻辑系统之完备性

4.4.1 可靠性定理

本节探讨 4.3.4 小节的基本问题二 (问题 4.4) 会有什么样的答案. 基本问题二问一个理论的定理集合与它的逻辑结论的集合之间是否存在什么本质的联系. 与这

个问题直接关联的是下面的问题:

问题 4.6　为什么我们可以接受由形式推理而得的结果? 可靠性何在?

我们可以接受由形式推理而得的结果, 就在于这种推理不会改变表达式的真实性; 不会将非真实的表达式当成真实的表达式而引进到定理的行列. 这就是这种推理的可靠性 (Soundness), 也就是我们可以充满信心地接纳由形式推理而得的结果的根本理由.

定理 4.5　定义 4.1 中所罗列的每一条逻辑公理都是一个普遍真实的表达式.

证明　设 $\varphi \in \mathbb{L}$. 设 $(\mathcal{M}, \nu)$ 是一赋值结构. 需要证明

$$(\mathcal{M}, \nu) \models \varphi.$$

情形 1: φ 是一种命题重言式. 在练习中已经讨论过.

情形 2: φ 形如 $((\forall x_i \psi) \to \psi(x_i; \tau))$, 其中 τ 在 ψ 中可以替换 x_i.

如果 $(\mathcal{M}, \nu) \not\models (\forall x_i \psi)$, 那么由定义有 $(\mathcal{M}, \nu) \models \varphi$.

故假设 $(\mathcal{M}, \nu) \models (\forall x_i \psi)$. 依照定义, 对于每一个 $\mathcal{M}$-赋值 μ, 如果 $\mu \equiv_{(\forall x_i \psi)} \nu$, 则有 $(\mathcal{M}, \mu) \models \psi$. 考虑由等式 μ^*:$\mu^*(x_i) = \bar{\nu}(\tau)$, $\mu^* \equiv_{(\forall x_i \psi)} \nu$ 所确定的赋值. 那么

$$(\mathcal{M}, \mu^*) \models \psi.$$

由替换定理 (定理 2.4), 必有 $(\mathcal{M}, \nu) \models \psi(x_i; \tau)$. 于是, $(\mathcal{M}, \nu) \models \varphi$.

情形 3: φ 形如 $((\forall x_i(\psi_1 \to \psi_2)) \to ((\forall x_i \psi_1) \to (\forall x_i \psi_2)))$, 即 φ 是一条全称量词分配律.

不失一般性, 假设 $(\mathcal{M}, \nu) \models (\forall x_i(\psi_1 \to \psi_2))$, $(\mathcal{M}, \nu) \models (\forall x_i \psi_1)$. 往证 $(\mathcal{M}, \nu) \models (\forall x_i \psi_2)$.

根据假设, 对于任何一个赋值映射 μ, 只要

$$\mu = \nu \bmod ((\forall x_i(\psi_1 \to \psi_2))),$$

一定有 $(\mathcal{M}, \mu) \models \psi_2$.

现在设 μ 是一个 $\mathcal{M}$-赋值, 而且 $\mu = \nu \bmod ((\forall x_i \psi_2))$. 需要证明 $(\mathcal{M}, \mu) \models \psi_2$. 为此, 考虑由 μ 和 ν 按照后面的方式所如后确定的赋值映射 μ^*: 对于每一个 ψ_2 中的自由变元 x_j, 令 $\mu^*(x_j) = \mu(x_j)$; 对于每一个 $(\forall x_i(\psi_1 \to \psi_2))$ 中的自由变元 x_j, 只要 x_j 不是 ψ_2 中的自由变元, 就令 $\mu^*(x_j) = \nu(x_j)$. 注意: 这里的关键点是当 μ 和 ν 对于 $(\forall x_i \psi_1)$ 中的自由变元出现赋值分歧的时候用一个新的赋值映射 μ^* 来取代 μ. 这样一来, 就可以保证 $\mu^* \equiv_{(\forall x_i(\psi_1 \to \psi_2))} \nu$. 从而一定有 $(\mathcal{M}, \mu^*) \models \psi_2$. 再由局部性确定性定理 (定理 2.3), $(\mathcal{M}, \mu) \models \psi_2$.

情形 4: φ 形如 $(\psi \to (\forall x_i \psi))$, x_i 不是 ψ 中的自由变元. 由于这是一个条件表达式, 可以假设

$$(\mathcal{M}, \nu) \models \psi$$

而不失一般性. 由局部性确定性定理 (定理 2.3), 对于任意一个赋值映射 μ, 只要 $\mu = \nu \bmod (\psi)$, 都有

$$(\mathcal{M}, \mu) \models \psi.$$

由于 x_i 不是 ψ 中的自由变元, ψ 和 $(\forall x_i \psi)$ 有完全相同的自由变元. 所以, 对于任意一个赋值映射 μ, 如果

$$\mu = \nu \mod ((\forall x_i \psi)),$$

那么 $\mu = \nu \bmod (\psi)$, 从而, $(\mathcal{M}, \mu) \models \psi$.

情形 5: φ 形如 $(\forall x_i \psi)$, 其中 $\psi \in \mathbb{L}$. 依照关于 $\mathbb{L}$ 中表达式的长度的归纳假设, 对于任意一个 $\mathcal{M}$-赋值映射 μ 都有 $(\mathcal{M}, \mu) \models \psi$. 从而, 由定义有 $(\mathcal{M}, \nu) \models (\forall x_i \psi)$.

情形 6: φ 形如 $(x_i \hat{=} x_i)$. 由定义立即得到 $(\mathcal{M}, \nu) \models \varphi$.

情形 7: φ 形如 $((x_i \hat{=} x_j) \to (\psi_1 \to \psi_2))$, 其中, x_j 在表达式 ψ_1 和 ψ_2 中可以取代 x_i, 而且在同时完成这种取代之后所得到的结果是完全相同的表达式, 即 $\psi_1(x_i; x_j)$ 和 $\psi_2(x_i; x_j)$ 是同一个表达式.

不失一般性, 假设 $(\mathcal{M}, \nu) \models (x_i \hat{=} x_j)$, 而且 $(\mathcal{M}, \nu) \models \psi_1$. 注意到, 此时 $\bar{\nu}(x_j) = \nu(x_i)$, 由替换定理 (定理 2.4), $(\mathcal{M}, \nu) \models \psi_1(x_i; x_j)$. 所以,

$$(\mathcal{M}, \nu) \models \psi_2(x_i; x_j).$$

再由替换定理 (定理 2.4), $(\mathcal{M}, \nu) \models \psi_2$. 这样, $(\mathcal{M}, \nu) \models \varphi$. □

定理 4.6 (可靠性定理) 设 Γ 为表达式的一个集合. 设 φ 为一个表达式. 如果 $\Gamma \vdash \varphi$, 那么 $\Gamma \models \varphi$.

证明 设 $(\mathcal{M}, \nu) \models \Gamma$. 用关于推理的长度的归纳法来证明:

如果 $\langle \varphi_1, \cdots, \varphi_n \rangle$ 是由 Γ 所得的一个推理, 那么 $(\mathcal{M}, \nu) \models \varphi_n$.

当 $n = 1$ 时一定有 $\varphi_n \in \Gamma \cup \mathbb{L}$.

如果 $\varphi_n \in \Gamma$, 因为 $(\mathcal{M}, \nu) \models \Gamma$, 自然有 $(\mathcal{M}, \nu) \models \varphi_n$.

如果 $\varphi_n \in \mathbb{L}$, 那么由定理 4.5, 每一条逻辑公理都是普遍真实的. 尤其是, 必有 $(\mathcal{M}, \nu) \models \varphi_n$.

如果存在 $i < n, j < n$ 来满足这样的要求: 表达式 φ_j 是表达式 $(\varphi_i \to \varphi_n)$, 那么根据归纳假设, 对于这样的 i 和 j, 都有 $(\mathcal{M}, \nu) \models \varphi_i$, $(\mathcal{M}, \nu) \models \varphi_j$, 再由定义, 即得 $(\mathcal{M}, \nu) \models \varphi_n$. □

由可靠性定理 (定理 4.6), 可以得到关于基本问题一 (问题 4.3) 的一个答案:

定理 4.7 设 Γ 是表达式的一个集合. 如果 Γ 是可满足的, 那么 Γ 是一致的.

证明 若其不然, 必有一个表达式 φ 满足 $\Gamma \vdash \varphi$ 而且 $\Gamma \vdash (\neg\varphi)$. 由于 Γ 是可满足的, 取 $(\mathcal{M}, \nu) \models \Gamma$. 由前述可靠性定理, 必有 $(\mathcal{M}, \nu) \models \varphi$ 而且 $(\mathcal{M}, \nu) \models (\neg\varphi)$. 这是一个矛盾. □

4.4.2 哥德尔完备性定理

4.4.1 小节中可靠性定理 (定理 4.6) 表明: 给定一个理论, 它的每一个定理一定是它的一个逻辑结论; 从而, 它的一个推论 (定理 4.7) 更揭示出任何一个有模型的理论必然是一致的.

反过来呢? 它们的逆命题成立吗?

这个问题的答案由哥德尔完备性定理① 给出.

定理 4.8 (哥德尔完备性定理——第一种形式) *给定表达式的任意一个集合 Γ 和任意一个表达式 φ, 必有*

$$(\Gamma \vdash \varphi) \iff (\Gamma \models \varphi).$$

哥德尔完备性定理还有另外一种形式.

定理 4.9 (哥德尔完备性定理——第二种形式) *对于任意一个表达式的集合 Γ, Γ 是一致的当且仅当 Γ 是可满足的.*

由此, 如果 T 是一个一阶理论, 那么 T 是一致的当且仅当 T 有一个模型.

为了完成哥德尔完备性定理的证明, 分成三个部分来讨论. 在 (已经完成的) 第一部分, 先证明可靠性定理、演绎定理和全体化定理, 并且由可靠性定理, 将得到可满足性蕴涵了一致性; 在第二部分, 证明在一个足够丰富的语言里, 任何一个自显存在的极大一致表达式集合都可以被满足; 然后, 证明任何一个一致的表达式集合都可以扩展成一个自显存在的极大一致表达式集合. 最后, 会看到哥德尔完备性定理的第一种形式可以由第二种形式导出 (事实上, 它们等价).

4.4.3 极大一致性

定义 4.13 (极大一致) *设 Γ 是一个一致的表达式集合. 称 Γ 为极大一致当且仅当对于任何一个表达式 φ, $\varphi \in \Gamma$ 或者 $\Gamma \cup \{\varphi\}$ 是不一致的.*

引理 4.3 *设 Γ 是一个极大一致的表达式的集合, 那么对于任意的一个表达式 φ,*

(1) 若 $\Gamma \vdash \varphi$, 则 $\varphi \in \Gamma$;

(2) 或者 $\varphi \in \Gamma$, 或者 $(\neg\varphi) \in \Gamma$;

(3) 如果 $\varphi \in \Gamma$, 且 $(\varphi \to \psi) \in \Gamma$, 那么 $\psi \in \Gamma$.

---

① 哥德尔 (Kurt Gödel). 哥德尔完备性定理 (Completeness Theorem) 揭示的是一阶逻辑的完备性 (completeness), 即每一个相对真理一定能够被形式地推导出来. 哥德尔还有两个著名的 “不完全性定理”(Incompleteness Theorem). 哥德尔不完全性定理揭示的是某些具体的关于自然数的理论不具有完全性. 为了尽量减少误会, 我们将涉及逻辑系统的英文中的 completeness 一律译称为 “完备性”; 而对于涉及各个具体一阶理论的英文中的 completeness 一律译称为 “完全性”. 这样, 我们便能够谈系统的完备性和理论的完全性. 当说到哥德尔完备性定理和哥德尔不完全性定理时, 人们便不会产生误会; 否则, 一会我们说 “哥德尔完全性定理”, 一会又说 “哥德尔不完全性定理”, 人们自然产生疑问: 到底完全, 还是不完全?

证明 给定一个极大一致的 Γ 和一个表达式 φ.

(1) 假设 $\Gamma \vdash \varphi$. 证明 $\Gamma \cup \{\varphi\}$ 是一致的, 从而 Γ 的极大一致性就保证 $\varphi \in \Gamma$.

假如不然, 由这一个表达式集合一定可以推理出某一个 θ 以及它的否定 $(\neg\theta)$. 由演绎定理得到

$$\Gamma \vdash (\varphi \to \theta)$$

以及

$$\Gamma \vdash (\varphi \to (\neg\theta)).$$

因为 $\Gamma \vdash \varphi$, 立即有 $\Gamma \vdash \theta$ 以及 $\Gamma \vdash (\neg\theta)$. 这就与 Γ 是一致的假设相矛盾.

(2) 假定 $(\neg\varphi) \notin \Gamma$. 由极大一致性, $\Gamma \cup \{(\neg\varphi)\}$ 一定是不一致的.

依据归谬法原理 (推论 4.1(1)), $\Gamma \vdash \varphi$. 由 (1) 就得到 $\varphi \in \Gamma$. □

4.4.4 自显存在特性

定义 4.14 *一个表达式集合 Γ 是自显存在的 (具有亨卿 (Henkin) 特性) 当且仅当对于每一个表达式及每一个变元符号 x_i, 如果 $(\exists x_i\varphi) \in \Gamma$, 那么 Γ 中一定有一个表达式 $\varphi(x_i; c_j) \in \Gamma$, 其中 c_j 是一个常元符号.*

作为证明哥德尔完备性定理的下一步, 一个基本目标是要证明: 一个极大一致的自显存在的表达式集合一定是可满足的. 为此, 我们先来看看一个这样的赋值结构应当具备什么样的性质, 以期找到着眼点和下手的地方.

定理 4.10 (必要性) *设 $\mathcal{M} = (M, I)$ 是一个结构, ν 是 $\mathcal{M}$ 的一个赋值映射, 而且*

$$\{\nu(x_i) \mid i \in \mathbb{N}\} \subseteq \{I(c_j) \mid j \in \mathbb{N}\}.$$

令 $\Gamma = \{\varphi \mid (\mathcal{M}, \nu) \models \varphi\}$. 那么必有

(1) Γ 是极大一致的;

(2) Γ 是自显存在的当且仅当 $M_0 = \{I(c_j) \mid j \in \mathbb{N}\}$ 是 $\mathcal{M}$ 的一个同质子结构的论域.

这一定理表明: 如果要构造一个所需要的结构, 我们有一个非常典型的候选对象. 当还有足够多的常元符号可以用的时候, 我们就应当将注意力放在它们的身上.

证明 设 $(\mathcal{M}, \nu)$ 为一个如定理条件所给的赋值结构以及 Γ 如定理中所指定的表达式集合.

(1) Γ 的极大一致性.

任给一个表达式 φ, 如果 $\Gamma \vdash \varphi$, 由可靠性定理 (定理 4.6), $\Gamma \models \varphi$, 从而 $(\mathcal{M}, \nu) \models \varphi$, 以及由此

$$(\mathcal{M}, \nu) \not\models (\neg\varphi),$$

进而 $\Gamma \nvdash (\neg\varphi)$.

因此, Γ 是一致的.

接下来证明 Γ 是极大一致的, 也就是说, 如果 $\varphi \notin \Gamma$, 那么 $\Gamma \cup \{\varphi\}$ 就不是一致的.

设 $\varphi \notin \Gamma$ 为任意的一个表达式. 由 Γ 的指定, $(\mathcal{M}, \nu) \not\models \varphi$. 由此得出结论:

$$(\mathcal{M}, \nu) \models (\neg\varphi).$$

这样, $(\neg\varphi) \in \Gamma$. 由于 φ 和 $(\neg\varphi)$ 都可以由 $\Gamma \cup \{\varphi\}$ 推理出来, $\Gamma \cup \{\varphi\}$ 是不一致的.

(2)　($\Rightarrow$) 假设 Γ 是自显存在的. 往证 $M_0 = \{I(c_j) \mid j \in \mathbb{N}\}$ 是 $\mathcal{M}$ 的一个同质子结构的论域. 为此, 只需证明 M_0 合乎塔尔斯基准则, 因为依此, M_0 关于每一个 $\mathcal{M}$ 上的函数 $I(F_k)$ 就都是封闭的; 从而 I_0 就由 I 和 M_0 完全确定.

现设 $b_1, \cdots, b_n$ 是 M_0 中的元素, $\varphi(x_1, \cdots, x_{n+1})$ 是一个表达式, 以及 $A \subseteq M$ 是由 φ 和这一组参数 $b_1, \cdots, b_n$ 在 $\mathcal{M}$ 中所定义的一个非空集合:

$$a \in A \iff \mathcal{M} \models \varphi[a, b_1, \cdots, b_n].$$

往证 $A \cap M_0 \neq \varnothing$.

取 n 个常元符号 $c_{i_1}, \cdots, c_{i_n}$ 来满足 n 个要求:

$$I(c_{i_1}) = b_1, \cdots, I(c_{i_n}) = b_n.$$

由替换定理 (定理 2.4),

$$a \in A \iff \mathcal{M} \models \varphi(x_2, \cdots, x_{n+1}; c_{i_1}, \cdots, c_{i_n})[a].$$

由于 $A \neq \varnothing$, 取一个 $a \in A$. 令 ν^* 为如下定义的赋值映射:

$$\nu^*(x_1) = a, \nu^*(x_2) = I(c_{i_1}), \cdots, \nu^*(x_{n+1}) = I(c_{i_n})$$

以及当 $k > n+1$ 时, $\nu^*(x_k) = \nu(x_k)$. 由局部确定性定理 (定理 2.3),

$$(\mathcal{M}, \nu^*) \models \varphi(x_2, \cdots, x_{n+1}; c_{i_1}, \cdots, c_{i_n}).$$

所以,

$$(\mathcal{M}, \nu^*) \models (\exists x_1 \varphi(x_2, \cdots, x_{n+1}; c_{i_1}, \cdots, c_{i_n})).$$

由于 $\nu^* = \nu \bmod ((\exists x_1 \varphi(x_2, \cdots, x_{n+1}; c_{i_1}, \cdots, c_{i_n})))$, 由局部确定性定理 (定理 2.3),

$$(\mathcal{M}, \nu) \models (\exists x_1 \varphi(x_2, \cdots, x_{n+1}; c_{i_1}, \cdots, c_{i_n})).$$

从而 $(\exists x_1 \varphi(x_2, \cdots, x_{n+1}; c_{i_1}, \cdots, c_{i_n})) \in \Gamma$. 因为 Γ 是自显存在的, 必然有一个常元符号 c_{i_0} 来满足要求:

$$\varphi(x_2, \cdots, x_{n+1}; c_{i_1}, \cdots, c_{i_n})(x_1, c_{i_0}) \in \Gamma.$$

注意到上述表达式即 $\varphi(x_1, x_2, \cdots, x_{n+1}; c_{i_0}, c_{i_1}, \cdots, c_{i_n})$, 得到

$$\mathcal{M} \models \varphi(x_1, x_2, \cdots, x_{n+1}; c_{i_0}, c_{i_1}, \cdots, c_{i_n}).$$

这样一来,

$$\mathcal{M} \models \varphi[I(c_{i_0}), I(c_{i_1}), \cdots, I(c_{i_n})],$$

即 $\mathcal{M} \models \varphi[I(c_{i_0}), b_1, \cdots, b_n]$. 因此, $I(c_{i_0}) \in A \cap M_0$.

($\Leftarrow$) 现在假定 $(M_0, I_0) \prec (M, I)$. 要证明 Γ 是自显存在的.

设 $(\exists x_i \varphi) \in \Gamma$, 且 φ 中的变元以及 x_i 都在 $x_1, \cdots, x_n$ 之中. 由于

$$\{\nu(x_j) \mid j \in \mathbb{N}\} \subseteq M_0,$$

可以找到一组常元符号 $c_{k_1}, \cdots, c_{k_{i-1}}, c_{k_{i+1}}, \cdots, c_{k_n}$ 来满足如下的要求:

$$\text{对于每一个 } 1 \leqslant j \leqslant n, \text{ 如果 } j \neq i, \text{ 那么 } \nu(x_j) = I(c_{k_j}).$$

由于 $(\exists x_i \varphi) \in \Gamma$, $(\mathcal{M}, \nu) \models (\exists x_i \varphi)$. 依照替换定理 (定理 2.4),

$$\mathcal{M} \models (\exists x_i \varphi(x_1, \cdots, x_{i-1}, x_{i+1}, \cdots, x_n; c_{k_1}, \cdots, c_{k_{i-1}}, c_{k_{i+1}}, \cdots, c_{k_n})).$$

从 $\mathcal{M}_0 \prec \mathcal{M}$ 得到

$$\mathcal{M}_0 \models (\exists x_i \varphi(x_1, \cdots, x_{i-1}, x_{i+1}, \cdots, x_n; c_{k_1}, \cdots, c_{k_{i-1}}, c_{k_{i+1}}, \cdots, c_{k_n})).$$

因此, 可以取到一个 $\mathcal{M}_0$ 的赋值映射 μ 来满足如下要求:

$$(\mathcal{M}_0, \mu) \models \varphi(x_1, \cdots, x_{i-1}, x_{i+1}, \cdots, x_n; c_{k_1}, \cdots, c_{k_{i-1}}, c_{k_{i+1}}, \cdots, c_{k_n}).$$

由于 $M_0 = \{I(c_m) \mid m \in \mathbb{N}\}$, 可以取到 k_i 来满足关系式 $\mu(x_i) = I(c_{k_i})$. 再次应用替换定理 (定理 2.4), 得到

$$\mathcal{M}_0 \models \varphi(x_1, \cdots, x_{i-1}, x_{i+1}, \cdots, x_n; c_{k_1}, \cdots, c_{k_{i-1}}, c_{k_{i+1}}, \cdots, c_{k_n})(x_i; c_{k_i}).$$

注意到替换的先后顺序无关紧要, 有

$$\mathcal{M}_0 \models \varphi(x_i; c_{k_i})(x_1, \cdots, x_{i-1}, x_{i+1}, \cdots, x_n; c_{k_1}, \cdots, c_{k_{i-1}}, c_{k_{i+1}}, \cdots, c_{k_n}).$$

最后, 再由替换定理 (定理 2.4), 得到 $(\mathcal{M}_0, \nu) \models \varphi(x_i; c_{k_i})$. 由于 $\mathcal{M}_0 \prec \mathcal{M}$, 有 $(\mathcal{M}, \nu) \models \varphi(x_i; c_{k_i})$. 因此, $\varphi(x_i; c_{k_i}) \in \Gamma$.

这就证明了 Γ 是自显存在的. □

4.4.5 可满足性定理

作为哥德尔完备性定理证明的第一部曲, 我们先来证明如下可满足性定理.

定理 4.11 (可满足性定理) 极大一致的自显存在的表达式集是可满足的.

证明 现在设 Γ 是一个极大一致的自显存在的表达式集合. 下面证明 Γ 是可满足的.

证明分为两个部分. 在第一部分中我们将定义一个赋值结构 $(\mathcal{M},\nu)$. 在第二部分中我们将证明这一赋值结构满足所给的表达式集.

第一部分: 赋值结构 $\mathcal{M}=(\mathcal{M},\nu)$ 的定义.

1. 结构 $\mathcal{M}$ 的论域定义

令 $C=\{c_i\mid i\in\mathbb{N}\}$ 为全体常元符号的集合. 如下定义 C 上的一个等价关系 $\sim_\Gamma$:

$$c_i\sim_\Gamma c_j \iff (c_i\hat{=}c_j)\in\Gamma.$$

断言一: $\sim_\Gamma$ 是 C 上的一个等价关系.

首先, 对于任意一个 $i\in\mathbb{N}$, $(c_i\hat{=}c_i)\in\Gamma$. 这是因为 $(x_1\hat{=}x_1)$ 是一条逻辑公理 (定义 4.1(6)). 所以

$$(\forall x_1(x_1\hat{=}x_1))$$

也是一条逻辑公理 (定义 4.1(5)). c_i 在表达式 $(x_1\hat{=}x_1)$ 中可以替换 x_1. 因此,

$$((\forall x_1(x_1\hat{=}x_1))\rightarrow(c_i\hat{=}c_i))$$

是一条逻辑公理 (定义 4.1(2)). 从而, $\Gamma\vdash(c_i\hat{=}c_i)$. 由于 Γ 是极大一致的, $(c_i\hat{=}c_i)\in\Gamma$.

其次, 假设 $(c_i\hat{=}c_j)\in\Gamma$. 证明 $(c_j\hat{=}c_i)\in\Gamma$. 记表达式 $(x_1\hat{=}c_i)$ 为 $\varphi(x_1)$. 那么 φ 是一个不带量词的表达式, 而且 $\varphi(x_1;c_i)$ 是 $(c_i\hat{=}c_i)$, $\varphi(x_1;c_j)$ 是 $(c_j\hat{=}c_i)$. 根据等式定理 (定理 4.4), 有

$$\{(c_i\hat{=}c_j)\}\cup\{(c_i\hat{=}c_i)\}\vdash(c_j\hat{=}c_i).$$

因为 $(c_i\hat{=}c_j)\in\Gamma$, 以及 $(c_i\hat{=}c_i)\in\Gamma$, 得到 $\Gamma\vdash(c_j\hat{=}c_i)$. 由 Γ 的极大一致性, 得到结论:

$$(c_j\hat{=}c_i)\in\Gamma.$$

最后, 假设 $(c_i\hat{=}c_j)\in\Gamma$,$(c_j\hat{=}c_k)\in\Gamma$. 证明 $(c_i\hat{=}c_k)\in\Gamma$. 考虑表达式 $(x_1\hat{=}c_k)$. 有

$$(x_1\hat{=}c_k)(x_1;c_j)$$

就是 $(c_j\hat{=}c_k)$,$(x_1\hat{=}c_k)(x_1;c_i)$ 就是 $(c_i\hat{=}c_k)$. 因为 $(c_i\hat{=}c_j)\in\Gamma$, 从上面的讨论中知道 $(c_j\hat{=}c_i)\in\Gamma$. 根据等式定理 (定理 4.4), 得到

$$\{(c_j\hat{=}c_i)\}\cup\{(c_j\hat{=}c_k)\}\vdash(c_i\hat{=}c_k).$$

从而 $\Gamma\vdash(c_i\hat{=}c_k)$. 所以 $(c_i\hat{=}c_k)\in\Gamma$.

综合起来, $\sim_\Gamma$ 是 C 上的一个等价关系.

用 $[c_i]_\Gamma$ 来记 c_i 所在的等价类:

$$[c_i]_\Gamma=\{c_j\mid c_i\sim_\Gamma c_j, j\in\mathbb{N}\}.$$

那么我们的论域就是

$$M = C/{\sim_\Gamma} = \{[c_i]_\Gamma \mid i \in \mathbb{N}\}.$$

2. 结构 $\mathcal{M}$ 上的解释 I 的定义

(1) 对于每一个常元符号 c_i, 令 $I(c_i) = [c_i]_\Gamma$;

(2) 若 P_k 是一个 n-元谓词符号, 那么对于任意一个 M^n 中的元素

$$([c_{i_1}]_\Gamma, \cdots, [c_{i_n}]_\Gamma),$$

令

$$([c_{i_1}]_\Gamma, \cdots, [c_{i_n}]_\Gamma) \in I(P_k) \iff (P_k(c_{i_1}, \cdots, c_{i_n})) \in \Gamma.$$

(3) 若 F_k 是一个 n-元函数符号, 那么对于任意一个 M^n 中的元素

$$([c_{i_1}]_\Gamma, \cdots, [c_{i_n}]_\Gamma),$$

对于任意的 $[c_{i_{n+1}}]_\Gamma$, 令

$$I(F_k)([c_{i_1}]_\Gamma, \cdots, [c_{i_n}]_\Gamma) = [c_{i_{n+1}}]_\Gamma \iff (F_k(c_{i_1}, \cdots, c_{i_n}) \hat{=} c_{i_{n+1}}) \in \Gamma.$$

断言二: 每一个 $I(P_k)$ 和 $I(F_k)$ 的定义都完全独立于代表元的选取, 从而都无歧义. 也就是说, 一定有

(1) 如果 $(c_{i_1} \hat{=} c_{j_1}) \in \Gamma, \cdots, (c_{i_n} \hat{=} c_{j_n}) \in \Gamma$, 以及 $(P_k(c_{i_1}, \cdots, c_{i_n})) \in \Gamma$, 那么 $P_k(c_{j_1}, \cdots, c_{j_n}) \in \Gamma$;

(2) 如果 $(c_{i_1} \hat{=} c_{j_1}) \in \Gamma, \cdots, (c_{i_n} \hat{=} c_{j_n}) \in \Gamma, (c_{i_{n+1}} \hat{=} c_{j_{n+1}}) \in \Gamma$, 以及

$$(F_k(c_{i_1}, \cdots, c_{i_n}) \hat{=} c_{i_{n+1}}) \in \Gamma,$$

那么 $(F_k(c_{j_1}, \cdots, c_{j_n}) \hat{=} c_{j_{n+1}}) \in \Gamma$.

(1) 和 (2) 的证明仍然应用等式定理 (定理 4.4).

欲见 (1), 考虑表达式 $P_k(x_1, \cdots, x_n)$. 这是一个不带任何量词的表达式. 依据等式定理,

$$\{(c_{i_1} \hat{=} c_{j_1}), \cdots, (c_{i_n} \hat{=} c_{j_n}), P_k(c_{i_1}, \cdots, c_{i_n})\} \vdash P_k(c_{j_1}, \cdots, c_{j_n}).$$

根据 (1) 的假设, 上述就意味着 $\Gamma \vdash P_k(c_{j_1}, \cdots, c_{j_n})$. 因此, $P_k(c_{j_1}, \cdots, c_{j_n}) \in \Gamma$.

同理可得 (2), 只是此时应考虑表达式 $(F_k(x_1, \cdots, x_n) \hat{=} x_{n+1})$.

这样, 我们就定义了一个结构: $\mathcal{M} = (M, I)$.

3. $\mathcal{M}$-赋值映射 ν 的定义

接下来, 定义 $\mathcal{M}$ 上的一个赋值映射 ν. 有一个很自然的候选对象:

$$\nu(x_i) = [c_j]_\Gamma \iff (x_i \hat{=} c_j) \in \Gamma.$$

为了保证 ν 处处都有独立于代表元选取的定义, 需要解决两个问题:

(1) 对于任意一个自然数 i, 是否有一个自然数 j 来满足 $(x_i \hat{=} c_j) \in \Gamma$;

(2) 对于任意的三个自然数 i,j,k 是否都有如果 $(x_i \hat{=} c_j) \in \Gamma$ 且 $(x_i \hat{=} c_k) \in \Gamma$ 那么 $(c_j \hat{=} c_k) \in \Gamma$.

断言三 (1): 前述问题 (1) 和 (2) 都有肯定的解答.

先看 (1). 给定 $i \in \mathbb{N}$. 考虑表达式 $\varphi(x_i)$:

$$(\exists x_{i+1}(x_i \hat{=} x_{i+1})).$$

断定 $\varphi(x_i) \in \Gamma$. 否则, $(\neg\varphi(x_i)) \in \Gamma$. 也就是说,

$$(\forall x_{i+1}(\neg(x_i \hat{=} x_{i+1}))) \in \Gamma.$$

注意到 x_{i+1} 在 $(\neg(x_i \hat{=} x_{i+1}))$ 中可以由 x_i 所替换. 从而有下面的一条逻辑公理 (定义 4.1(2)):

$$((\forall x_{i+1}(\neg(x_i \hat{=} x_{i+1}))) \to (\neg(x_i \hat{=} x_i))).$$

因此, $\Gamma \vdash (\neg(x_i \hat{=} x_i))$. 但是, $(x_i \hat{=} x_i)$ 是一条逻辑公理 (定义 4.1(6)), 自然有

$$\Gamma \vdash (x_i \hat{=} x_i).$$

这表明 Γ 是不一致的. 得到一个矛盾.

因为 $\varphi(x_i) \in \Gamma$, Γ 又具有自显存在特性, 所以必有一个常元符号 c_j 来满足 $(x_i \hat{=} c_j) \in \Gamma$ 这样一个要求. 所以问题 (1) 就得到肯定的解答.

再来看问题 (2). 假定 $(x_i \hat{=} c_j) \in \Gamma$ 和 $(x_i \hat{=} c_k) \in \Gamma$. 证明 $(c_j \hat{=} c_k) \in \Gamma$. 为此, 证明 $\Gamma \vdash (c_j \hat{=} c_k)$ 就足够了.

考虑这样一个表达式 $(x_{i+1} \hat{=} c_k)$, 将其记为 $\varphi(x_{i+1})$. 由等式定理 (定理 4.4),

$$\{(x_i \hat{=} c_j)\} \cup \{\varphi(x_{i+1}; x_i)\} \vdash \varphi(x_{i+1}; c_j).$$

即 $\{(x_i \hat{=} c_j)\} \cup \{(x_i \hat{=} c_k)\} \vdash (c_j \hat{=} c_k)$. 由于 $(x_i \hat{=} c_j) \in \Gamma$, $(x_i \hat{=} c_k) \in \Gamma$, 得到 $\Gamma \vdash (c_j \hat{=} c_k)$.

这样问题 (2) 也得到肯定解答.

综合起来, 我们可以用如下表达式无歧义地定义 $\mathcal{M}$ 上的一个赋值映射 ν: 对于每一个自然数 $i \in \mathbb{N}$, 定义

$$\nu(x_i) = [c_j]_\Gamma \iff (x_i \hat{=} c_j) \in \Gamma.$$

前面的讨论表明: 问题 (1) 和 (2) 的肯定回答保证对于每一个变元符号 x_i, $\nu(x_i)$ 都有一个独立于代表元选取的定义.

为了后面的需要, 我们还需要解决 $\bar{\nu}(\tau)$ 的直接涉及 Γ 的显式计算问题.

断言三 (2): 对于任意的一个项 τ 和任意的一个常元符号 c_i,

$$\bar{\nu}(\tau) = [c_i]_\Gamma \iff (\tau \hat{=} c_i) \in \Gamma.$$

对项的长度施归纳.

当 τ 的长度为 1 时, τ 是一个变元符号 x_k 或者是一个常元符号 c_k. 若 τ 是某一个 x_k, 那么

$$\bar{\nu}(\tau) = \nu(x_k) = [c_j]_\Gamma \iff (x_k \hat{=} c_j) \in \Gamma \iff (\tau \hat{=} c_j) \in \Gamma$$

由 ν 的定义即得. 若 τ 是某一个常元符号 c_k, 那么

$$\bar{\nu}(\tau) = I(c_k) = [c_k]_\Gamma \iff (c_k \hat{=} c_k) \in \Gamma \iff (\tau \hat{=} c_k) \in \Gamma$$

由 $\bar{\nu}$ 的定义以及 $(c_k \hat{=} c_k) \in \Gamma$ 即得.

设 τ 的长度为 $n > 1$. 归纳假设为: 若 σ 是一个长度小于 n 的项, c_k 是一个常元符号, 那么

$$\bar{\nu}(\sigma) = [c_k]_\Gamma \iff (\sigma \hat{=} c_k) \in \Gamma.$$

此时, τ 一定形如 $F_i(\tau_1, \cdots, \tau_m)$, 其中 $\tau_1, \cdots, \tau_m$ 是长度小于 n 的项, F_i 是一个 m-元函数符号. 根据 $\bar{\nu}$ 的定义,

$$\bar{\nu}(\tau) = I(F_i)(\bar{\nu}(\tau_1), \cdots, \bar{\nu}(\tau_m)).$$

取一组常元符号 $c_{j_1}, \cdots, c_{j_m}$ 满足关系式组:

$$\bar{\nu}(\tau_1) = [c_{j_1}]_\Gamma, \cdots, \bar{\nu}(\tau_m) = [c_{j_m}]_\Gamma.$$

根据归纳假设,

$$(\tau_1 \hat{=} c_{j_1}) \in \Gamma, \cdots, (\tau_m \hat{=} c_{j_m}) \in \Gamma.$$

设 $\bar{\nu}(\tau) = [c_s]_\Gamma$, 要证 $(\tau \hat{=} c_s) \in \Gamma$.

这样,

$$[c_s]_\Gamma = \bar{\nu}(\tau) = I(F_i)(\bar{\nu}(\tau_1), \cdots, \bar{\nu}(\tau_m)) = I(F_i)([c_{j_1}]_\Gamma, \cdots, [c_{j_m}]_\Gamma).$$

依据 $I(F_i)$ 的定义, 有 $(F_i(c_{j_1}, \cdots, c_{j_m}) \hat{=} c_s) \in \Gamma$.

考虑表达式 $(F_i(x_{\ell+1}, \cdots, x_{\ell+m}) \hat{=} x_{\ell+m+1})$, 其中, ℓ 严格大于在项 $\tau_1, \cdots, \tau_m$ 中出现的任何变元符号 x_j 的下标 j. 应用等式定理 (定理 4.4),

$$\{(c_{j_1} \hat{=} \tau_1), \cdots (c_{j_m} \hat{=} \tau_m), (c_s \hat{=} c_s), (F_i(c_{j_1}, \cdots, c_{j_m}) \hat{=} c_s)\} \vdash (F_i(\tau_1, \cdots, \tau_m) \hat{=} c_s).$$

因此, $\Gamma\vdash(F_i(\tau_1,\cdots,\tau_m)\hat{=}c_s)$. 从而, $(F_i(\tau_1,\cdots,\tau_m)\hat{=}c_s)\in\Gamma$.

再设 $(F_i(\tau_1,\cdots,\tau_m)\hat{=}c_s)\in\Gamma$. 欲证 $\bar{\nu}(\tau)=[c_s]_\Gamma$.

同样考虑表达式 $(F_i(x_{\ell+1},\cdots,x_{\ell+m})\hat{=}x_{\ell+m+1})$, 其中, ℓ 严格大于在项 $\tau_1,\cdots,\tau_m$ 中出现的任何变元符号 x_j 的下标 j. 应用等式定理 (定理 4.4),

$$\{(\tau_1\hat{=}c_{j_1}),\cdots(\tau_m\hat{=}c_{j_m}),(c_s\hat{=}c_s),(F_i(\tau_1,\cdots,\tau_m)\hat{=}c_s)\}\vdash(F_i(c_{j_1},\cdots,c_{j_m})\hat{=}c_s).$$

因此, $\Gamma\vdash(F_i(c_{j_1},\cdots,c_{j_m})\hat{=}c_s)$. 从而, $(F_i(c_{j_1},\cdots,c_{j_m})\hat{=}c_s)\in\Gamma$. 根据 $I(F_i)$ 的定义, 有

$$I(F_i)([c_{j_1}]_\Gamma,\cdots,[c_{j_m}]_\Gamma)=[c_s]_\Gamma.$$

因此,

$$\bar{\nu}(\tau)=I(F_i)(\bar{\nu}(\tau_1),\cdots,\bar{\nu}(\tau_m))=I(F_i)([c_{j_1}]_\Gamma,\cdots,[c_{j_m}]_\Gamma)=[c_s]_\Gamma.$$

综上所述,

$$\bar{\nu}(\tau)=[c_s]_\Gamma\iff(\tau\hat{=}c_s)\in\Gamma.$$

第二部分: Γ 在赋值结构 $(\mathcal{M},\nu)$ 中得到满足. 证明: $(\mathcal{M},\nu)\models\Gamma$

为此我们先证明断言四: 对于任意一个表达式 φ, $\varphi\in\Gamma\iff(\mathcal{M},\nu)\models\varphi$.

先将这一断言的证明归结到关于如下一个看起来弱一些的断言五的证明.

断言五: 对于任何一个语句 θ,

$$\theta\in\Gamma\ \text{当且仅当}\ (\mathcal{M},\nu)\models\theta.$$

(a) 假设 φ 是一个表达式, x_i 是一个变元符号, c_j 是一个常元符号, 那么

$$\vdash((x_i\hat{=}c_j)\to(\varphi\to\varphi(x_i;c_j))).$$

论证 (a) 取 x_k 为一个不在 φ 中出现的变元符号. 在这种情形下, x_i 在 φ 和 $\varphi(x_i;x_k)$ 中可以替换 x_k, 并且在完成这种替换之后, 表达式 $\varphi(x_k;x_i)$ 与表达式 $\varphi(x_i;x_k)(x_k;x_i)$ 就是同一个表达式 φ. 因此,

$$((x_i\hat{=}x_k)\to(\varphi\to\varphi(x_i;x_k)))\in\mathbb{L}$$

是一条逻辑公理 (等同律). 由逻辑公理的全域化法则,

$$(\forall x_k((x_i\hat{=}x_k)\to(\varphi\to\varphi(x_i;x_k))))\in\mathbb{L}.$$

由于常元符号 c_j 在表达式 $((x_i\hat{=}x_k)\to(\varphi\to\varphi(x_i;x_k)))$ 中可以替换 x_k, 由逻辑公理的特化原理,

$$((\forall x_k((x_i\hat{=}x_k)\to(\varphi\to\varphi(x_i;x_k))))\to((x_i\hat{=}x_k)\to(\varphi\to\varphi(x_i;x_k)))(x_k;c_j))\in\mathbb{L}.$$

从而,

$$\vdash ((x_i \hat{=} c_j) \to (\varphi \to \varphi(x_i; c_j))).$$

(b) 如果 $\nu(x_i) = [c_j]_\Gamma$, 那么

$$(\varphi \leftrightarrow \varphi(x_i; c_j)) \in \Gamma.$$

论证 (b) 设 $\nu(x_i) = [c_j]_\Gamma$. 那么 $(x_i \hat{=} c_j) \in \Gamma$, 从而

$$\Gamma \vdash (\varphi \to \varphi(x_i; c_j)),$$

以及 (将 (a) 的结论应用到 $(\neg\varphi)$ 之上)

$$\Gamma \vdash ((\neg\varphi) \to (\neg\varphi(x_i; c_j))).$$

现在令 n 足够大以至于 φ 中的所有自由变元都在 $x_1, \cdots, x_n$ 之中. 对于每一个变元 $x_k (1 \leqslant k \leqslant n)$, 取一个 m_k 来满足关系式: $\nu(x_k) = [c_{m_k}]_\Gamma$. 上面的分析表明:

$$(\varphi \leftrightarrow \varphi(x_1, \cdots, x_n; c_{m_1}, \cdots, c_{m_n})) \in \Gamma.$$

也就是说, 对于任意一个表达式 φ, 都有一个它的伴随语句 φ^* 来满足关系式:

$$(\varphi \leftrightarrow \varphi^*) \in \Gamma,$$

并且由此而得到

$$\varphi \in \Gamma \iff \varphi^* \in \Gamma,$$

因此, 如果断言五成立, 我们就进一步可得断言四

$$(\mathcal{M}, \nu) \models \varphi \text{ 当且仅当 } \mathcal{M} \models \varphi^* \text{ 当且仅当 } \varphi^* \in \Gamma \text{ 当且仅当 } \varphi \in \Gamma.$$

现在我们集中注意力来证明断言五.

对句子的长度施归纳.

首先, 设 θ 为一个原始语句. 这时有两种情形.

情形 1: θ 形如 $(\tau \hat{=} \sigma)$, 其中 τ 和 σ 是不带任何变元符号的两个项. 取两个常元符号 c_i 和 c_j 来满足关系式:

$$\bar{\nu}(\tau) = [c_i]_\Gamma, \ \bar{\nu}(\sigma) = [c_j]_\Gamma.$$

由断言三, $(\tau \hat{=} c_i) \in \Gamma, (\sigma \hat{=} c_j) \in \Gamma$. 根据等式定理 (定理 4.4, 考虑表达式 $(x_1 \hat{=} x_2)$, 项组 τ, σ 和 c_i, c_j),

$$(\tau \hat{=} \sigma) \in \Gamma \iff (c_i \hat{=} c_j) \in \Gamma \iff [c_i]_\Gamma = [c_j]_\Gamma.$$

从而, $(\tau\hat{=}\sigma) \in \Gamma \iff \bar{\nu}(\tau) = \bar{\nu}(\sigma) \iff (\mathcal{M}, \nu) \models (\tau\hat{=}\sigma)$.

情形 2: θ 形如 $P(\tau_1, \cdots, \tau_n)$, 其中 P 是一个 n-元谓词符号, $\tau_1, \cdots, \tau_n$ 是一组不带任何变元符号的项. 由定义,

$$((\mathcal{M}, \nu) \models \theta) \iff ((\bar{\nu}(\tau_1), \cdots, \bar{\nu}(\tau_n)) \in I(P)).$$

令 c_{j_k} 满足关系式 $\bar{\nu}(\tau_k) = [c_{j_k}]_\Gamma (1 \leqslant k \leqslant n)$. 于是, 根据 $I(P)$ 的定义,

$$\begin{aligned} ((\bar{\nu}(\tau_1), \cdots, \bar{\nu}(\tau_n)) \in I(P)) &\iff (([c_{j_1}]_\Gamma, \cdots, [c_{j_n}]_\Gamma) \in I(P)) \\ &\iff (P(c_{j_1}, \cdots, c_{j_n}) \in \Gamma). \end{aligned}$$

因为 $(\tau_k\hat{=}c_{j_k}) \in \Gamma(1 \leqslant k \leqslant n)$, 根据等式定理 (定理 4.4),

$$(P(c_{j_1}, \cdots, c_{j_n}) \in \Gamma) \iff (P(\tau_1, \cdots, \tau_n) \in \Gamma)$$

(应用等式定理时考虑表达式 $P(x_1, \cdots, x_n)$, 项组 $\tau_1, \cdots, \tau_n$ 和 $c_{j_1}, \cdots, c_{j_n}$) 从而,

$$((\mathcal{M}, \nu) \models \theta) \iff (P(\tau_1, \cdots, \tau_n) \in \Gamma).$$

其次, 归纳假设: 如果 ψ 是一个长度小于 n 的句子, 那么

$$((\mathcal{M}, \nu) \models \psi) \iff (\psi \in \Gamma).$$

现在设 φ 是一个长度为 n 的句子. 分三种情形来讨论.

情形 1: φ 是 $(\neg\psi)$. 此时,

$$((\mathcal{M}, \nu) \models \varphi) \iff ((\mathcal{M}, \nu) \not\models \psi) \iff (\psi \notin \Gamma) \iff (\varphi \in \Gamma).$$

情形 2: φ 是 $(\varphi_1 \to \varphi_2)$. 此时, 由归纳假设, 对于 $i = 1, 2$,

$$((\mathcal{M}, \nu) \models \varphi_i) \iff (\varphi_i \in \Gamma).$$

而 $(\varphi \in \Gamma) \iff$ 或者 $(\neg\varphi_1) \in \Gamma$ 或者 $\varphi_2 \in \Gamma$, 并且,

$$((\mathcal{M}, \nu) \models \varphi) \iff \text{或者}((\mathcal{M}, \nu) \models (\neg\varphi_1))\text{或者}((\mathcal{M}, \nu) \models \varphi_2).$$

所以,

$$((\mathcal{M}, \nu) \models \varphi) \iff (\varphi \in \Gamma).$$

情形 3: φ 是 $(\forall x_i \psi)$.

由定义, $(\mathcal{M}, \nu) \models (\forall x_i \psi)$ 当且仅当对于任意的 $\mathcal{M}$-赋值映射 μ 都有

$$(\mathcal{M}, \mu) \models \psi.$$

$((\forall x_i\psi)$ 是一个语句. 如果 μ 是一个 $\mathcal{M}$-赋值映射, 那么一定有 $\nu \equiv_{(\forall x_i\psi)} \mu$.)

分两种情形来讨论: (1) ψ 也是一个语句; (2) ψ 不是一个语句.

情形 3(1): ψ 也是一个语句. 此时, $(\psi \to (\forall x_i\psi))$ 是一条逻辑公理 (定义 4.1(4)), 以及 $((\forall x_i\psi) \to \psi)$ 也是一条逻辑公理 (定义 4.1(2)). 于是,

$$\psi \in \Gamma \iff (\forall x_i\psi) \in \Gamma.$$

根据归纳假设, $(\mathcal{M},\nu) \models \psi \iff \psi \in \Gamma$; 而 $(\mathcal{M},\nu) \models \psi$ 当且仅当对于任意的 $\mathcal{M}$-赋值映射 μ 都有 $(\mathcal{M},\mu) \models \psi$. 所以,

$$(\mathcal{M},\nu) \models (\forall x_i\psi) \iff (\forall x_i\psi) \in \Gamma.$$

情形 3(2): ψ 不是一个语句. 此时, x_i 是 ψ 中的唯一自由变元符号. 任取一个赋值映射 μ, 令 c_j 满足关系式 $\mu(x_i) = [c_j]_\Gamma$. 由于 x_i 是 ψ 中的唯一的自由变元符号, 而且

$$I(c_j) = [c_j]_\Gamma = \mu(x_i),$$

有

$$((\mathcal{M},\mu) \models \psi) \iff (\mathcal{M} \models \psi[[c_j]]) \iff (\mathcal{M} \models \psi(x_i; c_j)).$$

从而, "对于任意的赋值映射 μ, $((\mathcal{M},\mu) \models \psi)$" 当且仅当 "对于任意常元符号 c_j, $\mathcal{M} \models \psi(x_i; c_j)$" (根据归纳假设) 当且仅当对于 "任意的 c_j,$\psi(x_i; c_j) \in \Gamma$".

现在证明 $(\forall x_i\psi) \in \Gamma$ 当且仅当对于任意的 c_j,$\psi(x_i; c_j) \in \Gamma$.

先假设 $(\forall x_i\psi) \in \Gamma$. 设 c_j 是一个常元符号. 那么 c_j 在 ψ 中可以替换自由变元符号 x_i. 根据逻辑公理中的特化原理 (定义 4.1(2)),

$$((\forall x_i\psi) \to \psi(x_i; c_j)) \in \mathbb{L}.$$

因此, $\Gamma \vdash \psi(x_i; c_j)$. 从而, $\psi(x_i; c_j) \in \Gamma$.

反过来, 假设 "对于任意的 c_j,$\psi(x_i; c_j) \in \Gamma$". 证明 $(\forall x_i\psi) \in \Gamma$. 如果不然, 必有 $(\exists x_i(\neg\psi)) \in \Gamma$; 由于 Γ 是自显存在的, 必有一满足关系式 $(\neg\psi)(x_i; c_j) \in \Gamma$ 的常元符号 c_j; 对于这样的 c_j, 同时有 $\psi(x_i; c_j) \in \Gamma$ (据假设), 以及

$$(\neg\psi)(x_i; c_j) \in \Gamma.$$

因为 $(\neg\psi)(x_i; c_j)$ 就是 $(\neg\psi(x_i; c_j))$, 这就是矛盾, 因为 Γ 是一致的.

综上所述, $((\mathcal{M},\nu) \models (\forall x_i\psi)) \iff (\forall x_i\psi) \in \Gamma$.

断言五得证.

这样我们也就证明了: $(\mathcal{M},\nu) \models \Gamma$. □

问题 4.7 我们所得到的结构 $\mathcal{M} = (M, I)$ 的论域 M 显然是一个可数集合, 因为我们只有可数个常元符号. 现在的问题是: M 是无穷的? 还是有限的?

这个问题的答案直接依赖于所给定的表达式集合 Γ.

4.4.6 扩展定理

现在我们接着在一个附加条件之下证明哥德尔完备性定理：如果 Γ 是一个一致的表达式集合，而且还有无穷多个常元符号没有在 Γ 中的任何一个表达式里出现，那么 Γ 是可满足的. 这是我们证明哥德尔完备性定理的第二部曲. 也就是说，当相对剩余资源还很丰富的时候，我们一定可以得到这样一个一致的 Γ 的可满足性. 基于前面的可满足性定理，这里只需要在资源丰富的条件下将所给定的一致的 Γ 扩展成一个极大一致的自显存在的表达式集合就够了. 下面的定理表明这是可能的.

定理 4.12 (扩展定理) *如果 Γ 是一个一致的表达式的集合，而且有无穷多个常元符号没有在 Γ 中的任何一个表达式里出现，那么 Γ 一定是某一个极大一致的自显存在的表达式集合的子集合.*

由扩展定理和可满足性定理，立即得到哥德尔完备性定理的一种特殊情形：

定理 4.13 (弱完备性定理) *如果 Γ 是一个一致的表达式集合，而且还有无穷多个常元符号没有在 Γ 中的任何一个表达式里出现，那么 Γ 是可满足的.*

现在证明扩展定理.

证明 设 Γ 是一个一致的表达式的集合. 令 $\langle c_{n_i} \mid i \in \mathbb{N}\rangle$ 是那些不在 Γ 的任何一个表达式中出现的常元符号的一个单值列表.

首先，断言可以得到一阶语言 $\mathcal{L}$ 的全体表达式的满足如下两个要求的一个列表 $\langle \varphi_i \mid i \in \mathbb{N}\rangle$:

(1) 每一个表达式 φ 都必须在这一列表中被罗列至少两次：即必有 $i < j$ 来满足"φ_i 和 φ_j 都是 φ"；

(2) 对于任意一个 $i \in \mathbb{N}$, 任意一个 $k \geqslant i$, 常元符号 c_{n_k} 一定不在表达式 φ_i 中出现.

为此，令 $\langle \varphi_i' \mid i \in \mathbb{N}\rangle$ 为 $\mathcal{L}$ 的全体表达式的一个列表. 对于任意的 $i \in \mathbb{N}$, 令 $h(i)$ 为满足如下要求的最小的 j: 对于任意一个 k, 如果 c_{n_k} 在 φ_i' 中出现，那么 $k < j$. 由于在任何一个表达式中出现的常元符号的个数是有限的，满足前述要求的自然数一定存在. 再递归地定义 $g(i) = \max\{g(j)+1, h(i) \mid j < i\}$. 那么 g 是一个严格单增函数. 对于 $i \in \mathbb{N}$, 令 $\theta_{g(i)}$ 为表达式 φ_i'. 对于任何一个 $m \in \mathbb{N}$, 如果 $g(i)+1 \leqslant m < g(i+1)$, 那么令 θ_m 为表达式 $(x_m \doteq x_m)$. 这样便得到全体表达式的一个列表

$$\langle \theta_m \mid m \in \mathbb{N}\rangle,$$

而且它具有这样一种特性：如果 $k \geqslant m$, 那么 c_{n_k} 不在 θ_m 中出现.

然后，对每一个 $m \in \mathbb{N}$, 令 φ_{2m} 和 φ_{2m+1} 都为表达式 θ_m. 这样得到的这个列表

$$\langle \varphi_i \mid i \in \mathbb{N}\rangle$$

就满足上面的两项要求.

利用这样一个列表 $\langle\varphi_i \mid i\in\mathbb{N}\rangle$, 如下递归地定义表达式集合的一个序列:

$$\langle\Sigma_i \mid i\in\mathbb{N}\rangle.$$

(1) $\Sigma_0=\Gamma$;

(2) (a) 如果 $\varphi_i\notin\Sigma_i$, 而且 $\Sigma_i\cup\{\varphi_i\}$ 是一致的, 那么

$$\Sigma_{i+1}=\Sigma_i\cup\{\varphi_i\};$$

(b) 如果 $\varphi_i\in\Sigma_i$ 而且 φ_i 是一个这样的表达式: $(\exists x_j\psi)$, 那么

$$\Sigma_{i+1}=\Sigma_i\cup\{\psi(x_j;c_{n_i})\};$$

(c) 如果上述任何条件都不成立, 那么 $\Sigma_{i+1}=\Sigma_i$.

断言: 对于每一个自然数 $i\in\mathbb{N}$, 如下命题都成立:

(1) $\Gamma\subseteq\Sigma_i$;

(2) $\Sigma_i\subseteq\Sigma_{i+1}$;

(3) Σ_i 是一致的;

(4) 如果 $k\geqslant i$, 那么 c_{n_k} 不出现在 Σ_i 中的任何一个表达式之中;

(5) 或者 $\varphi_i\in\Sigma_{i+1}$, 或者 $\Sigma_i\cup\{\varphi_i\}$ 是不一致的.

对 i 施归纳. 关键是证明 Σ_{i+1} 是一致的. 如果 Σ_{i+1} 是由 (a) 或者 (c) 得, 那么它一定是一致的. 所以, 假设 Σ_{i+1} 是由 (b) 得. 也就是说, $\varphi_i\in\Sigma_i$ 而且是一个形如 $(\exists x_j\psi)$ 的表达式,

$$\Sigma_{i+1}=\Sigma_i\cup\{\psi(x_j;c_{n_i})\}.$$

需要证明 Σ_{i+1} 是一致的. 假如不然, $\Sigma_i\cup\{\psi(x_j;c_{n_i})\}$ 是不一致的. 依照归谬法原理 (推论 4.1(2)), 得到结论:

$$\Sigma_i\vdash(\neg\psi(x_j;c_{n_i})).$$

由常元省略定理 (定理 4.3),

$$\Sigma_i\vdash(\forall x_j(\neg\psi(c_{n_i};x_j))),$$

即 $\Sigma_i\vdash(\forall x_j(\neg\psi))$. 但是, $(\exists x_j\psi)\in\Sigma_i$, 也就是, $(\neg(\forall x_j(\neg\psi)))\in\Sigma_i$. 这样, Σ_i 就是不一致的. 得到一个矛盾. 断言于是得证.

现在, 令

$$\Sigma=\cup\{\Sigma_i \mid i\in\mathbb{N}\}.$$

根据上述断言, 得到 $\Gamma\subseteq\Sigma$, Σ 是极大一致的.

接下来证明 Σ 是自显存在的.

设 $(\exists x_j\psi)\in\Sigma$. 取两个指标 $i<k$ 来满足 φ_i 和 φ_k 都是这一表达式 $(\exists x_j\psi)$. 那么一定有

$$(\exists x_j\psi)\in\Sigma_{i+1}\subseteq\Sigma_k.$$

于是, 必然有 $\psi(x_j;c_{n_k})\in\Sigma_{k+1}\subseteq\Sigma$. □

4.4.7 节省常元方法

现在完成哥德尔完备性定理的证明. 给定一个一致表达式集合 Γ, 我们从 Γ 出发, 经过一种简单的常元下标变换, "节省" 无穷多个常元符号, 得到一个新的一致的表达式集合 Γ^*, 并且这种变换能够利用 Γ^* 的可满足性得到 Γ 的可满足性.

定义 4.15 (表达式 * 变换)　对于任意一个 $\mathcal{L}$ 表达式 φ, 对于任意一个常元符号 c_i, 如果 c_i 在 φ 中出现, 那么用常元 c_{2i} 在 φ 中替换 c_i 的每一个出现. 这样得到一个新的表达式 φ^*. 具体地说, 对于每一个 $m\in\mathrm{dom}(\varphi)$, 定义

$$\varphi^*(m)=\begin{cases}c_{2i}, & \text{如果 } \varphi(m) \text{ 是一个常元符号, 而且 } c_i=\varphi(m),\\ \varphi(m), & \text{如果 } \varphi(m) \text{ 不是一个常元符号.}\end{cases}$$

结论: φ^* 是一个没有任何奇数下标常元符号出现的 $\mathcal{L}$ 表达式.

定义 4.16　如果 Γ 是一个 $\mathcal{L}$ 表达式的集合, 令

$$\Gamma^*=\{\varphi^*\mid\varphi\in\Gamma\}.$$

现在证明 * 变换保持一致性和保持不可满足性.

引理 4.4　如果 Γ 是一致的, 那么 Γ^* 也是一致的.

证明　首先, 注意到: 如果一个表达式 φ 中出现的常元符号都是偶数下标, 那么前面定义的 * 变换在 φ 处有逆变换, 从而有唯一的一个变达式 ψ 满足方程

$$\varphi=\psi^*.$$

假设 Γ^* 是非一致的. 那么, $\Gamma^*\vdash(\neg(x_1\hat{=}x_1))$. 应用常元省略定理 (定理 4.3).

考虑常元符号 c_1 和变元符号 x_2. Γ^*, 表达式 $(\neg(x_1\hat{=}x_1))$, c_1 以及 x_2 一起满足常元省略定理的条件. 令 $\langle\varphi_1,\cdots,\varphi_n\rangle$ 为表达式 $(\forall x_2\,(\neg(x_1\hat{=}x_1)))$ 的一个 Γ^*-证明, 并且这个证明中的每一个表达式里的常元符号的下标一定都是一个偶数. 依据上面的事实, 令

$$\langle\psi_1,\cdots,\psi_n\rangle$$

为方程组

$$\varphi_1=\psi_1^*,\cdots,\varphi_n=\psi_n^*$$

的唯一解. 那么

$$\langle \psi_1, \cdots, \psi_n \rangle$$

就是表达式 $(\forall x_2\,(\neg(x_1 \hat{=} x_1)))$ 的一个 Γ-证明. 由于

$$((\forall x_2\,(\neg(x_1 \hat{=} x_1))) \to (\neg(x_1 \hat{=} x_1))(x_2; x_2)) \in \mathbb{L},$$

得到 $\Gamma \vdash (\neg(x_1 \hat{=} x_1))$. 这就表明 Γ 是非一致的. □

引理 4.5 如果 Γ^* 是可满足的, 那么 Γ 也是可满足的.

证明 令 $\mathcal{A}^*$ 为 Γ^* 中各表达式所使用的非逻辑符号的全体之集. 令

$$\mathcal{A} = \left\{ F_k, P_k, c_k \;\middle|\; \begin{array}{l} F_k \in \mathcal{A}^* \text{ 是一个函数符号;} \\ P_k \in \mathcal{A}^* \text{ 是一个谓词符号;} \\ c_{2k} \in \mathcal{A}^* \text{ 是一个常元符号} \end{array} \right\}.$$

那么 $\mathcal{A}$ 就是 Γ 中各表达式所使用的非逻辑符号的全体之集.

令 $\mathcal{M}^* = (M, I^*)$ 为一个 $\mathcal{L}_{\mathcal{A}^*}$-结构. 再令 ν 为一个满足 Γ^* 的 $\mathcal{M}^*$-赋值, 即对于 Γ^* 中的每一个表达式 θ 都有

$$(\mathcal{M}^*, \nu) \models \theta.$$

如下定义一个解释 I:

(1) 如果 $F_k \in \mathcal{A}^*$ 是一个函数符号, 那么 $I(F_k) = I^*(F_k)$;

(2) 如果 $P_k \in \mathcal{A}^*$ 是一个谓词符号, 那么 $I(P_k) = I^*(P_k)$;

(3) 如果 $c_{2k} \in \mathcal{A}^*$ 是一个常元符号, 那么 $I(c_k) = I^*(c_{2k})$.

令 $\mathcal{M} = (M, I)$. 那么 $\mathcal{M}$ 是语言 $\mathcal{L}_{\mathcal{A}}$ 的一个结构. 两个结构 $\mathcal{M}^*$ 和 $\mathcal{M}$ 共有同一个论域 M. 因此, 它们具有完全同一的赋值映射集合.

对于 $\mathcal{L}_{\mathcal{A}^*}$ 的每一个项 τ^*, 对于每一个 $m \in \mathrm{dom}(\tau^*)$, 令

$$\tau(m) = \begin{cases} c_i, & \text{如果 } \tau^*(m) \text{ 是常元符号 } c_{2i}, \\ \tau^*(m), & \text{如果 } \tau^*(m) \text{ 不是任何常元符号.} \end{cases}$$

这样 τ 就是一个仅将 τ^* 中各常元符号 c_{2i} 替换成常元符号 c_i 之后所得到的 $\mathcal{L}_{\mathcal{A}}$ 的项. 注意, 这实际上建立了两个语言的项集合之间的一种 “可以互相计算彼此” 的 1-1 对应.

对于任意一个 $\mathcal{M}$-赋值 μ, 令 $(\bar{\mu})^{\mathcal{M}}$ 和 $(\bar{\mu})^{\mathcal{M}^*}$ 分别为 μ 在两个语言 $\mathcal{L}_{\mathcal{A}}$ 和 $\mathcal{L}_{\mathcal{A}^*}$ 中项的扩张赋值. 由关于项的长度的归纳法, 我们有, 对于每一个 $\mathcal{L}_{\mathcal{A}}$ 中的项 τ, 必有

$$(\bar{\mu})^{\mathcal{M}}(\tau) = (\bar{\mu})^{\mathcal{M}^*}(\tau^*).$$

由此, 依据关于表达式长度的归纳法, 得到, 对于任意一个 $\mathcal{L}_{\mathcal{A}}$ 的表达式 φ, 对于任意一个 $\mathcal{M}$-赋值 μ, 必有

$$(\mathcal{M},\mu)\models\varphi \text{ 当且仅当 } (\mathcal{M}^*,\mu)\models\varphi^*.$$

由于 $(\mathcal{M}^*,\nu)\models\Gamma^*$, 有 $(\mathcal{M},\nu)\models\Gamma$. □

定理 4.14 (哥德尔完备性定理)　*$\mathcal{L}$ 的一个表达式集合 Γ 是一致的当且仅当 Γ 是可满足的.*

证明　由可靠性定理的推论, 如果 Γ 是可满足的, 那么 Γ 是一致的.

反过来, 设 Γ 是一致的. 依照 * 变换关于一致性的保持性引理, Γ^* 是一致的. 依据弱完备性定理, Γ^* 是可满足的. 应用 * 变换对于不可满足性的保持性引理, Γ 就是可满足的. □

推论 4.2　*设 Γ 是 $\mathcal{L}$ 的一个表达式集合, φ 是 $\mathcal{L}$ 的一个表达式. 那么*

$$\Gamma\vdash\varphi \text{ 当且仅当 } \Gamma\models\varphi.$$

证明　由可靠性定理, 如果 $\Gamma\vdash\varphi$, 那么 $\Gamma\models\varphi$.

反过来, 设 $\Gamma\models\varphi$.

如果 $\Gamma\nvdash\varphi$, 依据归谬法原理 (推论 4.1(1)), 那么必有 $\Gamma\cup\{(\neg\varphi)\}$ 是一致的. 由哥德尔完备性定理, 它必是可满足的.

令 $\mathcal{M}=(M,I)$ 和 $\mathcal{M}$ 的一赋值映射 ν 来满足 $\Gamma\cup\{(\neg\varphi)\}$. 因为

$$(\mathcal{M},\nu)\models\Gamma\cup\{(\neg\varphi)\},$$

$(\mathcal{M},\nu)\models\Gamma$, 从而 $(\mathcal{M},\nu)\models\varphi$. 但是, $(\mathcal{M},\nu)\models(\neg\varphi)$. 这就是矛盾.

所以, $\Gamma\vdash\varphi$. □

推论 4.3　*设 φ 是 $\mathcal{L}$ 的一个表达式. 如果 φ 是一个普遍真实的表达式 (即 $\models\varphi$), 那么 $\vdash\varphi$.*

4.5　$\mathcal{L}_{\mathcal{A}}$-哥德尔完备性定理

4.4 一节对于语言 $\mathcal{L}$ 证明了哥德尔完备性定理. 一个很自然的问题是, 比如说,

问题 4.8　*当我们只考虑只有有限个非逻辑符号的一阶语言时, 哥德尔定理是否还成立? 如果成立, 那应当是一种什么形式?*

首先, 当考虑语言 $\mathcal{L}_{\mathcal{A}}$ 时, 我们需要明确, $\mathcal{A}$ 是一些函数符号、谓词符号和常元符号的集合, 定理是什么含意.

定义 4.17 ($\mathcal{L}_{\mathcal{A}}$ 定理)　*设 Γ 是语言 $\mathcal{L}_{\mathcal{A}}$-表达式的一个集合, φ 是一个 $\mathcal{L}_{\mathcal{A}}$ 表达式. 我们说, 由 Γ 在语言 $\mathcal{L}_{\mathcal{A}}$ 下可证明 φ, 或者 φ 是 Γ 的在语言 $\mathcal{L}_{\mathcal{A}}$ 下的定理, 记成*

$$\Gamma\vdash_{\mathcal{L}_{\mathcal{A}}}\varphi,$$

当且仅当 φ 是 Γ 的某个在语言 $\mathcal{L}_\mathcal{A}$ 下的证明的最后一个表达式, 即存在一个满足如下要求的 Γ-证明

$$\langle\varphi_1,\cdots,\varphi_n\rangle:$$

(1) 对于 $1\leqslant i\leqslant n$, φ_i 都是 $\mathcal{L}_\mathcal{A}$ 的一个表达式;

(2) $\varphi_n=\varphi$.

于是, 哥德尔完备性定理相对于语言 $\mathcal{L}_\mathcal{A}$ 来说就是下面的定理.

定理 4.15 ($\mathcal{L}_\mathcal{A}$-哥德尔完备性定理) 设 Γ 是语言 $\mathcal{L}_\mathcal{A}$ 的一个表达式集合, φ 是 $\mathcal{L}_\mathcal{A}$ 的一个表达式. 那么

$$\Gamma\vdash_{\mathcal{L}_\mathcal{A}}\varphi \text{ 当且仅当 } \Gamma\models\varphi.$$

为了证明 $\mathcal{L}_\mathcal{A}$-哥德尔完备性定理, 需要证明函数省略定理和谓词省略定理. 也就是说, 实际上需要将那些在证明中出现的与结论实际无关的常元符号、函数符号以及谓词符号统统省略掉, 但是这样做的前提是我们依然得到这个结论的一个证明. 这一点, 在常元省略引理那里已经见到过.

4.5.1 谓词符省略引理

定义 4.18 (省略谓词符号算法) 设 P_i 是一个 n-元谓词 (即 $n=\pi(P_i)$). 如下定义 $[\varphi]_{P_i}$, 其中 φ 是任意一个表达式.

(1) $[(\tau\hat{=}\sigma)]_{P_i}=(\tau\hat{=}\sigma)$;

(2) $[P_k(\tau_1,\cdots,\tau_m)]_{P_i}=\begin{cases}P_k(\tau_1,\cdots,\tau_m), & \text{如果 } P_k\neq P_i,\\(\tau_1\hat{=}\tau_1), & \text{如果 } P_k=P_i;\end{cases}$

(3) $[(\neg\psi)]_{P_i}=(\neg[\psi]_{P_i})$;

(4) $[(\psi_1\to\psi_2)]_{P_i}=([\psi_1]_{P_i}\to[\psi_2]_{P_i})$;

(5) $[(\forall x_j\psi)]_{P_i}=(\forall x_i[\psi]_{P_i})$.

从上述算法看出, $[\varphi]_{P_i}$ 就是从 φ 中将每一处谓词断言 $P_i(\tau_1,\cdots,\tau_n)$ 换成一个普遍真实表达式 $(\tau_1\hat{=}\tau_1)$.

引理 4.6 (谓词符省略引理) 假设 Γ 是一个表达式集合, 并且谓词符号 P_i 不在 Γ 中的任何表达式中出现. 如果 $\langle\psi_1,\cdots,\psi_m\rangle$ 是一个 Γ-证明, 那么

$$\langle[\psi_1]_{P_i},\cdots,[\psi_m]_{P_i}\rangle$$

也是一个 Γ-证明.

证明 只需注意到: 如果 $\varphi\in\Gamma$, 那么 $[\varphi]_{P_i}=\varphi$; 以及如果 $\varphi\in\mathbb{L}$, 那么 $[\varphi]_{P_i}\in\mathbb{L}$. 再用关于证明的长度的归纳法. □

4.5.2 函数符省略引理

定义 4.19 (省略函数符号算法) 设 F_i 是一个 n-元函数符号 (即 $n=\pi(F_i)$).

(1) 如下定义 $[\tau]_{F_i}$, 其中 τ 是任意一个项.

(a) $[x_j]_{F_i} = x_j$, $[c_j]_{F_i} = c_j$;

(b) 如果 $\tau = F_j(\tau_1, \cdots, \tau_m)$, 其中 $m = \pi(F_j)$, 那么

$$[\tau]_{F_i} = \begin{cases} F_j([\tau_1]_{F_i}, \cdots, [\tau_m]_{F_i}), & \text{如果 } F_i \neq F_j, \\ [\tau_1]_{F_i}, & \text{如果 } F_i = F_j; \end{cases}$$

(2) 如下定义 $[\varphi]_{F_i}$, 其中 φ 是任意一个表达式.

(a) $[(\tau \hat{=} \sigma)]_{F_i} = ([\tau]_{F_i} \hat{=} [\sigma]_{F_i})$;

(b) 如果 P_k 是一个 m-元谓词符号, 那么

$$[P_k(\tau_1, \cdots, \tau_m)]_{P_i} = P_k([\tau_1]_{F_i}, \cdots, [\tau_m]_{F_i});$$

(c) $[(\neg\psi)]_{F_i} = (\neg[\psi]_{F_i})$;

(d) $[(\psi_1 \to \psi_2)]_{F_i} = ([\psi_1]_{F_i} \to [\psi_2]_{F_i})$;

(e) $[(\forall x_j \psi)]_{F_i} = (\forall x_i [\psi]_{F_i})$.

从上述算法看出, $[\varphi]_{F_i}$ 就是从 φ 中将每一处涉及 F_i 的项换成不涉及 F_i 的简单项.

引理 4.7 (函数符省略引理) 假设 Γ 是一个表达式集合, 并且函数符号 F_i 不在 Γ 中的任何表达式中出现. 如果 $\langle \psi_1, \cdots, \psi_m \rangle$ 是一个 Γ-证明, 那么

$$\langle [\psi_1]_{F_i}, \cdots, [\psi_m]_{F_i} \rangle$$

也是一个 Γ-证明.

证明 只需注意到: 如果 $\varphi \in \Gamma$, 那么 $[\varphi]_{F_i} = \varphi$; 以及如果 $\varphi \in \mathbb{L}$, 那么 $[\varphi]_{F_i} \in \mathbb{L}$. 然后用关于证明的长度的归纳法. □

4.5.3 无关符号忽略定理

定理 4.16 (无关符号忽略定理) 假设 Γ 是一个语言 $\mathcal{L}_{\mathcal{A}}$ 的表达式集合, φ 是 $\mathcal{L}_{\mathcal{A}}$ 的一个表达式. 那么

$$\Gamma \vdash \varphi \text{ 当且仅当 } \Gamma \vdash_{\mathcal{L}_{\mathcal{A}}} \varphi.$$

证明 只需证明 $\Rightarrow$.

令 $\langle \psi_1, \cdots, \psi_m \rangle$ 是 φ 在语言 $\mathcal{L}$ 中的一个 Γ-证明. 这个证明总共只含有有限个常元符号、函数符号以及谓词符号. 因此, 在它们中出现的不在 $\mathcal{A}$ 中符号只有有限多个. 将这些符号分放在一个递增的非逻辑符号集合序列 $\langle \mathcal{A}_k \mid k \leqslant n \rangle$ 之中, 并且要求:

(1) $\mathcal{A}_0 = \mathcal{A}$;

(2) 每一个 $\mathcal{A}_k$ 都是一个只含常元符号、函数符号、谓词符号的集合;

(3) $\mathcal{A}_{k+1} - \mathcal{A}_k$ 最多只含一个符号;

(4) 对于每一个 $1 \leqslant j \leqslant m$, 表达式 ψ_j 一定是一个 $\mathcal{L}_{\mathcal{A}_n}$-表达式.

这样一来, $\Gamma \vdash_{\mathcal{L}\mathcal{A}_n} \varphi$.

依据常元省略引理、谓词符省略引理、函数符省略引理, 如果 $k < n$, 那么

$$\text{若 } \Gamma \vdash_{\mathcal{L}_{\mathcal{A}_{k+1}}} \varphi, \text{ 则 } \Gamma \vdash_{\mathcal{L}_{\mathcal{A}_{k+}}} \varphi.$$

由一个反向归纳法, 有 $\Gamma \vdash_{\mathcal{L}_\mathcal{A}} \varphi$. □

证明 现在证明 $\mathcal{L}_\mathcal{A}$-哥德尔完备性定理.

由完备性定理的第一种形式, $\Gamma \models \varphi$ 当且仅当 $\Gamma \vdash \varphi$. 由无关符号省略定理 (定理 4.16),

$$\Gamma \vdash \varphi \text{ 当且仅当 } \Gamma \vdash_{\mathcal{L}_\mathcal{A}} \varphi.$$

于是,

$$\Gamma \models \varphi \text{ 当且仅当 } \Gamma \vdash_{\mathcal{L}_\mathcal{A}} \varphi.$$ □

前几节所叙述的常元省略引理、谓词省略引理以及函数符号省略引理事实上只是一个一般定理的几种特殊情形. 将它们概括其中的是柯瑞格内插定理 (Craig Interpolation Theorem).

设 Γ 是一个表达式集合. 令 $\mathcal{A}_\Gamma$ 为 Γ 中表达式所含常元符号、谓词符号和函数符号的全体所成的集合. $\mathcal{A}_\Gamma$ 就是那个最小的可以保证 Γ 的每一个表达式都是语言 $\mathcal{L}_\mathcal{A}$ 的一个表达式的非逻辑符号集合 $\mathcal{A}$.

定理 4.17 (柯瑞格内插定理) *设 Γ 是一个表达式集合, φ_1 和 φ_2 为两个表达式, 并且*

$$\Gamma \vdash (\varphi_1 \to \varphi_2).$$

如果 $\mathcal{A}_{\{\varphi_1\}} \cap \mathcal{A}_{\{\varphi_2\}} \subset \mathcal{A}_\Gamma$, 那么一定有一个满足下述要求的表达式 ψ:

(1) ψ 是 $\mathcal{L}_{\mathcal{A}_\Gamma}$ 的一个表达式;

(2) $\Gamma \vdash (\varphi_1 \to \psi)$;

(3) $\Gamma \vdash (\psi \to \varphi_2)$.

4.5.4 前束范式

设 $\mathcal{L}_\mathcal{A}$ 为一个一阶语言.

定义 4.20 *表达式 φ 与表达式 ψ* **等价** *当且仅当*

$$\vdash (\varphi \leftrightarrow \psi).$$

根据完备性定理 (定理 4.9), 一阶语言的表达式之间的等价关系具有如下的语义特点:

命题 4.1　表达式 φ 与表达式 ψ **等价** 当且仅当

$$\models (\varphi \leftrightarrow \psi),$$

当且仅当

$$[\{\varphi\} \models \psi] \text{ 并且 } [\{\psi\} \models \varphi],$$

当且仅当对于 $\mathcal{L}_A$ 的任意一个结构 $\mathcal{M} = (M, I)$ 和一个 $\mathcal{M}$-赋值 ν,

$$(\mathcal{M}, \nu) \models \varphi \text{ 当且仅当 } (\mathcal{M}, \nu) \models \psi.$$

定义 4.21　$\mathcal{L}_A$ 的一个表达式 φ 是一个前束范式当且仅当 φ 具有这样的形式:

$$(Qx_1(\cdots(Qx_n\psi)\cdots)),$$

其中 Qx_i 或者是 $\exists x_i$ 或者是 $\forall x_i$; $x_1, \cdots, x_n$ 是彼此不相同的变元符号; ψ 是 $\mathcal{L}_A$ 的一个布尔表达式. 在这种情形下, $Qx_1 \cdots Qx_n$ 被称为表达式 φ 的 (量词) 前缀; 布尔表达式 ψ 被称为 φ 的 (量词) 受体.

我们将系统地应用三种量词前置操作, 将一个给定的表达式转换成一个等价的前束范式. 这些量词前缀过程之所以不改变表达式的真实性全在于如下的等价取代定理这块基石.

定理 4.18 (等价定理)　假设表达式 θ 是经过在表达式 ψ 之中用表达式

$$\phi_1, \cdots, \phi_n$$

分别取代 ψ 的子表达式 $\varphi_1, \cdots, \varphi_n$ 的某些出现之后所得到的表达式. 如果

$$\vdash (\varphi_1 \leftrightarrow \phi_1), \ \cdots, \ \vdash (\varphi_n \leftrightarrow \phi_n),$$

那么 $\vdash (\theta \leftrightarrow \psi)$.

证明　对于 ψ 的复杂性施归纳.

当 ψ 是一个原始表达式时, 定理自动成立.

当 ψ 是 $(\neg\psi_1)$ 时, ψ 上的在 T 之上的等价替换实际上是 ψ_1 上的在 T 之上的等价替换. 根据归纳假设,

$$T \vdash (\psi_1 \leftrightarrow \theta_1).$$

于是, $T \vdash ((\neg\psi_1) \leftrightarrow (\neg\theta_1))$.

当 ψ 是 $(\psi_1 \to \psi_2)$ 时, ψ 上的在 T 之上的等价替换事实上为分别在 ψ_1 和 ψ_2 上发生的在 T 之上的等价替换. 根据归纳假设, 设其替换之结果分别为 θ_1 以及 θ_2, 并且

$$T \vdash (\psi_1 \leftrightarrow \theta_1) \text{ 以及 } T \vdash (\psi_2 \leftrightarrow \theta_2).$$

因为

$$\vdash ((\theta_1 \to \varphi_1) \to ((\varphi_1 \to \varphi_2) \to (\theta_1 \to \varphi_2))),$$

得到 $T \vdash ((\varphi_1 \to \varphi_2) \to (\theta_1 \to \varphi_2))$, 从而

$$T \cup \{(\varphi_1 \to \varphi_2)\} \vdash (\theta_1 \to \varphi_2);$$

再应用 $\vdash ((\theta_1 \to \psi_2) \to ((\psi_2 \to \theta_2) \to (\theta_1 \to \theta_2)))$, 得到

$$T \cup \{(\varphi_1 \to \varphi_2)\} \vdash (\theta_1 \to \theta_2);$$

因此, $T \vdash ((\varphi_1 \to \varphi_2) \to (\theta_1 \to \theta_2))$.

应用对称性, 得到 $T \vdash ((\theta_1 \to \theta_2) \to (\varphi_1 \to \varphi_2))$. 综合起来就有

$$T \vdash ((\varphi_1 \to \varphi_2) \leftrightarrow (\theta_1 \to \theta_2)).$$

当 ψ 是 $(\forall x_i \psi_1)$ 时, ψ 上的在 T 之上的等价替换便是 ψ_1 在 T 之上的等价替换. 根据归纳假设, 令 θ_1 为从 ψ_1 等价替换而得的结果,

$$T \vdash (\psi_1 \leftrightarrow \theta_1);$$

从而, $T \vdash (\forall x_i(\psi_1 \leftrightarrow \theta_1))$; 应用定义 4.1(3) 全称量词分配律逻辑公理, 即得

$$T \vdash ((\forall x_i \psi_1) \leftrightarrow (\forall x_i \theta_1)). \qquad \square$$

现在我们来描述三种前置量词操作.

第一种前置量词操作: 改变约束变元符号的下标.

为了得到与一个表达式等价的前束范式, 我们首先逐步改变约束变元符号的下标以得到所给定表达式的一种变形, 从而在这种变形之中约束变元符号都是彼此互不相同的.

定义 4.22 (1) 对于任何一个表达式 $(\exists x_i \varphi)$, 如果变元符号 x_j 不是表达式 φ 中的一个自由变元, 那么就称表达式 $(\exists x_j \varphi(x_i; x_j))$ 为表达式 $(\exists x_i \varphi)$ 的一个变形.

(2) 给定一个表达式 φ, 经过一系列的将 φ 的子表达式 $(\exists x_i \theta)$ 用 $(\exists x_i \theta)$ 的一个变形 $(\exists x_j \theta(x_i; x_j))$ 来取代的操作之后, 所得到的表达式 ψ 就被称为 φ 的一个变形.

无疑, 对于给定的表达式 φ, 我们可以经过一系列适当的用子表达式 $(\exists x_i \theta)$ 的某个变形 $(\exists x_j \theta(x_i; x_j))$ 来取代该子表达式 $(\exists x_i \theta)$ 的操作来得到 φ 的一个变形 ψ, 以至于在变形表达式 ψ 中所有的约束变元符号都是彼此互不相同的. 不仅如此, 我们还要求所得到的变形表达式 ψ 与原有的表达式 φ 具有完全相同的真实性. 这些由下面的保持逻辑等价性定理来保证.

定理 4.19 (保持逻辑等价性定理)　如果 φ 是 ψ 的一个变形, 那么 $\vdash (\varphi \leftrightarrow \psi)$.

第二种前置量词操作: 量词取反.

为了得到与一个表达式等价的前束范式, 第二种操作就是对量词取反.

定义 4.23　全称量词 $\forall x_i$ 是存在量词 $\exists x_i$ 的对偶量词; 存在量词 $\exists x_i$ 是全称量词 $\forall x_i$ 的对偶量词.

定理 4.20 (量词取反定理)　设 φ 是一个表达式. 那么

$$\vdash ((\neg(\exists x_i \varphi)) \leftrightarrow (\forall x_i (\neg\varphi)))$$

以及

$$\vdash ((\neg(\forall x_i \varphi)) \leftrightarrow (\exists x_i (\neg\varphi))).$$

第三种前置量词操作: 扩展前束量词的作用范围.

为了得到与一个表达式等价的前束范式, 第三种操作就是适当扩展前束量词的作用范围.

定理 4.21　如果 φ 和 ψ 是两个表达式, 而且变元符号 x_i 不是 ψ 的一个自由变元, 那么

$$\vdash (((\exists x_i \varphi) \vee \psi) \leftrightarrow (\exists x_i (\varphi \vee \psi))),$$

$$\vdash (((\forall x_i \varphi) \vee \psi) \leftrightarrow (\forall x_i (\varphi \vee \psi))),$$

$$\vdash ((\psi \vee (\exists x_i \varphi)) \leftrightarrow (\exists x_i (\psi \vee \varphi))),$$

$$\vdash ((\psi \vee (\forall x_i \varphi)) \leftrightarrow (\forall x_i (\psi \vee \varphi)));$$

$$\vdash (((\exists x_i \varphi) \rightarrow \psi) \leftrightarrow (\forall x_i (\varphi \rightarrow \psi))),$$

$$\vdash (((\forall x_i \varphi) \rightarrow \psi) \leftrightarrow (\exists x_i (\varphi \rightarrow \psi))),$$

$$\vdash ((\psi \rightarrow (\exists x_i \varphi)) \leftrightarrow (\exists x_i (\psi \rightarrow \varphi))),$$

$$\vdash ((\psi \rightarrow (\forall x_i \varphi)) \leftrightarrow (\forall x_i (\psi \rightarrow \varphi)));$$

$$\vdash (((\exists x_i \varphi) \wedge \psi) \leftrightarrow (\exists x_i (\varphi \wedge \psi))),$$

$$\vdash (((\forall x_i \varphi) \wedge \psi) \leftrightarrow (\forall x_i (\varphi \wedge \psi))),$$

$$\vdash ((\psi \wedge (\exists x_i \varphi)) \leftrightarrow (\exists x_i (\psi \wedge \varphi))),$$

$$\vdash ((\psi \wedge (\forall x_i \varphi)) \leftrightarrow (\forall x_i (\psi \wedge \varphi))).$$

综合操作: 将表达式转换成等价的前束范式

定理 4.22 (前束范式定理) 任何一种一阶语言的任何一个表达式 φ 都可以经过一系列前述三种量词前置操作转换成它的一个前束范式 ψ, 并且严格保持其真实性:

$$\vdash \varphi \leftrightarrow \psi.$$

证明 我们用关于 φ 的长度的归纳法来证明定理.

如果 φ 是一个原始表达式, φ 自己就是一个前束范式.

假设 φ 是 $(\neg\psi)$. 由归纳假设, ψ 可以经过一系列前述三种量词前置操作转换成它的一个前束范式 θ, 并且严格保持其真实性. 那么, 同一系列量词前置操作将 $(\neg\psi)$ 转换成 $(\neg\theta)$. 再应用量词取反操作将 $(\neg\theta)$ 转换成一个等价的前束范式.

假设 φ 是 $(\theta \to \psi)$. 由归纳假设, 我们可以经过一系列前述三种量词前置操作分别将 θ 和 ψ 转换成前束范式 θ_1 和 ψ_1. 如果有必要, 我们可以依据第一种量词前置操作更换约束变元符号的下标. 首先, 假设这两个前束范式的前束量词变元符号都互不相同, 并且都与它们中的自由变元符号不同; 然后, 应用这些量词前置操作将 $(\theta \to \psi)$ 转换成 $(\theta_1 \to \psi_1)$; 最后, 应用扩展前束量词的作用范围操作, 将 $(\theta_1 \to \psi_1)$ 转换成等价的前束范式.

最后假设 φ 是 $(\forall x_i\psi)$. 由归纳假设, 我们可以经过一系列前述三种量词前置操作将 ψ 转换成前束范式 ψ_1. 然后, 更换 ψ_1 中约束变元的下标来得到一个新的前束范式 ψ_2, 并且能够保证 $(\forall x_i\psi_2)$ 是一个等价的前束范式. □

对于前束范式, 我们可以根据量词结构来进行复杂性归类:

定义 4.24 (表达式分层) 设 $\mathcal{L}_A$ 为一个一阶语言. φ 是 $\mathcal{L}_A$ 的一个表达式.

(1) φ 是一个 Π_0-表达式当且仅当 φ 是一个 Σ_0-表达式当且仅当 φ 是一个布尔表达式.

(2) φ 是一个 Π_1-表达式当且仅当 φ 是一个前束范式而且 φ 的前缀量词都是全称量词.

(3) φ 是一个 Σ_1-表达式当且仅当 φ 是一个前束范式而且 φ 的前缀量词都是存在量词.

(4) φ 是一个 Π_{n+1}-表达式当且仅当 φ 是形如下述的一个前束范式:

$$(\forall x_{i_1}(\cdots(\forall x_{i_m}\psi)\cdots))$$

其中 $m \geqslant 1$ 以及 ψ 是一个 Σ_n-表达式.

(5) φ 是一个 Σ_{n+1}-表达式当且仅当 φ 是形如下述的一个前束范式:

$$(\exists x_{i_1}(\cdots(\exists x_{i_m}\psi)\cdots))$$

其中 $m \geqslant 1$ 以及 ψ 是一个 Π_n-表达式.

4.6 练　　习

练习 4.1　设 $\mathcal{L}_A$ 是一个一阶语言, $\mathcal{M}=(M,I)$ 是 $\mathcal{L}_A$ 的一个结构, φ 和 ψ 是 $\mathcal{L}_A$ 的两个表达式. 证明如果 $\mathcal{M}\models\varphi$ 以及 $\mathcal{M}\models(\varphi\to\psi)$, 那么 $\mathcal{M}\models\psi$.

练习 4.2　证明如下导出引理: 如果 $\Gamma\vdash\varphi$, 且 $\Gamma\vdash(\varphi\to\psi)$, 那么 $\Gamma\vdash\psi$.

练习 4.3　考虑前述有理数区间代数. 验证如下命题:

(1) 如果 $x\in B$, $y=([0,1)\cap\mathbb{Q})-x$, 那么 $y\in B$;

(2) 无论是 A, 还是 B, 它们都是可数集合;

(3) 如果 $x,y\in B$, 而且 $x<y$, 那么一定有 B 中的 z 满足不等式 $x<z<y$.

练习 4.4　证明: Γ 是非一致的当且仅当每一个 $\mathcal{L}$ 的表达式 φ 都是 Γ 的一个定理.

练习 4.5　设 Γ 是语言 $\mathcal{L}_A$ 表达式的一个集合. 证明下面两个命题等价:

(1) Γ 是一致的当且仅当 Γ 是可满足的;

(2) 如果 φ 是一个 $\mathcal{L}_A$ 的表达式, 那么 $\Gamma\models\varphi$ 当且仅当 $\Gamma\vdash_A\varphi$.

练习 4.6　假设 Γ 是一个极大一致的表达式集合. 对于语言 $\mathcal{L}$ 的任意两个项 τ 和 σ, 定义

$$\tau\equiv_\Gamma\sigma \text{ 当且仅当 } (\tau\hat{=}\sigma)\in\Gamma.$$

证明关系 $\equiv_\Gamma$ 是项之间的一个等价关系.

练习 4.7　证明: 如果 Γ 是一个一致的表达式集合, 那么 Γ 一定是一个极大一致的表达式集合的子集合.

练习 4.8　证明: 对于每一个正整数 n, 都有一个语句 θ_n 满足如下要求: 第一, θ_n 有一个模型; 第二, 任何一个 θ_n 的模型的论域里恰好有 n 个元素; 第三, 如果 $\mathcal{M}=(M,I)$ 是一个一阶语言的结构而且 M 中恰好有 n 个元素, 那么 $\mathcal{M}\models\theta_n$.

练习 4.9　应用哥德尔完备性定理证明如下结论 (其中 T_F 和 RCF_o 分别是范例 4.3 中的域理论和有序实代数封闭域理论):

(1) $T_F\vdash((F_+(x_1,x_2)\hat{=}F_+(x_1,x_3))\to(x_2\hat{=}x_3))$;

(2) $T_F\vdash((\neg(x_1\hat{=}c_0))\to((F_\times(x_1,x_2)\hat{=}F_\times(x_1,x_3))\to(x_2\hat{=}x_3)))$;

(3) $\mathrm{RCF}_o\vdash(\forall x_1((\neg(x_1\hat{=}c_0))\to P_<(c_0,F_\times(x_1,x_1))))$;

(4) $\mathrm{RCF}_o\vdash(\forall x_0(\cdots(\forall x_n((\alpha_n(x_0,\cdots,x_n)\hat{=}c_0)\to(\bigwedge_{i=0}^n(x_i\hat{=}c_0))))))$;

其中, $n\geqslant 1$, $\alpha_0(x_0)$ 是项 $F_\times(x_0,x_0)$, $\alpha_n(x_0,\cdots,x_n)$ 是项 $F_+(\alpha_{n-1},F_\times(x_n,x_n))$. 也就是说, “$(-1)$ 不是平方和” 是 RCF_o 的一系列定理的汇总.

练习 4.10　应用哥德尔完备性定理证明如下结论 (其中 T_{OF} 和 T_{odl} 分别是范例 4.3 中的有序域理论和无端点稠密线性序理论):

(1) $T_{\mathrm{OF}} \vdash T_{\mathrm{odl}}$, 即如果 θ 是序语言的一个语句, 并且 $T_{\mathrm{odl}} \vdash \theta$, 那么 $T_{\mathrm{OF}} \vdash \theta$; (提示: 证明 T_{OF} 的任意一个模型的某种删减结构都是 T_{odl} 的一个模型.)

(2) 对于任意一个正整数 n, $T_{\mathrm{OF}} \vdash (\neg(\tau_n \hat{=} c_0))$; 其中项 τ_n 的定义见例 2.9. (提示: 证明任何一个有序域都是特征为 0 的域.)

(3) $T_{\mathrm{OF}} \vdash (\forall x_1 ((\neg(x_1 \hat{=} c_0)) \to (P_<(0, F_\times(x_1, x_1)))))$; 复数域不可能有序化, 即不存在一个复数域上的一个线性序 $<$ 来将复数域转变成一个“有序代数封闭域”(也就是说, “有序代数封闭域” 不存在).

练习 4.11　应用哥德尔完备性定理证明有关量词前缀的三个定理: 定理 4.19, 定理 4.20 以及定理 4.21.

第 5 章　同质放大模型

本章介绍两种构造同质嵌入映射的方法: 一阶逻辑的紧致性应用, 以及一阶结构的超积构造.

5.1　紧致性定理

紧致性定理为我们提供一种应用哥德尔完备性定理得到新模型的一般方法.

定理 5.1 (紧致性定理)　*设 Γ 为表达式的一个集合. 那么 Γ 是一致的当且仅当 Γ 的每一个有限子集合都是一致的.*

证明　假设 Γ 是一致的. 由哥德尔完备性定理, Γ 是可满足的. 令 $(\mathcal{M},\nu)$ 是一个满足 Γ 的赋值结构.

令 Γ_0 为 Γ 的一个有限子集合, 那么 $(\mathcal{M},\nu)\models\Gamma_0$, 从而 Γ_0 是可满足的, 由完备性定理, Γ_0 也一致的.

现在假设 Γ 的每一个有限子集合都是一致的. 如果 Γ 不是一致的, 取表达式 θ 来满足关系式 $\Gamma\vdash\theta$ 以及 $\Gamma\vdash(\neg\theta)$. 又取 Γ 关于这两个表达式的各自的推理 $\langle\alpha_1\cdots,\alpha_n\rangle$ 以及 $\langle\beta_1,\cdots,\beta_m\rangle$.

令 $\Gamma_0=\{\alpha_i,\beta_j\mid\alpha_i\in\Gamma,\beta_j\in\Gamma\}$, 那么 Γ_0 是 Γ 的一个有限子集, 所以 Γ_0 一定是一致的. 但是, 上述的两个推理恰恰表明 $\Gamma_0\vdash\theta$ 以及 $\Gamma_0\vdash(\neg\theta)$. 这就是矛盾. □

5.1.1　关于有限之概念

本小节将揭示 "有限" 这个概念, 它是一个不能用一个一阶理论来刻画的概念; "有限" 之概念也不是与 "自然数" 这个概念可以等同的概念.

在上述理论中, 群理论、域理论、线性序理论和布尔代数理论都有无穷多个互不同构的有限模型, 也有无限模型; 而特征为零的域理论、无端点稠密线性序理论、无原子布尔代数理论都只有无限模型, 没有有限模型. 一个很自然的问题, 比如说, 因为我们用了无穷多条域语言中的语句来保证域的特征为 0, 有没有一条域语言的语句来将全体特征为 0 的域和全体特征为某个素数的域区分开来?

在证明哥德尔完备性定理的时候, 我们曾经说过我们并没有可能确定所得到的那个论域是否有限 (问题 4.7), 因为它依赖所给定的表达式集合 Γ. 在练习 4.8 中我们见到, 当把存在一个从某个正整数到结构的论域上的双射理解为有限结构时, 有一系列彼此互相排斥的一阶语言下的语句来内在地完全确定有限结构的论域中的元素个数; 而且任何一个有限结构一定满足这个系列中的唯一一个语句. 我们很自然地面临如下问题: 是否能够在有限与无限之间用一阶理论来划分出一道界线? 更具体地说, 有如下两个问题:

问题 5.1 (1) 是否有一个一致的一阶语言的语句集合 Γ 来满足要求: 第一, Γ 有无限多个元素个数互不同构的有限模型; 第二, Γ 的任何一个模型都是有限的.

(2) 是否有一个一阶语言的语句 θ 来满足要求: 第一, 任何一个一阶语言的无穷结构一定是 θ 的一个模型; 第二, θ 没有有限模型.

应用紧致性定理对上述问题给出否定的答案: 没有可能用一阶理论在有限与无限之间划分出一道界线.

定理 5.2 假设 Γ 是一个一致理论, 而且对于任意一个正整数 n, Γ 都有一个论域中至少有 n 个元素的有限模型. 那么 Γ 一定有一个论域中有无穷多个元素的模型.

证明 令 Γ 为满足定理假设条件的理论. 考虑如下表达式集合 Γ_1:

$$\Gamma_1 = \Gamma \cup \{(\neg(x_i \hat{=} x_j)) \mid i \neq j \wedge i \in \mathbb{N} \wedge j \in \mathbb{N}\}.$$

断言 Γ_1 是一个一致的表达式集合. 为证此断言, 应用紧致性定理, 只需证明 Γ_1 的任意一个有限子集是一致的.

设 $E \subset \Gamma_1$ 为一个含有 n 个表达式的集合, 证明 E 是可满足的. 从而, 由完备性定理, E 是一致的.

根据关于 Γ 的假设, 取 $\mathcal{M} = (M, I)$ 为 Γ 的一个论域 M 中至少有 $2n$ 个元素的模型. 由于 Γ 是一个语句的集合, Γ 中的任何语句都不含自由变元; $E - \Gamma$ 中的表达式都是形如 $(\neg(x_i \hat{=} x_j))(i \neq j)$ 的表达式, 因此 E 中至多有 $2n$ 个自由变元出现. 令

$$B = \{x_{j_1}, \cdots, x_{j_m}\}$$

为所有在 E 的某个表达式中出现的自由变元的集合 $(m \leqslant 2n)$. 再令

$$M_0 = \{a_1, \cdots, a_m\} \subset M$$

为 M 的一个含 m 个元素的子集. 令 ν 为一个满足下述方程组的 $\mathcal{M}$-赋值:

$$\nu(x_{j_1}) = a_1, \cdots, \nu(x_{j_m}) = a_m.$$

因为 $\mathcal{M} \models \Gamma$, $(\mathcal{M}, \nu) \models E \cap \Gamma$; 由 ν 的选择, $(\mathcal{M}, \nu) \models (E - \Gamma)$. 因此, $(\mathcal{M}, \nu) \models E$.

由于 Γ_1 是一个一致表达式集合, 由完备性定理, Γ_1 是可满足的.

令 $(\mathcal{N}, \mu) \models \Gamma_1$. 这样, 一方面, $\mathcal{N} \models \Gamma$; 另一方面, $f(i) = \mu(x_i)\ (i \in \mathbb{N})$ 定义了一个从 $\mathbb{N}$ 到 $\mathcal{N}$ 的论域的单射. 因此 $\mathcal{N}$ 的论域是一个无限集合. □

上述定理可以等价地叙述为: 如果一个一致理论 T 没有无限模型, 那么一定存在一个自然数 n 来限定 T 的任何模型的论域的元素个数不会超过 n 个.

定理 5.3 假设 θ 是一个一阶语句, 而且任意一个无限的一阶结构 $\mathcal{M}=(M,I)$ 都是 θ 的一个模型. 那么一定存在一个自然数 n 来保证如果 $\mathcal{N}=(N,J)$ 是一个一阶结构, 而且 N 中至少有 n 个元素, 那么 $\mathcal{N}\models\theta$.

证明 假定定理的结论不成立. 那么对于每一个正整数 n, 必有一个结构 $\mathcal{M}=(M,I)$ 满足两项要求: 第一, $\mathcal{M}\models(\neg\theta)$; 第二, M 中至少有 n 个元素. 根据定理 5.2, 语句 $(\neg\theta)$ 必有一个无限模型 $\mathcal{M}^*=(M^*,I^*)$. 但这就是矛盾: 因为任何无限结构都是 θ 的一个模型. □

例 5.1 (罗宾逊) 设 $\mathcal{A}=\{c_0,c_1,F_+,F_\times\}$. 令 θ 是 $\mathcal{L}_\mathcal{A}$ 的一个语句. 如果 θ 在每一个特征为 0 的域 $\mathbb{F}$ 里都为真实, 那么一定存在一个自然数 n 来保证在任何一个特征大于 n 的域 $\mathbb{E}$ 里 θ 都是真实的. 也就是说, 没有单个的域语言 $\mathcal{L}_\mathcal{A}$ 中的语句 θ 能够将全体特征为 0 的域和全体特征为某个素数的域区分开来.

前面提到: 当我们讲有限结构时, 实际上讲的是那些可以将其论域与某个自然数形成一一对应的结构; 当讲无限结构时, 实际上讲的是那些可以将自然数集合 $\mathbb{N}$ 单射到其论域之中的结构. 也就是说, 我们是将自然数和自然数的集合作为度量有限和无限的一把钢尺, 并且利用自然数和自然数集合作为有限与无限边界的划分. 上面的结论告诉我们, 不可能用一阶理论的方式来划分有限和无限的边界. 这也就意味着我们关于自然数的可以经一阶语言来表示的那些认识就难以完全把握我们对 “有限” 这个词所寄予的期望含义.

定理 5.4 自然数算数理论模型 $\mathcal{N}=(\mathbb{N},0,S,+,\times,<)$ 有一个满足下述要求的同质放大模型

$$\mathcal{N}^*=(N^*,0^*,S^*,+^*,\times^*,<^*).$$

(1) $(\mathbb{N},0,S,+,\times,<)\prec(N^*,0^*,S^*,+^*,\times^*,<^*)$;

(2) $N^*-\mathbb{N}\neq\varnothing$;

(3) 如果 $a\in(N^*-\mathbb{N})$, $n\in\mathbb{N}$, 那么 $n<^*a$.

证明 令 $\mathcal{A}=\{c_0,F_s,F_+,F_\times,P_<\}$. 那么 $\mathcal{N}=(\mathbb{N},0,S,+,\times,<)$ 是 $\mathcal{L}_\mathcal{A}$ 的一个结构, 其中 $\mathbb{N}$ 是自然数的集合, $<$ 是自然数的标准序, 0 是自然数 0, S 是自然数的一元后继函数, $+$ 是自然数的加法运算, $\times$ 是自然数的乘法运算. 令 $T=\mathrm{Th}(\mathcal{N})$ 为所有在这一结构中为真的语句的全体所成的集合:

$$T=\{\theta\mid\theta\text{是语言 }\mathcal{L}_\mathcal{A}\text{ 的一个语句, 而且}\mathcal{N}\models\theta\}.$$

对每一个自然数 n, 递归地定义项 τ_n:

(1) $\tau_0=c_0$;

(2) 对于每一个自然数 n, $\tau_{n+1}=F_s(\tau_n)$.

注意, 如果 ν 是一个 $\mathcal{N}$-赋值, 那么对于每一个自然数 $n\in\mathbb{N}$, 都一定有 $\bar{\nu}(\tau_n)=n$.

令 $\Gamma = T \cup \{P_<(\tau_n, x_1) \mid n \in \mathbb{N}\}$.

断言: Γ 是一致的.

根据紧致性定理, 只需证明它的每一个有限子集合都是一致的就足够了.

令 Γ_0 是 Γ 的一个有限子集合. 不妨设 m 足够大以至于 Γ_0 中各表达式所涉及的项 τ_i 都在 $\{\tau_n \mid 0 \leqslant n \leqslant m\}$ 之中. 令 $\nu(x_i) = m + i + 1$. 那么一定有

$$(\mathcal{N}, \nu) \models \Gamma_0.$$

所以, Γ_0 是一致的.

根据完备性定理, 令 $(\mathcal{N}^*, \mu) \models \Gamma$. 得到自然数理论的一个非标准结构 $\mathcal{N}^* = (N^*, I^*)$, 其中有一个大于每一个 $\bar{\mu}(\tau_n)$ 的 "自然数" $\mu(x_1)$, 而且对于任何一个 $n \in \mathbb{N}$, 都有 "自然数"

$$(\bar{\mu}(\tau_n), \bar{\mu}(\tau_{n+1})) \in I^*(P_<).$$

由于 $\mathcal{N}^* \models T$, $T = \mathrm{Th}((\mathbb{N}, 0, S, +, \times, <))$ 是一个完全理论①, 而且 $\mathbb{N}$ 中的每一个 n 都由项 τ_n 所表示, 由下述方程所定义的映射 $e : \mathbb{N} \to N^*$ 是一个同质嵌入映射:

$$\text{对于每一个自然数 } n \in \mathbb{N}, \quad e(n) = \bar{\mu}(\tau_n).$$

注意, 对于每一个 $n \in \mathbb{N}$, 如果 ν 和 η 是两个 $\mathcal{N}^*$ 赋值, 那么 $\bar{\nu}(\tau_n) = \bar{\eta}(\tau_n)$. 这是因为, 当 $n = 0$ 时,

$$\bar{\nu}(\tau_0) = \bar{\eta}(\tau_0) = I^*(c_0) = 0^*$$

以及

$$\bar{\nu}(\tau_{n+1}) = S^*(\bar{\nu}(\tau_n)) = S^*(\bar{\eta}(\tau_n)) = \bar{\eta}(\tau_{n+1}).$$

设 $\varphi(x_1, \cdots, x_m)$ 是 $\mathcal{L}_\mathcal{A}$ 的一个表达式. $n_{i_1}, \cdots, n_{i_m}$ 是 $\mathbb{N}$ 中的 m 个元素. 那么

$$\mathcal{N} \models \varphi[n_{i_1}, \cdots, n_{i_m}] \text{ 当且仅当 } \varphi(x_1, \cdots, x_m; \tau_{n_{i_1}}, \cdots, \tau_{n_{i_m}}) \in T.$$

于是,

$$\mathcal{N} \models \varphi[n_{i_1}, \cdots, n_{i_m}] \text{ 当且仅当 } \mathcal{N}^* \models \varphi[\bar{\mu}(\tau_{n_{i_1}}), \cdots, \bar{\mu}(\tau_{n_{i_m}})].$$

欲见如果 $a \in (N^* - \{e(n) \mid n \in \mathbb{N}\})$, 那么对于每一个 $n \in \mathbb{N}$, 必有

$$(e(n), a) \in I^*(P_<),$$

只需注意下面的语句 $\theta_n \in T$:

$$(\forall x_1(P_<(x_1, \tau_{n+1}) \to ((x_1 \hat{=} \tau_0) \vee (x_1 \hat{=} \tau_1) \vee \cdots \vee (x_1 \hat{=} \tau_n)))). \qquad \square$$

① 也就是说, 如果 θ 是标准自然数结构 $(\mathbb{N}, 0, S, +, \times, <)$ 的语言中的一个语句, 那么或者 $\theta \in T$, 或者 $(\neg\theta) \in T$. (有关完全理论的概念, 请见后面的定义 6.1)

5.1.2　关于秩序之概念

在自然数结构里, 自然数的典型序关系 $<$ 有一个很重要的性质: 自然数序关系是一个秩序, 不仅是一个线性序, 任何一个非空子集中都有一个最小的自然数. 一个很自然的问题就是, 秩序这个概念是否也和线性序概念一样可以由一种一阶性质来刻画? 答案是否定的.

定义 5.1　一个非空集合 A 上的一个二元关系 $<$ 是 A 上的一个秩序当且仅当 $<$ 是 A 上的一个线性序, 而且如果 $B \subseteq A$ 非空, 则 B 中必有一个 $<$-最小元 ($b \in B$ 是 B 的 $<$ 最小元当且仅当若 $a \in B$ 且 $a \neq b$, 则 $b < a$).

例 5.2　自然数集合上的典型序 $<$ 就是 $\mathbb{N}$ 上的一个秩序. 但整数集合、有理数集合和实数集合上的典型序都不是秩序.

定理 5.5　秩序不是一个可以用一阶性质来刻画的概念. 准确地说, 设

$$\mathcal{A} = \{P_<\}$$

是一个只含有一个二元关系符号的语言. 令 Γ 是一个此语言中的包含线性序的公理的一致的语句集合, 而且有一个无穷结构 $\mathcal{M} \models \Gamma$. 比如说,

$$\Gamma = \{\varphi \mid \varphi \text{是一个语句而且} (\mathbb{N}, <) \models \varphi\}.$$

那么必有一个并非秩序的无穷线性序 $\mathcal{N} \models \Gamma$.

证明　考虑 $\Gamma^* = \Gamma \cup \{P_<(x_j, x_i) \mid 0 < i < j < \infty\}$, 我们说 Γ^* 一定是一致的. 根据紧致性定理, 只要证明 Γ^* 的每一个有限子集都是一致的就够了.

设 $\Gamma_0 \subseteq \Gamma^*$ 是一个有限子集. 取 $\mathcal{M} = (M, <) \models \Gamma$, 并且假设 M 是一个无穷集合. 不失一般性, 设 n 足够大而且 $(\Gamma_0 - \Gamma) \subseteq \{P_<(x_j, x_i) \mid 0 < i < j \leqslant n\}$. 再从 M 中取出 n 个元素 $a_1, \cdots, a_n$ 来满足关系式:

$$a_1 > a_2 > \cdots > a_n.$$

最后, 定义一个赋值映射 μ: $\mu(x_i) = a_i (0 < i \leqslant n)$. 从而, $(\mathcal{M}, \mu) \models \Gamma_0$.

根据可靠性定理, Γ_0 是一致的.

于是, 根据紧致性定理, Γ^* 是一致的. 根据完备性定理, 令 $(\mathcal{N}, \nu) \models \Gamma^*$. 那么 $\mathcal{N} = (N, <)$ 必是一个线性有序集合. 令 $a_i = \nu(x_i) (0 < i < \infty)$, 即有

$$a_i > a_{i+1}$$

是一个严格递减的无穷序列. 所以 $(N, <)$ 不是一个秩序集合. □

5.2　同质放大定理

5.1.1 小节证明自然数理论的非标准模型存在性 (定理 5.4) 时, 我们也可以等价地先对语言 $\mathcal{L}_\mathcal{A}$ 进行一次添加或扩充: 令

$$\mathcal{A}_1 = \mathcal{A} \cup \{c_2\} = \{c_0, F_S, F_+, F_\times, P_<\} \cup \{c_2\},$$

然后, 考虑新语言 $\mathcal{L}_{\mathcal{A}_1}$ 的语句集合 $\Gamma_1 = T \cup \{P_<(\tau_n, c_2)\}$. 同样的分析表明 Γ_1 是一致的. 令 $\mathcal{N}^{**} = (N^*, I^{**})$ 为 Γ_1 的一个模型, 再令 $\mathcal{N}^* = (N^*, I^*)$ 为结构 $\mathcal{N}^{**}$ 到语言 $\mathcal{L}_\mathcal{A}$ 的裁减结构, 也就是在结构 $\mathcal{N}^{**}$ 中忽略对常元符号 c_2 的解释后所得到的结构. 那么 $\mathcal{N}^*$ 就是自然数理论的一个非标准模型. 这种获取自然数标准模型的同质放大模型的方法可以推广到一般. 下面我们就来实现这种推广.

3.4.7 小节中, 我们证明过罗文海-斯科伦同质缩小存在定理: 任何一个无穷一阶结构都有一个可数同质缩小结构. 作为紧致性定理的一个应用, 下面将证明与这个定理对偶的同质放大存在定理, 罗文海-斯科伦同质放大存在定理: 任何一阶语言的一个无穷结构都可以任意地同质放大.

定理 5.6 (同质放大存在定理) (1) 设 $\mathcal{L}_\mathcal{A}$ 是一个可数一阶语言, $\mathcal{M} = (M, I)$ 是 $\mathcal{L}_\mathcal{A}$ 的一个无限结构, κ 是一个无穷基数, 并且存在从 M 到 κ 的一个单射. 那么 $\mathcal{M}$ 一定有一个论域之势为 κ 的同质放大结构 $\mathcal{N} = (N, J)$.

(2) 设 T 是语言 $\mathcal{L}_\mathcal{A}$ 的一个一致理论, 并且 $\mathcal{M}$ 是 T 的一个可数无穷模型. κ 是一个不可数基数. 那么 $\mathcal{M}$ 可以同质地扩展到 T 的一个具有与 κ 同势的模型 $\mathcal{M}^*$.

证明 首先, 对非逻辑符号集合 $\mathcal{A}$ 进行符号扩充: 对 M 的每一个元素 a, 引进一个新常元符号 c_a; 对 κ 的每一个元素 α, 引进一个新常元符号 c_α. 令

$$\mathcal{A}^* = \mathcal{A} \cup \{c_a \mid a \in M\}$$

以及

$$\mathcal{A}^{**} = \mathcal{A} \cup \{c_a \mid a \in M\} \cup \{c_\alpha \mid \alpha \in \kappa\}.$$

其次, 对结构 $\mathcal{M}$ 向扩充语言 $\mathcal{L}_{\mathcal{A}^*}$ 进行一次扩充: 对于每一个新常元符号 $c_a (a \in M)$, 令 $I^*(c_a) = a$. 令这样扩充后的结构为

$$\mathcal{M}^* = (M, I^*) = (M, I, a)_{a \in M}.$$

令 $T_0 = \mathrm{Th}(\mathcal{M}^*)$ 为所有语言 $\mathcal{L}_{\mathcal{A}^*}$ 中在结构 $\mathcal{M}^*$ 中为真实的语句的集合. 再令

$$T = T_0 \cup \{(\neg(c_a \hat{=} c_\alpha)), (\neg(c_\alpha \hat{=} c_\beta)) \mid a \in M, \alpha \in \kappa, \beta \in \kappa, \alpha \neq \beta\}.$$

断言: T 是一个一致理论.

依据紧致性定理 (定理 5.1), 只需证明 T 的任何一个有限子集都是一致的. 令 $E \subset T$ 为任意一个有限子集. 令

$$\{a_1, \cdots, a_n\} \subset M, \ \ \{\alpha_1, \cdots, \alpha_m\} \subset \kappa$$

分别为在 E 里某个语句中出现的新常元符号 c_a 或 c_α 的下标的全体之集. 再取

$$\{b_1, \cdots, b_m\} \subset (M - \{a_1, \cdots, a_n\})$$

为 M 的一个 m 元子集.

对结构 $\mathcal{M}^*$ 进行一次扩充: 对于 $1 \leqslant i \leqslant m$, 将 E 所涉及的新常元符号 c_{α_i} 解释为 b_i, 即

$$I^{**}(c_{\alpha_i}) = b_i.$$

令扩充之后的结构为 $M^{**} = (\mathcal{M}^*, b_1, \cdots, b_m)$. 那么

$$\mathcal{M}^{**} \models E.$$

依据完备性定理 (定理 4.9), E 是一致的.

由上面的断言, 再应用完备性定理 (定理 4.9), T 就有一个模型 $\mathcal{N}^{**} = (N, J^{**})$.

不妨设在 N 与 κ 之间存在一个双射.

令 J^* 为 J^{**} 对语言 $\mathcal{L}_{\mathcal{A}^*}$ 的裁减, 以及 $\mathcal{N}^* = (N, J^*)$. 那么

$$\mathcal{M}^* \equiv \mathcal{N}^*.$$

再令 J 为 J^* 对语言 $\mathcal{L}_{\mathcal{A}}$ 的缩减, 以及 $\mathcal{N} = (N, J)$. 那么 $\mathcal{M} \prec \mathcal{N}$. 也就是说, $\mathcal{N}$ 就是 $\mathcal{M}$ 的一个同质放大结构. □

5.3　第二紧致性定理

在自然数理论非标准模型的构造 (定理 5.4) 中, 我们考虑过这样一个表达式集合

$$\Gamma_1(x_1) = \{P_<(\tau_n, x_1) \mid n \in \mathbb{N}\}.$$

这个集合 $\Gamma_1(x_1)$ 有这样两个特点: 第一, 其中的每一个表达式都含有且只含有自由变元符号 x_1; 第二, $\Gamma_1(x_1)$ 的任何一个有限子集合都在自然数理论的标准模型 $(\mathbb{N}, 0, S, +, \times, <)$ 中有共同的解. 然后, 我们抓住这种特点, 应用紧致性定理得到模型 $(\mathbb{N}, 0, S, +, \times, <)$ 的一个同质放大模型 $\mathcal{N}^*$, 并且从中得到 $\Gamma_1(x_1)$ 中的所有表达式都有一个共同的解. 这种通过构造自然数模型的同质放大来得到 $\Gamma_1(x_1)$ 的共同解的方法其实蕴含着一种更广泛更深刻的原理. 这就是下面的第二紧致性定理.

定理 5.7 (第二紧致性定理)　设 $\mathcal{M}$ 为一阶语言 $\mathcal{L}_{\mathcal{A}}$ 的一个结构. 令

$$\Gamma(x_1, \cdots, x_n)$$

为语言 $\mathcal{L}_{\mathcal{A}}$ 中具有 n 个自由变元的表达式的一个集合. 如果 $\Gamma(x_1, \cdots, x_n)$ 的任何一个有限子集在 $\mathcal{M}$ 中都有共同解, 即对于任意一个有限子集合 $E \subset \Gamma(x_1, \cdots, x_n)$ 都有

$$\mathcal{M} \models \left(\exists x_1 \left(\cdots \left(\exists x_n \left(\bigwedge_{\varphi \in E} \varphi(x_1, \cdots, x_n)\right)\right) \cdots,\right)\right),$$

那么 $\Gamma(x_1,\cdots,x_n)$ 必然在 $\mathcal{M}$ 的某个同质放大结构 $\mathcal{N}$ 中具有一个共同解, 即一定存在一个同时满足如下要求的 $\mathcal{L}_{\mathcal{A}}$-结构 $\mathcal{N}$ 和 N 中的 $a_1,\cdots,a_n$:

(1) $\mathcal{M}\prec\mathcal{N}$;

(2) 如果 $\varphi\in\Gamma(x_1,\cdots,x_n)$, 则 $\mathcal{N}\models\varphi[a_1,\cdots,a_n]$.

证明 设 $\mathcal{M}=(M,I)$ 为 $\mathcal{L}_{\mathcal{A}}$ 的一个结构, $\Gamma(x_1,\cdots,x_n)$ 为给定的表达式集合, 它的每一个有限集合都在 $\mathcal{M}$ 中有共同的解.

先对 M 中的每一个元素引进一个新常元符号 $c_a(a\in M)$, 将原语言 $\mathcal{L}_{\mathcal{A}}$ 扩充到 $\mathcal{L}_{\mathcal{A}^M}$, 其中

$$\mathcal{A}^M=\mathcal{A}\cup\{c_a\mid a\in M\}.$$

将结构 $\mathcal{M}$ 自然地扩充为 $(\mathcal{M},a)_{a\in M}$, 其中 $a\in M$ 是对新常元符号 c_a 的自然解释. 将这个扩充结构记成

$$\mathcal{M}_M=(M,I_M)$$

其中 $I_M\restriction\mathcal{A}=I$, 以及对于每一个 $a\in M$, $I_M(c_a)=a$.

令 $T=\mathrm{Th}((\mathcal{M},a)_{a\in M})$ 为结构 $\mathcal{M}_M$ 中所有为真的语句的集合. 也就说,

$$T=\mathrm{Th}((\mathcal{M},a)_{a\in M})=\{\theta\mid\theta\text{ 是语言 }\mathcal{L}_{\mathcal{A}^M}\text{ 的一个语句, 而且 }\mathcal{M}_M\models\theta\}.$$

再引进 n 个新的常元符号 $d_1,\cdots,d_n$, 考虑语言

$$\mathcal{A}^*=\mathcal{A}\cup\{d_1,\cdots,d_n\},\ \mathcal{A}^{**}=\mathcal{A}^M\cup\{d_1,\cdots,d_n\}$$

以及

$$\Gamma^*=T\cup\{\varphi(x_1,\cdots,x_n;d_1,\cdots,d_n)\mid\varphi(x_1,\cdots,x_n)\in\Gamma(x_1,\cdots,x_n)\}.$$

断言: Γ^* 是一个一致的理论.

这是因为, 由于 $\Gamma(x_1,\cdots,x_n)$ 中的任意有限子集都在 $\mathcal{M}$ 中有共同解, Γ^* 的任意有限子集都有一个模型.

具体来说, 令 E 为 Γ^* 的一个有限子集. 令

$$E_0=\{\varphi(x_1,\cdots,x_n)\in\Gamma(x_1,\cdots,x_n)\mid\varphi(x_1,\cdots,x_n;d_1,\cdots,d_n)\in E\}.$$

令 $a_1,\cdots,a_n\in M$ 为 E_0 的一个共同解, 即对于任何一个 $\varphi(x_1,\cdots,x_n)\in E_0$, 都有

$$\mathcal{M}\models\varphi[a_1,\cdots,a_n].$$

对 $\mathcal{M}_M$ 的解释 I_M 按照下述等式扩充到结构 $\mathcal{M}_M^*=(M,I^*)$ 上去: $I_M=I^*\restriction\mathcal{A}^M$, 以及

$$I^*(d_1)=a_1,\cdots,I^*(d_n)=a_n.$$

这样, $\mathcal{M}_M^* \models E$.

因此, Γ^* 是一个一致的理论.

令 $\mathcal{N}^{**}$ 为 Γ^* 的一个模型. 又令 $\mathcal{N}^*$ 为从 $\mathcal{N}^{**}$ 到语言 $\mathcal{L}_{\mathcal{A}^*}$ 的缩减结构. 那么对于每一个

$$\varphi(x_1, \cdots, x_n) \in \Gamma(x_1, \cdots, x_n),$$

都有

$$\mathcal{N}^* \models \varphi(x_1, \cdots, x_n; d_1, \cdots, d_n).$$

令 $b_1, \cdots, b_n \in N$ 为常元符号 $d_1, \cdots, d_n$ 在 $\mathcal{N}^*$ 中的解释. 再令 $\mathcal{N}$ 为 $\mathcal{N}^*$ 对于语言 $\mathcal{L}_{\mathcal{A}}$ 的缩减结构, 那么

$$\mathcal{M} \prec \mathcal{N};$$

而且对于每一个

$$\varphi(x_1, \cdots, x_n) \in \Gamma(x_1, \cdots, x_n),$$

必有

$$\mathcal{N} \models \varphi[b_1, \cdots, b_n]. \qquad \square$$

5.4 超积和超幂

在这一节里, 我们引进一种构造性地获得同质放大的系统方法. 这种构造办法就是超积和超幂构造方法.

5.4.1 超滤子存在定理

定义 5.2 设 X 是一个非空集合.

(1) $F \subset P(X)$ 是 X 上的一个**滤子**当且仅当 F 满足如下要求:

(a) $X \in F$, $\varnothing \notin F$;

(b) 如果 $A \in F$, $A \subset B \subset X$, 那么 $B \in F$;

(c) 如果 $A \in F$, $B \in F$, 那么 $A \cap B \in F$.

(2) $U \subset P(X)$ 是 X 上的一个**超滤子**当且仅当 U 是 X 上的一个滤子, 而且对于 X 的每一个子集 $A \subset X$,

$$A \in U \text{ 当且仅当 } (X - A) \notin U.$$

(3) X 上的一个超滤子 U 是 X 上的一个平凡超滤子当且仅当 U 是由 X 中的某一个元素 $a \in X$ 所生成的超滤子:

$$U = \{A \subseteq X \mid a \in A\}.$$

定理 5.8 (超滤子定理) 设 X 是一个无限集合.

(1) X 上的任意一个滤子都可以扩展成为 X 上的一个超滤子;

(2) 如果 $E \subset P(X)$ 是一个具有有限交性质的集合, 即 E 的任何有限个元素的交都一定非空, 那么必有一个包含 E 的 X 上的滤子 F 存在.

证明 (1) 设 F 是 X 上的一个滤子. 考虑

$$\mathbb{D} = \{E \subset P(X) \mid F \subseteq E, E\text{是一个滤子}\}.$$

对于 $E_1 \in \mathbb{D}, E_2 \in \mathbb{D}$, 令 $E_1 \leqslant E_2$ 当且仅当 $E_1 \subseteq E_2$. 这就定义了 $\mathbb{D}$ 上的一个偏序.

如果 $\mathcal{C} \subseteq \mathbb{D}$ 是一个在 $\leqslant$ 偏序下的线性有序集, 那么 $\bigcup \mathcal{C}$ 是 $\mathbb{D}$ 中的元素, 即一个包含 F 的 X 上的滤子.

因此, 应用佐恩引理[①], $\mathbb{D}$ 中必有 $\leqslant$- 极大元 U. 这个 U 就是一个包含 F 的 X 上的一个超滤子.

(2) 设 $E \subset P(X)$ 是一个具有有限交性质的集合. 考虑

$$F = \{A \subseteq X \mid \exists \{B_1, \cdots, B_n\} \subset E\ ((B_1 \cap \cdots B_n) \subseteq A)\}.$$

那么 $E \subset F$, F 是 X 上的一个滤子. □

例 5.3 令 $F = \{A \subseteq \mathbb{N} \mid (\mathbb{N} - A)$ 是一个有限集合 $\}$. 那么 F 是 $\mathbb{N}$ 上的一个滤子. 但 F 不是 $\mathbb{N}$ 上的一个超滤子. 任何一个包含 F 的 $\mathbb{N}$ 上的超滤子都不是平凡超滤子.

5.4.2 超积与超幂

定义 5.3 设 X 是一个非空集合. 又设 $A = \{(i, A_i) \mid i \in X\}$ 是定义在 X 上的一个函数, 并且对于每一个 $i \in X$, $A_i = A(i) \neq \varnothing$.

(1) f 是 A 上面的一个**选择函数**当且仅当 f 是定义在 A 的值域上一个函数, 并且对于每一 $i \in X$ 都有

$$f(A(i)) \in A(i);$$

(2) A 的**笛卡儿乘积**$\prod A$ 是 A 上的全体选择函数的集合:

$$\prod A = \prod_X A_i = \{f \mid f\text{是 } A \text{ 上的一个选择函数}\}.$$

事实 5.4.1 设 X 是一个非空集合. 又设 $A = \{(i, A_i) \mid i \in X\}$ 是定义在 X 上的一个函数, 并且对于每一个 $i \in X$, $A_i = A(i) \neq \varnothing$. 再设 F 是 X 上的一个滤子. 对于 A 上的两个选择函数 f 和 g, 定义

$$f =_F g \ \text{ 当且仅当 } \ \{i \in X \mid f(i) = g(i)\} \in F.$$

---

① 佐恩引理: 如果 $(P, \leqslant)$ 是一个偏序集 (即 $\leqslant$ 是 P 上满足 $x \leqslant x$; $x \leqslant y \leqslant x \to x = y$; $x \leqslant y \leqslant z \to x \leqslant z$; 这三条要求的二元关系), 而且 P 的在 $\leqslant$ 下的任意一个线性子集 A 都在 P 中有一个 $\leqslant$-上界, 那么 P 中一定有一个 $\leqslant$-极大元 (佐恩引理是选择公理的一个等价命题).

那么 $=_F$ 是 A 的笛卡儿乘积 $\prod A$ 上的一个等价关系.

定义 5.4 (直积)　设 X 是一个非空集合. 又设 $A = \{(i, A_i) \mid i \in X\}$ 是定义在 X 上的一个函数, 并且对于每一个 $i \in X$, $A_i = A(i) \neq \varnothing$. 再设 F 是 X 上的一个滤子. A 在 F 下的**直积**, 记成 $\prod_F A$, 或者 $(\prod A)/F$, 就是 A 的笛卡儿乘积在等价关系 $=_F$ 下的商集:

$$\prod_F A = \left(\prod_X A_i\right)/F = \left\{[f]_F \mid f \in \prod_X A_i\right\},$$

其中 $[f]_F = \{g \in \prod_X A_i \mid f =_F g\}$ 是 f 所在的 $=_F$-等价类.

定义 5.5 (超积)　设 $\mathcal{A}$ 是一个非逻辑符号的集合. 设 X 是一个非空 (下标) 集合. 设 $\{\mathcal{M}_i = (M_i, I_i) \mid i \in X\}$ 是语言 $\mathcal{L}_{\mathcal{A}}$ 的一结构簇. 设 U 是 X 上的一个超滤子. 定义 $\mathcal{L}_{\mathcal{A}}$ 的一个结构 $\mathcal{M} = (M, I) = (\prod_X (\mathcal{M}_i, I_i))/U$ 如下:

(1) $\mathcal{M}$ 的论域 M 为在 U 下的直积 $(\prod_X M_i)/U$;

(2) 如果 $c \in \mathcal{A}$ 是一个常元符号, 那么 $I(c) = [f_c]_U$, 其中 f_c 是这样的选择函数:

$$\text{对于每一个 } i \in X,\ f_c(i) = I_i(c);$$

(3) 如果 $F \in \mathcal{A}$ 是一个 n-元函数符号, $I(F)$ 是由如下等价关系所决定的从 M^n 到 M 的函数:

$$I(F)([f_1]_U, \cdots, [f_n]_U) = [f_{n+1}]_U,$$

当且仅当

$$\{i \in X \mid I_i(F)(f_1(i), \cdots, f_n(i)) = f_{n+1}(i)\} \in U.$$

(4) 如果 $P \in \mathcal{A}$ 是一个 n-元谓词符号, $I(P)$ 是由如下等价关系所决定的 M^n 的子集:

$$([f_1]_U, \cdots, [f_n]_U) \in I(P) \text{ 当且仅当 } \{i \in X \mid (f_1(i), \cdots, f_n(i)) \in I_i(P)\} \in U.$$

结构 $\mathcal{M} = (M, I) = (\prod_X \mathcal{M}_i)/U$ 被称为结构簇 $\{\mathcal{M}_i \mid i \in X\}$ 在 U 下的**超积**.

结构簇 $\{\mathcal{M}_i \mid i \in X\}$ 在 U 下的超积 $\mathcal{M} = (M, I) = (\prod_X \mathcal{M}_i)/U$ 被称为结构 $\mathcal{N}$ 在 U 下的**超幂**当且仅当每一个 $\mathcal{M}_i = \mathcal{N}$.

下面的引理表明上述定义毫无歧义.

引理 5.1　设 $\mathcal{A}$ 是一个非逻辑符号的集合. 设 X 是一个非空集合. 设

$$\{\mathcal{M}_i = (M_i, I_i) \mid i \in X\}$$

是语言 $\mathcal{L}_{\mathcal{A}}$ 的一结构簇. 设 U 是 X 上的一个超滤子. 设 $F \in \mathcal{A}$ 是一个 n-元函数符号, $P \in \mathcal{A}$ 是一个 n-元谓词符号.

(1) 设 $f_1, \cdots, f_{n+1}, g_1, \cdots g_{n+1}$ 为 $\{M_i \mid i \in X\}$ 上的选择函数.

(a) 如果对于每一个 $1 \leqslant m \leqslant n+1$ 都有 $[f_m] = [g_m]$, 而且

$$\{i \in X \mid I_i(F)(f_1(i), \cdots, f_n(i)) = f_{n+1}(i)\} \in U,$$

那么

$$\{i \in X \mid I_i(F)(g_1(i), \cdots, g_n(i)) = g_{n+1}(i)\} \in U;$$

(b) 如果对于每一个 $1 \leqslant m \leqslant n$ 都有 $[f_m] = [g_m]$, 而且

$$\{i \in X \mid (f_1(i), \cdots, f_n(i)) \in I_i(P)\} \in U,$$

那么

$$\{i \in X \mid (g_1(i), \cdots, g_n(i)) \in I_i(P)\} \in U.$$

(2) 设 ν 是一个 $\mathcal{M}$-赋值, x_m 是一个变元符号, $\nu(x_m) = [f_m] = [g_m]$, $i \in X$, 令 $\nu_i(x_m) = f_m(i)$, 令 $\mu_i(x_m) = g_m(i)$. 如果 τ 是 $\mathcal{L}_{\mathcal{A}}$ 的一个项, f 是 $\{M_i \mid i \in X\}$ 上的一个选择函数, 那么

$$\bar{\nu}(\tau) = [f] \text{ 当且仅当 } \{i \in X \mid \bar{\nu}_i(\tau) = f(i) = \bar{\mu}_i(\tau)\} \in U.$$

5.4.3 超积基本定理

定理 5.9 (超积基本定理) 设 $\mathcal{A}$ 是一个非逻辑符号的集合. 设 X 是一个非空集合. 设

$$\{\mathcal{M}_i = (M_i, I_i) \mid i \in X\}$$

是语言 $\mathcal{L}_{\mathcal{A}}$ 的一结构簇. 设 U 是 X 上的一个超滤子. 令

$$\mathcal{M} = (M, I) = \left(\prod_X (\mathcal{M}_i, I_i)\right) / U.$$

(1) 设 ν 是一个 $\mathcal{M}$- 赋值, x_m 是一个变元符号, $\nu(x_m) = [f_m]$, $i \in X$. 令

$$\nu_i(x_m) = f_m(i).$$

(a) 如果 τ_1, τ_2 是 $\mathcal{L}_{\mathcal{A}}$ 的两个项, 那么

$$\bar{\nu}(\tau_1) = \bar{\nu}(\tau_2) \text{ 当且仅当 } \{i \in X \mid \bar{\nu}_i(\tau_1) = \bar{\nu}_i(\tau_2)\} \in U.$$

(b) 如果 $\tau_1, \cdots, \tau_n$ 是 $\mathcal{L}_{\mathcal{A}}$ 的 n 个项, $P \in \mathcal{A}$ 是一个 n-元谓词符号, 那么

$$(\bar{\nu}(\tau_1), \cdots, \bar{\nu}(\tau_n)) \in I(P),$$

当且仅当

$$\{i \in X \mid (\bar{\nu}_i(\tau_1), \cdots, \bar{\nu}_i(\tau_n)) \in I_i(P)\} \in U.$$

(2) 如果 $\varphi(x_1,\cdots,x_n)$ 是 $\mathcal{L}_A$ 的一个表达式, $[f_1],\cdots,[f_n]\in M$ 是 n 个选择函数的 U-等价类, 那么

$$\mathcal{M}\models\varphi[[f_1],\cdots,[f_n]] \text{ 当且仅当 } \{i\in X\mid \mathcal{M}_i\models\varphi[f_1(i),\cdots,f_n(i)]\}\in U.$$

(3) 如果 θ 是 $\mathcal{L}_A$ 的一个语句, 那么

$$\mathcal{M}\models\theta \text{ 当且仅当 } \{i\in X\mid \mathcal{M}_i\models\theta\}\in U.$$

证明 假设 $\varphi(x_1,\cdots,x_n)$ 是表达式 $(\forall x_m\psi(x_m,x_1,\cdots,x_n))$. 如下四个命题等价:

(1) $\mathcal{M}\models\varphi[[f_1],\cdots,[f_n]]$;

(2) 对于每一个 $[g]\in M$ 都有 $\mathcal{M}\models\psi[[g],[f_1],\cdots,[f_n]]$;

(3) 对于每一个 $[g]\in M$, 都有 $\{i\in X\mid \mathcal{M}_i\models\psi[g(i),f_1(i),\cdots,f_n(i)]\}\in U$;

(4) $\{i\in X\mid \mathcal{M}_i\models(\forall x_m\psi)[f_1(i),\cdots,f_n(i)]\}\in U$.

由定义, (1) 和 (2) 等价; 由归纳假设, (2) 和 (3) 等价. 需要证明 (3) 和 (4) 等价. 为此, 先证明如下两个命题等价:

(5) 存在一个 $[g]\in M$ 来满足要求:

$$\{i\in X\mid \mathcal{M}_i\models(\neg\psi)[g(i),f_1(i),\cdots,f_n(i)]\}\in U.$$

(6) $\{i\in X\mid \mathcal{M}_i\models(\exists x_m(\neg\psi))[f_1(i),\cdots,f_n(i)]\}\in U$.

假设 (5) 成立. 取 $[g]\in M$ 来满足

$$\{i\in X\mid \mathcal{M}_i\models(\neg\psi)[g(i),f_1(i),\cdots,f_n(i)]\}\in U.$$

令

$$A=\{i\in X\mid \mathcal{M}_i\models(\neg\psi)[g(i),f_1(i),\cdots,f_n(i)]\}.$$

对每一个 $i\in A$, 都有 $\mathcal{M}_i\models(\exists x_m(\neg\psi))[[f_1],\cdots,[f_n]]$, 因为 $g(i)$ 就是一个证据. 所以, (6) 成立.

假设 (6) 成立. 令

$$A=\{i\in X\mid \mathcal{M}_i\models(\exists x_m(\neg\psi))[f_1(i),\cdots,f_n(i)]\}.$$

对每一个 $i\in A$, 取 $g(i)\in M_i$ 来满足

$$\mathcal{M}_i\models(\neg\psi)[g(i),f_1(i),\cdots,f_n(i)].$$

对于每一个 $i\in(X-A)$, 任取 $g(i)\in M_i$. 对于此 $[g]\in M$,

$$\{i\in X\mid \mathcal{M}_i\models(\neg\psi)[g(i),f_1(i),\cdots,f_n(i)]\}\in U.$$

所以, (5) 成立.

这就证明了命题 (5) 和 (6) 等价. 于是, 命题 (3) 和 (4) 等价. □

定理 5.10 (超幂基本定理) 设 $\mathcal{A}$ 是一个非逻辑符号的集合. 设 $\mathcal{M}=(M,I)$ 是语言 $\mathcal{L}_{\mathcal{A}}$ 的一个结构. 设 X 是一个非空集合. 设 U 是 X 上的一个超滤子. 设 $\mathcal{N}=(\prod_X \mathcal{M})/U$ 为 $\mathcal{M}$ 在 U 下的超幂. 对每一个 $a\in M$, 令 $f_a: X\to M$ 为恒取 a 的常值函数. 那么将每一个 $a\in M$ 映射到 $[f_a]_U$ 的映射是一个将 $\mathcal{M}$ 嵌入到 $\mathcal{N}$ 中去的同质嵌入映射.

证明 对于每一个 $a\in M$, 令 $e(a)=[f_a]_U$. 令 $\varphi(x_1,\cdots,x_n)$ 为 $\mathcal{L}_{\mathcal{A}}$ 的一个表达式. 令 $a_1,\cdots,a_n\in M$.

依据超积基本定理 (定理 5.9), 如下命题等价:

(1) $\mathcal{M}\models\varphi[a_1,\cdots,a_n]$;

(2) $\{i\in X\mid \mathcal{M}\models\varphi[f_{a_1}(i),\cdots,f_{a_n}(i)]\}\in U$;

(3) $\mathcal{N}\models\varphi[[f_{a_1}],\cdots,[f_{a_n}]]$. □

定义 5.6 (超幂自然嵌入映射) 设 $\mathcal{A}$ 是一个非逻辑符号的集合, 设 $\mathcal{M}=(M,I)$ 是语言 $\mathcal{L}_{\mathcal{A}}$ 的一个结构, 设 X 是一个非空集合, 设 U 是 X 上的一个超滤子, 设 $\mathcal{N}=(\prod_X \mathcal{M})/U$ 为 $\mathcal{M}$ 在 U 下的超幂. 对每一个 $a\in M$, 令 $f_a: X\to M$ 为恒取 a 的常值函数. 对于每一个 $a\in M$, 令 $e(a)=[f_a]_U$. 称同质嵌入映射

$$e:\mathcal{M}\to\left(\prod_X \mathcal{M}\right)/U$$

为从 $\mathcal{M}$ 到 $\mathcal{M}$ 在 U 下的超幂的自然嵌入映射.

5.4.4 超积构造六例

本小节我们用超积构造方法来证明 5.1 节中的结论.

例 5.1 紧致性定理 (定理 5.1) 的超积构造证明.

设 Γ 为语言 $\mathcal{L}_{\mathcal{A}}$ 的一个表达式集合, 并且 Γ 的每一个非空有限子集都是可满足的. 下面证明 Γ 必是可满足的.

令 $X=\{\sigma\subset\Gamma\mid \sigma$ 是一个非空有限子集 $\}$.

令 $E=\{\{\sigma\in X\mid\varphi\in\sigma\}\mid\varphi\in\Gamma\}$. 那么, E 具有有限交性质. 令 $U\supset E$ 为 X 上的一个超滤子.

对于每一个 $\sigma\in X$, 令 $(\mathcal{M}_\sigma,\nu_\sigma)\models\sigma$.

令 $\mathcal{M}=(M,I)=(\prod_X \mathcal{M}_\sigma)/U$ 为结构簇 $\{\mathcal{M}_\sigma\mid\sigma\in X\}$ 在 U 下的超积.

对于每一个自然数 $i\in\mathbb{N}$, 对于每一个 $\sigma\in X$, 令 $f_i(\sigma)=\nu_\sigma(x_i)$. 再令

$$\nu(x_i)=[f_i]_U.$$

断言: $(\mathcal{M},\nu) \models \Gamma$. 设 $\varphi \in \Gamma$. 令 $A_\varphi = \{\sigma \in X \mid \varphi \in \sigma\}$. 那么, $A_\sigma \in U$. 对于每一个 $\sigma \in A_\varphi$, 都有

$$(\mathcal{M}_\sigma, \nu_\sigma) \models \varphi.$$

因此, $\{\sigma \in X \mid (\mathcal{M}_\sigma, \nu_\sigma) \models \varphi\} \in U$. 依据超积基本定理 (定理 5.9),

$$(\mathcal{M}, \nu) \models \varphi.$$

□

例 5.2　定理 5.2 的超积证明.

假设 Γ 是一个一致理论, 而且对于任意一个正整数 n, Γ 都有一个论域中至少有 n 个元素的有限模型 $\mathcal{M}_n$. 下面证明 Γ 必有一个无限模型.

令

$$F = \{A \subseteq \mathbb{N} \mid (\mathbb{N} - A)\text{是一个有限子集}\}.$$

再令 $U \supset F$ 为 $\mathbb{N}$ 上的一个超滤子. U 肯定不是平凡超滤子.

令 $\mathcal{M} = (M, I) = (\prod_{\mathbb{N}} \mathcal{M}_n)/U$ 为模型簇 $\{\mathcal{M}_n \mid n \in \mathbb{N}\}$ 在 U 下的超积.

由超积基本定理 (定理 5.9), $\mathcal{M}$ 是 Γ 的一个模型, 而且 M 是一个无限集合. □

例 5.3　定理 5.5 的超幂证明.

考虑结构 $(\mathbb{N}, <)$ 在 U 下的超幂 $\mathcal{M} = (M, I) = (\prod_{\mathbb{N}} \mathbb{N})/U$, U 为前面给定的 $\mathbb{N}$ 上的超滤子.

对于每一个 $i \in \mathbb{N}$, 定义

$$f_i(n) = \begin{cases} n - i, & \text{如果 } n \geqslant i, \\ 0, & \text{如果 } n < i. \end{cases}$$

其中, $n \in \mathbb{N}$, 那么 $\{n \in \mathbb{N} \mid f_{i+1}(n) < f_i(n)\} \in U$.

因此, 对于每一个 $i \in \mathbb{N}$ 都有 $\mathcal{M} \models P_<(x_1, x_2)[[f_{i+1}], [f_i]]$. 所以, $\mathcal{M}$ 就不是一个秩序集. □

例 5.4　自然数理论非标准模型存在性 (定理 5.4) 的超幂证明.

考虑模型 $\mathcal{N} = (\mathbb{N}, 0, S, +, \times, <)$ 在 U 下的超幂 $\mathcal{M} = (M, I) = (\prod_{\mathbb{N}} \mathbb{N})/U$, U 为前面给定的 $\mathbb{N}$ 上的超滤子.

依据超幂基本定理 (定理 5.10), $\mathcal{N}$ 自然地同质嵌入到 $\mathcal{M}$ 中去. 注意, 在这种情形下, 每一个自然数 n 自然地映射到常值函数 $f_n(m) = n$ 所在的等价类. 当我们将 n 与 $[f_n]$ 等同起来的时候, $\mathbb{N}$ 就是非标准模型 $\mathcal{M}$ 的一个 $<^*$- 前段, 并且自然数集合上的恒等函数 $f(n) = n$ 所在的等价类就是一个严格大于每一个标准自然数的 M 中的元素. □

例 5.5　同质放大存在性定理 (定理 5.6) 的超幂证明.

设 $\mathcal{N}$ 为语言 $\mathcal{L}_\mathcal{A}$ 的一个可数无限结构. 设 κ 为一个不可数基数. 令 U 为 κ 上的一个非平凡超滤子. 令

$$\mathcal{M} = (M, I) = \left(\prod_\kappa \mathcal{N}\right) / U$$

为 $\mathcal{N}$ 在 U 下的超幂. 那么 M 的势必大于等于 κ, 并且依据超幂基本定理 (定理 5.10), $\mathcal{N}$ 同质嵌入到 $\mathcal{M}$ 中去. □

例 5.6 第二紧致性定理 (定理 5.7) 的超幂证明.

设 $\mathcal{M}$ 为一阶语言 $\mathcal{L}_\mathcal{A}$ 的一个结构. 令 $\Gamma(x_1, \cdots, x_n)$ 为语言 $\mathcal{L}_\mathcal{A}$ 中具有 n 个自由变元的表达式的一个集合. 还设 $\Gamma(x_1, \cdots, x_n)$ 的任何一个有限子集在 $\mathcal{M}$ 中都有共同解.

令 $X = \{\sigma \subset \Gamma(x_1, \cdot, x_n) \mid \sigma$ 是一个非空有限子集 $\}$.

令 $E = \{\{\sigma \in X \mid \varphi \in \sigma\} \mid \varphi \in \Gamma(x_1, \cdots, x_n)\}$. 那么 E 具有有限交性质. 令 $U \supset E$ 为 X 上的一个超滤子.

令 $\mathcal{N} = (N, I) = (\prod_X \mathcal{M})/U$ 为结构 $\mathcal{M}$ 在 U 下的超幂.

对于每一个 $\sigma \in X$, 令 ν_σ 为满足 σ 的 $\mathcal{M}$-赋值, 即 $(\nu_\sigma(x_1), \cdots, \nu_\sigma(x_n)) \in M^n$ 是 $\sigma(x_1, \cdots, x_n)$ 在 $\mathcal{M}$ 中的共同解.

对于每一个自然数 $i \in \mathbb{N}$, 对于每一个 $\sigma \in X$, 令 $f_i(\sigma) = \nu_\sigma(x_i)$.

在 $\mathcal{N}$ 中, $([f_1], \cdots, [f_n])$ 就是 $\Gamma(x_1, \cdots, x_n)$ 的共同解. □

5.5 同质放大链

考虑一阶语言 $\mathcal{L}_\mathcal{A}$ 的一个无限结构 $\mathcal{M}_0$. 令 U 为自然数集合上的一个非平凡超滤子. 令 $\mathcal{M}_1$ 为结构 $\mathcal{M}_0$ 在 U 下的超幂. 令

$$e_{01} : \mathcal{M}_0 \to \mathcal{M}_1$$

为从 $\mathcal{M}_0$ 到 $\mathcal{M}_1$ 的自然同质嵌入映射.

以此类推, 递归地, 我们可以定义 $\mathcal{M}_{n+1}$ 为 $\mathcal{M}_n$ 在 U 下的超幂, 并且

$$e_{n(n+1)} : \mathcal{M}_n \to \mathcal{M}_{n+1}$$

为从 $\mathcal{M}_n$ 到 $\mathcal{M}_{n+1}$ 的自然同质嵌入映射.

这样, 得到一个序列 $\langle(\mathcal{M}_n, e_{n(n+1)}) \mid n \in \mathbb{N}\rangle$.

这个序列有这样的性质: 对于每一个自然数 $n \in \mathbb{N}$,

$$e_{n(n+1)} : \mathcal{M}_n \to \mathcal{M}_{n+1}$$

为从 $\mathcal{M}_n$ 到 $\mathcal{M}_{n+1}$ 的自然同质嵌入映射. 并且用归纳法, 可立即得到下面的引理:

引理 5.2　设 $n \in \mathbb{N}$. 对于每一个 $i \leqslant n$, 令

$$e_{i(n+1)} = e_{n(n+1)} \circ \cdots \circ e_{i(i+1)} = e_{n(n+1)} \circ e_{in},$$

那么

$$e_{i(n+1)} : \mathcal{M}_i \to \mathcal{M}_{n+1}$$

是从 $\mathcal{M}_i$ 到 $\mathcal{M}_{n+1}$ 的同质嵌入映射.

证明　假设对于长度小于等于 n 的序列 $\langle(\mathcal{M}_i, e_{ji}) \mid j < i \leqslant n\rangle$ 引理成立. 并且设 $i < n$. 证

$$e_{i(n+1)} : \mathcal{M}_i \to \mathcal{M}_{n+1}$$

是从 $\mathcal{M}_i$ 到 $\mathcal{M}_{n+1}$ 的同质嵌入映射. 据归纳假设, $e_{in} : \mathcal{M}_i \to \mathcal{M}_n$ 是从 $\mathcal{M}_i$ 到 $\mathcal{M}_n$ 的同质嵌入映射.

令 $\varphi(x_1, \cdots, x_m)$ 为 $\mathcal{L}_{\mathcal{A}}$ 的一个表达式, 令 $a_1, \cdots, a_m \in M_i$. 那么

$$\begin{aligned}\mathcal{M}_i \models \varphi[a_1, \cdots, a_m] &\iff \mathcal{M}_n \models \varphi[e_{in}(a_1), \cdots, e_{in}(a_m)] \\ &\iff \mathcal{M}_n \models \varphi[e_{n(n+1)}(e_{in}(a_1)), \cdots, e_{n(n+1)}(e_{in}(a_m))].\end{aligned}$$

□

由此产生一个很自然的问题:

问题 5.2　给定一个这样的同质嵌入序列 $\langle(\mathcal{M}_n, e_{in}) \mid i < n < \infty\rangle$, 是否存在这个序列的极限

$$\langle \mathcal{M}_\infty, e_{i\infty} \mid i \in \mathbb{N}\rangle,$$

以至于 $e_{i\infty} : \mathcal{M}_i \to \mathcal{M}_\infty$ 同质地将每一个 $\mathcal{M}_i$ 嵌入到 $\mathcal{M}_\infty$ 之中?

下面的定理给出了这个问题的肯定答案. 为了叙述明确, 我们先引入一个概念.

定义 5.7　设 $\mathcal{L}_{\mathcal{A}}$ 是一个一阶语言. $\mathcal{L}_{\mathcal{A}}$ 的结构和它们之间的嵌入映射的一个序列 $\langle(\mathcal{M}_n, e_{in}) \mid i < n < \infty\rangle$ 是一个**同质嵌入链**当且仅当对于每一个 $i < n$ 都有

$$e_{in} : \mathcal{M}_i \to \mathcal{M}_n$$

是一个同质嵌入, 并且对于任何 $i < n < m$ 总有 $e_{im} = e_{nm} \circ e_{in}$.

定理 5.11 (同质链极限定理)　设 $\mathcal{L}_{\mathcal{A}}$ 是一个一阶语言. 如果序列

$$\langle(\mathcal{M}_n, e_{in}) \mid i < n < \infty\rangle$$

是 $\mathcal{L}_{\mathcal{A}}$ 的一个同质嵌入链, 那么存在唯一的 $\mathcal{L}_{\mathcal{A}}$ 的结构 $\mathcal{M}_\infty$ 以及一个映射序列 $\langle e_{i\infty} \mid i < \infty\rangle$ 来满足如下两条要求:

(1) 每一个 $e_{i\infty} : \mathcal{M}_i \to \mathcal{M}_\infty$ 都是一个同质嵌入映射;

(2) 如果 $i < n < \infty$, 那么 $e_{i\infty} = e_{n\infty} \circ e_{in}$.

证明 设序列 $\langle(\mathcal{M}_n, e_{in}) \mid i<n<\infty\rangle$ 是 $\mathcal{L}_\mathcal{A}$ 的一个同质嵌入链.

第一, 论域 M_∞ 以及映射 $e_{i\infty}$ 的定义.

令

$$N=\bigcup_{n\in\mathbb{N}}(M_n\times\{n\}).$$

对于 N 中两个元素 (a,i) 和 (b,j), 定义 $(a,i)\sim(b,j)$ 当且仅当

$$\exists k\,(k>\max\{i,j\}\ \wedge\ e_{ik}(a)=e_{jk}(b)).$$

那么 $\sim$ 是 N 上一个等价关系. 欲见此, 只需验证传递性: 如果 $(a,i)\sim(b,j)$ 以及 $(b,j)\sim(d,m)$, 那么 $(a,i)\sim(d,m)$.

令 $k_1>\max\{i,j\}$, $k_2>\max\{j,m\}$ 分别满足

$$e_{ik_1}(a)=e_{jk_1}(b) \text{ 和 } e_{jk_2}(b)=e_{mk_2}(d).$$

令 $k>\max\{k_1,k_2\}$, 那么

$$\begin{aligned}e_{ik}(a)&=e_{k_1k}(e_{ik_1}(a))\\&=e_{k_1k}(e_{jk_1}(b))\\&=e_{jk}(b)\\&=e_{k_2k}(e_{jk_2}(b))\\&=e_{k_2k}(e_{mk_2}(d))\\&=e_{mk}(d).\end{aligned}$$

所以, $(a,i)\sim(d,m)$.

令 $M_\infty=N/\!\sim\,=\{[(a,i)]_\sim \mid (a,i)\in N\}$, 其中 $[(a,i)]_\sim$ 为 (a,i) 所在的 $\sim$-等价类.

对于每一个 $i\in\mathbb{N}$, 定义 $e_{i\infty}(a)=[(a,i)]_\sim$. 那么每一个 $e_{i\infty}$ 都是从 M_i 到 M_∞ 的一个单射.

第二, 解释 I_∞ 的定义.

(1) 如果 $c\in\mathcal{A}$ 是一个常元符号, 那么就定义 $I_\infty(c)=[(I_0(c),0)]_\sim$;

(2) 如果 $F\in\mathcal{A}$ 是一个 m-元函数符号, $[(a_1,i_1)]_\sim,\cdots,[(a_m,i_m)]_\sim,[(a,j)]_\sim$ 是 M_∞ 中的元素, 那么就定义

$$I_\infty(F)([(a_1,i_1)]_\sim,\cdots,[(a_m,i_m)]_\sim)=[(a,j)]_\sim,$$

当且仅当

$$I_k(F)(e_{i_1k}(a_1),\cdots,e_{i_mk}(a_m))=e_{jk}(a),$$

其中 $k=1+\max\{i_1,\cdots,i_m,j\}$;

(3) 如果 $P \in \mathcal{A}$ 是一个 m-元谓词符号, $[(a_1, i_1)]_\sim, \cdots, [(a_m, i_m)]_\sim$ 是 M_∞ 中的元素, 那么就定义

$$([(a_1, i_1)]_\sim, \cdots, [(a_m, i_m)]_\sim) \in I_\infty(P),$$

当且仅当

$$(e_{i_1 k}(a_1), \cdots, e_{i_m k}(a_m)) \in I_k(P),$$

其中 $k = 1 + \max\{i_1, \cdots, i_m\}$.

第三, 断言: 上述各定义都毫无歧义.

(1) 如果 $c \in \mathcal{A}$ 是一个常元符号, 那么当 $i < n$ 时, $e_{in}(I_i(c)) = I_n(c)$, 因此, $(I_0(c), 0) \sim (I_n(c), n)$.

(2) 设 $F \in \mathcal{A}$ 是一个 m-元函数符号,

$$(a_1, i_1), \cdots, (a_m, i_m), (a, j), (b_1, j_1), \cdots, (b_m, j_m), (b, \ell)$$

是 N 中的元素, 而且

$$(a_1, i_1) \sim (b_1, j_1), \cdots, (a_m, i_m) \sim (b_m, j_m), (a, j) \sim (b, \ell).$$

令 $k_1 = 1 + \max\{i_1, \cdots, i_m, j\}$, $k_2 = 1 + \max\{j_1, \cdots, j_m, \ell\}$, $k > \max\{k_1, k_2\}$. 那么

$$\begin{aligned}
& I_{k_1}(F)(e_{i_1 k_1}(a_1), \cdots, e_{i_m k_1}(a_m)) = e_{j k_1}(a), \\
\text{当且仅当}\quad & e_{k_1 k}(I_{k_1}(F)(e_{i_1 k_1}(a_1), \cdots, e_{i_m k_1}(a_m))) = e_{k_1 k}(e_{j k_1}(a)); \\
\text{当且仅当}\quad & I_k(F)(e_{i_1 k}(a_1), \cdots, e_{i_m k}(a_m)) = e_{jk}(a); \\
\text{当且仅当}\quad & I_k(F)(e_{j_1 k}(b_1), \cdots, e_{j_m k}(b_m)) = e_{\ell k}(b); \\
\text{当且仅当}\quad & e_{k_2 k}(I_{k_2}(F)(e_{i_1 k_2}(b_1), \cdots, e_{i_m k_2}(b_m))) = e_{k_2 k}(e_{\ell k_2}(b)); \\
\text{当且仅当}\quad & I_{k_2}(F)(e_{j_1 k_2}(b_1), \cdots, e_{j_m k_2}(b_m)) = e_{\ell k_2}(b).
\end{aligned}$$

(3) 设 $P \in \mathcal{A}$ 是一个 m-元谓词符号, $(a_1, i_1), \cdots, (a_m, i_m), (b_1, j_1), \cdots, (b_m, j_m)$ 是 N 中的元素, 而且

$$(a_1, i_1) \sim (b_1, j_1), \cdots, (a_m, i_m) \sim (b_m, j_m).$$

令 $k_1 = 1 + \max\{i_1, \cdots, i_m\}$, $k_2 = 1 + \max\{j_1, \cdots, j_m\}$, $k > \max\{k_1, k_2\}$. 那么

$$\begin{aligned}
& (e_{i_1 k_1}(a_1), \cdots, e_{i_m k_1}(a_m)) \in I_{k_1}(P); \\
\text{当且仅当}\quad & (e_{k_1 k}(e_{i_1 k_1}(a_1)), \cdots, e_{k_1 k}(e_{i_m k_1}(a_m))) \in I_k(P); \\
\text{当且仅当}\quad & (e_{i_1 k}(a_1), \cdots, e_{i_m k}(a_m)) \in I_k(P); \\
\text{当且仅当}\quad & (e_{j_1 k}(b_1), \cdots, e_{j_m k}(b_m)) \in I_k(P); \\
\text{当且仅当}\quad & (e_{k_2 k}(e_{j_1 k_2}(b_1)), \cdots, e_{k_2 k}(e_{j_m k_2}(b_m))) \in I_k(P); \\
\text{当且仅当}\quad & (e_{j_1 k_2}(b_1), \cdots, e_{j_m k_2}(b_m)) \in I_{k_2}(P).
\end{aligned}$$

第四, 极限结构为 $\mathcal{M}_\infty = (M_\infty, I_\infty)$.

第五, 对于每一个 $i \in \mathbb{N}$, $e_{i\infty} : \mathcal{M}_i \to \mathcal{M}_\infty$ 是一个同质嵌入映射.

设 ν_i 为一 $\mathcal{M}_i$-赋值. 定义 $\nu_\infty^i = e_{i\infty} \circ \nu_i$. 即, 对于变元符号 x_m,

$$\nu_\infty^i(x_m) = e_{i\infty}(\nu(x_m)) = [(\nu_i(x_m), i)]_\sim,$$

那么, ν_∞^i 是 $\mathcal{M}_\infty$ 的一个赋值.

设 $\varphi(x_1, \cdots, x_m)$ 是 $\mathcal{L}_\mathcal{A}$ 的一个表达式. 需要证明: 对于所有的 $i \in \mathbb{N}$, 对于任意一个 $\mathcal{M}_i$-赋值 ν_i,

$$(\mathcal{M}_i, \nu_i) \models \varphi \text{ 当且仅当 } (\mathcal{M}_\infty, e_{i\infty} \circ \nu_i) \models \varphi.$$

首先, 依据项的长度的归纳法, 有如下引理:

引理 5.3 $\overline{\nu_\infty^i} = e_{i\infty} \circ \bar{\nu}_i$, 即如果 τ 是 $\mathcal{L}_\mathcal{A}$ 的一个项, 那么

$$\overline{\nu_\infty^i}(\tau) = [(\bar{\nu}_i(\tau), i)]_\sim = e_{i\infty}(\bar{\nu}_i(\tau)).$$

引理 5.4 设 $i \in \mathbb{N}$, 设 ν_i 为一 $\mathcal{M}_i$-赋值.

(1) 如果 τ_1 和 τ_2 是 $\mathcal{L}_\mathcal{A}$ 的两个项, 那么

$$(\mathcal{M}_i, \nu_i) \models (\tau_1 \hat{=} \tau_2) \text{ 当且仅当 } (\mathcal{M}_\infty, e_{i\infty} \circ \nu_i) \models (\tau_1 \hat{=} \tau_2).$$

(2) 如果 $\tau_1, \cdots, \tau_m$ 是 $\mathcal{L}_\mathcal{A}$ 的项, $P \in \mathcal{A}$ 是一个 m-元谓词符号, 那么

$$(\mathcal{M}_i, \nu_i) \models P(\tau_1, \cdots, \tau_m) \text{ 当且仅当 } (\mathcal{M}_\infty, e_{i\infty} \circ \nu_i) \models P(\tau_1, \cdots, \tau_m).$$

归纳假设: 对于每一个长度小于 k 的 $\mathcal{L}_\mathcal{A}$ 的表达式 ψ, 对于所有的 $i \in \mathbb{N}$, 对于任意一个 $\mathcal{M}_i$-赋值 ν_i,

$$(\mathcal{M}_i, \nu_i) \models \psi \text{ 当且仅当 } (\mathcal{M}_\infty, e_{i\infty} \circ \nu_i) \models \psi.$$

如果 φ 是 $(\neg\psi)$, 应用归纳假设可得到所需要的结论. 如果 φ 是 $(\varphi_1 \to \varphi_2)$, 应用归纳假设可得到所需要的结论.

现在假设 φ 是 $(\forall x_j \psi)$.

先假设 $(\mathcal{M}_i, \nu_i) \models (\forall x_j \psi)$, 需要证明 $(\mathcal{M}_\infty, e_{i\infty} \circ \nu_i) \models (\forall x_j \psi)$.

设 μ 是一 $\mathcal{M}_\infty$ 赋值, 而且 $\mu \equiv_{(\forall x_j \psi)} e_{i\infty} \circ \nu_i$. 下面证明 $(\mathcal{M}_\infty, \mu) \models \psi$.

令 $\mu(x_j) = [(a, \ell)]$. 不妨假设 $\ell > i$. 令 $\mu_\ell(x_j) = a$, 以及对于 $n \neq j$, 令 $\mu_\ell(x_n) = e_{i\ell}(\nu_i(x_n))$. 那么

$$\mu_\ell \equiv_{(\forall x_j \psi)} e_{i\ell} \circ \nu_i.$$

由于 $e_{i\ell}: \mathcal{M}_i \to \mathcal{M}_\ell$ 是一个同质嵌入映射, $(\mathcal{M}_\ell, e_{i\ell} \circ \nu_i) \models (\forall x_j \psi)$. 因此,

$$(\mathcal{M}_\ell, \mu_\ell) \models \psi.$$

由归纳假设, $(\mathcal{M}_\infty, e_{\ell\infty} \circ \mu_\ell) \models \psi$. 由于 $\mu \equiv_\psi e_{\ell\infty} \circ \mu_\ell$,

$$(\mathcal{M}_\infty, \mu) \models \psi.$$

再设 $(\mathcal{M}_\infty, e_{i\infty} \circ \nu_i) \models (\forall x_j \psi)$, 需要证明 $(\mathcal{M}_i, \nu_i) \models (\forall x_j \psi)$.

设 μ_i 是一 $\mathcal{M}_i$ 赋值, 而且 $\mu_i \equiv_{(\forall x_j \psi)} \nu_i$. 下面证明 $(\mathcal{M}_i, \mu_i) \models \psi$.

由于 $\mu_i \equiv_{(\forall x_j \psi)} \nu_i$, $e_{i\infty} \circ \mu_i \equiv_{(\forall x_j \psi)} e_{i\infty} \circ \nu_i$. 所以,

$$(\mathcal{M}_\infty, e_{i\infty} \circ \mu_i) \models \psi.$$

由归纳假设, $(\mathcal{M}_i, \mu_i) \models \psi$. □

定义 5.8 (同质链极限)　设 $\mathcal{L}_\mathcal{A}$ 是一个一阶语言. 设序列

$$\langle (\mathcal{M}_n, e_{in}) \mid i < n < \infty \rangle$$

是 $\mathcal{L}_\mathcal{A}$ 的一个同质嵌入链. 我们将同质链极限定理 (定理 5.11) 证明中所定义的 $\mathcal{L}_\mathcal{A}$ 的结构 $\mathcal{M}_\infty$ 和映射序列 $\langle e_{i\infty} \mid i < \infty \rangle$ 称为同质嵌入链

$$\langle (\mathcal{M}_n, e_{in}) \mid i < n < \infty \rangle$$

的极限, 并记成

$$\langle \mathcal{M}_\infty, e_{i\infty} \mid i \in \mathbb{N} \rangle = \lim_{n \in \mathbb{N}} \langle (\mathcal{M}_n, e_{in}) \mid i < n < \infty \rangle$$

(有时也简单记成 $\mathcal{M}_\infty = \lim_{n \to \infty} \mathcal{M}_n$).

推论 5.1 (塔尔斯基极限定理)　设 $\langle \mathcal{M}_n \mid n \in \mathbb{N} \rangle$ 是一个**同质放大链**, 即语言 $\mathcal{L}_\mathcal{A}$ 的一个满足如下要求的序列:

$$\text{对于每一个自然数 } n \text{ 都有 } \mathcal{M}_n \prec \mathcal{M}_{n+1}.$$

令 $M = \bigcup_{n \in \mathbb{N}} M_n$, 以及

(1) 如果 $c \in \mathcal{A}$, 那么 $I(c) = I_0(c)$;

(2) 如果 $F \in \mathcal{A}$ 是一个 m-元函数符号, $a_1, \cdots, a_m, a$ 是某个 M_k 中的元素, 那么定义

$$I(F)(a_1, \cdots, a_m) = a \text{ 当且仅当 } I_k(a_1, \cdots, a_m) = a,$$

即 $I(F) = \bigcup_{n \in \mathbb{N}} I_n(F)$;

(3) 如果 $P \in \mathcal{A}$ 是一个 m-元谓词符号, $a_1, \cdots, a_m$ 是某个 M_k 中的元素, 那么定义

$$(a_1, \cdots, a_m) \in I(P) \text{ 当且仅当 } (a_1, \cdots, a_m) \in I_k(P).$$

即 $I(P) = \bigcup_{n \in \mathbb{N}} I_n(P)$.

那么 $\mathcal{M} = (M, I)$ 是 $\mathcal{L}_{\mathcal{A}}$ 的一个结构, 并且 $\mathcal{M}$ 是每一 $\mathcal{M}_n$ 的同质放大结构:

$$\mathcal{M}_n \prec \mathcal{M}.$$

下面的定理表明同质链极限结构具有一种最小性: 它是同质递增链的 "上确界".

定理 5.12 设 $\mathcal{L}_{\mathcal{A}}$ 是一个一阶语言, 设序列 $\langle(\mathcal{M}_n, e_{in}) \mid i < n < \infty\rangle$ 是 $\mathcal{L}_{\mathcal{A}}$ 的一个同质嵌入链, 并且结构 $\mathcal{M}_\infty$ 以及映射序列 $\langle e_{i\infty} \mid i < \infty\rangle$ 是这个同质嵌入链的极限.

如果 $\mathcal{N}$ 是 $\mathcal{L}_{\mathcal{A}}$ 的一个结构, 序列 $\langle f_n \mid n \in \mathbb{N}\rangle$ 是将每一个 $\mathcal{M}_n$ 嵌入到 $\mathcal{N}$ 中去的嵌入映射序列

$$f_n : \mathcal{M}_n \hookrightarrow \mathcal{N},$$

而且满足

$$\text{对于 } n < m \text{ 都有 } f_n = f_m \circ e_{nm},$$

那么存在唯一一个满足如下三个要求的映射 $f : M_\infty \to N$:

(1) $f : \mathcal{M} \hookrightarrow \mathcal{N}$;

(2) 对于每一个 $n \in \mathbb{N}$ 都有 $f_n = f \circ e_{n\infty}$;

(3) 如果每一个 f_n 都是同质嵌入映射, 那么 f 也是同质嵌入映射.

证明 对于每一个 $[(a, n)]_\sim \in M_\infty$, 定义 $f([(a, n)]_\sim) = f_n(a)$. 很容易验证这个定义是毫无歧义的. 因此,

$$f_n = f \circ e_{n\infty}. \qquad \square$$

5.6 练　习

练习 5.1 令 θ 是域语言 $\mathcal{L}_{\mathcal{A}}$ 的一个语句. 证明: 如果 θ 在每一个特征为 0 的域 $\mathbb{F}$ 里都为真实, 那么一定存在一个自然数 n 来保证在任何一个特征大于 n 的域 $\mathbb{E}$ 里 θ 都是真实的.

练习 5.2 令 $\langle p_n \mid n \in \mathbb{N}\rangle$ 是全体素数的严格单调递增列表. 对于每一个自然数 $n \in \mathbb{N}$, 令 τ_n 为算术标准模型中表示 n 的典型项, 即从表示零的常元符号开始

由后继函数迭代 n 次所得到的项. 令 c 为一个新常元符号. 设 $X \subseteq \mathbb{N}$. 考虑如下理论 T_X:

$$\begin{aligned} T_X = &\mathrm{Th}((\mathbb{N}, 0, S, +, \times, <)) \cup \{P_<(\tau_n, c) \mid n \in \mathbb{N}\} \\ &\cup \{(\forall x_1\, (\neg(F_\times(\tau_{p_k}, x_1) \hat{=} c))) \mid k \in (\mathbb{N} - X)\} \\ &\cup \{(\exists x_1\, (F_\times(\tau_{p_k}, x_1) \hat{=} c)) \mid k \in X\}. \end{aligned}$$

证明如下命题:

(1) T_X 是一个一致理论.

(2) 设 $(M_X, 0, S, +, \times, <, a_X) \models T_X$, 并且可数. 那么, 对于 $n \in \mathbb{N}$,

$$n \in X \iff (M_X, 0, S, +, \times, <, a_X) \models (\exists x_1\, (F_\times(\tau_{p_n}, x_1) \hat{=} c)).$$

(3) $P(\mathbb{N})/\equiv$ 是一个不可数集合, 其中对 $X_1, X_2 \subseteq \mathbb{N}$,

$$X_1 \equiv X_2 \text{ 当且仅当 } (M_{X_1}, 0, S, +, \times, <) \cong (M_{X_2}, 0, S, +, \times, <).$$

从而, 当 $X_1, X_2 \subseteq \mathbb{N}$, $X_1 \not\equiv X_2$ 时,

$$(M_{X_1}, 0, S, +, \times, <) \not\cong (M_{X_2}, 0, S, +, \times, <)$$

是完全理论

$$\mathrm{Th}((\mathbb{N}, 0, S, +, \times, <)) = \{\theta \mid \theta \text{ 是一个语句, 并且 } (\mathbb{N}, 0, S, +, \times, <) \models \theta\}$$

的两个不同构的可数模型. 也就是说, 自然数算术全真理论

$$\mathrm{Th}((\mathbb{N}, 0, S, +, \times, <))$$

有不可数个彼此互不同构的可数模型.

练习 5.3　设 $(M, 0, S, +, \times, <) \models T_{\mathrm{PA}}$ 是一个非标准模型. 证明如下结论:

(1) 令 $\mathbb{N}^* = \{S^n(0) \in M \mid n \in \mathbb{N}\}$. 那么 $\mathbb{N}^*$ 是 M 一个在 $(M, 0, S, +, \times, <)$ 中不可定义的初始段.

(2) 设 $a_1, \cdots, a_m \in M$ 以及 $\varphi(x_0, x_1, \cdots x_m)$ 是算术语言的一个表达式. 假设对于每一个自然数 $n \in \mathbb{N}$ 都有

$$(M, 0, S, +, \times, <) \models \varphi(x_0; \tau_n)[a_1, \cdots, a_m],$$

那么一定存在一个 $a_{m+1} \in M$ 来见证如下事实:

$$(\forall n \in \mathbb{N}\ (M, 0, S, +, \times, <) \models P_<(\tau_n, x_{m+1})[a_{m+1}])$$

以及

$$(M, 0, S, +, \times, <) \models (\forall x_0((\neg P_<(x_{m+1}, x_0)) \to \varphi(x_0)))[a_1, \cdots, a_m, a_{m+1}].$$

(3) 一定存在一个无端点线性稠密序 $(A, <)$ 来见证如下事实:

$$(M, <) \cong (\mathbb{N}, <) + (\mathbb{Z}, <) \circ (A, <).$$

尤其是当 M 可数时, $(M, <) \cong (\mathbb{N}, <) + (\mathbb{Z}, <) \circ (\mathbb{Q}, <)$.

练习 5.4　完整写出超积构造六个例子的证明.

练习 5.5　考虑模型 $\mathcal{R} = (\mathbb{R}, 0, 1, +, \times, <)$ 在 U 下的超幂

$$\mathcal{R}^* = (\mathbb{R}^*, 0^*, 1^*, +^*, \times^*, <^*),$$

其中

$$\mathbb{R}^* = \left(\prod_{\mathbb{N}} \mathbb{R}\right) / U,$$

U 为 $\mathbb{N}$ 上的非平凡超滤子. 将 $\mathbb{R}$ 与其在自然嵌入映射下的像等同起来, 称 $\mathbb{R}$ 中的元素为标准实数, 并且又称 $(\mathbb{R}^* - \mathbb{R})$ 中的元素为非标准实数. 证明:

(1) $\mathbb{R}$ 是 $\mathbb{R}^*$ 的在 $<^*$ 下的有界子集, 但没有上确界;

(2) $\exists r^* \in \mathbb{R}^* \, (0 <^* r^* \wedge \forall r \in \mathbb{R}(r > 0 \to r^* < r))$, 这样的非标准实数被称为无穷小量.

练习 5.6　设 U 是自然数集合上的一个非平凡超滤子, 并且全体素数的集合在 U 中. 对每一个素数 p, 令 K_p 为一个特征 p 无穷可数代数封闭域. 考虑它们的超积:

$$\mathbb{P} = \prod_p K_p / U.$$

证明: $\mathbb{P} \models \mathrm{ACF}_0$, 即 $\mathbb{P}$ 是特征为 0 的代数封闭域.

练习 5.7　在同质链极限定理 (定理 5.11) 证明的语言环境下, 证明任何一个等价类 $[(a, i)]_\sim$ 都一定可以表示成如下形式:

$$\begin{aligned}[(a, i)]_\sim &= \{(e_{i_0(i_0+m)}(a_0), i_0 + m) \mid m \in \mathbb{N}\} \\ &= \{(a_0, i_0), (e_{i_0(i_0+1)}(a_0), i_0 + 1), \cdots, (e_{i_0(i_0+k)}(a_0), i_0 + k), \cdots\}.\end{aligned}$$

第 6 章　完全性与模型完全性

在公理化过程中, 人们总是面临着这样两个基本问题: 所凝炼出来的公理是否一致? 是否完全? 哥德尔完备性定系统地回答了关于理论的一致性的一系列问题. 现在我们可以应用哥德尔完备性定理来回答关于理论的完全性的一系列问题.

6.1　完　全　性

定义 6.1 (完全性)　一阶理论 T 是一个完全理论 (Complete Theony)[1] 当且仅当对于任意一个语言 $\mathcal{L}_A(T)$ 的语句 θ, $T \vdash \theta$ 当且仅当 $T \nvdash (\neg\theta)$.

也就是说, 一阶理论 T 是一个完全理论当且仅当 T 是一致的, 而且对于任意一个语句 θ, $T \vdash \theta$ 或者 $T \vdash (\neg\theta)$; 或者说, 一阶理论 T 是完全的当且仅当它的定理中的全部语句之集

$$\{\theta \mid \theta \text{是一个语句, 并且} T \vdash \theta\}$$

是一个极大一致的语句集合.

例 6.1　设 $\mathcal{M} = (M, I)$ 为 $\mathcal{L}_A$ 的一个一阶结构. 那么 $\mathcal{M}$ 的真实图 $\mathrm{Th}(\mathcal{M})$ 就是 $\mathcal{L}_A$ 的一个完全理论, 但它未必是 $\mathcal{L}_A^M$ 的完全理论; $\mathcal{M}$ 的全息图 $\mathrm{Th}(\mathcal{M}_M)$ 则是 $\mathcal{L}_A^M$ 的一个完全理论.

定义 6.2 (独立性)　设 T 是一个一致一阶理论, θ 是 $\mathcal{L}_A(T)$ 的一个语句. θ 独立于 T 当且仅当理论

$$T \cup \{\theta\} \text{ 和 } T \cup \{(\neg\theta)\}$$

都是一致的.

也就是说, 当同一种语言中一个语句 θ 和它的否定语句 $(\neg\theta)$ 都不是 T 的定理时, θ 就是一个独立于 T 的语句. 而一个一致的理论是否完全, 关键就在于是否存在独立于这个理论的语句.

问题 6.1　(1) 怎样有效地判别一个给定的一阶理论 T 是否完全?

(2) 怎样有效地判别一个给定语句 θ 相对于一个一阶理论 T 是独立的?

(3) 上面那些一阶理论的例子中, 哪些是完全的? 哪些是不完全的? 为什么?

---

[1] 我们将有关某一理论的英文词 completeness 翻译成 “完全性”.

我们很快就会看到, 上述问题的一些答案会是哥德尔完备性定理的内容; 而另一些答案将会是我们进一步学习的内容; 更有一些答案仍然是当今数理逻辑前沿研究和探索以期寻求的重要内容.

先来着重看看怎样应用哥德尔完备性定理来揭示无端点稠密线性序理论的完全性:

例 6.2 (1) *群理论是不完全的; 群运算的交换律就是一个独立于群理论的语句.*

(2) *有序域理论是不完全的; "$\sqrt{2}$ 存在" 就是一个独立于这个理论的语句.*

(3) *代数封闭域理论是不完全的; 比如说, "特征为 17" 这个语句就是一个独立于代数封闭域理论的语句.*

定理 6.1 *无端点稠密线性序理论是完全的.*

证明 无端点稠密线性序理论 T_{odl} 是一个一致理论, 因为 $(\mathbb{Q},<) \models T_{\mathrm{odl}}$.

假设 T_{odl} 不是完全的. 那么必有语言 $\mathcal{L}_{\{P_<\}}$ 的一个语句 θ 和它的否定 $(\neg\theta)$ 都不是 T_{odl} 的定理, 也就是说有一个独立于 T_{odl} 的语句 θ. 因此, $T_{\mathrm{odl}} \cup \{\theta\}$ 和 $T_{\mathrm{odl}} \cup \{(\neg\theta)\}$ 就是两个一致理论. 依据哥德尔完备性定理, 这两个理论就都有各自的模型. 令

$$\mathcal{M}_0^* = (M_0^*, <_0) \models T_{\mathrm{odl}} \cup \{\theta\}$$

以及

$$\mathcal{M}_1^* = (M_1^*, <_1) \models T_{\mathrm{odl}} \cup \{(\neg\theta)\}.$$

由于任何一个无端点稠密线性序都是一个无穷线性序, 依据可数同质子模型存在定理, 得到两个可数模型:

$$\mathcal{M}_0 = (M_0, <_0) \prec \mathcal{M}_0^* \ \ \mathcal{M}_1 = (M_1, <_1) \prec \mathcal{M}_1^*.$$

依据康托定理, 所有可数无端点稠密线性序都同构, 因此 $(M_0, <_0) \cong (M_1, <_1)$. 但是 $\mathcal{M}_0 \not\equiv \mathcal{M}_1$, 这与同构模型必同样相矛盾. □

在 3.4.8 一节的稠密线性序区间定理 (定理 3.18) 中见到过任何一个无端点稠密线性序都与有理数序同样. 事实上, 这正是无端点稠密线性序理论的完全性的表现. 应用哥德尔完备性定理, 可以证明这种完全性特征:

定理 6.2 *设 T 是语言 $\mathcal{L}_A$ 的一个一致理论.*

(1) *$\mathcal{L}_A$ 的一个语句 θ 是一个与 T 独立的语句, 当且仅当 T 有两个模型 $\mathcal{M}_0$ 和 $\mathcal{M}_1$, 它们分别也是 θ 和 $(\neg\theta)$ 的模型:*

$$\mathcal{M}_0 \models T \cup \{\theta\} \text{ 以及 } \mathcal{M}_1 \models T \cup \{(\neg\theta)\}.$$

(2) T 是一个完全理论当且仅当如果 $\mathcal{M} \models T$, θ 是一个语言 $\mathcal{L}_A$ 的语句, 那么

$$T \vdash \theta \text{ 当且仅当 } \mathcal{M} \models \theta.$$

(3) T 是一个完全理论当且仅当 T 的任意两个模型 $\mathcal{M}_0$ 和 $\mathcal{M}_1$ 都是同样的.

(4) T 是一个完全理论当且仅当存在一个满足如下要求的 T 的模型 $\mathcal{M}$ ($\mathcal{M} \models T$): 如果 θ 是一个语言 $\mathcal{L}_A$ 的语句, 那么

$$T \vdash \theta \text{ 当且仅当 } \mathcal{M} \models \theta.$$

证明　(1) 设 θ 独立于 T, 即 $T \nvdash \theta$ 且 $T \nvdash (\neg\theta)$. 依据归谬法原理 (推论 4.1), 那么必有 $T \cup \{(\neg\varphi)\}$ 和 $T \cup \{\varphi\}$ 都是一致的. 由哥德尔完备性定理, 它们都有一个模型.

反过来, 设 T 有两个模型 $\mathcal{M}_0$ 和 $\mathcal{M}_1$, 它们分别也是 θ 和 $(\neg\theta)$ 的模型. 那么 $T \nvdash \theta$ 和 $T \nvdash (\neg\theta)$. 因为否则的话, 如果 $T \vdash \theta$, 由完备性定理, $T \models \theta$, 那么必有 $\mathcal{M}_1 \models \theta$, 但是 $\mathcal{M}_1 \models (\neg\theta)$; 同样的理由, 也不能有 $T \vdash (\neg\theta)$.

(2) 设 T 是完全的, $\mathcal{M} \models T$. 设 θ 是语言 $\mathcal{L}_A$ 的一个语句. 如果 $T \vdash \theta$, 据完备性定理, $T \models \theta$, 从而 $\mathcal{M} \models \theta$; 如果 $T \nvdash \theta$, 那么由 T 的完全性, $T \vdash (\neg\theta)$, 据完备性定理, $T \models (\neg\theta)$, 从而 $\mathcal{M} \models (\neg\theta)$, 因此 $\mathcal{M} \not\models \theta$.

反过来, 假设 T 是不完全的, 令 θ 是一个独立于 T 的语句. 令 $\mathcal{M}_0 \models T \cup \{\theta\}$ 和 $\mathcal{M}_1 \models T \cup \{(\neg\theta)\}$.

(3) 设 T 是完全的, 且 $\mathcal{M}_0 \models T$ 以及 $\mathcal{M}_1 \models T$. 设 θ 是语言 $\mathcal{L}$ 的一个语句. 由 (2),

$$\mathcal{M}_0 \models \theta \text{ 当且仅当 } T \vdash \theta \text{ 当且仅当 } \mathcal{M}_1 \models \theta.$$

反过来, 设 T 是不完全的, 令 θ 是一个独立于 T 的语句. 由 (1), 令

$$\mathcal{M}_0 \models T \cup \{\theta\}$$

和 $\mathcal{M}_1 \models T \cup \{(\neg\theta)\}$. 那么 $\mathcal{M}_0$ 和 $\mathcal{M}_1$ 就不同样.

(4) 的证明和 (2) 的证明几乎一样. □

例 6.3 (无端点离散线性序理论)　整数有序集合 $(\mathbb{Z}, <)$ 可以用下述无端点离散线性序理论来刻画. 令 T_{dlo} 为以下述语句为非逻辑公理的**无端点离散线性序理论**:

(1) $(\forall x_1\,(\neg P_<(x_1, x_1)))$;

(2) $(\forall x_1(\forall x_2(\forall x_3((P_<(x_1, x_2) \wedge P_<(x_2, x_3)) \to P_<(x_1, x_3)))))$;

(3) $(\forall x_1(\forall x_2(P_<(x_1, x_2) \vee (x_1 \hat{=} x_2) \vee P_<(x_2, x_1))))$;

(4) $(\forall x_1(((\exists x_2(P_<(x_2, x_1) \wedge (\forall x_3(P_<(x_3, x_1) \rightarrow (P_<(x_3, x_2) \vee (x_3 \hat{=} x_2)))))))))$ (有比 x_1 小的元素, 并且在所有比 x_1 小的元素中有一个最大的元素);

(5) $(\forall x_1(\exists x_2(P_<(x_1, x_2) \wedge (\forall x_3(P_<(x_1, x_3) \rightarrow (P_<(x_2, x_3) \vee (x_3 \hat{=} x_2)))))))$ (有比 x_1 大的元素, 而且在所有比 x_1 大的元素中有一个最小的元素);

T_{dlo} 也是完全理论 (详情见练习 6.6).

自然数有序集合 $(\mathbb{N}, <)$ 也有类似的公理化: **单边离散线性序理论**, 即增加一条断言 "存在最小元" 的公理, 然后相应地修改 "较小者中有最大元" 这一条. 这也是一个完全理论, 详情见 12.1 小节, 我们将在自然数序理论那一部份进行详细分析.

6.1.1 等势同构

前面的叙述可知, 由康托定理有, 任何两个可数的无端点稠密线性序都序同构; 并且依此, 应用哥德尔完备性定理以及罗文海-斯科伦定理, 可以得出无端点稠密线性序理论是一个完全理论 (定理 6.1). 事实上, 这只是一种普遍现象中的个案. 参照这一具体的例子和结论, 我们引进一阶结构之 "等势同构" 概念, 以及由此导出几个颇有意义的结论.

首先, 从无端点稠密线性序理论出发, 用如下的概念对可数语言下的一致理论进行一次分类:

定义 6.3 设 T 是语言 $\mathcal{L}_\mathcal{A}$ 的一个一致理论.

(1) T 是一个 ω-等势同构的理论当且仅当 T 的任意两个可数模型都同构;

(2) 更一般地, 令 κ 是一个无穷基数 ①. T 是一个 κ-等势同构的理论当且仅当 T 的任意两个与基数 κ 等势 ②的模型都同构. ‘

这个概念是一个有意义的概念: 无端点稠密线性序理论是一个 ω-等势同构理论; 而特征为零的代数封闭域理论就不是一个 ω-等势同构的理论, 但它却是一个不可数等势同构理论.

利用 κ-等势同构概念, 可以将关于无端点稠密线性序理论的完全性定理 (定理 6.1), 推广到任意的 κ-等势同构理论上去.

定理 6.3 (Los-Vaught 完全性条件) 设 T 是语言 $\mathcal{L}_\mathcal{A}$ 的一个一致理论, 并且 T 只有无限模型. 如果对于某一个无穷基数 κ 而言 T 是一个 κ-等势同构理论, 那么 T 一定是一个完全理论.

证明 设 T 满足定理所给定的所有条件. 假定 T 不是一个完全理论, 下面证明矛盾.

设 θ 是 $\mathcal{L}_\mathcal{A}$ 的一个语句, 满足 $T \nvdash \theta$ 以及 $T \nvdash (\neg\theta)$. 于是, $T \cup \{\theta\}$ 以及

---

①在这里, 一个集合 κ 被称为一个基数当且仅当: 第一, 它的每一个元素都是它的一个子集合; 第二, "属于关系", $\in$ 在它上面是一个线性序; 第三, 不存在从它的某一个元素到它自身的一个双射.

②一个集合 X 与基数 κ 等势当且仅当在 X 和 κ 之间存在一个双射.

$T \cup \{(\neg\theta)\}$ 都是一致理论. 根据哥德尔完备性定理, 它们都有自己的模型. 设

$$\mathcal{M}_1 \models T \cup \{\theta\} \text{ 以及 } \mathcal{M}_2 \models T \cup \{(\neg\theta)\}.$$

因为 T 只有无限模型, $\mathcal{M}_1$ 和 $\mathcal{M}_2$ 就都是无限模型. 应用罗文海-斯科伦同质缩小定理 (定理 3.17), 我们不失一般性地假设它们都是可数无穷模型.

如果给出条件中的无穷基数是可数的, 由于 T 的任意两个可数模型都一定同构, $\mathcal{M}_1 \cong \mathcal{M}_2$. 但是, 同构的模型必同样, 可是 $\mathcal{M}_1 \models \theta$, 而 $\mathcal{M}_2 \models (\neg\theta)$. 这就是矛盾.

如果给出条件中的无穷基数是不可数的, 应用罗文海-斯科伦同质放大定理 (定理 5.6), 将可数的 $\mathcal{M}_1$ 和 $\mathcal{M}_2$ 分别同质放大到基数同为 κ 的两个模型 $\mathcal{M}_1^*$ 和 $\mathcal{M}_2^*$. 由于 T 是 κ-等势同构的, $\mathcal{M}_1^* \cong \mathcal{M}_2^*$. 由于同构必同样, 我们得到矛盾. □

例 6.4 例子 6.3 中的无端点离散线性序理论 $T_{\rm dlo}$ 是一个完全理论, 但 $T_{\rm dlo}$ 有不可数个彼此互不同构的可数模型 (见练习 6.6).

6.1.2 有理数区间代数理论

$\mathbb{Q}$ 的所有在 $(\mathbb{Q}, <)$ 上带参数可定义的子集合的全体组成一个布尔代数

$$\mathrm{Def}((\mathbb{Q}, <), \mathbb{Q}).$$

这个布尔代数包含着一个很特别的子代数. 这就是在 4.3.5 小节中例 4.3 中所引进的**有理数区间代数**, $\mathbb{B}_0 = (B_0, \varnothing, [0,1) \cap \mathbb{Q}, \cup, \cap, \bar{\ }, <)$. 其中,

$$A = \{[r, s) \subset \mathbb{Q} \mid 0 \leqslant r \leqslant s \leqslant 1 \wedge r, s \in \mathbb{Q}\}$$

以及

$$B_0 = \{[r_1, s_1) \cup \cdots \cup [r_n, s_n) \mid 1 \leqslant n < \infty \wedge \{[r_1, s_1), \cdots [r_n, s_n)\} \subset A\} \cup \{\varnothing\};$$

$$\bar{x} = ([0,1) \cap \mathbb{Q}) - x, \ (x \in B_0)$$

以及对于 $x, y \in B_0$,

$$x < y \text{ 当且仅当 } (x \neq y \wedge x \cup y = y).$$

这个布尔代数被称为一个有理数区间代数.

由这个布尔代数抽象出来的布尔代数理论就是在 4.3.5 小节中例 4.3 中所引进的**无原子布尔代数理论**, $T_{\rm BA}^d$.

$$\mathbb{B}_0 = (B_0, \varnothing, [0,1) \cap \mathbb{Q}, \cup, \cap, \bar{\ }, <)$$

是 $T_{\rm BA}^d$ 的一个可数模型. 耐人寻味的是无原子布尔代数理论只有唯一的这样一个可数模型.

定理 6.4 (Vaught 同构定理) (1) 如果 $\mathcal{M}$ 和 $\mathcal{N}$ 是无原子布尔代数理论 T_{BA}^{d} 的两个可数模型, $\mathbb{B}_0 \subset \mathcal{M}$ 和 $\mathbb{B}_1 \subset \mathcal{N}$ 是两个同构的有限子布尔代数, e 是它们之间的一个同构, 那么 e 可以扩展成 $\mathcal{M}$ 和 $\mathcal{N}$ 之间的一个同构;

(2) 无原子布尔代数理论 T_{BA}^{d} 是一个 ω-等势同构理论. 从而, 无原子布尔代数理论是一个完全理论.

证明 设 $\mathcal{M} = (M, 0, 1, +, \times, \bar{}, <)$ 和 $\mathcal{N} = (N, 0, 1, +, \times, \bar{}, <)$ 为两个可数的无原子布尔代数.

对于任意一个 $a \in M$ 和任意一个 $b \in N$, 定义

$$M \upharpoonright a = \{d \in M \mid d < a \vee d = a\} \text{ 以及 } N \upharpoonright b = \{d \in N \mid d < b \vee d = b\}.$$

在下面的讨论中, 为了表述方便, 我们还将应用下面的记号: 对于 $a \in M$, 定义 $1a = a$ 以及 $-1a = \bar{a}$; 同理, 对于 $b \in N$, 定义 $1b = b$ 以及 $-1b = \bar{b}$.

断言一: 如果 $a \in M$, 而且 $M \upharpoonright a$ 有一个非零元, 那么 $M \upharpoonright a$ 是一个无限集合; 如果 $b \in N$, 而且 $N \upharpoonright b$ 有一个非零元, 那么 $N \upharpoonright b$ 是一个无限集合.

事实上, 因为 $\mathcal{M}$ 是无原子布尔代数, 如果 $d \in M \upharpoonright a$, 而且 $0 < d$, 那么必有 $d_1 \in M$ 来满足 $0 < d_1 < d$. 因此, 必有 $d_1 \in M \upharpoonright a$ 来满足 $0 < d_1 < d$. 这就意味着 $M \upharpoonright a$ 必是一个无限集合.

同理得到断言一的第二部分.

断言二: 对于任意一个 $a \in M$ 都存在一个满足如下关系式的 $b \in N$:

$$M \upharpoonright a \text{ 与 } N \upharpoonright b \text{ 等势; 并且} M \upharpoonright \bar{a} \text{ 与 } N \upharpoonright \bar{b} \text{ 等势.}$$

并且对于 $p \in M$, $q \in N$, 如果

$$M \upharpoonright p \text{ 与 } N \upharpoonright q \text{ 等势,}$$

那么对于任意的 $a \in M \upharpoonright p$, 必有 $b \in N \upharpoonright q$ 来满足

$$M \upharpoonright a \text{ 与 } N \upharpoonright b \text{ 等势, 并且} M \upharpoonright_{(p \cdot \bar{a})} \text{ 与 } N \upharpoonright_{(q \cdot \bar{b})} \text{ 等势.}$$

如果 $a = 0$, 那么取 $b = 0$; 如果 $a = 1$, 取 $b = 1$; 如果 $0 < a < 1$, 那么任取 $b \in (N - \{0, 1\})$. 后面部分应用相对化, 最大元分别为 p 和 q.

断言三: 对于任意一个 $b \in N$ 都存在一个满足如下关系式的 $a \in M$:

$$M \upharpoonright a \text{ 与 } N \upharpoonright b \text{ 等势, 并且} M \upharpoonright \bar{a} \text{ 与 } N \upharpoonright \bar{b} \text{ 等势.}$$

并且对于 $p \in M$, $q \in N$, 如果

$$M \upharpoonright p \text{ 与 } N \upharpoonright q \text{ 等势}$$

那么对于任意的 $b \in N \restriction q$, 必有 $a \in M \restriction p$ 来满足

$$M \restriction a \text{ 与 } N \restriction b \text{ 等势, 并且} M \restriction_{(p\cdot\bar{a})} \text{ 与 } N \restriction_{(q\cdot\bar{b})} \text{ 等势.}$$

同断言二成立之理.

将 M 和 N 中的非零元素如下罗列出来:

$$M - \{0\} = \{a_{2m+2} \mid m \in \mathbb{N}\} \text{ 以及 } N - \{0\} = \{b_{2m+1} \mid m \in \mathbb{N}\}.$$

我们将采用往返推进方法递归地定义 a_{2m+1} 以及 b_{2m}.

初始值: $a_0 = 0$, $b_0 = 0$, 并且如下关系式成立: 如果 $e \in \{-1,1\}^1$, 那么 $M \restriction_{e(0)\cdot a_0}$ 与 $N \restriction_{e(0)b_0}$ 等势.

归纳假设: 我们已经定义了 $\langle (a_i, b_i) \mid i < n \rangle$, 并且如下关系式, 记成 $\varphi(n, \vec{a}, \vec{b})$, 成立: 如果 $e \in \{-1,1\}^n$ 那么 $M \restriction_{(\prod_{i<n}(e(i)\cdot a_i))}$ 与 $N \restriction_{(\prod_{i<n}(e(i)b_i))}$ 等势. 当 n 是奇数时, 继续定义 b_n; 当 n 是偶数时, 定义 a_n; 并且保证关系式 $\varphi(n+1, \vec{a}, \vec{b})$ 成立.

设 n 为奇数. 此时 b_n 已经有定义, 需要定义 a_n.

设 $e \in \{-1,1\}^n$. 令

$$p_e = \left(\prod_{i<n}(e(i)\cdot a_i)\right) \text{ 以及 } q_e = \left(\prod_{i<n}(e(i)\cdot b_i)\right).$$

注意: 此时 $q_e \cdot b_n \in N \restriction_{q_e}$. 根据断言三, 可以找到 $x_e \in M \restriction_{p_e}$ 来满足

$$M \restriction_{x_e} \text{ 与 } N \restriction_{q_e\cdot b_n} \text{ 等势, 并且} M \restriction_{p_e\cdot(-1x_e)} \text{ 与 } N \restriction_{q_e\cdot(-1b_n)} \text{ 等势.}$$

然后, 定义 $a_n = \sum\{x_e \mid e \in \{-1,1\}^n\}$.

验证 $\varphi(n+1, \vec{a}, \vec{b})$. 令 $\epsilon \in \{-1,1\}^{n+1}$, $e = \epsilon \restriction_n$. 注意,

$$p_\epsilon = \left(\prod_{i\leqslant n}\epsilon(i)a_i\right) = \left(\prod_{i<n}e(i)a_i\right)\cdot(\epsilon(n)a_n) = p_e\cdot(\epsilon(n)a_n)$$

以及

$$q_\epsilon = \left(\prod_{i\leqslant n}\epsilon(i)b_i\right) = \left(\prod_{i<n}e(i)b_i\right)\cdot(\epsilon(n)b_n) = q_e\cdot(\epsilon(n)b_n).$$

当 $\epsilon(n) = 1$ 时, $p_\epsilon = p_e \cdot a_n = x_e$ 以及 $q_\epsilon = q_e \cdot b_n$; 当 $\epsilon(n) = -1$ 时, $p_\epsilon = p_e\cdot(-1a_n) = p_e\cdot(-1x_e)$ 以及 $q_\epsilon = q_e\cdot(-1b_n)$. 在这两种情形下, 都有

$$M \restriction_{(\prod_{i\leqslant n}(\epsilon(i)\cdot a_i))} \text{ 与 } N \restriction_{(\prod_{i\leqslant n}(\epsilon(i)b_i))} \text{ 等势.}$$

设 n 为偶数. 此时 a_n 已经有定义, 需要定义 b_n. 由对称性以及当 n 是奇数时 a_n 的定义方式可得.

设 $e \in \{-1,1\}^n$. 令

$$p_e = \left(\prod_{i<n}(e(i)\cdot a_i)\right) \text{ 以及 } q_e = \left(\prod_{i<n}(e(i)\cdot b_i)\right).$$

注意, 此时 $p_e \cdot a_n \in M\restriction_{p_e}$. 根据断言二, 可以找到 $x_e \in N\restriction_{q_e}$ 来满足

$$N\restriction_{x_e} \text{ 与 } M\restriction_{p_e\cdot a_n} \text{ 等势; 并且 } N\restriction_{q_e\cdot(-1x_e)} \text{ 与 } M\restriction_{p_e\cdot(-1a_n)} \text{ 等势.}$$

然后, 定义 $b_n = \sum\{x_e \mid e \in \{-1,1\}^n\}$.

下面验证 $\varphi(n+1,\vec{a},\vec{b})$. 令 $\epsilon \in \{-1,1\}^{n+1}$, $e = \epsilon\restriction_n$. 注意:

$$p_\epsilon = \left(\prod_{i\leqslant n}\epsilon(i)a_i\right) = \left(\prod_{i<n}e(i)a_i\right)\cdot(\epsilon(n)a_n) = p_e\cdot(\epsilon(n)a_n)$$

以及

$$q_\epsilon = \left(\prod_{i\leqslant n}\epsilon(i)b_i\right) = \left(\prod_{i<n}e(i)b_i\right)\cdot(\epsilon(n)b_n) = q_e\cdot(\epsilon(n)b_n).$$

当 $\epsilon(n)=1$ 时,

$$p_\epsilon = p_e\cdot a_n \text{以及} q_\epsilon = q_e\cdot b_n = x_e;$$

当 $\epsilon(n)=-1$ 时,

$$p_\epsilon = p_e\cdot(-1a_n) \text{ 以及 } q_\epsilon = q_e\cdot(-1b_n) = q_e\cdot(-1x_e).$$

在这两种情形下, 都有

$$M\restriction_{\left(\prod_{i\leqslant n}(\epsilon(i)\cdot a_i)\right)} \text{ 与 } N\restriction_{\left(\prod_{i\leqslant n}(\epsilon(i)b_i)\right)} \text{ 等势.}$$

□

推论 6.1 无原子布尔代数理论 T_{BA}^d 是一个完全理论.

6.1.3 可数广集模型

前面的例 6.4 表明可数等势同构性质是一个理论完全性的充分条件, 不是必要条件. 事实上, 比起可数等势同构性质弱一些的一种性质, 可数广集性就足以保证理论的完全性.

定义 6.4 (可数广集模型) 设 T 是一个可数语言的只有无限模型的一致理论,

$$\mathcal{M} = (M,I) \models T$$

是一个可数模型. $\mathcal{M}$ 是 T 的一个**可数广集模型**当且仅当 T 的任意一个可数模型 $(N,J)\models T$ 都可以同质地嵌入到 $\mathcal{M}$ 中去.

例 6.5　有理数轴 $(\mathbb{Q},<)$ 就是无端点稠密线性序理论 T_{odl} 的一个可数广集模型.

命题 6.1　如果只有无限模型的一致理论 T 是一个可数等势同构理论, 那么 T 有一个可数广集模型.

下面的例子将表明可数广集性比起可数等势同构性要弱.

定理 6.5　设 T 是一个可数语言的只有无限模型的一致理论. 如果 T 有一个可数广集模型, 那么 T 是一个完全理论.

证明　设 $\mathcal{M}=(M,I)$ 是 T 的一个可数广集模型.

假设 T 不是完全理论. 设 θ 是一个独立于 T 的语句. 令

$$(M_1,I_1)\models T\cup\{\theta\},\ (M_2,I_2)\models T\cup\{(\neg\theta)\}.$$

根据同质缩小定理 (定理 3.17), 不妨假设 M_1 和 M_2 都可数. 由 $\mathcal{M}$ 的可数广集性, 这两个可数模型都可以同质地嵌入到 $\mathcal{M}$ 之中. 但这不可能. □

例 6.6　笛卡儿乘积 $\mathbb{Z}\times\mathbb{Q}$ 的水平子典序 $(\mathbb{Z},<)\circ(\mathbb{Q},<)$ 是无端点离散线性序理论 T_{dlo} 的一个可数广集模型 (见练习 6.6).

6.2　量词消去

本节, 我们希望证明: 任何一个具有极小子结构的适合量词消去的一致理论都是完全的.

塔尔斯基在分析代数封闭域上的可定义性时发现: 代数封闭域上的任何可定义的子集都一定可以用一个布尔表达式来定义, 也就是说, 在代数封闭域理论之下, 任何一个带量词的表达式都与一个 (不带任何量词的) 布尔表达式等价. 也就是说, 代数封闭域理论 “适合量词消去”.

适合量词消去是一种对语言的表达能力以及理论的概括能力依赖性很强的性质, 也是显示这两种能力的一种标志. 这种性质对于研究结构上可定义子集的总体性质也显得很重要. 这种性质也为判断一个理论的完全性、可判定性提供帮助.

定义 6.5　设 $\mathcal{L}_A$ 为一个一阶语言. 又设 T 是 $\mathcal{L}_A$ 的一个理论.

$\mathcal{L}_A$ 的两个表达式 $\varphi(x_0,\cdots,x_m)$ 和 $\psi(x_0,\cdots,x_m)$ 在理论 T 之上等价当且仅当

$$T\vdash(\forall x_0\cdots(\forall x_m(\varphi(x_0,\cdots,x_m)\leftrightarrow\psi(x_0,\cdots,x_m)))\cdots).$$

定义 6.6 (适合消去量词)　语言 $\mathcal{L}_A$ 的一个理论 T 适合消去量词当且仅当语言 $\mathcal{L}_A$ 中的每一个表达式

$$\varphi(x_0,\cdots,x_m)$$

都会在理论 T 之上等价于一个布尔 (即不含任何量词的) 表达式 $\psi(x_0,\cdots,x_m)$.

引理 6.1 设 T 是语言 $\mathcal{L}_A$ 的一个适合量词消去的一致理论. 设 φ 为语言 $\mathcal{L}_A$ 的一个表达式. 那么存在一个满足下面四项要求的语言 $\mathcal{L}_A$ 表达式 ψ:

(1) $T\vdash(\varphi\leftrightarrow\psi)$;

(2) ψ 是一个布尔表达式;

(3) 如果 φ 带有自由变元, 那么 ψ 中出现的每一个变元符号都是 φ 的一个自由变元;

(4) 如果 φ 是一个语句, 那么唯一出现在 ψ 中的变元是 x_1.

证明 练习. □

例 6.7 考虑表达式: $(\exists x_4(x_1x_4^2+x_2x_4+x_3=0))$. 将表达式 $x_1x_4^2+x_2x_4+x_3=0$ 在环语言中表示出来, 记成 $\varphi(x_1,x_2,x_3,x_4)$. 将表达式

$$((x_3\neq 0\to(x_1\neq 0\vee x_2\neq 0))\wedge(x_2^2-4x_1x_3\geqslant 0))$$

在有序域语言中表示出来, 记成 $\theta(x_1,x_2,x_3)$. 将表达式

$$(x_3\neq 0\to(x_1\neq 0\vee x_2\neq 0))$$

在环语言中表示出来, 记成 $\psi(x_1,x_2,x_3)$. 将矩阵等式

$$\begin{pmatrix} x_1 & x_2\\ x_3 & x_4\end{pmatrix}\begin{pmatrix} x_5 & x_6\\ x_7 & x_8\end{pmatrix}=\begin{pmatrix} x_1x_5+x_2x_7 & x_1x_6+x_2x_8\\ x_3x_5+x_4x_7 & x_3x_6+x_4x_8\end{pmatrix}=\begin{pmatrix} 1 & 0\\ 0 & 1\end{pmatrix}$$

在环语言中表示出来, 记成 $\psi_1(x_1,\cdots,x_8)$. 将不等式 $x_1x_4-x_2x_3\neq 0$ 在环语言中表示出来, 记成

$$\psi_2(x_1,x_2,x_3,x_4).$$

那么 $\varphi,\theta,\psi,\psi_1,\psi_2$ 都是各自语言中的布尔表达式.

(1) $\mathrm{RCF}_o\vdash((\exists x_4\varphi(x_1,x_2,x_3,x_4))\leftrightarrow\theta(x_1,x_2,x_3))$;

(2) $\mathrm{ACF}_0\vdash((\exists x_4\varphi(x_1,x_2,x_3,x_4))\leftrightarrow\psi(x_1,x_2,x_3))$;

(3) 设 T 是特征为 0 的域理论. 那么

$$T\vdash((\exists x_5(\exists x_6(\exists x_7(\exists x_8\psi_1(x_1,x_2,\cdots,x_8)))))\leftrightarrow\psi_2(x_1,x_2,x_3,x_4));$$

(4) 在有序域理论 T_{OF} 上, 表达式 $(\exists x_4\varphi(x_1,x_2,x_3,x_4))$ 则不与任何有序域语言中的布尔表达式等价. 因此, 有序域理论 T_{OF} 不适合消去量词.

证明 (4) 假设不然, 令 $\psi_3(x_1,x_2,x_3)$ 为有序域语言中的一个布尔表达式, 并且假设

$$T\vdash((\exists x_4\varphi(x_1,x_2,x_3,x_4))\leftrightarrow\psi_3(x_1,x_2,x_3)).$$

考虑语句 θ_1: $\psi_3(x_1,x_2,x_3;c_1,c_0,F_-(F_+(c_1,c_1)))$; 以及表达式 $\varphi_1(x_4)$:

$$\varphi(x_1,x_2,x_3,x_4;c_1,c_0,F_-(F_+(c_1,c_1)),x_4).$$

那么

$$T\vdash((\exists x_4\varphi_1(x_4))\leftrightarrow\theta_1).$$

令 $\mathbb{Q}(\sqrt{2})$ 为 $\mathbb{Q}$ 的加进 $\sqrt{2}$ 的代数扩张. 那么, $(\mathbb{Q}(\sqrt{2}),<)\models T$, 并且

$$(\mathbb{Q}(\sqrt{2}),<)\models(\exists x_4\varphi_1(x_4)).$$

因此,

$$(\mathbb{Q}(\sqrt{2}),<)\models\theta_1.$$

由于 $(\mathbb{Q},<)\subset(\mathbb{Q}(\sqrt{2}),<)$, θ_1 是一个布尔语句, 得到 $(\mathbb{Q},<)\models\theta_1$. 但是,

$$(\mathbb{Q},<)\models T,$$

这又意味着 $(\mathbb{Q},<)\models(\exists x_4\varphi_1(x_4)$. 这是一个矛盾, 因为 $\sqrt{2}\notin\mathbb{Q}$. □

在判断一个一致理论是否适合量词消去时, 如下特征定理显得重要.

定理 6.6 (第一量词消去特征) *假设 T 是语言 $\mathcal{L}_A$ 的一个一致理论. 那么下列命题等价:*

(1) T 适合量词消去;

(2) 设 φ 为 $\mathcal{L}_A$ 的一个布尔表达式. 设 x_i 是一个变元符号. 那么一定存在一个语言 $\mathcal{L}_A$ 的同时满足如下两项要求的表达式 ψ:

(a) ψ 是一个布尔表达式;

(b) $T\vdash((\exists x_i\varphi)\leftrightarrow\psi)$.

我们将上面定理的第二条性质称为 "一级量词消去条件". 所以, 一个一致理论适合量词消去的充要条件是它具备一级量词消去条件.

证明 只需证明 (2)⇒ (1). 为此, 对表达式 ψ 的长度施归纳, 并且应用等价替换定理 (定理 4.18).

对于原始表达式 φ, ψ 就可取 φ 自身.

当 φ 是 $(\neg\theta)$ 时, 令 ψ 是关于 θ 问题的解. 那么 $(\neg\psi)$ 就是一个关于 φ 问题的解.

当 φ 是 $(\varphi_1 \to \varphi_2)$ 时, 令 ψ_1 和 ψ_2 分别是关于 φ_1 问题和关于 φ_2 问题的解, 令 ψ 为蕴含表达式

$$(\psi_1 \to \psi_2).$$

那么 ψ 就是 φ 问题的一个解.

最后, 设 φ 是 $(\forall x_i\, \varphi_1)$. 令 ψ_1 为 $(\neg\varphi_1)$ 问题的解. 由于 ψ_1 不带任何量词, x_i 是一个变元符号, 依据 (2), 令 ψ_2 满足 (2) 关于 (ψ_1, x_i) 的结论. 那么

$$T \vdash ((\exists x_i \psi_1) \leftrightarrow \psi_2).$$

再令 ψ 为 $(\neg\psi_2)$, 有

$$T \vdash ((\neg(\exists x_i(\neg\varphi_1))) \leftrightarrow \psi),$$

即

$$T \vdash ((\forall x_i\, \varphi_1) \leftrightarrow \psi),$$

而 ψ 是一个不带任何量词的表达式. 也就说, ψ 就是 φ 问题的一个解. □

6.2.1 完全性充分条件

定义 6.7 (极小子结构) *语言 $\mathcal{L}_\mathcal{A}$ 的一个结构 $\mathcal{M}$ 是 $\mathcal{L}_\mathcal{A}$ 的一个一致理论 T 在 $\mathcal{L}_\mathcal{A}$ 下的一个极小子结构当且仅当 $\mathcal{M}$ 能够作为一个子结构嵌入到 T 的任何一个模型之中.*

注意: 并非每一个一致理论都会有一个极小子结构, 比如, 代数封闭域理论就没有极小子结构; 一个一致理论可以有多个极小子结构, 比如, 特征为 0 的代数封闭域理论就有至少三个极小子结构: 整数环、有理数域、全体代数数域. 再比如, 任何一个可数线性序都是无端点线性稠密序理论的一个极小子结构; 只含有两个元素的布尔代数是布尔代数理论的一个极小结构; 任何一个可数布尔代数都是无原子布尔代数的一个极小结构.

定理 6.7 (完全性条件) *设 T 是语言 $\mathcal{L}_\mathcal{A}$ 中的一个一致理论, 并且 T 在语言 $\mathcal{L}_\mathcal{A}$ 下有一个极小子结构. 如果 T 适合消去量词, 那么 T 一定是一个完全理论.*

证明 设 $\mathcal{M} \models T, \mathcal{N} \models T$. 下面证明 $\mathcal{M}$ 和 $\mathcal{N}$ 同样, 即 $\mathcal{M} \equiv \mathcal{N}$. 取 $\mathcal{M}_0$ 为 T 在 $\mathcal{L}_\mathcal{A}$ 下的极小子结构. 假定 $\mathcal{M}_0$ 是 $\mathcal{M}$ 和 $\mathcal{N}$ 的共有子结构. 令 φ 是 $\mathcal{L}$ 的一个语句. 由于 T 适合消去量词, 取一个布尔表达式 $\psi(x_1)$ 来满足如下要求:

$$T \vdash \varphi \leftrightarrow \psi.$$

于是,

$$
\begin{aligned}
\mathcal{M} \models \varphi &\iff \text{对所有的 } \mathcal{M}_0\text{-赋值}\nu\, (\mathcal{M},\nu) \models \varphi \\
&\iff \text{对所有的 } \mathcal{M}_0\text{-赋值}\nu\, (\mathcal{M},\nu) \models \psi \\
&\iff \text{对所有的 } \mathcal{M}_0\text{-赋值}\nu\, (\mathcal{M}_0,\nu) \models \psi \\
&\iff \text{对所有的 } \mathcal{M}_0\text{-赋值}\nu\, (\mathcal{N},\nu) \models \psi \\
&\iff \text{对所有的 } \mathcal{M}_0\text{-赋值}\nu\, (\mathcal{N},\nu) \models \varphi \\
&\iff \mathcal{N} \models \varphi.
\end{aligned}
$$

□

后面我们会发现代数封闭域理论适合量词消去但并非完全理论. 究其原因, 就在于代数封闭域理论并不具备极小子结构.

6.2.2 T_{odl} 适合量词消去

作为第一个例子, 我们证明无端点线性稠密序理论是一个完全理论.

先回顾一下无端点稠密线性序理论. 无端点稠密线性序理论 T_{odl} 的语言非逻辑符号只有一个二元谓词符号, $\mathcal{A} = \{P_<\}$. T_{odl} 非逻辑公理为下述语句的全体:

(1) $(\forall x_1(\neg P_<(x_1,x_1)))$;

(2) $(\forall x_1(\forall x_2(\forall x_3((P_<(x_1,x_2) \wedge P_<(x_2,x_3)) \to P_<(x_1,x_3)))))$;

(3) $(\forall x_1(\forall x_2((\neg(x_1 \hat{=} x_2)) \to (P_<(x_1,x_2) \vee P_<(x_2,x_1)))))$;

(4) $(\forall x_1(\exists x_2\ P_<(x_1,x_2)))$;

(5) $(\forall x_1(\exists x_2\ P_<(x_2,x_1)))$;

(6) $(\forall x_1(\forall x_2(P_<(x_1,x_2) \to (\exists x_3\ (P_<(x_1,x_3) \wedge P_<(x_3,x_2))))))$.

定理 6.8　无端点稠密线性序理论 T_{odl} 适合量词消去.

推论 6.2　无端点稠密线性序理论 T_{odl} 是完全的.

证明　由于任何一个可数线性序都是无端点稠密线性序理论的极小结构, 根据定理 6.7, 适合量词消去的无端点稠密线性序理论是完全的. □

下面, 我们先给出定理 6.8 的两个证明，后面我们还会叙述另外的两个证明.

依据第一量词消去特征定理 (定理 6.6), 只需验证 T_{odl} 具备一级量词消去条件.

引理 6.2 (一级量词消去)　设 φ 为 $\mathcal{L}_A$ 的一个不带任何量词符号的表达式. 设 x_i 是一个变元符号. 那么一定存在一个语言 $\mathcal{L}_A$ 的同时满足如下两项要求的表达式 ψ:

(1) ψ 不带任何量词符号;

(2) $T_{\text{odl}} \vdash ((\exists x_i\varphi) \leftrightarrow \psi)$.

证明　第一步, 用关于不带任何量词符号的表达式 φ 的长度的归纳法, 证明如下断言:

(1) 或者 $T_{\text{odl}} \vdash (\varphi \leftrightarrow P_<(x_0,x_0))$;

(2) 或者 $T_{\text{odl}} \vdash (\varphi \leftrightarrow (x_0 \hat{=} x_0))$;

(3) 或者 $T_{\mathrm{odl}} \vdash ((\varphi(x_1,\cdots,x_n)) \leftrightarrow (\theta_1 \vee \theta_2 \vee \cdots \vee \theta_m))$, 其中每一个 θ_j 是形如下面的合取表达式:

$$((x_{j_1} \hat{=} x_{j_2}) \wedge \cdots \wedge (x_{j_{2k-1}} \hat{=} x_{j_{2k}}) \wedge P_<(x_{j_{2k+1}}, x_{j_{2k+2}}) \wedge \cdots \wedge P_<(x_{j_{2m-1}}, x_{j_{2m}})),$$

这里 $\{j_1,\cdots,j_{2m}\} \subseteq \{1,\cdots,n\}$; θ_j 中可以不含有任何等式, 也可以不含有任何谓词断言, 也可以两者兼有.

首先, 注意到任何一个不带量词的表达式一定是一组原始表达式的布尔组合. 其次, 为了证明

$$T_{\mathrm{odl}} \vdash (\varphi \leftrightarrow \psi),$$

依据哥德尔完备性定理, 只需证明如后断言: 设 $\mathcal{M} = (M, <)$ 是一个无端点稠密线性序, 并设 ν 是任意一个 $\mathcal{M}$-赋值, 那么必有

$$(\mathcal{M}, \nu) \models \varphi \text{ 当且仅当 } (\mathcal{M}, \nu) \models \psi.$$

(a) 如果 φ 是一个不可满足的表达式, 那么 $T_{\mathrm{odl}} \vdash (\varphi \leftrightarrow P_<(x_0, x_0))$.

设 $\mathcal{M} = (M, <)$ 是一个无端点稠密线性序, 设 ν 是任意一个 $\mathcal{M}$-赋值. 由 φ 以及 $P_<(x_0, x_0)$ 的不可满足性, 有

$$(\mathcal{M}, \nu) \models \varphi \text{ 当且仅当 } (\mathcal{M}, \nu) \models P_<(x_0, x_0).$$

(b) 如果 φ 是一个普遍真实的表达式, 那么 $T_{\mathrm{odl}} \vdash (\varphi \leftrightarrow (x_0 \hat{=} x_0))$.

设 $\mathcal{M} = (M, <)$ 是一个无端点稠密线性序, 设 ν 是任意一个 $\mathcal{M}$-赋值. 由 φ 以及 $(x_0 \hat{=} x_0)$ 的普遍真实性, 有

$$(\mathcal{M}, \nu) \models \varphi \text{ 当且仅当 } (\mathcal{M}, \nu) \models (x_0 \hat{=} x_0).$$

(c) 假设 φ 和 $(\neg\varphi)$ 都是可满足的表达式, 证明第三种结论一定成立.

原始表达式及其否定.

情形 1: φ 是 $(x_k \hat{=} x_j)$ 而且 $k \neq j$. 此时, 令 θ_1 为表达式 $(x_k \hat{=} x_j)$. 那么

$$T_{\mathrm{odl}} \vdash (\varphi \leftrightarrow \theta_1).$$

情形 2: φ 是 $(\neg(x_k \hat{=} x_j))$ 而且 $k \neq j$. 此时, 令 θ_1 为表达式 $P_<(x_k, x_j)$, 以及 θ_2 为表达式 $P_<(x_j, x_k)$. 那么

$$T_{\mathrm{odl}} \vdash (\varphi \leftrightarrow (\theta_1 \vee \theta_2)).$$

情形 3: φ 是 φ 是 $P_<(x_k, x_j)$ 而且 $k \neq j$. 此时, 令 θ_1 为表达式 $P_<(x_k, x_j)$. 那么

$$T_{\mathrm{odl}} \vdash (\varphi \leftrightarrow \theta_1).$$

情形 4: φ 是 $(\neg P_<(x_k, x_j))$ 而且 $k \neq j$. 此时, 令 θ_1 为表达式 $(x_k \hat{=} x_j)$, 以及 θ_2 为表达式 $P_<(x_j, x_k)$. 那么

$$T_{\text{odl}} \vdash (\varphi \leftrightarrow (\theta_1 \vee \theta_2)).$$

复合表达式.

假设 φ 和 $(\neg\varphi)$ 都是可满足的表达式. 而且任何长度严格小于 φ 的表达式 ψ, 如果 ψ 和 $(\neg\psi)$ 都可满足, 那么第三种结论关于 ψ 一定成立.

情形 5: φ 是表达式 $(\neg\psi)$. 由于 φ 和 $(\neg\varphi)$ 都是可满足的表达式, ψ 和 $(\neg\psi)$ 也是都可满足的. 由归纳假设,

$$T_{\text{odl}} \vdash ((\psi(x_1, \cdots, x_n)) \leftrightarrow (\theta_1 \vee \theta_2 \vee \cdots \vee \theta_m)).$$

于是,

$$T_{\text{odl}} \vdash ((\neg(\psi(x_1, \cdots, x_n))) \leftrightarrow (\neg(\theta_1 \vee \theta_2 \vee \cdots \vee \theta_m))).$$

注意到

$$T_{\text{odl}} \vdash ((\neg(\theta_1 \vee \theta_2 \vee \cdots \vee \theta_m)) \leftrightarrow ((\neg\theta_1) \wedge (\neg\theta_2) \wedge \cdots \wedge (\neg\theta_m))).$$

而且对于每一个 $1 \leqslant j \leqslant m$, 都有

$$T_{\text{odl}} \vdash \left((\neg\theta_j) \leftrightarrow \left(\begin{array}{l} (\neg(x_{j_1} \hat{=} x_{j_2})) \vee \cdots \vee (\neg(x_{j_{2k-1}} \hat{=} x_{j_{2k}})) \vee \\ (\neg P_<(x_{j_{2k+1}}, x_{j_{2k+2}})) \vee \cdots \vee (\neg P_<(x_{j_{2\ell-1}}, x_{j_{2\ell}})) \end{array} \right) \right).$$

注意: 右边那些否定表达式中的变元的下标是彼此不同的. 分别根据需要应用原始表达式的情形 2 和情形 4, 得到对于每一个 $1 \leqslant j \leqslant m$ 都有

$$T_{\text{odl}} \vdash (\neg\theta_j) \leftrightarrow (\delta_{j_1} \vee \cdots \vee \delta_{j_t}),$$

其中, 每一个 δ_{j_ℓ} 或者是一个等式 $(x_a \hat{=} x_b)$ 而且 $a \neq b$, 或者是一个谓词断言 $P_<(x_a, x_b)$ 而且 $a \neq b$.

最后, 利用布尔运算 $\vee$ 和 $\wedge$ 的分配律和结合律, 得到一个析取表达式 $\eta_1 \vee \cdots \vee \eta_k$, 而且每一个 η_ℓ 都是一组关于变元的等式 $(x_v \hat{=} x_u)$ 或谓词断言 $P_<(x_u, x_v)$ 的合取表达式. 删去它们中间那些不可满足的 η_ℓ, 然后按照标准表达式的要求重新将所涉及的原始表达式进行排列, 我们就得到所需要的结论.

第二步, 我们来证明引理.

情形 1: φ 是不可满足的. 此时, 还令 ψ 为 $P_<(x_0, x_0)$, 有

$$T_{\text{odl}} \vdash ((\exists x_i\, \varphi) \leftrightarrow (\exists x_i\, P_<(x_0, x_0)))$$

以及

$$T_{\text{odl}} \vdash (P_<(x_0, x_0) \leftrightarrow (\exists x_i\, P_<(x_0, x_0))).$$

情形 2: φ 是普遍真实的. 此时, 还令 ψ 为 $(x_0 \hat{=} x_0)$. 这样

$$T_{\text{odl}} \vdash ((\exists x_i\, \varphi) \leftrightarrow (\exists x_i\, (x_0 \hat{=} x_0)))$$

以及

$$T_{\text{odl}} \vdash ((x_0 \hat{=} x_0) \leftrightarrow (\exists x_i\, (x_0 \hat{=} x_0))).$$

情形 3: φ 和 $(\neg\varphi)$ 都是可满足的. 由第一步的断言, 有

$$T_{\text{odl}} \vdash ((\exists x_i\, (\varphi(x_1, \cdots, x_n))) \leftrightarrow (\exists x_i\, (\theta_1 \vee \theta_2 \vee \cdots \vee \theta_m))),$$

其中每一个 θ_j 是形如下面的合取表达式:

$$((x_{j_1} \hat{=} x_{j_2}) \wedge \cdots \wedge (x_{j_{2k-1}} \hat{=} x_{j_{2k}}) \wedge P_<(x_{j_{2k+1}}, x_{j_{2k+2}}) \wedge \cdots \wedge P_<(x_{j_{2m-1}}, x_{j_{2m}})).$$

对于每一个 θ_j, 根据几种可能的情形, 由 θ_j 我们以如下的方式来获得 θ'_j:

第一, x_i 不在 θ_j 中出现. 此时, 令 θ'_j 仍然为 θ_j.

第二, x_i 在 θ_j 中出现. 根据 x_i 在合取表达式 θ_j 中出现的方式, 我们如下定义 θ'_j:

情形 (1): x_i 在 θ_j 里的某个等式里出现, 比如说, $(x_i \hat{=} x_\ell)$ 是 θ_j 的子表达式. 那么就将所有那些含 x_i 的等式用那些变元符号之间的等式取代 ($(x_\ell \hat{=} x_\ell)$ 也是一个这样的等式), 并且将 θ_j 中的所有形如 $P_<(x_i, x_t)$ 的子表达式用形如 $P_<(x_\ell, x_t)$ 来取代, 将形如 $P_<(x_t, x_i)$ 的子表达式用形如 $P_<(x_t, x_\ell)$ 来取代, 将最后的结果表达式记成 θ'_j.

情形 (2): θ_j 没有 x_i 与其他变元符号相等的子表达式.

(a) 有形如 $P_<(x_k, x_i)$ 和 $P_<(x_i, x_\ell)$ 的两个子表达式存在. 那么就将所有这样的原始表达式对用一个表达式 $P_<(x_k, x_\ell)$ 来取代. 令 θ'_j 为完成这种替代之后的结果.

(b) 只有形如 $P_<(x_k, x_i)$ 的子表达式 (也就是说, 在 θ_j 中 x_i 是一个极大元). 那么就将所有这样的表达式用 $(x_k \hat{=} x_k)$ 取代. 令 θ'_j 为完成这种替代之后的结果.

(c) 只有形如 $P_<(x_i, x_k)$ 的子表达式 (也就是说, 在 θ_j 中 x_i 是一个极小元). 那么就将所有这样的表达式用 $(x_k \hat{=} x_k)$ 取代. 令 θ'_j 为完成这种替代之后的结果.

最后, 令 ψ 为析取表达式 $(\theta'_1 \vee \theta'_2 \vee \cdots \theta'_m)$. 需要证明

$$T_{\text{odl}} \vdash ((\exists x_i\, (\theta_1 \vee \theta_2 \vee \cdots \vee \theta_m)) \leftrightarrow (\theta'_1 \vee \theta'_2 \vee \cdots \theta'_m)).$$

为此, 只需证明对于每一个 $1 \leqslant j \leqslant m$ 都有

$$T_{\text{odl}} \vdash ((\exists x_i\, \theta_j) \leftrightarrow \theta'_j).$$

令 $\mathcal{M} = (M, <)$ 为一个无端点稠密线性序, 即 $\mathcal{M} \models T_{\text{odl}}$. 证明: 对于任意一个 $\mathcal{M}$-赋值 ν, 都有

$$(\mathcal{M}, \nu) \models (\exists x_i\, \theta_j) \text{ 当且仅当 } (\mathcal{M}, \nu) \models \theta'_j.$$

注意到表达式 $(\exists x_i\, \theta_j)$ 与表达式 θ'_j 具有完全相同的自由变元, 而 θ_j 中唯一可能多出来的一个自由变元就是 x_i. 不妨假设 x_i 在 θ_j 中出现.

假设 $(\mathcal{M}, \nu) \models (\exists x_i\, \theta_j)$. 由我们的构造, 自然就有 $(\mathcal{M}, \nu) \models \theta'_j$. 这是因为

$$\begin{aligned}
&(\mathcal{M}, \nu) \models (x_k \hat{=} x_k),\\
&(\mathcal{M}, \nu) \models (((x_k \hat{=} x_i) \wedge (x_i \hat{=} x_\ell)) \rightarrow (x_k \hat{=} x_\ell)),\\
&(\mathcal{M}, \nu) \models ((P_<(x_k, x_i) \wedge P_<(x_i, x_\ell)) \rightarrow P_<(x_k, x_\ell)),\\
&(\mathcal{M}, \nu) \models (((x_k \hat{=} x_i) \wedge P_<(x_i, x_\ell)) \rightarrow P_<(x_k, x_\ell)).
\end{aligned}$$

再假设 $(\mathcal{M}, \nu) \models \theta'_j$. 欲证 $(\mathcal{M}, \nu) \models (\exists x_i\, \theta_j)$.

如果 θ'_j 是由情形 (1) 得到. 比如说, $(x_i \hat{=} x_\ell)$ 是 θ_j 的一个子表达式. 那么令 $\mu(x_i) = \nu(x_\ell)$. 而对别的变元符号 x_k, 令 $\mu(x_k) = \nu(x_k)$. 由从 θ_j 到 θ'_j 的构造, 即有

$$(\mathcal{M}, \mu) \models \theta_j.$$

如果 θ'_j 是由情形 (2) 得到. 需要考虑三种情形.

情形 (2)(a): 令

$$A = \{\nu(x_k) \mid P_<(x_k, x_i) \text{ 是 } \theta_j \text{ 的一个子表达式}\},$$

以及令

$$B = \{\nu(x_k) \mid P_<(x_i, x_k) \text{ 是 } \theta_j \text{ 的一个子表达式}\}.$$

令 $\mu(x_i)$ 为由 $\mathcal{M}$ 上的序 $<$ 所决定的开区间

$$(\max(A, <), \min(B, <)) = \{a \in M \mid \mathcal{M} \models (P_<[\max(A, <), a] \wedge P_<[a, \min(B, <)])\}$$

中的一个值; 以及对其他变元符号 μ 和 ν 取同样的值.

情形 (2)(b): 令

$$A = \{\nu(x_k) \mid P_<(x_k, x_i) \text{ 是 } \theta_j \text{ 的一个子表达式}\},$$

在 M 中取 $\mu(x_i)$ 来满足要求 $\mu(x_i) > \max(A,<)$; 以及对其他变元符号 μ 和 ν 取同样的值.

情形 (2)(c): 令

$$B = \{\nu(x_k) \mid P_<(x_i, x_k) \text{ 是 } \theta_j \text{ 的一个子表达式}\},$$

在 M 中取 $\mu(x_i)$ 来满足要求 $\mu(x_i) < \max(B,<)$, 以及对其他变元符号 μ 和 ν 取同样的值.

由从 θ_j 到 θ_j' 的构造, 以及 $(\mathcal{M},\nu) \models \theta_j'$ 的假设, 即有

$$(\mathcal{M},\mu) \models \theta_j.$$

这就证明了 $(\mathcal{M},\nu) \models (\exists x_i\, \theta_j)$. □

下面应用有理数轴区间定理 (定理 3.16)、完全性特征定理 (定理 6.2) 和 T_{odl} 的完全性给出 T_{odl} 适合消去量词的第二个证明.

引理 6.3 *设 $\mathcal{A} = \{P_<\}$. 设 φ 是语言 $\mathcal{L}_\mathcal{A}$ 的一个表达式. 那么一定存在 $\mathcal{L}_\mathcal{A}$ 的一个满足下列要求的表达式 ψ:*

(1) ψ 不带任何量词;

(2) 对于任何一个有理数轴的赋值 ν 都有 $((\mathbb{Q},<),\nu) \models (\varphi \leftrightarrow \psi)$.

证明 如果 φ 是一个语句, 那么或者 $(\mathbb{Q},<) \models \varphi$, 或者 $(\mathbb{Q},<) \models (\neg\varphi)$. 如果 φ 是有理数轴的一个真实事实, 那么令 ψ 为表达式 $(x_1 \hat{=} x_1)$; 否则, 令 ψ 为 $P_<(x_1,x_1)$. 此时必有引理 6.3 的结论 (2) 成立.

如果 $\varphi(x_1)$ 是一个恰好有一个自由变元 x_1 的表达式, 考虑 $\varphi(x_1)$ 在 $(\mathbb{Q},<)$ 上定义的集合 A:

$$A = \{a \in \mathbb{Q} \mid (\mathbb{Q},<) \models \varphi[a]\}.$$

由于 A 是在 $(\mathbb{Q},<)$ 上零参数可定义的, 根据有理数轴区间定理 (定理 3.16), 或者 $A = \mathbb{Q}$, 或者 $A = \varnothing$. 如果 $A = \mathbb{Q}$, 那么令 ψ 为表达式 $(x_1 \hat{=} x_1)$; 否则, 令 ψ 为表达式 $P_<(x_1,x_1)$. 对于任何有理数轴的赋值映射 ν, 都有

$$((\mathbb{Q},<),\nu) \models (\varphi \leftrightarrow \psi).$$

设 $\varphi(x_1,x_2)$ 是一个恰好有两个自由变元 x_1 和 x_2 的表达式, 设 $b \in \mathbb{Q}$. 考虑以 b 为参数由 φ 在 $(\mathbb{Q},<)$ 上定义的集合 $A(b)$:

$$A(b) = \{a \in \mathbb{Q} \mid (\mathbb{Q},<) \models \varphi[a,b]\}.$$

情形 1: $A(b) = \varnothing$, 那么必有对于任意的有理数轴赋值映射 ν, 当 $\nu(x_2) = b$ 时,

$$((\mathbb{Q},<),\nu) \models (\neg\varphi).$$

此时, 断言对于任何 $d \in \mathbb{Q}$, $A(d) = \varnothing$. 否则, 令 $d \in \mathbb{Q}$ 为一个反例, $A(d) \neq \varnothing$. 于是, $(\mathbb{Q},<) \models (\exists x_1 \varphi)[d]$. 令 $e_{db}:(\mathbb{Q},<) \cong (\mathbb{Q},<)$ 为 $(\mathbb{Q},<)$ 的一个将 d 映射到 b 的自同构. 那么必有 $(\mathbb{Q},<) \models (\exists x_1 \varphi)[b]$. 这就是一个矛盾.

这就意味着对于任意一个有理数轴的赋值映射 ν 都有 $((\mathbb{Q},<),\nu) \models (\neg\varphi)$. 在这种情形下, 令 ψ 为表达式 $P_<(x_1,x_1)$. 所要的引理的结论 (2) 成立.

情形 2: $A(b)$ 是一个单点集. 根据有理数轴区间定理 (定理 3.16), $A(b) = \{b\}$. 此时断言对于任何 $d \in \mathbb{Q}$, $A(d) = \{d\}$, 因为 $(\mathbb{Q},<)$ 的任何将 d 映射到 b 的自同构 e 都会满足 $e[A(d)] = A(e(d)) = A(b)$. 在这种情形下, 令 ψ 为表达式 $(x_1 \hat{=} x_2)$. 那么对于任意一个有理数轴的赋值映射 ν 都有

$$((\mathbb{Q},<),\nu) \models (\varphi \leftrightarrow \psi).$$

情形 3: $A(b) = (-\infty, b)$. 此时, 令 ψ 为表达式 $P_<(x_1,x_2)$.

情形 4: $A(b) = (-\infty, b]$. 此时, 令 ψ 为表达式 $(P_<(x_1,x_2) \vee (x_1 \hat{=} x_2))$.

情形 5: $A(b) = (b, +\infty)$. 此时, 令 ψ 为表达式 $P_<(x_2,x_1)$.

情形 6: $A(b) = [b, +\infty)$. 此时, 令 ψ 为表达式 $((x_1 \hat{=} x_2) \vee P_<(x_2,x_1))$.

情形 7: $A(b) = (-\infty, b) \cup (b, +\infty)$. 此时, 令 ψ 为表达式 $(P_<(x_1,x_2) \vee P_<(x_2,x_1)$.

情形 8: $A(b) = \mathbb{Q}$. 此时, 令 ψ 为表达式 $(x_1 \hat{=} x_1)$.

利用 $(\mathbb{Q},<)$ 上的自同构和有理数轴区间定理 (定理 3.16), 可见在上述各情形下, 对于任意一个有理数轴的赋值映射 ν 都有

$$((\mathbb{Q},<),\nu) \models (\varphi \leftrightarrow \psi).$$

现在假设 $\varphi(x_1,\cdots,x_n,x_{n+1})$ 中恰好有 $n+1$ 个自由变元 $x_1,\cdots,x_{n+1}$, 其中 $n \geqslant 2$.

考虑 $\mathbb{Q}$ 上的 n-元参数组 $(a_1,\cdots,a_n)$ 和 $(b_1,\cdots,b_n)$. 定义 $(a_1,\cdots,a_n) \sim (b_1,\cdots,b_n)$ 当且仅当 如果$1 \leqslant i,j \leqslant n$则$((a_i = a_j \leftrightarrow b_i = b_j) \wedge (a_i < a_j \leftrightarrow b_i < b_j))$. 也就是说, $(a_1,\cdots,a_n) \sim (b_1,\cdots,b_n)$ 当且仅当它们之间经下标对应自然地序同构. 这是 $\mathbb{Q}^n$ 上的一个等价关系, 而且这个等价关系只有有限个等价类. 另外, 如果 $(a_1,\cdots,a_n) \sim (b_1,\cdots,b_n)$, 那么它们之间的自然序同构能扩展成 $(\mathbb{Q},<)$ 上的一个自同构. 于是, 根据有理数轴区间定理 (定理 3.16), 在 $(\mathbb{Q},<)$ 上, 以它们各为参数由 φ 所定义的集合具有完全同构的区间结构:

$$A(a_1,\cdots,a_n) = \{a \in \mathbb{Q} \mid (\mathbb{Q},<) \models \varphi[a,a_1,\cdots,a_n]\} = \bigcup_{k=1}^{\ell} I_k$$

以及

$$A(b_1,\cdots,b_n)=\{b\in\mathbb{Q}\mid(\mathbb{Q},<)\models\varphi[b,b_1,\cdots,b_n]\}=\bigcup_{k=1}^{\ell}J_k,$$

并且每一个 I_k 和 J_k 序同构. 而每一个这样的区间 I_k 都有一个由它的端点和赋值映射

$$\nu(x_{i+1})=a_i(1\leqslant i\leqslant n)$$

所决定的 x_1 和 x_j 之间的相等或小于或大于关系所完全描述的表达式

$$\theta_k(x_1,\cdots,x_{n+1}),$$

即

$$a\in I_k\iff(\mathbb{Q},<)\models\theta_k[a,a_1,\cdots,a_n]$$

以及

$$b\in J_k\iff(\mathbb{Q},<)\models\theta_k[b,b_1,\cdots,b_n].$$

这样, 对于每一个参数组 $(a_1,\cdots,a_n)$ 所在的等价类, 就有如下这样一个表达式

$$(\theta_1\vee\cdots\vee\theta_\ell)(x_1,\cdots,x_{n+1})$$

(将这个表达式记成 $\psi_{[(a_1,\cdots,a_n)]_\sim}(x_1,\cdots,x_{n+1})$) 来等价地定义 $A(a_1,\cdots,a_n)$:

$$A(a_1,\cdots,a_n)=\{a\in\mathbb{Q}\mid(\mathbb{Q},<)\models\psi_{[(a_1,\cdots,a_n)]_\sim}[a,a_1,\cdots,a_n]\},$$

并且当 $(a_1,\cdots,a_n)\sim(b_1,\cdots,b_n)$ 时,

$$A(b_1,\cdots,b_n)=\{b\in\mathbb{Q}\mid(\mathbb{Q},<)\models\psi_{[(a_1,\cdots,a_n)]_\sim}[b,b_1,\cdots,b_n]\}.$$

将 $\mathbb{Q}^n/\sim$ 排列成 $\{\gamma_1,\cdots,\gamma_m\}$. 得到如下一个表达式 $\psi(x_1,\cdots,x_{n+1})$:

$$(\psi_{\gamma_1}\vee\cdots\vee\psi_{\gamma_m})(x_1,\cdots,x_{n+1}).$$

这个表达式就满足引理的要求: ψ 不含任何量词, 并且对于任意一个有理数轴的赋值映射 ν 都有

$$((\mathbb{Q},<),\nu)\models(\varphi\leftrightarrow\psi).$$

□

推论 6.3 $T_{\rm odl}$ 适合消去量词.

证明 设 φ 是 $\mathcal{L}_A$ 的一个表达式. 取 ψ 如引理所提供的那样, 有

$$\begin{aligned}T_{\rm odl}\vdash(\varphi\leftrightarrow\psi)\ &\text{当且仅当}\ T_{\rm odl}\vdash(\forall x_1\cdots(\forall x_n(\varphi\leftrightarrow\psi))\cdots);\\&\text{当且仅当}\ (\mathbb{Q},<)\models(\forall x_1\cdots(\forall x_n(\varphi\leftrightarrow\psi))\cdots);\\&\text{当且仅当}\ \text{对 }\mathbb{Q}\text{-赋值 }\nu\text{ 都有}((\mathbb{Q},<),\nu)\models(\varphi\leftrightarrow\psi).\end{aligned}$$

□

6.3　子结构完全性

本节将证明一个一致理论适合量词消去的充分必要条件是它具有子结构完全性.

这里揭示适合量词消去的一种特征, 并将以此来证明无原子布尔代数理论适合量词消去. 首先, 引入子结构完全性的定义.

定义 6.8 (子结构完全性)　设 T 是语言 $\mathcal{L}_A$ 的一个一致理论. T 是**子结构完全的** (**T具备子结构完全性**) 当且仅当对于 T 的任意一个模型 $\mathcal{M}$, 对于 $\mathcal{M}$ 的任意一个子结构 $\mathcal{M}_0$, 理论 T 与 $\mathcal{M}_0$ 的元态图 $\Delta_{\mathcal{M}_0}$ 之并 $T \cup \Delta_{\mathcal{M}_0}$ 是一个完全理论.

引理 6.4 (菱形交换图)　设 T 是语言 $\mathcal{L}_A$ 的一个一致理论, 而且 T 适合量词消去. 设 $\mathcal{M} \models T$ 以及 $\mathcal{N} \models T$. 再设 $\mathcal{C}$ 是 $\mathcal{L}_A$ 的一个可以分别嵌入到 $\mathcal{M}$ 和 $\mathcal{N}$ 的结构. 设 $e : \mathcal{C} \hookrightarrow \mathcal{M}$ 以及 $f : \mathcal{C} \hookrightarrow \mathcal{N}$ 分别为两个嵌入映射. 那么一定存在 T 的一个满足如下两项要求的模型 $\mathcal{D}$:

(1) $\mathcal{M} \prec \mathcal{D}$;

(2) 存在一个满足下列等式的从 $\mathcal{N}$ 到 $\mathcal{D}$ 的嵌入映射 $g : \mathcal{N} \hookrightarrow \mathcal{D}$:

$$\text{对于任何一个 } a \in C \text{ 都有} e(a) = g(f(a)).$$

证明　假设 $T, \mathcal{M}, \mathcal{N}, \mathcal{C}, e, f$ 满足棱形交换图引理的条件. 令下述集合之并为一个新常元符号集合 $\mathcal{A}_3$:

$$\mathcal{A}_0 = \{c_b \mid b \in M\},\ \mathcal{A}_1 = \{c_{e(a)}, c_{f(a)} \mid a \in C\},\ \mathcal{A}_2 = \{c_a \mid a \in N\}.$$

令 $T_{\mathcal{M}} = \mathrm{Th}((\mathcal{M}, b)_{c_b \in \mathcal{A}_0})$, 以及令 $\Delta_{\mathcal{N}}$ 为结构 $\mathcal{N}$ 的原本图. 再令

$$T^* = T_{\mathcal{M}} \cup \Delta_{\mathcal{N}} \cup \{(c_{e(a)} \hat{=} c_{f(a)}) \mid a \in C\}.$$

断言: T^* 是语言 $\mathcal{L}_{\mathcal{A} \cup \mathcal{A}_3}$ 的一个一致理论.

假设不然. 那么很典型地一定有满足下列要求的

$$\varphi(x_1, x_2), \psi(x_1, x_2), a_1 \in C, a_2 \in (M - e[C]),$$

以及 $a_3 \in (N - f[C])$:

(1) $\mathcal{M} \models \varphi[a_2, e(a_1)]$;

(2) $\psi(x_1, x_2)$ 是一个 $\mathcal{L}_A$ 布尔表达式, 并且 $\mathcal{N} \models \psi[a_3, f(a_1)]$;

(3) $\{\varphi(x_1, x_2; c_{a_2}, c_{e(a_1)}), \psi(x_1, x_2; c_{a_3}, c_{f(a_1)}), (c_{e(a_1)} \hat{=} c_{f(a_1)})\}$ 是不一致的.

根据 T 适合量词消去的假设条件, 取一个满足下述要求的 $\mathcal{L}_\mathcal{A}$ 布尔表达式 $\eta(x_2)$:

$$T \vdash ((\exists x_1 \psi(x_1, x_2)) \leftrightarrow \eta(x_2)).$$

因此, $\mathcal{C} \models \eta[a_1]$, $\mathcal{N} \models \eta[f(a_1)]$, $\mathcal{M} \models \eta[e(a_1)]$. 这样,

$$\mathcal{M} \models (\varphi[a_2, e(a_1)] \wedge (\exists x_1\, \psi(x_1))[e(a_1)]).$$

但这与 (3) 相矛盾.

于是, 上述断言成立. 令 $\mathcal{D}^* = (D, I^*) \models T^*$. 令 $I = I^* \restriction_\mathcal{A}$. 那么 $\mathcal{D} = (D, I)$ 是 $\mathcal{D}^*$ 对语言 $\mathcal{L}_\mathcal{A}$ 的一个裁减结构, 并且 $\mathcal{D} \models T$. 将 M 中的每一个元素 a 与 D 中的 $I^*(c_a)$ 等同起来, 有 $\mathcal{M} \prec \mathcal{D}$.

对于 $a \in N$, 定义 $g(a) = I^*(c_a)$. 那么

$$\mathcal{D}^* \models \Delta_\mathcal{N} \cup \{(c_{e(a)} \hat{=} c_{f(a)}) \mid a \in C\}$$

就见证了

$$g : \mathcal{N} \hookrightarrow \mathcal{D}$$

以及对于任何一个 $a \in C$ 都有 $e(a) = g(f(a))$. □

定理 6.9 (子结构完全性特征) 设 T 是语言 $\mathcal{L}_\mathcal{A}$ 的一个一致理论. 那么下述命题等价:

(1) T 是子结构完全的;

(2) T 适合量词消去;

(3) 如果 $\mathcal{M} \models T$ 以及 $\mathcal{N} \models T$, $\mathcal{C}$ 是 $\mathcal{L}_\mathcal{A}$ 的一个可以分别嵌入到 $\mathcal{M}$ 和 $\mathcal{N}$ 的结构, $e : \mathcal{C} \hookrightarrow \mathcal{M}$ 以及 $f : \mathcal{C} \hookrightarrow \mathcal{N}$ 分别为两个嵌入映射, 那么一定存在 T 的一个满足如下两项要求的模型 $\mathcal{D}$:

(a) $\mathcal{M} \prec \mathcal{D}$;

(b) 存在一个满足下列等式的从 $\mathcal{N}$ 到 $\mathcal{D}$ 的嵌入映射 $g : \mathcal{N} \hookrightarrow \mathcal{D}$:

$$\text{对于任何一个 } a \in C \text{ 都有} e(a) = g(f(a)).$$

(4) 如果 $\mathcal{M}$ 和 $\mathcal{N}$ 是 T 的两个模型, $\mathcal{M}_0 \subset \mathcal{M}$ 和 $\mathcal{N}_0 \subset \mathcal{N}$ 分别是它们的子结构, 并且这两个子结构同构, $e : \mathcal{M}_0 \cong \mathcal{N}_0$ 是它们之间的同构映射, 那么 T 一定有两个满足如下要求的模型 $\mathcal{M}^*$ 和 $\mathcal{N}^*$:

(a) $\mathcal{M} \prec \mathcal{M}^*$;

(b) $\mathcal{N} \prec \mathcal{N}^*$;

(c) $\mathcal{M}^* \cong \mathcal{N}^*$;

(d) $\mathcal{M}^*$ 和 $\mathcal{N}^*$ 之间有一个由 e 扩展而得的同构映射 e^*.

证明　(1) ⇒ (2)　设 $\varphi(x_1, x_2, \cdots, x_n)$ 是语言 $\mathcal{L}_A$ 的一个表达式.

如果 $T \vdash \varphi$, 那么取 $\psi(x_1, \cdots, x_n)$ 为表达式 $(x_1 \hat{=} x_1)$. 如果 $T \vdash (\neg\varphi)$, 那么取 $\psi(x_1, \cdots, x_n)$ 为表达式 $(\neg(x_1 \hat{=} x_1))$.

设 $d_1, \cdots, d_n$ 是不在 T 的任何语句中出现的常元符号. 令

$$\Gamma(x_1, \cdots, x_n) = \left\{ \psi(x_1, \cdots, x_n) \;\middle|\; \begin{array}{l} \psi(x_1, \cdots, x_n) \text{ 是 } \mathcal{L}_A \text{ 的布尔表达式, 且} \\ T \vdash (\psi \to \varphi) \end{array} \right\},$$

$$\begin{aligned} T^* = T \cup \{\varphi(x_1, \cdots, x_n; d_1, \cdots, d_n)\} \cup \\ \{(\neg\psi)(x_1, \cdots, x_n; d_1, \cdots, d_n) \mid \psi \in \Gamma(x_1, \cdots, x_n)\}. \end{aligned}$$

断言: T^* 是非一致的.

假设不然. 根据哥德尔完备性定理 (定理 4.8), T^* 就有一个模型 $\mathcal{M} = (M, I)$. 令 $\{a_1, \cdots, a_n\} \subset M$ 满足

$$a_1 = I(d_1), \cdots, a_n = I(d_n).$$

令 $\mathcal{M}_0$ 为由 $\{a_1, \cdots, a_n\}$ 生成的 $\mathcal{M}$ 的子结构. M_0 是由 $\{d_1, \cdots, d_n\}$, T 中的常元符号, 以及 T 的函数符号所生成的项经 I 的解释而得到的. 由于 $\mathcal{M}$ 是 T 的一个模型, $\mathcal{M}_0 \subset \mathcal{M}$, T 是子结构完全的, 理论 $T \cup \Delta_{\mathcal{M}_0}$ 是一完全理论. 又因为 $\mathcal{M} \models \varphi[a_1, \cdots, a_n]$,

$$T \cup \Delta_{\mathcal{M}_0} \vdash \varphi(x_1, \cdots, x_n; d_1, \cdots, d_n).$$

因为每一个证明是有限的, 将 $\varphi(x_1, \cdots, x_n; d_1, \cdots, d_n)$ 的 $T \cup \Delta_{\mathcal{M}_0}$ 的一个证明中用到的 $\Delta_{\mathcal{M}_0}$ 中的有限个语句的合取语句记成 $\psi(d_1, \cdots, d_n)$.

于是, ψ 是一个布尔表达式, 并且 $\mathcal{M} \models \psi(d_1, \cdots, d_n)$, 以及

$$T \cup \{\psi(d_1, \cdots, d_n)\} \vdash \varphi(x_1, \cdots, x_n; d_1, \cdots, d_n).$$

应用演绎定理 (定理 4.1) 有

$$T \vdash (\psi(d_1, \cdots, d_n) \to \varphi(x_1, \cdots, x_n; d_1, \cdots, d_n)).$$

又因为常元符号 $d_1, \cdots, d_n$ 没有在 T 的任何语句中出现, 根据常元省略定理 (定理 4.3) 有

$$T \vdash (\psi(x_1, \cdots, x_n) \to \varphi(x_1, \cdots, x_n)).$$

这就意味着 $\psi(x_1, \cdots, x_n) \in \Gamma(x_1, \cdots, x_n)$. 从而,

$$\mathcal{M} \models (\neg\psi)(x_1, \cdots, x_n; d_1, \cdots, d_n).$$

这就是一个矛盾.

由于 T^* 是非一致的, 必有一个 $\mathcal{L}_{\mathcal{A}}$ 布尔表达式 $\psi(x_1,\cdots,x_n)$ 满足

$$T\vdash(\varphi(x_1,\cdots,x_n)\to\psi(x_1,\cdots,x_n))$$

以及

$$T\vdash(\psi(x_1,\cdots,x_n)\to\varphi(x_1,\cdots,x_n)).$$

(2) $\Rightarrow$ (3)　这由菱形交换图引理 (引理 6.4) 直接给出.

(3) $\Rightarrow$ (1)　假设 $\mathcal{M}\models T, \mathcal{N}\subset\mathcal{M}$ 为 $\mathcal{M}$ 的一个子结构. 需要证明 $T\cup\Delta_{\mathcal{N}}$ 是一个完全的理论.

令 $\mathcal{M}_0\models T\cup\Delta_{\mathcal{N}}, \mathcal{N}_0\models T\cup\Delta_{\mathcal{N}}$, 并且令 $e:\mathcal{N}\hookrightarrow\mathcal{M}_0$, $f:\mathcal{N}\hookrightarrow\mathcal{N}_0$ 为自然的嵌入映射.

应用 (3), 得到满足如下所述的 $\mathcal{M}_1,\mathcal{N}_1,e_{01},k_{01},f_{01},j_{01}$:

(a) $e_{01}:\mathcal{M}_0\rightarrowtail\!\!\!\prec\mathcal{M}_1$;

(b) $k_{01}:\mathcal{N}_0\hookrightarrow\mathcal{M}_1$;

(c) 对于每一个 $a\in N$, 都有 $e_{01}(e(a))=k_{01}(f(a))$;

(d) $f_{01}:\mathcal{N}_0\rightarrowtail\!\!\!\prec\mathcal{N}_1$;

(e) $j_{01}:\mathcal{M}_0\hookrightarrow\mathcal{N}_1$;

(f) 对于每一个 $a\in N$, 都有 $j_{01}(e(a))=f_{01}(f(a))$.

递归地, 考虑 $(\mathcal{N},\mathcal{M}_n,\mathcal{N}_n,e_{(n-1),n}\circ\cdots e_{01}\circ e,f_{(n-1),n}\circ\cdots f_{01}\circ f)$, 应用 (3), 得到如下所述的 $\mathcal{M}_{n+1},\mathcal{N}_{n+1},e_{n,(n+1)},k_{n,(n+1)},f_{n,(n+1)},j_{n,(n+1)}$:

(a) $e_{n,(n+1)}:\mathcal{M}_n\rightarrowtail\!\!\!\prec\mathcal{M}_{n+1}$;

(b) $k_{n,(n+1)}:\mathcal{N}_n\hookrightarrow\mathcal{M}_{n+1}$;

(c) 对于每一个 $a\in N$, 都有

$$e_{n,(n+1)}(e_{(n-1),n}(\cdots(e(a))\cdots))=k_{n,(n+1)}(f_{(n-1),n}(\cdots(f(a))\cdots));$$

(d) $f_{n,(n+1)}:\mathcal{N}_n\rightarrowtail\!\!\!\prec\mathcal{N}_{n+1}$;

(e) $j_{n,(n+1)}:\mathcal{M}_n\hookrightarrow\mathcal{N}_{n+1}$;

(f) 对于每一个 $a\in N$, 都有

$$f_{n,(n+1)}(f_{(n-1),n}(\cdots(f(a))\cdots))=j_{n,(n+1)}(e_{(n-1),n}(\cdots(e(a))\cdots)).$$

最后, 分别令 $\mathcal{M}_\infty$ 以及 $\mathcal{N}_\infty$ 为它们的极限模型. 这两个极限模型同构. 而且这个极限模型的同构映射将 $e(a)$ 映射到 $f(a)$, 其中 $a\in N$. 从而

$$(\mathcal{M}_0,e(a))_{a\in N}\equiv(\mathcal{N}_0,f(a))_{a\in N}.$$

因此, $T \cup \Delta_N$ 是子结构完全的.

(3) ⇒ (4)　用完全同 (3) ⇒ (1) 的构造.

(4) ⇒ (3)　(3) 只是 (4) 的一种特殊情形. □

注　当涉及的一阶语言为可数语言时, 将上述定理的条件 (1),(3),(4) 中的模型都限制为可数模型, 定理仍然成立. 这是因为一个可数语言的结构的有限生成的子结构一定是可数的.

6.3.1　T_{odl} 具备子结构完全性

本节将应用量词消去子结构完全性特征定理 (定理 6.9) 来重新证明前面的适合量词消去定理 (定理 6.8).

引理 6.5　*无端点稠密线性序理论具备子结构完全性.*

证明　设 $\mathcal{M} = (M, <) \models T_{\mathrm{odl}}$, $\mathcal{M}_0 = (M_0, <) \subset \mathcal{M}$. 证明 $T_0 = T_{\mathrm{odl}} \cup \Delta_{\mathcal{M}_0}$ 是语言 $\mathcal{L}_{\{P_<, c_a \mid a \in M_0\}}$ 中的一个完全理论.

用反证法. 欲得一矛盾, 假设 T_0 不是完全理论. 令 θ 和 $(\neg\theta)$ 是一对独立于 T_0 的语句, 并且设

$$(\mathcal{M}, a)_{a \in M_0} \models \theta.$$

令

$$A = \{a \in M_0 \mid c_a \text{在语句}\,\theta\,\text{中出现}\}.$$

这是一个有限集合. 由于 $T_0 \cup \{(\neg\theta)\}$ 是一致的, 根据哥德尔完备性定理 (定理 4.9), 令

$$\mathcal{M}_1 = (M_1, <_1, a)_{a \in M_0} \models T_0 \cup \{(\neg\theta)\}.$$

根据定理 3.17 罗文海-斯科伦同质缩小定理, 令

$$(A, <) \subset (N_0, <) \prec (M, <)$$

和

$$(A, <) \subset (N_1, <_1) \prec (M_1, <_1)$$

分别为两个可数同质子模型, 其中 $< \cap A^2 = <_1 \cap A^2$. 由于 $(N_0, <)$ 和 $(N_1, <_1)$ 是两个可数无端点稠密线性序, $(A, <) \subset (\mathbb{N}_0, <)$ 和 $(A, <_1) \subset (N_1, <_1)$ 是两个同构的有限子序, 根据康托同构定理 (定理 3.6), 在 $(N_0, <)$ 和 $(N_1\ <_1)$ 之间存在一个以 A 为不动点集合的同构映射. 因此,

$$(N_0, <, a)_{a \in A} \equiv (N_1, <_1, a)_{a \in A}. \qquad \square$$

这就是一个矛盾.

推论 6.4　*无端点稠密线性序理论适合量词消去.*

6.3.2 T^d_{BA} 具备子结构完全性

引理 6.6 无原子布尔代数理论具备子结构完全性.

证明 证明思路和上面关于无端点稠密线性序理论具备子结构完全性的证明一样.

设 $\mathcal{M}=(M,0,1,+,\cdot,\bar{\ })\models T^d_{\mathrm{BA}}$ 是一个无原子布尔代数, $\mathcal{M}_0=(M_0,0,1,+,\cdot,\bar{\ })$ 是 $\mathcal{M}$ 的一个子布尔代数. 证明 $T_0=T^d_{\mathrm{BA}}\cup\Delta_{\mathcal{M}_0}$ 是语言 $\mathcal{L}_{\{c_0,c_1,F_s,F_+,F_\times,c_a\ \mid\ a\in M_0\}}$ 中的一个完全理论.

用反证法. 欲得一矛盾, 假设 T_0 不是完全理论. 令 θ 和 $(\neg\theta)$ 是一对独立于 T_0 的语句, 并且设

$$(\mathcal{M},a)_{a\in M_0}\models\theta.$$

令

$$A=\{a\in M_0\mid c_a\,\text{在语句}\,\theta\,\text{中出现}\}.$$

令 $\mathbb{B}=(B,0,1,+,\cdot,\bar{\ })$ 为 A 在 $\mathcal{M}_0$ 中生成的子布尔代数. $\mathbb{B}$ 是一个有限布尔代数. 由于 $T_0\cup\{(\neg\theta)\}$ 是一致的, 根据哥德尔完备性定理 (定理 4.9), 令

$$\mathcal{M}_1=(M_1,<_1,a)_{a\in M_0}\models T_0\cup\{(\neg\theta)\}.$$

根据罗文海-斯科伦同质缩小定理, 令

$$\mathbb{B}\subset(N_0,0,1,+,\cdot,\bar{\ })\prec(M,0,1,+,\cdot,\bar{\ })$$

和

$$\mathbb{B}\subset(N_1,0,1,+,\cdot,\bar{\ })\prec(M_1,0,1,+,\cdot,\bar{\ })$$

分别为两个可数同质子模型. 由于 $(N_0,0,1,+,\cdot,\bar{\ })$ 和 $(N_1,0,1,+,\cdot,\bar{\ })$ 是两个无原子布尔代数,

$$\mathbb{B}\subset(\mathbb{N}_0,0,1,+,\cdot,\bar{\ })$$

和

$$\mathbb{B}\subset(N_1,0,1,+,\cdot,\bar{\ })$$

是以恒等映射为同构映射的两个同构的有限子布尔代数, 根据 Vaught 同构定理 (定理 6.4), 在

$$(N_0,0,1,+,\cdot,\bar{\ })$$

和

$$(N_1,0,1,+,\cdot,\bar{\ })$$

之间存在一个以 B 为不动点集合的同构映射. 因此,

$$(N_0, 0, 1, +, \cdot, \bar{}, a)_{a\in A} \equiv (N_1, 0, 1, +, \cdot, \bar{}, a)_{a\in A}.$$

这就是一个矛盾. □

推论 6.5 无原子布尔代数理论适合量词消去.

6.4 模型完全性

尽管单纯的适合量词消去未必会保证理论的完全性, 但适合量词消去必定还是为我们提供了理论的另外一种完全性: 模型完全性.

我们曾经问过: 在什么条件下一个结构的子结构会是同质子结构.

在 3.4.6 实数轴同质子轴一节中, 我们证明了实数轴同质子轴定理 (定理 3.15). 该定理断言如果结构 $(M, <)$ 是 $(\mathbb{R}, <)$ 的一个子结构, 那么

$$(\mathcal{M}, <) \prec (\mathbb{R}, <)$$

当且仅当 $(M, <)$ 是无端点稠密线性序理论的一个模型. 将这个定理的证明和稠密线性序区间定理 (定理 3.18) 结合起来, 我们立刻得到一个更一般的结论:

定理 6.10 设 $(N, <) \models T_{\mathrm{odl}}$ 是无端点稠密线性序理论的模型. 如果

$$(M, <) \subset (N, <),$$

而且 $(M, <)$ 也是无端点稠密线性序理论的一个模型, 那么 $(M, <) \prec (N, <)$.

这个定理绝非孤独、偶然. 这个定理背后深层次的理由就是无端点稠密线性序理论适合量词消去. 事实上, 任何一个适合量词消去的一致理论都是模型完全的, 即它的任何一个模型的子模型都是一个同质子模型. 这样, 应用代数封闭域理论适合量词消去之结论, 就可以证明并非完全的代数封闭域理论是模型完全的.

定义 6.9 (模型完全性 (model complete)) 设 T 是语言 $\mathcal{L}_A$ 的一个一致理论. 称 T 是一个**模型完全**的理论 [①], 当且仅当对于 T 的任意两个模型 $\mathcal{M} = (M, I) \models T$ 和 $\mathcal{N} = (N, J) \models T$ 而言, 如果 $\mathcal{M} \subseteq \mathcal{N}$, 那么 $\mathcal{M} \prec \mathcal{M}$.

例 6.8 (1) 无端点线性稠密序理论是一个模型完全理论;

(2) 线性序理论不是模型完全理论;

(3) 域理论不是模型完全理论;

(4) 有序域理论也不是模型完全理论;

(5) 有序整数加法群 $(\mathbb{Z}, +, 0, <)$ 真相 $\mathrm{Th}((\mathbb{Z}, +, 0, <))$ 不是模型完全理论.

---

①理论的模型完全性是 Robinson 引入的一个概念.

定理 6.11 设 T 是语言 $\mathcal{L}_\mathcal{A}$ 的一个适合量词消去的一致理论. 那么 T 是模型完全理论.

证明 假设 T 是语言 $\mathcal{L}_\mathcal{A}$ 的一个适合量词消去的一致理论. 又设 $\mathcal{M} \subseteq \mathcal{N}$ 同是理论 T 的模型.

现在证明 $\mathcal{M} \prec \mathcal{N}$.

设 $\varphi(x_0, \cdots, x_n)$ 是 $\mathcal{L}_\mathcal{A}$ 的一个表达式, $a_1, \cdots, a_n$ 是 M 中的 n 个元素, A 是 $\mathcal{N}$ 上用这些参数由 φ 可定义的 N 的非空子集, 即

$$A = \{b \in N \mid \mathcal{N} \models \varphi[b, a_1, \cdots, a_n]\}.$$

证明 $A \cap M \neq \varnothing$.

由于 $A \neq \varnothing$, $\mathcal{N} \models (\exists x_0\, \varphi)[a_1, \cdots, a_n]$.

由于 T 适合量词消去, 令 $\psi(x_1, \cdots, x_n)$ 为语言 $\mathcal{L}_\mathcal{A}$ 一个在 T 之上与表达式 $(\exists x_0 \varphi(x_0, x_1, \cdots, x_n)$ 等价的布尔表达式,

$$T \vdash ((\exists x_0\, \varphi(x_0, x_1, \cdots, x_n)) \leftrightarrow \psi(x_1, \cdots, x_n)).$$

从而,

$$T \vdash (\forall x_1(\cdots(\forall x_n((\exists x_0\, \varphi(x_0, x_1, \cdots, x_n)) \leftrightarrow \psi(x_1, \cdots, x_n)))\cdots)).$$

根据给定条件, $\mathcal{M}$ 和 $\mathcal{N}$ 都是 T 的模型. 从而,

$$\mathcal{N} \models (\forall x_1(\cdots(\forall x_n((\exists x_0\, \varphi(x_0, x_1, \cdots, x_n)) \leftrightarrow \psi(x_1, \cdots, x_n)))\cdots))$$

以及

$$\mathcal{M} \models (\forall x_1(\cdots(\forall x_n((\exists x_0\, \varphi(x_0, x_1, \cdots, x_n)) \leftrightarrow \psi(x_1, \cdots, x_n)))\cdots)).$$

令 ν 为一个满足下列等式的 $\mathcal{M}$-赋值:

$$\nu(x_1) = a_1, \cdots, \nu(x_n) = a_n.$$

有

$$(\mathcal{N}, \nu) \models ((\exists x_0\, \varphi(x_0, x_1, \cdots, x_n)) \leftrightarrow \psi(x_1, \cdots, x_n))$$

以及

$$(\mathcal{N}, \nu) \models (\exists x_0\, \varphi(x_0, x_1, \cdots, x_n)).$$

由此有

$$(\mathcal{N}, \nu) \models \psi(x_1, \cdots, x_n).$$

因为 $\mathcal{M}$ 是 $\mathcal{N}$ 的子结构, ν 是一个 $\mathcal{M}$-赋值, ψ 是一个布尔表达式, 上面的满足关系蕴含下面的满足关系:

$$(\mathcal{M},\nu)\models\psi(x_1,\cdots,x_n).$$

又因为

$$(\mathcal{M},\nu)\models((\exists x_0\,\varphi(x_0,x_1,\cdots,x_n))\leftrightarrow\psi(x_1,\cdots,x_n)),$$

得到

$$(\mathcal{M},\nu)\models(\exists x_0\,\varphi(x_0,x_1,\cdots,x_n)).$$

令 $\mu=\nu\text{mod}((\exists x_0\varphi))$ 为满足下述要求的一个 $\mathcal{M}$-赋值:

$$(\mathcal{M},\mu)\models\varphi(x_0,x_1,\cdots,x_n).$$

令 $a_0=\mu(x_0)$. 由局部决定性定理,

$$\mathcal{M}\models\varphi[a_0,a_1,\cdots,a_n].$$

因为 T 适合量词消去, 取一个布尔表达式 $\theta(x_0,\cdots,x_n)$ 来满足

$$T\vdash(\varphi(x_0,\cdots,x_n)\leftrightarrow\theta(x_0,\cdots,x_n)).$$

由于 $\mathcal{M}\models T$,

$$\mathcal{M}\models\theta[a_0,a_1,\cdots,a_n].$$

这样, $\mathcal{N}\models\theta[a_0,a_1,\cdots,a_n]$, 从而,

$$\mathcal{N}\models\varphi[a_0,a_1,\cdots,a_n].$$

于是, $a_0\in A\cap M$. □

例 6.9 令 $T=\text{Th}((\mathbb{N},<))$. 那么 T 不是模型完全的, 因而也就不适合量词消去.

证明 取 $M=\{2k+1\mid k\in\mathbb{N}\}$. $(M,<)\subset(\mathbb{N},<)$. 由于 $(M,<)\cong(\mathbb{N},<)$,

$$(M,<)\models T.$$

但是, $(M,<)\not\prec(\mathbb{N},<)$.

比如, 考虑 $(\exists x_2\,P_<(x_2,x_1))$, 记这个表达式为 $\varphi(x_1)$. 令 ν 为一个 M-赋值, 且 $\nu(x_1)=1\in M$. 令 μ 为一个 $\mathbb{N}$-赋值, 且 $\mu(x_1)=\nu(x_1)=1$, $\mu(x_2)=0$. 那么

$$((\mathbb{N},<),\mu)\models P_<(x_2,x_1),$$

从而, $((\mathbb{N},<),\nu)\models\varphi(x_1)$. 但是, $((M,<),\nu)\models(\neg\varphi)(x_1)$.

所以, $(M,<)\not\prec(\mathbb{N},<)$. 根据上面的必要性, T 不适合量词消去. 比如, 上面的表达式 $\varphi(x_1)$ 在 T 之上就不会与任何布尔表达式等价. □

模型完全性只是量词消去的必要条件, 不是充分条件. 9.4 节我们将会见到实封闭域理论 RCF 是一个模型完全的理论, 但是 RCF 不适合量词消去 (见第 9 章定理 9.7); 以及关于整数的普瑞斯柏格理论 $T_{\rm Pr}$ 也是一个不适合量词消去但模型完全的理论 (见第 11 章定理 11.4 和定理 11.7). 事实上, 整数结构 $(\mathbb{Z},1,+,-,<)$ 的真相 $\mathrm{Th}((\mathbb{Z},1,+,-,<))$ 就是一个不具备子结构特征但具备子模型特征的理论; 而普瑞斯柏格理论 $T_{\rm Pr}$ 是整数结构 $(\mathbb{Z},1,+,-,<)$ 的完全公理化结果, 即 $T_{\rm Pr}$ 是与 $\mathrm{Th}((\mathbb{Z},1,+,-,<))$ 等价的理论.

尽管如此, 就如同具有极小结构的适合量词消去的理论一定是完全理论那样, 一个 T 具有极小模型的模型完全理论, 也一定是一个完全理论.

定义 6.10 (极小模型) *一个一致理论 T 在语言 $\mathcal{L}_A$ 下的一个模型 $\mathcal{M}$ 是一个极小模型当且仅当 $\mathcal{M}$ 能够嵌入到 T 的任何一个模型之中.*

定理 6.12 (1) *假设 T 是一个具有极小模型的理论. 如果 T 是模型完全的, 那么 T 是完全的.*

(2) *假设 T 的任意两个模型都可以嵌入到同一个模型之中. 如果 T 是模型完全的, 那么 T 是完全的.*

证明 (1) 设 $\mathcal{M}_0\models T$ 是 T 的一个极小模型. 任给 T 的两个模型 $\mathcal{M},\mathcal{N}$, 令 $f:\mathcal{M}_0\to\mathcal{M}$ 以及 $g:\mathcal{M}_0\to\mathcal{N}$ 是两个嵌入映射. 由于 T 是模型完全的, f 和 g 就都是同质嵌入映射. 于是

$$\mathcal{M}\equiv\mathcal{M}_0\equiv\mathcal{N}.$$

也就是说, T 的任意两个模型都同样. 因此, T 必然是一个完全理论. □

我们将在 6.4.1 和 6.4.2 小节中详细分析模型完全的理论.

问题 6.2 *如果定理 6.11 的结论对于理论 T 成立, 那么理论 T 是否具有某种语法形式特点?*

6.4.1 量词简化

与模型完全性相适应的是理论的适合量词简化. 适合量词简化是一种比起适合量词消去要弱的性质.

定义 6.11 *设 $\mathcal{L}_A$ 是一个一阶语言, φ 是 $\mathcal{L}_A$ 的一个表达式, T 是 $\mathcal{L}_A$ 的一个一致理论. φ* **实质上相当于一个** *Δ_1^T 表达式当且仅当存在两个满足下述关系式的 Π_1 表达式 θ 和 ψ:*

$$T\vdash(\varphi\leftrightarrow\theta)\text{ 以及 }T\vdash((\neg\varphi)\leftrightarrow\psi).$$

定义 6.12 (适合量词简化) 语言 $\mathcal{L}_A$ 的一个一致理论 T 适合量词简化当且仅当语言 $\mathcal{L}_A$ 的每一个 n-元表达式都实质上相当于一个 Δ_1^T 表达式.

事实 6.1 设 T_1 和 T 都是同一种语言的两个一致理论, T_1 等价于 T 的一个保守扩张. 如果 T_1 适合简化量词, 那么 T 也适合简化量词.

一般来说, 一个一致理论是否具有模型完全性与是否具有完全性没有必然联系. 可以有一致但不完全的模型完全理论; 也可以有完全的但不具备模型完全性的理论. 但是, 理论具有模型完全性的确与理论的完全性又有着自然的联系. 事实上, 可以对一致理论的模型完全性给出如下等价的定义: 一个一致理论是否具有模型完全性关键就在于它是否和任意一个它的模型的原本图之并会是扩充语言中的一个完全理论. 这个定义很好地解释了模型完全性这个术语的来历. 下面先回顾一下结构原本图的定义.

定义 6.13 (结构原本图) 设 $\mathcal{N}$ 为语言 $\mathcal{L}_A$ 的一个结构. 结构 $\mathcal{N}$ 的原本图 (或者元态), 记成 $\Delta_{\mathcal{N}}$, 是那些在结构 $\mathcal{N}$ 的基本扩充结构 $(\mathcal{N}, a)_{\{c_a | a \in N\}}$ 中真实的原始语句或者原始语句的否定式: $\Delta_{\mathcal{N}} = \Delta_{\mathcal{N}}^+ \cup \Delta_{\mathcal{N}}^-$, 其中

$$\Delta_{\mathcal{N}}^+ = \left\{ \theta(x_1, \cdots, x_n; c_{a_1}, \cdots, c_{a_n}) \;\middle|\; \begin{array}{l} \theta(x_1, \cdots, x_n) \text{ 是 } \mathcal{L}_A \text{ 的一个原始表达式, 且} \\ \mathcal{N} \models \theta[a_1, \cdots, a_n] \end{array} \right\},$$

$$\Delta_{\mathcal{N}}^- = \left\{ (\neg\theta)(x_1, \cdots, x_n; c_{a_1}, \cdots, c_{a_n}) \;\middle|\; \begin{array}{l} \theta(x_1, \cdots, x_n) \text{ 是 } \mathcal{L}_A \text{ 的一个原始表达式, 且} \\ \mathcal{N} \models (\neg\theta)[a_1, \cdots, a_n] \end{array} \right\}.$$

定义 6.14 (模型完全性) 设 T 是语言 $\mathcal{L}_A$ 的一个一致理论. T 是模型完全的当且仅当如果 $\mathcal{M}$ 是 T 的一个模型, 那么理论 T 与 $\mathcal{M}$ 的原本图之并 $T \cup \Delta_{\mathcal{M}}$ 是语言 $\mathcal{L}_A^M$ 中的一个完全理论.

后面我们将会看到这两个模型完全性定义是等价的.

定义 6.15 (Σ_1-同质子结构) 设 $\mathcal{M}, \mathcal{N}$ 是语言 $\mathcal{L}_A$ 的两个结构. $\mathcal{M}$ 是 $\mathcal{N}$ 的一个 Σ_1-同质子结构, 记成

$$\mathcal{M} \prec_1 \mathcal{N}$$

当且仅当

(1) $\mathcal{M} \subseteq \mathcal{N}$,

(2) 对于 $\mathcal{L}_A$ 的每一个 n-元 Σ_1 表达式 $\varphi(x_1, \cdots, x_n)$, 对于每一组

$$(a_1, \cdots, a_n) \in A^n,$$

都有

$$\text{如果 } \mathcal{N} \models \varphi[a_1, \cdots, a_n], \text{ 那么 } \mathcal{M} \models \varphi[a_1, \cdots, a_n].$$

定理 6.13 (量词简化特征定理) 设 T 是语言 $\mathcal{L}_{\mathcal{A}}$ 的一个一致理论. 那么如下几个命题等价:

(1) T 适合量词简化.

(2) 对于 T 的任意两个模型 $\mathcal{M},\mathcal{N}$ 来说, 如果 $\mathcal{M}$ 是 $\mathcal{N}$ 的一个子模型, 那么 $\mathcal{M}$ 必是 $\mathcal{N}$ 的一个同质子模型.

(3) (Robinson 判定准则) 对于 T 的任意两个模型 $\mathcal{M},\mathcal{N}$ 来说, 如果 $\mathcal{M}$ 是 $\mathcal{N}$ 的一个子模型, 那么 $\mathcal{M}$ 必是 $\mathcal{N}$ 的一个 Σ_1-同质子模型, $\mathcal{M} \prec_1 \mathcal{N}$.

(4) 对于 T 的任何一个模型 $\mathcal{M}$ 来说, 理论 $T \cup \Delta_{\mathcal{M}}$ 是语言 $\mathcal{L}_{\mathcal{A}M}$ 的一个完全理论.

(5) 语言 $\mathcal{L}_{\mathcal{A}}$ 的每一个 n-元 Σ_1 表达式 $\varphi(x_1, \cdots, x_n)$ 都在理论 T 之上等价于一个 n-元 Π_1-表达式 $\psi(x_1, \cdots, x_n)$.

(6) 语言 $\mathcal{L}_{\mathcal{A}}$ 的每一个 n-元表达式 $\varphi(x_1, \cdots, x_n)$ 都在理论 T 之上等价于一个 n-元 Π_1-表达式 $\psi(x_1, \cdots, x_n)$.

证明 (1) $\Rightarrow$ (6) 是显然的.

(6) $\Rightarrow$ (1) 给定 φ, 令 ψ 和 θ 为两个分别满足 $T \vdash (\varphi \leftrightarrow \psi)$ 和 $T \vdash ((\neg\varphi) \leftrightarrow \theta)$ 的 Π_1 表达式. 那么

$$T \vdash ((\varphi \leftrightarrow \psi) \wedge (\varphi \leftrightarrow (\neg\theta))).$$

(2) $\Rightarrow$ (4) 设 $\mathcal{M} \models T$.

首先, 注意到如果 $\mathcal{N} \models T \cup \Delta_{\mathcal{M}}$, 那么 $\mathcal{N} \models \mathrm{Th}(\mathcal{M}_M)$. 这是因为 $\mathcal{N}$ 在 $\mathcal{L}_{\mathcal{A}}$ 中的简化模型是 $\mathcal{M}$ 的同质扩张.

如果 $\mathcal{N}_i \models T \cup \Delta_{\mathcal{M}} (i = 1, 2)$, 那么 $\mathcal{N}_i \models \mathrm{Th}(\mathcal{M}_M)$. 由于 $\mathrm{Th}(\mathcal{M}_M)$ 是一个完全理论, $\mathcal{N}_1 \equiv \mathcal{N}_2$. 由此, $T \cup \Delta_{\mathcal{M}}$ 就是一个完全理论.

(4) $\Rightarrow$ (3) 假设 $\mathcal{M} \subset \mathcal{N}$ 都是 T 的两个模型. 由于 $\mathcal{M}_M \models T \cup \Delta_{\mathcal{M}}$, $\mathcal{N}_M \models T \cup \Delta_{\mathcal{M}}$, 以及 $T \cup \Delta_{\mathcal{M}}$ 是一个完全理论, $\mathcal{M}_M \equiv \mathcal{N}_M$. 特别地, $\mathcal{M} \prec_1 \mathcal{N}$.

(3) $\Rightarrow$ (5) 设 $\varphi(y_1, \cdots, y_n)$ 是 $\mathcal{L}_{\mathcal{A}}$ 中的一个 n-元 Σ_1 表达式. 在 $\mathcal{L}_{\mathcal{A}}$ 之上引进 n 个新常元 $c_1, \cdots, c_n$, 得到 $\mathcal{L}_{\mathcal{A}}$ 的一个扩充 $\mathcal{L}'_{\mathcal{A}}$. 令

$$\Gamma = \left\{ \gamma(c_1, \cdots, c_n) \;\middle|\; \begin{array}{l} \gamma(y_1, \cdots, y_n)\text{是 } \mathcal{L}_{\mathcal{A}} \text{ 的一个 } n\text{-元 } \Pi_1 \text{ 表达式, 并且} \\ T \models (\varphi(y_1, \cdots, y_n) \to \gamma(y_1, \cdots, y_n)) \end{array} \right\}.$$

断言: $T \cup \Gamma \models \varphi(c_1, \cdots, c_n)$.

假设 $(\mathcal{M}, b_1, \cdots, b_n) \models T \cup \Gamma$. 欲证 $(\mathcal{M}, b_1, \cdots, b_n) \models \varphi(c_1, \cdots, c_n)$.

我们先来证明 $T \cup \{\varphi(b_1, \cdots, b_n)\} \cup \Delta_{\mathcal{M}}$ 是一个一致的理论.

由紧致性定理, 只需证明 $\Delta_{\mathcal{M}}$ 的任意一个有限子集 E 与 $T \cup \{\varphi(b_1, \cdots, b_n)\}$ 是一致的.

设 $\theta(a_1, \cdots, a_m, b_1, \cdots, b_n) \in \Delta_{\mathcal{M}}$. 由于

$$(\mathcal{M}, b_1, \cdots, b_n) \not\models (\forall x_1 \cdots \forall x_m(\neg\theta(x_1, \cdots, x_m, c_1, \cdots, c_n))),$$

$\mathcal{L}'_{\mathcal{A}}$ 中的 Π_1 表达式 $\forall x_1 \cdots \forall x_m \neg\theta(x_1 \cdots, x_m, c_1, \cdots, c_n) \notin \Gamma$. 也就是说,

$$T \not\models (\varphi(y_1, \cdots, y_n) \to (\forall x_1 \cdots \forall x_m(\neg\theta(x_1, \cdots, x_m, y_1, \cdots, y_n)))).$$

从而, 我们得出这样一个结论: 如果 $E \subset \Delta_{\mathcal{M}}$ 有限, 那么 $T \cup \{\varphi(c_1, \cdots, c_n)\} \cup \{\bigwedge E\}$ 是一个一致理论.

令 $\mathcal{N}_M \models T \cup \{\varphi(b_1, \cdots, b_n)\} \cup \Delta_{\mathcal{M}}$, 则有 $\mathcal{M} \subset \mathcal{N}$, 以及 $\mathcal{N} \models T$. 由 (3), $\mathcal{M} \prec_1 \mathcal{N}$. 因此,

$$(\mathcal{M}, b_1, \cdots, b_n) \models \varphi(b_1, \cdots, b_n).$$

上述断言由此得证.

再由紧致性定理, 可以在 Γ 中取到有限个语句 $\gamma_1, \cdots, \gamma_m$ 来满足

$$T \models ((\gamma_1 \wedge \cdots \wedge \gamma_m) \to \varphi).$$

于是,

$$T \models ((\gamma_1 \wedge \cdots \wedge \gamma_m) \leftrightarrow \varphi).$$

经过将所有全称量词搬到表达式的最左边的变换, 以及将常元符号 $c_1, \cdots, c_n$ 换成变元符号 $y_1, \cdots, y_n$, 得到一个 $\mathcal{L}_{\mathcal{A}}$ 的满足如下要求的 n-元 Π_1 表达式 $\psi(y_1, \cdots, y_n)$:

$$T \vdash (\varphi(y_1, \cdots, y_n) \leftrightarrow \psi(y_1, \cdots, y_n)).$$

(5) $\Rightarrow$ (6) 假设 φ 在 T 之上等价于一个 Π_1 表达式 ψ, 那么 $(\neg\varphi)$ 在 T 之上等价于一个 Σ_1 表达式 $(\neg\psi)$.

由 (5), $(\neg\psi)$ 在 T 之上等价于一个 Π_1 表达式 θ. 于是, $(\neg\varphi)$ 就在 T 之上等价于一个 Π_1 表达式 θ.

假设 $\varphi_i (i = 1, 2)$ 分别在 T 之上等价于 Π_1 表达式 $\psi_i (i = 1, 2)$, 那么在 T 之上, $(\varphi_1 \wedge \varphi_1)$ 在 T 之上等价于 $(\psi_1 \wedge \psi_1)$. 将 $(\psi_1 \wedge \psi_1)$ 的所有全称量词都搬到最左边, 经过这样一个变换, 就得到一个与之等价的 Π_1 表达式 θ. 于是, $(\varphi_1 \wedge \varphi_2)$ 就在 T 之上等价于 Π_1 表达式 θ.

假设 $(\neg\varphi)$ 在 T 之上等价于一个 Π_1 表达式 ψ. 那么 $(\forall x_1(\neg\varphi))$ 就在 T 之上等价于 $(\forall x_1 \psi)$. 表达式 $(\forall x_1 \psi)$ 还是一个 Π_1 表达式. 其否定, $(\neg(\forall x_1 \psi))$ 就是一个 Σ_1 表达式. 由 (5), $(\neg(\forall x_1 \psi))$ 在 T 之上等价于一个 Π_1 表达式 θ. 这样, 表达式 $(\exists x_1 \varphi)$ 就在 T 之上等价于 θ.

(6) ⇒ (2) 设 $\mathcal{M} \subset \mathcal{N}$ 为 T 的两个模型. 令 $(a_1, \cdots, a_n) \in A^n$. 令 φ 为一个 n- 元表达式. 令 ψ 为一个在 T 之上等价于 φ 的 Π_1 表达式. 令 θ 为一个在 T 之上与 $\neg\varphi$ 等价的 Π_1 表达式.

假设 $\mathcal{N} \models \varphi[a_1, \cdots, a_n]$, 那么 $\mathcal{N} \models \psi[a_1, \cdots, a_n]$. 因为 ψ 是 Π_1, 我们有

$$\mathcal{M} \models \psi[a_1, \cdots, a_n].$$

因此, $\mathcal{M} \models \varphi[a_1, \cdots, a_n]$.

假设 $\mathcal{N} \models (\neg\varphi)[a_1, \cdots, a_n]$, 那么 $\mathcal{N} \models \theta[a_1, \cdots, a_n]$. 因为 θ 是 Π_1, 我们有

$$\mathcal{M} \models \theta[a_1, \cdots, a_n].$$

因此, $\mathcal{M} \models (\neg\varphi)[a_1, \cdots, a_n]$.

于是, $\mathcal{M} \models \varphi[a_1, \cdots, a_n] \iff \mathcal{N} \models \varphi[a_1, \cdots, a_n]$. □

定理 6.14 (三角形交换图) 假设 T 是 $\mathcal{L}_{\mathcal{A}}$ 的一个一致理论. 那么如下两个命题等价:

(1) T 是模型完全的;

(2) 如果 $\mathcal{M} \subseteq \mathcal{N}$ 都是 T 的模型, 那么 $\mathcal{M}$ 一定有一个满足下述要求的同质扩展 $\mathcal{M}^*$ $(\mathcal{M} \prec \mathcal{M}^*)$:

$$\mathcal{N} \subseteq \mathcal{M}^*.$$

证明 (1) ⇒ (2) 当 T 是模型完全时, 如果 $\mathcal{M} \subseteq \mathcal{N}$ 都是 T 的模型, 那么 $\mathcal{M} \prec \mathcal{N}$. 取 $\mathcal{M}^* = \mathcal{N}$ 就行.

(2) ⇒ (1) 假设 $\mathcal{M} \subseteq \mathcal{N}$ 都是 T 的模型. 反复迭代应用 (2), 得到下面的一组模型关系图:

$$\begin{array}{ccccccccc}
\mathcal{M}_0 & \rightarrow\!\prec & \mathcal{M}_1 & \rightarrow\!\prec & \mathcal{M}_2 & \rightarrow\!\prec & \mathcal{M}_3 & \rightarrow\!\prec & \cdots \\
& \searrow & \uparrow & \searrow & \uparrow & \searrow & \uparrow & \searrow & \cdots \\
& & \mathcal{N}_0 & \rightarrow\!\prec & \mathcal{N}_1 & \rightarrow\!\prec & \mathcal{N}_2 & \rightarrow\!\prec & \cdots
\end{array}$$

令 $\mathcal{M}^* = \lim_{0 \leqslant n < \infty} \mathcal{M}_n$; $\mathcal{N}^* = \lim_{0 \leqslant n < \infty} \mathcal{N}_n$. 那么

$$\begin{array}{ccc}
\mathcal{M}_0 & \rightarrow\!\prec & \mathcal{M}^* \\
\downarrow & & \uparrow\!\prec \\
\mathcal{N}_0 & \rightarrow\!\prec & \mathcal{N}^*
\end{array}$$

从而, $\mathcal{M}_0 \prec \mathcal{N}_0$. □

定理 6.15 (可数广集模型) 设 T 是 $\mathcal{L}_{\mathcal{A}}$ 的一个一致理论. 假设存在一个满足如下两条要求的 T 的可数模型 $\mathcal{N}$:

(1) 对于任意一个同质单调递增模型序列 $\langle \mathcal{N}_k \mid k \in \mathbb{N} \rangle$, 如果对于任意的 $k \in \mathbb{N}$ 都有 $\mathcal{N}_k \cong \mathcal{N}$, 那么必有 $\mathcal{N} \cong \lim_{0 \leqslant n < \infty} \mathcal{N}_k$.

(2) T 的任意一个可数模型 $\mathcal{M}$ 都有一个与 $\mathcal{N}$ 同构的同质放大.

那么 T 一定是一个模型完全的理论.

证明　假设 $\mathcal{M}_0 \subseteq \mathcal{N}_0$ 是 T 的两个可数模型, 我们来证 $\mathcal{M}_0 \prec \mathcal{N}_0$ (应用塔尔斯基判定准则 (定理 3.14), 和同质缩小存在定理 (定理 3.17), 这已足够).

反复迭代应用前面的等价命题 (2), 得到如下模型交换图:

$$\begin{array}{ccccccccc} \mathcal{M}_0 & \to\!\prec & \mathcal{M}_1 & \to\!\prec & \mathcal{M}_3 & \to\!\prec & \cdots & \to\!\prec & \mathcal{M}_\infty \\ \downarrow & & \Uparrow\cong & & \Uparrow\cong & & \cdots & & \Uparrow\cong \\ \mathcal{N}_0 & \to\!\prec & \mathcal{N}_1 & \to\!\prec & \mathcal{N}_3 & \to\!\prec & \cdots & \to\!\prec & \mathcal{N}_\infty \end{array}$$

最右边的同构由关于 $\mathcal{N}$ 的假设而得. 于是,

$$\begin{array}{ccc} \mathcal{M}_0 & \to\!\prec & \mathcal{M}_\infty \\ \downarrow & \nearrow\!\prec & \\ \mathcal{N}_0 & & \end{array}$$

□

因此, $\mathcal{M}_0 \prec \mathcal{N}_0$.

6.4.2　模型完全性与 Π_2-理论

本节将回答问题 6.2.

定义 6.16　设 T_1 和 T_2 是语言 $\mathcal{L}_\mathcal{A}$ 的两个理论. 我们说 T_1 与 T_2 等价当且仅当 $T_1 \models T_2$ 以及 $T_2 \models T_1$.

定义 6.17　(1) 一阶语言 $\mathcal{L}_\mathcal{A}$ 的一个理论 T 是一个 Π_1-理论当且仅当 T 的每一条非逻辑公理都等价于一个 Π_1-约束范式.

(2) 一阶语言 $\mathcal{L}_\mathcal{A}$ 的一个理论 T 是一个 Π_2-理论当且仅当 T 的每一条非逻辑公理都等价于一个 Π_2-约束范式.

定理 6.16　设 T 是一阶语言 $\mathcal{L}_\mathcal{A}$ 的一个一致理论. 如果 T 是一个模型完全的理论, 那么 T 一定等价于一个 Π_2 理论.

证明　设 T 是一个模型完全的理论. 令

$$T_0 = \{\theta \in \mathcal{L}_\mathcal{A} \mid \theta \text{ 是一个 } \Pi_2 \text{ 语句 } \wedge\ T \vdash \theta\}.$$

对前束范式的量词层次施归纳来证明: 如果 φ 是一个前束范式, 且 $T \vdash \varphi$, 那么 $T_0 \vdash \varphi$.

(1) 如果 φ 是 $(\forall x_1(\cdots(\forall x_n \psi)\cdots))$, 其中 ψ 的前束范式层次严格小于 φ 的层次, 那么

$$T \vdash \varphi \text{ 就意味着 } T \vdash \psi,$$

因此, 根据归纳假设, $T_0 \vdash \psi$. 于是, $T_0 \vdash \varphi$.

(2) 如果 φ 是 $(\exists x_1(\cdots(\exists x_n\psi)\cdots))$, 其中 ψ 的前束范式层次严格小于 φ 的层次. 由于 T 适合量词简化, 令 θ 为一个满足如下关系式的 Σ_1 表达式:

$$T \vdash (\psi \leftrightarrow \theta)$$

并且 $(\psi \leftrightarrow \theta)$ 等价于两个前束范式的合取, 并且这两个前束范式的层次都和 ψ 的层次一样. 由归纳假设,

$$T_0 \vdash (\psi \leftrightarrow \theta).$$

这样, $T \vdash (\exists x_1(\cdots(\exists x_n\theta)\cdots))$. 于是 $T_0 \vdash (\exists x_1(\cdots(\exists x_n\theta)\cdots))$. 从而, $T_0 \vdash \varphi$.

(3) 如果 φ 的前束范式层次为 0, 且 $T \vdash \varphi$, 那么 $T \vdash \varphi^*$, 其中 φ^* 是 φ 的全称量词囿化语句. 因此,

$$\varphi^* \in T_0.$$

□

注意: 上述定理的逆命题并不成立. 事实上, 线性有序理论是一个 Π_1-理论, 但线性有序理论并不是一个模型完全的理论; 有序域理论是一个 Π_2-理论, 但是有序域理论并不是一个模型完全的理论.

6.5 练　　习

练习 6.1 证明: 如果 T 是一个非一致理论, 那么 T 适合量词消去.

练习 6.2 设 T 是一个一致理论, θ 是 T 的语言中的一个语句. 证明: 如果 $T \vdash \theta$, 那么 $T \vdash (\theta \leftrightarrow (x_1 \doteq x_1))$.

练习 6.3 设 $\mathcal{A}$ 只含有 n 个谓词符号 $(n > 0)$. 又设 T 是 $\mathcal{L}_{\mathcal{A}}$ 的一个适合量词消去的一致理论. 证明: 在语言 $\mathcal{L}_{\mathcal{A}}$ 中 T 至多可以扩展到 2^n 个完全理论.

练习 6.4 证明引理 6.1.

练习 6.5 证明: 如果 T 是语言 $\mathcal{L}_{\mathcal{A}}$ 的一个只有有限模型的完全理论, 那么一定存在一个自然数 n 来限定 T 的任何一个模型 $\mathcal{M} = (M, I)$ 的论域 M 中的元素个数恰好就是 n.

练习 6.6 令 $\mathcal{A} = \{P_<\}$ 只含一个二元谓词符号. 令 $T = T_{\rm dlo}$ 为无端点离散线性序理论. 证明如下命题:

(1) 如果 $(A, <)$ 是一个非空线性序, 那么线性有序集 $(\mathbb{Z}, <) \circ (A, <) \models T$. 这里, 线性序

$$(\mathbb{Z}, <) \circ (A, <)$$

如下定义: 它的论域为 $M = \mathbb{Z} \times A$; 其序为笛卡儿乘积 $\mathbb{Z} \times A$ 上的**水平字典序**, 如果 $\{(i,a),(j,b)\} \subset \mathbb{Z} \times A$, 那么

$$(i,a) < (j,b) \iff \text{或者 } a < b, \text{ 或者 } (a = b \wedge i < j).$$

注意: 当 $A = \{a\}$ 并且 A 上的序 $<= \varnothing$ 时, $(\mathbb{Z},<) \cong (\mathbb{Z},<) \circ (A,<)$.

(2) 如果 $(M,<) \models T$, 那么一定存在一个非空线性序 $(A,<)$ 来见证

$$(M,<) \cong (\mathbb{Z},<) \circ (A,<).$$

(3) 假设 $(M,<) \models T$. 对于 $a,b \in M$, 令 $a \equiv b$ 当且仅当下述集合

$$[\min\{a,b\},\max\{a,b\}]_< = \{c \in M \mid \min\{a,b\} \leqslant c \leqslant \max\{a,b\}\}$$

是一个有限集合. 那么 $\equiv$ 是 M 上的一个等价关系.

(4) 如果 $(M,<) \models T$, $a,b \in M$, 并且 $a < b$ 以及 $a \not\equiv b$, 那么 $(M,<)$ 可以同质放大成一个具备如下特点的模型 $(M_1,<)$: 在 M_1 中有一个与 a 和 b 都不等价的但在区间 (a,b) 中的元素 c.

(5) 如果 $(M,<) \models T$, $a \in M$, 那么 $(M,<)$ 可以同质放大成一个具备如下特点的模型 $(M_1,<)$: 在 M_1 中有不与 a 等价且满足不等式 $c < a < b$ 的元素 b 和 c.

(6) 如果 $(M,<) \models T$, 并且 M 可数, 那么 $(M,<)$ 一定可以同质放大成一个与 $(\mathbb{Z},<) \circ (\mathbb{Q},<)$ 同构的 T 的模型 $(M_1,<)$.

(7) 无端点离散线性序理论 T 是一个完全理论.

(8) 无端点离散线性序理论 T 有不可数个彼此互不同构的可数模型.

练习 6.7 无端点离散线性序理论 T_{dlo} 不是模型完全理论, 因而也就不适合量词消去.

练习 6.8 令 $\mathcal{A}_1 = \{P_<, F_s, F_p\}$, 其中, $P_<$ 是一个二元谓词符号, F_s, F_p 是两个一元函数符号. 令 T^*_{dlo} 为 $\mathcal{L}_{\mathcal{A}_1}$ 中新无端点离散线性序理论, 其非逻辑公理如下:

(1) $(\forall x_1\,(\neg P_<(x_1,x_1)))$;

(2) $(\forall x_1(\forall x_2(\forall x_3((P_<(x_1,x_2) \wedge P_<(x_2,x_3)) \to P_<(x_1,x_3)))))$;

(3) $(\forall x_1(\forall x_2(P_<(x_1,x_2) \vee (x_1 \hat{=} x_2) \vee P_<(x_2,x_1))))$;

(4) $(\forall x_1(P_<(F_p(x_1),x_1) \wedge (\forall x_3(P_<(x_3,x_1) \to (P_<(x_3,F_p(x_1)) \vee (x_3 \hat{=} F_p(x_1)))))))$;

(5) $(\forall x_1(P_<(x_1,F_s(x_1)) \wedge (\forall x_3(P_<(x_1,x_3) \to (P_<(F_s(x_1),x_3) \vee (F_s(x_1) \hat{=} x_3))))))$;

证明如下命题:

(1) 如果 $(M,<,S,P) \models T^*_{\mathrm{dlo}}$, 那么 $(M,<) \models T_{\mathrm{dlo}}$.

(2) 如果 $(M,<) \models T_{\mathrm{dlo}}$, 那么在 $(M,<)$ 上存在两个免参数可定义的一元函数 S 和 P 来满足

$$(M,<,S,P) \models T^*_{\mathrm{dlo}}$$

之要求.

(3) T^*_{dlo} 是 T_{dlo} 的一个保守扩张, 即如果 θ 是 $\mathcal{L}(T_{\mathrm{dlo}})$ 的一个语句, 那么

$$T^*_{\mathrm{dlo}} \vdash \theta \text{ 当且仅当 } T_{\mathrm{dlo}} \vdash \theta$$

(我们将在练习 12.7 中看到: T^*_{dlo} 适合量词消去).

练习 6.9 设 T 是语言 $\mathcal{L}_A$ 的一个完全理论, 并且 T 有一个有限模型. 证明 T 是模型完全的.

练习 6.10 证明: 有序整数环 $(\mathbb{Z}, 0, 1, +, -, \times, <)$ 以及有序有理数域

$$(\mathbb{Q}, 0, 1, +, -, \times, <)$$

是有序域理论 T_{OF} 的极小结构 (T_{OF} 是范例 4.3 中的有序域理论);

$$(\mathbb{Q}, 0, 1, +, -, \times, <)$$

是 T_{OF} 的最小模型 (可以嵌入到 T_{OF} 的任意一个模型之中).

练习 6.11 设 $p \in \mathbb{N}$ 是一个素数. 令 $\mathbb{Q}(\sqrt{p}) = \{a + b\sqrt{p} \mid a, b \in \mathbb{Q}\}$. 在 $\mathbb{Q}(\sqrt{p})$ 上定义 $+$, $-$, $\cdot$, 以及 $<$ 如下: 对于 $a_1, a_2, b_1, b_2 \in \mathbb{Q}$,

$$\begin{aligned}
&(a_1 + b_1\sqrt{p}) + (a_2 + b_2\sqrt{p}) = (a_1 + a_2) + (b_1 + b_2)\sqrt{p};\\
&(a_1 + b_1\sqrt{p}) - (a_2 + b_2\sqrt{p}) = (a_1 - a_2) + (b_1 - b_2)\sqrt{p};\\
&(a_1 + b_1\sqrt{p}) \cdot (a_2 + b_2\sqrt{p}) = (a_1a_2 + b_1b_2p) + (a_1b_2 + a_2b_1)\sqrt{p};
\end{aligned}$$

以及令 $(a_1 + b_1\sqrt{p}) < (a_2 + b_2\sqrt{p})$ 当且仅当

$$\begin{aligned}
\mathcal{Q} \models ((&b_1 = b_2 \wedge a_1 < a_2);\\
&\text{或者 } (b_1 < b_2 \wedge a_2 < a_1 \wedge (b_1 - b_2)^2 p > (a_1 - a_2)^2);\\
&\text{或者 } (b_1 < b_2 \wedge a_1 \leqslant a_2);\\
&\text{或者 } (b_1 > b_2 \wedge (b_1 - b_2)^2 p < (a_1 - a_2)^2)).
\end{aligned}$$

其中, $\mathcal{Q} = (\mathbb{Q}, 0, 1, +, -, \times, <)$.

证明: $(\mathbb{Q}(\sqrt{p}), 0, 1, +, -, \cdot, <) \models T_{\mathrm{OF}}$, 以及

$$(\mathbb{Q}(\sqrt{p}), 0, 1, +, -, \cdot, <) \models (\exists x(x^2 = p));$$

从而 T_{OF} 既不是完全理论, 也不是模型完全理论.

第 7 章　可数模型

前面我们已经看到，由康托定理，任何两个可数的无端点稠密线性序都序同构；后面我们将看到特征为 0 的代数封闭域理论恰好有无穷可数个彼此互不同构的模型，而自然数皮阿诺算数理论则有不可数个彼此互不同构的可数模型. 所以，一个很自然的可数模型个数问题油然而生：

问题 7.1 (可数模型问题)　给定一个具有无限模型的一阶理论 T，在同构意义下，T 会有多少个可数模型？T 是否在同构意义下只有唯一的可数模型？如果是，T 会有什么样的抽象特征？如果不是，如何抽象地构造不同构的可数模型？

7.1　类型排斥定理

根据哥德尔完备性定理的证明，给定一个极大一致的具备自显存在性质的表达式集合，我们就能够系统地构造出一个满足这个表达式集合的可数模型. 所以，解决这个问题的关键就在于弄清楚所给完全理论都会被什么样的极大一致的表达式集合所覆盖.

我们将会看到：只要一个完全理论可以被一个并非基本的类型所覆盖，那么就一定存在不同构的可数模型；换句话说，一个完全理论 T 是一个可数等势同构理论的充分必要条件是所有包含 T 的自由变元都在 $x_1, \cdots, x_n$ 之中的极大一致的表达式集合 $\Gamma(x_1, \cdots, x_n)$ 只有有限个.

7.1.1　类型

定义 7.1　称语言 $\mathcal{L}_A$ 表达式的一个集合 Γ 是一个关于自由变量 $x_1, \cdots, x_n$ 的表达式集合，记成 $\Gamma(x_1, \cdots, x_n)$，当且仅当变量 $x_1, \cdots, x_n$ 是一组互不相同的变量符号，并且 Γ 中的每一个表达式中的自由变量一定在这些变量之中.

从此，记号 $\Gamma(x_1, \cdots, x_n)$ 将默认为 Γ 是一个关于自由变量 $x_1, \cdots, x_n$ 的表达式集合.

定义 7.2 (类型)　(1) 语言 $\mathcal{L}_A$ 的一个 n-元类型 $\Gamma(x_1, \cdots, x_n)$ 是一个关于自由变量 $x_1, \cdots, x_n$ 的 $\mathcal{L}_A$ 的一个极大一致的表达式集合. 我们将 n-元类型简称为型.

(2) 类型 $\Gamma(x_1, \cdots, x_n)$ 的理论 T 是类型 Γ 中所有语句的集合 (必是一个完全理论).

(3) 一个类型 Γ 是理论 T 的一个类型扩展当且仅当 $T \subset \Gamma$.

我们对类型 $\Gamma(x_1,\cdots,x_n)$ 感兴趣, 不仅仅因为它们具有关于逻辑推理的封闭特性 (在哥德尔完备性定理的证明中已经看到这一点), 还因为这些类型事实上覆盖了所有关于自由变元 $x_1,\cdots,x_n$ 的一致表达式集合 $\Gamma(x_1,\cdots,x_n)$(正如定理 7.1 所表明的那样).

定理 7.1 (覆盖定理) 一个一阶语言 $\mathcal{L}_{\mathcal{A}}$ 中的每一个一致的关于自由变元

$$x_1,\cdots,x_n$$

的表达式集合

$$\Gamma(x_1,\cdots,x_n)$$

都可以扩展成一个极大一致的关于自由变元 $x_1,\cdots,x_n$ 的表达式集合.

证明 给定 $\Gamma=\Gamma(x_1,\cdots,x_n)$, 考虑

$$\mathbb{D}=\left\{\Gamma^*(x_1,\cdots,x_n)\;\middle|\;\begin{array}{l}\Gamma\subset\Gamma^*(x_1,\cdots,x_n)\wedge\\ \Gamma^*(x_1,\cdots,x_n)\text{ 是 }\mathcal{L}_{\mathcal{A}}\text{ 中的一个一致的表达式集合}\end{array}\right\},$$

以及 $\mathbb{D}$ 上面的自然偏序: $\Gamma_1\leqslant\Gamma_2\iff\Gamma_1\subset\Gamma_2$.

如果 $A\subset\mathbb{D}$ 是一个非空 $\leqslant$-线性子集, 令 $\Gamma^*=\cup A$, 那么 $\Gamma\subset\Gamma^*$, Γ^* 是一致的. 所以 $\Gamma^*\in\mathbb{D}$ 并且 A 中的每一个元素都是 Γ^* 的一个子集合, 即 Γ^* 是 A 的一个上界.

由左恩引理, $\mathbb{D}$ 中必有一个极大元. □

例 7.1 设 $\mathcal{N}$ 是语言 $\mathcal{L}_{\mathcal{A}}$ 的一个结构. $a_1,\cdots,a_n\in N$. 考虑

$$\Gamma_{(a_1,\cdots,a_n)}(x_1,\cdots,x_n)=\{\varphi(x_1,\cdots,x_n)\in\mathcal{L}_{\mathcal{A}}\mid\mathcal{N}\models\varphi[a_1,\cdots,a_n]\}.$$

那么 $\Gamma_{(a_1,\cdots,a_n)}(x_1,\cdots,x_n)$ 就是一个在 $\mathcal{N}$ 中被 $(a_1,\cdots,a_n)$ 实现的语言 $\mathcal{L}_{\mathcal{A}}$ 中的一个 n-元类型, 并且

$$\mathrm{Th}(\mathcal{N})=\{\theta\mid\theta\text{ 是 }\mathcal{L}_{\mathcal{A}}\text{ 中的一个语句}, \mathcal{N}\models\theta\}\subset\Gamma_{(a_1,\cdots,a_n)}(x_1,\cdots,x_n).$$

也就是说, 一个模型 $\mathcal{N}$ 上的一个类型也就是理论 $\mathrm{Th}(\mathcal{N})$ 的一个类型扩展.

定义 7.3 设 $\mathcal{N}$ 是语言 $\mathcal{L}_{\mathcal{A}}$ 的一个结构. $X\subseteq N, a_1,\cdots,a_n\in N$.

$$\mathrm{tp}((a_1,\cdots,a_n)/X)=\{\varphi(x_1,\cdots,x_n)\in\mathcal{L}_{\mathcal{A}}^X\mid\mathcal{N}_X\models\varphi[a_1,\cdots,a_n]\},$$

其中, $\mathrm{tp}((a_1,\cdots,a_n)/X)$ 是 $\mathcal{N}_X$ 中 $(a_1,\cdots,a_n)$ 的类型.

7.1.2　接纳与排斥

在前面紧致性定理的几个应用中, 我们分别考虑过这样几个表达式集合: 在证明没有一阶理论可以划分有限与无限的边界 (定理 5.2) 的时候, 考虑过

$$\{(\neg(x_i \hat{=} x_j)) \mid i \neq j \wedge i \in \mathbb{N} \wedge j \in \mathbb{N}\};$$

在证明秩序概念没有一阶刻画 (定理 5.5) 时, 考虑过

$$\{P_<(x_j, x_i) \mid i < j \wedge i \in \mathbb{N} \wedge j \in \mathbb{N}\};$$

而在证明自然数理论有一个非标准模型 (定理 5.4) 时, 考虑过

$$\{P_<(\tau_n, x_1) \mid n \in \mathbb{N}\}.$$

它们之间有一个明显的区别: 尽管都是表达式的无限集合, 前两个都涉及无限多个变元符号, 而后者仅仅涉及有限个变元符号. 并且, 对于这样涉及有限个变元符号的表达式集合, 我们关注的重点问题是这个表达式集合是否在某一个结构中具有共同的解: 在自然数理论的非标准模型中, 我们关注的是一个在外部看来无限的但在内部看来和任何标准自然数没有差别的 "自然数" 的存在, 它就是所论表达式集合的一个共同解; 第二紧致性定理 (定理 5.7) 更是将这种具有共同解应当具备的条件抽象出来了. 本节我们就专门来讨论如下问题:

问题 7.2　什么时候, 在哪里, 这样的表达式集合会有共同解? 或者会没有共同解?

定义 7.4 (接纳与排斥)　(1) 设 $\mathcal{M}$ 是 $\mathcal{L}_\mathcal{A}$ 的一个结构, $\Gamma(x_1, \cdots, x_n)$ 是 $\mathcal{L}_\mathcal{A}$ 的一个关于自由变量 $x_1, \cdots, x_n$ 的表达式集合. 称

$$(a_1, \cdots, a_n) \in M^n$$

是 $\Gamma(x_1, \cdots, x_n)$ 在 $\mathcal{M}$ 中的共同解, 或者说在 $\mathcal{M}$ 中实现 (或者满足)

$$\Gamma(x_1, \cdots, x_n),$$

当且仅当对于 $\Gamma(x_1, \cdots, x_n)$ 中的每一个表达式 $\sigma(x_1, \cdots, x_n)$ 都一定有

$$\mathcal{M} \models \sigma[a_1, \cdots, a_n].$$

将此记成 $\mathcal{M} \models \Gamma[a_1, \cdots, a_n]$.

(2) 设 $\mathcal{M}$ 是 $\mathcal{L}_\mathcal{A}$ 的一个结构, $\Gamma(x_1, \cdots, x_n)$ 是 $\mathcal{L}_\mathcal{A}$ 的一个关于自由变量 $x_1, \cdots, x_n$ 的表达式集合.

(a) $\Gamma(x_1, \cdots, x_n)$ 被结构 $\mathcal{M}$ 所接纳 ($\mathcal{M}$ 接纳 Γ), 或者说在结构 $\mathcal{M}$ 中有解, 或者说是在结构 $\mathcal{M}$ 中可实现的, 当且仅当 M 中存在实现

$$\Gamma(x_1, \cdots, x_n)$$

的一个 n-元组 $a_1, \cdots a_n$.

(b) $\Gamma(x_1, \cdots, x_n)$ 被结构 $\mathcal{M}$ 所排斥 ($\mathcal{M}$ 排斥 Γ), 或者说在结构 $\mathcal{M}$ 中无解, 或者说在结构 $\mathcal{M}$ 中被省略 ($\mathcal{M}$ 省略 Γ), 当且仅当 M 中不存在任何可以实现 $\Gamma(x_1, \cdots, x_n)$ 的 n-元组 $a_1, \cdots a_n$.

注 根据完备性定理 (定理 4.9), 任何一个语言 $\mathcal{L}_\mathcal{A}$ 的类型一定在 $\mathcal{L}_\mathcal{A}$ 的某一个结构中被实现.

例 7.2 令 $\mathcal{A} = \{c_0, F_S, F_+, F_\times, P_<\}$, $\mathcal{N} = (\mathbb{N}, 0, S, +, \times, <)$ 是语言 $\mathcal{L}_\mathcal{A}$ 的标准自然数理论模型

$$\mathcal{N}^* = (\mathbb{N}^*, 0^*, S^*, +^*, \times^*, <^*)$$

是在定理 5.4 证明中得到的自然数理论的非标准模型

$$\Gamma(x_1) = \mathrm{Th}((\mathbb{N}, 0, S, +, \times, <)) \cup \{P_<(\tau_n, x_1) \mid n \in \mathbb{N}\}.$$

令

$$\Gamma_n(x_1) = \{\psi(x_1) \in \mathcal{L}_\mathcal{A} \mid T \vdash (\forall x_1((x_1 \hat{=} \tau_n) \to \psi))\},$$

其中 $T = \mathrm{Th}((\mathbb{N}, 0, S, +, \times, <))$ 是自然数标准模型的真实理论.

(1) $\Gamma(x_1)$ 在 $\mathcal{N}^*$ 中有解, 但在 $\mathcal{N}$ 中无解;

(2) 对于每一个自然数 $n \in \mathbb{N}$, 对于 T 的任何一个模型 $\mathcal{M}$, $\Gamma_n(x_1)$ 都在 $\mathcal{M}$ 中有解.

证明 (2) 固定一个 $n \in \mathbb{N}$. 因为 T 是一个完全理论, $T \cup \{(\exists x_1(x_1 \hat{=} \tau_n))\}$ 是一致的 (语句 $(\exists x_1(x_1 \hat{=} \tau_n))$ 在自然数标准模型 $\mathcal{N}$ 中为真实), 所以 $T \vdash (\exists x_1(x_1 \hat{=} \tau_n))$, 也就是说,

$$(\exists x_1(x_1 \hat{=} \tau_n)) \in T.$$

如果 $\mathcal{M} \models T$, 那么 $\mathcal{M} \models (\exists x_1(x_1 \hat{=} \tau_n))$. 令 ν 为一个 $\mathcal{M}$-赋值来证明这一点, 也就是说

$$(\mathcal{M}, \nu) \models (x_1 \hat{=} \tau_n).$$

令 $a = \nu(x_1)$. 那么 a 就是 $\Gamma_n(x_1)$ 在 $\mathcal{M}$ 中的共同解. □

问题 7.3 (可实现问题) 设 $\Gamma(x_1, \cdots, x_n)$ 是 $\mathcal{L}_\mathcal{A}$ 的一个关于自由变元 $x_1, \cdots, x_n$ 的表达式非空集合. 如果 T 是语言 $\mathcal{L}_\mathcal{A}$ 中的一个一致理论,

(1) 在什么条件下 $\Gamma(x_1, \cdots, x_n)$ 会被 T 的某一个模型所接纳?

(2) 有没有一定在 T 的每一个模型中都得到实现的 $\Gamma(x_1,\cdots,x_n)$? 如果有, 这样的 $\Gamma(x_1,\cdots,x_n)$ 应当具有什么样的特性?

(3) T 是否有一个模型只实现那些在这个理论的每一个模型中都实现的型?

(4) T 是否有一个模型集中实现 T 的任何一个可以在 T 的某一个模型中实现的型?

我们先来回答第一个问题. 很自然地, 它本身是一致的, 而且它必须和 T 是相一致的.

定义 7.5　设 $\Gamma=\Gamma(x_1,\cdots,x_n)$ 是语言 $\mathcal{L}_A$ 的关于自由变量 $x_1,\cdots,x_n$ 的表达式的一个非空集合. 设 T 是 $\mathcal{L}_A$ 的一个一致理论. Γ 与 T 相一致当且仅当 $T\cup\Gamma$ 是一致的; 表达式 $\varphi(x_1,\cdots,x_n)$ 与 T 相一致当且仅当 $\{\varphi\}$ 与 T 相一致.

定理 7.2 (可实现条件)　设 $\Gamma=\Gamma(x_1,\cdots,x_n)$ 是语言 $\mathcal{L}_A$ 的关于自由变量

$$x_1,\cdots,x_n$$

的表达式的一个非空集合. 设 T 是 $\mathcal{L}_A$ 的一个一致理论. 那么如下四个命题等价:

(1) $\Gamma(x_1,\cdots,x_n)$ 与 T 相一致;

(2) $\Gamma(x_1,\cdots,x_n)$ 可以在 T 的某一个模型 $\mathcal{M}$ 中得到实现;

(3) $\Gamma(x_1,\cdots,x_n)$ 的每一个有限子集可以在 T 的某一个模型 $\mathcal{M}$ 中得到实现;

(4) $T\cup\{(\exists x_1(\cdots(\exists x_n(\varphi_1\wedge\cdots\wedge\varphi_m))\cdots))\mid 1\leqslant m<\infty,\ \{\varphi_1,\cdots,\varphi_m\}\subset\Gamma\}$ 是语句的一个一致集合.

证明　(1) ⇒ (2)　由完备性定理 (定理 4.9), $T\cup\Gamma$ 是一个可满足的表达式集合. 取一个结构 $\mathcal{M}$ 以及 $\mathcal{M}$ 的一个赋值 ν 来满足 $T\cup\Gamma$. 令

$$a_1=\nu(x_1),a_2=\nu(x_2),\cdots,a_n=\nu(x_n).$$

对于每一个 $\varphi\in\Gamma$, 必有

$$\mathcal{M}\models\varphi[a_1,\cdots,a_n].$$

也就是说 T 的模型 $\mathcal{M}$ 实现了 Γ.

(3) ⇒ (4)　假设 $\varphi_1,\cdots,\varphi_m$ 是 Γ 中的表达式. 由 (3), 取 T 的一个模型 $\mathcal{M}=(M,I)$ 来实现 $\{\varphi_1,\cdots,\varphi_m\}$. 从 M 中取一组 $a_1,\cdots,a_n$ 来满足: 对于 $1\leqslant i\leqslant m$,

$$\mathcal{M}\models\varphi_i[a_1,\cdots,a_n].$$

令 ν 为一个满足等式

$$\nu(x_1)=a_1,\cdots,\nu(x_n)=a_n$$

的 $\mathcal{M}$-赋值. 那么

$$(\mathcal{M},\nu)\models(\varphi_1\wedge\cdots\wedge\varphi_m).$$

因此

$$\mathcal{M} \models (\exists x_1(\exists x_2(\cdots(\exists x_n(\varphi_1 \wedge \cdots \wedge \varphi_m))\cdots))).$$

注意, 当 $1 \leqslant i_1 < \cdots < i_k \leqslant m$ 时, 总有

$$\vdash ((\exists x_1(\exists x_2(\cdots(\exists x_n(\varphi_1 \wedge \cdots \wedge \varphi_m))\cdots))) \rightarrow (\exists x_1(\exists x_2(\cdots(\exists x_n(\varphi_{i_1} \wedge \cdots \wedge \varphi_{i_k}))\cdots)))).$$

这就意味着 (4) 中的语句集合的任意一个有限子集都是一致的. 由紧致性定理 (定理 5.1), 即 (4) 成立.

(4) $\Rightarrow$ (1) 任取 $T \cup \Gamma$ 的一个有限集合 E, 由 (4), 完备性定理 (定理 4.9), E 就是一致的. 再由紧致性定理 (定理 5.1), $T \cup \Gamma$ 是一致的. □

下面回答第二个问题. 借助例 7.2 中 $\Gamma_n(x_1)$ 的定义的启示, 我们先引进下面的名词.

定义 7.6 设 T 是 $\mathcal{L}_{\mathcal{A}}$ 的一个一致理论, $\Gamma = \Gamma(x_1, \cdots, x_n)$ 是 $\mathcal{L}_{\mathcal{A}}$ 的一个关于自由变量 $x_1, \cdots, x_n$ 的表达式集合.

(1) T 肯定 Γ 有解当且仅当存在一个同时满足如下两项要求的语言 $\mathcal{L}_{\mathcal{A}}$ 的表达式 $\varphi(x_1, \cdots, x_n)$:

(a) $T \cup \{(\exists x_1 \cdots (\exists x_n \varphi(x_1, \cdots, x_n))\cdots)\}$ 是一致的;

(b) 如果 $\sigma \in \Gamma(x_1, \cdots, x_n)$, 那么, $T \vdash (\varphi \rightarrow \sigma)$.

(2) T 经过 $\varphi(x_1, \cdots, x_n)$ 肯定 $\Gamma(x_1, \cdots, x_n)$ 有解 ($\varphi(x_1, \cdots, x_n)$ 在 T 之上证实 $\Gamma(x_1, \cdots, x_n)$ 有解) 当且仅当

(a) $T \cup \{(\exists x_1 \cdots (\exists x_n \varphi(x_1, \cdots, x_n))\cdots)\}$ 是一致的;

(b) 如果 $\sigma \in \Gamma(x_1, \cdots, x_n)$, 那么 $T \vdash (\varphi \rightarrow \sigma)$.

定理 7.3 (肯定接纳定理) 设 $\Gamma = \Gamma(x_1, \cdots, x_n)$ 是 $\mathcal{L}_{\mathcal{A}}$ 的一个关于自由变量 $x_1, \cdots, x_n$ 的表达式集合, 并且 T 是 $\mathcal{L}_{\mathcal{A}}$ 的一个完全理论. 如果 T 肯定 Γ 有解, 那么 $\Gamma(x_1, \cdots, x_n)$ 一定被 T 的每一个模型所接纳.

证明 设 T 经过 $\varphi(x_1, \cdots, x_n)$ 肯定 $\Gamma(x_1, \cdots, x_n)$ 是可实现的. 由于 T 是一个完全理论, 且

$$T \cup \{(\exists x_1 \cdots (\exists x_n \varphi)\cdots)\}$$

是一致的, $T \vdash (\exists x_1 \cdots (\exists x_n \varphi)\cdots)$. 由完备性定理,

$$T \models (\exists x_1 \cdots (\exists x_n \varphi)\cdots).$$

令 $\mathcal{M} \models T$, 令 $(a_1, \cdots, a_n) \in M^n$ 满足要求

$$\mathcal{M} \models \varphi[a_1, \cdots, a_n].$$

立即得到 $(a_1, \cdots, a_n)$ 在 $\mathcal{M}$ 中实现 $\Gamma(x_1, \cdots, x_n)$, 这是因为 $\mathcal{M} \models T$ 以及如果 $\sigma \in \Gamma$, 则

$$T \vdash (\varphi \to \sigma). \qquad \square$$

注意: 同构的模型实现完全相同的类型, 从而也就排斥完全相同的类型; 因此, 如果一个类型在一个模型中被实现, 而在另外一个模型中被排斥, 那么这两个模型肯定不同构. 从而, 如果能够构造出一个排斥某一类型的模型, 也就意味着成功地展示出不同构模型的存在性.

问题 7.4 (型排斥问题)　设 $\Gamma(x_1, \cdots, x_n)$ 是 $\mathcal{L}_\mathcal{A}$ 的一个关于自由变元

$$x_1, \cdots, x_n$$

的表达式非空集合. 如果 T 是语言 $\mathcal{L}_\mathcal{A}$ 中的一个一致理论, 在什么条件下与 T 相一致的 $\Gamma(x_1, \cdots, x_n)$ 会在 T 的某一个模型中被排斥?

比如说, 例 7.2 中的 $\Gamma(x_1)$ 就在自然数理论的标准模型中被省略. 根据定理 7.3, 这个表达式集合不是一个被 T 所肯定有解的表达式集合.

7.1.3　例子

例 7.3　令 $\mathcal{A} = \{c_0, c_1, F_+, F_-, F_\times\} \cup \{c_r \mid r \in \mathbb{Q}\}$. 对于每一个有理系数一元多项式 $f(x) \in \mathbb{Q}[X]$, 令 $\tau_f(x_1)$ 为语言 $\mathcal{L}_\mathcal{A}$ 中的表示 $f(x)$ 的项.

(1) 令 $I_0 = \{f(x) \in \mathbb{Q}[X] \mid \exists g \in \mathbb{Q}[X](f(x) = g(x)(x^2+1))\}$. 令

$$\Gamma_0(x_1) = \{(\tau_f(x_1) \hat{=} c_0) \mid f \in I_0\} \cup \{(\neg(\tau_f(x_1) \hat{=} c_0)) \mid f \in \mathbb{Q}[X] - I_0\},$$

以及令 $\Gamma_0^*(x_1)$ 为 $\mathcal{L}_\mathcal{A}$ 里 1-元表达式中那些 $\Gamma_0(x_1)$ 的逻辑推论的全体所组成的集合. 那么, $\Gamma_0^*(x_1)$ 就是 $\mathcal{L}_\mathcal{A}$ 上的一个 (代数数) 类型. 任何一个域上实现这个类型的元素就是代数方程 $x^2+1=0$ 的一个解.

(2) 令 $\Gamma_1(x_1) = \{(\neg(\tau_f(x_1) \hat{=} c_0)) \mid f \in \mathbb{Q}[X]\}$. 由于每一个 $f \in \mathbb{Q}[X]$ 只有有限个系数, 每一个 $f \in \mathbb{Q}[X]$ 至多有有限个根, 而 $\mathbb{Q}$ 是无限的, $\Gamma_1(x_1)$ 的任何一个有限子集都可以在 $(\mathbb{Q}, 0, 1, +, \times, r)_{r\in\mathbb{Q}}$ 中被实现. 根据紧致性定理 (定理 5.1), $\Gamma_1(x_1)$ 是和 $\mathrm{Th}((\mathbb{Q}, 0, 1, +, \times, r)_{r\in\mathbb{Q}})$ 相一致的. 令 $\Gamma_1^*(x)$ 为 $\mathcal{L}_\mathcal{A}$ 里 1-元表达式中那些 $\Gamma_1(x_1)$ 的逻辑推论的全体所组成的集合. 那么, $\Gamma_1(x_1)$ 就是 $\mathcal{L}_\mathcal{A}$ 上的一个 (超越数) 类型. 任何一个域上实现这个类型的元素都是有理数域之上的一个超越数.

(3) 令 $\widetilde{\mathbb{Q}}$ 为 $\mathbb{Q}$ 的代数闭包. 那么 $\widetilde{\mathbb{Q}}$ 全部实现了每一个代数数类型, 并且完全省略了每一个超越数类型.

例 7.4　令 $T = \mathrm{Th}(\mathbb{N}, 0, 1, +, \cdot)$. 这个完全理论有不可数个 1-元类型扩展.

证明　对于 $1 \leqslant i < \infty$, 令

(1) p_i 为第 i 个素数;

(2) $\tau_i = \overbrace{F_+(\cdots(F_+}^{p_i-1}(c_1,c_1))\cdots)$;

(3) $\psi_i(x_1)$ 为表达式 $(\exists x_2((x_1 \hat{=} F_\times(\tau_i,x_2))\wedge(\neg(x_2\hat{=}c_0))))$.

对于 $X\subseteq\mathbb{N}$, 令

$$G_X(x_1)=T\cup\{\psi_i(x_1)\mid 1\leqslant i\wedge i\in X\}\cup\{(\neg\psi_i)(x_1)\mid 1\leqslant i\wedge i\notin X\}.$$

由紧致性定理 (定理 5.1) 可见 $G_X(x_1)$ 是 T 的一个一致扩展.

将 $G_X(x_1)$ 扩展成一个一元类型 $\Gamma_X(x_1)\supset G_X(x_1)$. 如果 X,Y 是 $\mathbb{N}$ 的不相等的子集, 那么 $\Gamma_X(x_1)\neq\Gamma_Y(x_1)$.

由于存在不可数个自然数的子集, T 有不可数个一元类型扩展. □

下面这个例子也很有意思, 这与在语言的非逻辑符号集为 $\mathcal{A}=\{P_<\}$ 下无端点稠密线性序理论 T_{odl} 的类型扩展的情形形成非常鲜明的对比, 后面我们会看到, 在那里, 只有有限个 T_{odl} 的一元类型扩展.

例 7.5 令 $T^*_{\mathrm{odl}}=\mathrm{Th}((\mathbb{Q},<,r)_{r\in\mathbb{Q}})$. 这是一个在新语言 $\mathcal{L}_\mathcal{A}$ 下对无端点稠密线性有序理论 T_{odl} 的一个完全扩展理论, 其中 $\mathcal{A}=\{P_<,c_r\mid r\in\mathbb{Q}\}$.

设 $a\in\mathbb{R}$. 令

$$G_a(x_1)=\{P_<(x_1,c_r),P_<(c_s,x_1)\mid r,s\in\mathbb{Q}\wedge s<a<r\}.$$

$G_a(x_1)$ 是语言 $\mathcal{L}_\mathcal{A}$ 中一个与 T^*_{odl} 相一致的表达式集合. 令 $\Gamma_a(x_1)$ 为 $T^*_{\mathrm{odl}}\cup G_a(x_1)$ 的一个扩展类型.

如果 a,b 是两个不同的实数, 那么 $\Gamma_a(x_1)\neq\Gamma_b(x_1)$.

令 $S_1(\mathbb{Q},<)=\{\Gamma_a(x_1)\mid a\in\mathbb{R}\}$. 那么这是一个不可数集合.

(1)$(\mathbb{R},<)$ 全部实现了 $S_1(\mathbb{Q},<)$ 中的每一个类型;

(2) $(\mathbb{Q},<)$ 全部实现了 $S_1(\mathbb{Q},<)$ 中的每一个有理数类型, 完全省略了 $S_1(\mathbb{Q},<)$ 中的每一个无理数类型.

例 7.6 令 $\varphi(x_1)$ 为表达式 $(F_+(F_\times(x_1,x_1),c_1)\hat{=}c_0)$; 令 $\mathcal{A}_\mathbb{C}=\{c_0,c_1,F_+,F_-,F_\times\}\cup\{c_z\mid z\in\mathbb{C}\}$; 令 $\mathcal{A}_\mathbb{Q}=\{c_0,c_1,F_+,F_-,F_\times\}\cup\{c_z\mid z\in\mathbb{Q}\}$. 令

$$\Gamma(x_1)=\{\psi(x_1)\in\mathcal{L}_{\mathcal{A}_\mathbb{Q}}\mid\mathbb{C}_\mathbb{Q}\models(\forall x_1(\varphi(x_1)\to\psi(x_1)))\},$$

$$\Gamma_i(x_1)=\{\psi(x_1)\in\mathcal{L}_{\mathcal{A}_\mathbb{C}}\mid\mathbb{C}_\mathbb{C}\models\psi[i]\}$$

和

$$\Gamma_{-i}(x_1)=\{\psi(x_1)\in\mathcal{L}_{\mathcal{A}_\mathbb{C}}\mid\mathbb{C}_\mathbb{C}\models\psi[-i]\}.$$

那么 $\Gamma(x)$ 是 $\mathcal{L}_{\mathcal{A}_\mathbb{Q}}$ 下的一个类型, 但它不是 $\mathcal{L}_{\mathcal{A}_\mathbb{C}}$ 下的一个类型; $\Gamma_i(x_1)$ 和 $\Gamma_{-i}(x_1)$ 是语言 $\mathcal{L}_{\mathcal{A}_\mathbb{C}}$ 的两个类型, 并且

$$\varphi(x_1)\in\Gamma(x_1)\subset\Gamma_i(x_1)\cap\Gamma_{-i}(x_1),$$

而且, 如果 $\Sigma(x_1)$ 是语言 $\mathcal{L}_{\mathcal{A}_\mathbb{C}}$ 的一个一元类型, $\varphi(x_1) \in \Sigma(x_1)$, 则必有 $\Sigma(x_1) = \Gamma_i(x_1)$ 或者 $\Sigma(x_1) = \Gamma_{-i}(x_1)$; 如果 $\Sigma(x_1)$ 是语言 $\mathcal{L}_{\mathcal{A}_\mathbb{Q}}$ 的一个一元类型, $\varphi(x_1) \in \Sigma(x_1)$, 则必有 $\Sigma(x_1) = \Gamma(x_1)$.

由于任何一个一致的表达式集合都是某一个类型的子集合, 前面的可实现问题 (问题 7.3) 和省略问题 (问题 7.4) 可以合并起来成为下面有关型的实现与省略问题:

问题 7.5 (实现与省略问题)　*如果 T 是语言 $\mathcal{L}_\mathcal{A}$ 中的一个一致理论,*

(1) *在什么条件下 LA 的一个类型会在 T 的某一个模型中得到实现?*

(2) *在什么条件下与 T 相一致的 $\mathcal{L}_\mathcal{A}$ 的一个类型会在 T 的某一个模型中被省略?*

(3) *有没有一定在 T 的每一个模型中都得到实现的 $\mathcal{L}_\mathcal{A}$ 的类型? 如果有, 这样的类型应当具有什么样的特性?*

(4) *T 是否有一个模型只实现那些在这个理论的每一个模型中都实现的型?*

(5) *T 是否有一个模型集中实现 T 的任何一个可以在 T 的某一个模型中实现的型?*

有关第一个问题的答案已经在上面给出 (定理 7.2): $\mathcal{L}_\mathcal{A}$ 的一个类型会在 T 的某一个模型中被实现的充分必要条件是它与 T 具有一致性. 接下来我们会逐一回答剩下的四个问题.

7.1.4　根本型

我们先来考虑问题 7.5 中的 (3).

在例 7.2 中, 有两个类型: $\Gamma(x_1)$ 和 $\Gamma_n(x_1)$. 每一个 $\Gamma_n(x_1)$ 一定在自然数标准模型真实理论的每一个模型中实现; 而 $\Gamma(x_1)$ 在自然数标准模型中被省略. 在每一个 $\Gamma_n(x_1)$ 中, 有一个表达式 $(x_1 \hat{=} \tau_n)$ 来实际上生成 $\Gamma_n(x_1)$; 在 $\Gamma(x_1)$ 中则没有这样的表达式. 和 $\Gamma(x_1)$ 类似的, 还有在例 7.4 中的 $\Gamma_X(x_1)$ (当 X 是自然数的无限集合时). 这些类型都在自然数标准模型中被省略.

在例 7.6 中, 有三个类型: $\Gamma(x_1)$, $\Gamma_i(x_1)$ 和 $\Gamma_{-i}(x_1)$. 特征为零的代数封闭域理论 ACF_0 经过表达式

$$(F_+(F_\times(x_1, x_1), c_1) \hat{=} c_0)$$

肯定 $\Gamma(x_1)$ 是可实现的; ACF_0 分别经过表达式

$$(x_1 \hat{=} c_i)$$

和

$$(x_1 \hat{=} c_{-i})$$

肯定 $\Gamma_i(x_1)$ 和 $\Gamma_{-i}(x_1)$ 是可实现的. 这三个表达式在各自的语言中, 在特征为零的代数封闭域理论上, 其实具有一种很强的判定功能.

定义 7.7 (判定式与根本型) 设 T 是语言 $\mathcal{L}_{\mathcal{A}}$ 中的一个完全理论. 设

$$\varphi(x_1, \cdots, x_n)$$

是 $\mathcal{L}_{\mathcal{A}}$ 的一个表达式.

(1) φ 是 T 的一个判定式 (complete formula) 当且仅当对于 $\mathcal{L}_{\mathcal{A}}$ 的每一个 n-元表达式 $\psi(x_1, \cdots, x_n)$, 或者

$$T \vdash (\varphi \to \psi)$$

或者

$$T \vdash (\varphi \to (\neg\psi))$$

二者必居其一, 也只居其一.

(2) $\mathcal{L}_{\mathcal{A}}$ 的一个 n-元类型 $\Gamma(x_1, \cdots, x_n)$ 是 T 的一个根本型当且仅当

(a) $\Gamma(x_1, \cdots, x_n)$ 是 T 的一个扩展类型, 即 $T \subset \Gamma(x_1, \cdots, x_n)$;

(b) Γ 中有一个 T 的判定表达式. 也就是说 Γ 中有一个生成元 $\varphi \in \Gamma$:

$$\Gamma = \{\psi(x_1, \cdots, x_n) \in \mathcal{L}_{\mathcal{A}} \mid T \vdash (\varphi \to \psi)\}.$$

由定义和肯定接纳定理 (定理 7.3), 我们立即得到如下推论:

推论 7.1 设 T 是语言 $\mathcal{L}_{\mathcal{A}}$ 的一个完全理论, $\Gamma(x_1, \cdots, x_n)$ 是 T 的一个根本型, 那么 $\Gamma(x_1, \cdots, x_n)$ 必定在 T 的每一个模型中得到实现.

由例 7.4 可以看到自然数的完全理论 T 有不可数个非根本型的扩展 1-元类型, 而只有可数个 1-元扩展根本型. 一般来说, 对于一个可数语言来说, 任何一个一致理论都只有可数个根本型. 因此, 如果一个一致理论只有根本型扩展, 那么与它相一致的类型就只有可数多个; 如果一个一致理论有不可数个类型扩展, 那么它的绝大多数的扩展类型都不是它的根本型. 有鉴于此, 下面的问题就会是一个有趣的问题:

问题 7.6 有没有一个完全理论 T,

(1) 对于每一个固定的自然数 $n \geqslant 1$, T 只有有限种 n-元类型扩展?

(2) T 的每一个扩展类型都会是根本型?

后面我们会介绍无端点线性稠密序理论就是这样的一个理论, 并且这两种性质其实是等价的两种性质.

7.1.5 局部排斥型

本小节将分析型排斥问题 (问题 7.4 和问题 7.5(2)): 一个完全理论的什么样的扩展类型可以在它的某一个模型中被排斥?

由肯定可接纳定理 (定理 7.3), 的推论 (推论 7.1), 我们知道, T 的任何根本型都不可能在 T 的任何一个模型中被排斥. 重述这个必要性:

引理 7.1 (必要性)　设 T 是语言 $\mathcal{L}_\mathcal{A}$ 的一个完全理论. 设 $\Gamma = \Gamma(x_1, \cdots, x_n)$ 是 T 的一个扩展类型. 如果 Γ 被 T 的某一个模型所排斥, 那么 Γ 必不是一个根本型.

依此, 型排斥问题就变成了: 是否 T 的任何一个非根本型一定在 T 的某一个模型中被排斥? 这个型排斥问题的肯定性答案由型排斥定理给出. 这样, 一个完全理论上的一个类型被这个理论的某个模型所排斥当且仅当这个类型不是这个理论的一个根本型. 型排斥定理为我们得到一个完全理论的不同构模型的方法.

定义 7.8 (局部排斥)　设 T 是 $\mathcal{L}_\mathcal{A}$ 的一个一致理论, $\Gamma(x_1, \cdots, x_n)$ 是 $\mathcal{L}_\mathcal{A}$ 的一个 n-元类型.

(1) $\sigma \in \Gamma(x_1, \cdots, x_n)$ 在 T 之下与表达式 $\varphi(x_1, \cdots, x_n)$ 相冲突当且仅当

$$T \cup \{(\exists x_1 \cdots (\exists x_n(\varphi(x_1, \cdots, x_n) \wedge (\neg\sigma(x_1, \cdots, x_n)))) \cdots)\}$$

是一致的;

(2) T 局部排斥 Γ(Γ 局部地被 T 所排斥) 当且仅当语言 $\mathcal{L}_\mathcal{A}$ 中的任意一个与 T 相一致的表达式 $\varphi(x_1, \cdots, x_n)$, 即如果表达式集合 $T \cup \{\varphi(x_1, \cdots, x_n)\}$ 是一致的, 都必然与 Γ 中的某个表达式相冲突.

引理 7.2 (局部排斥引理)　设 T 是 $\mathcal{L}_\mathcal{A}$ 的一个完全理论, $\Gamma(x_1, \cdots, x_n)$ 是 $\mathcal{L}_\mathcal{A}$ 的一个 n-元类型. 那么, 下述命题等价:

(1) T 局部排斥 $\Gamma(x_1, \cdots, x_n)$;

(2) T 没有肯定 $\Gamma(x_1, \cdots, x_n)$ 可实现;

(3) $\Gamma(x_1, \cdots, x_n)$ 不是 T 的一个根本型.

证明　(1) $\Rightarrow$ (2)　假设 (2) 不成立. 也就是说, 假设 T 经过表达式 $\varphi(x_1, \cdots, x_n)$ 肯定 $\Gamma(x_1, \cdots, x_n)$ 可实现. 这样一来,

$$\text{如果 } \psi \in \Gamma(x_1, \cdots, x_n), \text{ 那么 } T \vdash (\varphi \to \psi).$$

令

$$\Gamma^* = \{\psi(x_1, \cdots, x_n) \in \mathcal{L}_\mathcal{A} \mid T \vdash (\varphi \to \psi)\}.$$

于是, $\Gamma(x_1, \cdots, x_n) \subseteq \Gamma^*$. 下面证明 Γ^* 是一致的. 任取 $\{\psi_1, \cdots, \psi_n\} \subset \Gamma^*$, 由演绎定理 (定理 4.1) 和完备性定理 (定理 4.8), 一定有

$$T \vdash (\varphi \to (\psi_1 \wedge \cdots \wedge \psi_n)).$$

由于 $T \cup \{(\exists x_1 \cdots (\exists x_n \varphi) \cdots)\}$ 是一致的, 得到

$$T \cup \{(\exists x_1 \cdots (\exists x_n(\psi_1 \wedge \cdots \psi_n)) \cdots)\}$$

是一致的.

由于 $\Gamma(x_1,\cdots,x_n)\subseteq\Gamma^*$ 是极大一致的, 必有 $\Gamma(x_1,\cdots,x_n)=\Gamma^*$. 这就表明 $\Gamma(x_1,\cdots,x_n)$ 并没有被 T 局部排斥.

(2) $\Rightarrow$ (3) 如果 $\Gamma(x_1,\cdots,x_n)$ 是 T 的一个根本型, T 肯定 $\Gamma(x_1,\cdots,x_n)$ 可实现.

(3) $\Rightarrow$ (1) 假设 T 没有局部排斥 $\Gamma(x_1,\cdots,x_n)$. 令 $\varphi(x_1,\cdots,x_n)$ 为一个证据. 那么,

(a) $T\cup\{(\exists x_1\cdots(\exists x_n\varphi)\cdots)\}$ 是一致的, 并且

(b) 在 $\Gamma(x_1,\cdots,x_n)$ 中并没有与 φ 在 T 上相冲突的表达式.

设 $\psi\in\Gamma(x_1,\cdots,x_n)$, 那么

$$T\cup\{(\exists x_1\cdots(\exists x_n(\varphi\wedge(\neg\psi)))\cdots)\}$$

是非一致的.

根据归谬法原理 (推论 4.1) 的 (i), 必有 $T\vdash(\forall x_1\cdots(\forall x_n(\varphi\to\psi))\cdots)$. 从而,

$$T\vdash(\varphi\to\psi).$$

根据由 (1) 推 (2) 中的同样的分析, 得到

$$\Gamma(x_1,\cdots,x_n)=\{\psi\in\mathcal{L}_\mathcal{A}\mid T\vdash(\varphi\to\psi)\}.$$

注意, 如果 $\theta\in T$, 那么 $T\vdash\theta$, 因此 $T\cup\{\varphi\}\vdash\theta$, 依据演绎定理, $T\vdash(\varphi\to\theta)$.

这些就表明 $\Gamma(x_1,\cdots,x_n)$ 是 T 的一个根本型. □

7.1.6 型排斥定理

定理 7.4 (型排斥定理) 设 $\mathcal{L}_\mathcal{A}$ 为一个可数语言, T 是 $\mathcal{L}_\mathcal{A}$ 的一个完全理论,

$$\Gamma(x_0,\cdots,x_{n-1})\supset T$$

为 $\mathcal{L}_\mathcal{A}$ 的一个 n 元类型. 如果 $\Gamma(x_0,\cdots,x_{n-1})$ 并非 T 的根本型, 那么必有 T 的一个可数模型排斥 $\Gamma(x_0,\cdots,x_{n-1})$.

证明 为简化起见, 考虑 $n=1$. 假设 T 有一个模型, 并且局部地排斥 $\Gamma(x_0)$. 不妨假设有无穷多个常元符号没有出现在 T 的任何一个语句之中.

令 $C=\{c_{i_n}\mid n\in\mathbb{N}\}$ 为这些没有被 T 的语句所用到的常元符号的一个单一列表. 将 $\mathcal{L}_\mathcal{A}$ 的语句按照第 n 个未被 T 所用的常元符号 c_{i_n} 也没有出现在列表中的前 $n+1$ 个语句之中的要求列表如下:

$$\varphi_0,\varphi_1,\varphi_2,\cdots.$$

递归地构造一系列满足下面各项要求的一致理论

$$T = T_0 \subset T_1 \subset \cdots \subset T_m \subset \cdots.$$

(1) 每一个 T_m 都是 $\mathcal{L}_{\mathcal{A}}$ 的一个一致理论, 并且是 T 的一个有限扩展 (及由向 T 添加有限个语句而得);

(2) 或者 $\varphi_m \in T_{m+1}$, 或者 $(\neg\varphi_m) \in T_{m+1}$;

(3) 如果 φ_m 是语句 $(\exists x_j \psi(x_j))$, 并且 $\varphi_m \in T_{m+1}$, 那么置 $\psi(x_j; c_{i_m})$ 于 T_{m+1};

(4) 一定有某个 $\varphi(x_0) \in \Gamma(x_0)$ 来保证 $(\neg\varphi(x_0; c_{i_m})) \in T_{m+1}$.

假定 T_m 已经构造好了. 如下构造 T_{m+1}:

第一步: 如果 $T_m \cup \{\varphi_m\}$ 是一致的, 则令 $T_{m+1}^a = T_m \cup \{\varphi_m\}$; 否则, 令 $T_{m+1}^a = T_m \cup \{(\neg\varphi_m)\}$;

第二步: 如果 $\varphi_m \in T_{m+1}^a$, 而且 φ_m 是 $(\exists x_j \psi(x_j))$, 那么令

$$T_{m+1}^b = T_{m+1}^a \cup \{\psi[x_j; c_{i_m}]\};$$

否则, 令 $T_{m+1}^b = T_{m+1}^a$;

根据扩展定理 (定理 4.12) 证明中的论证, 得到: T_{m+1}^b 是一致的, 并且只要 T_m 是 T 的有限扩展, T_{m+1}^b 也是 T 的一个有限扩展.

第三步: 令 $T_{m+1}^b = T \cup \{\psi_1, \cdots, \psi_k\}$. 如果必要, 可以将这些语句 $\psi_1, \cdots, \psi_k$ 中的变元符号用下标大于 m 的变元符号所替换, 并且假定 $q > m$, 它们中的变元符号都在 $x_q, x_{q+1}, \cdots, x_{q+p}$ 之中, 从而变元符号 $x_0, \cdots, x_m$ 不在它们之中出现. 令 $\psi(x_0)$ 为下述表达式:

$$(\exists x_1(\cdots(\exists x_m(\exists x_q(\cdots(\exists x_{q+p}((\psi_1 \wedge \cdots \wedge \psi_k)[c_{i_m}, \cdots, c_{i_0}; x_0, \cdots, x_m])\cdots)))\cdots))).$$

这样, $\psi(x_0)$ 中只有唯一一个自由变元 x_0.

由于 T 局部排斥 $\Gamma(x_0)$, $\Gamma(x_0)$ 中一定有一个与 $\psi(x_0)$ 相冲突的表达式 $\sigma(x_0)$. 也就是说, $\Gamma(x_0)$ 中一定有一个表达式 $\sigma(x_0)$ 满足后面的要求: $T \cup \{(\exists x_0(\psi \wedge (\neg\sigma)))\}$ 是一致的. 令 $\sigma(x_0) \in \Gamma(x_0)$ 为这样一个表达式. 然后, 令

$$T_{m+1} = T_{m+1}^b \cup \{(\neg\sigma)[x_0; c_{i_m}]\}.$$

于是, T_{m+1} 依旧是 T 的一个有限扩展, 并且仍然是一致的. 由构造得知 T_{m+1} 满足前面所列出的全部要求.

令

$$T_\infty = \bigcup_{m \in \mathbb{N}} T_m.$$

T_∞ 是 $\mathcal{L}_\mathcal{A}$ 的一个极大一致理论, 并且具备自显存在性质. 如同可满足性定理 (定理 4.11) 的证明那样, 由 T_∞ 以及常元符号的 T_∞-等价类所构成的自然结构就是 T_∞ 和 T 的一个可数模型.

设 c_i 是一个常元符号. 如果 c_i 在 T 的某一个语句中出现, 由于 $\Gamma(x_0)$ 不是 T 的一个根本型, $\Gamma(x_0)$ 中一定有一个满足下面要求的表达式 $\sigma(x_0)$:

$$(\neg\sigma)[x_0; c_i] \in T \subset T_\infty.$$

如果 c_i 不在 T 中的任何语句里出现, 那么必有一 $k \in \mathbb{N}$ 来见证 $c_i = c_{i_k}$. 在 T_∞ 的构造中的第 $k+1$ 步, 我们从 $\Gamma(x_0)$ 中找到过一个 $\sigma(x_0) \in \Gamma(x_0)$ 以至于

$$(\neg\sigma)[x_0; c_{i_k}] \in T_{k+1} \subset T_\infty.$$

因此, T 的这个可数模型排斥型 $\Gamma(x_0)$. □

推论 7.2 设 $\mathcal{L}_\mathcal{A}$ 是一个可数语言. 它的一个理论 T 有一个可数模型排斥

$$\Gamma(x_1, \cdots, x_n)$$

当且仅当 T 有一个完全扩展理论局部排斥 Γ.

推论 7.3 设 $\mathcal{L}_\mathcal{A}$ 是一个可数语言, T 是这个语言的具有无限模型的一个完全理论. 如果 T 有一个非根本型的类型扩展, 那么 T 一定有两个不同构的可数模型.

证明 令 $\Gamma(x_1, \cdots, x_n) \subset T$ 是 T 的一个类型扩展, 而且是一个非根本型. 令 $\mathcal{M}_1 \models T$ 排斥 Γ; 又令 $\mathcal{M}_2 \models T$ 实现 Γ, 并且两个都是可数模型. 那么它们就不同构, 因为同构的模型实现相同的类型. □

问题 7.7 什么样的完全理论会有非根本类型扩展?

我们将在 7.2.1 小节探讨这个问题的答案.

现在我们来证明型排斥定理 (定理 7.4) 的稍强形式: 同时排斥可数个非基本类型; 证明的思路与型排斥定理的证明思路基本相同.

定理 7.5 (多重排斥定理) 设 $\mathcal{L}_\mathcal{A}$ 为一个可数语言, T 是 $\mathcal{L}_\mathcal{A}$ 的一个完全理论, 对每一个自然数 $k \in \mathbb{N}$,

$$\Gamma_k(x_0, \cdots, x_{n_k-1}) \supset T$$

为 $\mathcal{L}_\mathcal{A}$ 的一个 n_k-元表达式的集合 (未必是一个类型, 甚至未必一致)($n_k \geqslant 1$). 如果每一个

$$\Gamma_k(x_0, \cdots, x_{n_k-1})$$

都被 T 局部排斥, 那么必有 T 的一个可数模型同时排斥所有的 $\Gamma_k(x_0, \cdots, x_{n_k-1})$.

证明　为了简化起见, 设所有的 $n_k = 1$. 假设 T 有一个模型, 并且局部地排斥每一个 $\Gamma_k(x_0)$. 依旧不妨假设有无穷多个常元符号没有出现在 T 的任何一个语句之中.

令 $C = \{c_{i_n} \mid n \in \mathbb{N}\}$ 为这些没有被 T 的语句所用到的常元符号的一个单一列表. 将 $\mathcal{L}_\mathcal{A}$ 的语句按照第 n 个未被 T 所用的常元符号 c_{i_n} 也没有出现在列表中的前 $n+1$ 个语句之中的要求列表如下:

$$\varphi_0, \varphi_1, \varphi_2, \cdots.$$

对于 $k \in \mathbb{N}$, 对 $n \in \mathbb{N}$, 令 $d^k_{k+n} = c_{i_n}$. 这是 C 的元素的一个上三角矩阵排列; 第 i 行从 d^i_i 开始往右顺序地排列 C; 从而 C 中的每一个元素都会在这个矩阵的每一行里出现.

递归地构造一系列满足下面各项要求的一致理论

$$T = T_0 \subset T_1 \subset \cdots \subset T_m \subset \cdots.$$

(1) 每一个 T_m 都是 $\mathcal{L}_\mathcal{A}$ 的一个一致理论, 并且是 T 的一个有限扩展 (及由向 T 添加有限个语句而得);

(2) 或者 $\varphi_m \in T_{m+1}$, 或者 $(\neg\varphi_m) \in T_{m+1}$;

(3) 如果 φ_m 是语句 $(\exists x_j \psi(x_j))$, 并且 $\varphi_m \in T_{m+1}$, 那么置 $\psi(x_j; c_{i_m})$ 于 T_{m+1};

(4) 对于每一个 $k \leqslant m$, 一定有某个 $\varphi_k(x_0) \in \Gamma_k(x_0)$ 来保证

$$(\neg\varphi_k(x_0; d^k_m)) \in T_{m+1}.$$

假定 T_m 已经构造好了. 如下构造 T_{m+1}:

第一步: 如果 $T_m \cup \{\varphi_m\}$ 是一致的, 则令 $T^a_{m+1} = T_m \cup \{\varphi_m\}$; 否则, 令 $T^a_{m+1} = T_m \cup \{(\neg\varphi_m)\}$;

第二步: 如果 $\varphi_m \in T^a_{m+1}$, 而且 φ_m 是 $(\exists x_j \psi(x_j))$, 那么令

$$T^b_{m+1} = T^a_{m+1} \cup \{\psi[x_j; c_{i_m}]\};$$

否则, 令 $T^b_{m+1} = T^a_{m+1}$;

根据扩展定理 (定理 4.12) 证明中的论证, 得到: T^b_{m+1} 是一致的, 并且只要 T_m 是 T 的有限扩展, T^b_{m+1} 也是 T 的一个有限扩展.

第三步: 对于 $0 \leqslant k \leqslant m$, 递归地定义 T^{bi}_{m+1}:

令

$$m_0 = \frac{(m+1)m}{2}.$$

当 $k = 0$, 令 $T^b_{m+1} = T \cup \{\psi_1, \cdots, \psi_\ell\}$.

如果必要, 我们可以将这些语句 $\psi_1, \cdots, \psi_\ell$ 中的变元符号用下标大于 m_0+1 的变元符号所替换, 并且假定 $q > m_0 + 1$, 它们中的变元符号都在 $x_q, x_{q+1}, \cdots, x_{q+p}$ 之中, 从而变元符号 $x_0, \cdots, x_{m_0}$ 不在它们之中出现. 令 θ 为下述表达式:

$$(\psi_1 \wedge \cdots \wedge \psi_\ell)[d_m^0, \cdots, d_0^0, d_{m-1}^1, \cdots, d_1^1, \cdots, d_{m-1}^{m-1}; x_0, \cdots, x_{m_0}]$$

以及令 $\psi(x_0)$ 为下述表达式:

$$(\exists x_1(\cdots(\exists x_{m_0}(\exists x_q(\cdots(\exists x_{q+p}(\theta)\cdots)))\cdots))).$$

这样, $\psi(x_0)$ 中只有唯一一个自由变元 x_0.

由于 T 局部排斥 $\Gamma_0(x_0)$, $\Gamma_0(x_0)$ 中一定有一个与 $\psi(x_0)$ 相冲突的表达式 $\sigma(x_0)$. 也就是说, $\Gamma_0(x_0)$ 中一定有一个表达式 $\sigma(x_0)$ 满足后面的要求: $T\cup\{(\exists x_0(\psi\wedge(\neg\sigma)))\}$ 是一致的. 令 $\sigma(x_0) \in \Gamma_0(x_0)$ 为这样一个表达式. 然后, 令

$$T_{m+1}^{b0} = T_{m+1}^{b} \cup \{(\neg\sigma)[x_0; d_m^0]\}.$$

于是, T_{m+1}^{b0} 依旧是 T 的一个有限扩展, 并且仍然是一致的.

当 $k = j + 1 \leqslant m$, 令 $T_{m+1}^{bj} = T \cup \{\psi_1, \cdots, \psi_\ell\}$. 令 $m_k = m_0 + k$.

如果必要, 我们可以将这些语句 $\psi_1, \cdots, \psi_\ell$ 中的变元符号用下标大于 m_k+1 的变元符号所替换, 并且假定 $q > m_k + 1$, 它们中的变元符号都在 $x_q, x_{q+1}, \cdots, x_{q+p}$ 之中, 从而变元符号 $x_0, \cdots, x_m$ 不在它们之中出现. 令 θ_1 为下述表达式:

$$(\psi_1 \wedge \cdots \wedge \psi_\ell)[d_m^k, \cdots, d_m^0, \cdots, d_0^0, \cdots, d_{(m-1)}^{(m-1)}; x_0, \cdots, x_{m_k}],$$

以及令 $\psi(x_0)$ 为下述表达式:

$$(\exists x_1(\cdots(\exists x_{m_k}(\exists x_q(\cdots(\exists x_{q+p}(\theta_1)\cdots)))\cdots))).$$

这样, $\psi(x_0)$ 中只有唯一一个自由变元 x_0.

注意: 这是一个将下列矩阵中的可能被用到常元符号用变元符号替换掉的过程:

$$\begin{pmatrix} d_0^0 & d_1^0 & d_2^0 & \cdots & d_{m-1}^0 & d_m^0 \\ & d_1^1 & d_2^1 & \cdots & d_{m-1}^1 & d_m^1 \\ & \vdots & \vdots & \cdots & \vdots & \vdots \\ & & d_k^k & \cdots & d_{m-1}^k & d_m^k \\ & & & \cdots & \vdots & \\ & & & & d_{m-1}^{m-1} & \end{pmatrix}.$$

由于 T 局部排斥 $\Gamma_k(x_0)$, $\Gamma_k(x_0)$ 中一定有一个与 $\psi(x_0)$ 相冲突的表达式 $\sigma(x_0)$. 也就是说, $\Gamma_0(x_0)$ 中一定有一个表达式 $\sigma(x_0)$ 满足后面的要求: $T\cup\{(\exists x_0(\psi\wedge(\neg\sigma)))\}$ 是一致的. 令 $\sigma(x_0)\in\Gamma_k(x_0)$ 为这样一个表达式. 然后, 令

$$T_{m+1}^{bk}=T_{m+1}^{bj}\cup\{(\neg\sigma)[x_0;d_m^k]\}.$$

于是, T_{m+1}^{bk} 依旧是 T 的一个有限扩展, 并且仍然是一致的.

最后, 令 $T_{m+1}=T_{m+1}^{bm}$. 由构造得知, T_{m+1} 满足前面所列出的全部要求.

令

$$T_\infty=\bigcup_{m\in\mathbb{N}}T_m.$$

T_∞ 是 $\mathcal{L}_\mathcal{A}$ 的一个极大一致理论, 并且具备自显存在性质. 如同可满足性定理 (定理 4.11) 的证明那样, 由 T_∞ 以及常元符号的 T_∞-等价类所构成的自然结构就是 T_∞ 和 T 的一个可数模型.

设 c_i 是一个常元符号. 如果 c_i 在 T 的某一个语句中出现, 由于 $\Gamma_k(x_0)$ 不是 T 的一个根本型, $\Gamma_k(x_0)$ 中一定有一个满足下面要求的表达式 $\sigma(x_0)$:

$$(\neg\sigma)[x_0;c_i]\in T\subset T_\infty.$$

如果 c_i 不在 T 中的任何语句里出现, 那么必有一 $m\in\mathbb{N}$ 来见证 $c_i=c_{i_m}$.

设 $k\in\mathbb{N}$. 令 $n=k+m$. 在 T_∞ 的构造中的第 $n+1$ 步, 我们从 $\Gamma_k(x_0)$ 中找到过一个 $\sigma(x_0)\in\Gamma_k(x_0)$ 以至于

$$(\neg\sigma)[x_0;d_n^k]\in T_{n+1}\subset T_\infty.$$

因此, T 的这个可数模型排斥型 $\Gamma_k(x_0)$. □

7.2　可数等势同构类型特征

7.2.1　可数等势同构特征定理

一方面, 完全性检验定理 (定理 6.3) 指出可以利用一致理论的等势同构来判断理论的完全性; 另一方面, 对于一个完全理论来说, 它的可数模型 (在同构意义下) 的唯一性恰恰与它的有限个类型扩展特性 (对于任何一个自然数 n 而言, T 都只有有限个 n-元类型扩展) 息息相关. 这就是下面的有限类型空间定理所揭示的内容. 这个定理就是对问题 7.8 的一种解答.

首先, 对于一个完全理论而言, 它是否只有有限个 n-元类型扩展, 与它是否只有基本类型扩展, 是同一回事.

定理 7.6 (根本型定理) 设 T 是可数语言 $\mathcal{L}_A$ 中的一个完全理论, $n \in \mathbb{N}$ 是一个自然数. 如下两个命题等价:

(1) T 只有有限个 n-元类型扩展;

(2) 扩展 T 的每一个 n-元类型都是一个 T 的根本型.

证明 (2) $\Rightarrow$ (1) 为此, 只需要证明后面的命题: 如果 T 有无穷多个根本型扩展, 那么 T 也一定有一个非根本型扩展.

假设 T 有无穷多个根本型扩展. 令 $\langle \Gamma_k \mid k \in \mathbb{N} \rangle$ 为 T 的全部根本型扩展 (只有最多可数无穷个判定式) 的一个单一列表. 对于每一个 $k \in \mathbb{N}$, 令 $\varphi(x_1, \cdots, x_n) \in \Gamma_k$ 为 T 对 Γ 的判定式:

$$\Gamma_k = \{\psi(x_1, \cdots, x_n) \mid T \vdash (\varphi_k \to \psi)\}.$$

注意, 如果 $i \neq k$, 必有 $(\neg\varphi_k) \in \Gamma_i$, 因为 $\Gamma_i \neq \Gamma_k$.

令

$$\Gamma = T \cup \{(\neg\varphi_k) \mid k \in \mathbb{N}\}.$$

那么 Γ 是表达式的一个一致集合. 因为, 如果 $S \subset \Gamma$ 为有限子集, 那么可以找到指标 i 足够大的包含整个 S 的 Γ_i.

将 Γ 扩展成一个 n-元类型 Γ^*. 那么对于 $k \in \mathbb{N}$, 因为 $\varphi_k \in \Gamma_k$, 以及 $(\neg\varphi_k) \in \Gamma^*$, $\Gamma_k \neq \Gamma^*$. 所以, Γ^* 就是 T 的一个非根本型扩展.

(1) $\Rightarrow$ (2) 假设 T 只有有限个类型扩展. 令 $\langle \Gamma_1, \cdots, \Gamma_k \rangle$ 为全部 T 的扩展类型的一个单一列表.

对于 $1 \leqslant i, j \leqslant k$, 令 φ_i^i 为表达式 $(x_1 \hat{=} x_1)$; 对于 $i \neq j$, 令

$$\varphi_i^j(x_1, \cdots, x_n) \in (\Gamma_i - \Gamma_j).$$

对于每一个 $1 \leqslant i \leqslant k$, 令

$$\varphi_i \text{ 为表达式 } (\varphi_i^1 \wedge \cdots \wedge \varphi_i^k).$$

于是, 对于 $1 \leqslant i, j \leqslant k$, 必有 $\varphi_i \in \Gamma_i$; 以及当 $i \neq j$ 时, $(\neg\varphi_i) \in \Gamma_j$. 这是因为

$$\models (\varphi \to (\psi \to (\varphi \wedge \psi))),$$

应用一阶逻辑完备性 (推论 4.3) (直接的形式证明可参见 1.14),

$$\vdash (\varphi \to (\psi \to (\varphi \wedge \psi))),$$

固定 $1 \leqslant i \leqslant k$, 对于 $1 \leqslant j \leqslant k$, $\varphi_i^j \in \Gamma_i$, 用归纳法可得到: 对于 $1 \leqslant j \leqslant k$,

$$\models \left(\varphi_i^j \to \left(\left(\bigwedge_{1 \leqslant \ell < j} \varphi_i^\ell\right) \to \left(\bigwedge_{1 \leqslant \ell \leqslant j} \varphi_i^\ell\right)\right)\right),$$

从而

$$\vdash \left(\varphi_i^j \to \left(\left(\bigwedge_{1\leqslant \ell<j} \varphi_i^\ell\right) \to \left(\bigwedge_{1\leqslant \ell\leqslant j} \varphi_i^\ell\right)\right)\right),$$

进而得到 $\varphi_i \in \Gamma_i$; 而当 $1 \leqslant j \neq i \leqslant k$ 时, 由于 $\varphi_i^j \notin \Gamma_j$, 得知 $(\neg\varphi_i^j) \in \Gamma_j$, 又因为

$$\vdash (\varphi \to (\varphi \vee \psi)),$$

并由此得到

$$\vdash \left(\left(\neg\varphi_i^j\right) \to \left(\left(\neg\varphi_i^j\right) \vee \left(\bigvee_{1\leqslant \ell\neq j\leqslant k} \left(\neg\varphi_i^\ell\right)\right)\right)\right),$$

以及 $(\neg\varphi_i)$ 就是 $((\neg\varphi_i^1) \vee \cdots \vee (\neg\varphi_i^k))$, 得到 $\Gamma_j \vdash (\neg\varphi_i)$, 从而 $(\neg\varphi_i) \in \Gamma_j$.
固定一个 $1 \leqslant i \leqslant k$, 断言:

$$\Gamma_i = \{\psi(x_1, \cdots, x_n) \mid T \vdash (\varphi_i \to \psi)\}.$$

假设不然. 必然有一个满足如下要求的表达式 $\psi \in \Gamma_i$:

$$T \cup \{(\neg(\varphi_i \to \psi))\} \text{ 是一致的.}$$

将这个一致集合扩展成一个 n-元类型 Γ. 由于

$$\models ((\neg(\varphi_i \to \psi)) \to (\neg\psi))$$

和

$$\models ((\neg(\varphi_i \to \psi)) \to \varphi_i),$$

由一阶逻辑完备性 (推论 4.3) (直接的形式证明可参见 1.14),

$$\vdash ((\neg(\varphi_i \to \psi)) \to (\neg\psi))$$

以及

$$\vdash ((\neg(\varphi_i \to \psi)) \to \varphi_i),$$

有 $(\neg\psi) \in \Gamma$ 以及 $\varphi_i \in \Gamma$.

因为 $\varphi_i \in \Gamma$, 如果 $1 \leqslant j \leqslant k$, 但 $i \neq j$, 那么 $\Gamma \neq \Gamma_j$. 因此, $\Gamma = \Gamma_i$. 但是

$$(\neg\psi) \in \Gamma \text{ 而 } \psi \in \Gamma_i.$$

这就是一个矛盾.

这样, 每一个扩展 T 的 n-元类型一定是 T 的一个根本型. □

问题 7.8 有没有满足上述根本型定理中任意一个 (因此全部) 条件的完全的理论 T? 如果有, 这样的理论会有什么样的特别性质呢?

答案是肯定的. 比如说, 无端点稠密线性序理论就是这样一个理论. 这样的理论就是那些根本型理论: T 被称为语言 $\mathcal{L}_A$ 的一个根本型 (atomic)① 理论当且仅当 $\mathcal{L}_A$ 中每一个和 T 相一致的表达式都会在 T 的某一个根本型之中. 后面我们将会看到这样的理论有一个共同的特性: 在同构意义下, 它们都只有唯一一个无穷可数模型. 为了证明这样一个一般性的定理, 我们需要先对型省略问题进行分析.

定理 7.7 (有限类型空间定理 (Nylll-Nardzewski 定理)) 设 $\mathcal{L}_A$ 是一个可数语言, T 是 $\mathcal{L}_A$ 的一个只有无穷模型的完全理论. 那么, 如下三个命题等价:

(1) T 只有唯一一个可数模型 (可数等势同构);

(2) 对于每一个自然数 n, T 的任何一个 n-元扩展类型 $\Gamma(x_1, \cdots, x_n)$ 都是一个根本型;

(3) 对于任何一个自然数 n, T 只有有限个 n-元类型扩展.

证明 (2) 和 (3) 的等价由根本型定理 (定理 7.6) 所给出.

(1) $\Rightarrow$ (2) 下面证明: 如果 T 有一个非根本型扩展 n-元类型 Γ, 那么 T 有两个不同构的可数模型.

首先, 由哥德尔完备性定理 (定理 4.9), 取一个 T 的实现 Γ 的可数模型 $\mathcal{M}$.

其次, 由型排斥定理 (定理 7.4), 也取一个 T 的排斥 Γ 的可数模型 $\mathcal{N}$. 这两个模型肯定不同构.

(2) $\Rightarrow$ (1) 假设 (2) 成立, 下面证明在同构意义下, T 只有唯一的可数模型.

设 $\mathcal{M}_1 = (M_1, I_1)$ 和 $\mathcal{M}_2 = (M_2, I_2)$ 是 T 的两个可数模型. 证明

$$\mathcal{M}_1 \cong \mathcal{M}_2.$$

这个证明非常相似于任何一个可数无端点稠密线性序都与有理数轴同构的证明: 我们应用往返渐进方法. 为此, 我们需要一个 "单步引理".

引理 7.3 假设 $a_{i_1}, \cdots, a_{i_k}$ 与 $b_{j_1}, \cdots, b_{j_k}$ 分别属于 $\mathcal{M}_1$ 和 $\mathcal{M}_2$ 的论域, 而且分别在各自的模型中实现同一个类型. 那么

(1) 对于 M_1 中的任意一个元素 a, 一定存在 M_2 中一个元素 b 来满足如下要求:

$(a_{i_1}, \cdots, a_{i_k}, a)$ 与 $(b_{j_1}, \cdots, b_{j_k}, b)$ 分别在各自的模型中实现同一个类型.

(2) 对于M_2中的任意一个元素 b, 一定存在M_1中一个元素a来满足如下要求:

$(a_{i_1}, \cdots, a_{i_k}, a)$ 与 $(b_{j_1}, \cdots, b_{j_k}, b)$ 分别在各自的模型中实现同一个类型.

①英文为 atomic, 为了尽量减少误解, 就不使用 "原子"; 否则, 原子理论、原子结构可能被理解为物理学的概念.

事实上, 令 Γ 为 $(a_{i_1},\cdots,a_{i_k})$ 在 $\mathcal{M}_1$ 中实现的类型, 再令 Γ^+ 为

$$(a_{i_1},\cdots,a_{i_k},a)$$

在 $\mathcal{M}_1$ 中实现的类型. 它们都是 T 的扩展类型. 依据假设, 令

$$\psi(x_1,\cdots,x_{k+1})\in\Gamma^+$$

为 T 关于 Γ^+ 的判定式:

$$\Gamma^+=\{\varphi(x_1,\cdots,x_{k+1})\mid T\vdash(\psi\to\varphi)\}.$$

a 的存在表明

$$\mathcal{M}_1\models(\exists x_{k+1}\,\psi)[a_{i_1},\cdots,a_{i_k}].$$

从而, $(\exists x_{k+1}\,\psi)\in\Gamma$. 由于 Γ 是在 $\mathcal{M}_2$ 中被 $(b_{j_1},\cdots,b_{j_k})$ 所实现的类型,

$$\mathcal{M}_2\models(\exists x_{k+1}\,\psi)[b_{j_1},\cdots,b_{j_k}].$$

令 $b\in M_2$ 为上述事实的一个证据, 有

$$\mathcal{M}_2\models\psi[b_{j_1},\cdots,b_{j_k},b].$$

因此, $(b_{j_1},\cdots,b_{j_k},b)$ 在 $\mathcal{M}_2$ 中实现 Γ^+.

有了这个 "单步引理", 我们就可以用往返渐进方法来证明所需要的结论.

将 M_1 以及 M_2 的元素分别逐一罗列出来:

$$a_0,a_1,\cdots,a_n,\cdots$$

以及

$$b_0,b_1,\cdots,b_n,\cdots.$$

然后, 再递归地定义一个同构映射 $f:M_1\to M_2$.

在第 $n+1$ 步, 假定已经有了在有限集合 $\{a_{i_1},\cdots,a_{i_k}\}\subset M_1$ 上的定义, 并且保证了 $(a_{i_1},\cdots,a_{i_k})$ 与 $(f(a_{j_1}),\cdots,f(a_{j_k}))$ 分别在各自的模型中实现同一个类型. 应用上面的 "单步扩展引理", 分别将 a_n 加入到 f 的定义域和将 b_n 加入到 f 的值域, 并且保证

$$(a_{i_1},\cdots,a_{i_k},a_n,f^{-1}(b_n))\text{ 与 }(f(a_{j_1}),\cdots,f(a_{j_k}),f(a_n),b_n)$$

分别在各自的模型中实现同一个类型.

最后, 令 f 为这个过程的极限函数.

那么有 $M_1 = \mathrm{dom}(f)$ 的定义域以及 $M_2 = f$ 的值域, 并且 f 是一个保持全部一阶性质的映射, 因为对于任意一个 $\mathcal{L}_A$ 的表达式 $\varphi(x_1, \cdots, x_k)$, 以及 M_1 上的任意一个序列 $(a_{i_1}, \cdots, a_{i_k})$, 下述命题等价:

(1) $\mathcal{M}_1 \models \varphi[a_{i_1}, \cdots, a_{i_k}]$;

(2) φ 是在 $\mathcal{M}_1$ 上 $(a_{i_1}, \cdots, a_{i_k})$ 所实现的类型中的一个表达式;

(3) φ 是在 $\mathcal{M}_2$ 上 $(f(a_{i_1}), \cdots, f(a_{i_k}))$ 所实现的类型中的一个表达式;

(4) $\mathcal{M}_2 \models \varphi[f(a_{i_1}), \cdots, f(a_{i_k})]$.

综上所述, f 是一个同构. □

7.2.2 可数模型的个数与 Vaught 猜想

在我们到此为止所见到的具体理论中, 无端点稠密线性序理论在同构意义下只有一个可数模型; 特征为 p 或 0 的代数封闭域理论具有可数个彼此互不同构的可数模型. 下面的定理表明一个可数语言的完全理论可以有不可数个互不同构的可数模型.

定理 7.8 经典的自然数算术模型 $(\mathbb{N}, 0, 1, +, \cdot)$ 的真实理论

$$T = \mathrm{Th}(\mathbb{N}, 0, 1, +, \cdot)$$

具有不可数个彼此互不同构的可数模型.

证明 设 $\langle \mathcal{M}_n \mid n \in \mathbb{N} \rangle$ 是完全理论 $T = \mathrm{Th}(\mathbb{N}, 0, 1, +, \cdot)$ 的可数个可数模型. 由于每一个 $\mathcal{M}_i$ 只实现可数个 T 的一元扩展类型, 这可数个可数模型总共只可以实现可数个 T 的一元扩展类型. 而 T 有不可数个一元扩展类型. 令 $\Gamma(x_1)$ 为一个被所有 $\mathcal{M}_i$ 都省略了的 T 的一元扩展模型. 再依据可实现定理 (定理 7.2), 令 $\mathcal{M} \models T$ 为一个实现 $\Gamma(x_1)$ 的可数模型. T 的这个模型就不会同构与前面那些模型中的任何一个. □

这就导致下面这个迄今为止仍然悬而未决的 Vaught 猜想:

Vaught 猜想 假设 T 是可数语言的一个完全理论. 那么, 下列两种情形二者必居其一:

(1) 在同构的意义下, T 之多只有可数个可数模型;

(2) T 有一个彼此互不同构的以自然数子集合为指标 (即如果 $X \neq Y$ 都是 $\mathbb{N}$ 的子集, 那么 $\mathcal{M}_X \not\cong \mathcal{M}_Y$) 的可数模型簇

$$\{\mathcal{M}_X \mid X \subseteq \mathbb{N}\}.$$

7.3 类型空间

定义 7.9 设 T 是语言 $\mathcal{L}_A$ 的一个一致理论. 设 n 为一个正整数. 定义 T 在语言 $\mathcal{L}_A = \mathcal{L}(T)$ 下的 n-元类型空间 $S_n(T)$ 为所有与 T 相一致的语言 $\mathcal{L}(T)$ 的 n-元

类型的集合:

$$S_n(T) = \{\Gamma(x_1, \cdots, x_n) \mid \Gamma(x_1, \cdots, x_n)\text{是语言 } \mathcal{L}(T) \text{ 的一个于 } T \text{ 相一致的类型}\}.$$

定义 7.10 设 T 是语言 $\mathcal{L}_\mathcal{A}$ 的一个一致理论. 设 $\mathcal{M} = (M, I)$ 为 T 的一个无穷模型. 设 $X \subseteq M$ 为一个集合. 令

$$\mathcal{A}_X = \mathcal{A} \cup \{c_a \mid a \in X\}, \quad \mathcal{M}_X = (M, I, a)_{\{a \in X\}}.$$

设 n 为一个正整数.

$$S_n(\mathcal{M}, X) = S_n(\mathrm{Th}(\mathcal{M}_X)) = S_n(T, \mathcal{L}_{\mathcal{A}_X}).$$

定义 7.11 设 T 是语言 $\mathcal{L}_\mathcal{A}$ 的一个一致理论. 设 n 为一个正整数.

定义 $S_n(T)$ 上的一个拓扑 τ 如下: τ 的每一个基本开集都是形如下面的一个集合:

$$[\varphi(x_1, \cdots, x_n)] = \{p \in S_n(T) \mid \varphi(x_1, \cdots, x_n) \in p\},$$

其中 $\varphi(x_1, \cdots, x_n)$ 是语言 $\mathcal{L}_\mathcal{A}$ 中的一个自由变量都在 $x_1, \cdots, x_n$ 中的表达式.

定义 7.12 对于 $S_n(T)$ 中的非空闭子集 X, 定义

$$\nabla(X) = \cap\{p \mid p \in X\}.$$

事实 7.1 (1) 每一个基本开集也是一个闭集.

(2) 设 $X \neq \varnothing$ 是一个闭集, 且 $X \neq S_n(T)$. 那么

$$X = \{p \in S_n(T) \mid \nabla(X) \subset p\}.$$

(3) 设 X, Y 为两个非平凡闭集. 那么对于任何一个

$$p \in S_n(T) \ [p \in X \cap Y \iff \nabla(X) \cup \nabla(Y) \subseteq p].$$

定理 7.9 $(S_n(T), \tau)$ 是一个 Hausdorff 紧致空间.

证明 令 X 为一个非平凡闭集, 令 $p \notin X$. 令 $\varphi \in p$ 满足 $[\varphi] \cap X = \varnothing$. 那么 $X \subseteq [(\neg\varphi)]$.

令 E 为非空的一簇具有有限交特性的非空闭集. 令

$$\Gamma(E) = \cup\{\nabla(X) \mid X \in E\}.$$

由于 E 具有有限交特性, $\Gamma(E)$ 的任何一个有限子集都是与 T 相一致的可满足的表达式集合, 从而 $\Gamma(E)$ 是一个与 T 相一致的可满足的表达式集合. 令 $\Gamma(E) \subseteq q$ 为 $S_n(T)$ 中一个元素. 那么 $q \in \cap E$. □

7.3.1 稳定性

对于类型空间而言, 一个很自然的问题就是它的势有多大?

问题 7.9 设 T 是语言 $\mathcal{L}_A$ 的一个一致理论. 1-元类型空间 $S_1(T)$ 的势有多大? 这种势与语言的关系有多大?

在例 7.4 中, 我们见到自然数标准结构的真实理论 $\mathrm{Th}((\mathbb{N},0,1,+,\times))$ 在自然数算术理论语言下有不可数个 1-元类型. 事实上, 类型空间 $S_1(\mathrm{Th}(\mathbb{N},0,1,+,\times))$ 和自然数集合的幂集等势. 同样的, 在例 7.5 中, 我们看到类型空间

$$S_1(\mathrm{Th}(\mathbb{Q},<,r)_{r\in\mathbb{Q}})$$

和整个实数轴等势. 但是, $S_1(\mathrm{Th}(\mathbb{Q},<))$ 只有一个元素:

$$\Gamma(x_1)=\{\psi(x_1)\in\mathcal{L}_{\{P_<\}}\mid T_{\mathrm{odl}}\vdash\psi(x_1)\}.$$

这当然是在无端点稠密线性序理论下由表达式 $(x_1\hat{=}x_1)$ 所生成的 1-元定型. 而 $S_2(\mathrm{Th}(\mathbb{Q},<))$ 只有三个元素: 在 T_{odl} 下, 分别由表达式 $(x_1\hat{=}x_2)$, $P_<(x_1,x_2)$ 和 $P_<(x_2,x_1)$ 所生成的 2-元定型. 后面我们将会在有限类型定理 (定理 7.7) 中看到对于每一个正整数 n, $S_n(\mathrm{Th}(\mathbb{Q},<))$ 都是有限的, 而且其元素都是 T_{odl} 的定型.

这些例子表明如下概念是有意义的: 理论的稳定性概念.

定义 7.13 (稳定性) 设 κ 是一个无穷基数. 设 T 是可数语言 $\mathcal{L}_A$ 的一个只有无限模型的一致理论.

(1) T 是一个 κ-稳定理论当且仅当对于 T 的任意一个势为 κ 的模型 $\mathcal{M}$ 而言, 一元类型空间

$$S_1(\mathrm{Th}((\mathcal{M},a)_{a\in M}))$$

的势必为 κ.

(2) T 在 κ 上是稳定的当且仅当对于 T 的任意一个模型 $\mathcal{M}$ 而言, 如果 $X\subset M$ 的势为 κ, 那么

$$S_1(\mathrm{Th}((\mathcal{M},a)_{a\in X}))$$

的势为 κ.

(3) T 是一个稳定理论当且仅当 T 在某一个无穷基数上是稳定的.

可见自然数算术结构的真实理论 $\mathrm{Th}(\mathbb{N},0,1,+,\times)$ 不是一个 ω-稳定理论; 无端点稠密线性序理论也不是一个 ω-稳定理论.

定理 7.10 代数封闭域理论是 ω-稳定理论.

证明 令 $\mathbb{F}$ 是一个代数封闭域. 令 $\mathcal{I}(\mathbb{F}[X_1,\cdots,X_n])$ 为多项式环 $\mathbb{F}[X_1,\cdots,X_n]$ 上的素理想的全体之集.

令 $\Gamma(x_1,\cdots,x_n) \in S_n(\mathrm{Th}(\mathbb{F},a)_{a\in\mathbb{F}})$. 对于任意的一个 n-元多项式

$$f \in \mathbb{F}[X_1,\cdots,X_n],$$

令 $\tau_f(x_1,\cdots,x_n)$ 为语言 $\mathcal{L}((\mathbb{F},c_a)_{a\in\mathbb{F}})$ 中 f 的表示项. 令

$$J_{\Gamma(x_1,\cdots,x_n)} = \{f \in \mathbb{F}[X_1,\cdots,X_n] \mid (\tau_f(x_1,\cdots,x_n)\hat{=}c_0) \in \Gamma(x_1,\cdots,x_n)\}.$$

那么 $J_{\Gamma(x_1,\cdots,x_n)}$ 是多项式环 $\mathbb{F}[X_1,\cdots,X_n]$ 的一个素理想. 这就定义了一个从

$$S_n(\mathrm{Th}(\mathbb{F},a)_{a\in\mathbb{F}})$$

到

$$\mathcal{I}(\mathbb{F}[X_1,\cdots,X_n])$$

上的一个单射 ①.

根据希尔伯特基定理, 多项式环 $\mathbb{F}[X_1,\cdots,X_n]$ 上的每一个素理想都是由这个多项式环上的有限个多项式所生成. 我们就得到

$$|S_n(\mathrm{Th}(\mathbb{F},a)_{a\in\mathbb{F}})| \leqslant |\mathcal{I}(\mathbb{F}[X_1,\cdots,X_n])| = |\mathbb{F}|,$$

其中 $|X|$ 为 "集合 X 的势" 的记号. 由于 $\mathbb{F}$ 的任何一个 n-元组都实现一个 n-元定型,

$$|S_n(\mathrm{Th}(\mathbb{F},a)_{a\in\mathbb{F}})| \geqslant |\mathbb{F}|.$$

因此,

$$|S_n(\mathrm{Th}(\mathbb{F},a)_{a\in\mathbb{F}})| = |\mathbb{F}|.$$

所以, 当 $\mathbb{F}$ 为一个可数代数封闭域时, $S_n(\mathrm{Th}(\mathbb{F},a)_{a\in\mathbb{F}})$ 的势就是 $\mathbb{N}$ 的势. □

定理 7.11 (莫利 (Morley)) *如果一致理论 T 是 ω-稳定的, 那么对于任意的不可数基数 κ, T 都是 κ-稳定的.*

---

①根据后面的塔尔斯基定理 (定理 8.5), 代数封闭域理论适合量词消去法, 这个映射也是一个满射: 设 $J \in \mathcal{I}(\mathbb{F}[X_1,\cdots,X_n])$. 令

$$\Gamma_J = \{(\tau_f\hat{=}c_0) \mid f \in J\} \cup \{(\neg(\tau_f\hat{=}c_0)) \mid f \in (\mathbb{F}[X_1,\cdots,X_n] - J)\}.$$

Γ_J 可以唯一地扩展成一个 n-元类型

$$\Gamma_J^* \in S_n(\mathrm{Th}(\mathbb{F},a)_{a\in\mathbb{F}}),$$

并且

$$J = J_{\Gamma_J^*(x_1,\cdots,x_n)}.$$

7.3.2 型与超滤子

在命题逻辑中，我们见到过布尔将逻辑推理转换成布尔代数演算，并且见到了极大一致的命题表达式集合与命题代数上的超滤子之间的一一对应关系. 本节，我们也会看到完全类似的情形. 在一阶语言 $\mathcal{L}_{\mathcal{A}}$ 下，有一系列的布尔代数以及这些布尔代数上的超滤子；这些超滤子也同样与型存在一一对应关系.

定义 7.14 设 $\mathcal{L}_{\mathcal{A}}$ 是一个一阶语言，T 是 $\mathcal{L}_{\mathcal{A}}$ 的一个一致理论. 对于 $\mathcal{L}_{\mathcal{A}}$ 的任意两个表达式 φ 和 ψ，定义

$$\varphi \sim_T \psi \text{ 当且仅当 } T \vdash (\varphi \leftrightarrow \psi).$$

事实 7.2 (1) $\sim_T$ 是 $\mathcal{L}_{\mathcal{A}}$ 各表达式之间的一个等价关系；

(2) 如果 $\varphi_1, \varphi_2, \psi_1, \psi_2$ 是 $\mathcal{L}_{\mathcal{A}}$ 的表达式，且 $\varphi_1 \sim_T \psi_1$ 以及 $\varphi_2 \sim_T \psi_2$，那么

$$(\varphi_1 \vee \varphi_2) \sim_T (\psi_1 \vee \psi_2)$$

以及

$$(\varphi_1 \wedge \varphi_2) \sim_T (\psi_1 \wedge \psi_2).$$

定义 7.15 设 $\mathcal{L}_{\mathcal{A}}$ 是一个一阶语言，T 是 $\mathcal{L}_{\mathcal{A}}$ 的一个一致理论.

(1) 对于 $\mathcal{L}_{\mathcal{A}}$ 的每一个表达式 φ，定义

$$[\varphi] = \{\psi \in \mathcal{L}_{\mathcal{A}} \mid \varphi \sim_T \psi\}$$

为 φ 所在的等价类.

(2) 定义 $B_T^{\infty} = \{[\varphi] \mid \varphi \in \mathcal{L}_{\mathcal{A}} \text{ 是一个表达式 }\}$；

(3) 对于 $\mathcal{L}_{\mathcal{A}}$ 的两个表达式 φ 和 ψ，定义

$$[\varphi] \oplus [\psi] = [(\varphi \vee \psi)]$$

以及

$$[\varphi] \otimes [\psi] = [(\varphi \wedge \psi)];$$

(4) 对于 $\mathcal{L}_{\mathcal{A}}$ 的表达式 φ，定义

$$-[\varphi] = [(\neg\varphi)];$$

(5) 定义 $1 = [(x_1 \hat{=} x_1)]$ 和 $0 = [(\neg(x_1 \hat{=} x_1))]$；

(6) 定义 $\mathbb{B}_T^{\infty} = (B_T^{\infty}, 0, 1, \oplus, \otimes, -)$.

定义 7.16　设 $\mathcal{L}_A$ 是一个一阶语言, T 是 $\mathcal{L}_A$ 的一个一致理论.

(1) 对于 $\mathcal{L}_A$ 的每一个语句 φ, 定义

$$[\varphi] = \{\psi \in \mathcal{L}_A \mid \varphi \sim_T \psi\ \psi \text{ 是一个语句}\}$$

为 φ 所在的等价类;

(2) 定义 $B_T^0 = \{[\varphi] \mid \varphi \in \mathcal{L}_A \text{ 是一个语句 }\}$;

(3) 对于 $\mathcal{L}_A$ 的两个语句 φ 和 ψ, 定义

$$[\varphi] \oplus [\psi] = [(\varphi \vee \psi)]$$

以及

$$[\varphi] \otimes [\psi] = [(\varphi \wedge \psi)];$$

(4) 对于 $\mathcal{L}_A$ 的语句 φ, 定义

$$-[\varphi] = [(\neg\varphi)];$$

(5) 定义 $1 = [(\forall x_1(x_1 \hat{=} x_1))]$ 和 $0 = [(\neg(\forall x_1(x_1 \hat{=} x_1)))]$;

(6) 定义 $\mathbb{B}_T^0 = (B_T^0, 0, 1, \oplus, \otimes, -)$.

定义 7.17　设 $\mathcal{L}_A$ 是一个一阶语言, T 是 $\mathcal{L}_A$ 的一个一致理论.

(1) 对于 $\mathcal{L}_A$ 的每一个表达式 $\varphi(x_1, \cdots, x_n)$, 定义

$$[\varphi(x_1, \cdots, x_n)] = \{\psi(x_1, \cdots, x_n) \in \mathcal{L}_A \mid \varphi(x_1, \cdots, x_n) \sim_T \psi(x_1, \cdots, x_n)\}$$

为 $\varphi(x_1, \cdots, x_n)$ 所在的等价类;

(2) 定义 $B_T^n = \{[\varphi(x_1, \cdots, x_n)] \mid \varphi(x_1, \cdots, x_n) \in \mathcal{L}_A \text{ 是一个表达式 }\}$;

(3) 对于 $\mathcal{L}_A$ 的两个表达式 $\varphi(x_1, \cdots, x_n)$ 和 $\psi(x_1, \cdots, x_n)$, 定义

$$[\varphi(x_1, \cdots, x_n)] \oplus [\psi(x_1, \cdots, x_n)] = [(\varphi \vee \psi)(x_1, \cdots, x_n)]$$

以及

$$[\varphi(x_1, \cdots, x_n)] \otimes [\psi(x_1, \cdots, x_n)] = [(\varphi \wedge \psi)(x_1, \cdots, x_n)];$$

(4) 对于 $\mathcal{L}_A$ 的表达式 $\varphi(x_1, \cdots, x_n)$, 定义

$$-[\varphi(x_1, \cdots, x_n)] = [(\neg\varphi)(x_1, \cdots, x_n)];$$

(5) 定义 $1 = [(x_1 \hat{=} x_1)]$ 和 $0 = [(\neg(x_1 \hat{=} x_1))]$;

(6) 定义 $\mathbb{B}_T^n = (B_T^n, 0, 1, \oplus, \otimes, -)$.

定理 7.12 设 $\mathcal{L}_A$ 是一个一阶语言, T 是 $\mathcal{L}_A$ 的一个一致理论. 那么上述定义所给出的 $\mathbb{B}_T^\infty$, $\mathbb{B}_T^0$ 和 $\mathbb{B}_T^n$ 都是布尔代数.

定义 7.18 设 $\mathcal{L}_A$ 是一个一阶语言, T 是 $\mathcal{L}_A$ 的一个一致理论. 令 $\mathbb{B} \in \{\mathbb{B}_T^\infty, \mathbb{B}_T^0, \mathbb{B}_T^n\}$.

(1) $F \subset B$ 是 $\mathbb{B}$ 的一个滤子当且仅当

(a) $1 \in F, 0 \notin F$;

(b) 如果 $x \in F, y \in F$, 那么 $(x \otimes y) \in F$;

(c) 如果 $x \in F, y \in B$, 而且 $x \oplus y = y$, 那么 $y \in F$.

(2) $U \subset B$ 是 $\mathbb{B}$ 的一个超滤子当且仅当

(a) U 是 $\mathbb{B}$ 的一个滤子, 并且,

(b) 对于任何一个 $x \in B$, 或者 $x \in U$, 或者 $(-x) \in U$.

(3) 如果 U 是 $\mathbb{B}$ 的一个超滤子, 定义

$$\cup U = \{\varphi \mid [\varphi] \in U\}.$$

定理 7.13 设 $\mathcal{L}_A$ 是一个一阶语言, T 是 $\mathcal{L}_A$ 的一个一致理论. 令 $\mathbb{B} \in \{\mathbb{B}_T^\infty, \mathbb{B}_T^0, \mathbb{B}_T^n\}$. 如果 $F \subset B$ 是 $\mathbb{B}$ 的一个滤子, 那么 F 一定是 $\mathbb{B}$ 的一个超滤子的子集合.

定理 7.14 设 $\mathcal{L}_A$ 是一个一阶语言, T 是 $\mathcal{L}_A$ 的一个一致理论. 令 $\mathbb{B} \in \{\mathbb{B}_T^\infty, \mathbb{B}_T^0, \mathbb{B}_T^n\}$.

(1) 如果 U 是 $\mathbb{B}$ 的一个超滤子, 那么 $\cup U$ 是与 T 相一致的极大一致的表达式 (自由变元都在 $x_1, \cdots, x_n$ 之中的表达式、语句) 集合.

(2) 如果 Γ 是一个与 T 相一致的极大一致的表达式 (自由变元都在 $x_1, \cdots, x_n$ 之中的表达式、语句) 集合, 那么

$$\Gamma/\sim_T = \{[\varphi] \cap \Gamma \mid \varphi \in \Gamma\}$$

就是 $\mathbb{B}$ 的一个超滤子, 并且

$$\Gamma = \cup(\Gamma/\sim_T).$$

定义 7.19 设 $\mathcal{L}_A$ 是一个一阶语言, T 是 $\mathcal{L}_A$ 的一个一致理论. 令

$$\mathbb{B} \in \{\mathbb{B}_T^\infty, \mathbb{B}_T^0, \mathbb{B}_T^n\}.$$

定义

$$S(\mathbb{B}) = \{U \mid U \text{ 是 } \mathbb{B} \text{ 的一个超滤子}\}.$$

如下定义 $S(\mathbb{B})$ 上一个拓扑 $\tau_{\mathbb{B}}$, $\tau_{\mathbb{B}}$ 的基本开集由形如下述的集合给出: 如果 φ 是 $\mathcal{L}_A$ 的一个表达式, 那么由 φ 所决定的基本开集 N_φ 为

$$N_\varphi = \{U \in S(\mathbb{B}) \mid [\varphi] \in U\}.$$

定理 7.15 设 T 是一阶语言 $\mathcal{L}_A$ 的一个一致理论. 令 $\mathbb{B} = \mathbb{B}_T^n$. 那么 $(S(\mathbb{B}), \tau_{\mathbb{B}})$ 与类型空间 $(S_n(T), \tau)$ 同坯.

7.4 饱和模型

现在我们来考虑型接纳和排斥问题 (问题 7.5 中的问题 (4) 和 (5)).

在实现同各自结构真实理论相一致类型的情形上, 自然数算术结构

$$(\mathbb{N}, 0, 1, +, \times, <)$$

与复数域结构

$$(\mathbb{C}, 0, 1, +, \times)$$

有天壤之别. 前者仅仅实现那些非实现不可的类型, 正如我们曾经在练习 7.12 中见到的, 自然数标准模型所实现的任何一个一元类型都一定是一个根本型; 后者则丰满之至、包罗万象, 饱和得厉害: 实现但凡可以实现的随小势语言添加而产生的类型.

同样的, 在可定义子集的紧致性特点方面, 复数域结构和实数域结构

$$(\mathbb{R}, 0, 1, +, \times)$$

或者实数有序域结构

$$(\mathbb{R}, 0, 1, +, \times, <)$$

也有天壤之别. 在复数域结构上, 任何由可数个可定义的子集所组成的具有有限交性质的集簇一定有非空交; 而在实数有序域结构上就有可数个开区间套序列之交为空.

本节, 我们系统地探讨这种差别.

7.4.1 有理数轴饱和性

在稳定性一节 (7.3.1 小节) 的开头, 我们注意到无端点稠密线性序理论, 尽管在同构意义下它是一个只有唯一可数模型的理论, 随着添加常元的个数变化, 这个理论相应的 1-元类型空间的势发生巨大的变化, 因此这个理论不是 ω-稳定理论. 但是, 如果只添加有限个常元符号, 相应的 1-元类型空间仍然是一个有限空间, 而且其中的每一个类型都在有理数轴上被实现. 这个事实实际上在康托同构定理 (定理 3.6) 的证明中被用到. 这也正是康托同构定理证明中往返推进方法最实质的地方.

定理 7.16 (ℚ-类型定理) 如果 $X \subset \mathbb{Q}$ 是一个有 $m \geqslant 1$ 个元素的集合, 那么 $S_1(\mathrm{Th}((\mathbb{Q}, <, a)_{a\in X}))$ 具有 $2m+1$ 个类型, 并且其中的每一个类型都是一个根本型, 因此都在 $(\mathbb{Q}, <, a)_{a\in X}$ 中被实现.

证明 设 $X = \{a_1, \cdots, a_m\}$. 进一步假定 $a_1 < a_2 < \cdots < a_m$. 设 $\Gamma(x_1) \in S_1(\mathrm{Th}((\mathbb{Q}, <, a)_{a\in X}))$. 那么这一类型 $\Gamma(x_1)$ 必须对 x_1 与这一组参数 $\{a_1, a_2, \cdots, a_m\}$ 之间的恰当位置问题给出肯定的答案, 而这些问题的答案只能是: 或者 x_1 比它们都小; 或者 x_1 比它们都大; 或者 x_1 就是它们中间的一个; 或者 x_1 严格位于它们之间的某处; 除了这些相互排斥的答案外再无其他可能. 因此, $\Gamma(x_1)$ 中必然含有, 而且也只能含有下列 $2m+1$ 个表达式中的一个:

$$P_<(x_1, c_{a_1}), P_<(c_{a_m}, x_1), (P_<(a_k, x_1) \wedge P_<(x_1, a_{k+1}))(1 \leqslant k < m), (x_1 \hat{=} c_{a_i})(1 \leqslant i \leqslant m).$$

将这 $2m+1$ 个表达式依照上面的顺序排列成 φ_i $(0 \leqslant i \leqslant 2m)$. 对于 $0 \leqslant i \neq j \leqslant 2m$, 一定有

$$\mathrm{Th}((\mathbb{Q}, <, a)_{a\in X}) \vdash (\varphi_i \rightarrow (\neg\varphi_j)).$$

对于 $0 \leqslant i \leqslant 2m$, 令

$$A_i = \{r \in \mathbb{Q} \mid (\mathbb{Q}, <) \models \varphi_i[r, a_1, a_2, \cdots, a_m]\}.$$

设 $\psi(x_1, x_2, \cdots, x_{m+1})$ 为一个表达式. 令

$$A = \{r \in \mathbb{Q} \mid (\mathbb{Q}, <) \models \psi[r, a_1, a_2, \cdots, a_m]\}$$

以及

$$B = \{r \in \mathbb{Q} \mid (\mathbb{Q}, <) \models (\neg\psi)[r, a_1, a_2, \cdots, a_m]\}.$$

根据有理数轴区间定理 (定理 3.16), A 和 B 都分别是端点在 X 中的区间的并. 令

$$D = \{i \mid 0 \leqslant i \leqslant 2m \wedge A_i \subseteq A\} \text{ 以及 } E = \{i \mid 0 \leqslant i \leqslant 2m \wedge A_i \subseteq B\}.$$

那么 $D \cap E = \varnothing$, $D \cup E = \{0, 1, \cdots, 2m\}$. 因此, 如果 $\varphi_i \in \Gamma(x_1)$, 那么 φ_i 就是 $\Gamma(x_1)$ 的生成表达式.

由于每一个 φ_i 都会在 $(\mathbb{Q}, <, a)_{a\in X}$ 中被满足, $S_1(\mathrm{Th}((\mathbb{Q}, <, a)_{a\in X}))$ 的每一个类型都会在 $(\mathbb{Q}, <, a)_{a\in X}$ 中被实现. □

从这个定理可以看出, 任何一个可数无端点稠密线性序在经过添加有限个常元符号的扩充之后都实现与之相应的类型. 所以, 可以用往返推进方法构造两个可数无端点稠密线性序的同构.

我们把可数无端点稠密线性序所持有的这种特性称之为饱和特性, 这样的结构被称为饱和结构. 更确切地, 我们在 7.4.2 小节中引进这一概念.

7.4.2　饱和结构

与基本结构成鲜明对比的结构是饱和结构. 所谓饱和结构 $\mathcal{M} = (\mathcal{M}, I)$ 是指当结构 M 的语言被少量 (相对于 M 的势而言) 常元符号添加后所得新语言中任何一种可以实现的类型都事实上可以在 M 的一种自然扩展中得到实现. 比如说, 有理数轴就实现与无端点稠密线性序理论相一致的任何添加有限个常元符号后的类型. 同样地, 复数域结构 $(\mathbb{C}, 0, 1, +, \times)$ 就实现在添加 $|\mathbb{C}|$ 个新常元符号的语言之下的任何一个与复数域推论相一致的类型.

定义 7.20　设 $\mathcal{L}_A$ 是一个一阶语言.

(1) $\mathcal{L}_A$ 的一个结构 $\mathcal{M}$ 是一个弱饱和结构当且仅当语言 $\mathcal{L}_A$ 中的每一个与 $\mathrm{Th}(\mathcal{M})$ 相一致的表达式集合 $\Gamma(x_1)$ 都在结构 $\mathcal{M}$ 中得以实现.

(2) $\mathcal{L}_A$ 的一个结构 $\mathcal{M}$ 是一个 ω-饱和结构当且仅当对 M 的每一个有限子集合 D, 语言 $\mathcal{L}_{A_D}$ 中的每一个与 $\mathrm{Th}(\mathcal{M}_D)$ 相一致的表达式集合 $\Gamma(x_1)$ 都在结构 $\mathcal{M}_D$ 中得以实现.

(3) $\mathcal{L}_A$ 的一个结构 $\mathcal{M}$ 是一个 ω_1-饱和结构当且仅当对 M 的每一个可数子集合 D, 语言 $\mathcal{L}_{A_D}$ 中的每一个与 $\mathrm{Th}(\mathcal{M}_D)$ 相一致的表达式集合 $\Gamma(x_1)$ 都在结构 $\mathcal{M}_D$ 中得以实现.

(4) $\mathcal{L}_A$ 的一个结构 $\mathcal{M}$ 是一个饱和结构当且仅当如果 $D \subset M$, 而且 $|D| < |M|$, 那么语言 $\mathcal{L}_{A_D}$ 中的每一个与 $\mathrm{Th}(\mathcal{M}_D)$ 相一致的表达式集合 $\Gamma(x_1)$ 都在结构 $\mathcal{M}_D$ 中得以实现.

例 7.7　(1) 每一个无穷饱和结构一定是一个 ω-饱和结构; 每一个 ω-饱和结构一定是一个弱饱和结构; 任何一个不可数的饱和结构一定是 ω_1-饱和结构; 任何一个 ω_1-饱和结构一定是 ω-饱和结构.

(2) $(\mathbb{Q}, <)$ 是一个饱和结构.

(3) $(\mathbb{R}, <)$ 是一个 ω-饱和结构, 但不是一个 ω_1-饱和结构, 所以也就不是一个饱和结构.

(4) 设 $\mathbb{F}$ 是一个域. 如果 $\mathbb{F}$ 是 ω-饱和的, 那么 $\mathbb{F}$ 是一个代数封闭域.

证明　(2) 由定理 7.16 给出.

(3) 任何一个无端点稠密线性序都是一个 ω-饱和结构. 考虑实数轴上的两个可数子集

$$X_0 = \left\{0, \frac{1}{n+1} \mid n \in \mathbb{N}\right\}$$

和

$$X_1 = \{n \mid n \in \mathbb{N}\}.$$

分别考虑结构 $(\mathbb{R},<,a)_{a\in X_0}$ 上的表达式集合

$$G_0(x_1)=\{P_<(c_0,x_1),P_<(x_1,c_{\frac{1}{n+1}})\mid n\in\mathbb{N}\}$$

和结构 $(\mathbb{R},<,a)_{a\in X_1}$ 上的表达式集合

$$G_1(x_1)=\{P_<(c_n,x_1)\mid n\in\mathbb{N}\}.$$

它们都和相应的结构的真实理论相一致. 令 $\Gamma_i(x_1)\supset G_i(x_1)$ 为各自在相应的语言中的扩展类型. 这两个分别和相应的结构的真实理论相一致的类型都被各自的结构所省略①. 因此, $(\mathbb{R},<)$ 不是一个 ω_1-饱和结构.

(4) 设 $\mathbb{F}$ 是一个 ω-饱和的域. 令 $f\in\mathbb{F}[X]$ 为一个 $\mathbb{F}$ 上的多项式. 那么 $(\tau_f(x_1)\hat{=}c_0)$ 是一个与 $\mathrm{Th}(\mathbb{F}_\mathbb{F})$ 相一致的表达式, 其中 τ_f 是由非逻辑符号集合 $\{c_0,c_1,F_+,F_-,F_\times\}\cup\{c_a\mid a\in\mathbb{F}\}$ 所决定的语言中表示多项式 f 的项. 此表达式只涉及 $\mathbb{F}$ 中的有限个元素 (即那些多项式 f 的系数 $\{a_1,\cdots,a_n\}$). 所以, 由表达式 $(\tau_f(x_1)\hat{=}c_0)$ 所生成的在语言 $\mathcal{L}_{\{c_0,c_1,F_+,F_-,F_\times\}\cup\{c_{a_1},\cdots,c_{a_n}\}}$ 中的 1-元类型必在 $\mathbb{F}$ 中被实现. 因此 $\mathbb{F}\models(\exists x_1(\tau_f(x_1)\hat{=}c_0))$. □

例如, 一个代数封闭域 $\mathcal{M}$ 是饱和的当且仅当 $\mathcal{M}$ 的超越度为无限 (证明参见 7.4.3 小节).

7.4.3 可数饱和模型

定理 7.17 (可数饱和模型存在特性) 设 $\mathcal{L}_\mathcal{A}$ 是一个可数语言, T 是 $\mathcal{L}_\mathcal{A}$ 的一个只有无穷模型的完全理论. 那么, T 有一个可数饱和模型的充分必要条件就是每一个型空间 $S_n(T)(n\geqslant 1)$ 都是可数的.

证明 (充分性) 设 $\mathcal{M}_0$ 为 T 的一个可数模型.

对每个有限的 $e\subset M_0$, 令 $\Gamma_e=S_1(\mathrm{Th}((\mathcal{M}_0,c_a)_{a\in e}))$. 设 $e=\{a_1,\cdots,a_m\}$. 对于 $p\in\Gamma_e$, 考虑

$$\tilde{p}=\{\varphi(x_1,c_{a_1},\cdots,c_{a_m};x_1,x_2,\cdots,x_{m+1})\mid\varphi\in p\}.$$

那么 $\tilde{p}\in S_{m+1}(T)$. 对于 Γ_e 中不同的 p,q, $\tilde{p}\neq\tilde{q}$. 因为 $S_{m+1}(T)$ 是可数的, Γ_e 是可数的.

对每一个有限的 $e\subset M_0$ 和每一个 $p\in\Gamma_e$, 引进一个新常元符号 c_{ep}. 令

$$T_0=\mathrm{Th}((\mathcal{M}_0,c_a)_{a\in M_0})\cup\cup\{p(c_{ep})\mid e\subset M_0\text{有限}\wedge p(x_1)\in\Gamma_e\}.$$

断言: T_0 的任意一个非空有限子集都是一致的.

①这样的两种类型之所以被 $(\mathbb{R},<)$ 所省略是因为实数轴是一条含有一个可数稠密子集 (实数轴的可分性) 以及实数轴具有阿基米德特性 (即无论一个正实数有多大, 一定会有一个更大的自然数).

给定一个 T_0 的有限子集, 假设它涉及有限个类型 $p_1, \cdots, p_m$ 和 M_0 的有限个元素 $\{a_0, \cdots, a_k\}$.

我们系列地应用第二紧致性定理 m 次, 得到 $\mathcal{M}_0$ 的一个实现这 m 个类型的同质放大结构. 在这个结构中, 所涉及的有限个语句就都被满足了.

由紧致性定理 (定理 5.1) 知道 T_0 是一个一致的理论.

由于 $\mathcal{L}(T_0)$ 是可数的, 根据同质缩小定理 (定理 3.17), 取一个可数的

$$\mathcal{N}_1 \models T_0.$$

再令 $\mathcal{M}_1$ 为 $\mathcal{N}_1$ 在语言 $\mathcal{L}_\mathcal{A}$ 中的简化结构. 假定 $\mathcal{M}_0 \subset \mathcal{M}_1$. 于是,

$$\mathcal{M}_0 \prec \mathcal{M}_1$$

并且如果 $e \subset M_0$ 是有限的, $p(x_1) \in \Gamma_e$, 那么必有 M_1 中的一个元素 b 在模型 $(\mathcal{M}_1, c_a)_{a\in e}$ 中实现 $p(x_1)$.

递归地重复上述过程, 得到 $\langle \mathcal{M}_n \mid n \in \mathbb{N} \rangle$:

$$\mathcal{M}_0 \prec \mathcal{M}_1 \prec \mathcal{M}_2 \prec \cdots,$$

如果 $e \subset M_n$ 是有限的, $p(x_1) \in S_1(\mathrm{Th}((\mathcal{M}_n, c_a)_{a\in e}))$, 那么必有 M_{n+1} 中的一个元素 b 在模型

$$(\mathcal{M}_{n+1}, c_a)_{a\in e}$$

中实现 $p(x_1)$.

令 $\mathcal{M} = \bigcup_{n=0}^{\infty} \mathcal{M}_n$. 那么 $\mathcal{M}$ 是 T 的一个可数模型, 根据塔尔斯基极限定理 (推论 5.1), $\mathcal{M}$ 是每一个 $\mathcal{M}_n$ 的同质放大模型.

现在证明: $\mathcal{M}$ 是 ω-饱和的.

任取有限子集 $e \subset M$, 以及 $S_1(\mathrm{Th}((\mathcal{M}, c_a)_{a\in e}))$ 中的一个元素 $p(x_1)$.

首先, e 一定是某一个 M_n 的有限子集 (n 足够大); 其次, 由于

$$(\mathcal{M}_n, c_a)_{a\in e} \prec (\mathcal{M}, c_a)_{a\in e},$$

$p(x_1)$ 是 $S_1(\mathrm{Th}((\mathcal{M}_n, c_a)_{a\in e}))$ 中的一个元素.

由我们的构造, M_{n+1} 中必有一个元素 b 在模型 $(\mathcal{M}_{n+1}, c_a)_{a\in e}$ 中实现 $p(x_1)$. 这一个元素 $b \in M$ 也一定在模型 $(\mathcal{M}, c_a)_{a\in e}$ 中实现 $p(x_1)$. □

定理 7.18 (ω-饱和同质放大定理)　*设 $\mathcal{L}_\mathcal{A}$ 是一个可数语言, $\mathcal{M}$ 是 $\mathcal{L}_\mathcal{A}$ 的一个无限结构. 那么 $\mathcal{M}$ 一定有一个 ω-饱和的同质放大结构 $\mathcal{N}$.*

证明　几乎完全与前面定理 7.17 充分性证明相同, 只是不必挂念最终的模型是否可数. □

定理 7.19 (可数饱和模型唯一性) 如果 $\mathcal{M}$ 与 $\mathcal{N}$ 是 $\mathcal{L}_{\mathcal{A}}$ 的两个同样 ($\mathcal{M}\equiv\mathcal{N}$) 的可数饱和模型, 那么它们一定同构.

证明 设 $\mathcal{M}\equiv\mathcal{N}$ 为两个同样的可数饱和模型. 令 $\{d_n \mid n\in\mathbb{N}\}$ 为没有在 $\mathcal{L}(\mathcal{M})$ 中出现过的新常元符号的集合. 令

$$M=\{a_n \mid n\in\mathbb{N}\},\ \text{以及}\ N=\{b_n \mid n\in\mathbb{N}\}.$$

$i=0$. 令 $a_0^*=a_0$, 考虑

$$\Gamma_0(x_1)=\{\varphi(x_1)\in\mathcal{L}_{\mathcal{A}} \mid \mathcal{M}\models\varphi[a_0^*]\}.$$

那么 $\Gamma_0(x_1)\in S_1(\mathrm{Th}(\mathcal{M}))=S_1(\mathrm{Th}(\mathcal{N}))$. 由于 $\mathcal{N}$ 是饱和的, 令 $b_0^*\in N$ 实现 $\Gamma_0(x_1)$. 于是, $(\mathcal{M},a_0^*)\equiv(\mathcal{N},b_0^*)$.

$i=1$. 令 b_1^* 为 $N-\{b_0^*\}$ 中指标最小的元素, 考虑

$$\Gamma_1(x_1)=\{\varphi(x_1)\in\mathcal{L}_{\mathcal{A}\cup\{d_0\}} \mid (\mathcal{N},b_0^*)\models\varphi[b_1^*]\}.$$

那么 $\Gamma_1(x_1)\in S_1(\mathrm{Th}(\mathcal{N},b_0^*))=S_1(\mathrm{Th}(\mathcal{M},a_0^*))$. 由于 $\mathcal{M}$ 是饱和的, 令 $a_1^*\in M$ 实现 $\Gamma_1(x_1)$.

递归地, 假定我们已经定义了满足如下要求的序列 $\{(a_0^*,b_0^*),\cdots,(a_m^*,b_m^*)\}$:

$$(\mathcal{M},a_0^*,\cdots,a_m^*)\equiv(\mathcal{N},b_0^*,\cdots,b_m^*).$$

$i=2m+2$. 令 a_{m+1}^* 为 $M-\{a_0^*,\cdots,a_m^*\}$ 中指标最小的元素, 考虑

$$\Gamma_{2m+2}(x_1)=\{\varphi(x_1)\in\mathcal{L}_{\mathcal{A}\cup\{d_0,\cdots,d_m\}} \mid (\mathcal{M},a_0^*,\cdots,a_m^*)\models\varphi[a_{m+1}^*]\}.$$

那么 $\Gamma_{2m+2}(x_1)\in S_1(\mathrm{Th}(\mathcal{M},a_0^*,\cdots,a_m^*))=S_1(\mathrm{Th}(\mathcal{N},b_0^*,\cdots,b_m^*))$. 由于 $\mathcal{N}$ 是饱和的, 令 $b_{m+1}^*\in N$ 实现 $\Gamma_{2m+2}(x_1)$. 那么

$$(\mathcal{M},a_0^*,\cdots,a_m^*,a_{m+1}^*)\equiv(\mathcal{N},b_0^*,\cdots,b_m^*,b_{m+1}^*).$$

$i=2m+2+1$. 令 b_{m+2}^* 为 $N-\{b_0^*,\cdots,b_{m+1}^*\}$ 中指标最小的元素, 考虑

$$\Gamma_{2m+2+1}(x_1)=\{\varphi(x_1)\in\mathcal{L}_{\mathcal{A}\cup\{d_0,\cdots,d_m,d_{m+1}\}} \mid (\mathcal{N},b_0^*,\cdots,b_{m+1}^*)\models\varphi[b_{m+2}^*]\}.$$

那么 $\Gamma_{2m+2+1}(x_1)\in S_1(\mathrm{Th}(\mathcal{N},b_0^*,\cdots,b_{m+1}^*))=S_1(\mathrm{Th}(\mathcal{M},a_0^*,\cdots,a_{m+1}^*))$. 由于 $\mathcal{M}$ 是饱和的, 令 $a_{m+2}^*\in M$ 实现 $\Gamma_{2m+2+1}(x_1)$. 那么

$$(\mathcal{M},a_0^*,\cdots,a_m^*,a_{m+1}^*,a_{m+2}^*)\equiv(\mathcal{N},b_0^*,\cdots,b_m^*,b_{m+1}^*,b_{m+2}^*).$$

最后, 映射 $e(a_m^*)=b_m^*$ 是从 M 到 N 的一个双射, 并且, $e:\mathcal{M}\cong\mathcal{N}$, 因为

$$(\mathcal{M},a_m^*)_{m\in\mathbb{N}}\equiv(\mathcal{N},e(a_m^*))_{m\in\mathbb{N}}.$$

□

推论 7.4 设 $\mathcal{L}_A$ 是一个可数语言. 设 T 是 $\mathcal{L}_A$ 的一个只有无限模型的完全理论. 那么 T 是 $\mathcal{L}_A$ 的一个 ω-等势同构的理论的充分必要条件是 T 的每一个可数模型都是饱和的.

证明 (充分性) 设 $\mathcal{M}_0, \mathcal{M}_1$ 是 T 的两个可数模型. 根据给定条件, 它们都是饱和的. 因为 T 是完全的, 这个完全理论的两个模型必定同样. 根据可数饱和模型唯一性定理 (定理 7.19), $\mathcal{M}_0 \cong \mathcal{M}_1$.

(必要性) 因为 T 是 ω-等势同构理论, 根据定理 7.7, 对于每一个 $n \geqslant 1$, $S_n(T)$ 都是有限的. 根据可数饱和模型存在性定理 (定理 7.17), T 有一个可数饱和模型. 所以, T 的每一个可数模型都是饱和的. □

前面我们看到任何一个可数线性序都可以嵌入到 $(\mathbb{Q}, <)$ 之中, 而 $(\mathbb{Q}, <)$ 之所以这样包罗万象, 恰恰缘起它的饱和性.

定理 7.20 (可数饱和模型广集性) 设 $\mathcal{L}_A$ 是一个可数语言. 设 $\mathcal{M}$ 是 $\mathcal{L}_A$ 的一个 ω-饱和结构. 如果 $\mathcal{N}$ 是 $\mathcal{L}_A$ 的一个与 $\mathcal{M}$ 同样的可数模型, 那么 $\mathcal{N}$ 可以同质地嵌入到 $\mathcal{M}$ 中去. 也就是说, 可数饱和模型具有**可数广集性**.

证明 设 $\mathcal{M}$ 和 $\mathcal{N}$ 如定理所给定. 令

$$N = \{a_n \mid n \in \mathbb{N}\}.$$

令 $\{d_n \mid n \in \mathbb{N}\}$ 是可数个新常元符号, 并且令

$$\Gamma_0(x_1) = \{\varphi(x_1) \in \mathcal{L}_\mathcal{A} \mid \mathcal{N} \models \varphi[a_0]\}.$$

由于 $\mathcal{M} \equiv \mathcal{N}$, $\Gamma_0(x_1) \in S_1(\text{Th}(\mathcal{M}))$. 令 $b_0 \in M$ 为实现 $\Gamma_0(x_1)$ 的一个元素. 那么

$$(\mathcal{N}, a_0) \equiv (\mathcal{M}, b_0).$$

递归地, 假设 $\{(a_0, b_0), \cdots, (a_m, b_m)\}$ 已经定义, 并且满足如下关系式 $(0 \leqslant i \leqslant m)$:

$$(\mathcal{N}, a_0, \cdots, a_i) \equiv (\mathcal{M}, b_0, \cdots, b_i).$$

令

$$\Gamma_{m+1}(x_1) = \{\varphi(x_1) \in \mathcal{L}_{\mathcal{A} \cup \{d_0, \cdots, d_m\}} \mid (\mathcal{N}, a_0, \cdots, a_m) \models \varphi[a_{m+1}]\}.$$

由于

$$(\mathcal{N}, a_0, \cdots, a_m) \equiv (\mathcal{M}, b_0, \cdots, b_m).$$

$\Gamma_{m+1}(x_1) \in S_1(\text{Th}(\mathcal{M}, b_0, \cdots, b_m))$. 令 $b_{m+1} \in M$ 为实现 $\Gamma_{m+1}(x_1)$ 的一个元素. 那么

$$(\mathcal{N}, a_0, \cdots, a_m, a_{m+1}) \equiv (\mathcal{M}, b_0, \cdots, b_m, b_{m+1}).$$

这样, 映射 $e(a_n) = b_n$ 就是一个从 $\mathcal{N}$ 到 $\mathcal{M}$ 的同质嵌入映射. □

定义 7.21 (整齐结构) 语言 $\mathcal{L}_\mathcal{A}$ 的一个可数结构 $\mathcal{M}$ 是一个**整齐**(homogeneous)结构当且仅当对于 M 的任意一个有限子集合 $X \subset M$ 以及一个从 X 到 M 的映射 $f: X \to M$, 如果

$$(\mathcal{M}, c)_{c\in X} \equiv (\mathcal{M}, f(c))_{c\in X},$$

那么对于任意的 $a \in M$, 都一定有 $b \in M$ 来保证如下的同样性:

$$(\mathcal{M}, c, a)_{c\in X} \equiv (\mathcal{M}, f(c), b)_{c\in X}.$$

命题 7.1 语言 $\mathcal{L}_\mathcal{A}$ 的一个可数结构 $\mathcal{M}$ 是一个整齐结构当且仅当对于 M 的任意一个有限局部自同构都可以扩展成为 $\mathcal{M}$ 的一个自同构.

证明 留作练习. □

下面的可数饱和模型特征定理表明: 可数饱和性等于可数广集性加上整齐性.

定理 7.21 (Morley-Vaught) 设 $\mathcal{M}$ 是语言 $\mathcal{L}_\mathcal{A}$ 的一个可数无限结构. 那么 $\mathcal{M}$ 是一个饱和结构当且仅当 $\mathcal{M}$ 同时具备如下两条性质:

(1) 如果 $\mathcal{N}$ 是 $\mathcal{L}_\mathcal{A}$ 的一个与 $\mathcal{M}$ 同样的可数模型, 那么 $\mathcal{N}$ 可以同质地嵌入到 $\mathcal{M}$ 中去;

(2) $\mathcal{M}$ 是一个整齐结构.

证明 (必要性) 设 $\mathcal{M}$ 是语言 $\mathcal{L}_\mathcal{A}$ 的一个可数无限饱和结构. 证明 $\mathcal{M}$ 是一个整齐结构.

设 $X \subset M$ 有限, $f: X \to M$, 并且

$$(\mathcal{M}, c)_{c\in X} \equiv (\mathcal{M}, f(c))_{c\in X}.$$

令 $a \in M$, 以及 $\Gamma(x_0) = \{\varphi(x_0) \mid (\mathcal{M}, c)_{c\in X} \models \varphi[a]\} \in S_1(\mathrm{Th}((\mathcal{M}, c)_{c\in X}))$. 那么 $\Gamma(x_0) \in S_1(\mathrm{Th}((\mathcal{M}, f(c))_{c\in X}))$. 由于 $\{f(c) \mid c \in X\}$ 是有限的, $\mathcal{M}$ 是饱和的, 必有某个 $b \in M$ 在结构 $(\mathcal{M}, f(c))_{c\in X}$ 中实现这个类型. 这样的 b 就满足要求.

(充分性) 假设 $X \subset M$ 是一个有限子集. 令 $\Gamma(x_0) \in S_1(\mathrm{Th}((\mathcal{M}, c)_{c\in X}))$.

根据可实现性条件 (定理 7.2), $\Gamma(x_0)$ 一定可以在理论 $T = \mathrm{Th}((\mathcal{M}, a)_{a\in M})$ 的某个可数模型中得以实现. 令 $\mathcal{N}$ 为 $\mathcal{M}$ 的一个满足下述要求的可数的同质放大模型: 模型 $(\mathcal{N}, c)_{c\in X}$ 实现了类型 $\Gamma(x_0)$. 根据给定的条件 (1), $\mathcal{N}$ 可以同质地嵌入到 $\mathcal{M}$ 之中, 令 $f: N \to M$ 为这样一个嵌入映射. 那么

$$(\mathcal{M}, f(c))_{c\in X} \equiv (\mathcal{M}, c)_{c\in X}.$$

令 $d \in N$ 来见证 $f(d)$ 在结构 $(\mathcal{M}, f(c))_{c\in X}$ 中实现 $\Gamma(x_0)$. 根据给定条件 (2), $\mathcal{M}$ 是一个整齐结构, 令 $b \in M$ 来见证

$$(\mathcal{M}, f(c), f(d))_{c\in X} \equiv (\mathcal{M}, c, b)_{c\in X},$$

那么 b 就在结构 $(\mathcal{M},c)_{c\in X}$ 中实现 $\Gamma(x_0)$. □

下面的定理表明弱饱和结构概念是一个比起饱和概念来的确要弱一些的概念.

定理 7.22 设 T 是一个只有无限模型的完全理论, 并且在同构的意义下, T 只有有限个可数模型, 但至少有两个不同构的可数模型. 那么 T 一定有一个可数的弱饱和的但并非饱和的模型.

证明 根据给定假设条件, T 只有有限个彼此不同构的可数模型, 每一个可数模型只能实现可数个 T 的扩展类型, 所以 T 的类型空间 $S_n(T)$ 都是可数的. 根据可数饱和模型存在性条件 (定理 7.17), T 有一个可数饱和模型 $\mathcal{M}$.

设 $\mathcal{M}_1,\cdots,\mathcal{M}_k$ 是 T 的全部的非饱和的彼此互不同构的可数模型. 我们断言这 k 个模型中必有一个是弱饱和的.

假设不然, 它们都不是弱饱和的. 对于 $1\leqslant i\leqslant k$, 令 $\Gamma_i(x_1,\cdots,x_{n_i})$ 为一个没有被 $\mathcal{M}_i$ 所实现的一个 n_i-元类型, 并且令

$$\Sigma_i(x_{1+\ell_i},\cdots,x_{n_i+\ell_i})=\{\varphi(x_1,\cdots,x_{n_i};x_{1+\ell_i},\cdots,x_{n_i+\ell_i})\mid\varphi\in\Gamma_i\},$$

其中 $\ell_i=\displaystyle\sum_{j=1}^{n_i-1}n_j$.

就实现状况而言, Σ_i 与 Γ_i 是完全一样的; 所不同的是, 当 $i\neq j$ 时, Σ_i 与 Γ_j 所涉及的自由变元符号完全不相同.

令

$$\Sigma=\cup\{\Sigma_i\mid 1\leqslant i\leqslant k\}.$$

将 $\mathcal{M}$ 中实现每一个 Σ_i 的 n_i-元组顺序地联结起来就得到一个 $\mathcal{M}$ 中实现 Σ 的 ℓ_{k+1}-元组 (这就是上面做出变元符号下标适当调整的原因).

令 $d_1,\cdots,d_{\ell_{k+1}}$ 为不在 T 中出现的新常元符号. 再令

$$T^*=T\cup\{\varphi(y_1,\cdots,y_{\ell_{k+1}};d_1,\cdots,d_{\ell_{k+1}})\mid\varphi\in\Sigma\}.$$

T^* 是一个一致理论, 它有一个可数模型. 令 $\mathcal{N}^*$ 为 T^* 的一个可数模型. 它在语言 $\mathcal{L}(T)$ 上的简化结构 $\mathcal{N}$ 是 T 的一个模型. 因为每一个 $\mathcal{M}_i$ 排斥 Σ_i, $\mathcal{N}$ 实现 Σ_i, 所以 $\mathcal{N}\not\cong\mathcal{M}_i$. 因此, $\mathcal{N}\cong\mathcal{M}$. 由于 $\mathcal{M}$ 又是一个整齐模型, 这就意味着 T^* 的所有可数模型都彼此同构. 根据可数等势同构理论的类型特征 (定理 7.7), 对于任何正整数 n, T^* 都只有有限个 n-元类型扩展. 由于 T^* 的语言是在 T 的语言上添加了有限个新常元符号的结果, T^* 的每一个 n-元类型都是 T 的一个 n-元类型的扩展, 并且 T 的不同的 n-元类型在 T^* 中有不同的 n-类型扩展. 这就意味着对于任何一个正整数 n, T 也只有有限个 n-元类型扩展. 由此得到结论: 在同构意义下, T 只能有一个可数模型. □

问题 7.10 如果一个只有无限模型的完全理论只有有限个彼此不同构的可数模型, 那么它可能会有多少个?

我们将在后面看到, 无论如何, 不可能恰好有两个彼此互不同构的可数模型 (推论 7.5). 这需要我们对基本模型进行分析 (详情见 7.5 节).

7.4.4 ω_1-饱和结构

定理 7.23 (饱和结构存在性) 设 $\mathcal{L}_\mathcal{A}$ 是一个可数一阶语言.

(1) $\mathcal{L}_\mathcal{A}$ 的每一个结构 $\mathcal{M}$ 都有一个 ω_1-饱和的同质放大结构 $\mathcal{N}$;

(2) 如果 $\mathcal{M}$ 是 $\mathcal{L}_\mathcal{A}$ 的一个 ω_1-饱和结构, $\mathcal{N}$ 是一个与 $\mathcal{M}$ 同样的势小于等于 ω_1 的 $\mathcal{L}_\mathcal{A}$-结构, 那么, $\mathcal{N}$ 一定可以同质嵌入到 $\mathcal{M}$ 之中.

证明 定理的证明是相应的可数模型情形的定理 (定理 7.17 和定理 7.20) 证明的超限归纳法推广 (到 ω_1 步).

(2) 令 $N = \{b_\alpha \mid \alpha < \omega_1\}$. 添加不可数个新常元符号 $\{d_\alpha \mid \alpha < \omega_1\}$ 到现有语言中去. 递归地, 如下来定义 $g(b_\alpha) \in M$: 假设对于 $\alpha < \gamma < \omega_1$, 我们已经定义了 $g(b_\alpha)$, 并且

$$(\mathcal{M}, g(b_\alpha))_{\alpha<\gamma} \equiv (\mathcal{N}, b_\alpha)_{\alpha<\gamma}.$$

需要定义 $g(b_\gamma)$. 令

$$\Gamma_\gamma(x_1) = \{\varphi(x_1) \in \mathcal{L}_{\mathcal{A}\cup\{d_\alpha \mid \alpha<\gamma\}} \mid (\mathcal{N}, b_\alpha)_{\alpha<\gamma} \models \varphi[b_\gamma]\}.$$

那么 $\Gamma_\gamma(x_1) \in S_1(\mathrm{Th}((\mathcal{M}, g(b_\alpha))_{\alpha<\gamma}))$. 由于 $\mathcal{M}$ 是 ω_1-饱和的, 集合

$$\{g(b_\alpha) \mid \alpha < \gamma\}$$

是一个可数集, $(\mathcal{M}, g(b_\alpha))_{\alpha<\gamma}$ 一定实现了 $\Gamma_\gamma(x_1)$. 令 $g(b_\gamma) \in M$ 实现这个类型. 那么

$$(\mathcal{M}, g(b_\alpha))_{\alpha\leqslant\gamma} \equiv (\mathcal{N}, b_\alpha)_{\alpha\leqslant\gamma}.$$

这样定义的 $g : N \to M$ 就是一个 $\mathcal{N}$ 到 $\mathcal{M}$ 的同质嵌入映射. □

定理 7.24 (Morley-Vaught 唯一性定理) 如果 $\mathcal{M}$ 与 $\mathcal{N}$ 是同一种语言的两个等势的无穷的同样的饱和结构, 那么 $\mathcal{M} \cong \mathcal{N}$.

证明 定理的证明是可数饱和模型唯一性定理 7.19 证明的直接 (应用超限归纳法) 推广. 证明方法依旧是康托同构定理证明中使用的往返推进方法. □

定理 7.25 设 $\mathcal{L}_\mathcal{A}$ 是一个可数一阶语言. 那么 $\mathcal{L}_\mathcal{A}$ 的一个结构 $\mathcal{M}$ 是一个 ω_1-饱和结构当且仅当任何可数个具有有限交性质的 $\mathcal{M}$ 上的可定义子集之交一定非空, 即若 $\mathcal{F} = \{D_i \mid i \in \mathbb{N}\}$ 是 $\mathcal{M}$ 上的可数个可定义子集, 而且 $\mathcal{F}$ 的任意一个有限子集都有非空交. 那么 $\mathcal{F}$ 必有非空交.

证明　(必要性) 令 $\mathcal{F}$ 是一个具有有限交性质的 $\mathcal{M}$ 上的可数个可定义子集合的集合. 令 B 为那些在这些集合的定义中被用作参数的全体所成的集合. 那么 $B \subset M$ 是可数的. 考虑

$\Gamma(x_1) = \{\varphi(x_1) \mid \varphi(x_1)$ 是语言 $\mathcal{L}_{A_B}$ 中的被用来定义 $\mathcal{F}$ 中的某一个集合的表达式$\}$.

那么表达式集合 $\Gamma(x_1)$ 是一个可数集合, 并且, 由于 $\mathcal{F}$ 具有有限交特性, $\Gamma(x_1)$ 的任何一个有限子集都可以在 $\mathcal{M}_B$ 中得到实现. 因此, $\Gamma(x_1)$ 与 $\mathrm{Th}(\mathcal{M}_B)$ 是一致的. 由于 $\mathcal{M}$ 是 ω_1-饱和的, $\Gamma(x_1)$ 在 $\mathcal{M}$ 中被某个元素 a 所实现. 从而,

$$a \in \cap\{D \mid D \in \mathcal{F}\}.$$

(充分性) 设 $X \subset M$ 为一个可数子集. 令 $\Gamma(x_1) \in S_1(\mathrm{Th}((\mathcal{M}, a)_{a\in X}))$. 那么类型 $\Gamma(x_1)$ 是一个可数集合. 令

$$\mathcal{F} = \{\{a \in M \mid \mathcal{M}_X \models \varphi[a]\} \mid \varphi(x_1) \in \Gamma(x_1)\}.$$

那么 $\mathcal{F}$ 是一个具有有限交性质的 $\mathcal{M}$ 上 (以 X 中的元素为参数) 可定义子集的可数集合. 根据给定条件, 取

$$a \in \cap\mathcal{F}$$

那么 a 在 $\mathcal{M}_X$ 中实现 $\Gamma(x_1)$.　□

定理 7.26　设 $\mathcal{L}_\mathcal{A}$ 是一个可数语言. $\mathcal{M}$ 是 $\mathcal{L}_\mathcal{A}$ 的一个无限结构. 那么如下两个命题等价:

(1) $\mathcal{M}$ 是 ω_1-饱和的;

(2) 如果 $\mathcal{M}_0$ 是 $\mathcal{L}_\mathcal{A}$ 的可以同质地嵌入到 $\mathcal{M}$ 中去的可数结构, $e : \mathcal{M}_0 \to\!\!\prec \mathcal{M}$ 以及

$$f : \mathcal{M}_0 \to\!\!\prec \mathcal{M}_1,$$

并且 $\mathcal{M}_1$ 的势小于等于 ω_1, 那么存在一个从 $\mathcal{M}_1$ 到 $\mathcal{M}$ 的同质嵌入映射 g 来满足下述方程: $e = g \circ f$.

证明　(充分性) 令 $X \subset M$ 为一个可数子集. 应用同质缩小定理 (定理 3.17) 得到 $\mathcal{M}$ 的一个包含 X 的可数的同质子结构 $\mathcal{M}_0$, 即 $X \subset M_0$, $\mathcal{M}_0 \prec \mathcal{M}$, M_0 是可数的.

设 $\Gamma(x_1) \in S_1(\mathrm{Th}((\mathcal{M}, a)_{a\in X})) = S_1(\mathrm{Th}((\mathcal{M}_0, a)_{a\in X}))$. 根据第二紧致性定理 (定理 5.7), $(\mathcal{M}_0, a)_{a\in X}$ 有一个实现 $\Gamma(x_1)$ 的可数同质放大模型 $(\mathcal{M}_1, a)_{a\in X}$. 令 $d \in M_1$ 实现 $\Gamma(x_1)$. 根据给定条件, 令 $e : \mathcal{M}_1 \to\!\!\prec \mathcal{M}$. 那么 $e(d)$ 在 $(\mathcal{M}, a)_{a\in X}$ 中实现 $\Gamma(x_1)$.

所以, $\mathcal{M}$ 是 ω_1-饱和的.

(必要性) 假设 $\mathcal{M}_0$ 可数, $\mathcal{M}_1$ 的势至多 ω_1, 并且

$$e:\mathcal{M}_0 \to\!\prec \mathcal{M}, \quad f:\mathcal{M}_0 \to\!\prec \mathcal{M}_1.$$

首先, 对于每一个 $a \in M_0$, 定义

$$g(f(a)) = e(a).$$

令 $\{e_n \mid n \in \mathbb{N}\}$ 为新常元符号. 考虑在语言 $\mathcal{L}_{\mathcal{A}\cup\{e_n \mid n\in\mathbb{N}\}}$ 下的完全理论

$$T = \mathrm{Th}((\mathcal{M}_0, a)_{a\in M_0}).$$

那么 $(\mathcal{M}, e(a))_{a\in M_0} \models T$, $(\mathcal{M}_1, f(a))_{a\in M_0} \models T$. 从而

$$(\mathcal{M}, e(a))_{a\in M_0} \equiv (\mathcal{M}_1, f(a))_{a\in M_0}.$$

令

$$M_1 - f[M_0] = M_1 - \{f(a) \mid a \in M_0\} = \{b_\alpha \mid \alpha < \omega_1\}.$$

再添加不可数个新常元符号 $\{d_\alpha \mid \alpha < \omega_1\}$ 到现有语言中去. 递归地, 我们如下来定义 $g(b_\alpha) \in M$: 假设对于 $\alpha < \gamma < \omega_1$, 我们已经定义了 $g(b_\alpha)$, 并且

$$(\mathcal{M}, e(a), g(b_\alpha))_{a\in M_0,\alpha<\gamma} \equiv (\mathcal{M}_1, f(a), b_\alpha)_{a\in M_0,\alpha<\gamma}.$$

需要定义 $g(b_\gamma)$. 令

$$\Gamma_\gamma(x_1) = \{\varphi(x_1) \in \mathcal{L}_{\mathcal{A}\cup\{e_n \mid n\in\mathbb{N}\}\cup\{d_\alpha \mid \alpha<\gamma\}} \mid (\mathcal{M}_1, f(a), b_\alpha)_{a\in M_0,\alpha<\gamma} \models \varphi[b_\gamma]\}.$$

那么 $\Gamma_\gamma(x_1) \in S_1(\mathrm{Th}((\mathcal{M}, e(a), g(b_\alpha))_{a\in M_0,\alpha<\gamma}))$. 由于 $\mathcal{M}$ 是 ω_1-饱和的, 集合

$$\{e(a), g(b_\alpha) \mid a \in M_0, \alpha < \gamma\}$$

是一个可数集, $(\mathcal{M}, e(a), g(b_\alpha))_{a\in M_0,\alpha<\gamma}$ 一定实现了 $\Gamma_\gamma(x_1)$. 令 $g(b_\gamma) \in M$ 实现这个类型. 那么

$$(\mathcal{M}, e(a), g(b_\alpha))_{a\in M_0,\alpha\leqslant\gamma} \equiv (\mathcal{M}_1, f(a), b_\alpha)_{a\in M_0,\alpha\leqslant\gamma}.$$

这样定义的 $g: M_1 \to M$ 就是一个 $\mathcal{M}_1$ 到 $\mathcal{M}$ 的同质嵌入映射, 并且 $e = g\circ f$. □

7.5 基本模型

我们把那种只实现那些非实现不可的类型的结构称为基本结构.

定义 7.22 (基本结构)　语言 $\mathcal{L}_A$ 的一个结构 $\mathcal{M}$ 被称为 $\mathcal{L}_A$ 的一个基本结构当且仅当 M 中的每一个 n-元组

$$(a_1, \cdots, a_n)$$

都一定实现 $\mathcal{M}$ 的真实理论 $\mathrm{Th}(\mathcal{M})$ 的一个判定式.

也就是说, 一个结构是一个基本结构的充分必要条件就是它上面实现的每一个 n-元类型都是它的真实理论的一个根本型.

定义 7.23　设理论 T 是语言 $\mathcal{L}_A$ 的一个完全理论. 称 T 为 $\mathcal{L}_A$ 的一个根本型理论当且仅当 $\mathcal{L}_A$ 的每一个与 T 相一致的表达式都一定在 T 的某一个根本型之中.

例 7.8　(1) $(\mathbb{Q}, <)$ 既是一个基本结构, 又是一个饱和结构;

(2) $\mathcal{N} = (\mathbb{N}, 0, S, <)$ 是一个基本结构;

(3) $\mathcal{N} = (\mathbb{N}, 0, S, +, \cdot, <)$ 是一个基本结构;

(4) $\mathcal{Z} = (\mathbb{Z}, 1, +, -, <)$ 是一个基本结构;

(5) $\mathcal{Q} = (\mathbb{Q}, 0, 1, +, -, \times, <)$ 是一个基本结构;

(6) 令 RCF_o 为有序实封闭域理论. 由全体实代数数所构成的有序域就是 RCF_o 的唯一一个基本模型;

(7) 在一个固定的特征 q(等于 0 或者等于某一个素数) 之下, 最小的特征为 q 的代数封闭域就是该特征下的代数封闭域理论 ACF_q 的唯一一个基本模型.

例 7.9　(1) 无端点稠密线性序理论 T_{odl} 是一个根本型理论.

(2) 实代数封闭域理论 RCF_o 是一个根本型理论;

(3) 特征为 $q = 0$ 或 q 为一素数的代数封闭域理论 ACF_q 是一个根本型理论.

这些例子的证明可以统一地由下述定理以及它们的模型完全性给出 (RCF_o 和 ACF_q 的模型完全性将在后面阐述).

定理 7.27 (基本模型存在性定理)　设 T 为一可数语言下的一个只有无限模型的完全理论.

(1) T 有一个可数基本模型的充分必要条件就是 T 是一个根本型理论.

(2) T 的一个可数模型 $\mathcal{M}$ 是一个基本模型的充分必要条件是 $\mathcal{M}$ 可以同质嵌入到任何一个 T 的模型 $\mathcal{N}$ 之中.

证明　(1) (必要性) 假设 $\mathcal{M} = (M, I)$ 是 T 的一个可数的基本模型, 而

$$\varphi(x_1, \cdots, x_n)$$

是一个与 T 相一致的表达式. 那么 $T \cup \{(\exists x_1(\cdots(\exists x_n \varphi)\cdots))\}$ 是一个一致的语句集合. 因为 T 是完全的,

$$T \vdash (\exists x_1(\cdots(\exists x_n \varphi)\cdots)).$$

令 $(a_1, \cdots, a_n) \in M^n$ 来见证 $\mathcal{M} \models \varphi[a_1, \cdots, a_n]$. 由此,

$$\varphi(x_1, \cdots, x_n) \in \mathrm{tp}(a_1, \cdots, a_n).$$

由于 $\mathcal{M}$ 是一个基本模型, $\mathrm{tp}(a_1, \cdots, a_n)$ 是一个根本型.

(充分性) 设 T 是一个根本型理论. 对于正整数 n, 令

$$\Gamma_n(x_1, \cdots, x_n) = \{(\neg\psi)(x_1, \cdots, x_n) \mid \psi \text{ 是 } T \text{ 的一个判定式}\}.$$

断言: 对于每一个正整数 n, $\Gamma_n(x_1, \cdots, x_n)$ 都被 T 局部排斥.

设 $\varphi(x_1, \cdots, x_n)$ 是一个与 T 相一致的表达式. 由于 T 是一个根本型理论, 令 $\psi(x_1, \cdots, x_n)$ 为 T 的一个判定式, 并且

$$T \vdash (\psi \to \varphi).$$

由此, $(\psi \wedge \varphi)$ 与 T 相一致, 也就是说, $(\varphi \wedge (\neg(\neg\psi))$ 与 T 相一致. 因为

$$(\neg\psi) \in \Gamma_n(x_1, \cdots, x_n),$$

$\Gamma_n(x_1, \cdots, x_n)$ 是一个被 T 所局部排斥的表达式集合.

应用多重排斥定理 (定理 7.5), T 有一个可数模型 $\mathcal{M} = (M, I)$ 同时排斥所有的 $\Gamma_n(x_1, \cdots, x_n)$.

设 $(a_1, \cdots, a_n) \in M^n$. n-元组 $(a_1, \cdots, a_n)$ 不能在 $\mathcal{M}$ 中满足所有

$$\Gamma_n(x_1, \cdots, x_n)$$

中的表达式. 也就是说, 一定有一个 T 的判定式 $\psi(x_1, \cdots, x_n)$ 在 $\mathcal{M}$ 中被

$$(a_1, \cdots, a_n)$$

所满足. 于是, 由 $(a_1, \cdots, a_n)$ 实现的类型是一个基本类型 (由 ψ 所生成的类型).

(2) (充分性) 假设 $\mathcal{M} \models T$, 并且 $\mathcal{M}$ 可以同质嵌入到 T 的任何一个模型之中. 根据同质缩小定理, 这个模型有一个可数的同质子模型. 因此, $\mathcal{M}$ 必然自身就是可数的. 现在, 利用 M 的可数特性, 我们来证明这个模型实际上就是 T 的一个基本模型.

设 n 为一个正整数. $(a_1, \cdots, a_n) \in M^n$.

断言: $\Gamma(x_1, \cdots, x_n) = \mathrm{tp}(a_1, \cdots, a_n)$ 是 T 的一个基本类型.

假设不然, $\Gamma(x_1, \cdots, x_n)$ 是 T 的一个非根本型. 根据型排斥定理 (定理 7.4), 令 $\mathcal{N} = (N, J) \models T$, N 可数, 并且 $\mathcal{N}$ 排斥 $\Gamma(x_1, \cdots, x_n)$. 因为 T 是一个完全理论,

$T = \mathrm{Th}(\mathcal{M})$. 因此, M 可以同质地嵌入到 $\mathcal{N}$ 之中. 令 $f: M \to N$ 为一个同质嵌入映射. 那么

$$\mathrm{tp}^{\mathcal{M}}(a_1, \cdots, a_n) = \mathrm{tp}^{\mathcal{N}}(f(a_1), \cdots, f(a_n)).$$

但这与 $\mathcal{N}$ 排斥 $\Gamma(x_1, \cdots, x_n)$ 之事实相矛盾.

(必要性) 设 $\mathcal{M} = (M, I)$ 是 T 的一个可数基本模型. 将 M 中的元素单一地罗列如下:

$$M = \{a_n \mid n \in \mathbb{N}\}.$$

设 $\mathcal{N} = (N, J) \models T$, 递归地定义从 M 到 N 的同质嵌入映射 f.

令 $\varphi_0(x_0)$ 为基本类型 $\mathrm{tp}(a_0)$ 在 T 之下的生成表达式. 由于 $T \vdash (\exists x_0 \varphi_0)$, 令 $b_0 \in N$ 满足如下要求:

$$\mathcal{N} \models \varphi_0[b_0].$$

于是, $\mathrm{tp}^{\mathcal{M}}(a_0) = \mathrm{tp}^{\mathcal{N}}(b_0)$.

令 $\varphi_1(x_0, x_1)$ 为基本类型 $\mathrm{tp}(a_0, a_1)$ 在 T 之下的生成表达式. 因为 φ_0 是 T 的一个判定式, 有

$$T \vdash (\forall x_0 (\varphi_0(x_0) \to (\exists x_1 \varphi_1(x_0, x_1))))$$

或者

$$T \vdash (\forall x_0 (\varphi_0(x_0) \to (\neg(\exists x_1 \varphi_1(x_0, x_1)))))$$

二者必居其一, 而且只有一个成立. 由于 $\{\varphi_0(x_0), (\exists x_1 \varphi_1(x_0, x_1))\} \subset \mathrm{tp}(a_0)$, 只能是上面的结论成立. 从而,

$$\mathcal{N} \models (\exists x_1 \varphi_1)[b_0].$$

取 $b_1 \in N$ 来见证: $\mathcal{N} \models \varphi_1[b_0, b_1]$. 这样,

$$\mathrm{tp}^{\mathcal{M}}(a_0, a_1) = \mathrm{tp}^{\mathcal{N}}(b_0, b_1).$$

令 $\varphi_{k+1}(x_0, \cdots, x_{k+1})$ 为基本类型 $\mathrm{tp}(a_0, \cdots, a_k, a_{k+1})$ 在 T 之下的生成表达式. 因为 $\varphi_k(x_0, \cdots, x_k)$ 是 T 的一个判定式, 有

$$T \vdash (\forall x_0 (\cdots \forall x_k (\varphi_k(x_0, \cdots, x_k) \to (\exists x_{k+1} \varphi_{k+1}(x_0, \cdots, x_{k+1})))))$$

或者

$$T \vdash (\forall x_0 (\cdots \forall x_k (\varphi_k(x_0, \cdots, x_k) \to (\neg(\exists x_{k+1} \varphi_{k+1}(x_0, \cdots, x_{k+1}))))))$$

二者必居其一, 而且只有一个成立. 由于

$$\{\varphi_k(x_0, \cdots, x_k), (\exists x_{k+1} \varphi_1(x_0, \cdots, x_{k+1}))\} \subset \mathrm{tp}(a_0, \cdots, a_k),$$

只能是上面的结论成立. 从而,

$$\mathcal{N} \models (\exists x_{k+1}\varphi_{k+1})[b_0, \cdots, b_k].$$

取 $b_{k+1} \in N$ 来见证: $\mathcal{N} \models \varphi_{k+1}[b_0, \cdots, b_k, b_{k+1}]$. 这样,

$$\mathrm{tp}^{\mathcal{M}}(a_0, \cdots, a_{k+1}) = \mathrm{tp}^{\mathcal{N}}(b_0, \cdots, b_{k+1}).$$

断言: 映射 $f : a_n \mapsto b_n$ 是一个同质嵌入映射.

设 $(a_{i_1}, \cdots, a_{i_n}) \in M^n$, 令 $m = \max\{i_1, \cdots, i_n\}$, 设 $\psi(y_1, \cdots, y_n)$ 是一个含有 n 个自由变元的表达式. 不妨假设 ψ 中所有变元的指标都远大于 m, 即每一个出现在其中的约束变元的下标远大于 m. 并且, 如果 $y_j = x_k$, 那么 $k > m$. 从而变元符号 $x_0, \cdots, x_m$ 都不在 ψ 中出现.

令 $\psi_1(x_0, \cdots, x_m)$ 为表达式 $\psi(y_1, \cdots, y_n; x_{i_1}, \cdots, x_{i_n})$.

如果 $\mathcal{M} \models \psi[a_{i_1}, \cdots, a_{i_n}]$, 那么

$$\mathcal{M} \models \psi(y_1, \cdots, y_n; x_{i_1}, \cdots, x_{i_n})[a_{i_1}, \cdots, a_{i_n}],$$

并且

$$\mathcal{M} \models \psi_1[a_0, \cdots, a_m].$$

应用 T 的判定表达式 $\varphi_m(x_0, \cdots, x_m)$, 有

$$T \vdash (\forall x_0(\cdots(\forall x_m(\varphi_m \rightarrow \psi_1))\cdots)).$$

由于 $\varphi_m(x_0, \cdots, x_m) \in \mathrm{tp}(b_0, \cdots, b_m)$, 得到

$$\mathcal{N} \models \psi_1[b_0, \cdots, b_m].$$

从而,

$$\mathcal{N} \models \psi[b_{i_1}, \cdots, b_{i_n}].$$

如果 $\mathcal{M} \models (\neg\psi)[a_{i_1}, \cdots, a_{i_n}]$, 同样的分析表明

$$\mathcal{N} \models (\neg\psi)[b_{i_1}, \cdots, b_{i_n}].$$

综合起来, $f : a_n \rightarrow b_n$ 是一个同质嵌入映射. □

上面这个可数基本模型存在性定理蕴含着一个呼之欲出的概念: 最小典型模型 (prime models)①.

①一个完全理论的最小典型模型所对应的英文为 prime models. 前此多被译成素模型.

定义 7.24 设 $\mathcal{L}_A$ 是一个可数语言, T 是 $\mathcal{L}_A$ 的一个只有无限模型的完全理论. T 的一个模型 $\mathcal{M}$ 是 T 的一个最小典型模型当且仅当 $\mathcal{M}$ 可以同质地嵌入到 T 的任何一个模型之中.

定理 7.27 表明, 对于一个只有无限模型的可数语言的完全理论来说, 它的一个可数模型是一个基本模型的充分必要条件, 即它是该理论的一个最小典型模型. 例 7.8 中的各个基本模型也就都是个相应理论的最小典型模型.

推论 7.5 (Vaught) 设 T 是一个只有无限模型的完全理论. 如果 T 至少有两个彼此不同构的可数模型, 那么 T 至少有三个彼此不同构的可数模型 ①.

证明 假设不然, T 恰好有两个彼此不同构的可数模型 $\mathcal{M}_1, \mathcal{M}_2$. 注意到, 此时 T 只有可数个 n 元类型扩展 (n 为任意正整数). 这两个模型中一定有一个是饱和的. 比如说, $\mathcal{M}_2$ 是饱和的. 令 $f: M_1 \to M_2$ 为 $\mathcal{M}_1$ 到 $\mathcal{M}_2$ 的同质嵌入映射. 现在我们可以注意到 $\mathcal{M}_1$ 实际上是 T 的一个最小典型模型: 设 $\mathcal{M}$ 是 T 的任意一个模型. 根据同质缩小定理 (定理 3.17), $\mathcal{M}$ 必有一个同质可数子模型 $\mathcal{M}_0$. $\mathcal{M}_0$ 必然与 $\mathcal{M}_1$ 或者 $\mathcal{M}_2$ 同构. 无论如何, 都有 $\mathcal{M}_1$ 可以同质地嵌入到 $\mathcal{M}$ 之中. 于是, $\mathcal{M}_1$ 必定是 T 的一个基本模型. 由于 T 有两个不同构的可数模型, 根据可数等势同构特征定理 (定理 7.7), T 一定有一个非基本的类型扩展 $\Gamma(x_1, \cdots, x_n)$. 因此这个类型被 $\mathcal{M}_1$ 所排斥. 也就是说, $\mathcal{M}_1$ 不是一个弱饱和的模型. 但是, 根据定理 7.22, $\mathcal{M}_1$ 又必须是一个弱饱和的模型. □

定理 7.28 设 T 是一个只有无限模型的完全理论. 如果 $\mathcal{M}$ 是 T 的最小典型模型, 那么 $\mathcal{M}$ 一定是整齐模型.

证明 设 $\mathcal{M}$ 是 T 的最小典型模型. 根据基本模型特征定理 (定理 7.27), $\mathcal{M}$ 是一个可数基本模型.

假设 $(\mathcal{M}, a_1, \cdots, a_{n-1}) \equiv (\mathcal{M}, b_1, \cdots, b_{n-1})$, 令 $a \in M$. 考虑 $(a_1, \cdots, a_{n-1}, a)$ 在 M 中所实现的类型,

$$\Gamma(x_1, \cdots, x_n) = \mathrm{tp}(a_1, \cdots, a_{n-1}, a).$$

由于 $\mathcal{M}$ 是一个基本模型, $\Gamma(x_1, \cdots, x_n)$ 中含有一个 T 的判定式 $\varphi(x_1, \cdots, x_n)$. 因为

$$\mathcal{M} \models \varphi[a_1, \cdots, a_{n-1}, a]$$

以及 $(\mathcal{M}, a_1, \cdots, a_{n-1}) \equiv (\mathcal{M}, b_1, \cdots, b_{n-1})$, 令 $b \in M$ 来满足

$$\mathcal{M} \models \varphi[b_1, \cdots, b_{n-1}, b].$$

从而 $(b_1, \cdots, b_{n-1}, b)$ 在 $\mathcal{M}$ 中也实现 $\Gamma(x_1, \cdots, x_n)$. 于是,

$$(\mathcal{M}, a_1, \cdots, a_{n-1}, a) \equiv (\mathcal{M}, b_1, \cdots, b_{n-1}, b). \qquad \square$$

①对于 $3 \leqslant n \in \mathbb{N}$, 都有恰好有 n 个彼此互不同构的可数模型的理论.

定理 7.29 (基本模型唯一性定理) 两个同样的可数基本模型一定同构.

证明 假设 $\mathcal{M}=(M,I)$ 和 $\mathcal{N}=(N,J)$ 是两个同样的可数基本模型. 应用往返推进方法来证明它们同构.

令 $\{d_n \mid n\in\mathbb{N}\}$ 为一个新常元符号集合.

首先, 将它们各自论域中的元素单一罗列出来:

$$M=\{a_n \mid n\in\mathbb{N}\},\ \text{以及}\ N=\{b_n \mid n\in\mathbb{N}\}.$$

递归地, 定义我们所需要的同构对应. 假设已经定义了

$$\{(a_{i_0},b_{i_0}),\cdots,(a_{i_{m-1}},b_{i_{m-1}})\}$$

并且这个已有的对应满足有限同构要求: 对于每一个 $j<m$ 都有

$$(\mathcal{M},a_{i_\ell})_{\ell\leqslant j}\equiv(\mathcal{N},b_{i_\ell})_{\ell\leqslant j}$$

(注意, 当 m 等于 0 时, 有 $\mathcal{M}\equiv\mathcal{N}$) 现在定义 (a_{i_m},b_{i_m}).

当 m 是偶数时, 考虑 $\mathcal{M}$ 这一边. 令 i_m 为 $M-\{a_{i_j}\mid j<m\}$ 中元素的最小指标. 令

$$\Gamma(x_1)=\{\varphi(x_1)\in\mathcal{L}_{\mathcal{A}\cup\{d_0,\cdots,d_{m-1}\}}\mid(\mathcal{M},a_{i_j})_{j<m}\models\varphi[a_{i_m}]\}.$$

令

$$\Gamma(x_1)(d_0,\cdots,d_{m-1};x_2,\cdots,x_{m+1})=\{\varphi(x_1)(d_0,\cdots,d_{m-1};x_2,\cdots,x_{m+1})|\varphi\in\Gamma(x_1)\}.$$

由于 $\mathcal{M}$ 是一个基本模型, 令表达式 $\varphi(x_1,x_2,\cdots,x_{m+1})$ 为

$$\Gamma(x_1)(d_0,\cdots,d_{m-1};x_2,\cdots,x_{m+1})$$

的生成表达式, 那么

$$(\mathcal{M},a_{i_j})_{j<m}\models(\exists x_1\varphi(x_1)[a_{i_0},\cdots,a_{i_{m-1}}]).$$

因此,

$$(\mathcal{N},b_{i_j})_{j<m}\models(\exists x_1\varphi(x_1)[b_{i_0},\cdots,b_{i_{m-1}}]).$$

取 $b_{i_m}\in N$ 作为上述关系式成立的一个证据, 那么 b_{i_m} 在 $(\mathcal{N},b_{i_j})_{j<m}$ 中实现了 $\Gamma(x_1)$. 所以

$$(\mathcal{M},a_{i_\ell})_{\ell\leqslant m}\equiv(\mathcal{N},b_{i_\ell})_{\ell\leqslant m}.$$

当 m 是奇数时, 考虑 $\mathcal{N}$ 这边, 将上述讨论中的 $\mathcal{M}$ 和 $\mathcal{N}$ 调换一下就可以了.

这样, 对应函数 $\{(a_{i_m},b_{i_m})\mid m\in\mathbb{N}\}$ 就是一个从 $\mathcal{M}$ 到 $\mathcal{N}$ 的同构映射. □

定理 7.30 设 T 是一个只有无限模型的完全理论. 如果 T 不是一个根本型理论, 那么 T 必有不可数个类型扩展.

证明 假设 T 不是一个根本型理论. 令 $\varphi_{\langle\rangle}(x_1,\cdots,x_n)$ 是一个与 T 相一致的但不在 T 的任何基本类型扩展之中. 这样, $\varphi_{\langle\rangle}(x_1,\cdots,x_n)$ 尤其不能是 T 的一个判定式, 也就是说, 可以找到一个表达式 $\psi_{\langle\rangle}(x_1,\cdots,x_n)$ 来见证

$$T\vdash(\forall x_1(\cdots(\forall x_n(\varphi_{\langle\rangle}(x_1,\cdots,x_n)\to\psi_{\langle\rangle}(x_1,\cdots,x_n)))\cdots))$$

与

$$T\vdash(\forall x_1(\cdots(\forall x_n(\varphi_{\langle\rangle}(x_1,\cdots,x_n)\to(\neg\psi_{\langle\rangle}(x_1,\cdots,x_n))))\cdots))$$

都不能成立. 这就意味着 $(\varphi_{\langle\rangle}\wedge\psi_{\langle\rangle})$ 以及 $(\varphi_{\langle\rangle}\wedge(\neg\psi_{\langle\rangle}))$ 都与 T 相一致.

令 $\varphi_0(x_1,\cdots,x_n)$ 为表达式 $(\varphi_{\langle\rangle}\wedge\psi_{\langle\rangle})$, 以及令 $\varphi_1(x_1,\cdots,x_n)$ 为表达式

$$(\varphi_{\langle\rangle}\wedge(\neg\psi_{\langle\rangle})).$$

现在设 $s\in\{0,1\}^{<\infty}$ 为一个长度为 $m\geqslant 1$ 的 0-1-序列, 并且 $\varphi_s(x_1,\cdots,x_n)$ 已经有定义, 是一个与 T 相一致的表达式, 但并不是 T 的一个判定式; 并且

$$i+1\leqslant m\Rightarrow T\vdash(\varphi_{s\upharpoonright i+1}\to\varphi_{s\upharpoonright i}).$$

可以找到一个表达式 $\psi_s(x_1,\cdots,x_n)$ 来见证

$$T\vdash(\forall x_1(\cdots(\forall x_n(\varphi_s(x_1,\cdots,x_n)\to\psi_s(x_1,\cdots,x_n)))\cdots))$$

与

$$T\vdash(\forall x_1(\cdots(\forall x_n(\varphi_s(x_1,\cdots,x_n)\to(\neg\psi_s(x_1,\cdots,x_n))))\cdots))$$

都不能成立. 这就意味着 $(\varphi_s\wedge\psi_s)$ 以及 $(\varphi_s\wedge(\neg\psi_s))$ 都与 T 相一致.

令 φ_{s0} 为 $(\varphi_s\wedge\psi_s)$, 令 φ_{s1} 为 $(\varphi_s\wedge(\neg\psi_s))$. 因此,

$$T\vdash(\varphi_{s0}\to\varphi_s)$$

以及

$$T\vdash(\varphi_{s0}\to\varphi_s).$$

对于 $f:\mathbb{N}\to\{0,1\}$, 令

$$\Gamma_f(x_1,\cdots,x_n)=\{\varphi_{f\upharpoonright m}\mid m\in\mathbb{N}\}.$$

那么 Γ_f 是一个与 T 相一致的表达式集合; 将它扩展成一个包含 T 的极大一致的 n-元类型 $\Gamma_f^*(x_1,\cdots,x_n)$.

对于 $f,g:\mathbb{N}\to\{0,1\}$, 如果 $f\neq g$, 那么 $\Gamma_f^*(x_1,\cdots,x_n)\neq\Gamma_g^*(x_1,\cdots,x_n)$. 所以,

$$\{\Gamma_f^*\mid f\in\{0,1\}^{\mathbb{N}}\}\subseteq S_n(T).$$

□

定理 7.31 设 T 是一个只有无限模型的完全理论. 如果 T 有一个可数饱和模型, 那么 T 一定有一个可数基本模型.

证明 如果 T 有一个可数饱和模型, 那么 T 的任何一个 n-元类型扩展都在这个饱和模型中被实现; 因此, T 最多有可数个 n-元类型扩展. 由此, 依据前面的非根本型理论类型分裂定理 (定理 7.30) 得知 T 必然是一个根本型理论, 从而 T 必有一个可数基本模型. □

下面定理的证明超出了这本导引的范筹, 但它表明固定特征下的代数封闭域理论是一个很典型的理论.

定理 7.32 设 T 是一个只有无限模型的完全理论. 如果 T 有一个非基本类型扩展, 并且 T 的任意两个不可数的等势模型都一定同构, 那么 T 一定有可数无限多个彼此互不同构的可数模型.

7.6 极度自同构模型

7.6.1 非刚性与无差别元集

定义 7.25 一个一致理论 T 的一个模型 $\mathcal{M}=(M,I)$ 是 T 的一个**刚性模型**当且仅当 $\mathcal{M}$ 的自同构群是一个平凡群; T 的模型 $\mathcal{M}$ 是**非刚性模型**当且仅当 $\mathcal{M}$ 上存在一个非平凡的自同构; T 的一个可数无限模型 $\mathcal{M}$ 是**极度自同构模型**当且仅当 $\mathcal{M}$ 上的自同构群与实数集合等势.

例 7.10 (1) $(\mathbb{N},<)$ 是一个刚性结构;

(2) $(\mathbb{Z},0,1,+,-)$ 是一个刚性结构; 但 $(\mathbb{Z},0,+,-)$ 是一个非刚性结构;

(3) $(\mathbb{Q},<)$ 以及 $(\mathbb{R},<)$ 都是非刚性结构;

(4) $(\mathbb{Q},0,1,+,-,<)$ 和 $(\mathbb{R},0,1,+,-,<)$ 是非刚性结构; 但 $(\mathbb{Q},0,1,+,-,\times,<)$ 和 $(\mathbb{R},0,1,+,-,\times,<)$ 是刚性结构; 而 $(\mathbb{C},0,1,+,-,\times)$ 则是一个非刚性结构;

(5) 线性序 $(\mathbb{N}\times\mathbb{Z},<)$ 是一个极度自同构结构, 其中 $<$ 是 $\mathbb{N}\times\mathbb{Z}$ 上的垂直字典序:

$$(n,r)<(m,s)\iff n<m\vee(n=m\wedge r<s);$$

(6) $(\mathbb{Q},<)$ 是一个极度自同构模型.

证明 (5) 对于 $A\subset\mathbb{N}$, 定义 τ_A 如下: 对于 $(n,r)\in\mathbb{N}\times\mathbb{Z}$,

$$\tau_A(n,r)=\begin{cases}(n,r), & \text{当 } n\in A \text{ 时},\\ (n,r+1), & \text{当 } n\notin A \text{ 时};\end{cases}$$

那么 τ_A 是 $(\mathbb{N}\times\mathbb{Z},<)$ 上的自同构, 并且 $\tau_A=\tau_B$ 当且仅当 $A=B$.

(6) 对于 $x\in(\mathbb{R}-\mathbb{Q})$, $x>\pi$, 令

$$e_x^0:((-\infty,\pi)\cap\mathbb{Q},<)\cong((-\infty,x)\cap\mathbb{Q},<);\ e_x^1:((\pi,\infty)\cap\mathbb{Q},<)\cong((x,\infty)\cap\mathbb{Q},<);$$

以及 $e_x=e_x^0\cup e_x^1$. 那么 $e_x:(\mathbb{Q},<)\cong(\mathbb{Q},<)$.

对于 $x,y\in(\mathbb{R}-\mathbb{Q})$, $y>x>\pi$, $e_x\neq e_y$, 因为

$$e_x[(-\infty,\pi)\cap\mathbb{Q}]=\mathbb{Q}\cap(-\infty,x)\neq\mathbb{Q}\cap(-\infty,y)=e_y[(-\infty,\pi)\cap\mathbb{Q}].$$

所以, 实数集合的势不会大于 $(\mathbb{Q},<)$ 的自同构群的势; 而 $(\mathbb{Q},<)$ 的自同构群的势不会大于 $\mathbb{Q}^{\mathbb{Q}}$ 的势, 也就是 $\mathbb{R}$ 的势. □

一个很自然的问题如下：

问题 7.11 给定一个刚性结构 $\mathcal{M}$ 的真相 $T=\mathrm{Th}(\mathcal{M})$, 比如,

$$\mathrm{Th}(\mathbb{N},<),\ \mathrm{Th}(\mathbb{Z},0,1,+,-),\ \mathrm{Th}(\mathbb{Q},0,1,+,-,\times,<),\ \mathrm{Th}(\mathbb{R},0,1,+,-,\times,<),$$

T 是否一定有一个极度非刚性的可数模型？如果有, 该怎样系统地得到？是否有 $\mathcal{M}$ 的非刚性的同质放大 $\mathcal{N}$?

首先, 我们来看看非刚性结构具有什么样的特点. 比如说, $(\mathbb{Z},0,+,-)$ 是非刚性的, 因为将 $1\mapsto-1$ 的映射 σ 决定了一个加法群 $(\mathbb{Z},0,+,-)$ 的 (唯一的) 非平凡自同构. 一个直接的结论便是 1 和 -1 在结构 $(\mathbb{Z},0,+,-)$ 中实现同一个类型. 也就是说, 我们没有办法用非逻辑符号表 $\{c_0,F_+,F_-\}$ 的语言中的任何一元表达式来将 1 和 -1 区分开来. 换句话说, 在这个语言下, 1 和 -1 在整数加法群之中是**无差别元**, 或者**不可区分元**, 或者**不可辨元**. 反过来, 如果一个无穷结构 $\mathcal{M}=(M,I)$ 中有两个实现同一个一元类型的不同元 $a\neq b$, 那么映射 $a\mapsto b\mapsto a$, 以及对于 $x\notin\{a,b\}$, $x\mapsto x$, 就是 $\mathcal{M}$ 的一个非平凡的自同构.

更一般地, 如果 $\mathcal{M}=(M,I)$ 是一个非刚性结构,

$$\{a_1,\cdots,a_n\}\subset M,\ \{b_1,\cdots,b_n\}\subset M,$$

它们互不相交, 并且对应 $a_i\mapsto b_i$ 可以生成 $\mathcal{M}$ 的一个自同构 σ, 那么在 $\mathcal{M}$ 中必有

$$\mathrm{tp}(a_1,\cdots,a_n)=\mathrm{tp}(b_1,\cdots,b_n).$$

由此看来, 我们真正需要关注的问题应当是: T 是否有一个具有无穷多个无差别元子集合的模型?

定义 7.26 设 $\mathcal{M}=(M,I)$ 是一个无穷结构. I 是一个无穷集合.

$$X=\{a_i\in M\mid i\in I\}$$

是从 I 到 M 的一个单射的像集. 称 (X,I) 是 $\mathcal{M}$ 的一个**完全无差别元子集**当且仅当对于 $1\leqslant m\in\mathbb{N}$, 对于 I 的任意的两个 m 元**单调序列**

$$\{i_1,\cdots,i_m\}$$

以及

$$\{j_1,\cdots,j_m\},$$

对于任意的 m-元表达式 $\varphi(x_1,\cdots,x_m)$, 总有

$$\mathcal{M}\models\varphi[a_{i_1},\cdots,a_{i_m}] \text{ 当且仅当 } \mathcal{M}\models\varphi[a_{j_1},\cdots,a_{j_m}].$$

例 7.11 (1) 设 $X\subset\mathbb{C}$ 为一个可数无限的代数独立的超越元集合, 令 $X=\{a_i\mid i\in\mathbb{N}\}$. 那么 $(X,\mathbb{N})$ 就是 $(\mathbb{C},0,1,+,-,\times)$ 的一个完全无差别元子集.

(2) $(\mathbb{Q},<)$ 上没有包含两个不同元素的完全无差别元子集.

上面的例子表明, 我们的完全无差别的要求过高; 再者, 在例 7.10 中我们见到过极度自同构模型, 它里面没有包含两个不同元素的完全无差别元子集. 我们只能退而求其次, 将序添加进无差别元概念. 事实上, 我们希望做的一件事情就是将 $(\mathbb{Q},<)$ 从外部 “嵌入” 到 T 的某个可数无限模型中去, 从而得到 T 的极度自同构的可数模型.

定义 7.27 设 $\mathcal{M}=(M,I)$ 是一个无穷结构. $(I,<)$ 是一个无穷线性有序集合,

$$X=\{a_i\in M\mid i\in I\}$$

是从 I 到 M 的一个单射的像集, 称 $(X,I,<)$ 是 $\mathcal{M}$ 的一个**序下无差别元子集**, 当且仅当对于 $1\leqslant m\in\mathbb{N}$, 对于 I 的任意的两个 m-元**单调递增序列**$\{i_1<\cdots<i_m\}$ 以及 $\{j_1<\cdots<j_m\}$, 对于任意的 m-元表达式 $\varphi(x_1,\cdots,x_m)$, 总有

$$\mathcal{M}\models\varphi[a_{i_1},\cdots,a_{i_m}] \text{ 当且仅当 } \mathcal{M}\models\varphi[a_{j_1},\cdots,a_{j_m}].$$

例 7.12 $(\mathbb{Q},\mathbb{Q},<)$ 是 $(\mathbb{Q},<)$ 的一个序下无差别元子集.

证明 留作练习. □

我们的目标是证明如下存在性定理:

定理 7.33 设 T 是可数语言 $\mathcal{L}_A$ 的一个具有一个无限模型的理论, 设 $(I,<)$ 是一个可数无限的线性有序集合. 那么 T 一定有一个可数的包含了一个序下无差别元子集 $(X,I,<)$ 的模型.

为了证明这个定理, 我们需要补充一点自然数集合上的组合知识.

7.6.2 自然数集合划分定理

定义 7.28 设 $1\leqslant n,m\in\mathbb{N}$.

(1) $A\subseteq\mathbb{N}$ 是一个至少含有 $n+1$ 个元素的集合. $[A]^n=\{a\subset A\mid |a|=n\}$ 为 A 的全体 n-元子集合的全体之集. 称 $f:[A]^n\to m$ 为 $[A]^n$ 的一个 m **块划分**.

称 $X \subseteq A$ 为**划分** f 的一个**齐一子集**当且仅当 X 至少有 $n+1$ 个元素, 并且像集 $f[[X]^n]$ 是一个单点集合.

(2) 记号 $\omega \to (\omega)^n_m$ 表示如下命题:

如果 $X \subseteq \mathbb{N}$ 无限, $f:[X]^n \to m$ 是一个 m 块分割, 那么 f 一定有一个无穷的齐一子集.

(3) 对于 $1 \leqslant n, m, k, \ell \in \mathbb{N}$, 记号 $\ell \to (k)^n_m$ 表示如下命题:

如果 X 是一个具有 ℓ 个元素的集合, $f:[X]^n \to m$ 是一个 m 块分割, 那么 f 一定有一个元素个数为 k 的齐一子集.

我们所需要的是如下自然数集合上的拉姆齐 (Ramsey) 划分定理.

定理 7.34 (拉姆齐划分定理)　对于任意的 $1 \leqslant n, m \in \mathbb{N}$, 都有 $\omega \to (\omega)^n_m$.

证明　对 $1 \leqslant n \in \mathbb{N}$ 施归纳.

当 $n=1$ 时, 这只是鸽子笼原理: 将无穷多个自然数分放在有限个盒子里, 必然有一个盒子中存放着无穷多个自然数. 或者反过来说, 有限个有限集合之并依旧得到一个有限集合.

当 $n=k+1$ 时, 假设 $\omega \to (\omega)^k_m$ 成立.

设 $f:[A]^n \to m$ 是一个 m-块划分. $A \subseteq \mathbb{N}$ 无限.

对于 $i \in A$, 定义 $f_i:[A-\{i\}]^k \to m$ 如下: 对于 $a \in [A-\{i\}]^k$, 令

$$f_i(a) = f(a \cup \{i\}).$$

递归地定义具有如下特性的序列 $\{(X_j, a_j) \mid j \in \mathbb{N}\}$:

(1) $X_{j+1} \subset X_j$;

(2) $a_j = \min(X_j) < a_{j+1} = \min(X_{j+1})$;

(3) X_{j+1} 是 f_{a_j} 的一个无限齐一子集.

$X_0 = A$, $a_0 = \min(X_0)$.

假设已有 $\{(X_s, a_s) \mid s \leqslant j\}$, 并且满足要求: $X_0 \supset X_1 \supset \cdots \supset X_j$, X_j 无限,

$$a_0 < a_1 < \cdots < a_j = \min(X_j).$$

令 $Y_j = X_j - (a_j+1)$(注意: 我们约定过 $a_j + 1 = \{t \in \mathbb{N} \mid t \leqslant a_j\}$). 那么 Y_j 是 $\mathbb{N}$ 的一个无限子集. 对于 $a \in [Y_j]^k$, 令

$$g_j(a) = f_{a_j}(a) = f(a \cup \{a_j\}).$$

根据归纳假设, 令 $X_{j+1} \subset Y_j$ 为 g_j 的一个无限齐一子集. 令 $a_{j+1} = \min(X_{j+1})$.

对于 $j \in \mathbb{N}$, 令 $c_j \in m$ 为 f_{a_j} 在 $[X_{j+1}]^k$ 上的取值. 根据鸽子笼原理, 令

$$B \subset \mathbb{N}$$

为一无限子集, 以及 $c \in m$ 来见证

$$\forall j \in B\ (c_j = c).$$

令 $H = \{a_j \mid c_j = c\}$. 因为 B 是无限的, 序列 $\{a_j \mid j \in B\} \subseteq H$ 也是无限的.

验证: H 是分划 f 的一个齐一子集. 设 $\{x_1, x_2, \cdots, x_n\}_< \subset H$ 为 H 的一个 n 元单调递增的子集. 令 j 满足 $x_1 = a_j$. 那么

$$\{x_2, \cdots, x_n\} \subset X_{j+1} \text{ 并且, } f_{a_j}(\{x_2, \cdots, x_n\}) = c_j = c.$$

因此, $f(\{x_1, x_2, \cdots, x_n\}) = f_{a_j}(\{x_2, \cdots, x_n\}) = c.$ □

应用拉姆齐划分定理, 我们来证明后面将会用到的拉姆齐有限划分定理和巴黎-哈灵顿划分原理.

定理 7.35 (拉姆齐有限划分定理)　对于任意的 $1 \leqslant n, m, k \in \mathbb{N}$, 必有一个足够大的 $\ell \in \mathbb{N}$ 来保证 $\ell \to (k)^n_m$ 成立.

证明　假设 (n, m, k) 是一组反例: 没有 $\ell \in \mathbb{N}$ 能够保证 $\ell \to (k)^n_m$ 成立.

对于 $\ell \in (\mathbb{N} - (n+1))$, $f : [\ell]^n \to k$, 令 $f \in T_\ell$ 当且仅当没有 $X \in [\ell]^m$ 可以是 f 的齐一子集.

对于 $\ell \in (\mathbb{N} - (n+1))$, T_ℓ 是一个有限集合; 并且对于任意的 $f \in T_{\ell+1}$, 那么 $f \restriction_{[\ell]^n} \in T_\ell$.

令 $\mathcal{T}_1 = \bigcup\limits_{\ell \in (\mathbb{N}-(n+1))} T_\ell$. $\mathcal{T}_1$ 是一个无限集合. 对于 $f, g \in \mathcal{T}_1$, 定义 $f \leqslant g$ 当且仅当 $f \subseteq g$. 这样, $(\mathcal{T}_1, \leqslant)$ 是一个偏序集, 并且它的任何一个线性有序子集 $(A, \leqslant)$ 都是一个秩序集, 也就是说, 偏序集 $(\mathcal{T}_1, \leqslant)$ 事实上是一棵树. 不仅如此, $(\mathcal{T}_1, \leqslant)$ 还是一棵有限分叉树, 即任给 $f \in \mathcal{T}_1$, 比如, $f \in T_\ell$, 那么 f 的直接分叉后继之集合 $\{g \in T_{\ell+1} \mid f \subset g\}$ 是一个有限集合. 这样的有限分叉的无穷树一定有一根 (穿过 $(\mathcal{T}_1, \leqslant)$ 的每一层 T_ℓ 的) 无穷树枝, 即有一个函数 $g : [\mathbb{N}]^n \to k$, $[\mathbb{N}]^n$ 上的一个 k 块划分, 它在每一个 $[\ell]^n$ 上的限制都在 $T_\ell \subset \mathcal{T}_1$ 中. 这一结论是有名的科尼希 (König) 引理. 下面我们直接证明所需要的这一结论.

对于 $1 \leqslant i \in \mathbb{N}$, $f \in T_i$, 令

$$\mathcal{T}^f_{i+1} = \bigcup_{\ell \in (\mathbb{N}-(n+i+1))} \{g \in T_\ell \mid f \subset g\}.$$

那么

$$\mathcal{T}_i = \bigcup_{f \in T_i} \mathcal{T}^f_{i+1}.$$

由于 $\mathcal{T}_1$ 是无限的, T_1 是有限的, 必有一个 $f \in T_1$ 来保证 $\mathcal{T}^f_2$ 是无限的. 令 $g_1 \in T_1$ 为这样一个 f.

令 $T_2^{g_1} = \{h \in T_2 \mid g_1 \subset h\}$, 这是一个非空有限集合, 并且

$$\mathcal{T}_2^{g_1} = \bigcup_{h \in T_2^{g_1}} \mathcal{T}_3^h.$$

因此, 在 $T_2^{g_1} = \{h \in T_2 \mid g_1 \subset h\}$ 中必有一个 h 来见证 $\mathcal{T}_3^h$ 是无限的. 令 $g_2 \in T_2^{g_1}$ 为这样一个 h.

递归地, 假设已经有了 $g_j (j \geqslant 2)$, 满足对于 $1 \leqslant i < j$ 都有 $g_i \subset g_j$, 以及 $\mathcal{T}_{j+1}^{g_j}$ 是无穷集合.

令 $T_{j+1}^{g_j} = \{h \in T_{j+1} \mid g_j \subset h\}$, 这是一个非空有限集合, 并且

$$\mathcal{T}_{j+1}^{g_j} = \bigcup_{h \in T_{j+1}^{g_j}} \mathcal{T}_{j+2}^h.$$

因此, 在 $T_{j+1}^{g_j} = \{h \in T_{j+1} \mid g_j \subset h\}$ 中必有一个 h 来见证 $\mathcal{T}_{j+2}^h$ 是无限的. 令 $g_{j+1} \in T_{j+1}^{g_j}$ 为这样一个 h.

令 $g = \bigcup_{1 \leqslant j \in \mathbb{N}} g_j$, 那么对于每一个 $\ell > n$, 每一个 $a \in [\ell]^n$, $g(a) \in k$. 因此,

$$g : [\mathbb{N}]^n \to k.$$

根据拉姆齐划分定理, 令 $H \subset \mathbb{N}$ 为 g 的一个无限齐一子集. 设 $\{a_1, \cdots, a_m\}$ 为 H 的前 m 个大于 n 的元素, 令 $\ell \in H - (a_m + 1)$, 那么 $g \restriction_{[\ell]^n} \in T_\ell$. 但这是一个不可能的事情: $X = \{a_1, \cdots, a_m\} \subset \ell$ 是 g 的一个 m 元齐一子集. □

定理 7.36 (巴黎-哈灵顿划分原理 (Paris Harrington Principle))　*对于 $1 \leqslant n, k, m \in \mathbb{N}$, 必有足够大的*

$$\ell \in \mathbb{N}$$

来见证如后事实: 如果 $f : [\ell]^n \to k$, 则必有具备如下所列性质的 $Y \subset \ell$,

(1) Y 是 f 的一个齐一子集;

(2) $|Y| \geqslant \max(\{m, \min(Y)\})$.

证明　证明几乎如前. 假设定理不成立. 对于 $n < \ell \in \mathbb{N}$, $f : [\ell]^n \to k$, 令 $f \in T_\ell$ 当且仅当没有 $X \subset \ell$ 能够既满足 $\max(\{m, \min(X)\}) \leqslant |X|$ 又是 f 的齐一子集.

根据与前面拉姆齐有限划分定理的证明中同样讨论, 得到一个 $g : [\mathbb{N}]^n \to k$, 以至于对于每一个 $n < \ell$, 都有 $g \restriction_{[\ell]^n} \in T_\ell$.

根据拉姆齐划分定理, 令 $H \subset \mathbb{N}$ 为 g 的一个无限齐一子集. 令

$$x_1 = \min(H - (n+1)),\ s \in (\mathbb{N} - (\max(\{m, x_1\}) + 1)).$$

令

$$\{x_1, x_2, \cdots, x_s\} \subset H$$

为 H 中的单调递增的 s 个元素. 令 $\ell > x_s + 1$, 那么 $\{x_1, \cdots, x_s\} \subset \ell$ 是 $g \restriction_{[\ell]^n}$ 的一个合乎要求的齐一子集. 这是一个矛盾. □

尽管上面的拉姆齐有限划分定理 (定理 7.35) 和巴黎-哈灵顿划分原理 (定理 7.36) 都是拉姆齐 (无限) 划分定理 (定理 7.34) 的推论, 但这两个定理的复杂程度有着天大差别. 事实上, 拉姆齐有限划分定理是皮阿诺算术理论的一个定理, 但是巴黎-哈灵顿划分原理则是一个独立于皮阿诺算术理论的语句. 这一点, 我们将在后面证明.

7.6.3 无穷无差别元子集模型定理

本节证明定理 7.33.

证明 设 $(I, <)$ 是一个可数无限线性有序集合. 对非逻辑符号表 $\mathcal{A}$ 进行扩充: 对 I 中的每一个元素 $i \in I$, 添加一个新常元符号 c_i, 得到

$$\mathcal{B} = \mathcal{A} \cup \{c_i \mid i \in I\}.$$

令 $\mathcal{L}^* = \mathcal{L}_{\mathcal{B}}$. 在语言 $\mathcal{L}^*$ 之下, 考虑 T 的如下扩充 T^*:

(1) $T \subset T^*$;

(2) 对 $i, j \in I$, 如果 $i \neq j$, 则语句 $(\neg(c_i \hat{=} c_j)) \in T^*$;

(3) 对于每一个自然数 $1 \leqslant m \in \mathbb{N}$, 对于 I 中的任意两个长度为 m 的单调递增序列

$$i_1 < \cdots < i_m; j_1 < \cdots < j_m,$$

对于语言 $\mathcal{L}_{\mathcal{A}}$ 中的任意一个 m 元表达式 $\varphi(x_1, \cdots, x_m)$, 语句

$$(\varphi(x_1, \cdots, x_m; c_{i_1}, \cdots, c_{i_m}) \to \varphi(x_1, \cdots, x_m; c_{j_1}, \cdots, c_{j_m})) \in T^*;$$

(4) T^* 中的每一个语句都必由上述三种之一得到.

断言: T^* 是一个一致理论.

应用紧致性定理 (定理 5.1). 设 $\mathcal{M} = (M, J) \models T$, M 是一个可数无限集合. 令 $f : \mathbb{N} \to M$ 为一个双射, 并且对于 $a, b \in M$, 令

$$a < b \iff f^{-1}(a) < f^{-1}(b).$$

这样, $(M, <)$ 是一个与 $(\mathbb{N}, <)$ 同构的线性有序集合.

设 $\Gamma \subset T^*$ 是一个有限集合. 令 $\Gamma = \{\theta_1, \cdots, \theta_\ell\}$, 令

$$I_0 = \{i \in I \mid \exists 1 \leqslant j \leqslant \ell\ (c_i \text{ 在 } \theta_j \text{ 中出现})\},$$

令

$$D = \{\varphi \mid \varphi \text{是语言} \mathcal{L}_{\mathcal{A}} \text{的一个表达式, 且被用来构成某个} \theta_j\},$$

令 $D = \{\varphi_1, \cdots, \varphi_m\}$. 设这些表达式中的自由变元都在 $x_1, \cdots, x_n$ 中.

对于 $\{a_1, \cdots, a_n\} \subset M$, $a_1 < \cdots < a_n$, 定义

$$f(\{a_1, \cdots, a_n\}) = \{i \mid 1 \leqslant i \leqslant m \wedge \mathcal{M} \models \varphi_i[a_1, \cdots, a_n]\}.$$

这样, $f : [M]^n \to \{X \mid X \subseteq \{1, 2, \cdots, m\}\}$, f 是 $[M]^n$ 的一个 2^m 块划分. 根据拉姆齐划分定理 (定理 7.34), 令 $H \subset M$ 为 f 的一个无限齐一子集. 令 $X \subseteq \{1, 2, \cdots, m\}$ 为 f 在 $[H]^n$ 上的取值, 考虑线性有序集 $(H, <)$. 令 $g : (I_0, <) \to (H, <)$ 为一个序嵌入映射, 并且令 $a_i = g(i) (i \in I_0)$. 那么对于 I_0 中的任意两个长度为 n 的单调递增序列 $i_1 < \cdots < i_n$ 以及 $j_1 < \cdots < j_n$, 对于 $1 \leqslant k \leqslant m$, 有

$$\mathcal{M} \models \varphi_k[a_{i_1}, \cdots, a_{i_n}] \iff k \in X \iff \mathcal{M} \models \varphi_k[a_{j_1}, \cdots, a_{j_n}].$$

于是, $(\mathcal{M}, a_1, \cdots, a_n) \models \Gamma$. 其中, 对于 $i \in I_0$, a_i 是常元符号 c_i 的解释.

这样一来, T^* 是一个一致理论.

令 $\mathcal{N}^* = (N, J, d_i)_{i \in I} \models T^*$, 其中, $d_i \in N$ 是常元符号 c_i 的解释 $(i \in I)$. 令 $X = \{d_i \mid i \in I\}$, 那么 $(X, I, <)$ 就是 $\mathcal{N} = (N, J) \models T$ 的一个无限的序下无差别元集合. □

7.6.4 内置斯科伦函数与斯科伦闭包

定义 7.29 语言 $\mathcal{L}_{\mathcal{A}}$ 的一个理论 T 具有**内置斯科伦函数**当且仅当对于 $\mathcal{L}_{\mathcal{A}}$ 的任意表达式 $\varphi(x_1, x_2, \cdots, x_n)$, 都有一个函数符号 F_φ 来显示由 φ 所关注的存在性:

$$T \vdash (\forall x_2(\cdots(\forall x_n((\exists x_1 \varphi) \to \varphi(x_1, x_2, \cdots, x_n; F_\varphi(x_2, \cdots, x_n), x_2, \cdots, x_n)))\cdots)).$$

定理 7.37 设 T 是语言 $\mathcal{L}_{\mathcal{A}}$ 的一个理论. 可以对非逻辑符号表 $\mathcal{A}$ 添加可数多个函数符号从而得到一个扩充非逻辑符号表 $\mathcal{A}^*$, 以及扩充语言 $\mathcal{L}_{\mathcal{A}^*}$ 和在此扩充语言下的一个扩充理论 $T^* \supset T$ 以至于 T^* 具有内置斯科伦函数, 并且 T 的每一个模型 $\mathcal{M}$ 都能被扩充成 T^* 的一个模型 ①. 称 T^* 为 T 的**斯科伦扩充**.

证明 令 $T_0 = T$, $\mathcal{A}_0 = \mathcal{A}$.

给定 $\mathcal{A}_i$ 和 T_i, 对于 $\mathcal{L}_{\mathcal{A}_i}$ 中的每一个 $n+1$ 元表达式

$$\varphi(x_1, x_2, \cdots, x_{n+1}) \; (1 \leqslant n \in \mathbb{N}),$$

①注意: 在这个定理的证明中, 我们默认可数选择公理.

向 $\mathcal{A}_i$ 添加一个 n-元函数符号 F_φ 以及向 T_i 添加如下语句 Ψ_φ:

$$(\forall x_2(\cdots(\forall x_{n+1}((\exists x_1\varphi)\to\varphi(x_1,x_2,\cdots,x_{n+1};F_\varphi(x_2,\cdots,x_{n+1}),x_2,\cdots,x_{n+1})))\cdots))$$

收集起来得到 $\mathcal{A}_i$ 的扩充非逻辑符号表 $\mathcal{A}_{i+1}$ 以及 T_{i+1}.

断言: 如果 $\mathcal{M}=(M,I)\models T_i$, 那么对于 $\mathcal{A}_{i+1}-\mathcal{A}_i$ 中的每一个 n-元函数符号 F_φ 都有一个函数

$$f_\varphi: M^n\to M$$

可以被用来解释 F_φ, 从而

$$(\mathcal{M},f_\varphi)_{F_\varphi\in\mathcal{A}_{i+1}-\mathcal{A}_i}\models T_{i+1}.$$

固定 $a\in M$. 设 $F_\varphi\in\mathcal{A}_{i+1}-\mathcal{A}_i$ 为一个 n-元函数符号. 对于

$$\vec{a}=(a_1,\cdots,a_n)\in M^n,$$

令

$$X_{\vec{a}}=\{b\in M\mid\mathcal{M}\models\varphi[b,a_1,\cdots,a_n]\};$$

如果 $X_{\vec{a}}\neq\varnothing$, 定义 $f_\varphi(\vec{a})\in X_{\vec{a}}$; 否则, 定义 $f_\varphi(\vec{a})=a$.

在这个解释下, $(\mathcal{M},f_\varphi)\models\Psi_\varphi$.

最后, 令

$$\mathcal{A}^*=\bigcup_{i\in\mathbb{N}}\mathcal{A}_i;\ \ T^*=\bigcup_{i\in\mathbb{N}}T_i.$$

由于每一个 $\mathcal{A}_i$ 都是可数的, 语言 $\mathcal{L}_{\mathcal{A}_i}$ 也是可数的, 所以 $\mathcal{A}_{i+1}$ 仍然可数, 从而 $\mathcal{A}^*$ 还是可数的. 自然地, T^* 具有内置斯科伦函数, 并且 T 的任何一个模型 $\mathcal{M}=(M,I)$ 都能够扩充成 T^* 的一个模型. □

命题 7.2 设 T 是语言 $\mathcal{L}_\mathcal{A}$ 的一个一致理论, T^* 是 T 的斯科伦扩充. 设

$$\mathcal{M}^*\models T^*,$$

并且 $(X,I,<)$ 是 $\mathcal{M}^*$ 的一个序下无差别元集合. 那么 $(X,I,<)$ 也是 $\mathcal{M}^*$ 对 $\mathcal{L}_\mathcal{A}$ 的裁减模型 $\mathcal{M}\models T$ 的一个序下无差别元集合.

定义 7.30 设 $\mathcal{M}^*\models T^*$, T^* 具有内置斯科伦函数, 并且设 $\{f_i\mid i\in\mathbb{N}\}$ 为 T^* 的内置斯科伦函数的全体. 对于 $Y\subset M$, 令 $Y_0=Y$ 以及

$$Y_{j+1}=Y_j\cup\{a\in M\mid\exists i\in\mathbb{N}\exists n\in\mathbb{N}\exists\vec{b}\in Y_j^n(a=f_i(\vec{b}))\}.$$

$$\mathcal{H}(Y)=\bigcup_{j\in\mathbb{N}}Y_j.$$

称 $\mathcal{H}(Y)$ 为 Y 的**斯科伦闭包**.

命题 7.3 $\mathcal{H}(Y) \prec \mathcal{M}^*$.

定理 7.38 设 T^* 具有内置斯科伦函数. 设 $\mathcal{M}^* \models T^*$, 以及 $(X, I, <)$ 是 $\mathcal{M}^*$ 的一个无限的序下无差别元集. 令 $\tau : (X, <) \to (X, <)$ 为一个序同构. 那么 τ 可以扩展成为 X 的斯科伦闭包 $\mathcal{H}(X)$ 的自同构.

证明 注意: 如果 $a \in \mathcal{H}(X)$, 那么必有经过一组内置斯科伦函数 $\langle f_{i_1}, \cdots, f_{i_m} \rangle$ 复合而得到的斯科伦项 t 以及 X 中的一组单调递增序列 $b_1 < \cdots < b_n$ 来计算出 a: $a = t(b_1, \cdots, b_n)$.

对于 $a \in \mathcal{H}$, 令 t 为一个斯科伦项, $b_1 < \cdots < b_n$ 为 X 中的前 n 个元素,

$$a = t(b_1, \cdots, b_n),$$

定义

$$\sigma(a) = t(\tau(b_1), \cdots, \tau(b_n)).$$

首先, σ 的定义是没有歧义的. 如果 $c_1 < \cdots < c_n$ 是 X 中的一组单调递增序列, 那么 $a = t(c_1, \cdots, c_n)$ 当且仅当 $a = t(b_1, \cdots, b_n)$. 如果 s 是另外一个斯科伦项, 并且 $a = s(b_1, \cdots, b_n)$, 那么

$$\mathcal{M}^* \models t[b_1, \cdots, b_n] = s[b_1, \cdots, b_n].$$

由于 τ 是序同构,

$$\mathcal{M}^* \models t[\tau(b_1), \cdots, \tau(b_n)] = s[\tau(b_1), \cdots, \tau(b_n)].$$

所以, σ 的定义是没有歧义的.

自然, σ 是一个单射. 它也是一个满射: 对于 $a = t(b_1, \cdots, b_n)$, 令

$$b = t(\tau^{-1}(b_1), \cdots, \tau^{-1}(b_n)).$$

那么 $\sigma(b) = a$.

设 $\varphi(x_1, \cdots, x_m)$ 为一个 T^* 的语言中的表达式, $a_1, \cdots, a_m \in \mathcal{H}(X)$. 令 $t_1, \cdots, t_m$ 为斯科伦项,

$$b_1 < \cdots < b_n$$

为 X 的一组单调递增序列, $a_j = t_j(b_1, \cdots, b_n)$. 那么

$$\begin{aligned}
\mathcal{M}^* \models \varphi[a_1, \cdots, a_m] &\iff \mathcal{M}^* \models \varphi[t_1[b_1, \cdots, b_n], \cdots, t_m[b_1, \cdots, b_n]]. \\
&\iff \mathcal{M}^* \models \varphi[t_1[\tau(b_1), \cdots, \tau(b_n)], \cdots, t_m[\tau(b_1), \cdots, \tau(b_n)]]. \\
&\iff \mathcal{M}^* \models \varphi[\sigma(a_1), \cdots, \sigma(a_m)].
\end{aligned}$$

所以, σ 是 $\mathcal{H}(X)$ 的一个自同构. □

定义 7.31 设 $(X, I, <)$ 为模型 $\mathcal{M} = (M, J)$ 的一个序下无差别元集合. 令

$$\text{tp}(X) = \{\varphi(x_1, \cdots, x_n) \mid \mathcal{M} \models \varphi[a_{i_1}, \cdots, a_{i_n}], \{i_1, \cdots, i_n\}_< \subset I, 1 \leqslant n \in \mathbb{N}\}.$$

称 $\text{tp}(X)$ 为**无差别元类型**.

引理 7.4 设 T^* 具有内置斯科伦函数, $\mathcal{M}^* \models T^*$, $(X, \mathbb{N}, <)$ 是 $\mathcal{M}^*$ 的序下无差别元集. 那么 T^* 一定有一个包含序下无差别元集 $(Y, \mathbb{Q}, <)$ 模型 $\mathcal{N}^*$, 并且 $\text{tp}(Y) = \text{tp}(X)$, 如果 $j : (\mathbb{N}, <) \to (\mathbb{Q}, <)$ 是一个序嵌入映射, 那么 j 诱导出从 $\mathcal{H}(X)$ 到 $\mathcal{H}(Y)$ 的同质嵌入映射.

证明 对每一个 $r \in \mathbb{Q}$, 添加一个新常元符号 c_r; 对 T^* 添加如下语句:

(1) 对于 $\mathbb{Q}$ 中的 $r \neq s$, $(\neg(c_r \hat{=} c_s))$;

(2) 对于 $\varphi(x_1, \cdots, x_n) \in \text{tp}(X)$, 对于序列 $r_1 < \cdots < r_n$, $\varphi(x_1, \cdots, x_n; c_{r_1}, \cdots, c_{r_n})$.

令 Γ 为 T^* 的这一扩充. 那么 Γ 的每一个有限子集都有一个模型. 于是, Γ 必有一个可数模型来满足引理的全部要求.

设 $j : (X, <) \to (Y, <)$ 为一个序嵌入映射. 对于 X 中的单调递增序列

$$a_1 < \cdots < a_n,$$

对于斯科伦项 t, 定义

$$j^*(t(a_1, \cdots, a_n)) = t(j(a_1), \cdots, j(a_n)).$$

那么 $j^* : \mathcal{H}(X) \to \mathcal{H}(Y)$ 是一个定义无歧义的同质嵌入映射. □

定理 7.39 设 T 是一个可数语言的只有无限模型的理论. 那么 T 一定有一个极度自同构的可数模型 $\mathcal{N}$.

证明 令 T^* 为 T 的斯科伦扩充, 令 $\mathcal{M}^* \models T^*$ 为一个含有序下无差别元集合 $(X, \mathbb{Q}, <)$ 的模型. 那么

$$\mathcal{H}(X) \models T^*.$$

令 $\mathcal{M}$ 为 $\mathcal{H}(X)$ 在 T 的语言下的裁减. 那么 $(X, \mathbb{Q}, <)$ 依然是 $\mathcal{M}$ 的序下无差别元集, 并且模型 $\mathcal{H}(X)$ 的任何一个自同构依旧是 $\mathcal{M}$ 的一个自同构.

$(\mathbb{Q}, <)$上的任何两个不相等的自同构都诱导出$\mathcal{H}(X)$上的两个不相等的自同构.

由例 7.10 得知 $(\mathbb{Q}, <)$ 上的自同构群与实数集合等势. 所以, $\mathcal{M}$ 上的自同构群与实数集合等势. □

推论 7.6 设 T 是一个只有无限模型的可数语言的一致理论. 如果 T 是一个可数等势同构理论, 那么 T 的唯一的可数模型一定是一个极度自同构模型; 一定包含有一个序下无差别元子集 $(X, \mathbb{Q}, <)$.

7.7 练 习

练习 7.1 (1) 设 T 是语言 $\mathcal{L}_\mathcal{A}$ 的一个完全理论, $\mathcal{M}=(M,I)$ 和 $\mathcal{N}=(N,J)$ 是 T 的两个可数模型. 令 $\mathcal{L}_\mathcal{A}^M$ 为对 M 中的每一个元素向 $\mathcal{A}$ 添加一个新常元符号之后所得到的语言; 令 $\mathcal{L}_\mathcal{A}^N$ 为对 N 中的每一个元素向 $\mathcal{A}$ 添加一个新常元符号之后所得到的语言; 并且 $\mathcal{A}=\mathcal{A}_M\cap\mathcal{A}_N$. 令 T_M 为 $\mathcal{M}$ 的全息图, T_N 为 $\mathcal{N}$ 的全息图. 证明: $T_M\cup T_N$ 是一个在语言 $\mathcal{L}_\mathcal{A}^M\cup\mathcal{L}_\mathcal{A}^N$ 下的一致理论; 从而, $\mathcal{M}$ 和 $\mathcal{N}$ 可以共同地同质地嵌入到 T 的一个可数模型之中.

(2) 设 T 是语言 $\mathcal{L}_\mathcal{A}$ 的一个一致理论. 证明: 如果 T 的任何两个可数模型

$$\mathcal{M}=(M,I)$$

以及 $\mathcal{N}=(N,J)$ 都可以共同地同质地嵌入到 T 的一个可数模型之中, 那么 T 是完全的.

练习 7.2 设 $\Gamma(x_1,\cdots,x_n)$ 是语言 $\mathcal{L}_\mathcal{A}$ 的一个类型. 定义

$$T_\Gamma=\{\theta\in\Gamma(x_1,\cdots,x_n)\mid\theta\text{ 是语言 }\mathcal{L}_\mathcal{A}\text{ 中的一个语句}\}.$$

证明如下命题:

(1) 如果 $\varphi(x_1,\cdots,x_n)$ 是 $\mathcal{L}_\mathcal{A}$ 的一个表达式, 且 $\Gamma(x_1,\cdots,x_n)\vdash\varphi$, 那么

$$\varphi\in\Gamma(x_1,\cdots,x_n).$$

(2) 如果 θ 是 $\mathcal{L}_\mathcal{A}$ 的一个语句, 那么 $T_\Gamma\vdash\theta\iff\theta\in T_\Gamma$.

(3) T_Γ 是语言 $\mathcal{L}_\mathcal{A}$ 的一个完全理论.

(4) 如果 T 是 $\mathcal{L}_\mathcal{A}$ 的一个一致理论, 那么 T 与 $\Gamma(x_1,\cdots,x_n)$ 相一致当且仅当 $T\subset T_\Gamma$.

练习 7.3 回到例 7.2 的环境之中. 证明: 如果 $\tilde{\Gamma}(x_1)$ 是 T 的一个根本型, 那么 $\tilde{\Gamma}$ 一定是某一个 $\Gamma_n(x_1)$.

练习 7.4 (1) 假设 $\mathcal{A}$ 是有限的, $\mathcal{M}$ 是 $\mathcal{L}_\mathcal{A}$ 的一个有限结构. 证明在 $\mathcal{M}$ 中实现的任何一个类型都是一个根本型.

(2) 假设 T 是一个一致理论, 而且与 T 相一致的每一个 n-元类型 (对某一个 n) 都是一个根本型. 证明 T 只能扩展成有限个完全理论.

练习 7.5 证明: 语言 $\mathcal{L}_\mathcal{A}$ 的一个可数结构 $\mathcal{M}$ 是一个整齐结构当且仅当对于 M 的任意一个有限局部自同构都可以扩展成为 $\mathcal{M}$ 的一个自同构.

练习 7.6 设 $\mathcal{M}_1$ 与 $\mathcal{M}_2$ 是语言 $\mathcal{L}_A$ 的两个可数无限模型, 并且它们同样. 证明:

(1) 如果 $\mathcal{M}_2$ 是一个整齐模型, 并且 $\mathcal{M}_1$ 的全息图 $\mathrm{Th}((\mathcal{M}_1, a)_{a\in M_1})$ 的每一个可以在 $\mathcal{M}_1$ 中实现的 n-元类型扩展都可以在 $\mathcal{M}_2$ 中得以实现, 那么 $\mathcal{M}_1$ 可以同质地嵌入到 $\mathcal{M}_1$ 中.

(2) 如果 $\mathcal{M}_1$ 和 $\mathcal{M}_2$ 都是整齐模型, 并且对于 $\mathcal{M}_1$ 的全息图的每一个 n-元类型扩展 $\Gamma(x_1, \cdots, x_n)$ 而言, Γ 可以在 $\mathcal{M}_1$ 中实现当且仅当 Γ 可以在 $\mathcal{M}_2$ 中实现, 那么 $\mathcal{M}_1 \cong \mathcal{M}_2$.

练习 7.7 设 $\mathcal{M}$ 是一个可数无限模型. 证明: $\mathcal{M}$ 必有一个可数整齐的同质放大模型 $\mathcal{N} = (N, J)$.

练习 7.8 设 $\langle \mathcal{M}_n \mid n \in \mathbb{N} \rangle$ 是一个可数无限的整齐模型的无穷序列, 并且对于 $i < j \in \mathbb{N}$ 都有 $\mathcal{M}_i \prec \mathcal{M}_j$ 以及 $\mathcal{M}_i \cong \mathcal{M}_j$. 证明: 这个序列的极限模型 $\mathcal{M}_\infty$ 与 $\mathcal{M}_0$ 同构.

练习 7.9 设 T 是 $\mathcal{L}_A$ 的一个只有无限模型的完全理论, 并且 T 至少有 3 个彼此互不同构的可数模型. 证明: 如果 T 的每一个可数模型都是整齐的, 那么 T 必有无限多个彼此互不同构的可数模型.

练习 7.10 假设 T 是一个 ω-等势同构的完全理论, 以及 $\mathcal{M} \models T$ 是一个可数无穷模型. 证明 $\mathcal{M}$ 必有一个非平凡的自同构.

练习 7.11 设 $\mathcal{M} = (M, I)$ 是一阶语言的一个可数无限结构. 证明:

(1) $\mathcal{M}$ 有一个非平凡自同构当且仅当 M 中有两个不相同的但实现同一个一元类型的元素.

(2) $\mathcal{M}$ 必有一个自同构群非平凡的可数的同质放大.

练习 7.12 证明如下理论都是根本型理论:

(1) $\mathrm{Th}((\mathbb{N}, 0, S, <))$;

(2) $\mathrm{Th}((\mathbb{N}, 0, S, +, \cdot, <))$;

(3) $\mathrm{Th}((\mathbb{Z}, 1, +, -, <))$;

(4) T_{odl}, 无端点稠密线性序理论.

练习 7.13 设 T 是语言 $\mathcal{L}_A$ 的一个完全理论, $p \in S_n(T)$. 证明 p 是 T 的一个根本型当且仅当 p 是 $S_n(T)$ 的一个孤立点.

练习 7.14 证明 7.3.2 小节中的事实和定理.

练习 7.15 设 $\mathcal{M} = (M, I)$ 是语言 $\mathcal{L}_A$ 的一个可数无限饱和结构. 设 $X \subset M$ 是一个 M 的有限子集合. $n \geqslant 1$ 是一个自然数. 那么任意一个

$$\Gamma(x_1, \cdots, x_n) \in S_n(\mathrm{Th}(\mathcal{M}_X))$$

都在 $\mathcal{M}_X$ 中被实现.

(提示: 对 n 施归纳) 给定 $\Gamma(x_1, \cdots, x_n, x_{n+1})$, 考虑

$$\Gamma_n(x_1, \cdots, x_n) = \{(\exists x_{n+1}\varphi) \mid \varphi \in \Gamma(x_1, \cdots, x_n, x_{n+1})\}.$$

练习 7.16 设 $\mathcal{L}_A$ 是一个可数语言. $\mathcal{M}$ 是 $\mathcal{L}_A$ 的一个无限结构. 证明如下两个命题等价:

(1) $\mathcal{M}$ 是 ω-饱和的.

(2) 如果 $\mathcal{M}_0$ 是 $\mathcal{L}_A$ 的有限生成的结构, 并且 $e: \mathcal{M}_0 \rightarrowtail\!\!\!\!\prec \mathcal{M}$, 以及

$$f: \mathcal{M}_0 \rightarrowtail\!\!\!\!\prec \mathcal{M}_1,$$

$\mathcal{M}_1$ 是一个可数结构, 那么存在一个从 $\mathcal{M}_1$ 到 $\mathcal{M}$ 的同质嵌入映射 g 来满足下述方程: $e = g \circ f$.

第 8 章　代数封闭域理论

在第 2 章 2.5.5 小节中我们引进了复数结构 $(\mathbb{C}, 0, 1, +, \cdot)$, 本章我们将分析这个结构, 并看到: 复数域的真相恰好就是代数封闭域理论. 也就是说, 我们关于复数的一阶性质的公理化认识是至臻完善的.

8.1　代数封闭域同构分类

首先我们想指出的是任何不可数的具有相同特征的代数封闭域都是完全由它所包括的元素的个数, 即它的势所唯一确定的: 任何两个具有相同特征的不可数的代数封闭域相同构的充分必要条件是它们等势.

定理 8.1　令 p 为 0 或者为一个素数, 令 κ 为任意一个不可数基数. 那么特征为 p 的代数封闭域理论 ACF_p 就是一个 κ-等势同构理论.

由域论的经典结果可知代数封闭域的超越度是代数封闭域的一个不变量.

定义 8.1　设 $\mathcal{M}$ 为一个特征为 p 的基域 $\mathcal{N}$ 之上的代数封闭域.

(1) $e \in [M]^n (n \geqslant 1)$ 是一组 $\mathcal{N}$ 上 (代数无关) 超越数当且仅当 e 不是任何非零 n-元 $\mathcal{N}$-有理系数多项式的根.

(2) $X \subset M$ 是 $\mathcal{M}$ 的一个超越基当且仅当 X 是一个满足如下要求的极大子集:

$$\forall 1 \leqslant n \in \mathbb{N} \forall e \in [X]^n \ e \text{ 是一组 } \mathcal{N} \text{ 上 (代数无关) 超越数.}$$

关于代数封闭域的超越基的存在性和在等价意义上的唯一性有如下斯敦尼兹 (Steinitz)[①] 定理.

定理 8.2　(1) 每一个代数封闭域 $\mathcal{M}$ 都有一个超越基, 而且 $\mathcal{M}$ 的所有超越基都具有同样的势 (此势被称为此域的超越度).

(2) 任给 $p = 0$ 或者一个素数, 任给一个基数 κ(有穷或无穷),

　(a) 存在一个超越度为 κ 的特征为 p 的代数封闭域, 其势为 $\kappa + \aleph_0$;

　(b) 如果 $\mathcal{M}$ 和 $\mathcal{N}$ 都是超越度为 κ 的特征为 p 的代数封闭域, 那么 $\mathcal{M} \cong \mathcal{N}$.

---

①参见科学出版社 1978 年出版的由丁石孙等人翻译的范德瓦尔登的《代数学》第一卷第八章 “无限域扩张” 以及参考文献.

因此, 当 κ 为一不可数基数时, 特征为 p, 势为 κ 的代数封闭域在同构意义下是唯一的.

推论 8.1　对于任何一个特征 p 或 0, 恰好存在可数无穷个彼此互不同构的具有相应特征的可数代数封闭域.

正好有可数个不同构的具有给定特征的可数代数封闭域 (相对于每一个自然数 n 和基数 $\aleph_0$, 都存在一个超越度为 $n \leqslant \omega$ 的代数封闭域). 因此, 代数封闭域理论不是 $\aleph_0$-同势同构的理论.

在特征为 0 的情形下, 所有有理数数域之上的代数数的全体构成的域是代数封闭域理论 ACF_0 的基本模型; 具有势为 $\aleph_0$ 的超越基的代数封闭域是 ACF_0 的一个可数饱和模型; 如果 X 是代数封闭域 $\mathcal{M}$ 的超越基, 任取 X 的一个线性序, 那么 X 在此序下就是 $\mathcal{M}$ 的不可分辨元集合. 这是因为, 如果 $a_1, \cdots, a_n$ 和 $b_1, \cdots, b_n$ 恰好是同样的有理系数多项式的根, 那么 $\mathcal{M}$ 必有满足如下要求的自同构 f:

$$f(a_1) = b_1, \cdots, \quad f(a_n) = b_n.$$

推论 8.2　特征为 p 的代数封闭域理论 ACF_p 是一个完全理论.

对于那些不可数等势同构理论, 曾经有过一个很困难的问题:

问题 8.1　如果一个一致理论 T 对于某一个不可数基数 κ 而言它是 κ-等势同构的, 它是否对于任意的不可数基数 λ 而言就都是 λ-等势同构的?

这个问题的答案在莫利的博士论文中给出了肯定的回答:

定理 8.3 (莫利定理)　设 κ 和 λ 为两个不可数基数. 如果 T 是一个 κ-等势同构理论, 那么 T 一定是一个 λ-等势同构理论.

这个定理的证明因其复杂性过高, 超出了本讲义的范畴.

8.2　代数封闭域适合消去量词

本节证明代数封闭域适合量词消去. 对于语言中带有常元符号的理论, 我们还有可能可以利用理论的模型之间所具有的共有子结构来探讨它是否具备一级量词消去条件, 从而寻求适合量词消去的证明. 当然, 我们感兴趣的理论是代数封闭域理论和有序实代数封闭域理论.

定理 8.4 (局部消去量词特征)　设语言 $\mathcal{A}$ 至少含有一个常元符号 c. 设 T 是 $\mathcal{L}_{\mathcal{A}}$ 的一个理论. 令

$$\varphi(x_0, \cdots, x_m)$$

为 $\mathcal{L}_{\mathcal{A}}$ 中的一个表达式 (φ 可以是一语句). 如下两个断言等价:

(1) 在理论 T 之上存在一个与 φ 等价的布尔表达式 $\psi(x_0, \cdots, x_m)$;

(2) 如果 $\mathcal{M},\mathcal{N}$ 是 T 的任意两个模型, $\mathcal{K}$ 是它们的共有子结构, 那么

$$\forall a_0 \in K \cdots \forall a_m \in K(\mathcal{M} \models \varphi[a_0, \cdots, a_m] \iff \mathcal{N} \models \varphi[a_0, \cdots, a_m]).$$

证明 先证条件 (1) 蕴含条件 (2).

设 $\psi(x_0, \cdots, x_m)$ 是一个在理论 T 之上与 $\varphi(x_0, \cdots, x_m)$ 等价的布尔表达式. 于是

$$T \vdash (\forall x_0(\cdots(\forall x_m(\psi \leftrightarrow \varphi))\cdots)).$$

考虑任给 T 的两个模型 $\mathcal{M}$ 和 $\mathcal{N}$ 以及它们共有的子结构 $\mathcal{K}$. 令 $a_0, \cdots, a_m$ 为这一子结构中的元素. 必有

$$\begin{aligned} \mathcal{M} \models \varphi[a_0, \cdots, a_m] &\iff \mathcal{M} \models \psi[a_0, \cdots, a_m];\\ &\iff \mathcal{K} \models \psi[a_0, \cdots, a_m];\\ &\iff \mathcal{N} \models \psi[a_0, \cdots, a_m];\\ &\iff \mathcal{N} \models \varphi[a_0, \cdots, a_m]. \end{aligned}$$

(这里用到的一个基本事实就是布尔表达式在子结构和上层结构之间是保持不变的)

再证条件 (2) 蕴含条件 (1).

如果

$$T \vdash (\forall x_0 \cdots (\forall x_m \varphi(x_0, \cdots, x_m))\cdots),$$

那么令 $\psi(x_0, \cdots, x_m)$ 为表达式 $(c \hat{=} c)$; 如果

$$T \vdash (\forall x_0 \cdots (\forall x_m(\neg\varphi(x_0, \cdots, x_m)))\cdots),$$

那么令 $\psi(x_0, \cdots, x_m)$ 为表达式 $(\neg(c \hat{=} c))$. 在这两种情形下, 都有

$$T \vdash (\forall x_0 \cdots (\forall x_m(\varphi(x_0, \cdots, x_m) \leftrightarrow \psi(x_0, \cdots, x_m)))\cdots).$$

注意: 当 φ 是一个句子时, 必须用 $(c \hat{=} c)$ 或者 $(\neg(c \hat{=} c))$; 否则, 用 $(x_0 \hat{=} x_0)$ 或者 $(\neg(x_0 \hat{=} x_0))$ 也是一样的.

现在假定两个语句

$$(\exists x_0 \cdots (\exists x_m \varphi(x_0, \cdots, x_m))\cdots) \text{ 和 } (\exists x_0 \cdots (\exists x_m(\neg\varphi(x_0, \cdots, x_m)))\cdots)$$

都与理论 T 是一致的.

考虑如下表达式之集合 $\Gamma(x_0, \cdots, x_m)$:

$$\{\psi(x_0, \cdots, x_m) \mid \psi\text{不带任何量词} \wedge T \vdash (\forall x_0 \cdots (\forall x_m (\varphi \to \psi))\cdots)\}.$$

令 $d_0, \cdots, d_m$ 为全新的常元符号. 令

$$\Gamma = \Gamma[d_0, \cdots, d_m] = \{\psi_{x_0\cdots x_m}[d_0, \cdots, d_m] \mid \psi(x_0, \cdots, x_m) \in \Gamma(x_0, \cdots, x_m)\}.$$

断言: $T \cup \Gamma \vdash \varphi_{x_0\cdots x_m}[d_0, \cdots, d_m]$.

先假设这个断言成立, 我们来证明条件 (1) 成立. 由于证明的有限性, 必有 Γ 的一个有限子集合 E 来满足 $T \cup E \vdash \varphi[d_0, \cdots, d_m]$. 取这样一个

$$E = \{\psi_1[d_0, \cdots, d_m], \cdots, \psi_n[d_0, \cdots, d_m]\}.$$

令 $\theta[d_0, \cdots, d_m]$ 为这些语句的合取式. $\theta(x_0, \cdots, x_m)$ 就是所需要的布尔表达式. 由演绎定理 (定理 4.1), 有

$$T \vdash (\theta[d_0, \cdots, d_m] \to \varphi[d_0, \cdots, d_m]).$$

因此,

$$T \vdash (\forall x_0 \cdots (\forall x_m(\theta(x_0, \cdots, x_m) \to \varphi(x_0, \cdots, x_m))) \cdots).$$

从而,

$$T \vdash (\forall x_0 \cdots (\forall x_m(\theta(x_0, \cdots, x_m) \leftrightarrow \varphi(x_0, \cdots, x_m))) \cdots).$$

现在证明上述断言.

假设断言不成立, 那么 $T_0 = T \cup \Gamma \cup \{(\neg\varphi[d_0, \cdots, d_m])\}$ 是一个一致理论.

取 $\mathcal{M} \models T_0$. 再令 $\mathcal{K}$ 为 $\mathcal{M}$ 的由集合 $\{d_0^{\mathcal{M}}, \cdots, d_m^{\mathcal{M}}\}$ 所生成的非空子结构 ($c^{\mathcal{M}}$ 必是此子结构中的一个元素). 令 $\Sigma_0 = \Delta_{\mathcal{K}}$ 为结构 $\mathcal{K}$ 的元态 (或原本图), 即在扩充结构 $(\mathcal{K}, a)_{a\in K}$ 中所有为真的语言 $\mathcal{L}_{\mathcal{A}\cup\{c_a \mid a\in K\}}$ 中的原始语句或者原始语句之否定的全体. 再令 $\Sigma = T \cup \Sigma_0 \cup \{\varphi[d_0, \cdots, d_m]\}$.

首先, 注意到 Σ 是语言

$$\mathcal{L}(\Sigma) = \mathcal{L}_{\mathcal{A}\cup\{c_a \mid a\in K\}\cup\{d_0,\cdots,d_m\}}$$

的一个一致理论. 因为如果不然, 根据归谬法原理 (推论 4.1) 的 (1), 在 Σ_0 中, 必存在其合取必与 $\varphi[d_0, \cdots, d_m]$ 相冲突的有限个语句 $\psi_1[d_0, \cdots, d_m], \cdots, \psi_k[d_0, \cdots, d_m]$. 从而,

$$T \vdash (\forall x_0 \cdots (\forall x_m((\psi_1(x_0, \cdots, x_m) \wedge \cdots \wedge \psi_k(x_0, \cdots, x_m)) \to (\neg\varphi(x_0, \cdots, x_m)))) \cdots).$$

(由假设, $T \cup \{\varphi[d_0, \cdots, d_m]\}$ 和 $T \cup \{(\neg\varphi)[d_0, \cdots, d_m]\}$ 都是一致的. $T \cup \Sigma_0$ 也是一致的) 于是,

$$T \vdash (\forall x_0 \cdots (\forall x_m(\varphi \to ((\neg\psi_1) \vee \cdots \vee (\neg\psi_k)))) \cdots).$$

这就意味着 $((\neg\psi_1(x_0,\cdots,x_m))\vee\cdots\vee(\neg\psi_k(x_0,\cdots,x_m)))$ 是 $\Gamma(x_0,\cdots,x_m)$ 中的一个表达式. 因此,

$$\mathcal{K}\models((\neg\psi_1[d_0,\cdots,d_m])\vee\cdots\vee(\neg\psi_k[d_0,\cdots,d_m])).$$

这是一个矛盾, 因为 Σ_0 是 $\mathcal{K}$ 的元态, $\psi_i[d_0,\cdots,d_m]\in\Sigma_0$. 所以, Σ 是一致的.

令 $\mathcal{N}^*\models\Sigma$, 令 $\mathcal{N}$ 为 $\mathcal{N}^*$ 对语言 $\mathcal{L}_\mathcal{A}$ 的裁减结构.

由于 $\Sigma_0\subseteq\Sigma$, 假定 $\mathcal{K}$ 是 $\mathcal{N}$ 的一个子结构. 但这显然与条件 (2) 成立之假设矛盾, 因为

$$\mathcal{M}\models(\neg\varphi[d_0,\cdots,d_m]),$$

$$\mathcal{N}\models\varphi[d_0,\cdots,d_m],$$

$d_0^\mathcal{M}=d_0^\mathcal{N},\cdots,d_m^\mathcal{M}=d_m^\mathcal{N}$ 都是 $\mathcal{K}$ 中的元素. □

定理 8.5 (塔尔斯基) 代数封闭域理论适合消去量词. 从而, ACF_p 适合消去量词.

证明 代数封闭域理论 ACF 是由非逻辑符号表 $\mathcal{A}=\{c_0,c_1,F_+,F_-,F_\times\}$ 生成的环语言 $\mathcal{L}_\mathcal{A}$ 上的理论. 在下面的证明中, 所涉及的结构都是这个语言的结构, 我们将默认相关结构中关于这些符号的解释, 从而省略这些解释而只关注它们的论域.

设 M 和 N 分别是两个代数封闭域, 设 R 为它们的一个共同子结构, R 必是一个整环. 令 F 为 R 的商域. 那么 $F\subset M\cap N$. 令 M_1 为 F 在 M 中的代数闭包, N_1 为 F 在 N 中的代数闭包. M_1 与 N_1 之间存在一个以 F 中的元素为不动点的同构映射. 令 $e:M_1\cong N_1$ 为以 F 中的元素为不动点的同构映射.

考虑任意的一个不含任何量词的表达式 $\theta(x_0,x_1,\cdots,x_m)$.

任取 F 中的元素 $a_1,\cdots,a_m$, 假设 $\mathcal{M}\models(\exists x_0\theta)[a_1,\cdots,a_m]$. 取 $b\in M$ 来见证

$$\mathcal{M}\models\theta[b,a_1,\cdots,a_m].$$

证明

$$\mathcal{N}\models(\exists x_0\theta)[a_1,\cdots,a_m].$$

依据引理 6.6 一级量词消去条件以及定理 8.4 局部消去量词特征, 这对我们来说已经足够.

为了减少记号的复杂性, 对于与 $F[X]$ 中的多项式 f 相对应的项 τ 我们将用 τ_f 来表示, 即用相应的多项式作为其对应的项的下标.

由于 $\theta(x_0,a_1,\cdots,a_m)$ 是一个带 R 中参数 $a_1,\cdots,a_m$ 的布尔表达式, 它便在 ACF 上等价于一个如下形式的表达式:

$$\left(\bigvee_{i=1}^{k}\left(\bigwedge_{j=1}^{\ell}(\tau_{f_{ij}}(x_0)\hat{=}c_0)\wedge\bigwedge_{j=1}^{n}(\neg(\tau_{g_{ij}}(x_0)\hat{=}c_0))\right)\right),$$

其中, f_{ij}, g_{ij} 是 $F[X]$ 中的多项式. 这样一来, 必有满足如下要求的 i:

$$\mathcal{M} \models \left(\bigwedge_{j=1}^{\ell} (\tau_{f_{ij}}(b) \hat{=} c_0) \wedge \bigwedge_{j=1}^{n} (\neg(\tau_{g_{ij}}(b) \hat{=} c_0)) \right).$$

如果并非所有的这 ℓ 个多项式 $f_{ij}(1 \leqslant j \leqslant \ell)$ 都恒等于 0, 由于 $\mathcal{M}_1$ 是代数封闭的, $b \in M_1$, 从而

$$\mathcal{N}_1 \models \left(\bigwedge_{j=1}^{\ell} (\tau_{f_{ij}}(e(b)) \hat{=} c_0) \wedge \bigwedge_{j=1}^{n} (\neg(\tau_{g_{ij}}(e(b)) \hat{=} c_0)) \right),$$

进而

$$\mathcal{N} \models \theta[e(b), a_0, \cdots, a_m];$$

如果所有的这 ℓ 个多项式 $f_{ij}(1 \leqslant j \leqslant \ell)$ 都恒等于 0, 由于 $(g_{ij}(b) \neq 0)(1 \leqslant j \leqslant n)$, 这 n 个多项式都是非零多项式, 而无论在 M 中, 还是在 N 中, 每一个多项式 $g_{ij}(X) = 0$ 只有有限多个解, 令 $\{d_1, \cdots, d_p\}$ 为这 n 个多项式方程在 N 中的解的全体, 再令 $d \in N - \{d_1, \cdots, d_p\}$, 有

$$\mathcal{N} \models \left(\bigwedge_{j=1}^{\ell} (\tau_{f_{ij}}(d) \hat{=} c_0) \wedge \bigwedge_{j=1}^{n} (\neg(\tau_{g_{ij}}(d) \hat{=} c_0)) \right).$$

因此

$$\mathcal{N} \models \theta[d, a_1, \cdots, a_m].$$

□

定义 8.2 设 $\mathbb{F}$ 是一个域.

(1) $A \subseteq \mathbb{F}^n$ 是一个查氏 (Zariski) 闭子集当且仅当存在有限个 n-元多项式 $p_1, \cdots, p_m \in \mathbb{F}[X_1, \cdots, X_n]$ 来保证

$$A = \{(a_1, \cdots, a_n) \in \mathbb{F}^n \mid \forall 1 \leqslant j \leqslant m \, (p_j(a_1, \cdots, a_n) = 0)\}.$$

(2) $A \subseteq \mathbb{F}^n$ 是一个 (代数) 可构造集, 当且仅当 A 是有限个查氏闭子集的布尔组合.

定理 8.6 (薛弗莱 (Chevalley)) 任何代数封闭域上的 (代数几何的) 可构造集的投影还是 (代数几何的) 可构造集.

定理 8.7 设 $\mathbb{F}$ 为一个代数封闭域. 对于 $A \subseteq \mathbb{F}^n$ 而言, A 是在域 $\mathbb{F}$ 上带参数可定义的当且仅当 A 是一个 (代数几何) 可构造集.

因为不能确定是否有限个乘法单位元相加为 0, 代数封闭域理论不是一个完全理论. 但是, 给定代数封闭域特征之后就得到一个完全理论.

定理 8.8 ACF_0 和 ACF_p 都是完全理论, 也都是模型完全理论.

证明 每一个 ACF_0 或 ACF_p 都有自己的极小子结构: $\mathbb{Z}_p(\mathbb{Z}_0=\mathbb{Z})$. 从而, 根据定理 6.7 完全性条件, 每一个 ACF_0 或 ACF_p 都是完全的.

由于它们都适合量词消去, 根据定理 6.11, 它们都是模型完全的理论. □

后面, 我们将应用这个必要条件来完成对固定特征下的代数封闭域的可数模型的分类.

推论 8.3 (1) 由全体代数数所组成的代数封闭域 $(\widetilde{\mathrm{Q}}_{\mathrm{alg}},0,1,+,-,\times)$ 是复数域 $(\mathrm{C},0,1,+,-,\times)$ 的同质子模型;

(2) $(\widetilde{\mathbb{Q}}_{\mathrm{alg}},0,1,+,-,\times)$ 是一个最小典型模型, 从而它是一个整齐模型;

(3) ACF_0 是一个根本型理论.

证明 (1) 因为 ACF_0 是一个模型完全的理论, $(\widetilde{\mathbb{Q}}_{\mathrm{alg}},0,1,+,-,\times)\models ACF_0$,

$$(\mathrm{C},0,1,+,-,\times)\models ACF_0,$$

$$(\widetilde{\mathbb{Q}}_{\mathrm{alg}},0,1,+,-,\times)\subset(\mathrm{C},0,1,+,-,\times),$$

所以

$$(\widetilde{\mathbb{Q}}_{\mathrm{alg}},0,1,+,-,\times)\prec(\mathrm{C},0,1,+,-,\times).$$

(2) 如果 $(M,0,1,+,-,\times,<)\models ACF_0$, 那么 $(\widetilde{\mathbb{Q}}_{\mathrm{alg}},0,1,+,-,\times)$ 可以嵌入到 $(M,0,1,+,-,\times,)$ 之中. 根据模型完全性, 这种嵌入就一定是同质嵌入. 所以

$$(\widetilde{\mathbb{Q}}_{\mathrm{alg}},0,1,+,-,\times)$$

就是一个最小典型模型, 而最小典型模型一定是整齐模型.

(3) 这是因为 ACF_0 有一个可数基本模型 $(\widetilde{\mathbb{Q}}_{\mathrm{alg}},0,1,+,-,\times)$. □

推论 8.4 代数封闭域理论是一个模型完全的理论, 但不是一个完全理论.

证明 由定理知代数封闭域适合消去量词, 依据定理 6.11 适合量词消去的必要条件定理得知, 代数封闭域理论是模型完全的. □

8.3 ACF 子结构完全性

本节我们再给出一个代数封闭域适合量词消去的证明. 这个证明应用子结构完全性.

定理 8.9 代数封闭域理论具备子结构完全性.

证明　假设 $\mathcal{M}_0$ 是一个代数封闭域, $\mathbb{F}$ 是 $\mathcal{M}_0$ 的一个子域. 又假设 $\mathcal{M}_1$ 是 $\mathbb{F}$ 的另外一个代数封闭扩张域. 我们来验证

$$(\mathcal{M}_0, a)_{a\in\mathbb{F}} \equiv (\mathcal{M}_1, a)_{a\in\mathbb{F}}.$$

这就表明理论 $\mathrm{ACF} \cup \Delta_{\mathbb{F}}$ 是语言 $\mathcal{L}((\mathcal{M}_0, a)_{a\in\mathbb{F}})$ 中的一个完全理论.

依据罗文海-斯科伦同质放大原理 (定理 5.6), 取 $\mathcal{M}_i \prec \mathcal{M}_i^*$ $(i \in \{0,1\})$ 分别为同质放大代数封闭域, 并且 $|M_0^*| = |M_1^*| > \max\{|\mathbb{F}|, |\mathbb{N}|\}$. 令 $U_i \subset M_i^*$ 为 $\mathcal{M}_i^*$ 的一组超越基 $(i \in \{0,1\})$. 那么依据定理 8.2,

$$|U_i| = |M_i^*|.$$

令 $f : U_0 \to U_1$ 为一个双射. 令 $\mathcal{N}_0 = \mathbb{F}(U_0)$ 和 $\mathcal{N}_1 = \mathbb{F}(U_1)$ 分别为包含 $\mathbb{F}$ 和超越基 U_i 的最小扩张域. 将 f 扩展到从 $\mathcal{N}_0$ 到 $\mathcal{N}_1$ 的以 $\mathbb{F}$ 中的元素为不动点的域同构映射 f_1. 再将 f_1 扩展到从 $\mathcal{M}_0^*$ 到 $\mathcal{M}_1^*$ 的同构映射 f^*. 由于

$$(\mathcal{M}_0, a)_{a\in\mathbb{F}} \prec (\mathcal{M}_0^*, a)_{a\in\mathbb{F}} \cong (\mathcal{M}_1^*, a)_{a\in\mathbb{F}} \succ (\mathcal{M}_1, a)_{a\in\mathbb{F}},$$

有

$$(\mathcal{M}_0, a)_{a\in\mathbb{F}} \equiv (\mathcal{M}_1, a)_{a\in\mathbb{F}}.$$

□

推论 8.5　*代数封闭域理论适合量词消去.*

证明　由上面的引理, 代数封闭域具备子结构完备性. 依照子结构特征定理 (定理 6.9), 代数封闭域适合量词消去. □

8.4　代数封闭域饱和特性

本节我们应用塔尔斯基代数封闭域理论适合量词消去定理来探讨代数封闭域的饱和性.

定理 8.10　*设 $\mathcal{M}$ 是一个可数代数封闭域, 那么 $\mathcal{M}$ 是饱和的当且仅当 $\mathcal{M}$ 的超越度为可数无限.*

证明　$(\Rightarrow)$　当代数封闭域 $\mathcal{M}$ 的超越度为可数无限的时候, 根据代数封闭域超越基存在定理 (定理 8.2), $\mathcal{M}$ 的势就是它的超越基的势, 即它的超越度. 设 $\mathcal{M}$ 为一个具有可数无限超越度的代数封闭域. 令 $X \subset M$ 为一个由限子集合. 令

$$\mathcal{A}_X = \{c_0, c_1, F_+, F_-, F_\times\} \cup \{c_a \mid a \in X\}$$

以及

$$\mathcal{M}_X = (M, 0, 1, +, -, \times, a)_{a\in X}.$$

任取一个 1-元类型 $p \in S_1(\mathrm{Th}(\mathcal{M}_X))$, 根据第二紧致性定理 (定理 5.7), 令 $\mathcal{N}$ 为 $\mathcal{M}_X$ 的一个实现 $p(x_1)$ 的同质放大可数代数封闭域. 令 $a \in N$ 实现 $p(x_1)$.

如果 a 是 X 上的代数数, 那么 $a \in M$. 因为 $\mathcal{M}_X \prec \mathcal{N}$, a 在 $\mathcal{M}_X$ 中实现 $p(x_1)$.

假设 a 是 X 上的超越数. 令 $\mathbb{F}_X \subset \mathcal{M}_X$ 为包含 X 的最小子域, 令 $b \in M$ 为 X 上的一个超越数. 因为 X 的势严格小于 $\mathcal{M}$ 的超越度, 这样的 b 是存在的. 在 $\mathcal{M}$ 中作 $\mathbb{F}_X$ 的添加 b 的超越扩张, 得 $\mathbb{F}_X(b)$. 令 $\mathbb{F}_X^*(b)$ 为这个超越扩张的代数闭包, 令

$$e : \mathbb{F}_X^*(b) \to \mathcal{N}$$

为一个以 X 中的元素为动点并且将 b 映射到 a 的嵌入映射. 根据塔尔斯基定理 (定理 8.5), 代数封闭域理论适合量词消去; 根据定理 6.11, e 是一个同质嵌入映射. 因此, b 在 $\mathbb{F}_X^*(b)$ 中实现类型 $p(x_1)$. 再应用一次量词消去的必要条件 (定理 6.11),

$$\mathbb{F}_X^*(b) \prec \mathcal{M}_X.$$

于是, b 在 $\mathcal{M}_X$ 中实现 $p(x_1)$.

($\Leftarrow$) 证明超越度有限的代数封闭域都不是饱和的.

固定一个特征. 令 $\mathcal{M}_0$ 为该特征下的超越度为无限的代数封闭域, 那么 $\mathcal{M}_0$ 是饱和的. 假设 $\mathcal{M}_1$ 是该特征下只具有有限超越度的另外一个饱和的代数封闭域. 根据推论 8.2, 固定特征下的代数封闭域理论是完全的. 因此, $\mathcal{M}_0$ 与 $\mathcal{M}_1$ 同样. 根据可数饱和模型唯一性定理 (定理 7.19), $\mathcal{M}_0 \cong \mathcal{M}_1$. 令 e 是这样一个同构映射, 令 $\{a_n \mid n \in M_0\}$ 为 $\mathcal{M}_0$ 的一组超越基. 假定 $\mathcal{M}_1$ 的超越度为 $m+1$, 那么必然有

$$\{e(a_0), \cdots, e(a_m)\}$$

是 $\mathcal{M}_1$ 的一组彼此代数无关的超越数. 因此, 这是 $\mathcal{M}_1$ 的一组超越基. 这就意味着 $e(a_{m+1})$ 是与这个超越基代数相关的 $\mathcal{M}_1$ 的元素. 但是, a_{m+1} 与 $\{a_0, \cdots, a_m\}$ 是代数无关的, 而同构映射保持代数相关性. 这就是矛盾.

所以, 所有超越度为有限的代数封闭域都不是饱和的. □

综合上述, 我们得到如下可数代数封闭域同构分类谱:

定理 8.11 *固定一个特征 $q \in \{0, p \mid p \in \mathbb{N}$ 是一个素数 $\}$. 令 $\mathbb{F}_\omega$ 为一个超越度为无限的可数的特征 q 代数封闭域, 令 $\{a_i \mid i \in \mathbb{N}\}$ 为 $\mathbb{F}_\omega$ 的一组超越基. 对于 $i \in \mathbb{N}$, 令 $\mathbb{F}_i$ 为由 $\{a_j \mid j < i\}$ 在 $\mathbb{F}_\omega$ 中所生成的子代数封闭域. 那么*

$$\mathbb{F}_0 \subset \mathbb{F}_1 \subset \cdots \subset \mathbb{F}_i \subset \mathbb{F}_{i+1} \subset \cdots \subset \mathbb{F}_\omega = \bigcup_{i \in \mathbb{N}} \mathbb{F}_i,$$

从而

$$\mathbb{F}_0 \prec \mathbb{F}_1 \prec \cdots \prec \mathbb{F}_i \prec \mathbb{F}_{i+1} \prec \cdots \prec \mathbb{F}_\omega,$$

并且 $\mathbb{F}_0$ 是一个基本模型 (也便是一个最小典型模型), $\mathbb{F}_\omega$ 是一个饱和模型; 这些代数封闭域彼此互不同构.

注　上述定理 (定理 8.10) 对于不可数的代数封闭域也成立, 并且上述证明几乎不用怎么修改; 尤其是, 复数域是一个 ω_1-饱和结构.

8.5　复数域与特征为素数的代数封闭域

在罗宾逊例子 (例 5.1) 中我们见到在每一个特征为 0 的域中为真实的语句一定在任何一个特征为足够大的素数的域里也为真实. 反过来呢? 是否在每一个特征足够大的域里都为真实的语句一定会在每一个特征为 0 的域里都为真实呢? 答案是肯定的. 作为等势同构理论分析的一个应用, 我们来看看复数域和其他特征代数封闭域之间的一种天然联系. 定理 8.1 表明了复数域的唯一性. 练习 8.2 则表明复数域其实也可以看成是所有最小的特征 p 的代数封闭域的超积. 从这个角度看, 下面的 Lefschetz 原理和阿克斯定理就是自然而然顺理成章的事情了.

定理 8.12 (一阶 Lefschetz 原理)　设 $\mathcal{A}=\{c_0,c_1,F_+,F_-,F_\times\}$, 设 φ 语言 $\mathcal{L}_\mathcal{A}$ 的一个语句. 那么如下四个命题等价:

(1) $\mathbb{C}\models\varphi$;

(2) $\mathrm{ACF}_0\vdash\varphi$;

(3) $\exists m\forall p\geqslant m(p$ 是一个素数 $\to \mathrm{ACF}_p\vdash\varphi)$;

(4) $\forall m\in\mathbb{N}\exists p\geqslant m(p$ 是一个素数 $\wedge\ \mathrm{ACF}_p\vdash\varphi)$.

证明　(1)⇒(2)　由 ACF_0 的完全性给出.

(2)⇒(1)　由可靠性定理给出.

(2)⇒(3)　设 $\mathrm{ACF}_0\vdash\varphi$. 由于每一个证明都是有限的, φ 必然可以由有限个句子 $\varphi_1,\cdots,\varphi_n$ 逻辑地推导出来. 其中, φ_i 可能是形如 $(\exists x_1(\neg(\sum_{j=1}^{i}x_1\hat{=}c_0)))$ 的语句 $(1\leqslant i\leqslant n)$. 令 $p>n$ 为任意一个足够大的素数以至于 $\mathrm{ACF}_p\vdash\varphi_1,\cdots,\mathrm{ACF}_p\vdash\varphi_n$. 从而, $\mathrm{ACF}_p\vdash\varphi$.

(4)⇒(2)　假设 $\mathrm{ACF}_0\nvdash\varphi$. 由 ACF_0 之完全性, $\mathrm{ACF}_0\vdash(\neg\varphi)$. 由 (2)⇒(3) 得知对于充分大的素数 p 都有 $\mathrm{ACF}_p\vdash(\neg\varphi)$. 因此, 不可能有任意大的满足 $\mathrm{ACF}_p\vdash\varphi$ 的素数. □

定理 8.13 (阿克斯定理)　令 $f:\mathbb{C}^n\to\mathbb{C}^n$ 为一个多项式映射. 如果 f 是一单射, 那么 f 必是一满射.

证明　首先, 一个多项式映射 $f:\mathbb{C}^n\to\mathbb{C}^n$ 是由 n 个 n-元多项式 $(p_1,\cdots,p_n)$ 所组成, 即 $f=(p_1,\cdots,p_n)$, 其中, 每一个多项式 $p_i:\mathbb{C}^n\to\mathbb{C}$ 被称为映射 f 的一个分量多项式. 虽然 “对于所有多项式映射 $f\cdots\cdots$” 看起来在域论里是一个二阶

表达式, 其实它可以用一个环论语言的一个语句表达出来. 固定 $1 \leqslant n, d < \omega$. 对 $j \in \{0, \cdots, d\}$, 令

$$A_j = \{\sigma \mid \sigma : \{1, \cdots, n\} \to \{0, \cdots, j\} \wedge j = \sum_{i=1}^{n} \sigma(i)\},$$

$k_j = |A_j|$, 以及 $A_j = \langle \sigma_j^\ell \mid \ell \in \{1, \cdots, k_j\} \rangle$.

令 $\varPhi_d$ 为下述表达式:

$$\sum_{j=0}^{d} \sum_{\sigma \in A_j} a_{j\sigma}^i x_1^{\sigma(1)} \cdots x_n^{\sigma(n)} = \sum_{j=0}^{d} \sum_{\sigma \in A_j} a_{j\sigma}^i y_1^{\sigma(1)} \cdots y_n^{\sigma(n)}.$$

令 φ_d 为下述 Π_1 表达式 (表达式断言 "所论多项式是单射"):

$$\left(\bigwedge_{i=1}^{n} \left(\forall x_1 \cdots \forall x_n \forall y_1 \cdots \forall y_n \left(\Phi_d \to \bigwedge_{i=1}^{n} x_i = y_i \right) \right) \right).$$

再令 θ_d 为下面的 Π_2 表达式 (表达式断言 "所论多项式是满射"):

$$\left(\forall z_1 \cdots \forall z_n \left(\exists y_1 \cdots \exists y_n \left(\bigwedge_{i=1}^{n} \left(z_i = \sum_{j=0}^{d} \sum_{\sigma \in A_j} a_{j\sigma}^i y_1^{\sigma(1)} \cdots y_n^{\sigma(n)} \right) \right) \right) \right).$$

然后, 考虑如下的 Π_2 语句 ψ_d:

$$\left(\forall a^1_{0\sigma_0^1} \cdots \forall a^1_{0\sigma_0^{k_0}} \cdots \forall a^n_{d\sigma_d^1} \cdots \forall a^n_{d\sigma_d^{k_d}} (\varphi_d \to \theta_d) \right).$$

语句 ψ_d 实际上断言: "对于任意一个次数不超过 d 的 n-元多项式而言, 如果它是单射, 那么它必是满射. "

任给一个域 F, $F \models \psi_d$ 当且仅当 "对于任意一个次数不超过 d 的 n-元多项式映射 $f : F^n \to F^n$, 如果 f 是单射, 那么 f 必是满射".

这样, 欲证阿克斯定理 (定理 8.13), 只要证明对于任意正整数 d 都有 $\mathbb{C} \models \psi_d$. 固定一个正整数 d. 往证

$$\mathbb{C} \models \psi_d.$$

应用 Lefschetz 原理 (定理 8.12), 证明对于足够大的素数 p, 一定有 $\mathrm{ACF}_p \vdash \psi_d$.

令 $p > (d+1)^{(n+1)!}$ 为一个素数 (这样 ψ_d 中的各个项的次数以及形式结构不会发生变化, 从而 ψ_d 的在 $\mathbb{C}$ 上所表达的实际含义依然能在特征 p 的代数封闭域上被保持下来).

令 K 为一个特征为 p 的代数封闭域 (比如说, $\mathbb{F}_p$ 的代数闭包), 由 ACF_p 的完全性, 只需证明 $K \models \psi_d$.

现在设 $f: K^n \to K^n$ 为一个次数不超过 d 的多项式, 并且在 K 看来 f 是一个单射. 也就是说,

$$K \models \left(\bigwedge_{i=1}^{n}\left(\forall\bar{x}\forall\bar{y}\left(\varPhi_d \to \bigwedge_{i=1}^{n} x_i = y_i\right)\right)\right).$$

我们需要证明的是在 K 看来 f 是一个满射, 即

$$K \models \left(\forall z_1\cdots\forall z_n\left(\exists y_1\cdots\exists y_n\left(\bigwedge_{i=1}^{n}\left(z_i = \sum_{j=0}^{d}\sum_{\sigma\in A_j} a^i_{j\sigma}y_1^{\sigma(1)}\cdots y_n^{\sigma(n)}\right)\right)\right)\right).$$

先证明在我们看来 f 必为一满射.

令 $(b_1,\cdots,b_n)\in K^n$, 令 $K_0\subset K$ 为包含 f 各分量多项式之系数以及有限集合 $\{b_1,\cdots,b_n\}$ 中各元素的有限域. 如果 q 是 f 的一个多项式分量, 那么一定有 $q: K_0^n \to K_0$, 因为 K_0 是一个域, q 是一个多项式, 域对于多项式运算封闭. 因此, $f\restriction_{K_0^n}: K_0^n \to K_0^n$, 并且在 K 看来还是一个单射.

注意: 此时在我们看来 $f\restriction K_0^n$ 也是一个单射, 因为“单射”是一个里外不变的概念.

有限集合上的任何一个单射必然是一个满射. 于是, 方程

$$(b_1,\cdots,b_0) = f(x_1,\cdots,x_n)$$

在 K_0^n 中一定有解. 令 $(a_1,\cdots,a_n)\in K_0^n$ 是一个解. 这样, 在我们看来,

$$(b_1,\cdots,b_0) = f(a_1,\cdots,a_n).$$

于是,

$$(K,b_1,\cdots,b_n,a_1,\cdots,a_n) \models (b_1,\cdots,b_0) = f(a_1,\cdots,a_n).$$

这样一来, 我们就证明了

$$(\forall z_1\in K\cdots\forall z_n\in K\exists y_1\in K\cdots\exists y_n\in K)\, K\models\varPsi,$$

其中 $\varPsi$ 是下述表达式:

$$\left(\bigwedge_{i=1}^{n}\left(z_i = \sum_{j=0}^{d}\sum_{\sigma\in A_j} a^i_{j\sigma}y_1^{\sigma(1)}\cdots y_n^{\sigma(n)}\right)\right).$$

也就是说,

$$K \models \left(\forall z_1 \cdots \forall z_n \left(\exists y_1 \cdots \exists y_n \left(\bigwedge_{i=1}^{n} \left(z_i = \sum_{j=0}^{d} \sum_{\sigma \in A_j} a^i_{j\sigma} y_1^{\sigma(1)} \cdots y_n^{\sigma(n)}\right)\right)\right)\right).$$

所以, 在 K 看来, f 是一个满射.

这就证明了 $K \models \psi_d$. □

8.6 练　习

练习 8.1 证明练习 6.6 中引入的具最小元无最大元的离散线性序理论不是模型完全的, 从而, 不适合量词消去.

练习 8.2 设 U 是自然数集合上的一个非平凡超滤子, 并且全体素数的集合在 U 中. 对每一个素数 p, 令 K_p 为一个特征 p 无穷可数代数封闭域. 考虑它们的超积: $\mathbb{P} = \prod_p K_p/U$. 证明:

(1) $\mathbb{P} \models \mathrm{ACF}_0$;

(2) $\mathbb{P} \cong \mathbb{C}$;

(3) $\mathbb{P} \cong \prod_p \mathbb{C}/U$.

练习 8.3 设 $\mathbb{F}$ 为一个代数封闭域. 证明: 对于 $A \subseteq \mathbb{F}^n$ 而言, A 是在域 $\mathbb{F}$ 上带参数可定义的当且仅当 A 是有限子集或者是一有限子集的补集.

练习 8.4 设 $\mathbb{F}$ 为一个不可数的代数封闭域. 设 $\langle A_n \mid n \in \mathbb{N}\rangle$ 是 $\mathbb{F}$ 上带参数可定义子集的一个序列. 证明: 如果对于任意的正整数 n, $\left(\bigcap_{i=0}^{n} A_i\right) \neq \varnothing$, 那么 $\left(\bigcap_{i=0}^{\infty} A_i\right) \neq \varnothing$.

练习 8.5 证明例 6.8 中的结论 (b),(c) 以及 (e), 即证明线性序理论、域理论、有序整数加法群真实理论都不是模型完全的理论.

练习 8.6 设 $\mathcal{A}_0 = \{c_0, c_1, F_+, F_\times\}$. 在语言 $\mathcal{L}_{\mathcal{A}_0}$ 之中将域的公理重新表述出来, 即将范例 4.3 中的第四条公理 (4) 换成 (4′): $(\forall x_1\,(\exists x_2\,(F_+(x_1, x_2) \hat{=} c_0)))$. 将这个语言下的代数封闭域理论记成 ACF′. 证明:

(1) 如果 $\mathcal{M} = (M, I) \models \mathrm{ACF}'$, 那么可以将 $\mathcal{M}$ 上免参数可定义的一元函数 f_- 添加到 $\mathcal{M}$ 的解释之上得到一个域语言 $\mathcal{L}_{\mathcal{A}}$ 的一个解释 J 从而将 $\mathcal{M}$ 扩充成为 ACF 的一个模型 (M, J);

(2) 如果 $\mathcal{M} = (M, I) \models \mathrm{ACF}$, 那么将 I 中的关于函数符号 F_- 的解释删掉, 得到语言 $\mathcal{L}_{\mathcal{A}_0}$ 的一个解释 J, 那么删减结构 (M, J) 是 ACF 的一个模型.

(3) 将如后表达式 $((F_-(x_1)\hat{=}x_2) \leftrightarrow (F_+(x_1,x_2)\hat{=}c_0))$ 添加到 ACF$'$ 之上从而将函数符号 F_- 以定义方式添加到 $\mathcal{L}_{A_0}$ 之中. 将这样得到的理论记成 ACF$''$. 那么

(a) ACF$''$ 是 ACF$'$ 的一个保守扩张, 即对于语言 $\mathcal{L}_{A_0}$ 中的任何一个语句 θ 都有

$$\mathrm{ACF}' \vdash \theta \text{ 当且仅当 } \mathrm{ACF}'' \vdash \theta.$$

(b) ACF$''$ 与 ACF 等价, 即 ACF$'' \models$ ACF 以及 ACF $\models$ ACF$''$.

练习 8.7 假设 $\mathcal{M}$ 是一个代数封闭域, $\mathbb{F}$ 是 $\mathcal{M}$ 的一个子域. 证明: 理论 ACF$\cup\Delta_{\mathbb{F}}$ 是语言 $\mathcal{L}((\mathcal{M},a)_{a\in\mathbb{F}})$ 中的一个完全理论, 从而代数封闭域理论适合量词消去.

提示: 假设 $\mathcal{M}_1$ 是 $\mathbb{F}$ 的另外一个代数封闭扩张域. 验证:

$$(\mathcal{M},a)_{a\in\mathbb{F}} \equiv (\mathcal{M}_1,a)_{a\in\mathbb{F}}.$$

第 9 章　实封闭域理论

9.1　实数域公理化

实数之概念是对有理数之概念的一次伟大扩充. 据说, 为了解决对于平面上单位正方形对角线长度度量问题, 人类引进了 $\sqrt{2}$ 以及无理数之概念, 从而将有理数之概念扩充到实数之概念, 也就有了我们今天早已熟知的实数 (有序) 域. 从一阶逻辑公理化的角度看, 一个自然的问题便是, 我们需要怎样的语言以及怎样的一些公理来有效刻画实数域? 更具体点说, 在域公理基础上, 我们需要增添一些什么公理来刻画实数域? 表述实数之间的数值比较关系的线性序对于刻画实数域而言是否必不可少? 如果在环的语言上添加一个二元谓词符号以表述这一线性序, 我们是否一定有而外收获? 如果有, 那将是什么? 围绕着这些问题, 我们来揭示实封闭域理论之奥秘.

如果说复数域理论彻底解决了有理系数多项式的根的存在性问题的话, 实数域理论就只能担负起解决部分有理系数多项式的根的存在性问题, 比如, 多项式 $p(x) = x^2 + 1$ 的根的存在性就必须在实数域理论中被否定. 换句话说, 在实数域的理论刻画之中, 我们不可避免地需要明确: -1 不能是任何实数的平方.

定义 9.1　对于一个域 $\mathbb{F}$ 而言, 称 $\mathbb{F}$ 为一个**形实域**当且仅当对于每一个正整数 n ,

$$(\mathbb{F}, 0, 1, +, \cdot) \models \forall x_1 \cdots \forall x_n (\neg(x_1^2 + \cdots + x_n^2 + 1 = 0)).$$

也就是说, 在 $\mathbb{F}$ 中, -1 不是任何平方和.

例如, 有理数域 $(\mathbb{Q}, 0, 1, +, \cdot)$ 和实数域 $(\mathbb{R}, 0, 1, +, \cdot)$ 都是形实域, 但是作为实数域的非平凡的代数扩张的复数域 $(\mathbb{C}, 0, 1, +, \cdot)$ 就不是一个形实域. 这很自然地诱导出下面的概念:

定义 9.2　称一个域 $\mathbb{F}$ 为**实封闭域**当且仅当 $\mathbb{F}$ 是一个形实域并且它的任何一个非平凡的代数扩张域都不会是一个形实域.

命题 9.1　如果 $\mathbb{F}$ 是一个形实域, 那么 $\mathbb{F}$ 有一个实封闭的代数扩充域 $\bar{\mathbb{F}}$ (称之为 $\mathbb{F}$ 的**实闭包**).

证明　令 $P = \{K \supset \mathbb{F} \mid K$ 是形实域, 并且是 $\mathbb{F}$ 的代数扩张 $\}$. 在 $\subset$-关系之下, P 的任何线性子集之并依旧是一个形实域. 根据佐恩引理, $(P, \subset)$ 有一个极大元 $\bar{\mathbb{F}}$. 这样的极大元即为所求. □

注意: 诚如下面的例子所表明的, 一个形实域的实闭包可能不唯一.

例 9.1　令 $\mathbb{F} = \mathbb{Q}(X)$ 为有理系数多项式环 $\mathbb{Q}[X]$ 的商域. $\mathbb{F}$ 是一个形实域. 令 $\mathbb{F}_0 = \mathbb{F}(\sqrt{X})$ 以及 $\mathbb{F}_1 = \mathbb{F}(\sqrt{-X})$. 根据下面的可序化特征定理 (定理 9.2), $\mathbb{F}_0$ 和 $\mathbb{F}_1$ 都是形实域. 它们的实闭包都是 $\mathbb{F}$ 的实闭包, 但它们之间没有以 $\mathbb{F}$ 中元素为不动点的域同构映射.

实数轴的序完备性保证了实数域上的任何一个奇次多项式都一定在实数域中有一个根; 任何一个正实数都可以开平方, 即任何一个正实数都是另外一个实数的平方. 但这些并非实数域之专美, 这两条性质依然为任意的实封闭域所持有.

命题 9.2　设 $\mathbb{F}$ 是一个实封闭域. 那么

(1) 若 $p(X) \in \mathbb{F}[X]$ 是一个奇次多项式, 则多项式 $p(X)$ 必定在 $\mathbb{F}$ 中有一个根;

(2) 若 $a \in \mathbb{F}$, 则 $\exists x \in \mathbb{F}\ ((a = x^2) \vee (-a = x^2))$.

证明　(1) 证明如下命题: 设 $\mathbb{F}$ 是一个形实域. 如果 $p(X) \in \mathbb{F}[X]$ 是一个不可约奇次多项式, α 是 $p(X)$ 的一个根, 那么扩张域 $\mathbb{F}(\alpha)$ 是一个形实域.

对于 $\mathbb{F}[X]$ 中不可约奇次多项式的次数施归纳.

当次数为 1 时, 结论自然成立.

假设 $n = 2k+1$ 为最小反例. 此时, $0 < k$. 令 $p(X) \in \mathbb{F}[X]$ 为一个不可约的次数为 n 的多项式, α 为 p 的一个根, 并且 $\mathbb{F}(\alpha)$ 不是形实域.

令 $q_i(X) \in \mathbb{F}[X]\,(1 \leqslant i \leqslant m)$, 见证

$$-1 = \sum_{i=1}^{m} (q_i(\alpha))^2$$

以及每一个 q_i 的次数不超过 $n-1$ (根据带余除法定理), 并且非常值多项式. 由于 $\mathbb{F}(\alpha) \cong \mathbb{F}[X]/(p)$, 令 $g(X) \in \mathbb{F}[X]$ 满足等式

$$1 = \left(\sum_{i=1}^{m} q_i^2(X)\right) + g(X) \cdot p(X).$$

因为多项式 $\sum\limits_{i=1}^{m} q_i^2(X)$ 的次数为一个大于零但不超过 $2n-2$ 的偶数, 所以多项式 $g(X)$ 的次数是一个不超过 $n-2$ 的奇数. 令 β 为 $g(X)$ 的某个不可约因子的根. 根据 n 的最小性, $\mathbb{F}(\beta)$ 是一个形实域. 但是, $-1 = \sum\limits_{i=1}^{m} q_i^2(\beta)$. 这是一个矛盾.

(2) 证明如下两个命题: 设 $\mathbb{K}$ 是一个形实域.

(a) 如果 $a \in \mathbb{K}$ 非零, 那么 a 与 $-a$ 中至多有一个是 $\mathbb{K}$ 中有限个元素的平方和.

(b) 设 $a \in \mathbb{K}$ 满足要求 $-a$ 不是 $\mathbb{K}$ 中有限个元素的平方和, 那么 $\mathbb{K}$ 的代数扩张域 $\mathbb{K}(\sqrt{a})$ 是一个形实域.

证明 (a) 假设不然. $a \in \mathbb{K}$ 非零, a 与 $-a$ 都是有限个元素的平方和, 那么

$$-1 = \frac{-a}{a} = \frac{-a}{a^2} \cdot a$$

也是有限个元素的平方和.

(b) 可以假设 $\sqrt{a} \notin \mathbb{K}$. 假如 $\mathbb{K}(\sqrt{a})$ 并非形实域, 那么

$$-1 = \sum_{i=1}^{m} (b_i + c_i\sqrt{a})^2 = \sum_{i=1}^{m} (b_i^2 + 2b_ic_i\sqrt{a} + c_i^2 a).$$

于是,

$$(-1) - \left(\sum_{i=1}^{m} b_i^2 + a\sum_{i=1}^{m} c_i^2\right) = \left(\sum_{i=1}^{m} 2b_ic_i\right)\sqrt{a}.$$

因为 $\sqrt{a} \notin \mathbb{F}$, $\sum_{i=1}^{m} 2b_ic_i = 0$. 据此,

$$-a\left(\sum_{i=1}^{m} c_i^2\right) = 1 + \sum_{i=1}^{m} b_i.$$

从而

$$-a = \frac{1 + \sum_{i=1}^{m} b_i}{\sum_{i=1}^{m} c_i^2} = \frac{\left(\sum_{i=1}^{m} c_i^2\right) + \left(\sum_{i=1}^{m} b_i\right)\left(\sum_{i=1}^{m} c_i^2\right)}{\left(\sum_{i=1}^{m} c_i^2\right)^2}.$$

这个等式表明: $-a$ 是 $\mathbb{K}$ 中有限个元素的平方和. 这是与假设不符. □

有趣的是上述命题中的两条基本特性完全刻画了一个形实域为实封闭域的情形.

定理 9.1 设 $\mathbb{F}$ 为一个形实域以及

(1) 若 $p(X) \in \mathbb{F}[X]$ 是一个奇次多项式, 则多项式 $p(X)$ 必定在 $\mathbb{F}$ 中有一个根;

(2) 若 $a \in \mathbb{F}$, 则 $\exists x \in \mathbb{F}\ ((a = x^2) \vee (-a = x^2))$;

那么 $\mathbb{F}$ 的代数扩张域 $\mathbb{F}(\sqrt{-1})$ 是一个代数封闭域, 因此, $\mathbb{F}$ 是实封闭域.

证明 (略). □

与形实域密切相关的一个概念自然是**可序化域**. 我们知道在复数域上不存在一个与加法和乘法相匹配的线性序, 而有理数域和实数域上都存在与加法和乘法相匹配的线性序, 并且只有唯一的一个. 所以, 一般而言, 一个非常自然的问题便是: 哪些域上存在与加法和乘法相匹配的线性序?

定义 9.3　称一个域 $\mathbb{F}$ 是一个**可序化域**当且仅当在 $\mathbb{F}$ 上存在一个与加法和乘法相适合的线性序 $<$：

(1) $<$ 是 $\mathbb{F}$ 上的一个线性序, 且 $0<1$；

(2) $\forall x\,\forall y\,\forall z\,(x<y\to x+z<y+z)$；

(3) $\forall x\,\forall y\,\forall z\,((z>0\wedge x<y)\to x\cdot z<y\cdot z)$;

(4) $\forall x\,\forall y\,\forall z\,((z<0\wedge x<y)\to x\cdot z>y\cdot z)$.

例如, 有理数域 $(\mathbb{Q},0,1,+,\cdot)$ 和实数域 $(\mathbb{R},0,1,+,\cdot)$ 都是可序化域, 但复数域 $(\mathbb{C},0,1,+,\cdot)$ 就不是一个可序化域.

例 9.2　令 $\mathbb{Q}(X)$ 为由多项式环 $\mathbb{Q}[X]$ 所得到的商域. 那么 $\mathbb{Q}(X)$ 是一个可序化域, 并且它上面存在不可数个与加法和乘法相适合的线性序.

证明　设 $a\in\mathbb{R}$ 为一个超越数. 令 $\mathbb{Q}(a)\subset\mathbb{R}$ 为由 a 所生成的 $\mathbb{Q}$ 的域扩张. 那么, 映射

$$f(X)\mapsto f(a)$$

是 $\mathbb{Q}(X)$ 到 $\mathbb{Q}(a)$ 的一个同构映射. 于是, 如下定义 $\mathbb{Q}(X)$ 上的一个线性序 $<_a$：

$$f(X)<_a g(X)\leftrightarrow f(a)<g(a).$$

$<_a$ 是 $\mathbb{Q}(X)$ 上的一个线性序, 并且 $(\mathbb{Q}(X),<_a)$ 是一个有序域.

如果 $a<b$ 是两个超越数, 令 $r\in(a,b)\cap\mathbb{Q}$, 那么

$$X<_a r;\ r<_b X.$$

从而, $<_a\neq<_b$.

所以, $\mathbb{Q}(X)$ 上有不可数个与加法和乘法相适合的线性序. □

定理 9.2 (可序化特征定理)　设 $\mathbb{F}$ 是一个域. 那么 $\mathbb{F}$ 是一个可序化域, 当且仅当 $\mathbb{F}$ 是一个形实域. 事实上, 如果 $\mathbb{F}$ 是一个形实域, $a\in\mathbb{F}$, 并且 $-a$ 不是 $\mathbb{F}$ 中有限个元素的平方和, 那么 $\mathbb{F}$ 上存在一个与加法和乘法相适合并且保证 a 大于 0 的线性序.

证明　($\Rightarrow$) 设 $\mathbb{F}$ 是一个可序化域. 令 $(\mathbb{F},<)$ 是一个有序域.

因为 $0<1$, $-1=(-1)+0<(-1)+1=0$. 如果 $x<0$, 那么

$$x^2=x\cdot x>x\cdot 0=0\,;$$

如果 $0<x$, 那么 $0=0\cdot x<x\cdot x=x^2$. 因此, $\forall x\in\mathbb{F}\,(-1<0\leqslant x^2)$.

于是, $\mathbb{F}$ 是一个形实域.

($\Leftarrow$) 设 $\mathbb{F}$ 是一个形实域, $a\in\mathbb{F}$ 非零, 并且 $-a$ 不是 $\mathbb{F}$ 中有限个元素的平方和. 那么根据命题 9.2 证明 (2) 中的命题 (a) 和 (b), $\mathbb{F}(\sqrt{a})$ 是形实域. 令 $\mathbb{K}\supset\mathbb{F}(\sqrt{a})$ 为

$\mathbb{F}(\sqrt{a})$ 的形实闭包. 根据命题 9.2, 对于任意的 $x \in \mathbb{K}$, 或者 x 是 $\mathbb{K}$ 中某个元素的平方, 或者 $-x$ 是 $\mathbb{K}$ 中某个元素的平方. 对于 $x, y \in \mathbb{K}$, 定义

$$x < y \leftrightarrow \exists z \in \mathbb{K}\, (z \neq 0 \wedge (y - x) = z^2).$$

这是 $\mathbb{K}$ 上的一个与加法和乘法相适合的线性序, 并且 $0 < 1$, 以及 $a > 0$. 这个序在 $\mathbb{F}$ 上的限制即为所求. □

在例 9.1 中我们见到商域 $\mathbb{Q}(X)$ 这个形实域有多重形实闭包. 这种现象出现的根本理由是它上面存在非常多的序化可能性, 诚如例 9.2 所展示的那样. 换句话说, 当我们固定一个可序化域上的一种相适合的线性序之后, 这种线性序便唯一地确定了这个有序域的实闭包.

定义 9.4 设 $\mathbb{F}$ 为一个实封闭域. 称由下述表达式所定义的 $\mathbb{F}$ 上的线性序 $<$ 为 $\mathbb{F}$ 的**典型序**: 对于 $x, y \in \mathbb{F}$,

$$x < y \leftrightarrow \exists z \in \mathbb{F}\, (z \neq 0 \wedge (y - x) = z^2).$$

命题 9.3 如果 $\mathbb{F}$ 是一个有序实封闭域, $X \subseteq F^n$ 是在结构 $(F, 0, 1, , +, \cdot, <)$ 上可定义的, 那么 X 也是在结构 $(F, 0, 1, +, \cdot)$ 上可定义的.

命题 9.4 设 $(\mathbb{F}, <)$ 是一个有序域. 那么

(1) 如果 $0 < x \in \mathbb{F}$ 并非 $\mathbb{F}$ 中元素的平方, 那么 $\mathbb{F}$ 上的线性序可以扩展成 $\mathbb{F}(\sqrt{x})$ 的线性序;

(2) $\mathbb{F}$ 有一个实闭包 $\mathbb{K}$ 其典型序包含①$\mathbb{F}$ 上的序 $<$.

证明 (1) 对于 $a + b\sqrt{x} \in \mathbb{F}(\sqrt{x})$, 定义 $0 < a + b\sqrt{x}$ 当且仅当

(a) $b = 0$ 且 $a > 0$, 或者

(b) $b > 0$ 且 $\left(a > 0 \vee x > \dfrac{a^2}{b^2}\right)$, 或者

(c) $b < 0$ 且 $\left(a < 0 \vee x < \dfrac{a^2}{b^2}\right)$.

(2) 令 $\langle x_\alpha \mid \alpha < \theta \rangle$ 为 $\mathbb{F}$ 中全体大于 0 但非 $\mathbb{F}$ 中元素的平方的元素的单一列表. 递归地逐次地应用 (1) 将有序域 $(\mathbb{F}, <)$ 扩充成一个包括了 $\mathbb{F}$ 中所有正元素的平方根的有序域 $(\mathbb{E}, <)$. 再应用佐恩引理得到 $\mathbb{E}$ 的极大的实封闭的代数扩张 $\mathbb{K}$. 因为 $\mathbb{F}$ 中的所有正元素的平方根都在 $\mathbb{E} \subset \mathbb{K}$ 之中, $\mathbb{K}$ 上的典型序自然地包含了 $\mathbb{F}$ 上的序 $<$. □

众所周知, 实数轴因为其序完备性而具有中值定理: 如果 $a < b$ 以及 $f : [a, b] \to \mathbb{R}$ 是一个连续函数, 并且 $f(a) < d < f(b)$, 那么方程 $f(x) = d$ 一定在开区间 (a, b) 上有解. 事实上, 如果将函数仅仅限制在多项式范围的话, 这便成为实数有序域的实封闭特征.

①集合之间的包含关系为 $\supseteq$; 集合与元素的包括关系为 $\ni$.

定义 9.5 称有序域 $\mathbb{F} = (F, 0, 1, +, \cdot, <)$ 上具有**多项式中值性质**成立当且仅当对于所有的多项式 $p(X) \in F[X]$ 而言, 如果 $a < b$ 且 $p(a) < 0 < p(b)$, 那么方程 $p(x) = 0$ 一定在开区间 (a, b) 上有一个解.

定理 9.3 一个有序域 $\mathbb{F} = (F, 0, 1, +, \cdot, <)$ 是一个实封闭域的充分必要条件是 $\mathbb{F}$ 具有多项式中值性质.

证明 (充分性) 我们来验证定理 9.1 中的两个条件成立.

设 $a > 0$. 令 $p(X) = X^2 - a$, 那么 $p(0) < 0$ 以及 $p(1+a) > 0$. 令 $c \in (0, 1+a)$ 为方程 $p(x) = 0$ 的一个解, 那么 $c^2 = a$.

设 $\langle a_i \mid i \leqslant 2n \rangle \in \mathbb{F}^{2n+1}$. 令

$$f(X) = X^{2n+1} + \sum_{i=0}^{2n} a_i X^i.$$

令 $a \in F$ 充分大以至于 $f(a) > 0$ 以及 $f(-a) < 0$. 根据多项式中值性质, 方程 $f(x) = 0$ 在开区间 $(-a, a)$ 或 $(a, -a)$ 上有解.

因此, 依据定理 9.1, $F(\sqrt{-1})$ 是代数封闭域. 由于 $\mathbb{F}$ 是形实域, 它必定是实封闭的.

(必要性) 设 $\mathbb{F} = (F, 0, 1, +, \cdot, <)$ 是实封闭域. 再设 $p(X) \in F[X]$ 是个多项式, $a < b$ 并且 $p(a) < 0 < p(b)$. 不妨假设 $p(X)$ 是一个不可约多项式.

由于 $F(\sqrt{-1})$ 是代数封闭域, $p(X)$ 或者是一个线性多项式, 因而在开区间 (a, b) 内有一个根, 或者

$$p(X) = X^2 + cX + d \wedge c^2 - 4d < 0.$$

由此

$$p(X) = \left(X + \frac{c}{2}\right)^2 + \left(d - \frac{c^2}{4}\right),$$

因而, $\forall x\, (p(x) > 0)$. □

定理 9.4 如果 $(\mathbb{F}, <)$ 是一个有序域, $\mathbb{K}_1$ 和 $\mathbb{K}_2$ 为 $\mathbb{F}$ 的两个实闭包, 并且 $\mathbb{K}_i\, (i \in \{1, 2\})$ 的典型序包含 $\mathbb{F}$ 上的序 $<$, 那么在实封闭域 $\mathbb{K}_1$ 和 $\mathbb{K}_2$ 之间存在唯一的以 $\mathbb{F}$ 中的元素为不动点的域同构映射.

综合上述讨论, 我们很自然地有了例 4.3(9) 和 (10) 中分别给出的实封闭域理论 RCF 以及有序实封闭域理论 RCF_o.

问题 9.1 上述这三条有关实数域的基本性质是否完全刻画了实数域?

9.2 实封闭域理论与有序实封闭域理论

实封闭域理论 RCF 以及有序实封闭域理论 RCF_o 在范例一节的例 4.3(9) 和

(10) 中分别给出. 这些公理提炼出来的原因已经在前面讨论过. 现在我们来证明实封闭域理论是一个完全理论.

在对这两个理论进行分析之前, 我们先来证明有序实封闭域理论等价于实封闭域理论的一个保守扩充.

定义 9.6 (等价理论) 设 T_1 和 T_2 是语言 $\mathcal{L}_A$ 的两个一致理论. T_1 与 T_2**等价**当且仅当 $T_1 \models T_2$ 以及 $T_2 \models T_1$.

定义 9.7 (保守扩充) 设语言 $\mathcal{L}_2$ 是语言 $\mathcal{L}_1$ 的一个扩充, T_1 和 T_2 分别是语言 $\mathcal{L}_1$ 和语言 $\mathcal{L}_2$ 的一致理论. T_2 是 T_1 一个**保守扩充**当且仅当对于语言 $\mathcal{L}_1$ 的任何一个语句 θ, 有

$$T_1 \vdash \theta \text{ 当且仅当 } T_2 \vdash \theta.$$

定理 9.5 (1) 如果 $(M, +, -, \times, 0, 1, <) \models \mathrm{RCF}_o$, 那么

$$(M, +, -, \times, 0, 1) \models \mathrm{RCF}.$$

(2) 如果 $\mathcal{M} = (M, +, -, \times, 0, 1) \models \mathrm{RCF}$, 那么如下 M^2 的子集

$$<^* = \{(a, b) \mid \mathcal{M} \models (\exists x_1((\neg(x_1 \hat{=} c_0)) \wedge (x_2 \hat{=} F_+(x_3, F_\times(x_1, x_1)))))[b, a]\}$$

是 $\mathcal{M}$ 上免参数可定义的, 并且 $(M, +, -, \times, 0, 1, <^*) \models \mathrm{RCF}_o$. 也就是说, RCF 的任何一个模型都可以将一个可定义的二元关系添加扩充成为 RCF_o 的一个模型.

(3) 在 RCF 之上为语言 $\mathcal{L}(\mathrm{RCF})$ 以如下定义添加一个二元谓词符号 $P_<$, 有

$$(\forall x_1(\forall x_2(P_<(x_1, x_2) \leftrightarrow (\exists x_3((\neg(x_3 \hat{=} c_0)) \wedge (x_2 \hat{=} F_+(x_1, F_\times(x_3, x_3)))))))),$$

令 RCF_1 为将上述定义作为一条非逻辑公理添加到 RCF 之后所得到的理论. 那么

(a) 如果 θ 是语言 $\mathcal{L}(\mathrm{RCF})$ 的一个语句, 那么

$$\mathrm{RCF}_1 \vdash \theta \text{ 当且仅当 } \mathrm{RCF} \vdash \theta.$$

也就是说, RCF_1 是 RCF 的一个保守扩张;

(b) 如果 θ 是语言 $\mathcal{L}(\mathrm{RCF}_o)$ 的一个语句, 那么

$$\mathrm{RCF}_1 \vdash \theta \text{ 当且仅当 } \mathrm{RCF}_o \vdash \theta.$$

也就是说, RCF_1 是 RCF_o 等价.

证明 我们来证明 RCF_1 与 RCF_o 等价. 其他的证明留作练习.

为证明这两个理论的等价性, 我们只需验证有序域理论 T_{OF} 中涉及序关系 $P_<$ 的几条公理: 公理 (11) 至公理 (17).

(1) $\mathrm{RCF}_1 \vdash (\neg P_<(x_1, x_1))$. 这是因为应用域公理 T_F, 由等式

$$x_1 = x_1 + 0 = x_1 + x_3^2$$

导出 $x_3^2 = 0$, 并由此导出 $x_3 = 0$.

(2) 传递性. 假设 $x_1 < x_2$ 以及 $x_2 < x_3$. 令 z_1 和 z_2 非零且满足等式

$$x_2 = x_1 + z_1^2$$

以及 $x_3 = x_2 + z_2^2$, 那么 $x_3 = x_1 + (z_1^2 + z_2^2)$. 在 RCF 中, $-1 \neq a^2 + b^2$. 所以, 根据 RCF 的平方根存在公理, 必有一 z_3 来见证 $z_1^2 + z_2^2 = z_3^2$. 从而, $x_3 = x_1 + z_3^2$, 并且 $z_3 \neq 0$.

(3) 线性. 设 $x_1 \neq x_2$. 如果 $x_1 - x_2 = z^2$, 则 $z \neq 0$, 从而 $x_2 < x_1$; 如果 $x_1 - x_2 = -z^2$, 则 $z \neq 0$, $x_2 - x_1 = z^2$, 从而 $x_1 < x_2$. 根据 RCF 的平方根存在公理, 这二者必居其一.

(4) 序关系平移不变性. 假设 $x_1 < x_2$. 令 $x_2 = x_1 + z^2$, 且 $z \neq 0$. 那么

$$x_2 + x_3 = x_1 + x_3 + z^2.$$

这就表明 $(x_1 + x_3) < (x_2 + x_3)$.

(5) 序关系正放大不变性. 假设 $x_1 < x_2$. 令 $x_2 = x_1 + z^2$, 且 $z \neq 0$. 设 $x_3 > 0$, 即 $x_3 = y^2, y \neq 0$. 那么

$$x_2 \cdot x_3 = (x_1 + z^2) \cdot x_3 = x_1 \cdot x_3 + z^2 \cdot y^2 = x_1 \cdot x_3 + (z \cdot y)^2.$$

这就表明 $(x_1 \cdot x_3) < (x_2 \cdot x_3)$.

(6) 序关系负放大反向特性. 假设 $x_1 < x_2$. 令 $x_2 = x_1 + z^2$, 且 $z \neq 0$. 设 $x_3 < 0$, 即 $x_3 = -y^2, y \neq 0$. 那么

$$x_2 \cdot x_3 = (x_1 + z^2) \cdot x_3 = x_1 \cdot x_3 + z^2 \cdot (-y^2) = x_1 \cdot x_3 - (z \cdot y)^2.$$

这就表明 $(x_2 \cdot x_3) < (x_1 \cdot x_3)$.

(7) $0 < 1$. 因为 $1 = 0 + 1^2$.

综上所述, RCF_o 的每一条公理都是 RCF_1 的一条定理.

反过来, 添加到 RCF_1 中的定义公理是 RCF_o 的一条定理: 即

$$\mathrm{RCF}_o \vdash (\forall x_1(\forall x_2(P_<(x_1, x_2) \leftrightarrow (\exists x_3((\neg(x_3 \hat{=} c_0)) \wedge (x_2 \hat{=} F_+(x_1, F_\times(x_3, x_3)))))))).$$

事实上, 上述定义公理是 RCF_o 的正平方根公理以及下述定理的推论:

$$\mathrm{RCF}_o \vdash (\forall x_1((\neg(x_1 \hat{=} c_0)) \rightarrow P_<(c_0, F_\times(x_1, x_1)))).$$

从而, $x_1 < x_2$ 当且仅当 $x_2 - x_1 > 0$ 当且仅当 $\exists x_3(x_3 \neq 0 \wedge (x_2 - x_1) = x_3^2)$, 以及

$$\mathrm{RCF}_o \vdash \left(\forall x_0 \left(\cdots \left(\forall x_n \left((\alpha_n(x_0, \cdots, x_n) \hat{=} c_0) \rightarrow \left(\bigwedge_{i=0}^{n}(x_i \hat{=} c_0)\right)\right)\right)\right)\right).$$

其中, $n \geqslant 1$, $\alpha_0(x_0)$ 是项 $F_\times(x_0, x_0)$, $\alpha_n(x_0, \cdots, x_n)$ 是项 $F_+(\alpha_{n-1}, F_\times(x_n, x_n))$. 也就是说, "$(-1)$ 不是平方和" 是 RCF_o 的一系列定理的汇总.

由于 $\mathrm{RCF}_o \vdash (\forall x_0(P_<(x_0, c_0) \rightarrow P_<(c_0, F_-(x_0))))$, RCF_o 证明 RCF_1 的平方根公理.

这些就表明: RCF_1 的每一条公理都是 RCF_o 的一条定理.

综上所述, 这两个理论等价. □

9.3 有序实封闭域理论适合消去量词

定理 9.6 (塔尔斯基定理) (1) *有序实封闭域理论* RCF_o *适合消去量词;*

(2) *实封闭域理论* RCF *和有序实封闭域理论* RCF_o *都是完全理论.*

证明 (1) 设 $(F_1, <)$ 和 $(F_2, <)$ 是两个有序实封闭域. 令 $(R, <)$ 为 $(F_1, <)$ 和 $(F_2, <)$ 的共同子结构. $(R, <)$ 是一个有序域. 令 $(L, <)$ 为 $(R, <)$ 的实闭包. 由于有序域的实闭包是唯一的 (尽管域的实闭包可以不唯一), 我们可以假定 $(L, <)$ 是 $(F_1, <)$ 和 $(F_2, <)$ 的共同子结构.

假设 $\varphi(x_0, x_1, \cdots, x_n)$ 是语言 $\mathcal{L}_{\{c_0, c_1, F_+, F_-, F_\times, F_{-1}, P_<\}}$ 的一个布尔表达式. 又假设

$$(a_1, \cdots, a_n) \in R^n,\ b \in F_1,\ \text{并且}\ (F_1, <) \models \varphi[b, a_1, \cdots, a_n].$$

欲证 $(F_2, <) \models (\exists x_0 \varphi(x_0)[a_1, \cdots, a_n]$.

我们先证明 $(L, <) \models (\exists x_0 \varphi(x_0)[a_1, \cdots, a_n]$.

假定 $R[X]$ 中有两组多项式

$$f_1, \cdots, f_m, g_1, \cdots, g_k$$

来如下表达 $\varphi(x_0)[a_1, \cdots, a_n]$:

$$\left(\bigwedge_{i=1}^{m}(\tau_{f_i}(x_0) \hat{=} c_0) \wedge \bigwedge_{j=1}^{k} P_<(c_0, \tau_{g_j}(x_0))\right).$$

如果有某一个 f_i 并非恒等于零, 那么 b 就是 R 上的一个实代数数 (方程 $x^2+dx+c=0$ 在有序实代数封闭域 $(F_1, <)$ 中有解的充要条件是 $d^2 - 4c \geqslant 0$), 从而 $b \in L \subset F_2$.

所以不失一般性, 假设 b 是 R 上的超越元, 并且假定 $\varphi(x_0)[a_1,\cdots,a_n]$ 只是 $\left(\bigwedge_{j=1}^{k} P_<(c_0,\tau_{g_j}(x_0))\right)$.

由于 L 是实封闭的, 每一个 g_j 可以分解成型如 $(x-d)$ 和 (x^2+dx+c) 因子的乘积, 其中 $d^2-4c<0$. 线性因子 $(x-d)$ 会在 d 的两边改变符号, 而二次因子不改变符号. 所以, 由表达式 φ 带参数 $a_1,\cdots,a_n$ 在 L 上所定义的 L 的子集是有限个区间的并, 从而我们找到两组 $\alpha_1,\cdots,\alpha_\ell\in L\cup\{-\infty\}$ 和 $\beta_1,\cdots,\beta_\ell\in L\cup\{+\infty\}$ 来满足

$$(L,<)\models\left(\forall x_0\left(\varphi(x_0)[a_1,\cdots,a_n]\leftrightarrow\left(\bigvee_{i=1}^{\ell}(P_<(\alpha_i,x_0)\wedge P_<(x_0,\beta_i))\right)\right)\right).$$

由于所涉及的多项式 g_j 无论在 L 上还是在 F_1 上都具有完全相同的变号性质, 得到

$$(F_1,<)\models\left(\forall x_0\left(\varphi(x_0)[a_1,\cdots,a_n]\leftrightarrow\left(\bigvee_{i=1}^{\ell}(P_<(\alpha_i,x_0)\wedge P_<(x_0,\beta_i))\right)\right)\right).$$

令 i 满足 $\alpha_i<b<\beta_i$. 那么 $(L,<)\models\varphi\left[\dfrac{\alpha_i+\beta_i}{2},a_1,\cdots,a_n\right]$.

由于 φ 是一个不含量词的表达式, $(L,<)\subset(F_2,<)$, 有

$$(F_2,<)\models\varphi\left[\frac{\alpha_i+\beta_i}{2},a_1,\cdots,a_n\right].$$

从而

$$(F_2,<)\models(\exists x_0\varphi(x_0)[a_1,\cdots,a_n]).$$

(2) 因为有序封闭域理论适合量词消去, 以及 $(\mathbb{Q},0,1,+,-,\cdot,<)$ 是有序实封闭域的一个极小结构, 根据完全性条件 (定理 6.7), 所以 RCF_o 是一个完全理论, 从而 RCF 是一个完全理论, 因为 RCF_o 等价于 RCF 的一个保守扩张. □

推论 9.1 理论 RCF 是对实数域 $(\mathbb{R},0,1,+,\cdot)$ 的完全刻画, 即如果 θ 是环语言的一个语句, 那么

$$\mathrm{RCF}\vdash\theta \text{ 当且仅当 } (\mathbb{R},0,1,+,\cdot)\models\theta.$$

现在我们可以证明例 3.16 中的结论:

推论 9.2 (1) 由全体实代数数所组成的有序实代数封闭域

$$(\mathbb{Q}_{\mathrm{alg}},0,1,+,-,\times,<)$$

是有序实代数封闭域

$$(\mathbb{R},0,1,+,-,\times,<)$$

的同质子模型;

(2) $(\mathbb{Q}_{\text{alg}},0,1,+,-,\times,<)$ 是一个最小典型模型, 从而它是一个整齐模型;

(3) RCF_o 是一个根本型理论.

证明 (1) 因为 RCF_o 适合量词消去, RCF_o 是一个模型完全的理论;

$$(\mathbb{Q}_{\text{alg}},0,1,+,-,\times,<)\models \text{RCF}_o,\quad (\mathbb{R},0,1,+,-,\times,<)\models \text{RCF}_o,$$

$$(\mathbb{Q}_{\text{alg}},0,1,+,-,\times,<)\subset(\mathbb{R},0,1,+,-,\times,<),$$

所以

$$(\mathbb{Q}_{\text{alg}},0,1,+,-,\times,<)\prec(\mathbb{R},0,1,+,-,\times,<).$$

(2) 如果 $(M,0,1,+,-,\times,<)\models \text{RCF}_o$, 那么 $(\mathbb{Q}_{\text{alg}},0,1,+,-,\times,<)$ 可以嵌入到 $(M,0,1,+,-,\times,<)$ 之中. 根据模型完全性, 这种嵌入就一定是同质嵌入. 所以, $(\mathbb{Q}_{\text{alg}},0,1,+,-,\times,<)$ 就是一个最小典型模型; 而最小典型模型一定是整齐模型.

(3) 这是因为 RCF_o 有一个可数基本模型 $(\mathbb{Q}_{\text{alg}},0,1,+,-,\times,<)$. □

9.4 实封闭域模型完全性

现在我们可以展示前面一个断言的真实性: 模型完全性是适合量词消去的必要条件, 不是充分条件; 实封闭域理论就是一个实例.

定理 9.7 实封闭域理论 RCF 是模型完全理论, 但不适合消去量词.

证明 RCF_o 等价于 RCF 的一个保守扩张.

下面证明: RCF 是模型完全理论.

设 $\mathcal{M}=(M,I)$ 和 $\mathcal{N}=(N,J)$ 都是 RCF 的两个模型, 即两个实封闭域, 而且 $\mathcal{M}\subset\mathcal{N}$. 在 M 和 N 上, 分别定义

$$(a,b)\in<_M,\ \text{当且仅当}\ \mathcal{M}\models(\exists x_3((\neg(c_0\hat{=}x_3))\wedge(x_2\hat{=}F_+(x_1,F_\times(x_3,x_3)))))[a,b]$$

以及

$$(a,b)\in<_N,\ \text{当且仅当}\ \mathcal{N}\models(\exists x_3((\neg(c_0\hat{=}x_3))\wedge(x_2\hat{=}F_+(x_1,F_\times(x_3,x_3)))))[a,b].$$

因为 $\mathcal{M}$ 和 $\mathcal{N}$ 分别是 RCF 的模型, 立即得到 $(\mathcal{M},<_M)$ 和 $(\mathcal{N},<_N)$ 分别是 RCF_o 的模型. 并且, 可以验证

$$<_M=<_N\cap(M\times M).$$

因此, $(\mathcal{M},<_M)\subset(\mathcal{N},<_N)$. 从而

$$(\mathcal{M},<_M)\prec(\mathcal{N},<_N)\ \text{以及}\ \mathcal{M}\prec\mathcal{N}.$$

RCF 不适合消去量词: 事实上, 表达式 $\exists x(x \cdot x = y)$ (y 是正数) 在理论 RCF 之上不等价于任何一个不含量词的环语言的 1-元表达式. 因为任何一个不含量词的环语言的表达式 $\psi(y)$ 一定是一组有限个形如 $f(y) = 0$ ($f \in \mathbb{Q}[X]$) 的等式的布尔组合. 这样, 如果 $\mathcal{M} \models \mathrm{RCF}$, 下面两个集合之中必有一个是有限集合:

$$\{a \in M \mid \mathcal{M} \models \psi[a]\}, \{a \in M \mid \mathcal{M} \models (\neg\psi)[a]\}.$$

但是, 下面的两个集合

$$\{a \in M \mid \mathcal{M} \models (\exists x_1(F_\times(x_1, x_1) \hat{=} x_2))[a]\}$$

以及

$$\{a \in M \mid \mathcal{M} \models (\neg(\exists x_1(F_\times(x_1, x_1) \hat{=} x_2)))[a]\}$$

都是无穷集合. □

实封闭域理论 RCF 是模型完全性的一个直接应用便是罗宾逊 (Abnaham Robinson) 所给出的关于希尔伯特第 17 问题①的正面解答②的简单证明.

对于一个有序实封闭域 $(\mathbb{F}, <)$ 来说, 它上面的一个 n-元有理函数

$$f(X_1, \cdots, X_n) \in \mathbb{F}(X_1, \cdots, X_n)$$

是**半正定**的当且仅当 $\forall (a_1, \cdots, a_n) \in \mathbb{F}^n$ $(f(a_1, \cdots, a_n) \geqslant 0)$.

定理 9.8 (阿丁定理–希尔伯特第 17 问题之解)　*如果 f 是有序实封闭域 $(\mathbb{F}, <)$ 上的一个半正定有理函数, 那么 f 是 $\mathbb{F}$ 上的有限个有理函数的平方和.*

证明　假设 n-元有理函数 $f(X_1, \cdots, X_n) \in \mathbb{F}(X_1, \cdots, X_n)$ 是**半正定**的, 但不是 $\mathbb{F}$ 上的有限个有理函数的平方和.

根据可序化特征定理 9.2, 令 $\prec$ 为 $\mathbb{F}(X_1, \cdots, X_n)$ 上的一个满足要求 $f \prec 0$ 的添加序. 令 $(R, \prec)$ 为 $(\mathbb{F}, \prec)$ 的实序闭包. 因为 $f(X_1, \cdots, X_n) < 0$,

$$(R, \prec) \models \exists v_1 \cdots \exists v_n \, (f(v_1, \cdots, v_n) < 0).$$

根据 RCF_o 的模型完全性, $(\mathbb{F}, <) \models \exists v_1 \cdots \exists v_n \, (f(v_1, \cdots, v_n) < 0)$. □

这便是一个矛盾.

① D Hilbert, Mathematical Problem, Göttinger Nachrichten 1900: 253-297
Mathematical Problems, Bulletin of the American Mathematical Society 8(1902), 437-479
(English translation by M W New Son).

②第一个给出正面解答的是 Artin.

9.5 半代数子集

定义 9.8 设 $(\mathbb{F},<)$ 是一个有序域.

(1) $A\subseteq\mathbb{F}^n$ 是一个**基本半代数子集**当且仅当存在有限个 n-元多项式

$$p\in\mathbb{F}[X_1,\cdots,X_n]$$

来保证

$$A=\{(a_1,\cdots,a_n)\in\mathbb{F}^n\mid p(a_1,\cdots,a_n)>0\},$$

或者

$$A=\{(a_1,\cdots,a_n)\in\mathbb{F}^n\mid p(a_1,\cdots,a_n)=0\};$$

(2) $A\subseteq\mathbb{F}^n$ 是一个**半代数集**当且仅当 A 是有限个基本半代数子集的布尔组合.

推论 9.3 (塔尔斯基-赛登伯格定理 (Tarski-Seidenberg Theorem)) 任何有序实封闭域上半代数集合的投影也是半代数集合.

证明 因为 RCF_o 适合量词消去, 任何一个有序实封闭域上的半代数集合恰好就是它上面的可定义子集. 事实上, 这个定理也正好是 RCF_o 适合量词消去这个事实的等价表述. □

推论 9.4 如果 $(\mathbb{F},<)\models\mathrm{RCF}_o$, $d:\mathbb{F}^n\times\mathbb{F}^n\to\mathbb{F}$ 是 $\mathbb{F}^n$ 上的欧几里得距离函数, $A\subseteq\mathbb{F}^n$ 是一个半代数集, 那么 A 在此距离下的拓扑闭包 $\bar{A}$ 也是一个半代数集.

证明 回顾一下有序实封闭域上的欧几里得距离函数的定义:

$$d(x_1,\cdots,x_n,y_1,\cdots,y_n)=z\text{ 当且仅当 }z\geqslant 0\wedge z^2=\sum_{i=1}^{n}(x_i-y_i)^2.$$

所以, d 是 $(\mathbb{F},<)$ 上的一个可定义函数. 由此, A 在此欧几里得距离拓扑下的闭包

$$\bar{A}=\{(x_1,\cdots,x_n)\in\mathbb{F}^n\mid\forall\epsilon>0\,\exists(y_1,\cdots,y_n)\in A\,(d(x_1,\cdots,x_n,y_1,\cdots,y_n)<\epsilon)\}$$

是一个在 $(\mathbb{F},<)$ 上可定义的集合, 所以, 它是一个半代数集合. □

推论 9.5 (序极小特性) 设 $\mathcal{M}\models\mathrm{RCF}_o$. 如果 $A\subseteq M$ 是 $\mathcal{M}$ 上可定义的, 那么 A 一定是有限个点和有限个区间的并.

证明 对于 M 上的一元多项式 $p\in M[X]$, 集合 $A=\{a\in M\mid p(a)>0\}$ 是有限个区间的并, 而

$$B=\{a\in M\mid p(a)=0\}$$

则是有限个点的集合. □

因此, 称一个有序域 $(F,0,1,+,\cdot,<)$ 具有**序极小特性**当且仅当 F 的每一个可定义子集都是有限个点和有限个区间的并. 上面的命题则断言每一个有序实封闭域都具有序极小特性. 后面一道习题 (练习 9.6) 则表明这种序极小特性也正是有序域是实封闭域的试金石.

例 9.3　由有序实数域的这种序极小特性可见, 自然数集合 $\mathbb{N}$, 整数集合 $\mathbb{Z}$, 有理数集合 $\mathbb{Q}$, 作为实数集合的子集合都是在实数域上不可定义的子集合.

序极小性的一个有趣的推论便是对于有序实封闭域而言, "有限子集" 是一个可定义的概念: 如果 $X \subset M$ 是一个可定义的子集, 那么 X 是有限集合当且仅当

$$\forall a \forall b\,(a < b \to \exists c\,(a < c \wedge c < b \wedge c \notin X)).$$

基于这一点, 我们来证明下述**一致有限**命题:

推论 9.6 (一致有限)　设 $\mathcal{M}$ 是一个有序实封闭域, $X \subseteq M^{n+1}$ 为一个可定义集合 ($1 \leqslant n$). 那么存在一个满足下述要求的充分大的自然数 $N \in \mathbb{N}$:

$$\forall \vec{a} \in M^n\ (\text{如果集合}\,\{y \in M \mid (\vec{a},y) \in X\}\,\text{是有限的, 那么它最多有}\ N\ \text{个元素}).$$

证明　设 $X \subseteq M^{n+1}$ 为一个可定义集合 ($1 \leqslant n$). 根据有序实封闭域的序极小特性, 上面推论表明对于 $\vec{a} \in M^n$, 令 $X_{\vec{a}} = \{y \in M \mid (\vec{a},y) \in X\}$. 那么集合

$$\{(\vec{a},y) \in X \mid X_{\vec{a}}\,\text{是有限的}\}$$

是一个可定义的集合. 不失一般性, 假设 $\forall \vec{a} \in M^n\ X_{\vec{a}}$ 都是有限的, 即

$$\mathcal{M} \models \forall \vec{x} \forall c \forall d\,(\neg(c < d \wedge \forall y\,(c < y < d \to y \in X_{\vec{a}}))).$$

对于 M 中的每一个元素引进一个常元 $c_a\,(a \in M)$ 以及再引进 n 个新常元 $d_1,\cdots,d_n$. 考虑这个添加了充分多常元的新语言中的语句. 令

$$\Gamma_1 = \mathrm{RCF}_0 \cup \Delta((\mathcal{M},c_a)_{a\in M}),$$

其中, $\Delta((\mathcal{M},c_a)_{a\in M})$ 是结构 $(\mathcal{M},c_a)_{a\in M}$ 的元态. 令

$$\Gamma_2 = \left\{ \exists y_1,\cdots,y_m \left(\left(\bigwedge_{1\leqslant i<j\leqslant m} (y_i \neq y_j) \right) \wedge \left(\bigwedge_{i=1}^{m} (y_i \in X_{\vec{c}}) \right) \right) \,\middle|\, 1 \leqslant m \in \mathbb{N} \right\}$$

以及

$$\Gamma = \Gamma_1 \cup \Gamma_2.$$

现在验证语句集合 Γ 是一个矛盾共同体, 即它是不可满足的语句之集. 假设不然, Γ 是一个可以满足的语句之集. 令 $M \subset K$ 以及结构

$$\mathbb{K}^* = (K, 0, 1, +, \cdot, <, c_a, d_1, \cdots, d_n)_{a\in M} \models \Gamma.$$

那么从这个结构中忽略这些新常元的解释之后所得到的结构就是有序实封闭域

$$\mathbb{K} = (K, 0, 1, +, \cdot, <)\ .$$

在这个域上, X 的定义表达式同样定义了 K^{n+1} 的一个子集, 依旧记为 X . 令 $\vec{d}$ 为新常元 $d_1, \cdots, d_n$ 在结构 $\mathbb{K}^*$ 中的解释. 那么 $X_{\vec{d}}$ 是一个无限集合. 由于 RCF_o 是模型完全的, $\mathcal{M} \prec \mathbb{K}$. 从而

$$\mathbb{K} \models \forall \vec{x} \forall c \forall d\, (\neg(c < d \wedge \forall y\, (c < y < d \to y \in X_{\vec{a}}))).$$

因为 $X_{\vec{d}}$ 是一个无限集合, $\mathbb{K}$ 具有序极小特性, 所以这与上述矛盾. 这就验证了语句集合 Γ 是一个矛盾共同体. 根据归谬法原理, 存在一个充分大的自然数 $N \in \mathbb{N}$ 来见证下述事实:

$$\mathrm{RCF}_0 \cup \Delta((\mathcal{M}, c_a)_{a\in M}) \vdash \forall \vec{x} \left(\neg\left(\left(\bigwedge_{1\leqslant i<j\leqslant N} (y_i \neq y_j)\right) \wedge \left(\bigwedge_{i=1}^{N} (y_i \in X_{\vec{c}})\right)\right)\right).$$

于是, $\forall \vec{a} \in M^n\ |X_{\vec{a}}| < N$. □

有序实封闭域的这种序极小特性进一步导致有序实封闭域上具有可定义的斯科伦函数.

推论 9.7 (可定义斯科伦函数) 设 $\mathcal{M} \models \mathrm{RCF}_o$. 如果 $X \subseteq M^{n+m}$ 是 $\mathcal{M}$ 上可定义的 $(1 \leqslant n, m \in \mathbb{N})$, 那么存在一个满足下述要求的可定义函数

$$f : M^n \to M^m$$

(**不变斯科伦函数**):

(1) $\forall \overline{x} \in M^n\ ((\exists \overline{y} \in M^m\, (\overline{x}, \overline{y}) \in X) \to (\overline{x}, f(\overline{x})) \in X)$;

(2) $\forall \overline{a}, \overline{b} \in M^n$, 如果

$$\{\overline{y} \in M^m \mid (\overline{a}, \overline{y}) \in X\} = \{\overline{y} \in M^m \mid (\overline{b}, \overline{y}) \in X\},$$

那么 $f(\overline{a}) = f(\overline{b})$.

证明 对 $1 \leqslant m$ 施归纳, 我们来证明所要的命题.

设 $m = 1$. 对于 $\overline{a} \in M^n$, 令

$$X_{\overline{a}} = \{y \in M \mid (\overline{a}, y) \in X\}.$$

由于 X 是可定义的, $X_{\overline{a}} \subseteq M$ 是可定义的. 根据 RCF_o 的序极小特性, $X_{\overline{a}}$ 是有限个点和区间的并. 对于 $\overline{a} \in M^n$, 定义 $f(\overline{a})$ 如下:

$$f(\overline{a}) = \begin{cases} 0, & \text{若 } X_{\overline{a}} = \varnothing \vee X_{\overline{a}} = M\ ; \\ b, & \text{若 } X_{\overline{a}} \text{ 有最小元}, b = \min(X_{\overline{a}})\ ; \\ \dfrac{d-c}{2}, & \text{若 } (c,d) \vee (c,d] \text{ 是 } X_{\overline{a}} \text{ 的最左区间}; \\ c-1, & \text{若 } (-\infty,c) \vee (-\infty,c] \text{ 是 } X_{\overline{a}} \text{ 的最左区间}; \\ c+1, & \text{若 } (c,+\infty) \text{ 是 } X_{\overline{a}} \text{ 的最左区间}. \end{cases}$$

由上述定义可见, 如果 $X_{\overline{a}} = X_{\overline{b}}$, 那么 $f(\overline{a}) = f(\overline{b})$.

现在假设命题对于 $m = k$ 成立. 令 $m = k+1$. 设 $X \subseteq M^{n+(k+1)}$ 为可定义集合. 根据归纳假设, 令

$$f : M^{n+1} \to M^k$$

满足要求:

(1) f 可定义;

(2) $\forall a_1, \cdots, a_n, b \in M$, 如果 $\exists \overline{z} \in M^k\ (\overline{a}, b, \overline{z}) \in X$, 那么 $(\overline{a}, b, f(\overline{a}, b)) \in X$; 并且,

(3) 如果 $X_{\overline{a},b} = X_{\overline{c},d}$, 那么 $f(\overline{a}, b) = f(\overline{c}, d)$.

再由归纳假设, 令 $g : M^n \to M$ 满足要求:

(1) g 可定义;

(2) $\forall a_1, \cdots, a_n \in M$, 如果 $\exists y \in M\, \exists \overline{z} \in M^k\ (\overline{a}, y, \overline{z}) \in X$, 那么

$$\exists \overline{z}\ (\overline{a}, g(\overline{a}), \overline{z}) \in X\ ;$$

(3) 如果 $X_{\overline{a}} = X_{\overline{c}}$, 那么 $g(\overline{a}) = g(\overline{c})$.

对于 $\overline{x} \in M^n$, 令 $h(\overline{x}) = (g(\overline{x}), f(\overline{x}, g(\overline{x})))$. 于是,

(1) h 是可定义的;

(2) 如果 $\exists y \in M\, \exists \overline{z} \in M^k\, (\overline{a}, y, \overline{z}) \in X$, 那么 $(\overline{a}, h(\overline{a})) \in X$;

(3) 如果 $X_{\overline{a}} = X_{\overline{c}}$, 那么 $h(\overline{a}) = h(\overline{c})$. □

现在我们来证明一个类似于代数封闭域理论中的阿克斯定理 (定理 8.13) 的结果. 我们知道实数轴 $(\mathbb{R}, <)$ 是有理数轴 $(\mathbb{Q}, <)$ 序完备化的结果, 因而 $(\mathbb{R}, <)$ 是序完备的, 即实数集合的任何一个非空有界的子集合必有唯一的上确界和下确界. 这是有序实封闭域 $(\mathbb{R}, 0, 1, +, \cdot, <)$ 的这种序完备性这样一种二阶性质进而决定了欧几里得拓扑空间 $(\mathbb{R}^n, d)$ 上的一个拓扑学中的基本性质: 任何一个从 $\mathbb{R}^n$ 到 $\mathbb{R}^m$ 的连续函数在任何一个非空有界闭集上的像集都是一个有界闭集. 在这里我们应用有序实封闭域理论的完全性将这一拓扑学性质推广到任意的一个有序实封闭域 $\mathbb{F}$

之上去: 任何一个从 $\mathbb{R}^n$ 到 $\mathbb{R}^m$ 的在 $(\mathbb{F},0,1,+,\cdot,<)$ 上可定义的连续函数在任何一个可定义的非空有界闭集上的像集都是一个有界闭集.

推论 9.8 设 $(\mathbb{F},<)$ 是一个有序实封闭域, $f:\mathbb{F}^n\to\mathbb{F}^m$ 是一个可定义的连续函数, 以及 $D\subset\mathbb{F}^n$ 是一个可定义的非空有界闭集. 那么 $f[D]\subset\mathbb{F}^m$ 是一个有界闭集.

证明 证明的核心是将需要证明的命题用一个一阶语句表达出来, 然后利用实数轴上的性质以及有序实封闭域理论的完全性.

令 $\varphi(x_1,\cdots,x_n,u_1,\cdots,u_k)$ 为一个 $n+k$ 元表达式, 以及

$$\psi(x_1,\cdots,x_n,y_1,\cdots,y_m,w_1,\cdots,w_\ell)$$

为一个 $n+m+\ell$ 元表达式. 为了简化表达式, 我们临时引进变元缩写记号:

$$\vec{x}=(x_1,\cdots,x_n),\quad \vec{y}=(y_1,\cdots,y_m),\quad \vec{u}=(u_1,\cdots,u_k),\quad \vec{w}=(w_1,\cdots,w_\ell).$$

令 $d_n:\mathbb{F}^n\times\mathbb{F}^n\to\mathbb{F}$ 以及 $d_m:\mathbb{F}^m\times\mathbb{F}^m\to\mathbb{F}$ 分别为欧几里得空间 $\mathbb{F}^n$ 以及 $\mathbb{F}^m$ 上的可定义距离函数.

令 $\theta_1(\vec{u})$ 为下述表达式:

$$\exists a(a>0\wedge\forall\vec{x}(\varphi(\vec{x},\vec{u})\to d_n(\vec{x},\vec{0})<a)).$$

表达式 $\theta_1(\vec{u})$ 断言: 由表达式 $\varphi(\vec{x},\vec{u})$ 利用参数 $\vec{u}$ 所定义的 $\mathbb{F}^n$ 的子集是一个有界子集.

令 $\theta_2(\vec{u})$ 为下述表达式:

$$\forall\vec{x}((\neg\varphi(\vec{x},\vec{u}))\to\exists\epsilon(\epsilon>0\wedge\forall\vec{x}_1(d_n(\vec{x},\vec{x}_1)<\epsilon\to(\neg\varphi(\vec{x}_1,\vec{u}))))).$$

表达式 $\theta_2(\vec{u})$ 断言: 由表达式 $\varphi(\vec{x},\vec{u})$ 利用参数 $\vec{u}$ 所定义的 $\mathbb{F}^n$ 的子集是一个闭集.

令 $\theta_3(\vec{w})$ 为下述表达式:

$$\forall\vec{x}\forall\vec{y}_1\forall\vec{y}_2((\psi(\vec{x},\vec{y}_1,\vec{w})\wedge\psi(\vec{x},\vec{y}_2,\vec{w}))\to\vec{y}_1=\vec{y}_2).$$

表达式 $\theta_3(\vec{w})$ 断言: 由表达式 $\psi(\vec{x},\vec{y},\vec{w})$ 利用参数 $\vec{w}$ 所定义的 $\mathbb{F}^n\times\mathbb{F}^m$ 的子集是一个函数.

令 $\theta_4(\vec{u},\vec{w})$ 为下述表达式:

$$\forall\vec{x}(\varphi(\vec{x},\vec{u})\to\exists\vec{y}\psi(\vec{x},\vec{y},\vec{w})).$$

表达式 $\theta_4(\vec{u},\vec{w})$ 断言由表达式 φ 利用参数 $\vec{u}$ 所定义的集合是由表达式 ψ 利用参数 $\vec{w}$ 所定义的函数的定义域的子集.

令 $\theta_5(\vec{u},\vec{w})$ 为下述表达式:

$$\forall \vec{x}\,(\varphi(\vec{x},\vec{u}) \to \forall \epsilon > 0\,\exists \delta > 0\,\forall \vec{x}_1((\varphi(\vec{x}_1,\vec{u}) \wedge d_n(\vec{x},\vec{x}_1) < \delta) \to (\forall \vec{y}\forall \vec{y}_1((\psi(\vec{x},\vec{y},\vec{w}) \wedge \psi(\vec{x}_1,\vec{y}_1,\vec{w})) \to d_m(\vec{y},\vec{y}_1) < \epsilon)))).$$

表达式 $\theta_5(\vec{u},\vec{w})$ 断言: 由表达式 ψ 利用参数 $\vec{w}$ 所定义的函数在由表达式 φ 利用参数 $\vec{u}$ 所定义的集合上是连续的.

令 $\theta_6(\vec{u},\vec{w})$ 为下述表达式

$$\exists a(a > 0 \wedge \forall \vec{y}((\exists \vec{x}(\varphi(\vec{x},\vec{u}) \wedge \psi(\vec{x},\vec{y},\vec{w}))) \to d_m(\vec{y},\vec{0}) < a)).$$

表达式 $\theta_6(\vec{u},\vec{w})$ 断言: 由表达式 ψ 利用参数 $\vec{w}$ 所定义的函数在由表达式 φ 利用参数 $\vec{u}$ 所定义的集合上的像集是有界集.

令 $\theta(\vec{y},\vec{u},\vec{w})$ 为表达式 $\exists \vec{x}(\varphi(\vec{x},\vec{u}) \wedge \psi(\vec{x},\vec{y},\vec{w}))$.

令 $\theta_7(\vec{u},\vec{w})$ 为表达式

$$\forall \vec{y}((\neg\theta(\vec{y},\vec{u},\vec{w})) \to (\exists \epsilon > 0\,\forall \vec{y}_1(d_m(\vec{y},\vec{y}_1) < \epsilon \to (\neg\theta(\vec{y}_1,\vec{u},\vec{w}))))).$$

表达式 $\theta_7(\vec{u},\vec{w})$ 断言: 由表达式 ψ 利用参数 $\vec{w}$ 所定义的函数在由表达式 φ 利用参数 $\vec{u}$ 所定义的集合上的像集是闭集.

令 Ψ 为下述语句:

$$\forall \vec{u}\,\forall \vec{w}\,((\theta_1(\vec{u}) \wedge \theta_2(\vec{u}) \wedge \theta_3(\vec{w}) \wedge \theta_4(\vec{u},\vec{w}) \wedge \theta_5(\vec{u},\vec{w})) \to (\theta_6(\vec{u},\vec{w}) \wedge \theta_7(\vec{u},\vec{w}))).$$

当 $\mathbb{F} = \mathbb{R}$ 时, 根据实数轴的序完备性, $\mathbb{R}^k$ 上的一个子集合 X 是一个有界闭子集的充分必要条件是 X 是一个紧致集合, 即 X 上的任意一个开集覆盖都必有一个有限子覆盖. 任何一个紧致集合的连续映像一定是一个紧致集合. 因此, 在 $\mathbb{R}^n$ 上任何一个有界闭子集的连续映像一定是一个有界闭集. 从而

$$(\mathbb{R},<) \models \Psi.$$

依据有序实封闭域理论 RCF_o 的完全性, 如果 $(\mathbb{F},<)$ 是一个有序实封闭域, 那么 $(\mathbb{F},<) \models \Psi$. □

实数轴的序完备性决定了实数轴上可定义的实函数的连续点之集合必定处处稠密; 由于命题 "连续点之集处处稠密" 是一个一阶语句:

$$\forall a\,\forall b\,(a < b \to (\exists x \in (a,b)\,\forall \epsilon > 0\,\exists \delta > 0\,((x-\delta, x+\delta) \subset (a,b) \wedge \forall y \in (x-\delta, x+\delta)\,(f(x) - \epsilon < f(y) < f(x) + \epsilon)))),$$

由有序实封闭域理论的完全性, 任何一个有序实封闭域便都有这一性质.

引理 9.1 如果函数 $f:\mathbb{R}\to\mathbb{R}$ 之图是一个半代数集合, $U\subseteq\mathbb{R}$ 是任意一个非空开集, 那么 U 一定包括了 f 的一个连续点.

证明 分两种情形来讨论.

情形 1: f 在 U 的某个开子集 $V\subset U$ 上的像集是有限集合.

令 $b\in\mathbb{R}$ 满足要求: $\{x\in V\mid f(x)=b\}$ 是一个无穷集合. 这是一个可定义的集合. 根据 RCF_o 的序极小特性 (推论 9.5), f 一定在 V 的某个开子集上取常值 b.

情形 2: f 在 U 的任何非空开子集 $V\subset U$ 上的像集是无限集合.

递归地定义 U 的一个满足下述要求的开子集之序列 $\langle V_n\mid n<\omega\rangle$:

$$V_0=U\ \wedge\ V_{n+1}\subset V_n\ \wedge\ \overline{V}_{n+1}\subset V_n.$$

给定 V_n , 令 $X_n=f[V_n]$. 那么 X_n 是一个无穷集合. 根据 RCF_o 的序极小特性 (推论 9.5), X_n 包含一个长度不超过 $\dfrac{1}{n+1}$ 的开区间 (a,b) ; 同理集合

$$Y_n=\{x\in V_n\mid f(x)\in(a,b)\}$$

包含一个其闭包为 V_n 的子集的开区间 V_{n+1} .

根据实数轴序完备性, 实数轴具有局部紧致特性. 从而,

$$\bigcap_{n<\infty}V_n=\bigcap_{n<\infty}\overline{V}_n\neq\varnothing.$$

令 $x\in\bigcap\limits_{n<\infty}V_n$, 那么, f 在 x 处连续. □

推论 9.9 设 $(\mathbb{F},<)$ 是一个有序实封闭域, 以及 $f:\mathbb{F}\to\mathbb{F}$ 是一个半代数函数. 那么

$$\mathbb{F}=X\cup\bigcap_{i=1}^{m}J_i.$$

其中, X 是一个有限集合, $\{J_i\mid 1\leqslant i\leqslant m\}$ 是 $m\geqslant 1$ 个彼此互不相交的开区间, f 在每一个 J_i 上都是连续的.

证明 令

$$D=\{x\mid(\mathbb{F},<)\models\exists\epsilon>0\,\forall\delta>0\,\exists y\in(x-\delta,x+\delta)\,(f(y)\notin[f(x)-\epsilon,f(x)+\epsilon])\}$$

为 f 的不连续点之集合. 由于 f 是可定义的函数, D 是一个可定义的集合. 根据 RCF_o 的序极小特性 (推论 9.5), D 或者是一个有限集合, 或者包含一个开区间. 但是, 由上面的引理得知 f 连续点是处处稠密的, D 是 f 的非连续点之集合, D 必定是一个有限集合. 再根据 RCF_o 的序极小特性, $\mathbb{F}-D$ 是有限个开区间之并. □

例 9.4　由此可见, 实数轴上的取整函数

$$\mathbb{R} \ni x \mapsto \lfloor x \rfloor = \max(\{m \in \mathbb{Z} \mid m \leqslant x\})$$

不是一个在实数域上可定义的函数.

作为有序实封闭域上存在可定义斯科伦函数这一美妙事实的应用, 我们来证明下述曲线选择原理:

推论 9.10 (曲线选择原理)　设 $\mathcal{M}$ 是一个有序封闭域, $X \subseteq M^n$ 是一个可定义集合, $\overline{a} \in M^n$ 是 X 的一个极限点. 那么存在满足下述要求的可定义函数

$$f:(0,r) \to M^n:$$

(1) f 是连续函数;
(2) $\forall x \in (0,r)\ (f(x) \in X)$;
(3) $\overline{a} = \lim_{x\to 0} f(x)$.

证明　给定可定义集合 $X \subseteq M^n$ 以及它闭包中的点 $\overline{a}$, 令

$$X^* = \left\{ (x,\overline{y}) \in M \times M^n \;\middle|\; 0 < x \wedge \overline{y} \in X \wedge \left(\sum_{i=1}^{n}(y_i - a_i)^2\right) < x \right\}.$$

那么 X^* 是一个可定义的集合, 并且 $\forall x > 0\, \exists \overline{y} \in M^n\, (x,\overline{y}) \in X^*$. 依据可定义斯科伦函数存在性 (推论 9.7), 令

$$f:(0,+\infty) \to M^n$$

为一个 X^* 的可定义斯科伦函数. 依据可定义函数的连续性 (推论 9.9), f 限制在某个开区间 $(0,r)$ 上为一连续函数. □

9.6　练　　习

练习 9.1　令 $\mathbb{Q}(X)$ 为由多项式环 $\mathbb{Q}[X]$ 所得到的商域. 设 $q \in \mathbb{Q}$. 对于

$$f(X) \in \mathbb{Q}(X),$$

定义

$$0 <_q f(X) \leftrightarrow \exists \epsilon > 0\, \forall x\, ((q < x < q+\epsilon) \to 0 < f(x))$$

以及对于 $f(X), g(X) \in \mathbb{Q}(X)$, 定义

$$f(X) <_q g(X) \leftrightarrow 0 <_q (g(X) - f(X)).$$

证明: $(\mathbb{Q}(X), <_q)$ 是一个有序域; 并且 $X - q > 0 \wedge \forall n \in \mathbb{N}\, (X - q < \dfrac{1}{n+1})$, 即 $X - q$ 是一个正无穷小量.

练习 9.2 令 $\mathbb{Q}(X)$ 为由多项式环 $\mathbb{Q}[X]$ 所得到的商域. 对于 $f(X) \in \mathbb{Q}(X)$, 定义

$$0 \prec f(X) \leftrightarrow f(0) < 0$$

以及对于 $f(X), g(X) \in \mathbb{Q}(X)$, 定义

$$f(X) \prec g(X) \leftrightarrow 0 \prec (g(X) - f(X)).$$

证明: $(\mathbb{Q}(X), \prec)$ 是一个有序域; 并且 $\forall q \in \mathbb{Q}\, |q| \prec X$.

练习 9.3 设 T_1 和 T_2 是语言 $\mathcal{L}_A$ 的两个理论. 证明如下命题等价:

(1) T_1 和 T_2 等价.

(2) 对于每一个 $\mathcal{L}_A$-结构 $\mathcal{M} = (M, I)$,

$$\mathcal{M} \models T_1 \text{ 当且仅当 } \mathcal{M} \models T_2.$$

(3) 对于 $\mathcal{L}_A$ 的任何一个表达式 φ,

$$T_1 \vdash \varphi \text{ 当且仅当 } T_2 \vdash \varphi.$$

练习 9.4 (1) $\mathrm{RCF}_o^{\forall}$ 是有序整环理论.

(2) RCF_o 具有代数素模型特性.

(提示: 应用命题 9.4 以及定理 9.4; 有关本处所涉及的新鲜记号和概念, 请参见定义 10.1 和定义 10.2.)

练习 9.5 设 a, b 是在实数域 $\mathbb{R}$ 上代数独立的两个元. 证明:

(1) 域 $\mathbb{R}(a, b)$ 是一个形实域.

(2) 在形实域 $\mathbb{R}(a, b)$ 上存在两个线性序 $<_1$ 以及 $<_2$, 以至于 $a <_1 b$ 和 $b <_2 a$ 分别成立.

(3) 实数域上的序 $<$ 不是在环语言中用 (不带任何量词的) 布尔表达式可以定义的二元关系.

练习 9.6 设有序域 $\mathbb{F} = (F, 0, 1, +, \cdot, <)$ 具有序极小特性. 证明 $\mathbb{F}$ 具有多项式中值特性, 因而是实封闭域.

第 10 章　有理数加法算术理论

我们分别考虑由非逻辑符号集 $\{c_0, F_+, F_-\}$ 所给出的语言之下结构 $(\mathbb{Q}, 0, +, -)$ 的真相, 即

$$\mathrm{Th}((\mathbb{Q}, 0, +, -))$$

以及由非逻辑符号集 $\{c_0, F_+, F_-, P_<\}$ 所给出的语言之下结构 $(\mathbb{Q}, 0, +, -, <)$ 的真相, 即

$$\mathrm{Th}((\mathbb{Q}, 0, +, -, <)).$$

我们希望解决它们的完全公理化问题: 即给出一组完全刻画这两个结构的理论, 并且证明它们是完全的.

10.1　有理数加法群理论

10.1.1　公理刻画 T_{dag}

我们先考虑结构 $(\mathbb{Q}, 0, +, -)$, 它首先是一个加法群. 自然地, 有如下的公理:

(1) $(\forall x_1(\forall x_2(\forall x_3(F_+(F_+(x_1, x_2), x_3) \hat{=} F_+(x_1, F_+(x_2, x_3))))))$;

(2) $(\forall x_1(F_+(x_1, c_0) \hat{=} x_1))$;

(3) $(\forall x_1(\forall x_2(x_2 \hat{=} F_-(x_1) \leftrightarrow F_+(x_1, x_2) \hat{=} c_0)))$;

(4) $(\forall x_1(\forall x_2(F_+(x_1, x_2) \hat{=} F_+(x_2, x_1))))$.

首先, 用 T_{ag} 来记由上述公理构成的**加法群理论**; T_{ag} 的每一个模型则称为一个**加法群**.

其次, 这个加法群中唯一具有有限阶的元素就是加法单位元, 也就是说, 任何一个非零元的任意有限次和都不会等于零. 这样, 有如下**特征** 0 公理族:

(5) 对于大于 1 的自然数 n, $\left(\forall x_1\left((x_1 \hat{=} c_0) \vee \left(\neg\left(\sum_{i=1}^{n} x_1 \hat{=} c_0\right)\right)\right)\right)$, 其中, $\sum_{i=1}^{n} x_1$ 是项

$$\overbrace{F_+(\cdots(F_+}^{n-1}(x_1, x_1), \cdots x_1).$$

换句话说, 有理数加法群 $(\mathbb{Q}, 0, +, -)$ 是一个**特征** 0 **加法群**. 因此称任何一个满足上述公理的加法群为特征 0 加法群 (这与特征 0 域的概念是一致的, 事实上,

上述每一条特征 0 公理都是特征 0 域理论的一条定理).

最后, 固定一个大于 1 的自然数 n, 有理数加法群中的每一个元素都可以等分成 n 个元素之和. 于是, 有如下的**可等分**公理族:

(6) 对于大于 1 的自然数 n, $\left(\forall x_2\left(\exists x_1\left(x_2\hat{=}\sum_{i=1}^{n}x_1\right)\right)\right)$, 其中 $\sum_{i=1}^{n}x_1$ 同 (5).

(7) $(\forall x_1(\exists x_2(\neg(x_1\hat{=}x_2))))$.

也就是说, $(\mathbb{Q},0,+,-)$ 是一个**非平凡特征 0 可等分加法群**. 整数加法群

$$(\mathbb{Z},0,+,-)$$

是一个非平凡的特征 0 加法群, 但它并非可等分. 这也就表明, 上述单纯特征 0 加法群理论不会是一个完全理论, 欲得一个完全刻画, 需要可等分性公理.

我们用 T_{dag} 来记由上述七条公理所给出的**非平凡特征 0 可等分加法群理论**.

很自然地, $(\mathbb{Q},0,+,-)\models T_{\text{dag}}$, $(\mathbb{R},0,+,-)\models T_{\text{dag}}$. 接下来, 我们希望证明如果 $(G,0,+,-)$ 是一个非平凡特征 0 可等分加法群, 那么

$$(\mathbb{Q},0,+,-)\equiv(G,0,+,-).$$

从而, T_{dag} 是一个完全理论.

10.1.2 T_{dag}-完全性

T_{dag} 之完全性的证明将按照如后思路展开: 先证明 T_{dag} 适合量词消去; 再应用 T_{dag} 有极小模型 $(\mathbb{Q},0,+,-)$ 的事实得出所要的完全性.

首先, 我们来建立一种证明 T_{dag} 适合量词消去的充分条件.

定义 10.1 设 T 是一个一致理论.

$$T^{\forall}=\{\theta\mid\theta\text{ 是一个 }\Pi_1\text{ 语句, 并且 }T\vdash\theta\}$$

是 T 所有可以证明的全体化语句的集合.

定义 10.2 设一阶语言中至少有一个常元符号. 理论 T**具有代数素模型**当且仅当对于 $T^{\forall}$ 的任意一个模型 $\mathcal{M}_0=(M_0,I_0)$, 都一定有如下要求的 T 的一个模型 $\mathcal{M}=(M,I)$ 以及从 $\mathcal{M}_0$ 到 $\mathcal{M}$ 的一个嵌入映射 e: 如果 $f:M_0\to N$ 是一个从 $\mathcal{M}_0$ 到 T 的一个模型 $\mathcal{N}=(N,J)$ 的嵌入映射, 那么必有一个从 $\mathcal{M}$ 到 $\mathcal{N}$ 的嵌入映射 $g:M\to N$ 来保证 $f=g\circ e$.

定义 10.3 称一个一致理论 T 为一个**弱模型完全理论**, 当且仅当 T 的任意两个模型 $\mathcal{M}=(M,I)$, $\mathcal{N}=(N,J)$. 如果 $\mathcal{M}\subseteq\mathbb{N}$, 则 $\mathcal{M}$ 是 $\mathcal{N}$ 的**单变元 Σ_1 同质子模型**, 记成 $\mathcal{M}\prec_s\mathcal{N}$, 当且仅当对于任意一个布尔表达式 $\varphi(x_1,x_2,\cdots,x_n,x_{n+1})$, 对于任意的一组 $(a_1,\cdots,a_n)\in M^n$, 如果 $\mathcal{N}\models(\exists x_{n+1}\varphi)[a_1,\cdots,a_n]$, 那么 $\mathcal{M}\models(\exists x_{n+1}\varphi)[a_1,\cdots,a_n]$.

注意, 这是比 Σ_1 同质子模型要弱的概念.

定理 10.1　假设至少带有一个常元符号的一致理论 T 具有代数素模型, 并且任给 T 的两个模型 $\mathcal{M} \subseteq \mathcal{N}$, 都有 $\mathcal{M} \prec_s \mathcal{N}$. 那么 T 适合量词消去.

证明　假设 $\mathcal{M}_1 = (M_1, I_1)$ 和 $\mathcal{M}_2 = (M_2, I_2)$ 是 T 的两个模型. 令

$$\mathcal{M}_0 = (M_0, I_0)$$

为它们的公有子结构. 那么 $\mathcal{M}_0 \models T^{\forall}$.

设 $\varphi(x_1, \cdots, x_n, x_{n+1})$ 为一个布尔表达式. 设 $(a_1, \cdots, a_n) \in M_0^n$, 又设 $b \in M_1$, 并且

$$\mathcal{M}_1 \models \varphi[a_1, \cdots, a_n, b].$$

令 $e : \mathcal{M}_0 \to \mathcal{N} = (N, J)$, $f : N \to M_1$, $g : N \to M_2$ 为见证 T 具有代数素模型的证据. 根据单变元 Σ_1 同质性,

$$\mathcal{N} \models (\exists x_{n+1} \varphi)[e(a_1), \cdots, e(a_n)].$$

令 $c \in N$ 来见证 $\mathcal{N} \models \varphi[e(a_1), \cdots, e(a_n), c]$. 那么

$$\mathcal{M}_2 \models \varphi[g(e(a_1)), \cdots, g(e(a_n)), g(c)].$$

由于 $g \circ e$ 是 M_0 上的恒等映射,

$$\mathcal{M}_2 \models (\exists x_{n+1} \varphi)[a_1, \cdots, a_n].$$

□

引理 10.1　设 $\mathcal{M} = (M, I) \models T_{\text{dag}}$, $\mathcal{N} = (N, J) \models T_{\text{dag}}$, 以及 $\mathcal{M} \subseteq \mathcal{N}$. 那么 $\mathcal{M} \prec_s \mathcal{N}$.

证明　设 $\varphi(x_1, \cdots, x_n, x_{n+1})$ 是一个布尔表达式, 并且不妨假设 φ 是一个析取范式, 即有一系列原始表达式或者原始表达式之否定,

$$\theta_{ij}(x_1, \cdots, x_n, x_{n+1}) \ (1 \leqslant i \leqslant k, 1 \leqslant j \leqslant \ell),$$

来见证

$$\varphi(x_1, \cdots, x_n, x_{n+1}) \leftrightarrow \bigvee_{i=1}^{k} \bigwedge_{j=1}^{\ell} \theta_{ij}(x_1, \cdots, x_n, x_{n+1}).$$

设 $(a_1, \cdots, a_n) \in M^n$, $b \in N$, 并且 $\mathcal{N} \models \varphi[a_1, \cdots, a_n, b]$. 那么必有一个 $1 \leqslant i \leqslant k$,

$$\mathcal{N} \models \bigwedge_{j=1}^{\ell} \theta_{ij}[a_1, \cdots, a_n, b].$$

不妨假设 $k=1$. φ 就是 $\bigwedge_{j=1}^{\ell}\theta_j(x_1,\cdots,x_n,x_{n+1})$.

如果 $\theta(x_1,\cdots,x_n,x_{n+1})$ 是一个原始表达式, 那么 θ 必是如下等式:

$$\sum_{i=1}^{n+1}\sum_{k=1}^{m_i}x_i\hat{=}c_0$$

$m_1,\cdots,m_n,m_{n+1}$ 是自然数.

这样, 在 $\mathcal{N}$ 中, 有

$$\left(\bigwedge_{j=1}^{\ell_1}\left(\left(\sum_{i=1}^{n}\sum_{k=1}^{m_{ij}}a_i\right)+\sum_{k=1}^{m_{(n+1)j}}b\right)=0\right)\wedge\left(\bigwedge_{j=1}^{\ell_2}\left(\left(\sum_{i=1}^{n}\sum_{k=1}^{m'_{ij}}a_i\right)+\sum_{k=1}^{m'_{(n+1)j}}b\right)\neq 0\right).$$

对于 $1\leqslant j\leqslant\ell_1$, 令 $g_j=\sum_{i=1}^{n}\sum_{k=1}^{m_{ij}}a_i$; 以及对于 $1\leqslant j_1\leqslant\ell_2$, 令 $h_{j_1}=\sum_{i=1}^{n}\sum_{k=1}^{m'_{ij_1}}a_i$. 那么 $g_j,h_{j_1}\in M$. 上面的等式与不等式就变成:

$$\left(\bigwedge_{j=1}^{\ell_1}\left(g_j+\sum_{k=1}^{m_{(n+1)j}}b\right)=0\right)\wedge\left(\bigwedge_{j=1}^{\ell_2}\left(h_j+\sum_{k=1}^{m'_{(n+1)j}}b\right)\neq 0\right).$$

如果有某一个 $m_{(n+1)j}\neq 0(1\leqslant j\leqslant\ell_1)$, 那么由于 $\mathcal{N}$ 具有可分性, $b=\frac{-g_j}{m_{(n+1)j}}$. 于是, $b\in M$, 并且

$$\mathcal{M}\models\bigwedge_{j=1}^{\ell}\theta_j[a_1,\cdots,a_n,b].$$

不妨假设每一个 $m_{(n+1)j}=0\,(1\leqslant j\leqslant\ell_1)$. 这样, 下面的等式

$$\bigwedge_{j=1}^{\ell_1}\left(\sum_{i=1}^{n}\sum_{k=1}^{m_{ij}}a_i\right)=0$$

在 $\mathcal{M}$ 中也成立.

由于 $\mathcal{M}$ 是一个非平凡的特征 0 可分加法群, M 是一个无限集合. 令

$$d\in M-\left\{\frac{-h_1}{m'_{(n+1)1}},\cdots,\frac{-h_1}{m'_{(n+1)\ell_2}}\right\}.$$

那么如下不等式

$$\bigwedge_{j=1}^{\ell_2}\left(h_j+\sum_{k=1}^{m'_{(n+1)j}}d\right)\neq 0$$

在 $\mathcal{M}$ 中也成立. 从而,

$$\mathcal{M} \models (\exists x_{n+1}\varphi)[a_1, \cdots, a_n]. \qquad \square$$

注意到, 特征 0 加法群中的每一条公理都是一个 Π_1 语句, 如果

$$(G, 0, +, -) \models T_{\mathrm{dag}}^{\forall},$$

那么 $(G, 0, +, -)$ 一定是一个特征 0 加法群.

另一方面, 如果 $\mathcal{M} = (M, I)$ 是一致理论 T 的语言的一个结构, 那么 $\mathcal{M} \models T^{\forall}$ 当且仅当 $\mathcal{M}$ 是 T 的某个模型的子结构. 现在我们来证明每一个特征 0 加法群都必是一个特征 0 可等分加法群 (它的可分闭包) 的子群; 从而, 如果 G 是一个特征 0 加法群, 那么 $(G, 0, +, -) \models T_{\mathrm{dag}}^{\forall}$. 事实上, 有如下引理:

引理 10.2　设 $(G, 0, +, -)$ 是一个特征 0 加法群. 那么存在一个具有如下性质的非平凡特征 0 可等分加法群 H 以及从 G 到 H 的嵌入映射 $e : G \to H$: 如果 H' 是一个特征 0 可等分加法群, $f : G \to H'$ 是一个嵌入映射, 那么存在嵌入映射 $j : H \to H'$ 来保证 $f = j \circ e$.

证明　如果 G 是一个平凡特征 0 加法群, 就令 $H = \mathbb{Q}$. 不妨假设

$$(G, 0, +, -)$$

是一个非平凡的特征 0 加法群.

令 $A = \{(g, n) \mid g \in G,\ n \in \mathbb{N},\ n > 0\}$. 拟用 (g, n) 表示将 g 分成 n 等份之结果.

对于 $(g, n), (h, m) \in A$, 定义

$$(g, n) \sim (h, m) \text{ 当且仅当 } \sum_{i=1}^{m} g = \sum_{i=1}^{n} h.$$

$\sim$ 是传递的: 设 $(g, n) \sim (h, m)$, $(h, m) \sim (f, k)$. 那么

$$kmg = knh; \quad \wedge\, nkh = nmf; \quad \text{从而 } kmg = nmf; \quad \text{以及 } kg = nf.$$

因此, $\sim$ 是 A 上的一个等价关系.

令 $H = A/\sim$. 对于 $(g, n) \in A$, 令 $[(g, n)] = \{(h, m) \in A \mid (g, n) \sim (h, m)\}$.

以下, 对于 $g \in G$, $n \in \mathbb{N}$, $n > 0$, 用 ng 来表示 $\sum_{i=1}^{n} g$.

对于 $[(g, n)], [(h, m)] \in H$, 定义:

(1) $[(g, n)] + [(h, m)] = [(mg + nh, mn)]$;

(2) $[(g, n)] - [(h, m)] = [(mg - nh, mn)]$.

我们需要验证 $+$ 的定义是无歧义的. 假设 $(f,k) \sim (g,n)$, 即 $kg = nf$. 我们断言:

$$(mg+nh,mn) \sim (mf+kh,mk), \text{ 也就是说, } mk(mg+nh) = mn(mf+kh).$$

由于 G 是一个加法群,

$$mk(mg+nh) = m^2kg + mknh = m^2nf + mknh = mn(mf+kh).$$

基于同样的理由, $-$ 的定义也无歧义. 这样,

(1) $(H,[(0,1)],+,-)$ 是一个加法群;

(2) H 是一个特征 0 加法群: 设 $[(g,m)] \in H$, $n \in \mathbb{N}$, $n > 0$. 那么

$$n[(g,m)] = [(ng,m)].$$

如果 $(ng,m) \sim (0,k)$, 那么 $kng = 0$. 因为 $n > 0, k > 0$, 以及 G 是特征 0 加法群, 必有 $g = 0$. 于是,

$$[(g,m)] = [(0,1)].$$

(3) H 可等分: 设 $[(g,m)] \in H$, $n \in \mathbb{N}$, $n > 1$, $n[(g,mn)] = [(ng,mn)] = [(g,m)]$. 我们称这个特征 0 可等分加法群 $(H,[(0,1)],+,-)$ 为特征 0 加法群

$$(G,0,+,-)$$

的**等分闭包**.

从 G 到 H 的自然映射 $g \mapsto [(g,1)]$ 是从 $(G,0,+,-)$ 到 $(H,[(0,1)],+,-)$ 的嵌入映射. 首先, 如果 $g \neq h$, 那么 $[(g,1)] \neq [(h,1)]$; 其次, $[(g,1)] \pm [(h,1)] = [(g \pm h,1)]$.

现在假设 H' 是一个特征 0 可等分加法群, 以及 $f: G \to H'$ 是一个嵌入映射. 对于 $g \in G$, $n \in N$, $n > 0$, 定义

$$j([(g,n)]) = \frac{f(g)}{n}.$$

其中, 对于 $a \in H'$, $n \in \mathbb{N}$, $n > 0$, $b = \dfrac{a}{n}$ 当且仅当 $\sum\limits_{i=1}^{n} b = a$. 那么这个定义是无歧义的; $j: H \to H'$ 是一个嵌入映射; 对于 $g \in G$, 总有 $f(g) = j([(g,1)])$. □

例 10.1 $(\mathbb{Q},0,+,-)$ 与 $(\mathbb{Z},0,+,-)$ 的等分闭包同构.

综上所述, 有如下定理:

定理 10.2

(1) 一个加法群 $(G,0,+,-)$ 是一个特征 0 加法群当且仅当

$$(G,0,+,-) \models T_{\mathrm{dag}}^{\forall};$$

(2) 非平凡特征 0 可等分加法群理论 T_{dag} 适合量词消去, 因而是模型完全理论;

(3) T_{dag} 是一个完全理论;

(4) $(\mathbb{Q},0,+,-) \prec (\mathbb{R},0,+,-)$;

(5) $(\mathbb{Q},0,+,-)$ 是非平凡特征 0 可等分加法群理论 T_{dag} 的最小典型模型.

10.1.3 T_{dag} 强极小性

本节将应用前面的量词消去定理来分析特征 0 可等分加法群上的可定义子集.

定理 10.3 (1) 设 $(G,0,+,-) \models T_{\mathrm{dag}}$, $A \subseteq G$ 是 $(G,0,+,-)$ 上带参数可定义子集. 那么 A 有限, 或者 $G-A$ 有限.

(2) 设 $A \subseteq \mathbb{Q}$. A 是 $(\mathbb{Q},0,+,-)$ 上带参数可定义的当且仅当 A 有限, 或者 $\mathbb{Q}-A$ 有限.

(3) 设 $A \subseteq \mathbb{R}$. A 是 $(\mathbb{R},0,+,-)$ 上带参数可定义的当且仅当 A 有限, 或者 $\mathbb{R}-A$ 有限.

证明 设 $\psi(x_1,\cdots,x_n,x_{n+1},\cdots,x_{n+m})$ 为一个原始表达式. 那么

$$\psi(x_1,\cdots,x_n,x_{n+1},\cdots,x_{n+m}) \leftrightarrow \left(\sum_{i=1}^{n} k_i x_i\right) + \left(\sum_{j=1}^{m} \ell_j x_{n+j}\right) \hat{=} c_0.$$

其中, k_i, ℓ_j 是整数.

设 $(G,0,+,-) \models T_{\mathrm{dag}}$, $(a_1,\cdots,a_m) \in G^m$. 那么由 φ 以及 $(a_1,\cdots,a_m)$ 所定义的子集

$$\begin{aligned}&\{(b_1,\cdots,b_n) \in G^n \mid (G,0,+,-) \models \varphi[b_1,\cdots,b_n,a_1,\cdots,a_m]\}\\ =&\left\{(b_1,\cdots,b_n) \in G^n \;\middle|\; \left(\sum_{i=1}^{n} k_i b_i\right) + \left(\sum_{j=1}^{m} \ell_j a_j\right) = 0\right\}\end{aligned}$$

是一个 G 上的超平面. 如果 $n=1$, 那么这样的超平面就是一个单点集.

由于任意的一个表达式 $\varphi(x_1,\cdots,x_n,x_{n+1},\cdots,x_{n+m})$ 在 T_{dag} 下都等价于一系列原始表达式的布尔组合, 在 $(G,0,+,-)$ 上带参数可定义的 G^n 的子集一定是一系列超平面的布尔组合. 因此, 当 $n=1$ 时, G 的可定义子集或者有限, 或者其补集有限. □

10.1.4 T_{dag}^1-理论

前几节我们已经注意到特征 0 可等分加法群理论 T_{dag} 可以有平凡模型: 只含有加法单位元的单点群. 因此, 难免在许多问题的讨论中, 我们总需要区分平凡与非平凡的情形. 在分析有理数加法群时, 我们可以加进一个常元符号以及命此常元

非加法单位元, 其他的不变, 这样一来, 平凡群也就不再是这种理论的一个模型. 于是, 我们考虑由非逻辑符号集 $\{c_0, c_1, F_+, F_-\}$ 所给出的语言之下结构 $(\mathbb{Q}, 0, 1, +, -)$ 的真相, 即 $\mathrm{Th}((\mathbb{Q}, 0, 1, +, -))$.

首先，在加法群理论 T_{ag} 中加进第 0 条公理:

(0) $(\neg(c_0 = c_1))$.

并称由此而得的理论为**强加法群理论**, 记成 $\boldsymbol{T^1_{\mathrm{ag}}}$.

相应地, 我们还有**强特征 0 加法群理论**以及**强特征 0 可等分加法群理论**T^1_{dag}(删去第七条公理). 对于理论 T^1_{dag} 分析完全与前面对于 T_{dag} 分析相平行. 不适为一个很好的综合性练习, 我们将这一平行分析留给读者.

定理 10.4 (1) 如果 $(G, 0, 1, +, -)$ 是一个强特征 0 加法群, 那么存在从强特征 0 加法群 $(\mathbb{Z}, 0, 1, +, -)$ 到 $(G, 0, 1, +, -)$ 的嵌入映射;

(2) 如果 $(G, 0, 1, +, -)$ 是一个强特征 0 可等分加法群, 那么存在从强特征 0 可等分加法群 $(\mathbb{Q}, 0, 1, +, -)$ 到 $(G, 0, 1, +, -)$ 的嵌入映射;

(3) $(\mathbb{Q}, 0, 1, +, -)$ 与 $(\mathbb{Z}, 0, 1, +, -)$ 的可等分闭包同构;

(4) $T^{1\forall}_{\mathrm{dag}}$ 刻画强特征 0 加法群;

(5) 强特征 0 可等分加法群理论 T^1_{dag} 适合量词消去, 是一个完全理论, 也是一个强极小理论;

(6) T^1_{dag} 是 T_{dag} 的一个保守扩展;

10.1.5 序可定义性问题

一个很自然的问题: 有理数的自然序是否可以在 $(\mathbb{Q}, 0, +, -)$ 上可定义?

我们对 $(\mathbb{Q}, 0, 1, +, -)$ 感兴趣, 不仅是为了消除平凡性, 还为了证明在

$$(\mathbb{Q}, 0, +, -)$$

上有理数的序是不可能经过定义的方式引入, 即有理数序在这个加法结构上是不可定义的.

定理 10.5 有理数的自然序 $<$ 在 $(\mathbb{Q}, 0, 1, +, -)$ 上不可定义的, 从而在

$$(\mathbb{Q}, 0, +, -)$$

上是不可定义的.

证明 考虑 $\mathbb{Q}(\sqrt{-1}) = \{r + s\sqrt{-1} \mid r, s \in \mathbb{Q}\}$, 以及它上面的加法和减法:

$$(r_1 + s_1\sqrt{-1}) \pm (r_2 + s_2\sqrt{-1}) = (r_1 \pm r_2) + (s_1 \pm s_2)\sqrt{-1}.$$

那么 $(\mathbb{Q}(\sqrt{-1}), 0, 1, +, -) \models T^1_{\mathrm{dag}}$, 并且 $(\mathbb{Q}, 0, 1, +, -) \subset (\mathbb{Q}(\sqrt{-1}), 0, 1, +, -)$.

由于 T^1_{dag} 是完全的以及模型完全的理论, $(\mathbb{Q}, 0, 1, +, -) \prec (\mathbb{Q}(\sqrt{-1}), 0, 1, +, -)$.

如果 $<$ 可以在 $(\mathbb{Q},0,1,+,-)$ 可定义, 同一个定义也在 $(\mathbb{Q}(\sqrt{-1}),0,1,+,-)$ 上定义一个与加法相匹配的线性序. 但是在 $(\mathbb{Q}(\sqrt{-1}),0,1,+,-)$ 上有一个以 $\mathbb{Q}$ 中的元素为不动点的自同构映射 $(r+s\sqrt{-1})\mapsto(r-s\sqrt{-1})$, 这个自同构并不保序: 如果 $\sqrt{-1}<0$, 则 $-\sqrt{-1}>0$; 如果 $\sqrt{-1}>0$, 则 $-\sqrt{-1}<0$. □

与有理数强可分加法群 $(\mathbb{Q},0,1,+,-)$ 上 $\mathbb{Q}$ 的序不可定义形成鲜明对比的结果是定理:

定理 10.6　*在有理数域 $(\mathbb{Q},0,1,+,-,\times)$ 上, 有理数的自然序 $<$ 是可定义的.*

首先, 有如下居里叶 · 罗宾逊的定理:

定理 10.7 (罗宾逊定理)　*在有理数域 $(\mathbb{Q},0,1,+,-,\times)$ 上, 整数集合 $\mathbb{Z}$ 是免参数可定义的.*

事实上, 令 $\varphi(x_1,x_2,x_3)$ 表示下面的非形式表达式:

$$\exists x\exists y\exists z(x_1x_2x_3^2+2=x^2+x_1y^2-x_2z^2).$$

令 $\psi(x_3)$ 表示下面的非形式表达式:

$$\forall x_1\forall x_2([\varphi(x_1,x_2)[0]\wedge(\forall y(\varphi(x_1,x_2,y)\to\varphi(x_1,x_2,y+1)))]\to\varphi(x_1,x_2,x_3)).$$

居里叶 · 罗宾逊证明了①:

$$\mathbb{Z}=\{a\in\mathbb{Q}\mid(\mathbb{Q},0,1,+,-,\times)\models\psi[a]\}.$$

其次, 有如下拉格朗日定理:

定理 10.8 (拉格朗日定理)　*每一个自然数都是四个自然数的平方和.*

依此, 我们得到如下推论:

推论 10.1　*在整数环 $(\mathbb{Z},0,1,+,-,\times)$ 上, 整数自然序 $<$ 是免参数可定义的; 自然数集合 $\mathbb{N}$ 是可定义的.*

事实上, 令 $\tau(x_1,x_2,x_3,x_4,x_5,x_6)$ 为如下的项:

$$F_+(x_1,F_+(F_\times(x_3,x_3),F_+(F_\times(x_4,x_4),F_+(F_\times(x_5,x_5),F_\times(x_6,x_6)))));$$

令 $\theta(x_1,x_2)$ 为下述表达式:

$$(\exists x_3(\exists x_4(\exists x_5(\exists x_6((\neg(x_3\hat{=}c_0))\wedge(x_2\hat{=}\tau(x_1,x_2,x_3,x_4,x_5,x_6))))))).$$

对于 $i,j\in\mathbb{Z}$, 定义

$$i<j\leftrightarrow(\mathbb{Z},0,1,+,-,\times)\models\theta[i,j].$$

①参见: D Flath, S Wagon, How to pick out the integers in the rationals: An application of number theory to logic, Am. Math. Mon., 98(1991),812-823.

令 $\theta^{\mathbb{Z}}(x_1,x_2)$ 为表达式 $\theta(x_1,x_2)$ 在 $\mathbb{Z}$ 中的相对化, 也就是说, 将所涉及的变元 $x_1,\cdots,x_6$ 一律添加变化范围限制: 限制在 $\mathbb{Z}$ 上, 即在 $\theta(x_1,x_2)$ 的布尔表达式之前, 加上如下合取表达式:

$$\psi(x_1)\wedge\psi(x_2)\wedge\psi(x_3)\wedge\psi(x_4)\wedge\psi(x_5)\wedge\psi(x_6).$$

利用这个表达式 $\theta^{\mathbb{Z}}$, 我们可以在 $(\mathbb{Q},0,1,+,-,\times)$ 上定义 $\mathbb{Q}$ 的序如下: 令 $\theta_1(x,y,y_1,y_2,y_3,y_4)$ 为如下表达式:

$$\left(y_1\neq 0\wedge\left(\left(\left(\sum_{i=1}^{4}y_i^2\right)\cdot x\right)\in\mathbb{Z}\right)\wedge\left(\left(\left(\sum_{i=1}^{4}y_i^2\right)\cdot y\right)\in\mathbb{Z}\right)\right);$$

又令 $\theta_2(x,y,y_1,y_2,y_3,y_4)$ 为如下表达式:

$$\left(\left(\left(\sum_{i=1}^{4}y_i^2\right)\cdot x\right)<_{\mathbb{Z}}\left(\left(\sum_{i=1}^{4}y_i^2\right)\cdot y\right)\right);$$

再对于 $x,y\in\mathbb{Q}$, 令 $x<y$ 当且仅当

$$(\exists y_1\in\mathbb{Z}\exists y_2\in\mathbb{Z}\exists y_3\in\mathbb{Z}\exists y_4\in\mathbb{Z}\,(\theta_1(x,y,y_1,y_2,y_3,y_4)\wedge\theta_2(x,y,y_1,y_2,y_3,y_4))).$$

10.2 有理数有序加法群理论

10.2.1 公理刻画 $T_{\mathbf{odag}}$

我们再来考虑结构 $(\mathbb{Q},0,+,-,<)$. 这首先是一个**有序加法群**. 自然地, 我们有如下的公理:

(1) $(\forall x_1(\forall x_2(\forall x_3(F_+(F_+(x_1,x_2),x_3)\hat{=}F_+(x_1,F_+(x_2,x_3))))))$;

(2) $(\forall x_1(F_+(x_1,c_0)\hat{=}x_1))$;

(3) $(\forall x_1(\forall x_2(x_2\hat{=}F_-(x_1)\leftrightarrow F_+(x_1,x_2)\hat{=}c_0)))$;

(4) $(\forall x_1(\forall x_2(F_+(x_1,x_2)\hat{=}F_+(x_2,x_1))))$;

(5) $(\forall x_1(\neg P_<(x_1,x_1)))$;

(6) $(\forall x_1(\forall x_2(\forall x_3((P_<(x_1,x_2)\wedge P_<(x_2,x_3))\to P_<(x_1,x_3)))))$;

(7) $(\forall x_1(\forall x_2(P_<(x_1,x_2)\vee x_1\hat{=}x_2\vee P_<(x_2,x_1))))$;

(8) $(\forall x_1(\forall x_2(\forall x_3(P_<(x_1,x_2)\to P_<(F_+(x_1,x_3),F_+(x_2,x_3))))))$.

我们用 T_{oag} 来记由上述公理构成的**有序加法群理论**. 任何一个满足上述公理的结构 $(G,0,+,-,<)$, 或者 T_{oag} 的模型, 都被称为一个**有序加法群**.

其次, 我们注意到任何非平凡的有序加法群一定是非平凡的特征 0 加法群.

命题 10.1　对于任意一个大于 1 的自然数 n,

$$T_{\mathrm{oag}} \vdash \left(\forall x_1 \left((x_1 \hat{=} c_0) \vee \left(\neg \left(\sum_{i=1}^{n} x_1 \hat{=} c_0\right)\right)\right)\right).$$

证明　假设 $(G, 0, +, -, <)$ 是一个非平凡的有序加法群. 任取 $x \in G$, 非 0. 那么 $x < 0$, 或者 $0 < x$. 对于 $n \geqslant 1$, 应用第八条公理, 简单的归纳法表明:

$$\sum_{i=1}^{n+1} x < 0, \text{ 或者 } \sum_{i=1}^{n+1} x > 0.$$ □

注意到整数有序加法群 $(\mathbb{Z}, 0, +, -, <) \models T_{\mathrm{oag}}$, 但是它不可等分. 所以, T_{oag} 不是一个完全理论.

最后, 有理数有序加法群依旧是可等分的. 所以, 我们添加上可等分性公理:

(9) 对于大于 1 的自然数 n, $\left(\forall x_2 \left(\exists x_1 \left(x_2 \hat{=} \sum_{i=1}^{n} x_1\right)\right)\right)$, 其中 $\sum_{i=1}^{n} x_1$ 同上. (见项定义 10.1)

(10) $(\forall x_1(\exists x_2(\neg(x_1 \hat{=} x_2))))$.

我们用 T_{odag} 来记由上述十条公理所构成的**可等分有序加法群理论**. T_{odag} 的任何一个模型都被称为一个**可等分有序加法群**.

很自然地, $(\mathbb{Q}, 0, +, -, <) \models T_{\mathrm{odag}}$, $(\mathbb{R}, 0, +, -, <) \models T_{\mathrm{odag}}$.

接下来, 我们希望证明如果 $(G, 0, +, -, <)$ 是一个非平凡的可等分有序加法群, 那么

$$(\mathbb{Q}, 0, +, -, <) \equiv (G, 0, +, -, <).$$

从而, T_{odag} 是一个完全理论.

我们再来看一个可等分有序加法群的非标准例子:

例 10.2　令 $\mathbb{Q}(\sqrt{-1}) = \{r + s\sqrt{-1} \mid r, s \in \mathbb{Q}\}$, 以及它上面的加法和减法:

$$(r_1 + s_1\sqrt{-1}) \pm (r_2 + s_2\sqrt{-1}) = (r_1 \pm r_2) + (s_1 \pm s_2)\sqrt{-1}.$$

在 $\mathbb{Q}(\sqrt{-1})$ 上, 如下定义它的序 $<$:

对于任意的 $(r, i), (s, j) \in (\mathbb{Q} \times \mathbb{Q})$, $r + i\sqrt{-1} < s + j\sqrt{-1}$ 当且仅当, 或者

(1) $r < s$, 或者

(2) $r = s$ 而且 $i < j$;

也就是说, 我们按照 $\mathbb{Q} \times \mathbb{Q}$ 上的垂直字典序来定义 $\mathbb{Q}(\sqrt{-1})$ 上的序. 关键在于这个字典序与其上的加减法相匹配.

再令 $\mathcal{Q}_0 = (\mathbb{Q}(\sqrt{-1}), 0, 1, +, -, <)$. 那么 $\mathcal{Q}_0 \models T_{\mathrm{odag}}$.

证明　留作练习. □

10.2.2 T_{odag}-完全性

首先, 证明 T_{oag} 与 $T_{\mathrm{odag}}^{\forall}$ 等价. 由于 T_{oag} 的每一条公理都是一个 Π_1 语句, $T_{\mathrm{oag}} \subset T_{\mathrm{odag}}^{\forall}$. 反过来, 证明每一个有序加法群都可以嵌入到一个有序可等分加法群之中, 从而, 每一个有序加法群都是 $T_{\mathrm{odag}}^{\forall}$ 的模型.

引理 10.3 设 $(G,0,+,-,<)$ 是一个有序加法群.

(1) $(G,0,+,-)$ 是一个特征 0 加法群;

(2) $(G,0,+,-)$ 的等分闭包 $(H,0,+,-)$ 上有一个从 $(G,<)$ 延伸得来的序 $<$ 以至于 $(H,0,+,-,<) \models T_{\mathrm{odag}}$; 嵌入映射 $g \mapsto [(g,1)]$ 是一个保序映射;

(3) 如果 $(H',0,+,-,<)$ 是一个有序可等分加法群,

$$f:(G,0,+,-,<) \to (H',0,+,-,<)$$

是一个嵌入映射, 那么存在一个嵌入映射 $j:(H,0,+,-,<) \to (H',0,+,-,<)$ 来保证 $f(g) = j([(g,1)])$.

证明 如果 G 是平凡的, 那么 $(\mathbb{Q},0,+,-,<)$ 满足要求.

现在假设 $(G,0,+,-,<)$ 非平凡, 那么 $(G,0,+,-)$ 是一个特征 0 加法群: 设 $g \in G$ 非零, 比如 $g>0$. 那么 $0<g<2g<\cdots<ng<(n+1)g<\cdots$.

令 $H=\{[(g,n)] \mid g \in G,\ n \in \mathbb{N},\ n>0\}$ 为 G 的等分闭包. 用 $\dfrac{g}{n}$ 来记 $[(g,n)]$. 在 H 上定义 $<$ 如下:

$$\frac{g}{n}<\frac{h}{m} \iff mg<nh.$$

$<$ 是传递的: 设 $\dfrac{g}{n}<\dfrac{h}{m}<\dfrac{f}{k}$, 那么 $mg<nh$, $kh<mf$. 于是, $kmg<nkh<nmf$. 因此,

$$kmg<nmf.$$

从而, $kg<nf$. 也就是说, $\dfrac{g}{n}<\dfrac{f}{k}$. 这样, $<$ 是 H 上的一个线性序. 称 H 上的这个线性序为 $(G,0,+,-,<)$ 的**序延伸**.

如果 $g<h$, 那么 $[(g,1)]<[(h,1)]$. 所以, 映射 $g \mapsto [(g,1)]$ 是一个保序映射.

现在假设 $\dfrac{g_1}{n_1}<\dfrac{g_2}{n_2}$, 以及 $\dfrac{h_1}{m_1} \leqslant \dfrac{h_2}{m_2}$. 那么 $n_2g_1<n_1g_2$ 以及 $m_2h_1 \leqslant m_1h_2$. 于是

$$m_1m_2n_2g_1+n_1n_2m_2h_1<m_1m_2n_1g_2+n_1n_2m_1h_2$$

以及

$$\frac{m_1g_1+n_1h_1}{m_1n_1}<\frac{m_2g_2+n_2h_2}{m_2n_2}.$$

所以, $(H,[(0,1)],+,-,<)$ 是一个有序可等分加法群. 称这个有序可等分加法群为 $(G,0,+,-,<)$ 的**序化等分闭包**.

设 $(H', 0, +, -, <)$ 是一个有序可等分加法群,

$$f : (G, 0, +, -, <) \to (H', 0, +, -, <)$$

是一个嵌入映射. 对于 $g \in G$, $n \in \mathbb{N}$, $n > 0$, 定义

$$j([(g, n)]) = \frac{f(g)}{n}.$$

前此, 知道 $f(g) = j([(g, 1)])$ 以及 $j : (H, [(0, 1)], +, -) \to (H'0, +, -)$ 是一个嵌入映射. 我们还需要验证 j 是一个保序映射.

设 $\frac{g}{n} < \frac{h}{m}$. 那么 $mg < nh$; $mf(g) < nf(h)$; 所以 $\frac{f(g)}{n} < \frac{f(h)}{m}$. □

例 10.3　$(\mathbb{Q}, 0, +, -, <)$ 与 $(\mathbb{Z}, 0, +, -, <)$ 的序化等分闭包同构.

引理 10.4　设 G 和 H 是两个有序可等分加法群. 如果 $G \subseteq H$, 那么 $G \prec_s H$.

证明　设 $\{0\} \neq G \subseteq H$ 是 $T_{\rm odag}$ 的两个模型.

设 $\varphi(x_1, \cdots, x_n, x_{n+1})$ 是一个布尔表达式, $(a_1, \cdots, a_n) \in G^n$, $b \in H$, 以及 $H \models \varphi[a_1, \cdots, a_n, b]$.

不妨假设 φ 是一系列原始表达式或者原始表达式之否定式的合取式. 而一个原始表达式

$$\theta(x_1, \cdots, x_n, x_{n+1})$$

要么等价于一个等式

$$\sum_{i=1}^{n} k_i x_i + m x_{n+1} \hat{=} c_0$$

或者不等式

$$P_<\left(c_0, \sum_{i=1}^{n} k_i x_i + m x_{n+1}\right),$$

其中, $k_i, m \in \mathbb{Z} (1 \leqslant i \leqslant n)$. 相应的参数方程就变成: $m x_{n+1} = g$ 或者 $m x_{n+1} > g$, 其中 $g \in G$. 不等式 $(m x_{n+1} \neq g)$ 等价于 $m x_{n+1} > g$, 或者 $-m x_{n+1} > g$. 因此, 不妨假设

$$H \models \left(\begin{array}{l} \varphi(x_{n+1})[a_1, \cdots, a_n] \leftrightarrow \\ \left(\left(\bigwedge_{i=1}^{s} (m_i x_{n+1} \hat{=} y_i) \right) \wedge \left(\bigwedge_{i=1}^{t} P_<(z_i, k_i x_{n+1}) \right) \right) [g_1, \cdots, g_s, h_1, \cdots, h_t]. \end{array} \right),$$

其中, $g_i \in G\,(1 \leqslant i \leqslant s)$, $h_j \in G (1 \leqslant j \leqslant t)$, 都是经过参数 $(a_1, \cdots, a_n)$ 经过 $\pm$ 有限次计算得出来的结果; $m_i, k_j \in \mathbb{Z}\,(1 \leqslant i \leqslant s, 1 \leqslant j \leqslant t)$.

由于 $H \models \varphi[a_1, \cdots, a_n, b]$, 如果在 H 中有等式 $m_i b = g_i$, 那么 $b = \dfrac{g_i}{m_i} \in G$. 所以, 不妨假设 $s = 0$. 令

$$d_0 = \min\left\{ \frac{h_i}{m_i} \,\middle|\, m_i < 0 \right\};\ d_1 = \max\left\{ \frac{h_i}{m_i} \,\middle|\, m_i > 0 \right\}.$$

这样, 对于 $c \in H$, $H \models \varphi[a_1, \cdots, a_n, c]$ 当且仅当 $d_0 < c < d_1$ 在 H 中成立. 因此, $d_0 < b < d_1$. 尤其是, $d_0 < d_1$ 在 G 中成立. 令

$$d = \frac{d_0 + d_1}{2},$$

那么 $d \in G$, 并且 $d_0 < d < d_1$ 在 H 中成立. 所以, $H \models \varphi[a_1, \cdots, a_n, d]$. 于是, $G \models \varphi[a_1, \cdots, a_n, d]$, 从而

$$G \models (\exists x_{n+1} \varphi)[a_1, \cdots, a_n].$$

这就表明: $G \prec_s H$. □

定理 10.9

(1) T_{odag} 适合量词消去, 从而是模型完全理论;

(2) 如果 $(G, 0, +, -, <)$ 是一个非平凡的有序可等分加法群, 那么

$$(G, 0, +, -, <) \equiv (\mathbb{Q}, 0, +, -, <);$$

(3) T_{odag} 是一个完全理论;

(4) $(\mathbb{Q}, 0, +, -, <) \prec (\mathbb{R}, 0, +, -, <)$;

(5) $(\mathbb{Q}, 0, +, -, <)$ 是有序可等分加法群理论 T_{odag} 的最小典型模型;

(6) $(\mathbb{Q}, 0, +, -, <) \prec \mathcal{Q}_0 = (\mathbb{Q}(\sqrt{-1}), 0, +, -, <)$.

证明 (1) 根据上面的两个引理, T_{odag} 满具有代数素模型以及单变元 Σ_1 同质子模型性质. 由定理 10.1, 它适合量词消去.

(2) 由于 T_{odag} 适合量词消去, 它是模型完全的. 由于 $(\mathbb{Q}, 0, +, -, <)$ 可以嵌入到任何一个非平凡的有序可等分加法群之中, $(\mathbb{Q}, 0, +, -, <)$ 可以同质地嵌入到任何一个非平凡的有序可分加法群之中.

(3) 由 (2) 即得. □

10.2.3 T_{odag}-序极小性

T_{odag} 并不具有 T_{dag} 所具有的那种强极小性. 比如, $\{r \in \mathbb{Q} \mid r > 0\}$ 和它的补集都是无限集合. 尽管如此, 对于 $X \subseteq \mathbb{Q}$, X 是在 $(\mathbb{Q}, 0, +, -, <)$ 上可定义的子集当且仅当 X 是在 $(\mathbb{Q}, <)$ 上可定义的子集. 这便是 T_{odag} 的序极小性.

定理 10.10 (序极小性)　(1) 如果 $X \subseteq \mathbb{Q}$ 是在 $(\mathbb{Q}, 0, +, -, <)$ 上带参数可定义的, 那么 X 是有限个端点 (个数可能大于参数的个数) 在 $\mathbb{Q} \cup \{\pm\infty\}$ 中的区间的并;

(2) 如果 $X \subseteq \mathbb{R}$ 是在 $(\mathbb{R}, 0, +, -, <)$ 上带参数可定义的, 那么 X 是有限个端点 (个数可能大于参数的个数) 在 $\mathbb{R} \cup \{\pm\infty\}$ 中的区间的并;

(3) 如果 $X \subseteq G$ 是在有序可等分加法群 $(G, 0, +, -, <)$ 上带参数可定义的, 那么 X 是有限个端点 (个数可能大于参数的个数) 在 $G \cup \{\pm\infty\}$ 中的区间的并.

证明　如果 $\varphi(x_1, \cdots, x_n, x_{n+1})$ 是一个原始表达式, 那么它会等价于如下二者之一:

$$k_0 x_{n+1} + \sum_{i=1}^{n} k_i x_i \hat{=} c_0; \quad P_<(c_0, k_0 x_{n+1} + \sum_{i=1}^{n} k_i x_i).$$

其中, $k_0, \cdots, k_n \in \mathbb{Z}$.

$(G, 0, +, -, <)$ 是一个有序可等分加法群. 给定一组参数 $(a_1, \cdots, a_n) \in G$, 原始表达式

$$\varphi(x_1, \cdots, x_n, x_{n+1})$$

在这组参数下定义出来的集合或者是一个有限集, 或者是一个区间. 如果 $X \subseteq G$ 是一个带参数可定义的集合, 根据量词消去定理, X 一定是一系列由原始表达式所定义出来的集合的布尔组合. 因此, X 是有限个端点在 $G \cup \{\pm\infty\}$ 中的区间的并. 这些端点是经过有限次从那些参数出发的 $\pm$ 计算出来的结果. □

10.3　练　　习

练习 10.1　设 T 是一个一致理论, 设 $\mathcal{M} = (M, I)$ 是 T 的语言的一个结构. 证明: $\mathcal{M} \models T^{\forall}$ 当且仅当 $\mathcal{M}$ 是 T 的某个模型的子结构.

练习 10.2　证明: 如果 $(G, 0, +, -)$ 是一个非平凡的特征 0 可分加法群, 那么 $(\mathbb{Q}, 0, +, -)$ 可以嵌入到 G 之中.

练习 10.3　证明: $(\mathbb{Q}, 0, +, -)$ 与 $(\mathbb{Z}, 0, +, -)$ 的等分闭包同构.

练习 10.4　证明: $(\mathbb{Q}, 0, +, -, <)$ 与 $(\mathbb{Z}, 0, +, -, <)$ 的序化等分闭包同构.

练习 10.5　证明: 如果 $(G, 0, +, -, <)$ 是一个非平凡的有序可等分加法群, 那么 $(\mathbb{Q}, 0, +, -, <)$ 可以嵌入到 G 之中.

练习 10.6　证明如下命题 (定理 10.4):

(1) 如果 $(G, 0, 1, +, -)$ 是一个强特征 0 加法群, 那么存在从强特征 0 加法群

$$(\mathbb{Z}, 0, 1, +, -)$$

到 $(G, 0, 1, +, -)$ 的嵌入映射.

(2) 如果 $(G,0,1,+,-)$ 是一个强特征 0 可等分加法群, 那么存在从强特征 0 可等分加法群 $(\mathbb{Q},0,1,+,-)$ 到 $(G,0,1,+,-)$ 的嵌入映射.

(3) $(\mathbb{Q},0,1,+,-)$ 与 $(\mathbb{Z},0,1,+,-)$ 的可等分闭包同构.

(4) $T^{1\forall}_{\mathrm{dag}}$ 刻画强特征 0 加法群.

(5) 强特征 0 可等分加法群理论 T^1_{dag} 适合量词消去, 是一个完全理论, 也是一个强极小理论.

(6) T^1_{dag} 是 T_{dag} 的一个保守扩展.

练习 10.7　证明: $\mathcal{Q}_0 \models T_{\mathrm{odag}}$, 其中, $\mathcal{Q}_0$ 是例 10.2 中定义的结构.

练习 10.8　对于 $\mathbb{Q}(\sqrt{-1})$, 我们还可以按照 $\mathbb{Q}\times\mathbb{Q}$ 的水平字典序来定义 $\mathbb{Q}(\sqrt{-1})$ 上的序:

对于任意的 $(r,i),(s,j)\in(\mathbb{Q}\times\mathbb{Q})$, $r+i\sqrt{-1}<s+j\sqrt{-1}$ 当且仅当, 或者

(1) $i<j$, 或者

(2) $i=j$ 而且 $r<s$;

再令 $\mathcal{Q}_1=(\mathbb{Q}(\sqrt{-1}),0,1,+,-,<)$. 证明: $\mathcal{Q}_1\models T_{\mathrm{odag}}$, 以及 $\mathcal{Q}_0\cong\mathcal{Q}_1$.

练习 10.9　考虑 $\mathcal{Q}_i=(\mathbb{Q}(\sqrt{-1}),0,1,+,-,\times)$. 其中, $\mathbb{Q}(\sqrt{-1})$ 上的乘法运算 $\times$ 如下定义: 对于 $r_1+s_1\sqrt{-1}, r_2+s_2\sqrt{-1}$, 令

$$(r_1+s_1\sqrt{-1})\times(r_2+s_2\sqrt{-1})=(r_1r_2-s_1s_2)+(r_1s_2+r_2s_1)\sqrt{-1}.$$

证明: $\mathcal{Q}_i$ 是一个域; $(\mathbb{Q},0,1,+,-,\times)\not\prec\mathcal{Q}_i$; 不存在 $\mathbb{Q}(\sqrt{-1})$ 上的与加法和乘法相匹配的线性序.

第 11 章　整数加法算术理论

11.1　多种整数加法算术理论

11.1.1　六个结构

例 11.1　对整数加减算术而言, 最基本的结构是 $(\mathbb{Z},0,+,-)$, 一个非平凡特征 0 加法群. 在这个结构中, 我们无法知道正负数的差别. 它的真相 $\mathrm{Th}(\mathbb{Z},0,+,-)$ 在由非逻辑符号集 $\{c_0,F_+,F_-\}$ 所给出的语言之下不适合量词简化. 在这个结构上, 整数的自然序 $<$ 并非免参数可定义, 因为它上面有不保序的自同构.

自然而然地, 我们关注有序结构 $(\mathbb{Z},0,+,-,<)$. 这是一个非平凡有序加法群. 在这个结构上, 我们能区分正负数, 也能定义 1. 但其真相 $\mathrm{Th}((\mathbb{Z},0,+,-,<))$ 在由非逻辑符号集 $\{c_0,F_+,F_-,P_<\}$ 所给出的语言之下依旧不适合量词简化. 这是因为令 $2\mathbb{Z}=\{2i\mid i\in\mathbb{Z}\}$ 是所有偶整数的全体之集. 那么 $(2\mathbb{Z},0,+,-,<)\models T$ 是 $(\mathbb{Z},0,+,-,<)$ 的一个子模型, 但不是一个 Σ_1-同质子模型.

在有序整数加法群 $(\mathbb{Z},0,+,-,<)$ 中, 整数 1 是一个在语言 $\{0,+,-,<\}$ 中 Π_1 可定义的元素: 对于 $a\in\mathbb{Z}$, 令 $a\in D$ 当且仅当

$$(\mathbb{Z},0,+,-,<)\models(P_<(c_0,x_3)\wedge(\forall x_5(P_<(c_0,x_5)\to((x_3\hat{=}x_5)\vee P_<(x_3,x_5)))))[a].$$

子集合 $D=\{1\}$ 是一个零参数 Π_1 可定义的非空子集合. $D\cap 2\mathbb{Z}=\varnothing$. 所以, 由量词简化特征定理 (定理 6.13), T 不适合量词简化.

于是, 也许将 1 作为新常元加进非逻辑符号集, 得到一个较为丰富的扩充语言. 其非逻辑符号表为 $\{c_0,c_1,F_+,F_-,P_<\}$. 这个扩充语言下的结构

$$(\mathbb{Z},0,1,+,-,<)$$

已不再是一个特征 0 有序加法群, 而是一个被命名为 $\mathbb{Z}$-群的结构. 它的真相

$$T^*=\mathrm{Th}((\mathbb{Z},0,1,+,-,<))$$

是 $(\mathbb{Z},0,+,-,<)$ 的真相 $T=\mathrm{Th}((\mathbb{Z},0,1,+,-))$ 的一个保守扩充. 也就是说, T^* 的任何一个模型在省略有关常元符号 c_1 的解释之后就是 T 的一个模型; 反过来, T 的任何一个模型在添加一个对常元符号 c_1 的自然解释之后就是 T^* 的一个模型. 这样一个简单添加还是带来了实质性的变化: 比如说,

$$(2\mathbb{Z},0,2,+,-,<)\models T^*.$$

但此时 $(2\mathbb{Z},0,2,+,-,<)$ 已不是 $(\mathbb{Z},0,1,+,-,<)$ 的子结构了，尽管它们省略对常元符号 c_1 的解释之后的结构 $(2\mathbb{Z},0,+,-,<)\subset(\mathbb{Z},0,+,-,<)$ 还保持着 (T 的) 子模型关系. 实际上, T^* 适合简化量词.

在添加进对 1 的标识符号之后, 0 便是一个可以简单定义的对象:

$$x=0\leftrightarrow x=(1+(-1)).$$

由于这个定义非常简单, 删除常元符号 c_0 或者保持它, 不应当对结构产生实质上的影响. 这样的整数结构有两个: $(\mathbb{Z},1,+,-)$ 以及 $(\mathbb{Z},1,+,-,<)$. 真相 $\mathrm{Th}(\mathbb{Z},0,1,+,-)$ 是结构 $(\mathbb{Z},1,+,-)$ 之真相 $\mathrm{Th}(\mathbb{Z},1,+,-)$ 的保守扩充; 而真相 $\mathrm{Th}(\mathbb{Z},0,1,+,-,<)$ 则是结构 $(\mathbb{Z},1,+,-,<)$ 之真相 $\mathrm{Th}(\mathbb{Z},1,+,-,<)$ 的保守扩充.

在接下来的分析中, 我们将重点放在放在三个结构

$$(\mathbb{Z},0,1,+,-),\ (\mathbb{Z},0,1,+,-,<),\ (\mathbb{Z},1,+,-,<),$$

以及它们的真相之上. 首先我们将考虑这些真相的简洁而完全刻画——公理化问题; 然后再寻找它们的保守扩充以至于解决明晰这些结构之上的可定义子集之问题.

11.1.2 三种公理化

在最终证明 T^* 适合简化量词之前, 我们先来考虑对理论 T 和 T^* 的简洁公理化问题: 是否存在一组很简洁的相关语言中的语句来等价地推导出所论理论?

对于有序加法群来说, 自然地我们应当有: 在语言 $\mathcal{L}_{\{c_0,F_+,F_-\}}$ 下的加法交换群公理; 在语言 $\mathcal{L}_{\{P_<\}}$ 下的线性序公理; 在语言 $\mathcal{L}_{\{c_0,F_+,F_-,P_<\}}$ 下的加法保序性质 (序与加法相匹配); 整数 1 存在 (非平凡加法群). 仅有这些, 还不足以刻画理论 T 所揭示的有序整数加法群 $(\mathbb{Z},0,+,-,<)$ 所持有的全部真相. 比如, 对于任何一个固定的正整数 $m>1$ 而言, 断言下述方程有解的命题可以在语言 $\mathcal{L}_{\{c_0,F_+,F_-,P_<\}}$ 中表示出来, 并且在 $(\mathbb{Z},0,+,-,<)$ 中都是真实的:

$$\forall x\exists y\exists z((0\leqslant z<m)\wedge my+z=x).$$

注意: m 可以用表示和 $\overbrace{1+\cdots+1}^{m}$ 的项在语言 $\mathcal{L}_{\{c_0,c_1,F_+,F_-,P_<\}}$ 中表示出来, 同样的 my 就是将 y 相加 m 次. 我们自然应当将这些表述 “每一个元素都有一个模 k 的余数”$(k>1)$ 的命题作为公理添加进来.

所以, 我们可以试图将上述理论 T 用下述公理来刻画:

(1) $(\forall x_1(\forall x_2(P_<(x_1,x_2)\vee(x_1\doteq x_2)\vee P_<(x_2,x_1))))$;

(2) $(\forall x_1(\neg P_<(x_1,x_1)))$;

(3) $(\forall x_1(\forall x_2(\forall x_3((P_<(x_1,x_2)\wedge P_<(x_2,x_3))\to P_<(x_1,x_3)))))$;

(4) $(\forall x_1\,(x_1\hat{=}F_+(x_1,c_0)))$;

(5) $(\forall x_1(\forall x_2(\forall x_3(P_<(x_1,x_2)\leftrightarrow(P_<(F_+(x_1,x_3),F_+(x_2,x_3)))))))$;

(6) $(\forall x_1(\forall x_2(F_+(x_1,x_2)\hat{=}F_+(x_2,x_1))))$;

(7) $(\forall x_1(\forall x_2(\forall x_3(F_+(x_1,F_+(x_2,x_3))\hat{=}F_+(F_+(x_1,x_2),x_3)))))$;

(8) $(\forall x_1(\forall x_2(\forall x_3((F_+(x_1,x_3)\hat{=}F_+(x_2,x_3))\to(x_1\hat{=}x_2)))))$;

(9) $(\forall x_1(\forall x_2(\forall x_3((F_-(x_1,x_2)\hat{=}x_3)\leftrightarrow(x_1\hat{=}F_+(x_3,x_2))))))$;

(10) $(\exists x_1(\forall x_2(P_<(c_0,x_1)\wedge(P_<(c_0,x_2)\to(x_1\hat{=}x_2)\vee P_<(x_1,x_2)))))$;

(11) 对于每一个 $k>1$, 如下语句是一条公理 (每一个元素都有一个模 k 的余数):

$$(\forall x_1\,(\exists x_2\,(\exists x_3\,(\exists x_4\,(\forall x_5\,(\psi_1(x_3,x_5)\wedge\psi_2(x_3,x_4)\wedge(F_+\,(\sigma_k(x_2),x_4)\,\hat{=}x_1)))))))\,.$$

其中, $\psi_1(x_3,x_5)$ 为表达式:

$$(P_<(c_0,x_3)\wedge(P_<(c_0,x_5)\to((x_3\hat{=}x_5)\vee P_<(x_3,x_5))));$$

$\psi_2(x_3,x_4)$ 为表达式:

$$(c_0\hat{=}x_4\vee(P_<(c_0,x_4)\wedge P_<(x_4,\sigma_k(x_3)))).$$

注意: $0<x_3\wedge\forall x_5(0<x_5\to x_3\leqslant x_5)$ 意味着 x_3 标示着 1.

用 T_0 表示上述公理的全体所组成的理论. 一个很自然的问题: T_0 是完全的吗?

我们将证明: T_0 是一个完全理论. 从而 T_0 与 T 等价: 任给 $\mathcal{L}_{\{c_0,F_+,F_-,P_<\}}$ 中的一个语句 θ, 必有

$$T_0\vdash\theta \text{ 当且仅当 } T\vdash\theta \text{ 当且仅当 } \theta\in T.$$

现在, 我们在原来的语言中加进一个新常元符号 c_1, 并且将上述的公理 (10) 和 (11) 分别改写成下面的公理:

(10a) $P_<(c_0,c_1)\wedge(\forall x_1(P_<(c_0,x_1)\to((c_1\hat{=}x_1)\vee P_<(c_1,x_1))))$;

(11a) 对于每一个 $k>1$, 如下语句是一条公理 (每一个元素都有一个模 k 的余数):

$$\left(\forall x_1\left(\exists x_2\left(\exists x_3\left(\begin{array}{l}(((c_0\hat{=}x_3)\vee P_<(c_0,x_3))\wedge P_<\,(x_3,\sigma_k(1)))\wedge\\(F_+\,(\sigma_k(x_2),x_3)\,\hat{=}x_1)\end{array}\right)\right)\right)\right).$$

我们用 T_0^* 表示上述公理的全体所组成的理论. 那么 T_0^* 是 T_0 的一个保守扩张. T_0^* 是一个完全理论. T_0^* 是一个与 T^* 等价的理论.

注意: 公理 (10) 是一个 Σ_2 语句, 而公理 (10a) 则是一个 Π_1 语句; (11) 中的每一条公理都是一个 Π_3 语句, 而 (11a) 中的每一条公理都是一个 Π_2 语句. 因此, 理论 T_0 是一个 Π_3 理论, 而理论 T_0^* 则是一个 Π_2 理论. T_0^* 的复杂性比起 T_0 的复杂性来少了一个量词级别. 结果就是 T_0^* 适合简化量词, 但 T_0 不适合简化量词. 我们知道, 一个理论适合简化量词的必要条件是它是一个 Π_2 理论.

后面还会看到我们可以从 T_0^* 的语言中省略常元符号 c_0, 适当修改相关的公理后得到一个裁减语言下的一个完全理论 T_1, 并且 T_0^* 是 T_1 的一个保守扩张.

这样一来, 关于有序整数加法算术理论实际上有五个:

(1) $T = \mathrm{Th}((\mathbb{Z}, 0, +, -, <))$;

(2) $T^* = \mathrm{Th}((\mathbb{Z}, 0, 1, +, -, <))$;

(3) T 的公理化刻画理论 T_0;

(4) T^* 的公理化刻画理论 T_0^*;

(5) 以及后面将引入作为刻画理论 $\mathrm{Th}((\mathbb{Z}, 1, +, -, <))$ 的公理化理论, **普瑞斯柏格算术理论**, T_{pr}.

这五个理论都是各自语言中的完全理论, 但它们却展现出很不一样的外延性质以及形式差别, 尽管它们有着完全一样的内涵.

两个结构

$$(\mathbb{Z}, 0, +, -, <) \text{ 和 } (\mathbb{Z}, 1, +, -, <),$$

事实上既可以是同一种语言的两个结构, 也都可以通过定义引进一个新常元符号扩充成结构

$$(\mathbb{Z}, 0, 1, +, -, <),$$

并且这个共有扩充结构的理论

$$\mathrm{Th}(\mathbb{Z}, 0, 1, +, -, <)$$

分别是

$$\mathrm{Th}(\mathbb{Z}, 0, +, -, <) \text{ 和 } \mathrm{Th}(\mathbb{Z}, 1, +, -, <)$$

的保守扩充. 在这三个完全理论中,

(1) $\mathrm{Th}(\mathbb{Z}, 0, 1, +, -, <)$ 和 $\mathrm{Th}(\mathbb{Z}, 1, +, -, <)$ 都适合量词简化;

(2) $\mathrm{Th}(\mathbb{Z}, 0, +, -, <)$ 不适合量词简化.

类似地, 关于不关注序的整数加法算术理论我们也有四个:

(1) $\mathrm{Th}(\mathbb{Z}, 0, +, -)$ 以及它的简洁公理刻画: 非平凡特征 0 加法群理论;

(2) $\mathrm{Th}(\mathbb{Z}, 0, 1, +, -)$ 以及它的简洁公理刻画: 强特征 0 加法群理论.

后面, 我们将会看到这些理论的相应的保守扩充, 以求得适合量词消去, 以及解决明晰可定义子集问题.

这些结构事实上彼此都可以在另外一个的基础上经过简单地添加一个常元符号的解释或者省略一个常元符号的解释而得到. 这表明在对一个存在的理解、抽象和公理化过程中, 将什么当成切入点, 把什么当成关键, 选取什么标识, 可能会是一件很敏感的事情; 不同的选择有可能增加或减少整个认识过程的难度, 以及展现出不同的外延特性.

11.2　强整数加法群理论

现在我们专门来分析 $(\mathbb{Z},0,1,+,-)$. 前面我们已经看到 $(\mathbb{Z},0,1,+,-)$ 是一个强特征 0 加法群. 强特征 0 加法群理论既不是完全理论, 也不是模型完全理论. 所以, 我们面临的第一个任务就是要给出它的完全公理刻画.

11.2.1　特征 0 模数同余加法群理论

语言的非逻辑符号表为

$$\mathcal{A}_{\equiv}=\{c_0,c_1,F_+,F_-\}\cup\{P_{3^n}\mid 2\leqslant n\in\mathbb{N}\};$$

每一个 P_{3^n} 是一个一元谓词.

为了简化表达式, 我们定义两组涉及符号 c_1,x_i 以及 F_+ 的特殊项:

定义 11.1　令 $\sigma_1(x_1)=x_1$; 对于 $0<m\in\mathbb{N}$, $\sigma_{m+1}(x_1)=F_+(\sigma_m(x_1),x_1)$; 对于 $0<m\in\mathbb{N}$, 令 $\sigma_m(x_i)=\sigma_m(x_1;x_i)$, $\sigma_m(1)=\sigma_m(x_1;c_1)$.

称由下述非逻辑公理组成的理论为**特征 0 模数同余加法群理论**, 并记成 T_{mrag}.

(0) $(\neg(c_0\hat{=}c_1))$;

(1) $(\forall x_1(\forall x_2(\forall x_3(F_+(F_+(x_1,x_2),x_3)\hat{=}F_+(x_1,F_+(x_2,x_3))))))$;

(2) $(\forall x_1(F_+(x_1,c_0)\hat{=}x_1))$;

(3) $(\forall x_1(\forall x_2(x_2\hat{=}F_-(x_1)\leftrightarrow F_+(x_1,x_2)\hat{=}c_0)))$;

(4) $(\forall x_1(\forall x_2(F_+(x_1,x_2)\hat{=}F_+(x_2,x_1))))$;

(5) 对于大于 1 的自然数 n, $(\forall x_1\,((x_1\hat{=}c_0)\vee(\neg\,(\sigma_n(x_1)\hat{=}c_0))))$;

(6) 对于大于 1 的自然数 n,

$$\left(\forall x_1\left(\bigvee_{i\in n}\left(P_{3^n}(F_+(x_1,\sigma_i(1)))\wedge\bigwedge_{j\in(n-\{i\})}(\neg P_{3^n}(F_+(x_1,\sigma_j(1))))\right)\right)\right);$$

(7) 对于大于 1 的自然数 n, $(\forall x_2(P_{3^n}(x_2)\leftrightarrow(\exists x_1(x_2\hat{=}\sigma_n(x_1)))))$.

称由下述非逻辑公理组成的理论为**弱特征 0 模数同余加法群理论**, 并记成 $T^{\circ}_{\mathrm{mrag}}$.

(0) $(\neg(c_0\hat{=}c_1))$;

(1) $(\forall x_1(\forall x_2(\forall x_3(F_+(F_+(x_1,x_2),x_3)\hat{=}F_+(x_1,F_+(x_2,x_3))))))$;

(2) $(\forall x_1(F_+(x_1,c_0)\hat{=}x_1))$;

(3) $(\forall x_1(\forall x_2(x_2\hat{=}F_-(x_1)\leftrightarrow F_+(x_1,x_2)\hat{=}c_0)))$;

(4) $(\forall x_1(\forall x_2(F_+(x_1,x_2)\hat{=}F_+(x_2,x_1))))$.

(5) 对于大于 1 的自然数 n, $(\forall x_1\,((x_1\hat{=}c_0)\vee(\neg\,(\sigma_n(x_1)\hat{=}c_0))))$;

(6) 对于大于 1 的自然数 n, 有

$$\left(\forall x_1\left(\bigvee_{i\in n}\left(P_{3^n}(F_+(x_1,\sigma_i(1)))\wedge\bigwedge_{j\in(n-\{i\})}(\neg P_{3^n}(F_+(x_1,\sigma_j(1))))\right)\right)\right);$$

(7) 对于大于 1 的自然数 n, 有

$$(\forall x_1(\forall x_2((P_{3^n}(x_1)\wedge P_{3^n}(x_2))\to(P_{3^n}(F_+(x_1,x_2))\wedge P_{3^n}(F_-(x_1))))));$$

(8) 对于大于 1 的自然数 n, $(\forall x_1(\forall x_2((x_2\hat{=}\sigma_n(x_1))\to P_{3^n}(x_2))))$;

(9) 对于大于 1 的自然数 n,m, 如果 $m|n$, 则 $(\forall x_1(P_{3^n}(x_1)\to P_{3^m}(x_1)))$; 即

$$m|n\to P_{3^n}\subset P_{3^m};$$

(10) 对于大于 1 的自然数 n,k, $(\forall x_1(P_{3^{kn}}(\sigma_k(x_1))\to P_{3^n}(x_1)))$.

注意, 上面的公理 (5) 至公理 (10) 中, 每一条都由无穷多个命题组成, 每个命题都带有一个自然数, 或者一对自然数作为参数. 因此, 我们会用记号公理 $(5)_n$, 公理 $(6)_m$, 公理 $(7)_k$, 公理 $(8)_i$, 公理 $(9)_{m/n}$, 公理 $(10)_{nk}$ 等来表示由下标参数所确定的公理命题特例.

例 11.2 令 $\mathbb{Z}\left[\sqrt{-1}\,\right]=\left\{a+b\sqrt{-1}\;\middle|\;a\in\mathbb{Z},\,b\in\mathbb{Z}\right\}$. $(\mathbb{Z}\left[\sqrt{-1}\,\right],0,1,+,-)$ 是一个强特征 0 加法群.

令 $\mathbb{Z}\left(\sqrt{-1}\,\right)=\left\{a+\dfrac{b}{n}\sqrt{-1}\;\middle|\;a\in\mathbb{Z},\,b\in\mathbb{Z},\,1\leqslant n\in\mathbb{N}\right\}$. $(\mathbb{Z}\left(\sqrt{-1}\,\right),0,1,+,-)$ 是一个强特征 0 加法群.

(1) 对于 $1<n\in\mathbb{N}$, 令

$$A_n=\left\{na+b\sqrt{-1}\;\middle|\;a\in\mathbb{Z},\,b\in\mathbb{Z}\right\},$$

$(\mathbb{Z}\left[\sqrt{-1}\,\right],0,1,+,-,A_n)_{1<n\in\mathbb{N}}$ 是一个弱特征 0 模数同余加法群, 但不是一个特征 0 模数同余加法群;

(2) $\left(\mathbb{Z}\left(\sqrt{-1}\,\right),0,1,+,-,n\mathbb{Z}\left(\sqrt{-1}\,\right)\right)_{1<n\in\mathbb{N}}$ 是一个特征 0 模数同余加法群;

(3) $(\mathbb{Z}[\sqrt{-1}\,],0,1,+,-,A_n)_{1<n\in\mathbb{N}}\subset(\mathbb{Z}(\sqrt{-1}\,),0,1,+,-,n\mathbb{Z}(\sqrt{-1}\,))_{1<n\in\mathbb{N}}$;

(4) $(\mathbb{Z},0,1,+,-,n\mathbb{Z})_{1<n\in\mathbb{N}}\subset(\mathbb{Z}[\sqrt{-1}\,],0,1,+,-,A_n)_{1<n\in\mathbb{N}}$;

(5) $(\mathbb{Z},0,1,+,-,n\mathbb{Z})_{1<n\in\mathbb{N}}\subset(\mathbb{Z}(\sqrt{-1}\,),0,1,+,-,n\mathbb{Z}(\sqrt{-1}\,))_{1<n\in\mathbb{N}}$.

证明　(1) 公理 $(6)_n$: 给定 $x = a + b\sqrt{-1} \in \mathbb{Z}[\sqrt{-1}]$, 令 $0 \leqslant i < n$ 为唯一的满足 $a + i \equiv 0 \pmod n$. 于是, 恰有唯一的 $0 \leqslant i < n$ 来见证 $x + i \in A_n$.

公理 $(7)_n$: A_n 关于 $\pm$ 都是封闭的.

公理 $(8)_n$: $n\mathbb{Z}[\sqrt{-1}] \subset A_n$.

公理 $(9)_{m|n}$: 设 $1 < m|n$, 令 $x \in A_n$, 那么 $x = na + b\sqrt{-1} \in \mathbb{Z}[\sqrt{-1}]$. 设 $n = km$, $1 \leqslant k \in \mathbb{N}$, 那么

$$x = na + b\sqrt{-1} = mka + b\sqrt{-1} \in A_m.$$

公理 $(10)_{kn}$: 设 $ka + kb\sqrt{-1} \in A_{kn}$, 那么 $ka = knc \in \mathbb{Z}$. 于是,

$$ka + kb\sqrt{-1} = knc + kb\sqrt{-1} = n(kc) + kb\sqrt{-1} \in A_n.$$

(2) 公理 $(6)_n$ 的论证同前.

公理 $(7)_n$ 由定义直接给出.

(3) 对于 $1 < n \in \mathbb{N}$, $A_n = n\mathbb{Z}(\sqrt{-1}\,) \cap \mathbb{Z}[\sqrt{-1}\,]$.

(4) 对于 $1 < n \in \mathbb{N}$, $n\mathbb{Z} = A_n \cap \mathbb{Z}$.

(5) 对于 $1 < n \in \mathbb{N}$, $n\mathbb{Z} = n\mathbb{Z}(\sqrt{-1}\,) \cap \mathbb{Z}$. □

下面我们来证明 $T^{\circ}_{\mathrm{mrag}}$ 与 $T^{\forall}_{\mathrm{mrag}}$ 等价, 并且 T_{mrag} 具有代数素模型特性.

引理 11.1　*设 $(G, 0, 1, +, -, A_n)_{1<n\in\mathbb{N}}$ 为一个弱特征 0 模数同余加法群, 其中, 对于 $1 < n \in \mathbb{N}$, A_n 是 P_{3^n} 在 G 中的解释. 那么它是一个特征 0 模数同余加法群*

$$(H, 0, 1, +, -, nH)_{1<n\in\mathbb{N}}$$

的子结构; 而且如果

$$(H', 0, 1, +, -, nH')_{1<n\in\mathbb{N}} \models T_{\mathrm{mrag}},$$

以及

$$(G, 0, 1, +, -, A_n)_{1<n\in\mathbb{N}} \subseteq (H', 0, 1, +, -, nH')_{1<n\in\mathbb{N}},$$

则一定有一个在 G 上为恒等函数的嵌入映射 $f: H \to H'$.

证明　设 $(G, 0, 1, +, -, A_n)_{1<n\in\mathbb{N}}$ 为一个弱特征 0 模数同余加法群, 那么

$$(G, 0, +, -)$$

是一个非平凡特征 0 加法群. 令 $(G_1, 0, 1, +, -)$ 为 $(G, 0, 1, +, -)$ 的等分闭包, 令

$$H = \left\{ a \in G_1 \;\middle|\; \left(\exists b \in G \left(a = b \vee \left(\exists n \in (\mathbb{N} - \{0, 1\}) \left(A_n(b) \wedge a = \frac{b}{n} \right) \right) \right) \right) \right\}.$$

我们断言 H 是 G_1 的一个子群: 如果 $a, b \in G \subset H$, 那么 $a \pm b \in G \subset H$. 假设 $a \in G$, $b \in A_n$. 那么 $na \in A_n$, 因为 $nG \subseteq A_n$. 由此, $na \pm b \in A_n$ 以及 $\dfrac{na \pm b}{n} \in H$. 假设 $m, n \in (\mathbb{N} - \{0,1\})$, $a \in A_n, b \in A_m$, 那么 $\{ma, nb\} \subset A_{mn}$ 以及 $ma \pm nb \in A_{mn}$. 从而,

$$\frac{ma \pm nb}{mn} \in H.$$

因此, $(G, 0, 1, +, -) \subset (H, 0, 1, +, -) \subset (G_1, 0, 1, +, -)$.

对于 $n \in \mathbb{N} - \{0,1\}$, 令 nH 为 P_{3^n} 在 H 中的解释. 这样, 对于大于 1 的自然数 n, 都有 $A_n = nH \cap G$.

断言: $(H, 0, 1, +, -, nH)_{1<n\in\mathbb{N}} \models T_{\mathrm{mrag}}$.

由 nH 的定义, 公理 (7) 自然得到满足. 我们只需要验证公理 (6).

固定 $n \in \mathbb{N} - \{0,1\}$.

如果 $a \in G$, 公理 $(6)_n$ 在 a 处自然成立, 因为 $(G, 0, 1, +, -, A_k)$ 是一个弱特征 0 模数加法群, 并且

$$A_n = nH \cap G.$$

假设 $\dfrac{a}{m} \in H, m \in \mathbb{N} - \{0,1\}$. 于是, $a \in A_m$. 由 G 所满足的公理 $(6)_{mn}$, 令 $0 \leqslant i < mn$ 为唯一的见证

$$a + \sigma_i(x_1)[1] \in A_{mn}$$

成立的自然数. 由于 m 是 mn 的大于等于 2 的因子, 根据公理 $(9)_{n,m}$,

$$a + \sigma_i(x_1)[1] \in A_m.$$

因为 A_m 关于减法封闭, $\sigma_i(x_1)[1] \in A_m$. 这表明 $i = \ell m$, 并且 $0 \leqslant \ell < n$. 令

$$b = \frac{a + \sigma_i(x_1)[1]}{mn} \in H.$$

那么, 在 H 中,

$$\sigma_n(x_1)[b] = \frac{a}{m} + \sigma_\ell(x_1)[1].$$

由于 i 是唯一的, 此 ℓ 也就是唯一的.

设 $(H', 0, 1, +, -, nH')_{1<n\in\mathbb{N}} \models T_{\mathrm{mrag}}$, 并且

$$(G, 0, 1, +, -, A_n)_{1<n\in\mathbb{N}} \subseteq (H', 0, 1, +, -, nH')_{1<n\in\mathbb{N}}.$$

对于 $a \in G$, 令 $f(a) = a$. 对于 $a \in A_m$, $m \in \mathbb{N} - \{0,1\}$, 令

$$f\left(\frac{a}{m}\right) = b \in H' \text{ 当且仅当 } a = \sigma_m(x_1)[b] \text{ 在 } H' \text{ 中成立}.$$

这一函数 f 就是所要的嵌入映射. □

推论 11.1　$T^{\circ}_{\mathrm{mrag}}$ 与 $T^{\forall}_{\mathrm{mrag}}$ 等价.

证明　由定义得知: $T^{\forall}_{\mathrm{mrag}} \models T^{\circ}_{\mathrm{mrag}}$.

根据上面的引理, $T^{\circ}_{\mathrm{mrag}}$ 的每一个模型都是 T_{mrag} 的子结构, 从而就都是 $T^{\forall}_{\mathrm{mrag}}$ 的模型. 所以

$$T^{\circ}_{\mathrm{mrag}} \models T^{\forall}_{\mathrm{mrag}} \qquad \square$$

为了得到 T_{mrag} 适合消去量词, 我们还需要验证 T_{mrag} 具有弱模型完全性.

引理 11.2　*设* $(H, 0, 1, +, -, nH)_{1<n\in\mathbb{N}} \models T_{\mathrm{omrag}}$, *以及*

$$(G, 0, 1, +, -, nG)_{1<n\in\mathbb{N}} \models T_{\mathrm{omrag}}.$$

如果

$$\mathcal{G} = (G, 0, 1, +, -, nG)_{1<n\in\mathbb{N}} \subseteq \mathcal{H} = (H, 0, 1, +, -, nH)_{1<n\in\mathbb{N}},$$

那么 $\mathcal{G} \prec_s \mathcal{H}$.

证明　首先,

$$T_{\mathrm{mrag}} \vdash \left((\neg P_{3^n}(x_j)) \leftrightarrow \bigvee_{i=1}^{n-1} P_{3^n}(F_+(x_j, \sigma_i(1))) \right).$$

如果 φ 是一个布尔表达式, 并且是一个合取范式, 那么它所含的任何一个一元谓词否定子表达式都可以被等价地替换为一系列一元谓词肯定表达式的析取式; 根据分配律和等价替换定理, φ 在 T_{mrag} 上就等价于一个不含任何一元谓词否定子表达式的合取范式.

这样一来, 在 T_{mrag} 上, 任何一个布尔表达式都等价于一个不含任何一元谓词否定子表达式的合取范式.

令 $\mathcal{G} = (G, 0, 1, +, -, nG)_{1<n\in\mathbb{N}}$, $\mathcal{H} = (H, 0, 1, +, -, nH)_{1<n\in\mathbb{N}}$.

现在假设 $\varphi(x_1, \cdots, x_n, x_{n+1})$ 是一个布尔表达式, $(a_1, \cdots, a_n) \in G^n$, $b \in H$, 以及

$$\mathcal{H} \models \varphi[a_1, \cdots, a_n, b].$$

根据上面的分析, 不失一般性, 假设 $\varphi[a_1, \cdots, a_n]$ 形如下述:

$$\left(\bigwedge (\sigma_{m_i}(x_{n+1}) = g_i) \right) \wedge \left(\bigwedge P_{3^{n_j}}(\sigma_{s_j}(x_{n+1}) + h_j) \right),$$

其中, $m_i, n_j, s_k \in \mathbb{Z}$, $g_i, h_j \in G$.

如果有一个 $(\sigma_{m_i}(x_{n+1}) = g_i)$ 出现在上式, 那么 $g_i = \sigma_{m_i}(x_{n+1})[b] \in mH$, 而 $mG = mH \cap G$. 所以, $b \in G$.

现在假设没有这样的子表达式出现在 φ 之中.

考虑 b 所满足的这有限个同余方程: $P_{3^{n_j}}(\sigma_{s_j}(x_{n+1})+h_j)$, 比如说,

$$1 \leqslant j \leqslant m.$$

对于 $1 \leqslant j \leqslant m$, 令 $0 \leqslant k_j < n_j$ 满足要求: $h_j - \sigma_{k_j}(x_1)[1] \in n_j G$. 这样一来, 对于 $1 \leqslant j \leqslant m$, 都有

$$P_{3^{n_j}}(\sigma_{s_j}(x_{n+1})+h_j) \leftrightarrow P_{3^{n_j}}(\sigma_{s_j}(x_{n+1})+\sigma_{k_j}(x_1)[1])$$

在 $\mathcal{H}$ 和 $\mathcal{G}$ 中都成立. 由此一来, b 就是如下同余方程组的一个解:

$$\begin{gathered}
\sigma_{s_1}(x_{n+1})+\sigma_{k_1}(x_1)[1] \equiv 0 \pmod{n_1} \\
\sigma_{s_2}(x_{n+1})+\sigma_{k_2}(x_1)[1] \equiv 0 \pmod{n_2} \\
\cdots\cdots \\
\sigma_{s_m}(x_{n+1})+\sigma_{k_m}(x_1)[1] \equiv 0 \pmod{n_m}.
\end{gathered}$$

令 $N = \prod_{j=1}^{m} n_j$, $t = \sigma_N(x_1)[1]$. 令 $\ell \in \mathbb{N}$ 来满足要求: $(b - \sigma_\ell(x_1)[1]) \in tH$. 那么 $\sigma_\ell(x_1)[1]$ 是上述同余方程组的一个解.

在 G 中取一个 g 来满足 $(g - \sigma_\ell(x_1)[1]) \in tG$. 这样的 g 就是上述同余方程组的一个解.

于是, $\mathcal{G} \models \varphi[a_1, \cdots, a_n, g]$. □

定理 11.1 (1) 特征 0 模数同余加法群理论 T_{mrag} 适合量词消去, 因而也是一个完全理论和模型完全理论.

(2) $(\mathbb{Z}, 0, 1, +, -, n\mathbb{Z})_{1<n\in\mathbb{N}} \prec (\mathbb{Z}(\sqrt{-1}), 0, 1, +, -, n\mathbb{Z}(\sqrt{-1}))_{1<n\in\mathbb{N}}$;

(3) $(\mathbb{Z}, 0, 1, +, -, n\mathbb{Z})_{1<n\in\mathbb{N}}$ 是 T_{mrag} 的最小典型模型.

证明 根据上面的引理, T_{mrag} 是一个具有代数素模型的弱模型完全理论. 根据定理 10.1, T_{mrag} 适合量词消去. 因为 $(\mathbb{Z}, 0, 1, +, -, n\mathbb{Z})_{1<n\in\mathbb{N}}$ 可以嵌入到 T_{mrag} 的任何一个模型之中, T_{mrag} 是一个完全理论. □

11.2.2 整数序不可定义性

我们知道整数序 $<$ 在 $(\mathbb{Z}, 0, +, -)$ 上非免参数不可定义 (详情见练习 11.2). 现在证明整数序 $<$ 在

$$(\mathbb{Z}, 0, 1, +, -)$$

上还是不可定义的. 事实上, 我们来证明一个更强的定理.

定理 11.2 整数序 $<$ 在特征 0 模数同余加法群 $(\mathbb{Z}, 0, 1, +, -, n\mathbb{Z})_{1<n\in\mathbb{N}}$ 上不可定义.

证明　在例 11.2 中, 我们定义了

$$\mathbb{Z}(\sqrt{-1})=\left\{a+\frac{b}{n}\sqrt{-1}\ \middle|\ a\in\mathbb{Z},\,b\in\mathbb{Z},\,1\leqslant n\in\mathbb{N}\right\}$$

以及验证了 $(\mathbb{Z}(\sqrt{-1}),0,1,+,-,n\mathbb{Z}(\sqrt{-1}))_{1<n\in\mathbb{N}}\models T_{\mathrm{mrag}}$,

$$(\mathbb{Z},0,1,+,-,n\mathbb{Z})_{1<n\in\mathbb{N}}\subset(\mathbb{Z}(\sqrt{-1}),0,1,+,-,n\mathbb{Z}(\sqrt{-1}))_{1<n\in\mathbb{N}}.$$

由于 T_{mrag} 适合量词消去, 它是模型完全的. 所以,

$$(\mathbb{Z},0,1,+,-,n\mathbb{Z})_{1<n\in\mathbb{N}}\prec(\mathbb{Z}(\sqrt{-1}),0,1,+,-,n\mathbb{Z}(\sqrt{-1}))_{1<n\in\mathbb{N}}.$$

如果整数序 $<$ 在 $(\mathbb{Z},0,1,+,-,n\mathbb{Z})_{1<n\in\mathbb{N}}$ 上是可定义的, 那么同一个定义在

$$(\mathbb{Z}(\sqrt{-1}),0,1,+,-,n\mathbb{Z}(\sqrt{-1}))_{1<n\in\mathbb{N}}$$

上也定义出一个与加减运算相匹配的线性序. 但是, $\mathbb{Z}(\sqrt{-1})$ 上有一个以 $\mathbb{Z}$ 中元素为不动点的自同构

$$f:a+\frac{b}{n}\sqrt{-1}\mapsto a-\frac{b}{n}\sqrt{-1}.$$

而这个自同构并不保持序关系. □

11.3　整数有序强加法群理论

现在我们来分析 $(\mathbb{Z},0,1,+,-,<)$. 前面已经看到 $(\mathbb{Z},0,1,+,-,<)$ 是一个有序强特征 0 加法群. 有序强特征 0 加法群理论既不是完全理论, 也不是模型完全理论. 所以, 我们面临的任务就是要给出它的一个完全公理刻画.

11.3.1　有序模数同余加法群理论

语言的非逻辑符号表为 $\mathcal{A}_{\leqq}=\{c_0,c_1,F_+,F_-,P_<\}\cup\{P_{3^n}\mid 2\leqslant n\in\mathbb{N}\}$, 每一个 P_{3^n} 是一个一元谓词.

称由下述非逻辑公理组成的理论为**有序模数同余加法群理论**, 并记成 T_{omrag}; 称 T_{omrag} 的模型为一个**有序模数同余加法群**; 也称由下述前九条公理组成的理论为**离散有序加法群理论**, 而这个理论的模型则被称为**离散有序加法群**.

(1) $(\forall x_1(\forall x_2(\forall x_3(F_+(F_+(x_1,x_2),x_3)\hat{=}F_+(x_1,F_+(x_2,x_3))))))$;

(2) $(\forall x_1(F_+(x_1,c_0)\hat{=}x_1))$;

(3) $(\forall x_1(\forall x_2(x_2\hat{=}F_-(x_1)\leftrightarrow F_+(x_1,x_2)\hat{=}c_0)))$;

(4) $(\forall x_1(\forall x_2(F_+(x_1,x_2)\hat{=}F_+(x_2,x_1))))$;

(5) $(\forall x_1(\neg P_<(x_1,x_1)))$;

(6) $(\forall x_1(\forall x_2(\forall x_3((P_<(x_1,x_2)\wedge P_<(x_2,x_3))\to P_<(x_1,x_3))))))$;

(7) $(\forall x_1(\forall x_2(P_<(x_1,x_2)\vee x_1\hat{=}x_2\vee P_<(x_2,x_1))))$;

(8) $(\forall x_1(\forall x_2(\forall x_3(P_<(x_1,x_2)\to P_<(F_+(x_1,x_3),F_+(x_2,x_3))))))$;

(9) $(P_<(c_0,c_1)\wedge(\forall x_1(P_<(x_1,c_0)\vee x_1\hat{=}c_0\vee x_1\hat{=}c_1\vee P_<(c_1,x_1))))$;

(10) 对于大于 1 的自然数 n,

$$\left(\forall x_1\left(\bigvee_{i\in n}\left(P_{3^n}(F_+(x_1,\sigma_i(1)))\wedge\bigwedge_{j\in(n-\{i\})}(\neg P_{3^n}(F_+(x_1,\sigma_j(1))))\right)\right)\right);$$

(11) 对于大于 1 的自然数 n, $(\forall x_2(P_{3^n}(x_2)\leftrightarrow(\exists x_1(x_2\hat{=}\sigma_n(x_1)))))$.

对于强特征 0 加法群 $(G,0,1,+,-)$, 对于大于 1 的自然数 n, 令

$$nG=\{a\in G\mid(G,0,1,+,-)\models(\exists x_1(x_2\hat{=}\sigma_n(x_1)))[a]\}.$$

引理 11.3 如果 $(G,0,1,+,-,<,A_n)_{n\geqslant 2;\,n\in\mathbb{N}}$ 为一个有序模数同余加法群, 其中, 对于 $n\geqslant 2$, A_n 是 P_{3^n} 在 G 中的解释. 那么对于 $n\geqslant 2, n\in\mathbb{N}$, 必有 $A_n=nG$.

称由下述非逻辑公理组成的理论为**弱有序模数同余加法群理论**, 并记成 T°_{omrag}; 称 T°_{omrag} 的模型为**弱有序模数同余加法群**.

(1) $(\forall x_1(\forall x_2(\forall x_3(F_+(F_+(x_1,x_2),x_3)\hat{=}F_+(x_1,F_+(x_2,x_3))))))$;

(2) $(\forall x_1(F_+(x_1,c_0)\hat{=}x_1))$;

(3) $(\forall x_1(\forall x_2(x_2\hat{=}F_-(x_1)\leftrightarrow F_+(x_1,x_2)\hat{=}c_0)))$;

(4) $(\forall x_1(\forall x_2(F_+(x_1,x_2)\hat{=}F_+(x_2,x_1))))$;

(5) $(\forall x_1(\neg P_<(x_1,x_1)))$;

(6) $(\forall x_1(\forall x_2(\forall x_3((P_<(x_1,x_2)\wedge P_<(x_2,x_3))\to P_<(x_1,x_3))))))$;

(7) $(\forall x_1(\forall x_2(P_<(x_1,x_2)\vee x_1\hat{=}x_2\vee P_<(x_2,x_1))))$;

(8) $(\forall x_1(\forall x_2(\forall x_3(P_<(x_1,x_2)\to P_<(F_+(x_1,x_3),F_+(x_2,x_3))))))$;

(9) $(P_<(c_0,c_1)\wedge(\forall x_1(P_<(x_1,c_0)\vee x_1\hat{=}c_0\vee x_1\hat{=}c_1\vee P_<(c_1,x_1))))$;

(10) 对于大于 1 的自然数 n,

$$\left(\forall x_1\left(\bigvee_{i\in n}\left(P_{3^n}(F_+(x_1,\sigma_i(1)))\wedge\bigwedge_{j\in(n-\{i\})}(\neg P_{3^n}(F_+(x_1,\sigma_j(1))))\right)\right)\right);$$

(11) 对于大于 1 的自然数 n,

$$(\forall x_1(\forall x_2((P_{3^n}(x_1)\wedge P_{3^n}(x_2))\to(P_{3^n}(F_+(x_1,x_2))\wedge P_{3^n}(F_-(x_1))))));$$

(12) 对于大于 1 的自然数 n, $(\forall x_1(\forall x_2((x_2\hat{=}\sigma_n(x_1))\to P_{3^n}(x_2))))$;

(13) 对于大于 1 的自然数 n,m, 若 $m|n$, 则 $(\forall x_1(P_{3^n}(x_1)\to P_{3^m}(x_1)))$;

(14) 对于大于 1 的自然数 n,k, $(\forall x_1(P_{3^{kn}}(\sigma_k(x_1))\to P_{3^n}(x_1)))$.

例 11.3　令 $\mathbb{Z}\left[\sqrt{-1}\right] = \left\{a + b\sqrt{-1} \mid a \in \mathbb{Z}, b \in \mathbb{Z}\right\}$, 令 $\mathbb{Z}\left(\sqrt{-1}\right) = \left\{a + \frac{b}{n}\sqrt{-1} \,\middle|\, a \in \mathbb{Z}, b \in \mathbb{Z}, 1 \leqslant n \in \mathbb{N}\right\}$.

在 $\mathbb{Z}(\sqrt{-1})$ 上如下定义 $<$:

$$a_1 + r_1\sqrt{-1} < a_2 + r_2\sqrt{-1} \text{ 当且仅当 } r_1 < r_2, \text{ 或者 } r_1 = r_2 \text{ 且 } a_1 < a_2.$$

这样定义的 $<$ 是 $\mathbb{Z}(\sqrt{-1})$ 上一个线性序 (事实上是 $\mathbb{Z} \times \mathbb{Q}$ 的水平字典序), 并且与加法运算相匹配, 即

$$\text{如果 } x < y, \text{ 那么 } x + z < y + z.$$

$< \cap (\mathbb{Z}[\sqrt{-1}] \times \mathbb{Z}[\sqrt{-1}])$, $<$ 在 $\mathbb{Z}[\sqrt{-1}]$ 上的限制, 自然是 $\mathbb{Z}[\sqrt{-1}]$ 上的与加法相匹配的线性序.

(1) 对于 $1 < n \in \mathbb{N}$, 令

$$A_n = \left\{na + b\sqrt{-1} \mid a \in \mathbb{Z}, b \in \mathbb{Z}\right\},$$

$\left(\mathbb{Z}\left[\sqrt{-1}\right], 0, 1, +, -, <, A_n\right)_{1<n\in\mathbb{N}}$ 是一个弱有序模数同余加法群, 但不是一个有序模数同余加法群;

(2) $\left(\mathbb{Z}\left(\sqrt{-1}\right), 0, 1, +, -, <, n\mathbb{Z}\left(\sqrt{-1}\right)\right)_{1<n\in\mathbb{N}}$ 是一个有序模数同余加法群;

(3) $(\mathbb{Z}[\sqrt{-1}], 0, 1, +, -, <, A_n)_{1<n\in\mathbb{N}} \subset (\mathbb{Z}(\sqrt{-1}), 0, 1, +, -, <, n\mathbb{Z}(\sqrt{-1}))_{1<n\in\mathbb{N}}$;

(4) $(\mathbb{Z}, 0, 1, +, -, <, n\mathbb{Z})_{1<n\in\mathbb{N}} \subset (\mathbb{Z}[\sqrt{-1}], 0, 1, +, -, <, A_n)_{1<n\in\mathbb{N}}$;

(5) $(\mathbb{Z}, 0, 1, +, -, <, n\mathbb{Z})_{1<n\in\mathbb{N}} \subset (\mathbb{Z}(\sqrt{-1}), 0, 1, +, -, <, n\mathbb{Z}(\sqrt{-1}))_{1<n\in\mathbb{N}}$.

我们将验证留作练习.

下面证明 $T^{\circ}_{\mathrm{omrag}}$ 与 $T^{\forall}_{\mathrm{omrag}}$ 等价, 并且 T_{omrag} 具有代数素模型特性.

引理 11.4　设 $(G, 0, 1, +, -, <, A_n)_{1<n\in\mathbb{N}}$ 为一个弱有序模数同余加法群, 其中对于 $1 < n \in \mathbb{N}$, A_n 是 P_{3^n} 在 G 中的解释. 那么它是一个有序模数同余加法群 $(H, 0, 1, +, -, <, nH)_{1<n\in\mathbb{N}}$ 的子结构; 而且如果

$$(H', 0, 1, +, -, <, nH')_{1<n\in\mathbb{N}} \models T_{\mathrm{omrag}},$$

以及

$$(G, 0, 1, +, -, <, A_n)_{1<n\in\mathbb{N}} \subseteq (H', 0, 1, +, -, <, nH')_{1<n\in\mathbb{N}},$$

则一定有一个在 G 上为恒等函数的嵌入映射 $f : H \to H'$.

证明　设 $(G, 0, 1, +, -, <, A_n)_{1<n\in\mathbb{N}}$ 为一个弱有序模数同余加法群, 那么

$$(G, 0, +, -, <)$$

是一个非平凡有序加法群. 令 $(G_1,0,1,+,-,<)$ 为 $(G,0,1,+,-,<)$ 的等分闭包, 令

$$H=\left\{a\in G_1 \;\middle|\; \left(\exists b\in G\left(a=b\vee\left(\exists n\in(\mathbb{N}-\{0,1\})\left(A_n(b)\wedge a=\frac{b}{n}\right)\right)\right)\right)\right\}.$$

我们断言 H 是 G_1 的一个子群: 如果 $a,b\in G\subset H$, 那么 $a\pm b\in G\subset H$. 假设 $a\in G$, $b\in A_n$, 那么 $na\in A_n$, 因为 $nG\subseteq A_n$. 由此, $na\pm b\in A_n$ 以及 $\dfrac{na\pm b}{n}\in H$. 假设 $m,n\in(\mathbb{N}-\{0,1\})$, $a\in A_n, b\in A_m$, 那么 $\{ma,nb\}\subset A_{mn}$ 以及 $ma\pm nb\in A_{mn}$. 从而,

$$\frac{ma\pm nb}{mn}\in H.$$

因此, $(G,0,1,+,-,<)\subset(H,0,1,+,-,<)\subset(G_1,0,1,+,-,<)$.

现在验证: H 中任何元素小于等于 0, 或者大于等于 1.

假设不然, 令$0<\dfrac{a}{n}<1$ 在 H 中成立. 注意: 在 G 中, $x<x+1$, 以及如果 $x<y$, 则 $x+1\leqslant y$. 对于 $b\in G$, 令 $\sigma_n(x_1)[b]$ 为项 $\sigma_n(x_1)$ 在 G 上的解释函数在 b 处的取值. 根据假设, 有

$$0<a<\sigma_n(x_1)[1]$$

在 G 中成立, 并且 $a\in A_n$. 由于 $a>0$, 那么 $a\geqslant 1$; 如果 $a>1$, 则 $a\geqslant 1+1$; 等等. 必有 $1\leqslant i<n$ 来见证 $a=\sigma_i(x_1)[1]$. 但是, 对于 $1\leqslant j<n$, $\sigma_j(x_1)[1]\notin A_n$. 这就是一个矛盾.

对于 $n\in\mathbb{N}-\{0,1\}$, 令 nH 为 P_{3^n} 在 H 中的解释. 这样, 对于大于 1 的自然数 n, 都有 $A_n=nH\cap G$.

断言: $(H,0,1,+,-,<,nH)_{1<n\in\mathbb{N}}\models T_{\text{omrag}}$.

由 nH 的定义, 公理 (11) 自然得到满足. 我们只需要验证公理 (10).

固定 $n\in\mathbb{N}-\{0,1\}$.

如果 $a\in G$, 公理 $(10)_n$ 在 a 处自然成立, 因为 $(G,0,1,+,-,<,A_k)$ 是一个弱有序模数加法群, 并且

$$A_n=nH\cap G.$$

假设 $\dfrac{a}{m}\in H, m\in\mathbb{N}-\{0,1\}$. 于是, $a\in A_m$. 由 G 所满足的公理 $(10)_{mn}$, 令 $0\leqslant i<mn$ 为唯一的见证

$$a+\sigma_i(x_1)[1]\in A_{mn}$$

成立的自然数. 由于 m 是 $mn\geqslant 2$ 的因子, 根据公理 $(13)_{n,m}$,

$$a+\sigma_i(x_1)[1]\in A_m.$$

因为 A_m 关于减法封闭, $\sigma_i(x_1)[1] \in A_m$. 这表明 $i = \ell m$, 并且 $0 \leqslant \ell < n$. 令

$$b = \frac{a + \sigma_i(x_1)[1]}{mn} \in H.$$

那么在 H 中,

$$\sigma_n(x_1)[b] = \frac{a}{m} + \sigma_\ell(x_1)[1].$$

由于 i 是唯一的, 此 ℓ 也就是唯一的.

设 $(H', 0, 1, +, -, <, nH')_{1<n\in\mathbb{N}} \models T_{\text{omrag}}$, 并且

$$(G, 0, 1, +, -, <, A_n)_{1<n\in\mathbb{N}} \subseteq (H', 0, 1, +, -, <, nH')_{1<n\in\mathbb{N}}.$$

对于 $a \in G$, 令 $f(a) = a$. 对于 $a \in A_m$, $m \in \mathbb{N} - \{0, 1\}$, 令

$$f\left(\frac{a}{m}\right) = b \in H' \text{ 当且仅当 } a = \sigma_m(x_1)[b] \text{ 在 } H' \text{ 中成立.}$$

这一函数 f 就是所要的嵌入映射. □

推论 11.2 T°_{omrag} 与 $T^{\forall}_{\text{omrag}}$ 等价.

证明 由定义得知: $T^{\forall}_{\text{omrag}} \models T^{\circ}_{\text{omrag}}$.

根据上面的引理, T°_{omrag} 的每一个模型都是 T_{omrag} 的一个模型的子结构, 从而就都是 $T^{\forall}_{\text{omrag}}$ 的模型. 所以

$$T^{\circ}_{\text{omrag}} \models T^{\forall}_{\text{omrag}}.$$ □

为了得到 T_{omrag} 适合消去量词, 我们还需要验证 T_{omrag} 具有弱模型完全性.

引理 11.5 设 $(H, 0, 1, +, -, <, nH)_{1<n\in\mathbb{N}} \models T_{\text{omrag}}$, 以及

$$(G, 0, 1, +, -, <, nG)_{1<n\in\mathbb{N}} \models T_{\text{omrag}}.$$

如果

$$(G, 0, 1, +, -, <, nG)_{1<n\in\mathbb{N}} \subseteq (H, 0, 1, +, -, <, nH)_{1<n\in\mathbb{N}},$$

那么

$$(G, 0, 1, +, -, <, nG)_{1<n\in\mathbb{N}} \prec_s (H, 0, 1, +, -, <, nH)_{1<n\in\mathbb{N}}.$$

证明 首先,

$$T_{\text{omrag}} \vdash \left((\neg P_{3^n}(x_j)) \leftrightarrow \bigvee_{i=1}^{n-1} P_{3^n}(F_+(x_j, \sigma_i(1)))\right).$$

如果 φ 是一个布尔表达式, 并且是一个合取范式, 那么它所含的任何一个一元谓词否定子表达式都可以被等价地替换为一系列一元谓词肯定表达式的析取式; 根据分

配律和等价替换定理, φ 在 T_{omrag} 上就等价于一个不含任何一元谓词否定子表达式的合取范式.

这样一来, 在 T_{omrag} 上, 任何一个布尔表达式都等价于一个不含任何一元谓词否定子表达式的合取范式.

令 $\mathcal{G} = (G, 0, 1, +, -, <, nG)_{1<n\in\mathbb{N}}$, $\mathcal{H} = (H, 0, 1, +, -, <, nH)_{1<n\in\mathbb{N}}$.

现在假设 $\varphi(x_1, \cdots, x_n, x_{n+1})$ 是一个布尔表达式, $(a_1, \cdots, a_n) \in G^n$, $b \in H$, 以及

$$\mathcal{H} \models \varphi[a_1, \cdots, a_n, b].$$

为了进一步化简, 应当注意以下事实: 对于 $g \in G$, $m \in \mathbb{N} - \{0, 1\}$, 那么

$$\exists h \in G(\sigma_m(x_1)[h] < g \leqslant \sigma_m(x_1)[h+1]).$$

考虑 $g - \sigma_m(x_1)[1] \in G$. 根据公理 (10), 令 $0 \leqslant i < m$ 来见证

$$((g - \sigma_m(x_1)[1]) + \sigma_i(x_1)[1]) \in mG.$$

令 $h \in G$ 来见证: $((g - \sigma_m(x_1)[1]) + \sigma_i(x_1)[1]) = \sigma_m(x_1)[h]$. 于是,

$$\sigma_m(x_1)[h] = ((g - \sigma_m(x_1)[1]) + \sigma_i(x_1)[1]) < g \leqslant g + \sigma_i(x_1)[1] = \sigma_m(x_1)[h+1].$$

因此, 不等式方程 $\sigma_m(x) > g$ 就等价于 $x > h(g, m)$, 其中

$$\sigma_m(x_1)[h(g, m)] < g \leqslant \sigma_m(x_1)[h(g, m) + 1].$$

根据上面的分析, 不失一般性, 我们假设 $\varphi[a_1, \cdots, a_n]$ 形如下述:

$$\left(\bigwedge(\sigma_{m_i}(x_{n+1}) = g_i)\right) \wedge \left(\bigwedge P_{3^{n_j}}(\sigma_{s_j}(x_{n+1}) + h_j)\right) \wedge \left(\bigwedge c_k < x_{n+1} < d_k\right),$$

其中, $m_i, n_j, s_k \in \mathbb{Z}$, $c_k, d_k, g_i, h_j \in G$.

如果有一个 $(\sigma_{m_i}(x_{n+1}) = g_i)$ 出现在上式, 那么 $g_i = \sigma_{m_i}(x_{n+1})[b] \in mH$, 而 $mG = mH \cap G$. 所以, $b \in G$.

现在假设没有这样的子表达式出现在 φ 之中.

对于出现的有限个不等式 $c_k < b < d_k$, 可以在 G 中找到这些 c_k 的最大者 c, 以及这些 d_k 的最小者 d. 这样, $c < b < d$.

如果 $d - c$ 是有限的, 也就是说在 G 中, 这个开区间 (c, d) 是一个有限集合, 那么, $b \in G$. 不妨假设 $d - c$ 是无限的, 也就是说在 G 中, 这个开区间 (c, d) 是一个无限集合.

现在来考虑 b 所满足的这有限个同余方程: $P_{3^{n_j}}(\sigma_{s_j}(x_{n+1}) + h_j)$, 比如说,

$$1 \leqslant j \leqslant m.$$

对于 $1 \leqslant j \leqslant m$, 令 $0 \leqslant k_j < n_j$ 满足要求: $h_j - \sigma_{k_j}(x_1)[1] \in n_j G$. 这样一来, 对于 $1 \leqslant j \leqslant m$, 都有

$$P_{3^{n_j}}(\sigma_{s_j}(x_{n+1}) + h_j) \leftrightarrow P_{3^{n_j}}(\sigma_{s_j}(x_{n+1}) + \sigma_{k_j}(x_1)[1])$$

在 $\mathcal{H}$ 和 $\mathcal{G}$ 中都成立. 由此, b 就是如下同余方程组的一个解:

$$\begin{gathered}
\sigma_{s_1}(x_{n+1}) + \sigma_{k_1}(x_1)[1] \equiv 0 \pmod{n_1} \\
\sigma_{s_2}(x_{n+1}) + \sigma_{k_2}(x_1)[1] \equiv 0 \pmod{n_2} \\
\cdots\cdots \\
\sigma_{s_m}(x_{n+1}) + \sigma_{k_m}(x_1)[1] \equiv 0 \pmod{n_m}.
\end{gathered}$$

令 $N = \prod_{j=1}^{m} n_j$, $t = \sigma_N(x_1)[1]$. 令 $\ell \in \mathbb{N}$ 来满足要求: $(b - \sigma_\ell(x_1)[1]) \in tH$. 那么 $\sigma_\ell(x_1)[1]$ 是上述同余方程组的一个解.

任取 $c < g_1 < d$. 由于 $d - c$ 无限, $g_1 - c$ 与 $d - g_1$ 中至少有一个是无限.

如果 $g_1 - c$ 无限, 那么 $c < g_1 - \sigma_\ell(x_1)[1] < g_1 < d$, 并且, 对于 $1 \leqslant i \leqslant N+1$,

$$c < g_1 - \sigma_\ell(x_1)[1] - \sigma_i(x_1)[1] < g_1.$$

在区间 $[1, N+1]$ 中必有一个 i 来见证 $(g_1 - \sigma_\ell(x_1)[1] - \sigma_i(x_1)[1]) \in tG$. 此时, 令 $g = g_1 - \sigma_i(x_1)[1]$.

如果 $d - g_1$ 无限, 那么 $g_1 < g_1 + \sigma_\ell(x_1)[1] < d$, 并且 $d - (g_1 + \sigma_\ell(x_1)[1])$ 依旧无限. 令

$$g_2 = g_1 + \sigma_\ell(x_1)[1],$$

那么 $c < g_2 - \sigma_\ell(x_1)[1] < d$, 并且, 对于 $1 \leqslant i \leqslant N+1$, 都有

$$g_2 - \sigma_\ell(x_1)[1] + \sigma_i(x_1)[1] < d.$$

因此, 区间 $[1, N+1]$ 中必有一个 i 来见证:

$$(g_2 - \sigma_\ell(x_1)[1] + \sigma_i(x_1)[1]) \in tG.$$

此时, 令 $g = g_2 + \sigma_i(x_1)[1]$.

无论如何, 在 G 的区间 (c, d) 中有一个 g 来满足 $(g - \sigma_\ell(x_1)[1]) \in tG$. 这样的 g 就是上述同余方程组的一个解.

于是, $\mathcal{G} \models \varphi[a_1, \cdots, a_n, g]$. □

定理 11.3 (1) 有序模数同余加法群理论 $T_{\rm omrag}$ 适合量词消去. 因而也是完全理论, 模型完全理论;

(2) $(\mathbb{Z},0,1,+,-,<,n\mathbb{Z})_{1<n\in\mathbb{N}} \prec (\mathbb{Z}(\sqrt{-1}),0,1,+,-,<,n\mathbb{Z}(\sqrt{-1}))_{1<n\in\mathbb{N}}$;

(3) $(\mathbb{Z},0,1,+,-,<,n\mathbb{Z})_{1<n\in\mathbb{N}}$ 是 $T_{\rm omrag}$ 的最小典型模型.

证明 根据上面的引理, $T_{\rm omrag}$ 是一个具有代数素模型的弱模型完全理论. 根据定理 10.1, $T_{\rm omrag}$ 适合量词消去. 因为 $(\mathbb{Z},0,1,+,-,<,n\mathbb{Z})_{1<n\in\mathbb{N}}$ 可以嵌入到 $T_{\rm omrag}$ 的任何一个模型之中, $T_{\rm omrag}$ 是一个完全理论. □

11.4 普瑞斯柏格算术理论

在例 11.1 中我们从有序加法群的角度简单观看了一下整数有序加法群 $(\mathbb{Z},0,+,-,<)$. 在那里, 它的完全理论 T 是作为一个不具备模型完全性理论的例子出现的; 我们还看到了可以以定义的方式, 在这个整数加法群的语言中引进标识整数 1 的一个新常元符号, 然后将整数 1 作为这个新常元符号的解释, 由此我们得到一个扩充的结构 $(\mathbb{Z},0,1,+,-,<)$ 和它的真相 T^*. 我们曾经说过 T 的这个保守扩充 T^* 适合量词简化. 我们将证明这一断言. 当然, 在我们添加进整数 1 之后, 这个结构 $(\mathbb{Z},0,1,+,-,<)$ 就不再是一个有序整数加法群了. 这个结构实际上是我们早就熟悉的整数算术结构的一个扩充结构: 它由有序整数算术结构 $(\mathbb{Z},1,+,-,<)$ 经过对非逻辑符号集 $\{c_1,F_+,F_-,P_<\}$ 定义添加一个新常元符号 c_0 来标识整数 0 而得到的结构. 在结构 $(\mathbb{Z},1,+,-,<)$ 中, 单点集 $\{0\}$ 有如下定义:

$$\{0\}=\{a\in\mathbb{Z}\mid(\mathbb{Z},1,+,-,<)\models(x_1\hat{=}F_-(c_1,c_1))[a]\}.$$

因此, 原始语句 $(c_0\hat{=}F_-(c_1,c_1))$ 就直接定义了整数群中的加法单位元. 这个整数算术结构的基本公理化结果就是例 4.3 中的第一个例子: 初等整数有序加法算术理论 T_I.

11.4.1 初等整数有序加法理论 T_I

考虑含有一个常元符号 c_1, 两个二元函数符号 F_+,F_- 和一个二元谓词符号 $P_<$ 的非逻辑符号集合 $\mathcal{A}=\{c_1,F_+,F_-,P_<\}$ 及其生成的一阶语言 $\mathcal{L}_\mathcal{A}$. 我们感兴趣的是经典的有序整数加减法算术结构

$$(\mathbb{Z},1,+,-,<).$$

考虑这个语言的一个理论 T_I, 它的非逻辑公理是下列语句:

(1) $(\forall x_1(\forall x_2(P_<(x_1,x_2)\vee(x_1\hat{=}x_2)\vee P_<(x_2,x_1))))$;

(2) $(\forall x_1(\neg P_<(x_1,x_1)))$;

(3) $(\forall x_1(\forall x_2(\forall x_3((P_<(x_1,x_2)\wedge P_<(x_2,x_3))\to P_<(x_1,x_3))))))$;

(4) $(\forall x_1\, P_<(x_1,F_+(x_1,c_1)))$;

(5) $(\forall x_1(\forall x_2(P_<(x_1,x_2)\to((x_2\hat{=}F_+(x_1,c_1))\vee P_<(F_+(x_1,c_1),x_2)))))$;

(6) $(\forall x_1(\forall x_2(F_+(x_1,x_2)\hat{=}F_+(x_2,x_1))))$;

(7) $(\forall x_1(\forall x_2(\forall x_3(F_+(x_1,F_+(x_2,x_3))\hat{=}F_+(F_+(x_1,x_2),x_3)))))$;

(8) $(\forall x_1(\forall x_2(\forall x_3((F_+(x_1,x_3)\hat{=}F_+(x_2,x_3))\to(x_1\hat{=}x_2)))))$;

(9) $(\forall x_1(\forall x_2(\forall x_3((F_-(x_1,x_2)\hat{=}x_3)\leftrightarrow(x_1\hat{=}F_+(x_3,x_2))))))$;

(10) $(\forall x_1(\forall x_2(x_1\hat{=}F_+(F_-(x_1,x_2),x_2))))$;

(11) $(\forall x_1(\forall x_2(\forall x_3(P_<(x_1,x_2)\leftrightarrow P_<(F_+(x_1,x_3),F_+(x_2,x_3))))))$.

事实 11.4.1　(1) $(\mathbb{Z},1,+,-,<)\models T_I$.

(2) 如果 $\mathcal{M}=(M,I)\models T_I$, 那么一定存在一个从 $(\mathbb{Z},1,+,-,<)$ 到 $\mathcal{M}$ 的嵌入映射.

证明　设 $\mathcal{M}=(M,I)$ 为 T_I 的一个模型.

对于 $n\geqslant 1$, 有项 τ_n: $\tau_1=c_1$; $\tau_{n+1}=F_+(\tau_n,c_1)$. 设 $n\geqslant 1$. 那么

(1) 如果 ν,μ 是任意两个 $\mathcal{M}$- 赋值, 必有 $\nu(\tau_n)=\mu(\tau_n)$;

(2) $\mathcal{M}\models P_<(\tau_n,\tau_{n+1})$(因为 $T_0\vdash P_<(\tau_n,\tau_{n+1})$).

于是,

(1) 对于每一个 $n\geqslant 1$, 令 $f(n)=\bar{\nu}(\tau_n)$, 其中 ν 是任意一个 $\mathcal{M}$-赋值.

(2) 令 $f(0)$ 为 M 中唯一满足关系式 $\mathcal{M}\models(x_1\hat{=}F_-(c_1,\tau_1))[a]$ 的 $a\in M$;

(3) 对于每一个 $n<0$, 令 $f(n)$ 为 M 中唯一满足关系式 $\mathcal{M}\models(x_1\hat{=}F_-(c_1,\tau_{n+1}))$ $[a]$ 的 $a\in M$. □

11.4.2　非标准模型 $\mathcal{Z}_0$

定义 11.2　令 $Z_0=\mathbb{Q}\times\mathbb{Z}$. 在 Z_0 上, 如下定义 $<_0,+_0,-_0$:

(1) 对于任意的 $(r,i),(s,j)\in(\mathbb{Q}\times\mathbb{Z})$, $(r,i)<_0(s,j)$ 当且仅当

　(a) $r<s$, 或者

　(b) $r=s$ 而且 $i<j$;

(2) 对于任意的 $(r,i),(s,j)\in(\mathbb{Q}\times\mathbb{Z})$,

$$(r,i)+_0(s,j)=(r+s,i+j);\ (r,i)-_0(s,j)=(r-s,i-j).$$

现在令 $I_0(c_1)=(0,1),I_0(P_<)=<_0,I_0(F_+)=+_0,I_0(F_-)=-_0$. 再令

$$\mathcal{Z}_0=(Z_0,I_0).$$

引理 11.6　$\mathcal{Z}_0\models T_I$.

引理 11.7 令 $2\mathbb{Z}=\{2i \mid i\in\mathbb{Z}\}$ 为所有偶数的集合.

(1) $((2\mathbb{Z}\times\mathbb{Z}),(0,1),+_0,-_0,<_0)\subset\mathcal{Z}_0$;

(2) $((2\mathbb{Z}\times\mathbb{Z}),(0,1),+_0,-_0,<_0)\models T_I$;

(3) $((2\mathbb{Z}\times\mathbb{Z}),(0,1),+_0,-_0,<_0)\not\prec\mathcal{Z}_0$.

证明 我们只需验证 (3). 考虑如下表达式 $\theta(x_1)$:

$$(\exists x_2\,(F_+(F_+(F_+(x_2,x_2),x_2),c_1)\hat{=}x_1)).$$

因为 $\left(\dfrac{2}{3},1\right)\in\mathbb{Q}\times\mathbb{Z}$ 是方程 $3x+_0(0,1)=(2,4)$ 的解, $\mathcal{Z}_0\models\theta[(2,4)]$.

但是方程 $3x+_0(0,1)=(2,4)$ 在 $2\mathbb{Z}\times\mathbb{Z}$ 中无解. 因此,

$$((2\mathbb{Z}\times\mathbb{Z}),(0,1),+_0,-_0,<_0)\not\models\theta[(2,4)].$$

□

综上所述, T_I 不适合简化量词, 从而也就不适合量词消去.

引理 11.8 理论 T_I 不适合量词消去. 事实上, T_I 甚至不适合量词简化.

11.4.3 普瑞斯柏格算术理论 T_{pr}

上面的例子还表明, T_I 是一个关于有序整数加减法结构 $(\mathbb{Z},1,+,-,<)$ 的不完全的理论: 因为 T_I 对于下面的语句

$$(\forall x_1\,(\exists x_2\,(F_+(F_+(F_+(x_2,x_2),x_2),c_1)\hat{=}x_1)))$$

尚且既不能证明, 也不能否定. 一方面, 这个语句在 T_I 的标准模型 $(\mathbb{Z},1,+,-,<)$ 中为真; 另一方面, 在 T_I 的非标准模型 $((2\mathbb{Z}\times\mathbb{Z}),(0,1),+_0,-_0,<_0)$ 中为假.

一种自然的将 T_I 扩充到一个完全理论的办法就是将上面这样的语句作为公理加进来, 得到一个 T_I 的扩充理论 T_1.

定义 11.3 先定义两类项:

(1) $\tau_1=c_1$, 对于每一自然数 $n\geqslant 1$, $\tau_{n+1}=F_+(\tau_n,c_1)$;

(2) $\sigma_1(x_0)=x_0$, 对于每一自然数 $n\geqslant 1$, $\sigma_{n+1}(x_0)=F_+(\sigma_n(x_0),x_0)$;

(3) 对于自然数 $n\geqslant 1$, $\sigma_n(x_j)=\sigma(x_0;x_j)$.

定义 11.4 我们在 T_I 的基础上添加无穷条新的非逻辑公理:

(12) 对于每一个 $m>1$, 如下语句是一条公理 θ_m(每一个元素都有一个模 m 的余数):

$$\left(\forall x_1\left(\exists x_0\left(\exists x_2\left(\begin{array}{l}((F_+(x_2,c_1)\hat{=}c_1)\vee(c_1\hat{=}x_2)\vee(P_<(c_1,x_2)\wedge P_<(x_2,\tau_m)))\wedge\\(F_+(\sigma_m(x_0),x_2)\hat{=}x_1)\end{array}\right)\right)\right)\right).$$

非形式地, 也就是 $\forall x_1\exists x_0\exists x_2(0\leqslant x_2<m\wedge x_1=mx_0+x_2)$.

$$T_{\mathrm{pr}}=T_I\cup\{\theta_m \mid 1<m<\infty\}.$$

事实 11.4.2 结构 $(\mathbb{Z}, 1, +, -, <)$ 和 $\mathcal{Z}_0$ 都是 $T_{\rm pr}$ 的模型. 但是,

$$((2\mathbb{Z} \times \mathbb{Z}), (0,1), +_0, -_0, <_0) \not\models T_{\rm pr}.$$

问题 11.1 $T_{\rm pr}$ 是完全的吗?

定理 11.4 $T_{\rm pr}$ 不适合量词消去.

证明 事实上, 由于 $\mathcal{Z}_1 = ((\mathbb{Z} \times \mathbb{Z}), (0,1), +_0, -_0, <_0) \subset \mathcal{Z}_0 \models T_{\rm pr}$, 理论

$$T = T_{\rm pr} \cup \Delta_{\mathcal{Z}_1}$$

并不是一个完全理论. 比如说, 令 $a = (1,0)$. 那么对于 $i, k \in \mathbb{Z}$, 对于 $j \in \mathbb{Z}, j > 1$, 都有

$$(((-j+1,k) <_0 (0,i)) \wedge ((0,i) <_0 (1,0))) \in \Delta_{\mathcal{Z}_1}, \quad \text{以及 } ((1,0) <_0 (j,i)) \in \Delta_{\mathcal{Z}_1},$$

$$((3i,3k) \neq (1,0)) \in \Delta_{\mathcal{Z}_1}.$$

令 $\psi(x_1)$ 为表达式 $(\forall x_0(\neg(x_1 \hat{=} \sigma_3(x_0))))$. 那么 $\psi[a]$ 是理论 T 的一个语句. 这个语句就与 T 独立①. 首先,

$$\mathcal{Z}_0 \models (\neg\psi[a]).$$

因为, 如果 $\nu(x_0) = \left(\frac{1}{3}, 0\right)$, $\nu(x_1) = a$, 那么

$$(\mathcal{Z}_0, \nu) \models (\neg\psi).$$

其次, $T \cup \{\psi[a]\}$ 是一致的. 应用紧致性定理, 以及 $(\mathbb{Z}, 1, +, -, <)$ 的一个与给定 T 的有限子集 $S \subset T$ 相适应的添加常元之解释所得到的扩充结构就会是 $S \cup \{\psi[a]\}$ 的一个模型, 因为 $\mathbb{N} - 3\mathbb{Z}$ 是一个无限集合, 只要将标识 a 的常元赋予足够大的正整数就好. 所以, 就有 T 的一个可数模型

$$\mathcal{Z}_a \models T \cup \{\psi[a]\}.$$

依据量词消去适应性的子结构完全性条件 (定理 6.9), $T_{\rm pr}$ 不适合量词消去. □

11.4.4 $T_{\rm pr}$ 之保守扩充

为了解决 $(\mathbb{Z}, 1, +, -, <)$ 上 $\mathbb{N}$ 的可定义子集问题, 我们需要寻找 $T_{\rm pr}$ 的一个适合量词消去的保守扩展. 我们需要添加一些新的谓词符号对 $\mathcal{A}$ 进行扩充, 即往 $\mathcal{A}$ 里加进无穷多个二元谓词符号 P_{2^m} $(1 < m < \infty)$, 记成 $\mathcal{A}^*$.

①出现这种独立性的关键在于尽管 $T_{\rm pr}$ 可以确定 a 与某一个在区间 $[0,m)$ 中的元素模 m 同余, 但 $T_{\rm pr}$ 并没有确定 a 所在的等价类; 而 $\Delta_{\mathcal{Z}_1}$ 也没有关于 a 到底在哪一个等价类的任何记录. 如果 $\mathcal{Z}_1$ 是 $T_{\rm pr}$ 的一个模型, 那么 $\Delta_{\mathcal{Z}_1}$ 就会有关于 a 到底在哪一个等价类的确切记录.

谓词 P_{2^m} 将用来表示整数集合上的 "模 m 同余关系". 对于每一个 $1 < m < \infty$, 定义 $\mathbb{Z}$ 上的一个二元关系: 对于 $(a,b) \in \mathbb{Z} \times \mathbb{Z}$,

$$a \equiv_m b \text{ 当且仅当 } (\exists k(a = b + km)).$$

对每一个 $1 < m < \infty$, 我们再将每一个二元谓词符号 P_{2^m} 解释为二元关系 $\equiv_m$, 得到一个扩充结构

$$\mathcal{Z}^* = (\mathbb{Z}, 1, +, -, <, \equiv_m)_{1<m<\infty}.$$

这个扩充结构将是我们在新语言下有序加法算术理论 T_I^* 的标准模型.

定义 11.5 (1) 对于 $1 < m < \infty$, 令 $\varphi_m(x_1, x_2)$ 为如下表达式:

$$(\exists x_0\,(x_1 \hat{=} F_+(x_2, \sigma_m(x_0))));$$

(2) 令 T_I^* 为 T_I 在 $\mathcal{L}_{\mathcal{A}^*}$ 中的如后扩充: 在 T_I 之上加进 $\mathcal{L}_{\mathcal{A}^*}$ 的无穷多条语句 $\eta_m, \theta'_m (1 < m < \infty)$, 其中 η_m 是如下语句

$$(\forall x_1(\forall x_2(P_{2^m}(x_1, x_2) \leftrightarrow \varphi_m(x_1, x_2)))),$$

非形式地, $P_{2^m}(x_1, x_2) \leftrightarrow \exists x_0 \left(x_1 = x_2 + \sum_{i=1}^{m} x_0\right)$; 以及 θ'_m 是如下语句

$$\left(\forall x_1 \left(\exists x_2 \left(\begin{array}{l} ((F_+(x_2, c_1) \hat{=} c_1) \vee (c_1 \hat{=} x_2) \vee (P_<(c_1, x_2) \wedge P_<(x_2, \tau_m))) \wedge \\ P_{2^m}(x_1, x_2) \end{array} \right)\right)\right),$$

非形式地, $\forall x_1 \exists x_2 \left((0 \leqslant x_2 < m) \wedge \left(\exists x_0 \left(x_1 = x_2 + \sum_{i=1}^{m} x_0\right)\right)\right)$.

命题 11.1 $\mathcal{Z}^* \models T_I^*$; 如果 $\mathcal{M} \models T_I^*$, 那么存在从 $\mathcal{Z}^*$ 到 $\mathcal{M}$ 的嵌入映射.

定理 11.5 T_I^* 是 T_{pr} 的保守扩充.

证明 设 $\mathcal{M} = (M, 1, +, -, <) \models T_{\text{pr}}$. 对于 $1 < m \in \mathbb{N}$, 定义

$$\equiv_m = \{(x,y) \in M^2 \mid \mathcal{M} \models (\exists x_0((0 \leqslant x_2 < \tau_m) \wedge (x_1 \hat{=} F_+(\sigma_m(x_0), x_2))))[x,y]\}.$$

对于每一个 P_{2^m}, 令 $\equiv_m = I(P_{2^m})$, 那么 $(\mathcal{M}, I) \models T_I^*$. □

定理 11.6 理论 T_I^* 适合量词消去.

证明 应用第一量词消去特征定理 (定理 6.6), 我们来验证理论 T_I^* 具备一级量词消去条件. 也就是说, 如果 φ 是语言 $\mathcal{L}_{\mathcal{A}^*}$ 的一个布尔表达式, x_i 是一个变元符号, 那么一定有一个布尔表达式 ψ 来满足要求

$$T_I^* \vdash ((\exists x_i \varphi) \leftrightarrow \psi).$$

假设 φ 是 $\mathcal{L}_{\mathcal{A}^*}$ 的一个布尔表达式.

如果 φ 是不可满足的, 那么在 T_I^* 之上, 它等价于 $(\neg(x_0\hat{=}x_0))$; 如果 φ 是普遍真实的, 那么在 T_I^* 之上, 它等价于 $(x_0\hat{=}x_0)$.

因此, 假设 φ 和 $(\neg\varphi)$ 都是可满足的.

类似于无端点稠密线性序理论适合量词消去的证明, 第一步证明 φ 在 T_I^* 之上等价于如下析取范式:

$$((\theta_{11}\wedge\cdots\wedge\theta_{1j_1})\vee(\theta_{21}\wedge\cdots\theta_{2j_2})\vee\cdots\vee(\theta_{\ell 1}\wedge\cdots\wedge\theta_{\ell j_\ell})),$$

其中, 每一个 θ_{ij} 都是一个原始表达式.

首先, 考虑原始表达式的否定式. 在 T_I^* 之上, 它们都等价于一组原始表达式的析取.

(1.1) $T_I^*\vdash((\neg(x_1\hat{=}x_2))\leftrightarrow(P_<(x_1,x_2)\vee P_<(x_2,x_1)))$;

(1.2) $T_I^*\vdash((\neg P_<(x_1,x_2))\leftrightarrow((x_1\hat{=}x_2)\vee P_<(x_2,x_1)))$;

(1.3) 对于每一个 $2\leqslant m<\infty$, $T_0^*\vdash((\neg P_{2^m}(x_1,x_2))\leftrightarrow\psi_m)$, 其中, ψ_m 是下面的表达式:

$$(P_{2^m}(x_1,F_+(x_2,\tau_1))\vee P_{2^m}(x_1,F_+(x_2,\tau_2))\vee\cdots\vee P_{2^m}(x_1,F_+(x_2,\tau_{m-1}))).$$

由此, 对 $\mathcal{L}_{\mathcal{A}^*}$ 中布尔表达式 φ 的长度施归纳, 得到这样的表达式在 T_I^* 之上都等价于一个由一组原始表达式合取子表达式组成的析取式.

因此, 只需考虑当 φ 是如下表达式的情形:

$$(\varphi_0\wedge\varphi_1\wedge\cdots\wedge\varphi_K),$$

其中, 每一个 $\varphi_j(1\leqslant j\leqslant K)$ 都是 $\mathcal{L}_{\mathcal{A}^*}$ 的一个原始表达式.

其次, 有下述基本等价表达式: 对于每一个 $1\leqslant n<\infty$, 以及每一个 $2\leqslant m<\infty$,

(2.1) $T_I^*\vdash(P_<(x_1,x_2)\leftrightarrow P_<(\sigma_n(x_1),\sigma_n(x_2)))$;

(2.2) $T_I^*\vdash(P_{2^m}(x_1,x_2)\leftrightarrow P_{2^{m\cdot n}}(\sigma_n(x_1),\sigma_n(x_2)))$;

(2.3) $T_I^*\vdash((x_1\hat{=}x_2)\leftrightarrow(\sigma_n(x_1)\hat{=}\sigma_n(x_2)))$;

(2.4) $T_I^*\vdash(P_<(F_-(x_2,x_1),x_3)\leftrightarrow P_<(F_-(x_2,x_3),x_1))$.

根据这些, 我们可以取到两个自然数 $2\leqslant m_0,n_0$ 以至于每一个原始表达式 $\varphi_j\,(1\leqslant j\leqslant K)$ 都是如下七种形式之一:

(3.1) $P_{2^{m_0}}(\tau,\sigma)$;

(3.2) $P_<(\tau,\sigma)$;

(3.3) $(\tau\hat{=}\sigma)$;

(3.4) $P_<(\tau, \sigma_{n_0}(x_1))$;

(3.5) $P_<(\sigma_{n_0}(x_1), \tau)$;

(3.6) $P_{2^{m_0}}(\tau, \sigma_{n_0}(x_1))$;

(3.7) $(\tau \hat{=} \sigma_{n_0}(x_1))$;

其中, τ 和 σ 是 $\mathcal{L}_{\mathcal{A}^*}$ 的不含变元符号 x_1 任何出现的项.

将 φ 中出现的不含有 x_1 的项的全体罗列出来: $\eta_0, \cdots, \eta_{K_1}$.

考虑这些项在一个范围 $\mathbb{Z} \cap [-K_1, K_1]$ 内可能的赋值. 注意: 在任何一个 T_I^* 的模型之中, $(\mathbb{Z}, 1, +, -, <)$ 都可以作为一个子结构嵌入其中. 因此, 我们不妨假设 T_I^* 的任何一个模型都包含 $(\mathbb{Z}, 1, +, -, <)$ 作为它的一个子结构.

对于一个 $e: \{0, \cdots, K_1\} \to \mathbb{Z} \cap [-K_1, K_1]$, 如下定义表达式 ψ_e:

$$\left(\left(\bigwedge\nolimits_{e(i)=e(j)} (\eta_i \hat{=} \eta_j)\right) \wedge \left(\bigwedge\nolimits_{e(i)<e(j)} P_<(\eta_i, \eta_j)\right) \wedge\right.$$

$$\left(\bigwedge\nolimits_{e(i)=0} (\eta_i \hat{=} \sigma_{n_0}(x_1))\right) \wedge$$

$$\left.\left(\bigwedge\nolimits_{e(i)<0} P_<(\eta_i, \sigma_{n_0}(x_1))\right) \wedge \left(\bigwedge\nolimits_{e(i)>0} P_<(\sigma_{n_0}(x_1), \eta_i)\right)\right).$$

然后, 再定义 ψ 为下述析取表达式:

$$\left(\bigvee \{\psi_e \mid e: \{0, \cdots, K_1\} \to \mathbb{Z} \cap [-K_1, K_1]\}\right).$$

应用哥德尔完备性定理以及 ψ 的定义, 有

$$T_I^* \vdash (\varphi \leftrightarrow (\varphi \wedge \psi)).$$

由此, 不妨假设原有的 $K+1$ 个原始表达式集合 $\{\varphi_i \mid i \leqslant K\}$ 满足如下性质: 存在一个满足下面基本要求的赋值

$$e_0: \{0, \cdots, K_1\} \to \mathbb{Z} \cap [-K_1, K_1].$$

如果 $i, j \leqslant K_1$, 那么

(4.1) $(\eta_i \hat{=} \eta_j) \in \{\varphi_k \mid k \leqslant K\}$ 当且仅当 $e_0(i) = e_0(j)$;

(4.2) $P_<(\eta_i, \eta_j) \in \{\varphi_k \mid k \leqslant K\}$ 当且仅当 $e_0(i) < e_0(j)$;

(4.3) $(\eta_i \hat{=} \sigma_{n_0}(x_1)) \in \{\varphi_k \mid k \leqslant K\}$ 当且仅当 $e_0(i) = 0$;

(4.4) $P_<(\eta_i, \sigma_{n_0}(x_1)) \in \{\varphi_k \mid k \leqslant K\}$ 当且仅当 $e_0(i) < 0$;

(4.5) $P_<(\sigma_{n_0}(x_1), \eta_i) \in \{\varphi_k \mid k \leqslant K\}$ 当且仅当 $0 < e_0(i)$.

分两种情形来讨论.

情形 1: 有某一个 φ_{i_0} 是原始表达式 $(\eta_j \hat{=} \sigma_{n_0}(x_1))$, 而 η_j 不含 x_1.

在这种情形下, 对每一个 φ_i 作如下处理: 如果 φ_i 是形如 (3.4)~(3.7) 那样的原始表达式, 那么在其中用项 η_j 替换项 $\sigma_{n_0}(x_1)$, 将结果记为 φ_i^*; 否则, φ_i^* 还是 φ_i.

再令 ψ 为如下合取表达式:

$$((\varphi_0^* \wedge \varphi_1^* \wedge \cdots \wedge \varphi_K^*) \wedge P_{2^{n_0}}(\tau_j, F_-(c_1, c_1))) .$$

那么, 有

$$T_I^* \vdash ((\exists x_1 \varphi) \leftrightarrow \psi).$$

情形 2: 这一组原始表达式中没有任何表达式是形如 (3.7) 那样的. 此时, 它们都是形如 (3.1)~(3.6) 那样的表达式, 也就是等价地说,

$$\{\sigma_{n_0}(x_1)\} = e^{-1}(0).$$

此种情形下, 再考虑两种情形.

情形 2(1): 下述两组要求有一个解 $i_0 \leqslant K_1$:

(5.1) $e_0(i_0) < 0$;

(5.2) 对于任意一个 $j \leqslant K_1$, 或者 $e_0(j) > 0$, 或者 $e_0(j) \leqslant e_0(i_0)$.

对于每一个 $1 \leqslant i \leqslant m_0$, 每一个 $j \leqslant K$, 从 φ_j 我们以如下的方式得到 φ_j^i:

如果 φ_j 是一形如 (3.4)~(3.6) 的原始表达式, 那么就在其中用项 $F_+(\eta_{i_0}, \sigma_i)$ 替换 $\sigma_{n_0}(x_1)$, 得到 φ_j^*; 否则 φ_j^i 就是 φ_j.

然后, 令 ψ_i 为这 $K+1$ 个表达式的合取: $(\varphi_0^i \wedge \varphi_1^i \wedge \cdots \wedge \varphi_K^i)$.

最后, 令 ψ 为这些 ψ_i 的析取: $(\psi_1 \vee \psi_2 \vee \cdots \vee \psi_{m_0})$.

那么 $T_I^* \vdash ((\exists x_1 \varphi) \leftrightarrow \psi)$.

情形 2(2): 下述两组要求有一个解 $i_0 \leqslant K_1$:

(5.3) $e_0(i_0) > 0$;

(5.4) 对于任意一个 $j \leqslant K_1$, 或者 $e_0(j) < 0$, 或者 $e_0(j) \geqslant e_0(i_0)$.

对于每一个 $1 \leqslant i \leqslant m_0$, 每一个 $j \leqslant K$, 从 φ_j 我们以如下的方式得到 φ_j^i:

如果 φ_j 是一形如 (3.4)~(3.6) 的原始表达式, 那么就在其中用项 $F_-(\eta_{i_0}, \tau_i)$ 替换 $\sigma_{n_0}(x_1)$, 得到 φ_j^*; 否则 φ_j^i 就是 φ_j.

然后, 令 ψ_i 为这 $K+1$ 个表达式的合取: $(\varphi_0^i \wedge \varphi_1^i \wedge \cdots \wedge \varphi_K^i)$.

最后, 令 ψ 为这些 ψ_i 的析取: $(\psi_1 \vee \psi_2 \vee \cdots \vee \psi_{m_0})$.

那么 $T_I^* \vdash ((\exists x_1 \varphi) \leftrightarrow \psi)$. □

推论 11.3 $\mathcal{Z}^* = (\mathbb{Z}, 1, +, -, <, \equiv_m)_{1<m\in\mathbb{N}}$ 是 T_I^* 的最小典型模型.

定理 11.7 (1) T_{Pr} 适合量词简化;

(2) $(\mathbb{Z},1,+,-,<)$ 是 T_{Pr} 的最小典型模型;

(3) T_{Pr} 是一个完全理论;

(4) T_{Pr} 至少有 3 个彼此互不同构的可数模型.

证明 (1) 令 $\mathcal{M}_0 \subset \mathcal{M}_1$ 为 T_{Pr} 的两个模型. 证明: $\mathcal{M}_0 \prec \mathcal{M}_1$.

设 $(a_1,\cdots,a_n) \in M_0^n$, $\varphi(x_0,x_1,\cdots,x_n)$ 是 T_{Pr} 语言的一个表达式, 并且

$$A=\{a\in M_1 \mid \mathcal{M}_1 \models \varphi[a,a_1,\cdots,a_n]\}\neq\varnothing.$$

令 $\mathcal{N}_i=(\mathcal{M}_i,\equiv_m^i)_{1<m\in\mathbb{N}}$ 为 $\mathcal{M}_i\,(i\in\{0,1\})$ 依照如下定义所实现的结构扩展: 对于 $1<m\in\mathbb{N}$,

$$\equiv_m^i=\{(x,y)\in M_i^2 \mid \mathcal{M}_i\models(\exists x_0((0\leqslant x_2<\tau_m)\wedge(x_1\hat{=}F_+(\sigma_m(x_0),x_2))))[x,y]\}.$$

于是, $\mathcal{N}_i\models T_I^*$, 并且 $\mathcal{N}_0\subseteq\mathcal{N}_1$, 从而 $\mathcal{N}_0\prec\mathcal{N}_1$.

令 $\psi(x_0,x_1,\cdots,x_n)$ 为 T_I^* 的语言中在 T_I^* 之上与 $\varphi(x_0,x_1,\cdots,x_n)$ 等价的一个布尔表达式. 那么

$$A=\{a\in M_1 \mid \mathcal{N}_1\models\psi[a,a_1,\cdots,a_n]\}.$$

因此, $A\cap M_0\neq\varnothing$.

(3) 由于 $(\mathbb{Z},1,+,-,<)$ 是 T_{Pr} 的一个最小典型模型, T_{Pr} 是完全的.

(4) 由 T_{Pr} 不适合量词消去之证明得知 T_{Pr} 至少有两个彼此互不同构的可数模型. 在由 Vaught 定理立即得到 T_{Pr} 至少有 3 个彼此互不同构的可数模型. □

推论 11.4 理论 T_0^* 适合量词简化.

证明 首先, 我们知道 T_0^* 是 T_{Pr} 的一个保守扩张. 设

$$\mathcal{M}=(M,0,1,+,-,<)\subset\mathcal{N}=(N,0,1,+,-,<)$$

是 T_0^* 的两个模型. 那么它们的裁减结构

$$(M,1,+,-,<)\subset(N,1,+,-,<)$$

都是 T_1 的模型. 从而

$$(M,1,+,-,<)\prec(N,1,+,-,<).$$

由于 $T_0^*\vdash(x_1\hat{=}c_0)\leftrightarrow(x_1\hat{=}F_-(c_1,c_1))$, 立即得到

$$(M,0,1,+,-,<)\prec(N,0,1,+,-,<).$$ □

借助上面的定理, 回答前面的问题 (问题 3.5): 自然数集合的哪些子集在结构 $(\mathbb{Z},+,<)$ 上是可定义的?

定义 11.6　自然数集合 $\mathbb{N}$ 的子集合 $A \subseteq \mathbb{N}$ 是一个**最终循环子集**当且仅当从某个自然数 m 之后, 对于任意的大于 m 并且模 m 同余的自然数 i, j 必有

$$i \in A \ \text{当且仅当}\ j \in A.$$

比如, $\mathbb{N}$ 是一个最终循环子集; 自然数集合的任何一个有限子集都是最终循环子集; 全体非负偶数的集合是一个最终循环子集; 全体正奇数的集合是一个最终循环子集; 全体素数的集合不是一个最终循环子集.

定理 11.8　设 $A \subseteq \mathbb{N}$. 那么如下命题等价:

(1) 在结构 $(\mathbb{Z}, +, <)$ 上 A 是可定义的;

(2) A 是一个最终循环子集.

证明　首先, $\mathbb{N}$ 的任何一个有限子集合在 $(\mathbb{Z}, +, <)$ 上都是可定义的.

设 A 是一个由参数 m 所决定的最终循环子集. 那么 $A-(m+1)$ 就是一个模 m 同余的等价类的并. 在这些等价类中, 各取其最小元, $i_0, \cdots, i_k$. 这样, 就可以在语言 $\mathcal{L}_{\mathcal{A}}$ 下写出定义 A 的表达式, 其中 $\mathcal{A} = \{F_+, P_<\}$.

所以, $\mathbb{N}$ 的每一个最终循环子集都在 $(\mathbb{Z}, +, <)$ 上是可定义的.

(1) $\Rightarrow$ (2)　设 $A \subset \mathbb{N}$ 在 $(\mathbb{Z}, +, <)$ 是可定义的. 令 $\varphi(x_1)$ 为 $\mathcal{L}_{\mathcal{A}}$ 的定义 A 的表达式, 即

$$A = \{k \in \mathbb{N} \mid (\mathbb{Z}, +, <) \models \varphi[k]\}.$$

应用定理 11.6, 取语言 $\mathcal{L}_{\mathcal{A}^*}$ 的一个布尔表达式 $\psi(x_1)$ 来满足要求:

$$T_I^* \vdash (\varphi \leftrightarrow \psi).$$

因此,

$$A = \{k \in \mathbb{N} \mid (\mathbb{Z}, 1, +, -, <, P_{2^m})_{1<m<\infty} \models \psi[k]\}.$$

可见, A 是一个最终循环子集.

11.5　练　　习

练习 11.1　证明: (1) $(\mathbb{Z}, 0, +, -)$ 上恰好有两个自同构;

(2) $(\mathbb{Z}, 0, 1, +, -)$ 上只有平凡自同构;

(3) $(\mathbb{Z}, 0, +, -, <)$ 上只有平凡自同构;

练习 11.2　证明: 整数自然序 $<$ 在 $(\mathbb{Z}, 0, +, -)$ 非免参数可定义.

练习 11.3　设 $A \subseteq \mathbb{Z}^k$, 证明:

(1) 如下命题等价:

(a) A 在 $(\mathbb{Z},1,+,-,<)$ 上是免参数可定义的;

(b) A 在 $(\mathbb{Z},1,+,<)$ 上是免参数可定义的;

(c) A 在 $(\mathbb{Z},+)$ 上是可定义的.

(2) 如下命题等价:

(a) A 在 $(\mathbb{Z},1,+,-,<)$ 上是由布尔表达式免参数可定义的;

(b) A 在 $(\mathbb{Z},1,+,<)$ 上是由布尔表达式免参数可定义的.

练习 11.4　证明: (1) 表达式 $(\exists x_1(x_2\hat{=}F_+(x_1,x_1)))$ 在 $\mathrm{Th}(\mathbb{Z},0,+,-)$ 上不与任何布尔表达式等价;

(2) 证明: 表达式 $(\exists x_1(P_<(c_0,x_1)\wedge P_<(x_1,x_2)))$ 在 $\mathrm{Th}(\mathbb{Z},0,+,-,<)$ 上不与任何布尔表达式等价.

练习 11.5　证明: 如果 $(G,0,1,+,-,<)$ 是一个离散有序加法群, 那么 $(G,<)$ 是一个无端点离散线性序 (见例 6.3).

练习 11.6　验证例 11.3 中的断言.

练习 11.7　证明: 定义 11.2 中给出的 T_{pr} 的非标准模型 $\mathcal{Z}_0$ 不是 T_{pr} 的饱和模型.

练习 11.8　(1) 令 $\mathbb{Q}(\sqrt{2})=\{a+b\sqrt{2}\mid a\in\mathbb{Q},\,b\in\mathbb{Q}\}$.

(2) 令 $\mathbb{Z}[\sqrt{2}]=\{a+b\sqrt{2}\mid a\in\mathbb{Z},\,b\in\mathbb{Z}\}$.

(3) 令 $\mathbb{Z}(\sqrt{2})=\left\{a+\dfrac{b}{n}\sqrt{2}\;\middle|\;a\in\mathbb{Z},\,b\in\mathbb{Z},\,1\leqslant n\in\mathbb{N}\right\}$.

(4) 在这三个集合上定义加法: $(a+b\sqrt{2})+(c+d\sqrt{2})=(a+c)+(b+d)\sqrt{2}$, 以及定义

$$-(a+b\sqrt{2})=(-a)+(-b)\sqrt{2}.$$

(5) 在这三个集合上定义 $<$: $a+b\sqrt{2}<c+d\sqrt{2}$ 当且仅当 $b<d$, 或者 $b=d$ 且 $a<c$.

证明:

(1) $(\mathbb{Q}(\sqrt{2}),0,1,+,-,<)\cong(\mathbb{Q}(\sqrt{-1}),0,1,+,-,<)$.

(2) $(\mathbb{Z}[\sqrt{2}],0,1,+,-,<)\cong(\mathbb{Z}[\sqrt{-1}],0,1,+,-,<)$.

(3) $(\mathbb{Z}(\sqrt{2}),0,1,+,-,<)\cong(\mathbb{Z}(\sqrt{-1}),0,1,+,-,<)$.

(4) $(\mathbb{Z}(\sqrt{2}),1,+,-,<)\cong\mathcal{Z}_0$, 其中 $\mathcal{Z}_0$ 是定义 11.2 中给出的整数算术非标准模型.

(5) 上面所定义的 $\mathbb{Q}(\sqrt{2})$ 上字典序与 $\mathbb{Q}(\sqrt{2})$ 上的乘法不相匹配, 其中 $\mathbb{Q}(\sqrt{2})$ 上的乘法定义如下:

$$(x + y\sqrt{2})(u + v\sqrt{2}) = (ux + 2yv) + (xv + yu)\sqrt{2};$$

与乘法相匹配是指: 如果 $x < y$, $z > 0$, 那么 $zx < zy$; 如果 $x < y$, $z < 0$, 那么 $zx > zy$; 但是, 在 $\mathbb{Q}(\sqrt{2})$ 上存在一个与加法、减法和乘法运算 $\times$ 都相匹配的线性序.

(6) $\mathbb{Q}(\sqrt{-1})$ 的任何线性序 $<$ 都与它上面的乘法运算 $\times$ 不相匹配, 其中

$$(x + y\sqrt{-1})(u + v\sqrt{-1}) = (ux - yv) + (xv + yu)\sqrt{-1}.$$

练习 11.9　验证如下断言:

(1) $(\mathbb{Q}(\sqrt{-1}), 0, +, -)$ 与 $(\mathbb{Z}[\sqrt{2}], 0, +, -)$ 的等分闭包同构;

(2) $(\mathbb{Q}(\sqrt{-1}), 0, +, -, <)$ 与 $(\mathbb{Z}[\sqrt{2}], 0, +, -, <)$ 的有序等分闭包同构.

第 12 章　自然数序理论与有序加法理论

我们希望证明关于自然数的序以及加法算术有完全的理论来刻画，并且这些刻画都适合量词消去. 这当然与关于自然数的有序加法和乘法算术没有可行的完全理论来刻画 (哥德尔不完全性定理) 的情形形成鲜明的对比.

12.1　自然数序理论

12.1.1　自然数序公理化

在练习 3.17 中，$\mathbb{N}$ 的任何一个无穷真子集 X 在自然数序下，$(X,<)$ 都是与 $(\mathbb{N},<)$ 同构的子结构，从而 $\mathrm{Th}(X,<)=\mathrm{Th}(\mathbb{N},<)$. 但是，$(X,<)$ 不是 $(\mathbb{N},<)$ 的同质子结构. 根据理论适合量词消去的必要条件 (定理 6.11)，这就意味着 $\mathrm{Th}(\mathbb{N},<)$ 作为一个完全理论并不适合量词消去.

那么结构 $(\mathbb{N},<)$ 都底满足什么不可能被等价地简化的特性呢?

考虑如下语句 θ_0 和 θ_1:

$$(\forall x_1\,(\exists x_2\,(\forall x_3\,(P_<(x_1,x_2)\wedge(P_<(x_1,x_3)\rightarrow((x_2\hat{=}x_3)\vee P_<(x_2,x_3)))))));$$

$$\left(\forall x_1\left(\exists x_2\left(\forall x_3\left(\begin{array}{l}(\exists x_4\,P_<(x_4,x_1))\rightarrow\\(P_<(x_2,x_1)\wedge(P_<(x_3,x_1)\rightarrow((x_3\hat{=}x_2)\vee P_<(x_3,x_2))))\end{array}\right)\right)\right)\right).$$

换句话说，语句 θ_0 断言：对于每一个元素 x_1，存在一个比它大的元素，并且在所有比它大的元素中存在一个最小的比它大的元素；而语句 θ_1 则断言：对于任意一个元素 x_1，如果存在一个比它小的元素，那么在所有比它小的元素中，一定有一个最大的比它小的元素.

不难看出，$(\mathbb{N},<)\models(\theta_0\wedge\theta_1)$. 也就是说，$\{\theta_0,\theta_1\}\subset\mathrm{Th}(\mathbb{N},<)$. 这两个语句都是 "标准" Π_3 语句，即它们的量词结构是形如 $\forall\exists\forall$ 的结构. 事实上，正是这两个语句不能等价地简化成为任何 "标准" Π_2 语句 (量词结构形如 $\forall\exists$).

令非逻辑符号集 $\mathcal{A}_0=\{P_<\}$ 只含一个二元谓词符号.

令 $\varphi_S(x_1,x_2)$ 为如下表达式:

$$(\forall x_3(P_<(x_1,x_2)\wedge(P_<(x_1,x_3)\rightarrow((x_2\hat{=}x_3)\vee P_<(x_2,x_3))))).$$

令 $\varphi_0(x_1)$ 为如下表达式:

$$(\forall x_2((x_1\hat{=}x_2\vee P_<(x_1,x_2)))).$$

注意: 上述表达式 $\varphi_S(x_1,x_2)$ 其实就是断言 "x_2 是所有那些大于 x_1 的元素中最小的一个". 这个断言是一个 "标准" 的 Π_1 表达式, 即它是一个量词结构形如 $\forall$ 的表达式.

我们还注意到 $\mathbb{N}$ 中的最小元 0 是在语言 $\mathcal{L}_{\mathcal{A}_0}$ 中由一个 Π_1 表达式可定义的:

$$\{0\}=\{a\in\mathbb{N}\mid(\mathbb{N},<)\models\varphi_0[a]\}.$$

现在考虑关于序结构 $(\mathbb{N},<)$ 的公理化问题: 在语言 $\mathcal{L}_{\mathcal{A}_0}$ 之下, 哪些语句可以组成对模型 $(\mathbb{N},<)$ 的真相的完全描述?

例 12.1 (单边离散线性序理论)　*自然数有序集合 $(\mathbb{N},<)$ 可以用下述单边离散线性序理论来刻画. 令 T_{ldlo} 为以下述语句为非逻辑公理的***单边离散线性序理论**:

(1) $(\forall x_1\,(\neg P_<(x_1,x_1)))$;

(2) $(\forall x_1(\forall x_2(\forall x_3((P_<(x_1,x_2)\wedge P_<(x_2,x_3))\to P_<(x_1,x_3)))))$;

(3) $(\forall x_1(\forall x_2(P_<(x_1,x_2)\vee(x_1\hat{=}x_2)\vee P_<(x_2,x_1))))$;

(4) $(\exists x_1(\forall x_2(P_<(x_1,x_2)\vee(x_1\hat{=}x_2))))$(*存在一个最小元*);

(5) *对任意的 x_1 而言, 如果有比 x_1 小的元素, 那么在所有比 x_1 小的元素中有一个最大的元素. 即对于任意的 x_1, 如果*

$$(\exists x_2 P_<(x_2,x_1)),$$

那么

$$(\exists x_2(P_<(x_2,x_1)\wedge(\forall x_3(P_<(x_3,x_1)\to(P_<(x_3,x_2)\vee(x_3\hat{=}x_2))))));$$

(6) $(\forall x_1(\exists x_2(P_<(x_1,x_2)\wedge(\forall x_3(P_<(x_1,x_3)\to(P_<(x_2,x_3)\vee(x_3\hat{=}x_2)))))))$ (*有比 x_1 大的元素, 而且在所有比 x_1 大的元素中有一个最小的元素*);

用类似练习 6.6 之思路, 可以证明 $\mathbb{N}+(\mathbb{Z},<)\circ(\mathbb{Q},<)$ 是 T_{ldlo} 的一个可数广集模型, 从而 T_{ldlo} 是一个完全理论. 成如上面所说, T_{ldlo} 不是一个模型完全的理论, 更不适合量词消去. 这里, $\mathbb{N}+(\mathbb{Z},<)\circ(\mathbb{Q},<)$ 是将自然数序 $(\mathbb{N},<)$ 置放在水平字典序 $(\mathbb{Z},<)\circ(\mathbb{Q},<)$ 的前端所得到的线性序, 其论域为 $\mathbb{N}\cup\mathbb{Z}\times\mathbb{Q}$.

注意理论 T_{ldlo} 的非逻辑公理的复杂性: (1)~(3) 是 Π_1 语句, (4) 是 Σ_2 语句, (5) 和 (6) 都是 Π_3 语句.

上面的两个 Π_1 表达式 $\varphi_0(x_1)$ 以及 $\varphi_S(x_1,x_2)$ 在 $(\mathbb{N},<)$ 上分别定义了两个集合. 这为我们提供了一种可能: 对结构 $(\mathbb{N},<)$ 的语言进行一个 "可定义性" 扩充, 将自然数序的基本性质理论作一个 "保守扩充", 以期能够等价地简化各种性质的表达式.

考虑只有一个常元符号 c_0, 一个一元函数符号 F_s 和一个二元谓词符号 $P_<$ 的非逻辑符号集合

$$\mathcal{A}=\{c_0,F_s,P_<\},$$

以及这个语言的典型结构

$$\mathcal{N}=(\mathbb{N},<,S,0),$$

其中, $S(n)=n+1$ 是自然数上的后继函数. 这样, $\mathcal{N}$ 是自然数序结构 $(\mathbb{N},<)$ 的扩充结构, $(\mathbb{N},<)$ 是 $\mathcal{N}$ 的裁减结构.

这样做有什么用处呢? 让我们来考虑语言 $\mathcal{L}_A$ 的如下理论 $T^*_{\rm ldlo}$.

定义 12.1 *令 $T^*_{\rm ldlo}$ 为下列非逻辑公理所给出的理论* (**新单边离散线性序理论**):

(1) $(\forall x_1(\forall x_2(P_<(x_1,x_2)\vee(x_1\hat{=}x_2)\vee P_<(x_2,x_1))))$;

(2) $(\forall x_1(\neg P_<(x_1,x_1)))$;

(3) $(\forall x_1(\forall x_2(\forall x_3((P_<(x_1,x_2)\wedge P_<(x_2,x_3))\to P_<(x_1,x_3)))))$;

(4) $(\forall x_1\,(\neg P_<(x_1,c_0)))$;

(5) $(\forall x_1 P_<(x_1,F_S(x_1)))$①;

(6) $(\forall x_1(\forall x_2(P_<(x_1,x_2)\to((x_2\hat{=}F_S(x_1))\vee P_<(F_S(x_1),x_2)))))$;

(7) $(\forall x_1(\exists x_2((x_1\hat{=}c_0)\vee(P_<(x_2,x_1)\wedge(x_1\hat{=}F_S(x_2))))))$;

令 T_0 的非逻辑公理仅仅由上面的 (1)~(6) *给出* (*即不含* (7)).

自然地我们有 $\mathcal{N}\models T^*_{\rm ldlo}$.

注意理论 $T^*_{\rm ldlo}$ 的非逻辑公理的复杂性: (1)~(5) 都是 "标准" 的 Π_1 语句, (7) 是 "标准" 的 Π_2 语句. 理论 T_0 是一个一致的 Π_1-理论. T 就是在 T_0 的基础上添加了一条 Π_2 语句. 所以, 从量词结构层次的复杂性讲, 理论 $T^*_{\rm ldlo}$ 比理论 $T_{\rm ldlo}$ 少了一个量词级别. 这种非逻辑公理的量词结构层次的明显减少是我们将原本用 Π_1-可定义的 $\mathbb{N}$ 的最小元和 $\mathbb{N}$ 上的后继函数分别用添加一个常元符号和一个一元函数符号以及添加表述它们各自所具有的特性的非逻辑公理的方式换来的.

进一步地, 我们还注意到如果 $X\subset\mathbb{N}$ 是 $\mathcal{N}$ 的一个子结构的论域, 那么必有 $X=\mathbb{N}$. 这就为 $T^*_{\rm ldlo}$ 适合量词消去提供了一种可能性.

定理 12.1 *$T^*_{\rm ldlo}$ 是 $T_{\rm ldlo}$ 的一个保守扩充, 即如果 θ 是 $\mathcal{L}(T_{\rm ldlo})$ 的一个语句, 那么*

$$T^*_{\rm ldlo}\vdash\theta \text{ 当且仅当 } T_{\rm ldlo}\vdash\theta.$$

证明 由于 $T_{\rm ldlo}$ 的每一条非逻辑公理都是 $T^*_{\rm ldlo}$ 的一条定理, 如果 $T_{\rm ldlo}\vdash\theta$, 自然就有 $T^*_{\rm ldlo}\vdash\theta$.

---

①如果没有这一条, 仅有其他六条, 令 $A=\{0,1\}$, 在 A 上定义 $0<1$, 以及 $S(0)=1=S(1)$, 那么 $(A,<,S,0)$ 是其余六条公理的一个模型.

反过来, 设 θ 是 $\mathcal{L}(T_{\text{ldlo}})$ 的一个语句, 并且 $T^*_{\text{ldlo}} \vdash \theta$. 应用常元符号省略定理和函数符号省略定理, 必然有 $T_{\text{ldlo}} \vdash \theta$. 我们在这里给出一个应用哥德尔完备性定理 (定理 4.9) 的证明.

根据假设以及哥德尔完备性定理 (定理 4.9), $T^*_{\text{ldlo}} \models \theta$. 现在证明: $T_{\text{ldlo}} \models \theta$.

令 $\mathcal{M} = (M, <) \models T_{\text{ldlo}}$. 注意下面两个事实:

$$T_{\text{ldlo}} \vdash ((\exists x_1\, \varphi_0(x_1)) \wedge (\forall x_1 (\forall x_2 ((\varphi_0(x_1) \wedge \varphi_0(x_2)) \to (x_1 \hat{=} x_2))))),$$

以及下述命题是 T_{ldlo} 的一条定理:

$$((\forall x_1 (\exists x_2\, \varphi_S(x_1, x_2))) \wedge (\forall x_1 (\forall x_2 (\forall x_3 ((\varphi_S(x_1, x_2) \wedge \varphi_S(x_1, x_3)) \to (x_2 \hat{=} x_3)))))).$$

M 中有唯一的一个 a 来满足要求 $\mathcal{M} \models \varphi_0[a]$. 令 $c_0^* = a$, 再令

$$S^* = \{(a, b) \in M^2 \mid \mathcal{M} \models \varphi_S[a, b]\}.$$

那么 $S^* : M \to M$.

将 $\mathcal{M} = (M, <)$ 扩充成 $\mathcal{M}^* = (M, <, S^*, c_0^*)$, 也就是说, 令

$$I^*(F_S) = S^*, I^*(c_0) = c_0^*, I^*(P_<) = <, \mathcal{M}^* = (M, I^*).$$

那么 $\mathcal{M}^* \models T^*_{\text{ldlo}}$. 因此, $\mathcal{M}^* \models \theta$. 从而, $\mathcal{M} \models \theta$.

这就证明了 $T_{\text{ldlo}} \models \theta$.

依据哥德尔完备性定理 (定理 4.9), $T_{\text{ldlo}} \vdash \theta$.

12.1.2　半整齐模型

为了寻找自然数序的适合量词消去的刻画理论, 我们需要引进适合量词消去理论的可数广集半整齐模型特征.

在无端点稠密线性序的分析中我们用到了一个很重要的性质: 它的一种整齐性, 任何两点都可以导出许许多多将它们彼此映照的自同构; 特别地, 任何有限生成的子序之间的同构都可以扩展成为一个序自同构. 现在我们将这种整齐性及其使用方法提炼推广成如下的概念和方法.

定义 12.2 (有限生成)　设 $\mathcal{M} = (M, I)$ 为语言 $\mathcal{L}_A$ 的一个结构. $\mathcal{M}$ 的一个子结构 $\mathcal{M}_0$ 是有限生成的当且仅当可以找到 M 的一个非空有限子集 $X \subset M$ 来生成 $\mathcal{M}_0$, 即 $\mathcal{M}_0$ 是其论域包含子集合 X 的 $\mathcal{M}$ 的最小子结构.

定义 12.3 (半整齐性)　设 $\mathcal{M}$ 为语言 $\mathcal{L}_A$ 的一个结构. $\mathcal{M}$ 是一个半整齐结构当且仅当 $\mathcal{M}$ 的任何两个彼此同构的有限生成的子结构之间的同构映射都可以扩展成为 $\mathcal{M}$ 的一个自同构映射 (即如果 $\mathcal{M}_0$ 和 $\mathcal{M}_1$ 是 $\mathcal{M}$ 的两个彼此同构的有限生成的子结构, $e_0 : \mathcal{M}_0 \cong \mathcal{M}_1$ 是它们之间的一个同构映射, 那么 e_0 可以扩展成 $\mathcal{M}$ 的一个自同构映射 $e \supset e_0$).

例 12.2 (1) $(\mathbb{Q},<)$ 和 $(\mathbb{R},<)$ 都是半整齐结构;

(2) 可数无原子布尔代数是半整齐结构;

(3) $(\mathbb{N},<)$ 和 $(\mathbb{Z},<)$ 都不是半整齐结构;

(4) $(\mathbb{Z},<,P,S)$ 是一个半整齐结构;

(5) $((\mathbb{Q}\times\mathbb{Z}),(0,1),+_0,-_0,<_0)$ 不是半整齐结构;

(6) $(\mathbb{Z},1,+,-,<)$ 是一个半整齐结构. 注意 $(\mathbb{Z},1,+,-,<)$ 是结构

$$((\mathbb{Q}\times\mathbb{Z}),(0,1),+_0,-_0,<_0)$$

的同质缩小结构;

(7) $(\mathbb{Z},0,+,-,<)$ 不是半整齐结构.

例 12.2(4) 中的结构 $(\mathbb{Z},<,P,S)$ 与 $(\mathbb{Z},1,+,-,<)$ 之所以是半整齐结构完全是因为一个非常平凡的理由: 它们自身就是唯一的有限生成的子结构. 而结构

$$(\mathbb{Z},0,+,-,<)$$

就不一样了: 它有太多的有限生成的彼此同构的子结构.

定理 12.2 任何一个不可数的代数封闭域都是一个半整齐结构.

这表明通过构造 ω_1- 饱和代数封闭域的方式可以提供代数封闭域理论适合量词消去的另外一种证明. 下面的引理为我们提供了上面定理的证明.

引理 12.1 假设 F_1,F_2 为两个 ω_1-饱和的具有同样特征的代数封闭域. 令

$$\mathcal{I}=\{f\mid f\text{ 是 }F_1,F_2\text{ 中一对有限生成的子结构之间的同构}\}.$$

那么 $\mathcal{I}\neq\varnothing$, 并且具有相互照应特性.

证明 F_1,F_2 中由空集生成的子结构或者同为 $\mathbb{Z}_p$, 或者同为 $\mathbb{Z}$. 因此彼此一定同构. 故而 $\mathcal{I}$ 非空.

相互照应特性: 设 R_i 是 F_i 中有限生成的子结构 $(i=1,2)$, $f:R_1\to R_2$ 是它们之间的一个同构. 令 $L_i\subset F_i$ 为 R_i 的商域 $(i=1,2)$. 令 $f^*:L_1\to L_2$ 为由 f 扩张得来的域同构. 任取 $a\in F_1$.

情形 1: a 是 $L_1[X]$ 中某一个非平凡多项式的零点. 令 $P\in L_1[X]$ 为一个含 a 为一个零点的极小多项式. 那么此多项式为不可约多项式, 并且生成 $L_1[X]$ 上的一个素理想. 利用同构映射 f^*, 我们得到 $L_2[X]$ 中的 P 在 f^* 下的像 $Q\in L_2[X]$. $Q(x)=0$ 在 F_2 中有一个解 b. 令 $g(a)=b$, 以及 $g(x)=f^*(x)(x\in L_1)$. f^* 由此扩张成为 $g:L_1(a)\cong L_2(b)$. g 的适当的限制便给出一个合乎要求的同构.

情形 2: a 不是任何 $L_1[X]$ 中非平凡多项式的零点. 由于 $L_2 \subset F_2$ 是可数的, $L_2[X]$ 中每一个多项式在 F_2 中只有有限多个根, F_2 是无穷的,

$$D = \{F_2 - \{a \in F_2 \mid P(a) = 0\} \mid P \in L_2[X], P \neq 0\}$$

是一个具有有限交性质的可定义子集之可数集合, F_2 是 ω_1-饱和的, 根据定理 7.25, $\cap D$ 一定非空, 因此, F_2 中必有一个不是任何 $L_2[X]$ 中非平凡多项式之根的元素 b. 同样地, 我们可以将 f^* 扩张成 $g: L_1(a) \cong L_2(b)$. □

定义 12.4 (本质型) (1) 语言 $\mathcal{L}_\mathcal{A}$ 的一个 n-元本质型 $\Gamma(x_1, \cdots, x_n)$ 是关于变元符号 $x_1, \cdots, x_n$ 的 $\mathcal{L}_\mathcal{A}$ 的一个极大一致的布尔表达式集合.

(2) 设 $\mathcal{N}$ 是 $\mathcal{L}_\mathcal{A}$ 的一个结构. $X \subset N$, $a_1, \cdots, a_n \in N$.

$$\text{tp}_0((a_1, \cdots, a_n)/X) = \left\{ \varphi(x_1, \cdots, x_n) \;\middle|\; \begin{array}{l} \varphi \text{ 是布尔 } \mathcal{L}_\mathcal{A}^X\text{-表达式, 且} \\ \mathcal{N}_X \models \varphi[a_1, \cdots, a_n] \end{array} \right\}.$$

$\text{tp}_0((a_1, \cdots, a_n)/X)$ 是 $\mathcal{N}_X$ 中 $(a_1, \cdots, a_n)$ 的本质型. 当 X 为空集时, 我们将 $(a_1, \cdots, a_n)$ 所实现的本质型直接记成 $\text{tp}_0(a_1, \cdots, a_n)$.

引理 12.2 设 $\mathcal{M}$ 是 $\mathcal{L}_\mathcal{A}$ 的一个结构, $\{a_1, \cdots, a_n\} \subset M$, $\{b_1, \cdots, b_n\} \subset M$, 令 $\mathcal{M}_0$ 和 $\mathcal{M}_1$ 分别是由 $\{a_1, \cdots, a_n\}$ 和 $\{b_1, \cdots, b_n\}$ 生成的子结构, 并且

$$f = \{(a_1, b_1), (a_2, b_2), \cdots, (a_n, b_n)\} \subset M \times M$$

是一个函数. 那么如下两个命题等价:

(1) f 自然地诱导出从 $\mathcal{M}_0$ 到 $\mathcal{M}_1$ 的子结构同构;

(2) $\text{tp}_0(a_1, \cdots, a_n) = \text{tp}_0(b_1, \cdots, b_n)$.

证明　留作练习. □

定义 12.5 (相互照应特性) 设 $\mathcal{A}$ 包含至少一个常元符号. 设 $\mathcal{M}$ 是 $\mathcal{L}_\mathcal{A}$ 的一个结构. M 具有**相互照应特性**当且仅当对于 M 的任意一个有限 (包括空) 函数

$$f = \{(a_1, b_1), (a_2, b_2), \cdots, (a_n, b_n)\} \subset M \times M,$$

如果 f 自然地诱导出分别由 $\{a_1, \cdots, a_n\}$ 和 $\{b_1, \cdots, b_n\}$ 生成的子结构 $\mathcal{M}_0$ 和 $\mathcal{M}_1$ 之间的同构, 即在 $\mathcal{M}$ 中,

$$\text{tp}_0(a_1, \cdots, a_n) = \text{tp}_0(b_1, \cdots, b_n).$$

那么

(1) 对于任意一个 $a \in (M - M_0)$, 关于 x 的方程

$$\text{tp}_0(a_1, \cdots, a_n, a) = \text{tp}_0(b_1, \cdots, b_n, x)$$

在 $(M - M_1)$ 中一定有一个解 b;

(2) 对于任意一个 $b \in (M - M_1)$, 关于 x 的方程

$$\mathrm{tp}_0(a_1, \cdots, a_n, x) = \mathrm{tp}_0(b_1, \cdots, b_n, b)$$

在 $(M - M_0)$ 中一定有一个解 a.

定理 12.3 设 $\mathcal{A}$ 包含至少一个常元符号. 设 $\mathcal{M}$ 为 $\mathcal{L}_{\mathcal{A}}$ 的一个无穷可数结构. 那么如下两个命题等价:

(1) $\mathcal{M}$ 是半整齐的;

(2) $\mathcal{M}$ 具有相互照应特性. □

证明 留作练习.

定义 12.6 (截断型) 设 $\mathcal{A}$ 包含至少一个常元符号. 设 $\mathcal{M}$ 是 $\mathcal{L}_{\mathcal{A}}$ 的一个结构.

$$f = \{(a_1, b_1), (a_2, b_2), \cdots, (a_n, b_n)\} \subset M \times M$$

是一个函数, 并且在 $\mathcal{M}$ 中,

$$\mathrm{tp}_0(a_1, \cdots, a_n) = \mathrm{tp}_0(b_1, \cdots, b_n).$$

$a \in (M - M_0)$. 在 $\mathcal{M}$ 中 $(a_1, \cdots, a_n, a)$ 所实现的本质型 $\mathrm{tp}_0(a_1, \cdots, a_n, a)$ 是一个**截断型**当且仅当关于 x 的方程

$$\mathrm{tp}_0(a_1, \cdots, a_n, a) = \mathrm{tp}_0(b_1, \cdots, b_n, x)$$

在 $(M - M_1)$ 中无解. 此时, 称 (f, a) 为 $\mathcal{M}$ 的一个**截断点**. 在这种情形下, 将 $\mathcal{M}$ 中由截断点 (f, a) 所决定的截断型

$$\mathrm{tp}_0(a_1, \cdots, a_n, a)$$

记成 $\Gamma_{\mathcal{M}}(f, a)$.

引理 12.3 设 $\mathcal{A}$ 包含至少一个常元符号. 设 T 是 $\mathcal{L}_{\mathcal{A}}$ 的一个一致理论. 设 $\mathcal{M}$ 是 T 的一个可数模型.

$$f = \{(a_1, b_1), (a_2, b_2), \cdots, (a_n, b_n)\} \subset M \times M$$

是一个函数, 并且在 $\mathcal{M}$ 中,

$$\mathrm{tp}_0(a_1, \cdots, a_n) = \mathrm{tp}_0(b_1, \cdots, b_n).$$

$\mathcal{M}_0$ 和 $\mathcal{M}_1$ 是分别由 $\{a_1, \cdots, a_n\}$ 和 $\{b_1, \cdots, b_n\}$ 生成的 $\mathcal{M}$ 的子结构.

$$a \in (M - M_0).$$

$\Gamma_{\mathcal{M}}(f,a)$ 是 M 中由截断点 (f,a) 所决定的截断型 $\mathrm{tp}_0(a_1,\cdots,a_n,a)$. 令 $d_1,\cdots,d_n$ 是不在 $\mathcal{A}$ 中的新常元符号. 令

$$\Gamma_{\mathcal{M}}^{\vec{d}}(f,x_{n+1})=\{\varphi(x_1,\cdots,x_n,x_{n+1};d_1,\cdots,d_n,x_{n+1})\mid\varphi(x_1,\cdots,x_{n+1})\in\Gamma_{\mathcal{M}}(f,a)\}$$

以及

$$\Gamma_{\mathcal{M}}^{*}(\vec{d},f)=\left\{\left(\exists x_{n+1}\left(\bigwedge_{1\leqslant i\leqslant k}\varphi_i\right)\right)\ \middle|\ 1\leqslant k<\infty,\ \{\varphi_1,\cdots,\varphi_k\}\subset\Gamma_{\mathcal{M}}^{\vec{d}}(f,x_{n+1})\right\}.$$

那么

(1) 在语言 $\mathcal{L}_{\mathcal{A}\cup\{d_1,\cdots,d_n\}}$ 中, 子结构 $(\mathcal{M}_0,a_1,\cdots,a_n)$ 和 $(\mathcal{M}_1,b_1,\cdots,b_n)$ 的原本图相等:

$$\Delta_{\mathcal{M}_0}=\Delta_{\mathcal{M}_1};$$

(2) 如果 T 适合量词消去, 则 $T\cup\mathrm{Th}(((\mathcal{M},b)_{b\in M},b_1,\cdots,b_n))\cup\Gamma_{\mathcal{M}}^{*}(\vec{d},f)$ 是一致的; 从而根本型

$$\Gamma_{\mathcal{M}}^{\vec{d}}(f,x_{n+1})$$

可以在 $T\cup\mathrm{Th}(((\mathcal{M},b)_{b\in M},b_1,\cdots,b_n))$ 的某一个可数模型中实现.

证明 (1) 成立是因为 f 自然地诱导出从 $(\mathcal{M}_0,a_1,\cdots,a_n)$ 到 $(\mathcal{M}_1,b_1,\cdots,b_n)$ 的同构.

(2) 中的一致性成立是因为, 根据适合量词消去的子结构特征 (定理 6.9),

$$T\cup\Delta_{\mathcal{M}_1}=T\cup\Delta_{\mathcal{M}_0}$$

是语言 $\mathcal{L}_{\mathcal{A}\cup\{d_1,\cdots,d_n\}}$ 中的一个完全理论, 并且本质型

$$\Gamma_{\mathcal{M}}^{\vec{d}}(f,x_{n+1})$$

在 $(\mathcal{M},a_1,\cdots,a_n)$ 中由 a 所实现, 从而, 对于 $\Gamma_{\mathcal{M}}^{\vec{d}}(f,x_{n+1})$ 中的每一个 φ 都有

$$T\cup\Delta_{\mathcal{M}_0}\vdash(\exists x_{n+1}\varphi).$$

(2) 中的可实现性由一致性和紧致性得到. □

定理 12.4 (半整齐同质放大) 设 T 是语言 $\mathcal{L}_{\mathcal{A}}$ 的一个适合量词消去的一致理论. 那么 T 的每一个可数模型 $\mathcal{M}$ 都有一个可数的半整齐的同质放大 $\mathcal{N}\models T$, 即如果 $\mathcal{L}_{\mathcal{A}}$ 的可数结构 $\mathcal{M}\models T$, 那么必有一个满足下述三条的 $\mathcal{L}_{\mathcal{A}}$ 的可数结构 $\mathcal{N}$:

(1) $\mathcal{N}\models T$;

(2) $\mathcal{M}\prec\mathcal{N}$;

(3) $\mathcal{N}$ 是半整齐的.

证明 基本思路是逐步实现那些可能的截断型.

令 $\mathcal{M}_0 = \mathcal{M}$. 令

$$A_0 = \{(a_1, a_2) \in M \times M \mid a_1 \neq a_2 \wedge \mathrm{tp}_0(a_1) = \mathrm{tp}_0(a_2)\},$$

$$S_0 = \left\{ \Gamma_{\mathcal{M}_0}(\{(a_1, a_2)\}, a) \;\middle|\; \begin{array}{l} (a_1, a_2) \in A_0 \wedge a \in M \wedge \\ \Gamma_{\mathcal{M}_0}(\{(a_1, a_2)\}, a) = \mathrm{tp}_0(a_1, a) \text{是一个截断型} \end{array} \right\}.$$

S_0 是一个可数集合. 令 $\langle \Gamma_k \mid k \in \mathbb{N} \rangle$ 为 S_0 的一个单一完全列表.

令 $\mathcal{M}_0^0 = \mathcal{M}_0$. 递归地, 应用引理 12.3, 令 $\mathcal{M}_0^{k+1}$ 为 $\mathcal{M}_0^k$ 的一个实现 Γ_k 以消除其在 $\mathcal{M}_0$ 中所持的截断型. 再令

$$\mathcal{M}_1 = \bigcup_{0 \leqslant k < \infty} \mathcal{M}_0^k.$$

递归地, 我们已经有了 $\mathcal{M}_0 \prec \mathcal{M}_1 \prec \cdots \prec \mathcal{M}_n$.

令

$$A_n = \left\{ f = \{(a_1, b_1), \cdots, (a_k, b_k)\} \;\middle|\; \begin{array}{l} 1 \leqslant k \leqslant n,\ f \text{是一个函数}, \\ \mathrm{tp}_0(a_1, \cdots, a_k) = \mathrm{tp}_0(b_1, \cdots, b_k) \end{array} \right\},$$

$$S_n = \left\{ \Gamma_{\mathcal{M}_0}(f, a) \;\middle|\; \begin{array}{l} f \in A_n \wedge a \in M \wedge \\ \Gamma_{\mathcal{M}_n}(f, a) = \mathrm{tp}_0(a_1, \cdots, a_k, a) \text{是一个截断型} \end{array} \right\}.$$

S_n 是一个可数集合. 令 $\langle \Gamma_k^n \mid k \in \mathbb{N} \rangle$ 为 S_n 的一个单一完全列表.

令 $\mathcal{M}_n^0 = \mathcal{M}_n$. 递归地, 令 $\mathcal{M}_n^{k+1}$ 为 $\mathcal{M}_n^k$ 的一个实现 Γ_k^n 以消除其在 $\mathcal{M}_n$ 中所持的截断型. 再令

$$\mathcal{M}_{n+1} = \bigcup_{0 \leqslant k < \infty} \mathcal{M}_n^k.$$

最后, 令

$$\mathcal{M}_\infty = \bigcup_{0 \leqslant n < \infty} \mathcal{M}_n.$$

那么 $\mathcal{M} \prec \mathcal{M}_\infty$, $\mathcal{M}_\infty$ 具有子结构同构扩展特性. 因此, $\mathcal{M}_\infty$ 是 T 的半整齐模型. □

问题 12.1 上述定理的逆命题成立吗?

定理 12.5 (可数广集半整齐特征) 设 $\mathcal{A}$ 中至少含有一个常元符号. 设 T 是语言 $\mathcal{L}_{\mathcal{A}}$ 的一个一致理论. 那么如下两个命题等价:

(1) T 适合量词消去;

(2) T 的任意两个可数模型 $\mathcal{M}_1, \mathcal{M}_2$ 都可以同质地放大到 T 的两个同构的可数半整齐模型 $\mathcal{N}_1 \cong \mathcal{N}_2$. 即如果 $\mathcal{L}_{\mathcal{A}}$ 的可数结构 $\mathcal{M}_1 \models T, \mathcal{M}_2 \models T$, 那么必有一个满足下述四条的 $\mathcal{L}_{\mathcal{A}}$ 的可数结构 $\mathcal{N}_1, \mathcal{N}_2$:

(a) $\mathcal{N}_i \models T$ $(i \in \{1,2\})$;

(b) $\mathcal{M}_i \prec \mathcal{N}_i$ $(i \in \{1,2\})$;

(c) $\mathcal{N}_i$ $(i \in \{1,2\})$ 是半整齐的;

(d) $\mathcal{N}_1 \cong \mathcal{N}_2$.

证明 (1) $\Rightarrow$ (2) 设 $\mathcal{M}_1$ 和 $\mathcal{M}_2$ 是 T 的两个可数模型. 令 $\mathcal{M}_i^0$ 为 $\mathcal{M}_i (i \in \{1,2\})$ 的由常元符号在其中的解释所生成的子结构. 那么这两个子结构之间有一个自然同构 e. 由适合量词消去法的子结构完全性特征定理 (定理 6.9) 中的 (4), 得到 $\mathcal{M}_1$ 和 $\mathcal{M}_2$ 的可数的彼此同构的同质放大 $\mathcal{M}_1^*$ 和 $\mathcal{M}_2^*$, 并且在 $\mathcal{M}_1^*$ 和 $\mathcal{M}_2^*$ 之间有一个由 e 扩展而得的同构 e^*.

再应用半整齐放大定理 (定理 12.4), 得到 $\mathcal{M}_1^*$ 的一个同质、可数、半整齐放大模型 $\mathcal{N}_1$. 最后, 应用 e^* 和 $\mathcal{N}_1$ 得到一个与 $\mathcal{N}_1$ 同构的 $\mathcal{M}_2$ 的可数、同质、半整齐放大模型 $\mathcal{N}_2$.

(2) $\Rightarrow$ (1) 证明定理 6.9 中的条件 (4) 成立.

设 $\mathcal{M}$ 和 $\mathcal{N}$ 分别为 T 的两个可数模型,

$$\mathcal{M}_0 \subset \mathcal{M}, \quad \mathcal{N}_0 \subset \mathcal{N}, \quad e : \mathcal{M}_0 \cong \mathcal{N}_0.$$

令 $\mathcal{M}^*$ 和 $\mathcal{N}^*$ 分别为 $\mathcal{M}$ 和 $\mathcal{N}$ 的同构、可数、半整齐放大模型. 令

$$f : \mathcal{N}^* \cong \mathcal{M}^*.$$

令 $g = f \circ e$. 那么 g 是 $\mathcal{M}^*$ 的两个子结构 $\mathcal{M}_0$ 和 $f[\mathcal{N}_0]$ 之间的一个同构映射. 令 $g^* : \mathcal{M}_0^* \cong \mathcal{M}_0^*$ 为一个由 g 扩展得到的自同构. 那么 $f^{-1} \circ g^* : \mathcal{M}^* \cong \mathcal{N}^*$ 就是一个由 e 扩展而得的同构映射. □

12.1.3 自然数序之饱和模型

定义 12.7 令 $N_0 = \mathbb{N} \cup (\mathbb{Q} \times \mathbb{Z})$. 如下定义 $<_0$ 和 S_0:

(1) $<_0 \cap (\mathbb{N} \times \mathbb{N}) = <$;

(2) $S_0 \cap (\mathbb{N} \times \mathbb{N}) = S$;

(3) 对于每一个 $n \in \mathbb{N}$, $(r,i) \in (\mathbb{Q} \times \mathbb{Z})$, 都有 $n <_0 (r,i)$;

(4) 对于任意的 $(r,i), (s,j) \in (\mathbb{Q} \times \mathbb{Z})$, $(r,i) <_0 (s,j)$ 当且仅当, 或者

(a) $r < s$, 或者

(b) $r = s$ 而且 $i < j$;

也就是说, 在乘积 $\mathbb{Q} \times \mathbb{Z}$ 上, 我们用它们的垂直字典序;

(5) 对于任意的 $(r,i) \in (\mathbb{Q} \times \mathbb{Z})$, $S_0(r,i) = (r, i+1)$.

令 $\mathcal{N}_0 = (N_0, <_0, S_0, 0)$.

这样 $\mathcal{N} \subset \mathcal{N}_0$, 而且 $\mathcal{N}_0 \models T^*_{\text{ldlo}}$. 我们先利用这个模型来证明 T^*_{ldlo} 适合量词消去; 从而是一个完全和模型完全的理论; 然后再证明它是一个饱和模型.

在这里, 我们先证明 $\mathcal{N}_0$ 是一个可数广集半整齐模型.

引理 12.4 $\mathcal{N}_0$ 是半整齐的.

证明 首先, 我们知道 $\mathcal{N}_0$ 的子模型, 即作为子结构也同是理论 T 的一个模型, 一定由 $\mathbb{Q}$ 的一个子集 $A \subseteq \mathbb{Q}$ 按照如下方式生成:

$$M_A = \mathbb{N} \cup (A \times \mathbb{Z}).$$

当 $A = \varnothing$ 时, $M_\varnothing = \mathbb{N}$.

而一般来说, $\mathcal{N}_0$ 的子结构则如下生成: 令 $A \subseteq \mathbb{Q}$, $B \subseteq \mathbb{Q}$, $A \cap B = \varnothing$. 令 $f: B \to \mathbb{Z}$. 那么

$$M_{(A,B,f)} = \mathbb{N} \cup (A \times \mathbb{Z}) \cup \{(r, i) \mid r \in B \wedge i \geqslant f(r)\}$$

就是 $\mathcal{N}_0$ 的一个子结构 (关于后继函数封闭) 的论域; 而且在这样的子结构中, T 的非逻辑公理中的 (1)~(6) 都会得到满足. 如果 $B \neq \varnothing$, 那么 $M_{(A,B,f)}$ 所决定的子结构就不会是 T 的模型, 自然也就不会是 $\mathcal{N}_0$ 的同质子结构.

因此, $\mathcal{N}_0$ 的有限生成的子模型一定是当 $A \in [\mathbb{Q}]^{<\omega}$ 是 $\mathbb{Q}$ 的有限子集的情形. 所以, 如果 $A \subset \mathbb{Q}$ 和 $B \subset \mathbb{Q}$ 是有限的, 那么 $\mathcal{M}_A \cong \mathcal{M}_B$ 当且仅当 A 和 B 具有一样多个元素.

这样, 它们之间作为 $(\mathbb{Q}, <)$ 的子结构的序同构, 相邻两点所决定的 $(\mathbb{Q}, <)$ 的开区间之间的序同构, 各自的最大元至正无穷的 $(\mathbb{Q}, <)$ 的开区间之间的序同构, 以及各自的最小点至负无穷的 $(\mathbb{Q}, <)$ 的开区间之间的序同构, 就自然组合生成 $\mathcal{N}_0$ 的自同构.

比如说,

$$A = \{a_0 < a_1 < \cdots a_n\},\ B = \{b_0 < b_1 < \cdots < b_n\}.$$

令 $e_0 : ((-\infty, a_0], <) \cong ((-\infty, b_0], <)$, $e_1 : ((a_0, a_1], <) \cong ((b_0, b_1], <)$, $\cdots$,

$e_n : ((a_{n-1}, a_n], <) \cong ((b_{n-1}, b_n], <)$, $e_{n+1} : ((a_n, \infty), <) \cong ((b_n, \infty), <)$①.

①这些同构可以取为:

$$e_0(x) = b_0 + (x - a_0);$$
$$e_i(x) = b_i + \frac{b_i - b_{i-1}}{a_i - a_{i-1}}(x - a_{i-1})(1 \leqslant i \leqslant n);$$
以及 $e_{n+1}(x) = b_n + (x - a_n)$.

令

$$e = \bigcup_{i=0}^{n+1} e_i.$$

那么 $e : (\mathbb{Q}, <) \cong (\mathbb{Q}, <)$ 就是一个 $(\mathbb{Q}, <)$ 的序自同构. 再将 e 自然地扩展到 $(\mathbb{N} \cup (\mathbb{Q} \times \mathbb{Z}), <_0)$ 的序自同构:

$$e^*(r, i) = (e(r), i),$$

其中, $r \in \mathbb{Q}$, $i \in \mathbb{Z}$, 以及当 $m \in \mathbb{N}$ 时, $e^*(m) = m$.

注意上面定义的 e^* 不仅仅是一个序自同构, 还是一个 $\mathcal{N}_0$ 的同构, 并且是对原来的 $\mathcal{M}_A \cong \mathcal{M}_B$ 的自然扩展.

所以, $\mathcal{N}_0$ 是一个半整齐的模型. □

引理 12.5 设 $\langle \mathcal{M}_k \mid k \in \mathbb{N} \rangle$ 是 $\mathcal{L}_{\mathcal{A}}$ 的满足下述条件的子结构序列: 对于每一个 $k \in \mathbb{N}$ 都有

(1) $\mathcal{M}_k \subset \mathcal{M}_{k+1}$;

(2) $\mathcal{M}_k \cong \mathcal{N}_0$.

那么 $\mathcal{N}_0 \cong \lim\limits_{k} \mathcal{M}_k$.

证明 设 $\langle \mathcal{M}_k \mid k \in \mathbb{N} \rangle$ 是 $\mathcal{L}_{\mathcal{A}}$ 的满足引理各条件的子结构序列. 令

$$\mathcal{M}_k = (M_k, <_k, S_k, 0)$$

以及

$$M = \bigcup_{k \in \mathbb{N}} M_k.$$

在 M 上如下定义一个二元关系 $\sim$: 对于 $a, b \in M$, 令 $a \sim b$ 当且仅当

$$\left(\exists k \in \mathbb{N} \left(\{a, b\} \subset M_k \wedge \exists n \in \mathbb{N} \left(\begin{array}{l} b = \overbrace{S_k(\cdots(S_k(}^{n}a))\cdots) \vee \\ a = \overbrace{S_k(\cdots(S_k(}^{n}b))\cdots) \end{array} \right) \right) \right).$$

由于 $M_k \subseteq M_{k+1}$ 是一个单调 $\subseteq$-递增的序列, M 中的任何两个元素都一定在那些下标 k 足够的 M_k 中; 这就意味着 $\sim$ 是 M 上的一个等价关系. 对每一个 $a \in M$, 令

$$[a] = \{b \in M \mid a \sim b\}$$

为 a 所在的等价类.

对于 $a \in M$, $a \in M_k$ 当且仅当 a 所在的等价类 $[a] \subset M_k$; 并且

$$\text{或者 } ([a], <_M) \cong (\mathbb{Z}, <) \text{ 或者 } ([a], <_M) \cong (\mathbb{N}, <).$$

令 $M^* = (M/\sim) - \{[0]\}$. 对于 $[a], [b] \in M^*$, 定义

$$[a] <^* [b] \text{ 当且仅当 } a <_M b.$$

断言: $(M^*, <^*)$ 是一个无端点稠密线性序.

这是因为如果 $\{a, b\} \subset M_k$, 并且 $[a] <^* [b]$, 由于 $\mathcal{M}_k \cong \mathcal{N}_0$, 必有

$$\{c_1, c_2, c_3\} \subset M_k$$

来满足要求

$$[c_1] <^* [a] <^* [c_2] <^* [b] <^* [c_3].$$

由于 M^* 是一个可数集合, 由康托定理, $(M^*, <^*) \cong (\mathbb{Q}, <)$. 任何一个从 $(M^*, <^*)$ 到 $(\mathbb{Q}, <)$ 的同构映射都可以自然而然地被提升到一个从 $\mathcal{M}$ 到 $\mathcal{N}_0$ 上的同构映射. □

引理 12.6 如果 $\mathcal{M}$ 是 T^*_{ldlo} 的一个可数模型, $\mathcal{M}$ 有一个与 $\mathcal{N}_0$ 同构的可数同质放大 $\mathcal{M}^*$.

证明 假设 $\mathcal{M}$ 是 T^*_{ldlo} 的一个可数模型. 递归地构造一个满足如下要求的序列 $\langle M_k \mid k \in \mathbb{N} \rangle$:

(1) $\mathcal{M}_0 = \mathcal{M}$;

(2) $\mathcal{M}_k$ 可数;

(3) $\mathcal{M}_k \models T^*_{\text{ldlo}}$;

(4) $\mathcal{M}_k \prec \mathcal{M}_{k+1}$;

(5) 如果 $[a]_k <^*_k [b]_k$, 那么在 M_{k+1} 中必有两个 c_1, c_1 满足下面的要求:

$$[a]_{k+1} <^*_{k+1} [c_1]_{k+1} <^*_{k+1} [b]_{k+1} <^*_{k+1} [c_2]_{k+1}.$$

这里, 对于 $a, b \in M_k$, 定义 $a \sim_k b$ 当且仅当

$$\exists n \in \mathbb{N} \left(b = \overbrace{S_k(\cdots(S_k(}^{n} a)) \cdots) \vee a = \overbrace{S_k(\cdots(S_k(}^{n} b)) \cdots) \right).$$

并且 $[a]_k$ 是 a 在 M_k 上的 $\sim_k$ 等价类.

给定满足前三项要求的 $\mathcal{M}_k$. 欲构造满足上面五项要求的 $\mathcal{M}_{k+1}$. 令

$$\langle [a_n]_k \mid n \in \mathbb{N} \rangle$$

为一个商集 $M_k/\sim_k$ 的单一列表. 令 $e : \mathbb{N} \to \mathbb{N} \times \mathbb{N}$ 为一个双射.

注意: 商结构 $(M_k/\sim_k, <_k^*) \hookrightarrow (N_0/\sim, <^*)$, 并且

$$(N_0/\sim -[0]_\sim, <^*) \cong (\mathbb{Q}, <).$$

令 $\mathcal{D}_0 = \mathcal{M}_k$. 如果 $[a_0]_k = [0]_k$ 或者 $[a_0]_k$ 不是 $<_k^*$ 的最大元, 那么 $\mathcal{D}_1 = \mathcal{D}_0$; 否则, 考虑如下表达式的集合:

$$\Gamma_P(x_1, x_2) = \{\, P_<(S^n(c_0), x_1),\, P_<(x_1, S^m(c_{a_0})),\, P_<(S^m(c_{a_0}), x_2) \mid m \in \mathbb{N}, n \in \mathbb{N}\}$$

以及

$$\Gamma_1(x_1, x_2) = \mathrm{Th}(\mathcal{D}_0) \cup \Gamma_P(x_1, x_2).$$

其中, c_{a_0} 是一个用来对 a_0 命名的新常元符号, $\mathrm{Th}(\mathcal{D}_0)$ 是所有在结构 $(\mathcal{D}_0, c_a)_{a\in D_0}$ 中为真实的语句的集合.

给定 $\Gamma_1(x_1, x_2)$ 的任何一个有限子集 E, 都存在 $\mathcal{N}_0$ 的一个赋值映射 ν_E 来满足要求:

$$(\mathcal{N}_0, \nu_E) \models E$$

(应用商结构 $(M_k/\sim_k, <_k^*)$ 到 $(N_0/\sim, <^*)$ 的嵌入映射以及它的自然提升到 $\mathcal{M}_k \hookrightarrow \mathcal{N}_0$ 的嵌入映射). 因此, $\Gamma_1(x_1, x_2)$ 的任何一个有限子集都是可满足的. 应用紧致性定理 (定理 5.1), $\Gamma_1(x_1, x_2)$ 是一个一致的表达式集合.

令 $\Gamma(x_1, x_2) \supset \Gamma_1(x_1, x_2)$ 为一个可以被实现的型. 令 $\mathcal{D}_1$ 为一个可数的实现 $\Gamma(x_1, x_2)$ 的 T 的模型. 那么

(1) $\mathcal{D}_0 \prec \mathcal{D}_1$;

(2) D_1 可数;

(3) D_1 中有两个元素 d_1, d_2 来满足如下要求:

$$[0] <^* [d_1] <^* [a_0] <^* [d_2].$$

注意: 这里的等价关系 $\sim$ 是在结构 $\mathcal{D}_1$ 上定义的 $\sim_{\mathcal{D}_1}$; 等价类 $[x] \subset D_1$ 也是由这个等价关系决定的; $<^*$ 是商空间 $D_1/\sim$ 上由 $\mathcal{D}_1$ 的序关系诱导出来的; 另外, 对于 $a \in M_k$, $[a]_k = [a]_{\sim_{\mathcal{D}_1}}$. 为了方便, 我们省掉了复杂的下标. 以下也类同.

给定 $\mathcal{D}_j$. 令 j_1, j_2 为满足等式 $e(j) = (j_1, j_2)$ 的两个自然数. 如果

$$[a_{j_1}]_k = [a_{j_2}]_k,$$

而且 $[a_{j_1}]_k$ 不是 $<_k^*$ 的最大元, 那么 $\mathcal{D}_{j+1} = \mathcal{D}_j$; 否则, 由对称性, 不妨假设

$$[a_{j_1}] <^* [a_{j_2}],$$

考虑如下表达式的集合:

$$\Gamma_P(x_1,x_2)=\{P_<(S^n(c_{a_{j_1}}),x_1),\ P_<(x_1,S^m(c_{a_{j_2}})),\ P_<(S^m(c_{a_{j_2}}),x_2)\mid m\in\mathbb{N},n\in\mathbb{N}\}$$

以及

$$\Gamma_1(x_1,x_2)=\mathrm{Th}(\mathcal{D}_j)\cup\Gamma_P.$$

其中, $c_{a_{j_1}},c_{a_{j_2}}$ 是分别用来对 a_{j_1} 和 a_{j_2} 命名的新常元符号, $\mathrm{Th}(\mathcal{D}_j)$ 是所有在结构 $(\mathcal{D}_j,c_d)_{d\in D_j}$ 中为真实的语句的集合.

给定 $\Gamma_1(x_1,x_2)$ 的任何一个有限子集 E, 都存在 $\mathcal{N}_0$ 的一个赋值映射 ν_E 来满足要求:

$$(\mathcal{N}_0,\nu_E)\models E$$

(应用商结构 $(D_j/\sim_{D_j},<_j^*)$ 到 $(N_0/\sim,<^*)$ 的嵌入映射以及它的自然提升到

$$\mathcal{D}_j\hookrightarrow\mathcal{N}_0$$

的嵌入映射). 因此, $\Gamma_1(x_1,x_2)$ 的任何一个有限子集都是可满足的. 应用紧致性定理 (定理 5.1), $\Gamma_1(x_1,x_2)$ 是一个一致的表达式集合.

令 $\Gamma(x_1,x_2)\supset\Gamma_1(x_1,x_2)$ 为一个可以被实现的型. 令 $\mathcal{D}_{j+1}$ 为一个可数的实现 $\Gamma(x_1,x_2)$ 的 T 的模型. 那么,

(1) $\mathcal{D}_j\prec\mathcal{D}_{j+1}$;

(2) D_{j+1} 可数;

(3) D_{j+1} 中有两个元素 d_1,d_2 来满足如下要求:

$$[a_{j_1}]<^*[d_1]<^*[a_{j_2}]<^*[d_2].$$

令 $\mathcal{M}_{k+1}=\lim\limits_{j\to\infty}\mathcal{D}_j$. 再令 $\mathcal{M}^*=\lim\limits_{k\to\infty}\mathcal{M}_k$.

首先, $\mathcal{M}\prec\mathcal{M}^*$; 其次, M^* 是一个可数集合; 最后, $\mathcal{M}^*\cong\mathcal{N}_0$, 这是因为

$$(((M^*/\sim)-\{[0]\}),<^*)\cong(\mathbb{Q},<).$$ □

12.1.4 自然数序理论完全性

应用前面的结论, 我们可以证明 T^*_{ldlo} 适合量词消去.

定理 12.6 T^*_{ldlo} 适合量词消去.

证明 根据前面的引理, $\mathcal{N}_0$ 是 T^*_{ldlo} 的一个可数广集半整齐模型, 并且 T^*_{ldlo} 的任意两个可数模型都有同构的可数半整齐同质放大模型. 由此, 据前面的可数广集半整齐特征定理 (定理 12.5), 我们就能够得出 T^*_{ldlo} 适合量词消去的结论. □

定理 12.7 (1) $\mathcal{N} \prec \mathcal{N}_0$;

(2) 如果 $\mathcal{M} \models T^*_{\text{ldlo}}$, 那么存在一个从 $\mathcal{N}$ 到 $\mathcal{M}$ 的同质嵌入映射;

(3) T^*_{ldlo} 是一个完全理论, 从而, T_{ldlo} 也是一个完全理论;

(4) T^*_{ldlo} 是一个模型完全理论, 但是, T_{ldlo} 不是一个模型完全理论.

证明 (1) 这是因为: $\mathcal{N} \subset \mathcal{N}_0$; $\mathcal{N} \models T^*_{\text{ldlo}}$, $\mathcal{N}_0 \models T^*_{\text{ldlo}}$; 理论 T^*_{ldlo} 适合量词消去. 根据适合量词消去的必要条件 (定理 6.11), 结论: $\mathcal{N} \prec \mathcal{N}_0$.

(2) 假设 $\mathcal{M} = (M, I) \models T^*_{\text{ldlo}}$. 定义 $f(0) = I(c_0)$, 以及对于任意的 $n \in \mathbb{N}$, 递归地定义 $f(S(n)) = I(F_S)(f(n))$.

那么 f 是一个嵌入映射, 而且 $f[\mathbb{N}]$ 是 $\mathcal{M}$ 的一个子结构的论域, f 是 $\mathcal{N}$ 与这个子结构的一个同构映射. 因为 T^*_{ldlo} 适合量词消去, f 就是一个同质嵌入映射.

(3) 令 $\mathcal{M}_1 \models T^*_{\text{ldlo}}$, $\mathcal{M}_2 \models T^*_{\text{ldlo}}$. 由 (2), T^*_{ldlo} 的模型 $\mathcal{N}$ 同质地嵌入到 $\mathcal{M}_1$ 和 $\mathcal{M}_2$ 之中, 于是

$$\mathcal{M}_1 \equiv \mathcal{N} \equiv \mathcal{M}_2.$$

因此, 依据哥德尔完备性定理 (定理 4.8), T^*_{ldlo} 是一个完全理论.

事实上, 这个命题还可以如下证明: 因为 T^*_{ldlo} 适合量词消去, 并且有一个极小结构 $(\mathbb{N}, <, S, 0)$, 所以 T^*_{ldlo} 是一个完全理论.

由于 T^*_{ldlo} 是 T_{ldlo} 的保守扩张, T^*_{ldlo} 是完全的, T_{ldlo} 也是完全的. □

引理 12.7 $\mathcal{N}_0$ 是一个整齐模型.

证明 证明如下命题: 对于 $\{a_1, \cdots, a_n\} \subset N_0$, $\{b_1, \cdots, b_n\} \subset N_0$, 如果

$$\text{tp}(a_1, \cdots, a_n) = \text{tp}(b_1, \cdots, b_n)$$

以及 $a \in N_0 - \{a_1, \cdots, a_n\}$, 那么存在 $b \in N_0 - \{b_1, \cdots, b_n\}$ 来保证

$$\text{tp}(a_1, \cdots, a_n, a) = \text{tp}(b_1, \cdots, b_n, b).$$

假设 $\text{tp}(a_1, \cdots, a_n) = \text{tp}(b_1, \cdots, b_n)$, $a \in N_0 - \{a_1, \cdots, a_n\}$. 自然地,

$$\text{tp}_0(a_1, \cdots, a_n) = \text{tp}_0(b_1, \cdots, b_n);$$

由于 $\mathcal{N}_0$ 是半整齐的, 令 $b \in N_0 - \{b_1, \cdots, b_n\}$ 来保证

$$\text{tp}_0(a_1, \cdots, a_n, a) = \text{tp}_0(b_1, \cdots, b_n, b).$$

对于表达式 $\varphi(x_1, \cdots, x_n, x_{n+1})$, 令 $\varphi^*(x_1, \cdots, x_n, x_{n+1})$ 为一个在 T^*_{ldlo} 上与 φ 等价的布尔表达式. 于是, $\varphi(x_1, \cdots, x_n, x_{n+1}) \in \text{tp}(a_1, \cdots, a_n, a)$

$$\begin{aligned}
&\iff \quad \varphi^*(x_1, \cdots, x_n, x_{n+1}) \in \text{tp}_0(a_1, \cdots, a_n, a),\\
&\iff \quad \varphi^*(x_1, \cdots, x_n, x_{n+1}) \in \text{tp}_0(b_1, \cdots, b_n, b),\\
&\iff \quad \varphi(x_1, \cdots, x_n, x_{n+1}) \in \text{tp}(b_1, \cdots, b_n, b).
\end{aligned}$$

所以, $\mathrm{tp}_0(a_1, \cdots, a_n, a) = \mathrm{tp}_0(b_1, \cdots, b_n, b)$. □

定理 12.8 (1) $\mathcal{N}_0$ 是 T^*_{ldlo} 的一个饱和模型;

(2) $\mathcal{N}$ 是一个最小典型模型;

(3) T^*_{ldlo} 是一个根本型理论;

(4) T^*_{ldlo} 有不可数个彼此互不同构的可数模型.

证明 根据上面的引理, $\mathcal{N}_0$ 是一个可数广集整齐模型; 根据可数饱和模型特征定理 (定理 7.21), $\mathcal{N}_0$ 是一个饱和模型. □

推论 12.1 如果 φ 是 $\mathcal{L}_A$ 的一个表达式, 那么一定有满足如下两项要求的 $\mathcal{L}_A$ 的表达式 ψ:

(1) ψ 是一个 (形如以下的) 合取原始表达式的析取范式:

$$((\eta_{11} \wedge \eta_{12} \wedge \cdots \eta_{1j_1}) \vee (\eta_{21} \wedge \eta_{22} \wedge \cdots \eta_{2j_2}) \vee \cdots \vee (\eta_{n1} \wedge \eta_{n2} \wedge \cdots \eta_{nj_n}))$$

其中, 每一个 η_{ik} 都是语言 $\mathcal{L}_A$ 的一个原始表达式;

(2) $T \vdash (\varphi \leftrightarrow \psi)$.

证明 依据上面的定理, T^*_{ldlo} 适合量词消去. 只需证明对于每一个 $\mathcal{L}_A$ 的不含任何量词的表达式 φ 来说, 推论中的结论成立就足够了.

假设 φ 是 $\mathcal{L}_A$ 的一个不含任何量词的表达式. 我们用关于 φ 的长度的归纳法来证明满足两项要求的 ψ 一定存在.

如果 φ 是 $(\neg P_<(\tau_1, \tau_2))$, 那么取 ψ 为

$$((\tau_1 \hat{=} \tau_2) \vee P_<(\tau_2, \tau_1)).$$

就有 $T^*_{\mathrm{ldlo}} \vdash (\varphi \leftrightarrow \psi)$.

如果 φ 是 $(\neg(\tau_1 \hat{=} \tau_2))$, 那么取 ψ 为

$$(P_<(\tau_1, \tau_2) \vee P_<(\tau_2, \tau_1)).$$

就有 $T^*_{\mathrm{ldlo}} \vdash (\varphi \leftrightarrow \psi)$.

现在假设 φ 是 $(\neg\varphi_1)$, 以及对于 φ_1, 有满足要求的形如下述的合取原始表达式的析取范式 ψ_1:

$$((\eta_{11} \wedge \eta_{12} \wedge \cdots \eta_{1j_1}) \vee (\eta_{21} \wedge \eta_{22} \wedge \cdots \wedge \eta_{2j_2}) \vee \cdots \vee (\eta_{n1} \wedge \eta_{n2} \wedge \cdots \eta_{nj_n})).$$

那么 $(\neg\psi_1)$ 就是如下表达式:

$$\left(\begin{array}{lcl} ((\neg\eta_{11}) \vee (\neg\eta_{12}) \vee \cdots (\neg\eta_{1j_1})) & \wedge & ((\neg\eta_{21}) \vee (\neg\eta_{22}) \vee \cdots \vee (\neg\eta_{2j_2}))\wedge \\ & \wedge & \cdots \wedge ((\neg\eta_{n1}) \vee (\neg\eta_{n2}) \vee \cdots (\neg\eta_{nj_n})) \end{array} \right).$$

将其中每一个表达式 $(\neg\eta_{ik})$ 用与之等价的两个原始表达式的析取范式取而代之; 再应用 $\wedge$ 和 $\vee$ 之间的分配律与结合律, 得到与 φ 等价的合取原始表达式的析取范式.

再假设 φ 是 $(\varphi_1 \to \varphi_2)$. 首先,

$$\vdash ((\varphi_1 \to \varphi_2) \leftrightarrow ((\neg\varphi_1) \vee \varphi_2)).$$

根据归纳假设, 对于 $(\neg\varphi_1)$ 和 φ_2, 都有满足要求的 ψ_1 和 ψ_2. 那么

$$T^*_{\mathrm{ldlo}} \vdash (\varphi \leftrightarrow (\psi_1 \vee \psi_2)),$$

其中, $(\psi_1 \vee \psi_2)$ 是一个合取原始表达式的析取范式. □

现在我们终于可以回答前面关于 $(\mathbb{N}, <)$ 上可定义子集的刻画问题了.

定理 12.9 设 $A \subseteq N_0$ 以及 $X \subseteq N_0$. 那么下述两个命题等价:

(1) $A \in \mathrm{Def}(\mathcal{N}_0, X)$;

(2) A 是有限个端点在 X 之中的区间的并.

证明 只需证 (1) $\Rightarrow$ (2).

令 $\varphi(x_1, x_2, \cdots, x_{1+m})$ 以及 $\{b_1, \cdots, b_m\} \subset X$ 在 $\mathcal{N}_0$ 上定义 A, 即

$$A = \{a \in N_0 \mid \mathcal{N}_0 \models \varphi[a, b_1, \cdots, b_m]\}.$$

依据推论 12.1, 令 $\psi(x_1, \cdots, x_2, \cdots, x_{1+m})$ 为一个合取原始表达式的析取范式, 并且满足

$$T \vdash (\varphi \leftrightarrow \psi).$$

那么

$$A = \{a \in N_0 \mid \mathcal{N}_0 \models \psi[a, b_1, \cdots, b_m]\}.$$

这就表明 A 是一些端点在 $\{b_1, \cdots, b_m\}$ 中的区间的并. □

定理 12.10 设 $A \subseteq \mathbb{N}$. 那么下述三个命题等价:

(1) $A \in \mathrm{Def}(\mathcal{N})$;

(2) $A \in \mathrm{Def}(\mathcal{N}, \mathbb{N})$;

(3) 或者 A 是 $\mathbb{N}$ 的一个有限子集, 或者 $(\mathbb{N} - A)$ 是一个有限子集.

证明 同前面的证明一样, 只需注意 $\mathbb{N}$ 中的每一个元素都是在 $\mathcal{N}$ 上零参数可定义的. □

推论 12.2 设 $A \subseteq \mathbb{N}$. 那么, 下述三个命题等价:

(1) $A \in \mathrm{Def}((\mathbb{N}, <))$;

(2) $A \in \mathrm{Def}((\mathbb{N}, <), \mathbb{N})$;

(3) 或者 A 是 $\mathbb{N}$ 的一个有限子集, 或者 $(\mathbb{N} - A)$ 是一个有限子集.

证明 (2) ⇒ (1) 每一个 $\{n\}$ 都是在 $(\mathbb{N},<)$ 上零参数可定义的. 递归地定义表达式 $\varphi_n(x_1)$ 如下:

$\varphi_0(x_1)$ 已经在前面定义; $\varphi_{n+1}(x_1)$ 是如下表达式:

$$(\forall x_2(P_<(x_2,x_1) \to (\varphi_0(x_1;x_2) \vee \cdots \vee \varphi_n(x_1;x_2)))).$$

那么 $\{n\} = \{a \in \mathbb{N} \mid (\mathbb{N},<) \models \varphi_n[a]\}$.

(1) ⇒ (3) 设 $A \in \mathrm{Def}((\mathbb{N},<),\mathbb{N})$. 那么, $A \in \mathrm{Def}(\mathcal{N},\mathbb{N})$. □

12.2 自然数有序加法理论

12.2.1 有序强加法幺半群理论

考虑只有一个常元符号 c_0, 一个一元函数符号 F_S, 一个二元函数符号 F_+ 和一个二元谓词符号 $P_<$ 的非逻辑符号集合

$$\mathcal{A} = \{c_0, F_S, F_+, P_<\}$$

以及这个语言的典型结构

$$\mathcal{N} = (\mathbb{N}, 0, S, +, <),$$

其中, $S(n) = n+1$ 是自然数上的后继函数, $+$ 是自然数加法, $<$ 是自然数的序. 这是一个**有序强加法幺半群**.

令 T_{oasg} 为由下列非逻辑公理所给出的**有序强加法幺半群理论**:

(1) $(\forall x_1(F_+(x_1,c_0)\hat{=}x_1))$;

(2) $(\forall x_1(\forall x_2(F_+(x_1,F_S(x_2))\hat{=}F_S(F_+(x_1,x_2)))))$;

(3) $\forall x_1(\forall x_2(\forall x_3(P_<(x_1,x_2) \leftrightarrow P_<(F_+(x_1,x_3),F_+(x_2,x_3)))))$;

(4) $(\forall x_1(\forall x_2(F_+(x_1,x_2)\hat{=}F_+(x_2,x_1))))$;

(5) $(\forall x_1(\forall x_2(\forall x_3(F_+(x_1,F_+(x_2,x_3))\hat{=}F_+(F_+(x_1,x_2),x_3)))))$;

(6) $(\forall x_1(\forall x_2(\forall x_3((F_+(x_1,x_3)\hat{=}F_+(x_2,x_3)) \to (x_1\hat{=}x_2)))))$;

(7) $(\forall x_1(\forall x_2(P_<(x_1,x_2) \vee (x_1\hat{=}x_2) \vee P_<(x_2,x_1))))$;

(8) $(\forall x_1(\neg P_<(x_1,x_1)))$;

(9) $(\forall x_1(\forall x_2(\forall x_3((P_<(x_1,x_2) \wedge P_<(x_2,x_3)) \to P_<(x_1,x_3)))))$;

(10) $(\forall x_1\ (\neg P_<(x_1,c_0)))$;

(11) $(\forall x_1 P_<(x_1,F_S(x_1)))$;

(12) $(\forall x_1(\forall x_2(P_<(x_1,x_2) \to ((x_2\hat{=}F_S(x_1)) \vee P_<(F_S(x_1),x_2)))))$;

(13) $(\forall x_1(\exists x_2((x_1\hat{=}c_0) \vee (P_<(x_2,x_1) \wedge (x_1\hat{=}F_S(x_2))))))$;

定义 12.8　令 $N_1 = \mathbb{N} \cup (\mathbb{Q} \times \mathbb{Z})$. 如下定义 $<_1$, S_1 和 $+_1$:

(1) $<_1 \cap (\mathbb{N} \times \mathbb{N}) = <$;

(2) $S_1 \cap (\mathbb{N} \times \mathbb{N}) = S$;

(3) $+_1 \upharpoonright \mathbb{N} = +$;

(4) 对于每一个 $n \in \mathbb{N}$, $(r, i) \in (\mathbb{Q} \times \mathbb{Z})$, 都有 $n <_1 (r, i)$; $n +_1 (r, i) = (r, n + i)$;

(5) 对于任意的 $(r, i), (s, j) \in (\mathbb{Q} \times \mathbb{Z})$,

　(a) $(r, i) <_1 (s, j)$ 当且仅当, 或者

　　(i) $r < s$, 或者

　　(ii) $r = s$ 而且 $i < j$;

　(b) $(r, i) +_1 (s, j) = (r + s, i + j)$;

也就是说, 在乘积 $\mathbb{Q} \times \mathbb{Z}$ 上, 我们用它们的**垂直字典序**和**向量加法**;

(6) 对于任意的 $(r, i) \in (\mathbb{Q} \times \mathbb{Z})$, $S_1(r, i) = (r, i + 1)$.

令 $\mathcal{N}_1 = (N_1, 0, S_1, +_1, <_1)$.

事实 12.2.1　(1) $\mathcal{N}_1 \models T_{\mathrm{oasg}}$;

(2) T_{oasg} 既不是完全的, 也不是模型完全的.

证明　留作练习. □

为了解决自然数有序加法理论公理化的完全性问题, 我们自然地向 T_{oasg} 添加如下的模数同余公理族:

定义 12.9　(14) 对每一个自然数 $m > 1$, 下面的语句 θ_m 是一条非逻辑公理:

$$\left(\forall x_1 \left(\exists x_2 \left(\exists x_3 \left(\begin{array}{l} ((\tau_0 \hat{=} x_2) \vee (P_<(\tau_0, x_2) \wedge P_<(x_2, \tau_{m-1})) \vee (x_2 \hat{=} \tau_{m-1})) \wedge \\ (x_1 \hat{=} F_+(x_2, \sigma_m(x_3))) \end{array}\right)\right)\right)\right),$$

其中, $\tau_0 = c_0$; $\tau_{n+1} = \overbrace{F_S(\cdots F_S(}^{n+1} c_0) \cdots)$; $\sigma_m(x_3) = \overbrace{F_+(\cdots F_+(}^{m-1} x_3, x_3), \cdots, x_3)$. 令 $T^1_{\mathrm{oasg}} = T_{\mathrm{oasg}} \cup \{\theta_m \mid 1 < m < \infty\}$.

定理 12.11　T^1_{oasg} 不适合量词消去.

证明　留作练习. □

定理 12.12　T^1_{oasg} 是一个完全理论和模型完全理论.

我们将引进 T^1_{oasg} 的一个保守扩充, 并证明这个保守扩充适合量词消去, 从而得到我们所追求的完全性和模型完全性.

12.2.2　有序模数同余加法幺半群理论

语言的非逻辑符号表为 $\mathcal{A}_{\leqq} = \{c_0, F_S, F_P, F_+, P_<\} \cup \{P_{3^n} \mid 2 \leqslant n \in \mathbb{N}\}$; 每一个 P_{3^n} 是一个一元谓词.

称由下述非逻辑公理组成的理论为**有序模数同余加法幺半群理论**, 并记成

$$T_{\text{omrasg}};$$

称 T_{omrasg} 的模型为一个**有序模数同余加法幺半群**; 也称由下述前十三条公理组成的理论为**离散有序加法幺半群理论**, 而这个理论的模型则被称为**离散有序加法幺半群**.

(1) $(\forall x_1(F_+(x_1,c_0)\hat{=}x_1))$;

(2) $(\forall x_1(\forall x_2(F_+(x_1,F_S(x_2))\hat{=}F_S(F_+(x_1,x_2)))))$;

(3) $\forall x_1(\forall x_2(\forall x_3(P_<(x_1,x_2)\leftrightarrow P_<(F_+(x_1,x_3),F_+(x_2,x_3)))))$;

(4) $(\forall x_1(\forall x_2(F_+(x_1,x_2)\hat{=}F_+(x_2,x_1))))$;

(5) $(\forall x_1(\forall x_2(\forall x_3(F_+(x_1,F_+(x_2,x_3))\hat{=}F_+(F_+(x_1,x_2),x_3)))))$;

(6) $(\forall x_1(\forall x_2(\forall x_3((F_+(x_1,x_3)\hat{=}F_+(x_2,x_3))\to(x_1\hat{=}x_2)))))$;

(7) $(\forall x_1(\forall x_2(P_<(x_1,x_2)\vee(x_1\hat{=}x_2)\vee P_<(x_2,x_1))))$;

(8) $(\forall x_1(\neg P_<(x_1,x_1)))$;

(9) $(\forall x_1(\forall x_2(\forall x_3((P_<(x_1,x_2)\wedge P_<(x_2,x_3))\to P_<(x_1,x_3)))))$;

(10) $(\forall x_1\,(\neg P_<(x_1,c_0)))$;

(11) $(\forall x_1 P_<(x_1,F_S(x_1)))$;

(12) $(\forall x_1(\forall x_2(P_<(x_1,x_2)\to((x_2\hat{=}F_S(x_1))\vee P_<(F_S(x_1),x_2)))))$;

(13) $(\forall x_0(P_<(c_0,x_0)\to(F_S(F_P(x_0))\hat{=}x_0)))$;

(14) 对于大于 1 的自然数 n,

$$\left(\forall x_1\left(\bigvee_{i\in n}\left(P_{3^n}(F_+(x_1,\sigma_i(1)))\wedge\bigwedge_{j\in(n-\{i\})}(\neg P_{3^n}(F_+(x_1,\sigma_j(1))))\right)\right)\right);$$

(15) 对于大于 1 的自然数 n, $(\forall x_2(P_{3^n}(x_2)\leftrightarrow(\exists x_1(x_2\hat{=}\sigma_n(x_1)))))$.

引理 12.8 如果 $(G,0,S,P,+,<,A_n)_{n\geqslant 2;\,n\in\mathbb{N}}$ 为一个有序模数同余加法幺半群, 其中, 对于 $n\geqslant 2$, A_n 是 P_{3^n} 在 G 中的解释. 那么对于 $n\geqslant 2, n\in\mathbb{N}$, 必有

$$A_n=nG=\{a\in G\mid(G,0,S,P,+,<)\models(\exists x_1(x_2\hat{=}\sigma_n(x_1)))[a]\}.$$

称由下述非逻辑公理组成的理论为**弱有序模数同余加法幺半群理论**, 并记成 $T^{\circ}_{\text{omrasg}}$; 称 $T^{\circ}_{\text{omrasg}}$ 的模型为**弱有序模数同余加法幺半群**.

(1) $(\forall x_1(F_+(x_1,c_0)\hat{=}x_1))$;

(2) $(\forall x_1(\forall x_2(F_+(x_1,F_S(x_2))\hat{=}F_S(F_+(x_1,x_2)))))$;

(3) $\forall x_1(\forall x_2(\forall x_3(P_<(x_1,x_2)\leftrightarrow P_<(F_+(x_1,x_3),F_+(x_2,x_3)))))$;

(4) $(\forall x_1(\forall x_2(F_+(x_1,x_2)\hat{=}F_+(x_2,x_1))))$;

(5) $(\forall x_1(\forall x_2(\forall x_3(F_+(x_1,F_+(x_2,x_3))\hat{=}F_+(F_+(x_1,x_2),x_3)))))$;

(6) $(\forall x_1(\forall x_2(\forall x_3((F_+(x_1,x_3)\hat{=}F_+(x_2,x_3))\to(x_1\hat{=}x_2)))))$;

(7) $(\forall x_1(\forall x_2(P_<(x_1,x_2) \vee (x_1 \hat{=} x_2) \vee P_<(x_2,x_1))))$;

(8) $(\forall x_1(\neg P_<(x_1,x_1)))$;

(9) $(\forall x_1(\forall x_2(\forall x_3((P_<(x_1,x_2) \wedge P_<(x_2,x_3)) \rightarrow P_<(x_1,x_3)))))$;

(10) $(\forall x_1\ (\neg P_<(x_1,c_0)))$;

(11) $(\forall x_1 P_<(x_1,F_S(x_1)))$;

(12) $(\forall x_1(\forall x_2(P_<(x_1,x_2) \rightarrow ((x_2 \hat{=} F_S(x_1)) \vee P_<(F_S(x_1),x_2)))))$;

(13) $(\forall x_0(P_<(c_0,x_0) \rightarrow (F_S(F_P(x_0)) \hat{=} x_0)))$;

(14) 对于大于 1 的自然数 n,

$$\left(\forall x_1\left(\bigvee_{i\in n}\left(P_{3^n}(F_+(x_1,\sigma_i(1))) \wedge \bigwedge_{j\in(n-\{i\})}(\neg P_{3^n}(F_+(x_1,\sigma_j(1))))\right)\right)\right);$$

(15) 对于大于 1 的自然数 n,

$$(\forall x_1(\forall x_2((P_{3^n}(x_1) \wedge P_{3^n}(x_2)) \rightarrow (P_{3^n}(F_+(x_1,x_2))))));$$

(16) 对于大于 1 的自然数 n, $(\forall x_1(\forall x_2((x_2 \hat{=} \sigma_n(x_1)) \rightarrow P_{3^n}(x_2))))$;

(17) 对于大于 1 的自然数 n,m, 若 $m|n$, 则 $(\forall x_1(P_{3^n}(x_1) \rightarrow P_{3^m}(x_1)))$;

(18) 对于大于 1 的自然数 n,k, $(\forall x_1(P_{3^{kn}}(\sigma_k(x_1)) \rightarrow P_{3^n}(x_1)))$.

定义 12.10 令 $N_1 = \mathbb{N} \cup (\mathbb{Q} \times \mathbb{Z})$. 如下定义 $<_1$, S_1, P_1 和 $+_1$:

(1) $<_1 \cap (\mathbb{N} \times \mathbb{N}) =<$;

(2) $S_1 \cap (\mathbb{N} \times \mathbb{N}) = S$;

(3) $P_1 \cap (\mathbb{N} \times \mathbb{N}) = P$;

(4) $+_1 \restriction \mathbb{N} = +$;

(5) 对于每一个 $n \in \mathbb{N}$, $(r,i) \in (\mathbb{Q} \times \mathbb{Z})$, 都有 $n <_1 (r,i)$; $n +_1 (r,i) = (r, n+i)$;

(6) 对于任意的 $(r,i),(s,j) \in (\mathbb{Q} \times \mathbb{Z})$,

  (a) $(r,i) <_1 (s,j)$ 当且仅当, 或者

    (i) $r < s$, 或者

    (ii) $r = s$ 而且 $i < j$;

  (b) $(r,i) +_1 (s,j) = (r+s, i+j)$;

也就是说, 在乘积 $\mathbb{Q} \times \mathbb{Z}$ 上, 我们用它们的垂直字典序和向量加法;

(7) 对于任意的 $(r,i) \in (\mathbb{Q} \times \mathbb{Z})$, $S_1(r,i) = (r,i+1)$, $P_1(r,i) = (r,i-1)$.

对于 $1 < m \in \mathbb{N}$, 令

$$mN_1 = m\mathbb{N} \cup \{(r,mi) \mid r \in \mathbb{Q},\ i \in \mathbb{Z}\}.$$

令 $\mathcal{N}_1^* = (N_1, 0, S_1, P_1, +_1, <_1, mN_1)_{1<m\in\mathbb{N}}$. 令 $N_Z = \mathbb{N} \cup \mathbb{Z} \times \mathbb{Z}$; 对于 $1 < m \in \mathbb{N}$, 令

$$A_m = m\mathbb{N} \cup \{(r,mi) \mid r \in \mathbb{Z},\ i \in \mathbb{Z}\}.$$

令 $\mathcal{N}_Z = (N_Z, 0, S_1, P_1, +_1, <_1, A_m)_{1<m\in\mathbb{N}}$.

命题 12.1 (1) $(\mathbb{N}, 0, S, P, +, m\mathbb{N})_{1<m\in\mathbb{N}} \models T_{\text{omrasg}}$;

(2) $\mathcal{N}_1^* \models T_{\text{omrasg}}$;

(3) $\mathcal{N}_Z$ 是一个弱有序模数同余加法幺半群, 即 $\mathcal{N}_Z \models T^{\circ}_{\text{omrasg}}$, 但不是有序模数同余加法幺半群.

定义 12.11 设 $(G, 0, S, P, +, <)$ 是一个离散有序加法幺半群. $I \subseteq G$ 是 G 的一个**前段**当且仅当

(1) $0 \in I$;

(2) 如果 $x \in I$, $y \in G$, 并且 $y < x$, 那么 $y \in I$;

(3) 如果 $x \in I$, 那么 $S(x) \in I$;

(4) 如果 $x, y \in I$, 那么 $x + y \in I$.

当 $I \subset G$ 是 G 的一个前段时, 称 $G - I$ 为 G 的一个**尾段**.

命题 12.2 如果 $(G, 0, S, P, +, <)$ 是一个离散有序加法幺半群, 那么

$$(\mathbb{N}, 0, S, P, +, <)$$

与 $(G, 0, S, P, +, <)$ 的一个前段同构.

证明 令 $G_0 = \{S^n(0) \mid n \in \mathbb{N}\}$. 那么 G_0 是 $(G, 0, S, P, +, <)$ 的一个前段, 并且与 $(\mathbb{N}, 0, S, P, +, <)$ 同构. □

命题 12.3 设 $(G, 0, S, P, +, <)$ 是一个离散有序加法幺半群, $I \subset G$ 是 G 的一个真前段, $G_1 = G - I$. 那么

(1) $(I, 0, S, P, +, <)$ 是一个离散有序加法幺半群;

(2) $\forall x \in G_1, \forall y \in I, y < x$;

(3) $\forall x \in G_1\ (P(x) \in G_1 \wedge S(x) \in G_1)$;

(4) $\forall x, y \in G_1\ (x + y \in G_1)$.

(5) 尾段 $(G_1, S, P, +, <)$ 是一个无端点离散有序加法半群.

证明 留作练习. □

引理 12.9 设 $(G, S, P, +, <)$ 是一个无端点离散有序加法半群. 那么它的减法闭包是一个离散强有序加法群, 并且从 $(G, S, P, +, <)$ 到它的减法闭包

$$(H, 0, S, P, +, -, <)$$

的裁减结构 $(H, S, P, +, <)$ 的自然嵌入映射 e 具有如后的极小特性: 如果

$$(H', 0, S, P, +, -, <)$$

是一个离散强有序加法群,

$$f : (G, S, P, +, <) \to (H', S, P, +, <)$$

是一个嵌入映射, 那么必有一嵌入映射

$$g:(H,0,S,P,+,-,<)\to(H',0,S,P,+,-,<)$$

来实现 $f=g\circ e$.

证明　令对于 $(a,b)\in G^2$, $(i,j)\in G^2$, 定义 $(a,b)\sim(i,j)$ 当且仅当 $a+j=b+i$. 那么, $\sim$ 是 $G\times G$ 上的一个等价关系.

令 $H=G^2/\sim$. 对于 $(a,b),(c,d),(i,j)\in G^2$, 定义

(1) $[(a,b)]+[(c,d)]=[(a+c,b+d)]$;

(2) $[(a,b)]-[(c,d)]=[(a+d,b+c)]$;

(3) $[(a,b)]<[(c,d)]$ 当且仅当 $a+d<b+c$;

(4) $S([(a,b)])=[(S(a),b)]$;

(5) 如果 $a\leqslant b$, $P([(a,b)])=[(a,S(b))]$; 如果 $a>b$, $P([(a,b)])=[(P(a),b)]$.

上述定义都无歧义, 并且 $(H,[(a,a)],S,P,+,-,<)$ 是一个离散强有序加法群. 称

$$(H,[(a,a)],S,P,+,-,<)$$

为 $(G,S,P,+,<)$ 的**减法闭包**.

对于 $a\in G$, 令 $e(a)=[(2a,a)]$. 那么 $e:(G,S,P,+,<)\to(H,S,P,+,<)$ 是一个嵌入映射.

设 $(H',0,S,P,+,-,<)$ 是一个离散有序加法群,

$$f:(G,S,P,+,<)\to(H',S,P,+,<)$$

是一个嵌入映射. 对于 $[(a,b)]\in H$, 令 $g([(a,b)]=f(a)-f(b)$. 那么 $g:(H,0,S,P,+,-,<)\to(H',0,S,P,+,-,<)$ 是一个嵌入映射, 并且 $f=g\circ e$.

我们将上述断言的验证留作练习. □

引理 12.10　设 $(G,0,S,P,+,-,<)$ 是一个无端点离散强有序加法群. 那么它的序化等分闭包是一个可等分无端点强有序加法群, 并且从 $(G,0,S,P,+,-,<)$ 到它的等分闭包 $(H,0,S,P,+,-,<)$ 的自然嵌入映射 e 具有如后极小特性: 如果 $(H',0,S,P,+,-,<)$ 是一个无端点可等分强有序加法群,

$$f:(G,0,S,P,+,-,<)\to(H',0,S,P,+,-,<)$$

是一个嵌入映射, 那么必有一嵌入映射

$$g:(H,0,S,P,+,-,<)\to(H',0,S,P,+,-,<)$$

来实现 $f=g\circ e$.

证明 令 $A = \{(g,n) \mid g \in G,\ n \in \mathbb{N},\ n > 0\}$. 我们拟用 (g,n) 表示将 g 分成 n 等份之结果.

对于 $(g,n),(h,m) \in A$, 定义

$$(g,n) \sim (h,m) \text{ 当且仅当 } \sum_{i=1}^{m} g = \sum_{i=1}^{n} h.$$

$\sim$ 是传递的: 设 $(g,n) \sim (h,m)$ 以及 $(h,m) \sim (f,k)$. 那么

$$kmg = knh, \quad \wedge\, nkh = nmf, \quad \text{从而 } kmg = nmf, \quad \text{以及 } kg = nf.$$

因此, $\sim$ 是 A 上的一个等价关系.

对于 $(g,n) \in A$, 令 $[(g,n)] = \{(h,m) \in A \mid (g,n) \sim (h,m)\}$, 为 (g,n) 所在的等价类.

令 $H = A/\sim = \{[(g,n)] \mid (g,n) \in A\}$.

以下, 对于 $g \in G$, $n \in \mathbb{N}$, $n > 0$, 我们用 ng 来表示 $\sum_{i=1}^{n} g$.

对于 $[(g,n)],[(h,m)] \in H$, 定义

(1) $[(g,n)] \pm [(h,m)] = [(mg \pm nh, mn)]$;

(2) $S([(g,n)]) = [(S^n(g),n)]$;

(3) $P([(g,n)]) = [(P^n(g),n)]$;

(4) $[(g,n)] < [(h,m)]$ 当且仅当 $mg < nh$.

我们需要验证 $+$, S, P 以及 $<$ 的定义是无歧义的.

假设 $(f,k) \sim (g,n)$, 即 $kg = nf$.

(1) $(mg \pm nh, mn) \sim (mf \pm kh, mk)$, 也就是说, $mk(mg \pm nh) = mn(mf \pm kh)$. 由于 G 是一个加法群, $mk(mg \pm nh) = m^2kg \pm mknh = m^2nf \pm mknh = mn(mf \pm kh)$.

(2) $(S^n(g),n) \sim (S^k(f),k)$. 因为 $kg = nf$, $kg + knS(0) = nf + knS(0)$, 从而

$$k(g + nS(0)) = n(f + kS(0)),$$

即 $kS^n(g) = nS^k(f)$.

(3) $(P^n(g),n) \sim (P^k(f),k)$. 因为 $kg = nf$, $kg - knS(0) = nf - knS(0)$, 从而

$$k(g - nS(0)) = n(f - kS(0)),$$

即 $kP^n(g) = nP^k(f)$.

(4) $[(g,n)] < [(h,m)]$ 当且仅当 $mg < nh$, 当且仅当 $kmg < knh$, 当且仅当 $mnf < knh$, 当且仅当 $mf < kh$, 当且仅当 $[(f,k)] < [(h,m)]$.

用 $\frac{g}{n}$ 来记 $[(g,n)]$. $<$ 是传递的: 设 $\frac{g}{n} < \frac{h}{m} < \frac{f}{k}$. 那么 $mg < nh$, $kh < mf$. 于是,

$$kmg < nkh < nmf.$$

因此,

$$kmg < nmf.$$

从而, $kg < nf$. 也就是说 $\frac{g}{n} < \frac{f}{k}$. 这样, $<$ 是 H 上的一个线性序.

$<$ 与加法相匹配: 设 $[(g,n)] < [(h,m)]$, 那么 $[(g,n)]+[(f,k)] < [(h,m)]+[(f,k)]$. 这是因为

$$mg < nh \Rightarrow mkg < nkh \Rightarrow mkg + mnf < nkh + mnf.$$

同样可以验证 S 与 P 都是保序的.

H 可等分: 设 $[(g,m)] \in H$, $n \in \mathbb{N}$, $n > 1$, $n[(g,mn)] = [(ng,mn)] = [(g,m)]$.

从 G 到 H 的自然映射 $g \mapsto [(g,1)]$ 是从 $(G,0,S,P,+,-,<)$ 到

$$(H,[(0,1)],S,P,+,-,<)$$

的嵌入映射. 首先, 如果 $g \neq h$, 那么 $[(g,1)] \neq [(h,1)]$; 其次,

$$[(g,1)] \pm [(h,1)] = [(g \pm h, 1)];$$

然后,

$$S([(g,1)]) = [(S(g),1)], \quad P([(g,1)]) = [(P(g),1)];$$

最后, $g < h$ 当且仅当 $[(g,1)] < [(h,1)]$.

因此, $(H,[(0,1)],S,P,+,-,<)$ 是 $(G,0,S,P,+,-,<)$ 的序化等分闭包, 是一个可等分强有序加法群.

现在假设 H' 是一个可等分强有序加法群, 以及 $f : G \to H'$ 是一个嵌入映射.

对于 $g \in G$, $n \in N$, $n > 0$, 定义

$$j([(g,n)]) = \frac{f(g)}{n}.$$

其中, 对于 $a \in H'$, $n \in \mathbb{N}$, $n > 0$, $b = \frac{a}{n}$ 当且仅当 $\sum_{i=1}^{n} b = a$. 那么这个定义是无歧义的.

设 $\frac{g}{n} < \frac{h}{m}$. 那么 $mg < nh$, $mf(g) < nf(h)$; 所以, $\frac{f(g)}{n} < \frac{f(h)}{m}$.

综合起来, $j : H \to H'$ 是一个嵌入映射; 对于 $g \in G$, 总有 $f(g) = j([(g,1)])$. □

定义 12.12 设 $(G, 0, S, P, +, <, A_m)_{1<m\in\mathbb{N}}$ 是一个弱有序模数同余加法幺半群. 设 $(\mathbb{N}, 0, S, P, +, <, m\mathbb{N})_{1<m\in\mathbb{N}}$ 是 G 的前段, 并且 $G-\mathbb{N}\neq\varnothing$.

(1) 令 $G_1 = G-\mathbb{N}$, 并且对于 $1<m\in\mathbb{N}$, 令 $A_m^0 = A_m - m\mathbb{N}$, 令

$$G_2 = \{\, [(a,b)]_\sim \mid a, b\in G_1\},$$

其中, $(a,b)\sim(c,d) \iff a+d=b+c$, $[(a,b)]_\sim$ 是 (a,b) 所在的等价类;

(2) 对于 $1<m\in\mathbb{N}$, 令

$$A_m^1 = \left\{\, [(2a,a)]_\sim \mid a\in A_m^0\right\} \cup \left\{\, [(2a+b, 2b+a)]_\sim \mid a,b\in A_m^0\right\};$$

以及

$$A_m^2 = m\mathbb{N}\cup A_m^1.$$

(3) 令 $H_1 = \mathbb{N}\cup G_2$, 对于 $i\in\mathbb{N}$, $[(a,b)]_\sim\in G_2$, 定义

$$i+[(a,b)]_\sim = [(i+a,b)]_\sim;\ \text{以及}\ i<[(a,b)]_\sim.$$

(4) 对于 $a\in G$, 定义

$$e(a) = \begin{cases} a, & \text{当 } a\in\mathbb{N} \text{ 时},\\ [(2a,a)]_\sim, & \text{当 } a\in G_1 \text{ 时}. \end{cases}$$

(5) 令 $G_3 = \{[([(a,b)]_\sim, n)]_\approx \mid 1\leqslant n\in\mathbb{N};\ [(a,b)]_\sim\in G_2\}$, 其中,

$$([(a,b)]_\sim, n)\approx([(c,d)]_\sim, k) \iff k[(a,b)]_\sim = n[(c,d)]_\sim$$

$\approx$ 是 G_2 上的等价关系, $[([(a,b)]_\sim, n)]_\approx$ 是 $([(a,b)]_\sim, n)$ 所在的等价类;

(6) 令 $H_2 = \left\{[([(a,b)]_\sim, n)]_\approx\in G_3 \mid n=1\vee(2\leqslant n\in\mathbb{N}\wedge[(a,b)]_\sim\in A_n^1)\right\}$;

(7) 令 $H=\mathbb{N}\cup H_2$; 对于 $1<m\in\mathbb{N}$, 令

$$mH = m\mathbb{N}\cup\{m[([(a,b)]_\sim, n)]_\approx \mid [([(a,b)]_\sim, n)]_\approx\in H_2\};$$

(8) 对于 $a\in G$, 定义

$$f(a) = \begin{cases} a, & \text{当 } a\in\mathbb{N} \text{ 时},\\ [([(2a,a)]_\sim, 1)]_\approx, & \text{当 } a\in G_1 \text{ 时}. \end{cases}$$

引理 12.11 (1) 对于 $1<m\in\mathbb{N}$, A_m^1 关于 $\pm$ 是封闭的, 因而是一个加法群;

(2) 对于 $1<m\in\mathbb{N}$, A_m^2 关于 $+$ 是封闭的;

(3) $(G_2, [(a,a)]_\sim, [(S(a),a)]_\sim, +, -, <, A_m^1)_{1<m\in\mathbb{N}} \models T^\circ_{\mathrm{omrag}}$ 是一个弱模数同余强有序加法群;

(4) $(H_1,0,S,P,+,<,A_m^2)_{1<m\in\mathbb{N}}$ 是一个弱有序模数同余加法幺半群;

(5) $e:(G,0,S,P,+,<,A_m)_{1<m\in\mathbb{N}}\to(H_1,0,S,P,+,<,A_m^2)_{1<m\in\mathbb{N}}$ 是一个嵌入映射;

(6) $(G_3,[([(a,a)]_\sim,1)]_\approx,[([(S(a),a)]_\sim,1)]_\approx,+,-,<)$ 是

$$(G_2,[(a,a)]_\sim,[(S(a),a)]_\sim,+,-,<)$$

的序化等分闭包;

(7) $(H_2,[([(a,a)]_\sim,1)]_\approx,[([(S(a),a)]_\sim,1)]_\approx,+,-,<)$ 是

$$(G_3,[([(a,a)]_\sim,1)]_\approx,[([(S(a),a)]_\sim,1)]_\approx,+,-,<)$$

的一个有序子群;

(8) $(H,0,S,P,+,<,mH)_{1<m\in\mathbb{N}}$ 是一个有序模数同余加法幺半群;

(9) $f:(G,0,S,P,+,<,A_m)_{1<m\in\mathbb{N}}\to(H,0,S,P,+,<,mH)_{1<m\in\mathbb{N}}$ 是一个嵌入映射;

(10) 如果 $(H',0,S,P,+,<,mH')_{1<m\in\mathbb{N}}$ 是一个有序模数同余加法幺半群, 并且

$$g:(G,0,S,P,+,<,A_m)_{1<m\in\mathbb{N}}\to(H',0,S,P,+,<,mH')_{1<m\in\mathbb{N}}$$

是一个嵌入映射, 并且令 $j(k)=k\ (k\in\mathbb{N})$, 以及对于 $[([(a,b)]_\sim,n)]_\approx\in H_2$

$$j([([(a,b)]_\sim,n)]_\approx)=\frac{g(a)-g(b)}{n},$$

那么 $j:(H,0,S,P,+,<,mH)_{1<m\in\mathbb{N}}\to(H',0,S,P,+,<,mH')_{1<m\in\mathbb{N}}$ 是一个嵌入映射, 而且 $g=j\circ f$.

证明　固定 $1<m\in\mathbb{N}$. 那么 A_m 关于加法 $+$ 是封闭的.

(1) 设 $a,b,c,d\in A_m^0$.

$$[(2a,a)]+[(2c+d,2d+c)]=[(2a+2c+d,a+2d+c)]=[(2(a+c)+d,2d+(a+c))]\in A_m^1$$

以及

$$\begin{aligned}&[(2a+b,2b+a)]+[(2c+d,2d+c)]\\=&[(2a+b+2c+d,2b+a+2d+c)]\\=&[(2(a+c)+(b+d),2(b+d)+(a+c))]\in A_m^1;\end{aligned}$$

$$[(2a,a)]-[(2b,b)]=[(2a+b,2b+a)],$$

$$\begin{aligned}[(2a+b,2b+a)]-[(2c+d,2d+c)]&=[(2a+b+2d+c,2b+a+2c+d)]\\&=[(2(a+d)+(b+c),2(b+c)+(a+d))],\end{aligned}$$

以及

$$[(2a,a)]-[(2c+d,2d+c)]=[(2a+2d+c,a+2c+d)]$$
$$=[(2(a+d)+c,2c+(a+d))],$$

$$[(2c+d,2d+c)]-[(2a,a)]=[(2c+d+a,2d+c+2a)]=[(2c+(d+a),2(d+a)+c)].$$

(2) 设 $i\in m\mathbb{N}$, 设 $a,b\in A_m^0$. 那么 $i+a\in A_m^0$,

$$i+[(2a,a)]=[(i+2a,a)]=[(2(i+a),i+a)]\in A_m^1,$$

$$i+[(2a+b,2b+a)]=[(i+2a+b,2b+a)]=[(2(i+a)+b,2b+(i+a))]\in A_m^1.$$

(3) 公理 (10): 固定 $1<m\in\mathbb{N}$.

设 $a,b\in G_1$, 并且 $a+i\in A_m^0, b+j\in A_m^0, 0\leqslant i,j<m$ 唯一.

情形 1: $0\leqslant j\leqslant i<m$.

此种情形下, $0\leqslant(i-j)<m$, 以及

$$[(a,b)]+(i-j)=[(a+(i-j),b)]=[(a+i,b+j)]$$
$$=[(2(a+i)+(b+j),2(b+j)+(a+i))]\in A_m^1.$$

情形 2: $0\leqslant i<j<m$.

此种情形下, $0<(m+(i-j))<m$, $a+i+m\in A_m^0$, 以及

$$[(a,b)]+(m+(i-j))=[(a+m+(i-j),b)]$$
$$=[(a+m+i,b+j)]$$
$$=[(2(a+m+i)+(b+j),2(b+j)+(a+m+i))]\in A_m^1.$$

上述各种情形中, 给定 $[(a,b)]$ 之后, 无论是 $(i-j)$, 还是 $m+(i-j)$ 都是唯一的.

公理 (12): 固定 $1<m\in\mathbb{N}$. 设 $[(a,b)]\in G_2$. 那么 $\{ma,mb\}\subset A_m^0$, 以及

$$m[(a,b)]=[(ma,mb)]=[(2ma+mb,2mb+ma)]\in A_m^1;$$

公理 (13): 设 $1<m,n\in\mathbb{N}$ 以及 $m|n$. 那么 $A_n^0\subset A_m^0$, 从而 $A_n^1\subset A_m^1$.

公理 (14): 设 $1<k,n\in\mathbb{N}$. 设 $k[(a,b)]\in A_{kn}^1$.

假设有 $d\in A_{kn}^0$ 满足 $ka+d=kb+2d$, 那么 $ka=kb+d$. 根据公理 (10) 和这个等式, $d=kc, c\in G_1$. 于是, $c\in A_n^0$. 由此, 得到 $a=na_1+i$ 以及 $b=nb_1+i$, 其中 $0\leqslant i<n$, $a_1,b_1\in G_1$. 这样,

$$[(a,b)]=[(na_1,nb_1)]=n[(a_1,b_1)]\in A_n^1.$$

假设有 $c, d \in A_{kn}^0$ 满足 $[(ka, kb)] = [(2c+d, 2d+c)]$. 于是, $ka + d = kb + c$. 由此, $d \equiv c(\bmod\ k)$.

设 $0 \leqslant i < k$, $d = kd_1 + i$ 以及 $c = kc_1 + i$. 由于 A_{kn}^0 关于 $+$ 是封闭的,

$$nd \in A_{kn}^0, \quad nc \in A_{kn}^0.$$

因为

$$nd = nkd_1 + in, \quad nc = nkc_1 + in, \quad 0 \leqslant in < kn, \quad nkd_1 \in A_{kn}^0, \quad nkc_1 \in A_{kn}^0.$$

由公理 (10), 必有 $in = 0$, 即 $i = 0$. 这样, 据公理 (14), $d_1 \in A_n^0$, $c_1 \in A_n^0$. 由给定的假设条件,

$$[(a, b)] = [(2c_1 + d_1, 2d_1 + c_1)] \in A_n^1.$$

这就验证了公理 (14).

公理 (4)~(10) 的验证留作练习. □

推论 12.3　$T\circ_{\text{omrasg}}$ 与 $T_{\text{omrasg}}^{\forall}$ 等价; 并且 T_{omrasg} 具有代数素模型特性.

证明　由定义得知: $T_{\text{omrag}}^{\forall} \models T_{\text{omrag}}^{\circ}$.

根据上面的引理, T_{omrag}° 的每一个模型都是 T_{omrag} 的一个模型的子结构, 从而就都是 $T_{\text{omrag}}^{\forall}$ 的模型. 所以

$$T_{\text{omrag}}^{\circ} \models T_{\text{omrag}}^{\forall}.$$ □

为了得到 T_{omrasg} 适合消去量词, 我们还需要验证 T_{omrasg} 具有弱模型完全性.

引理 12.12　设 $(H, 0, S, P, +, -, <, nH)_{1<n\in\mathbb{N}} \models T_{\text{omrasg}}$, 以及

$$(G, 0, S, P, +, -, <, nG)_{1<n\in\mathbb{N}} \models T_{\text{omrasg}}.$$

如果

$$(G, 0, S, P, +, -, <, nG)_{1<n\in\mathbb{N}} \subseteq (H, 0, S, P, +, -, <, nH)_{1<n\in\mathbb{N}},$$

那么

$$(G, 0, S, P, +, -, <, nG)_{1<n\in\mathbb{N}} \prec_s (H, 0, S, P, +, -, <, nH)_{1<n\in\mathbb{N}}.$$

证明　留作练习. □

定理 12.13　(1) T_{omrasg} 适合量词消去;

(2) $(\mathbb{N}, 0, S, P, +, <, m\mathbb{N})_{1<m\in\mathbb{N}}$ 是 T_{omrasg} 的最小典型模型;

(3) T_{omrasg} 是 T_{oasg}^1 的保守扩充;

(4) T_{oasg}^1 是一个完全和模型完全的理论;

(5) $(\mathbb{N}, 0, S, +, <)$ 是 T_{oasg}^1 的最小典型模型.

12.2.3 保守扩充 T^*_{oasg}

类似于整数有序加法的情形，我们还可以有另外一种形式的保守扩充：往 $\mathcal{A}$ 里加进无穷多个二元谓词符号 P_{2^m} $(1<m<\infty)$，记成 $\mathcal{A}^*$.

对于每一个 $1<m<\infty$，定义 $\mathbb{N}$ 上的一个二元关系：对于 $(a,b)\in\mathbb{N}\times\mathbb{N}$，

$$a\equiv_m b \text{ 当且仅当 } ((b\leqslant a\wedge\exists k(a=b+km))\vee(a\leqslant b\wedge\exists k(b=a+km))).$$

对每一个 $1<m<\infty$，我们再将每一个二元谓词符号 P_{2^m} 解释为二元关系 $\equiv_m$ 就得到一个扩充结构

$$\mathcal{N}^*=(\mathbb{N},0,S,+,<,\equiv_m)_{1<m<\infty}.$$

定义 12.13 对于 $1<m<\infty$，令 $\varphi_m(x_1,x_2)$ 为如下表达式：

$$(((x_1\hat{=}x_2)\vee P_<(x_2,x_1))\wedge(\exists x_3\,(x_1\hat{=}F_+(x_2,\sigma_{m-1}(x_3))))).$$

令 T^*_{oasg} 为 T_{oasg} 在 $\mathcal{L}_{\mathcal{A}^*}$ 中的如后扩充：在 T_+ 之上加进 $\mathcal{L}_{\mathcal{A}^*}$ 的无穷多条语句 $\eta_m,\theta'_m(1<m<\infty)$，其中 η_m 是如下语句

$$(\forall x_1(\forall x_2(P_{2^m}(x_1,x_2)\leftrightarrow\varphi_m(x_1,x_2)))),$$

以及 θ'_m 是如下语句

$$(\forall x_1(\exists x_2\,(((x_2\hat{=}c_0)\vee(P_<(c_0,x_2)\wedge P_<(x_2,\tau_{m-1})))\wedge P_{2^m}(x_1,x_2)))).$$

定理 12.14 T^*_{oasg} 是 T^1_{oasg} 的保守扩充.

定理 12.15 扩充之后的理论 T^*_{oasg} 适合量词消去.

我们将上述定理的证明留作练习.

12.3 练　　习

练习 12.1 证明引理 12.2.

练习 12.2 证明半整齐性特征定理 12.3.

练习 12.3 证明：如果 $\mathcal{M}$ 是一个可数饱和代数封闭域，那么 $\mathcal{M}$ 是一个半整齐结构.

在下面一系列的练习中，T^*_{dlo} 为练习 6.8 中引入的新无端点离散线性序理论.

练习 12.4 设 $\mathcal{M}=(M,<,S,P)$ 是 T^*_{dlo} 的一个可数模型 (可数无端点离散线性序).

(1) 如果 $a,b\in M$，$\mathcal{M}_a$ 和 $\mathcal{M}_b$ 是分别有 a 和 b 生成的子结构，那么 $\mathcal{M}_a\cong\mathcal{M}_b$.

(2) 设

$$f = \{(a_1, b_1), (a_2, b_2), \cdots, (a_n, b_n)\} \subset M \times M$$

$(n > 0)$ 是一个函数, 并且在 $\mathcal{M}$ 中,

$$\mathrm{tp}_0(a_1, \cdots, a_n) = \mathrm{tp}_0(b_1, \cdots, b_n).$$

$\mathcal{M}_0$ 和 $\mathcal{M}_1$ 是分别由 $\{a_1, \cdots, a_n\}$ 和 $\{b_1, \cdots, b_n\}$ 生成的 $\mathcal{M}$ 的子结构. $a \in (M - M_0)$. $\Gamma_{\mathcal{M}}(f, a)$ 是 M 中由截断点 (f, a) 所决定的截断型 $\mathrm{tp}_0(a_1, \cdots, a_n, a)$. 令 $d_1, \cdots, d_n$ 是常元符号. 令 $\Gamma_{\mathcal{M}}^{\vec{d}}(f, x_{n+1})$ 为下述只含一个自由变元的表达式之集合:

$$\{\varphi(x_1, \cdots, x_n, x_{n+1}; d_1, \cdots, d_n, x_{n+1}) \mid \varphi(x_1, \cdots, x_{n+1}) \in \Gamma_{\mathcal{M}}(f, a)\},$$

以及令 $\Gamma_{\mathcal{M}}^*(\vec{d}, f)$ 为下述语句之集合:

$$\left\{ \left(\exists x_{n+1} \left(\bigwedge_{1 \leqslant i \leqslant k} \varphi_i \right) \right) \;\middle|\; 1 \leqslant k < \infty,\ \{\varphi_1, \cdots, \varphi_k\} \subset \Gamma_{\mathcal{M}}^{\vec{d}}(f, x_{n+1}) \right\}.$$

那么

(a) 在语言 $\mathcal{L}_{\{P_<, F_s, F_p\} \cup \{d_1, \cdots, d_n\}}$ 中, 子结构 $(\mathcal{M}_0, a_1, \cdots, a_n)$ 和 $(\mathcal{M}_1, b_1, \cdots, b_n)$ 的原本图相等:

$$\Delta_{\mathcal{M}_0} = \Delta_{\mathcal{M}_1};$$

(b) 如果 T_{dlo}^* 适合量词消去, 则 $T_{\mathrm{dlo}}^* \cup \mathrm{Th}(((\mathcal{M}, b)_{b \in M}, b_1, \cdots, b_n)) \cup \Gamma_{\mathcal{M}}^*(\vec{d}, f)$ 是一致的; 从而根本型

$$\Gamma_{\mathcal{M}}^{\vec{d}}(f, x_{n+1})$$

可以在 $T_{\mathrm{dlo}}^* \cup \mathrm{Th}(((\mathcal{M}, b)_{b \in M}, b_1, \cdots, b_n))$ 的某一个可数模型中实现.

练习 12.5　设 T_{dlo}^* 是一个适合量词消去的理论. 那么 T_{dlo}^* 的每一个可数模型 $\mathcal{M}$ 都有一个可数的半整齐的同质放大 $\mathcal{N} \models T_{\mathrm{dlo}}^*$, 即如果可数结构 $\mathcal{M} \models T_{\mathrm{dlo}}^*$, 那么必有一个满足下述三条的 $\mathcal{L}_{\{P_<, F_S, F_p\}}$ 的可数结构 $\mathcal{N}$:

(1) $\mathcal{N} \models T_{\mathrm{dlo}}^*$;

(2) $\mathcal{M} \prec \mathcal{N}$;

(3) $\mathcal{N}$ 是半整齐的.

练习 12.6　证明如下两个命题等价:

(1) T_{dlo}^* 适合量词消去;

(2) T_{dlo}^* 的任意两个可数模型 $\mathcal{M}_1, \mathcal{M}_2$ 都可以同质地放大到 T_{dlo}^* 的两个同构的可数半整齐模型 $\mathcal{N}_1 \cong \mathcal{N}_2$. 即如果 $\mathcal{L}_{\{P_<, F_s, F_p\}}$ 的可数结构

$$\mathcal{M}_1 \models T_{\mathrm{dlo}}^*,\ \mathcal{M}_2 \models T_{\mathrm{dlo}}^*,$$

那么必有一个满足下述四条的 $\mathcal{L}_{\{P_<, F_s, F_p\}}$ 的可数结构 $\mathcal{N}_1, \mathcal{N}_2$:

(a) $\mathcal{N}_i \models T^*_{\text{dlo}}$ $(i \in \{1,2\})$;

(b) $\mathcal{M}_i \prec \mathcal{N}_i$ $(i \in \{1,2\})$;

(c) $\mathcal{N}_i$ $(i \in \{1,2\})$ 是半整齐的;

(d) $\mathcal{N}_1 \cong \mathcal{N}_2$.

练习 12.7　验证: (1) T^*_{dlo} 有一个可数广集半整齐模型, 即

(a) 在笛卡儿乘积 $\mathbb{Z} \times \mathbb{Q}$ 上置放水平字典序, 得到乘积有序集

$$(\mathbb{Z},<) \circ (\mathbb{Q},<)$$

(见练习 6.6);

(b) 对于任意的 $(i,r) \in (\mathbb{Z} \times \mathbb{Q})$, $S(i,r) = (i+1,r)$, 以及 $P(i,r) = (i-1,r)$; 那么 $((\mathbb{Z},<) \circ (\mathbb{Q},<), S, P)$ 是 T^*_{dlo} 的一个可数广集半整齐模型;

(2) T^*_{dlo} 适合量词消去;

(3) T^*_{dlo} 是一个完全理论和模型完全理论;

(4) $(\mathbb{Z},<,S,P)$ 是 T^*_{dlo} 的一个最小典型模型;

(5) T^*_{dlo} 是一个根本型理论;

(6) $(\mathbb{Z},<,S,P)$ 上可定义的 $\mathbb{Z}$ 的子集要么是有限子集, 要么其补集是有限子集;

(7) $((\mathbb{Z},<) \circ (\mathbb{Q},<), S, P)$ 是一个整齐模型;

(8) $((\mathbb{Z},<) \circ (\mathbb{Q},<), S, P)$ 是 T^*_{dlo} 的一个饱和模型;

(9) T^*_{dlo} 有不可数个彼此互不同构的可数模型.

练习 12.8　令 $\varphi_S(x_1,x_2)$ 为如下表达式:

$$(\forall x_3(P_<(x_1,x_2) \wedge (P_<(x_1,x_3) \rightarrow ((x_2 \hat{=} x_3) \vee P_<(x_2,x_3))))).$$

令

$$A = \{(a,b) \in \mathbb{N} \times \mathbb{N} \mid (\mathbb{N},<) \models \varphi_S[a,b]\}.$$

证明: A 是 $\mathbb{N}$ 上的后继函数.

练习 12.9　证明:

(1) $(\mathbb{N},<) \models T_{\text{ldlo}}$;

(2) 如果 $X \subset \mathbb{N}$ 是一无穷子集, 那么 $(X,<) \models T_{\text{ldlo}}$;

(3) T_{ldlo} 不是模型完全的理论, 因而不适合量词消去.

练习 12.10　(1) 令 T_0 的非逻辑公理仅仅由定义 12.1T^*_{ldlo} 的前五条给出 (即不含第六条). 令 $B \subseteq \mathbb{Q}$, $B \neq \varnothing$. 令 $f: B \to \mathbb{Z}$. 令

$$M_{(B,f)} = \mathbb{N} \cup \{(r,i) \mid r \in B \wedge i \geqslant f(r)\},$$

以及 $S_0^B = S_0 \restriction_{M_{(B,F)}}$, $<_0^B = <_0 \cap M^2_{(B,f)}$. 证明:

(a) $(M_{(B,f)}, <_0^B, S_0^B, 0)$ 是 $\mathcal{N}_0$ 的一个子结构;

(b) $(M_{(B,f)}, <_0^B, S_0^B, 0)$ 不是 $\mathcal{N}_0$ 的一个同质子结构;

(c) $(M_{(B,f)}, <_0^B, S_0^B, 0) \models T_0$; $\mathcal{N}_0 \models T_0$;

(d) T_0 不适合量词消去.

(2) $\mathcal{N}_0$ 对语言 $\mathcal{L}_{\{c_0, P_<\}}$ 的裁减结构 $(N_0, <_0, 0)$ 不是半整齐的.

练习 12.11　证明: 结构 $\mathcal{N}_0$ 有不可数个彼此互不同构的同质子模型 (即既是子结构也是 T^*_{ldlo} 的模型). 因此, T^*_{ldlo} 有不可数个彼此互不同构的可数模型.

练习 12.12　证明: 如果 $(G, 0, S, P, +, <)$ 是一个离散有序加法幺半群, 那么

$$(G, <)$$

是一个单边离散线性序.

练习 12.13　证明定理 12.14 和定理 12.15.

第 13 章 自然数算术理论

在 2.5.1 自然数小节中我们引进了经典自然数算术结构 $(\mathbb{N}, 0, S, +, \cdot, <)$；在 4.3.5 一阶理论范例小节中我们引进了关于这个经典自然数结构的两个算术理论，初等算术理论 T_N 和皮阿诺算术理论 T_{PA}(见例 4.3 中的 (2) 和 (3)). 本章我们的主要任务是证明哥德尔的不完全性定理：皮阿诺算术理论是不完全理论；我们还将证明哥德尔第二不完全性定理：皮阿诺算术理论不能够证明自身的一致性；最后，我们将展示巴黎–哈灵顿原理与皮阿诺算术理论的独立性.

为了读者方便, 我们在这里先回顾一下在 4.3.5 中引进的初等算术理论 T_N(例 4.3(2)) 和皮阿诺算术理论 T_{PA}(例 4.3(3)).

定义 13.1(初等算术理论 T_N) (1) 令 $\mathcal{A}_1 = \{c_0, F_s, F_+, F_\times, P_<\}$, 其中 c_0 是一个常元符号, F_s 是一个一元函数符号, F_+ 以及 $F_\times$ 是两个二元函数符号, $P_<$ 是一个二元谓词符号.

(2) 初等算术理论 T_N 的非逻辑公理为下述各表达式的全域化语句的全体:

(a) $(\neg(F_s(x_1)\hat{=}c_0))$;

(b) $((\neg(x_1\hat{=}c_0)) \to (\neg(\forall x_2(\neg(x_1\hat{=}F_s(x_2))))))$;

(c) $((F_s(x_1)\hat{=}F_s(x_2)) \to (x_1\hat{=}x_2))$;

(d) $(F_+(x_1, c_0)\hat{=}x_1)$;

(e) $(F_+(x_1, F_s(x_2))\hat{=}F_s(F_+(x_1, x_2)))$;

(f) $(F_\times(x_1, c_0)\hat{=}c_0)$;

(g) $(F_\times(x_1, F_s(x_2))\hat{=}F_+(F_\times(x_1, x_2), x_1))$;

(h) $(\neg(P_<(x_1, c_0)))$;

(i) $(P_<(x_1, F_s(x_2)) \to ((\neg(x_1\hat{=}x_2)) \to P_<(x_1, x_2)))$;

(j) $(((\neg(x_1\hat{=}x_2)) \to P_<(x_1, x_2)) \to P_<(x_1, F_s(x_2)))$;

(k) $(P_<(x_1, x_2) \to P_<(F_s(x_1), F_s(x_2)))$;

(l) $(P_<(F_s(x_1), F_s(x_2)) \to P_<(x_1, x_2))$;

(m) $((\neg(x_1\hat{=}x_2)) \to ((\neg P_<(x_2, x_1)) \to P_<(x_1, x_2)))$;

定义 13.2(皮阿诺算术理论 T_{PA}) (1) 皮阿诺算术理论 T_{PA} 的语言与初等算术理论的语言相同;

(2) 皮阿诺算术理论 T_{PA} 的非逻辑公理由两部分组成: 第一部分的公理为初等算术理论的公理 (即 T_N 的公理 (a)~(m))；第二部分的公理为数学归纳法模式:

(n) 设 $\varphi(x_1, x_2, \cdots, x_n)$ 是算术语言 $\mathcal{A}_1$ 的一个表达式. 那么

$$((\varphi(x_1; c_0) \wedge (\forall x_1(\varphi(x_1) \to \varphi(x_1; F_s(x_1))))) \to (\forall x_1 \varphi)).$$

我们知道自然数经典结构 $(\mathbb{N}, 0, S, +, \cdot, <)$ 是皮阿诺算术理论 T_{PA} 的一个标准模型, 自然也就是初等算术理论 T_N 的一个标准模型; 我们也知道皮阿诺算术理论有许多非标准模型. 本章我们所要分析的是自然数结构 $(\mathbb{N}, 0, S, +, \cdot, <)$ 的高度复杂性. 这里将要揭示的没有行之有效的公理体系能够完善皮阿诺算术理论, 这一事实自然而然地与第 12 章的内容形成鲜明对照. 这样一种鲜明对照对于我们理解自然数这个如此基本的概念将十分有益.

13.1 初等数论

我们从对初等数论的分析开始.

13.1.1 初等数论之不完全性

定理 13.1 初等数论 T_N 是一个不完全理论. 事实上, 下述 Π_2 语句 θ 在自然数算术理论标准模型

$$(\mathbb{N}, 0, S, +, \times, <)$$

中为真但独立于 T_N:

θ 即 "任何一个自然数或者是一个偶数或者是一个偶数的后继".

引理 13.1 θ 是皮阿诺算术理论的一个定理, 即

$$T_{\mathrm{PA}} \vdash (\forall x_1(\exists x_2((\neg P_<(x_1, x_2)) \wedge ((F_+(x_2, x_2) \hat{=} x_1) \vee (F_S(F_+(x_2, x_2)) \hat{=} x_1))))).$$

证明 令 $\varphi(x_1)$ 为下述表达式:

$$(\exists x_2((\neg P_<(x_1, x_2)) \wedge ((F_+(x_2, x_2) \hat{=} x_1) \vee (F_S(F_+(x_2, x_2)) \hat{=} x_1)))).$$

(1) $T_N \vdash \varphi(x_1; c_0)$. 这是因为语句 $(\forall x_1(F_+(x_1, c_0) \hat{=} x_1))$ 是 T_N 的一条公理.
(2) $T_N \vdash (\forall x_1(\varphi(x_1) \to \varphi(x_1; F_S(x_1))))$.
设 $\mathcal{M} = (M, 0, S, +, \times, <) \models T_N$. 设 ν 是一个 M 赋值. 验证:

$$(\mathcal{M}, \nu) \models (\varphi(x_1) \to \varphi(x_1; F_S(x_1))).$$

假设 $(\mathcal{M}, \nu) \models \varphi(x_1)$. 取 μ 为满足后述要求的 M-赋值: $\mu(x_1) = \nu(x_1)$, 并且

$$(\mathcal{M}, \mu) \models ((\neg P_<(x_1, x_2)) \wedge ((F_+(x_2, x_2) \hat{=} x_1) \vee (F_S(F_+(x_2, x_2)) \hat{=} x_1))).$$

令 $a=\nu(x_1)=\mu(x_1)$, $b=\mu(x_2)$. 那么在 $\mathcal{M}$ 中,

$$b\leqslant a;\quad \text{或者 } a=b+b;\quad \text{或者 } a=S(b+b).$$

如果 $a=b+b$, 那么在 $\mathcal{M}$ 中必有 $S(a)=S(b+b)$, 从而,

$$(\mathcal{M},\mu)\models(F_S(x_1)\hat{=}F_S(F_+(x_2,x_2))),$$

即

$$(\mathcal{M},\mu)\models((\neg P_<(x_1,x_2))\wedge((F_+(x_2,x_2)\hat{=}x_1)\vee(F_S(F_+(x_2,x_2))\hat{=}x_1)))(x_1;F_S(x_1)),$$

由此,

$$(\mathcal{M},\nu)\models\varphi(x_1;F_S(x_1)).$$

如果 $a=S(b+b)$, 那么在 $\mathcal{M}$ 中, $a=b+S(b)$, $S(b)\leqslant a$,

$$S(a)=S(b+S(b))=S(S(b)+b)=S(b)+S(b),$$

令 $\eta(x_1)=\nu(x_1)$, 以及 $\eta(x_2)=S(b)$, 则有

$$(\mathcal{M},\eta)\models((\neg P_<(x_1,x_2))\wedge(F_+(x_2,x_2)\hat{=}x_1))(x_1;F_S(x_1)),$$

于是

$$(\mathcal{M},\eta)\models((\neg P_<(x_1,x_2))\wedge((F_+(x_2,x_2)\hat{=}x_1)\vee(F_S(F_+(x_2,x_2))\hat{=}x_1)))(x_1;F_S(x_1)),$$

因此,

$$(\mathcal{M},\nu)\models\varphi(x_1;F_S(x_1)).$$

综合起来, 得到 $\mathcal{M}\models(\forall x_1(\varphi(x_1)\to\varphi(x_1;F_S(x_1))))$. 根据哥德尔完备性定理, (2) 成立.

(3) $T_{\mathrm{PA}}\vdash(\forall x_1\varphi(x_1))$.

由于 $T_{\mathrm{PA}}\vdash T_N$, 根据 (1) 和 (2), 以及 T_{PA} 的归纳法原理, (3) 成立. 引理得证. □

定义 13.3 令 $\mathbb{Z}[X]$ 为整系数多项式环. 即

$$\mathbb{Z}[X]=\{a_nX^n+\cdots+a_1X+a_0\mid\{a_0,\cdots,a_n\}\subset\mathbb{Z},\ a_n\neq0,\ n\in\mathbb{N}\},$$

$\mathbb{Z}[X]$ 在多项式加法和乘法下为一整环.

在这个环上如下定义一个序 $<$: 首先, 对于 $a_0,\cdots,a_n\in\mathbb{Z},a_n\neq0$,

$$a_nX^n+\cdots+a_1X+a_0>0\iff a_n>0;$$

然后, 对于 $p, q \in \mathbb{Z}[X]$, 定义 $p > q$ 当且仅当 $(p-q) > 0$. 再令

$$\mathbb{Z}[X]^+ = \{p \in \mathbb{Z}[X] \mid p \geqslant 0\}.$$

对于任意的 $p \in \mathbb{Z}[X]^+$, 定义 $S(p) = p + 1$.

引理 13.2　(1) $(\mathbb{Z}[X], <)$ 是一个无端点离散线性序;

(2) $(\mathbb{Z}[X]^+, 0, S, +, \cdot, <) \models T_N$;

(3) $((\mathbb{Z}[X]^+, 0, S, +, \cdot, <), \nu) \models \psi(x_2)$,

$$\psi(x_2) = (\forall x_1((\neg(F_+(x_1, x_1) \hat{=} x_2)) \wedge (\neg(F_S(F_+(x_1, x_1)) \hat{=} x_2)))),$$

其中 ν 是一个 $\mathbb{Z}[X]^+$-赋值: $\nu(x_2) = X \in \mathbb{Z}[X]^+$;

(4) $(\mathbb{Z}[X]^+, 0, S, +, \cdot, <) \models (\neg\theta)$.

练习 13.1　(1) $(\mathbb{Z}[X], <)$ 是一个无端点离散线性序;

(2) $(\mathbb{Z}[X]^+, 0, S, +, \cdot, <) \models T_N$.

证明　(1) 和 (2) 的证明留作练习.

(3) 令 $\nu(x_2) = X$ 为一个 $M = \mathbb{Z}[X]^+$-赋值. 设 $p \in M$.

如果 p 的次数 $\leqslant 0$, 那么 $p \in \mathbb{N}$, 从而 $p + p \in \mathbb{N}$, $S(p+p) \in \mathbb{N}$, 进而

$$p + p \neq X,\ S(p+p) \neq X.$$

如果 p 的次数 > 0, $a_n X^n$ 是 p 的首项, 那么 $a_n \geqslant 1$, $a_n + a_n > 1$, 进而 $S(p+p) > p + p > X$.

所以, (3) 成立.

(4) (3) 中所展示的赋值 ν 就见证了: $(\mathbb{Z}[X]^+, 0, S, +, \cdot, <) \models (\neg\theta)$. □

现在我们来证明定理 13.1: Π_2 语句 θ 是一个在自然数算术标准模型中为真但独立于 T_N 的语句.

由于 $(\mathbb{N}, 0, S, +, \times, <) \models T_{\mathrm{PA}}$, 据上面的引理 13.1, $T_{\mathrm{PA}} \vdash \theta$, 有

$$(\mathbb{N}, 0, S, +, \times, <) \models \theta.$$

因为 $(\mathbb{N}, 0, S, +, \times, <) \models T_N$, $(\mathbb{N}, 0, S, +, \times, <) \models \theta$, $T_N \nvdash (\neg\theta)$.

上面的引理 13.2 中的 (2) 表明 $(\mathbb{Z}[X]^+, 0, S, +, \cdot, <) \models T_N$, 而引理 13.2 中的 (4) 则断言

$$(\mathbb{Z}[X]^+, 0, S, +, \cdot, <) \models (\neg\theta).$$

于是, $T_N \nvdash \theta$.

综上所述, θ 在 $(\mathbb{N}, 0, S, +, \times, <)$ 中为真, 且独立于初等数论 T_N. □

13.1.2 T_N 与自然数 Σ_1 真相

尽管前面我们已经看到有关自然数的 Π_2 性质可以和初等数论独立, 但对于自然数的 Σ_1 性质来说, 自然数初等数论则可以揭示得足够丰富. 下面的定理表明 $(\mathbb{N},0,S,+,\times,<)$ 中的所有真 Σ_1 语句都是 T_N 的定理; $(\mathbb{N},0,S,+,\times,<)$ 中的所有假 Σ_1 语句都不是 T_N 的定理. 这里我们用 T_N 的模型嵌入方法来证明这一定理.

定理 13.2 (1) 设 σ 是自然数算术语言中的一个 Σ_1-语句. 那么

$$T_N \vdash \sigma \text{ 当且仅当 } (\mathbb{N},0,S,+,\times,<) \models \sigma \text{ 当且仅当 } (\mathbb{Z}[X]^+,0,S,+,\cdot,<) \models \sigma.$$

(2) 设 θ 是自然数算术语言中的一个 Π_1-语句. 那么

$$(\mathbb{N},0,S,+,\times,<) \models \theta \text{ 当且仅当 } (\mathbb{Z}[X]^+,0,S,+,\cdot,<) \models \theta.$$

定理 13.3 设 $(M,0,S,+,\times,<)$ 是完全理论 $\mathrm{Th}((\mathbb{N},0,S,+,\times,<))$ 的一个非标准模型, $a \in M$ 是一个非标准自然数, 令

$$f : \mathbb{Z}[X]^+ \to M$$

由等式 $f(p(X)) = p(a)$ 给出, 其中, $p(X) \in \mathbb{Z}[X]^+$. 那么 f 的定义无歧义, 并且是一个嵌入映射 (称之为**有序整半环嵌入**). 换句话说, 首项非负的整系数多项式之全体所构成的初等算术模型是任意一个非标准算术模型的子模型.

证明 令 $a \in M$ 是一个非标准自然数.

现在对 $p \in \mathbb{Z}[X]^+$ 的次数施归纳来证明: $p(a) \in M$.

当 p 的次数不超过 0 时, p 是一个取某个自然数常值的多项式, 因此,

$$p(a) \in \mathbb{N} \subset M.$$

设 p 的次数为正整数 n, 以及对于所有 $q \in \mathbb{Z}[X]^+$, 如果 q 的次数严格 $< n$, 则 $q(a) \in M$.

令 $p(X) = a_nX^n + a_{n-1}X^{n-1} + \cdots + a_1X + a_0$. 不妨假设 $a_{n-1} \neq 0$.

$$q(X) = \begin{cases} p(X) - a_nX^n, & \text{如果 } a_{n-1} > 0, \\ a_nX^n - p(X), & \text{如果 } a_{n-1} < 0. \end{cases}$$

$q(X) \in \mathbb{Z}[X]^+$, 它的首项系数为 $|a_{n-1}| > 0$, 次数为 $n-1$. 由归纳假设, $q(a) \in M$.

当 $a_{n-1} > 0$ 时, $p(X) = a_nX^n + q(X)$; 此时, $p(a) = a_na^n + q(a) \in M$.

当 $a_{n-1} < 0$ 时, $p(X) = a_nX^n - q(X)$; 此时, $q(a) < a_na^n$; 令 $b \in M$ 来见证等式 $a_na^n = q(a) + b$; 满足这个等式的 b 是唯一的, 并且对于任意的自然数 $k \in \mathbb{N}$, $ka^{n-1} < b$, 因此, $p(a) = b \in M$. 之所以有此唯一的 b, 是因为

$$T_N \vdash (\forall x_1(\forall x_2(P_<(x_1,x_2) \to (\exists x_3(x_2 = F_+(x_1,x_3)))))).$$

其次, 我们来验证 f 是一个保序映射.

在 $\mathcal{M}=(M,0,S,+,\times,<)$ 中, 对于任何自然数 $n,m\in\mathbb{N}$, 都有 $ma^n<a^{n+1}$. 由此得到, 如果 $q\in\mathbb{Z}[X]^+$, q 的次数为 n, 那么 $q(a)<a^{n+1}$.

假设 $q<p$. 不失一般性, 设 $p(X)=a_nX^n-p_1(X)$, 其中 $p_1(X)\in\mathbb{Z}[X]^+$, 次数严格小于 n; 又不失一般性地, 假设 $q(X)=b_nX^n+q_1(X)$, 其中 $b_n<a_n$ 为 $\mathbb{N}$ 中的正整数, $q_1(X)\in\mathbb{Z}[X]^+$, 次数严格小于 n. 这样, $p_1(X)+q_1(X)\in\mathbb{Z}[X]^+$, 其次数也严格小于 n. 因此, $q_1(a)+p_1(a)<a^n$. 由此,

$$q(a)+p_1(a)=b_na^n+q_1(a)+p_1(a)<b_na^n+a^n=(b_n+1)a^n\leqslant a_na^n.$$

从而, $q(a)+p_1(a)<a_na^n=p(a)+p_1(a)$. 于是, $q(a)<p(a)$, 即 $f(q)<f(p)$.

第三, 对于 $p,q\in\mathbb{Z}[X]^+$, $f(p+q)=(p+q)(a)=p(a)+q(a)=f(p)+f(q)$.

第四, 对于 $p,q\in\mathbb{Z}[X]^+$, 令

$$p(X)=\sum_{i=0}^{n}a_iX^i;\quad q(X)=\sum_{j=0}^{m}b_jX^j.$$

那么

$$h(X)=p(X)\cdot q(X)=\left(\sum_{i=0}^{n}a_iX^i\right)\left(\sum_{j=0}^{m}b_jX^j\right)=\sum_{k=0}^{m+n}\left(\sum_{i+j=k}a_ib_j\right)X^k$$

以及

$$h(a)=\sum_{k=0}^{m+n}\left(\sum_{i+j=k}a_ib_j\right)a^k.$$

另一方面,

$$p(a)\cdot q(a)=\left(\sum_{i=0}^{n}a_ia^i\right)\left(\sum_{j=0}^{m}b_ja^j\right)=\sum_{k=0}^{m+n}\left(\sum_{i+j=k}a_ib_j\right)a^k.$$

所以, $f(p\cdot q)=f(h)=h(a)=p(a)\times q(a)=f(p)\times f(q)$.

第五, 对于 $p\in\mathbb{Z}[X]^+$, $f(S(p))=(p+1)(a)=p(a)+1=S(p(a))=S(f(p))$.

综上所述, f 是一个嵌入映射. □

定理 13.4　设 $\mathcal{M}=(M,0,S,+,\times,<)\models T_N$. 对于 $n\in\mathbb{N}$, 令 τ_n 为项 $F_S^n(c_0)$,

$$f(n)=(\tau_n)^{\mathcal{M}}=S^n(0).$$

那么 $f:(\mathbb{N},0,S,+,\times,<)\to(M,0,S,+,\times,<)$ 是一个嵌入映射 (称之为**自然嵌入**).

证明 (1) $f(0) = \tau_0^{\mathcal{M}} = 0 \in M$;

(2) 对于 $n, m \in \mathbb{N}$,

(a) 如果 $n = m$, 那么 $T_N \vdash (\tau_n \hat{=} \tau_m)$, 从而 $\mathcal{M} \models (\tau_n \hat{=} \tau_m)$;

(b) 如果 $n \neq m$, 那么 $T_N \vdash (\neg(\tau_n \hat{=} \tau_m))$, 从而 $\mathcal{M} \models (\neg(\tau_n \hat{=} \tau_m))$.

当 $n = m$ 时, τ_n 就是 τ_m. 所以, $T_N \vdash (\tau_n \hat{=} \tau_m)$.

当 $n \neq m$ 时, $(\mathbb{N}, 0, S, +, \times, <) \models (\neg(\tau_m \hat{=} \tau_n))$. 由对称性, 不妨假设 $n < m$. 对 n 施归纳, 证明:

$$T_N \vdash (\neg(\tau_m \hat{=} \tau_n)).$$

当 $n = 0$ 时, 由 T_N 的第一条公理得: $T_N \vdash (\neg(\tau_m \hat{=} \tau_0))$.

当 $n > 0$ 时, 由 T_N 的第三条公理得: $T_N \vdash ((\tau_m \hat{=} \tau_n) \to (\tau_{m-1} \hat{=} \tau_{n-1}))$; 依此, 由逆否命题律,

$$T_N \vdash ((\neg(\tau_{m-1} \hat{=} \tau_{n-1})) \to (\neg(\tau_m \hat{=} \tau_n)));$$

由归纳假设,

$$T_N \vdash (\neg(\tau_{m-1} \hat{=} \tau_{n-1})),$$

于是, $T_N \vdash (\neg(\tau_m \hat{=} \tau_n))$.

(3) 对于 $n \in \mathbb{N}$, $T_N \vdash (F_S(\tau_n) \hat{=} \tau_{n+1})$, 所以 $\mathcal{M} \models (F_S(\tau_n) \hat{=} \tau_{n+1})$.

设 $n \in \mathbb{N}$. 那么项 τ_{n+1} 就是项 $F_S(\tau_n)$, 自然地, $T_N \vdash (F_S(\tau_n) \hat{=} \tau_{n+1}$, 所以 $\mathcal{M} \models (F_S(\tau_n) \hat{=} \tau_{n+1})$.

(4) 对于 $n, m \in \mathbb{N}$, $T_N \vdash (F_+(\tau_m, \tau_n) \hat{=} \tau_{m+n})$, 因此 $\mathcal{M} \models (F_+(\tau_m, \tau_n) \hat{=} \tau_{m+n})$.

对 n 施归纳, 证明: $T_N \vdash (F_+(\tau_m, \tau_n) \hat{=} \tau_{m+n})$.

当 $n = 0$ 时, 应用 T_N 的第四条公理得到: $T_N \vdash (F_+(\tau_m, \tau_0) \hat{=} \tau_m)$.

假设 $T_N \vdash (F_+(\tau_m, \tau_n) \hat{=} \tau_{m+n})$. 由于 τ_{m+n+1} 就是项 $F_S(\tau_{m+n})$, 应用等式定理 (定理 4.4), 故

$$T_N \vdash (F_S(F_+(\tau_m, \tau_n)) \hat{=} \tau_{m+n+1}).$$

由上述结论应用 T_N 的第五条公理, 以及等式定理 (定理 4.4), 得

$$T_N \vdash (F_+(\tau_m, \tau_{n+1}) \hat{=} \tau_{m+n+1}).$$

(5) 对于 $n, m \in \mathbb{N}$, $T_N \vdash (F_\times(\tau_m, \tau_n) \hat{=} \tau_{mn})$, 因此 $\mathcal{M} \models (F_\times(\tau_m, \tau_n) \hat{=} \tau_{mn})$.

对 n 施归纳, 我们证明: $T_N \vdash (F_\times(\tau_m, \tau_n) \hat{=} \tau_{mn})$.

当 $n = 0$ 时, 应用 T_N 的第六条公理得到: $T_N \vdash (F_\times(\tau_m, \tau_0) \hat{=} \tau_0)$.

假设 $T_N \vdash (F_\times(\tau_m, \tau_n) \hat{=} \tau_{mn})$. 由上面的结论, 有

$$T_N \vdash (F_+(\tau_{mn}, \tau_m) \hat{=} \tau_{mn+m}).$$

应用 T_N 的第七条公理, 得

$$T_N \vdash (F_\times(\tau_m, \tau_{n+1}) \hat{=} F_+(F_\times(\tau_m, \tau_n), \tau_m)),$$

依据上述, 以及等式定理 (定理 4.4), 得

$$T_N \vdash (F_\times(\tau_m, \tau_{n+1}) \hat{=} \tau_{mn+m}).$$

(6) 对于 $n, m \in \mathbb{N}$, 如果 $m < n$, 那么 $T_N \vdash P_<(\tau_m, \tau_n)$; 如果 $m \geqslant n$, 那么 $T_N \vdash (\neg P_<(\tau_m, \tau_n))$.

我们用关于 n 的归纳法证明: 如果 $m < n$, 则 $T_N \vdash P_<(\tau_m, \tau_n)$; 如果 $n \leqslant m$, 则 $T_N \vdash (\neg P_<(\tau_m, \tau_n))$.

当 $n = 0$ 时, 由 T_N 的第八条公理得: $T_N \vdash (\neg P_<(\tau_m, \tau_0))$.

由 T_N 的第九和第十条公理得: $T_N \vdash (P_<(\tau_m, \tau_{n+1}) \leftrightarrow (P_<(\tau_m, \tau_n) \vee (\tau_m \hat{=} \tau_n)))$.

假设 $m < n+1$. 如果 $m < n$, 由归纳假设, $T_N \vdash P_<(\tau_m, \tau_n)$; 如果 $m = n$, 此时, $T_N \vdash (\tau_m \hat{=} \tau_n)$. 所以,

$$T_N \vdash P_<(\tau_m, \tau_{n+1}).$$

假设 $m \geqslant n+1$. 由归纳假设, $T_N \vdash (\neg P_<(\tau_m, \tau_n))$; 因为 $m \neq n$, 有

$$T_N \vdash (\neg(\tau_m \hat{=} \tau_n)).$$

故

$$T_N \vdash (\neg P_<(\tau_m, \tau_{n+1})).$$

所以, $f(n) = (\tau_n)^{\mathcal{M}}$ 是一个嵌入映射. □

引理 13.3　*设 σ 是自然数算术语言中的一个 Π_1 语句. 那么, 如果*

$$(\mathbb{N}, 0, S, +, \times, <) \models \sigma,$$

则必有

$$(\mathbb{Z}[X]^+, 0, S, +, \cdot, <) \models \sigma.$$

证明　设 σ 为 $(\forall x_1(\cdots(\forall x_n \psi(x_1, \cdots, x_n))\cdots))$, $\psi(x_1, \cdots, x_n)$ 是一个布尔表达式, 并且所有在 ψ 中出现的自由变元都在 $x_1, \cdots, x_n$ 之中.

假设 $(\mathbb{N}, 0, S, +, \times, <) \models \sigma$, 但是 $(\mathbb{Z}[X]^+, 0, S, +, \cdot, <) \models (\neg\sigma)$. 令

$$p_1, p_2, \cdots, p_n \in \mathbb{Z}[X]^+,$$

见证

$$(\mathbb{Z}[X]^+, 0, S, +, \cdot, <) \models \psi[p_1, p_2, \cdots, p_n].$$

令 $\mathcal{M}=(M,0,S,+,\times,<)\models \mathrm{Th}((\mathbb{N},0,S,+,\times,<))$ 为一个非标准模型. 令 $a\in M$ 为一个非标准自然数. 根据嵌入定理 (定理 13.3), $f(p)=p(a)$ 给出一个从 $(\mathbb{Z}[X]^+,0,S,+,\cdot,<)$ 到 $\mathcal{M}$ 的有序整半环嵌入映射. 因此,

$$(M,0,S,+,\cdot,<)\models\psi[p_1(a),p_2(a),\cdots,p_n(a)].$$

但是, $\mathcal{M}\models\sigma$. 这是一个矛盾. □

引理 13.4 设 σ 是自然数算术语言中的一个 Σ_1-语句. 设

$$(M,0,S,+,\times,<)\models T_N.$$

那么

(1) 如果 $(\mathbb{N},0,S,+,\times,<)\models\sigma$, 则必有 $(M,0,S,+,\cdot,<)\models\sigma$;

(2) 如果 $(\mathbb{N},0,S,+,\times,<)\models\sigma$, 则必有 $T_N\vdash\sigma$.

证明 设 σ 为 $(\exists x_1(\cdots(\exists x_n\psi(x_1,\cdots,x_n))\cdots))$, $\psi(x_1,\cdots,x_n)$ 是一个布尔表达式, 并且所有在 ψ 中出现的自由变元都在 $x_1,\cdots,x_n$ 之中.

(1) 假设 $(\mathbb{N},0,S,+,\times,<)\models\sigma$. 对于每一个自然数 $k\in\mathbb{N}$, 令 τ_k 记项 $S^k(c_0)$. 令 $i_1,\cdots,i_n\in\mathbb{N}$, 见证

$$(\mathbb{N},0,S,+,\times,<)\models\psi(x_1,\cdots,x_n;\tau_{i_1},\cdots,\tau_{i_n}).$$

根据嵌入定理 (定理 13.4), 令 $f:(\mathbb{N},0,S,+,\times,<)\to(M,0,S,+,\times,<)$ 为自然嵌入映射. 那么

$$(M,0,S,+,\times,<)\models\psi(x_1,\cdots,x_n;\tau_{i_1},\cdots,\tau_{i_n}).$$

于是, $(M,0,S,+,\cdot,<)\models\sigma$.

(2) 假设 $(\mathbb{N},0,S,+,\times,<)\models\sigma$. 根据 (1), 对于任意的 $(M,0,S,+,\times,<)\models T_N$, 都有

$$(M,0,S,+,\cdot,<)\models\sigma.$$

于是, $T_N\models\sigma$. 根据哥德尔完备性定理, $T_N\vdash\sigma$. □

现在我们来证明定理 13.2.

(1) 令 σ 为自然数算术语言的一个 Σ_1-语句.

由上面的引理 13.4 中的 (2) 知, 如果 $(\mathbb{N},0,S,+,\times,<)\models\sigma$, 那么 $T_N\vdash\sigma$; 如果 $T_N\vdash\sigma$, 而

$$(\mathbb{N},0,S,+,\times,<)\models T_N,$$

因而 $(\mathbb{N},0,S,+,\times,<)\models\sigma$.

如果 $T_N \vdash \sigma$, 因为 $(\mathbb{Z}[X]^+, 0, S, +, \cdot, <) \models T_N$, 所以 $(\mathbb{Z}[X]^+, 0, S, +, \cdot, <) \models \sigma$.

假设 $(\mathbb{Z}[X]^+, 0, S, +, \cdot, <) \models \sigma$, 但是 $(\mathbb{N}, 0, S, +, \cdot, <) \not\models \sigma$. 于是,

$$(\mathbb{N}, 0, S, +, \cdot, <) \models (\neg\sigma).$$

因为 Σ 是 Σ_1-语句, $(\neg\sigma)$ 是一个 Π_1-语句. 根据引理 13.3, 有

$$(\mathbb{Z}[X]^+, 0, S, +, \cdot, <) \models (\neg\sigma).$$

这是一个矛盾.

(2) 令 θ 为自然数算术语言的一个 Π_1-语句.

设 $(\mathbb{N}, 0, S, +, \times, <) \models \theta$. 根据引理 13.3, $(\mathbb{Z}[X]^+, 0, S, +, \cdot, <) \models \theta$.

设 $(\mathbb{Z}[X]^+, 0, S, +, \cdot, <) \models \theta$. 假如 $(\mathbb{N}, 0, S, +, \times, <) \not\models \theta$. 那么

$$(\mathbb{N}, 0, S, +, \times, <) \models (\neg\theta).$$

而 $(\neg\theta)$ 是一个 Σ_1-语句. 根据引理 13.4(2)(或者根据定理 13.5),

$$T_N \vdash (\neg\theta).$$

于是,

$$(\mathbb{Z}[X]^+, 0, S, +, \times, <) \models (\neg\theta).$$

这是一个矛盾. □

13.1.3　Σ_1 真相定理之形式证明

在初等数论 T_N 中, 我们可以揭示自然数标准模型 $(\mathbb{N}, 0, S, +, \times, <)$ 的 Σ_1-真相, 也就是说, 每一个在这个模型中为真的 Σ_1-语句都是 T_N 的一个定理. 本节给出一种直接形式证明. 我们的出发点是下面两个引理: 穷举引理以及第一证据引理.

引理 13.5(穷举引理)　*设 φ 为自然数算术语言的一个表达式. 那么*

$$T_N \vdash (\varphi(x_1;\tau_0) \to (\varphi(x_1;\tau_1) \to (\cdots(\varphi(x_1;\tau_{n-1}) \to (P_<(x_1,\tau_n) \to \varphi))\cdots))).$$

证明　对 n 施归纳.

当 $n=0$ 时, 由 T_N 的第八条公理, $T_N \vdash (P_<(x_1,\tau_0) \to \varphi)$.

假设 $n \geqslant 0$, 以及

$$T_N \vdash (\varphi(x_1;\tau_0) \to (\varphi(x_1;\tau_1) \to (\cdots(\varphi(x_1;\tau_{n-1}) \to (P_<(x_1,\tau_n) \to \varphi))\cdots))).$$

由 T_N 的第九和第十条公理, $T_N \vdash (P_<(x_1,\tau_{n+1}) \leftrightarrow (P_<(x_1,\tau_n) \vee (x_1 \hat{=} \tau_n)))$.

由等式定理 (定理 4.4), $T_N \vdash ((x_1 \hat{=} \tau_n) \to (\varphi(x_1;\tau_n) \to \varphi))$.

应用演绎定理 (定理 4.1), 以及蕴含传递律, 得到

$$T_N \vdash (\varphi(x_1;\tau_0) \to (\varphi(x_1;\tau_1) \to (\cdots(\varphi(x_1;\tau_n) \to (P_<(x_1,\tau_{n+1}) \to \varphi))\cdots))). \quad \square$$

引理 13.6(最小证据引理) 如果 $T_N \vdash \varphi(x_1;\tau_n)$, 并且对于 $k<n$ 都有

$$T_N \vdash (\neg\varphi(x_1,\tau_k)),$$

x_m 是一个没有在 φ 中出现的变元, 那么

$$T_N \vdash ((\varphi \wedge (\forall x_m(P_<(x_m,x_1) \to (\neg\varphi(x_1;x_m))))) \leftrightarrow (x_1 \hat{=} \tau_n)).$$

证明 令 ψ 为表达式 $(\varphi \wedge (\forall x_m(P_<(x_m,x_1) \to (\neg\varphi(x_1;x_m)))))$.

由等式定理 (定理 4.4),

$$T_N \vdash ((x_1 \hat{=} \tau_n) \to (\psi \leftrightarrow (\varphi(x_1;\tau_n) \wedge (\forall x_m(P_<(x_m,\tau_n) \to (\neg\varphi(x_1;x_m))))))).$$

根据假设, 以及上面的穷举引理 (引理 13.5), 应用演绎定理 (定理 4.1), 得到

$$T_N \vdash (P_<(x_m,\tau_n) \to (\neg\varphi(x_1;x_m))),$$

因此, $T_N \vdash (\forall x_m(P_<(x_m,\tau_n) \to (\neg\varphi(x_1;x_m))))$. 由于 $T_N \vdash \varphi(x_1;\tau_n)$, 以及上述, 得到

$$T_N \vdash (x_1 \hat{=} \tau_n \to \psi).$$

这证明了互含表达式中的一个蕴含.

由替换定理 (定理 2.4),

$$\vdash ((\forall x_m(P_<(x_m,x_1) \to (\neg\varphi(x_1;x_m)))) \to (P_<(\tau_n,x_1) \to (\neg\varphi(x_1;\tau_n)))).$$

于是, 由等价定理 (定理 4.18) 以及逆否命题律, 得到

$$\vdash ((\forall x_m(P_<(x_m,x_1) \to (\neg\varphi(x_1;x_m)))) \to (\varphi(x_1;\tau_n) \to (\neg P_<(\tau_n,x_1)))).$$

由于 $T_N \vdash \varphi(x_1;\tau_n)$, 得到

$$T_N \vdash (\psi \to (\neg P_<(\tau_n,x_1))).$$

根据假设, 穷举引理 (引理 13.5), 以及演绎定理 (定理 4.1), 得到

$$T_N \vdash (P_<(x_1,\tau_n) \to (\neg\varphi)).$$

于是, $T_N \vdash (\varphi \to (\neg P_<(x_1,\tau_n)))$. 由此, $T_N \vdash (\psi \to (\neg P_<(x_1,\tau_n)))$.

根据 T_N 的第十三条公理, $T_N \vdash (P_<(x_1,\tau_n) \vee (x_1 \hat{=} \tau_n) \vee P_<(\tau_n,x_1))$. 结合上面的两个不等式结论, 得到

$$T_N \vdash (\psi \to (x_1 \hat{=} \tau_n)).$$

这证明了互含表达式中的另一个蕴含.

综合起来: $T_N \vdash (\psi \leftrightarrow (x_1 \hat{=} \tau_n))$. □

为了揭示 T_N 与 $(\mathbb{N}, 0, S, +, \times, <)$ 之间的关系, 我们先来引进自然数算术语言中的一类特种表达式.

定义 13.4(特种表达式)　(1) 每一个形如下列表达式的表达式是一个特种表达式:

(a) $(c_0 \hat{=} x_1)$;

(b) $(F_S(x_1) \hat{=} x_2)$;

(c) $(F_+(x_1, x_2) \hat{=} x_3)$;

(d) $(F_\times(x_1, x_2) \hat{=} x_3)$;

(e) $(x_1 \hat{=} x_2)$, $(\neg(x_1 \hat{=} x_2))$;

(f) $P_<(x_1, x_2)$, $(\neg P_<(x_1, x_2))$.

(2) 如果 φ 和 ψ 都是特种表达式, 那么 $(\varphi \vee \psi)$ 和 $(\varphi \wedge \psi)$ 也都是特种表达式.

(3) 如果 φ 是一个特种表达式, x_i 和 x_j 是两个不同的变元, 那么

$$(\forall x_i (P_<(x_i, x_j) \to \varphi))$$

也是一个特种表达式.

(4) 如果 φ 是一个特种表达式, 那么 $(\exists x_i \varphi)$ 也是一个特种表达式.

(5) 任何一个特种表达式必由上述之一所获.

引理 13.7(Σ_1-表达式等价性)　自然数算术语言中的每一个 Σ_1-表达式都在初等数论 T_N 之上等价于某个特种表达式.

证明　对 Σ_1-表达式的复杂性施归纳.

情形 1: 表达式 φ 是 $(x_i \hat{=} \tau)$, 其中 x_i 是一个变元, τ 是一个项.

对项 τ 的复杂性施归纳, 证明: $(x_i \hat{=} \tau)$ 在 T_N 之上等价于一个特种表达式.

如果 τ 是一个变元, 或者是 c_0, 结论成立.

假设 τ 是 $F_S(\tau_1)$, τ_1 是一个项. 于是,

$$\vdash ((x_i \hat{=} \tau) \leftrightarrow (\exists x_j ((x_j \hat{=} \tau_1) \wedge (x_i \hat{=} F_S(x_j))))).$$

根据归纳假设、等号对称性以及等价替换定理 (定理 4.18), 上述右边的表达式在 T_N 之上等价于一个特种表达式. 于是, $(x_i \hat{=} \tau)$ 在 T_N 上等价于一个特种表达式.

假设 τ 是 $F_+(\tau_1, \tau_2)$, 或者是 $F_\times(\tau_1, \tau_2)$, τ_1, τ_2 是两个项. 统一记成 $F(\tau_1, \tau_2)$. 那么

$$\vdash ((x_i \hat{=} \tau) \leftrightarrow (\exists x_j (\exists x_k ((x_j \hat{=} \tau_1) \wedge (x_k \hat{=} \tau_2) \wedge (x_i \hat{=} F(x_j, x_k)))))).$$

基于同上面一样的理由, $(x_i \hat{=} \tau)$ 在 T_N 之上与一个特种表达式等价.

情形 2：表达式 φ 是一个布尔表达式. 对 φ 的复杂性施归纳.

情形 2(1)：表达式 φ 是 $P_<(\tau_1,\tau_2)$, τ_1,τ_2 是两个项.

此时,

$$\vdash (P_<(\tau_1,\tau_2) \leftrightarrow (\exists x_i(\exists x_j((x_i\hat{=}\tau_1) \wedge (x_j\hat{=}\tau_2) \wedge P_<(x_i,x_j))))).$$

依据情形一的结论以及等价替换定理 (定理 4.18), 表达式 $P_<(\tau_1,\tau_2)$ 在 T_N 之上等价于一个特种表达式.

情形 2(2)：表达式 φ 是 $(\neg P_<(\tau_1,\tau_2))$, τ_1,τ_2 是两个项. 此时,

$$\vdash ((\neg P_<(\tau_1,\tau_2)) \leftrightarrow (\exists x_i(\exists x_j((x_i\hat{=}\tau_1) \wedge (x_j\hat{=}\tau_2) \wedge (\neg P_<(x_i,x_j)))))).$$

依据情形一的结论以及等价替换定理 (定理 4.18), 表达式 $(\neg P_<(\tau_1,\tau_2))$ 在 T_N 之上等价于一个特种表达式.

情形 2(3)：表达式 φ 是 $(\neg(\neg\psi))$. 此时, $\vdash (\varphi \leftrightarrow \psi)$, 再由归纳假设得到所要的等价性.

情形 2(4)：表达式 φ 是 $(\neg(\theta \vee \psi))$. 此时, $\vdash (\varphi \leftrightarrow ((\neg\theta) \wedge (\neg\psi)))$. 由归纳假设, $(\neg\theta)$ 和 $(\neg\psi)$ 都在 T_N 之上分别等价于某个特种表达式. 所以, φ 在 T_N 之上也等价于一个特种表达式.

情形 2(5)：表达式 φ 是 $(\theta \vee \psi)$. 依归纳假设而得.

情形 3：表达式 φ 是 $(\exists x_1(\cdots(\exists x_n\psi)\cdots))$, ψ 是一个布尔表达式.

依据存在量词 $\exists x_i$ 的个数的归纳法, 更换约束变元等价定理, 以及特种表达式关于存在量词封闭的定义, 就得到所要的结论. □

定义 13.5 设 $\psi(x_1,x_2,\cdots,x_n)$ 为自然数算术语言的一个布尔表达式, 所有在 ψ 中出现的自由变元都在 $x_1,\cdots,x_n$ 之中. 我们称形如 $\psi(x_1,\cdots,x_n;\tau_{i_1},\cdots,\tau_{i_n})$ 这样的表达式为 ψ 的一个**数值特例**, 其中 τ_{i_j} 是项 $F_S^{i_j}(c_0)$; 称 ψ 的一个数值特例 $\psi(x_1,\cdots,x_n;\tau_{i_1},\cdots,\tau_{i_n})$ 为一个**真数值特例**当且仅当

$$(\mathbb{N},0,S,+,\times,<) \models \psi(x_1,\cdots,x_n;\tau_{i_1},\cdots,\tau_{i_n}).$$

引理 13.8 如果 $\psi(x_1,\cdots,x_n)$ 是一个特种表达式, 那么 ψ 的任何一个真数值特例都是 T_N 的一个定理.

证明 应用特种表达式的复杂性归纳法.

特种表达式定义之1：

(1) $(c_0\hat{=}x_1)$; 这个表达式的唯一真数值特例是 $(c_0\hat{=}\tau_0)$. 这自然是 T_N 的一个定理, 因为 $(x_1\hat{=}x_1)$ 是一条逻辑公理.

(2) $(F_S(x_1)\hat{=}x_2)$; 这个表达式的真数值特例都形如：$(F_S(\tau_k)\hat{=}\tau_{k+1})$. 这也是 T_N 的一个定理.

(3) $(F_+(x_1,x_2)\hat{=}x_3)$; 这个表达式的真数值特例都形如: $(F_+(\tau_m,\tau_n)\hat{=}\tau_{m+n})$.

对 n 施归纳, 证明: $T_N\vdash(F_+(\tau_m,\tau_n)\hat{=}\tau_{m+n})$.

当 $n=0$ 时, 应用 T_N 的第四条公理得到: $T_N\vdash(F_+(\tau_m,\tau_0)\hat{=}\tau_m)$.

假设 $T_N\vdash(F_+(\tau_m,\tau_n)\hat{=}\tau_{m+n})$. 由于 τ_{m+n+1} 就是项 $F_S(\tau_{m+n})$, 应用等式定理 (定理 4.4),

$$T_N\vdash(F_S(F_+(\tau_m,\tau_n))\hat{=}\tau_{m+n+1}).$$

应用 T_N 的第五条公理, 上述以及等式定理 (定理 4.4), 得

$$T_N\vdash(F_+(\tau_m,\tau_{n+1})\hat{=}\tau_{m+n+1}).$$

(4) $(F_\times(x_1,x_2)\hat{=}x_3)$; 这个表达式的真数值特例都形如: $(F_\times(\tau_m,\tau_n)\hat{=}\tau_{mn})$.

对 n 施归纳, 证明: $T_N\vdash(F_\times(\tau_m,\tau_n)\hat{=}\tau_{mn})$.

当 $n=0$ 时, 应用 T_N 的第六条公理得到: $T_N\vdash(F_\times(\tau_m,\tau_0)\hat{=}\tau_0)$.

假设 $T_N\vdash(F_\times(\tau_m,\tau_n)\hat{=}\tau_{mn})$. 由上面的结论,

$$T_N\vdash(F_+(\tau_{mn},\tau_m)\hat{=}\tau_{mn+m}).$$

应用 T_N 的第七条公理, 得

$$T_N\vdash(F_\times(\tau_m,\tau_{n+1})\hat{=}F_+(F_\times(\tau_m,\tau_n),\tau_m)),$$

依据上述, 以及等式定理 (定理 4.4), 得

$$T_N\vdash(F_\times(\tau_m,\tau_{n+1})\hat{=}\tau_{mn+m}).$$

(5) $(x_1\hat{=}x_2)$; 这一表达式的真数值特例都形如: $(\tau_n\hat{=}\tau_n)$. 所以, $T_N\vdash(\tau_n\hat{=}\tau_n)$.

(6) $(\neg(x_1\hat{=}x_2))$; 这一表达式的真数值特例都形如: $(\neg(\tau_m\hat{=}\tau_n))$, 其中 $m\neq n$.

由对称性, 不妨假设 $n<m$. 对 n 施归纳, 证明:

$$T_N\vdash(\neg(\tau_m\hat{=}\tau_n)).$$

当 $n=0$ 时, 由 T_N 的第一条公理得: $T_N\vdash(\neg(\tau_m\hat{=}\tau_0))$.

当 $n>0$ 时, 由 T_N 的第三条公理得: $T_N\vdash((\tau_m\hat{=}\tau_n)\to(\tau_{m-1}\hat{=}\tau_{n-1}))$; 依此, 由逆否命题律,

$$T_N\vdash((\neg(\tau_{m-1}\hat{=}\tau_{n-1}))\to(\neg(\tau_m\hat{=}\tau_n)));$$

由归纳假设,

$$T_N\vdash(\neg(\tau_{m-1}\hat{=}\tau_{n-1})),$$

于是, $T_N\vdash(\neg(\tau_m\hat{=}\tau_n))$.

(7) $P_<(x_1, x_2)$; 这一表达式的真数值特例都形如: $P_<(\tau_m, \tau_n)\,(m < n)$.

(8) $(\neg P_<(x_1, x_2))$. 这一表达式的真数值特例都形如: $(\neg P_<(\tau_m, \tau_n))\,(m \geqslant n)$. 我们用关于 n 的归纳法证明: 如果 $m < n$, 则 $T_N \vdash P_<(\tau_m, \tau_n)$; 如果 $n \leqslant m$, 则 $T_N \vdash (\neg P_<(\tau_m, \tau_n))$.

当 $n = 0$ 时, 由 T_N 的第八条公理得: $T_N \vdash (\neg P_<(\tau_m, \tau_0))$.

由 T_N 的第九和第十条公理得: $T_N \vdash (P_<(\tau_m, \tau_{n+1}) \leftrightarrow (P_<(\tau_m, \tau_n) \vee (\tau_m \hat{=} \tau_n)))$.

假设 $m < n+1$. 如果 $m < n$, 由归纳假设, $T_N \vdash P_<(\tau_m, \tau_n)$; 如果 $m = n$, 此时, $T_N \vdash (\tau_m \hat{=} \tau_n)$. 所以,

$$T_N \vdash P_<(\tau_m, \tau_{n+1}).$$

假设 $m \geqslant n+1$. 由归纳假设, $T_N \vdash (\neg P_<(\tau_m, \tau_n))$; 因为 $m \neq n$, 有

$$T_N \vdash (\neg(\tau_m \hat{=} \tau_n)).$$

所以,

$$T_N \vdash (\neg P_<(\tau_m, \tau_{n+1})).$$

特种表达式定义之2: ψ 是 $(\psi_1 \vee \psi_2)$, 或者 $(\psi_1 \wedge \psi_2)$.

根据归纳假设.

特种表达式定义之3: ψ 是 $(\forall x_m(P_<(x_m, x_1) \to \psi_1))$, 其中 x_m, x_1 是不相同的变元, ψ_1 是一个特种表达式.

ψ 的一个真数值特例形如:

$$(\forall x_m(P_<(x_m, \tau_{i_1}) \to \psi_1(x_1, x_2, \cdots, x_n, x_m; \tau_{i_1}, \cdots, \tau_{i_n}, x_m))).$$

对于每一个 $i < i_1$, $\psi_1(x_1, x_2, \cdots, x_n, x_m; \tau_{i_1}, \cdots, \tau_{i_n}, \tau_i)$ 都是一个真数值特例. 根据归纳假设, 对于 $i < i_1$, 都有

$$T_N \vdash \psi_1(x_1, x_2, \cdots, x_n, x_m; \tau_{i_1}, \cdots, \tau_{i_n}, \tau_i).$$

根据穷举引理 13.5, 得到

$$T_N \vdash (P_<(x_m, \tau_{i_1}) \to \psi_1(x_1, x_2, \cdots, x_n, x_m; \tau_{i_1}, \cdots, \tau_{i_n}, x_m)).$$

于是,

$$T_N \vdash (\forall x_m(P_<(x_m, \tau_{i_1}) \to \psi_1(x_1, x_2, \cdots, x_n, x_m; \tau_{i_1}, \cdots, \tau_{i_n}, x_m))).$$

特种表达式定义之4: ψ 是 $(\exists x_m \psi_1)$, 其中 ψ_1 是一个特种表达式.

ψ 的一个真数值特例形如: $(\exists x_m \psi_1(x_1, \cdots, x_n, x_m; \tau_{i_1}, \cdots, \tau_{i_n}, x_m))$. 由于是真数值特例, 令 $k \in \mathbb{N}$ 来见证

$$(\mathbb{N}, 0, S, +, \times, <) \models \psi_1(x_1, \cdots, x_n, x_m; \tau_{i_1}, \cdots, \tau_{i_n}, \tau_k).$$

由归纳假设,

$$T_N \vdash \psi_1(x_1, \cdots, x_n, x_m; \tau_{i_1}, \cdots, \tau_{i_n}, \tau_k).$$

于是,

$$T_N \vdash (\exists x_m \psi_1(x_1, \cdots, x_n, x_m; \tau_{i_1}, \cdots, \tau_{i_n}, x_m)).$$ □

引理 13.9　假设 $\psi(x_1, \cdots, x_n)$ 是一个布尔表达式, 所有在 ψ 中出现的自由变元都在 $x_1, \cdots, x_n$ 之中. 对于每一个自然数 $k \in \mathbb{N}$, 令 τ_k 记项 $F_S^k(c_0)$. 令 $i_1, \cdots, i_n \in \mathbb{N}$ 见证

$$(\mathbb{N}, 0, S, +, \times, <) \models \psi(x_1, \cdots, x_n; \tau_{i_1}, \cdots, \tau_{i_n}).$$

那么 $T_N \vdash \psi(x_1, \cdots, x_n; \tau_{i_1}, \cdots, \tau_{i_n})$.

证明　由于 $\psi(x_1, \cdots, x_n)$ 在 T_N 之上等价于一个特种表达式 $\varphi(x_1, \cdots, x_n)$, ψ 的真数值特列也便等价于 φ 的相应的数值特例, 这个数值特例也就是真数值特列, 于是就是 T_N 的一个定理, 从而, ψ 的这个真数值特列也就是 T_N 的一个定理. □

定理 13.5　如果 θ 是自然数算术语言的一个 Σ_1 语句, 那么

$$T_N \vdash \theta \text{ 当且仅当 } (\mathbb{N}, 0, S, +, \times, <) \models \theta.$$

证明　假设 θ 是 $(\exists x_1(\cdots(\exists x_n \psi(x_1, \cdots, x_n))))$, $\psi(x_1, \cdots, x_n)$ 是一个布尔表达式, ψ 所有的自由变元都在 $x_1, \cdots, x_n$ 之中.

假设 $(\mathbb{N}, 0, S, +, \times, <) \models \theta$. 令 $\tau_{i_1}, \cdots, \tau_{i_n}$ 见证:

$$(\mathbb{N}, 0, S, +, \times, <) \models \psi(x_1, \cdots, x_n; \tau_{i_1}, \cdots, \tau_{i_n}).$$

根据上面的引理 13.9, $T_N \vdash \psi(x_1, \cdots, x_n; \tau_{i_1}, \cdots, \tau_{i_n})$. 因此, $T_N \vdash \theta$. □

13.2　哥德尔第一不完全性定理

前面, 我们见到了初等数论不是一个完全的理论. 这并非一件奇特的事情. 比如说, 域理论、代数封闭域理论、非平凡特征 0 加法群理论, 等等, 都不是完全理论. 但是, 对这些理论, 我们都可以从各自的不完全理由中找到一系列的语句, 将它们逐步地添加进来, 就得到相应的完全理论. 从域论到代数封闭域理论, 再到固定

特征的代数封闭域理论, 我们得到了关于复数加、减、乘、除四则混合元算律的完全公理化, 它实际上是关于有理数加、减、乘、除四则混合运算律完全公理化的一条途径的结果; 无论是实代数封闭域理论, 还是有序实代数封闭域理论, 都可以看成是关于有理数加、减、乘、除四则混合运算律完全公理化的另外一条路径的结果; 同样的, 对于有理数加减法、整数加减法、自然数加法, 我们也都经历了从不完全到完全的过程. 那么这些经历自然而然地将我们引导到这样一个问题:

问题 13.1 是否可以对初等数论行之有效地添加一系列被证实为独立的性质而得到关于自然数有序加法和乘法运算律的完全理论? 对初等数论添加了一系列的归纳法原理之后的皮阿诺算术理论是完全的吗?

这里, 我们将看到这个问题的答案是完全否定的: 哥德尔告诉我们, 不仅皮阿诺算术理论不是完全的, 任何行之有效地对初等数论的添加都不会是完全的. 我们曾经非常成功的经历在面对自然数有序加法和乘法时不会再现了.

接下来, 我们先讨论如何将每一个逻辑概念经过编码的方式转换成数论标准模型的函数或者关系. 所说的数论的标准模型为: $\mathfrak{N} = (\mathbb{N}, 0, S, +, \cdot, <)$. 这个标准模型中的每一个元素都是算术语言中的一个数值项的固有赋值. 我们先从这一系列数值项开始.

定义 13.6 $\mathbf{k}_0 = 0, \mathbf{k}_{m+1} = F_S(\mathbf{k}_m)\ (m \in \mathbb{N})$.

对于 $m \in \mathbb{N}$, $\mathbf{k}_m$ 是初等数论语言中的项 $\overbrace{S(\cdots(S(}^{m}0))\cdots)$. 应用这一系列数值项, 我们看到数论的标准模型一定是任何一个数论非标准模型的前段.

定理 13.6 (1) 初等数论的标准模型 $\mathfrak{N}$ 有非标准的同质放大模型 $\mathfrak{M}$;

(2) 标准模型 $\mathfrak{N}$ 的任何一个同质放大模型 $\mathfrak{M}$ 都是 $\mathfrak{N}$ 的末端扩张, 即 $\mathfrak{N}$ 与 $\mathfrak{M}$ 的一个前段同构.

证明 令 $\mathrm{Th}(\mathfrak{N})$ 为 $\mathfrak{N}$ 的真相. 令 $\mathcal{L} = \mathcal{L}(T_{\mathrm{PA}}) \cup \{\mathbf{c}\}$, 其中 $\mathbf{c}$ 是一个新常元符号. 令 $T_c = \mathrm{Th}(\mathfrak{N}) \cup \{\mathbf{k}_n < \mathbf{c} \mid n \in \mathbb{N}\}$. 那么 T_c 是一致的. 这是因为依据紧致性定理, 只需证明对于每一个自然数 $k \in \mathbb{N}$, 理论 $T_c^k = \mathrm{Th}(\mathfrak{N}) \cup \{\mathbf{k}_n < \mathbf{c} \mid n < k\}$ 是一致的. 自然地将 $\mathfrak{N}$ 扩充到 $(\mathfrak{N}, k)$, 其中 k 是 $\mathbf{c}$ 的解释. $(\mathfrak{N}, k) \models T_c^k$. 于是, T_c^k 是一致的.

令 $\mathfrak{N}^* \models T_c$. 令 c 为 $\mathbf{c}$ 在 $\mathfrak{N}^*$ 中的解释. 由于 $\mathfrak{N}^* \models \mathbf{k}_n < \mathbf{c}$, c 是一个非标准的自然数.

令 $\mathfrak{N}^{**}$ 为 $\mathfrak{N}^*$ 向语言 $\mathrm{lg}(T_{\mathrm{PA}})$ 的裁减结构, 即删除对新常元符号 $\mathbf{c}$ 的解释. 那么 $\mathfrak{N}^{**}$ 就是 T_{PA} 的一个非标准模型, 它包含有在外面看起来为无限的 "自然数".

其次, 从 $\mathfrak{N}$ 到 $\mathfrak{N}^{**}$ 有一个自然嵌入映射: $n \mapsto \mathfrak{N}^{**}(\mathbf{k}_n)$, 并且这个自然嵌入映射是一个同质嵌入映射. 设 $\varphi(x_1, \cdots, x_n)$ 是一个显示自由变元的表达式. 令 $\langle a_1, \cdots, a_n \rangle \in \mathbb{N}^n$. 那么 $\varphi(x_1 \cdots x_n; \mathbf{k}_{a_1}, \cdots, \mathbf{k}_{a_n})$ 是一个语句, 或者它在 $\mathrm{Th}(\mathfrak{N})$ 中,

或者它的否定在 $\mathrm{Th}(\mathfrak{N})$, 但并非二者同在其中. 所以, 上述自然嵌入是一个同质嵌入.

当然, 这也表明 $\mathfrak{N}$ 与 $\mathfrak{N}^{**}$ 并不同构.

至于 (2), 注意对于每一个 $n \in \mathbb{N}$, 下述语句在 $\mathfrak{N}$ 中为真:

$$\forall x(x < \mathbf{k}_n \rightarrow (x = \mathbf{k}_0 \vee x = \mathbf{k}_1 \vee \cdots \vee x = \mathbf{k}_{n-1})).$$

所以, 它也在所论非标准模型中为真. □

13.2.1 序列数

定义 13.7(μ-算子) 设语句 $(\exists x \theta(x))$ 在 $\mathfrak{N}$ 的某一个扩充结构中为真. 令 $\mu x(\theta(x))$ 为见证 $\theta(x)$ 为真的最小证据. 称 μx 为 **(无界)μ-算子**.

注意: 在由 μx 作用所产生的 "项"$\mu x(\theta(x))$ 中, x 的出现是约束出现, $\mu x(\theta(x))$ 的取值与对 x 的赋值无关.

定义 13.8 设表达式 $\theta(x)$ 在 $\mathcal{L}(\mathfrak{N})$ 的某一个扩充语言 $\mathcal{L}$ 中的含有自由变元符号 x 的表达式, $\mathbf{t}$ 是语言 $\mathcal{L}$ 中的一个不含变量符号 x 的项.

(1) 令

$$\mu x_{x<\mathbf{t}}(\theta(x)) = \mu x(\theta(x) \vee x = \mathbf{t}).$$

称 $\mu x_{x<\mathbf{t}}$ 为**有界 μ-算子**.

(2) 令

$$(\exists x_{x<\mathbf{t}}(\theta(x))) \leftrightarrow P_{<}(\mu x_{x<\mathbf{t}}(\theta(x)), \mathbf{t}).$$

称 $\exists x_{x<\mathbf{t}}$ 为**界内存在量词**, 项 $\mathbf{t}$ 为存在范围之界. $(\exists x_{x<\mathbf{t}}(\theta(x)))$ 为真当且仅当存在小于 $\mathbf{t}$ 的满足 $\theta(x)$ 的自然数.

(3) 令

$$(\forall x_{x<\mathbf{t}}(\theta(x))) \leftrightarrow (\neg(\exists x_{x<\mathbf{t}}(\neg\theta(x)))).$$

称 $\forall x_{x<\mathbf{t}}$ 为**界内全称量词**, 项 $\mathbf{t}$ 为变元 x 变化全体范围之界. $(\forall x_{x<\mathbf{t}}(\theta(x)))$ 为真当且仅当每一个小于 $\mathbf{t}$ 的自然数都满足 $\theta(x)$. 统称界内存在量词和界内全称量词为**界内量词**.

(4) 令 $\mu x_{x\leqslant\mathbf{t}}$ 为 $\mu x_{x<(\mathbf{t}+1)}$ 之缩写; 令 $\exists x_{x\leqslant\mathbf{t}}$ 为 $\exists x_{x<(\mathbf{t}+1)}$ 之缩写; 令 $\forall x_{x\leqslant\mathbf{t}}$ 为 $\forall x_{x<(\mathbf{t}+1)}$ 之缩写.

注意: 在 $\mathfrak{N}$ 的与语言 $\mathcal{L}$ 相应的扩充结构 $\mathfrak{N}_{\mathcal{L}}$ 中, 表达式 $(\exists x(\theta(x) \vee x = \mathbf{t}))$ 必为真; 如果在其中存在一个小于 $\mathbf{t}$ 的满足 θ 的自然数, 那么 $\mu x_{x<\mathbf{t}}(\theta(x))$ 就是最小的证据; 否则, $\mu x_{x<\mathbf{t}}(\theta(x)) = \mathbf{t}$. 还要注意到在项 $\mu x_{x<\mathbf{t}}(\theta(x))$ 中, x 是一个约束变元, $\mu x_{x<\mathbf{t}}(\theta(x))$ 的取值与对 x 的赋值无关.

记号约定：在下述表达式中，$\exists^a u\varphi(u)$ 是 $\exists u_{u<a}(\varphi(u))$ 的简写；$\forall^a x\varphi(x)$ 是 $\forall x_{x<a}(\varphi(x))$ 的简写.

定义 13.9 (1) $a \bullet\!\!- b = \mu x(b + x = a \vee a < b)$;

(2) $\mathrm{Div}(a,b) \iff \exists x_{x\leqslant a}(a = x\cdot b)$ (a 可以被 b 整除);

(3) $\mathrm{OP}(a,b) = (a+b)\cdot(a+b)+a+1$(配对函数);

(4) $\beta(a,i) = \mu x_{x\leqslant a\bullet\!- 1}\exists y_{y<a}\exists z_{z<a}(a = \mathrm{OP}(y,z)\wedge \mathrm{Div}(y, 1+(\mathrm{OP}(x,i)+1)\cdot z))$ (哥德尔之 β-函数);

(5) a 与 b 互素，$\mathrm{RP}(a,b)$ 当且仅当 $a\cdot b\neq 0$ 并且 $\forall x(\mathrm{Div}(a\cdot x,b)\to \mathrm{Div}(x,b))$.

事实 13.2.1 (1) $\mathrm{OP}(a,b) = \mathrm{OP}(x,y)\to a = x\wedge b = y$;

(2) $\mathrm{RP}(a,b)\to \mathrm{RP}(b,a)$.

定理 13.7(孙子定理) 设 $d_0,\cdots,d_n$ 彼此互素. 令 $a_0,\cdots,a_n$ 为一组满足系列不等式 $a_i < d_i\ (i\leqslant n)$ 的自然数. 那么

$$\exists c\in\mathbb{N}\ \forall i\leqslant n\ \exists m_i\in\mathbb{N}\ (c = m_i\cdot d_i + a_i).$$

推论 13.1 设 $a_1,\cdots,a_n,b_1,\cdots,b_m$ 都大于 1, 并且对于任意的

$$(i,j)\in\{1,\cdots,n\}\times\{1,\cdots,m\},$$

都有 $\mathrm{RP}(a_i,b_j)$. 那么存在一个被每一个 a_i 整除但不被任何 b_j 整除的自然数 c.

这既是孙子定理的一个推论, 也可以直接用归纳法证明. 我们将应用孙子定理导出推论的事情留作练习.

归纳法证明如下：当 $n=1$ 时, 令 $c = a_1$.

假设 $a_1,\cdots,a_n,a_{n+1},b_1,\cdots,b_m$ 都大于 1, 并且对于任意的

$$(i,j)\in\{1,\cdots,n,n+1\}\times\{1,\cdots,m\},$$

都有 $\mathrm{RP}(a_i,b_j)$, 以及归纳假设.

那么 $a_1,\cdots,a_n,b_1,\cdots,b_m$ 都大于 1, 并且对于任意的

$$(i,j)\in\{1,\cdots,n\}\times\{1,\cdots,m\},$$

都有 $\mathrm{RP}(a_i,b_j)$. 应用归纳假设, 设 c 被每一个 $a_i\ (1\leqslant i\leqslant n)$ 整除, 但不被任何 b_j 整除. 令 $d = a_{n+1}\cdot c$. 此 d 即为所求.

事实 13.2.2 $((k\neq 0\wedge z\neq 0\wedge \mathrm{Div}(z,k))\to \mathrm{RP}(1+(j+k)\cdot z, 1+j\cdot z))$.

引理 13.10(哥德尔) 前面所定义的二元函数 β 具备如下性质：

(1) $\forall a\forall i\ \beta(a,i)\leqslant a\bullet\!\!- 1$;

(2) 对于任意的长度为 n 的自然数序列 $\langle a_0, a_1, \cdots, a_{n-1}\rangle$, 一定有一个自然数 a 满足如下要求:

$$\forall i < n\,(\beta(a,i) = a_i).$$

证明　令 $c = \max\{\mathrm{OP}(a_i,i)+1 \mid i < n\}$. 令 $z = \prod\{j \mid 0 < j < c\}$. 如果 $j < l < c$, 那么 $\mathrm{RP}(1+j\cdot z, 1+l\cdot z)$ (取 $k = l-j$, 应用上面的事实). 依孙子定理之推论, 令 y 满足下面的要求: 对于 $j < c$, y 被 $1+j\cdot z$ 整除当且仅当 $\exists i < n(j = OP(a_i,i)+1)$. [对被整除的一方, 设余数为 0; 对不被整除一方, 设余数为 1.] 再令 $a = \mathrm{OP}(y,z)$.

设 $x < a_i$. 那么 $\mathrm{OP}(x,i) \leqslant \mathrm{OP}(a_i,i) < c$, 并且根据配对函数 OP 的性质, $\mathrm{OP}(x,i)$ 不会是某个 $OP(a_j,j)$. 于是, a_i 是满足要求 $\mathrm{Div}(y, 1+(OP(x,i)+1)\cdot z)$ 的最小数 x . 由于 y 和 z 是方程 $a = OP(y,z)$ 的唯一解, 得出结论:

$$\forall i < n\,\beta(a,i) = a_i.$$

□

事实 13.2.3　设 $i \in \mathbb{N}$. 那么

(1) $\beta(0,i) = 0$;

(2) $\forall a \in \mathbb{N}\,(a \neq 0 \to \beta(a,i) < a)$.

定义 13.10　序列 $(a_1,\cdots,a_n) \in \mathbb{N}^{<\omega}$ 的哥德尔编码, 记成 $\prec a_1,\cdots,a_n\succ$, 是满足如下要求的最小数 a :

(1) $\beta(a,0) = n$;

(2) $\forall i \in \{1,\cdots,n\}\,(\beta(a,i) = a_i)$.

定义 $\mathrm{lh}(a) = \beta(a,0)$, $(a)_i = \beta(a,i+1)$, 以及记号约定: $(a)_{i,j} = ((a)_i)_j$.

注意: $\prec\succ = 0$, 以及

$$\prec a_1,\cdots,a_n\succ = \mu x(\beta(x,0) = n \wedge \beta(x,1) = a_1 \wedge \cdots \wedge \beta(x,n) = a_n).$$

事实 13.2.4　(1) 如果 $a = \prec a_0,\cdots,a_{n-1}\succ$, 那么 $n = \mathrm{lh}(a)$, 并且对于 $i < n$ 必有 $(a)_i = a_i$.

(2) 如果 $a \neq \prec\succ$, 那么对于 $i < n$ 必有 $\mathrm{lh}(a) < a \wedge (a)_i < a$.

定义 13.11　(1) $\mathrm{Seq} = \{\prec s\succ \mid s \in \mathbb{N}^{<\omega}\}$;

(2) $\mathrm{In} : \mathrm{Seq}\times\mathbb{N} \to \mathbb{N}$ 由下式定义:

$$\mathrm{In}(\prec a_1,\cdots,a_n\succ, i) = \begin{cases} \prec a_1,\cdots,a_i\succ, & \text{当 } i \leqslant n, \\ i, & \text{当 } i > n; \end{cases}$$

(3) $* : \mathrm{Seq}\times\mathrm{Seq} \to \mathrm{Seq}$ 由下式定义:

$$\prec a_1,\cdots,a_n\succ * \prec b_1,\cdots,b_m\succ = \prec a_1,\cdots,a_n,b_1,\cdots,b_m\succ .$$

事实 13.2.5 (1) $a \in \text{Seq} \leftrightarrow \forall x_{x<a}(\text{lh}(x) \neq \text{lh}(a) \vee \exists i_{i<\text{lh}(a)}((x)_i \neq (a)_i))$;

(2) 如果 $a \in \text{Seq}$ 且 $\text{lh}(a) = n$, 那么对所有的 $i \leqslant n$,

$$\text{In}(a, i) = \mu x(\text{lh}(x) = i \wedge \forall j_{j<i}((x)_j = (a)_j));$$

(3) 对于 $a, b \in \text{Seq}$, 必有

$$a * b = \mu x(\text{lh}(x) = \text{lh}(a) + \text{lh}(b) \wedge \forall i_{i<\text{lh}(a)}((x)_i = (a)_i) \wedge \forall i_{i<\text{lh}(b)}((x)_{\text{lh}(a)+i} = (b)_i)).$$

定义 13.12 (1) 设 f 是一个 $n \geqslant 1$ 元函数. 对于 $a \in \mathbb{N}$, 令

$$\prec f \succ (a) = f((a)_0, \cdots, (a)_{n-1}).$$

于是, $f(a_1, \cdots, a_n) = \prec f \succ (\prec a_1, \cdots, a_n \succ)$. 称一元函数 $\prec f \succ$ 为 f 的**缩编**.

(2) 设 f 是一个 $n \geqslant 1$ 元函数. 对于 $a, b_1, \cdots, b_{n-1} \in \mathbb{N}$, 令 $\vec{b} = (b_1, \cdots, b_{n-1})$, 以及

$$\bar{f}(a, \vec{b}) = \prec f(0, \vec{b}), f(1, \vec{b}), \cdots, f(a-1, \vec{b}) \succ .$$

那么 $f(a, \vec{b}) = (\bar{f}(a+1, \vec{b}))_a$. 称 $\bar{f}$ 为 f 的**初始计算记录函数**.

(3) 设 P 为一个 $n \geqslant 1$ 元关系. 对于 $a \in \mathbb{N}$, 令

$$\prec P \succ (a) \leftrightarrow P((a)_0, \cdots, (a)_{n-1}).$$

于是, $P(a_1, \cdots, a_n) \leftrightarrow \prec P \succ (\prec a_1, \cdots, a_n \succ)$. 称一元关系 $\prec P \succ$ 为 P 的**缩编**.

事实 13.2.6 $\bar{f}(a, \vec{b}) = \mu x(\text{lh}(x) = a \wedge \forall i_{i<a}((x)_i = f(i, \vec{b})))$.

13.2.2 符号数与表示数

定义 13.13 $J(m, n) = \dfrac{(m+n)(m+n+1)}{2} + m \ (m, n \in \mathbb{N})$.

$K(p) = \min\{a \mid \exists b \leqslant p(p = J(a, b))\}$.

$L(p) = \min\{b \mid \exists a \leqslant p(p = J(a, b))\}$.

$J : \mathbb{N} \times \mathbb{N} \to \mathbb{N}$ 是一个双射, 并且 $J(K(p), L(p)) = p \ (p \in \mathbb{N})$.

定义 13.14(符号数) (1) 每一个逻辑符号的符号数定义如下:

符号 x:	$\hat{=}$	$\neg$	$\to$	$\forall$	(	)
符号数 $\text{SN}(x)$:	1	2	3	4	5	6

(2) 变元符号集为: $\{x_i \mid i \in \mathbb{N}\}$, 它们的符号数为: $\text{SN}(x_i) = J(5, i) \ (i \in \mathbb{N})$;

(3) 常元符号集为: $\{c_i \mid i \in \mathbb{N}\}$, 它们的符号数为: $\text{SN}(c_i) = J(7, i) \ (i \in \mathbb{N})$, 且约定 c_0 用来表示自然数 0, $\text{SN}(c_0) = \text{SN}(0) = J(7, 0) = 35$;

(4) 第 i 个 n-元函数符号为 $\mathbf{f}_i^n$, 它的符号数为: $\text{SN}(\mathbf{f}_i^n) = J(2n+7, i)$; 并且约定表示自然数算术理论中的一元函数 S 的函数符号为 $\mathbf{f}_0^1$, 它的符号数为

$$\text{SN}(S) = \text{SN}(\mathbf{f}_0^1) = J(9, 0) = 54;$$

二元加法函数 $+$ 的函数符号为 $\mathbf{f}_0^2$, 它的符号数为:

$$\mathrm{SN}(+) = J(11,0) = 77;$$

二元乘法函数 $\cdot$ 的函数符号为 $\mathbf{f}_1^2$, 它的符号数为

$$\mathrm{SN}(\cdot) = J(11,1) = 89.$$

(5) 第 i 个 n-元谓词符号为 $\mathbf{p}_i^n$, 它的符号数为 $\mathrm{SN}(\mathbf{p}_i^n) = J(6n+8, i)$; 并且约定属于关系 $\in$ 的谓词符号为 $\mathbf{p}_0^2$, 其符号数为 $\mathrm{SN}(\in) = J(20,0) = 230$; 小于关系 $<$ 的谓词符号为 $\mathbf{p}_1^2$, 它的符号数为 $\mathrm{SN}(<) = J(20,1) = 252$.

按照上述约定, 我们感兴趣的符号以及它们的符号数如下表 (表 13-1):

表 13-1　部分符号及对应符号数

特殊符号	c_0	F_S	F_+	$F_\times$	$P_\in$	$P_<$
编码	$J(7,0)$	$J(9,0)$	$J(11,0)$	$J(11,1)$	$J(20,0)$	$J(20,1)$
SN数值	35	54	77	89	230	252

在以下的项或表达式的编码中, 我们使用奎因 (Quine) 的**上直角记号约定**.

定义 13.15(项编码)　(1) 如果项 $\mathbf{t}$ 的长度为 1, 那么 $\ulcorner \mathbf{t} \urcorner = \prec \mathrm{SN}(\mathbf{t}) \succ$;

(2) 如果项 $\mathbf{t} = \mathbf{f}_i^n(\mathbf{t}_1, \cdots, \mathbf{t}_n)$, 那么

$$\ulcorner \mathbf{t} \urcorner = \prec \mathrm{SN}(\mathbf{f}_i^n), \mathrm{SN}((), \ulcorner \mathbf{t}_1 \urcorner, \cdots, \ulcorner \mathbf{t}_n \urcorner, \mathrm{SN}()) \succ .$$

定义 13.16(表达式编码)　(1) $\ulcorner (\mathbf{t}_1 \triangleq \mathbf{t}_2) \urcorner = \prec \mathrm{SN}((), \ulcorner \mathbf{t}_1 \urcorner, \mathrm{SN}(\triangleq), \ulcorner \mathbf{t}_2 \urcorner, \mathrm{SN}()) \succ$;

(2) $\ulcorner \mathbf{p}_i^n(\mathbf{t}_1, \cdots, \mathbf{t}_n) \urcorner = \prec \mathrm{SN}(\mathbf{p}_i^n), \mathrm{SN}((), \ulcorner \mathbf{t}_1 \urcorner, \cdots, \ulcorner \mathbf{t}_n \urcorner, \mathrm{SN}()) \succ$;

(3) $\ulcorner (\neg\varphi) \urcorner = \prec \mathrm{SN}((), \mathrm{SN}(\neg), \ulcorner \varphi \urcorner, \mathrm{SN}()) \succ$;

(4) $\ulcorner (\varphi \to \psi) \urcorner = \prec \mathrm{SN}((), \ulcorner \varphi \urcorner, \mathrm{SN}(\to), \ulcorner \psi \urcorner, \mathrm{SN}()) \succ$;

(5) $\ulcorner (\forall x_i \varphi) \urcorner = \prec \mathrm{SN}((), \mathrm{SN}(\forall), \ulcorner x_i \urcorner, \ulcorner \varphi \urcorner, \mathrm{SN}()) \succ$.

我们称这些项编码或者表达式编码为**表示数**. 根据唯一可读性, 每一个项或者每一个表达式, 都与唯一的一个项编码, 或者表达式编码相对应, 并且这种对应可以行之有效地双向解码或者编码.

例 13.1　对于定义 13.6 中给出的初等数论语言中的项, 它们的项编码计算如下:

(1) $\ulcorner \mathbf{k}_0 \urcorner = \prec \mathrm{SN}(0) \succ$;

(2) $\ulcorner \mathbf{k}_{m+1} \urcorner = \prec \mathrm{SN}(S), \mathrm{SN}((), \ulcorner \mathbf{k}_m \urcorner, \mathrm{SN}()) \succ$　$(m \in \mathbb{N})$.

定义 13.17　如下定义从 $\mathbb{N}$ 到 $\mathbb{N}$ 的计算在定义 13.6 中给出的初等数论语言中的项的项编码的函数:

(1) $\mathrm{Num}(0) = \prec \mathrm{SN}(0) \succ$;

(2) $\mathrm{Num}(a+1) = \prec \mathrm{SN}(S), \mathrm{SN}((), \mathrm{Num}(a), \mathrm{SN}()) \succ \ (a \in \mathbb{N})$.

定义 13.18 设 $\mathcal{L}_A$ 为一个一阶语言. T 是它的一个理论. 定义

$$\mathrm{Thm}_T = \{\ulcorner\varphi\urcorner \mid \varphi \text{ 是} \mathcal{L}_A \text{的一个表达式, 并且} T \vdash \varphi\}.$$

13.2.3 基本逻辑概念表示

我们现在来将初等数论 T_N 以及皮阿诺算术理论所涉及的基本逻辑概念通过哥德尔编码转换成数论中的定义概念.

定义 13.19 (1) $\mathrm{Vrble}(a) \leftrightarrow a = \prec (a)_0 \succ \wedge \exists y_{y<S(a)} (a)_0 = J(5, y)$,
$\mathrm{Vrble}(a)$ 断言 a 是某个变元符号 x_i 的表示数 $\ulcorner x_i \urcorner$;

(2) $\mathrm{Cnst}(a) \leftrightarrow a = \prec (a)_0 \succ \wedge \exists y_{y<S(a)} (a)_0 = J(7, y)$,

$\mathrm{Cnst}(a)$ 断言 a 是某个常元符号 c_j 的表示数 $\ulcorner c_j \urcorner$.

定义 13.20

$$\mathrm{Term}(a) \begin{cases} \leftrightarrow 0 = 0, & \text{当 } a = \prec \mathrm{SN}(0) \succ, \\ \leftrightarrow \mathrm{Term}((a)_1), & \text{当 } a = \prec 54, 5, (a)_2, 6 \succ, \\ \leftrightarrow \mathrm{Term}((a)_1) \wedge \mathrm{Term}((a)_2), & \text{当 } \left(\begin{array}{l} a = \prec 77, 5, (a)_2, (a)_3, 6 \succ \vee \\ a = \prec 89, 5, (a)_2, (a)_3, 6 \succ \end{array} \right), \\ \leftrightarrow \mathrm{Vrble}(a), & \text{其他}. \end{cases}$$

$\mathrm{Term}(a)$ 断言 a 是自然数算术语言的某个项 $\mathbf{a}$ 的表示数 $\ulcorner \mathbf{a} \urcorner$.

定义 13.21

$$\begin{aligned} \mathrm{AFrml}(a) \leftrightarrow & [(a = \prec 5, (a)_1, 1, (a)_3, 6 \succ \wedge \mathrm{Term}((a)_1) \wedge \mathrm{Term}((a)_3)) \vee \\ & \vee (a)_0 = J(20, 1) \wedge (a)_1 = 5 \wedge (a)_4 = 6 \wedge \mathrm{Term}((a)_2) \wedge \mathrm{Term}((a)_3)]. \end{aligned}$$

$\mathrm{AFrml}(a)$ 断言 a 是自然数算术语言的某个原始表达式 θ 的表示数 $\ulcorner\theta\urcorner$.

$$\begin{aligned} \mathrm{Frml}(a) \leftrightarrow & (\mathrm{AFrml}(a)) \vee \\ & \vee (a = \prec 5, 2, (a)_2, 6 \succ \wedge \mathrm{Frml}((a)_2)) \vee \\ & \vee (a = \prec 5, (a)_1, 3, (a)_3, 6 \succ \wedge \mathrm{Frml}((a)_1) \wedge \mathrm{Frml}((a)_3)) \vee \\ & \vee (a = \prec 5, 4, (a)_2, (a)_3, 6 \succ \wedge \mathrm{Vrble}((a)_2) \wedge \mathrm{Frml}((a)_3)) \end{aligned}$$

$\mathrm{Frml}(a)$ 断言 a 是自然数算术语言的某个表达式 φ 的表示数 $\ulcorner\varphi\urcorner$.

定义 13.22

$$\mathrm{Subst}(a,b,c)=\begin{cases} c, & \text{当}\begin{pmatrix}\mathrm{Vrble}(a),\\ \wedge\, a=b\end{pmatrix},\\ \prec (a)_0,5,\mathrm{Subst}((a)_2,b,c),6\succ, & \text{当 } (a)_0=\mathrm{SN}(S),\\ \prec (a)_0,5,\mathrm{Subst}((a)_2,b,c),\mathrm{Subst}((a)_3,b,c),6\succ, & \text{当 } (a)_0=\mathrm{SN}(+),\\ \prec (a)_0,5,\mathrm{Subst}((a)_2,b,c),\mathrm{Subst}((a)_3,b,c),6\succ, & \text{当 } (a)_0=\mathrm{SN}(\cdot),\\ \prec (a)_0,5,\mathrm{Subst}((a)_2,b,c),\mathrm{Subst}((a)_3,b,c),6\succ, & \text{当 } (a)_0=\mathrm{SN}(<),\\ \prec 5,\mathrm{Subst}((a)_1,b,c),1,\mathrm{Subst}((a)_3,b,c),6\succ, & \text{当 } (a)_2=1,\\ \prec 5,2,\mathrm{Subst}((a)_2,b,c),6\succ, & \text{当 } (a)_1=2,\\ \prec 5,\mathrm{Subst}((a)_1,b,c),3,\mathrm{Subst}((a)_3,b,c),6\succ, & \text{当 } (a)_2=3,\\ \prec 5,2,(a)_2,\mathrm{Subst}((a)_3,b,c),6\succ, & \text{当}\begin{pmatrix}(a)_1=4\,\wedge,\\ \mathrm{Vrble}((a)_2)\end{pmatrix},\\ a, & \text{其他}. \end{cases}$$

当 $a=\ulcorner\mathbf{t}\urcorner$ 是项 $\mathbf{t}$ 的项编码时, 等式 $\mathrm{Subst}(\ulcorner\mathbf{t}\urcorner,\ulcorner x_i\urcorner,\ulcorner\tau\urcorner)=\ulcorner\mathbf{t}(x_i;\tau)\urcorner$ 计算出将项 $\mathbf{t}$ 中的变元 $x_i\,(b=\ulcorner x_i\urcorner)$ 用项 $\tau\,(c=\ulcorner\tau\urcorner)$ 替换后所得到的项 $\mathbf{t}(x_i;\tau)$ 的项编码; 当 $a=\ulcorner\varphi\urcorner$ 是表达式 φ 的表达式编码时, 等式

$$\mathrm{Subst}(\ulcorner\varphi\urcorner,\ulcorner x_i\urcorner,\ulcorner\mathbf{t}\urcorner)=\ulcorner\varphi(x_i;\mathbf{t})\urcorner$$

计算出将表达式 φ 中的变元 $x_i\,(b=\ulcorner x_i\urcorner)$ 用项 $\mathbf{t}\,(c=\ulcorner\mathbf{t}\urcorner)$ 替换后所得到的表达式 $\varphi(x_i;\mathbf{t})$ 的表达式编码. 所以, Subst 是一个三元函数, 用以计算用一个项替换一个变元所得到的结果.

定义 13.23

$$\begin{aligned}\mathrm{Free}(a,b)\leftrightarrow\ &(\mathrm{Vrble}(a)\wedge a=b)\vee\\ &\vee((a)_0=54\wedge \mathrm{Free}((a)_2,b))\vee\\ &\vee((a)_0=\mathrm{SN}(+)\wedge(\mathrm{Free}((a)_2,b)\vee \mathrm{Free}((a)_3,b)))\vee\\ &\vee((a)_0=\mathrm{SN}(\cdot)\wedge(\mathrm{Free}((a)_2,b)\vee \mathrm{Free}((a)_3,b)))\vee\\ &\vee((a)_0=\mathrm{SN}(<)\wedge(\mathrm{Free}((a)_2,b)\vee \mathrm{Free}((a)_3,b)))\vee\\ &\vee((a)_0=5\wedge(a)_2=1\wedge(\mathrm{Free}((a)_1,b)\vee \mathrm{Free}((a)_3,b)))\vee\\ &\vee((a)_0=5\wedge(a)_1=2\wedge(\mathrm{Free}((a)_2,b)))\vee\\ &\vee((a)_0=5\wedge(a)_2=3\wedge(\mathrm{Free}((a)_1,b)\vee \mathrm{Free}((a)_3,b)))\vee\\ &\vee((a)_0=5\wedge(a)_1=4\wedge(a)_2\neq b\wedge \mathrm{Free}((a)_3,b)).\end{aligned}$$

$\mathrm{Free}(\ulcorner\varphi\urcorner,\ulcorner x_i\urcorner)$ 断言变元 x_i 在表达式 φ 中有自由出现, 因此是 φ 中的一个自由变元.

定义 13.24

$$\mathrm{Stbl}(a,b,c)\leftrightarrow\begin{cases}\mathrm{Free}((a)_2,b)\wedge\mathrm{Stbl}((a)_2,b,c), & \text{当 } (a)_1=2,\\ \begin{pmatrix}(\mathrm{Free}((a)_1,b)\wedge\mathrm{Stbl}((a)_1,b,c))\vee\\ (\mathrm{Free}((a)_3,b)\wedge\mathrm{Stbl}((a)_3,b,c))\end{pmatrix}, & \text{当 } (a)_2=3,\\ \begin{pmatrix}\mathrm{Free}((a)_3,b) & \wedge & (\neg\mathrm{Free}(c,(a)_2))\\ & \wedge & \mathrm{Stbl}((a)_3,b,c)\end{pmatrix}, & \text{当 } (a)_1=4\wedge(a)_2\neq b,\\ 0=0, & \text{其他}.\end{cases}$$

$\mathrm{Stbl}(\ulcorner\varphi\urcorner,\ulcorner x_i\urcorner,\ulcorner\mathbf{t}\urcorner)$ 断言项 $\mathbf{t}$ 可以在表达式 φ 中替换变元 x_i.

13.2.4 逻辑公理谓词

定义 13.25 (1) 蕴含分配律:

$$\mathrm{PrpIA}(a)\leftrightarrow$$

$$\exists^a x_1\,\exists^a x_2\,\exists^a x_3\,\exists^a y_1\,\exists^a y_2\,\exists^a y_3\,\exists^a z_1\,\exists^a z_2\,\theta(a,x_1,x_2,x_3,y_1,y_2,y_3,z_1,z_2)$$

其中, $\theta(a,x_1,x_2,x_3,y_1,y_2,y_3,z_1,z_2)$ 是如下表达式:

$$\begin{aligned}&\mathrm{Frml}(x_1)\wedge\mathrm{Frml}(x_2)\wedge\mathrm{Frml}(x_3)\wedge\\&\wedge y_1=\prec 5,x_2,3,x_3,6\succ\ \wedge y_2=\prec 5,x_1,3,x_2,6\succ\ \wedge y_3=\prec 5,x_1,3,x_3,6\succ\ \wedge\\&\wedge z_1=\prec 5,x_1,3,y_1,6\succ\ \wedge z_2=\prec 5,y_2,3,y_3,6\succ\ \wedge\\&\wedge a=\prec 5,z_1,3,z_2,6\succ\end{aligned}$$

$\mathrm{PrpIA}(a)$ 当且仅当有三个表达式 $\varphi_1,\varphi_2,\varphi_3$ 来见证下述等式:

$$a=\ulcorner((\varphi_1\to(\varphi_2\to\varphi_3))\to((\varphi_1\to\varphi_2)\to(\varphi_1\to\varphi_3)))\urcorner.$$

(2) 自蕴含律:

$$\mathrm{PrpIB}(a)\leftrightarrow\exists^a x_1\ (\mathrm{Frml}(x_1)\wedge a=\prec 5,x_1,3,x_1,6\succ).$$

$\mathrm{PrpIB}(a)$ 当且仅当有一个表达式 φ 来见证等式: $a=\ulcorner(\varphi\to\varphi)\urcorner$.

(3) 第一宽容律:

$$\mathrm{PrpIC}(a)\leftrightarrow\exists^a x_1\,\exists^a x_2\,\exists^a y_1\begin{pmatrix}\mathrm{Frml}(x_1)\wedge\mathrm{Frml}(x_2)\wedge\\ y_1=\prec 5,x_2,3,x_1,6\succ\ \wedge\\ a=\prec 5,x_1,3,y_1,6\succ\end{pmatrix}.$$

$\mathrm{PrpIC}(a)$ 当且仅当有两个表达式 φ_1,φ_2 来见证等式:

$$a = \ulcorner(\varphi_1 \to (\varphi_2 \to \varphi_1))\urcorner.$$

(4) 第二宽容律:

$$\mathrm{PrpII}(a) \leftrightarrow$$

$$\left(\begin{array}{l} \exists^a x_1\ \exists^a x_2\ \exists^a y_1\ \exists^a y_2\ (\mathrm{Frml}(x_1) \wedge \mathrm{Frml}(x_2) \wedge\ y_1 = \prec 5, 2, x_1, 6 \succ \wedge \\ \wedge\, y_2 = \prec 5, y_1, 3, x_2, 6 \succ \wedge\ a = \prec 5, x_1, 3, y_2, 6 \succ). \end{array}\right).$$

$\mathrm{PrpII}(a)$ 当且仅当有两个表达式 φ_1, φ_2 来见证等式:

$$a = \ulcorner(\varphi_1 \to ((\neg\varphi_1) \to \varphi_2))\urcorner.$$

(5) 第一归谬律:

$$\begin{aligned} \mathrm{PrpIII}(a) \leftrightarrow \exists^a x_1\ \exists^a y_1\ \exists^a y_2\ (\mathrm{Frml}(x_1) \wedge\ y_1 = \prec 5, 2, x_1, 6 \succ \wedge \\ \wedge\, y_2 = \prec 5, y_1, 3, x_1, 6 \succ \wedge\ a = \prec 5, y_2, 3, x_1, 6 \succ). \end{aligned}$$

$\mathrm{PrpIII}(a)$ 当且仅当有一个表达式 φ_1 来见证等式:

$$a = \ulcorner(((\neg\varphi_1) \to \varphi_1) \to \varphi_1)\urcorner.$$

(6) 第三宽容律:

$$\mathrm{PrpIVA}(a) \leftrightarrow$$

$$\left(\begin{array}{l} \exists^a x_1\ \exists^a x_2\ \exists^a y_1\ \exists^a y_2\ (\mathrm{Frml}(x_1) \wedge \mathrm{Frml}(x_2) \wedge\ y_1 = \prec 5, 2, x_1, 6 \succ \wedge \\ \wedge\, y_2 = \prec 5, x_1, 3, x_2, 6 \succ \wedge\ a = \prec 5, y_1, 3, y_2, 6 \succ) \end{array}\right).$$

$\mathrm{PrpIVA}(a)$ 当且仅当有两个表达式 φ_1, φ_2 来见证等式:

$$a = \ulcorner((\neg\varphi_1) \to (\varphi_1 \to \varphi_2))\urcorner.$$

(7) 合取律:

$$\mathrm{PrpIVB}(a) \leftrightarrow$$

$$\left(\begin{array}{l} \exists^a x_1\ \exists^a x_2\ \exists^a y_1\ \exists^a y_2\ \exists^a y_3\ \exists^a y_4\ (\mathrm{Frml}(x_1) \wedge \mathrm{Frml}(x_2) \wedge \\ \wedge\, y_1 = \prec 5, 2, x_2, 6 \succ\ \wedge\ y_2 = \prec 5, x_1, 3, x_2, 6 \succ \wedge\ y_3 = \prec 5, 2, y_2, 6 \succ\ \wedge \\ \wedge\, y_4 = \prec 5, y_1, 3, y_3, 6 \succ \wedge\ a = \prec 5, x_1, 3, y_4, 6 \succ) \end{array}\right).$$

$\mathrm{PrpIVB}(a)$ 当且仅当有两个表达式 φ_1, φ_2 来见证等式:

$$a = \ulcorner(\varphi_1 \to ((\neg\varphi_2) \to (\neg(\varphi_1 \to \varphi_2))))\urcorner.$$

定义 13.26　(8) 特化原理:

$$\mathrm{SpP}(a) \leftrightarrow$$

$$\left(\exists^a x_1 \exists^a x_2 \exists^a x_3 \exists^a y_1 \exists^a y_2 \left(\begin{array}{l} \mathrm{Frml}(x_1) \wedge \mathrm{Term}(x_2) \wedge \mathrm{Vrble}(x_3) \wedge \\ \wedge\, \mathrm{Stbl}(x_1, x_3, x_2) \wedge\ y_1 = \prec 5, 4, x_3, x_1, 6 \succ \wedge \\ \wedge\, y_2 = \mathrm{Subst}(x_1, x_3, x_2) \wedge\ a = \prec 5, y_1, 3, y_2, 6 \succ \end{array}\right)\right).$$

SpP(a) 当且仅当有一个表达式 φ, 有一个可以在 φ 中替换变元 x_i 的项 $\mathbf{t}$,

$$a = \ulcorner((\forall x_i\varphi) \to \varphi(x_i;\mathbf{t}))\urcorner.$$

(9) 全称量词分配律:

$$\mathrm{UQD}(a) \leftrightarrow$$

$$\left(\exists^a x_1\exists^a x_2\exists^a x_3\exists^a y_1\exists^a y_2\exists^a y_3\exists^a y_4\exists^a y_5\left(\begin{array}{l}\mathrm{Frml}(x_1) \wedge \mathrm{Frml}(x_2) \wedge \mathrm{Vrble}(x_3)\\ \wedge\, y_1 = \prec 5, x_1, 3, x_2, 6 \succ\\ \wedge\, y_2 = \prec 5, 4, x_3, y_1, 6 \succ\\ \wedge\, y_3 = \prec 5, 4, x_3, x_1, 6 \succ\\ \wedge\, y_4 = \prec 5, 4, x_3, x_2, 6 \succ\\ \wedge\, y_5 = \prec 5, y_3, 3, y_4, 6 \succ\\ \wedge\, a = \prec 5, y_2, 3, y_5, 6 \succ\end{array}\right)\right).$$

UQD(a) 当且仅当有两个表达式 φ_1 和 φ_2 以及一个变元符号 x_i 来见证等式:

$$a = \exists\{((\forall x_i(\varphi_1 \to \varphi_2)) \to ((\forall x_i\varphi_1) \to (\forall x_i\varphi_2)))\}.$$

(10) 无关量词引入法则:

$$\begin{aligned}\mathrm{IrUQ}(a) \leftrightarrow \exists^a x_1\exists^a x_2\exists^a y_1\ (\mathrm{Frml}(x_1) \wedge \mathrm{Vrble}(x_2) \wedge (\neg\mathrm{Free}(x_1, x_2))\wedge\\ \wedge\, y_1 = \prec 5, 4, x_2, x_1, 6 \succ \wedge\, a = \prec 5, x_1, 3, y_1, 6 \succ).\end{aligned}$$

IrUQ(a) 当且仅当有一个表达式 φ 和一个不是 φ 的自由变元的变元符号 x_i 来见证等式:

$$a = \exists\{(\varphi \to (\forall x_i\varphi))\}.$$

(11) 恒等律: $\mathrm{EQL}(a) \leftrightarrow \exists^a x_1\ (\mathrm{Vrble}(x_1) \wedge a = \prec 5, x_1, 1, x_1, 6 \succ)$.

EQL(a) 当且仅当有一个变元符号 x_i 来见证等式:

$$a = \exists\{(x_i \hat{=} x_i)\}.$$

(12) 等同律:

$$\mathrm{EQQ}(a) \leftrightarrow$$

$$\left(\exists^a x_1\ \exists^a x_2\ \exists^a x_3\ \exists^a x_4\ \exists^a y_1\ \exists^a y_2\left(\begin{array}{l}\mathrm{Frml}(x_1) \wedge \mathrm{Frml}(x_2)\\ \wedge \mathrm{Vrble}(x_3) \wedge \mathrm{Vrble}(x_4)\\ \wedge\, \mathrm{Stbl}(x_1, x_3, x_4)\ \wedge\ \mathrm{Stbl}(x_2, x_3, x_4)\\ \wedge \mathrm{Subst}(x_1, x_3, x_4) = \mathrm{Subst}(x_2, x_3, x_4)\\ \wedge y_1 = \prec 5, x_3, 1, x_4, 6 \succ\\ \wedge\, y_2 = \prec 5, x_1, 3, x_2, 6 \succ\\ \wedge\, a = \prec 5, y_1, 3, y_2, 6 \succ\end{array}\right)\right).$$

EQQ(a) 当且仅当有两个表达式 φ_1 和 φ_2 以及在它们中可以替换变元符号 x_i 的变元符号 x_j, 并且在它们中用 x_j 替换 x_i 的每一个出现之后得到同一个表达式, a 则满足如下等式要求:

$$a = \exists\{((x_j \hat{=} x_i) \to (\varphi_1 \to \varphi_2))\}.$$

定义 13.27

$$\mathrm{LAX}_0(a) \leftrightarrow$$

$$\left(\begin{array}{l}\mathrm{PrpIA}(a) \vee \mathrm{PrpIB}(a) \vee \mathrm{PrpIC}(a) \vee \mathrm{PrpII}(a) \vee \mathrm{PrpIII}(a) \vee \mathrm{PrpIVA}(a) \vee \\ \mathrm{PrpIVB}(a) \vee \vee \mathrm{SpP}(a) \vee \mathrm{UQD}(a) \vee \mathrm{IrUQ}(a) \vee \mathrm{EQL}(a) \vee \mathrm{EQQ}(a)\end{array}\right),$$

$$\mathrm{LAX}(a) \leftrightarrow \left(\mathrm{LAX}_0(a) \vee \exists^a x_1\, \exists^a x_2 \left(\begin{array}{l}\mathrm{Frml}(x_1) \wedge \mathrm{Vrble}(x_2) \wedge \\ a = \prec 5, 4, x_2, x_1, 6 \succ \wedge \mathrm{LAX}(x_1)\end{array}\right)\right).$$

LAX(a) 当且仅当 a 是一条逻辑公理的哥德尔编码.

定义 13.28　$\mathrm{MP}(a, b, c) \leftrightarrow \left(\begin{array}{l}\mathrm{Frml}(a) \wedge \mathrm{Frml}(b) \wedge \mathrm{Frml}(c) \wedge \\ a = (b)_1 \wedge (b)_2 = 3 \wedge c = (b)_3\end{array}\right).$

$\mathrm{MP}(\ulcorner\varphi\urcorner, \ulcorner(\varphi \to \psi)\urcorner, \ulcorner\psi\urcorner)$ 断言由 φ 和 $(\varphi \to \psi)$ 导出 ψ.

定义 13.29　(1) $\mathrm{NLAX_N} = \{\ulcorner\theta\urcorner \mid \theta$ *是初等数论的一条非逻辑公理语句*$\}$.

(2) $\mathrm{AX_N}(a) \leftrightarrow (\mathrm{LAX}(a) \vee \mathrm{NLAX_N}(a))$.

(3) $\mathrm{NLAX_{PA}} = \{\ulcorner\theta\urcorner \mid \theta$ *是皮阿诺算术理论的一条非逻辑公理语句*$\}$.

(4) $\mathrm{AX_{PA}}(a) \leftrightarrow (\mathrm{LAX}(a) \vee \mathrm{NLAX_{PA}}(a))$.

定义 13.30　(5) *证明谓词*:

$$\mathrm{PRF_N}(a) \leftrightarrow$$

$$\left(\begin{array}{l}\mathrm{Seq}(a) \wedge \mathrm{lh}(a) > 0 \wedge \\ \wedge \forall i_{i<\mathrm{lh}(a)} \left(\begin{array}{l}\mathrm{Frml}((a)_i) \wedge ((a)_i \in \mathrm{LAX} \vee (a)_i \in \mathrm{NLAX_N} \vee \\ \vee \exists^i j_1\, \exists^i j_2\, \mathrm{MP}((a)_{j_1}, (a)_{j_2}, (a)_i))\end{array}\right)\end{array}\right).$$

$$\mathrm{PRF_{PA}}(a) \leftrightarrow$$

$$\left(\begin{array}{l}\mathrm{Seq}(a) \wedge \mathrm{lh}(a) > 0 \wedge \\ \wedge \forall i_{i<\mathrm{lh}(a)} \left(\begin{array}{l}\mathrm{Frml}((a)_i) \wedge ((a)_i \in \mathrm{LAX} \vee (a)_i \in \mathrm{NLAX_{PA}} \vee \\ \vee \exists^i j_1\, \exists^i j_2\, \mathrm{MP}((a)_{j_1}, (a)_{j_2}, (a)_i))\end{array}\right)\end{array}\right).$$

(6) *被证明谓词*:

$$\mathrm{PRV_N}(a, b) \leftrightarrow \mathrm{PRF_N}(b) \wedge a = (b)_{\mathrm{lh}(b) \dot{-} 1};$$

$$\mathrm{PRV_{PA}}(a, b) \leftrightarrow \mathrm{PRF_{PA}}(b) \wedge a = (b)_{\mathrm{lh}(b) \dot{-} 1}.$$

(7) 定理谓词:

$$\mathrm{Thm}_{\mathrm{N}}(a) \leftrightarrow (\exists b\ (\mathrm{PRV}_{\mathrm{N}}(a,b)));$$

$$\mathrm{Thm}_{\mathrm{PA}}(a) \leftrightarrow (\exists b\ (\mathrm{PRV}_{\mathrm{N}}(a,b))).$$

定理 13.8 所有定义出来的编码函数以及谓词都是在 $\mathfrak{N}$ 上 Δ_0-可定义的.

问题 13.2 (1) 上述在 $\mathfrak{N}$ 上定义的那些编码函数或者关系, 可否无区别地移植到初等数论或者皮阿诺算术理论的任何一个非标准模型上去?

(2) 上述编码函数与谓词是否可以在初等数论或皮阿诺算术理论中抽象地表示或者定义出来?

13.2.5 可计算性与递归函数

为了揭示哥德尔编码可以从 $\mathbb{N}$ 上的定义抽象到初等数论和皮阿诺算术理论中去表示或者定义, 我们将分析这些函数或关系所持有的**可计算性**.

定义 13.31 设 $1 \leqslant n \in \mathbb{N}$.

(1) 对于 $1 \leqslant in$, **投影函数** $\pi_i^n : \mathbb{N}^n \to \mathbb{N}$ 是由如下等式所确定的函数:

$$\pi_i^n(a_1, \cdots, a_i, \cdots, a_n) = a_i.$$

(2) 如果 R 是 $\mathbb{N}$ 上的一个 n-元关系, R 的**特征函数** $\chi_P : \mathbb{N}^n \to \{0,1\}$ 由如下等式确定: 对于 $\vec{a} \in \mathbb{N}^n$,

$$\chi_P(\vec{a}) = \begin{cases} 0, & \text{当 } P(\vec{a}) \text{ 成立}, \\ 1, & \text{当 } \neg P(\vec{a}) \text{ 成立}. \end{cases}$$

(3) (**函数多元复合**) 设 $1 \leqslant k \in \mathbb{N}$ $f : \mathbb{N}^k \to \mathbb{N}$, 以及对于 $1 \leqslant j \leqslant k$, $g_j : \mathbb{N}^n \to \mathbb{N}$. 那么 $\langle f, g_1, \cdots, g_k \rangle$ 的多元复合, $f \circ (g_1, \cdots, g_k)$, 是由下式确定的 n-元函数: 对于 $\vec{a} \in \mathbb{N}^n$,

$$f \circ (g_1, \cdots, g_k)(\vec{a}) = f(g_1(\vec{a}), \cdots, g_k(\vec{a})).$$

(4) (**全域μ-算子**) 设 $g : \mathbb{N}^{n+1} \to \mathbb{N}$. 一个 n-元函数 $f : \mathbb{N}^n \to \mathbb{N}$ 是由 g 经过 μ-算子所定义的函数当且仅当

(a) $\forall \vec{a} \in \mathbb{N}^n\ \exists x \in \mathbb{N}\ (g(\vec{a}, x) = 0)$;

(b) $\forall \vec{a} \in \mathbb{N}^n$, $f(\vec{a}) = \mu x(g(\vec{a}, x) = 0) = \min(\{x \in \mathbb{N} \mid g(\vec{a}, x) = 0\})$.

当 g 满足 (a) 的条件, f 有 (b) 确定, 则称 f 是由 g 经过 μ-算子所定义的函数 (注意, $f : \mathbb{N}^n \to \mathbb{N}$ 是一个在所论范围内处处都有定义的函数. 这与递归部分函数中的 μ 算子有很大差别).

定义 13.32((狭义) 递归函数) (1) 令 $\mathscr{R}$ 是满足如下要求的最小的函数族:

(a) $\{S, +, \cdot, \chi_<\} \subset \mathscr{R}$, 对于 $1 \leqslant i \leqslant n \in \mathbb{N}$, 投影函数 $\pi_i^n \in \mathscr{R}$;

(b) $\mathscr{R}$ 关于函数多元复合封闭: 如果 $f \in \mathscr{R}$ 是一个从 $\mathbb{N}^k$ 到 $\mathbb{N}$ 的函数,

$$\langle g_1, \cdots, g_k \rangle \in \mathscr{R}^n$$

是一个从 $\mathbb{N}^n$ 到 $\mathbb{N}$ 的函数序列, 那么, $f \circ (g_1, \cdots, g_k) \in \mathscr{R}$;

(c) $\mathscr{R}$ 关于全域 μ-算子封闭: 如果 $g \in \mathscr{R}$ 是从 $\mathbb{N}^{n+1}$ 到 $\mathbb{N}$ 的函数, 并且

$$\forall \vec{a} \in \mathbb{N}^n \ \exists x \in \mathbb{N} \ (g(\vec{a}, x) = 0),$$

那么由 g 经过 μ-算子所定义的函数 $f \in \mathscr{R}$.

(2) 对于 $1 \leqslant n \in \mathbb{N}$, $f : \mathbb{N}^n \to \mathbb{N}$, 称 f 是一个 (狭义)**递归函数**当且仅当 $f \in \mathscr{R}$.

(3) 一个 $\mathbb{N}$ 上的 n-元关系 R 是一个 (狭义)**递归关系**当且仅当 $\chi_R \in \mathscr{R}$.

注意: 在我们这里, (狭义) 递归函数一律都是在所论范围处处都有定义的递归函数, 也就是递归全函数, 而不是一般递归论中的递归部分函数 (广义递归函数). 由于我们这里所涉及的都是狭义递归函数, 为了简单起见, 我们将简单地用递归函数来称呼狭义递归函数.

命题 13.1 (丘奇论题)　一个自然数函数是可计算函数当且仅当它是一个 (广义) 递归函数.

定理 13.9　$\mathscr{R}$ 中的每一个函数都在 $\mathfrak{N}$ 上是可定义的.

证明　依照递归函数的复杂性 (定义 13.32) 来证明命题.

(1) 每一个基本函数在 $\mathfrak{N}$ 上都是可定义的.

(2) 设 $g, h_1, \cdots, h_k$ 都是递归函数, 并且都在 $\mathfrak{N}$ 上可定义. 令

$$\theta(z_1, \cdots, z_k, u)$$

定义 g, $\varphi_i(x_1, \cdots, x_n, y_i)$ 定义 h_i $(1 \leqslant i \leqslant k)$. 那么表达式

$$\exists y_1 \cdots \exists y_k (\theta(z_1, \cdots, z_k, u; y_1, \cdots, y_k, u) \wedge \bigwedge_{i=1}^{k} \varphi_i(x_1, \cdots, x_n, y_i))$$

就可以定义复合函数 $g \circ (h_1, \cdots, h_k)$.

(3) 设 $g : \mathbb{N}^{n+1} \to g$ 是一个递归函数, 在 $\mathfrak{N}$ 上可定义, 并且

$$\forall \vec{a} \in \mathbb{N}^n \ \exists x \in \mathbb{N} \ (g(\vec{a}, x) = 0).$$

令 $f(\vec{a}) = \mu x(g(\vec{a}, x) = 0)$. 我们来证 f 在 $\mathfrak{N}$ 上是可定义的.

设自由变元显示其中的表达式 $\varphi(x_1, \cdots, x_n, z, y)$ 在 $\mathfrak{N}$ 上定义 g. 根据假设,

$$\mathfrak{N} \models \forall x_1 \cdots, \forall x_n \ \exists z \ \varphi_y[0].$$

那么如下的表达式 $\psi(x_1, \cdots, x_n, z)$ 就在 $\mathfrak{N}$ 上可定义 f:

$$[\varphi_y[0] \wedge \ \forall u(u < z \to (\neg \varphi_{zy}[u, 0]))].$$

其中, $\varphi_y[0]$ 是表达式 $\varphi(x_1, \cdots, x_n, z, y; x_1, \cdots, x_n, z, c_0)$; $\varphi_{zy}[u, 0]$ 是表达式

$$\varphi(x_1, \cdots, x_n, z, y; x_1, \cdots, x_n, u, c_0).$$

□

引理 13.11 (1) 设 $Q \subset \mathbb{N}^k$, $h_i : \mathbb{N}^n \to \mathbb{N}$ $(1 \leqslant i \leqslant k)$; 如果 Q 和 h_i $(1 \leqslant i \leqslant k)$ 都是递归的, $R \subset \mathbb{N}^n$ 由下式确定: 对于 $\vec{a} \in \mathbb{N}^n$,

$$R(\vec{a}) \leftrightarrow Q(h_1(\vec{a}), \cdots, h_k(\vec{a})),$$

那么 R 也是一个递归关系;

(2) 设 R 是一个 $(n+1)$-元递归关系, 并且 $\forall \vec{a} \in \mathbb{N}^n \ \exists x \in \mathbb{N} \ R(\vec{a}, x)$; 如果 $f : \mathbb{N}^n \to \mathbb{N}$ 是一个由 R 经过 μ-算子所定义的函数, 即

$$f(\vec{a}) = \mu x(R(\vec{a}, x)) = \min(\{x \in \mathbb{N} \mid R(\vec{a}, x)\}); \ (\vec{a} \in \mathbb{N}^n),$$

那么 f 是一递归函数;

(3) 每一个常值函数都是递归函数;

(4) 如果关系 R 是一递归关系, 那么它的相对补集, 关系 $\neg R$, 也是一个递归关系;

(5) 如果 R 和 Q 都是 n-元递归关系, 那么它们的布尔组合

$$R \vee Q, \ R \to Q, \ R \wedge Q, \ R \leftrightarrow Q,$$

都是 n-元递归关系;

(6) 自然数集合上的 $<, \leqslant, >, \geqslant$ 以及 $=$ 都是递归关系.

证明 (1) $\chi_R = \chi_Q \circ (h_1, \cdots, h_k)$.

(2) 由给定条件知 $\forall \vec{a} \in \mathbb{N}^n \ \exists x \in \mathbb{N} \ (\chi_R(\vec{a}, x) = 0)$. 所以由等式

$$f(\vec{a}) = \mu x(R(\vec{a}, x)) = \mu x(\chi_R(\vec{a}, x) = 0)$$

所定义的函数 f 是递归的.

(3) 首先, $\forall \vec{a} \in \mathbb{N}^n \ \exists x \in \mathbb{N} \ \pi^{n+1}_{n+1}(\vec{a}, x) = 0$. 所以, 由定义

$$C_0(\vec{a}) = \mu x(\pi^{n+1}_{n+1}(\vec{a}, x) = 0)$$

所确定的常值函数 C_0 是一个递归函数.

其次, 归纳地, 假设 $C_k(\vec{a}) = k$ 是一个递归函数. 那么, 关系

$$R(\vec{a}, x) \leftrightarrow C_k(\vec{a}) < x$$

是 $\mathbb{N}$ 上的一个 $(n+1)$-元递归关系; 并且 $\forall \vec{a} \in \mathbb{N}^n \ \exists x \in \mathbb{N} \ (C_k(\vec{a}) < x)$. 所以, 由等式 $C_{k+1}(\vec{a}) = \mu x(C_k(\vec{a}) < x)$ 所定义的函数是递归的.

(4) 由于 χ_R 和 C_0 是递归的, 关系 $Q(\vec{a}) \leftrightarrow (C_0(\vec{a}) < \chi_R(\vec{a}))$ 是递归的, 因为

$$\chi_{\neg R} = \chi_Q = \chi_< \circ (C_0, \chi_R).$$

(5) $\chi_{(R\vee Q)}=\chi_R\cdot\chi_Q$; $\chi_{(R\to Q)}=\chi_{(\neg R)}\cdot\chi_Q$; 令 $H=(\neg R)\vee(\neg Q)$, 那么 H 是递归的; 于是,

$$R\wedge Q=\neg(\neg R\vee\neg Q)$$

是递归的; $R\leftrightarrow Q=(R\to Q)\wedge(Q\to R)$.

(6) $\chi_>=\chi_<\circ(\pi_2^2,\pi_1^2)$; $\leqslant$ 是 $\neg>$; $\geqslant$ 是 $\neg<$; $=$ 是 $(\leqslant)\wedge(\geqslant)$. □

回顾一下我们的记号约定:

在 $\mathfrak{N}$ 上, $\exists^a x\varphi(x)$, 或者 $\exists x<a\,\varphi(x)$, 或者 $\exists x_{x<a}\,\varphi(x)$, 是 $\exists x(x<a\wedge\varphi(x))$ 的简写; $\forall^a x\varphi(x)$, 或者 $\forall x<a\,\varphi(x)$, 或者 $\forall x_{x<a}\,\varphi(x)$, 是 $\forall x(x<a\to\varphi(x))$ 的简写.

引理 13.12(界内量词作用)　(7) 如果 R 是 $\mathbb{N}$ 上的一个 n-元递归关系,

$$f:\mathbb{N}^{n+1}\to\mathbb{N}$$

由下式定义:

对于 $m\in\mathbb{N}$, $\vec{a}\in\mathbb{N}^n$,

$$f(m,\vec{a})=\mu x_{x<m}(R(\vec{a},m))=\mu x((x<m\wedge R(\vec{a},m))\vee x=m),$$

那么 f 是递归的;

(8) 如果 U 是 $\mathbb{N}$ 上的一个 n-元递归关系, Q 和 R 是分别由下式定义的 $(n+1)$-元关系, 对于 $m\in\mathbb{N}$, $\vec{a}\in\mathbb{N}^n$,

$$Q(m,\vec{a})\leftrightarrow(\exists^m x\,U(\vec{a},m));\quad R(m,\vec{a})\leftrightarrow(\forall^m x\,U(\vec{a},x)),$$

那么 Q 和 R 都是递归的.

证明　(7) 因为关系 $Q(\vec{a},i)\leftrightarrow((i<m\wedge R(\vec{a},i))\vee(i=m))$ 是一个递归关系, 并且

$$\forall\vec{a}\in\mathbb{N}^n\ \exists x\ (Q(\vec{a},x)).$$

(8) $Q(m,\vec{a})\leftrightarrow(\exists^m x\,U(\vec{a},m))\leftrightarrow(\mu x_{x<m}(U(\vec{a},x)))<m$; 所以, 令

$$f(m,\vec{a})=\mu x_{x<m}(U(\vec{a},m)),$$

则必有 $\chi_Q=\chi_<\circ(f,\pi_1^{n+1})$.

$R(m,\vec{a})\leftrightarrow(\forall^m x\,U(\vec{a},x))\leftrightarrow(\neg(\exists x_{x<m}\,(\neg U(\vec{a},x))))$. □

引理 13.13(分情形定义)　(9) 由下式定义的函数 $\bullet\!\!-$

$$a\bullet\!\!-b=\mu x(b+x=a\vee a<b)$$

是一递归函数;

(10) 如果 $g_1, \cdots, g_k$ 是 n-元递归函数, $R_1, \cdots, R_k$ 是 n-元递归关系, 并且它们组成 $\mathbb{N}^n$ 的一个划分, 即对于任意的 $\vec{a} \in \mathbb{N}^n$, $R_1(\vec{a}), \cdots, R_k(\vec{a})$ 中恰有一个成立, 函数 $f: \mathbb{N}^n \to \mathbb{N}$ 由下式定义:

$$f(\vec{a}) = \begin{cases} g_1(\vec{a}), & \text{当 } R_1(\vec{a}) \text{ 成立}, \\ \vdots & \vdots \\ g_k(\vec{a}), & \text{当 } R_k(\vec{a}) \text{ 成立}; \end{cases}$$

那么 f 是一递归函数;

(11) 如果 $Q_1, \cdots, Q_k$ 是 n-元递归关系, $R_1, \cdots, R_k$ 是 n-元递归关系, 并且它们组成 $\mathbb{N}^n$ 的一个划分, 即对于任意的 $\vec{a} \in \mathbb{N}^n$, $R_1(\vec{a}), \cdots, R_k(\vec{a})$ 中恰有一个成立, n-元关系 $P \subset \mathbb{N}^n$ 由下式定义:

$$P = (Q_1 \wedge R_1) \vee (Q_2 \wedge R_2) \vee \cdots \vee (Q_k \wedge R_k),$$

那么, P 是一递归关系.

证明 (9) 因为 $R(x, a, b) \leftrightarrow (b + x = a \vee a < b)$ 是一个递归关系, 并且

$$\forall a \in \mathbb{N}\, \forall b \in \mathbb{N}\, \exists x\, R(x, a, b),$$

所以 $\bullet\!\!-$ 是一个递归函数.

(10) 对于 $\vec{a} \in \mathbb{N}^n$, 有

$$f(\vec{a}) = \sum_{i=1}^{k} (g_i(\vec{a}) \cdot (C_1(\vec{a}) \bullet\!\!- \chi_{R_i}(\vec{a}))). \qquad \square$$

引理 13.14 (12) 定义 13.9 中定义的关系 Div, RP 和函数 OP, β 都是递归的; 由 β 所定义的 $a \mapsto \mathrm{lh}(a)$ 和 $(a, i) \mapsto (a)_i$ 都是递归的;

(13) 固定 $1 \leqslant n \in \mathbb{N}$, n-元函数 $f(a_1, \cdots, a_n) = \prec a_1, \cdots, a_n \succ$ 是递归函数, 其中 $\prec \cdot \succ$ 是定义 13.10 中的哥德尔序列编码函数;

(14) 定义 13.11 中定义的一元关系 Seq 和函数 In, $*$ 是递归的.

证明 (13) 固定 $1 \leqslant n \in \mathbb{N}$,

$$\prec a_1, \cdots, a_n \succ = \mu x(\beta(x, 0) = 1 \wedge \beta(x, 1) = a_1 \wedge \cdots \beta(x, n) = a_n). \qquad \square$$

引理 13.15 设 $f: \mathbb{N}^n \to \mathbb{N}$, $P \subseteq \mathbb{N}^n$. 那么

(15) f 是递归的当且仅当 $\prec f \succ$ 是递归的, 当且仅当 $\bar{f}$ 是递归的. 这里 $\prec f \succ$ 是 f 的缩编, $\bar{f}$ 是 f 的初始计算记录函数;

(16) P 是递归的当且仅当 $\prec P \succ$ 是递归的. 这里 $\prec P \succ$ 是 P 的缩编.

证明　(15) 假设 f 是 $(n+1)$-元递归函数 $(n>0)$. 那么对于 $\vec{a}\in\mathbb{N}^n$, $a\in\mathbb{N}$,

$$\bar{f}(a,\vec{a})=\mu x(\mathrm{lh}(x)=a\wedge\forall i_{<a}(x)_i=f(i,\vec{a})).$$ □

如果 $\bar{f}$ 是递归的, 那么 $f(a,\vec{a})=(\bar{f}(a+1,\vec{a})_a$.

定义 13.33(递归定义)　设 $g:\mathbb{N}^{n+1}\to\mathbb{N}$ $(1\leqslant n\in\mathbb{N})$ 是一个函数. 函数 $f:\mathbb{N}^n\to\mathbb{N}$ 是由 g **递归定义的**当且仅当

$$\forall\vec{a}\in\mathbb{N}^{n-1}\,\forall a\in\mathbb{N}\,(f(a,\vec{a})=g(\bar{f}(a,\vec{a}),a,\vec{a})).$$

定理 13.10(递归定义定理)　设 $g:\mathbb{N}^{n+1}\to\mathbb{N}$ $(1\leqslant n\in\mathbb{N})$ 是一个函数. 那么

(1) 如果 $j:\mathbb{N}^{n-1}\to\mathbb{N}$, 则存在唯一的满足如下等式关系的函数 $f:\mathbb{N}^n\to\mathbb{N}$:

$$\forall\vec{a}\in\mathbb{N}^{n-1}\,[(f(0,\vec{a})=j(\vec{a}))\wedge\ (\forall a\in\mathbb{N}\,(f(a+1,\vec{a})=g(f(a,\vec{a}),a,\vec{a})))].$$

(2) 存在唯一的满足如下等式关系的函数 $f:\mathbb{N}^n\to\mathbb{N}$:

$$\forall\vec{a}\in\mathbb{N}^{n-1}\,\forall a\in\mathbb{N}\,(f(a,\vec{a})=g(\bar{f}(a,\vec{a}),a,\vec{a})).$$

证明　(1) 是常用的递归定义定理. (2) 是 (1) 的一种强化.

我们先让 (2) 存在性: 依据下式定义 h :

$$h(a,\vec{b})=\mu x(\mathrm{Seq}(x)\wedge\mathrm{lh}(x)=a\wedge\forall i_{<a}((x)_i=g(\mathrm{In}(x,i),i,\vec{b}))).$$

然后由下式定义 f:

$$f(a,\vec{b})=g(h(a,\vec{b}),a,\vec{b}).$$

唯一性直接由归纳法得到.

(2) 于是得证. 关于 (1), 利用 (2), 我们有如下显示定义:

$$f(a,\vec{a})=\begin{cases}j(\vec{a}), & \text{当 } a=0,\\ g((\bar{f}(a,\vec{a}))_a,a\bullet\!\!-1,\vec{a}), & \text{当 } a>0.\end{cases}$$ □

引理 13.16　如果 $g:\mathbb{N}^{n+1}\to\mathbb{N}$ 是一个递归函数, 函数 $f:\mathbb{N}^n\to\mathbb{N}$ 是由 g 递归定义的 $(1\leqslant n\in\mathbb{N})$, 那么 f 也是一个递归函数.

证明　依据下式定义 h:

$$h(a,\vec{b})=\mu x(\mathrm{Seq}(x)\wedge\mathrm{lh}(x)=a\wedge\forall i_{<a}((x)_i=g(\mathrm{In}(x,i),i,\vec{b}))).$$

然后我们由下式定义 f:

$$f(a,\vec{b})=g(h(a,\vec{b}),a,\vec{b}).$$ □

13.2.6 有效公理化与可判定性

引理 13.17 (17) 配对函数 J, 以及 K, L 都是递归函数;

(18) 一元关系 SN, Vrble, Cnst 都是递归的;

(19) 关系 Term, AFrml, Frml, Free, Stbl 都是递归的;

(20) 三元函数 Subst 是递归的;

(21) 一元关系 LAX 是递归的;

(22) 三元关系 MP 是递归的;

(23) 一元关系 $\mathrm{NLAX_N}$ 是递归的;

(24) 一元关系 $\mathrm{PRF_N}$ 以及二元关系 $\mathrm{PRV_N}$ 是递归的;

定义 13.34

$$\mathrm{IndAX}(a) \leftrightarrow$$

$$\left(\begin{array}{l} \exists^a y_1\,\exists^a y_2\,\exists^a y_3\,\exists^a y_4\,\exists^a y_5\,\exists^a y_6\,\exists^a z_1\,\exists^a z_2\,\exists^a z_3\,\exists^a z_4\,\exists^a z_5\,(\mathrm{Frml}(y_1)\wedge \\ \wedge\,\mathrm{Vrble}(y_2)\wedge y_3=\mathrm{Subst}(y_1,y_2,\mathrm{SN}(0))\wedge y_6=\prec\mathrm{SN}(S),y_2\succ\wedge \\ \wedge\, y_5=\mathrm{Subst}(y_1,y_2,y_6)\wedge z_1=\prec 5,y_1,3,y_5,6\succ\wedge z_2=\prec 5,4,y_2,z_1,6\succ \\ \wedge\, y_4=\prec 5,2,z_2,6\succ\wedge z_4=\prec 5,2,z_3,6\succ\wedge z_3=\prec 5,y_3,3,y_4,6\succ \\ \wedge\, z_5=\prec 5,4,y_2,y_1,6\succ\wedge a=\prec 5,z_4,3,z_5,6\succ) \end{array}\right).$$

$\mathrm{IndAX}(a)$ 当且仅当有某个表达式 φ 以及某个变元 x_i 来见证如下等式:

$$a=\ulcorner((\neg(\varphi_{x_i}[0]\to(\neg(\forall x_i(\varphi\to\varphi_{x_i}[S(x_i)])))))\to(\forall x_i\varphi))\urcorner.$$

引理 13.18 (25) 一元关系 $\mathrm{NLAX_{PA}}$ 是递归的;

(26) 一元关系 $\mathrm{PRF_{PA}}$ 以及二元关系 $\mathrm{PRV_{PA}}$ 是递归的.

证明 我们只需要验证 $\mathrm{NLAX_{PA}}$ 是递归的. 由定义 13.34 可见一元关系 IndAX 是一个递归关系. 所有皮阿诺算术理论的公理的哥德尔数是如下集合:

$$\mathrm{NLAX_{PA}}=\mathrm{NLAX_N}\cup\mathrm{IndAX}.$$

所以, $\mathrm{NLAX_{PA}}$ 是一个递归集合. □

定义 13.35(递归可枚举集) $\mathbb{N}$ 上的一个 n-元关系 R 是一个**递归可枚举关系**当且仅当存在 $\mathbb{N}$ 上的一个 $(n+1)$-元递归关系 Q 来见证如下等价关系式:

$$\forall\vec{a}\in\mathbb{N}^n\,[R(\vec{a})\leftrightarrow\exists i\in\mathbb{N}\,Q(i,\vec{a})].$$

例 13.2 (1) $\mathrm{Thm_N}$ 是一个递归可枚举集;

(2) $\mathrm{Thm_{PA}}$ 是一个递归可枚举集.

定理 13.11(取反定理) $\mathbb{N}$ 上的一个关系 R 是一个递归关系当且仅当 R 和 $\neg R$ 都是递归可枚举的.

证明　设 R 是递归的. 定义 $Q(x,\vec{a})\leftrightarrow R(\vec{a})$. 那么 $R(\vec{a})\leftrightarrow\exists x\,Q(x,\vec{a})$.

反过来, 假设 R 和 $\neg R$ 都是递归可枚举的. 令 $Q_1(x,\vec{a})$ 和 $Q_2(x,\vec{a})$ 为递归关系, 并且

$$R(\vec{a})\leftrightarrow\exists x\,Q_1(x,\vec{a});\ \ \neg R(\vec{a})\leftrightarrow\exists y\,Q_2(y,\vec{a}).$$

令

$$f(\vec{a})=\mu x(\chi_{Q_1}(x,\vec{a})=0\vee\chi_{Q_2}(x,\vec{a})=0).$$

那么 f 是递归函数, 并且 $\chi_R(\vec{a})=\chi_{Q_1}(f(\vec{a}),\vec{a})$. 所以, R 是递归关系. □

定义 13.36(可判定性)　设 T 是一个可数语言的理论.

(1) 称 T 是**可判定的**当且仅当 T 的定理的哥德尔编码之集 Thm_T 是一递归集合; 称 T 是**不可判定的**当且仅当 T 的定理的哥德尔编码之集 Thm_T 不是一递归集合.

(2) 称 T 是**有效可公理化的**当且仅当 T 的非逻辑公理的哥德尔编码之集 NLAX_T 是一递归集合.

例 13.3　如下理论都是有效公理化理论:

(1) 初等数论; 皮阿诺算术理论;

(2) 代数封闭域理论; 特征 0 代数封闭域理论; 特征 p 代数封闭域理论;

(3) 实代数封闭域理论; 有序实代数封闭域理论;

(4) 无端点线性稠密序理论; 无原子布尔代数理论; 无端点离散线性序理论; 单边离散线性序理论;

(5) 非平凡特征 0 可等分加法群理论; 可等分有序加法群理论;

(6) 特征 0 模数同余加法群理论; 有序模数同余加法群理论; 普瑞斯柏格算术理论;

(7) 有序强加法幺半群理论.

定理 13.12　如果一个理论 T 是一个有效公理化理论, 并且是一个完全理论, 那么 T 是可判定理论.

证明　如下定义两个函数 F 和 G:

$$F(0,a)=a;F(n+1,a)=\prec 2,\prec 4,\prec J(5,n)\succ,\prec 2,F(n,a)\succ\succ\succ;$$

$$G(a)=F(a+1,a).$$

如果 $a=\ulcorner\varphi\urcorner$, 那么 $G(a)=\ulcorner\forall x_0\forall x_1\cdots\forall x_a\,\varphi\urcorner$.

如果 x_i 出现在 φ 之中, 那么 $i<\ulcorner x_i\urcorner<\ulcorner\varphi\urcorner=a$. 所以, $\forall x_0\forall x_1\cdots\forall x_a\,\varphi$ 必是一个语句.

于是, $T \vdash \forall x_0 \forall x_1 \cdots \forall x_a\, \varphi$ 当且仅当 $T \vdash \varphi$. 由 T 的完全性, $T \nvdash \varphi$ 当且仅当 $T \vdash \neg(\forall x_0 \forall x_1 \cdots \forall x_a\, \varphi)$. 所以,

$$\begin{aligned}\neg \mathrm{Thm}_T(a) &\leftrightarrow (\neg \mathrm{Frml}(a) \vee \mathrm{Thm}_T(\prec 2, G(a) \succ)) \\ &\leftrightarrow (\exists y\, (\neg \mathrm{Frml}(a) \vee \mathrm{PF}_T(\prec 2, G(a) \succ, y))).\end{aligned}$$

因此, $\neg \mathrm{Thm}_T$ 也是一个递归可枚举集. 由于 Thm_T 是一个递归可枚举集, 由上面的取反定理 (定理 13.11), Thm_T 是一个递归集合. □

例 13.4 如下理论都是可判定理论:

(1) 特征 0 代数封闭域理论; 特征 p 代数封闭域理论;

(2) 实代数封闭域理论; 有序实代数封闭域理论;

(3) 无端点线性稠密序理论; 无原子布尔代数理论; 无端点离散线性序理论; 单边离散线性序理论;

(4) 非平凡特征 0 可等分加法群理论; 可等分有序加法群理论;

(5) 特征 0 模数同余加法群理论; 有序模数同余加法群理论; 普瑞斯柏格算术理论;

(6) 有序强加法幺半群理论.

13.2.7 可表示性

定义 13.37 设 $f : \mathbb{N}^n \to \mathbb{N}$ 为一函数, $P \subseteq \mathbb{N}^n$ 为一个 n-元关系.

设 τ 为 $\mathcal{L}(T_{\mathrm{N}})$ 的一个项, φ 为 $\mathcal{L}(T_{\mathrm{N}})$ 的一个表达式, $x_1, \cdots, x_n, y$ 为彼此互不相同的变元符号.

(1) 称 φ 与 $x_1, \cdots, x_n, y$ 一起在 T_{N} 中表示函数 f 当且仅当对于任意的

$$(a_1, \cdots, a_n, b) \in \mathbb{N}^{n+1},$$

如果 $b = f(a_1, \cdots, a_n)$, 那么

$$T_{\mathrm{N}} \vdash (\varphi_{x_1 \cdots x_n}[\mathbf{k}_{a_1}, \cdots, \mathbf{k}_{a_n}] \leftrightarrow (y \hat{=} \mathbf{k}_b));$$

称 f 是在 T_{N} 中可表示的当且仅当有 $\mathcal{L}(T_{\mathrm{N}})$ 中的一个表达式 φ 与一组彼此互不相同的变元符号 $x_1, \cdots, x_n, y$ 一起在 T_{N} 中表示 f.

(2) 称 τ 与 $x_1, \cdots, x_n$ 一起在 T_{N} 中表示 f 当且仅当对于任意的

$$(a_1, \cdots, a_n, b) \in \mathbb{N}^{n+1},$$

如果 $b = f(a_1, \cdots, a_n)$, 那么

$$T_{\mathrm{N}} \vdash (\tau_{x_1 \cdots x_n}[\mathbf{k}_{a_1}, \cdots, \mathbf{k}_{a_n}] \hat{=} \mathbf{k}_b);$$

(3) 称 φ 与 $x_1, \cdots, x_n$ 一起在 T_{N} 中表示 P 当且仅当对于任意的

$$(a_1, \cdots, a_n) \in \mathbb{N}^n,$$

如果 $P(a_1, \cdots, a_n)$ 成立, 那么

$$T_{\rm N} \vdash \varphi_{x_1 \cdots x_n}[\mathbf{k}_{a_1}, \cdots, \mathbf{k}_{a_n}];$$

并且, 如果 $P(a_1, \cdots, a_n)$ 不成立, 那么

$$T_{\rm N} \vdash (\neg \varphi_{x_1 \cdots x_n}[\mathbf{k}_{a_1}, \cdots, \mathbf{k}_{a_n}]).$$

称 P 是在 $T_{\rm N}$ 中可表示的当且仅当有语言 $\mathcal{L}(T_{\rm N})$ 中的一表达式 φ 与彼此互不相同的变元符号 $x_1, \cdots, x_n$ 一起在 $T_{\rm N}$ 中表示 P.

注意: 如果项 τ 与变元符号 $x_1, \cdots, x_n$ 一起表示 f, 那么任取一个不同于这些变元符号的新变元符号 y, 表达式 $y = \tau$ 便和 $x_1, \cdots, x_n, y$ 一起表示 f.

由定义可见: 如果 $f : \mathbb{N}^n \to \mathbb{N}$ 是一个在 $T_{\rm N}$ 中可表示的函数, 那么 f 一定在 $\mathfrak{N}$ 上是可定义的函数.

事实 13.2.7(变元可变通)　(1) 如果 n 元函数 f 是在 $T_{\rm N}$ 中可表示的, $x_1, \cdots, x_n$, y 是任意一组彼此互不相同的变元符号, 那么一定有一个表达式 φ 与这一组变元符号一起表示 f;

(2) 如果 n 元关系 P 是在 $T_{\rm N}$ 中可表示的, $x_1, \cdots, x_n$ 是任意一组彼此互不相同的变元符号, 那么一定有一个表达式 φ 与这一组变元符号一起表示 P.

证明　(1) 假设 ψ 与 $z_1, \cdots, z_n, v$ 一起表示 f. 依据变形定理, 如有必要, 可以更换受囿变元, 假设新的变元符号 $x_1, \cdots, x_n, y$ 都不是 ψ 中的约束变元. 那么令 φ 为 $\psi(z_1, \cdots, z_n, v; x_1, \cdots, x_n, y)$.

同理得到 (2). □

引理 13.19　(1) 表达式 $(x_1 \hat{=} x_2)$ 与不同变元 x_1, x_2 一起表示相等关系 $=$;

(2) 项 $F_S(x_1)$ 与 x_1 表示自然数后继函数 S;

(3) 项 $F_+(x_1, x_2)$ 与不同变元 x_1, x_2 一起表示自然数加法函数;

(4) 项 $F_\times(x_1, x_2)$ 与不同变元 x_1, x_2 一起表示自然数乘法函数;

(5) 表达式 $P_<(x_1, x_2)$ 与不同变元 x_1, x_2 一起表示自然数的序关系 $<$;

(6) 项 x_i 与彼此互不相同的狴犴元符号 $x_1, \cdots, x_n$ 一起表示投影函数 π_i^n.

证明　(1) 如果 $n = m$, 那么 $T_{\rm N} \vdash (\mathbf{k}_n \hat{=} \mathbf{k}_m)$.

假设 $n = m$, 那么 $\mathbf{k}_n$ 与 $\mathbf{k}_m$ 是同一个项 τ, 同一个数值项 $\vdash (\tau \hat{=} \tau)$.

假设 $n \neq m$. 由对称性, 假设 $m > n$. 应用关于 n 的归纳法来证明:

$$T_{\rm N} \vdash \mathbf{k}_m \neq \mathbf{k}_n.$$

当 $n = 0$, 由 $T_{\rm N}$ 的第一条公理, $T_{\rm N} \vdash (\neg(\mathbf{k}_m \hat{=} \mathbf{k}_0))$.

当 $n > 0$, 由 T_{N} 的第二条公理, $T_{\mathrm{N}} \vdash ((\mathbf{k}_m \hat{=} \mathbf{k}_n) \to (\mathbf{k}_{m-1} \hat{=} \mathbf{k}_{n-1}))$. 依归纳假设, $T_{\mathrm{N}} \vdash (\neg(\mathbf{k}_{m-1} \hat{=} \mathbf{k}_{n-1}))$. 于是, 根据逆否命题法则, $T_{\mathrm{N}} \vdash (\neg(\mathbf{k}_m \hat{=} \mathbf{k}_n))$.

(2) 对于 $n \in \mathbb{N}$, $S(n) = n+1$, 根据 (1), $T_{\mathrm{N}} \vdash (F_S(\mathbf{k}_n) \hat{=} \mathbf{k}_{n+1})$.

(3) 对 n 施归纳, 证明: $T_{\mathrm{N}} \vdash (F_+(\mathbf{k}_m, \mathbf{k}_n) \hat{=} \mathbf{k}_{m+n})$.

当 $n = 0$, $T_{\mathrm{N}} \vdash (F_+(\mathbf{k}_m, \mathbf{k}_0) \hat{=} \mathbf{k}_m)$.

假设 $T_{\mathrm{N}} \vdash (F_+(\mathbf{k}_m, \mathbf{k}_n) \hat{=} \mathbf{k}_{m+n})$. 因为项 $\mathbf{k}_{m+n+1}$ 是项 $F_S(\mathbf{k}_{m+n})$, 由等式定理 (定理 4.4), 有

$$T_{\mathrm{N}} \vdash (F_S(F_+(\mathbf{k}_m, \mathbf{k}_n)) \hat{=} \mathbf{k}_{m+n+1}).$$

由 T_{N} 的第五条公理, 有 $T_{\mathrm{N}} \vdash (F_+(\mathbf{k}_m, \mathbf{k}_{n+1}) \hat{=} \mathbf{k}_{m+n+1})$.

(4) 同 (3) 的论证可得.

(5) 需要证明: 如果 $m < n$, 那么 $T_{\mathrm{N}} \vdash P_<(\mathbf{k}_m, \mathbf{k}_n)$; 以及如果 $m \geqslant n$, 那么 $T_{\mathrm{N}} \vdash (\neg P_<(\mathbf{k}_m, \mathbf{k}_n))$.

我们用关于 n 的归纳法证明: 如果 $m < n$, 则 $T_{\mathrm{N}} \vdash P_<(\mathbf{k}_m, \mathbf{k}_n)$; 如果 $n \leqslant m$, 则 $T_{\mathrm{N}} \vdash (\neg P_<(\mathbf{k}_m, \mathbf{k}_n))$.

当 $n = 0$ 时, 由 T_N 的第八条公理, $T_{\mathrm{N}} \vdash (\neg P_<(\mathbf{k}_m, \mathbf{k}_0))$.

由 T_N 的第九和第十条公理, $T_{\mathrm{N}} \vdash (P_<(\mathbf{k}_m, \mathbf{k}_{n+1}) \leftrightarrow (P_<(\mathbf{k}_m, \mathbf{k}_n) \vee (\mathbf{k}_m \hat{=} \mathbf{k}_n)))$.

假设 $m < n+1$. 如果 $m < n$, 由归纳假设, $T_{\mathrm{N}} \vdash P_<(\mathbf{k}_m, \mathbf{k}_n)$; 如果 $m = n$, 此时, $T_{\mathrm{N}} \vdash (\mathbf{k}_m \hat{=} \mathbf{k}_n)$. 所以,

$$T_{\mathrm{N}} \vdash P_<(\mathbf{k}_m, \mathbf{k}_{n+1}).$$

假设 $m \geqslant n+1$. 由归纳假设, 有 $T_{\mathrm{N}} \vdash (\neg P_<(\mathbf{k}_m, \mathbf{k}_n))$; 因为 $m \neq n$, 有

$$T_{\mathrm{N}} \vdash (\neg(\mathbf{k}_m \hat{=} \mathbf{k}_n)).$$

所以,

$$T_{\mathrm{N}} \vdash (\neg P_<(\mathbf{k}_m, \mathbf{k}_{n+1})).$$

(6) 假设 $\pi_i^n(a_1, \cdots, a_n) = a_i$. 那么由 (1) 有, $T_{\mathrm{N}} \vdash (\mathbf{k}_{a_i} \hat{=} \mathbf{k}_{a_i})$. □

引理 13.20 *设 P 为 $\mathbb{N}$ 上的一个关系. 那么 P 是在 T_{N} 中可表示的当且仅当它的特征函数 χ_P 是在 T_{N} 中可表示的.*

证明 假设 P 是在 T_{N} 中可表示的. 令 φ 与 $x_1, \cdots, x_n$ 一起表示 P. 令 y 为一个新变元符号. 令 ψ 为下述表达式:

$$((\varphi \wedge (y \hat{=} \mathbf{k}_0)) \vee ((\neg\varphi) \wedge (y \hat{=} \mathbf{k}_1))).$$

断言: ψ 与 $x_1, \cdots, x_n, y$ 一起表示 χ_P.

假设 $\chi_P(a_1,\cdots,a_n)=0$. 那么 $P(a_1,\cdots,a_n)$ 成立. 于是,

$$T_{\mathrm{N}}\vdash\varphi_{x_1\cdots x_n}[\mathbf{k}_{a_1},\cdots,\mathbf{k}_{a_n}].$$

由此, 得到

$$T_{\mathrm{N}}\vdash(\psi_{x_1\cdots x_n}[\mathbf{k}_{a_1},\cdots,\mathbf{k}_{a_n}]\leftrightarrow(y\hat{=}\mathbf{k}_0)).$$

假设 $\chi_P(a_1,\cdots,a_n)=1$. 那么 $\neg P(a_1,\cdots,a_n)$ 成立. 于是,

$$T_{\mathrm{N}}\vdash(\neg\varphi_{x_1\cdots x_n}[\mathbf{k}_{a_1},\cdots,\mathbf{k}_{a_n}]).$$

由此, 得到

$$T_{\mathrm{N}}\vdash(\psi_{x_1\cdots x_n}[\mathbf{k}_{a_1},\cdots,\mathbf{k}_{a_n}]\leftrightarrow y=\mathbf{k}_1).$$

反过来, 现在假设 φ 与 $x_1,\cdots,x_n,y$ 一起表示 χ_P. 那么 $\varphi_y[0]$ 与 $x_1,\cdots,x_n$ 一起表示 P.

假设 $P(a_1,\cdots,a_n)$ 成立, 那么 $\chi_(a_1,\cdots,a_n)=0$. 于是,

$$T_{\mathrm{N}}\vdash(\varphi_{x_1\cdots x_n}[\mathbf{k}_{a_1},\cdots,\mathbf{k}_{a_n}]\leftrightarrow(y\hat{=}\mathbf{k}_0)).$$

这样一来, 用 $\mathbf{k}_0$ 替换 y,

$$T_{\mathrm{N}}\vdash(\varphi_{x_1\cdots x_ny}[\mathbf{k}_{a_1},\cdots,\mathbf{k}_{a_n},\mathbf{k}_0]\leftrightarrow\mathbf{k}_0=\mathbf{k}_0).$$

由于 $0=0$, 依据引理 13.19 中的 (1), 有 $T_{\mathrm{N}}\vdash(\mathbf{k}_0\hat{=}\mathbf{k}_0)$. 因此,

$$T_{\mathrm{N}}\vdash\varphi_{x_1\cdots x_ny}[\mathbf{k}_{a_1},\cdots,\mathbf{k}_{a_n},\mathbf{k}_0].$$

假设 $P(a_1,\cdots,a_n)$ 不成立, 那么 $\chi_(a_1,\cdots,a_n)=1$. 于是,

$$T_{\mathrm{N}}\vdash(\varphi_{x_1\cdots x_n}[\mathbf{k}_{a_1},\cdots,\mathbf{k}_{a_n}]\leftrightarrow(y\hat{=}\mathbf{k}_1)).$$

这样一来, 用 $\mathbf{k}_0$ 替换 y,

$$T_{\mathrm{N}}\vdash(\varphi_{x_1\cdots x_ny}[\mathbf{k}_{a_1},\cdots,\mathbf{k}_{a_n},\mathbf{k}_0]\leftrightarrow(\mathbf{k}_0\hat{=}\mathbf{k}_1)).$$

由于 $0\neq1$, 依据引理 13.19 中的 (1), 有 $T_{\mathrm{N}}\vdash(\neg(\mathbf{k}_0\hat{=}\mathbf{k}_1))$. 因此,

$$T_{\mathrm{N}}\vdash(\neg\varphi_{x_1\cdots x_ny}[\mathbf{k}_{a_1},\cdots,\mathbf{k}_{a_n},\mathbf{k}_0]).$$ □

定理 13.13(可表示性定理) *每一个递归函数和递归关系都是在 T_{N} 中可表示的.*

证明 令 $\mathscr{R}_r$ 为所有在 T_{N} 中可表示的自然数函数的全体之集. 我们验证它包含了所有的初始递归函数; 它关于函数多元复合封闭; 它关于 μ-算子封闭.

上面的两个引理表明 $\mathscr{R}_r$ 包含了所有的初始递归函数.

现在假设 $g, h_1, \cdots, h_k$ 是在 T_{N} 中可表示的函数. 设 $f = g \circ (h_1, \cdots, h_k)$, 即

$$f(a_1, \cdots, a_n) = g(h_1(a_1, \cdots, a_n), \cdots, h_k(a_1, \cdots, a_n)).$$

令 $x_1, \cdots, x_n, y_1, \cdots, y_k, z$ 为彼此互不相同的变元符号. 根据变元可变通性, 可有 φ^i 与 $x_1, \cdots, x_n, y_i$ 一起表示 h_i, 以及 ψ 与 $y_1, \cdots, y_k, z$ 一起表示 g. 令 γ 为下述表达式:

$$(\exists y_1(\cdots(\exists y_k(\varphi^1 \wedge \cdots \wedge \varphi^k \wedge \psi))\cdots)).$$

断言: γ 与 $x_1, \cdots, x_n, z$ 一起表示 f.

假设 $f(a_1, \cdots, a_n) = c$. 令 $b_i = h_i(a_1, \cdots, a_n)$. 那么 $c = g(b_1, \cdots, b_k)$.

由表示性定义, $T_{\mathrm{N}} \vdash (\varphi^i_{x_1 \cdots x_n}[\mathbf{k}_{a_1}, \cdots, \mathbf{k}_{a_n}] \leftrightarrow (y_i \hat{=} \mathbf{k}_{b_i}))$. 由此及等价定理 (定理 4.18),

$$T_{\mathrm{N}} \vdash (\gamma_{x_1 \cdots x_n}[\mathbf{k}_{a_1}, \cdots, \mathbf{k}_{a_n}] \leftrightarrow \exists y_1 \cdots \exists y_k((y_1 \hat{=} \mathbf{k}_{b_1}) \wedge \cdots \wedge (y_k \hat{=} \mathbf{k}_{b_k}) \wedge \psi)).$$

于是, $T_{\mathrm{N}} \vdash (\gamma_{x_1 \cdots x_n}[\mathbf{k}_{a_1}, \cdots, \mathbf{k}_{a_n}] \leftrightarrow \psi_{y_1 \cdots y_k}[\mathbf{k}_{b_1}, \cdots, \mathbf{k}_{b_k}])$. 从而

$$T_{\mathrm{N}} \vdash (\gamma_{x_1 \cdots x_n}[\mathbf{k}_{a_1}, \cdots, \mathbf{k}_{a_n}] \leftrightarrow (z \hat{=} \mathbf{k}_c)).$$

由上可见 $\mathscr{R}_r$ 关于多元函数复合是封闭的.

接下来验证: $\mathscr{R}_r$ 关于 μ-算子封闭.

假设 g 是可表示的, 并且 $\forall \vec{a} \exists x(g(\vec{a}, x) = 0)$. 设 f 由 g 经 μ-算子定义:

$$f(a_1, \cdots, a_n) = \mu x(g(a_1, \cdots, a_n, x) = 0).$$

令 φ 与 $x_1, \cdots, x_n, y, z$ 一起表示 g, 令 u 为一个新变元符号, 令 ψ 为下述表达式:

$$(\varphi_z[0] \wedge (\forall u(u < y \rightarrow \neg \varphi_{yz}[u, 0]))).$$

断言: ψ 与 $x_1, \cdots, x_n, y$ 一起表示 f.

假设 $f(a_1, \cdots, a_n) = b$. 对于 $i \in \mathbb{N}$, 令 $c_i = g(a_1, \cdots, a_n, i)$. 那么

$$T_{\mathrm{N}} \vdash (\varphi_{x_1 \cdots x_n y}[\mathbf{k}_{a_1}, \cdots, \mathbf{k}_{a_n}, \mathbf{k}_i] \leftrightarrow (z \hat{=} \mathbf{k}_{c_i})).$$

于是,

$$T_{\mathrm{N}} \vdash (\varphi_{x_1 \cdots x_n y z}[\mathbf{k}_{a_1}, \cdots, \mathbf{k}_{a_n}, \mathbf{k}_i, 0] \leftrightarrow (\mathbf{k}_0 \hat{=} \mathbf{k}_{c_i})).$$

如果 $i<b$, 那么 $c_i \neq 0$; 于是, $T_{\mathrm{N}} \vdash (\neg(\mathbf{k}_0 \hat{=} \mathbf{k}_{c_i}))$; 因此,

$$T_{\mathrm{N}} \vdash (\neg \varphi_{x_1 \cdots x_n yz}[\mathbf{k}_{a_1}, \cdots, \mathbf{k}_{a_n}, \mathbf{k}_i, 0]).$$

由于 $c_b = 0$, 有 $T_{\mathrm{N}} \vdash \varphi_{x_1 \cdots x_n yz}[\mathbf{k}_{a_1}, \cdots, \mathbf{k}_{a_n}, \mathbf{k}_b, 0]$.

应用最小证据引理, 得到结论: $T_{\mathrm{N}} \vdash (\psi_{x_1 \cdots x_n}[\mathbf{k}_{a_1}, \cdots, \mathbf{k}_{a_n}] \leftrightarrow (y \hat{=} \mathbf{k}_b))$. □

13.2.8 哥德尔不动点引理

引理 13.21 如下定义的二元函数 $f: \mathbb{N}^2 \to \mathbb{N}$ 是一递归函数: 对于任意的 $(a,b) \in \mathbb{N}^2$, 有

$$f(a,b) = \mathrm{Subst}(a, \ulcorner x_0 \urcorner, \mathrm{Num}(b)),$$

其中, x_0 是第一个变元符号.

定理 13.14(哥德尔不动点引理) 设 $\psi(x_i)$ 是只有一个自由变元 x_i 的表达式. 那么必有一个满足下述要求的语句 σ:

$$T_{\mathrm{N}} \vdash (\sigma \leftrightarrow \psi_x[\mathbf{k}_{\ulcorner \sigma \urcorner}]).$$

证明 设 $\psi(x_i)$ 为自然数算术语言的一个只有一个自由变元的表达式.

令 $f(a,b) = \mathrm{Subst}(a, \ulcorner x_0 \urcorner, \mathrm{Num}(b))$. 这是一个递归函数. 根据可表示性定理 (定理 13.13), f 是在 T_{N} 中可表示的.

令 φ 与 x_0, x_1, x_2 一起表示 f, 即对于任意的 $(a,b,c) \in \mathbb{N}^3$, 如果 $c = f(a,b)$, 那么

$$T_{\mathrm{N}} \vdash (\varphi_{x_0 x_1}[\mathbf{k}_a, \mathbf{k}_b] \leftrightarrow (x_2 \hat{=} \mathbf{k}_c)).$$

令 $\theta(x_0)$ 为下述只含一个自由变元 x_0 的表达式: $(\forall x_2\, (\varphi_{x_1}[x_0] \to \psi_{x_i}[x_2]))$. 令 σ 为下述语句: $\theta_{x_0}[\mathbf{k}_{\ulcorner \theta \urcorner}]$, 即 $(\forall x_2 (\varphi_{x_0 x_1}[\mathbf{k}_{\ulcorner \theta \urcorner}, \mathbf{k}_{\ulcorner \theta \urcorner}] \to \psi_{x_i}[x_2]))$.

断言: $T_{\mathrm{N}} \vdash (\sigma \leftrightarrow \psi_{x_i}[\mathbf{k}_{\ulcorner \sigma \urcorner}])$.

依据函数 Subst 的性质, 有

$$\ulcorner \sigma \urcorner = \mathrm{Subst}(\ulcorner \theta \urcorner, \ulcorner x_0 \urcorner, \mathrm{Num}(\ulcorner \theta \urcorner)).$$

于是, $\ulcorner \sigma \urcorner = f(\ulcorner \theta \urcorner, \ulcorner \theta \urcorner)$. 由表示条件, $T_{\mathrm{N}} \vdash (\varphi_{x_0 x_1}[\mathbf{k}_{\ulcorner \theta \urcorner}, \mathbf{k}_{\ulcorner \theta \urcorner}] \leftrightarrow (x_2 \hat{=} \mathbf{k}_{\ulcorner \sigma \urcorner}))$. 因此, $T_{\mathrm{N}} \vdash (\forall x_2 (\varphi_{x_0 x_1}[\mathbf{k}_{\ulcorner \theta \urcorner}, \mathbf{k}_{\ulcorner \theta \urcorner}]) \leftrightarrow (x_2 \hat{=} \mathbf{k}_{\ulcorner \sigma \urcorner}))$. 依据逻辑公理之特化原理,

$$T_{\mathrm{N}} \vdash \left(\begin{array}{c} (\forall x_2 (\varphi_{x_0 x_1}[\mathbf{k}_{\ulcorner \theta \urcorner}, \mathbf{k}_{\ulcorner \theta \urcorner}] \leftrightarrow (x_2 \hat{=} \mathbf{k}_{\ulcorner \sigma \urcorner}))) \to \\ (\varphi_{x_0 x_1 x_2}[\mathbf{k}_{\ulcorner \theta \urcorner}, \mathbf{k}_{\ulcorner \theta \urcorner}, \mathbf{k}_{\ulcorner \sigma \urcorner}] \leftrightarrow (\mathbf{k}_{\ulcorner \sigma \urcorner} \hat{=} \mathbf{k}_{\ulcorner \sigma \urcorner})) \end{array} \right).$$

依据这些便有 $T_{\mathrm{N}} \vdash \varphi_{x_0 x_1 x_2}[\mathbf{k}_{\ulcorner \theta \urcorner}, \mathbf{k}_{\ulcorner \theta \urcorner}, \mathbf{k}_{\ulcorner \sigma \urcorner}]$.

回顾一下: σ 是语句 $(\forall x_2(\varphi_{x_0x_1}[\mathbf{k}_{\ulcorner\theta\urcorner},\mathbf{k}_{\ulcorner\theta\urcorner}]\to\psi_x[x_2]))$. 依据逻辑公理之特化原理, 有

$$\vdash(\sigma\to(\varphi_{x_0x_1x_2}[\mathbf{k}_{\ulcorner\theta\urcorner},\mathbf{k}_{\ulcorner\theta\urcorner},\mathbf{k}_{\ulcorner\sigma\urcorner}]\to\psi_{x_i}[\mathbf{k}_{\ulcorner\sigma\urcorner}])).$$

应用演绎定理 (定理 4.1), 由上面的结论得到

$$\vdash(\varphi_{x_0x_1x_2}[\mathbf{k}_{\ulcorner\theta\urcorner},\mathbf{k}_{\ulcorner\theta\urcorner},\mathbf{k}_{\ulcorner\sigma\urcorner}]\to(\sigma\to\psi_{x_i}[\mathbf{k}_{\ulcorner\sigma\urcorner}])).$$

根据推理法则和上面的两个结论, 有 $T_{\mathrm{N}}\vdash(\sigma\to\psi_{x_i}[\mathbf{k}_{\ulcorner\sigma\urcorner}])$.

欲见另一蕴含式, 由表示条件, 有

$$T_{\mathrm{N}}\vdash(\varphi_{x_0x_1}[\mathbf{k}_{\ulcorner\theta\urcorner},\mathbf{k}_{\ulcorner\theta\urcorner}]\to(x_2\hat{=}\mathbf{k}_{\ulcorner\sigma\urcorner})).$$

由等式定理 (定理 4.4), 有 $\vdash((x_2\hat{=}\mathbf{k}_{\ulcorner\sigma\urcorner})\to(\psi_{x_i}[\mathbf{k}_{\ulcorner\sigma\urcorner}]\leftrightarrow\psi_{x_i}[x_2]))$.
这样, $\vdash((x_2\hat{=}\mathbf{k}_{\ulcorner\sigma\urcorner})\to(\psi_{x_i}[\mathbf{k}_{\ulcorner\sigma\urcorner}]\to\psi_{x_i}[x_2]))$.

应用演绎定理 (4.1) 以及推理法则, 得到

$$T_{\mathrm{N}}\vdash(\varphi_{x_0x_1}[\mathbf{k}_{\ulcorner\theta\urcorner},\mathbf{k}_{\ulcorner\theta\urcorner}]\to(\psi_{x_i}[\mathbf{k}_{\ulcorner\sigma\urcorner}]\to\psi_{x_i}[x_2])).$$

根据前提顺序无关律或者结合律, 有

$$T_{\mathrm{N}}\vdash(\psi_{x_i}[\mathbf{k}_{\ulcorner\sigma\urcorner}]\to(\varphi_{x_0x_1}[\mathbf{k}_{\ulcorner\theta\urcorner},\mathbf{k}_{\ulcorner\theta\urcorner}]\to\psi_{x_i}[x_2])).$$

根据全称量词 $\forall$ 分配律之逻辑公理, 有

$$T_{\mathrm{N}}\vdash\left(\begin{array}{l}(\forall x_2(\psi_{x_i}[\mathbf{k}_{\ulcorner\sigma\urcorner}]))\to\\(\forall x_2(\varphi_{x_0x_1}[\mathbf{k}_{\ulcorner\theta\urcorner},\mathbf{k}_{\ulcorner\theta\urcorner}]\to\psi_{x_i}[x_2]))\end{array}\right).$$

由此, 以及 $T_{\mathrm{N}}\vdash(\forall x_2\psi_{x_i}[\mathbf{k}_{\ulcorner\sigma\urcorner}])\leftrightarrow\psi_{x_i}[\mathbf{k}_{\ulcorner\sigma\urcorner}]$, 得到

$$T_{\mathrm{N}}\vdash(\psi_{x_i}[\mathbf{k}_{\ulcorner\sigma\urcorner}]\to(\forall x_2(\varphi_{x_0x_1}[\mathbf{k}_{\ulcorner\theta\urcorner},\mathbf{k}_{\ulcorner\theta\urcorner}]\to\psi_x[x_2]))).$$

也就是说, $T_{\mathrm{N}}\vdash(\psi_{x_i}[\mathbf{k}_{\ulcorner\sigma\urcorner}]\to\sigma)$. □

13.2.9 哥德尔第一不完全性定理

定理 13.15(哥德尔第一不完全性定理) *如果 T 是 T_{N} 的一个有效公理化扩充, 那么 T 必定是不完全的.*

尤其是, T_{N} 是不完全的, T_{PA} 是不完全的; T_{PA} 的任何有效公理化扩充也是不完全的.

证明　设 T 是初等数论 T_{N} 的一个一致的有效公理化扩充. 下面证明 T 是不完全的. 事实上, 我们将演示有一个独立于 T 的算术语言的语句 σ: $T \nvdash \sigma$ 以及 $T \nvdash (\neg\sigma)$.

由于 T 是有效公理化的理论, T 上的证明关系 $\mathrm{PV_T}(\ulcorner\theta\urcorner, b)$ 当且仅当 b 是 θ 的一个证明的哥德尔编码是 $\mathbb{N}\times\mathbb{N}$ 的一个递归子集. 令表达式 $\theta(x_0, x_1)$ 与两个不相同的变元符号 x_0, x_1 一起在 T_{N} 中表示这个关系 $\mathrm{PV_T}$. 这样, 对于任意的 $(a,b)\in\mathbb{N}^2$,

$$\mathrm{PV_T}(a,b) \Rightarrow T_{\mathrm{N}} \vdash \theta_{x_0x_1}[\mathbf{k}_a, \mathbf{k}_b],$$
$$\neg\mathrm{PV_T}(a,b) \Rightarrow T_{\mathrm{N}} \vdash (\neg\theta_{x_0x_1}[\mathbf{k}_a, \mathbf{k}_b]).$$

令 $\psi(x_0)$ 为只有一个自由变元符号的表达式 $(\neg(\exists x_1\theta(x_0, x_1)))$.

应用哥德尔不动点引理 (定理 13.14), 令 σ 为算术语言中的满足如下要求的一个语句:

$$T_{\mathrm{N}} \vdash (\sigma \leftrightarrow \psi_{x_0}[\mathbf{k}_{\ulcorner\sigma\urcorner}]).$$

断言一: $T \nvdash \sigma$ 当且仅当 $\mathfrak{N} \models \sigma$.

假设 $\mathfrak{N} \models \sigma$. 需要证明 $T \nvdash \sigma$. 假设不然, $T \vdash \sigma$. 令 $\langle\varphi_1, \cdots, \varphi_m\rangle$ 为 σ 在 T 中的一个证明. 令 $b\in\mathbb{N}$ 为这个证明的哥德尔编码: $\prec\ulcorner\varphi_1\urcorner, \cdots, \ulcorner\varphi_m\urcorner\succ$. 那么 $\mathrm{PV_T}(\ulcorner\sigma\urcorner, b)$. 依据 $\theta(x_0, x_1)$ 与 x_0, x_1 一起在 T_{N} 中表示 $\mathrm{PV_T}$, 有

$$T_{\mathrm{N}} \vdash \theta_{x_0x_1}[\mathbf{k}_{\ulcorner\sigma\urcorner}, \mathbf{k}_b].$$

于是

$$T_{\mathrm{N}} \vdash (\exists x_1\theta_{x_0}[\mathbf{k}_{\ulcorner\sigma\urcorner}]).$$

因此, $\mathfrak{N} \models (\neg\psi_{x_0}[\mathbf{k}_{\ulcorner\sigma\urcorner}])$, 即 $\mathfrak{N} \models (\neg\sigma)$.

假设 $\mathfrak{N} \not\models \sigma$, 那么 $\mathfrak{N} \models (\neg\sigma)$. 因为

$$T_{\mathrm{N}} \vdash (\sigma \leftrightarrow \psi_{x_0}[\mathbf{k}_{\ulcorner\sigma\urcorner}]),$$

$$T_{\mathrm{N}} \vdash ((\neg\sigma) \leftrightarrow (\neg(\psi_{x_0}[\mathbf{k}_{\ulcorner\sigma\urcorner}]))).$$

这样, $\mathfrak{N} \models (\neg\psi_{x_0}[\mathbf{k}_{\ulcorner\sigma\urcorner}])$. 将其写出来就是 $\mathfrak{N} \models (\exists x_1\theta_{x_0}[\mathbf{k}_{\ulcorner\sigma\urcorner}])$.

令 $b\in\mathbb{N}$ 来见证 $\mathfrak{N} \models \theta_{x_0x_1}[\mathbf{k}_{\ulcorner\sigma\urcorner}, \mathbf{k}_b]$.

这就意味着 $\mathrm{PV_T}(\ulcorner\sigma\urcorner, b)$, 否则, 会有 $T_{\mathrm{N}} \vdash (\neg\theta_{x_0x_1}[\mathbf{k}_{\ulcorner\sigma\urcorner}, \mathbf{k}_b])$ 以及 $\mathfrak{N} \models (\neg\theta_{x_0x_1}[\mathbf{k}_{\ulcorner\sigma\urcorner}, \mathbf{k}_b])$. 从而, $T \vdash \sigma$. □

断言二: $\mathfrak{N} \models \sigma$.

如果不然, $\mathfrak{N} \models (\neg\sigma)$, 从而 $\mathfrak{N} \not\models \sigma$, 依据断言一, 有 $T \vdash \sigma$. 由此 $\mathfrak{N}$ 对语言 $\mathcal{L}(T)$ 的扩展模型 $\mathfrak{N}_T \models T$ 以及 $\mathfrak{N}_T \models \sigma$. 由于 σ 是 $\mathcal{L}(\mathfrak{N})$ 的语句, 有 $\mathfrak{N} \models \sigma$.

这样, 语句 σ 在 $\mathfrak{N}$ 中为真, 但不被 T 所证明, 即 $T \nvdash \sigma$; 由于 $\mathfrak{N} \models \sigma$, 根据完备性定理, 有 $T \nvdash (\neg\sigma)$. 这就表明 T 不是完全的. □

注意: 上述证明中所引入的语句 σ 形式上断言: "我是不可以被 T 所证明的". 这是通常所说的 "哥德尔语句".

13.2.10 不可判定性与真相不可定义性

定理 13.16(丘奇不可判定性定理) *如果 T 是初等数论 T_{N} 的一个一致扩充, 那么 T 是不可判定的. 尤其是, T_{N} 和 T_{PA} 都不可判定.*

证明 设 T 是 T_{N} 的一个一致扩充. 欲得一矛盾, 假设 T 是可判定的.

于是 T 的定理的哥德尔编码之集 Thm_T 是一个递归集合. 由可表示定理 (定理 13.13), Thm_T 在 T_{N} 中是可表示的. 令 φ 与第一个变元符号 x_0 一起在 T_{N} 中表示 Thm_T. 也就是说, 对于语言 $\mathcal{L}(T)$ 的每一个语句 σ, 都有

$$\ulcorner\sigma\urcorner \in \mathrm{Thm}_T \Rightarrow T_{\mathrm{N}} \vdash \varphi_{x_0}[\mathbf{k}_{\ulcorner\sigma\urcorner}],$$
$$\ulcorner\sigma\urcorner \notin \mathrm{Thm}_T \Rightarrow T_{\mathrm{N}} \vdash \neg\varphi_{x_0}[\mathbf{k}_{\ulcorner\sigma\urcorner}].$$

令 $\psi(x_0)$ 为 $(\neg\varphi(x_0))$. 应用哥德尔不动点引理 (定理 13.14), 令 σ 为算术语言 $\mathcal{L}(T_{\mathrm{N}})$ 的满足如下要求的语句:

$$T_{\mathrm{N}} \vdash (\sigma \leftrightarrow \psi_{x_0}[\mathbf{k}_{\ulcorner\sigma\urcorner}]).$$

假设 $\ulcorner\sigma\urcorner \in \mathrm{Thm}_T$, 那么 $T_{\mathrm{N}} \vdash \varphi_{x_0}[\mathbf{k}_{\ulcorner\sigma\urcorner}]$ 以及 $T \vdash \sigma$.

由于 T 是 T_{N} 的一致扩充, 有 $T \vdash \varphi_{x_0}[\mathbf{k}_{\ulcorner\sigma\urcorner}]$ 以及 $T \vdash (\sigma \leftrightarrow \psi_{x_0}[\mathbf{k}_{\ulcorner\sigma\urcorner}])$. 因此, $T \vdash (\neg\varphi_{x_0}[\mathbf{k}_{\ulcorner\sigma\urcorner}])$. 这与 T 是一致理论之假设矛盾.

假设 $\ulcorner\sigma\urcorner \notin \mathrm{Thm}_T$, 那么 $T_{\mathrm{N}} \vdash (\neg\varphi_{x_0}[\mathbf{k}_{\ulcorner\sigma\urcorner}])$. 也就是说, $T_{\mathrm{N}} \vdash \psi_{x_0}[\mathbf{k}_{\ulcorner\sigma\urcorner}]$. 由此, $T_{\mathrm{N}} \vdash \sigma$. 因而, $T \vdash \sigma$. 由此得出结论: $\ulcorner\sigma\urcorner \in \mathrm{Thm}_T$. 还是一个矛盾.

综上所述, Thm_T 不是递归集合. □

丘奇的不可判定性定理蕴含哥德尔第一不完全性定理:

证明 设 T 是 T_{N} 的一个有效公理化扩充. 如果 T 是自相矛盾的, T 是不完全的. 假设 T 是一致理论. 根据上面的丘奇不可判定性定理 (定理 13.16), T 是不可判定的理论. 如果 T 是完全的, 根据可判定性定理 (定理 13.12), 任何一个完全的有效公理化的理论都是可判定的, T 应当是可判定的. 所以, T 必然是不完全的. □

推论 13.2 (1) *如果 T 是语言 $\mathcal{L}(T_{\mathrm{N}})$ 中不带有任何非逻辑公理的理论 (只含有逻辑公理), 那么 T 是不可判定的 (也就是说 $\mathfrak{N}$ 的纯一阶逻辑理论是不可判定的);*

(2) 自然数标准模型 $\mathfrak{N}$ 的真相 $\mathrm{Th}(\mathfrak{N})$ 是不可判定的;

(3) 皮阿诺算术理论 T_{PA} 是不可判定的;

(4) 数论的标准模型 $\mathfrak{N}$ 具有如下特点: T 是语言 $\mathcal{L}(\mathfrak{N})$ 的一个理论, 并且 $\mathfrak{N} \models T$, 那么 T 是不可判定的.

证明　(1) 因为 T_{N} 是 T 的一个有限扩充, T_{N} 是不可判定的, T 自然是不可判定的.

(2) $\mathrm{Th}(\mathfrak{N})$ 是 T_{N} 的一个一致扩充.

(3) 因为 $\mathfrak{N}$ 是 T_{PA} 的一个标准模型, T_{PA} 是 T_{N} 的一致扩充.

(4) 假设 T 是语言 $\mathcal{L}(\mathfrak{N})$ 的一个理论, 并且 $\mathfrak{N}$ 是 T 的一个模型. 那么 $T\cup T_{\mathrm{N}}$ 是一致的, 因为 $\mathfrak{N}$ 是这一理论的一个模型. 根据丘奇不可判定性定理, $T\cup T_{\mathrm{N}}$ 不可判定. 而 $T\cup T_{\mathrm{N}}$ 是 T 的有限扩充, 所以, T 必是不可判定的. □

根据丘奇定理, $\mathrm{Th}(\mathfrak{N})$ 是不可判定的. 但这并没有排除 $\mathrm{Th}(\mathfrak{N})$ 可以是一个非递归的递归可枚举集. 现在证明 $\mathfrak{N}$ 的真相 $\mathrm{Th}(\mathfrak{N})$ 在 $\mathfrak{N}$ 上是不可定义的, 塔尔斯基的真相不可定义定理.

定义 13.38　(1) 一个含有一个自由变元的表达式 $\psi(x_i)$ 是 $\mathfrak{N}$ 的一个**真相定义式**当且仅当对于算术语言 $\mathcal{L}(\mathfrak{N})$ 的每一个语句 σ, $\mathfrak{N}\models(\sigma\leftrightarrow\psi_x[\mathbf{k}_{\ulcorner\sigma\urcorner}])$;

(2) 一个含有一个自由变元的表达式 $\psi(x_i)$ 是 T_{N} 的一个真相定义式当且仅当对于算术语言 $\mathcal{L}(T_{\mathrm{N}})$ 的每一个语句 σ, $T_{\mathrm{N}}\vdash(\sigma\leftrightarrow\psi_x[\mathbf{k}_{\ulcorner\sigma\urcorner}])$.

定理 13.17(塔尔斯基真相不可定义定理)　不存在 $\mathfrak{N}$ 的真相定义式. 等价地说, $\mathfrak{N}$ 的真相的哥德尔编码之集合

$$\mathrm{Th}(\mathfrak{N})=\{\ulcorner\sigma\urcorner\mid\sigma\text{ 是 }\mathcal{L}(T_{\mathrm{N}})\text{ 的一个语句 }\wedge\mathfrak{N}\models\sigma\}$$

在 $\mathfrak{N}$ 上是不可定义的.

证明　假设不然. 令 $\phi(x_i)$ 为 $\mathfrak{N}$ 的一个真相定义式. 即对于 $\mathcal{L}(\mathfrak{N})$ 的每一个语句 σ, 有

$$(\mathfrak{N}\models\sigma)\iff(\mathfrak{N}\models\phi_{x_i}[\mathbf{k}_{\ulcorner\sigma\urcorner}]).$$

令 ψ 为 $(\neg\phi)$. 根据哥德尔不动点引理 (定理 13.14), 令 σ 为满足下述要求的语句:

$$T_{\mathrm{N}}\vdash(\sigma\leftrightarrow\psi_{x_i}[\mathbf{k}_{\ulcorner\sigma\urcorner}]).$$

根据可靠性定理 (定理 4.6), 有

$$\mathfrak{N}\models(\sigma\leftrightarrow\psi_{x_i}[\mathbf{k}_{\ulcorner\sigma\urcorner}]).$$

这便是一个矛盾:

$$(\mathfrak{N}\models\sigma)\iff(\mathfrak{N}\models\psi_{x_i}[\mathbf{k}_{\ulcorner\sigma\urcorner}])\iff(\mathfrak{N}\models(\neg\psi_{x_i}[\mathbf{k}_{\ulcorner\sigma\urcorner}]).$$ □

13.3　哥德尔第二不完全性定理

现在回过头来看, 人类有关数的认识过程, 可以看成是一个不断消除当前认识不足、不断追求完善、努力寻求完全的有效公理化理论的过程. 整个认识过程从自

然数开始, 初等数论是有关自然数加法运算、乘法运算以及自然数大小比较之序认识的最初, 也是最基本的有限公理化的结果, 自然也是最不完全的理论. 前面我们已经见到初等数论甚至不能判定是否任何一个自然数必然具备奇偶性. 在自然数的标准模型中这又是最简单、最基本的事实之一, 而这个真相可以用数学归纳法来证明. 于是, 添加数学归纳法自然也就成为一种进一步完善关于自然数认识的选择. 这便有了皮阿诺算术理论. 根据哥德尔第一不完全性定理, 皮阿诺算术理论是不完全的, 并且不存在有效公理化的完全扩充. 这自然是对前面的问题 13.1 的彻底否定式回答. 尽管如此, 皮阿诺算术理论毕竟体现了人类关于自然数认识的实质性飞跃. 在本节, 我们希望展现的是在皮阿诺算术理论之上, 自然数标准模型上许多可以定义的函数或者关系, 都可以以定义的方式引入到数论中来, 从而得到一系列的佩亚算术罗理论的有效公理化扩充. 作为这一系列扩充的终极结果便是哥德尔第二不完全性定理的证明: 在皮阿诺算术理论中, 不能够证明它自身的无矛盾性.

13.3.1 依定义扩充

前面, 我们已经见过不少依定义扩充的例子, 既有模型的, 也有理论的. 比如, 在实代数封闭域理论中, 我们依定义引进了序; 在整数环中, 我们依定义引进了序, 也引进了后继函数和前导函数; 在自然数序理论中, 我们依定义引进了后继函数; 在有序整数加法理论中, 我们引进了一系列的倍数谓词, 或者同余谓词. 正是通过这样的依定义引进函数符号或者谓词符号, 不仅增强了语言的表达能力和表达功效, 而且得到原有理论的保守扩充, 进而证明新的理论适合量词消去. 在有了这些足够多的经验之后, 我们可以很自然地将这些经验抽象出来.

定义 13.39 设 T 是一个可数语言 $\mathcal{L}(T)$ 的一致理论.

(1) 设 $x_1,\cdots,x_n$ 是 $n\geqslant 1$ 个互不相同的变元符号, $\psi(x_1,\cdots,x_n)$ 是 $\mathcal{L}(T)$ 的一个显示全部自由变元的表达式, P_j 是一个不在 $\mathcal{L}(T)$ 中的 n 元谓词符号.

(a) 称下列表达式为谓词符号 P_j 的**定义式**:

$$P_j(x_1,\cdots,x_n)\leftrightarrow\psi(x_1,\cdots,x_n);$$

(b) 称 $\mathcal{L}(T)\cup\{P_j\}$ 为 $\mathcal{L}(T)$ 的**依定义扩充**; 称将 P_j 的定义式作为一条非逻辑公理添加到 T 的非逻辑公理序列之后所得到的理论 T^* 为 T 的一个在语言 $\mathcal{L}(T^*)=\mathcal{L}(T)\cup\{P_j\}$ 中的**依定义扩充**, 并且称 P_j 为一个**定义式谓词符号**; 如果 $\mathcal{M}=(M,I)\models T$,

$$P=\{(a_1,\cdots,a_n)\in M^n\mid\mathcal{M}\models\psi[a_1,\cdots,a_n]\},$$

称对模型 $\mathcal{M}$ 添加用由 ψ 在 $\mathcal{M}$ 上所定义的关系 P 作为 P_j 的解释所得到的结构扩充

$$\mathcal{M}^*=(M,I,P)$$

为 $\mathcal{M}$ 的**依定义扩充**.

(2) 设 $x_1,\cdots,x_n,x_{n+1}$ 是 $n+1\geqslant 2$ 个互不相同的变元符号, $\varphi(x_1,\cdots,x_n,x_{n+1})$ 是 $\mathcal{L}(T)$ 的一个显示全部自由变元的表达式, F_i 是一个不在 $\mathcal{L}(T)$ 中的 n 元函数符号.

(a) 称 $\varphi(x_1,\cdots,x_{n+1})$ **可以被用来在 T 之上引入一个定义式函数符号**当且仅当

(i) (存在性条件) $T\vdash(\exists x_{n+1}\,\varphi(x_1,\cdots,x_n,x_{n+1}))$; 并且

(ii) (唯一性条件)

$$T\vdash\left(\forall x_{n+1}\left(\forall x_{n+2}\left(\begin{array}{l}(\varphi(x_1,\cdots,x_n,x_{n+1})\wedge\varphi(x_1,\cdots,x_n,x_{n+2}))\\ \to(x_{n+1}\hat{=}x_{n+2})\end{array}\right)\right)\right).$$

(b) 在 $\varphi(x_1,\cdots,x_{n+1})$ 可以被用来在 T 之上引入一个定义式函数符号的前提条件下, 称下列表达式为函数符号 F_i 的**定义式**:

$$(F_i(x_1,\cdots,x_n)\hat{=}x_{n+1})\leftrightarrow\varphi(x_1,\cdots,x_n,x_{n+1}).$$

(c) 称 $\mathcal{L}(T)\cup\{F_i\}$ 为 $\mathcal{L}(T)$ 的**依定义扩充**; 称将 F_i 的定义式作为一条非逻辑公理添加到 T 的非逻辑公理序列之后所得到的理论 T^* 为 T 的一个在语言 $\mathcal{L}(T^*)=\mathcal{L}(T)\cup\{F_i\}$ 中的**依定义扩充**, 并且称 F_i 为一个**定义式函数符号**; 如果 $\mathcal{M}=(M,I)\models T$,

$$F=\{(a_1,\cdots,a_n,a_{n+1})\in M^{n+1}\mid\mathcal{M}\models\varphi[a_1,\cdots,a_n,a_{n+1}]\},$$

称对模型 $\mathcal{M}$ 添加用由 φ 在 $\mathcal{M}$ 上所定义的 n 元函数 F 作为 F_i 的解释所得到的结构扩充

$$\mathcal{M}^*=(M,I,F)$$

为 $\mathcal{M}$ 的**依定义扩充**.

(3) 一阶理论 T_1 是理论 T 的一个**依定义扩充**, 当且仅当 T_1 是由 T 开始经过有限次迭代添加定义式函数符号和定义式谓词符号以及它们的定义式为非逻辑公理的结果.

定理 13.18　(1) 设 T,ψ,φ,P_j,F_i 如上述定义中所明示, 并且 φ 可以被用来在 T 之上引入定义式函数符号, 而 F_i 依 φ 被定义, 以及 P_j 依 ψ 被定义. 那么,

(a) 存在一个从 $\mathcal{L}(T^*)$ 的表达式集合到 $\mathcal{L}(T)$ 的表达式集合的一个**自然翻译** $\theta\mapsto\theta^\flat$ 来保证下述命题成立:

(i) $T^*\vdash(\theta\leftrightarrow\theta^\flat)$;

(ii) T^* 是 T 的一个保守扩充;

(iii) $T^*\vdash\theta$ 当且仅当 $T\vdash\theta^\flat$.

(b) 如果 $\mathcal{M} \models T$, $\mathcal{M}^*$ 是 $\mathcal{M}$ 的依定义扩充, 那么 $\mathcal{M}^* \models T^*$.

(2) 如果 T_1 是 T 的一个依定义扩充, 那么

(a) 存在一个从 $\mathcal{L}(T_1)$ 的表达式到 $\mathcal{L}(T)$ 的表达式的自然翻译 $\varphi \to \varphi^\flat$ 以至于

$$T_1 \vdash \varphi \text{ 当且仅当 } T \vdash \varphi^\flat;$$

(b) T_1 是 T 的保守扩充.

证明 分两种情形来证明定理, 视所添加的是定义式谓词符号还是定义式函数符号而定.

情形 1: 添加定义式谓词符号.

此种情形下, n 元谓词符号 P_j 的定义式为: $P_j(x_1, \cdots, x_n) \leftrightarrow \psi(x_1, \cdots, x_n)$.

(1(a)) 所需要的自然翻译 $\theta \mapsto \theta^\flat$ 定义如下:

给定 $\theta \in \mathcal{L}(T^*)$. 第一步, 将 θ 中所有的变元符号列出来, 将表达式 ψ 中的所有约束变元一律用下标足够大的变元符号所替换, 即更换其中的约束变元, 以至于 θ 中的任何变元符号都不在这些新的约束变元符号之中, 并且将这样得到的表达式记成 $\psi_\theta^\flat$(可以以一种确定的方式来实现, 比如, 令新约束变元的最小指标大于 θ 中所有变元指标的最大值, 以及大于 n); 第二步, 将 θ 中所出现的原始表达式 $P_j(t_1, \cdots, t_n)$, 其中, $t_1, \cdots, t_n$ 是语言 $\mathcal{L}(T)$ 中的项 (也就是 $\mathcal{L}(T^*)$ 中的项), 一律用表达式

$$\psi_\theta^\flat(x_1, \cdots, x_n; t_1, \cdots, t_n)$$

所替换, 所得到的表达式记成 $\theta^\flat$. 这就定义了一个行之有效的自然翻译. 注意, 当 θ 是 $\mathcal{L}(T)$ 的表达式时, $\theta^\flat = \theta$.

根据变形定理 (定理 4.19), $\vdash (\psi_\theta^\flat \leftrightarrow \psi)$.

(1(a(i))) 因为 P_j 的定义式是 T^* 的一条非逻辑公理, 根据逻辑公理之特化原理以及推理法则, 任给一组项 $t_1, \cdots, t_n$, 都有

$$T^* \vdash (P_j \leftrightarrow \psi_\theta^\flat)(x_1, \cdots, x_n; t_1, \cdots, t_n).$$

再根据等价替换定理 (定理 4.18), $T^* \vdash (\theta \leftrightarrow \theta^\flat)$. 所以, (i) 成立.

欲见 (1(a(ii))) 成立, 用证明长度的归纳法来证明: 如果 $T^* \vdash \theta$, 那么 $T \vdash \theta^\flat$. 这足以表明 (ii) 成立.

当证明长度为 1 时, 如果 $\theta \in \mathbb{L}(\mathcal{L}(T^*))$ 是语言 $\mathcal{L}(T^*)$ 中的一条逻辑公理, 那么 $\theta^\flat \in \mathbb{L}(\mathcal{L}(T))$ 是语言 $\mathcal{L}(T)$ 中的一条逻辑公理; 如果 θ 是 T 的一条非逻辑公理, 那么 $\theta^\flat = \theta$; 如果 θ 是 P_j 的定义式, 那么

$$(P_j(x_1, \cdots, x_n) \leftrightarrow \psi(x_1, \cdots, x_n))^\flat = (\psi(x_1, \cdots, x_n) \leftrightarrow \psi(x_1, \cdots, x_n)).$$

所以, 无论如何, $T \vdash \theta^\flat$.

现在假设 θ 是证明的最后一个表达式, 并且是由 θ_i, $(\theta_i \to \theta)$ 经应用自然推理法则得到. 那么对 $\theta_i^\flat$ 以及

$$(\theta_i \to \theta)^\flat = (\theta_i^\flat \to \theta^\flat),$$

应用自然推理法则就得到 $\theta^\flat$. 所以, $T \vdash \theta^\flat$.

(1(a(iii))) 结合 (i) 与 (ii) 即得: $T^* \vdash \theta$ 当且仅当 $T^* \vdash \theta^\flat$ 当且仅当 $T \vdash \theta^\flat$.

(1(b)) 设 $\mathcal{M} = (M, I) \models T$. 令

$$P = \{(a_1, \cdots, a_n) \in M^n \mid \mathcal{M} \models \psi[a_1, \cdots, a_n]\}.$$

那么对于 $(a_1, \cdots, a_n) \in M^n$,

$$(a_1, \cdots, a_n) \in P \iff \mathcal{M} \models \psi[a_1, \cdots, a_n]$$

以及由此, 对于 $(a_1, \cdots, a_n) \in M^n$, 都有

$$(\mathcal{M}, P) \models (P_j(x_1, \cdots, x_n) \leftrightarrow \psi(x_1, \cdots, x_n))[a_1, \cdots, a_n].$$

所以, $\mathcal{M}^* \models (P_j(x_1, \cdots, x_n) \leftrightarrow \psi(x_1, \cdots, x_n))$. 即 $\mathcal{M}^* \models T^*$.

情形 2: 添加定义式函数符号.

此种情形下, n 元函数符号 F_i 的定义式为:

$$(F_i(x_1, \cdots, x_n) \hat{=} x_{n+1}) \leftrightarrow \varphi(x_1, \cdots, x_n, x_{n+1}).$$

(1(a)) 所需要的自然翻译 $\theta \mapsto \theta^\flat$ 定义如下:

给定 $\theta \in \mathcal{L}(T^*)$, 第一步, 将 θ 中所有的变元符号列出来, 将表达式 φ 中的所有约束变元一律用下标足够大的变元符号所替换, 即更换其中的约束变元, 以至于 θ 中的任何变元符号都不在这些新的约束变元符号之中, 并且将这样得到的表达式记成 $\varphi_\theta^\flat$(这是 φ 的一个变形); 第二步分为两部分: 原始表达式与复合表达式. 首先, θ 是一个原始表达式. 用 F_i 出现的次数的归纳法来计算 $\theta^\flat$: 当出现次数为 0 时, $\theta^\flat = \theta$; 当 f 在 θ 中出现的次数 > 0 时, θ 一定可以写成如下形式:

$$\psi(z; F_i(t_1, \cdots, t_n)).$$

其中, $t_1, \cdots, t_n$ 是不含有 F_i 出现的项, $\psi(z)$ 是一个含有 F_i 出现的次数比 θ 中 F_i 出现次数小 1 的原始表达式, 故 $\theta^\flat$ 为如下表达式:

$$(\exists z(\varphi_\theta^\flat(x_1, \cdots, x_n, x_{n+1}; t_1, \cdots, t_n, z) \wedge \psi^\flat)).$$

其次, 当 θ 不是任何原始表达式时, $\theta^\flat$ 是将 θ 中的每一个原始子表达式 θ_k 用 $\theta_k^\flat$ 替换而得到的结果.

(1(a(i))) 只需证明对于任何一个原始表达式 θ 都有 $T^* \vdash (\theta \leftrightarrow \theta^\flat)$.

假设 θ 是 $(\tau \hat{=} F_i(t_1, \cdots, t_n))$, 其中 $\tau, t_1, \cdots, t_n$ 都是不含有 F_i 出现的项.

令 $\varphi_\theta^\flat$ 为依据 θ 所得到的 φ 的一个变形. 那么 $\vdash (\varphi \leftrightarrow \varphi_\theta^\flat)$ 以及 $\theta^\flat$ 是如下表达式

$$(\exists z\, (\varphi_\theta^\flat(x_1, \cdots, x_n, x_{n+1}; t_1, \cdots, t_n, z) \wedge (\tau \hat{=} z))).$$

根据 F_i 的定义式、逻辑公理之特化原理以及自然推理法则, 得到

$$T^* \vdash ((z \hat{=} F_i(t_1, \cdots, t_n)) \leftrightarrow \varphi_\theta^\flat(x_1, \cdots, x_n, x_{n+1}; t_1, \cdots, t_n, z)).$$

由于 $T^* \vdash (\theta \leftrightarrow (\exists z\, ((\tau \hat{=} z) \wedge (z \hat{=} F_i(t_1, \cdots, t_n)))))$, 根据上述以及等价替换定理 (定理 4.18), 得到

$$T^* \vdash (\theta \leftrightarrow \theta^\flat).$$

对于一般的原始表达式 θ, 所要的结论则依据归纳假设以及 $\theta^\flat$ 的定义得到.

(1(a(ii))) 考虑对 $\mathcal{L}(T)$ 的语言添加 F_i, 得到语言 $\mathcal{L}(T^*)$; 对 T 添加下列表达式

$$\varphi(x_1, \cdots, x_n, x_{n+1}; x_1, \cdots, x_n, F_i(x_1, \cdots, x_n))$$

为非逻辑公理, 得到 T 在 $\mathcal{L}(T^*)$ 中的一个扩充 T_1. 由于

$$T \vdash (\exists x_{n+1}\, (\varphi(x_1, \cdots, x_n, x_{n+1}))),$$

根据函数符号省略引理, T_1 是 T 的一个保守扩充.

现在, 只需要证明 T_1 与 T^* 等价: 对于 $\mathcal{L}(T_1) = \mathcal{L}(T^*)$ 中的任意一个表达式 θ 都有

$$T_1 \vdash \theta \iff T^* \vdash \theta.$$

由于 $T^* \vdash ((F_i(x_1, \cdots, x_n) \hat{=} x_{n+1}) \leftrightarrow \varphi(x_1, \cdots, x_n, x_{n+1}))$, 根据逻辑公理之特化原理, 得到

$$T^* \vdash ((F_i(x_1, \cdots, x_n) \hat{=} x_{n+1}) \leftrightarrow \varphi(x_1, \cdots, x_n, x_{n+1}))[x_{n+1}; F_i(x_1, \cdots, x_n)].$$

再根据逻辑公理之恒等律以及特化原理, 得到

$$T^* \vdash \varphi(x_1, \cdots, x_n, x_{n+1}; x_1, \cdots, x_n, F_i(x_1, \cdots, x_n)).$$

所以, T_1 的每一条定理都是 T^* 的一条定理.

现在需要证明 $T_1 \vdash ((F_i(x_1, \cdots, x_n) \hat{=} x_{n+1}) \leftrightarrow \varphi(x_1, \cdots, x_n, x_{n+1}))$.

首先, 根据等式定理 (定理 4.4), 有

$$T_1 \vdash ((x_{n+1} \hat{=} F_i(x_1, \cdots, x_n)) \to (\varphi \iff \varphi[x_{n+1}; F_i(x_1, \cdots, x_n)]));$$

其次, 有

$$T \vdash ((\varphi \wedge \varphi[x_{n+1}; y]) \to (x_{n+1} \hat{=} y)),$$

其中, y 是一个不同于 $x_1, \cdots, x_{n+1}$ 的变元符号, 因为这是 φ 可以被用来在 T 上引进定义式函数符号必须遵从的唯一性条件. 于是,

$$T_1 \vdash ((\varphi \wedge \varphi[x_{n+1}; F_i(x_1, \cdots, x_n)]) \to (x_{n+1} \hat{=} F_i(x_1, \cdots, x_n))).$$

因此,

$$T_1 \vdash ((F_i(x_1, \cdots, x_n) \hat{=} x_{n+1}) \leftrightarrow \varphi(x_1, \cdots, x_n, x_{n+1})).$$

(1(a(iii))) 依旧依据 (i) 与 (ii) 得到.

(1(b)) 设 $\mathcal{M} = (M, I) \models T$. 令

$$F = \{(a_1, \cdots, a_n, a_{n+1}) \in M^n \mid \mathcal{M} \models \varphi[a_1, \cdots, a_n, a_{n+1}]\}.$$

那么 $F : M^n \to M$ 是 $\mathcal{M}$ 上可定义的一个函数, 因为 φ 可以在 T 上被用来引进一个定义式函数符号, φ 便遵从存在性条件和唯一性条件. 由上述可知, 那么对于 $(a_1, \cdots, a_n) \in M^n$, 对于 $b \in M$,

$$F(a_1, \cdots, a_n) = b \iff \mathcal{M} \models \varphi[a_1, \cdots, a_n, b]$$

以及由此, 对于 $(a_1, \cdots, a_n) \in M^n$, 对于 $b \in M$, 都有

$$(\mathcal{M}, P) \models ((F_i(x_1, \cdots, x_n) \hat{=} x_{n+1}) \leftrightarrow \varphi(x_1, \cdots, x_n, x_{n+1}))[a_1, \cdots, a_n, b].$$

所以, $\mathcal{M}^* \models ((F_i(x_1, \cdots, x_n) \hat{=} x_{n+1}) \leftrightarrow \varphi(x_1, \cdots, x_n, x_{n+1}))$. 即 $\mathcal{M}^* \models T^*$. □

推论 13.3　设 T 是可数语言 $\mathcal{L}(T)$ 的一个一致理论. 设显示全部自由变元的表达式 $\varphi(x_1, \cdots, x_n, x_{n+1})$ 可以被用来在 T 上引进一个定义式函数符号. 如果 $\mathcal{M} \models T$, 那么 φ 在 $\mathcal{M}$ 上定义一个 n-元函数.

这里产生了一个很自然的问题:

问题 13.3　如果 T 是可数语言 $\mathcal{L}(T)$ 的一个一致理论, $\mathcal{M} \models T$, f 是 $\mathcal{M}$ 上的一个可定义的 n-元函数, 那么在所有定义 f 的表达式中, 是否一定有一个 $\varphi(x_1, \cdots, x_n, x_{n+1})$ 可以被用来在 T 上引进一个定义式函数符号? 假如显示全部自由变元的表达式

$$\varphi(x_1, \cdots, x_n, x_{n+1})$$

在 $\mathcal{M}$ 上定义了一个 n-元函数, 那么 φ 是否可以在 T 的每一个模型上都定义一个函数? 等价地, φ 是否可以被用来在 T 上引进一个定义式函数符号?

目前这个问题对于我们来说很重要, 也很关键. 因为我们已经在 $\mathfrak{N}$ 上定义了与哥德尔编码相关的一系列递归函数. 自然地, 我们很关心那些用来定义它们的表达式是否可以被用来引进定义式函数符号.

定义 13.40 设 T 是可数语言 $\mathcal{L}(T)$ 的一个一致理论, $\mathcal{M} \models T$, f 是 $\mathcal{M}$ 上的一个免参数可定义的 n-元函数. 称 f 是可以在 T 上**形式引入**的函数当且仅当有一个显示全部自由变元的表达式 $\varphi(x_1, \cdots, x_n, x_{n+1})$ 满足如下三项要求:

(1) f 在 $\mathcal{M}$ 上可由 φ 来定义;

(2) $T \vdash (\exists x_{n+1}\, \varphi(x_1, \cdots, x_n, x_{n+1}))$;

(3) $T \vdash ((\varphi \wedge\ \varphi[x_{n+1}, x_{n+2}]) \to (x_{n+1} \hat{=} x_{n+2}))$.

定理 13.19 (1) 设 T 是可数语言 $\mathcal{L}(T)$ 的一个完全理论, $\mathcal{M} \models T$. 如果 f 是 $\mathcal{M}$ 上的一个免参数可定义的 n-元函数, 那么 f 是可以在 T 上形式引入的函数.

(2) 设 $\mathcal{M}$ 是一可数语言的一个结构. 如果 f 是 $\mathcal{M}$ 上免参数可定义的一个 n-元函数, 那么 f 是可以在 $\mathcal{M}$ 的真相 $\mathrm{Th}(\mathcal{M})$ 上形式引入的函数.

证明 设显示全部自由变元的表达式 $\varphi(x_1, \cdots, x_n, x_{n+1})$ 在 $\mathcal{M} \models T$ 上免参数定义 f. 证明 φ 可以被用来在 T 上引入一个定义式函数符号, 即需要验证存在性条件和唯一性条件.

现假设 $T \nvdash (\exists x_{n+1}\, \varphi(x_1, \cdots, x_n, x_{n+1}))$. 也就是说,

$$T \nvdash (\forall x_1(\cdots(\forall x_n(\exists x_{n+1}\, \varphi(x_1, \cdots, x_n, x_{n+1})))\cdots)).$$

由 T 的完全性, 有 $T \vdash (\exists x_1(\cdots(\exists x_n(\forall x_{n+1}\, (\neg\varphi(x_1, \cdots, x_n, x_{n+1}))))\cdots))$.

由于 $\mathcal{M} \models T$, 故

$$\mathcal{M} \models (\exists x_1(\cdots(\exists x_n(\forall x_{n+1}\, (\neg\varphi(x_1, \cdots, x_n, x_{n+1}))))\cdots)).$$

令 $(a_1, \cdots, a_n) \in M^n$ 来见证 $\mathcal{M} \models (\forall x_{n+1}\, (\neg\varphi))[a_1, \cdots, a_n]$. 但是, $\exists b \in M$ 来见证 $b = f(a_1, \cdots, a_n)$. 于是,

$$\mathcal{M} \models \varphi[a_1, \cdots, a_n, b].$$

这就是一个矛盾.

再假设 $T \nvdash ((\varphi \wedge\ \varphi[x_{n+1}, x_{n+2}]) \to (x_{n+1} \hat{=} x_{n+2}))$, 那么

$$T \vdash \left(\exists x_1 \left(\cdots \left(\exists x_n \left(\forall x_{n+1} \exists x_{n+2} \left(\begin{array}{l} \varphi(x_1, \cdots, x_n, x_{n+1}) \wedge \\ \varphi(x_1, \cdots, x_n, x_{n+2}) \wedge \\ (\neg(x_{n+1} \hat{=} x_{n+2})) \end{array}\right)\right)\right) \cdots \right)\right).$$

于是,

$$\mathcal{M} \models \left(\exists x_1 \left(\cdots \left(\exists x_n \left(\forall x_{n+1} \exists x_{n+2} \left(\begin{array}{l} \varphi(x_1, \cdots, x_n, x_{n+1}) \wedge \\ \varphi(x_1, \cdots, x_n, x_{n+2}) \wedge \\ (\neg(x_{n+1} \hat{=} x_{n+2})) \end{array}\right)\right)\right) \cdots\right)\right).$$

令 $(a_1, \cdots, a_n) \in M^n$, $b \in M$ 以及 $c \in M$, 来见证

$$\mathcal{M} \models (\varphi[a_1, \cdots, a_n, b] \wedge \varphi[a_1, \cdots, a_n, c] \wedge (\neg(x_{n+1} \hat{=} x_{n+2}))[b, c]).$$

令 $d = f(a_1, \cdots, a_n)$, 那么必有 $d = b = c$. 矛盾. □

13.3.2 皮阿诺算术理论递归扩充

本节我们专门探讨皮阿诺算数理论的定义扩充. 前面定义在自然数标准模型上的哥德尔编码函数或谓词都可以在皮阿诺算术理论中无量词形式引入添加到算术语言中来; 并得到算术语言的一系列定义式扩充, 从而引进一系列皮阿诺算术理论的斯科伦函数, 进而证明哥德尔第二不完全性定理.

定理 13.20 设 T 是 T_{PA} 或者 T_{PA} 的一个依定义扩充. 设 φ 是 $\mathcal{L}(T)$ 的一个表达式, x 是 φ 中的一个自由变元, y 是一个不在 φ 中出现的并且不同于 x 的变元符号 (φ 中可能还有其他自由变元). 那么

(1) 归纳法原理:

$$T \vdash ((\varphi[x; c_0] \wedge (\forall x\, (\varphi \to \varphi[x; F_S(x)]))) \to (\forall x\, \varphi));$$

(2) 完全归纳法原理:

$$T \vdash ((\forall x\, ((\forall y\, (P_<(y, x) \to \varphi[x; y])) \to \varphi)) \to (\forall x\, \varphi));$$

(3) 最小数原理:

$$T \vdash ((\exists x \varphi) \to (\exists x\, (\varphi \wedge (\forall y\, (P_<(y, x) \to (\neg \varphi[x; y])))))).$$

证明 先考虑 $T = T_{\mathrm{PA}}$. (1) 是 T 的非逻辑公理.

给定 φ, x, y 如同定理之条件. 令 $\psi(x)$ 为表达式

$$(\forall y\, (P_<(y, x) \to \varphi_x(y)))$$

以及 θ 为如下语句: $(\forall x\, (\psi \to \varphi))$. 那么 (2) 中所要证明的便是:

$$T \vdash (\theta \to (\forall x\, \varphi)).$$

首先, $T_{\mathrm{PA}} \vdash \psi_x[0]$, 因为 $T_{\mathrm{PA}} \vdash (\neg(\exists y\, P_<(y, c_0)))$. 其次, 由于 $T_{\mathrm{PA}} \vdash (P_<(y, F_S(x)) \leftrightarrow (P_<(y,x) \vee (y \hat{=} x)))$, 有

$$T_{\mathrm{PA}} \vdash (\psi_x[F_S(x)] \leftrightarrow (\psi \wedge \varphi)).$$

由逻辑公理之特化原理, 得到 $\vdash (\theta \to (\psi \to \varphi))$.

由命题重言式, 有 $\vdash ((\psi \to \varphi) \to (\psi \to (\psi \wedge \varphi)))$. 所以,

$$T_{\mathrm{PA}} \vdash (\theta \to (\psi \to \psi_x[F_S(x)])).$$

因此, $T_{\mathrm{PA}} \vdash (\theta \to (\forall x\, (\psi \to \psi_x[F_S(x)])))$. 依据关于 ψ 的归纳法原理, 得到

$$T_{\mathrm{PA}} \vdash (\theta \to (\forall x\, \psi)).$$

由于 $\vdash ((\forall x\, \psi) \to \psi)$, 得到 $T_{\mathrm{PA}} \vdash (\theta \to \psi)$. 于是, 由演绎定理, $T_{\mathrm{PA}} \vdash (\theta \to \varphi)$, 从而

$$T_{\mathrm{PA}} \vdash (\theta \to (\forall x\, \varphi)).$$

(3) 由 (2) 得到. 在 (2) 中, 考虑 $(\neg\varphi)$.

当 T 是 T_{PA} 的依定义扩充时, 应用 $T \vdash \varphi$ 当且仅当 $T_{\mathrm{PA}} \vdash \varphi^\flat$, 以及如下事实:

(1) 当 φ 是一个归纳法命题时, $\varphi^\flat$ 也是一个归纳法命题;

(2) 当 φ 是一个完全归纳法命题时, $\varphi^\flat$ 也是一个完全归纳法命题;

(3) 当 φ 是一个最小数命题时, $\varphi^\flat$ 也是一个最小数命题. □

引理 13.22 设 T 是 T_{PA} 的一个依定义扩充. 设 $\varphi(x_1, \cdots, x_n, x_{n+1})$ 是 $\mathcal{L}(T)$ 的一个显示全部自由变元的表达式, y 是一个新的变元符号. 如果 $T \vdash (\exists x_{n+1}\, \varphi)$, 那么表达式

$$(\varphi \wedge (\forall y\, (P_<(y, x_{n+1}) \to (\neg(\varphi_{x_{n+1}}[y])))))$$

可以被用来在 T 上引进定义式函数符号.

证明 根据最小数原理和假设, 有

$$T \vdash (\exists x_{n+1}\, (\varphi \wedge (\forall y\, (P_<(y, x_{n+1}) \to (\neg(\varphi_{x_{n+1}}[y]))))))$$

以及唯一性条件成立. □

定义 13.41 设 T 是 T_{PA} 的一个依定义扩充. 设 $\varphi(x_1, \cdots, x_n, x_{n+1})$ 是 $\mathcal{L}(T)$ 的一个显示全部自由变元的表达式, y 是一个新的变元符号. 设 F_i 是一个 n-元函数符号. 称 φ**可以被用来在 T 上经 μ-算子引入定义式函数符号**当且仅当 $T \vdash (\exists x_{n+1}\, \varphi)$. 称 F_i 为**由 φ 在 T 上经 μ-算子所引入定义式函数符号**当且仅当 F_i 的定义式为:

$$\left((x_{n+1} \hat{=} F_i(x_1, \cdots, x_n)) \leftrightarrow \left(\begin{array}{l} \varphi[x_{n+1}; F_i(x_1, \cdots, x_n)] \wedge \\ (\forall y\, (P_<(y, F_i(x_1, \cdots, x_n)) \to (\neg(\varphi_{x_{n+1}}[y])))) \end{array}\right)\right).$$

将上述表达式简写为 $F_i(x_1,\cdots,x_n)=\mu y\,(\varphi_{x_{n+1}}[y])$, 并称之为**由 φ 经 μ-算子作用而得之定义式**.

定义 13.42　设 T 是 T_{PA} 的一个依定义扩充. 设 $P_{j_1},\cdots,P_{j_k},F_{i_1},\cdots,F_{i_m}$ 为 $\mathcal{L}(T)$ 中迭代添加的定义式谓词符号和定义式函数符号. 设 $R_1,\cdots,R_k,f_1,\cdots,f_m$ 分别为这些符号相应的引入表达式所定义的 $\mathbb{N}$ 上的关系或函数.

(1) $\mathfrak{N}_T=(\mathfrak{N},R_j,f_i)_{1\leqslant j\leqslant k;1\leqslant i\leqslant m}$ 为 $\mathfrak{N}$ 的自然扩充;

(2) $\mathfrak{N}_T$ 上的一个可定义的 n-元函数 f 是在 T 上**可无量词形式引入函数**当且仅当有语言 $\mathcal{L}(T)$ 的一个显示全部自由变元的满足如下两项要求的布尔表达式 $\varphi(x_1,\cdots,x_n,x_{n+1})$:

(a) $T\vdash(\exists x_{n+1}\,\varphi)$;

(b) f 可在 $\mathfrak{N}_T$ 上由 φ 经 μ-算子作用所定义, 即 f 在 $\mathfrak{N}_T$ 上由下述表达式所定义:

$$(\varphi\wedge(\forall y\,(P_<(y,x_{n+1})\to(\neg(\varphi_{x_{n+1}}[y]))))).$$

简单记成: $f(a_1,\cdots,a_n)=\mu y\,(\varphi[a_1,\cdots,a_n,y])$, $(a_1,\cdots,a_n)\in\mathbb{N}^n$.

(3) $\mathfrak{N}_T$ 上的一个可定义的 n-元关系 R 是在 T 上**可无量词形式引入关系**当且仅当有语言 $\mathcal{L}(T)$ 的一个显示全部自由变元的布尔表达式 $\varphi(x_1,\cdots,x_n)$ 在 $\mathfrak{N}_T$ 上定义关系 R.

(4) 当且仅当 n-元函数符号 F_i 是由一个布尔表达式 φ 在 T 上经 μ-算子所引入的定义式函数符号, 并且其定义式为由 φ 经 μ-算子作用而得之定义式时, T 的定义式函数扩充被称为**无量词定义式扩充**;

(5) 当且仅当 n-元谓词符号 P_j 是由一个布尔表达式 φ 在 T 上所引入的定义式谓词符号, 并且其定义式为

$$P_j(x_1,\cdots,x_n)\leftrightarrow\varphi(x_1,\cdots,x_n)$$

时, T 的定义式谓词扩充被称为**无量词定义式扩充**.

定义 13.43　T_{PA} 的一个依定义扩充 T 被称为 T_{PA} 的一个**递归扩充**当且仅当 T 是 T_{PA} 的依定义扩充, 并且

(1) $\mathcal{L}(T)$ 中的每一个谓词符号都在 T 中是无量词形式引入的;

(2) $\mathcal{L}(T)$ 中的每一个函数符号都在 T 中是无量词形式引入的.

命题 13.2　设 T 是 T_{PA} 的一个递归扩充.

(1) T 是初等算术理论 T_{N} 的公理化的一致扩充, 从而 T 是不完全的; 如果 $\mathfrak{N}_T$ 是自然数标准模型 $\mathfrak{N}$ 关于 T 的典型扩充, 那么必有在 $\mathfrak{N}_T$ 中为真但并非 T 的定理的语言 $\mathcal{L}(T)$ 中的语句;

(2) 如果 T_1 是 T 的一个定义式扩充, 并且所添加的全部有限个函数符号或者谓词符号都是无量词形式引入的, 那么 T_1 也是 T_{PA} 的一个递归扩充;

(3) 令 $\mathfrak{N}_T$ 是自然数标准模型 $\mathfrak{N}$ 关于 T 的典型扩充. 设 R 是 $\mathfrak{N}_T$ 上的一个可定义关系, χ_R 是它的特征函数. 那么 R 是在 T 上可以无量词形式引入的关系当且仅当 χ_R 是在 T 上无量词形式引入的函数.

证明 (3) 特征函数 χ_R 的存在性条件如下:

$$(\exists x_{n+1}((R(x_1,\cdots,x_n)\wedge(x_{n+1}\hat{=}\mathbf{k}_0))\vee((\neg(R(x_1,\cdots,x_n)))\wedge(x_{n+1}\hat{=}\mathbf{k}_1)))).$$

在 T 中, 这是一个定理.

当 R 可以在 T 上无量词形式地被引入时, 下述表达式便在 T 上被用来无量词形式地引入 χ_R:

$$\chi_R(x_1,\cdots,x_n)=\mu x_{n+1}\begin{pmatrix}(R(x_1,\cdots,x_n)\wedge(x_{n+1}\hat{=}\mathbf{k}_0))\vee\\((\neg(R(x_1,\cdots,x_n)))\wedge(x_{n+1}\hat{=}\mathbf{k}_1))\end{pmatrix};$$

并且在 T 依上述定义扩充 T_1 中可以证明:

$$(R(x_1,\cdots,x_n)\to\chi_R(x_1,\cdots,x_n)\hat{=}\mathbf{k}_0)$$

以及

$$(\neg(R(x_1,\cdots,x_n))\to\chi_R(x_1,\cdots,x_n)\hat{=}\mathbf{k}_1).$$ □

下面, 证明在 13.2.1 小节中定义的哥德尔编码函数或关系都可以在皮阿诺算术理论 T_{PA} 的某个递归扩充之中被无量词形式引入, 从而可以在 T_{PA} 相应的递归扩充中直接应用相关的编码函数或者谓词.

引理 13.23 设 T 是 T_{PA} 的一个递归扩充.

(1) 如果 P 和 Q 是两个在 T 中可以被无量词形式引入的关系, 那么它们的布尔组合

$$\neg P,\quad P\vee Q,\quad P\to Q,\quad P\wedge Q \text{ 以及 } P\leftrightarrow Q,$$

也都是可以被无量词形式引入的关系.

(2) 如果 $g,h_1,\cdots,h_k$ 是在 T 中可以被无量词形式引入的函数, 那么在添加了它们的定义公理之后的理论 $T_{g,h_1,\cdots,h_k}$ 中, 它们的复合函数 $f=g\circ(h_1,\cdots,h_k)$ 可以被无量词形式引入.

(3) 如果 g 可以在 T 中被无量词形式引入, 并且在添加了 g 的定义公理的理论 T_g 中,

$$T_g\vdash(\exists x_{n+1}(\mathbf{g}(x_1,\cdots,x_n,x_{n+1})\hat{=}\mathbf{k}_0)),$$

那么由 g 经过 μ-算子所定义的函数

$$f(\vec{a})=\mu x(g(\vec{a},x)=0)$$

可以在 T_g 中被无量词形式引入.

(4) 设 R 是可以在 T 中被无量词形式引入的关系.

(a) 如果 f 是由下式定义的函数:

$$f(b, a_1, \cdots, a_n) = \mu x_{x<b} R(a_1, \cdots, a_n, x),$$

那么 f 可以在 T 中被无量词形式引入;

(b) 如果 P 是一个由下式定义的关系:

$$P(b, a_1, \cdots, a_n) \leftrightarrow \exists x_{x<b} R(a_1, \cdots, a_n, x),$$

那么 R 在 T 的一个递归扩充 T_1 中可以被无量词形式引入;

(c) 如果 P 是一个由下式定义的关系:

$$P(b, a_1, \cdots, a_n) \leftrightarrow \forall x_{x<b} R(a_1, \cdots, a_n, x),$$

那么 R 在 T 的一个递归扩充 T_1 中可以被无量词形式引入.

证明 (1) 直接由全体布尔表达式的集合关于布尔组合是封闭的这一事实得到.

(2) 在 T 的递归扩充理论 $T_{g,h_1,\cdots,h_k}$ 中, 如下表达式

$$(\exists x_{n+1}(x_{n+1} \hat{=} \mathbf{g}(\mathbf{h}_1(x_1, \cdots, x_n), \cdots, \mathbf{h}_k(x_1, \cdots, x_n))))$$

是一个定理; 表达式 $(x_{n+1} \hat{=} \mathbf{g}(\mathbf{h}_1(x_1, \cdots, x_n), \cdots, \mathbf{h}_k(x_1, \cdots, x_n)))$ 是一个布尔表达式; 下述表达式

$$((\mathbf{f}(x_1, \cdots, x_n) \hat{=} x_{n+1}) \leftrightarrow (x_{n+1} \hat{=} \mathbf{g}(\mathbf{h}_1(x_1, \cdots, x_n), \cdots, \mathbf{h}_k(x_1, \cdots, x_n))))$$

可以作为定义公理添加到 $T_{g,h_1,\cdots,h_k}$ 中来引进函数符号 $\mathbf{f}$.

(4) 在 T 之上无量词形式地引入表示关系 R 的谓词符号 $\mathbf{R}$, 得到 T 的递归扩充 T_R.

(4(a)) 在 T_R 中,

$$T_R \vdash (\exists x_{n+2}(\mathbf{R}(x_1, \cdots, x_n, x_{n+2}) \vee (x_{n+1} \hat{=} x_{n+2}))),$$

于是, 函数 f 可以经如下定义公理形式地引入:

$$\mathbf{f}(x_{n+1}, x_1, \cdots, x_n) \hat{=} \mu x_{n+2}(\mathbf{R}(x_1, \cdots, x_n, x_{n+2}) \vee (x_{n+2} \hat{=} x_{n+1})).$$

用 T_1 来记 T_R 的这个定义扩充. 那么 T_1 是 T 的, 从而也就是 T_{PA} 的递归扩充.

(4(b)) 在 T_1 中, 关系 P 可以被下述表达式形式地引入:

$$(\mathbf{P}(x_0, x_1, \cdots, x_n) \leftrightarrow P_<(\mathbf{f}(x_0, x_1, \cdots, x_n), x_0));$$

令 T_2 为向 T_1 添加上述定义公理之结果, 那么

$$T_2 \vdash (\mathbf{P}(x_0, x_1, \cdots, x_n) \leftrightarrow (\exists x_{n+1}(P_<(x_{n+1}, x_0) \wedge \mathbf{R}(x_1, \cdots, x_n, x_{n+1})))).$$

(4(c)) 由 (b), (1) 以及后述定义式即得:

$$((\forall x_{x<a} R(x_1, \cdots, x_n, x)) \leftrightarrow (\neg(\exists x_{x<a}(\neg R(x_1, \cdots, x_n, x))))).$$ □

引理 13.24 设 T 是 T_{PA} 的一个递归扩充.

(5) 设 $g_1, \cdots, g_k$ 以及 $P_1, \cdots, P_k$ 是在 T 中可以被无量词形式引入的函数和关系; 令 T_1 为向 T 添加它们的定义公理和引进表示它们的函数符号和谓词符号所得到的递归扩充; 并且设

$$\begin{pmatrix} (P_1(x_1, \cdots, x_n) \vee \cdots \vee P_k(x_1, \cdots, x_n)) \wedge \\ \bigwedge_{1 \leqslant i < j \leqslant k}(\neg(P_i(x_1, \cdots, x_n) \wedge P_j(x_1, \cdots, x_n))) \end{pmatrix}$$

是 T_1 的一个定理; 设 f 是依据如下分情形定义的函数:

$$f(a_1, \cdots, a_n) = \begin{cases} g_1(a_1, \cdots, a_n), & \text{当 } P_1(a_1, \cdots, a_n) \text{ 成立时}, \\ \quad\vdots & \quad\quad\vdots \\ g_k(a_1, \cdots, a_n), & \text{当 } P_k(a_1, \cdots, a_n) \text{ 成立时}; \end{cases}$$

那么 f 可以在 T_1 中被无量词形式引入.

(6) 设 $Q_1, \cdots, Q_k$ 以及 $P_1, \cdots, P_k$ 是在 T 中可以被无量词形式引入的关系; 令 T_1 为向 T 添加它们的定义公理和引进表示它们的谓词符号所得到的递归扩充; 并且设

$$\begin{pmatrix} (P_1(x_1, \cdots, x_n) \vee \cdots \vee P_k(x_1, \cdots, x_n)) \wedge \\ \bigwedge_{1 \leqslant i < j \leqslant k}(\neg(P_i(x_1, \cdots, x_n) \wedge P_j(x_1, \cdots, x_n))) \end{pmatrix}$$

是 T_1 的一个定理; 设 R 是依据如下分情形定义的关系:

$$R(a_1, \cdots, a_n) \leftrightarrow \begin{cases} Q_1(a_1, \cdots, a_n), & \text{当 } P_1(a_1, \cdots, a_n) \text{ 成立时}, \\ \quad\vdots & \quad\quad\vdots \\ Q_k(a_1, \cdots, a_n), & \text{当 } P_k(a_1, \cdots, a_n) \text{ 成立时}; \end{cases}$$

那么 Q 可以在 T_1 中被无量词形式引入.

证明 留作练习. □

引理 13.25　(7) 每一个投影函数 $\pi_i^n(1 \leqslant i \leqslant n)$ 都是可以在 T_{PA} 中无量词形式引入的函数.

(8) 自然数小于关系 $<$ 的特征函数 $\chi_<$ 是可以在 T_{PA} 中无量词形式引入的函数.

(9) 每一个 $n+1$ 元常数函数 C_k 都是可以在 T_{PA} 的某一个递归扩充 $T_{n,k}$ 中无量词形式引入的函数.

(10) 配对函数 J 以及 OP 都是可以在 T_{PA} 中无量词形式引入的函数.

(11) 非负减法函数 $\ominus$ 是可以在 T_{PA} 中无量词形式引入的函数.

(12) 整除关系 Div 是可以在 T_{PA} 的某一个递归扩充 T 中无量词形式引入的二元关系.

证明　(7) 对于 $1 \leqslant i \leqslant n$, 考虑如下表达式 $\theta^{n,i}(x_1, \cdots, x_n)$:

$$((x_1 \hat{=} x_i) \vee \cdots \vee (x_{i-1} \hat{=} x_i) \vee (x_i \hat{=} x_i) \vee (x_{i+1} \hat{=} x_i) \vee \cdots \vee (x_n \hat{=} x_i)).$$

对于 $1 \leqslant i \leqslant n$, 必有 $\vdash (\exists x_{n+1} \theta^{n,i}[x_i; x_{n+1}])$. 因此, 定义式

$$\pi_i^n(x_1, \cdots, x_n) = \mu x_{n+1}(\theta^{n,i}[x_i; x_{n+1}])$$

在 T_{PA} 中无量词形式地引入 π_i^n.

(8) 考虑表达式 $\psi(x_1, x_2, x_3)$:

$$((P_<(x_1, x_2) \wedge (x_3 \hat{=} \mathbf{k}_0)) \vee ((\neg P_<(x_1, x_2)) \wedge (x_3 \hat{=} \mathbf{k}_1))),$$

那么 $T_{\mathrm{PA}} \vdash (\exists x_3 \theta(x_1, x_2, x_3))$. 因此, 定义式

$$\chi_<(x_1, x_2) = \mu x_3(\psi)$$

在 T_{PA} 中无量词形式地引入 $\chi_<$.

(9) 固定 n. 对 k 施归纳, 证明常数函数 $C_k(a_0, \cdots, a_n) = k$ 可以在 T_{PA} 的某个递归扩充 $T_{n,k}$ 中被无量词形式地引入.

当 $k = 0$ 时, 考虑投影函数 π_{n+2}^{n+2}. 由 (1), 有这个函数可以在 T_{PA} 中无量词形式地引入. 令 T 为 T_{PA} 的依定义无量词形式引入 π_{n+2}^{n+2} 之扩充. 那么 $C_0(a_0, \cdots, a_n) = 0$ 可以经表达式

$$C_0(x_0, \cdots, x_n) = \mu x_{n+1}(\pi_{n+2}^{n+2}(x_0, \cdots, x_n, x_{n+1}) \hat{=} \mathbf{k}_0)$$

在 T 中无量词形式地引入

令 $T_{n,k}$ 为 T_{PA} 的无量词形式地引入函数符号将函数 $\pi_{n+2}^{n+2}, C_0, \cdots, C_k$ 形式地引入之后所得到的递归扩充. 那么可以在 $T_{n,k}$ 中以如下表达式

$$C_{k+1}(x_0, \cdots, x_n) = \mu x_{n+1}(\chi_<(C_k(x_0, \cdots, x_n), x_{n+1}) \hat{=} \mathbf{k}_0)$$

无量词形式地引入 C_{k+1}, 进而得到 $T_{n,k+1}$.

(10) 首先, 依据关于 x_2 的归纳法, 得到

$$T_{\mathrm{PA}} \vdash (\exists x_3((x_1+x_2)\cdot(x_1+x_2+\mathbf{k}_1)+\mathbf{k}_2\cdot x_1=\mathbf{k}_2\cdot x_3)).$$

于是, 表达式

$$J(x_1,x_2)=\mu x_3((x_1+x_2)\cdot(x_1+x_2+\mathbf{k}_1)+\mathbf{k}_2\cdot x_1=\mathbf{k}_2\cdot x_3)$$

在 T_{PA} 中无量词形式地引入 J.

同样的, 表达式

$$\mathrm{OP}(x_1,x_2)=\mu x_3(x_3\hat{=}(x_1+x_2)\cdot(x_1+x_2+\mathbf{k}_1)+\mathbf{k}_1+x_1)$$

在 T_{PA} 中无量词形式地引入 OP.

(11) 首先, $T_{\mathrm{PA}} \vdash (\exists x_3((x_1+x_3\hat{=}x_2)\vee P_<(x_2,x_1)))$. 所以, 表达式

$$x_1\ominus x_2=\mu x_3((x_1+x_3\hat{=}x_2)\vee P_<(x_2,x_1)))$$

在 T_{PA} 中无量词形式地引入非负减法函数 $\ominus$.

(12) 首先, 因为 $T_{\mathrm{PA}} \vdash (\exists x_3(x_1\hat{=}x_3\cdot x_2\vee x_3\hat{=}x_1+\mathbf{k}_1))$, 表达式

$$\mathbf{f}_{\mathrm{Div}}(x_1,x_2)=\mu x_3(x_1\hat{=}x_3\cdot x_2\vee x_3\hat{=}x_1+\mathbf{k}_1)$$

在 T_{PA} 中无量词形式地引入二元函数符号 $\mathbf{f}_{\mathrm{Div}}$. 令 T_1 为依上述定义引入 $\mathbf{f}_{\mathrm{Div}}$ 所得到的 T_{PA} 的递归扩充.

其次, $T_1 \vdash ((\exists x_{3_{x_3\leqslant x_1}}(x_1\hat{=}x_3\cdot x_2))\leftrightarrow P_<(\mathbf{f}_{\mathrm{Div}}(x_1,x_2),F_S(x_1)))$. 于是, 如下的 $\mathcal{L}(T_1)$ 中的布尔表达式

$$\mathrm{Div}(x_1,x_2)\leftrightarrow P_<(\mathbf{f}_{\mathrm{Div}}(x_1,x_2),F_S(x_1))$$

在 T_1 上形式地引入二元谓词符号 Div. □

综合上述, 以及根据 β 函数之定义, 得到下述引理:

引理 13.26 (13) 哥德尔之 β 函数可以在 T_{PA} 的一个递归扩充理论 T_β^* 中被无量词形式引入.

令 T_β 为在 T_β^* 上无量词形式引入 β 函数的定义扩充.

引理 13.27 设 x,y,z 为互不相同的变元符号; $\mathbf{t}$ 是一个不含变元符号 x,z 的语言 $\mathcal{L}(T_\beta^*)$ 的项. 那么

$$T_\beta \vdash (\exists x\forall y(P_<(y,z)\to(\beta(x,y)\hat{=}\mathbf{t}))).$$

证明　(这是形式化前述有关 β 函数的基本性质的结果.) □

引理 13.28　(14) 固定自然数 $n \in \mathbb{N}$, 定义在 $\mathbb{N}^n$ 上的序列 $(a_0, \cdots, a_n)$ 的哥德尔编码函数

$$f(a_0, \cdots, a_n) = \prec a_0, \cdots, a_n \succ$$

可以在 T_{PA} 的一个递归扩充之中无量词形式引入;

(15) 在定义 13.11 中所定义的全体序列数之集 Seq 可以在 T_{PA} 的一个递归扩充之中无量词形式引入.

(16) 函数 $\mathrm{lh}, (a)_i, \mathrm{In}$ 以及 $*$ 都可以在 T_{PA} 的一个递归扩充之中无量词形式引入.

引理 13.29　设 T 是 T_{PA} 的一个递归扩充, 并且关系 Div, 函数 $\mathrm{OP}, \ominus, \beta, \mathrm{lh}, (a)_i$ 都可以在 T 中无量词形式引入. 那么

(17) 如果 f 是一个可以在 T 中无量词形式引入的函数, 那么在添加函数符号 $\mathbf{f}$ 的定义扩充无量词形式引入函数 f 的理论 T_f 之中, f 的初始计算记录函数 $\bar{f}$ 可以在 T_f 之中无量词形式引入; 反过来, 如果 f 的初始计算记录函数 $\bar{f}$ 可以在 T 中无量词形式引入, 那么在 $T_{\bar{f}}$ 中, f 可以被无量词形式引入.

(18) 如果 $\mathbf{g}$ 是语言 $\mathcal{L}(T)$ 中一个 $(n+2)$-元函数符号, g 是 $\mathbf{g}$ 在结构 $\mathfrak{N}_T$ 中的解释函数, 那么在 $\mathfrak{N}_T$ 中如下递归定义的函数 f

$$f(a, a_1, \cdots, a_n) = g(\bar{f}(a, a_1, \cdots, a_n), a, a_1, \cdots, a_n)$$

可以在 T 中无量词形式引入.

(19) 如果 $\mathbf{g}, \mathbf{h}$ 分别是语言 $\mathcal{L}(T)$ 中 n-元函数符号和 $(n+2)$-元函数符号, g, h 分别是 $\mathbf{g}, \mathbf{h}$ 在结构 $\mathfrak{N}_T$ 中的解释函数, 那么在 $\mathfrak{N}_T$ 中如下递归定义的函数 f:

$$f(0, a_1, \cdots, a_n) = g(a_1, \cdots, a_n).$$

和

$$f(a+1, a_1, \cdots, a_n) = h(f(a, a_1, \cdots, a_n), a, a_1, \cdots, a_n)$$

可以在 T 中无量词形式引入.

定理 13.21　在皮阿诺算术理论 T_{PA} 的一个递归扩充 T_{PA}^f 之中, 关系 Div, 函数 $\mathrm{OP}, \ominus, \beta, \mathrm{lh}, (a)_i, J$ 以及对 T_{PA} 的语法对象和逻辑对象进行编码的关系和函数都可以无量词形式引入. 具体而言, 在 T_{PA} 的这个递归扩充 T_f 之中,

(1) 关系 Div, 函数 $\mathrm{OP}, \ominus, \beta, \mathrm{lh}, (a)_i, J$ 都可以在 T_f 中无量词形式引入;

(2) 下列关系或者函数都在 T_f 中被无量词形式引入:

(a) 符号数集 $\mathrm{SN}_{\mathrm{PA}}$;

(b) 关系 Vrble, $\mathrm{Cnst}_{\mathrm{PA}}$;

(c) 关系 $\mathrm{Term_{PA}}, \mathrm{AFrml_{PA}}, \mathrm{Frml_{PA}}, \mathrm{Free}, \mathrm{Stbl}$;

(d) 函数 Subst;

(e) 逻辑公理的表示数集合 LAX;

(f) 自然推理法则的表示数集合 MP;

(g) T_{PA} 的非逻辑公理的表示数集合 $\mathrm{NLAX_N}, \mathrm{IndAX}, \mathrm{NLAX_{PA}}$;

(h) 关系 $\mathrm{PRF_{PA}}, \mathrm{PRV_{PA}}$;

(i) 函数 Num;

(j) 由下述表达式所定义的一元关系 FN(函数 Num 的值域):

$$\mathrm{FN}(a) \leftrightarrow (\exists x_{x<a}(a = \mathrm{Num}(x)));$$

(k) 函数 $n \mapsto \ulcorner \mathbf{k}_n \urcorner$.

证明 (j) 在无量词形式引入函数 Num 的递归扩充理论 T 之上, 考虑函数

$$\mathrm{Num}^*(a) = \mu z(a = \mathrm{Num}(z) \vee z = a).$$

这个函数可以在 T 之上无量词形式引入. 令 T_1 为无量词形式引入函数 Num^* 的 T 的依定义扩充. 在 T_1 上, 由下述表达式所定义的关系

$$\mathrm{FN}(x_1) \leftrightarrow P_<(\mathrm{Num}^*(x_1), x_1)$$

便可以无量词形式地引入. □

从现在起, 我们将用 PA_f 来记皮阿诺算术理论 T_{PA} 的具备定理 13.21 所描述的性质的递归扩充, 并且以此理论和它的语言为基础来讨论.

13.3.3 T_{PA} 递归扩充之 Σ_1-完全性

前面已经了解到初等算术理论 T_{N} 实际上是 Σ_1-完全的. 现在将这一结论推广到皮阿诺算术理论的任意一个递归扩充理论上去: 如果 T 是 T_{PA} 的一个递归扩充, 那么在语言 $\mathcal{L}(T)$ 中, T 是 Σ_1 完全的; 事实上, 如果 θ 是 $\mathcal{L}(T)$ 的一个 Σ_1 语句, 并且 $\mathfrak{N}_T \models \theta$, 那么 $T \vdash \theta$.

接下来的内容是 13.1.2 小节中相关内容对皮阿诺算术理论递归扩充的的一般化.

定义 13.44(T-特种表达式) 设 T 是 T_{PA} 的一个递归扩充. 语言 $\mathcal{L}(T)$ 中具有如下特点的表达式将被称为 T-特种表达式:

(1) 设 $\mathbf{f}$ 是 $\mathcal{L}(T)$ 的一个 n-元函数符号; $\mathbf{P}$ 是 $\mathcal{L}(T)$ 的一个 n-元谓词符号. 每一个形如下列的表达式是一个 T-特种表达式:

(a) $(c_0 \hat{=} x_1)$;

(b) $(\mathbf{f}(x_1, \cdots, x_n) \hat{=} y)$;

(c) $\mathbf{P}(x_1, \cdots, x_n)$;

(d) $(\neg \mathbf{P}(x_1, \cdots, x_n))$.

(2) 如果 φ 和 ψ 都是 T-特种表达式, 那么 $(\varphi \vee \psi)$ 和 $(\varphi \wedge \psi)$ 也都是 T-特种表达式.

(3) 如果 φ 是一个特种表达式, x_i 和 x_j 是两个不同的变元, 那么

$$(\forall x_i(P_<(x_i, x_j) \to \varphi))$$

也是一个 T-特种表达式.

(4) 如果 φ 是一个特种表达式, 那么 $(\exists x_i \varphi)$ 也是一个 T-特种表达式.

(5) 任何一个特种表达式必由上述之一所获.

引理 13.30($T - \Sigma_1$-表达式等价性)　设 T 是 T_{PA} 的一个递归扩充. 语言 $\mathcal{L}(T)$ 中的每一个 Σ_1-表达式都在 T 之上等价于某个 T-特种表达式.

证明　对 Σ_1-表达式的复杂性施归纳.

情形 1: 表达式 φ 是 $(x_i \hat{=} \tau)$, 其中 x_i 是一个变元, τ 是一个项. 对项 τ 的复杂性施归纳, 证明: $(x_i \hat{=} \tau)$ 在 T 之上等价于一个 T-特种表达式.

如果 τ 是一个变元, 或者是 c_0, 则结论成立.

假设 τ 是 $\mathbf{f}(\tau_1, \cdots, \tau_n)$, $\tau_1, \cdots, \tau_n$ 是 n 个项. 那么

$$\vdash ((x_i \hat{=} \tau) \leftrightarrow (\exists y_1 \cdots \exists y_n((y_1 \hat{=} \tau_1) \wedge \cdots \wedge (y_n \hat{=} \tau_n) \wedge (x_i \hat{=} \mathbf{f}(y_1, \cdots, y_n))))).$$

根据归纳假设、等号对称性, 以及等价替换定理 (定理 4.18), 上述右边的表达式在 T 之上等价于一个 T-特种表达式. 于是, $(x_i \hat{=} \tau)$ 在 T 上等价于一个 T-特种表达式.

情形 2: 表达式 φ 是一个布尔表达式. 对 φ 的复杂性施归纳.

情形 2(1): 表达式 φ 是 $\mathbf{P}(\tau_1, \cdots, \tau_n)$, $\tau_1, \cdots, \tau_n$ 是 n 个项. 此时,

$$\vdash (\mathbf{P}(\tau_1, \cdots, \tau_n) \leftrightarrow (\exists y_1 \cdots \exists y_n((y_1 \hat{=} \tau_1) \wedge \cdots \wedge (y_n \hat{=} \tau_n) \wedge \mathbf{P}(y_1, \cdots, y_n)))).$$

依据情形 1 的结论以及等价替换定理 (定理 4.18), 表达式 $\mathbf{P}(\tau_1, \cdots, \tau_n)$ 在 T 之上等价于一个 T-特种表达式.

情形 2(2): 表达式 φ 是 $(\neg \mathbf{P}(\tau_1, \cdots, \tau_n))$, $\tau_1, \cdots, \tau_n$ 是 n 个项. 此时,

$$\vdash ((\neg \mathbf{P}(\tau_1, \cdots, \tau_n)) \leftrightarrow (\exists y_1 \cdots \exists y_n((y_1 \hat{=} \tau_1) \wedge \cdots \wedge (y_n \hat{=} \tau_n) \wedge (\neg \mathbf{P}(y_1, \cdots, y_n))))).$$

依据情形 1 的结论以及等价替换定理 (定理 4.18), 表达式 $(\neg \mathbf{P}(\tau_1, \cdots, \tau_n))$ 在 T 之上等价于一个 T-特种表达式.

情形 2(3): 表达式 φ 是 $(\neg(\neg \psi))$. 此时, $\vdash (\varphi \leftrightarrow \psi)$, 再由归纳假设得到所要的等价性.

情形 2(4): 表达式 φ 是 $(\neg(\theta \vee \psi))$. 此时, $\vdash (\varphi \leftrightarrow ((\neg\theta) \wedge (\neg\psi)))$. 由归纳假设, $(\neg\theta)$ 和 $(\neg\psi)$ 都在 T 之上分别等价于某个 T-特种表达式. 所以, φ 在 T 之上也等价于一个 T-特种表达式.

情形 2(5): 表达式 φ 是 $(\theta \vee \psi)$. 依归纳假设而得.

情形 3: 表达式 φ 是 $(\exists x_1(\cdots(\exists x_n\psi)\cdots))$, ψ 是一个布尔表达式. 依据存在量词 $\exists x_i$ 的个数的归纳法, 更换约束变元等价定理, 以及特种表达式关于存在量词封闭的定义, 就得到所要的结论. □

引理 13.31 设 T 是 T_{PA} 的一个递归扩充. 那么, 每一个 T-特种表达式都在 T 上等价于一个 T_{PA}-特种表达式.

证明 首先, 只需证明如下命题就足够了:

如果 T_1 是由 T_2 经过无量词形式引入添加一个非逻辑符号的结果, 那么每一个 T_1-特种表达式在 T_1 之上都等价于一个 T_2-特种表达式.

其次, 欲得上述, 只需考虑三种基本情形:

$$\mathbf{p}(x_1,\cdots,x_n);\ \ (\neg\mathbf{p}(x_1,\cdots,x_n));\ \ \mathbf{f}(x_1,\cdots,x_n)\hat{=}y;$$

其中, $\mathbf{p}$ 或 $\mathbf{f}$ 是添加的新的非逻辑符号.

由于 $\mathbf{p}$ 的定义公理是一个布尔表达式, 根据等价替换定理 (定理 4.18), 在 T_1 之上, $\mathbf{p}(x_1,\cdots,x_n)$ 和 $(\neg\mathbf{p}(x_1,\cdots,x_n))$ 都等价于 T_2 的一个布尔表达式; 根据上面的引理, 所需的结论成立.

同样, 根据 $\mathbf{f}$ 的定义公理, 在 T_1 之上, $\mathbf{f}(x_1,\cdots,x_n)\hat{=}y$ 等价于 $\mathcal{L}(T_2)$ 的一个形如下述的表达式:

$$(\varphi \wedge (\forall z(P_<(z,y) \to \psi))),$$

其中, φ 和 ψ 都是布尔表达式. 根据上述引理以及等价替换定理,

$$\mathbf{f}(x_1,\cdots,x_n)\hat{=}y$$

在 T_1 之上等价于一个 T_2- 特种表达式. □

定义 13.45 设 T 是 T_{PA} 的一个递归扩充. 设 $\psi(x_1,x_2,\cdots,x_n)$ 为语言 $\mathcal{L}(T)$ 的一个布尔表达式, 所有在 ψ 中出现的自由变元都在 $x_1,\cdots,x_n$ 之中. 称形如 $\psi(x_1,\cdots,x_n;\mathbf{k}_{i_1},\cdots,\mathbf{k}_{i_n})$ 这样的表达式为 ψ 的一个**数值特例**; 称 ψ 的一个数值特例 $\psi(x_1,\cdots,x_n;\mathbf{k}_{i_1},\cdots,\mathbf{k}_{i_n})$ 为一个**真数值特例**当且仅当

$$\mathfrak{N}_T \models \psi(x_1,\cdots,x_n;\mathbf{k}_{i_1},\cdots,\mathbf{k}_{i_n}).$$

引理 13.32 如果 $\psi(x_1,\cdots,x_n)$ 是一个 T_{PA}-特种表达式, 那么 ψ 的任何一个真数值特例都是 T_{PA} 的一个定理.

证明　注意到 $T_{\rm PA}$-特种表达式与 T_N-特种表达式相同, 而 $T_{\rm PA}\vdash T_N$, 引理由前面的关于 T_N 的结论立即可得. □

综合上述引理, 我们得到如下定理:

定理 13.22　设 T 是 $T_{\rm PA}$ 的一个递归扩充. 如果 θ 是语言 $\mathcal{L}(T)$ 的一个 Σ_1 语句, 并且 $\mathfrak{N}_T\models\theta$, 那么 $T\vdash\theta$.

下面将会看到这是最佳结论: 对于 Π_1 语句而言, 这样的结论不会成立, 就是说, 在 $T_{\rm PA}$ 的某一个递归扩充之中, 有不能被其证明的 Π_1 真语句.

13.3.4　$\mathbf{PA}_f$ 知道 $T_{\mathbf{PA}}$ 之 Σ_1 完全性

首先, 将定义在自然数标准模型上的哥德尔编码函数或者关系形式地引入到理论 PA_f 中来, 并且将皮阿诺算术理论 $T_{\rm PA}$ 形式地 "嵌入" 到 PA_f 中来, 即在 PA_f 中定义对 $T_{\rm PA}$ 的解释.

定义 13.46　(1) 对于 $\mathcal{L}(T_{\rm PA})$ 的每一个符号 δ, 包括逻辑符号, 函数符号, 谓词符号, 称项 $\mathbf{k}_{{\rm SN}(\delta)}$ 为符号 δ 在理论 PA_f 中的**形式符号数**;

(2) 对于 $\mathcal{L}(T_{\rm PA})$ 的每一个项 $\mathbf{t}$, 称项 $\mathbf{k}_{\ulcorner\mathbf{t}\urcorner}$ 为项 $\mathbf{t}$ 在理论 PA_f 中的**形式编码**;

(3) 对于 $\mathcal{L}(T_{\rm PA})$ 的每一个表达式 φ, 称项 $\mathbf{k}_{\ulcorner\varphi\urcorner}$ 为表达式 φ 在理论 PA_f 中的**形式编码**;

(4) 对于 $T_{\rm PA}$ 中的每一个证明 $\langle\varphi_1,\cdots,\varphi_n\rangle$, 称 $\ll\mathbf{k}_{\ulcorner\varphi_1\urcorner},\cdots,\mathbf{k}_{\ulcorner\varphi_n\urcorner}\gg$ 为一个**形式证明数**, 其中, $\ll\cdot\gg$ 是 $\prec\cdot\succ$ 在 PA_f 中依定义引入的函数符号.

下面的引理是前面定理 13.22 的直接特例, 列在这里以增加读者的具体感受.

引理 13.33　(1) $\mathrm{PA}_f\vdash(\mathbf{k}_{\ulcorner c_0\urcorner}(=\mathbf{k}_{\prec{\rm SN}(c_0)\succ})\hat{=}\ll\mathbf{k}_{{\rm SN}(c_0)}\gg)$;

(2) 对于每一个变元符号 x_i 都有 $\mathrm{PA}_f\vdash(\mathbf{k}_{\ulcorner x_i\urcorner}(=\mathbf{k}_{\prec{\rm SN}(x_i)\succ})\hat{=}\ll\mathbf{k}_{{\rm SN}(x_i)}\gg)$;

(3) 如果 $\mathbf{t}$ 是 $\mathcal{L}(T_{\rm PA})$ 的由一个一元函数符号给出的一个项, $\mathbf{t}=\mathbf{f}_i(\mathbf{t}_1)$, 那么

$$\mathrm{PA}_f\vdash(\mathbf{k}_{\ulcorner\mathbf{t}\urcorner}\hat{=}\ll\mathbf{k}_{{\rm SN}(\mathbf{f}_i)},\mathbf{k}_{{\rm SN}(()},\mathbf{k}_{\ulcorner\mathbf{t}_1\urcorner},\mathbf{k}_{{\rm SN}())}\gg);$$

(4) 如果 $\mathbf{t}$ 是 $\mathcal{L}(T_{\rm PA})$ 的由一个二元函数符号给出的一个项, $\mathbf{t}=\mathbf{f}_i(\mathbf{t}_1,\mathbf{t}_2)$, 那么

$$\mathrm{PA}_f\vdash(\mathbf{k}_{\ulcorner\mathbf{t}\urcorner}\hat{=}\ll\mathbf{k}_{{\rm SN}(\mathbf{f}_i)},\mathbf{k}_{{\rm SN}(()},\mathbf{k}_{\ulcorner\mathbf{t}_1\urcorner},\mathbf{k}_{\ulcorner\mathbf{t}_2\urcorner},\mathbf{k}_{{\rm SN}())}\gg).$$

定义 13.47　设 $x_1,\cdots,x_n$ 为互不相同的变元符号.

(1) 设 $\mathbf{t}(x_1,\cdots,x_n)$ 为算术语言 $\mathcal{L}(T_{\rm PA})$ 的一个显示所含全部变元符号的项. 对于 $i<n$, 递归地定义

$$\begin{aligned}&\mathrm{Subst}_1(\mathbf{k}_{\ulcorner\theta\urcorner},x_1,\cdots,x_n)\\=\;&\mathrm{Subst}(\mathbf{k}_{\ulcorner\theta\urcorner},\mathbf{k}_{\ulcorner x_1\urcorner},\mathrm{Num}(x_1)),\mathrm{Subst}_{i+1}(\mathbf{k}_{\ulcorner\theta\urcorner},x_1,\cdots,x_n)\\=\;&\mathrm{Subst}(\mathrm{Subst}_i(\mathbf{k}_{\ulcorner\theta\urcorner},x_1,\cdots,x_n),\mathbf{k}_{\ulcorner x_{i+1}\urcorner},\mathrm{Num}(x_{i+1})).\end{aligned}$$

(2) 设 $\theta(x_1,\cdots,x_n)$ 为算术语言 $\mathcal{L}(T_{\mathrm{PA}})$ 的一个显示所含全部变元符号的项. 对于 $i<n$, 递归地定义

$$\begin{aligned}&\mathrm{Subst}_1(\mathbf{k}_{\ulcorner\theta\urcorner},x_1,\cdots,x_n)\\=&\,\mathrm{Subst}(\mathbf{k}_{\ulcorner\theta\urcorner},\mathbf{k}_{\ulcorner x_1\urcorner},\mathrm{Num}(x_1)),\mathrm{Subst}_{i+1}(\mathbf{k}_{\ulcorner\theta\urcorner},x_1,\cdots,x_n)\\=&\,\mathrm{Subst}(\mathrm{Subst}_i(\mathbf{k}_{\ulcorner\theta\urcorner},x_1,\cdots,x_n),\mathbf{k}_{\ulcorner x_{i+1}\urcorner},\mathrm{Num}(x_{i+1})).\end{aligned}$$

引理 13.34 (1) $\mathrm{PA}_f\vdash\mathrm{Subst}_1(\mathbf{k}_{\ulcorner Sx\urcorner},x)\hat{=}\ll\mathbf{k}_{\mathrm{SN}(S)},\mathrm{Num}(x)\gg\hat{=}\mathbf{k}_{\ulcorner\mathbf{k}_{Sx}\urcorner}$;

(2) $\mathrm{PA}_f\vdash\mathrm{Subst}_2(\mathbf{k}_{\ulcorner x+y\urcorner},x,y)\hat{=}\ll\mathbf{k}_{\mathrm{SN}(+)},\mathrm{Num}(x),\mathrm{Num}(y)\gg\hat{=}\mathbf{k}_{\ulcorner\mathbf{k}_x+\mathbf{k}_y\urcorner}$;

(3) $\mathrm{PA}_f\vdash\mathrm{Subst}_2(\mathbf{k}_{\ulcorner x\cdot y\urcorner},x,y)\hat{=}\ll\mathbf{k}_{\mathrm{SN}(\cdot)},\mathrm{Num}(x),\mathrm{Num}(y)\gg\hat{=}\mathbf{k}_{\ulcorner\mathbf{k}_x\cdot\mathbf{k}_y\urcorner}$.

引理 13.35 (1) $\mathrm{PA}_f\vdash\mathrm{Subst}_n(\mathbf{k}_{\ulcorner t\urcorner},x_1,\cdots,x_n)\hat{=}\mathbf{k}_{\ulcorner t_{x_1\cdots x_n}[\mathbf{k}_{x_1},\cdots,\mathbf{k}_{x_n}]\urcorner}$;

(2) $\mathrm{PA}_f\vdash\mathrm{Subst}_n(\mathbf{k}_{\ulcorner\varphi\urcorner},x_1,\cdots,x_n)\hat{=}\mathbf{k}_{\ulcorner\varphi_{x_1\cdots x_n}[\mathbf{k}_{x_1},\cdots,\mathbf{k}_{x_n}]\urcorner}$.

定义 13.48 对于 $\mathcal{L}(T_{\mathrm{PA}})$ 中的表达式 θ, 令

$$\mathrm{Subst}_n(\mathbf{k}_{\ulcorner\theta\urcorner},x_1,\cdots,x_n)\in\mathrm{Ax}^*_{\mathrm{PA}}\iff\ulcorner\theta\urcorner\in\mathrm{AX}_{\mathrm{PA}}.$$

定义 13.49(在 PA_f 中解释 T_{PA}) (1) 一元谓词 FN 是解释 I 的论域, 即

$$U_I=\mathrm{FN};$$

(2) 常元符号 c_0 之解释为 $\mathrm{Num}(0)$, 即 $0_I=\ll\mathrm{SN}(0)\gg$;

(3) 一元函数符号 S 之解释为 S_I, 其在 PA_f 中的计算等式如下:

$$S_I(\mathrm{Num}(x))=\mathrm{Subst}_1(\mathbf{k}_{\ulcorner Sx\urcorner},x)=\ll\mathbf{k}_{\mathrm{SN}(S)},\mathrm{Num}(x)\gg;$$

(4) 二元函数符号 $+$ 之解释为 $+_I$, 其在 PA_f 中的计算等式如下:

$$\mathrm{Num}(x)+_I\mathrm{Num}(y)=\mathrm{Subst}_2(\mathbf{k}_{\ulcorner x+y\urcorner},x,y)=\ll\mathbf{k}_{\mathrm{SN}(+)},\mathrm{Num}(x),\mathrm{Num}(y)\gg;$$

(5) 二元函数符号 $\cdot$ 之解释为 $\cdot_I$, 其在 PA_f 中的计算等式如下:

$$\mathrm{Num}(x)\cdot_I\mathrm{Num}(y)=\mathrm{Subst}_2(\mathbf{k}_{\ulcorner x\cdot y\urcorner},x,y)=\ll\mathbf{k}_{\mathrm{SN}(\cdot)},\mathrm{Num}(x),\mathrm{Num}(y)\gg.$$

(6) 二元谓词符号 $P_<$ 之解释为 $<_I$, 其在 PA_f 中的计算等式为:

$$\mathrm{Num}(x)<_I\mathrm{Num}(y)\leftrightarrow P_<(x,y);$$

(7) 等式符号 $\hat{=}$ 之解释为 $=_I$, 其在 PA_f 中的计算等式为:

$$\mathrm{Num}(x)=_I\mathrm{Num}(y)\leftrightarrow x\hat{=}y.$$

定义 13.50　将 $\mathcal{L}(T_{\mathrm{PA}})$ 的每一个表达式 φ 以如下方式翻译为 φ_I: 对 φ 中的每一个非逻辑符号 δ 用 δ_I 替换; 对于每一个子表达式 $(\forall x_i\psi)$, 用 $(\forall x_i(U_I(x_i)\to\psi))$ 替换.

如果 $\varphi=\varphi(x_1,\cdots,x_n)$, 那么将 φ 翻译成如下表达式 φ^I:

$$(U_I(x_1)\to(\cdots\to(U_I(x_n)\to\varphi_I)\cdots)).$$

定理 13.23　如果 φ 是 T_{PA} 的一条非逻辑公理, 那么 $\mathrm{PA}_f\vdash\varphi^I$.

现在证明皮阿诺算术理论之 Σ_1-完全性可以在递归扩充理论 PA_f 中得以形式化.

定理 13.24(形式化 Σ_1-完全性)　设 $\theta(x_1,\cdots,x_n)$ 是一个显示全部自由变元的 T_{PA}-特种表达式. 那么

$$\mathrm{PA}_f\vdash(\theta\to(\exists y\,\mathrm{PRV}_{\mathrm{PA}}(\mathrm{Subst}_n(\mathbf{k}_{\ulcorner\theta\urcorner},x_1,\cdots,x_n),y))).$$

证明　用关于 T_{PA}-特种表达式的长度的归纳法来证明定理.

情形 1: θ 是 $0\hat{=}x$, 或者是 $Sx\hat{=}y$, 或者是 $x+y\hat{=}z$, 或者是 $x\cdot y\hat{=}z$, 或者是 $x\hat{=}y$, 或者是 $(\neg(x\hat{=}y))$, 或者是 $P_<(x,y)$, 或者是 $(\neg P_<(x,y))$.

情形 1(1): $0\hat{=}x$.

$$\mathrm{PA}_f\vdash\mathrm{Subst}_1(\mathbf{k}_{\ulcorner 0\hat{=}x\urcorner},x)\hat{=}\ll\mathbf{k}_1,\mathrm{Num}(0),\mathrm{Num}(x)\gg,$$

$$\mathrm{PA}_f\vdash((0\hat{=}x)\to(\exists y\,\mathrm{PRV}_{\mathrm{PA}}(\mathrm{Subst}_1(\mathbf{k}_{\ulcorner 0\hat{=}x\urcorner},x),y).$$

情形 1(2): $Sx\hat{=}y$.

$$\mathrm{PA}_f\vdash\mathrm{Subst}_2(\mathbf{k}_{\ulcorner Sx\hat{=}y\urcorner},x,y)\hat{=}\ll\mathbf{k}_{\mathrm{SN}(\hat{=})},\ll\mathbf{k}_{\mathrm{SN}(S)},\mathrm{Num}(x)\gg,\mathrm{Num}(y)\gg,$$

$$\mathrm{PA}_f\vdash((Sx\hat{=}y)\to(\exists u\,\mathrm{PRV}_{\mathrm{PA}}(\ll\mathbf{k}_{\mathrm{SN}(\hat{=})},\ll\mathbf{k}_{\mathrm{SN}(S)},\mathrm{Num}(x)\gg,\mathrm{Num}(y)\gg,u))).$$

情形 1(3): $x\hat{=}y$.

$$\mathrm{PA}_f\vdash\mathrm{Subst}_2(\mathbf{k}_{\ulcorner x\hat{=}y\urcorner},x,y)=\ll\mathbf{k}_{\mathrm{SN}(\hat{=})},\mathrm{Num}(x),\mathrm{Num}(y)\gg,$$

$$\mathrm{PA}_f\vdash((x\hat{=}y)\to(\exists u\,\mathrm{PRV}_{\mathrm{PA}}(\mathrm{Subst}_2(\mathbf{k}_{\ulcorner x\hat{=}y\urcorner},x,y),u))).$$

情形 1(4): $(\neg(x\hat{=}y))$.

$$\mathrm{PA}_f\vdash\mathrm{Subst}_2(\mathbf{k}_{\ulcorner x\neq y\urcorner})=\ll\mathbf{k}_{\mathrm{SN}(\hat{=})},\ll\mathbf{k}_{\mathrm{SN}(\hat{=})},\mathrm{Num}(x),\mathrm{Num}(y)\gg\gg,$$

$$\mathrm{PA}_f\vdash((\neg(x\hat{=}y))\to(\exists u\,\mathrm{PRV}_{\mathrm{PA}}(\mathrm{Subst}_2(\mathbf{k}_{\ulcorner(\neg(x\hat{=}y))\urcorner},x,y),u))).$$

情形 1(5): $x+y\hat{=}z$.

$$\mathrm{PA}_f\vdash \mathrm{Subst}_3(\mathbf{k}_{\ulcorner x+y=z\urcorner},x,y,z)\hat{=}\ll\mathbf{k}_1,\ll\mathbf{k}_{\mathrm{SN}(+)},\mathrm{Num}(x),\mathrm{Num}(y)\gg,\mathrm{Num}(z)\gg,$$

$$\mathrm{PA}_f\vdash((x+y\hat{=}z)\to(\exists u\,\mathrm{PRV}_{\mathrm{PA}}(\mathrm{Subst}_3(\mathbf{k}_{\ulcorner x+y\hat{=}z\urcorner},x,y,z),u))).$$

情形 1(6): $x\cdot y\hat{=}z$.

$$\mathrm{PA}_f\vdash \mathrm{Subst}_3(\mathbf{k}_{\ulcorner x\cdot y=z\urcorner},x,y,z)\hat{=}\ll\mathbf{k}_{\mathrm{SN}(\hat{=})},\ll\mathbf{k}_{\mathrm{SN}(\cdot)},\mathrm{Num}(x),\mathrm{Num}(y)\gg,\mathrm{Num}(z)\gg,$$

$$\mathrm{PA}_f\vdash((x\cdot y\hat{=}z)\to(\exists u\,\mathrm{PRV}_{\mathrm{PA}}(\mathrm{Subst}_3(\mathbf{k}_{\ulcorner x\cdot y\hat{=}z\urcorner},x,y,z),u))).$$

情形 1(7): $P_<(x,y)$ 及 $(\neg P_<(x,y))$.

$$\mathrm{PA}_f\vdash \mathrm{Subst}_2(\mathbf{k}_{\ulcorner P_<(x,y)\urcorner},x,y)\hat{=}\ll\mathbf{k}_{\mathrm{SN}(P_<)},\mathrm{Num}(x),\mathrm{Num}(y)\gg,$$

$$\mathrm{PA}_f\vdash \mathrm{Subst}_2(\mathbf{k}_{\ulcorner(\neg P_<(x,y))\urcorner},x,y)\hat{=}\ll\mathbf{k}_{\mathrm{SN}(\neg)},\ll\mathbf{k}_{\mathrm{SN}(P_<)},\mathrm{Num}(x),\mathrm{Num}(y)\gg\gg.$$

$$\mathrm{PA}_f\vdash(P_<(x,y)\to(\exists u\,\mathrm{PRV}_{\mathrm{PA}}(\mathrm{Subst}_2(\mathbf{k}_{\ulcorner P_<(x,y)\urcorner},x,y),u)))$$

以及

$$\mathrm{PA}_f\vdash((\neg P_<(x,y))\to(\exists u\,\mathrm{PRV}_{\mathrm{PA}}(\mathrm{Subst}_2(\mathbf{k}_{\ulcorner(\neg P_<(x,y))\urcorner},x,y),u))).$$

情形 2: θ 或者是 $(\varphi\vee\psi)$, 或者是 $(\varphi\wedge\psi)$, 其中 φ 和 ψ 都是 T_{PA}-特种表达式.

$$\mathrm{PA}_f\vdash(\theta\to(\exists y\,\mathrm{PRV}_{\mathrm{PA}}(\mathrm{Subst}_n(\mathbf{k}_{\ulcorner\theta\urcorner},x_1,\cdots,x_n),y))).$$

情形 3: θ 是 $(\forall x_{x<y}\,\psi)$, 其中 x 和 y 互不相同, ψ 是一个 T_{PA}-特种表达式.

$$\mathrm{PA}_f\vdash((\forall x_{x<y}\,\psi)\to(\exists u\,\mathrm{PRV}_{\mathrm{PA}}(\mathrm{Subst}_{n+1}(\mathbf{k}_{\ulcorner\theta\urcorner},x_1,\cdots,x_n,y),u))).$$

情形 4: θ 是 $\exists x\psi$, 其中 ψ 是一个 T_{PA}-特种表达式.

$$\mathrm{PA}_f\vdash(\theta\to(\exists y\,\mathrm{PRV}_{\mathrm{PA}}(\mathrm{Subst}_n(\mathbf{k}_{\ulcorner\theta\urcorner},x_1,\cdots,x_n),y))).$$

上述证明的详细形式推导将留作练习. □

13.3.5 一个不可被 T_{PA} 所证明的 Π_1 真语句

定理 13.25(PA$_f$ 之 Π_1-不完全性) *存在在 $\mathfrak{N}_{\mathrm{PA}_f}$ 中为真但不被 PA_f 所证明的 Π_1 语句.*

证明　令 $\varphi(z)$ 为 $\mathcal{L}(\mathrm{PA}_f)$ 的如下表达式:

$$(\neg(\exists y \mathrm{PRV}_{\mathrm{PA}}(\mathrm{Subst}(z, \mathbf{k}_{\ulcorner x_0 \urcorner}, \mathrm{Num}(z)), y))),$$

其中, z 是第一个变元符号 x_0, 而 y 则是不同于 z 的变元符号.

令 $\varphi^\flat$ 为将 φ 翻译回语言 $\mathcal{L}(T_{\mathrm{PA}})$ 中的表达式. 令 $Q(a) \leftrightarrow (\neg \mathrm{Thm}_{T_{\mathrm{PA}}}(\mathrm{Subst}(a, \ulcorner x_0 \urcorner, \mathrm{Num}(a))))$.

这样, 对于 $n \in \mathbb{N}$, $Q(n)$ 当且仅当 $\varphi_z[\mathbf{k}_n]$ 在 $\mathfrak{N}_{\mathrm{PA}_f}$ 中为真, 当且仅当 $\varphi^\flat_z[\mathbf{k}_n]$ 在 $\mathfrak{N}$ 中为真.

由康托对角化引理, 如果 θ 是 $\mathcal{L}(T_{\mathrm{PA}})$ 的一个表达式, $a = \ulcorner \theta \urcorner$, 那么有 $Q(a)$ 在 $\mathfrak{N}$ 的某个扩充结构中为真当且仅当 $\theta_z[\mathbf{k}_a]$ 不是 T_{PA} 的一个定理.

现在令 $a = \ulcorner \varphi^\flat \urcorner$. 那么 $\varphi^\flat_z[\mathbf{k}_a]$ 在 $\mathfrak{N}$ 中为真当且仅当 $Q(a)$. 于是, $\varphi^\flat_z[\mathbf{k}_a]$ 在 $\mathfrak{N}$ 中为真当且仅当 $\varphi^\flat_z[\mathbf{k}_a]$ 不是 T_{PA} 的一个定理.

断言: $\varphi^\flat_z[\mathbf{k}_a]$ 在 $\mathfrak{N}$ 为真.

据此断言, $\varphi_z[\mathbf{k}_a]$ 在 $\mathfrak{N}_{\mathrm{PA}_f}$ 中为真但不是 PA_f 的一条定理. 由此, $\varphi_z[\mathbf{k}_a]$ 的前缀范式就是语言 $\mathcal{L}(\mathrm{PA}_f)$ 的一个 Π_1 表达式, 它在 $\mathfrak{N}_{\mathrm{PA}_f}$ 中为真, 但不被 PA_f 所证明.

现在证明: 如果 T_{PA} 是一致的, 则上述断言必然成立.

由于 $\varphi_z[\mathbf{k}_a]$ 的前缀范式是 Π_1, 它的否定式 $(\neg\varphi_z[\mathbf{k}_a])$ 之前缀范式就是一个 Σ_1 表达式. 根据关于特种表达式的引理, 令 ψ 为在 PA_f 之上与 $(\neg\varphi_z[\mathbf{k}_a])$ 等价的 T_{PA}-特种表达式. 于是, ψ 在 PA_f 之上与 $(\neg\varphi^\flat_z[\mathbf{k}_a])$ 等价; 从而, 在 T_{PA} 之上与 $(\neg\varphi^\flat_z[\mathbf{k}_a])$ 等价. 也就是说,

$$T_{\mathrm{PA}} \vdash (\psi \leftrightarrow (\neg\varphi^\flat_z[\mathbf{k}_a])).$$

如果 $\mathfrak{N} \not\models \varphi^\flat_z[\mathbf{k}_a]$, 那么 $\mathfrak{N} \models \psi$; 由 T_{PA} 的 Σ_1-完全性, $T_{\mathrm{PA}} \vdash \psi$. 由上述等价性, $T_{\mathrm{PA}} \vdash (\neg\varphi^\flat_z[\mathbf{k}_a])$.

另一方面, 如果 $\mathfrak{N} \not\models \varphi^\flat_z[\mathbf{k}_a]$, 那么 $Q(a)$ 必然不成立; 于是 $T_{\mathrm{PA}} \vdash \varphi^\flat_z[\mathbf{k}_a]$.

由 T_{PA} 的一致性, T_{PA} 不可能既证明 $\varphi^\flat_z[\mathbf{k}_a]$, 又证明它的否定. 因此, 由 T_{PA} 是一致性, 则必有

$$\mathfrak{N} \models \varphi^\flat_z[\mathbf{k}_a].$$ □

定理 13.26(不完全性之证据)　令 $\varphi(z)$ 为 $\mathcal{L}(\mathrm{PA}_f)$ 的下述表达式:

$$(\neg(\exists y \mathrm{PRV}_{\mathrm{PA}}(\mathrm{Subst}(z, \mathbf{k}_{\ulcorner x_0 \urcorner}, \mathrm{Num}(z)), y))).$$

其中, z 是第一个变元符号 x_0, y 是不同于 z 的变元符号. 令 $\varphi^\flat$ 为将 φ 翻译回 $\mathcal{L}(T_{\mathrm{PA}})$ 之表达式. 令 $a = \ulcorner \varphi^\flat \urcorner$. 那么 $\mathfrak{N} \models \varphi^\flat_z[\mathbf{k}_a]$, 但是 $T_{\mathrm{PA}} \nvdash \varphi^\flat_z[\mathbf{k}_a]$.

我们更感兴趣是将上述证明在 PA_f 中形式化, $\mathrm{PA}_f \vdash$ 如果 T_{PA} 是一致的, 那么 $\varphi_z^\flat[\mathbf{k}_a]$; 从而得到哥德尔第二不完全性定理: 断言 T_{PA} 是一致的命题, 当其在 $\mathcal{L}(T_{\mathrm{PA}})$ 中表述出来的时候, 不会是 T_{PA} 的定理.

13.3.6 形式化 PA_f 之证明

定义 13.51 令 $\mathrm{Thm}_{\mathrm{PA}}(a)$ 为表达式 $(\exists y \mathrm{PRV}_{\mathrm{PA}}(a,y))$ 之简写. 令 $\mathrm{Con}_{T_{\mathrm{PA}}}$ 为语言 $\mathcal{L}(\mathrm{PA}_f)$ 中的如下表达式:

$$(\neg(\forall x(\mathrm{Frml}(x) \to \mathrm{Thm}_{\mathrm{PA}}(x)))).$$

也就是说, $\mathrm{Con}_{T_{\mathrm{PA}}}$ 事实上是如下表达式:

$$(\neg(\forall x(\mathrm{Frml}(x) \to (\exists y \mathrm{PRV}_{\mathrm{PA}}(x,y))))).$$

令 $\mathrm{Con}_{T_{\mathrm{PA}}}^\flat$ 为表达式 $\mathrm{Con}_{T_{\mathrm{PA}}}$ 在语言 $\mathcal{L}(T_{\mathrm{PA}})$ 中翻译.

$\mathcal{L}(\mathrm{PA}_f$ 中的表达式 $\mathrm{Con}_{T_{\mathrm{PA}}}$ 形式地表述着 T_{PA} 是一致的; 而 $\mathrm{Con}_{T_{\mathrm{PA}}}^\flat$ 则是语言 $\mathcal{L}(T_{\mathrm{PA}})$ 中的等价命题.

需要证明如下命题:

$$\mathrm{PA}_f \vdash (\mathrm{Con}_{T_{\mathrm{PA}}} \to \varphi_z^\flat[\mathbf{k}_a]).$$

为此, 首先将上述 Π_1 不完全性定理的证明中所涉及的主要命题翻译成 $\mathcal{L}(\mathrm{PA}_f)$ 中的形式表达式.

令 $d = \ulcorner \varphi_z^\flat[\mathbf{k}_a] \urcorner$, 令 $c = \ulcorner \psi \urcorner$. 其中, ψ 为在 PA_f 之上与 $(\neg\varphi_z[\mathbf{k}_a])$ 等价的 T_{PA}-特种表达式.

(1) 命题 "如果 $\varphi_z^\flat[\mathbf{k}_a]$ 不真, 则 ψ 为真" 形式地在 $\mathcal{L}(T_{\mathrm{PA}})$ 中表述为:

$$((\neg\varphi_z^\flat[\mathbf{k}_a]) \to \psi).$$

(2) 命题 " 如果 ψ 为真, 则 $T_{\mathrm{PA}} \vdash \psi$" 形式地在 $\mathcal{L}(\mathrm{PA}_f)$ 中表述为:

$$(\psi \to \mathrm{Thm}_{T_{\mathrm{PA}}}(\mathbf{k}_c)).$$

(3) 命题 " 如果 $T_{\mathrm{PA}} \vdash \psi$, 则 $T_{\mathrm{PA}} \vdash (\neg\varphi_z^\flat[\mathbf{k}_a])$" 形式地在 $\mathcal{L}(\mathrm{PA}_f)$ 中表述为:

$$(\mathrm{Thm}_{T_{\mathrm{PA}}}(\mathbf{k}_c) \to \mathrm{Thm}_{T_{\mathrm{PA}}}(\ll \mathbf{k}_2, \mathbf{k}_d \gg)).$$

(4) 命题 " 如果 $\varphi_z^\flat[\mathbf{k}_a]$ 不真, 则 $T_{\mathrm{PA}} \vdash \varphi_z^\flat[\mathbf{k}_a]$" 形式地在 $\mathcal{L}(\mathrm{PA}_f)$ 中表述为:

$$((\neg\varphi_z^\flat[\mathbf{k}_a]) \to \mathrm{Thm}_{T_{\mathrm{PA}}}(\mathbf{k}_d)).$$

(5) 命题 " 如果 $T_{\mathrm{PA}} \vdash \varphi_z^\flat[\mathbf{k}_a]$ 并且 $T_{\mathrm{PA}} \vdash (\neg\varphi_z^\flat[\mathbf{k}_a])$, 则 T_{PA} 是非一致的" 形式地在 $\mathcal{L}(\mathrm{PA}_f)$ 中表述为:

$$(\mathrm{Thm}_{T_{\mathrm{PA}}}(\mathbf{k}_d) \to (\mathrm{Thm}_{T_{\mathrm{PA}}}(\ll \mathbf{k}_2, \mathbf{k}_d \gg) \to (\neg\mathrm{Con}_{T_{\mathrm{PA}}}))).$$

(6) 结论命题 " 如果 T_{PA} 是一致的, 则 $\varphi_z^\flat[\mathbf{k}_a]$ 必真" 形式地在 $\mathcal{L}(\mathrm{PA}_f)$ 中表述为:

$$(\mathrm{Con}_{T_{\mathrm{PA}}} \to \varphi_z^\flat[\mathbf{k}_a]).$$

接下来, 在 PA_f 中形式推导出所要的结论: 令 T 为 PA_f.

引理 13.36　$T \vdash ((\neg\varphi_z^\flat[\mathbf{k}_a]) \to \psi)$.

证明　由 T_{PA}-特种表达式 ψ 之选择, $T \vdash ((\neg\varphi_z^\flat[\mathbf{k}_a]) \leftrightarrow \psi)$. 于是,

$$T \vdash ((\neg\varphi_z^\flat[\mathbf{k}_a]) \to \psi).$$ □

引理 13.37　$T \vdash (\psi \to \mathrm{Thm}_{T_{\mathrm{PA}}}(\mathbf{k}_c))$.

证明　ψ 是 T_{PA}-特种表达式. 根据定理 13.24, 在理论 T 中可识别 T_{PA} 之 Σ_1-完全性, 引理由此即得. □

引理 13.38　$T \vdash (\mathrm{Thm}_{T_{\mathrm{PA}}}(\mathbf{k}_c) \to \mathrm{Thm}_{T_{\mathrm{PA}}}(\ll \mathbf{k}_2, \mathbf{k}_d \gg))$.

证明　由 ψ 之选择, $T \vdash ((\neg\varphi_z^\flat[\mathbf{k}_a]) \leftrightarrow \psi)$; $T_{\mathrm{PA}} \vdash ((\neg\varphi_z^\flat[\mathbf{k}_a]) \leftrightarrow \psi)$. 于是,

$$T_{\mathrm{PA}} \vdash (\psi \to (\neg\varphi_z^\flat[\mathbf{k}_a])).$$

令 $\langle \phi_1, \cdots, \phi_m \rangle$ 为 T_{PA} 中的一个证明, 并且 ϕ_m 是语句 $(\psi \to (\neg\varphi_z^\flat[\mathbf{k}_a]))$.

令 $b = \prec \ulcorner\phi_1\urcorner, \cdots, \ulcorner\phi_m\urcorner \succ$, 那么 $\mathrm{PRF}_{\mathrm{PA}}(b)$.

现在 $\mathbf{k}_{\ulcorner\phi_m\urcorner} = \prec \mathbf{k}_{\mathrm{SN}(\vee)}, \prec \mathbf{k}_{\mathrm{SN}(\neg)}, \mathbf{k}_c \succ, \prec \mathbf{k}_{\mathrm{SN}(\neg)}, \mathbf{k}_d \succ \succ$, 其中

$$d = \ulcorner\varphi_z^\flat[\mathbf{k}_a]\urcorner, \ c = \ulcorner\psi\urcorner.$$

由此, 有

$$\mathrm{PRV}_{\mathrm{PA}}(\ulcorner(\psi \to (\neg\varphi_z^\flat[\mathbf{k}_a]))\urcorner, b)$$

以及 $\mathfrak{N}_T \models \mathrm{PRV}_{\mathrm{PA}}(\mathbf{k}_{\ulcorner(\psi\to(\neg\varphi_z^\flat[\mathbf{k}_a]))\urcorner}, \mathbf{k}_b)$. 这样一来,

$$(\exists y \mathrm{PRV}_{\mathrm{PA}}(\mathbf{k}_{\ulcorner(\psi\to(\neg\varphi_z^\flat[\mathbf{k}_a]))\urcorner}, y))$$

在 $\mathfrak{N}_T$ 中为真. 这是语言 $\mathcal{L}(T)$ 中的一个 Σ_1 真语句. 因为 T 是 T_{PA} 的一个递归扩充, T 具备 Σ_1-完全性. 由此得到

$$T \vdash (\exists y \mathrm{PRV}_{\mathrm{PA}}(\ll \mathbf{k}_{\mathrm{SN}(\vee)}, \ll \mathbf{k}_{\mathrm{SN}(\neg)}, \mathbf{k}_c \gg, \ll \mathbf{k}_{\mathrm{SN}(\neg)}, \mathbf{k}_d \gg \gg, y)).$$

现在导出引理中的结论: 由于

$$\mathrm{MP}(\mathbf{k}_c, \ll \mathbf{k}_3, \ll \mathbf{k}_2, \mathbf{k}_c \gg, \ll \mathbf{k}_2, \mathbf{k}_d \gg \gg, \ll \mathbf{k}_2, \mathbf{k}_d \gg)$$

在 $\mathfrak{N}_T$ 中为真, 故 $T \vdash \mathrm{MP}(\mathbf{k}_c, \ll \mathbf{k}_3, \ll \mathbf{k}_2, \mathbf{k}_c \gg, \ll \mathbf{k}_2, \mathbf{k}_d \gg \gg, \ll \mathbf{k}_2, \mathbf{k}_d \gg)$. 从而

$$\begin{aligned} T \vdash (&\mathrm{PRV}_{\mathrm{PA}}(\ll \mathbf{k}_3, \ll \mathbf{k}_2, \mathbf{k}_c \gg, \ll \mathbf{k}_2, \mathbf{k}_d \gg \gg, x) \to \\ &(\mathrm{PRV}_{\mathrm{PA}}(\mathbf{k}_c, y) \to \mathrm{PRV}_{\mathrm{PA}}(\ll \mathbf{k}_2, \mathbf{k}_d \gg, x * y * \ll f \prec \mathbf{k}_2, \mathbf{k}_d \succ \gg))), \end{aligned}$$

其中, x 与 y 是互不相同的变元符号. 于是,

$$\begin{aligned} T \vdash ((&\exists x \mathrm{PRV}_{\mathrm{PA}}(\ll \mathbf{k}_3, \ll \mathbf{k}_2, \mathbf{k}_c \gg, \ll \mathbf{k}_2, \mathbf{k}_d \gg \gg, x)) \to ((\exists y \mathrm{PRV}_{\mathrm{PA}}(\mathbf{k}_c, y)) \to \\ &(\exists x(\exists y \mathrm{PRV}_{\mathrm{PA}}(\ll \mathbf{k}_2, \mathbf{k}_d \gg, x * y * \ll \ll \mathbf{k}_2, \mathbf{k}_d \gg \gg))))). \end{aligned}$$

因此,

$$T \vdash \left(\begin{array}{l} (\exists x \mathrm{PRV}_{\mathrm{PA}}(\ll \mathbf{k}_3, \ll \mathbf{k}_2, \mathbf{k}_c \gg, \ll \mathbf{k}_2, \mathbf{k}_d \gg \gg, x)) \to \\ ((\exists y \mathrm{PRV}_{\mathrm{PA}}(\mathbf{k}_c, y)) \to (\exists z \mathrm{PRV}_{\mathrm{PA}}(\ll \mathbf{k}_2, \mathbf{k}_d \gg, z))) \end{array} \right).$$

最后, 依自然推理法则,

$$T \vdash (\exists y \mathrm{PRV}_{\mathrm{PA}}(\mathbf{k}_c, y) \to (\exists z \mathrm{PRV}_{\mathrm{PA}}(\ll \mathbf{k}_2, \mathbf{k}_d \gg, z))).$$ □

引理 13.39 $T \vdash ((\neg \varphi_z^\flat[\mathbf{k}_a]) \to \mathrm{Thm}_{T_{\mathrm{PA}}}(\mathbf{k}_d))$.

证明 注意 $(\mathbf{k}_d \hat{=} \mathrm{Subst}(\mathbf{k}_a, \mathbf{k}_{\ulcorner z \urcorner}, \mathrm{Num}(\mathbf{k}_a)))$ 在 $\mathfrak{N}_{\mathrm{PA}_f}$ 中为真, 其中 z 是第一个变元符号 x_0. 因此,

$$T \vdash (\mathbf{k}_d \hat{=} \mathrm{Subst}(\mathbf{k}_a, \mathbf{k}_{\ulcorner z \urcorner}, \mathrm{Num}(\mathbf{k}_a))).$$

回顾一下: $\varphi(z)$ 是表达式 $(\neg(\exists y \mathrm{PRV}_{\mathrm{PA}}(\mathrm{Subst}(z, \mathbf{k}_{\ulcorner x_0 \urcorner}, \mathrm{Num}(z)), y)))$; 表达式 $\varphi^\flat$ 是 φ 在语言 $\mathcal{L}(T_{\mathrm{PA}})$ 中的翻译; 并且

$$T \vdash (\varphi \leftrightarrow \varphi^\flat).$$

由此, 有

$$T \vdash ((\neg \varphi_z^\flat[\mathbf{k}_a]) \to (\exists y\, \mathrm{PRV}_{\mathrm{PA}}(\mathrm{Subst}(\mathbf{k}_a, \mathbf{k}_{\ulcorner x_0 \urcorner}, \mathrm{Num}(\mathbf{k}_a)), y))).$$

根据等式定理 (定理 4.4), 由于 $T \vdash (\mathbf{k}_d \hat{=} \mathrm{Subst}(\mathbf{k}_a, \mathbf{k}_{\ulcorner z \urcorner}, \mathrm{Num}(\mathbf{k}_a)))$, 有

$$T \vdash (\mathrm{PRV}_{\mathrm{PA}}(\mathrm{Subst}(\mathbf{k}_a, \mathbf{k}_{\ulcorner x_0 \urcorner}, \mathrm{Num}(\mathbf{k}_a)), y) \to \mathrm{PRV}_{\mathrm{PA}}(\mathbf{k}_d, y)).$$

于是,

$$T \vdash ((\exists y\, \mathrm{PRV}_{\mathrm{PA}}(\mathrm{Subst}(\mathbf{k}_a, \mathbf{k}_{\ulcorner x_0 \urcorner}, \mathrm{Num}(\mathbf{k}_a)), y)) \to (\exists y\, \mathrm{PRV}_{\mathrm{PA}}(\mathbf{k}_d, y))).$$

从而,

$$T \vdash ((\neg \varphi_z^\flat[\mathbf{k}_a]) \to (\exists y\, \mathrm{PRV}_{\mathrm{PA}}(\mathbf{k}_d, y))).$$ □

引理 13.40　$T \vdash (\mathrm{Thm}_{T_{\mathrm{PA}}}(\mathbf{k}_d) \to (\mathrm{Thm}_{T_{\mathrm{PA}}}(\ll \mathbf{k}_2, \mathbf{k}_d \gg) \to (\neg \mathrm{Con}_{T_{\mathrm{PA}}})))$.

证明　首先注意

$$
\begin{aligned}
T \vdash & (\mathrm{PRV}_{\mathrm{PA}}(\mathbf{k}_d, y_0) \to (\mathrm{PRV}_{\mathrm{PA}}(\ll \mathbf{k}_2, \mathbf{k}_d \gg, y_1) \to (\mathrm{Frml}(x) \to \\
& (\mathrm{PRV}_{\mathrm{PA}}(x, y_0 * \ll \ll \mathbf{k}_d, \mathbf{k}_3, x \gg \gg * y_1 * \\
& * \ll \ll \ll \mathbf{k}_2, \mathbf{k}_d \gg, \mathbf{k}_3, x \gg \gg * \ll x \gg))))),
\end{aligned}
$$

其中, y_0, y_1, x 是互不相同的变元符号. 由此可得

$$
T \vdash \left((\exists y_0\, \mathrm{PRV}_{\mathrm{PA}}(\mathbf{k}_d, y_0)) \to \left(\begin{array}{l} (\exists y_1\, \mathrm{PRV}_{\mathrm{PA}}(\ll \mathbf{k}_2, \mathbf{k}_d \gg, y_1)) \to \\ (\mathrm{Frml}(x) \to (\exists y_3\, \mathrm{PRV}_{\mathrm{PA}}(x, y_3))) \end{array} \right) \right).
$$

因此,

$$
T \vdash \left((\exists y_0\, \mathrm{PRV}_{\mathrm{PA}}(\mathbf{k}_d, y_0)) \to \left(\begin{array}{l} (\exists y_1\, \mathrm{PRV}_{\mathrm{PA}}(\ll \mathbf{k}_2, \mathbf{k}_d \gg, y_1)) \to \\ (\forall x(\mathrm{Frml}(x) \to (\exists y_3\, \mathrm{PRV}_{\mathrm{PA}}(x, y_3)))) \end{array} \right) \right).
$$

□

定理 13.27(一致性不可证明归结引理)　$\mathrm{PA}_f \vdash (\mathrm{Con}_{T_{\mathrm{PA}}} \to \varphi_z^{\flat}[\mathbf{k}_a])$.

证明　此由上述引理即得. □

定理 13.28(哥德尔第二不完全性定理)　$\mathrm{Con}_{T_{\mathrm{PA}}}^{\flat}$ 不是 T_{PA} 的定理.

证明　假设不然, $T_{\mathrm{PA}} \vdash \mathrm{Con}_{T_{\mathrm{PA}}}^{\flat}$, 那么 $\mathrm{PA}_f \vdash \mathrm{Con}_{T_{\mathrm{PA}}}^{\flat}$. 于是, $\mathrm{PA}_f \vdash \mathrm{Con}_{T_{\mathrm{PA}}}$. 由一致性不可证明归结引理 (定理 13.27), 有 $\mathrm{PA}_f \vdash \varphi_z^{\flat}[\mathbf{k}_a]$; 从而, $T_{\mathrm{PA}} \vdash \varphi_z^{\flat}[\mathbf{k}_a]$. 这是一个矛盾: 因为 $\varphi_z^{\flat}[\mathbf{k}_a]$ 恰恰是 T_{PA} 不完全性的一个证据, 它并非 T_{PA} 的定理, 并且在自然数标准模型中为真. □

13.4　巴黎-哈灵顿划分原理之独立性

本节将证明巴黎-哈灵顿划分原理 (定理 7.36) 是一个独立于皮阿诺算术理论的命题. 由于它在算术标准模型 $(\mathbb{N}, 0, 1, +, \times, <)$ 中为真, 现在需要的是构造一个皮阿诺算术理论的模型 $\mathcal{M}$ 以至于在这个模型 $\mathcal{M}$ 中巴黎-哈灵顿划分原理不成立.

13.4.1　自然数压缩写像划分原理

定义 13.52　设 $1 \leqslant n \in \mathbb{N}$, $X \subset \mathbb{N}$, $|X| > n$.

(1) $f : [X]^n \to \mathbb{N}$ 是 $[X]^n$ 上的一个**压缩写像**当且仅当

$$\forall a \in [X]^n\ (f(a) < \min(a)).$$

(2) 设 $f : [X]^n \to \mathbb{N}$ 是 $[X]^n$ 上的一个压缩划分. $Y \subseteq X$ 是 f 的一个**同小齐一子集**当且仅当

$$\forall a, b \in [Y]^n\ (\min(a) = \min(b) \to f(a) = f(b)).$$

定义 13.53 压缩写像划分原理, 记成 RPP, 是下述命题:

对于任意的自然数四元组 (c, m, n, k), 都有一个自然数 $d > n$ 来保证如下事实为真:

如果 $f_1, \cdots, f_k : [d]^n \to d$ 是 k 个定义在 $[d]^n$ 上的压缩写像, 那么它们必有一个满足下述两点的共同的同小齐一子集 Y,

(1) $Y \subset [c, d] = \{i \in \mathbb{N} \mid c \leqslant i \leqslant d\}$;

(2) $|Y| \geqslant m$.

回顾一下巴黎-哈灵顿划分原理 (定理 7.36):

定义 13.54 巴黎-哈灵顿划分原理, 记成 PHPP, 是下述命题:

对于 $1 \leqslant n, k, m \in \mathbb{N}$, 必有足够大的 $\ell \in \mathbb{N}$ 来见证如后事实: 如果 $f : [\ell]^n \to k$, 则必有如下所列性质的 $Y \subset \ell$,

(1) Y 是 f 的一个齐一子集;

(2) $|Y| \geqslant \max(\{m, \min(Y)\})$.

下述两个引理是皮阿诺算术理论的定理, 也就是说, 下述两个引理中的命题可以在皮阿诺算术语言中表示出来, 并且它们的证明可以在皮阿诺算术理论中形式地给出. 也就是说, 在皮阿诺算术理论之下, 可以证明: 巴黎-哈灵顿划分原理蕴含压缩写像划分原理, 也就是说,

$$T_{\mathrm{PA}} \vdash (\mathrm{PHPP} \to \mathrm{RPP}).$$

引理 13.41 如果巴黎-哈灵顿划分原理成立, 那么如下命题成立, 即

对于任意的自然数四元组 (c, m, n, k), 都有一个自然数 $d > n$ 来保证如下事实为真:

所有的 $g : [d]^n \to k$ 都有一个满足下述两条要求的齐一子集 Y, 即

(1) $Y \subseteq (c, d) = \{i \in \mathbb{N} \mid c < i < d\}$;

(2) $|Y| \geqslant \max(\{m + 2n, \min(Y) + n + 1\})$.

证明 给定自然数四元组 (c, m, n, k).

依据巴黎-哈灵顿划分原理, 令 $d > n$ 来保证如下事实成立:

$$\forall h \left(\begin{array}{l} (h : [d]^n \to (k+1)) \to \\ \left(\exists Z \subset d \left(\begin{array}{l} Z \text{ 是 } h \text{ 的齐一子集, 并且} \\ |Z| \geqslant \max(\{c + m + 2n + 2, \min(Z)\}) \end{array} \right) \right) \end{array} \right).$$

设 $g : [d]^n \to k$. 如下定义 $h : [d]^n \to (k+1)$:

$$h(\{a_1, \cdots, a_n\}_<) = \begin{cases} k, & \text{如果 } a_1 \leqslant c + n + 1, \\ g(\{a_1 - n - 1, \cdots, a_n - n - 1\}), & \text{如果 } c + n + 1 < a_1. \end{cases}$$

令 $Z \subseteq d$ 为 h 的满足不等式 $|Z| \geqslant \max(\{c+m+2n+2, \min(Z)\})$ 的齐一子集. 因为 Z 中有足够多的元素, $Z-(c+n+2)$ 中必有一个单增 n 元组 $\{a_1, \cdots, a_n\}_<$. 这样一来, $h(\{a_1, \cdots, a_n\}) \neq k$, 因为 $a_1 > c+n+1$. 于是,

$$\forall x \in [Z]^n \ (h(x) \neq k).$$

从而, $\min(Z) > c+n+1$.

令 $Y = \{a-n-1 \mid a \in Z\}$. 那么, $Y \subset (c,d)$ 是 g 的一个齐一子集;

$$|Y| = |Z|; \ \min(Y)+n+1 = \min(Z).$$

□

引理 13.42 如果巴黎-哈灵顿划分原理成立, 那么压缩写像划分原理成立, 即对于任意的自然数四元组 (c,m,n,k), 都有一个自然数 $d > n$ 来保证如下事实为真:

如果 $f_1, \cdots, f_k : [d]^n \to d$ 是 k 个定义在 $[d]^n$ 上的压缩写像, 那么它们必有一个满足下述两点的共同的同小齐一子集 Y, 即

(1) $Y \subset [c,d] = \{i \in \mathbb{N} \mid c \leqslant i \leqslant d\}$;

(2) $|Y| \geqslant m$.

证明 给定自然数四元组 (c,m,n,k), 考虑 $(c,m,n+1,3^k)$, 应用引理 13.41. 令 $d > n+1$ 满足如下要求:

$$\forall g \left(\begin{array}{l} (g : [d]^{n+1} \to 3^k) \to \\ \left(\exists Y \subset (c,d) \left(\begin{array}{l} |g[[Y]^{n+1}]| = 1 \wedge \\ |Y| \geqslant \max(\{m+n, \min(Y)+n+1\}) \end{array} \right) \right) \end{array} \right).$$

验证此 d 合乎压缩写像划分原理在输入 (c,m,n,k) 处的需求.

假设 $f_i : [d]^n \to d \ (1 \leqslant i \leqslant k)$ 为 k 个压缩写像.

对于 $1 \leqslant i \leqslant k$, 定义 $g_i : [d]^{n+1} \to 3$ 如下: 对于

$$A = \{a_0, a_1, \cdots, a_n\}_< \in [d]^{n+1},$$

$$g_i(A) = \begin{cases} 0, & \text{当 } f_i(\{a_0, a_1, \cdots, a_{n-1}\}) < f_i(\{a_0, a_2, \cdots, a_n\}) \text{ 时;} \\ 1, & \text{当 } f_i(\{a_0, a_1, \cdots, a_{n-1}\}) = f_i(\{a_0, a_2, \cdots, a_n\}) \text{ 时;} \\ 2, & \text{当 } f_i(\{a_0, a_1, \cdots, a_{n-1}\}) > f_i(\{a_0, a_2, \cdots, a_n\}) \text{ 时.} \end{cases}$$

再如后定义 $g : [d]^{n+1} \to 3^k$: 对于 $A = \{a_0, a_1, \cdots, a_n\}_< \in [d]^{n+1}$, 令

$$g(A) = (g_1(A), \cdots, g_k(A)).$$

对此 g, 根据上面源自引理 13.41 的结论, 令 $Y \subset (c,d)$ 满足要求:

$$|g[[Y]^{n+1}]| = 1 \wedge |Y| \geqslant \max(\{m+n, \min(Y)+n+1\}).$$

结论: 对于 $1 \leqslant i \leqslant k$, g_i 在 $[Y]^{n+1}$ 上的取值为 1.

为此, 令 $Y = \{y_0, y_1, \cdots, y_s\}_<$. 对于 $1 \leqslant j \leqslant s-n+1$, 令

$$\vec{a}_j = \{y_j, y_{j+1}, \cdots, y_{j+n-1}\}.$$

由于每一个 $f_i(1 \leqslant i \leqslant k)$ 都是压缩写像,

$$f_i(\{y_0\} \cup \vec{a}_j) < y_0\ (1 \leqslant i \leqslant k;\ 1 \leqslant j \leqslant s-n+1).$$

因为 $s+1 = |Y| \geqslant y_0+n+1$, $s-n+1 \geqslant y_0+1$. 于是, 对于 $1 \leqslant i \leqslant k$, 序列

$$\langle f_i(\{y_0\} \cup \vec{a}_j) \mid 1 \leqslant j \leqslant s-n+1\rangle \in y_0^{s-n+1}$$

中必有两处取值相等. 由于 Y 是 g 的齐一子集, 它同时是每一个 g_i 的齐一子集, 因此, 每一个 g_i 都在 $[Y]^{n+1}$ 上取 1. 也就是说, 对于 $1 \leqslant i \leqslant k$, $1 \leqslant j \not\ell \leqslant s-n+1$, 必有

$$f_i(\{y_0\} \cup \vec{a}_j) = f_i(\{y_0\} \cup \vec{a}_\ell).$$

令 $X = \{y_0, y_1, \cdots, y_{s-n+1}\}$, 以及对于 $1 \leqslant \ell \leqslant n-1$, 令 $z_\ell = y_{s-n+1+\ell}$.

因为 $s+1 = |Y| \geqslant m+n$, $s-n+1 \geqslant m$, 所以 $|X| > m$.

断言: X 是所有 $f_1, \cdots, f_k$ 的共同的同小齐一子集.

固定 $1 \leqslant i \leqslant k$. 设 $\{a_1, a_2, \cdots, a_{n-1}, a_n\}_< \in [X]^n$. 那么

$$\begin{aligned} f_i(\{a_1, a_2, \cdots, a_{n-1}, a_n\}) &= f_i(\{a_1, a_3, \cdots, a_n, z_1\}) \\ &= f_i(\{a_1, a_4, \cdots, z_1, z_2\}) \\ &\cdots\cdots \\ &= f_i(\{a_1, z_1, \cdots, z_{n-2}, z_{n-1}\}). \end{aligned}$$

由此, 对于 $\{a_1, b_2, \cdots, b_{n-1}, b_n\}_< \in [X]^n$, 有

$$f_i(\{a_1, b_2, \cdots, b_{n-1}, b_n\}) = f_i(\{a_1, z_1, \cdots, z_{n-1}, z_n\}) = f_i(\{a_1, a_2, \cdots, a_{n-1}, a_n\}). \quad \square$$

推论 13.4 压缩写像划分原理在自然数标准模型中为真, 即

$$(\mathbb{N}, 0, S, +, \times, <) \models \mathrm{RPP}.$$

证明 因为自然数标准模型 $(\mathbb{N}, 0, S, +, \times, <)$ 是皮阿诺算术理论的一个模型, 并且根据定理 7.36, 巴黎-哈灵顿划分原理在这个模型中为真. 应用上述引理得到所要的结论. $\square$

13.4.2　拉姆齐有限划分定理

在这里我们用数学归纳法来证明拉姆齐有限划分定理 (定理 7.35), 从而拉姆齐有限划分定理是皮阿诺算术理论的一个定理.

回顾一下拉姆齐有限划分定理断言: 对于任意的 $1 \leqslant n, m, k \in \mathbb{N}$, 必有一个足够大的 $\ell \in \mathbb{N}$ 来保证 $\ell \to (k)_m^n$ 成立.

证明　首先, 设 $m = 2$. 用关于 n 的归纳法来证明如下命题, $\varphi(n)$:

$$\forall p, q \in \mathbb{N}^+ \ \exists \ell \in \mathbb{N}^+ \ \left(\ell \to (p, q)_2^n\right).$$

其中 $\mathbb{N}^+ = \mathbb{N} - \{0\}$.

当 $n = 1$ 时, 这是鸽子笼原理: 给定 $p, q \in \mathbb{N}^+$, 令 $\ell = p+q-1$. 那么 $\ell \to (p, q)_2^1$.

现在假设 $\varphi(n)$ 成立, 往证 $\varphi(n+1)$ 成立.

根据归纳假设, 对于 $p, q \in \mathbb{N}^+$, 令

$$R(p, q; n) = \min\left(\{\ell \mid \ell \to (p, q)_2^n\}\right).$$

用关于 $p+q$ 的归纳法来证明: $\exists \ell \in \mathbb{N}^+ \ \left(\ell \to (p, q)_2^{n+1}\right)$.

注意, 如果 $p \leqslant n$ 或者 $q \leqslant n$, 那么 $R(p, q; n) \to (p, q)_2^{n+1}$. 因此, 假设 $\min(\{p, q\}) > n$ 且

$$\forall p' + q' < p + q \ \exists \ell \ \left(\ell \to (p', q')_2^{n+1}\right).$$

令 ℓ_1 具备 $\ell_1 \to (p-1, q)_2^{n+1}$, 以及 ℓ_2 具备 $\ell_2 \to (p, q-1)_2^{n+1}$. 令 $\ell = R(\ell_1, \ell_2; n)+1$.

断言: $\ell \to (p, q)_2^{n+1}$.

设 $|X| = n$, $[X]^{n+1} = A_0 \cup A_1$ 以及 $A_0 \cap A_1 = \varnothing$.

对于 $a \in X$, 令 $X^a = X - \{a\}$. 对于 $y \in [X^a]^n$, 定义

$$y \in B_0^a \iff (\{a\} \cup y) \in A_0; \ \ y \in B_1^a \iff (\{a\} \cup y) \in A_1.$$

这样, $[X^a]^n = B_0^a \cup B_1^a$ 以及 $B_0^a \cap B_1^a = \varnothing$.

由于 $|X^a| = R(\ell_1, \ell_2; n)$, 令 $H^a \subseteq X^a$ 见证如下事实:

(1) $|H^a| \geqslant \ell_1$ 且 $[H^a]^n \subseteq B_0^a$; 或者

(2) $|H^a| \geqslant \ell_2$ 且 $[H^a]^n \subseteq B_1^a$.

任意固定 $a \in X$.

设 (1) 成立. 根据 $\ell_1 \to (p-1, q)_2^{n+1}$, 令 $H_0 \subseteq H^a$ 见证如下事实:

(a) $|H_0| \geqslant p-1$ 且 $[H_0]^{n+1} \subseteq A_0$; 或者

(b) $|H_0| \geqslant q$ 且 $[H_0]^{n+1} \subseteq A_1$.

如果 (a) 成立, 令 $H = H_0 \cup \{a\}$, 那么 $|H| \geqslant p$ 且 $[H]^{n+1} \subseteq A_0$.

如果 (b) 成立, 令 $H = H_0$, 那么 $|H| \geqslant q$ 且 $[H]^{n+1} \subseteq A_1$.

再设 (2) 成立. 根据 $\ell_2 \to (p, q-1)_2^{n+1}$, 令 $H_1 \subseteq H^a$ 见证如下事实:

(a) $|H_1| \geqslant q-1$ 且 $[H_1]^{n+1} \subseteq A_1$; 或者

(b) $|H_1| \geqslant p$ 且 $[H_1]^{n+1} \subseteq A_0$.

如果 (a) 成立, 令 $H = H_1 \cup \{a\}$, 那么 $|H| \geqslant q$ 且 $[H]^{n+1} \subseteq A_1$.

如果 (b) 成立, 令 $H = H_1$, 那么 $|H| \geqslant p$ 且 $[H]^{n+1} \subseteq A_0$.

综上所述, $\ell \to (p, q)_2^{n+1}$. 断言由此得证.

这就证明了: $\forall n, k \in \mathbb{N}^+ \ \exists \ell \in \mathbb{N}^+ \ (\ell \to (k)_2^n)$.

现在我们应用关于 $m \geqslant 2$ 的归纳法来证明 $\psi(m)$, 即

$$\forall n, k \in \mathbb{N}^+ \ \exists \ell \in \mathbb{N}^+ \ (\ell \to (k)_m^n).$$

假设 $m \geqslant 2$ 且 $\psi(m)$ 成立. 证明 $\psi(m+1)$ 也成立.

给定 $m \geqslant 2, n, k$. 根据 $\psi(m)$, 设 $\ell_1 \to (k)_m^n$ 成立. 令 $p = \max(\{\ell_1, k\})$ 以及 $\ell = R(p, p; n)$.

证明: $\ell \to (k)_{m+1}^n$.

设 $|X| = \ell$, 以及

$$[X]^n = A_0 \cup A_1 \cup \cdots \cup A_{m-1} \cup A_m$$

将 $[X]^n$ 划分成 $m+1$ 个互不相交的组. 令

$$B_0 = A_0 \cup A_1 \cup \cdots \cup A_{m-1}; \quad B_1 = A_m.$$

那么 $[X]^n = B_0 \cup B_1$. 根据 $\ell = R(p, p; n)$, 令 $H' \subseteq X$ 见证如下事实: $|H'| \geqslant p$, 且

(a) $[H']^n \subseteq B_0$, 或者

(b) $[H']^n \subseteq B_1$.

如果 $[H']^n \subseteq B_1 = A_m$, 那么 $H = H'$ 就是所要的齐一子集.

如果 $[H']^n \subseteq B_0$, 由于 $p \to (k)_m^n$ 成立, 令 $H \subseteq H'$ 见证:

$$|H| \geqslant k \ \wedge \ \exists i < m \ [H]^n \subseteq A_i.$$

这就证明了: $\ell \to (k)_{m+1}^n$. □

13.4.3 皮阿诺算术模型中无差别元子集

定义 13.55 设 Γ 是自然数算术语言表达式的一个非空集合. 设

$$\mathcal{M} = (M, 0, S, +, \times, <)$$

为皮阿诺算术的一个模型. 称 $I \subset M$ 为 Γ 的一个**参数顶上无差别元子集**当且仅当对于 Γ 中的任意一个 $m+n$ 元表达式 $\varphi(x_1, \cdots, x_n, x_{n+1}, \cdots, x_{n+m})$, 对于任意的 $\{i_0, i_1, \cdots, i_n\}_< \subset I$, $\{i_0, j_1, \cdots, j_n\}_< \subset I$, 对于 M 中任意的 $a_1, \cdots, a_m < i_0$, 总有

$$\mathcal{M} \models \varphi[i_1, \cdots, i_n, a_1, \cdots, a_m] \text{ 当且仅当 } \mathcal{M} \models \varphi[j_1, \cdots, j_n, a_1, \cdots, a_m].$$

引理 13.43　设 $1 \leqslant \ell, k, m, n \in \mathbb{N}$, 以及

$$\Gamma = \{\varphi_1(x_1, \cdots, x_n, x_{n+1}, \cdots, x_{n+m}), \cdots, \varphi_\ell(x_1, \cdots, x_n, x_{n+1}, \cdots, x_{n+m})\}$$

为自然数算术语言的 ℓ 个 $n+m$ 元表达式, $k > 2n$. 那么, $\mathbb{N}$ 必有一个至少有 k 个元素的 Γ 的参数顶上无差别元子集 I.

证明　依据拉姆齐有限划分定理 (定理 7.35), 令 $a \in \mathbb{N}$ 满足 $a \to (k+n)^{2n+1}_{\ell+1}$.

根据压缩写像划分原理, 考虑 $(c, a, 2n+1, m)$, 令 d 满足如下要求: 如果 $f_1, \cdots, f_m : [d]^{2n+1} \to d$ 是压缩写像, 那么它们必有一个共同的元素个数至少为 a 的包含在 (c, d) 中的同小齐一子集.

对于 $A = \{b_0, b_1, \cdots, b_{2n}\}_< \in [d]^{2n+1}$, 对于 $1 \leqslant j \leqslant m$. 如果对于 $1 \leqslant i \leqslant \ell$, 对于 $(a_1, \cdots, a_m) \in b_0^m$, 都有

$$\mathbb{N} \models \varphi_i[b_1, \cdots, b_n, a_1, \cdots, a_m] \text{ 当且仅当 } \mathbb{N} \models \varphi_i[b_{n+1}, \cdots, b_{2n}, a_1, \cdots, a_m],$$

则定义 $f_j(A) = g(A) = 0$; 否则, 令 $(i, a_1, \cdots, a_m) \in \{1, \cdots, \ell\} \times b_0^m$ 中的垂直字典序下的最小反例, 令 $g(A) = i$, 以及定义 $f_j(A) = a_j$.

这样, $g : [d]^{2n+1} \to (\ell+1)$, 以及对于 $1 \leqslant j \leqslant m$, $f_j : [d]^{2n+1} \to d$ 是压缩写像.

令 $Y \subset d$ 满足如下要求:

(1) $|Y| \geqslant a$;

(2) Y 是 $f_1, \cdots, f_m$ 的共同同小齐一子集.

此时, $g \restriction_{[Y]^{2n+1}} : [Y]^{2n+1} \to (\ell+1)$. 令 $X \subset Y$, $i \leqslant \ell$, 满足如下要求:

(3) $|X| \geqslant k+n$;

(4) $\forall A \in [X]^{2n+1}\ (g(A) = i)$.

因为 $k > 2n$, $|X| > 3n$. 如果 $g[[X]^{2n+1}] = \{i\} \neq \{0\}$, 令

$$\{b_0, b_1, \cdots, b_{3n}\}_< \subset X.$$

对于 $1 \leqslant j \leqslant m$, 令 $a_j < b_0$ 满足

$$\begin{aligned} a_j &= f_j(\{b_0, b_1, \cdots, b_{2n}\}) \\ &= f_j(\{b_0, b_1, \cdots, b_n, b_{2n+1}, \cdots, b_{3n}\}) \\ &= f_j(\{b_0, b_{n+1}, \cdots, b_{3n}\}). \end{aligned}$$

这就意味着: $(a_1, \cdots, a_m) \in b_0^m$, 并且

$$\mathbb{N} \models (\varphi_i[b_1, \cdots, b_n, a_1, \cdots, a_m] \not\leftrightarrow \varphi_i[b_{n+1}, \cdots, b_{2n}, a_1, \cdots, a_m]),$$
$$\mathbb{N} \models (\varphi_i[b_1, \cdots, b_n, a_1, \cdots, a_m] \not\leftrightarrow \varphi_i[b_{2n+1}, \cdots, b_{3n}, a_1, \cdots, a_m]),$$

以及

$$\mathbb{N} \models (\varphi_i[b_{n+1}, \cdots, b_{2n}, a_1, \cdots, a_m] \not\leftrightarrow \varphi_i[b_{2n+1}, \cdots, b_{3n}, a_1, \cdots, a_m]).$$

但这不可能.

这个矛盾表明: $g[[X]^{2n+1}] = \{i\} = \{0\}$.

令 $\{b_1, \cdots, b_n\}_<$ 为 X 中的最大的 n 个元素, 令 $I = X \cap b_1$, 那么 $|I| \geqslant k$.

断言: 此 I 就是 Γ 的参数顶上无差别元子集.

设 $\{c_0, c_1, \cdots, c_n\}_< \subset I$, $\{c_0, d_1, \cdots, d_n\}_< \subset I$, $(a_1, \cdots, a_m) \in c_0^m$, $1 \leqslant i \leqslant \ell$. 那么

$$\mathbb{N} \models (\varphi_i[c_1, \cdots, c_n, a_1, \cdots, a_m] \leftrightarrow \varphi_i[b_1, \cdots, b_n, a_1, \cdots, a_m]),$$

以及

$$\mathbb{N} \models (\varphi_i[d_1, \cdots, d_n, a_1, \cdots, a_m] \leftrightarrow \varphi_i[b_1, \cdots, b_n, a_1, \cdots, a_m]).$$

从而,

$$\mathbb{N} \models (\varphi_i[c_1, \cdots, c_n, a_1, \cdots, a_m] \leftrightarrow \varphi_i[d_1, \cdots, d_n, a_1, \cdots, a_m]). \qquad \square$$

定义 13.56 **算术语言中的 Δ_0-表达式集合 $\mathscr{D}_0$ 是满足如下要求的最小的表达式集合 D:**

(1) 每一个布尔表达式都在 D 中;

(2) 如果 $\varphi, \psi \in D$, 那么 $\{(\varphi \wedge \psi), (\varphi \vee \psi), (\neg\varphi)\} \subset D$;

(3) 如果 $\varphi \in D$, t 是一个项, 那么

$$\{(\forall x_j(P_<(x_j, t) \to \varphi)), (\exists x_j(P_<(x_j, t) \wedge \varphi))\} \subset D.$$

比如,

$$(P_<(S(c_0), x_1) \wedge (\forall x_2(\forall x_3(P_<(x_2, x_1) \wedge P_<(x_3, x_1) \wedge (\neg(F_\times(x_2, x_3) \hat{=} x_1))))))$$

就是一个 Δ_0 表达式. 将这个表达式简记为 $\psi(x_1)$, 那么

$$P = \{a \in \mathbb{N} \mid (\mathbb{N}, 0, S, +, \times, <) \models \psi[a]\}$$

就是全体素数的集合.

引理 13.44　设 $\mathcal{M} = (M, 0, S, +, \times, <)$ 是皮阿诺算术理论的一个模型,

$$\mathcal{M}_1 = (M_1, 0, S, +, \times, <) \subset \mathcal{M}$$

是 $\mathcal{M}$ 的一个前段. 如果 $\varphi(x_1, \cdots, x_n) \in \mathscr{D}_0$, $(a_1, \cdots, a_n) \in M_1^n$, 那么

$$\mathcal{M} \models \varphi[a_1, \cdots, a_n] \text{ 当且仅当 } \mathcal{M}_1 \models \varphi[a_1, \cdots, a_n].$$

证明　留作练习. □

引理 13.45　设 $\mathcal{M} = (M, 0, S, +, \times, <)$ 是皮阿诺算术理论的一个模型, 以及 $I = \{a_i \mid i \in \mathbb{N}\}_< \subset M$ 为 $\mathscr{D}_0$ 的参数顶上无差别元子集. 令

$$M_1 = \{b \in M \mid \exists i \in \mathbb{N}\, (\mathcal{M} \models P_<(x_1, x_2)[b, a_i])\}.$$

那么 M_1 关于 S, $+$, $\times$ 都是封闭的, 并且 $\mathcal{M}$ 的这个前段 $(M_1, 0, S, +, \times, <) \subset \mathcal{M}$ 是皮阿诺算术理论的一个模型.

证明　(1) 对于 $0 < i \in \mathbb{N}$, $0 < a_i$, 并且 $\forall a < a_i\ (S(a) < a_{i+1})$.

假设 $\exists a < a_i\ (S(a) \geqslant a_{i+1})$, 那么必有 $S(a) = a_{i+1}$. 于是, $S(a) = a_{i+2}$. 矛盾.

(2) M_1 关于 $+$ 是封闭的.

设 $i < j < k < \ell$, $a \in \mathcal{M}$, $a < a_i$. 那么必有 $a + a_j < a_k$. 如果不然, $a + a_j \geqslant a_k$. 令 $b \leqslant a$ 满足 $b + a_j = a_k$. 由于参数顶上无差别, 必有 $b + a_j = a_\ell$. 但是, $a_k < a_\ell$, 矛盾.

(3) M_1 关于 $\times$ 是封闭的.

设 $i < j < k < \ell$. 那么必有 $\forall a < a_i\ (a \cdot a_j < a_k)$.

首先, $\forall a < a_i\ (a \cdot a_j < a_k \to S(a) \cdot a_j < a_k)$. 否则, 假设 $a < a_i$,

$$a \cdot a_j < a_k \leqslant S(a) \cdot a_j.$$

于是, $a_\ell \leqslant S(a) \cdot a_j$. 但是, $S(a) \cdot a_j = a \cdot a_j + a_j$. 因此,

$$a \cdot a_j + a_j = S(a) \cdot a_j < a_k + a_j \leqslant a_\ell.$$

这是一个矛盾.

由于 $0 \cdot a_j = 0 < a_k$, $\mathcal{M}$ 是皮阿诺算术理论的模型, 根据归纳法,

$$\mathcal{M} \models (\forall x_1 < a_i\ (x_1 \cdot a_j < a_k)).$$

因此, M_1 关于 $\times$ 是封闭的.

(4) 在前段 $\mathcal{M}_1 = (M_1, 0, S, +, \times, <)$ 中, 归纳法原理都成立.

设 $\varphi(x_1, x_2, \cdots, x_{m_1})$, 并且, 如果有必要, 就添加无关变元符号, 不妨假设 φ 是如下形式的表达式:

$$\exists y_1 \forall y_2 \cdots \exists y_n\, \psi(x_1, x_2, \cdots, x_{m+1}, y_1, y_2, \cdots, y_n),$$

其中 ψ 是一个布尔表达式.

假设 $b_1, \cdots, b_m, b \in M_1$ 以及 $\mathcal{M}_1 \models \varphi[b, b_1, \cdots, b_m]$.

令 $i_0 \in \mathbb{N}$ 满足 $\max(\{b_1, \cdots, b_m, b\}) < a_{i_0}$. 由于 $\{a_i;\ i \in \mathbb{N}\}_<$ 在 M_1 中是共尾子集, 即

$$\forall x \in M_1\, \exists i \in \mathbb{N}\, (x < a_i),$$

对于 $c < a_{i_0}$, 如下命题等价:

(a) $\mathcal{M}_1 \models \varphi[c, b_1, \cdots, b_m]$;

(b) $\exists i_1 > i_0\, \forall i_2 > i_1 \cdots \exists i_n > i_{n-1}$ 下列成立:

$$\mathcal{M}_1 \models \exists y_1 < a_{i_1} \forall y_2 < a_{i_2} \cdots \exists y_n < a_{i_n}\, \psi[c, b_1, \cdots, b_m];$$

(c) $\exists i_1 > i_0\, \forall i_2 > i_1 \cdots \exists i_n > i_{n-1}$ 下列成立:

$$\mathcal{M} \models \exists y_1 < a_{i_1} \forall y_2 < a_{i_2} \cdots \exists y_n < a_{i_n}\, \psi[c, b_1, \cdots, b_m];$$

(d) $\mathcal{M} \models \exists y_1 < a_{i_0+1} \forall y_2 < a_{i_0+2} \cdots \exists y_n < a_{i_0+n}\, \psi[c, b_1, \cdots, b_m]$.

(a) 与 (b) 等价是因为共尾性; (b) 与 (c) 等价是 Δ_0-同质引理 (引理 13.44); (c) 与 (d) 等价则是因为参数项上无差别特性.

由于 $\mathcal{M}$ 上归纳法成立, 有最小的 $c < a_{i_0}$ 来见证 (d) 成立. 于是, 这个最小的 $c < a_{i_0}$ 就是最小的见证 (a) 成立的证据. 因此, 在 $\mathcal{M}_1$ 上, 归纳法原理成立. □

13.4.4 巴黎–哈灵顿划分原理独立于皮阿诺算术理论

定理 13.29(巴黎–哈灵顿)① 1) $T_{\mathrm{PA}} \nvdash \mathrm{RPP}$;

2) $T_{\mathrm{PA}} \nvdash \mathrm{PHPP}$.

证明 由于 $T_{\mathrm{PA}} \vdash (\mathrm{PHPP} \to \mathrm{RPP})$, 1) 蕴含 2).

现在我们来证明 1).

设 $\mathcal{M} = (M, 0, S, +, \times, <) \models T_{\mathrm{PA}}$ 为一个非标准模型. 如果 $\mathcal{M} \not\models \mathrm{RPP}$, 已经有 1). 不妨假设 $\mathcal{M} \models \mathrm{RPP}$. 令 $c \in M$ 为一个非标准自然数.

构造 $\mathcal{M}$ 的一个满足后面两项要求的前段

$$\mathcal{M}_1 = (M_1, 0, S, +, \times, <) \subset \mathcal{M}:$$

(1) $\mathcal{M}_1 \models T_{\mathrm{PA}}$;

(2) $\mathcal{M}_1 \not\models \mathrm{RPP}$.

由于拉姆齐有限划分定理是 T_{PA} 的一个定理,

① J. Paris and L. Harrington, A mathematical incompleteness in Peano Arithmetic, Handbook of Logic, J. Barwise ed., North-Holland, Amsterdam, 1977.

$$\mathcal{M} \models \left(\exists w\ \left[w \to (3c+1)_c^{2c+1}\right]\right).$$

令 $w \in M$ 为 $\mathcal{M} \models \left(w \to (3c+1)_c^{2c+1}\right)$ 的最小数. 由于 $\mathcal{M} \models \mathrm{RPP}$, 令 $d \in M$ 为满足下述要求的最小数:

如果 $f_1, \cdots, f_c : [d]^{2c+1} \to d$ 是 c 个压缩写像, 那么必有 $Y \subset (c, d)$ 来见证

(3) $|Y| \geqslant w$;

(4) Y 是所有压缩写像 $f_1, \cdots, f_c$ 的共同的同小齐一子集.

在 $\mathcal{M}$ 之中, 令 Γ 为满足后面三项规定的全体 Δ_0 表达式之集合:

(5) 哥德尔编码不超过 c;

(6) 自由变元一定在列表 $x_0, x_1, \cdots, x_c$ 中间;

(7) 参数变元一定在列表 $y_0, y_1, \cdots, y_c$ 中间.

那么 $\mathscr{D}_0 \subset \Gamma$, 即所有的标准 Δ_0 表达式都在 Γ 之中. 这是 $\mathcal{M}$ 中的一个有限子集.

应用有关 Δ_0-表达式的真假判定谓词 Sat_0, 在 $\mathcal{M}$ 中重写引理 13.43 的证明 (令 $\ell = |\Gamma|$), 在 $\mathcal{M}$ 中得到一个满足如下要求的 $I \subset (c, d)$:

(8) $|I| \geqslant c$;

(9) I 是 Γ 的一个参数顶上无差别元子集.

令 $\{a_i \mid i \in \mathbb{N}\}_<$ 为 I 的与 $(\mathbb{N}, <)$ 同构的前段. 令

$$M_1 = \{b \in M \mid \exists i \in \mathbb{N}\ (b < a_{i+1})\}.$$

根据引理 13.45, $\mathcal{M}$ 的这个前段 $\mathcal{M}_1 = (M_1, 0, S, +, \times, <) \models T_{\mathrm{PA}}$.

进一步验证如下明命题:

(10) $c \in M_1$;

(11) $d \notin M_1$;

(12) $w \in M_1$;

(13) $\mathcal{M}_1 \not\models \mathrm{RPP}$.

(10) 因为 $c < a_0$; (11) 因为 $I \subset d$, 并且 $\exists a \in I\ (a < d \wedge \forall i \in \mathbb{N}\ (a_i < a))$, 而 $\{a_i\ i \in \mathbb{N}\}$ 在 M_1 中共尾.

(12) 成立: $\mathcal{M}_1 \models \left(\exists w_1\ \left(w_1 \to (3c+1)_c^{2c+1}\right)\right)$. 令 $w_1 \in M_1$ 来见证

$$\mathcal{M}_1 \models (w_1 \to (3c+1)_c^{2c+1}).$$

如果 $f : [w_1]^{2c+1} \to c$ 在 $\mathcal{M}$ 中有编码, 它在 $\mathcal{M}_1$ 中也有编码; 如果 $A \subset w_1$ 在 $\mathcal{M}$ 中有编码, 它在 $\mathcal{M}_1$ 中也有编码. 所以,

$$\mathcal{M} \models \left(w_1 \to (3c+1)_c^{2c+1}\right).$$

由 w 的最小性, $w \leqslant w_1$. 因此, $w \in M_1$.

(13) 成立: 假设不然. 令 $d_1 \in M_1$ 见证如下命题在 $\mathcal{M}_1$ 中成立:

(14) 对于任意的 c 个压缩写像序列 $f_1, \cdots, f_c : [d_1]^{2c+1} \to d_1$, 必有满足如下要求的 $Y \subset (c, d_1)$:

(a) $|Y| \geqslant w$;

(b) Y 是这些压缩写像 $f_1, \cdots, f_c$ 的共同的同小齐一子集.

根据与 (12) 成立类似的讨论, 上述命题在 $\mathcal{M}$ 中也成立. 于是, 根据 d 的最小性, $d \leqslant d_1$. 但是,

$$d_1 \in M_1,\ d \notin M_1,$$

M_1 是 M 的一前段. 矛盾. □

推论 13.5 巴黎-哈灵顿划分原理以及压缩写像划分原理都与皮阿诺算术理论相独立, 并且它们都在自然数标准模型中为真, 但不能被皮阿诺算术理论所证明.

13.5 练　　习

练习 13.1 证明下述命题:

(1) $(\mathbb{Z}[X], <)$ 是一个无端点离散线性序;

(2) $(\mathbb{Z}[X]^+, 0, S, +, \cdot, <) \models T_N$.

(3) $(\mathbb{N}, 0, S, +, \times, <) \prec_{\Sigma_1} (\mathbb{Z}[X]^+, 0, S, +, \times, <)$.

(4) 设 $\varphi(x_1)$ 是自然数算术语言的只有自由变元 x_1 的一个布尔表达式. 那么,

$$(\mathbb{Z}[X]^+, 0, S, +, \cdot, <)$$

是下述语句的模型:

$$((\varphi(x_1; c_0) \wedge (\forall x_1(\varphi(x_1) \to \varphi(x_1; F_S(x_1))))) \to (\forall x_1 \varphi(x_1))).$$

也就是说, 在 T_N 的这个模型 $(\mathbb{Z}[X]^+, 0, S, +, \cdot, <)$ 中, 不带任何参数的 Σ_0-归纳法原理成立.

(5) 设 $\varphi(x_1)$ 是自然数算术语言的只有自由变元 x_1 的一个表达式. 假设在 T_N 之上, $\varphi(x_1)$ 和 $(\neg\varphi(x_1))$ 分别和只有自由变元 x_1 的 Σ_1-表达式 $\psi(x_1)$ 和 $\theta(x_1)$ 等价, 即在 $\varphi(x_1)$ 实质上相当于一个 $\Delta_1^{T_N}$ 表达式. 那么,

$$(\mathbb{Z}[X]^+, 0, S, +, \cdot, <)$$

是下述语句的模型:

$$((\varphi(x_1; c_0) \wedge (\forall x_1(\varphi(x_1) \to \varphi(x_1; F_S(x_1))))) \to (\forall x_1 \varphi(x_1))).$$

也就是说, 在 T_N 的这个模型 $(\mathbb{Z}[X]^+, 0, S, +, \cdot, <)$ 中, 不带任何参数的 $\Delta_1^{T_N}$- 归纳法原理成立.

(提示: 在给定假设条件下, 语句 $(\forall x_1(\varphi(x_1) \to \varphi(x_1; F_S(x_1))))$ 和 $(\forall x_1\varphi(x_1))$ 在 T_N 之上分别等价于一个 Π_1 语句)

(6) 表达式 $(\exists x_2((F_+(x_2, x_2)\hat{=}x_1) \vee (F_S(F_+(x_2, x_2))\hat{=}x_1)))$ 并非实质上相当于一个 $\Delta_1^{T_N}$ 表达式.

练习 13.2　对于任意自然数函数 $g : \mathbb{N} \to \mathbb{N}$, 如下递归地定义 g 的 n-次复合 $g^{(n)} : \mathbb{N} \to \mathbb{N}$:

$$g^{(0)} = \mathrm{Id}_{\mathbb{N}};\ g^{(n+1)} = g \circ g^{(n)}.$$

对于 $n \in \mathbb{N}$, 如下定义 $f_n : \mathbb{N} \to \mathbb{N}$:

$$\forall x \in \mathbb{N}\,(f_0(x) = x + 1);\ \forall x \in \mathbb{N}\,(f_{n+1}(x) = f_n^{(x)}(x)).$$

证明: 序列 $\langle f_n \mid n \in \mathbb{N}\rangle$ 具备如下性质:

(1) 每一个 f_n 都是初等递归函数;

(2) 如果 $g : \mathbb{N} \to \mathbb{N}$ 是初等递归函数, 那么

$$\exists n \in \mathbb{N}\, \exists m \in \mathbb{N}; \forall x \in \mathbb{N}\,(x > m \to f_n(x) > g(x)).$$

练习 13.3　设 $\langle f_n \mid n \in \mathbb{N}\rangle$ 为练习 13.2 中定义的初等递归函数序列. 固定 $(m, k) \in \mathbb{N}^2\,(m > 2, k > 2)$, 考虑如下定义的函数 $h_{mk} : [f_k(m)]^2 \to k$: 如果 $\min\{x, y\} < m$, 那么定义

$$h_{mk}(\{x, y\}) = 0;$$

如果 $\min\{x, y\} \geqslant m$, 那么定义

$$h_{mk}(\{x, y\}) = \min\left\{i \in \mathbb{N} \;\middle|\; i \geqslant 1 \wedge \exists j\ \left(f_i^j(m) \leqslant x, y < f_i^{(j+1)}(m)\right)\right\}.$$

假设 $X \subseteq f_k(m)$ 是 h_{mk} 的齐一子集, 并且 $|X| > m$. 令 $i < k$ 满足等式

$$h_{mk}[X^2] = \{i\}.$$

验证如下命题:

(1) $\forall x \in X\,(x \geqslant m)$;

(2) $\exists j\, X \subseteq \left[f_i^{(j)}(m),\ f_i^{(j+1)}(m)\right)$; 对于满足此不等式的最小的 j, 令

$$p = f_i^{(j)}(m);$$

(3) 如果 $i = 1$, 那么 $|X| \leqslant \min(X)$;

(4) 如果 $i > 1$, 那么

(a) $\exists \ell\ \left(p = f_{i-1}^{(\ell)}(m) \wedge f_i(p) = f_{i-1}^{(\ell+p)}(m)\right)$;

(b) $X \subseteq [p,\ f_i(p)) = \bigcup_{j=0}^{p-1} \left[f_{i-1}^{(\ell+j)}(m),\ f_{i-1}^{(\ell+j+1)}(m)\right)$;

(c) $\forall j < p-1\ \left|X \cap \left[f_{i-1}^{(\ell+j)}(m),\ f_{i-1}^{(\ell+j+1)}(m)\right)\right| \leqslant 1$;

(d) $|X| \leqslant \min(X)$.

练习 13.4　根据巴黎-哈灵顿定理, 如下定义 $F: \mathbb{N}\times\mathbb{N} \to \mathbb{N}$: 对于 $(m,k) \in \mathbb{N}^2$,

$$F(m,k) = \min\{\ell \in \mathbb{N} \mid \forall t: [\ell]^2 \to k\, \exists X \subseteq \ell\, (|t[[X]^2]| = 1 \wedge |X| > \max\{m, \min(X)\})\}.$$

(1) 应用练习 13.3 中的结论验证对于足够大的 (m,k), 总有 $F(m,k) > f_k(m)$;

(2) 令 $g(m) = F(m,m)$. 验证: 如果 $h: \mathbb{N} \to \mathbb{N}$ 是一个初等递归函数, 那么 $\exists m \in \mathbb{N}\, \forall x \in \mathbb{N}\, (g(x) > h(x))$.

事实上, 如果 $h: \mathbb{N} \to \mathbb{N}$ 是一个递归函数, 并且 $T_{\mathrm{PA}} \vdash \forall x \exists y (y = h(x))$, 那么,

$$\exists m \in \mathbb{N}\, \forall x \in \mathbb{N}\, (g(x) > h(x)).$$

可见由巴黎-哈灵顿定理所给出的函数增长速度之快, 远远超出皮阿诺算术理论所能够完全确定的范围.

索　　引

L

M

N

P

Q

X

Y

Z

其 他

《现代数学基础丛书》已出版书目

（按出版时间排序）

1 数理逻辑基础(上册) 1981.1 胡世华 陆钟万 著
2 紧黎曼曲面引论 1981.3 伍鸿熙 吕以辇 陈志华 著
3 组合论(上册) 1981.10 柯 召 魏万迪 著
4 数理统计引论 1981.11 陈希孺 著
5 多元统计分析引论 1982.6 张尧庭 方开泰 著
6 概率论基础 1982.8 严士健 王隽骧 刘秀芳 著
7 数理逻辑基础(下册) 1982. 8 胡世华 陆钟万 著
8 有限群构造(上册) 1982.11 张远达 著
9 有限群构造(下册) 1982.12 张远达 著
10 环与代数 1983.3 刘绍学 著
11 测度论基础 1983.9 朱成熹 著
12 分析概率论 1984.4 胡迪鹤 著
13 巴拿赫空间引论 1984.8 定光桂 著
14 微分方程定性理论 1985.5 张芷芬 丁同仁 黄文灶 董镇喜 著
15 傅里叶积分算子理论及其应用 1985.9 仇庆久等 编
16 辛几何引论 1986.3 J.柯歇尔 邹异明 著
17 概率论基础和随机过程 1986.6 王寿仁 著
18 算子代数 1986.6 李炳仁 著
19 线性偏微分算子引论(上册) 1986.8 齐民友 著
20 实用微分几何引论 1986.11 苏步青等 著
21 微分动力系统原理 1987.2 张筑生 著
22 线性代数群表示导论(上册) 1987.2 曹锡华等 著
23 模型论基础 1987.8 王世强 著
24 递归论 1987.11 莫绍揆 著
25 有限群导引(上册) 1987.12 徐明曜 著
26 组合论(下册) 1987.12 柯 召 魏万迪 著
27 拟共形映射及其在黎曼曲面论中的应用 1988.1 李 忠 著
28 代数体函数与常微分方程 1988.2 何育赞 著
29 同调代数 1988.2 周伯壎 著

30 近代调和分析方法及其应用 1988.6 韩永生 著
31 带有时滞的动力系统的稳定性 1989.10 秦元勋等 编著
32 代数拓扑与示性类 1989.11 马德森著 吴英青 段海鲍译
33 非线性发展方程 1989.12 李大潜 陈韵梅 著
34 反应扩散方程引论 1990.2 叶其孝等 著
35 仿微分算子引论 1990.2 陈恕行等 编
36 公理集合论导引 1991.1 张锦文 著
37 解析数论基础 1991.2 潘承洞等 著
38 拓扑群引论 1991.3 黎景辉 冯绪宁 著
39 二阶椭圆型方程与椭圆型方程组 1991.4 陈亚浙 吴兰成 著
40 黎曼曲面 1991.4 吕以辇 张学莲 著
41 线性偏微分算子引论(下册) 1992.1 齐民友 许超江 编著
42 复变函数逼近论 1992.3 沈燮昌 著
43 Banach 代数 1992.11 李炳仁 著
44 随机点过程及其应用 1992.12 邓永录等 著
45 丢番图逼近引论 1993.4 朱尧辰等 著
46 线性微分方程的非线性扰动 1994.2 徐登洲 马如云 著
47 广义哈密顿系统理论及其应用 1994.12 李继彬 赵晓华 刘正荣 著
48 线性整数规划的数学基础 1995.2 马仲蕃 著
49 单复变函数论中的几个论题 1995.8 庄圻泰 著
50 复解析动力系统 1995.10 吕以辇 著
51 组合矩阵论 1996.3 柳柏濂 著
52 Banach 空间中的非线性逼近理论 1997.5 徐士英 李 冲 杨文善 著
53 有限典型群子空间轨道生成的格 1997.6 万哲先 霍元极 著
54 实分析导论 1998.2 丁传松等 著
55 对称性分岔理论基础 1998.3 唐 云 著
56 Gel'fond-Baker 方法在丢番图方程中的应用 1998.10 乐茂华 著
57 半群的 S-系理论 1999.2 刘仲奎 著
58 有限群导引(下册) 1999.5 徐明曜等 著
59 随机模型的密度演化方法 1999.6 史定华 著
60 非线性偏微分复方程 1999.6 闻国椿 著
61 复合算子理论 1999.8 徐宪民 著
62 离散鞅及其应用 1999.9 史及民 编著
63 调和分析及其在偏微分方程中的应用 1999.10 苗长兴 著

64 惯性流形与近似惯性流形 2000.1 戴正德 郭柏灵 著
65 数学规划导论 2000.6 徐增堃 著
66 拓扑空间中的反例 2000.6 汪 林 杨富春 编著
67 拓扑空间论 2000.7 高国士 著
68 非经典数理逻辑与近似推理 2000.9 王国俊 著
69 序半群引论 2001.1 谢祥云 著
70 动力系统的定性与分支理论 2001.2 罗定军 张 祥 董梅芳 编著
71 随机分析学基础(第二版) 2001.3 黄志远 著
72 非线性动力系统分析引论 2001.9 盛昭瀚 马军海 著
73 高斯过程的样本轨道性质 2001.11 林正炎 陆传荣 张立新 著
74 数组合地图论 2001.11 刘彦佩 著
75 光滑映射的奇点理论 2002.1 李养成 著
76 动力系统的周期解与分支理论 2002.4 韩茂安 著
77 神经动力学模型方法和应用 2002.4 阮炯 顾凡及 蔡志杰 编著
78 同调论—— 代数拓扑之一 2002.7 沈信耀 著
79 金兹堡-朗道方程 2002.8 郭柏灵等 著
80 排队论基础 2002.10 孙荣恒 李建平 著
81 算子代数上线性映射引论 2002.12 侯晋川 崔建莲 著
82 微分方法中的变分方法 2003.2 陆文端 著
83 周期小波及其应用 2003.3 彭思龙 李登峰 谌秋辉 著
84 集值分析 2003.8 李 雷 吴从炘 著
85 数理逻辑引论与归结原理 2003.8 王国俊 著
86 强偏差定理与分析方法 2003.8 刘 文 著
87 椭圆与抛物型方程引论 2003.9 伍卓群 尹景学 王春朋 著
88 有限典型群子空间轨道生成的格(第二版) 2003.10 万哲先 霍元极 著
89 调和分析及其在偏微分方程中的应用(第二版) 2004.3 苗长兴 著
90 稳定性和单纯性理论 2004.6 史念东 著
91 发展方程数值计算方法 2004.6 黄明游 编著
92 传染病动力学的数学建模与研究 2004.8 马知恩 周义仓 王稳地 靳 祯 著
93 模李超代数 2004.9 张永正 刘文德 著
94 巴拿赫空间中算子广义逆理论及其应用 2005.1 王玉文 著
95 巴拿赫空间结构和算子理想 2005.3 钟怀杰 著
96 脉冲微分系统引论 2005.3 傅希林 闫宝强 刘衍胜 著
97 代数学中的 Frobenius 结构 2005.7 汪明义 著

98　生存数据统计分析　2005.12　王启华　著
99　数理逻辑引论与归结原理(第二版)　2006.3　王国俊　著
100　数据包络分析　2006.3　魏权龄　著
101　代数群引论　2006.9　黎景辉　陈志杰　赵春来　著
102　矩阵结合方案　2006.9　王仰贤　霍元极　麻常利　著
103　椭圆曲线公钥密码导引　2006.10　祝跃飞　张亚娟　著
104　椭圆与超椭圆曲线公钥密码的理论与实现　2006.12　王学理　裴定一　著
105　散乱数据拟合的模型方法和理论　2007.1　吴宗敏　著
106　非线性演化方程的稳定性与分歧　2007.4　马　天　汪守宏　著
107　正规族理论及其应用　2007.4　顾永兴　庞学诚　方明亮　著
108　组合网络理论　2007.5　徐俊明　著
109　矩阵的半张量积:理论与应用　2007.5　程代展　齐洪胜　著
110　鞅与 Banach 空间几何学　2007.5　刘培德　著
111　非线性常微分方程边值问题　2007.6　葛渭高　著
112　戴维-斯特瓦尔松方程　2007.5　戴正德　蒋慕蓉　李栋龙　著
113　广义哈密顿系统理论及其应用　2007.7　李继彬　赵晓华　刘正荣　著
114　Adams 谱序列和球面稳定同伦群　2007.7　林金坤　著
115　矩阵理论及其应用　2007.8　陈公宁　著
116　集值随机过程引论　2007.8　张文修　李寿梅　汪振鹏　高　勇　著
117　偏微分方程的调和分析方法　2008.1　苗长兴　张　波　著
118　拓扑动力系统概论　2008.1　叶向东　黄　文　邵　松　著
119　线性微分方程的非线性扰动(第二版)　2008.3　徐登洲　马如云　著
120　数组合地图论(第二版)　2008.3　刘彦佩　著
121　半群的 S-系理论(第二版)　2008.3　刘仲奎　乔虎生　著
122　巴拿赫空间引论(第二版)　2008.4　定光桂　著
123　拓扑空间论(第二版)　2008.4　高国士　著
124　非经典数理逻辑与近似推理(第二版)　2008.5　王国俊　著
125　非参数蒙特卡罗检验及其应用　2008.8　朱力行　许王莉　著
126　Camassa-Holm 方程　2008.8　郭柏灵　田立新　杨灵娥　殷朝阳　著
127　环与代数(第二版)　2009.1　刘绍学　郭晋云　朱　彬　韩　阳　著
128　泛函微分方程的相空间理论及应用　2009.4　王　克　范　猛　著
129　概率论基础(第二版)　2009.8　严士健　王隽骧　刘秀芳　著
130　自相似集的结构　2010.1　周作领　瞿成勤　朱智伟　著
131　现代统计研究基础　2010.3　王启华　史宁中　耿　直　主编

132 图的可嵌入性理论(第二版) 2010.3 刘彦佩 著
133 非线性波动方程的现代方法(第二版) 2010.4 苗长兴 著
134 算子代数与非交换 L_p 空间引论 2010.5 许全华 吐尔德别克 陈泽乾 著
135 非线性椭圆型方程 2010.7 王明新 著
136 流形拓扑学 2010.8 马 天 著
137 局部域上的调和分析与分形分析及其应用 2011.6 苏维宜 著
138 Zakharov 方程及其孤立波解 2011.6 郭柏灵 甘在会 张景军 著
139 反应扩散方程引论(第二版) 2011.9 叶其孝 李正元 王明新 吴雅萍 著
140 代数模型论引论 2011.10 史念东 著
141 拓扑动力系统——从拓扑方法到遍历理论方法 2011.12 周作领 尹建东 许绍元 著
142 Littlewood-Paley 理论及其在流体动力学方程中的应用 2012.3 苗长兴 吴家宏 章志飞 著
143 有约束条件的统计推断及其应用 2012.3 王金德 著
144 混沌、Mel'nikov 方法及新发展 2012.6 李继彬 陈凤娟 著
145 现代统计模型 2012.6 薛留根 著
146 金融数学引论 2012.7 严加安 著
147 零过多数据的统计分析及其应用 2013.1 解锋昌 韦博成 林金官 编著
148 分形分析引论 2013.6 胡家信 著
149 索伯列夫空间导论 2013.8 陈国旺 编著
150 广义估计方程估计方法 2013.8 周 勇 著
151 统计质量控制图理论与方法 2013.8 王兆军 邹长亮 李忠华 著
152 有限群初步 2014.1 徐明曜 著
153 拓扑群引论(第二版) 2014.3 黎景辉 冯绪宁 著
154 现代非参数统计 2015.1 薛留根 著
155 三角范畴与导出范畴 2015.5 章 璞 著
156 线性算子的谱分析(第二版) 2015.6 孙 炯 王 忠 王万义 编著
157 双周期弹性断裂理论 2015.6 李 星 路见可 著
158 电磁流体动力学方程与奇异摄动理论 2015.8 王 术 冯跃红 著
159 算法数论(第二版) 2015.9 裴定一 祝跃飞 编著
160 偏微分方程现代理论引论 2016.1 崔尚斌 著
161 有限集上的映射与动态过程——矩阵半张量积方法 2015.11 程代展 齐洪胜 贺风华 著
162 现代测量误差模型 2016.3 李高荣 张 君 冯三营 著
163 偏微分方程引论 2016. 3 韩丕功 刘朝霞 著
164 半导体偏微分方程引论 2016.4 张凯军 胡海丰 著
165 散乱数据拟合的模型、方法和理论(第二版) 2016.6 吴宗敏 著

166 交换代数与同调代数(第二版) 2016.12 李克正 著

167 Lipschitz 边界上的奇异积分与 Fourier 理论 2017.3 钱 涛 李澎涛 著

168 有限 p 群构造(上册) 2017.5 张勤海 安立坚 著

169 有限 p 群构造(下册) 2017.5 张勤海 安立坚 著

170 自然边界积分方法及其应用 2017.6 余德浩 著

171 非线性高阶发展方程 2017.6 陈国旺 陈翔英 著

172 数理逻辑导引 2017.9 冯 琦 编著